Hochgeschwindigkeitsspanen metallischer Werkstoffe

Herausgegeben von
H. K. Tönshoff und C. Hollmann

DGM

WILEY-VCH Verlag GmbH & Co. KGaA

Hochgeschwindigkeitsspanen metallischer Werkstoffe

Herausgegeben von
H. K. Tönshoff und C. Hollmann

WILEY-VCH Verlag GmbH & Co. KGaA

em. Prof. Dr.-Ing. Dr.-Ing. h.c. mult. H. K. Tönshoff
Dr.-Ing. C. Hollmann
Institut für Fertigungstechnik
und Werkzeugmaschinen
Universität Hannover
Schönebecker Allee 2
30823 Garbsen

Das Buch dokumentiert die Ergebnisse des SPP 1057 der DFG

Bibliografische Information der Deutschen Bibliothek
Die Deutsche Bibliothek verzeichnet diese Publikation in der Deutschen Nationalbibliografie: detaillierte bibliografische Daten sind im Internet über <http://dnb.ddb.de> abrufbar.

Printed in the Federal Republic of Germany
Gedruckt auf säurefreiem Papier

Satz, Druck und Bindung: Druckhaus „Thomas Müntzer“ GmbH, Bad Langensalza
ISBN 3-527-31256-0

Vorwort

„Gut Ding will Weile haben“

Was hastig und flüchtig getan wird, weist meist Qualitätsmängel auf. Das ist eine allgemeine Lebenserfahrung und so kennen wir das auch in der Fertigungstechnik: Wo hohe Maß- und Formgenauigkeit und hohe Oberflächengüten erreicht werden sollen, bedarf es der Feinbearbeitung mit eingeschränkten Zeitspanvolumina. Entweder Qualität oder Produktivität ist die – etwas verkürzte – Alternative.

So lernen das die Studenten in den ersten Semestern. Bis jetzt – muss man sagen; denn jetzt kennen wir das Hochgeschwindigkeitsspanen, das anscheinend oder scheinbar – gerade hierüber sollte das Schwerpunktprogramm Klarheit bringen – diese fertigungstechnische Erfahrung auf den Kopf stellt.

Durch das Zusammentreffen von Entwicklungen der Materialwissenschaft, der Antriebstechnik und der Steuerungstechnik lassen sich die bis dahin üblichen Schnittgeschwindigkeiten um ganzzahlige Faktoren erhöhen; lässt sich die Produktivität also drastisch steigern. Zugleich sinken die auftretenden Kräfte zwischen Werkzeug und Werkstück erheblich und die thermische Belastung der Bauteiloberfläche verringert sich. Kräfte und Temperaturen sind aber dominante Ursachen für Qualitätsminderung. Dieses Hochgeschwindigkeitsspanen ist eine Technik, die ihren Einzug in breiter Front in die industrielle Produktion hält.

Dass sich das Hochgeschwindigkeitsspanen bewährt, ist bekannt, man weiß aber nicht warum. Man weiß nicht

- welche mechanischen, thermischen und chemischen Vorgänge in der Spanbildungszone ablaufen,
- wie sich die Werkstückrandzonen im Gefüge, in den Eigenspannungsquellen und den Spannungsgradienten verändern,
- wie sich so extrem schnelle plastomechanische Vorgänge modellieren lassen,
- wie Wärmeleitung in Körpern mit stark unterschiedlichem Gefüge bei instationären internen Wärmequellen darstellbar ist,

um nur einige der wissenschaftlichen Fragen des Programms anzusprechen.

So haben sie hier nun die Ergebnisse vorliegen, die in diesem Schwerpunkt von eng verzahnt arbeitenden Fertigungstechnikern, Werkstoffwissenschaftlern, Thermodynamikern und Kontinuumsmechanikern erreicht wurden. Dies Buch kann Ihnen nur einen ersten Eindruck vermitteln, für alle weiterführenden Fragen finden Sie in den Autoren kompetente Ansprechpartner. Diesen danken wir für ihr Engagement und ihre Sorgfalt bei den Arbeiten. Der Deutschen Forschungsgemeinschaft sei für die Förderung des Schwerpunktprogramms gedankt. Dem Verlag und Herrn Dipl.-Ing. Christian Hollmann danken die Herausgeber für die sorgfältige Bearbeitung dieses Buches.

Hannover, im Oktober 2004

Hans Kurt Tönshoff
Ferdinand Hollmann

Hochgeschwindigkeitsspanen. Hrsg. H. K. Tönshoff und F. Hollmann

ISBN: 3-527-31256-0

Inhaltsverzeichnis

Vorwort V

1 Spanbildung und Temperaturen beim Spanen mit hohen Schnittgeschwindigkeiten
H. K. Tönshoff, B. Denkena, R. Ben Amor, A. Ostendorf, J. Stein, C. Hollmann, A. Kuhlmann 1

2 Einfluss der Werkstoffeigenschaften auf die Spanbildung beim Höchstgeschwindigkeitsspanen
H. Haferkamp, A. Henze, M. Schäperkötter 41

3 Auswirkung des Hochgeschwindigkeitsspanens auf die Werkstückrandzone
H. K. Tönshoff, B. Denkena, J. Plöger, B. Breidenstein 64

4 Abbildung der Schädigung in der Randzone mit Positronen als Sondenteilchen
M. Haaks, K. Maier, J. Plöger 89

5 Application of the Finite Element Method at the Chip Forming Process under High Speed Cutting Conditions
A. Behrens, B. Westhoff, K. Kalisch 112

6 Experimentelle und numerische Untersuchungen zur Hochgeschwindigkeitszerspanung
F. Klocke, S. Hoppe 135

7 Experimentelle und numerische Untersuchungen zur Temperatur- und Wärmequellenverteilung beim Hochgeschwindigkeitsspanen
U. Renz, B. Müller 158

8 Experimentelle und numerische Untersuchung zum thermomechanischen Stoffverhalten
E. El-Magd, C. Treppmann, M. Korthäuer 183

9 Simulation des Spanbildungsprozesses beim Hochgeschwindigkeitsfräsen
F. Biesinger, J. Söhner, L. Delonnoy, C. Schmidt, V. Schulze, J. Schmidt, O. Vöhringer, H. Weule 207

10 Analyse der Wirkzusammenhänge beim Bohren mit hohen Geschwindigkeiten
K. Weinert, W. Koehler, F.-W. Bach, M. Schäperkötter 229

11 Einlippentiefbohren unter HSC-Bedingungen
U. Heisel, M. Zhang, R. Eisseler 255

12 Werkstoffeinfluss auf die Spanbildung bei der Hochgeschwindigkeitszerspanung metallischer Werkstoffe
E. Brinksmeier, P. Mayr, F. Hoffmann, T. Lübben, A. Walter, P. Diersen, P. Ponteau, J. Sölter ... 267

13 Einfluss des Wärmebehandlungszustandes und der Technologieparameter auf die Spanbildung und Schnittkräfte beim Hochgeschwindigkeitsfräsen
E. Abele, A. Sahm, F. Koppka ... 292

14 Mechanismen der Werkstoffbeanspruchungen sowie deren Beeinflussung bei der Zerspanung mit hohen Geschwindigkeiten
S. Siems, G. Warnecke, J. C. Aurich ... 304

15 Microstructure – A Dominating Parameter for Chip Forming During High Speed Milling
C. Müller, S. Landua, R. Blümke, H. E. Exner ... 330

16 Ausprägung der Oberflächentopografie beim Hochgeschwindigkeitsfräsen mit Kugelkopffräsern
F. Lierath, H.-J. Knoche ... 351

17 Ermittlung von Werkstoffkenndaten für die numerische Simulation des Hochgeschwindigkeitsspanens
L. W. Meyer, T. Halle ... 379

18 Experimentelle und Numerische Untersuchungen zur Spanbildung beim Hochgeschwindigkeitsspanen einer Nickelbasislegierung
E. Uhlmann, R. Zettier ... 404

19 Verformungslokalisierung und Spanbildung in Inconel 718
R. Clos, H. Lorenz, U. Schreppel, P. Veit ... 426

20 Simulation der Spansegmentierung einer Nickelbasis-legierung unter Berücksichtigung thermischer Entfestigung und duktiler Schädigung
R. Sievert, A. Hamann, H.-D. Noack, P. Löwe, K. N. Singh, G. Künecke ... 446

21 Thermomechanische Wirkmechanismen bei der Hochgeschwindigkeitszerspanung von Titan- und Nickelbasislegierungen
H.-W. Hoffmeister, T. Wessels ... 470

22 Mechanisms of Chip Formation
J. Rösler, M. Bäker, C. Siemers ... 492

Autorenverzeichnis ... 515

Sachverzeichnis ... 517

1 Spanbildung und Temperaturen beim Spanen mit hohen Schnittgeschwindigkeiten

H. K. Tönshoff, B. Denkena, R. Ben Amor, A. Ostendorf, J. Stein, C. Hollmann, A. Kuhlmann

Kurzfassung

Die Zerspanung mit hohen Geschwindigkeiten hat in den letzten Jahren immer mehr an Bedeutung gewonnen. Viele verschiedene Ansätze haben bisher noch keine eindeutige Definition des Hochgeschwindigkeitsbereiche ergeben.

In diesem Beitrag wird anhand von charakteristischen Merkmalen der Hochgeschwindigkeitsbearbeitung eine neue auf werkstoffspezifischen Kennwerten basierende Definition gegeben. Hierzu werden die Spanbildungsprozesse, Wärmeströme und Temperaturen beim Hochgeschwindigkeitszerspanen charakterisiert.

Für die Untersuchungen der Spanbildung werden die Verformungsverhältnisse im Bereich der Scherebene des Spans durch Schliffbilder von erzeugten Spanwurzeln betrachtet. Diese gewonnenen Erkenntnisse werden in einem Modell der Scherspanbildung zusammengefasst.

Die Temperaturen und Wärmeströme in den am Zerspanprozess beteiligten Komponenten werden im Rahmen dieser Arbeit auf drei Wegen ermittelt. Der Einsatz eines Temperaturmesssystem mit einer hochauflösenden Optik liefert eine umfassende Bestimmung der Temperaturverläufe. Sie wird vom Verbundpartner Laser Zentrum Hannover konzipiert und entwickelt. Der Einsatz einer Simulationssoftware dient ebenfalls zur Ermittlung der Temperaturen und darüber hinaus zur Berechnung der einzelnen Wärmequellen sowie des energetischen Haushalts. Durch Vereinfachungen der thermodynamischen Grundgleichungen wird darüber hinaus ein analytischer Weg zur Erfassung der Temperaturen ermittelt. Damit können hohe Temperaturen als auch hohe Temperaturgradienten bei der Hochgeschwindigkeitsbearbeitung überschlägig berechnet.

Die herausgearbeiteten Zusammenhänge und Wechselwirkungen werden dann zur Charakterisierung der Hochgeschwindigkeitsbearbeitung zusammengeführt. Eine Definition dieser Bearbeitungstechnologie sowie die Rückführung des Bereiches der Hochgeschwindigkeitsbearbeitung auf die Werkstoffeigenschaften ist dann möglich und werden in einem Modell zur Bestimmung des Hochgeschwindigkeitsbereiches zusammengefasst.

Abstract

High speed cutting has gained more and more attention over the last few years. Although different approaches have been made, none of them gives a clear definition of high speed cutting. This paper will provide a definition based on the characteristics of the material used in high speed cutting.

In order to investigate the chip formation, the strain and deformation of the chip formation zones are analyzed in polished micrograph sections of the chip root and summarized in a model of segmented chip formations.

Hochgeschwindigkeitsspanen. Hrsg. H. K. Tönshoff und F. Hollmann

ISBN: 3-527-31256-0

The temperature and heat flow of the components used in the process are determined in three ways. The application of a system measuring the temperature with a high resolution optic allows a comprehensive determination of the temperature gradients. This system is designed and developed by the Laser Zentrum Hannover (LZH), one of the partners involved.

The application of a simulation software serves as an additional way to determine the temperature and even more as a means to calculate the individual heat sources and the energy balance. Thirdly, with a simplified thermodynamic equation an analysis of the temperature becomes possible. This opens up the possibility to calculate both high temperatures and high temperature gradients in high speed cutting.

These links and reciprocal effects are then drawn together in a characterization of high speed cutting. A new definition of the technology and a link of high speed cutting with the characteristics of the material becomes possible and is then represented in a new model which determines the range of high speed cutting.

1.1 Ziele und Vorgehensweise

Das Spanen mit hohen Geschwindigkeiten hat in den letzten Jahren starke industrielle Verbreitung gefunden, nachdem die technischen Voraussetzungen geschaffen waren. Dazu gehört die Entwicklung von Schneidstoffen, die hohe Temperaturen und Temperaturgradienten und rasche Laständerungen ertragen können. Notwendig waren schnell drehende Arbeitsspindeln mit ausreichender Steifigkeit und Temperaturstabilität und Vorschubantriebe und Steuerungen, die Steigerungen in der Bahngeschwindigkeit um das 5- und 10fache bei guter Bahntreue zu beherrschen gestatteten. Die industrielle Praxis konnte auf diesen Entwicklungen der Werkzeuge, der Werkzeugmaschinen und ihrer Komponenten aufbauen und Leichtmetalle, Eisenwerkstoffe, hochwarmfeste Metalllegierungen und andere wichtige Baustoffe des Maschinenbaus, des Flugzeug- und Fahrzeugbaus und des Werkzeug- und Formenbaus mit um nahezu eine Größenordnung höheren Geschwindigkeiten zerspanen. Dabei zeigte sich allerdings, dass die Prozesse nicht sicher abliefen. Geringfügige Änderungen in den Eingangsgrößen der Prozesse konnten über Erfolg oder Nichterfolg entscheiden. Die Prozesse waren nicht ausreichend stabil.

Sichere und stabile Prozesse setzen Kenntnisse über die grundlegenden mechanischen, thermischen und metallurgischen Vorgänge voraus. Diese Kenntnisse für ein relevantes Spektrum an Bedingungen zu entwickeln, war übergeordnetes Ziel des von der DFG initiierten und geförderten Schwerpunktprogramms. Hier wird über ein Teilprojekt berichtet, welches im Verbund von Fertigungs-, Werkstoff- und Messtechnik durchgeführt wurde [1], [2]. Somit ergeben sich folgendes konkrete Ziele in diesem Vorhabens:
- die Spanbildung bei hohen Geschwindigkeiten zu analysieren und modellieren,
- die Prozesstemperaturen sowie die Leistungsumsetzung in der Spanbildungszone zu ermitteln und
- ein grundlegende Charakterisierung des Spanens mit hohen Schnittgeschwindigkeiten entwickeln.

Über diese drei Schwerpunkte dieses Vorhabens wird im Folgenden berichtet, wenn auch die experimentellen und theoretischen Arbeiten während der Laufzeit eng verzahnt waren und ineinander griffen. Das gilt für die Vorhaben im Verbund, wie auch für die übrigen Verbundvorhaben im Schwerpunkt, mit denen ein befruchtender Austausch in den regelmäßigen Arbeitskreistreffen stattfand [1], [2].

Die Formänderungen bei der Spanbildung wurden anhand von Schliffbildern der Späne sichtbar gemacht. Derartige Bilder vermögen allerdings nur das Geschehen am Ende des Vorgangs darzustellen. Den Durchlauf eines Stoffteilchens durch die Spanbildungs- und Verformungszone kann man so nicht verfolgen. Daher wurde eine Schnittunterbrechungsmethode entwickelt, mit der der Spanbildungsvorgang gleichsam eingefroren werden kann. Da es hier insbesondere auf einen raschen Geschwindigkeitsabbau ankommt, der sich am Schneidenfortschritt über einen Bruchteil der charakteristischen Länge des Vorgangs messen lassen muss, waren für das Spanen mit sehr hohen Geschwindigkeiten neue Lösungen erforderlich. Neben der bildhaften Darstellung waren Beschreibungen notwendig, die eine zahlenmäßige Erfassung des Formänderungsgeschehens zuließen. Darauf sollten dann kinematische Modelle der Vorgänge aufgesetzt werden.

Es ist bekannt, dass die beim Spanen erforderliche Energie nahezu vollständig in Wärme umgesetzt wird [3]. Unklar war, wie sich der Wärmefluss auf die am Prozess beteiligten Elemente Werkzeug, Span und Werkstück verteilt. Aus dem Wärmefluss folgen die Temperaturverteilungen, die beim Spanen mit konventionellen Geschwindigkeiten nach einer Anfangsphase als weitgehend stationär angesehen werden können, was das Werkzeug und die Spanbildungszone anbelangt. Das gilt beim Hochgeschwindigkeitsspanen für eine große Zahl von Werkstoffen nicht mehr. Daher mussten geeignete Mess- und Rechenverfahren entwickelt werden, mit denen sich instationäre Temperaturfelder bestimmen lassen. Als besondere Randbedingung ist dabei zu beachten, dass neben der hohen zeitlichen Auflösung eine ebensolche örtliche Auflösung erforderlich ist.

Im Verlauf verschiedener Arbeiten im Schwerpunktprogramm ergab sich, dass die Entstehung von Scherlokalisierungen nicht als entscheidendes Phänomen für die Definition des Hochgeschwindigkeitsspanens dienen kann [4]. Daher sollte hier ein anderer Ansatz über den Leistungsbedarf bei höheren Geschwindigkeiten untersucht werden.

Die folgenden Versuchsergebnisse sind, wenn nicht anders beschrieben, im Orthogonal-Einstechdrehen mit einem Vorschub $f = 0{,}1$ mm und einer Spanungsbreite $b = 3$ mm ohne Kühlschmierung ermittelt worden. Als Werkstoff wird dabei, wenn nicht anders erwähnt, Ck45 eingesetzt. Um maschinenseitige Einflüsse ausschließen zu können, wurden alle Versuchsreihen auf derselben Maschine durchgeführt. Die Werkzeuge bestanden aus Hartmetallschneidplatten mit Ti(N,C) Beschichtung. Die Eingriffverhältnisse waren dabei wie folgt: Der effektive Spanwinkel betrug $\gamma_{eff} = -6°$, der effektive Freiwinkel $\alpha_{eff} = 6°$, der Eckenwinkel $\varepsilon_r = 90°$ und der Einstellwinkel $\kappa = 0°$. Alle Versuche wurden mit neuen, scharfen Schneiden ohne Fase durchgeführt.

1.2 Formänderungen bei der Spanbildung

Spanen von duktilen Werkstoffen bedeutet Umformen in kleinen Bereichen. Folglich lassen sich zur Beschreibung die Größen verwenden, die geometrische Veränderungen der Spanbildungszone und der Lage einzelner Stoffteilchen wiedergeben. Diese Umformkinematik ergibt sich aufgrund der Kraftwirkungen zwischen Werkzeug und Werkstück [5]. Sie lässt sich durch die Teilchenbahnen, durch Teilchenverschiebungen, durch Bahngeschwindigkeiten, durch Formänderungen und Formänderungsgeschwindigkeiten beschreiben. Ein wichtiges Hilfsmittel sind dabei metallographische Schliffe, mit denen man durch geeignete Präparation anhand von Gefügeaufnahmen Verschiebungen und Verzerrungen erkennen kann. Vorteilhaft ist, dass man auf diese Weise einen Einfluss des kristallinen Aufbaus eines Werkstoffs mit erfassen kann, nachteilig ist, dass durch den unregelmäßigen Gefügeaufbau nur eine begrenzte Formänderungsauflösung möglich ist. Dieser Nachteil ist jedoch umso geringer, je größer die Verschiebungen und Verzerrungen sind [6]. Im vorliegenden Fall treten starke Formänderungen auf, sodass die Formänderungsauflösung nicht kritisch ist.

1.2.1 Spanwurzelgewinnung

Hohe Schnittgeschwindigkeiten von 3000 m/min und mehr erfordern besondere Schnittunterbrechungsverfahren, um tatsächlich den Spanbildungsvorgang rasch genug einfrieren zu können. Als Kriterium für die notwendige Beschleunigung, mit der Werkzeug und Werkstück von einander getrennt werden, kann der Relativweg zwischen den Partnern vom Augenblick des Auslösens der Unterbrechung, wenn noch mit Schnittgeschwindigkeit gespant wird, bis zur Relativgeschwindigkeit Null angesetzt werden. Die hier eingesetzte Methode lehnt sich an ein Verfahren von Buda an [7], [8]. Es beruht darauf, dass nicht das Werkzeug aus dem Stillstand auf Schnittgeschwindigkeit beschleunigt wird; denn die unvermeidbare Masse des Werkzeugs würde nur schwer ausreichend beschleunigt werden können. Daher wird hier ein Segment des Werkstücks, das ursprünglich mit Schnittgeschwindigkeit rotiert, losgerissen und unter dem Einfluss der Schnittkraft beschleunigt.

Das Prinzip beruht auf dem Anbringen von Sollbruchstellen im Werkstück (Bild 1). Mit zunehmender Schnittzeit nimmt der Querschnitt der werkzeugseitigen Sollbruchstelle 1 ab. Aufgrund der annähernd konstanten Schnittkraft F_c nimmt die Spannung im Bereich dieses Querschnitts zu. Wird die Bruchspannung überschritten, reißt der Steg ab und das Segment wird vom Werkzeug beschleunigt.

Es ergibt sich nun die Frage, wie schnell sich das Segment vom Steg löst und über welche Zeit bzw. über welchen Weg der ursprüngliche Spanungsvorgang eingefroren wird. Die Betrachtungen beruhen auf der Annahme, dass das Werkstücksegment unmittelbar nach der Trennung einen stoßartigen Impuls durch die Schneide erfährt. Um die während des Stoßes erzeugten Spannungen und Verformungen prozessgetreu zu ermitteln, werden FEM-Simulationen mit dem Programmpaket DEFORM durchgeführt. Die Berechnungen simulieren den Stoß in einem 2D-Modell. Die rein mechanische Rechnung berücksichtigt das elasto-plastische Fließverhalten des Werkstoffes. Die Fließkurven werden aus dem Fließkurvenatlas entnommen. Sie berücksichtigen allerdings nicht das Fließverhalten bei hohen Dehnraten.

Bild 2 zeigt das Spannungs- und Verformungsfeld in der Spanbildungszone in drei Stadien des Aufpralls, 6 µm nach der Kontaktherstellung, nach dem Abbau der kinetischen Energie und nach der Rückfederung und Kontaktablösung zwischen Spanwurzel und Werkzeug. Die Geometrie des Werkstückes ist so abgebildet, dass vor allem Maße und Geometrie der Spanbildungszone, sprich Spanungsdicke, Spandicke, Scherwinkel und Kontaktlänge, wiedergegeben werden. Die Simulationen zeigen, dass der Stoß zu hohen Vergleichsspannungen führt. Diese Spannungen bilden sich aber nach Beendigung des Stoßvorganges rasch zurück. Lediglich im Bereich der Schneidkante sowie im Bereich der freien Oberfläche verbleiben Spannungen von etwa $\sigma_v = 400$ MPa. Dies ist ein Hinweis

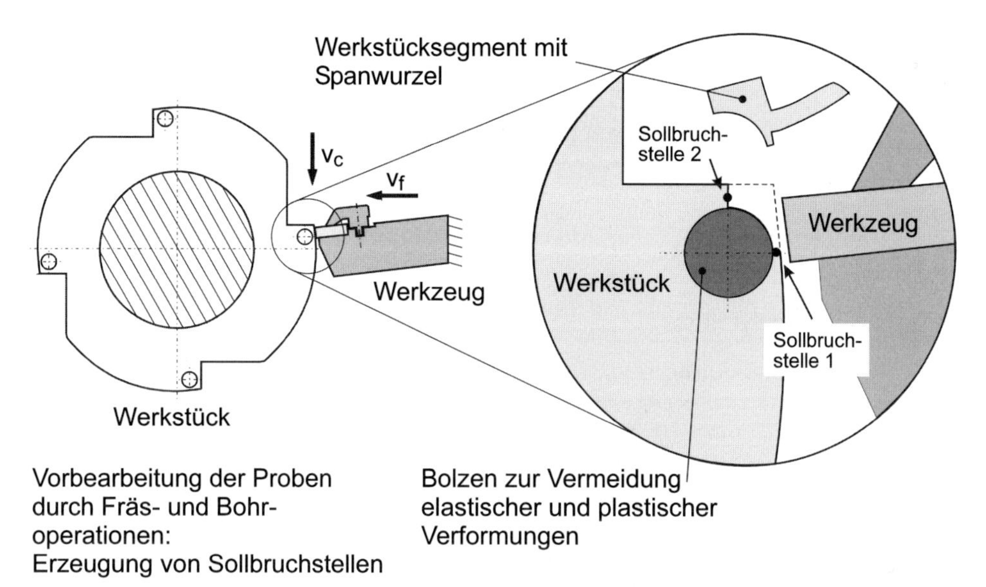

Bild 1: Prinzip der Segmentbeschleunigung

darauf, dass die Verformung in erster Linie elastischer Art ist. Die Verformung beschränkt sich hierbei erwartungsgemäß auf die Scherebene. In dieser bleiben Vergleichsdehnungen von $\varepsilon = 0{,}2$ zurück. Da die Formänderungen in diesem Bereich im Allgemeinen jedoch über $\varepsilon = 2$ betragen, kann diese zusätzliche Verformung vernachlässigt werden.

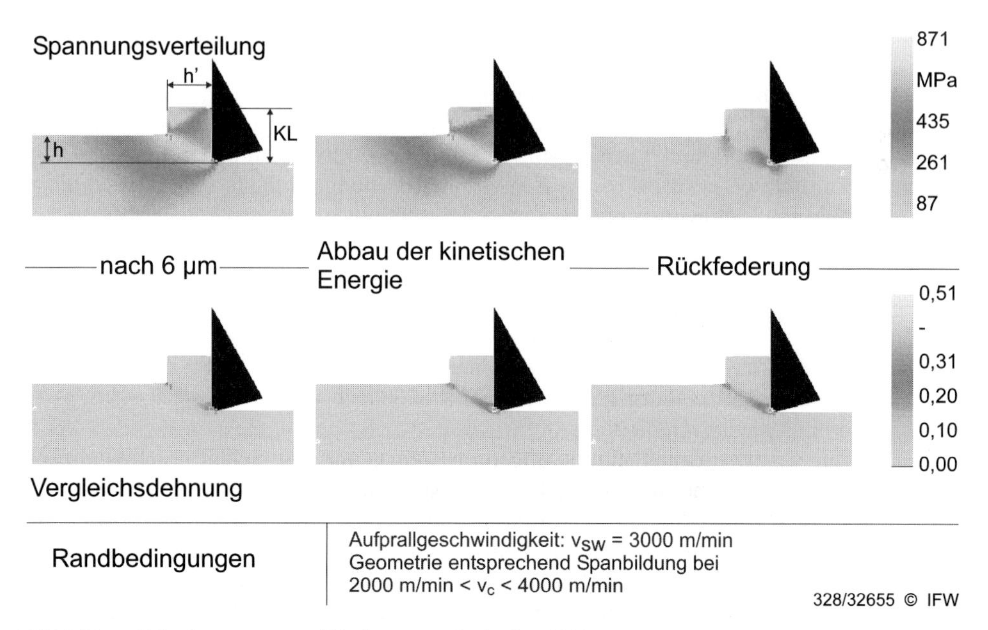

Bild 2: Zusätzliche Spannungen und Verformungen in der Spanbildungszone

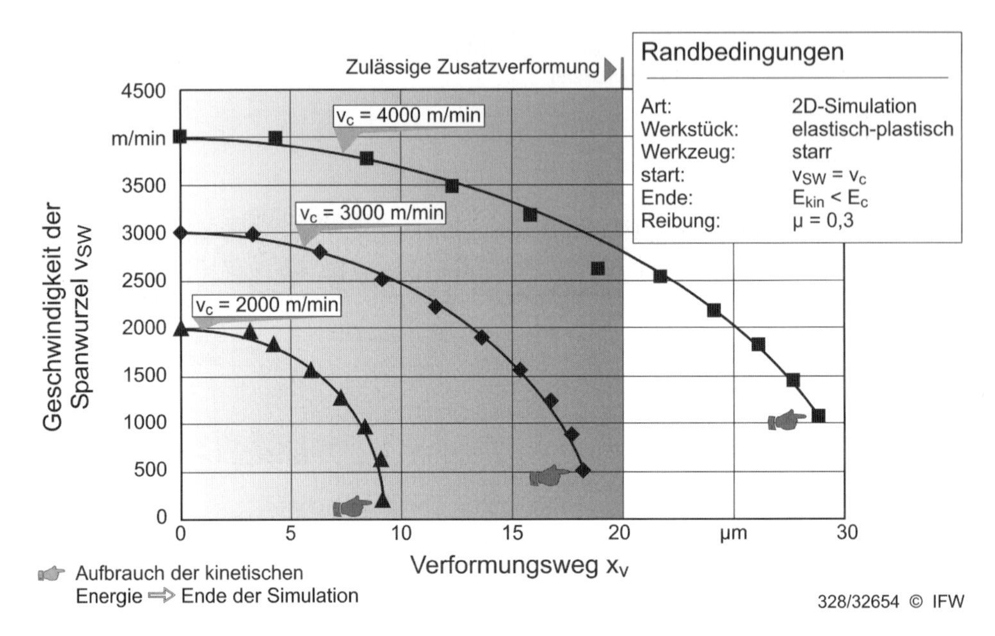

Bild 3: Zusätzlicher Verformungsweg

Diese FEM-Berechnungen werden ebenfalls für eine Schnittgeschwindigkeit von v_c = 2000 m/min, v_c = 3000 m/min und für eine Schnittgeschwindigkeit von v_c = 4000 m/min durchgeführt. Bild 3 stellt den Verlauf der Geschwindigkeit des Werkstücksegmentes in Abhängigkeit vom Verformungsweg dar. Bei höheren Schnittgeschwindigkeiten überschreiten die zusätzlichen Verformungen den zulässigen Wert Δx_{max} = 20 μm und erreichen x_v = 28 μm. Bei Verdopplung der Schnittgeschwindigkeit vervierfacht sich der zusätzliche Verformungsweg. Aus der Näherungsberechnung geht hervor, dass die Grenze abhängig von der Dichte und vom Elastizitätsmodul ist. Demnach ist die Einsatzgrenze werkstoffspezifisch und liegt bei Werkstoffen mit höherem E-Modul und geringerer Dichte höher. Bei Stahlwerkstoffen ist die Schnittunterbrechungsmethode durch Beschleunigung von Werkstücksegmenten bis zu einer Schnittgeschwindigkeit von v_c = 3000 m/min gut einsetzbar.

1.2.2 Spanuntersuchungen

Bild 4 zeigt Schliffbilder von Spänen. Zwar sind Späne, die bei v_c = 300 m/min und bei v_c = 3000 m/min getrennt wurden, ähnlich, sie sind jedoch in wichtigen Charakteristika der Spanmorphologie unterschiedlich.

Die mittlere Spanstauchung nimmt erwartungsgemäß mit der Schnittgeschwindigkeit ab, und zwar von $\lambda = 2{,}1$ auf $\lambda = 1{,}5$. Der Scherwinkel nimmt entsprechend zu von 33° auf 43°. Die Verzehnfachung der Schnittgeschwindigkeit resultiert in einer Erhöhung der Formänderung von $\gamma = 5{,}2$ bei der niedrigen Schnittgeschwindigkeit auf $\gamma = 8{,}4$ bei der höheren Schnittgeschwindigkeit. Die Formänderungsgeschwindigkeit erreicht das dreihundertfache dessen, was bei geringeren Schnittgeschwindigkeiten erreicht wird. Dies kann hier mit der Art der Scherlokalisierung begründet werden. Im Vergleich zur konven-

	v_c = 300 m/min	v_c = 3000 m/min
Spanstauchung:	λ = 2,1	λ = 1,5
Spandicke:	h' = 0,63 mm	h' = 0,448 mm
Gleitwinkel:	ϕ_{span} = 33°	ϕ_{span} = 43°
Scherbandbreite:	s = 21 µm	s = 10 µm
Schergeschwindigkeit:	$\dot{\gamma} = 22\ 10^3\ s^{-1}$	$\dot{\gamma} = 64\ 10^5\ s^{-1}$
Segmentierungsfrequenz:	f_s = 6,87 kHz	f_s = 100 kHz

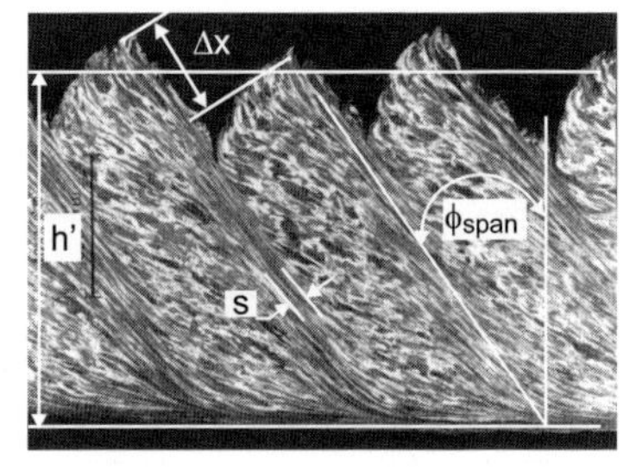

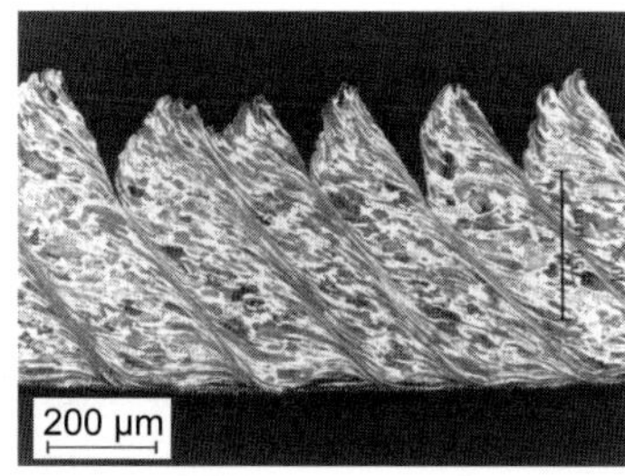

Prozess:	Werkstoff : Ck45N	Werkzeug : HC P30-P40	Geometrie: SNGN 120412
Orthogonal-Einstechdrehen	Spanungsbreite: b = 3 mm	Beschichtung : $Ti(C,N)/Al_2O_3$	Fase: - ; α_{eff}: 6° ; γ_{eff}: -6° ; ε_r: 90° ; κ: 0°
	Vorschub : f = 0,3 mm	KSS: trocken	

328/25352 © IFW

Bild 4: Spanbildung

tionellen Bearbeitung stellen sich bei hohen Schnittgeschwindigkeiten schmälere Scherbänder ein. Es ist zu erwarten, dass die hohen Formänderungsgeschwindigkeiten zur Erhöhung der Scherleistung in der Scherzone führen. Da die Scherzeit mit zunehmender Schnittgeschwindigkeit abnimmt, stellen sich hohe Temperaturgradienten im Bereich des Scherbandes ein und führen zu einer höheren Scherlokalisierung.

Diese Scherlokalisierung wiederum bedeutet, dass geringere Formänderungen im Kernbereich eines Segmentes auftreten. Dies zeigen auch Ultramikrohärtemessungen (Bild 5). Bei der hohen Schnittgeschwindigkeit von v_c = 3000 m/min wird bereits in den Spänen nach einem Abstand von x_{SB} = 50 µm vom Scherband fast der Ausgangszustand erreicht. Darüber hinaus sind hier die Gradienten der Mikrohärteverläufe viel höher als bei der niedrigen Schnittgeschwindigkeit v_c = 300 m/min. Bei dieser Schnittgeschwindigkeit wird der Ausgangszustand erst nach einem Abstand von ca. x_{SB} = 150 µm vom Scherband erreicht.

Die Mikrohärteverläufe sind asymmetrisch im Segmentkern. In der dem Werkzeug zugewandten Seite sind die Gradienten der Mikrohärteverläufe weit geringer als in der dem Werkstück zugewandten Seite. Dies kann durch die reibungsbedingte thermisch zusätzliche Entfestigung des Werkstoffs zwischen Scherebene und Werkzeug erklärt werden. Die Asymmetrie flacht mit zunehmender Schnittgeschwindigkeit ab und ist bei einer Schnittgeschwindigkeit von v_c = 4000 m/min kaum noch vorhanden. Dies ist darauf zurückzuführen, dass die in der sekundären Scherzone erzeugte Wärme immer stärker im Bereich der Spanfläche lokalisiert und das Werkstoffverhalten zwischen sekundärer und primärer Scherzone immer weniger beeinflusst.

Um das Werkstoffverhalten im Falle der Segmentspanbildung bei niedrigen und hohen Schnittgeschwindigkeiten näher beschreiben zu können, wird die Mikrostruktur der Späne anhand von TEM-Aufnahmen im Segmentkern und im Scherband analysiert (Bild 6) [1].

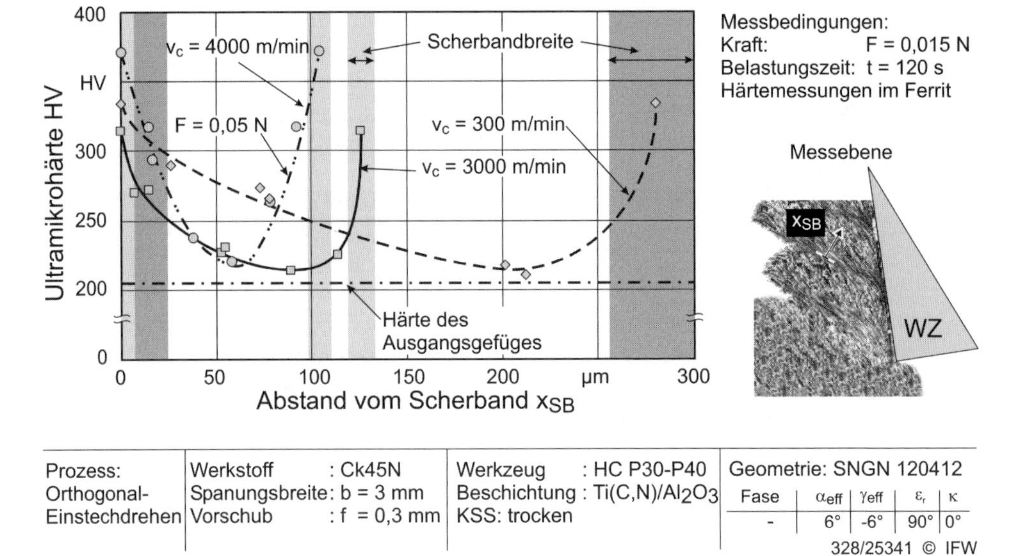

Bild 5: Mikrohärteverläufe im Segmentbereich

Die TEM-Aufnahmen werden jeweils im ferritischen Gefüge aufgenommen. Die Analyse der Versetzungsstruktur bestätigt die geringere Verformung des Segmentkerns bei hohen Schnittgeschwindigkeiten im Vergleich zu geringeren Schnittgeschwindigkeiten. Bei einer Schnittgeschwindigkeit von v_c = 300 m/min ist eine hohe Versetzungsdichte zu erken-

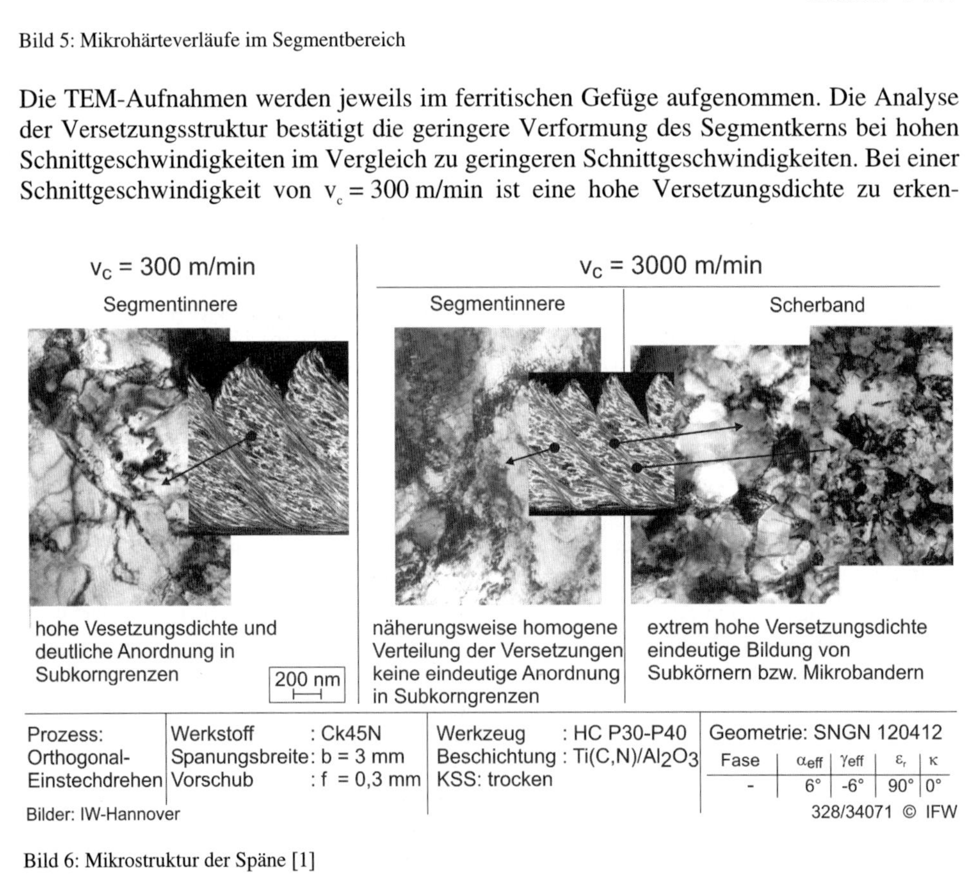

Bild 6: Mikrostruktur der Späne [1]

nen. Die Versetzungen sind soweit ausgebildet, dass scharfe Subkorngrenzen zu erkennen sind. Bei der höheren Schnittgeschwindigkeit von v_c = 3000 m/min sind die Grenzen nicht scharf ausgeprägt.

Im Scherband ist im Vergleich zum Segmentkern eine erhöhte Versetzungsdichte zu sehen. Die Versetzungsentwicklung führt hier zur Bildung von Subkörnern mit ausgeprägten Subkorngrenzen. Aus dieser zweidimensionalen Beobachtung kann nicht festgestellt werden, ob es sich hierbei um Mikrobänder handelt. Die Größe der Subkörner sowie die Art der Beanspruchung des Werkstoffes im Bereich der Scherebene lassen dieses jedoch vermuten. Weitere TEM-Untersuchungen weisen in Scherbändern bei hohen Schnittgeschwindigkeiten eine ungeordnete Struktur auf, die auf ein völliges Versagen des Werkstoffes hindeuten. Die hier ermittelte Struktur lässt sich gut mit der Werkstoffstruktur im Bereich der Spanunterseite vergleichen. Auch hier versagt der Werkstoff derart, dass keine Textur beziehungsweise Richtungsabhängigkeit der Werkstoffverformung zu beobachten ist. Analysen von Beugungsbildern erbringen den Nachweis hierfür.

Mit einem Beschleunigungssensor wird der qualitative Verlauf der Schnittkräfte bei einer geringen Schnittgeschwindigkeit von v_c = 300 m/min und einer hohen Schnittgeschwindigkeit von v_c = 1000 m/min aufgezeichnet. Auch hier weisen die Beschleunigungssignale auf grundsätzliche Unterschiede im Werkstoffverhalten hin (Bild 7).

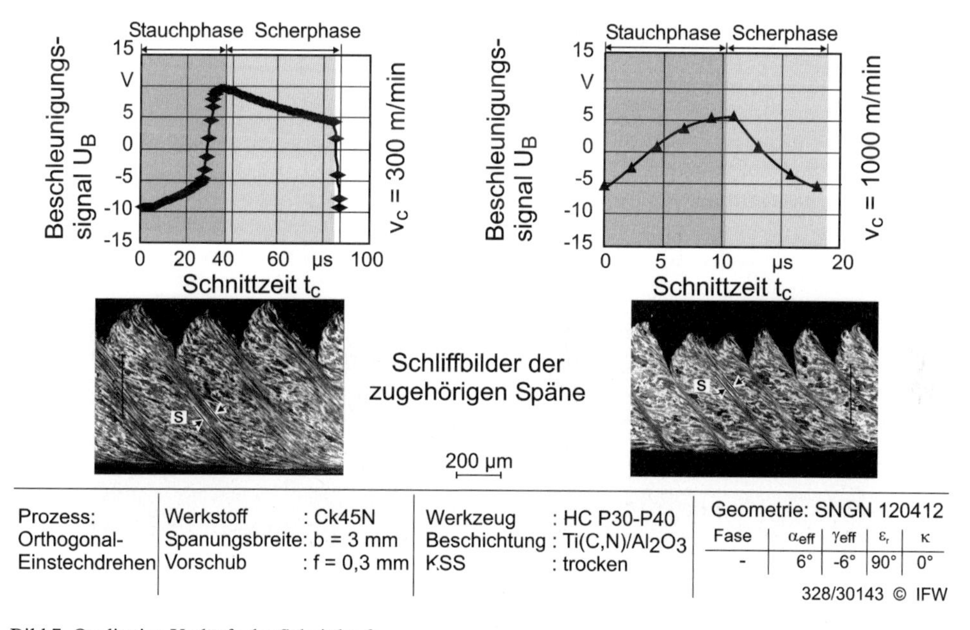

Bild 7: Qualitative Verläufe der Schnittkraft

Bei geringen Schnittgeschwindigkeiten wird das Maximum der Schnittkraft mit Beginn der Scherphase erreicht. Danach wird ein geringer Rückgang der Schnittkraft beobachtet, der auf eine geringfügige Entfestigung des Werkstoffes deutet. Diese Entfestigung wird fortgesetzt während der gesamten Scherphase. Die Entfestigung in der Scherphase ist sehr schwach, und deutet auf geringe Temperaturgradienten im Bereich der Scherebene hin. Zu einem bestimmten Zeitpunkt am Ende der Scherphase versagt der Werkstoff. Das Versagen des Werkstoffs ist mit einem rapiden Abfall der Kräfte verbunden. Die hohen zeitlichen Ableitungen der Kräfte deuten auf ein Zerreißen des Werkstoffs hin, das mit der Entstehung von Mikro- bzw. Makrorissen in der Scherebene erklärt werden kann. Eine thermisch bedingte Scherlokalisierung kann hier nicht der bestimmende Faktor für das Werkstoffverhalten sein. Bei der höheren Schnittgeschwindigkeit von $v_c = 1000$ m/min steigen die Signale bis annähernd zum Einsetzen der Scherung an. In der Scherphase entfestigt der Werkstoff. Allerdings weist der Kraftabfall absolut gesehen eine viel geringere zeitliche Ableitung auf. Das Minimum der Kraft wird nach der Scherung registriert. Der Verlauf der Beschleunigungswerte deutet hier auf eine thermisch aktivierte Entfestigung des Werkstoffs hin, die zur Scherlokalisierung und zur Bildung eines Segments führt. Höhere Werkstoffverformungen im Segmentkern bei geringeren Schnittgeschwindigkeiten sind ein weiterer Hinweis auf diesen Sachverhalt.

Ferner liegen die Amplituden des Beschleunigungssignals bei der Bearbeitung mit der geringeren Schnittgeschwindigkeit von $v_c = 300$ m/min im Vergleich zu denen bei der hohen Schnittgeschwindigkeit von $v_c = 1000$ m/min höher. Bei niedrigen Schnittgeschwindigkeiten wird der Werkstoff in der Stauchphase stärker verformt. Dieses beweisen Mikrohärtemessungen und TEM-Aufnahmen. Die Scherlokalisierung setzt demnach bei geringeren Schnittgeschwindigkeiten im Vergleich zu höheren Schnittgeschwindigkeiten erst bei einem höheren Verformungsgrad des betrachteten Werkstoffbereiches ein. Die Scherlokalisierung ist viel ausgeprägter bei hohen Schnittgeschwindigkeiten.

1.2.3 Modell zur Spanbildung

Die Spanbildung ändert sich mit der Schnittgeschwindigkeit entscheidend. Während bei 200 m/min ein Fließspan entsteht, findet die Verformung in der Spanbildungszone bei 3000 m/min diskontinuierlich statt. Es entsteht ein Scherspan (Bild 8).

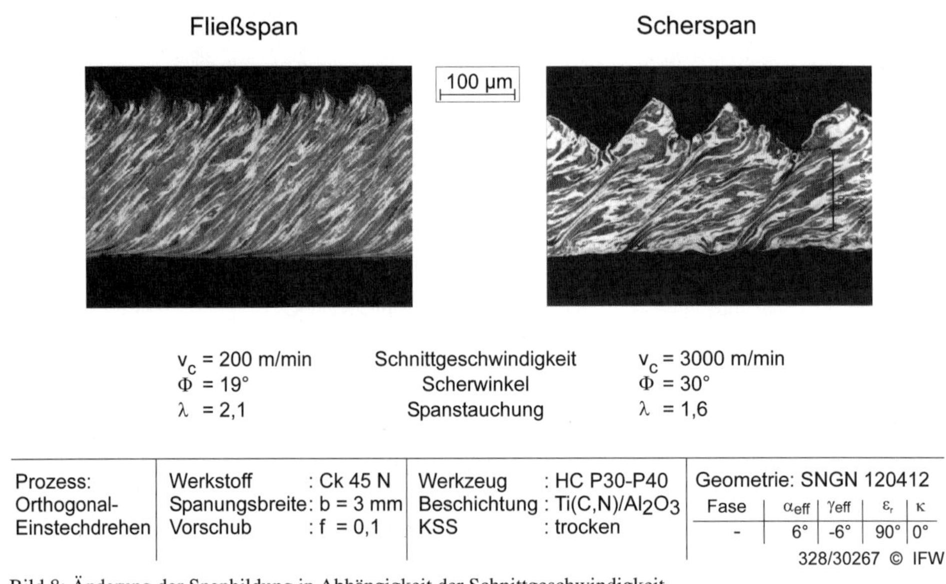

Bild 8: Änderung der Spanbildung in Abhängigkeit der Schnittgeschwindigkeit

Im Gegensatz zu den bisher dargestellten Bildern wird hier die Spanbildung bei einem geringeren Vorschub von f = 0,1 mm analysiert. Festzustellen ist, dass der Vorschub einen Einfluss auf die Spanbildung und den Scherwinkel hat. Darauf sind die hier zu beobachtenden Unterschiede zum Bild 4 zu erklären. Zurückzuführen ist diese Entwicklung auf eine schnellere Entfestigung des Werkstoffs zwischen der primären und sekundären Scherzone. Durch die bei kleineren Vorschüben vergleichsweise geringe umgeformte Masse geht ein fast vollständiger Temperaturausgleich schneller vonstatten als bei höheren Vorschüben. Dies bedeutet, dass auch eine Scherlokalisierung mit den dazu notwendigen höheren Temperaturen im Scherband erst bei höheren Schnittgeschwindigkeiten einsetzt.

Im Folgenden wird die durch eine Schnittgeschwindgkeitserhöhung verursachte Scherspanbildung näher untersucht. Es lassen sich dabei verschiedene Phasen der Spanbildung unterscheiden. Bei der Fließspanbildung kann das Verformungsgeschehen einem Modell von Merchant [10] folgend durch den Scherwinkel Φ bzw. die Spanstauchung λ beschrieben werden. Reine Scherung in der Scherebene vorausgesetzt lassen sich beide Größen allein aufgrund geometrischer Betrachtungen ineinander überführen [3].

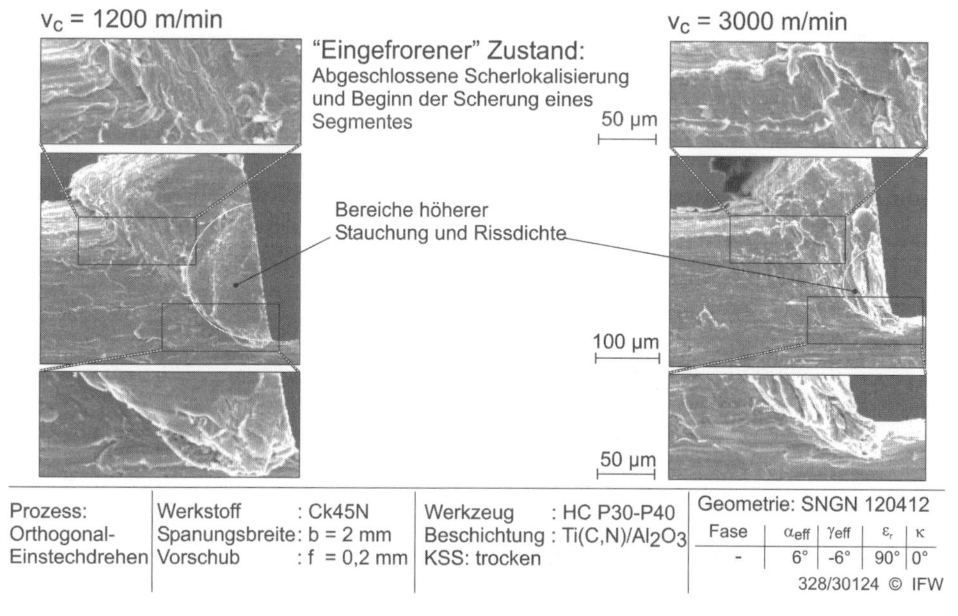

Bild 9: Werkstoffverformung während der Bildung eines Spansegmentes

Im Falle der Scherspanbildung lässt sich dieses Modell nicht ohne weiteres anwenden. Bei Scherspanbildung als Folge hoher Schnittgeschwindigkeiten entstehen Segmente. Um die Spanbildung bei hohen Schnittgeschwindigkeiten analysieren zu können, werden die einzelnen Phasen der Segmentbildung aus Spanwurzeln rekonstruiert. Spanwurzeln bei 1200 m/min und 3000 m/min, die im REM untersucht wurden, zeigt Bild 9. Unabhängig von der Schnittgeschwindigkeit zeigt sich im Bereich der Schneidkante eine erhöhte Rissdichte. Dies deutet auf eine Zerrüttung des Werkstoffs hin. Dieser Bereich hat die Form eines Halbkreises, dessen Durchmesser mit zunehmender Schnittgeschwindigkeit abnimmt. Der Werkstoff wird hier überwiegend gestaucht.

Oberhalb der Verformungsvorlaufzone und zwischen einer gedachten Scherebene und der Spanfläche wird der Werkstoff überwiegend geschert. Dem folgend wird zwischen den beiden Verformungszonen unterschieden.

über Schnittunterbrechung
Stauchphase
Scherphase
WZ
WZ
schematische Abbildung
1
2
3
4
Kontaktherstellung
Stauchung und Scherung des Werkstoffes
fortgeschrittene Stauchung und Einsetzen der Scherung
Abscheren eines Segmentes
328/30106 © IFW

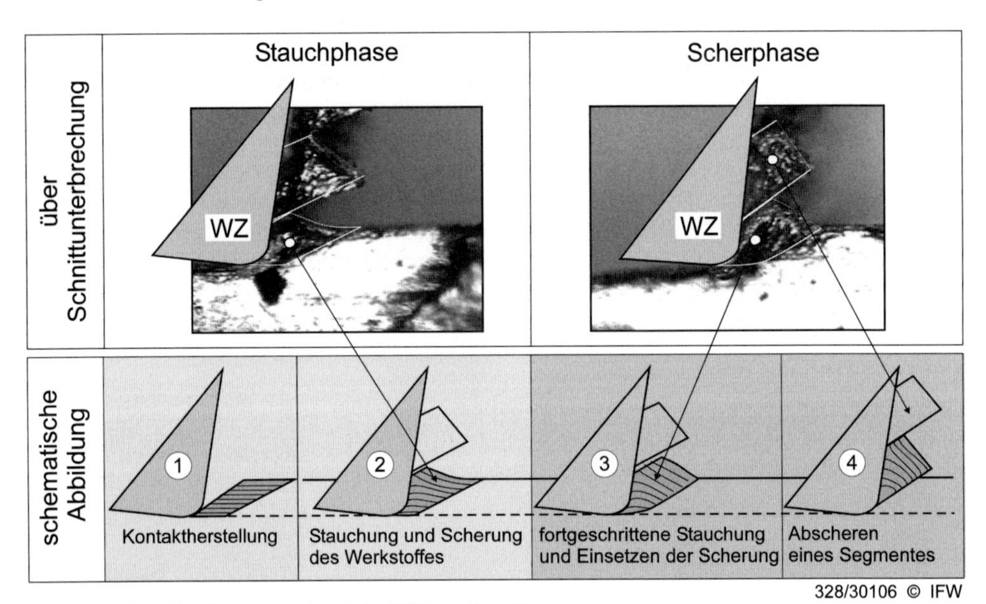

Bild 10: Werkstoffumformung während der Bildung eines Segments

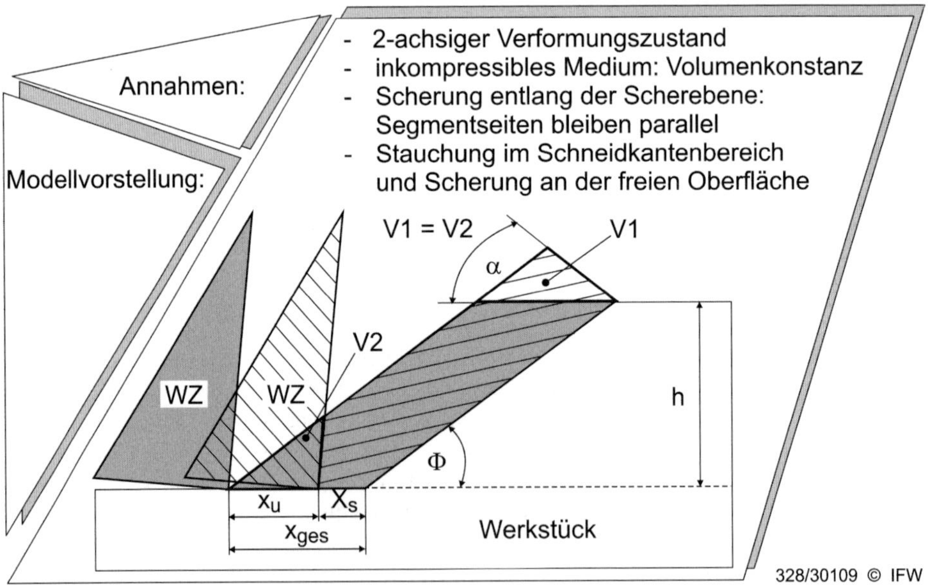

Annahmen:
- 2-achsiger Verformungszustand
- inkompressibles Medium: Volumenkonstanz
- Scherung entlang der Scherebene: Segmentseiten bleiben parallel
- Stauchung im Schneidkantenbereich und Scherung an der freien Oberfläche
Modellvorstellung:
V1 = V2
V1
α
V2
WZ
WZ
h
Φ
xu
Xs
xges
Werkstück
328/30109 © IFW

Bild 11: Modellvorstellung zur Scherspanbildung

Daraus lassen sich vier Phasen der Spanbildung ableiten. Diese sind in Bild 10 dargestellt. Nach der Kontaktherstellung (Phase 1) wird der Werkstoff im Bereich der Schneidkante stark gestaucht und im Bereich der freien Oberfläche stark geschert (Phase 2). Der vom Werkzeug gegenüber dem Werkstück zurückgelegte Stauchweg wird mit x_u bezeichnet. Dringt das Werkzeug weiter vor, nehmen die Formänderungen bis zu einer werkstoffspezifischen Grenze zu. In Phase 3 setzt die Scherlokalisierung ein und ein Segment wird in Phase 4 abgeschert. Es lassen sich also zwei Formänderungsabschnitte unterscheiden, ein Stauchabschnitt, der die Phasen 1 und 2 umfasst, und ein Scherabschnitt, der die Phasen 3 und 4 enthält. Im Scherabschnitt setzt die Scherlokalisierung ein und ein Werkstoffsegment wird durch Scherung erzeugt. Bild 11 gibt das Modell schematisch wieder.

Das Volumen V_2 des Werkstoffs im Bereich der Schneidkante wird unter der zutreffenden Annahme von Volumenkonstanz durch das Volumendreieck V_1 im Bereich der freien Oberflächen ersetzt. Der während des Scherabschnittes zurückgelegte Weg des Werkzeugs gegenüber dem Werkstück wird als Scherweg x_s bezeichnet. V_1 bildet sich, indem die freie Oberfläche sich um einen Winkel α neigt. Es lassen sich nun der Umformweg und der Scherweg aus geometrischen Überlegungen bestimmen. Es gilt

$$V_1 = V_2 = \frac{1}{2}\left(x_{ges} \frac{\sin\alpha}{\frac{\sin\alpha}{\sin\phi}\cos\phi + \cos\alpha} \right)^2 \sin\alpha \left(\cos\alpha + \frac{\sin\alpha\cos\phi}{\sin\phi} \right) = \frac{1}{2} x_u^2 \left(\cos\phi\sin\phi + \frac{\sin^2\phi}{\mathrm{tg}(90-\phi-\gamma)} \right). \tag{1}$$

Aus dieser Beziehung ergibt der Umformweg x_u zu

$$x_u = \frac{x_{ges}}{\frac{\sin\alpha}{\sin\phi}\cos\phi + \cos a} \sqrt{\frac{\sin\alpha\left(\cos\alpha \frac{\sin\alpha\cos\phi}{\sin\phi}\right)}{\cos\phi + \frac{\sin^2\phi}{\mathrm{tg}(\phi-\gamma)}}} \tag{2}$$

Danach haben nur der Scherwinkel ϕ, der Spanwinkel γ und der insgesamt vom Werkzeug zur Bildung eines Segmentes zurückgelegte Weg x_{ges} Einfluss. Der Scherweg ergibt sich somit zu

$$x_s = x_{ges} - x_u\,. \tag{3}$$

Zur Beurteilung des Werkstoffverhaltens und zur Ermittlung der Leistungsumsetzung ist eine Betrachtung des Umform- und Scherweges notwendig. In der Stauchphase wird der gesamte Segmentbereich verformt. Die Leistungsumsetzung ist über diesen Bereich verteilt. In der Scherphase dagegen kommt es zur Scherlokalisierung, und fast die gesamte Leistung wird nur in der Scherzone umgesetzt. Unter der Voraussetzung einachsiger Formänderung lässt sich eine Dehnung an der Schneidkante ε_{SK} schreiben als:

$$\varepsilon_{SK} = \frac{x_u}{x_{ges}} = \frac{x_u}{x_u + x_s} \tag{4}$$

Dabei darf diese Dehnung ε_{SK}, welche das Verhältnis von Umformweg x_u und Gesamtweg x_{ges} beschreibt nicht mit der Dehnung aus den Zugversuchen verwechseln.

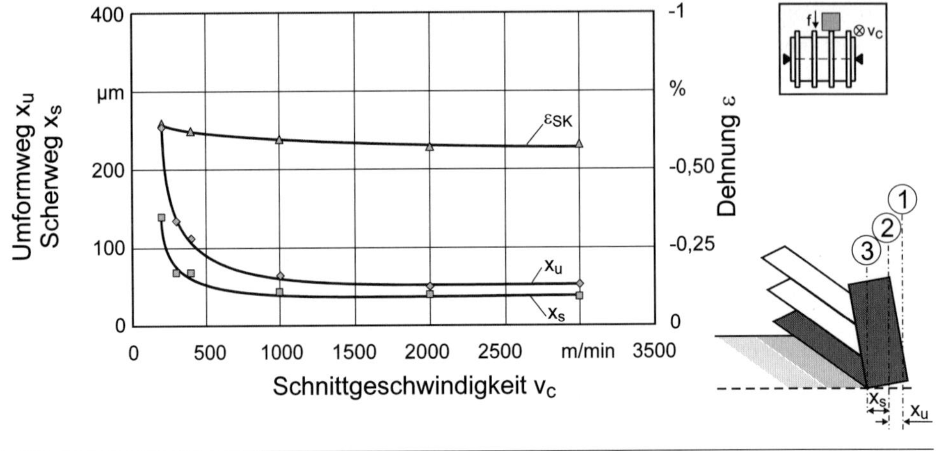

Prozess: Orthogonal-Einstechdrehen	Werkstoff : Ck45N Spanungsbreite: b = 3 mm Vorschub : f = 0,1 mm	Werkzeug : HC P30-P40 Beschichtung : Ti(C,N)/Al$_2$O$_3$ KSS: trocken	Geometrie: SNGN 120412

Fase	α_{eff}	γ_{eff}	ε_r	κ
-	6°	-6°	90°	0°

328/30105 © IFW

Bild 12: Verformungswege und Dehnung im Segment

Bild 12 zeigt Umform- und Scherweg sowie die Dehnung in Abhängigkeit von der Schnittgeschwindigkeit. Mit zunehmender Geschwindigkeit nimmt der Gesamtweg x_{ges} und damit die Segmentbreite ab. Umform- und Scherweg zeigen entsprechendes Verhalten. Daraus folgt, dass die Verformung des Werkstoffs im Bereich der Schneidkante mit zunehmender Schnittgeschwindigkeit abnimmt. Daher können die hier bestimmten relativ geringen Dehnungen nicht als Ursache für die Scherlokalisierung angesehen werden.

Bisherige Modell zur Beschreibung der Spanbildung gehen von einer Fließspanbildung aus. Dies kann für das Scherebenenmodell nicht übernommen werden. In Bild 13 sind Spanwurzeln in verschiedenen Stadien der Scherspanbildung abgebildet. Ohne im einzelnen näher darauf einzugehen, ist ersichtlich, dass die Schergeschwindigkeit und -winkel in Abhängigkeit der Spanbildungsphase variiert.

Somit lassen sich mit Hilfe der oben dargestellten geometrischen Modellvorstellungen nach dem Phasenmodell zur Scherspanbildung die Span- und Schergeschwindigkeit bestimmen. Im Stauchabschnitt ist die Spangeschwindigkeit gegeben durch

$$v_{SP} = \frac{2 \cdot (1 + \sin\gamma) \cdot v_c \cdot \sin\alpha \cdot \tan\phi}{\sqrt{\sin^2\phi \cdot \cos^2\phi + 4 \cdot \tan\alpha \cdot \tan\phi \cdot \sin\gamma + \tan\phi - \sin\phi \cdot \cos\phi}}. \qquad (5)$$

Zusammenfassend sind bei der Scherspanbildung also keine konstanten Scher- und Spangeschwindigkeiten anzunehmen, sondern die hier dargestellte Geschwindigkeit.

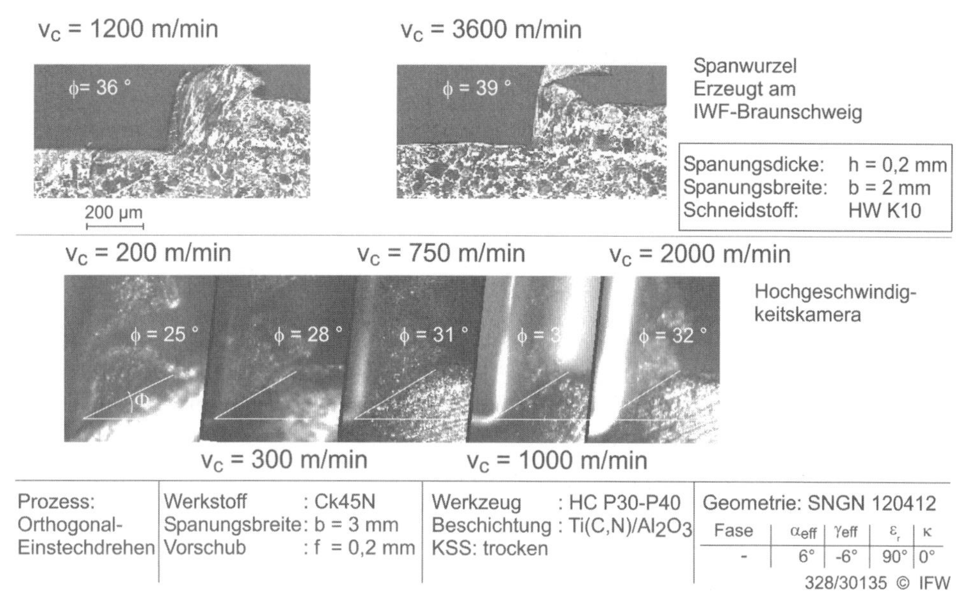

Bild 13: Schliffbilder und HG-Aufnahmen der Wirkzone

1.3 Leistungsumsetzung und Temperaturen

Es ist bekannt, dass die zugeführte mechanische Energie beim Spanen nahezu vollständig in Wärme umgesetzt wird [3]. Die Aufteilung der Wärmeströme bei hohen Schnittgeschwindigkeiten ist unbekannt. Diese kann über die Temperaturen in den am Prozess beteiligten Elementen abgeschätzt werden. Die Temperaturen werden im Rahmen dieser Untersuchungen auf drei Wegen ermittelt. Der Einsatz einer Thermokamera mit einer hochauflösenden Optik soll eine möglichst umfassende Bestimmung der Temperaturverläufe liefern. Der Einsatz einer Simulationssoftware dient ebenfalls zur Ermittlung der Temperaturen und darüber hinaus zur Berechnung der einzelnen Wärmequellen sowie des energetischen Haushalts. Durch Vereinfachungen der Diffusionsgleichung soll darüber hinaus ein analytischer Weg zur Ermittlung der Temperaturen gefunden werden. Eine Überprüfung der simulierten und gemessenen Ergebnisse ist deswegen notwendig, weil sowohl hohe Temperaturen als auch hohe Temperaturgradienten bei der HG-Bearbeitung erwartet werden.

1.3.1 Abschätzung der Spanflächentemperaturen

Die Abschätzung der Spanflächentemperatur berücksichtigt nur die Wärmeleistung auf der Spanfläche infolge Reibung. Die Freiflächenreibung und die Verformungswärme werden nicht berücksichtigt. Das Vorgehen zur Ermittlung der Spanflächentemperatur beruht auf der Annahme, dass sich das Werkzeug wie ein einseitig unendlich ausgedehnter Körper verhält. Bei solchen Körpern lässt sich die Oberflächentemperatur, in diesem Fall Spanflächentemperatur ϑ_{SF}, in Abhängigkeit von der Zeit t, der Wärmestromdichte $\dot{q}$ und dem Wärmeeindringkoeffizienten b mit [12]

$$\vartheta(0,t) = \vartheta_0 + \frac{\dot{q}}{b} \cdot \frac{2}{\sqrt{\pi}} \cdot \sqrt{t} \tag{6}$$

bestimmen. Die Wärmestromdichte $\dot{q}$ lässt sich mit Hilfe der gemessenen Spanflächentangentialkraft $F_{T\gamma}$, den Kontaktlängen KL, der Abflussgeschwindigkeit des Spanes v_{Sp} und der Stegbreite b_{St} mit der Formel

$$\dot{q} = \frac{F_{T\gamma} \cdot v_{Sp}}{b_{St} \cdot KL} \tag{7}$$

ermitteln. Hierbei wird von einem konstanten Verlauf der Wärmestromdichte über der Zeit und über dem Ort ausgegangen. Die Tangentialspannungen auf der Spanfläche bei niedrigen und hohen Schnittgeschwindigkeiten sind im Bereich der primären Kontaktlänge konstant.

Die Spangeschwindigkeit v_{Sp} lässt sich mit Hilfe der geometrischen Verhältnisse in der Wirkzone, mit dem Scherwinkel ϕ und dem Spanwinkel γ in

$$v_{sp} = v_c \cdot \frac{\sin\phi}{\cos(\phi - \gamma)} \tag{8}$$

überführen [3]. Wird Gleichung (8) in Gleichung (7) eingesetzt, so ergibt sich die Wärmestromdichte zu

$$\dot{q} = \frac{F_{T\gamma} \cdot v_c}{b_{St} \cdot KL} \cdot \frac{\sin\phi}{\cos(\phi - \gamma)} . \tag{9}$$

Die Kontaktzeit zwischen Span und Werkzeug lässt sich ebenfalls mit Hilfe der Spangeschwindigkeit v_{Sp} und der Kontaktlänge KL zu

$$t = \frac{KL}{v_c} \frac{\cos(\phi - \gamma)}{\sin\phi} \tag{10}$$

bestimmen. Werden Gleichung (9) und Gleichung (10) in Gleichung (6) integriert, ergibt sich für die Spanflächentemperatur folgender Ausdruck:

$$\vartheta(0,t) = \vartheta_0 + \frac{F_{T\gamma} \cdot v_c}{b \cdot b_{St} \cdot KL} \cdot \frac{\sin\phi}{\cos(\phi - \gamma)} \cdot \frac{2}{\sqrt{\pi}} \cdot \sqrt{\frac{KL}{v_c} \cdot \frac{\cos(\phi - \gamma)}{\sin\phi}} \tag{11}$$

Der relative Fehler bei der Berechnung der Temperatur summiert sich durch die Messfehler der Kräfte, Kontaktlängen und Scherwinkel auf etwa 20%. Hierdurch ergibt sich bei den höchsten Temperaturen ein absoluter Fehler von $\Delta\vartheta = \pm$ 80 K.

Der mit dieser Methode ermittelte Verlauf der maximalen Spanflächentemperatur in Abhängigkeit von der Schnittgeschwindigkeit weist monoton steigende Temperaturen mit zunehmender Schnittgeschwindigkeit v_C auf (Bild 14).

Bei geringen Schnittgeschwindigkeiten v_C nehmen die maximalen Spanflächentemperaturen bis ungefähr v_C = 500 m/min stark zu. Ab dieser Schnittgeschwindigkeit steigt diese Temperatur langsamer an. Bei sehr hohen Schnittgeschwindigkeiten weisen

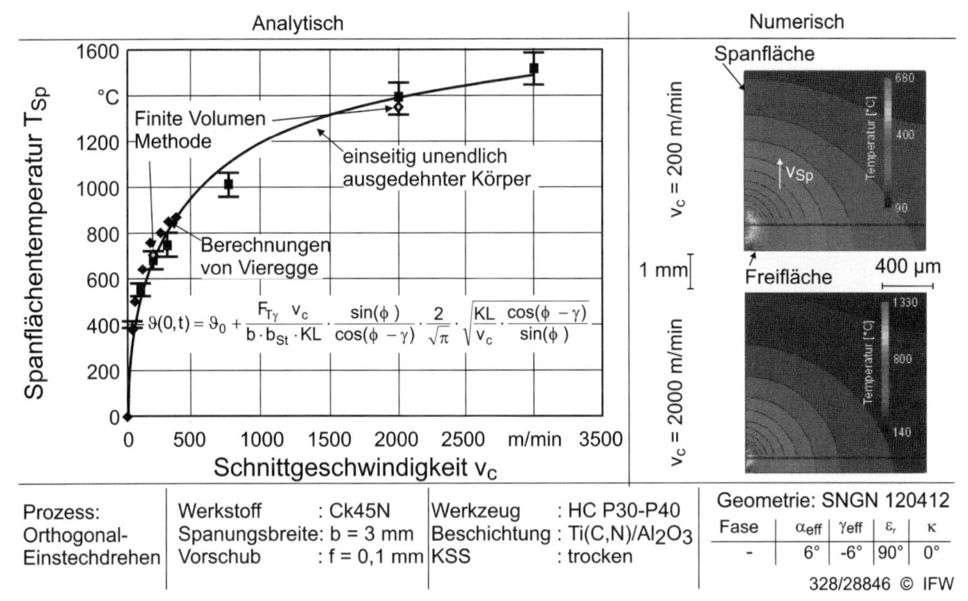

Bild 14: Einfluss der Schnittgeschwindigkeit auf die Spanflächentemperatur

die Temperaturen einen asymptotischen Verlauf auf und näheren sich ϑ_{Sp} = 1500 °C an. Dies bedeutet, dass im Hochgeschwindigkeitsbereich die Schmelztemperatur des Werkstoffes erreicht werden kann.

Blümke [13] stellt bei der Zerspanung einer Aluminiumlegierung AlZnMgCu1,5 T4 mit einer Schnittgeschwindigkeit von v_c = 7.000 m/min geschmolzenes Gefüge auf der Spanunterseite fest. Die von Vieregge [14] berechneten Werte liegen bei geringeren Schnittgeschwindigkeiten etwas über den hier ermittelten Werten. In der ermittelten Formel ist die Temperatur proportional zur Wurzel der Schnittgeschwindigkeit.

Die auf diesem Weg ermittelten Temperaturen weisen eine gute Übereinstimmung mit den Simulationsergebnissen auf (Bild 14, rechts). In der Simulation wird neben der Wärmequelle auf der Spanfläche ebenfalls die Scherleistung in der Scherzone berücksichtigt. Die Umsetzung der Scherleistung erfolgt jedoch nach dem Prinzip der homogenen und kontinuierlichen Scherung. Ferner sind die Wärmeleitung und der Wärmeaustausch zwischen Span, Werkzeug und Werkstück Inhalt des Simulationsprogramms. Das Temperaturfeld im Werkzeug zeichnet sich durch hohe Temperaturgradienten bei der Zerspanung mit hohen Schnittgeschwindigkeiten aus. Die maximale Temperatur von ϑ = 1330 °C auf der Spanfläche sinkt mit zunehmendem Abstand von der Werkzeugoberfläche und erreicht etwa ϑ = 1125 °C in einer Entfernung von 40 µm. Es ergibt sich ein Temperaturgradient von $\Delta\vartheta/\Delta x$ = 4.625 K/mm im oberflächennahen Bereich. Diese Temperaturgradienten können in der Praxisanwendung und insbesondere im unterbrochenen Schnitt zu erhöhten thermisch induzierten Spannungen führen.

Der Temperaturverlauf im Span weist bei hohen Schnittgeschwindigkeiten noch höhere Temperaturgradienten auf (Bild 15). Dieses ergibt sich aus den unterschiedlichen Kontaktzeiten. Während der Span sich innerhalb von wenigen Mikrosekunden von der Spanfläche ablöst, bleibt das Werkzeug über der Eingriffsdauer im Kontakt. In dieser Zeit kann

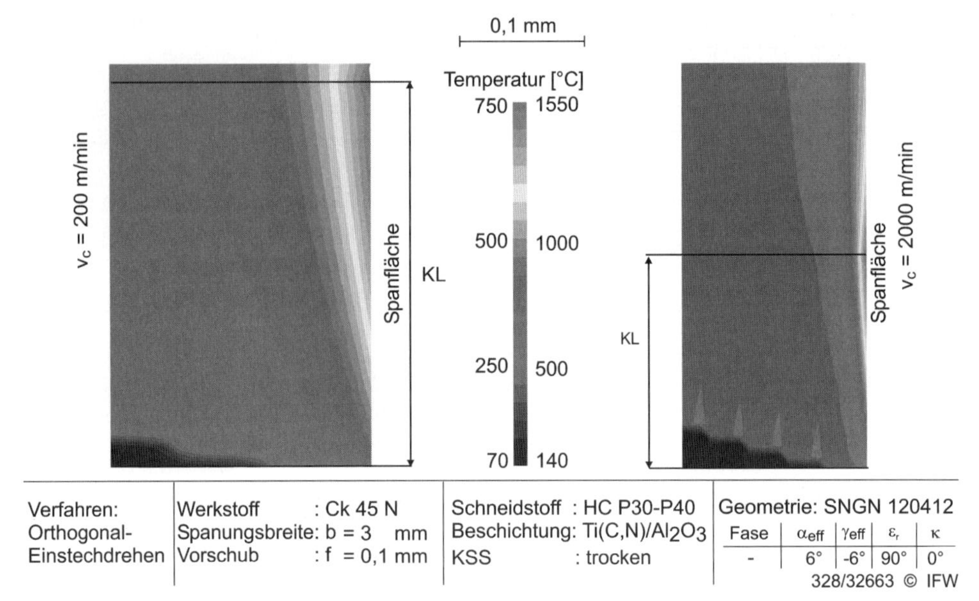

Bild 15: Temperaturverlauf im Span

die Wärme ins Werkzeuginnere eindringen, wodurch die Temperaturgradienten abklingen. Innerhalb der ersten 20 µm Abstand von der Spanunterseite sinkt die Temperatur im Span von $\vartheta = 1550$ °C auf $\vartheta = 880$ °C. Es ergibt sich ein Temperaturgradient von $\Delta\vartheta/\Delta x = 35.000$ K/mm. Diese enorm hohen Temperaturgradienten müssen bei der Temperaturmessung berücksichtigt werden.

Bei einer geometrischen Auflösung von $\Delta x = 25$ µm ergibt sich eine Temperaturauflösung von maximal $\Delta\vartheta = 116$ K im Werkzeug und $\Delta\vartheta = 875$ °C im Span. Temperaturbestimmungen mit hinreichender Genauigkeit bei hohen Schnittgeschwindigkeiten können demnach nur Messsysteme mit einer geometrischen Auflösung im Bereich von $\Delta x = 5$ µm bis 8 µm liefern.

Die im Bild 16 dargestellten Ergebnisse der Simulation vermitteln die Temperaturverläufe auf der Spanfläche in Abhängigkeit vom Schneidkantenabstand x_{SK}. Die höchsten Temperaturen stellen sich in einer Entfernung von der Größenordnung der Kontaktlänge KL von der Schneidkante ein. Diese Temperaturen sind im Hinblick auf die Spanbildung von zweitrangiger Bedeutung, da sie nicht unmittelbar auf der Schneidkante auftreten. Hohe Temperaturen im Schneidkantenbereich führen hingegen unter den Einfluss der Normal- und Scherspannung im Prozess zu plastischen Verformungen der Schneide. Eine nachhaltige Beeinflussung der Spanbildung ist oft die Folge.

Wegen der hohen Temperaturen, die sich auf der Spanfläche einstellen, ist die Warmhärte und die Festigkeit der Schneidstoffe in diesem Temperaturbereich wesentlich. Bei CBN-Schneidstoffen ist die Beständigkeit der Bindephase nur bis $\vartheta = 800$ °C gegeben [15]. Schon bei einer Temperatur von 1000 °C sinkt die Warmhärte von CBN um ca. 50 % ab. Bei geringen Schnittgeschwindigkeiten von $v_c = 200$ m/min werden auf der Spanfläche nur geringe Temperaturen von $\vartheta = 750$ °C ermittelt. Diese Temperatur ist für die meisten Schneidstoffe unterhalb der kritischen Einsatztemperatur. Für die hohen

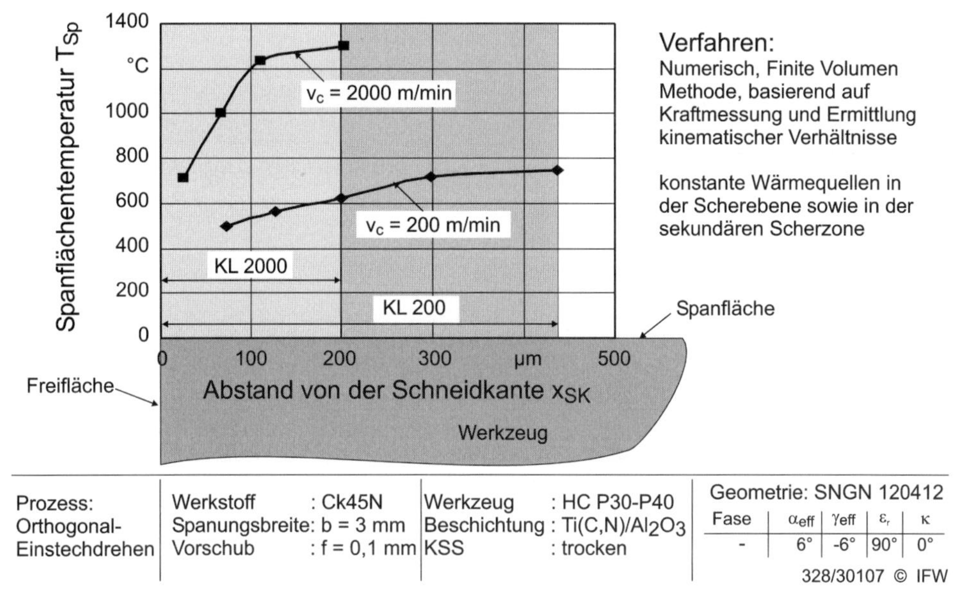

Bild 16: Verlauf der Spanflächentemperatur

Schnittgeschwindigkeiten hingegen werden kritische Temperaturen von bis zu ϑ = 1500 °C erreicht. Bei einer Schnittgeschwindigkeit von v_c = 2000 m/min stellen sich bereits in einem Abstand von 40 µm von der Schneidkante Temperaturen von ϑ = 800 °C ein. Schon im Bereich der Spanungsdicke also werden kritische Temperaturen erreicht, die zusammen mit den dort herrschenden Spannungen zu schädigenden Verformungen der Werkzeuge führen können.

1.3.2 Abschätzung Scherbandtemperaturen

Die Temperatur im Scherband in Abhängigkeit vom Ort und von der Zeit lässt sich unter Berücksichtigung der Newton'schen Gleichung, der Wärmeleitungsgleichung und der Hypothese von Taylor und Quinney bestimmen. Das Zusammenbringen der Gleichungen führt zu

$$\frac{k \cdot \tau}{\rho \cdot c} \cdot \frac{\partial \gamma}{\partial t} = \frac{\partial \vartheta}{\partial t} - \frac{\lambda}{\rho \cdot c} \cdot \frac{\partial^2 \vartheta}{\partial y^2} . \tag{12}$$

Hierbei beträgt k = 0,94, was bedeutet, dass 94 % der Umformenergie in Wärme umgewandelt wird. Folgende Annahmen lassen eine starke Vereinfachung dieser inhomogenen Diffusionsgleichung zu:

- $\frac{\partial \gamma}{\partial t} = \dot{\gamma} = \text{const.}$,
- kein Wärmetransport aus dem Scherband heraus (adiabate Scherung),
- Dichte ρ und Wärmekapazität c sind unabhängig von der Temperatur,
- Stoffumwandlungen werden vernachlässigt.

Daraus ergibt sich als vereinfachte Lösung

$$\frac{k \cdot \tau \cdot \dot{\gamma}}{\rho \cdot c} = \frac{\Delta \vartheta}{\Delta t} \tag{13}$$

Die Umformgeschwindigkeit lässt sich aus den geometrischen Gegebenheiten in der Wirkzone mit

$$\dot{\gamma} = \frac{S}{\Delta x \cdot \Delta t} \tag{14}$$

berechnen. Somit reduziert sich das Problem auf die Bestimmung der Scherspannung τ, der Scherbandbreite S sowie der Scherlänge Δx. Zur Ermittlung der Scherspannung werden die Prozesskräfte beim Orthogonal-Einstechdrehen gemessen. Durch Variation der Schneidkantenverrundung werden die gemessenen Kräfte in Spanflächen- und Freiflächenkraftanteile aufgeteilt. Durch die Projektion der Spanflächenkräfte auf die Scherebene und Berücksichtigung der Scherfläche ergibt sich die Scherspannung τ zu

$$\tau = \frac{F_{\gamma x} \cdot \cos(\phi - \gamma) + F_{\gamma y} \cdot \sin(\phi - \gamma)}{b_{St} \cdot h} \cdot \sin\phi \, . \tag{15}$$

Durch den Einsatz von Gleichung (15) und Gleichung (14) in Gleichung (13) ergibt sich für die Scherbandtemperatur

$$\vartheta_{SB} = \vartheta_0 + \frac{k \cdot l_s \cdot \left(F_{\gamma x} \cdot \cos(\phi - \gamma) + F_{\gamma y} \cdot \sin(\phi - \gamma)\right)}{\rho \cdot c \cdot S \cdot h \cdot b_{St}} \cdot \sin\phi \, . \tag{16}$$

Mit dieser Formel lassen sich die Scherbandtemperaturen näherungsweise bestimmen. Auch wenn in manchen Fällen eine quantitative Aussage nicht möglich ist, bleibt eine qualitative Aussage über den Einfluss der Schnittgeschwindigkeit auf die Scherbandtemperatur möglich. Die Rechengenauigkeit der Scherbandtemperaturen hängt sehr stark von der Messgenauigkeit der dafür benötigten Größen ab. Vor allem die Ermittlung der Scherbandbreite gestaltet sich oft schwierig (Bild 17).

Im Ausschnitt A lässt sich das Scherband nicht exakt erkennen. Hier ist die Messung der Scherbandbreite und damit die Berechnung der Temperaturen nicht möglich. Im Ausschnitt B hingegen ist das Scherband im Schliffbild deutlich erkennbar. In diesem Fall lässt sich die Scherbanddicke bestimmen. Eine statistische Absicherung der Ergebnisse bleibt auch in diesem Fall notwendig. Die Scherbanddicke kann, wie im Ausschnitt B unten deutlich zu erkennen ist, durch angrenzende Einschlüsse entscheidend beeinflusst werden. Wie aus Bild 17 hervorgeht, besteht ein linearer Zusammenhang zwischen Scherbandbreite b_{SB} und Scherbandtemperatur ϑ_{SB}. Absolute Messfehler von 1 µm bedeuten einen relativen Messfehler von bis zu 10 %. Aufgrund des linearen Verhaltens beider Größen spiegelt sich dieser Fehler in der Berechnung der Scherbandtemperaturen wieder.

Bei der Fehlerbetrachtung wird davon ausgegangen, dass die Messunsicherheit bei der Bestimmung der Scherbanddicke 20 % beträgt. So ergibt sich der gesamte relative Fehler bei der Ermittlung der Scherbandtemperatur zu 27 %.

Schnittgeschwindigkeit: v_c = 4000 m/min

Übersichtsaufnahme

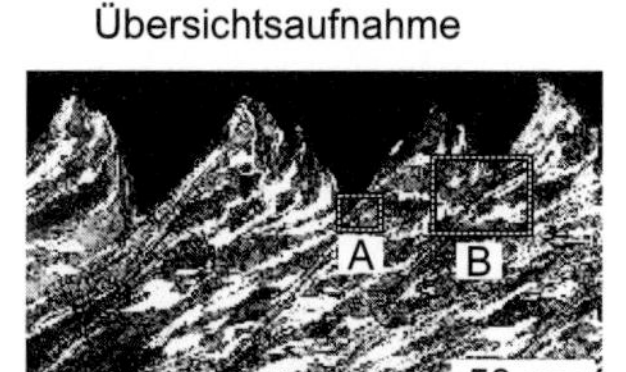

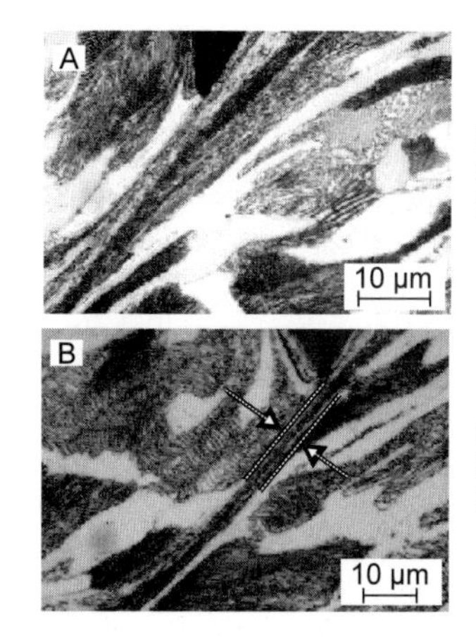

Bestimmung der Scherbandbreite B_{SB} ist schwierig

Bestimmung der Scherbandbreite B_{SB} ist möglich

Verfahren: Orthogonal-Einstechdrehen	Werkstoff: Ck45N Spanungsbreite: b = 3 mm Vorschub: f = 0,15 mm KSS: trocken	Schneidstoff: HC P30-P40 Beschichtung: Ti(C,N)/Al_2O_3	Werkzeuggeometrie SNGN 120412				
			Fase	α_{eff}	γ_{eff}	ε_r	κ
			-	6°	-6°	90°	0°

328/30114 © IFW

Bild 17: Ausbildung der Scherbänder

Die ermittelten Scherbandtemperaturen sind im Bild 18 dargestellt. Die Scherbandtemperaturen nehmen mit zunehmender Schnittgeschwindigkeit stetig zu und nähern sich der Schmelztemperatur des Werkstoffes asymptotisch an. Extrem hohe Temperaturen des Scherbandes bei hohen Schnittgeschwindigkeiten führen zu einer starken Werkstoffentfestigung in diesem Bereich. Ein abruptes Versagen des Werkstoffes, wie es die dynami-

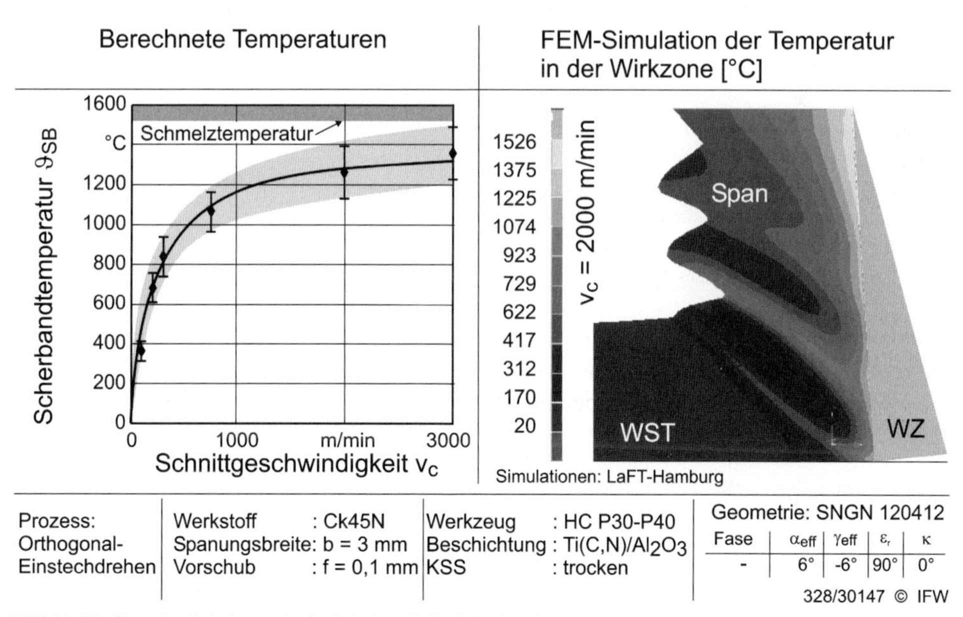

Bild 18: Einfluss der Schnittgeschwindigkeit auf die Scherbandtemperaturen

schen Kräftemessungen zeigen, ist die Folge. Demnach muss die Scherlokalisierung bei hohen Schnittgeschwindigkeiten viel stärker ausgeprägt sein als bei niedrigen Schnittgeschwindigkeiten. Die analytisch ermittelten Werte werden mit den Simulationsergebnissen des Laboratorium Fertigungstechnik der Universität der Bundeswehr Hamburg (LaFT-Hamburg) verglichen (Siehe: „Anwendung der FE-Simulation auf den Spanbildungsprozess bei der Hochgeschwindigkeitszerspanung" Behrens, Kalisch). Hierbei handelt es sich um eine elastoplastische Berechnung auf der Basis von dynamischen Fließkurven [16]. Es ergibt sich bei einer Schnittgeschwindigkeit von $v_c = 2000$ m/min eine mittlere Temperatur im vollausgebildeten Scherband von etwa $\vartheta_{SB} = 1100$ °C. Diese Temperatur liegt im Streubereich der analytisch ermittelten Temperaturen.

Um diese Ergebnisse zu überprüfen, wird ein Span im Rasterelektronenmikroskop (REM) untersucht. Der Span wird bei einer Schnittgeschwindigkeit von $v_c = 3000$ m/min und bei einem Vorschub von f = 0,3 mm im Orthogonal-Einstechdrehen erzeugt. Die REM-Aufnahme in Bild 19 zeigt die Oberfläche, die in der Scherphase im Scherband liegt.

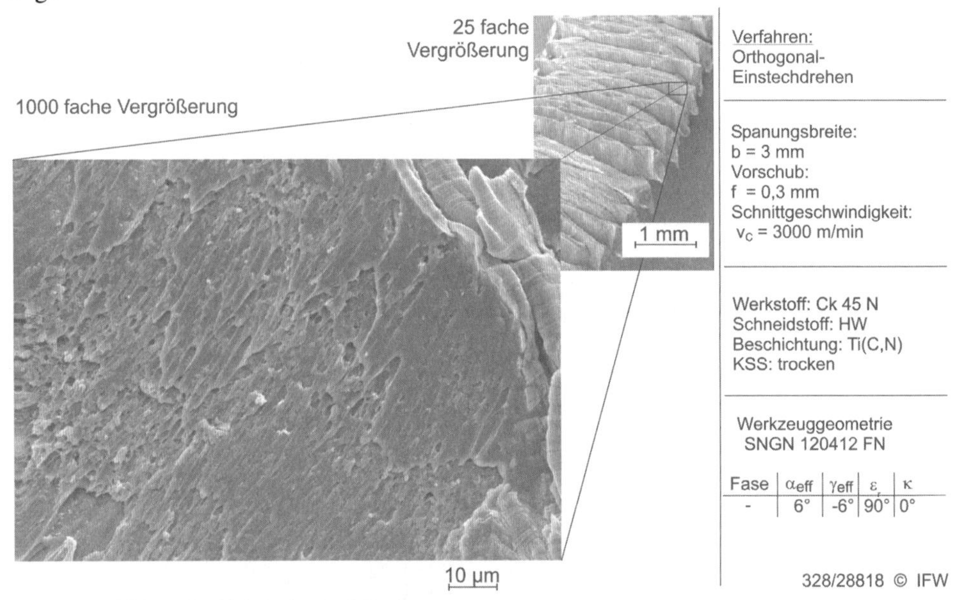

Bild 19: Ausbildung des Gefüges in der Scherebene

Die Oberflächenstruktur im oberen Bereich weist auf einen teigigen Zustand des Werkstoffes hin. Wenn eine teigige Substanz zwischen zwei Platten gepresst wird und die Platten anschließend gleichzeitig geschoben und auseinander gezogen werden, erhält man eine ähnliche Struktur. Demnach werden in diesem Bereich Temperaturen dicht unterhalb der Schmelztemperatur des Werkstoffes erreicht. Im unteren Bereich des Scherbands sind koagulierte Tröpfchen festzustellen. Dieses bedeutet, dass bei diesen Zustellbedingungen die Schmelztemperatur des Werkstoffes erreicht wird.

1.3.3 Experimentelle Temperaturbestimmung

Die Temperaturbestimmung in der Spanbildungszone bei hohen Schnittgeschwindigkeiten ist schwierig. Die Schwierigkeiten potenzieren sich, wenn zeitveränderliche Vorgänge mit hoher Ortsauflösung untersucht werden. In dieser Arbeit wird mit einer schnellen Thermokamera gemessen.

Die thermographischen Messungen werden bei Schnittgeschwindigkeiten von $v_c = 200$ m/min, $v_c = 500$ m/min und $v_c = 1000$ m/min und einem Vorschub von $f = 0{,}3$ mm durchgeführt. Aus diesem Vorschub ergeben sich 12 Messpunkte im Bereich der Spanhöhe. Durch die Spanstauchung ergeben sich je nach Schnittgeschwindigkeit eine höhere Anzahl an Pixeln im Messbereich des Spanes.

Bei der Auswertung der Messungen gestalten sich vor allem die Zuordnung einzelner Pixel zu einem Festkörper schwierig. Die großen Temperaturunterschiede in Übergangsbereichen zwischen zwei benachbarten Pixeln von bis zu $\Delta\vartheta = 130$ K verschlechtert zusätzlich die Genauigkeit der Messung. Unter Berücksichtigung der Geometrien von Spänen und Spanwurzeln, sowie der Simulationsergebnisse können die Positionen der einzelnen Körper genauer ermittelt werden. Eine Unsicherheit bleibt jedoch bestehen. Im vollausgebildeten Scherband (vergleiche Bild 18) wird die maximale Temperatur nahe der Spanfläche ermittelt. Sie beträgt bis zu $\vartheta_{SB} = 1282$ °C.

In den benachbarten Pixeln beträgt die Temperatur nur noch $\vartheta = 1114$ °C. Diese Temperatur wird der Spanfläche zugewiesen. Es ergibt sich demnach ein Temperaturgradient von $\Delta\vartheta/\Delta x = 6720$ K/mm. Geht man von einem konstanten Temperaturgradienten in diesem Bereich aus, so muss die maximale Temperatur im Scherband 1366 °C betragen. Erstaunlich ist die enorm hohe Temperatur an der Freifläche. Trotz des Einsatzes einer arbeitsscharfen Schneide werden hier Temperaturen von bis zu 1000 °C gemessen. Die maximale Ausdehnung der Reibfläche beträgt hierbei VB = 26 μm (Bild 20).

max. Scherbandtemperatur $T_{\phi max}$ = 1226-1282 °C
max. Spanflächentemperatur T_{SFmax} = 1058-1114 °C
max. Randzonentemperatur T_{Rmax} = 946-1002 °C

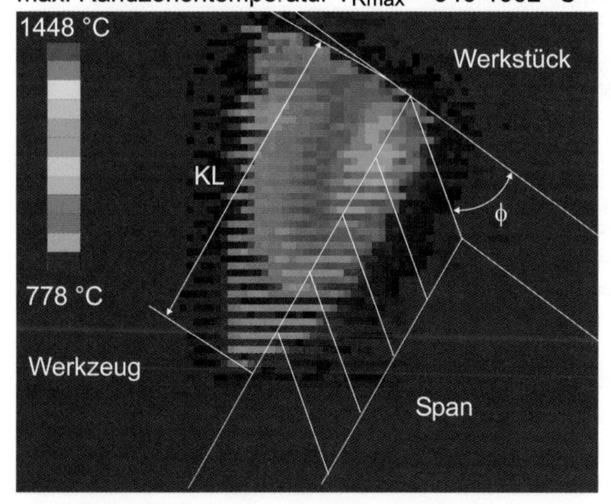

Messbedingungen:
geometrische Auflösung: 25 μm
Messbereich: 787 °C bis 1448 °C
Messauflösung: 56 °C bei 12 Bit

<u>Verfahren:</u>
Orthogonal-Einstechdrehen

Schnitgeschwindigkeit:
v_c = 2000 m/min
Vorschub:
f = 0,3 mm
Schneidstoff:
HC P30-P40

Werkstoff: Ck45N
Spanungsbreite: b = 3 mm
KSS: trocken

Werkzeuggeometrie
SNGN 120412

Fase	α_{eff}	γ_{eff}	ε_r	κ
-	6°	-6°	90°	0°

328/32668 © IFW

Bild 20: Messung und Auswertung der Temperatur

Insbesondere bei hohen Schnittgeschwindigkeiten gestaltet sich die Temperaturmessung schwierig. Die absoluten Angaben sind stark fehlerbehaftet. Zwar weisen die Herstellerangaben der Thermokamera eine Auflösung im Bereich von 0,1 K auf, jedoch betragen die Messunsicherheiten, abhängig von der Auflösung und unter der Betrachtung der Messunsicherheit des Emissionsgrades bis zu 15 %. Daraus ergibt sich ein Messfehler von ca. 200 K bei einer Temperatur von 1300 °C. Die thermographischen Aufnahmen werden hinsichtlich der maximalen Temperaturen in der Randzone, in der Scherebene und der Spanfläche ausgewertet.

Die gemessenen maximalen Spanflächentemperaturen sind in Bild 21 dargestellt. Der prinzipielle Verlauf der Temperatur in Abhängigkeit von der Schnittgeschwindigkeit wird bestätigt. Die Messwerte weisen im unteren Geschwindigkeitsbereich eine gute Übereinstimmung mit den Berechnungen auf. Mit zunehmender Schnittgeschwindigkeit entfernen sich die Kurven voneinander. Hierbei liegen die berechneten Werte um $\Delta\vartheta = 230$ K über den gemessenen Unter Berücksichtigung der geometrischen Auflösung des Messsystems fallen die Unterschiede jedoch geringer aus. Zum Vergleich werden die Messergebnisse von Nakayama und Taschlitzki im Bild 21 dargestellt [17], [18]. Die von Müller gemessenen Werte sind stets geringer als die übrigen Messwerte. Müller weist daraufhin, dass die von ihm gemessenen Temperaturen systembedingt zu gering ausfallen [19].

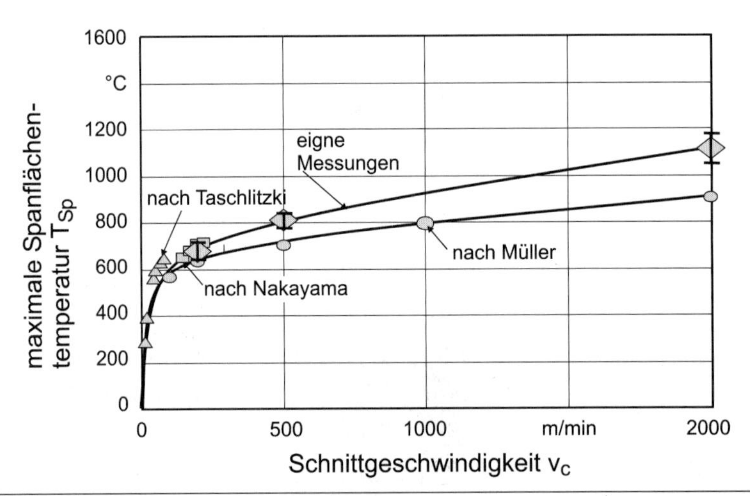

Prozess: Orthogonal-Einstechdrehen	Werkstoff : Ck45N Spanungsbreite: b = 3 mm Vorschub : f = 0,3 mm	Werkzeug : HC P30-P40 Beschichtung : Ti(C,N)/Al_2O_3 KSS : trocken	Geometrie: SNGN 120412

Fase	α_{eff}	γ_{eff}	ε_r	κ
-	6°	-6°	90°	0°

328/34068 © IFW

Bild 21: Maximale Temperaturen in der Spanfläche

Die Messergebnisse der Scherbandtemperatur sind in Bild 22 dargestellt. Des Weiteren sind die Ergebnisse der adiabatischen Scherbandtemperaturberechnungen bei einem Vorschub von f = 0,1 mm wiedergegeben.

Qualitativ betrachtet bestätigen die Messergebnisse die Berechnungen. Obwohl die Messungen und Berechnungen bei unterschiedlichen Vorschüben durchgeführt werden, ähneln sich die Scherbandtemperaturen bei niedrigen und hohen Schnittgeschwindigkeiten.

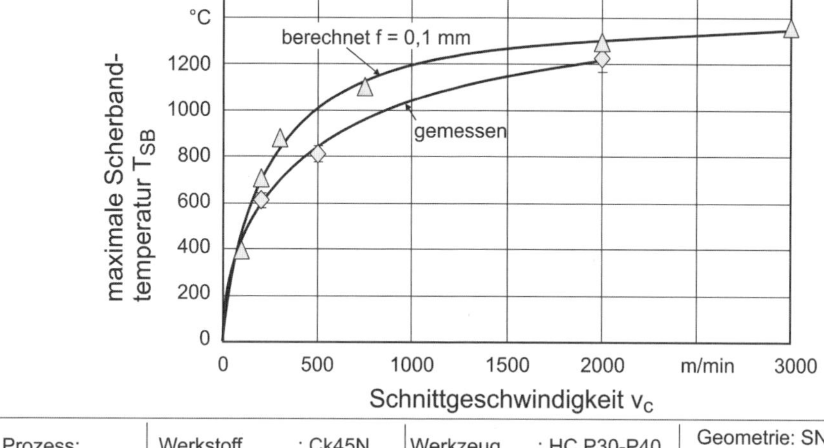

Prozess: Orthogonal-Einstechdrehen	Werkstoff : Ck45N Spanungsbreite: b = 3 mm Vorschub : f = 0,3 mm	Werkzeug : HC P30-P40 Beschichtung : Ti(C,N)/Al_2O_3 KSS : trocken	Geometrie: SNGN 120412

Fase	α_{eff}	γ_{eff}	ε_r	κ
-	6°	-6°	90°	0°

328/34067 © IFW

Bild 22: Maximale Temperatur im Scherband

Bei einer Verzehnfachung der Schnittgeschwindigkeit werden die Scherbandtemperaturen verdoppelt. Da die Schmelztemperatur nicht überschritten werden kann, muss die Scherbandtemperatur asymptotisch gegen diese verlaufen. Die hohe Verformungskonzentration, wie sie in den Schliffbildern beobachtet wird, sowie die hohen Formänderungsgeschwindigkeiten bewirken eine hohe Leistungsumsetzung in einer geringen Werkstoffmasse und führen zu diesen hohen Temperaturen.

1.3.4 Entwicklung eines schnellen Temperaturmessverfahrens

Mit dem Ziel, den Temperaturverlauf im Bereich der Spanbildungszone in einem realitätsnahen Prozess zu untersuchen, wird am Laser Zentrum Hannover ein Messverfahren für das Orthogonaleinstechdrehen an einer Schrägbettdrehmaschine erarbeitet. Hierbei wird eine hohe örtliche und zeitliche Auflösung angestrebt, um an der schmalen Kante des abfließenden Spans die periodische Temperaturerhöhung im Bereich der Scherbänder zu detektieren.

Bild 23 stellt das Funktionsprinzip des Messsystems dar. Herzstück ist eine flüssigstickstoffgekühlte InSb-Fotodiode (Empfindlichkeitsbereich 1–5,5 µm) in Kombination mit einem rauscharmen Verstärker und einem schnellen Digitalspeicheroszilloskop. Durch Verwendung eines Reflexionsobjektivs wird die Spanbildungszone vergrößert auf dem Detektor abgebildet. Mit Hilfe des (Ein-) Punktsensors lässt sich zwar der Temperaturverlauf des Messflecks zeitlich hoch aufgelöst verfolgen, die genaue Position des Messflecks in der Scherbandzone bleibt jedoch unbestimmt. Aus diesem Grund wird der Punktsensor mit einer zweidimensionalen Matrixkamera kombiniert. Hierzu wird ein kleiner Teil der Strahlung durch einen den Strahlengang nur leicht berührenden ortsfesten Spiegel direkt auf den Chip einer CCD-Kamera gelenkt, der in der Bildebene angeordnet ist. Mit dieser Anordnung kann gleichzeitig ein zweidimensionales Bild der Spanbildungszone erfasst und auch der Temperaturverlauf zeitlich hoch aufgelöst über den IR-Punktsensor verfolgt werden. Mit Hilfe einer Justierbeleuchtung ist es möglich, Punktsensor und Kamera so zu justieren, dass der Messfleck des Punktsensors an einem definierten Ort im Kamerabild liegt (bevorzugt im Zentrum).

Das Messsystem wird ebenso wie das Werkzeug verwindungssteif an den verfahrbaren Sternrevolver der Schrägbettdrehmaschine montiert. Auf diese Weise ist gewährleistet, dass sich die Position des Messsystems relativ zur Spanbildungszone im Verlauf des Einstechvorgangs nicht ändert. Dies ist eine grundlegende Voraussetzung für die Positionsbestimmung des IR-Messflecks über das Bild der CCD-Kamera, dessen Bildaufnahmerate wesentlich geringer ist als die Messrate des IR-Punktsensors.

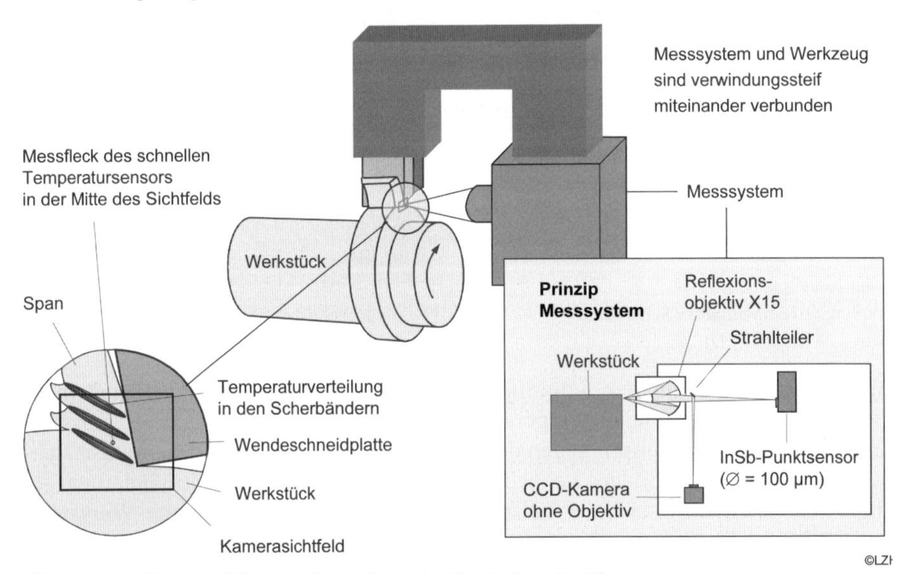

Bild 23: Darstellung des Messprinzips und prinzipieller Aufbau des Messsystems

Nach sorgfältiger theoretischer Analyse der Einflussfaktoren auf Temperaturbereich, Geschwindigkeit, Empfindlichkeit und örtliche Auflösung wurde das Messsystem hinsichtlich seiner messtechnischen Komponenten gemäß Tabelle 1 ausgelegt.

Tabelle 1: Hardwarekomponenten zur Realisierung des Messsystems

IR-Detektor	InSb, N_2(l)-gekühlt, Ø = 100 µm, Hersteller: Judson Technology
Verstärker	Transimpedanzverstärker, Bandbreite 4 MHz, Verstärkungsfaktor 500 kV/A, Hersteller: Femto Messtechnik
CCD-Kamera	DMK 30H12 , 60 Hz
Objektiv	Reflexionsobjektiv, Vergrößerung 15-fach, numerische Apertur NA = 0,5, Hersteller: Coherent
Datenerfassungs-karte	Schnelle A/D-Datenerfassungskarte, 4 Kanäle, max. Datenerfassungsrate 20 MHz, vertikale Auflösung 12 bit, Hersteller: Measurement Computing, PCI-DAS4020/12
Frame Grabber	16 MB On-Board-Memory zur Zwischenspeicherung von Bildern, IMAQ PCI/PXI-1411

Die örtliche und zeitliche Auflösung sind kritische Eigenschaften des Messsystems, die bei der Interpretation der Temperaturmesskurven berücksichtigt werden müssen. Die gemessene Temperatur ist über den gesamten Messfleck gemittelt. Bei zu großen Temperaturgradienten kommt es prinzipiell zu einer Glättung der Temperaturmesskurven, so dass die gemessenen Maximaltemperaturen zu gering sein können. Die Rechnungen zeigen, dass bedingt durch Beugungseffekte der Optik ein effektiver Messfleckdurchmesser nicht unter 20–30 μm (je nach Definition, s.u.) zu realisieren ist.

Begrenzt durch die Bandbreite des Messverstärkers beträgt die minimale zeitliche Auflösung des Messsystems $\Delta t_{min} = 0{,}25$ μs. Die örtliche Auflösung wird im Wesentlichen durch die Messfleckgröße bestimmt. Unter Zuhilfenahme der Gesetzmäßigkeiten der paraxialen geometrischen Optik ergibt sich für die Messfleckgröße Δa_{geo}:

$$\Delta a_{geo} = \frac{d_{Det}}{V} \tag{17}$$

d_{Det}: Detektordurchmesser

v: Vergrößerungsfaktor des Objektivs

Bei einem Vergrößerungsfaktor von 15 und einem Detektordurchmesser von 100 μm ergibt sich eine geometrische Messfleckgröße von 7 μm. Die geometrisch bestimmte Messfleckgröße ist entscheidend für die thermische Empfindlichkeit des Messsystems. Je größer der Messfleck, desto mehr Strahlung fällt auf den Detektor und desto höher ist seine thermische Empfindlichkeit. Für einen geometrischen Messfleckdurchmesser von 7 μm wurde die thermische Nachweisgrenze des Messsystems zu 600 K berechnet.

Bedingt durch geometrische Aberrationen und wellenlängenabhängige Beugungserscheinungen der Optik ist die tatsächliche Fläche, von der Strahlung auf den Detektor fällt, wesentlich größer als die geometrisch berechnete. Hierdurch wird die thermische Empfindlichkeit des Detektors nicht erhöht – ein Teil der Strahlung aus dem Messfleck trifft den Detektor nicht –, wohl aber die örtliche Auflösung des Messsystems verschlechtert. Mit Hilfe der hier anwendbaren Näherungsformel für das Mikroskop,

$$\Delta a_{opt} = \frac{\lambda}{NA} \tag{18}$$

λ: Wellenlänge

NA: Numerische Apertur

ergibt sich für eine Wellenlänge $\lambda = 5$ μm und die numerische Apertur des Reflexionsobjektivs NA = 0,5 eine optische Auflösung von $\Delta a_{opt} = 10$ μm. Die so berechnete Auflösung bezieht sich auf die optische Unterscheidbarkeit von zwei Objekten. Maßgeblich für die Genauigkeit der Temperaturmessung ist jedoch der Anteil, den die aus einer bestimmten Gebietsgröße erfasste Strahlung am Detektorsignal hat. Eine auf diesem Kriterium beruhende örtliche Auflösung (effektive Messfleckgröße) wurde unter Zuhilfenahme eines Simulationsprogramms zum Design optischer Systeme (Zemax) berechnet. Die effektive Messfleckgröße $\Delta a_{eff,\,90\%}$ (bzw. $\Delta a_{eff,\,75\%}$) ist hierbei der Durchmesser eines Kreises auf dem Objekt, dessen Strahlung das Detektorsignal zu 90% (bzw. 75 %) bestimmt.

Der auf Beugung und Aberrationen bedingte Anteil der effektiven Messfleckgröße $\Delta a_{aberr+diff}$ wird ermittelt aus der Abbildung eines punktförmigen Objekts. Tabelle 2 stellt die Ergebnisse der Berechnungen für eine Vergrößerung von 15 bei verschiedenen Wellenlängen von 1–5 μm sowie über den Wellenlängenbereich gemittelt dar.

Tabelle 2: Berechnung des auf Beugung und Aberrationen bedingten Anteils zur effektiven Messfleckgröße

Wellenlänge	1 µm	3 µm	5 µm	1–5 µm gleichgewichtet
$\Delta a_{aberr+diff,\,90\%}$	8 µm	19 µm	30 µm	20 µm
$\Delta a_{aberr+diff,\,85\%}$				17 µm
$\Delta a_{aberr+diff,\,80\%}$				15 µm
$\Delta a_{aberr+diff,\,75\%}$	4 µm	11 µm	20 µm	12 µm

Hierbei spielt bei den Wellenlängen ab 3 µm die Beugung den dominierenden Anteil bei der Begrenzung der örtlichen Auflösung. Nimmt man näherungsweise an

$$\Delta a_{eff} = \Delta a_{geo} + \Delta a_{aberr+diff} \quad (19)$$

so ergibt sich bei Mittelung über den gesamten Wellenlängenbereich des Detektors unter Gleichgewichtung aller Wellenlängen eine effektive Messfleckgröße von $\Delta a_{eff,90\%} = 27$ µm (bzw. $\Delta a_{eff,75\%} = 19$ µm). Die so bestimmte effektive Messfleckgröße bestimmt die Auflösung unter statischen Bedingungen. Im Fall eines schnell bewegten Objekts muss ebenfalls ein dynamischer Anteil berücksichtigt werden.

$$\begin{aligned} \Delta a_{dyn} &= v_{Span} \cdot \Delta t_{min} \\ \text{mit} \quad v_{Span} &: \text{Geschwindigkeit des Spans} \\ \Delta t_{min} &: \text{Zeitliche Auflösung} \end{aligned} \quad (20)$$

Bei einer minimalen zeitlichen Auflösung von 0,25 µs ergibt sich bei einer Geschwindigkeit von $v_c = 2000$ m/min eine Zunahme an örtlicher Unschärfe von 8 µm.

1.4 Definition der Grenzgeschwindigkeit v_{grenz}

Nach Tönshoff [3] lässt sich die Gesamtschnittenergie des Zerspanprozesses in fünf Teilenergien (Formänderungsenergie, Reibenergie an Span- und Freifläche sowie Umlenk- und Trennenergie) einteilen (Bild 24).

Die Umlenk- und die Trennenergie sind im Vergleich sehr gering und werden daher vernachlässigt [3], [9]. Für die Reibenergie an der Freifläche $e_{f\alpha}$ wird kein besonderer Ansatz gemacht, sie wird implizit in der Formänderungsenergie e_d berücksichtigt. Somit ergibt sich die Gesamtschnittenergie nur aus der Formänderungsenergie und der Reibenergie an der Spanfläche. Der Verlauf dieser drei spezifischen Energien über die Schnittgeschwindigkeit ist in Bild 24 dargestellt. Wenn auch der Reibwert, wie Experimente zeigen, mit zunehmender Schnittgeschwindigkeit zurückgeht, so nimmt die Reibenergie an der Spanfläche doch nur geringfügig ab. Grund hierfür ist die gleichzeitige Abnahme der Spanstauchung λ und die damit verbundene Zunahme des Reibweges des Spanes auf der Spanfläche. Hieraus lässt sich ableiten, dass die Abnahme der Schnittenergie in erster Linie auf die Reduzierung der Formänderungsenergie zurückzuführen ist.

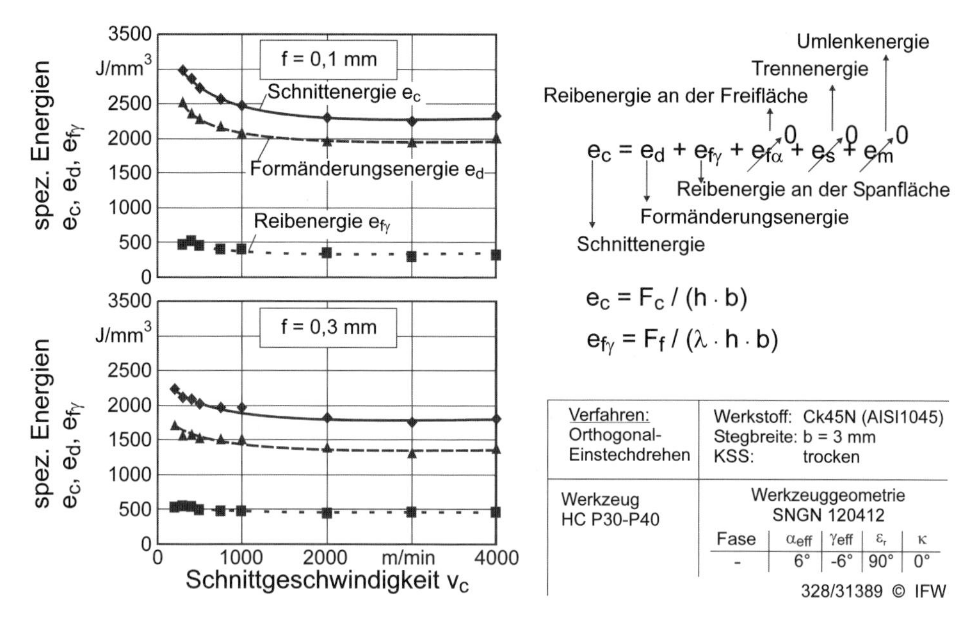

Bild 24: Verlauf der spezifischen Energien des Zerspanprozesses

Die in Bild 25 dargestellten Schnitt- und Vorschubkraftverläufe zeigen den vielfach festgestellten, hochgeschwindigkeitstypischen Verlauf der Kraftkomponenten bis zum Erreichen einer werkstoffspezifischen Grenzgeschwindigkeit. Ab dieser Grenzgeschwindigkeit bleiben die Kraftkomponenten nahezu konstant. Es zeigt sich, dass die beim Zerspanen

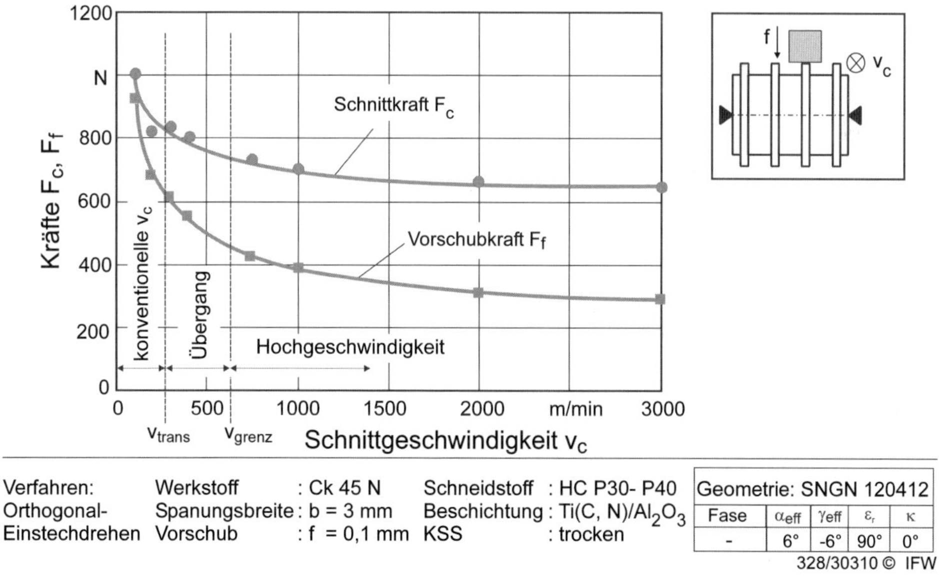

Bild 25: Schnittkraftcharakteristik

aufgenommenen Schnittkraftverläufe unterschiedlicher Werkstoffe mit dem folgenden Exponentialansatz erster Ordnung gut beschrieben werden können.

$$F_c(v_c) = F_{c\infty} + F_{c\,var} \cdot e^{-\left(\frac{2 v_c}{v_{HG}}\right)} \tag{21}$$

Die Schnittkraft setzt sich demnach zusammen aus einem geschwindigkeitsunabhängigen Anteil $F_{c\infty}$, dem sie sich asymptotisch bei hohen Geschwindigkeiten nähert, und einem variablen Teil $F_{cvar} \cdot e^{-(2 v_c/v_{grenz})}$. Daraus folgt also die Zuweisung als Grenzwert der Hochgeschwindigkeit $v_c = v_{grenz}$. Der Bereich $v_{trans} < v_c < v_{grenz}$ wird als Übergangsbereich bezeichnet [9].

Diese Nachbildung der Schnittkraftabhängigkeit von der Schnittgeschwindigkeit wird in eine Leistungsbetrachtung eingeführt. Die Schnittleistung ergibt sich aus dem Produkt der Schnittkraft und der Schnittgeschwindigkeit.

$$P_c(v_c) = P_{c\infty} + P_{c\,var} = v_c \cdot \left[F_{c\infty} + F_{c\,var} \cdot e^{-\left(\frac{2 v_c}{v_{grenz}}\right)} \right] \tag{22}$$

Ausgehend von der Näherungsfunktion für die Schnittkraft setzt sich die gesamte Schnittleistung P_{cges} aus einem linear über v_c steigenden Anteil $P_{c\infty}$ und einem Exponentialanteil P_{cvar} zusammen.

In Bild 26 oben rechts wird der Verlauf der Schnittleistung mit steigender Schnittgeschwindigkeit verdeutlicht. Ein linear mit der Schnittgeschwindigkeit steigender Anteil der Schnittleistung entspricht dem konstanten Anteil der Schnittkraft. Der zweite Summand der Exponentialfunktion liefert den variablen Anteil der Schnittleistung P_{cvar}, was

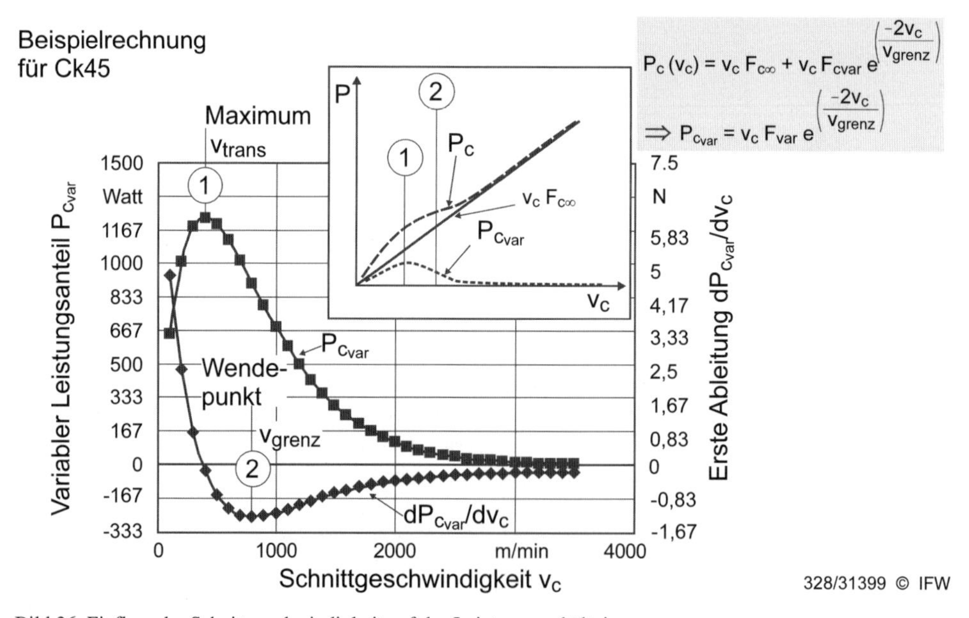

Bild 26: Einfluss der Schnittgeschwindigkeit auf das Leistungsverhältnis

dem typischen Abfall der Schnittkraft mit steigender Schnittgeschwindigkeit entspricht. Letzterer Verlauf in Bild 26 zeigt zwei markante Punkte: Punkt 1 als Maximum der Schnittleistung wird hier als Beginn des Übergangsbereichs zwischen konventioneller und Hochgeschwindigkeitsbearbeitung bezeichnet. In Punkt 2 nimmt die erste Ableitung des variablen Teils der Schnittleistung ein Minimum an. Über diesen Punkt hinaus nähert sich die Schnittleistung asymptotisch dem linearen Verlauf an, da der variable Anteil gegen Null geht. Es gibt also eine Schnittgeschwindigkeit, bei der die Veränderung der Schnittleistung mit der Geschwindigkeit ein Minimum hat, d.h. $dP_{cvar}/dv_c = \text{Min.}$ Diese Geschwindigkeit wird als Grenzgeschwindigkeit v_{grenz} bezeichnet [9].

Die Grenzgeschwindigkeit ist eine werkstoffspezifische Größe, die durch mechanische und thermische Eigenschaften des Werkstoffs wesentlich geprägt wird. Zunächst wird, weiterhin am Beispiel des Stahls Ck 45, der Einfluss der mechanischen Eigenschaften des Werkstoffs auf die Grenzgeschwindigkeit ermittelt.

In einem ersten Schritt wird der Werkstoff Ck 45 in verschiedenen Wärmebehandlungszuständen untersucht. Auf diese Weise werden die mechanischen Eigenschaften variiert und gleichzeitig die thermodynamischen Größen nur geringfügig beeinträchtigt.

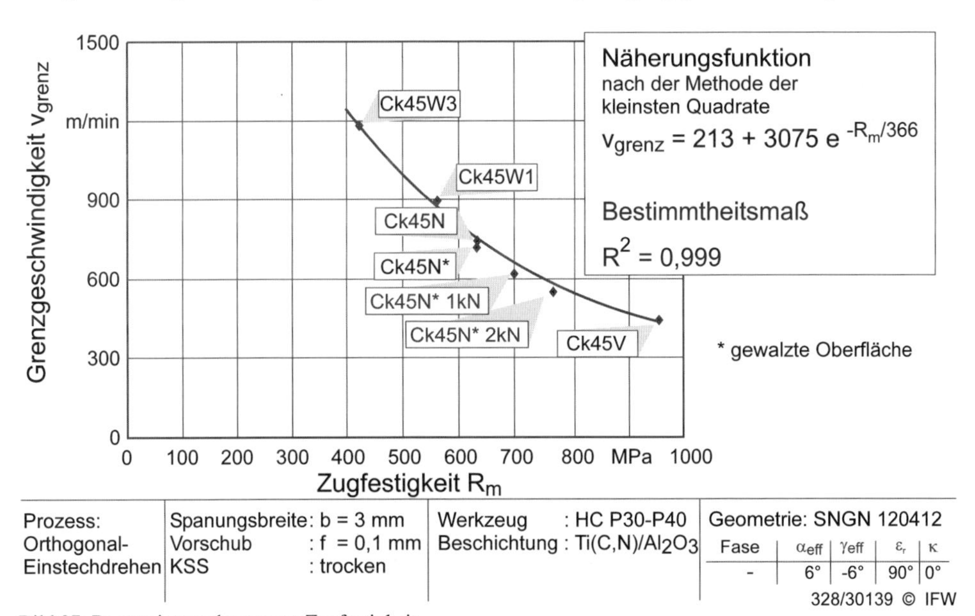

Bild 27: Regressionsrechnung zur Zugfestigkeit

In den dargestellten Untersuchungen liegt der Werkstoff Ck 45 in einem normalgeglühten Ausgangszustand (Ck 45 N) vor, der in weiteren Schritten in drei weichgeglühte Varianten (Ck45W1-3) und in eine vergütete Variante (Ck 45 V) modifiziert wird. Durch die Wärmebehandlungen wird die Zugfestigkeit zwischen $R_m = 420$ MPa und 952 MPa eingestellt. Diese vier Varianten haben die gleiche Dichte und den gleichen E-Modul. Auch eine gesteigerte Zugfestigkeit durch eine Oberflächenverfestigung mittels Festwalzen wird hierbei untersucht. Die Grenzgeschwindigkeit v_{grenz} ändert sich dagegen stark. Die Ergebnisse sind in Bild 27 dargestellt. Festzustellen ist, dass ein Zusammenhang besteht zwischen der empirischen Größe Grenzgeschwindigkeit und der Zugfestigkeit der Werkstoffe. Beim Ck 45 kann der Verlauf der Grenzgeschwindigkeit v_{grenz} in Abhängigkeit von der Zugfestigkeit R_m mit einer Exponentialfunktion erster Ordnung beschrieben werden.

$$v_{grenz} = 220 + 3075 \times e^{\frac{-R_m}{366}} \tag{23}$$

Danach sinkt die Grenzgeschwindigkeit mit zunehmender Zugfestigkeit von annähernd v_{grenz} = 1200 m/min auf v_{grenz} = 430 m/min ab. Das hohe Bestimmtheitsmaß der Korrelation ist ein Hinweis für die Güte dieser Korrelation und lässt die Existenz eines physikalischen Phänomens hinter der empirischen Größe Grenzgeschwindigkeit vermuten. Demnach bewirken hohe Zugspannungen die höchste Verfestigung des Werkstoffes im Bereich der Scherebene. Dies bedeutet, dass eine durch die Versetzungsstruktur bedingte Erhöhung der Zugfestigkeit zur Reduzierung der Grenzgeschwindigkeit führt. Dies gilt es auch für andere Werkstoffe nachzuweisen.

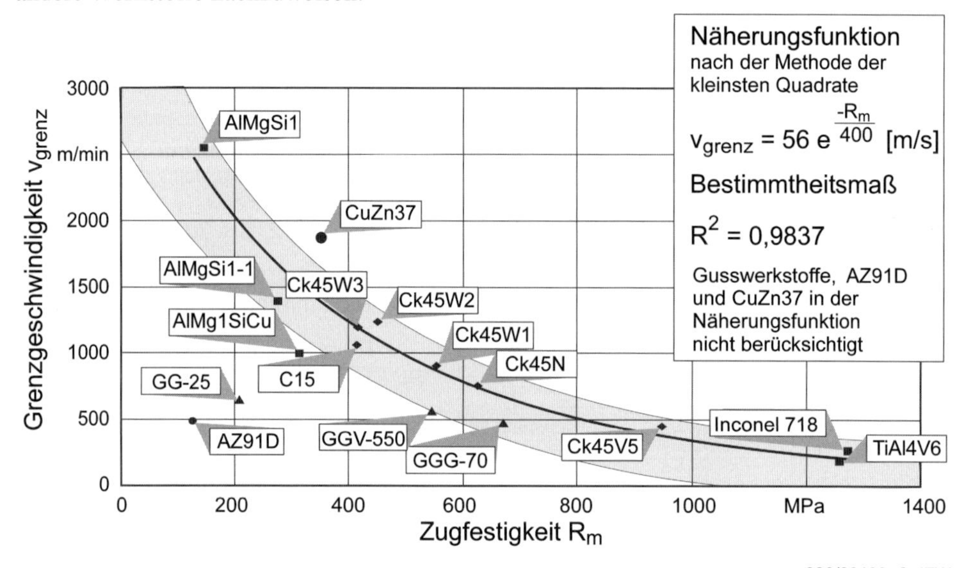

Bild 28: Regressionsrechung der Zugfestigkeit für verschiedene Werkstoffe

Hierzu werden für den unteren Festigkeitsbereich die Grenzgeschwindigkeiten der Werkstoffe AlMgSi1 (R_m = 151 MPa), AlMgSi1-1 (R_m = 280 MPa) und ein dritter Aluminiumwerkstoff AlMg1SiCu untersucht (Bild 28). Des weiteren werden ein C15 sowie die Gusslegierungen GG-25, GGV-550 und GGG-70 betrachtet. Letzterer wird anhand von Literaturangaben in die Untersuchungen mit einbezogen [20]. Um einen weiten Bereich möglicher Zugfestigkeiten abzudecken wird zusätzlich, ebenfalls anhand von Literaturwerten, die Grenzgeschwindigkeit von Inconel (R_m = 1275 MPa) bestimmt [21]. Damit wird ein Festigkeitsbereich von 151 MPa < R_m < 1275 MPa abgedeckt. Mit den Werkstoffen GG-25 und AZ91D werden Werkstoffe mit geringerer Verformbarkeit ebenfalls berücksichtigt. Insgesamt bestätigen die Untersuchungen den Zusammenhang zwischen der Zugfestigkeit R_m und der Grenzgeschwindigkeit v_{grenz}.

Die in Bild 28 dargestellten Abweichungen der Werkstoffe GG-25 und AZ91D lassen sich folgendermaßen erklären: Nach Klose [20] liegt bei der Zerspanung von GG-25 weder reine Reißspanbildung noch reine Scherspanbildung vor. Bei geringen Schnittgeschwindigkeiten überwiegt der Charakter der Reißspanbildung, bei höherer Schnittgeschwindigkeiten eher die Scherspanbildung. Dieses Verhalten liegt in der Morphologie des Graphits begründet. GGG-70 weist eine ausgeprägte Verformung sowohl im Bereich des Scherbandes als auch im Segmentkern auf, wobei letztere deutlich geringer ausfällt [20]. Im Grenzgeschwindigkeitsbereich von GG-25 ist ebenfalls der Magnesiumwerkstoff AZ91D zu finden. Magnesium kristallisiert in der hexagonal dichtesten Packung (hdp) und ist deshalb schlecht kaltumformbar. Bei der Zerspanung neigt AZ91D daher ähnlich wie GG-25 zur Reißspanbildung und hat damit ebenfalls ein grundsätzlich anderes Verformungsverhalten [22], weshalb es in dieser Regression nicht erfasst wird. Zusammenfassend kann festgestellt werden, dass die Grenzgeschwindigkeit gut mit der Zugfestigkeit der Werkstoffe korreliert. Eine Ausnahme bilden Werkstoffe, die schlecht verformbar sind und zur Reißspanbildung neigen.

1.4.1 Thermische Einflüsse auf die Grenzgeschwindigkeit

Um eine ausführliche Beschreibung des Werkstoffverhaltens bei der Hochgeschwindigkeitszerspanung zu erhalten, ist das Einfließen thermischer Komponenten in das Modell erforderlich. Als Ansatz soll die Modellbetrachtung der Kinematik der Spanbildung bei hohen Schnittgeschwindigkeiten sowie die Betrachtung der drei elementaren Differentialgleichungen zur Kopplung der mechanischen mit den thermischen Größen dienen [9].

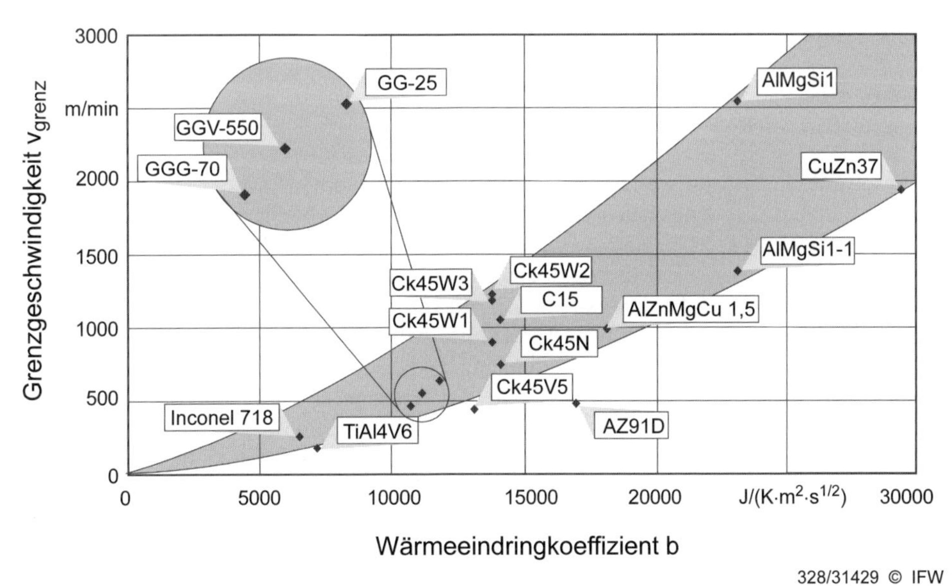

Bild 29: Regressionsrechung mit dem Wärmeeindringungskoeffizienten

Hiernach dient der Wärmeeindringkoeffizient b als die wesentliche thermodynamische Größe zur Beschreibung der Wirkzusammenhänge. Die Größe setzt sich zusammen aus dem Wurzelprodukt aus spez. Wärmekapazität c, Dichte ρ und Wärmeleitfähigkeit λ:

$$b = \sqrt{c \cdot \rho \cdot \lambda}\,. \tag{24}$$

Nach Baehr [12] ist die eindringende Wärmestromdichte proportional zum Wärmeeindringkoeffizienten sowie zur anliegenden Temperatur. Bild 29 zeigt die Abhängigkeit der Grenzgeschwindigkeit verschiedener Werkstoffe vom Wärmeeindringkoeffizienten b. Ein direkter Zusammenhang zwischen den beiden Größen kann hier nicht festgestellt werden. Es besteht jedoch die Tendenz, dass höhere Wärmeeindringkoeffizienten zu höheren Grenzgeschwindigkeiten führen.

Je schlechter die Wärme von der Entstehungsstelle in der Scherebene abgeführt werden kann, desto mehr neigt der Werkstoff zur thermisch bedingten Entfestigung und damit zur Reduzierung der Formänderungsenergie. Die hierfür benötigten Formänderungsgeschwindigkeit und damit auch die Grenzgeschwindigkeit liegt somit auf einem niedrigeren Niveau als bei Werkstoffen mit einem hohem Vermögen zur Wärmeabführung.

1.4.2 Koppelung mechanischer und thermischer Einflüsse

Es hat sich gezeigt, dass sowohl mechanische als auch thermische Werkstoffeigenschaften die Grenzgeschwindigkeit beeinflussen. Da sich aber im Allgemeinen diese beiden Einflüsse überlagern, wird im Folgenden ein Kennwert gesucht, der sowohl die mechanischen als auch die thermischen Einflüsse beschreibt. Dabei wird auf der einen Seite die Proportionalität der maximalen Wärmestromdichte q zum Wärmeeindringkoeffizienten b und der Schmelztemperatur T_m genutzt. Auf der anderen Seite wird die mechanisch eingebrachte Leistung P_c in erster Näherung als proportional zur Zugfestigkeit R_m angesehen. Aus dem Verhältnis beider Kenngrößen entsteht ein Faktor, welcher die mechanische und die thermische Leistung gekoppelt betrachtet.

$$\frac{q}{P_c} \approx \frac{b \cdot T_m}{R_m} = k \qquad (25)$$

Dieser Faktor wird im weiteren Leistungsfaktor k genannt. Er kann als das Verhältnis der umgesetzten mechanischen Leistung zu der maximal abführbaren thermischen Leistung des Werkstoffes angesehen werden. Je größer k wird, desto mehr erzeugte Wärme kann abgeführt werden, ohne das es zu einer Erhöhung der Grenzgeschwindigkeit kommt.

Um den Einfluss des Leistungsfaktors k auf die Grenzgeschwindigkeit v_{grenz} zu ermitteln, werden wieder unterschiedliche Werkstoffe betrachtet (Bild 30). Dabei ist festzustellen, dass ein nahezu linearer Zusammenhang zwischen dem Leistungsfaktor k und der Grenzgeschwindigkeit besteht. Somit wird die Grenzgeschwindigkeit im Wesentlichen von den thermomechanischen Eigenschaften der Werkstoffe bestimmt. Das Verhältnis der aufgebrachten mechanischen Leistung und der maximal abführbaren thermischen Leistung der Werkstoffe ist für die Grenzgeschwindigkeit von ausschlaggebender Bedeutung. Auffällig ist die Zuordnung der Werkstoffe hinsichtlich ihrer Neigung zur Scherspanbildung. Werkstoffe, die stark zur Scherspanbildung neigen, wie Inconel 718, TiAl6V4 oder wie der vergütete Stahl Ck 45 V besitzen einen geringen Leistungsfaktor (links unten im Bild). Werkstoffe bei denen keine Segmentierung feststellbar ist oder diese erst bei sehr hohen Schnittgeschwindigkeiten einsetzt, wie AlMgSi 1 und Ck 45 W3 oder wie C15 und Ck 45 W2, besitzen dagegen einen hohen Leistungsfaktor (oben rechts im Bild). Es kann somit geschlossen werden, dass die Neigung zur Scherspanbildung nicht allein von der Festigkeit der Werkstoffe, sondern auch von den thermodynamischen Eigenschaften abhängig ist. Es ist demnach die Neigung zur Segmentierung für Werkstoffe mit geringer

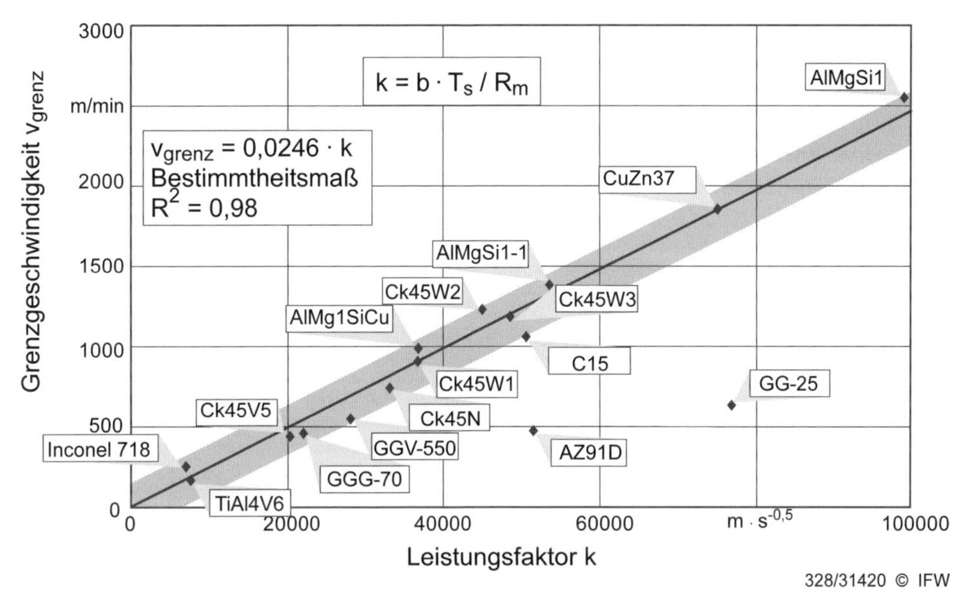

Bild 30: Regressionsrechung mit dem Leistungsfaktor

Festigkeit gegeben, wenn der Wärmeeindringkoeffizient niedrig ist. Die Grenzgeschwindigkeit lässt sich somit folgendermaßen beschreiben:

$$v_{grenz} \approx 0,025 \cdot \frac{T_m \cdot \sqrt{c \cdot \rho \cdot \lambda}}{R_m} \tag{26}$$

Dabei beschreibt T_m die Schmelztemperatur und R_m die Zugfestigkeit des eingesetzten Werkstoffs. Der Faktor 0,025 ist ein Korrekturfaktor, der sich aus den experimentellen Untersuchungen ergibt.

1.5 Temperaturermittlung in Anlehnung an die Grenzgeschwindigkeit v_{grenz}

Ein wesentliches Problem der Hochgeschwindigkeitsbearbeitung ist die in der Regel kurze Standzeit der Werkzeuge. Dies ist insbesondere auf die hohe thermische Beanspruchung der Werkzeugspanfläche zurückzuführen. Viele Autoren haben versucht, die Temperatur der Spanfläche zu bestimmen. Das von Salomon postulierte Sinken der Temperatur im Hochgeschwindigkeitsbereich konnte nicht nachgewiesen werden. Vielmehr weisen bei allen Autoren die Temperaturen einen asymptotischen Verlauf gegen die Schmelztemperatur auf. Ferner ist der Literatur zu entnehmen, dass bei höherfesten Werkstoffen die Temperaturen im unteren Geschwindigkeitsbereich im Vergleich zu Werkstoffen mit geringer Festigkeit sehr rasch ansteigen. Unter der Betrachtung der HG-Theorie stellt sich die Frage, ob die Temperaturen den gleichen Abklingverhältnissen unterliegen wie die Schnittkräfte. Es wird angenommen, dass die maximalen Temperaturen auf der Spanfläche bei der Schnittgeschwindigkeit $v_c = 0$ m/min der Umgebungstemperatur entspricht und bei $v_c = \infty$ die Schmelztemperaturen der Werkstoffe nicht überschritten werden. Es wird unterstellt, dass die maximalen Temperaturen in Abhängigkeit von der Schnittgeschwindigkeit einen exponentialen Verlauf erster Ordnung annehmen, wobei der Dämpfungsterm mit der Grenzgeschwindigkeit gleichzusetzen ist. Die Annahmen führen zur folgenden mathematischen Formulierung:

$$T_{\gamma max} = T_m \cdot \left[1 - e^{-\frac{v_c}{v_{grenz}}}\right]^{0,3} \tag{27}$$

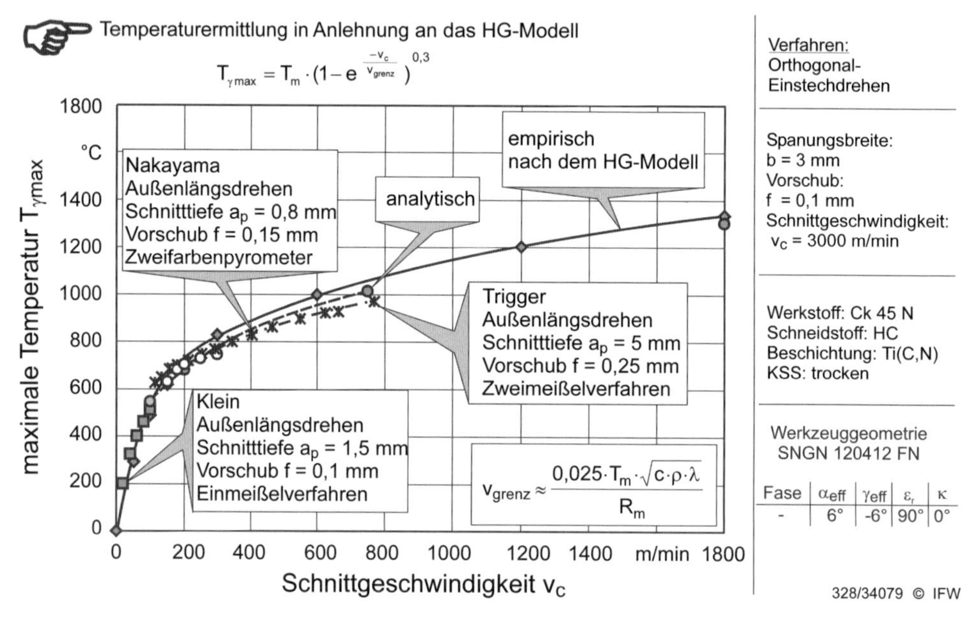

Bild 31: Empirische Ermittlung der Temperatur am Beispiel von Ck45N

Dieser Ansatz liefert Ergebnisse, die mit Literaturangaben in guter Übereinstimmung stehen [23], [24]. Die Erweiterung der Funktion durch den Potenzansatz verbessert die Korrelation der Rechnung. Die Ergebnisse des empirischen Ansatzes sind in Bild 31 am Beispiel des Werkstoffes Ck 45 N dargestellt. Der Verlauf zeigt eine maximale Spanflächentemperatur von $\vartheta_{\gamma,max} > 800$ °C bei einer Schnittgeschwindigkeit von $v_c = 400$ m/min. Es ist allgemein bekannt, dass bei derartigen Schnittgeschwindigkeiten die Standzeiten der eingesetzten Werkzeuge rapide sinken. Zudem gelten Temperaturen in dieser Höhe als für die meisten Schneidstoffe kritisch. Der Verschleiß lässt sich dabei auf zwei Faktoren zurückführen: Zum einen wird die Warmfestigkeit von Werkstoffen bei hohen Temperaturen entscheidend verringert und zum anderen verstärken tribochemische Vorgänge den Verschleißfortschritt.

Der empirische Temperaturansatz wird nun für weitere Werkstoffe auf seine Gültigkeit hin geprüft. Die gleiche mathematische Formulierung wird unter Berücksichtigung der thermischen und mechanischen Eigenschaften an einer Titanlegierung (TiAl4V6) eingesetzt (Bild 32). Als Vergleichsmessungen werden diejenigen von Kreis übernommen [24].

Kreis ermittelte mit Hilfe des Einmeißelverfahrens die Temperaturen in der Kontaktzone beim Außenlängsdrehen der oben genannten Legierung. Unter anderem hat Kreis hierbei auch die Schnittgeschwindigkeit variiert.

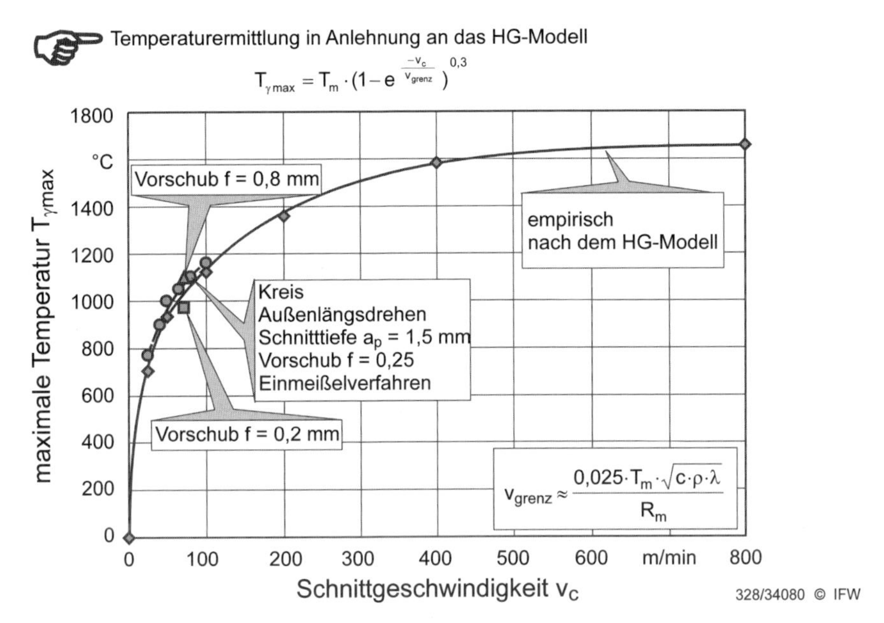

Bild 32: Erprobung des Ansatzes an TiAl6V4

Mit seinen Werkstoffdaten wird zunächst die Grenzgeschwindigkeit und anschließend der Verlauf der maximalen Spanflächentemperaturen in Abhängigkeit von der Schnittgeschwindigkeit ermittelt und dargestellt.

Der empirische Ansatz ist eine gute Näherung der messtechnisch ermittelten Daten. Wie zu sehen ist, besteht der gleiche qualitative Verlauf in Abhängigkeit von der Schnittgeschwindigkeit wie er beim Werkstoff Ck 45 N zu beobachten ist. Weiterhin wird das Modell auch bei anderen Werkstoffen validiert. Bei der Zerspanung von Titan werden bereits bei einer Schnittgeschwindigkeit von v_c = 100 m/min Temperaturen deutlich über $T_{\gamma max}$ = 1000 °C erreicht. Dies kann anhand des Ansatzes auf die hohe Festigkeit und den niedrigen Wärmeeindringkoeffizienten von Titan zurückgeführt werden. Diese Betrachtung macht die schlechte Zerspanbarkeit von Titan bei hohen Schnittgeschwindigkeiten deutlich. In der Praxis wird eine Schnittgeschwindigkeit von unter v_c = 60 m/min empfohlen. Diese thermische Betrachtung liefert einen Ansatz zur Erklärung dieser Praxiswerte. Bei höheren Schnittgeschwindigkeiten überschreiten die Temperaturen den Wert $\vartheta_{\gamma max}$ = 1000 °C, wodurch die Einsatztemperatur der meisten Schneidwerkzeuge überschritten wird.

1.6 Zusammenfassung

Die Erhöhung der Schnittgeschwindigkeit stellt eine Möglichkeit zur Steigerung der Prozessleistung in der spanenden Fertigung dar. Durch den Einsatz hoher Schnittgeschwindigkeiten lassen sich die Schnittzeiten reduzieren, wodurch sich vor allem bei Fertigungsaufgaben mit hohen Abtragsleistungen die Ausbringung stark erhöht. Alle in den Untersuchungen gemessenen und berechneten Prozessgrößen weisen einen asymptotischen Verlauf bei hohen Schnittgeschwindigkeiten auf. Die Schnittkraft, der Scherwinkel, die Kontaktlänge, die Normal- und die Scherspannung sind ab einer werkstoffcharakteristischen Schnittgeschwindigkeit annähernd konstant. Im Gegensatz dazu weisen die Formänderungsgeschwindigkeit und die Verformung einen steilen Anstieg im Hochgeschwindigkeitsbereich auf, was sich nicht mehr signifikant auf die Spanbildung auswirkt.

Der Hochgeschwindigkeitsbereich beginnt definitionsgemäß ab einer Schnittgeschwindigkeit, bei deren Überschreitung sowohl die Prozessgrößen als auch die Spanbildung keine signifikante Veränderung mehr aufweisen. Diese Schnittgeschwindigkeit wird als Grenzgeschwindigkeit bezeichnet. Mit Hilfe der Schnittkraft-Schnittgeschwindigkeitsverläufe lässt sich die charakteristische Grenzgeschwindigkeit werkstoffspezifisch berechnen. Dieser Rechnung liegt eine Annäherung des Verlaufes mit einer Exponentialfunktion erster Ordnung zugrunde.

Grundsätzlich zeigen die Untersuchungen, dass mit zunehmender Schnittgeschwindigkeit die Schnittenergie abnimmt und die Schnittleistung zunimmt. Im Hochgeschwindigkeitsbereich erreicht die Schnittenergie ein Minimum und die Schnittleistung weist einen linearen Verlauf auf. Die Hochgeschwindigkeitsbereiche weisen Abhängigkeiten von den mechanischen und thermodynamischen Eigenschaften der Werkstoffe auf. Somit ist die Grenzgeschwindigkeit in erster Linie eine werkstoffabhängige Größe. Eine eindeutige Abgrenzung der HG-Prozesstechnologie von der konventionellen Bearbeitung wird aufgezeigt. Die hohen dynamischen Verhältnisse sowie die extrem hohen Temperaturgradienten, die das Verhalten der Werkstoffe entscheidend beeinflussen, können für den Übergang zur Hochgeschwindigkeitsbearbeitung verantwortlich gemacht werden. Entgegen den bisherigen Vermutungen werden keine Anzeichen für eine ausgeprägte Werkstoffentfestigung gefunden. Vielmehr nimmt die Verfestigung der Werkstoffe durch die Erhöhung der Schnittgeschwindigkeit ab. Unterschiedliche Ansätze führen zu der Schlussfolgerung, dass eine Verfestigung im Hochgeschwindigkeitsbereich nicht mehr vorhanden ist.

Zur Charakterisierung der Scherspanbildung ist eine vom Scherebenenmodell differenzierte Betrachtung notwendig. Eine Unterscheidung zwischen der Stauch- und der Scherphase erweist sich bei der Scherspanbildung als sinnvoll. Das Minimum der Formänderungsenergie ist nicht auf die Spansegmentierung zurückzuführen. Der Anteil der Energiereduzierung in Folge der Scherlokalisierung ist zu gering, um die gesamte Energiereduzierung erklären zu können, deren Hauptanteil auf die Stauchphase zurückgeführt werden kann. Mit zunehmender Schnittgeschwindigkeit nimmt die Verfestigung des Werkstoffes ab. Die Abnahme des Reibwertes wirkt sich positiv auf die geometrischen Verhältnisse in der Wirkzone aus. Ein höherer Scherwinkel bewirkt einen geringen Scherquerschnitt, wodurch weniger Energie für die Spanbildung umgesetzt wird. Mit zunehmender Schnittgeschwindigkeit lokalisiert die Scherung bei geringen Formänderungen zu einem früheren Zeitpunkt. Hierdurch wird die Vorlaufzone reduziert. Die Abnahme des Scherwinkels ist hierbei nicht nur auf die Reduzierung der Reibung zurückzuführen. Eine weitere Ursache ist die abnehmende Werkstoffverfestigung für diesen Sachverhalt. In den Untersuchungen bleibt bislang unberücksichtigt der Einfluss der Dynamik und damit der Massenträgheit auf die Verformung und somit auf die Scherwinkelbeziehung. Auch bei der Bildung von Fließspänen werden Anzeichen von Scherlokalisierung beobachtet. Die grundsätzlichen Ereignisse bei der Bildung von Scherspänen sind ebenfalls bei der dynamischen Kraftmessung auch an Fließspänen zu beobachten. Unterschiede liegen nur in der extrem kurzen Zeit der Bildung eines Segments. Anzeichen der Segmentierung sind im gebildeten Fließspan nicht erkennbar.

Das Modell der Hochgeschwindigkeitsbearbeitung lässt die Bearbeitbarkeit der Werkstoffe im Hochgeschwindigkeitsbereich vorhersagen. Grundsätzlich lassen sich zwei Werkstoffgruppen mit der Hochgeschwindigkeitstechnologie bearbeiten. Diese sind Werkstoffe mit geringen Schmelztemperaturen oder hochfeste Werkstoffe. Die Grenze der Anwendbarkeit der Hochgeschwindigkeitstechnologie ist in der Warmhärte, der Zähigkeit und der thermischen Beständigkeit zu suchen.

1.7 Literatur

[1] F.-W. Bach; M. Schäperkötter: Einfluss der Werkstoffeigenschaften auf die Spanbildung beim Höchstgeschwindigkeitsspanen, in Berichtsband: Hochgeschwindigkeitsspanen metallischer Werkstoffe, Wiley-Verlag, Bonn, 2004

[2] A. Ostendorf; J. Stein: Teilprojekt „Örtlich und zeitlich hochaufgelöste Untersuchung der thermischen Verhältnisse in der Spanbildungszone beim Höchstgeschwindigkeitsspanen" im Rahmen des DFG-Schwerpunktprogramms „Spanen metallischer Werkstoffe mit hohen Geschwindigkeiten", Bonn, Hannover 1998–2003

[3] Tönshoff, H. K.: Spanen: Grundlagen, Springer Verlag, 1995

[4] Gente, A.: Spanbildung von TiAl6V4 und Ck45N bei sehr hohen Schnittgeschwindigkeiten, Dr. -Ing Dissertation, Vulkan-Verlag, 2003

[5] Lippmann, H.; Mahrenholz, O.: Plastomechanik der Umformung metallischer Werkstoffe, Springer Verlag, 1967

[6] Tönshoff, H. K.: Untersuchungen über den Zustand geschliffener Oberflächen annals of the CIRP 24 (1775)1, S. 503–507

[7] Buda, J.; Vasilko, K.; Stranava, J.: Neue Methoden der Spanwurzelgewinnung zur Untersuchung des Schneidvorganges, Industrie Anzeiger, 90(1968)5, S. 78–81

[8] Denkena, B.; Ben Amor, R.; Kuhlmann, A.: Thermomechanische Aspekte der Hochgeschwindigkeitsbearbeitung, International Conference on Metal Cutting and High Speed Machining Darmstadt, 19–20 März 2003

[9] Ben Amor, R.: Thermomechanische Wirkmechanismen und Spanbildung bei der Hochgeschwindigkeitszerspanung, Dr.-Ing. Dissertation, Universität Hannover, 2003

[10] Merchant, M. E.; Ernst, H. J.: Chip formation, fricton and finish; Transactions of the ASME 29, 1941, S.299

[11] Warnecke, G.: Spanbildung bei metallischen Werkstoffen; Fertigungstechnische Berichte, Band 2; München techn. Verlag Resch 1974.

[12] Baehr, H. D.: Wärme und Stoffübertragung, Lehrbuch, Springer Verlag, 1994

[13] Blümke, R.; Sahm, A.; Siems, S.; Müller, C.; Exner, E.; Schulz, H.; Warnecke, G.: Charakterisierung der Spanbildung bei Kurzzeitbelastung während des Hochge-

schwindigkeitsfräsens, Spanen metallischer Werkstoffe mit hohen Geschwindigkeiten, Kolloquium des Schwerpunktprogramms der Deutschen Forschungsgemeinschaft, Hersg. H. K. Tönshoff, F. Hollmann, Bonn 18.11.1999, S. 225–233.
[14] Vieregge, K.: Die Energieverteilung und die Temperatur bei der Zerspanung, Werkstatt und Betrieb, 86(1953)11, S. 691–703
[15] Fallböhmer, P.: Advanced Cutting Tools for the Finishing of Dies and Molds, Dissertation, Hannover, 1998
[16] El-Magd, E.; Treppmann, C.: Stoffgesetze für hohe Dehngeschwindigkeiten, Spanen metallischer Werkstoffe mit hohen Geschwindigkeiten, Kolloquium des Schwerpunktprogramms der Deutschen Forschungsgemeinschaft, Hersg. H. K. Tönshoff, F. Hollmann, Bonn 18.11.1999, S. 225–233
[17] Nakayama, K.: Machining characteristics of hardened Steel, Annals of the CIRP, 37 (1988), S. 89–92
[18] Taschlitzki, N. I.: Bearbeitbarkeit des Stahls, VEB Verlag Technik, Berlin 1954, S. 20–33
[19] Müller, B.; Renz, U.: Experimentelle und numerische Untersuchungen zur Temperatur- und Wärmequellenverteilung beim Hochgeschwindigkeitsspanen, in Berichtsband: Hochgeschwindigkeitsspanen metallischer Werkstoffe, Wiley-Verlag, Bonn, 2004
[20] Klose, H.-J.: Einfluß der Werkstoffmorphologie auf die Zerspanbarkeit niedriglegierter Gußeisen, Dr.-Ing. Dissertation, Universität Hannover, 1993.
[21] Uhlmann, E.; Ederer, G.: Technologische Untersuchungen zum Hochgeschwindigkeitsspanen einer Nickelbasislegierung, Spanen metallischer Werkstoffe mit hohen Geschwindigkeiten, Kolloquium des Schwerpunktprogramms der Deutschen Forschungsgemeinschaft, Hersg. H. K. Tönshoff, F. Hollmann, Bonn 18.11.1999, S. 45–51
[22] Winkler, J.: Herstellung rotationssymmetrischer Funktionsflächen aus Magnesiumwerkstoffen durch Drehen und Festwalzen, Dissertation, Hannover 2000
[23] Trigger, K. J.; Urbana, I.: Progress Report Nr. 1 on Tool-Chip Interface Temperature, Transaction of the ASME, (1948)2, S. 91–98
[24] Kreis, W.: Verschleißursachen beim Drehen von Titanwerkstoffen, Dissertation, TH Aachen, 1973

2 Einfluss der Werkstoffeigenschaften auf die Spanbildung beim Höchstgeschwindigkeitsspanen

H. Haferkamp, A. Henze, M. Schäperkötter

Kurzfassung

Das Ziel dieses Beitrags liegt in der Charakterisierung der Verhältnisse in der Spanbildungszone bei der Hochgeschwindigkeitszerspanung des Vergütungsstahls Ck45 (1.1191) in Abhängigkeit von durch Wärmebehandlungen gezielt eingestellten Werkstoffeigenschaften. Dabei werden insbesondere die Auswirkungen des Zerspanprozesses auf die Ausprägung der Mikrostruktur analysiert. Als Fertigungsprozess wird das Orthogonal-Einstech-Drehen gewählt, die Entnahme der Späne und Spanwurzeln erfolgt aus dem Realprozess.

Die Spanbildung von Ck45 N (normalgeglüht) hat eindeutig dreidimensionalen Charakter. Die Scherbänder können sowohl im Span beginnen und enden, als auch Sprünge aufweisen. Die geometrischen Kenngrößen variieren stark über der Spanbreite. Weiterhin wurde der Einfluss von künstlich eingebrachten Defekten auf die Entstehung von Scherbändern ermittelt. Durch die Anhebung der Ausgangstemperatur wird die relative Erwärmung des Werkstoffes im Bereich des Scherbandes reduziert. In der Folge verschiebt sich das Auftreten von Scherlokalisierungen in Richtung höherer Schnittgeschwindigkeiten. Die transmissionselektronenmikroskopischen Untersuchungen zeigen, dass die Verformung beim Zerspanprozess im Material zunächst eine inhomogene Versetzungsstruktur hervorruft. Anschließend entwickeln sich die Scherbänder nach einer Zellstrukturbildung aus Subkörnern und Mikrobändern. Das Gefüge zwischen den Bändern ist wenig verformt. In den Scherbändern finden keine nachweisbaren Phasenumwandlungen statt. Die beobachtete Grenzschicht an der Spanunterseite ist nanokristallin, jedoch nicht amorph.

Abstract

The aim of this article is the characterization of the conditions in the chip forming area during machining of the tempering steel Ck45 (AISI 1045) at high cutting speeds. Different material properties were set specifically by heat treatment. Especially the effects of the machining process on the microstructure are described. The infeed turning is the production process which is chosen. The chips and partially formed chips are taken from the real cutting process.

The chip formation of Ck45 N (normalized) clearly shows a spatial character. The shear bands can start and end in the chip or mismatches can be seen. The geometrical parameters vary a lot over the chip width. Further on, the influence of artificially inserted defects on the development of shear bands has been determined. By increasing the global starting temperature the relative heating of the material in the shear band is reduced. As result the

Hochgeschwindigkeitsspanen. Hrsg. H. K. Tönshoff und F. Hollmann

ISBN: 3-527-31256-0

appearance of shear localizations is shifted to higher cutting speeds. The transmission electron microscopical investigations show at first an inhomogeneous dislocation structure in the material in consequence of the deformation caused by the cutting process. Afterwards the shear bands are formed by generation of sub grains and micro bands starting from a dislocation cell structure. The material between the bands is only slightly deformed. No phase transformations can be detected in the shear bands. The observed boundary layer at the chip bottom side is nano-crystalline but not amorphous.

2.1 Einleitung

Die Zerspanung mit hohen Geschwindigkeiten (HSC: High speed cutting; HG: Hochgeschwindigkeitsbearbeitung) hat in den letzten Jahren verstärkt Einzug in die industrielle Anwendung gefunden. Ausschlaggebend sind dabei u.a. folgende Vorteile: Aufgrund der hohen Abtragsleistung wird dieses Fertigungsverfahren in entsprechenden Sektoren mit sehr gutem Erfolg eingesetzt [1]. Gleichzeitig treten verringerte Zerspankräfte auf. In Bezug auf das Werkstück wird die Oberflächenqualität verbessert und die Wärmebelastung gesenkt. Die Erhöhung der Schnittgeschwindigkeit hat eine Erhöhung der Formänderungsgeschwindigkeit sowie der umgesetzten Leistung zur Folge [2]. Hierdurch ändert sich das Werkstoffverhalten in der Wirkzone und führt zu veränderten Spanbildungsmechanismen. Letztere beeinflussen die Prozessgrößen und damit auch die Prozessqualität nachhaltig [3]. Eine systematische wissenschaftliche Beschreibung der Zusammenhänge zwischen der Schnittgeschwindigkeit und dem Werkstoffverhalten in der Wirkzone und damit eine Charakterisierung der HG-Bearbeitung ist jedoch bislang unbekannt.

Damit ergibt sich als Ziel für diesen Beitrag die Charakterisierung der HG-Spanbildung sowie der Wirkmechanismen in der Entstehungszone aus werkstoffkundlicher Sicht. Als Werkstoff wurde der unlegierte Vergütungsstahl Ck45 gewählt. Dieser weist neben der technischen Relevanz den Vorteil auf, dass durch eine gezielte Wärmebehandlung sowohl die Art, Menge und Verteilung von Karbiden sowie die Korngröße eingestellt werden kann und dadurch eine Variation der Festigkeit in einem großen Bereich möglich ist. Als Fertigungsprozess wird das Orthogonal-Einstech-Drehen unter Variation der Prozessparameter Schnittgeschwindigkeit und Vorschub gewählt.

In den Spänen und Spanwurzeln ist der Endzustand der in der primären Scherebene abgelaufenen Vorgänge eingefroren. Beim Zerspanprozess mit hohen Schnittgeschwindigkeiten kann es abhängig vom Werkstückmaterial zur Ausbildung von Scherspänen kommen. Die Verformung in der primären Scherebene findet nicht mehr kontinuierlich statt und bildet sich daher im Span örtlich lokalisiert aus. Als Ursache für die Entstehung von Scherbänder wird in der Literatur der Prozess der adiabaten Scherung angesehen. Dieser Begriff hat sich allgemein durchgesetzt, wird jedoch unterschiedlich interpretiert. Im vorliegenden Beitrag werden die Spanbildungsverhältnisse und Werkstoffmechanismen in der Wirkzone durch Mikrostrukturuntersuchungen analysiert.

2.2 Ergebnisse

Zunächst wird die Spanbildung in Abhängigkeit von der Schnittgeschwindigkeit und dem Vorschub an Spanwurzeln und Spänen untersucht [4, 5]. Darauf baut die Beurteilung der Entstehungsbedingungen von Verformungslokalisierungen und die Erarbeitung einer Methode zur räumlichen Beschreibung der Verformungsvorgänge auf [6]. Anschließend werden die Auswirkungen von Veränderungen der globalen Temperatur und der Festigkeit des Werkstückwerkstoffes auf die Spanbildungsmechanismen betrachtet. Zur mikrostrukturellen Analyse des Werkstoffverhaltens während der Zerspanung dienen umfangreiche transmissionselektronenmikroskopische Untersuchungen. Dabei wird das Gefüge sowohl parallel zur Spanunterseite als auch in Verformungsrichtung mittels Querschnittspräparation beurteilt [6, 7].

2.2.1 Spanbildung in Abhängigkeit von der Schnittgeschwindigkeit

Zur Untersuchung der Spanbildung und des Werkstoffverhaltens in der Wirkzone werden Spanwurzeln erzeugt und metallographisch analysiert. Diese Untersuchungen sollen Informationen über die Spanbildungsart, die plastischen Verformungen in der Spanbildungszone sowie über die Lage der Scherebene liefern und bilden damit die Basis für anschließende Berechnungen von kinematischen, mechanischen und thermischen Verhältnissen in der Spanbildungszone. So erhält die Schnittunterbrechung eine besondere Stellung in den vorliegenden Untersuchungen. Die Herstellung der Spanwurzeln und die Funktionsweise der verwendeten Schnittunterbrechung, die auf der Beschleunigung von Werkstücksegmenten beruht, ist an anderer Stelle in diesem Buch beschrieben (siehe Tönshoff et al., Temperaturen und Spanbildung beim Höchstgeschwindigkeitsspanen).

Bild 1 zeigt eine licht- und eine rasterelektronenmikroskopische Aufnahme einer Spanwurzel aus Ck45 N (v_c = 200 m/min; f = 0,3 mm). In beide Abbildungen der primären Scherebene ist die Verformungsgeometrie beim Orthogonalschnitt nach dem Scherebenenmodell nach [8] eingetragen. Beim Durchlaufen der primären Scherzone erfährt das Material eine Verformung, die mit dem Scherebenenmodell nach Tönshoff abgebildet werden kann. Dargestellt ist die vollständige Umformung eines quadratischen Flächenelementes an der Scherebene. Die Eckpunkte des Flächenelementes sind jeweils vor (z. B. 1) und nach der Umformung (z. B. 1') bezeichnet. Im Werkstück kann die ursprüngliche Form der hellen Ferrit- und dunklen Perlitkörner beobachtet werden. Durch den guten Gefügekontrast kann an Hand der verformten Körner im Span der Verformungsgrad abgeschätzt werden. Die sich geometrisch nach der Umformung zwingend ergebende Form eines Parallelogramms deckt sich sehr gut mit der Verformung der Körner im Span. Das Seitenverhältnis des Parallelogramms verdeutlicht den hohen Umformgrad des Scherprozesses.

Ebenfalls sehr deutlich kann das Scherebenenmodell an der gegebenen rasterelektronenmikroskopischen Aufnahme nachvollzogen werden. Dabei wirken die zu erkennenden von der Probenfertigung verbliebenen Fertigungsspuren als Markierungen. Diese Linien finden sich nach dem Umformprozess geschert auf der Außenseite des Spans entsprechend dem Parallelogramm des Scherebenenmodells wieder. Ihre Lage stimmt sehr gut mit der dargestellten Verformungsgeometrie überein und bestätigt das Scherebenenmodell für die hier vorliegende Fließspanbildung.

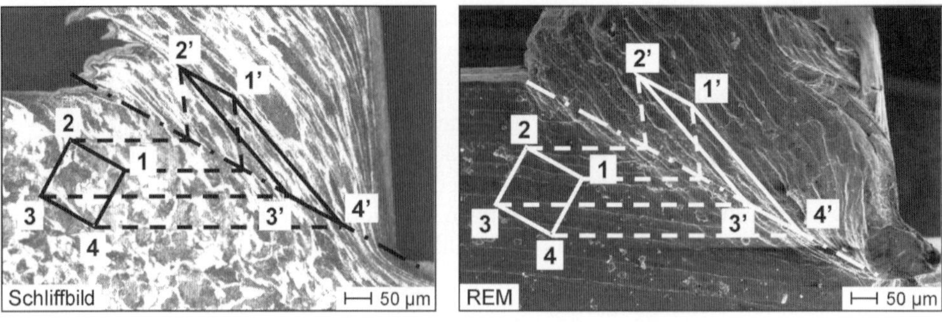

Spanwurzel Ck45 N; v_c = 200 m/min; f = 0,3 mm

- Scherebenenmodell nach Tönshoff kann bei niedrigen Schnittgeschwindigkeiten im Schliffbild und im REM-Bild der Spanwurzeln nachvollzogen werden

Bild 1: Abbildung des Scherebenenmodells in der primären Scherebene

Das Scherebenenmodell gilt jedoch nur für einen Fließspan, wie er bei Ck45 N lediglich bei sehr niedrigen Schnittgeschwindigkeiten entsteht. Die Entstehung von Scherspänen bei hohen Schnittgeschwindigkeiten wird im folgenden behandelt.

In Bild 2 ist der Einfluss von Schnittgeschwindigkeit und Vorschub auf die Spanbildung anhand von Schliffbildern von Spanwurzeln dargestellt. Die durch Schnittunterbrechung hergestellten Proben in der oberen Bildhälfte sind mit einem Vorschub von f = 0,3 mm, die der unteren Bildhälfte mit f = 0,1 mm hergestellt. Die Schnittgeschwindigkeit nimmt von links nach rechts von 300 bis auf 2000 m/min bzw. von 200 bis auf 3000 m/min zu. Direkt vor der Schneidkante ist stets eine Stauzone zu erkennen. Aus diesem Material entsteht beim Abfließen die sich im Schliffbild dunkel darstellende Grenzschicht der Spanunterseite. Diese Zone ist sehr hohen Temperaturen ausgesetzt. Zum Teil bilden

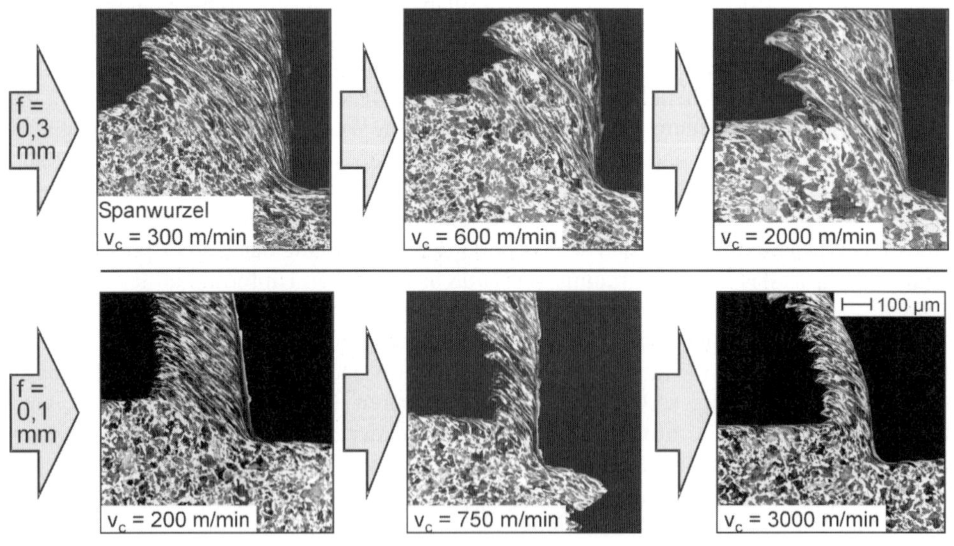

Bild 2: Einfluss von Schnittgeschwindigkeit und Vorschub auf die Spanentstehung

sich weiße Schichten aus, was auf Temperaturen von mindestens 850 °C schließen lässt (siehe auch Bach, Fr.-W. et al., Analyse der Wirkzusammenhänge beim Bohren mit hohen Geschwindigkeiten). Die Dicke dieser Grenzschicht und die Spanstauchung nimmt mit zunehmender Schnittgeschwindigkeit ab, während die Spankrümmung und die Neigung zur Ausbildung von Scherlokalisierung zunimmt. Dies gilt unabhängig vom Vorschub. Bei Steigerung des Vorschubs nimmt die Spankrümmung ab und die Neigung zur Scherlokalisierung zu.

Die hier nicht abgebildeten Spanwurzeln aus weichgeglühtem Material weisen eine größere Spanstauchung und Dicke der Stauzone als die normalgeglühten auf.

In Bild 3 ist der Einfluss von Schnittgeschwindigkeit und Vorschub auf die Spanbildung anhand von Schliffbildern von Spänen dargestellt. Die Späne in der oberen Bildhälfte sind wiederum mit einem Vorschub von f = 0,3 mm, die der unteren Bildhälfte mit f = 0,1 mm hergestellt. Die Schnittgeschwindigkeit nimmt von links nach rechts von 300 bis auf 3000 m/min zu. Bei f = 0,3 mm entstehen bei allen Schnittgeschwindigkeiten Späne mit Verformungslokalisierungen. Die Verformung in der primären Scherebene findet nicht mehr kontinuierlich statt und bildet sich daher im Span örtlich lokalisiert aus. Der Span unterteilt sich in Segmente mit geringer Verformung und in Bereiche, in denen sich die Verformung konzentriert. Diese Verformungslokalisierungen werden Scherbänder genannt, sobald sich ihr Gefüge eindeutig von dem umgebenden Material unterscheidet und eine Trennung zwischen beiden Bereichen im Schliffbild sichtbar ist. Die Scherbandbreite, die Verformung im Segment und die Spanstauchung nimmt bei Steigerung der Schnittgeschwindigkeit ab. Dies gilt unabhängig vom Vorschub. Bei Steigerung des Vorschubs nimmt die Neigung zur Scherlokalisierung zu. Bei einem Vorschub von f = 0,1 mm bildet sich nur bei der hohen Schnittgeschwindigkeit ein Scherspan aus. Bei den niedrigeren Schnittgeschwindigkeiten entsteht ein Fließspan. Dieser ist dadurch gekennzeichnet, dass kaum zwischen unterschiedlichen Verformungsgraden im Span unterschieden werden kann.

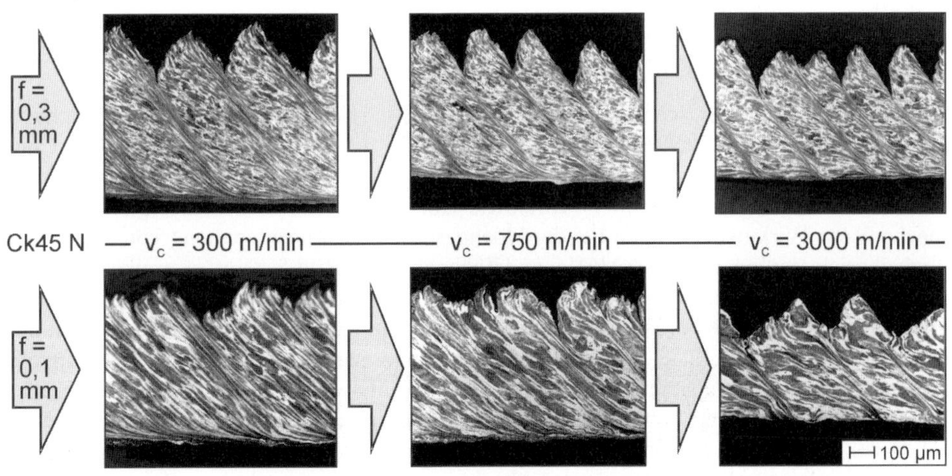

- Steigerung von v_c: Scherbandbreite ↓ ; Verformung im Segment ↓ ; Spanstauchung ↓
- Steigerung von f: Neigung zur Scherlokalisierung nimmt zu

Bild 3: Einfluss von Schnittgeschwindigkeit und Vorschub auf die Spanbildung

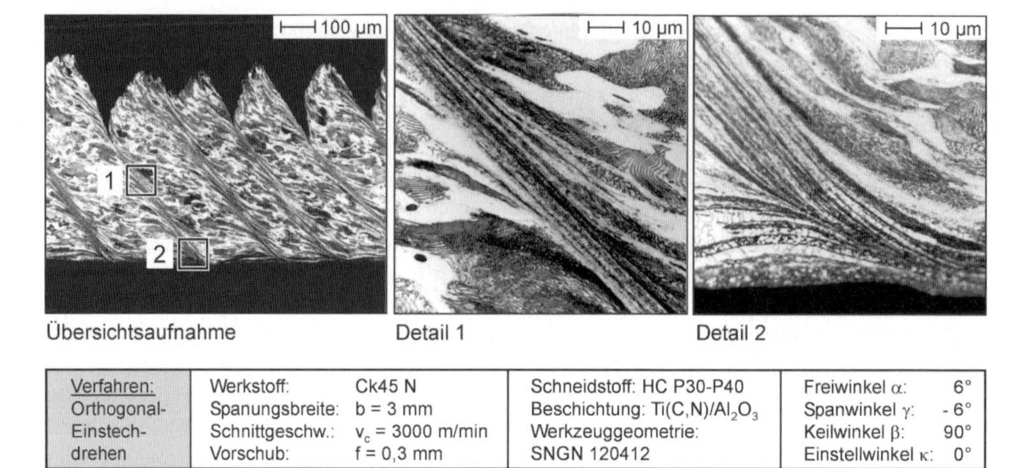

Verfahren:	Werkstoff:	Ck45 N	Schneidstoff: HC P30-P40	Freiwinkel α:	6°
Orthogonal-	Spanungsbreite:	b = 3 mm	Beschichtung: Ti(C,N)/Al_2O_3	Spanwinkel γ:	- 6°
Einstech-	Schnittgeschw.:	v_c = 3000 m/min	Werkzeuggeometrie:	Keilwinkel β:	90°
drehen	Vorschub:	f = 0,3 mm	SNGN 120412	Einstellwinkel κ:	0°

Bild 4: Scherbandausbildung bei hohen Schnittgeschwindigkeiten

Im folgenden erfolgt eine Fokussierung auf die hohen Schnittgeschwindigkeiten und die Entstehung von Scherspänen. Dazu wird der in Bild 3 rechts oben abgebildeten Scherspan mit einem Vorschub von f = 0,3 mm und einer Schnittgeschwindigkeit von v_c = 3000 m/min näher betrachtet. In Bild 4 sind eine Übersichts- und zwei Detailaufnahmen dieses Spans dargestellt. Schräg durch den Span verlaufend sind die Scherbänder angeordnet. In ihnen ist die Verformung lokalisiert. Im Umfeld eines Scherbandes bildet sich der Verformungsprozess der Körner S-förmig im Gefüge ab. Die dem Scherband benachbarten Körner werden in das Band hineingezogen (Detail 1). Die Spanunterseite weist eine Grenzschicht auf, deren Gefüge nanokristallin, jedoch nicht amorph ist [4]. Die Scherbänder nähern sich im unteren Bereich des Spans tangential dieser Grenzschicht an und gehen in sie über (Detail 2).

2.2.2 Entstehung von Verformungslokalisierungen

Um die Entstehung von Scherbändern zu verstehen, müssen mittels Schnittunterbrechung hergestellte Proben betrachtet werden (siehe auch Rösler, J. et al., Mechanisms of Chip Formation, für TiAl6V4; sowie Clos, R. et al., Verformungslokalisierung und Spanbildung im Inconel 718, für Inconel 718; sowie Hoffmeister, H.-W.; Wessels, T., Thermomechanische Wirkmechanismen bei der Hochgeschwindigkeitszerspanung von Titan- und Nickelbasislegierungen, für TiAl6V4 und Inconel 718). Bild 5 zeigt exemplarisch zwei Spanwurzeln, in denen in der primären Scherebene ein unterschiedlicher Verformungsgrad eingefroren ist. Dabei ist jeweils eine Übersichtaufnahme mit Detailausschnitten der Mitte und des oberen Endes der primären Scherzone gegeben. Die beiden Spanwurzeln zeigen unterschiedliche Stadien der Segmentbildung. Die obere spiegelt den Beginn der Scherverformung wieder, während bei der unteren ein voll ausgebildetes Scherband zu sehen ist. Die Detailaufnahmen der primären Scherzone verdeutlichen den unterschiedlichen Verformungsgrad. Zu Beginn der Abscherung sind die einzelnen verformten Körner noch gut zu erkennen. Die Verformung in der primären Scherebene ist bereits sichtbar, jedoch noch nicht abgeschlossen. Beim Ende der Deformation hat sich ein Scherband ausgebildet, das sich klar von seiner Umgebung abgrenzt. Die Detailaufnahmen des oberen Endes der primären Scherzone zeigen, dass es zunächst zu einem Aufstauen des Materials vor der Schneide kommt. Bei zunehmendem Verformungsgrad setzt der Scherprozess ein. Die Scherfläche wird aus dem Material herausgeschoben, eine neue Oberfläche entsteht. Die Betrachtung dieser Oberfläche lässt Rückschlüsse auf den Scherprozess zu (siehe Bild 10).

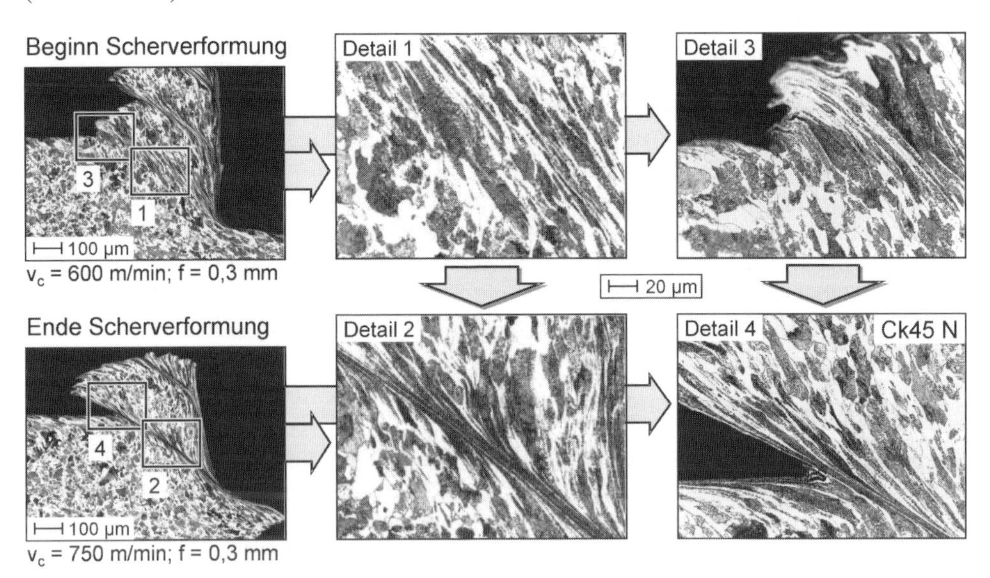

Bild 5: Entstehung eines Scherbandes

So wie sich die Entstehung der Scherbänder im Inneren der Spanbildungszone abbildet, so muss sie sich auch auf der Außenseite der Spanwurzeln niederschlagen. In Bild 6 sind rasterelektronenmikroskopische Aufnahmen von Spanwurzeln aus Ck45 N abgebildet. Die Proben in der linken Bildhälfte oben weisen äußere Makrorisse entlang der primären

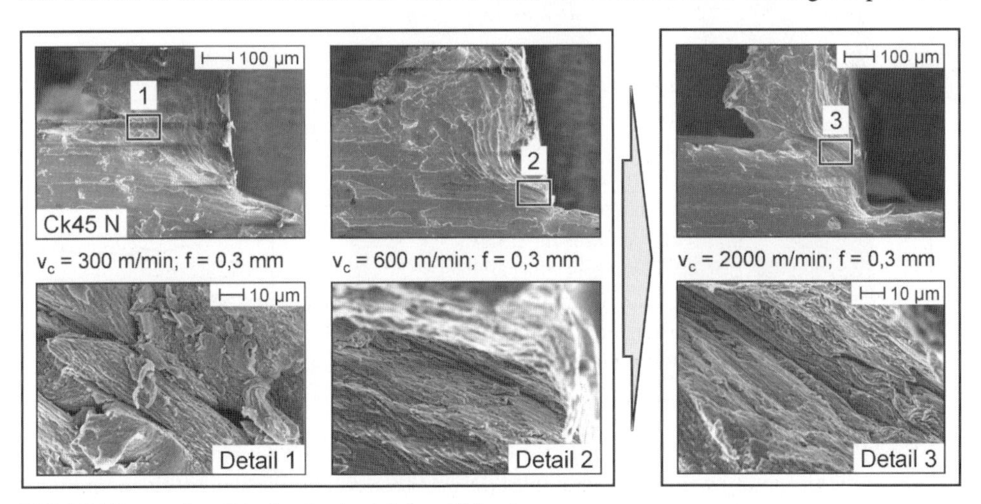

Bild 6: Initiierung eines Scherbandes durch äußere Makrorisse

Scherebene auf, die in der unteren Bildhälfte jeweils in Detailaufnahmen wiedergegeben sind. Die Risse befinden sich dabei zum einen am oberen Ende der primären Scherebene und zum anderen direkt vor der Scheidkante. Damit kann gesagt werden, dass die Ausbreitungsrichtung der Scherverformung beim Start des Scherprozesses nicht festgelegt ist. Sie kann in der Scherebene sowohl von oben nach unten als auch umgekehrt verlaufen. Die Makrorisse können die Bildung eines Scherbandes einleiten, indem sie den Werkstoff entfestigen. Bei weiterer Verformung breiten sich die Risse entlang der gesamten Scherebene aus. Dies ist anhand der dritten Spanwurzel in der rechten Bildhälfte dargestellt. Der hier vollständig ausgebildete Riss setzt sich im Inneren des Spans als Scherband fort. Im Vergleich zu der Spanwurzel in Bild 1 mit Fließspanbildung handelt es sich hier eindeutig um eine Scherspanbildung.

Auslösende Ursachen für das Einsetzen des Scherprozesses können somit zum einen im Prozess auftretende geometrische, thermische sowie dynamische Defekte sein, siehe Kapitel 2.2.4.2 (siehe auch Tönshoff et al., Temperaturen und Spanbildung beim Höchstgeschwindigkeitsspanen). Zum anderen kann ein Scherband durch äußere Makrorisse initiiert werden. Diese Erkenntnis wirft die Frage auf, wie sich die Scherbänder im Inneren des Spans über der Spanbreite ausprägen.

2.2.3 Räumliche Analyse der Spanbildung

Wenn die Späne nicht quer sondern längs, d. h. parallel zur Spanunter- bzw. -oberseite, angeschliffen werden, kann man die Ausbildung der Scherbänder über der Spanbreite beobachten. Dies ist in Bild 7 für die bereits betrachteten Späne aus Ck45 N mit einem Vorschub von f = 0,3 mm und f = 0,1 mm, hergestellt mit der hohen Schnittgeschwindigkeit von v_c = 3000 m/min, dargestellt. Gegeben sind links jeweils ein Querschliff und in der Mitte die dazu um 90° gedrehten entsprechenden Längsschliffe. Zur Orientierung ist jeweils die Spanabflussrichtung eingetragen. Um die Betrachtung zu vereinfachen, wurden die Verläufe der Scherbänder nachgezeichnet und sind rechts in Bild 7 schematisch

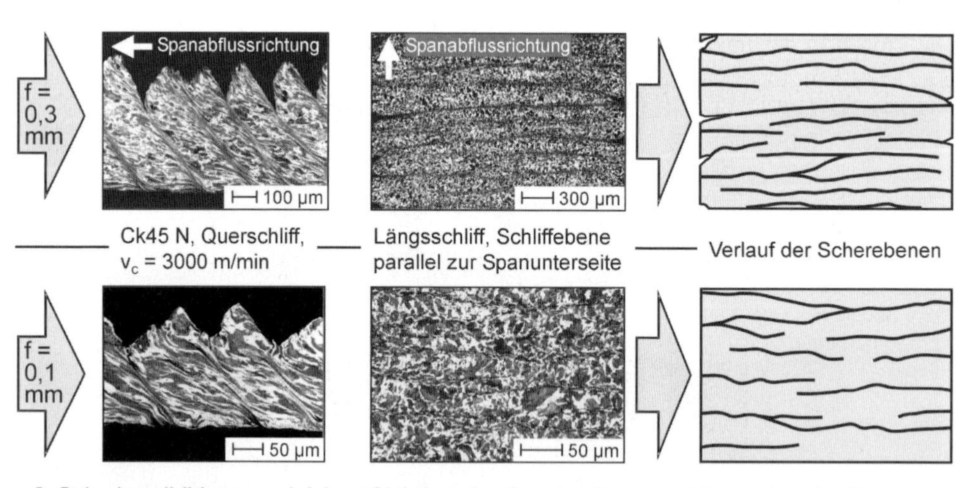

Bild 7: Verlauf der Scherebenen über der Spanbreite

dargestellt. Dabei ist zu beachten, dass der Längsschliff und die schematische Darstellung des Verlaufs der Scherebenen bei f = 0,3 mm die gesamte Spanbreite erfasst, während beim geringeren Vorschub f = 0,1 mm auf Grund der besseren Übersichtlichkeit nur ein Ausschnitt des Spans abgebildet wurde.

In den Längsschliffen wird deutlich, dass sich die Scherbänder unabhängig vom Vorschub nicht kontinuierlich über die Spanbreite ausbilden. Sie können sowohl im Span enden, als auch Sprünge oder Versatz aufweisen. Besonders ausgeprägt kann dies bei niedrigem Vorschub und hoher Schnittgeschwindigkeit beobachtet werden. Dieses Verhalten verdeutlicht den dreidimensionalen Charakter der Scherbandentstehung, die somit nicht ohne Fehler in einer zweidimensionalen Simulation abgebildet werden kann.

Zur näheren Untersuchung der dreidimensionalen Ausprägung der Scherbänder wurden Späne durch Serien von Querschliffen über die gesamte Spanbreite analysiert. Die Aufnahmen wurden zu einem Film zusammengefügt, der eine „Gefügebetrachtung quer durch den Span" ermöglicht und in [6] vorgestellt wurde. Dazu wurden z. B. an einem Span aus Ck45 N (v_c = 3000 m/min; f = 0,3 mm) Aufnahmen in 27 unterschiedlichen Schliffebenen mit je 100 µm Abstand angefertigt und exakt zueinander ausgerichtet. Als Orientierungspunkte dienen dabei die unterhalb und oberhalb des Spans angeordneten Nasen einer Einbetthilfe. Bild 8 gibt vier ausgewählte Schliffebenen aus dieser Serie wieder, die die Räumlichkeit der Spanbildung verdeutlichen. Zusätzlich sind in Bild 9 die geometrischen Kenngrößen über der Spanbreite ausgewertet. Die Anzahl der auswertbaren Scherbänder im ausgewerteten Spanabschnitt variiert beispielsweise zwischen zwei und sechs.

Durch die ersten Schliffebenen wird der am Spanrand auftretende Effekt der im Vergleich zur Spanmitte halbierten Segmentierungsfrequenz verdeutlicht. Ab einer Schlifftiefe von 500 µm befindet man sich im repräsentativen Mittelbereich des Spans. Die Aufnahmen in den nachfolgenden Schliffebenen zeigen die dreidimensionale Ausprägung der Scherbänder. Die beiden in der Schliffebene 1000 µm in der Mitte der Aufnahme gelegenen Scherbänder laufen zusammen und verlieren an Deutlichkeit. Aus den diese Scherbänder umgebenden drei Segmenten werden zwei, die bei einer Schlifftiefe von 1400 µm nicht mehr durch ein klares Scherband getrennt sind. Bild 10 zeigt ein solches Zusammen-

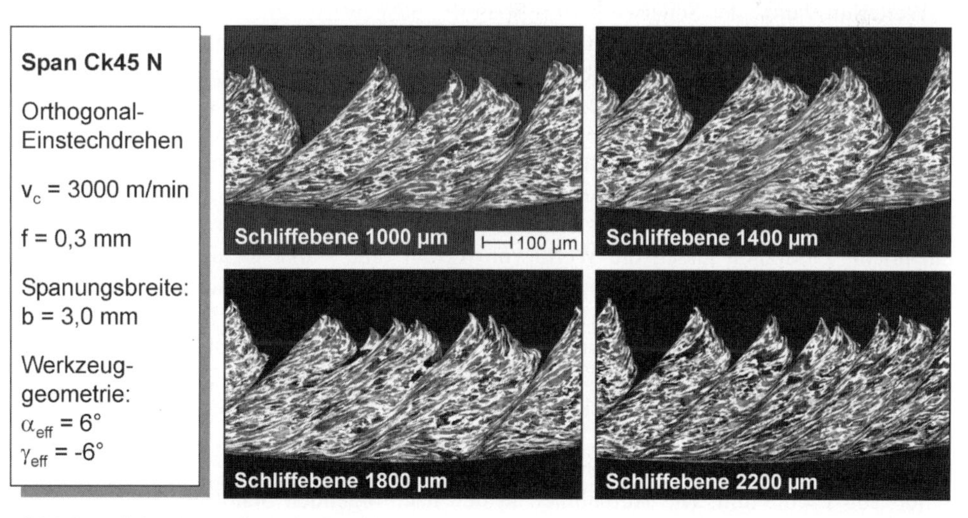

Bild 8: Räumliche Untersuchung der Spanbildung

laufen von Segmenten in einer rasterelektronenmikroskopischen Aufnahme der Spanoberseite.

Um quantitative Aussagen über die räumliche Ausprägung der Spanbildung treffen zu können, wurde die Schliffbildserie des Spans aus Bild 8 geometrisch ausgewertet. Diese Auswertung ist in Bild 9 zusammengefasst und zeigt zunächst links oben schematisch die Lage der Schliffebenen, sie haben einen Abstand von 100 µm. Die eingezeichnete Ortskoordinate in Richtung der Spanbreite stellt die Abszisse in den Diagrammen dar. Rechts oben sind die ausgewerteten geometrischen Kenngrößen in einer Legende beschrieben. Ausgewertet wurden die minimale Spandicke h'_{min}, die maximale Spandicke h'_{max}, die mittlere Spandicke h′, der Segmentierungsgrad SG, der Scherwinkel im Span Φ_{Sp} und die auf der ausgewerteten Spanlänge auswertbare Anzahl von Scherbändern n_{SB}. Die Definition von SG ist in Bild 9 rechts oben aufgeführt. Der Segmentierungsgrad SG ist dabei das Verhältnis der Differenz von maximaler und minimaler Spandicke bezogen auf die maximale Spandicke. Bei SG = 0 liegt ein reiner Fließspan vor. Bei SG = 1 liegt ein Bröckelspan vor, bei dem die einzelnen Segmente nicht mehr zusammenhängen.

Bild 9 gibt links unten die Darstellung der minimalen, maximalen und mittleren Spandicke sowie des Segmentierungsgrades über der Ortskoordinate der Spanbreite wieder. Die minimale Spandicke h'_{min} ist an den Rändern gleich Null. Dort sind die Segmente vollständig voneinander getrennt, was einen Segmentierungsgrad SG von 1,0 zur Folge hat. Im repräsentativen Mittelbereich des Spans von 800 µm–2500 µm Ortskoordinate ist h'_{min} im Gegensatz zu der maximalen Spandicke h'_{max} nicht konstant sondern nimmt kontinuierlich zu. Dabei gilt es festzustellen, dass dieses Verhalten bei einer ausgewerteten Spanlänge von 1200 µm nicht durch eine vereinzelte Stelle verursacht wird, an der der Span unrepräsentativ tief eingeschnitten wäre. Daraus folgt, dass sich die mittlere Spandicke h′ im Mittelbereich zwischen 263 µm und 327 µm bewegt, was einer Abweichung von 24 % entspricht. Der Segmentierungsgrad nimmt im Mittelbereich mit zunehmender Ortskoordinate von 0,67 bis auf 0,39 deutlich, jedoch nicht kontinuierlich ab, was einer Abweichung von 72 % gleich kommt. Dabei besteht kein klarer Zusammenhang zwischen der mittleren Spandicke und dem Segmentierungsgrad.

Weiterhin wurde der Scherwinkel im Span Φ_{Sp} ausgewertet und in Bild 9 rechts unten über der Ortskoordinate der Spanbreite aufgetragen. Im gleichen Diagramm ist die auf der ausgewerteten Spanlänge auswertbare Anzahl von Scherbändern n_{SB} dargestellt. Dabei sind die Daten von Φ_{Sp} Mittelwerte aus n_{SB} Messungen. Die Fehlerbalken ergeben sich aus der Standardabweichung der Werte der auswertbaren Scherwinkel. Der Mittelwert von Φ_{Sp} bewegt sich im repräsentativen Mittelbereich des Spans uneinheitlich zwischen 42° und 49°. Wenn man die Einzelwerte des Scherwinkels im Span in diesem Bereich zu Grunde legt, dann ergibt sich eine Spanne zwischen 40° und 53°, was einer Abweichung von 33 % entspricht. Zusätzlich lassen die Werte von n_{SB} auf eine starke lokale Schwankung der Segmentierungsfrequenz schließen. Zusammengenommen stellen diese Auswertungen sehr klar den dreidimensionalen Charakter der Scherbandentstehung bei Ck45 N dar. Es wird deutlich, wie aufwändig es ist, geometrische Kennwerte der Spanbildung statistisch abgesichert anzugeben.

Weiterhin wurde bei der beschriebenen Untersuchungsmethodik der Vorschub variiert (Ck45 N; v_c = 3000 m/min; f = 0,1 mm; Schliffebenenabstand 50 µm). Der nicht auswertbare Randbereich ist bei dem niedrigeren Vorschub deutlich schmaler als bei einem Vorschub von f = 0,3 mm. Die Aufnahmen in den nachfolgenden Schliffebenen zeigen die dreidimensionale Ausprägung der Scherbänder auch für einen Vorschub von f = 0,1 mm.

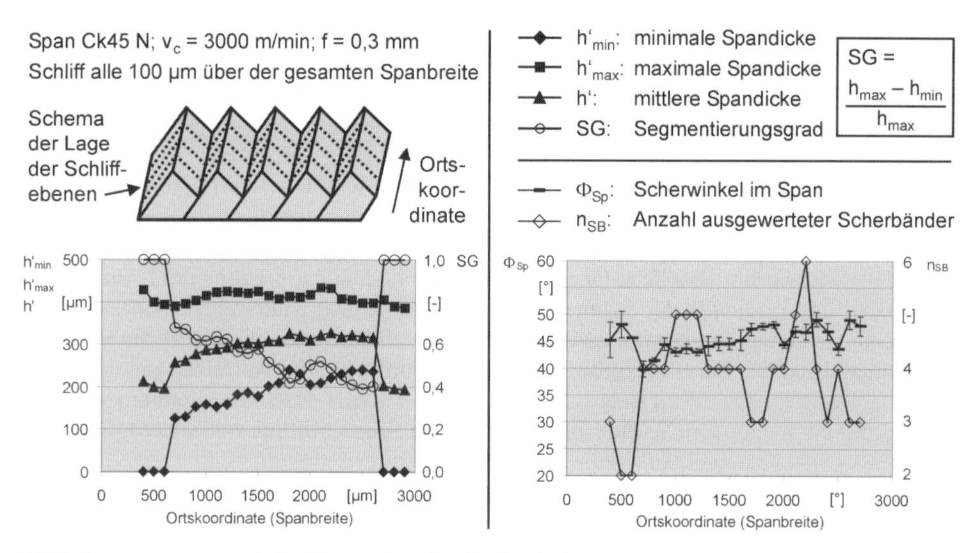

Bild 9: Auswertung geometrischer Kenngrößen über der Spanbreite

Die Anzahl der auswertbaren Scherbänder im ausgewerteten Spanabschnitt variiert beispielsweise zwischen drei und sieben. Damit kann festgestellt werden, dass sich die Spanbildung bei Ck45 N unabhängig vom Vorschub räumlich darstellt. In Kapitel 2.2.4.1 wird deutlich, dass sich in diesem Zusammenhang jedoch eine Abhängigkeit von der Wärmebehandlung ergibt. Im Gegensatz dazu zeigt die Titanlegierung TiAl6V4 (siehe Rösler, J. et al., Mechanisms of Chip Formation) und der legierte Vergütungsstahl 40CrMnMo7 (siehe Exner, H. E. et al., Microstructure – A Dominating Parameter for Cip Forming During High Speed Milling) ein über die Spanbreite sehr konstantes Segmentierungsverhalten, wie aus analogen Versuchen zu diesen Werkstoffen hervorgeht.

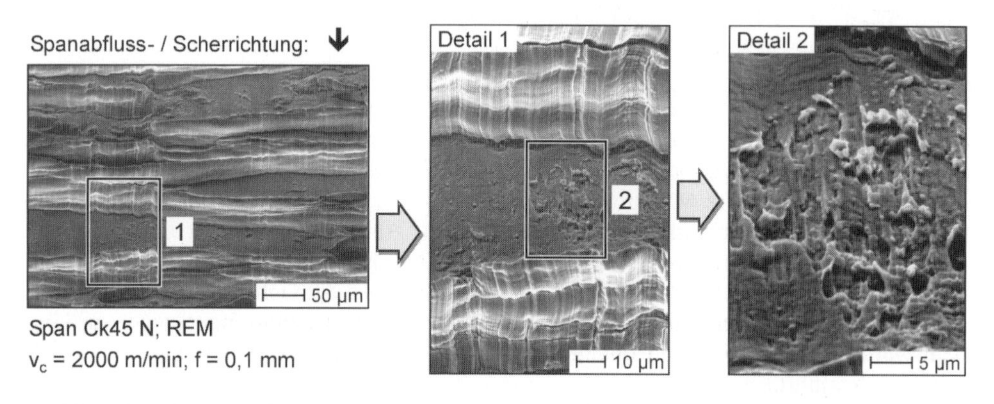

- Unterbrochene Riefen als eindeutiger Nachweis für einen Scherprozess
- Ausprägung der Scherflächen weist das Erreichen der Schmelztemperatur nach
- Dreidimensionale Ausprägung der Scherbänder bildet sich auf der Spanoberseite ab

Bild 10: Ausbildung der Spanoberseite – Nachweis für Scherprozess

Der dreidimensionale Charakter der Scherbandentstehung bei Ck45 N stellt sich auch auf der Spanoberseite dar. Die Betrachtungsrichtung in Bild 10 ist daher von oben auf die Spanoberseite gerichtet. Sie wurde im REM topographisch analysiert. Gegeben sind links eine Übersicht und rechts zwei Detailaufnahmen unterschiedlicher Vergrößerung. In der Übersichtsaufnahme ist deutlich die Entstehung einer neuen Scherfläche mitten im Span zu erkennen. Die riefenbehaftete ehemalige Werkstückoberfläche wird unterbrochen von einer Scherfläche. Die unterbrochenen Riefen können als eindeutiger Nachweis für den Scherprozess herangezogen werden. Auf der Scherfläche setzen sich die Riefen nicht fort, es handelt sich klar um eine neue Oberfläche (Detail 1). Die Ausprägung der Scherflächen weist dabei das Erreichen der Schmelztemperatur nach. Das Material im Scherband hat auf Grund der hohen Temperatur einen teigigen Zustand angenommen. Auf der Scherfläche können daher bei hoher Vergrößerung kleine Tröpfchen und Aufreißungen der Oberfläche nachgewiesen werden (Detail 2) (siehe auch Exner, H. E. et al., Microstructure – A Dominating Parameter for Cip Forming During High Speed Milling, für AlZnMgCu1,5).

2.2.4 Spanbildung in Abhängigkeit von Temperatur und Festigkeit

Die auf das Werkzeug wirkenden Kräfte nehmen bei Steigerung der Schnittgeschwindigkeit ab und nähern sich einem Minimalwert an. Dieser Verlauf der Schnittkraft F_c als Funktion der Schnittgeschwindigkeit v_c kann durch eine Näherungsfunktion nachgebildet werden (siehe Tönshoff et al., Temperaturen und Spanbildung beim Höchstgeschwindigkeitsspanen). Sie enthält in einer einfachen Form für nur einen Werkstoff neben zwei konstanten Kraftkomponenten eine Geschwindigkeitskonstante v_{HG} (siehe auch Bild 12). Diese Konstante eignet sich zur Abgrenzung der Hochgeschwindigkeitszerspanung gegenüber den konventionellen Geschwindigkeiten. Oberhalb dieser Grenzgeschwindigkeit nimmt die Schnittkraft nicht mehr wesentlich ab. Zerspanung mit Geschwindigkeiten größer als v_{HG} wird als Hochgeschwindigkeitszerspanung definiert. Die Grenzgeschwindigkeit v_{HG} ist dabei abhängig vom Fertigungsverfahren, von den Prozessparametern und vom bearbeiteten Material [9]. In diesem Kapitel wird die Spanbildung und die Lage der Grenzgeschwindigkeit v_{HG} in Abhängigkeit von Temperatur und Werkstofffestigkeit betrachtet.

2.2.4.1 Spanbildung in Abhängigkeit von der Festigkeit

Ck45 weist neben der technischen Relevanz den Vorteil auf, dass durch eine gezielte Wärmebehandlung sowohl der Einformungsgrad und die Verteilung von Karbiden sowie die Korngröße eingestellt werden kann und dadurch eine Variation der Festigkeit in einem großen Bereich möglich ist. Der Werkstoff ist im Anlieferungszustand normalgeglüht (N = normalgeglüht) und weist im Schliffbild 60 % Flächenanteil Perlit und 40 % Flächenanteil Ferrit auf (Bild 11 oben links). Um den Einfluss des Gefügezustandes bzw. der Festigkeit auf die Spanbildung bei hohen Schnittgeschwindigkeiten untersuchen zu können, wurden Zerspanversuche mit unterschiedlich wärmebehandelten Versuchswerkstücken durchgeführt.

Der Werkstoff wurde zunächst nach DIN EN 10 083-1 beim Weichglühen auf 675 °C erwärmt. Die Werkstücke wurden 15 Stunden auf dieser Temperatur gehalten und anschließend im Ofen bis auf Raumtemperatur abgekühlt. Diese Wärmebehandlung soll im weiteren als W1 (Weichgeglüht 1: Ofen 675 °C 15h/Ofen) bezeichnet werden. Das sich einstellende Gefüge ist in Bild 11 oben in der Mitte wiedergegeben. Im Vergleich zu

Ck45 N ändern sich die mechanischen Eigenschaften, jedoch formt sich der Zementit nur zu einem geringen Teil kugelig ein. Um einen weiteren Gefügezustand zu erzeugen, der sich deutlich von Ck45 N und W1 unterscheidet, wurde nach einer Versuchsserie die Wärmebehandlung W3 (Weichgeglüht 3: Ofen 700 °C 100h/Ofen) mit vorgeschaltetem Härten ausgewählt. Beim Härten (H) wird der Kohlenstoff durch das Austenitisieren mit anschließendem Abschrecken gleichmäßig in der Matrix verteilt. Während des anschließenden Weichglühens mit der langen Haltezeit von 100 Stunden formt sich der homogen verteilte Zementit vollständig kugelig ein (Bild 11 oben rechts). Durch diese Wärmebehandlungsvariante wird ein signifikanter Unterschied in den mechanischen Eigenschaften im Vergleich zu Ck45 N und W1 eingestellt. Die Zugfestigkeit beispielsweise nimmt von Ck45 N über W1 bis W3 deutlich ab.

Die veränderten Festigkeitseigenschaften haben eine veränderte Spanbildung zur Folge. Unten in Bild 11 sind Späne dargestellt, die aus den beschriebenen Gefügezuständen mit identischen Prozessparametern hergestellt wurden. Es wird deutlich, dass durch die Verringerung der Festigkeit die Scherspanbildung unterdrückt wird. Dennoch kommt es auch bei Ck45 W3 zu einem Absinken der Schnittkräfte bei Steigerung der Schnittgeschwindigkeit [9]. Hieraus wird deutlich, dass die Bildung von Scherspänen kein geeignetes Kriterium zur Definition der HG-Bearbeitung ist.

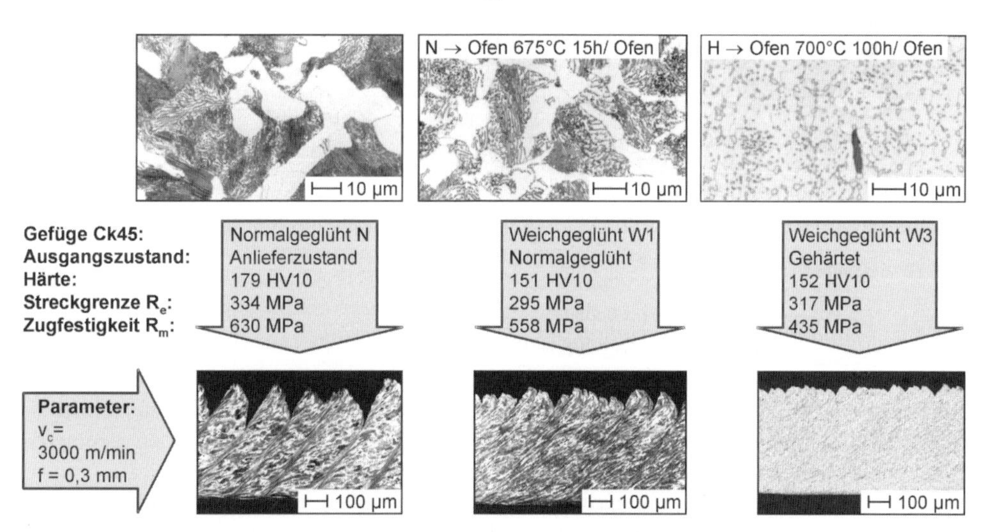

Bild 11: HG-Spanbildung bei unterschiedlichen Gefügezuständen des Ck45

Die oben unter Kapitel 2.2.4 beschriebene Definition von v_{HG} wurde zunächst für Ck45 N aufgestellt (siehe Tönshoff et al., Temperaturen und Spanbildung beim Höchstgeschwindigkeitsspanen). Um sie zu überprüfen, wurden die Grenzgeschwindigkeiten für die verschiedenen Gefügezustände des Ck45 ermittelt. Setzt man diese Werte in Beziehung zur jeweiligen Zugfestigkeit ergibt sich die Darstellung in Bild 12. Aufgetragen ist die Grenzgeschwindigkeit v_{HG} über der Zugfestigkeit R_m. Eingetragen sind die Daten für Ck45 N, W1, W3 und einen vergüteten Zustand V. Der offensichtliche Zusammenhang zwischen den Daten lässt sich durch die im Bild 12 oben rechts gegebene Näherungsfunktion beschreiben. Das Bestimmtheitsmaß ist dabei sehr groß und verdeutlicht die Eindeutigkeit des Zusammenhangs. Damit kann geschlossen werden, dass die Grenzgeschwindigkeit eine physikalisch begründete Größe ist. Es besteht ein eindeutiger Zusammenhang zwischen v_{HG} und der Zugfestigkeit R_m. Um dieses Gesetz unabhängig vom zerspanten Material zu machen, müssen weitere physikalische Kennwerte neben der Zugfestigkeit berücksichtigt werden. Diese Weiterentwicklung des Zusammenhangs ist in [9] und an anderer Stelle in diesem Buch (siehe Tönshoff et al., Temperaturen und Spanbildung beim Höchstgeschwindigkeitsspanen) beschrieben.

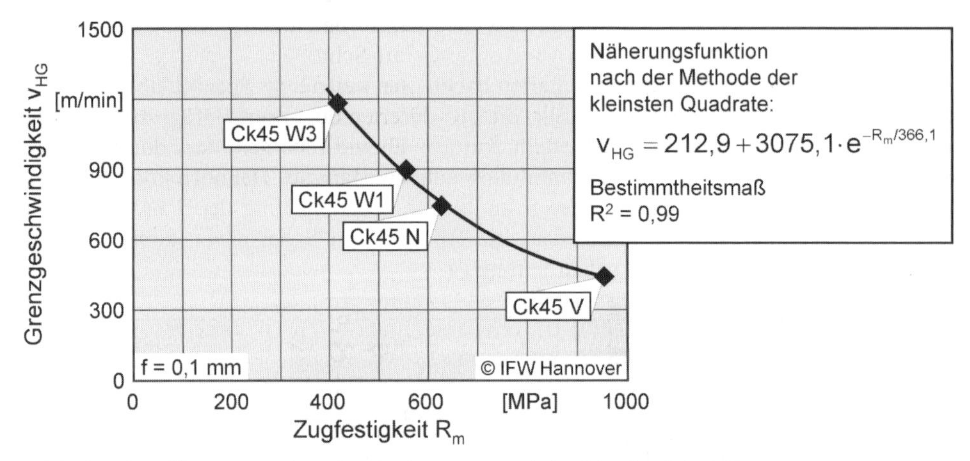

Bild 12: Zusammenhang zwischen Grenzgeschwindigkeit und Zugfestigkeit

2.2.4.2 Spanbildung unter Variation der globalen Temperatur

Die Erzeugung von Scherbändern wird von verschiedenen Autoren auf Defekte zurückgeführt, z. B. [10]. Dieses sind in der Regel Inhomogenitäten im Werkstoff, die sich in einem früheren Stadium der Verformung eingestellt haben. Es wird zwischen geometrischen, thermischen und dynamischen Defekten unterschieden.

Die bisherigen Arbeiten lassen vermuten, dass die globale Temperatur in der Spanbildungszone einen entscheidenden Einfluss auf die Spanbildung besitzt. Um dies zu untersuchen, wurden Werkstücke vor der Bearbeitung auf eine bestimmte Temperatur erwärmt. Eine Steigerung der globalen Temperatur bedeutet dabei eine Verminderung eines auftretenden thermischen Defektes. Um betrachten zu können, ob und in wieweit die globale Temperatur die HG-Geschwindigkeit beeinflusst, war zunächst eine Bestimmung der in das Modell einfließenden quasistatischen Werkstoffkennwerte als Funktion der Vorwärmtemperatur notwendig. Daher wurde die Zugfestigkeit R_m von Ck45 N in Warmzugversuchen bis 600 °C ermittelt, das Ergebnis ist in Bild 13 rechts dargestellt. R_m weist dabei bis 300 °C konstante Werte auf, um anschließend von 400 °C bis 600 °C deutlich abzufallen.

Nach den in [9] dargelegten Ausführungen lässt sich durch die Anhebung der Ausgangstemperatur die adiabatische Scherlokalisierung aus rein theoretischen Betrachtungen in Richtung höherer Geschwindigkeiten verschieben. Dies wird durch die in Bild 13 links gegebenen Schliffbilder von Spänen aus Temperaturversuchen mit f = 0,1 mm und v_c = 2000 m/min bestätigt. Der obere von Raumtemperatur ausgehend hergestellte Span weist deutliche Verformungslokalisierungen auf, während der untere durch eine Vorwärmtemperatur von 600 °C nahezu eine Fließspanbildung zeigt. Die Durchführung der Zerspanversuche unter Variation der globalen Temperatur ist an anderer Stelle in diesem Buch beschrieben (siehe Denkena, B. et al., Temperaturen und Spanbildung beim Höchstgeschwindigkeitsspanen). Die Ausgangstemperatur wurde dabei zwischen T_A = 23 °C und T_A = 606 °C variiert. Damit lässt sich der maximale Temperaturunterschied im Werkstoff während der Verformung von ΔT = 1500 K auf ΔT = 900 K reduzieren. Die Veränderung der Festigkeit des Werkstoffes durch das Vorheizen bewirkt eine Reduzierung der Schnittkraft sowie eine Veränderung des Schnittkraft-Schnittgeschwindigkeitsverlaufes. Auch bei höheren Schnittgeschwindigkeiten wird eine weitere Senkung der Schnittkräfte registriert. Dieser Sachverhalt spiegelt sich in den Werten der Grenzgeschwindigkeit wieder. Wie in Bild 13 rechts dargestellt bleibt v_{HG} annähernd korrespondierend zur Zugfestigkeit R_m bis zu einer Temperatur von T_A = 400 °C konstant, um bei höheren Temperaturen anzusteigen.

Ck45 N; f = 0,1 mm; v_c = 2000 m/min

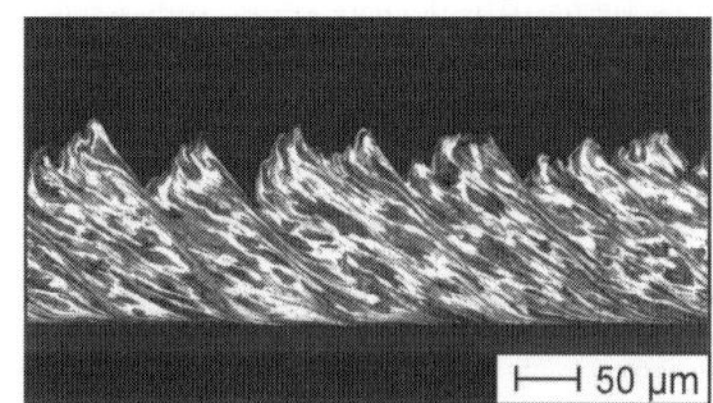

Temperatur: 20 °C; R_m = 630 MPa

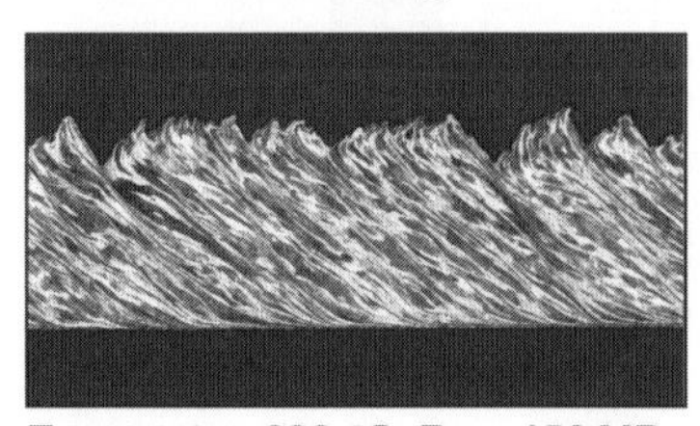

Temperatur: 600 °C; R_m = 156 MPa

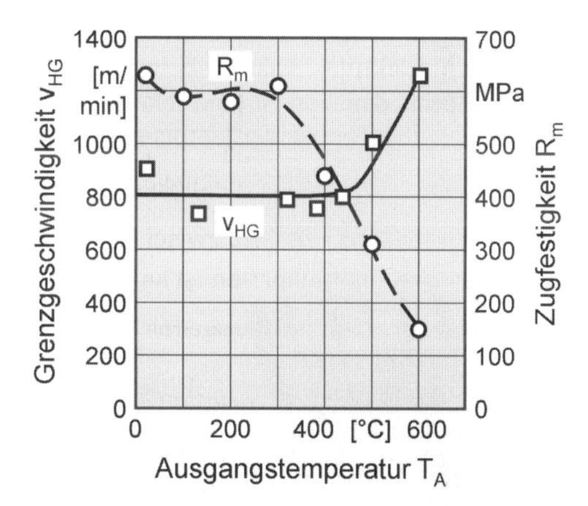

○ Steigerung der globalen Temperatur:
Abnahme der Neigung zur Scherlokalisierung

Bild 13: Variation der globalen Temperatur

2.2.5 Mikrostrukturelle Analyse der Spanbildung

Um die mit der Licht- und Rasterelektronenmikroskopie nicht aufzulösenden mikrostrukturellen Veränderungen nach der Hochgeschwindigkeitsbearbeitung mit großer Auflösung darstellen zu können, sind Untersuchungen mit dem Transmissionselektronenmikroskop (TEM) erforderlich. Im TEM können Gefügestrukturen im nm Bereich erfasst und charakterisiert werden, ebenso wie Veränderungen von Ausscheidungen in Lage, Form und Struktur. So kann sowohl die Mikrostruktur in den Scherbändern und im Segment, als auch in der Grenzschicht der Spanunterseite betrachtet werden. Weiterhin ist es möglich, Versetzungen und ihre Anordnungen zueinander direkt abzubilden. Dies ist im Hinblick auf die Charakterisierung der mechanischen Belastung und die Beschreibung der Versetzungsstrukturentwicklung äußerst wichtig. Neben dem Abbildungsmodus der direkten Durchstrahlung ist die Anfertigung von Elektronenbeugungsaufnahmen von gezielt ausgewählten Gebieten möglich. Hierdurch können Reste von Strukturumwandlungen wie Restaustenit identifiziert werden.

Die Präparation der TEM-Proben aus den Spänen erfolgt sowohl parallel zur Spanunterseite als auch durch Querschnittspräparation. Die endgültige Dünnung auf Elektronentransparenz wird mittels elektrolytischem Polieren oder Ionenstrahlätzen vorgenommen.

2.2.5.1 Analyse der Mikrostruktur parallel zur Spanunterseite

Die Präparation der TEM Proben aus den Spänen parallel zur Spanunterseite erfolgt durch direkte Probenentnahme. Dabei ist von Vorteil, dass, durch das Abdrehen von 3 mm breiten Stegen im Orthogonaleinstechdrehverfahren, Späne entstehen, aus denen die Proben direkt ausgestanzt werden können (rechts oben Bild 14). Die mechanische Vorpräparation umfasst das Schleifen der Späne bis auf eine Restdicke von etwa 100 µm und das Ausstanzen von Scheibchen mit 3 mm Durchmesser. Die Endpräparation auf durchstrahlbare Dicken erfolgt durch elektrolytisches Polieren, es wird bis zum Lochdurchbruch gedünnt. Die sich keilförmig ausbildenden Lochränder sind im Bereich einiger Mikrometer elektronentransparent. Bild 14 zeigt links unten beispielhaft das erzeugte Loch in einer TEM-Probe. Durch selektives Anätzen beim elektrolytischen Polieren sind die Scherbänder zu erkennen. Rechts daneben ist eine schematische Zeichnung derselben Probe gegeben. Die Lage der Scherbänder ist verdeutlicht und die Bereiche für die TEM-Aufnahmen sind eingetragen.

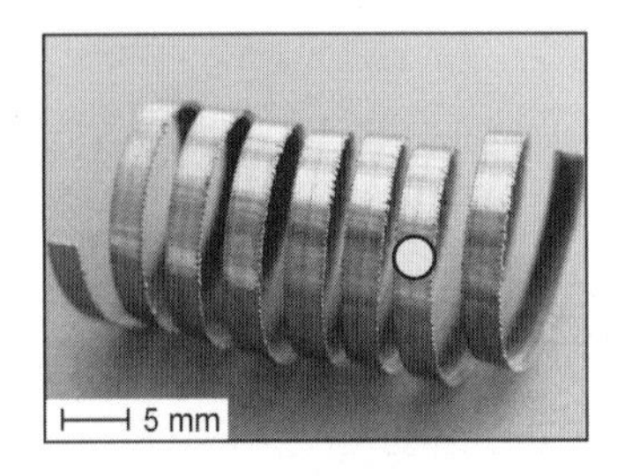

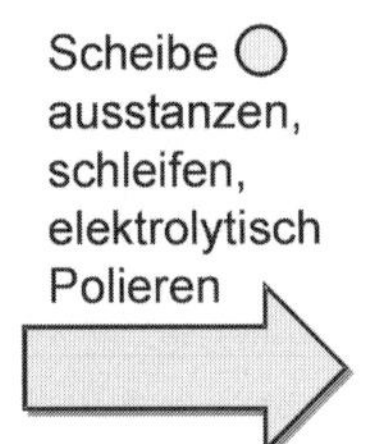

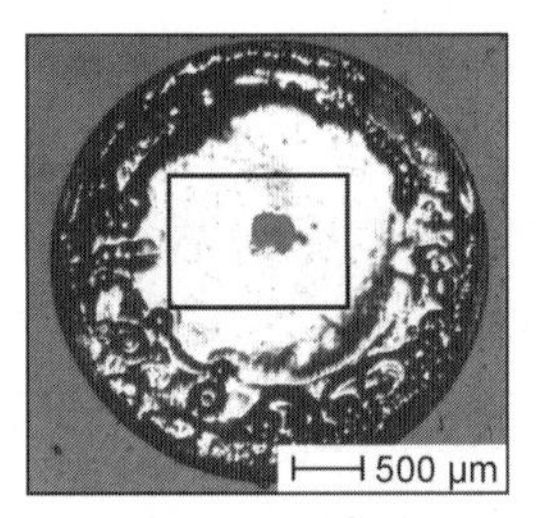

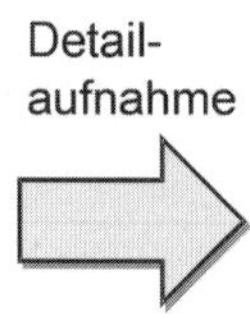

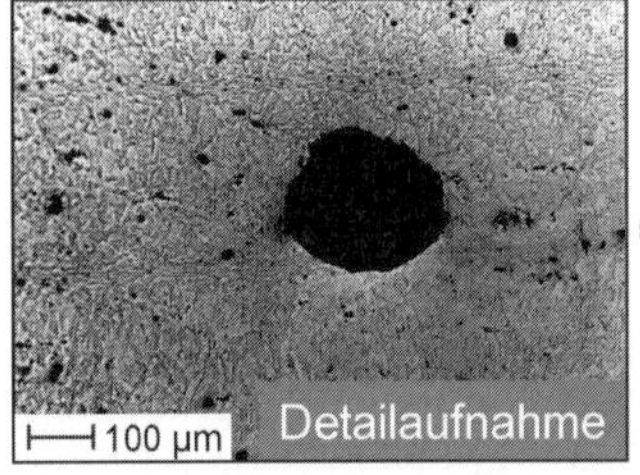

=

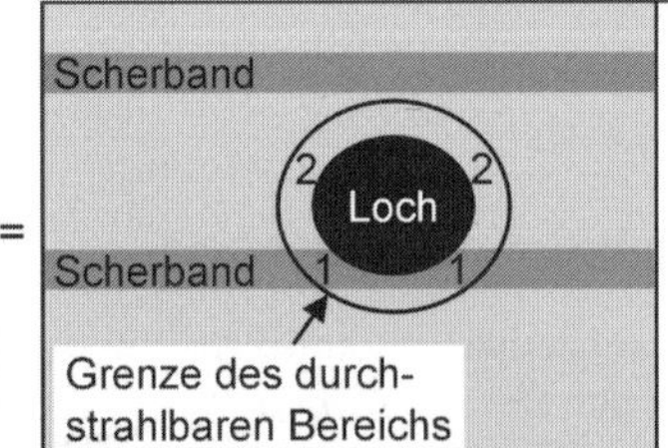

Schematisch:
1: Bereich für Aufnahmen des Scherbandgefüges
2: Bereich für Aufnahmen in Ferrit- und Perlitkörnern zwischen den Scherbändern

Bild 14: TEM-Präparation von Spänen parallel zur Spanunterseite

Für die Analyse der Grenzschicht an der Spanunterseite wurde das Verfahren des elektrolytischen Polierens modifiziert. Um die äußerste Randschicht mikroskopieren zu können, wurden die Proben nur von der Spanoberseite ausgehend auf Elektronentransparenz gedünnt. Als Schutz für die Randschicht der Spanunterseite wird vorher eine Lackschicht aufgetragen, die nach dem Dünnen wieder entfernt wird. Als durchstrahlbarer Bereich bleibt dann die Grenzschicht erhalten.

In der Mitte von Bild 15 ist das Schliffbild eines so präparierten und mit dem TEM untersuchten Spans wiedergegeben. Die Betrachtungsrichtung im TEM ist durch einen Pfeil gekennzeichnet. In der linken Hälfte von Bild 15 sind Durchstrahlungsaufnahmen der Mikrostruktur des Segmentes wiedergegeben. Im perlitischen Gefüge lassen sich gut die Zementitlamellen erkennen. Sowohl das ferritische, als auch das perlitische Gefüge zeigen eine durch die Verformung im Segment hervorgerufene hohe Versetzungsdichte. Bei weiterer Verformung und Bildung eines Scherbandes verändert sich die Mikrostruktur. Rechts oben ist das Gefüge im Scherband dargestellt. Durch die mechanische und thermische Belastung sind Subkorngrenzen entstanden, deren Bildungsmechanismus weiter unten beschrieben wird. Die Beugungsbilder bestätigen die feinkörnige Struktur im Vergleich zum Gefüge im Segment. Die stärkste Belastung hat das Gefüge der Spanunterseite erfahren (Bild 15 rechts unten). Durch die Zerstörung des Gefüges sind keine einzelnen Körner mehr zu erkennen. Das Gefüge ist nanokristallin, jedoch nicht amorph.

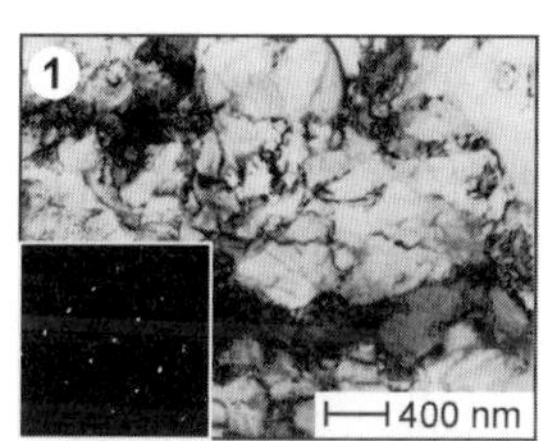

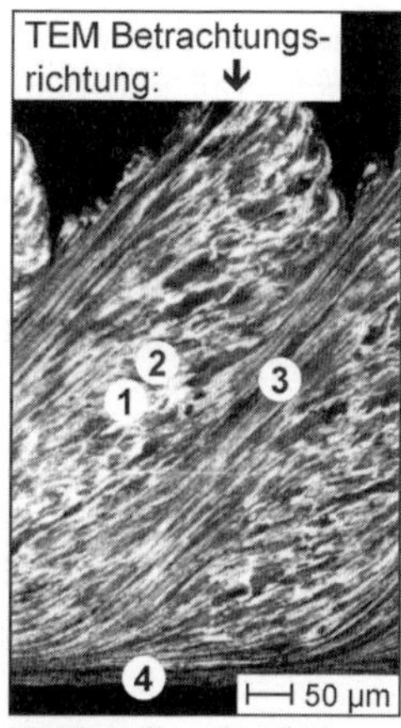

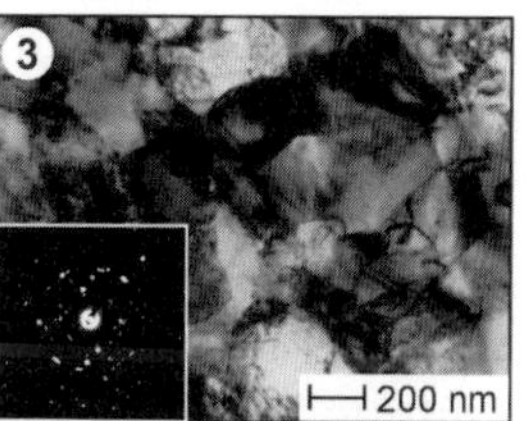

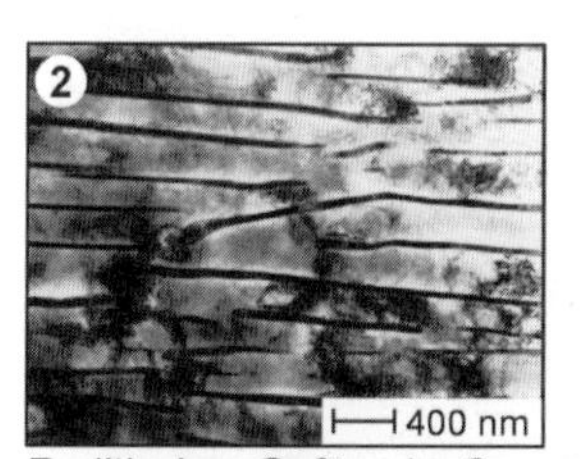

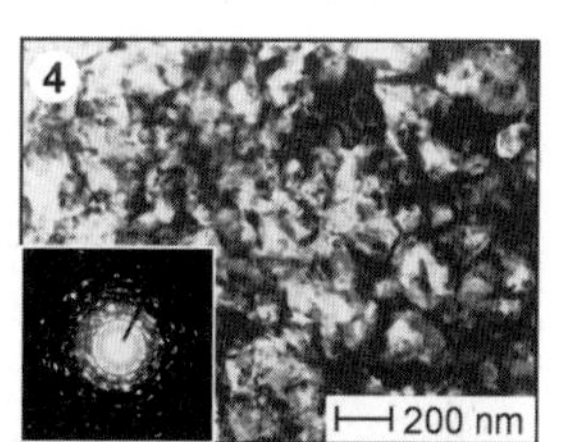

Bild 15: Mikrostruktur in Segment und Scherband

Die Versetzungsstrukturentwicklung in Abhängigkeit vom Verformungsgrad und der Temperatur in kubisch-raumzentrierten (krz) und kubisch-flächenzentrierten (kfz) Metallen wird in der Literatur wie folgt beschrieben:

Während einer plastischen Verformung bleibt die Versetzungsverteilung nur bei geringen Verformungsgraden homogen [11]. Danach lokalisieren sich die Versetzungen und bilden zunächst Versetzungsknäueln (tangles) und anschließend eine grobe Zellstruktur [12]. Mit wachsender Verformung nimmt die Zellgröße ab, das Zellinnere wird zunehmend versetzungsärmer [13, 14]. Dabei nimmt auch die Zellwanddicke mit dreidimensionaler Versetzungsanordnung bis zu der Entstehung einer sehr scharfen Grenze mit zweidimensionalen Versetzungsnetzen, der Subkorngrenze, stetig ab. Wird die Verformung weiter fortgesetzt, bilden sich im globulitischen Zellgefüge vereinzelt Verformungsinhomogenitäten in Form langgestreckter Zellen, sogenannte Mikrobänder [11]. Bei weiterer

Verformung bilden sich die auch in den Spänen beobachteten Scherbänder. Während des ganzen Vorgangs wird die Versetzungsdichte wesentlich erhöht. In [12] wird eine lineare Zunahme der Versetzungsdichte mit zunehmendem Verformungsgrad bis zu einer untersuchten Kaltverfestigung von 21 % beschrieben. Die Verformungstemperatur hat einen entscheidenden Einfluss auf die Versetzungsanordnung, denn sowohl die Quergleitung als auch das Klettern von Versetzungen verlaufen thermisch aktiviert [15]. Die Bildung von Versetzungsnetzwerken und Zellstrukturen wird durch die Temperaturabhängigkeit der Peierlsspannung [16] und der Quergleitung [17] bestimmt. Daher nimmt der kritische Verformungsgrad für die Bildung einer Zellstruktur mit steigender Temperatur ab [11]. Die beschriebene Versetzungsstrukturentwicklung wird auch durch die Verformungsprozesse beim Spanen hervorgerufen und spiegelt sich in der Mikrostruktur der Späne wieder.

Im folgenden werden die Auswirkungen einer Steigerung der Schnittgeschwindigkeit auf die Ausprägung der Mikrostruktur der Späne beschrieben. In Bild 16 sind TEM-Aufnahmen von Spänen abgebildet, die bei 0,3 mm Vorschub aus dem normalgeglühten Zustand mit $v_c = 300$ m/min und $v_c = 3000$ m/min hergestellt wurden. Das ferritische Gefüge zwischen den Scherbändern unterscheidet sich bei beiden Schnittgeschwindigkeiten kaum (Bild 16 links). Es hebt sich auch vom unbehandelten Ausgangsgefüge lediglich durch eine höhere Versetzungsdichte ab. Dagegen hat sich das Gefüge in den Scherbändern stark verändert (Bild 16 rechts). Durch die mechanische und thermische Belastung sind die beschrieben Subkorngrenzen entstanden. Die Subkörner sind bei der höheren Schnittgeschwindigkeit wesentlich kleiner. Das deutet auf eine, bedingt durch die stärker lokalisierte Verformung, höhere Versetzungsdichte hin. Es konnte jedoch keine Phasen-

Bild 16: Einfluss der Schnittgeschwindigkeit auf die Mikrostruktur (N; f = 0,3 mm)

Bild 17: Einfluss der Schnittgeschwindigkeit auf die Mikrostruktur (W1; f = 0,3 mm)

umwandlung festgestellt werden, die Scherbänder bilden sich als Deformations- und nicht als Transformationsbänder aus.

Bild 17 gibt die Mikrostruktur in den Spänen aus weichgeglühtem Material W1 in Abhängigkeit von der Schnittgeschwindigkeit wieder. Da sich bei Ck45 W1 keine deutlichen Verformungslokalisierungen ausbilden, konnte hier keine Zuordnung der Durchstrahlungsaufnahmen zur Lage im Span vorgenommen werden. Weichgeglühter Ck45 bildet unabhängig von der Schnittgeschwindigkeit Lamellen- oder Fließspäne aus (Kapitel 2.2.4.1). Bei diesen Spanformen sind im ganzen Span mittlere Verformungsgrade vorhanden, die ausreichen, die beschriebene Versetzungsstrukturentwicklung hervorzurufen. Daher sind hier Subkörner im gesamten Span zu finden, sie bilden sich bevorzugt in von Zementit freien Bereichen. Bei v_c = 300 m/min bildet Ck45 W1 schon deutliche Subkornstrukturen aus (Bild 17 oben rechts). Die oben links gegebene Aufnahme des Gefüges ohne Subkornbildung zeigt versetzt gebrochene Zementitlamellen, die als Verformungshindernis gewirkt haben. Bild 17 unten zeigt für Ck45 W1 bei v_c = 3000 m/min links eine grobe Zellstruktur mit dicken Zellwänden. Rechts sind deutliche Subkornanordnungen dargestellt, die die relativ hohe Verformung in den Spänen verdeutlichen.

1.2.5.2 Analyse der Mikrostruktur durch Querschnittspräparation

Die sich in den Scherbändern ausprägende Subkornstruktur wird auch in Verformungsrichtung analysiert. Dies ist notwendig, um die Versetzungsstrukturentwicklung vollständig beurteilen zu können. Um dies zu ermöglichen, wurde ein Verfahren zur Querschnittspräparation der Späne entwickelt und eingesetzt. Dabei werden mehrere Spanstücke mit definierter Länge gleichzeitig in ein Titan-Trägerplättchen aufrecht eingesetzt und mit einem Kleber fixiert. Die so hergestellte Anordnung wird zunächst mechanisch und anschließend mittels Ionenstrahlätzen auf Elektronentransparenz gedünnt (Bild 18). So wird die Untersuchung der Mikrostruktur in der Ebene der Verformungsrichtung mit dem TEM ermöglicht (siehe auch Rösler, J. et al., Mechanisms of Chip Formation, für TiAl6V4; sowie Clos, R. et al., Verformungslokalisierung und Spanbildung im Inconel 718, für Inconel 718).

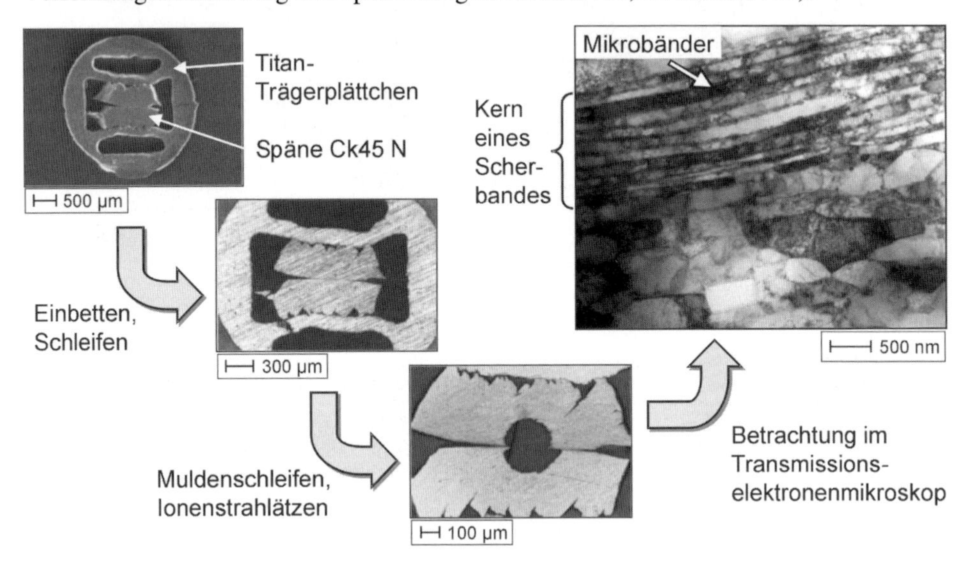

Bild 18: TEM-Querschnittspräparation von Spänen: Entstehung von Scherbändern

In der Mitte von Bild 19 ist das Schliffbild eines mittels Querschnittspräparation vorbereiteten und mit dem TEM untersuchten Spans wiedergegeben. Die Betrachtungsrichtung im TEM ist durch den in den Querschliff hinein verschwindenden Pfeil gekennzeichnet. In der linken Bildhälfte sind Aufnahmen aus dem Scherband dargestellt. Je nach Verformungsgrad können dort länglich gestreckte Zellen oder die beschriebenen Mikrobänder nachgewiesen werden. Die Aufnahme rechts oben zeigt ein in die Spanunterseite übergehendes Scherband. Es lassen sich gut die Mikrobänder im Kern des Scherbandes und die umgebenden Subkörner erkennen. Ein Querschnitt durch die Mikrobänder ergibt die in Bild 15 rechts oben abgebildete Subkornstruktur. Zum Vergleich ist rechts unten eine Aufnahme von perlitischem Gefüge mit Zementitlamellen aus dem Segment gegeben. Hier ist die Versetzungsdichte vergleichsweise gering, es findet keine Subkornbildung statt. Somit kann die beschriebene mikrostrukturelle Entwicklung der Scherbänder durch die Querschnittspräparation bestätigt werden.

2.3 Zusammenfassung

Das Ziel dieses Beitrags liegt in der Charakterisierung der Hochgeschwindigkeits-Spanbildung aus werkstoffkundlicher Sicht. Untersucht werden die Verhältnisse in der Spanbildungszone an Hand des Werkstoffverhaltens des Vergütungsstahls Ck45 (2.1191) in verschiedenen Gefügemodifikationen. Dabei werden insbesondere die Auswirkungen

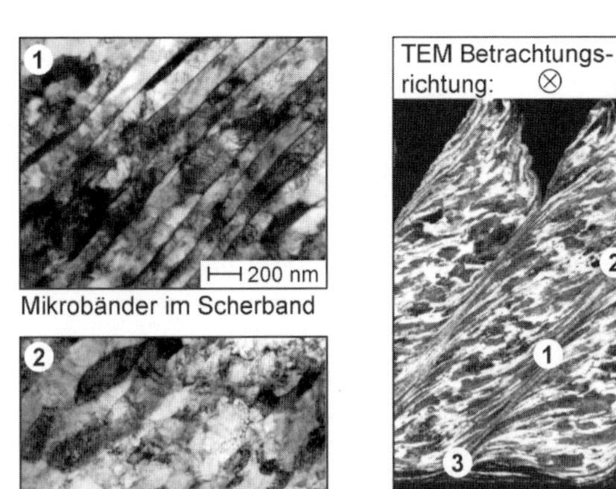

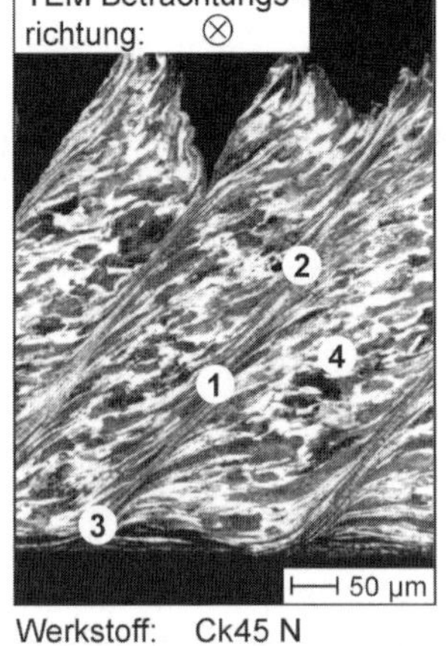

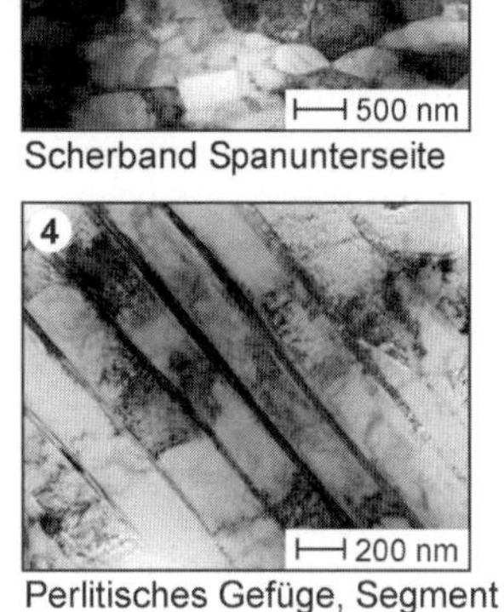

Bild 19: Mikrostruktur in Verformungsrichtung (TEM-Querschnittspräparation)

des Zerspanprozesses auf die Ausprägung der Mikrostruktur beschrieben. Als Fertigungsprozess wird das Orthogonal-Einstech-Drehen gewählt. Die Entnahme der Späne und Spanwurzeln erfolgt aus dem Realprozess. Die werkstoffkundliche Charakterisierung nutzt neben metallographischen Verfahren hochauflösende Techniken wie die Transmissionselektronenmikroskopie.

Für den normalgeglühten (N) Ausgangszustand des Ck45 ist festzuhalten, dass eine Steigerung der Schnittgeschwindigkeit die Neigung zur Scherlokalisierung erhöht und die Spanstauchung verringert. Es wurden zwei Weichglühbehandlungen mit unterschiedlichem Einformungsgrad des Zementits durchgeführt. Mit abnehmender Festigkeit der Werkstoffzustände wird die Bildung von Scherspänen erst bei höheren Schnittgeschwindigkeiten erreicht. Je weniger lamellenförmiger Zementit vorhanden ist, desto später setzt die Scherspanbildung ein. Die Spanbildung von Ck45 N ist dabei ein dreidimensionaler Prozess. Die Verformungsvorgänge in den Spänen werden mittels Schliffserien räumlich dargestellt. Die Scherbänder in Spänen aus Ck45 N bilden sich nicht kontinuierlich über die Spanbreite aus. Sie können sowohl im Span beginnen und enden, als auch Sprünge aufweisen. Um quantitative Aussagen treffen zu können, wurden die Bildserien geometrisch ausgewertet. Es zeigte sich, dass die geometrischen Kenngrößen über der Spanbreite stark variieren.

Die Erzeugung von Scherbändern wird von verschiedenen Autoren auf Defekte zurückgeführt. Dieses sind Inhomogenitäten im Werkstoff, die sich in einem früheren Stadium der Verformung eingestellt haben. Es wird zwischen geometrischen, thermischen und dynamischen Defekten unterschieden. Der Einfluss von thermischen Defekten auf das Werkstoffverhalten und die Entstehung von Scherbändern wurde ermittelt. Durch die Anhebung der Ausgangstemperatur wird die relative Erwärmung des Werkstoffes im Bereich des Scherbandes und damit der thermische Defekt reduziert. In der Folge verschiebt sich das Auftreten von Scherlokalisierungen in Richtung höherer Geschwindigkeiten. Zusammenfassend kann festgestellt werden, dass die Scherbänder durch äußere Makrorisse oder innere Defekte initiiert werden. Im Scherband werden Temperaturen bis zur Schmelztemperatur erreicht.

Die TEM-Untersuchungen der Mikrostruktur von Spänen dienen zur Abschätzung der Versetzungsdichteänderungen und der Werkstoffentfestigungs- und -verfestigungsmechanismen. Durch die Variation der Schnittgeschwindigkeit und die damit mögliche Analyse von Scherlokalisierungen unterschiedlichen Verformungsgrades kann die Mikrostrukturentwicklung der Scherbänder aufgezeigt werden. Die transmissionselektronenmikroskopischen Aufnahmen des Gefüges im Scherband zeigen durch den Verformungsprozess und die thermische Belastung entstandene Subkorngrenzenstrukturen. Die Verformung beim Zerspanprozess ruft im Material zunächst eine inhomogene Versetzungsstruktur hervor. Anschließend entwickeln sich die Scherbänder nach einer Zellstrukturbildung in den Körnern aus Subkörnern und Mikrobändern. Bei Ck45 N läuft die Bildung von Subkörner fast ausschließlich in den Scherbändern ab. Das Gefüge zwischen den Bändern ist wenig verformt. Phasenumwandlungen haben nicht stattgefunden. Die Scherbänder bilden sich als Deformations- und nicht als Transformationsbänder aus. Da in den Spänen aus weichgeglühtem Ausgangsmaterial im gesamten Span mittlere Verformungsgrade vorliegen, treten die Subkörner hier im gesamten Span auf. Die beobachtete Grenzschicht an der Spanunterseite ist nanokristallin, jedoch nicht amorph.

Es konnte gezeigt werden, dass die Neigung zur Scherlokalisierung kein geeignetes Kriterium zur Definition der HG-Bearbeitung ist. Daher wurde vom Projektpartner, hergeleitet aus dem Schnittkraft-Schnittgeschwindigkeits-Verlauf, eine Grenzgeschwindigkeit v_{HG} eingeführt. Oberhalb dieser Grenzgeschwindigkeit nimmt die Schnittkraft nicht mehr wesentlich ab. Zerspanung mit Geschwindigkeiten größer als v_{HG} wird als Hochgeschwindigkeitszerspanung definiert. Da ein eindeutiger Zusammenhang zwischen v_{HG} und der Zugfestigkeit R_m besteht, kann geschlossen werden, dass die Grenzgeschwindigkeit eine physikalisch begründete Größe ist. v_{HG} ist abhängig vom Fertigungsverfahren, von den Prozessparametern und vom bearbeiteten Material. Das ermittelte HG-Modell bietet für die Praxis die Möglichkeit der Ermittlung von werkstoffspezifischen Grenzgeschwindigkeiten jenseits welcher die Schnittkräfte ihr Minimum erreichen.

2.4 Literaturverzeichnis

[1] Tönshoff, H. K.; Ben Amor, R.; Kaak, R.; Urban, B.: Fräsen ohne Tempolimit?, wt Werkstattstechnik 89 (1999) 7/8, S. 365–368

[2] Klocke, F.; Zinkann, V.: Hochgeschwindigkeitsbearbeitung ändert die Spanbildung, VDI-Z, 141 (1999) 3/4, S. 30–34

[3] Tönshoff, H. K.; Blawit, C.; Mohlfeld, A.; Schmidt, J.; Borbe, C.: Environmental and Economical Aspects of Cutting-I.C.E.M. Meeting 1997, 29.09.–01.10.97, s'-Hertogen-bosch, Netherlands

[4] Haferkamp, H.; Niemeyer, M.; Schäperkötter, M.: Werkstoffverhalten und Mikrostrukturausprägung bei hohen Schnittgeschwindigkeiten. Kolloquium des Schwerpunktprogramms „Spanen metallischer Werkstoffe mit hohen Geschwindigkeiten" der Deutschen Forschungsgemeinschaft, Bonn 1999, ISBN 3-00-006320-X, Herausgeber H. K. Tönshoff und F. Hollmann, Buchbeitrag Seite 1–9

[5] Haferkamp, H.; Niemeyer, M.; Henze, A.; Schäperkötter, M.: Chip formation during machining of Ck45. Buchbeitrag in „Scientific Funtamentals of HSC", Herausgeber Herbert Schulz, Carl Hanser Verlag, München, 2001, ISBN 3-446-21799-1, Buchbeitrag Seite 32–42

[6] Haferkamp, H.; Henze, A.; Schäperkötter, M.: Chip formation during high speed machining of tempering steel (AISI 1045). Society of Manufacturing Engineers (SME), SME technical paper, Conference proceedings „High Speed Machining 2003“, 08.–09. April 2003, Chicago, Illinois, USA

[7] Haferkamp, H.; Schäperkötter, M.: Development of the microstructure during chip formation by high speed machining of Ck45 (AISI 1045). Konferenzbeitrag „Euromat 2003“, 01.–05. September 2003, Lausanne, Schweiz

[8] Tönshoff, H. K.: Spanen – Grundlagen, Springer Verlag, Berlin, 1995.

[9] Ben Amor, R.: Thermomechanische Wirkmechanismen und Spanbildung bei der Hochgeschwindigkeitszerspanung, Dissertation Universität Hannover, Fachbereich Maschinenbau, Institut für Fertigungstechnik und Werkzeugmaschinen, PZH Verlag, 2003.

[10] Molinary, A.; Clifton, R. J.: Analytical Characterization of Shear Localization in Thermoviscoplastic Materials, Brown University, Technical Report, ARO Grabt DAAG29-85-K-0003, Report Nr. 4, December 1986

[11] Lan, Y.: Verfestigungsverhalten und Versetzungsstruktur von Eisen und Aluminium bei niedriger Temperatur. Fortschritts-Berichte VDI, Reihe 5, Nr. 249 (1992)

[12] Österle, W.: Zur Problematik der elektronenmikroskopischen Ermittlung der Versetzungsdichte in kaltverformten kohlenstoffarmen Stählen. Carl Hanser Verlag, München, Praktische Metallographie, Band 29, Heft 8, (1992) Seite 400–413

[13] Keh, A. S.; Weissmann, S.: Deformation Substructure in Body-Centered Cubic Metals, in: Electron Microscopy and Strength of Crystals. Herausgeber G. Thomas und J. Washburn, Interscience, New York, (1963) Seite 231–300

[14] Swann, P. R.: Dislocation Arrangements in Face-Centered Cubic Metals and Alloys, Electron Microscopy and Strength of Crystals. Herausgeber G. Thomas und J. Washburn, Interscience, New York, (1963) Seite 131–181

[15] Klaar, H. J.; et al.: Ringversuch zur quantitativen Ermittlung der Versetzungsdichte im Elektronenmikroskop. Carl Hanser Verlag, München, Praktische Metallographie, Band 29, Heft 1, (1992) Seite 3–25

[16] Conrat, H.: On the Mechanism of Yielding and Flow in Iron. J. Iron Steel Inst. 198 (1961) Seite 364–375

[17] Brown, N.; Ekvall, R. A.: Temperatur Depencence of the Yield Points in Iron. Acta Metall. 10 (1962) Seite 1101–1107

3 Auswirkung des Hochgeschwindigkeitsspanens auf die Werkstückrandzone

H. K. Tönshoff, B. Denkena, J. Plöger, B. Breidenstein

Kurzfassung

Während des Spanens wird die neu entstehende Oberfläche eines Werkstücks mechanisch und thermisch beeinflusst. Hierdurch entstehen Gefügeveränderungen und Eigenspannungen, welche für das Funktionsverhalten des Werkstücks von wesentlicher Bedeutung sind. Durch Steigerung der Schnittgeschwindigkeit ändern sich die thermischen und mechanischen Vorgänge. Im vorliegenden Projekt werden die Auswirkungen unterschiedlicher Stellgrößen und Bearbeitungsbedingungen beim Hochgeschwindigkeitsspanen auf die Randzone untersucht.

Mit Erhöhung der Schnittgeschwindigkeit, insbesondere oberhalb konventioneller Werte, nehmen Schnittkraft, Vorschubkraft und Passivkraft ab. Eigenspannungstiefenverläufe zeigen eine deutliche Abhängigkeit von der Schnittgeschwindigkeit, vom Schneidstoff und von der Mikrogeometrie des Schneidwerkzeugs. Durch ortsaufgelöste Eigenspannungsmessungen konnte ein Einfluss nicht idealer Oberflächen auf röntgenographisch ermittelte Werte nachgewiesen werden.

Mit Hilfe der Positronenannihilationsspektroskopie konnten Versetzungsdichten in Bereichen gemessen werden, die einer Eigenspannungsanalyse nicht zugänglich sind. Es zeigte sich eine gegenüber herkömmlichen Vorstellungen deutlich vergrößerte Verformungsvorlaufzone. Aussagen über eine schnittgeschwindigkeitsabhängige Änderung der Verformung sind möglich.

Texturanalysen zeigen keine deutlichen Unterschiede bei unterschiedlichen Bearbeitungsbedingungen, allerdings kann anhand der Orientierungsverteilung der Kristallite eine gewisse Analogie des Spanens zum Walzen gezeigt werden.

Abstract

During cutting processes the emerging surface of a workpiece is influenced mechanically and thermally. Thus changes of microstructure and residual stresses occur, which are of essential importance for the application behaviour of the workpiece. Thermal and mechanical processes change by increase of the cutting speed. In the actual project the effects of different parameters and machining conditions on the subsurface in high speed cutting are investigated.

With the increase of the cutting speed, especially above conventional values, cutting force, feed force, and passive force decrease. Residual stress depth distributions show a clear dependency on cutting speed, tool material and micro geometry of the cutting tool. Position resolved residual stress measurements showed an influence of not ideal surfaces on stress values determined by X-ray analysis.

Hochgeschwindigkeitsspanen. Hrsg. H. K. Tönshoff und F. Hollmann

ISBN: 3-527-31256-0

Positron annihilation spectroscopy allowed to determine dislocation density in specimen areas which cannot be accessed by residual stress analysis. The analyses resulted in a clearly enlarged area of deformation flow than assumed. Statements on a cutting speed dependent change of deformation are possible.

Texture analyses show no distinct differences at different machining conditions, but comparison of the orientation distribution of the crystallites shows a certain analogy of cutting and rolling processes.

3.1 Einleitung

Durch die Entwicklungen auf den Gebieten der Schneidstoffe, der Antriebssysteme und der Steuerungstechnik für Werkzeugmaschinen sowie der Arbeitsspindel-Lagerungssysteme ist eine drastische Steigerung der Schnittgeschwindigkeit in der spanenden Fertigungstechnik möglich. Das Hochgeschwindigkeitsspanen mit geometrisch bestimmter Schneide führt mit einer Steigerung der Arbeitsgeschwindigkeiten um den Faktor 5 bis 10 gegenüber der konventionellen Bearbeitung zu einer entsprechenden Verkürzung der Bearbeitungszeiten.

Dabei steht bei der Hochgeschwindigkeitsbearbeitung nicht allein die Verkürzung der Hauptzeiten im Vordergrund. Die hohe Schnittgeschwindigkeit erlaubt es, mit geringeren Vorschüben zu arbeiten und so geringere Gestaltabweichungen zu erreichen. Die damit einhergehenden sinkenden Schnittkräfte erhöhen die Maßhaltigkeit und ermöglichen die Bearbeitung dünnwandiger Bauteile.

Die Technologie der Hochgeschwindigkeitsbearbeitung ist von großem Interesse für den Flugzeugbau, den Triebwerksbau sowie weite Bereiche der Antriebstechnik. Allen Anwendungsgebieten ist gemein, dass die hergestellten Werkstücke schwingender Beanspruchung ausgesetzt sind. Es ist bekannt, dass die Randzoneneigenschaften die Dauer- und Betriebsfestigkeit in diesem Fall maßgeblich mitbestimmen. Eine Verbreitung der Hochgeschwindigkeitsbearbeitung bei der Herstellung von Sicherheitsbauteilen erfordert daher die Klärung der Auswirkungen hoher Schnittgeschwindigkeiten auf die Werkstückrandzone. Zu klären ist, wie die plastische Verformung, die Reibung, die Stofftrennung und die Stoffumlenkung unter hohen Geschwindigkeiten die geometrischen und physikalischen Qualitätsmerkmale der erzeugten Randzone beeinflussen.

Während des Spanens wird die entstehende Oberfläche eines Werkstücks mechanisch und thermisch beeinflusst. Plastische Verformungen und hohe Temperaturen in der Randzone führen zu Gefügeveränderungen und Eigenspannungen. Durch eine ungünstige Überlagerung von Eigenspannungen und Lastspannungen kann es im Extremfall zum völligen Bauteilversagen kommen. Als Vorstufe wird der Abbau von Spannungsspitzen durch Rissbildung im Material angesehen. Ziel jeder spanenden Bearbeitung ist daher die Erzielung möglichst günstiger Eigenspannungszustände für die spätere Betriebsbelastung.

Bislang sind die Effekte der Hochgeschwindigkeitsbearbeitung mit geometrisch bestimmter Schneide auf die Werkstückrandzone kaum untersucht worden. Im Rahmen dieser Arbeit werden die grundlegenden Einflüsse hoher Schnittgeschwindigkeiten auf die Werkstückrandzone untersucht und mit den Resultaten bei konventionellen Schnittgeschwindigkeiten verglichen (Abbildung 1). Um zu verhindern, dass geometrische Einflüsse, wie sie beispielsweise durch sich ändernde Schnittbogenwinkel beim Fräsen auftreten, den Einfluss durch die Schnittgeschwindigkeit überlagern, wird der Außenlängsdrehprozess untersucht.

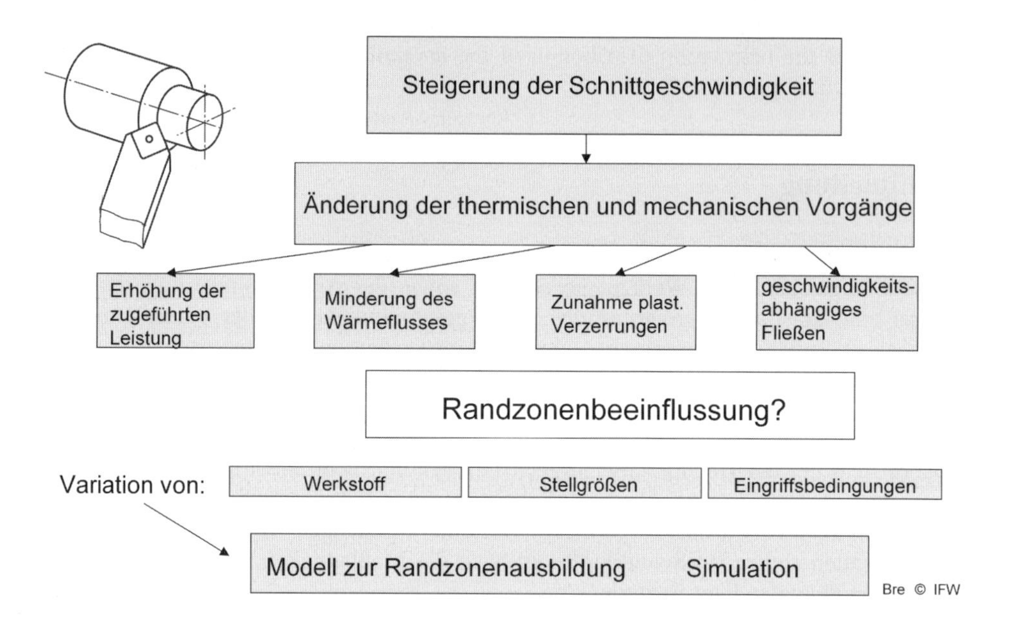

Abb. 1: Motivation für die Untersuchungen der Randzonenbeeinflussung

3.2 Vorgehensweise

Es werden fünf Teilgebiete betrachtet. Zunächst werden die Kräfte untersucht, die bei der Zerspanung auftreten. Aus der Schnittkraft F_c kann die Energie berechnet werden, die pro zerspantem Volumen notwendig ist, so dass hierdurch ein Einblick in die gesamte umgesetzte Energie möglich ist. Die mechanische Belastung der Werkstückrandzone kann anhand der Passivkraft F_p abgeschätzt werden. Gleichzeitig wird aus dem Verlauf der Prozesskräfte die Schnittgeschwindigkeit v_{HSC} berechnet.

Der zweite Abschnitt befasst sich mit der Verformung der Randzone und der Topographie der bearbeiteten Oberfläche. Hierzu werden einerseits metallographische Schliffbilder ausgewertet, andererseits wird die Abhängigkeit der Rauheitskennwerte R_a und R_z von der Schnittgeschwindigkeit und dem Vorschub untersucht. Hierdurch soll ermittelt werden, in wie weit es durch Steigerung der Schnittgeschwindigkeit zu nachweisbaren Veränderungen kommt. Gleichzeitig liefert die Verformungsanalyse im Unterschied zu den im Weiteren eingesetzten Verfahren ein visuelles Ergebnis des Werkstoffverhaltens und der schnittgeschwindigkeitsabhängigen Unterschiede der Verformung der Randzone.

Nach der Charakterisierung der Oberfläche widmet sich der dritte Abschnitt der Analyse der Eigenspannungen. Im Besonderen wird die ortsaufgelöste Eigenspannungsmessung beschrieben und eingesetzt. Hintergrund ist die Annahme, dass sich in einem Bauteil bei homogener Belastung ein Anriss bevorzugt an der Stelle ausbildet, an dem die Zugeigenspannungen am höchsten sind. Bislang wird bei Eigenspannungsmessungen über eine große Fläche gemittelt. Eine Aussage über den Mittelwert der Eigenspannungen ist jedoch nur dann aussagekräftig, wenn sichergestellt ist, dass die Eigenspannungen innerhalb der Oberfläche nicht stark variieren. Für die ortsaufgelöste Eigenspannungsmessung wird Synchrotronstrahlung eingesetzt.

Im vierten Abschnitt sollen die Ursachen der Eigenspannungsausbildung näher betrachtet werden. Um die Vorgänge bei hohen Schnittgeschwindigkeiten zu beschreiben, muss eine mikroskopische Methode eingesetzt werden. Aufgrund der hohen Geschwindigkeiten ist eine in-situ-Messung nicht möglich. Als Alternative soll die Verformung in der Spanzone untersucht werden, indem Spanwurzeln im Querschliff betrachtet werden. Die Messung von Verformung mit herkömmlichen Methoden wie der Analyse metallographischer Schliffe oder der Mikrohärte ist für die Untersuchung der Verformungsvorlaufzone nicht hinreichend genau. Es ist bekannt, dass die Positronen-annihilationsspektroskopie bereits auf sehr geringe Verformung anspricht. Diese Methode wurde erstmals für Messungen an Spanwurzeln eingesetzt.

Verformung führt in der Regel zur Ausbildung von Texturen. Die Änderungen der Rand-zonenverformung mit der Schnittgeschwindigkeit und dem Vorschub sollten sich demnach auch in einer Veränderung der Textur des Werkstücks niederschlagen. Im fünften Abschnitt wird die Texturanalyse dazu eingesetzt, die Vorgänge in der Spanbildungszone zu charakterisieren. Da es die Theorie der Texturausbildung bislang nicht erlaubt, aus der Textur quantitativ auf die zugrundeliegende Verformung zu schließen, werden qualitative Änderungen der Textur unter dem Einfluss der Prozessparameter untersucht.

Weitergehende Untersuchungen und Ergebnisse zu den o.g. Themenbereichen werden in [1, 2] beschrieben.

3.2.1. Werkstoffe und Schneidstoffe

In der vorliegenden Arbeit wird der normalgeglühte Vergütungsstahl Ck45N untersucht, dessen chemische Zusammensetzung (nach Herstellerangaben) in Tabelle 1 angegeben ist.

Tabelle 1: Werkstoffzusammensetzung Ck 45 N

Element	C	Si	Mn	P	S	Cr	Ni
Gew. Anteil	0,44 %	0,21 %	0,75 %	0,016 %	0,024 %	0,12 %	0,04 %

Durch das Normalglühen bildet sich ein feinkörniges, gleichmäßiges Gefüge aus feinlamellarem Perlit und Ferrit. Im Zugversuch werden die Zugfestigkeit zu $R_m = 630\,MPa$ und die Streckgrenze zu $R_e = 330\,MPa$ ermittelt. Die Brucheinschnürung beträgt $Z = 46\%$, die Bruchdehnung $A = 24\%$. Die Versuche werden an Rundmaterial mit einem Durchmesser von ca. 200 mm durchgeführt.

Als Schneidstoffe werden Wendeschneidplatten der Geometrien SNGN120412 und SNGN120404 mit den folgenden Zusammensetzungen verwendet:

Beschichtetes Hartmetall mit dem Schichtaufbau: Substrat (Hartmetall aus 73 % Wolframkarbid, 11 % Tantalniobcarbid, 8,5 % Kobalt, 7,5 % Titankarbid), 0,5 µm Titannitrid (TiN), 5 µm Titankarbonitrid (TiCN), 3 µm Aluminiumoxid (Al_2O_3), 0,5 µm Titannitrid.

Aluminiumoxid-Mischkeramiken mit eingelagerten Titankarbonitrid-Hartstoffen: Die Keramikwerkzeuge sind mit Schutzfasen versehen. Dabei werden Werkzeuge mit den Fasen T02010, T02020, T02030 und T02045 eingesetzt. Bei allen Werkzeugen beträgt damit die Länge der Fase l = 200 µm (dritte und vierte Stelle des Kürzels), der Fasenwinkel variiert zwischen $\gamma_F = 10°$ und $\gamma_F = 45°$ (letzten beiden Stellen des Kürzels).

Die wesentlichen physikalischen Eigenschaften der beiden Schneidstoffe sind in Tabelle 2 zusammengefasst. Bei allen durchgeführten Drehversuchen soll der Verschleiß nicht betrachtet werden. Daher wird für jeden Versuch je eine neue Schneidecke verwendet. Eine nachträgliche lichtmikroskopische Überprüfung zeigt keinen nachweisbaren Verschleiß der Ecken, so dass die Annahme der Verschleißfreiheit als gegeben betrachtet werden kann.

Tabelle 2: Materialparameter der eingesetzten Schneidstoffe

	Hartmetall*, TiN beschichtet	Mischkeramik* SH2
Dichte [g/cm^3]	12,6	4,3
Härte HV 05	3000 (Schicht)	2250
E-Modul [GPa]	511	410 (20 °C), 350 (1200 °C)
Bruchzähigkeit [MPa $m^{1/2}$]		5,2
Wärmeleitfähigkeit [W/m K]	45	35
Reibungskoeff. (gegen Stahl)	0,4	

* Angaben des Herstellers

3.3 Kräfte beim Drehen mit hohen Geschwindigkeiten

Die im Zerspanprozess freigesetzte Energie kann aus den Bearbeitungskräften berechnet werden. Die Schnittarbeit ist in guter Näherung das Produkt aus Schnittkraft, Zeit und Schnittgeschwindigkeit. Das zerspante Volumen ergibt sich als Produkt aus Spanquerschnitt, Zeit und Schnittgeschwindigkeit, so dass die zur Zerspanung notwendige Energie pro Volumenelement direkt der Schnittkraft proportional ist. Die Schnittkraft gibt damit Auskunft über die insgesamt im Prozess notwendige Energie. Tönshoff et al. beschreiben in ihrer Arbeit ausführlich die Berechnung der HSC-Schnittgeschwindigkeit (siehe Tönshoff, H. K., Denkena, B., Ben Amor, R., Kuhlmann, A.: Spanbildung und Temperaturen beim Spanen mit hohen Schnittgeschwindigkeiten [3]). In der Abbildung 2 sind die Prozesskräfte F_c, F_p und F_f über der Schnittgeschwindigkeit v_c sowie die errechnete HSC-Schnittgeschwindigkeit dargestellt.

Der exponentielle Abfall der Schnittkraft zeigt sich bei allen durchgeführten Untersuchungen im Außenlängsdrehen. Zur Charakterisierung der Abhängigkeit der Prozesskräfte von der Schnittgeschwindigkeit ist es daher ausreichend, die Parameter F_∞, F_{dyn} und v_{HSC} anzugeben.

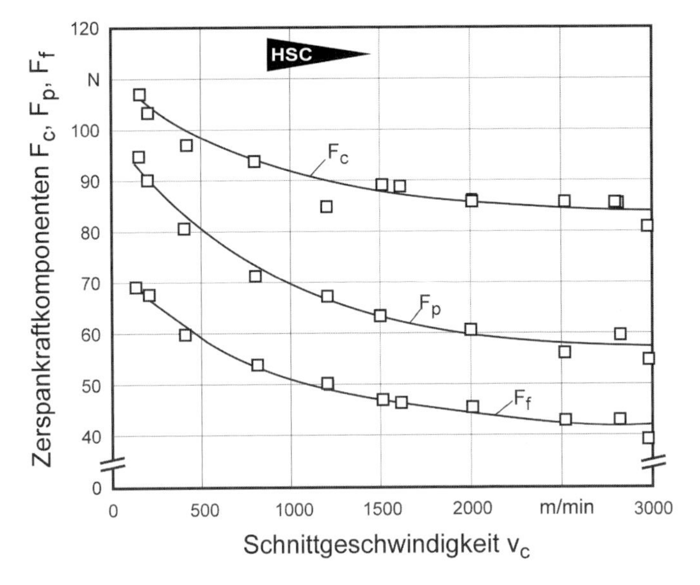

Verfahren:
Außenlängsdrehen

f = 0,1 mm
a_p = 0,3 mm
v_c variiert

Werkstoff:
Ck 45 N

Schneidstoff:
Mischkeramik

Kühlschmierung:
ohne

Schneidengeometrie:

α	γ	λ	ε	κ	r_ε
6°	-6°	-6°	90°	45°	1,2 mm

Fase:
T02020

36/25899 © IFW

Abb. 2: Verlauf der Prozesskräfte über der Schnittgeschwindigkeit

Im Folgenden wird der Einfluss der Parameter Fasenwinkel γ_F und Schnitttiefe a_p auf die Prozesskräfte untersucht. Es wird jeweils der Mittelwert aus fünf Einzelmessungen angegeben.

Um Ausbrüche zu vermeiden, werden Werkzeuge aus Mischkeramik mit Schutzfasen versehen. Hierdurch bietet sich eine größere Möglichkeit, die Geometrie zu variieren und so die Vorgänge in der Spanbildungszone zu untersuchen.

Die bei der Spanentstehung herrschenden mechanischen Belastungen der Werkstückrandzone hängen eng mit der Passivkraft F_p zusammen. Um den Einfluss der Passivkraft auf die Eigenspannungsentstehung zu untersuchen, wird der Fasenwinkel γ_F variiert. Ein größerer Fasenwinkel bedingt einen kleineren bzw. größeren negativen effektiven Spanwinkel bei gleichbleibendem Freiwinkel.

Werkzeuge aus Hartmetall können scharf hergestellt werden, da keine Schutzfase notwendig ist. Unbeschichtetes Hartmetall widersteht der thermischen Belastung jedoch nur bis zu einer Schnittgeschwindigkeit von $v_c \approx 1000\,m/min$ und kann daher bei höheren Schnittgeschwindigkeiten nicht eingesetzt werden. Bei beschichteten Hartmetallwerkzeugen wird ein asymptotisches Abfallen der Prozesskräfte bis zu einer Schnittgeschwindigkeit von $v_c = 2600\,m/min$ und anschließend ein Ansteigen beobachtet. Nach der Definition kann damit nur bis zu dieser Marke von HSC-Bearbeitung gesprochen werden. Nach dem oben beschriebenen Verfahren lassen sich im HSC-Bereich die in Tabelle 3 gezeigten Werte berechnen. Die Schnitttiefe ist $a_p = 0{,}3\,mm$, der Vorschub $f = 0{,}1\,mm$.

Bei der Betrachtung der Schnittkraftparameter ist festzustellen, dass bei Vergrößerung des Fasenwinkels der Quotient $F_{c,dyn}/F_{c,\infty}$ ansteigt. Es wird damit ein immer größerer prozentualer Abfall der Schnittkraft gemessen. Die HSC-Schnittgeschwindigkeit für die Bearbeitung mit dem Werkzeug aus beschichtetem Hartmetall liegt unter der des Mischkeramikwerkzeugs mit dem kleinsten Fasenwinkel. Die Schnittkraft und das Verhältnis des dynamischen zum statischen Anteil sind jedoch deutlich verschieden.

Tabelle 3: Schnittkraftparameter bei unterschiedlichen Fasenwinkeln γ_F

Schneidstoff	Fase	v_{HSC}	$F_{c,\infty}$	$F_{c,dyn}$	$F_{c,dyn}/F_{c,\infty}$
Mischkeramik	T02010	570 m/min	79 N	22 N	0,28
Mischkeramik	T02020	830 m/min	82 N	27 N	0,33
Mischkeramik	T02030	710 m/min	98 N	36 N	0,37
Mischkeramik	T02045	660 m/min	104 N	61 N	0,59
besch. Hartmetall	$r_\beta \approx 25\,\mu m$	530 m/min	102 N	39 N	0,39

Bei Passiv- und Vorschubkraft werden die größten prozentualen Abnahmen bei einem Fasenwinkel von $\gamma_F = 20°$ gemessen (Tabellen 4 und 5). Für die Fasen T02010 und T02020 sind die Passivkraftverläufe sehr ähnlich.

Tabelle 4: Passivkraftparameter

Schneidstoff	Fase	v_{HSC}	$F_{p,\infty}$	$F_{p,dyn}$	$F_{p,dyn}/F_{p,\infty}$
Mischkeramik	T02010	570 m/min	54 N	46 N	0,85
Mischkeramik	T02020	830 m/min	55 N	55 N	1,00
Mischkeramik	T02030	710 m/min	100 N	77 N	0,77
Mischkeramik	T02045	660 m/min	186 N	113 N	0,61
besch. Hartmetall	$r_\beta \approx 25\,\mu m$	530 m/min	103 N	36 N	0,35

Tabelle 5: Vorschubkraftparameter

Schneidstoff	Fase	v_{HSC}	$F_{f,\infty}$	$F_{f,dyn}$	$F_{f,dyn}/F_{f,\infty}$
Mischkeramik	T02010	570 m/min	25 N	16 N	0,64
Mischkeramik	T02020	830 m/min	41 N	35 N	0,85
Mischkeramik	T02030	710 m/min	48 N	37 N	0,77
Mischkeramik	T02045	660 m/min	95 N	45 N	0,47
besch. Hartmetall	$r_\beta \approx 25\,\mu m$	530 m/min	52 N	13 N	0,25

Der prozentuale Anteil des Abfalls beim Kraftverlauf von beschichteten Hartmetallwerkzeugen liegt für Passiv- und Vorschubkraft unter den Werten des kleinsten Fasenwinkels. Bei der Schnittkraft ist das nicht der Fall.

Die Schnittgeschwindigkeit, ab der von Hochgeschwindigkeitsbearbeitung gesprochen werden kann, hängt zusätzlich von der Schnitttiefe ab. Bei Werkzeugen aus beschichtetem Hartmetall werden die in Tabelle 6 dargestellten Werte gemessen. Der Vorschub beträgt $f = 0{,}1\,mm$, der Fasenwinkel beträgt $\gamma_F = 20°$. Es ist zu ersehen, dass die HSC-Schnittgeschwindigkeit v_{HSC} mit zunehmender Schnitttiefe a_p leicht zunimmt. Gleichzeitig sinkt der dynamische Anteil der Gesamtkraft, so dass der prozentuale Abfall der Prozesskräfte abnimmt.

Tabelle 6: Schnittkraftparameter bei unterschiedlichen Schnitttiefen a_p

a_p	v_{HSC}	$F_{c,\infty}$	$F_{c,dyn}$	$F_{c,dyn}/F_{c,\infty}$
0,3 mm	810 m/min	101 N	35 N	0,35
0,6 mm	843 m/min	180 N	41 N	0,23
1,0 mm	862 m/min	287 N	43 N	0,15
1,5 mm	881 m/min	421 N	67 N	0,16

Zusammenfassend zeigt sich, dass die auftretenden Prozesskräfte gut durch den Ansatz einer exponentiell abfallenden Funktion beschrieben werden können. Bei Erhöhung des Fasenwinkels γ_F wird eine sinkende HSC-Schnittgeschwindigkeit v_{HSC} gefunden, wobei das Verhältnis $F_{c,dyn}/F_{c,\infty}$ ansteigt. Bei zunehmender Schnitttiefe a_p liegt der entgegengesetzte Fall vor, dass v_{HSC} leicht zunimmt und $F_{c,dyn}/F_{c,\infty}$ sinkt.

Dieser Zusammenhang kann durch die Vorgänge in der Spanbildungszone bei Erhöhung der Schnittgeschwindigkeit erklärt werden. Die charakteristischen Veränderungen der Zerspanung treten in der sogenannten Stauchphase der Spanentstehung auf (vgl. [4]). In dieser Phase wird der Werkstoff vor der Schneide komprimiert und verformt. Während der folgenden Abscherphase, in der der Span an der Schneide abgleitet, kommt es zu einer Entfestigung des Materials. Dadurch sinkt der Energiebedarf für diesen Vorgang. Je größer der Fasenwinkel γ_F, desto stärker wird das Material vor der Abscherung verformt und umso stärker wirken sich die Änderungen des Materialverhaltens in der Stauchphase aus. Mit zunehmender Schnitttiefe a_p kommt es zur Bildung von Segmentspänen. Der Weg, den das Werkzeug zurücklegt, bis sich ein Spansegment bildet, nimmt ab. Damit wirken sich die geschwindigkeitsabhängigen Änderungen der Materialeigenschaften weniger aus.

Die Passivkraft steigt erwartungsgemäß mit dem Fasenwinkel. Beim Einsatz eines Werkzeugs aus beschichtetem Hartmetall wird eine Passivkraft gemessen, die der des Mischkeramikwerkzeugs mit der 30°-Fase entspricht.

3.4 Makroskopische Charakterisierung

Bei der Hochgeschwindigkeitsbearbeitung kommt es zu starken Temperaturgradienten. Da Materialeigenschaften wie Streckgrenze, Zugfestigkeit und Elastizitätsmodul temperaturabhängig sind, ist zu erwarten, dass die Schnittgeschwindigkeit auch einen Einfluss auf die Verformung der Randzone hat. Daher soll im Rahmen der metallographischen Untersuchung der bearbeiteten Werkstücke geklärt werden, in wieweit sich hohe Schnittgeschwindigkeiten in der Verformung der Randzone niederschlagen und ob Einflüsse der erhöhten Temperatur erkennbar sind. Die Beurteilung der Verformung durch Betrachtung der Schliffbilder ist jedoch nur dann aussagekräftig, wenn eine statistische Absicherung erfolgt.

Abbildung 3 zeigt zwei exemplarische Schliffbilder von Werkstücken, die mit Werkzeugen aus beschichtetem Hartmetall bei unterschiedlichen Schnittgeschwindigkeiten bearbeitet und längs der Drehriefen im Riefengrund präpariert wurden. Bei beiden Bildern sind im Grundgefüge unverformte Körner zu erkennen. In Oberflächennähe zeigen die Körner deutliche Veränderungen. Beim linken Teilbild ist zu sehen, wie das Korn plastisch verformt wurde. Das eingekreiste Korn rechts ist nur an der Randschicht verformt. Diese Schädigung ist allerdings deutlich stärker als im Bild links. Die Schädigungstiefe bei der höheren Schnittgeschwindigkeit ist hier geringer, das Ausmaß der Schädigung jedoch größer.

Die beobachtete Konzentration der Verformung ist im Riefengrund besonders ausgeprägt. Im Riefenkamm ist der Effekt kaum noch zu sehen.

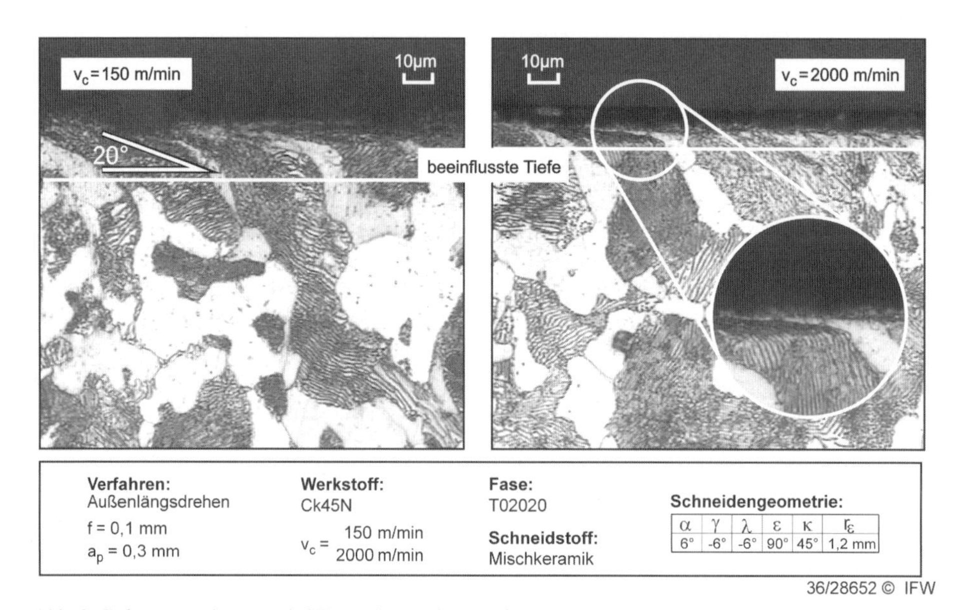

Abb. 3: Gefügeveränderungen bei Veränderung der Schnittgeschwindigkeit

Bei Verwendung von Werkzeugen aus beschichtetem Hartmetall zeigen sich qualitativ die gleichen Effekte wie bei Mischkeramikwerkzeugen. Signifikante Unterschiede sind nicht zu beobachten.

Insgesamt kann der Schluss gezogen werden, dass es sowohl bei der Bearbeitung mit beschichtetem Hartmetall als auch bei Einsatz von Mischkeramikwerkzeugen bei hohen Schnittgeschwindigkeiten zu einer Konzentration der Verformung auf eine dünne Zone unterhalb der Oberfläche kommt. Die Dicke der beeinflussten Schicht sinkt, während die Verformung in dieser Schicht deutlich zunimmt. Dieser Effekt wird auf Zunahme der Temperaturgradienten zurückgeführt.

Die Rauheitskennwerte R_a und R_z nehmen mit zunehmender Schnittgeschwindigkeit zunächst ab, steigen jenseits der HSC-Schnittgeschwindigkeit jedoch wieder an. Ein charakteristischer Einfluss des Fasenwinkels γ_F ist nicht zu erkennen. Es wird angenommen, dass der Anstieg der Rauheitswerte hauptsächlich auf größere Anregungsamplituden durch die höheren Drehzahlen der Maschine zurückzuführen ist.

Bei einer geringen Schnittgeschwindigkeit von $v_c = 200\,m/min$ werden schuppenartige Strukturen auf der Oberfläche beobachtet (Abb. 4, links oben), die bei höheren Schnittgeschwindigkeiten verschwinden (links unten). Mit weiter steigender Schnittgeschwindigkeit werden zunehmend Bereiche gefunden, in denen Material offenbar verquetscht wurde (rechts). Bei Schnittgeschwindigkeiten, die dicht an v_{HSC} liegen, werden weniger Verquetschungen auf der Oberfläche beobachtet. Die Aussagekraft von REM-Aufnahmen ist begrenzt, da stets ein subjektiver Eindruck entsteht. Dennoch liefern die Bilder einen Hinweis darauf, dass die mechanische Beeinflussung der Randzone bei Schnittgeschwindigkeiten jenseits von v_{HSC} tendenziell wieder zunimmt.

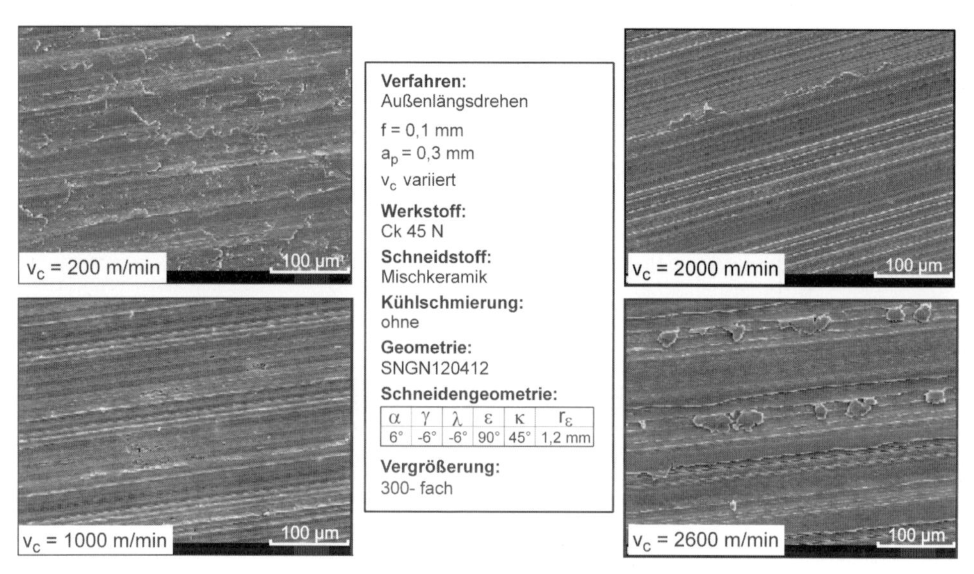

Abb. 4: Oberflächentopographie in Abhängigkeit von der Schnittgeschwindigkeit

Auf eine Messung des Einflusses des Vorschubs auf die Rauheitskennwerte muss verzichtet werden. Das Verfahren zur Trennung von Welligkeit und Rauheit beruht auf einer Filterung der Rohdaten mit einem Gauß-Filter und spricht daher sehr sensitiv auf eine Veränderung der Periode der Oberflächenimperfektion an, so dass es zu Messartefakten kommt.

Insgesamt wird für die Rauheitskennwerte R_a und R_z ein leichtes Minimum für Schnittgeschwindigkeiten um $v_c = v_{HSC}$ gefunden. Die REM-Aufnahmen zeigen die für bei diesen Schnittgeschwindigkeiten bearbeiteten Werkstücken die homogensten Oberflächen. Bei höheren oder niedrigeren Schnittgeschwindigkeiten werden schuppenartige Strukturen gefunden.

3.5 Eigenspannungen

In diesem Kapitel wird der Fehler untersucht, der durch imperfekte Oberflächen entsteht. Die Berechnung des Fehlers durch die Oberflächenimperfektion dient zusätzlich dem Ziel, zu klären, in wieweit in der Randzone ein homogener Eigenspannungszustand vorliegt. Es kann angenommen werden, dass für das Versagen neben dem Mittelwert der Eigenspannungen die Maximalwerte relevant sind. Die Messung des Mittelwerts mit Hilfe eines Röntgendiffraktometers ist damit nur dann aussagekräftig, wenn die Schwankung der Eigenspannungen gering ist.

Zunächst muss der Eigenspannungstensor in das Probensystem umgerechnet werden. Hierzu wird der Tensor mit der Drehmatrix und der transponierten Drehmatrix multipliziert.

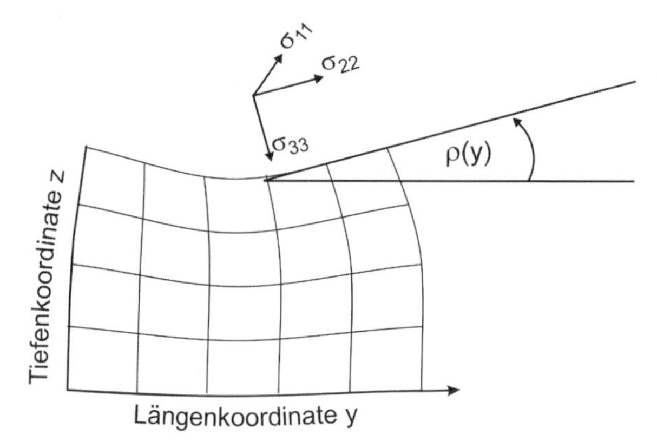

Abb. 5: Transformation des lokalen Eigenspannungstensors ins Probensystem

Wie in Abbildung 1.5 dargestellt, erfolgt die Transformation des lokalen Eigenspannungstensors ins Probensystem durch Multiplikation mit der entsprechenden Drehmatrix T_ρ und deren transponierter Matrix.

$$\sigma = T_\rho^t \, \sigma^{lokal} \, T_\rho \text{ mit } T_\rho = \begin{pmatrix} 1 & 0 & 0 \\ 0 & \cos\rho(y) & \sin\rho(y) \\ 0 & -\sin\rho(y) & \cos\rho(y) \end{pmatrix} \tag{3.1}$$

Die lokale Winkelverschiebung ergibt sich dann durch Einsetzen in die röntgenographische Grundgleichung:

$$\begin{aligned} & -\Delta\vartheta_{\varphi,\psi} \cot\vartheta_0 = \\ & \frac{1}{2} s_2 \left(\sigma_{11}^{lokal} \sin^2\varphi + \sigma_{22}^{lokal} \cos^2\varphi \cos^2\rho + \sigma_{22}^{lokal} \cos^2\varphi \sin^2\rho \right) \sin^2\psi \\ & + \frac{1}{2} s_2 \sigma_{22}^{lokal} \sin\varphi \frac{1}{2} \sin 2\rho \sin 2\psi + \left(s_1 + \frac{1}{2} s_2 \right) \sigma_{22}^{lokal} \sin^2\rho \\ & + s_1 \left(\sigma_{11}^{lokal} + \sigma_{22}^{lokal} \cos^2\rho \right) \end{aligned} \tag{3.2}$$

Die so beschriebene Winkelverschiebung ist der Wert, der gemessen werden würde, wenn der Strahl so weit ausgeblendet würde, dass nur noch im Intervall [y, y+dy] gemessen wird. Es lassen sich zwei für die ortsaufgelöste Eigenspannungsmessung relevante Effekte unterscheiden.

- Für kleine Kippwinkel ψ werden alle Bereiche der Probe vom Röntgenstrahl erfasst. Da der Eigenspannungstensor im Probensystem geneigt ist, entsteht lokal eine σ_{33}-Komponente. Es wird folglich eine im lokalen Koordinatensystem nicht vorhandene (virtuelle) σ_{33}-Komponente gemessen. Eine σ_{33}-Komponente führt zu einer Winkelverschiebung, die derjenigen entgegengesetzt ist, die durch eine σ_{11}- oder σ_{22}-Komponente verursacht wird. Es werden damit an den Stellen, die einen großen Böschungswinkel aufweisen, zu kleine Winkelverschiebungen und folglich zu geringe Eigenspannungen gemessen.
- Die virtuelle σ_{33}-Komponente führt dazu, dass auch die Messung der Komponente σ_{11} verfälscht wird, obwohl die Rauheit nur in y-Richtung vorliegt. Der für σ_{11} gemessene Wert liegt betragsmäßig um so niedriger, je größer der Böschungswinkel und je größer σ_{22} ist.
- Insbesondere zeigt die Rechnung, dass sich die Effekte für positive und negative Böschungswinkel nicht kompensieren. An welligen Proben werden daher stets betragsmäßig zu geringe Eigenspannungen gemessen.

Im Folgenden soll der theoretisch hergeleitete Einfluss der Welligkeit mit den gemessenen lokalen Eigenspannungen verglichen werden.

Um den theoretisch erwarteten Effekt gut nachweisen zu können, muss die Welligkeit der Probe groß sein gegen die Ortsauflösung der Messanordnung. Um dieser Forderung zu entsprechen, wird eine Probe im Außenlängsdrehverfahren mit dem Vorschub f = 1 mm hergestellt. Der Eckenradius des Mischkeramikwerkzeugs beträgt r_ε = 1,2 mm. An diesen Proben werden mit dem MAXIM-Aufbau die Eigenspannungen ortsaufgelöst vermessen. Abbildung 6 zeigt die REM-Aufnahme der Oberfläche der Probe. Es sind zwei Bereiche

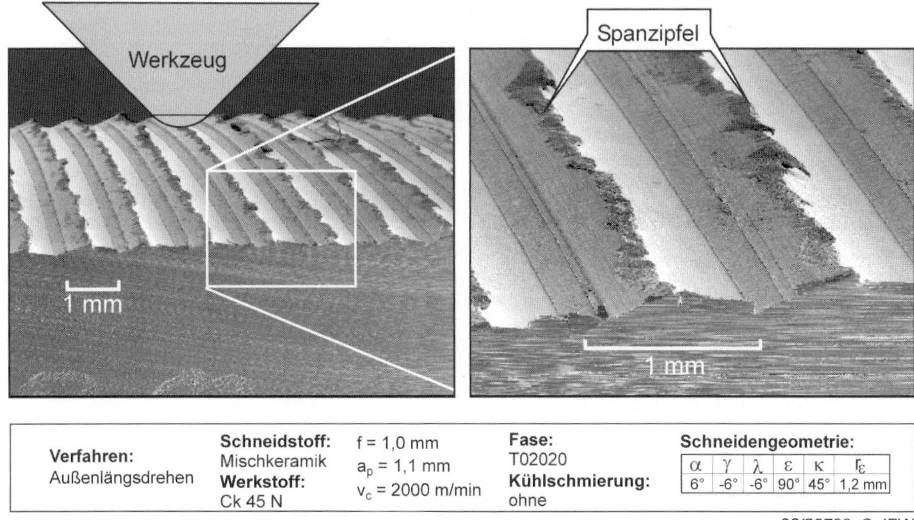

Abb. 6: REM-Bild der Probe

zu unterscheiden. Im Riefengrund ist deutlich der Eckenradius des Werkzeugs zu sehen. Die Oberfläche wird hier durch die Geometrie des Werkzeugs bestimmt. Im Bereich des Riefenkamms sind deutlich plastische Verformungen und eine zerklüftete Oberfläche zu erkennen. Die Oberfläche wird hier durch das Fließen des Materials bestimmt.

In der Abbildung 7 sind die am MAXIM-Experiment am DESY bestimmten Eigenspannungen dargestellt. Um die Korrelation der Eigenspannungen mit der Oberflächenstruktur zu zeigen, ist ein REM-Bild der Probe hinterlegt. Es werden stark schwankende Eigenspannungen beobachtet. Es bestehen zwei Ansätze, die Messergebnisse zu deuten. Eine ungleiche Eigenspannungsausbildung kann einerseits durch unterschiedliche physikalische Verhältnisse während der Spanentstehung erklärt werden. Im Riefengrund sind die höchsten Temperaturen und damit die höchsten Zugeigenspannungen zu erwarten, während im Spanzipfel das Material kalt umgeformt wird, so dass eine Verschiebung hin zu Druckeigenspannungen eintritt.

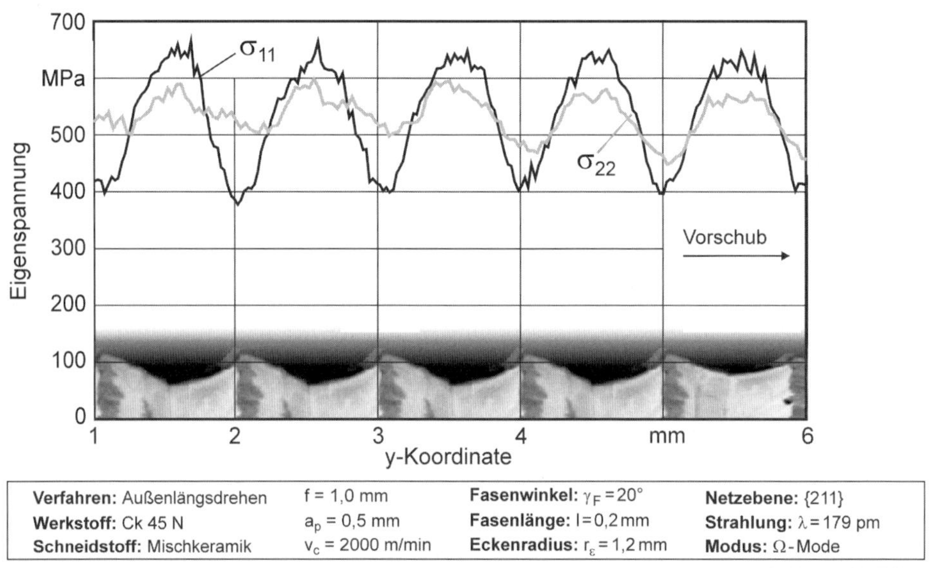

Abb. 7: Ortsaufgelöst vermessene Eigenspannungen

Andererseits führt eine Neigung der Oberfläche gegen die makroskopische Probenoberfläche zur oben diskutierten virtuellen σ_{33}-Komponente, so dass um so geringere Winkelverschiebungen und damit betragsmäßig um so geringere Eigenspannungen gemessen werden, je stärker die Oberfläche gegen die makroskopische Probenoberfläche verkippt ist. Die Höhenschwankungen spielen für einen Messfehler keine Rolle, da in Parallelstrahlgeometrie gemessen wird. Für einen fokussierenden Bragg-Brentano-Aufbau würde hier jedoch der Hauptfehler liegen.

Die beiden Erklärungsansätze sind grundverschieden. Dem ersten liegt die Annahme zugrunde, dass die gemessenen Eigenspannungen „real“ sind, d.h., dass lokale unterschiedliche Einflüsse während des Spanbildungsvorgangs vorgelegen haben, die sich in den Eigenspannungen niederschlagen. Nach dem zweiten Ansatz handelt es sich um ein Messartefakt. Obwohl lokal die gleichen Bedingungen vorgelegen haben (jeweils in

Bezug auf die Oberflächennormale), werden unterschiedliche Eigenspannungen gemessen.

Um die zutreffendere Deutung zu identifizieren, werden auf Basis der zweiten Annahme in der nächsten Sektion die Winkelverschiebungen berechnet und mit der Messung verglichen. Dazu wird der Eigenspannungswert im lokalen Koordinatensystem ermittelt. Mit Hilfe eines Profilschriebs wird anschließend die lokale Winkelverschiebung berechnet und mit der Messung verglichen.

3.5.1. Vergleich der ortsaufgelösten Messungen mit der Rechnung

Das Modell des lokalen Koordinatensystems geht davon aus, dass lokal ein konstanter biaxialer Eigenspannungszustand vorliegt, und die gemessenen örtlichen Unterschiede lediglich aus der Neigung der Oberfläche resultieren, also ein rein geometrischer Effekt sind. Die im Probenkoordinatensystem gemessenen Eigenspannungen werden berechnet, indem mit Gleichung 3.2 aus dem Eigenspannungstensor im lokalen System die gemessene lokal vorliegende Winkelverschiebung ermittelt wird.

Um die Gleichung anwenden zu können, muss der Eigenspannungszustand im lokalen Koordinatensystem bekannt sein. An Stellen, die den Böschungswinkel $\rho = 0°$ aufweisen, stimmt das lokale Koordinatensystem mit dem Probenkoordinatensystem überein. Gemittelt über alle Stellen, für die $\rho = 0°$ gilt, erhält man aus der in Abb. 7 gezeigten Messung die lokalen Werte $\sigma_{11} = 650$ MPa und $\sigma_{22} = 600$ MPa. Damit ergibt sich der lokale Eigenspannungstensor

$$\sigma_{ij}^{\text{lokal}} = \begin{pmatrix} \sigma_{11}^{\text{lokal}} & 0 & 0 \\ 0 & \sigma_{22}^{\text{lokal}} & 0 \\ 0 & 0 & 0 \end{pmatrix} = \begin{pmatrix} 650\text{ MPa} & 0 & 0 \\ 0 & 600\text{ MPa} & 0 \\ 0 & 0 & 0 \end{pmatrix},$$

der anschließend mit den Matrizen T_ρ und T_ρ^t multipliziert werden muss (Hauptachsentransformation). Mit

$$T_\rho = \begin{pmatrix} 1 & 0 & 0 \\ 0 & \cos\rho & \sin\rho \\ 0 & -\sin\rho & \cos\rho \end{pmatrix}$$

erhält man für $\psi = \varphi = 0°$:

$$-\Delta\vartheta_{\max}(y)_{\psi=\varphi=0°} = \left(s_1^{hkl} + \frac{1}{2}s_2^{hkl}\right)\sigma_{22}^{\text{lokal}}\sin^2\rho + s_1^{hkl}\left(\sigma_{22}^{\text{lokal}}\cos^2\rho + \sigma_{11}^{\text{lokal}}\right) \tag{3.3}$$

$$= 600\text{ MPa}\left(2s_1^{hkl} + \frac{1}{2}s_2^{hkl}\right)\sin^2\rho + s_1^{hkl}650\text{ MPa} + 600\text{ MPa}\; s_1^{hkl}\cos^2\rho$$

$$= 0{,}112°\sin^2\rho(y) - 0{,}048° - 0{,}04°\cos^2\rho \tag{3.4}$$

$$= 0{,}152°\sin^2\rho(y) - 0{,}088°$$

Die berechnete Winkelverschiebung für $\varphi = 0°$ und $\psi = 0°$ ist im Bild der gemessenen Winkelverschiebung gegenübergestellt (Abb. 8).

Es ist zu ersehen, dass die gemessenen Daten im Bereich des Riefengrunds gut wiedergegeben werden. Im Bereich des Riefenkamms kommt es zu Abweichungen, die auf den Spanzipfel zurückzuführen sind. Wie bereits in den Untersuchungen der Probe durch REM und Tastschnitt gefunden, kommt es im Bereich des Spanzipfels zu Verquetschungen und einer zerklüfteten Oberfläche, die sich in sehr stark schwankenden Böschungswinkeln niederschlägt. In diesem Bereich ist eine Messung des Böschungswinkels mit sehr großen Unsicherheiten behaftet.

Insgesamt beschreibt die Annahme konstanter Eigenspannungen im lokalen System die beobachteten Winkelverschiebungen im Riefengrund sehr gut. Im Bereich des Spanzipfels ist eine Aussage auf Basis der Theorie nur über den Mittelwert der Eigen-spannung möglich, wo es zu geringeren Eigenspannungen als berechnet kommt. Hier ist offenbar die Annahme konstanter Eigenspannungen im lokalen System verletzt. Durch die Verquetschungen kommt es zur zusätzlichen Abnahme der Eigenspannungen. Nach der ortsaufgelösten Auswertung wird für den Eigenspannungstensor im lokalen System $\sigma_{11} = 650\,\text{MPa}$, $\sigma_{22} = 600\,\text{MPa}$ gefunden. Definitionsgemäß gilt $\sigma_{13} = 0\,\text{MPa}$, $\sigma_{23} = 0\,\text{MPa}$.

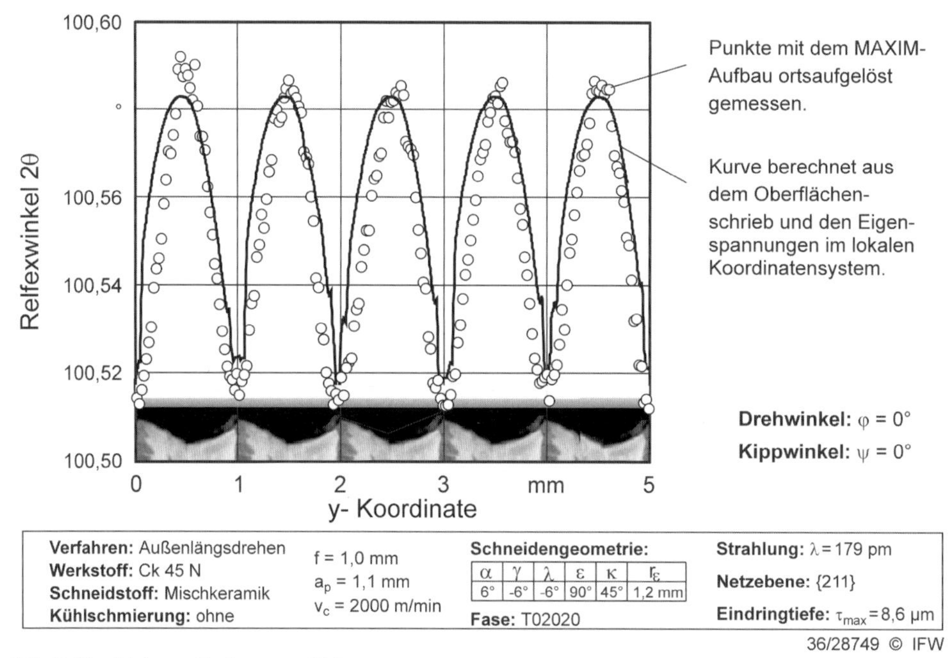

Abb. 8: Vergleich von Rechnung und Messung

3.5.2. Folgerungen

Alle ortsaufgelösten Messungen zeigen charakteristische Merkmale. So werden die höchsten (Zug-)Eigenspannungen, die größten Halbwertsbreiten und die geringsten Reflektivitäten stets im Riefengrund gemessen (Abb. 9). Im Bereich des Spanzipfels können die Veränderungen der Eigenspannungen, anders als im übrigen Areal, nicht nur durch die Welligkeit der Probe beschrieben werden. Hier kommt es dadurch, dass die lokale Spanungsdicke die minimale Spanungsdicke unterschreitet, zu Verquetschungen des Materials. Unter lokaler Spanungsdicke wird hier die Spanungsdicke verstanden, die von der Werkzeugoberfläche aus gemessen wird. Die maximale lokale Spanungsdicke ist dann die Schnitttiefe a_p. Die Ausdehnung der Zone, in der die lokale Spanungsdicke unterhalb der minimalen Spanungsdicke liegt, kann mit Hilfe der Form des Werkzeugs abgeschätzt werden (Abb. 9).

Bei den ortsaufgelösten Messungen der röntgenographischen Parameter wird festgestellt, dass die Eigenspannungen mit abnehmendem Vorschub im Riefengrund stark sinken, während die Werte im Riefenkamm annähernd auf gleichem Niveau bleiben. Mit abnehmendem Vorschub sinken damit die Eigenspannungen sowohl im lokalen, als auch im Probenkoordinatensystem. Die Betrachtung des welligkeitsbedingten Fehlers zeigt, dass ein zunehmender Vorschub aufgrund der abnehmenden Welligkeit zu größeren Fehlern und damit zu sinkenden gemessenen Eigenspannungen führen sollte. Es wird jedoch das Gegenteil beobachtet. Damit ist die Abhängigkeit der Eigenspannung vom Vorschub kein Geometrieeffekt und liefert einen deutlichen Hinweis auf niedrigere Temperaturen bei geringeren Vorschüben.

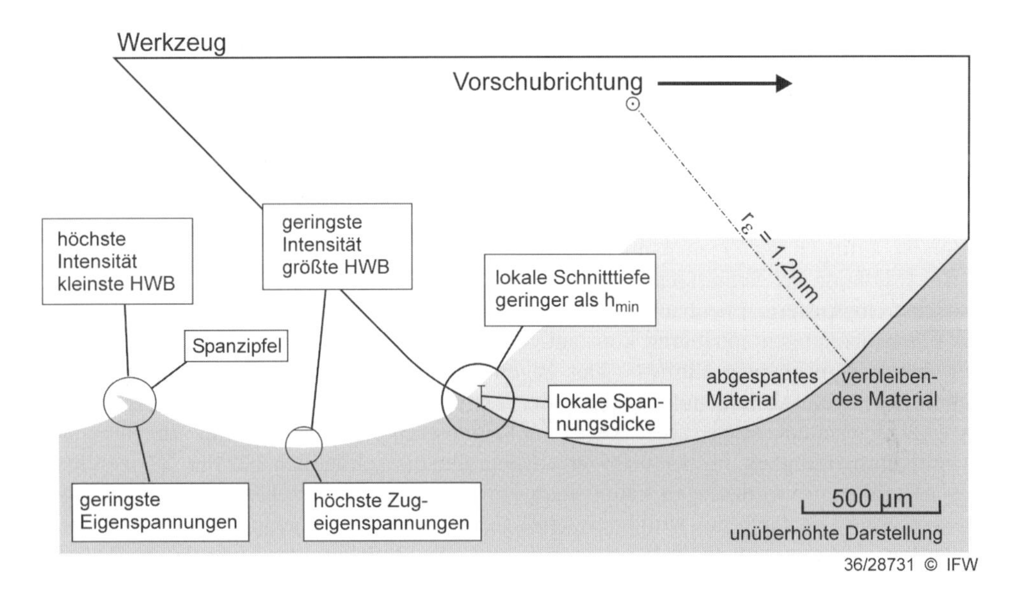

Abb. 9: Charakteristika ortsaufgelöst gemessener Eigenspannungen

Bei Verringerung des Vorschubs nähern sich die Werte für die Halbwertsbreite, die im Riefengrund gemessen werden, denen im Riefenkamm an. Das spricht dafür, dass die Eigenschaften der Randzone, wie sie bei der Bearbeitung mit kleinen Vorschüben erzeugt wird, denen entsprechen, die im Riefenkamm vorliegen. Diese Bereiche sind dadurch gekennzeichnet, dass sie durch das Werkzeug nachverformt werden. Die zusätzliche Verformung kann vor und nach dem Abtrennen des Materials erfolgen.

Bei großen Vorschüben überwiegen die Zonen, die nur einmal beeinflusst werden. Lediglich die Bereiche im Riefenkamm werden nachverformt. Bei kleiner werdendem Vorschub unterliegt ein immer höherer Flächenanteil der Randzone der Nachverformung.

Zur Abschätzung der Ausdehnung des nachverformten Bereichs wird der Abschnitt berechnet, in dem die lokale Spanungsdicke unter der minimalen Spanungsdicke liegt. Hier ist mit einer Nachverformung des Werkstoffs zu rechnen. Mit der minimalen Spanungsdicke von $h_{min}=5{,}3\,\mu m$ findet man für das Werkzeug mit dem Eckenradius $r_\varepsilon=1{,}2\,mm$, dass der Bereich, in dem die minimale Schnitttiefe unterschritten wird, beim Vorschub $f=0{,}2\,mm$ eine Länge von $60\,\mu m$ hat (eingekreister Bereich in Abb. 9). Ab einem Vorschub von weniger als $f=0{,}1\,mm$ wird quasi alles Material der späteren Randzone nachverformt. Bei großen Vorschüben kann die Abnahme nicht allein auf die zunehmende Nachverformung zurückgeführt werden. Die Abnahme im Riefengrund ist durch geringere Temperaturen durch abnehmende Prozesskräfte zu erklären.

Des weiteren zeigt sich ein Einfluss des verwendeten Werkzeugs auf die lokalen Eigenspannungen. Obwohl die Oberflächentopographie der Werkstücke nahezu identisch ist, wird an dem mit einem Hartmetallwerkzeug bearbeiteten Werkstück eine größere Schwankung der Eigenspannungen beobachtet. Das legt die Vermutung nahe, dass es beim Hartmetallwerkzeug zu einer stärkeren Nachverformung kommt. Wenn das der Fall ist, so muss sich das auch in den Eigenspannungsmessungen bei kleinen Vorschüben niederschlagen.

3.5.3. Zusammenfassung

Die Eigenspannungsuntersuchungen am Röntgendiffraktometer lassen sich wie folgt zusammenfassen: Bei den Messungen muss mit einem Messfehler von 55 MPa gerechnet werden, der aus dem Reproduzierbarkeitsfehler und der Schwankung der Eigenspannungen aufgrund schwankender Prozesskräfte entsteht. Die schnittgeschwindigkeitsabhängigen Änderungen der Eigenspannungen liegen oberhalb dieser Marke.

Bei Erhöhung der Schnittgeschwindigkeit wird für die Eigenspannungskomponente σ_{11} zunächst ein Ansteigen beobachtet. Jenseits der HSC-Schnittgeschwindigkeit v_{HSC} bleiben die Eigenspannungen annähernd konstant. Weder der Fasenwinkel γ_F noch die Schnitttiefe a_p haben signifikanten Einfluss. Der Eigenspannungstiefenverlauf geht bei niedrigen Schnittgeschwindigkeiten mit zunehmender Tiefe vom Zugbereich in eine ausgedehnte Druckeigenspannungszone über. Die Druckeigenspannungszone ist mit zunehmender Schnittgeschwindigkeit immer weniger ausgeprägt, bis schließlich bei der Verwendung von Mischkeramikwerkzeugen kaum noch ein Übergang zu Druckeigenspannungen gemessen wird. Die Tiefe des Nulldurchgangs steigt daher mit steigender Schnittgeschwindigkeit an. Mit zunehmendem Fasenwinkel wird eine Abnahme der Tiefe des Nulldurchgangs gemessen, was auf die zunehmende Passivkraft zurückgeführt werden kann, die zu einem erhöhten Druck vor der Schneidkante führt. Mit Hartmetallwerkzeugen bearbeitete Werkstücke zeigen ein deutlich schwächer ausgeprägtes Steigen der Tiefe des Nulldurchgangs. Jenseits des HSC-Bereichs, im Höchstgeschwindigkeitsbereich, wird ein Sinken der Eigenspannungen beobachtet.

Für die Komponente σ_{22} hat das Werkzeug einen bestimmenden Einfluss. Während diese Eigenspannungskomponente bei mit Mischkeramikwerkzeugen bearbeiteten Werkstücken mit der Schnittgeschwindigkeit zunimmt, sinkt sie bei mit Werkzeugen aus beschichtetem Hartmetall bearbeiteten Proben ab. Bei Verlassen des HSC-Bereichs wird auch bei σ_{22} ein deutliches Absinken des Oberflächeneigenspannungswerts beobachtet. Je größer der Fasenwinkel γ_F, desto größer wird die Passivkraft. Vor der Schneidkante baut sich ein stärkerer Druck auf, das Material an der Schneidkante wird mechanisch stärker verformt und zur Seite gedrängt. Hierdurch werden die Eigenspannungen in der Komponente σ_{22} in Richtung Druckeigenspannungen verschoben. Die Werkzeuge aus beschichtetem Hartmetall weisen eine Kantenverrundung auf, die offenbar zu einer noch effektiveren Verformung führt.

Eine Veränderung des Vorschubs hat eine vergleichbar starke Änderung der Eigenspannungen zur Folge wie eine Änderung der Schnittgeschwindigkeit. Durch Vorschubverringerung sinken die Eigenspannungen in beide Richtungen. Dieser Umstand kann durch die Überlagerung der Zonen plastischer Verformung erklärt werden. Dieser Umstand ist für die Auslegung von Fertigungsprozessen relevant. Durch geeignete Kombination von Erhöhung der Schnittgeschwindigkeit und Verringerung des Vorschubs kann daher die Zerspanleistung deutlich erhöht werden, ohne höhere Eigenspannungen in Kauf nehmen zu müssen.

3.6 Verformung in der Spanzone

Wie im vorigen Kapitel festgestellt, hängen die Eigenspannungen in Bewegungsrichtung des Werkzeugs primär von der Schnittgeschwindigkeit ab. Um die Ursache dieses Effekts zu analysieren, wird die Verformungsvorlaufzone untersucht. Hierzu ist eine mikroskopische Methode erforderlich. Aufgrund der hohen Geschwindigkeiten ist eine Beobachtung in situ unmöglich. Es wird daher versucht, den Zustand während der Spanbildung zu untersuchen, indem Spanwurzeln hergestellt werden.

3.6.1 Herstellung der Proben

Zur Spanwurzelherstellung wurden verschiedene Verfahren vorgeschlagen. Eine Zusammenfassung der Techniken findet sich in [4], wo gezeigt wird, dass die Segmentbeschleunigungsmethode einen Vorteil gegenüber den Verfahren bietet, die das Werkzeug aus dem Eingriff heraus beschleunigen. Bei den Voruntersuchungen zeigte sich, dass diese Methode nicht geeignet ist. Der Grund liegt in der notwendig werdenden Präparation durch Polieren. Es lässt sich nicht vermeiden, dass dabei Rückstände der Polierpaste oder eines Elektrolyten in der Probe verbleiben. Die darin enthaltenen Kohlenstoffverbindungen führen bei der Messung zu Störeffekten.

Daher werden die Spanwurzeln im vorliegenden Fall dadurch erzeugt, dass kurze Metallstäbe auf ein feststehendes Hartmetallwerkzeug geschossen werden. Der Prozess ist dem Orthogonaleinstechdrehen vergleichbar, so dass die Verformungsanalyse Aussagen über die Vorgänge in der Keilmessebene des Außenlängsdrehprozesses erlaubt. Es ist jedoch einzuschränken, dass nicht geklärt ist, ob sich nach dem kurzen Spanweg bereits ein stationärer Zustand eingestellt hat oder nicht.

In Zusammenarbeit mit dem Helmholtz Institut für Strahlen- und Kernphysik in Bonn (HISKP) wurde eine spezielle Probengeometrie entwickelt, die eine artefaktfreie Messung des Verformungszustand bei der Zerspanung erlaubt [5]. Die Projektile haben die Form eines Quaders, der an der Oberseite einen Steg der Breite $b = 1{,}8$ mm aufweist. Der Quader wird in einer Führung durch Druckluft beschleunigt und fliegt so gegen ein feststehendes Werkzeug, dass das Material im Steg zerspant wird. Nach einem Zerspanweg von ca. 0,7 mm prallt das gesamte Projektil mit der Stirnfläche gegen das Werkzeug. Durch den Aufprall fällt die Geschwindigkeit des Geschosses sehr schnell auf null ab. Untersuchungen zeigen, dass die Verformung des Werkstücks während der Stoppphase fast ausschließlich elastischer Natur ist. Um störende Einflüsse auf die Probe während der Beschleunigung im Schusskanal zu vermeiden, ist das Projektil der Länge nach in der Mitte geteilt und anschließend gestiftet wieder zusammengeschraubt. Nach dem Versuch werden beide Hälften getrennt. Die Plastizitätsmessung findet an der Innenfläche der Probe statt (siehe Abb. 10).

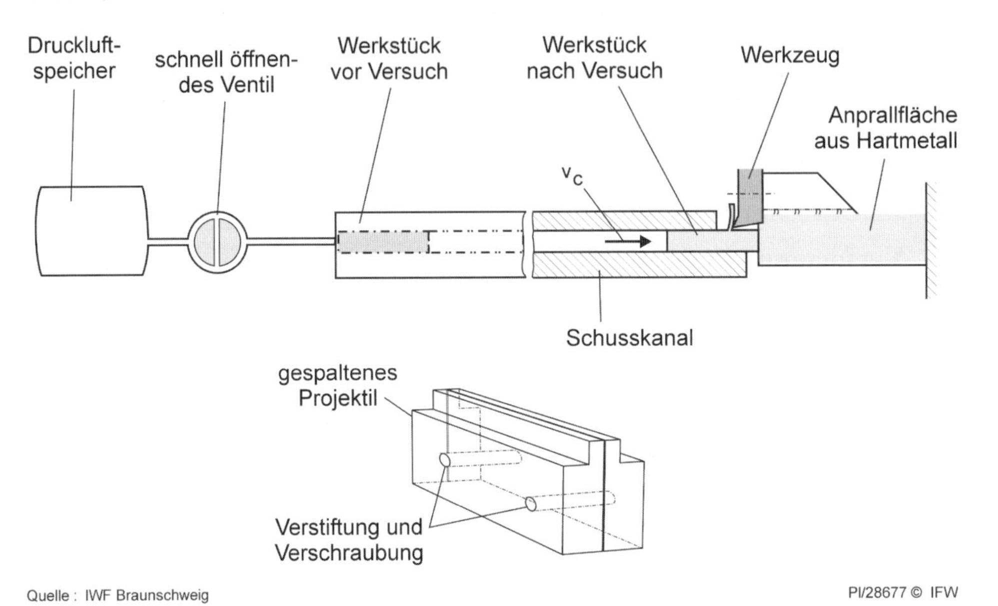

Abb. 10: Zur Spanwurzelherstellung verwendete Schussanlage

Aufgrund der hohen Verzögerung beim Aufprall zeigt die verbleibende Spanwurzel, die noch mit dem Werkstück verbunden ist, in guter Näherung die Eigenschaften, die auch während des Zerspanvorgangs vorgelegen haben.

Als dauerhaft verbleibende Eigenschaft ist besonders die lokal vorliegende Verformung in der Verformungsvorlaufzone und in der Randzone des Werkstücks interessant. Die Verformungen außerhalb der Scherzone sind zumeist so klein, dass sie nicht anhand von Kornverformungen oder Mikrohärteänderungen detektiert werden können. Aus diesem Grund wird die weitaus empfindlichere Methode der ortsaufgelösten Positronenannihilationsspektroskopie (OPAS) eingesetzt (siehe Haaks, M., Maier, K.: Abbildung der Schädigung in der Randzone mit Positronen als Sondenteilchen [5] und [6]). Diese Messungen wurden am HISKP durchgeführt. Mikrohärtemessungen bleiben hier unbetrachtet.

3.6.2 Variation der Schnittgeschwindigkeit

In einem Vorversuch wird zunächst eine Probe des verwendeten Materials bei einer Temperatur von T=850° C eine Stunde eigenspannungsfrei geglüht und mit 50 K/h abgekühlt. Gemessen wird anschließend der Peakform-Parameter S (siehe [6]). Der S-Parameter wird auf diesen Wert des Referenzwerkstücks normiert. Ein Wert von 1 entspricht damit dem S-Parameter des unverformten Materials. Bei einer hohen Fehlstellendichte wird ein hoher

S-Parameter gemessen. Da sich Fehlstellen bevorzugt an Versetzungen bilden, erlaubt die Messung des S-Parameters indirekte Aussagen über den Verformungszustand. Der Zusammenhang zwischen Verformungsgrad und S-Parameter ist jedoch nicht trivial und noch nicht quantitativ verstanden. Insbesondere ist es grundsätzlich nicht möglich, aus der skalaren Größe S-Parameter auf den Verformungstensor zu schließen.

Die dunklen Bereiche großer S-Parameter sind bei niedriger Schnittgeschwindigkeit deutlich stärker ausgeprägt (Abb. 11). Eine zusätzliche Verformung durch die sekundären Scherzonen in der Stau- und Trennzone sowie an der Freifläche ist nicht zu beobachten.

Die Verformung ist bei der hohen Schnittgeschwindigkeit auf den Bereich um die Scherzone konzentriert, während bei der niedrigen Schnittgeschwindigkeit das Material auch in größerem Abstand vom Werkzeug einen sehr hohen S-Parameter aufweist. Die starken Verformungen am rechten Bildrand des oberen rechten Teilbildes sind auf den Aufprall des Projektils zurückzuführen.

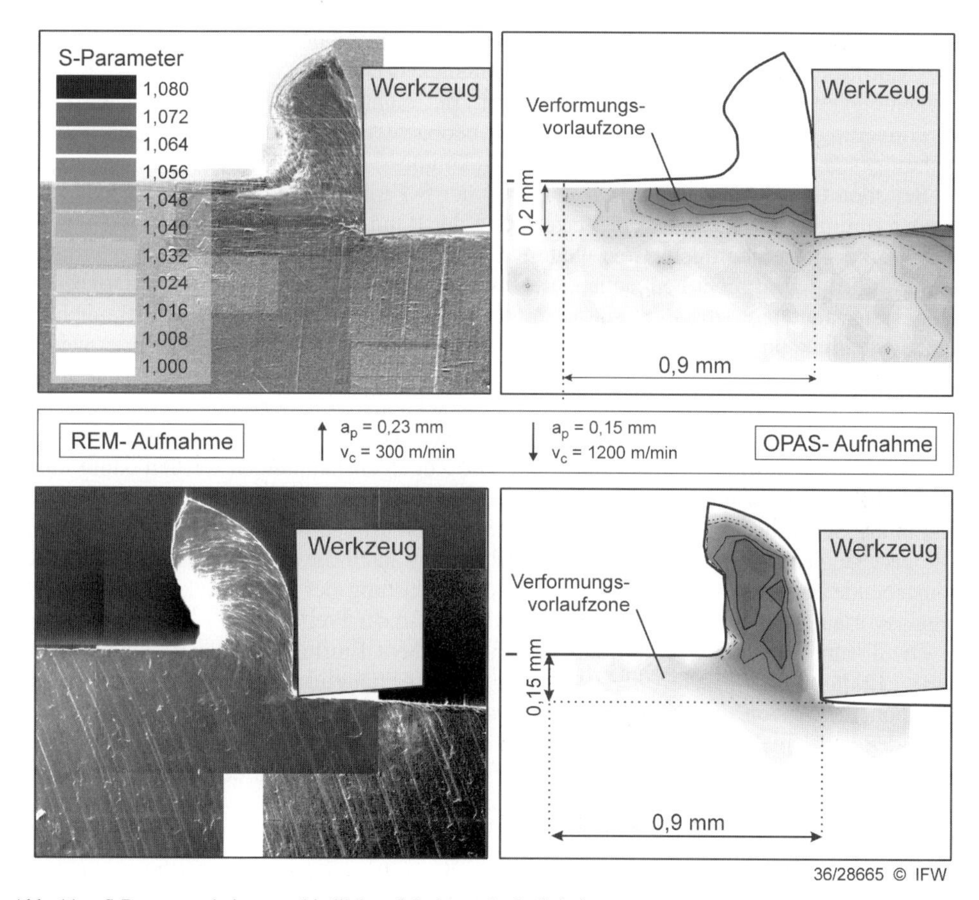

Abb. 11: S-Parameter bei unterschiedlichen Schnittgeschwindigkeiten

Auffällig ist der geringe S-Parameter an der dem Werkzeug zugewandten Seite des Spans im unteren rechten Teilbild. Nach Modellrechnungen werden an dieser Stelle jedoch die höchsten Verformungen erwartet [7] (siehe auch Behrens, A., Westhoff, B., Kalisch, K.: Application of the Finite Element Method at the Chip Forming Process under High Speed Cutting Conditions [8]). Die geringen Werte am äußersten Rand sind auf thermisch induzierte Ausheilung der Fehlstellen zurückzuführen. An den Stellen, an denen der ablaufende Span am Werkzeug reibt und die deshalb die höchsten Temperaturen aufweisen, ist demnach die Ausheilwahrscheinlichkeit am höchsten, so dass hier geringere S-Parameter gemessen werden.

Um Material zu verformen ist Energie notwendig. Bei hohen Schnittgeschwindigkeiten ist die Ausdehnung der Verformungsvorlaufzone geringer, so dass weniger Material verformt werden muss. Dadurch wird weniger Energie benötigt, die Schnittkraft fällt geringer aus. Die Konzentration der Verformung kann damit als Ursache des Schnittkraftabfalls angesehen werden.

3.6.3 Vorschubänderung

Aufgrund der Geometrie des Zerspanprozesses sind Vorschub und Schnitttiefe identisch. Der Einfluss des Vorschubs auf die Verformungsvorlaufzone wird bei einer Schnittgeschwindigkeit von v_c=600 m/min untersucht. Bei einer größeren Schnitttiefe wird eine Verringerung der Verformungsvorlaufzone beobachtet, wie sie auch bei der höheren Schnittgeschwindigkeit nachgewiesen werden konnte.

Bei allen OPAS-Messungen fällt auf, dass der S-Parameter unter dem Werkzeug nicht weiter zunimmt. Offenbar ist die Verformung der Randzone bereits abgeschlossen, bevor das Werkzeug sie überquert. Eine weitere Verformung durch die sekundäre Scherzone an der Freifläche wird nicht beobachtet. Dieses Ergebnis deutet darauf hin, dass Druck- und Zugeigenspannungen an räumlich getrennten Orten ausgebildet werden. Der Bereich vor der Schneide kann als diejenige Zone angesehen werden, in der die Druckeigenspannungen entstehen.

Die thermische Belastung ist im Bereich der sekundären Scherzonen an der Stau- und Trennzone sowie an der Freifläche am größten. Hier kommt es nach Ende der Zerspanung zu thermischer Ausheilung der Fehlstellen. Die Zugeigenspannungen werden damit durch die thermische Belastung an dieser Stelle verursacht. Zwar wird die weitaus größte Wärme in der Scherzone frei, diese ist jedoch über einen großen Raumbereich verteilt. Durch die geringe Temperaturausbreitungsgeschwindigkeit kann die Wärme zudem nicht in die entstehende Randzone fließen. Die thermische Belastung des Werkstücks in der Verformungsvorlaufzone ist damit klein gegen die Einflüsse der Freifläche.

Die Trennung von mechanischem und thermischem Einfluss auf die Randzone liefert eine Erklärung für die nicht beobachtete Abhängigkeit der Eigenspannungskomponente σ_{11} von der Werkzeugform. Da die letzte Beeinflussung der Randzone entscheidend ist, spielt die Temperatur an der Schneidkante die dominierende Rolle. Diese hängt aber nur wenig von der Form des Werkzeugs, sondern von den Reibverhältnissen und der Wärmeleitfähigkeit des Werkzeugs ab.

3.7 Textur

Während durch OPAS-Messungen nur eine Aussage über die Verformung in der Keilmessebene möglich ist, erlaubt die Texturanalyse qualitative Aussagen über die Gesamtverformung der Randzone. Wie bei der Diskussion der ortsaufgelösten Messung der röntgenographischen Parameter festgestellt, unterscheiden sich die nachverformten Bereiche von den Regionen im Riefengrund. Die unterschiedlichen Reflektivitäten I(y) deuten auf das Vorliegen einer unterschiedlichen Textur beider Zonen hin. Es handelt sich folglich um eine inhomogene Textur des Werkstücks. Beide Regionen – nachverformter Bereich und Riefengrund – liegen dicht beieinander. Da für eine Texturmessung ein großer Probenbereich bestrahlt werden muss, ist eine getrennte Messung beider Texturen nicht möglich. Jedoch nimmt mit kleiner werdendem Vorschub der Anteil der Bereiche zu, die nachverformt werden, so dass der Einfluss dieser Textur zunimmt. Damit können durch Vorschubveränderung die Texturen unterschieden werden.

Die Texturmessung wird zirkular durchgeführt. Der Winkel α läuft in 5°-Schritten von 0° bis 70°, der Winkel β in 5°-Schritten von 0° bis 355°. Es wird integral gemessen, die Messzeit beträgt 1s pro 5°-Messintervall.

3.7.1 Textur des Ausgangsmaterials

Die Textur des Grundmaterials wird ermittelt, indem elektrolytisch ca. 1 mm Material abgetragen und an der freigelegten Stelle gemessen wird. Es zeigt sich eine sehr schwach ausgeprägte Textur. Die Schnitte durch die Polfiguren weisen keine charakteristischen Maxima auf. Die hier nicht gezeigte Orientierungsverteilungsfunktion (OVF) gibt an, welcher Anteil der Kristallite in eine bestimmte Raumrichtung orientiert ist. Für die unbearbeitete Probe wird in der Richtung der bevorzugten Kornorientierung eine doppelt so hohe Zählrate gemessen, wie sie für eine Probe mit statistisch verteilten Körnern zu erwarten ist. Der Texturgrad beträgt damit 2 mrd (multiples of the random distribution). Es zeigt sich keine deutliche Vorzugsorientierung. Das Material kann daher als in guter Näherung untexturiert betrachtet werden.

3.7.2. Vorschubeinfluss

Zunächst wird der Einfluss des Vorschubs auf die Textur an Werkstücken untersucht, die mit einem Werkzeug aus Mischkeramik bearbeitet wurden. Die Messergebnisse zeigen, dass die Textur sich stets sehr ähnlich, aber in unterschiedlich starkem Maße ausbildet. Bei großem Vorschub sind die Strukturen stärker ausgebildet. Der Grund ist im Verhältnis der ein- und mehrfach verformten Bereiche zu suchen. Bei großen Vorschüben dominiert der Einfluss der Bereiche, die vom Werkzeug einmal beeinflusst werden, bei kleinen Vorschüben überwiegen die nachverformten Areale. Obwohl das Material hier mehrfach verformt wird, ist die Textur schwächer ausgeprägt. Die Polfiguren zeigen eine Spiegelsymmetrie zur vertikal gezeichneten Achse ($\beta = 0°$) sowie eine um etwa 20° verkippte Symmetrie zur horizontalen Achse ($\beta = 90°$). Wälzt man die Polfiguren zurück um die beobachteten 20°, erhält man Intensitätsverteilungen, die denen von gewalzten Blechen sehr ähnlich sind (Abb. 12). Der Winkel von 20° findet sich auch in den Gefügebildern wieder (vgl. Abb. 3), ebenso wird er bei der Simulation berechnet (siehe Behrens, A., Westhoff, B., Kalisch, K.: Application of the Finite Element Method at the Chip Forming Process under High Speed Cutting Conditions [8]). Es besteht offensichtlich eine gewisse Analogie der Verformungsmechanismen beim Walzen und beim Hochgeschwindigkeitsdrehen (Abb. 13).

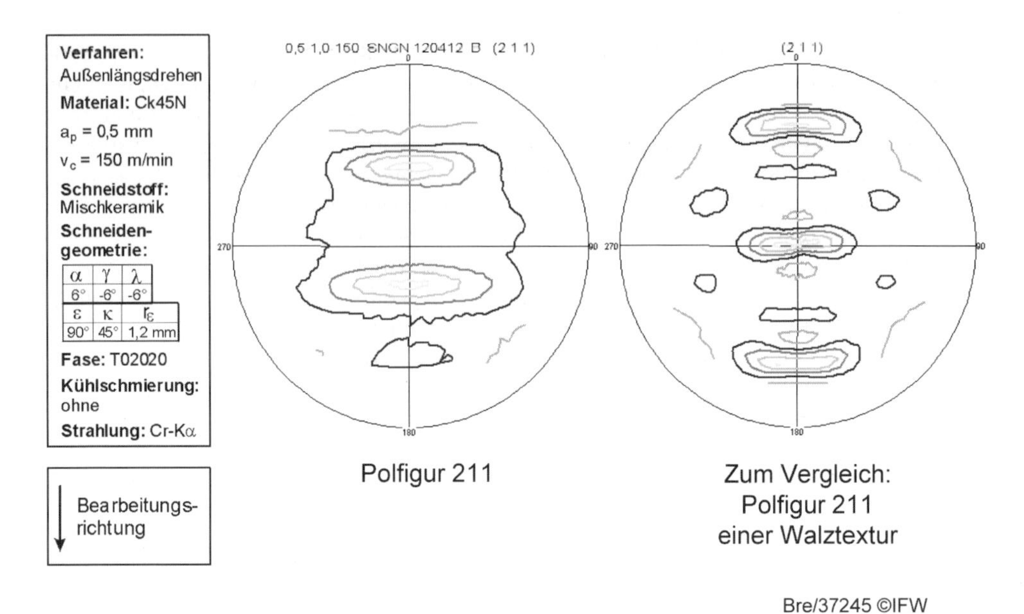

Abb. 12: Vergleich von 211-Polfiguren (Spanen und Walzen)

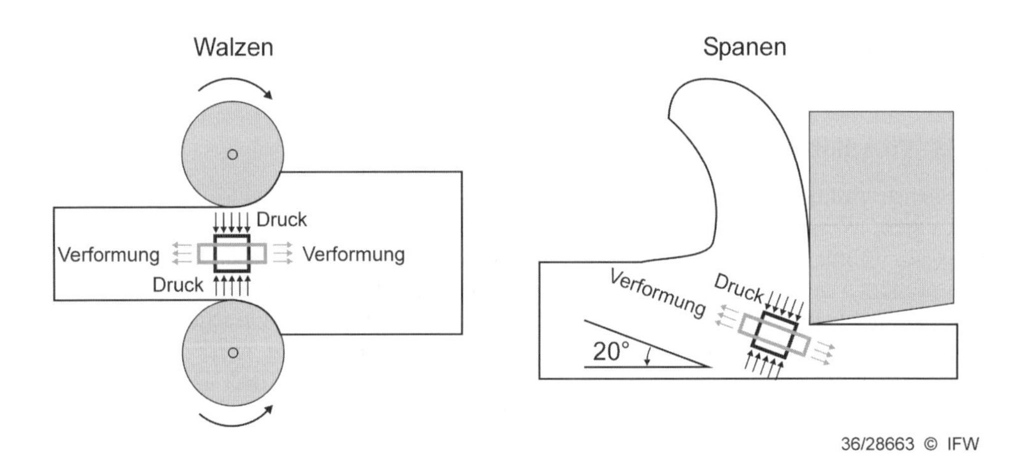

Abb. 13: Vergleich der Verformungen beim Walzen und beim Spanen

3.8 Zusammenfassung

Hochgeschwindigkeitsbearbeitung stellt eine Technologie dar, die bereits seit 1930 mit ballistischen Methoden untersucht wird. Erst mit der Entwicklung leistungsfähiger Spindeln ist seit ca. 1990 Bearbeitung auf Werkzeugmaschinen möglich. Trotz der zunehmenden Verbreitung der Hochgeschwindigkeitsbearbeitung ist der Einfluss der hohen Schnittgeschwindigkeiten auf die Werkstückrandzone bislang weitgehend ungeklärt. Die Eigenschaften der Randzone tragen zu einem großen Teil zu den Eigenschaften des Bauteils im Einsatz bei. Der vorliegende Beitrag befasst sich mit den Auswirkungen hoher Schnittgeschwindigkeiten auf Rauheit, oberflächennahe Verformung, Eigenspannungen und Verformung. Dazu wird der Außenlängsdrehprozess betrachtet.

Es ist bekannt, dass ein Charakteristikum der Hochgeschwindigkeitsbearbeitung die Abnahme der Bearbeitungskräfte mit zunehmender Schnittgeschwindigkeit ist. Dieser Effekt lässt sich für eine quantitative Definition der Hochgeschwindigkeitsbearbeitung ausnutzen. Die so definierte HSC-Schnittgeschwindigkeit v_{HSC} stellt sich als geeignetes Maß heraus, um den Bereich der HSC-Bearbeitung zu charakterisieren. Hier kommt es zu signifikanten Änderungen der Randzoneneigenschaften. Dieser Umstand zeigt die Eignung des gewählten Definitionsansatzes.

Hochgeschwindigkeitsbearbeitung führt aufgrund größer werdender Temperaturgradienten zu steigenden Temperaturen an der Schneidkante. Hieraus resultiert eine Konzentration der Verformung an der Oberfläche der Werkstücke. Beide Einflüsse werden als Ursache dafür angesehen, dass mit der Schnittgeschwindigkeit ansteigende Oberflächeneigenspannungen für die Komponente σ_{11} gemessen werden. Bei hohen Schnittgeschwindigkeiten werden in der gesamten Randzone fast ausschließlich Zugeigenspannungen gemessen. Die Parameter Fasenwinkel und Schnitttiefe haben keinen signifikanten Einfluss auf die Eigenspannungskomponente σ_{11}. Obwohl also die Gesamtenergiemenge, die in das Werkstück fließt, mit der Schnittgeschwindigkeit abnimmt, wird die Randzone vermehrt durch Zugeigenspannungen beeinflusst.

Bei Untersuchung der Eigenspannungskomponente σ_{22} (in Vorschubrichtung) zeigt sich ein deutlicher Einfluss des Werkzeugs, der auf die unterschiedlich stark ausgeprägte Nachverformung zurückgeführt werden kann. Je größer der Fasenwinkel γ_F, desto kleiner ist die durch Zugeigenspannungen beeinflusste Zone. Beim Einsatz von Werkzeugen aus beschichtetem Hartmetall nimmt die Eigenspannungskomponente σ_{22} mit zunehmender Schnittgeschwindigkeit ab. Diese Komponente ist bei Wellen besonders relevant. Hochgeschwindigkeitsbearbeitung sollte daher mit Werkzeugen aus beschichtetem Hartmetall durchgeführt werden.

Bei der Hochgeschwindigkeitsbearbeitung werden in der Regel geringere Vorschübe verwendet, was zu geringeren Eigenspannungen führt. Es kann nachgewiesen werden, dass bei praxisrelevanten Vorschüben der Effekt der Nachverformung dominiert, der zu einer Verringerung der Eigenspannungen führt. Damit kann durch geeignete Kombination von höherer Schnittgeschwindigkeit und geringerem Vorschub erreicht werden, dass sich die Eigenspannungen in beiden Komponenten trotz höheren Zeitspanvolumens nicht erhöhen.

Wie Untersuchungen mit Hilfe der neuen Methode der ortsaufgelösten Positronenannihilationsspektroskopie zeigen, lässt sich die Eigenspannungsausbildung in Bewegungsrichtung auf die Veränderung der Verformungsvorlaufzone zurückführen. Die Messungen legen nahe, dass die Verformung der Randzone bereits abgeschlossen ist, bevor das Werkzeug die entsprechende Stelle überquert hat. In der Verformungsvorlaufzone wird das Material ohne signifikante Erwärmung mechanisch verformt. Direkt an der Schneidkante und an der Freifläche wird das Material stark erhitzt. Während der erste Vorgang isoliert betrachtet zur Ausbildung von Druckeigenspannungen führt, bedingt der zweite Vorgang tendenziell Zugeigenspannungen. Bei hohen Schnittgeschwindigkeiten überwiegt der zweite Einfluss. Gleichzeitig zeigen die Messungen, dass die Verringerung der Schnittkraft bei hohen Schnittgeschwindigkeiten auf die Abnahme der Ausdehnung der Verformungsvorlaufzone zurückgeführt werden kann.

3.9 Literatur

[1] Plöger, J. M.: Randzonenbeeinflussung durch Hochgeschwindigkeitsdrehen, Dr.-Ing. Diss. Hannover, 2002

[2] Tönshoff, H. K., Friemuth, T., Plöger, J., Ben-Amor, R.: Kräfte und Eigenspannungsausbildung beim Hochgeschwindigkeits-Außenlängsdrehen, in: H. K. Tönshoff, F. Hollmann (Hrsg.): Spanen metallischer Werkstoffe mit hohen Geschwindigkeiten, Kolloquium des Schwerpunktprogramms der Deutschen Forschungsgemeinschaft am 18. 11. 1999 in Bonn, Hannover, 2000

[3] Tönshoff, H. K., Denkena, B., Ben Amor, R., Kuhlmann, A.: Spanbildung und Temperaturen beim Spanen mit hohen Schnittgeschwindigkeiten, in diesem Buch

[4] Ben Amor, R.: Thermomechanische Wirkmechanismen und Spanbildung bei der Hochgeschwindigkeitsbearbeitung, Dr.-Ing. Diss. Hannover, 2002

[5] Haaks, M., Maier, K.: Abbildung der Schädigung in der Randzone mit Positronen als Sondenteilchen, in diesem Buch

[6] Haaks, M: Positronenspektroskopie an Ermüdungsrissen und Spanwurzeln, Dissertation, Uni. Bonn, 2003

[7] Behrens, A., Westhoff, B.: Untersuchung des Orthogonalschnittprozesses mit Hilfe eines Finite-Elemente-Modells mit ideal-duktilem Werkstoffverhalten, in: H. K. Tönshoff, F. Hollmann (Hrsg.): Spanen metallischer Werkstoffe mit hohen Geschwindigkeiten, Kolloquium des Schwerpunktprogramms der Deutschen Forschungsgemeinschaft am 18. 11. 1999 in Bonn, Hannover, 2000

[8] Behrens, A., Westhoff, B., Kalisch, K.: Application of the Finite Element Method at the Chip Forming Process under High Speed Cutting Conditions, in diesem Buch

4 Abbildung der Schädigung in der Randzone mit Positronen als Sondenteilchen

M. Haaks, K. Maier, J. Plöger

Kurzfassung

Während des Zerspanprozesses wird das Werkstück in der Spanwurzel plastisch verformt. Zusätzlich kommt es zu einer Wärmeentwicklung durch die geleistete mechanische Arbeit insbesondere in den sekundären Scherzonen an der Freifläche und an der Spanfläche. Die plastische Verformung und der Wärmeeinfluss bestimmen das Gefüge in der Randzone der neu entstandenen Bauteiloberfläche.

Mit der Positronen-Annihilations-Spektroskopie (PAS) steht heutzutage eine vielseitige Sondenmethode zur Verfügung, mit der die bei der Verformung entstehenden Gitterfehler zerstörungsfrei nachgewiesen werden können. Bereits Fehlstellenkonzentrationen von 10^{-6} pro Atom in Metallen führen dabei zu einem deutlichen Signal. Die am Helmholtz-Institut für Strahlen- und Kernphysik entwickelte Bonner Positronen Mikrosonde (Bonn Positron Microprobe BPM)[1] ermöglicht es seit 1997 Fehlstellen ortsaufgelöst im Mikrometerbereich nachzuweisen.

Anhand von Zugversuchen konnte ein empirischer Zusammenhang zwischen der Verfestigung und dem S-Parameter der PAS abgeleitet werden. Ebenso zeigt die Vickers-Härte eine deutliche Korrelation mit dem S-Parameter.

Durch eine spezielle Probengeometrie, die in Zusammenarbeit mit dem Institut für Fertigungstechnik und Werkzeugmaschinen (IFW) in Hannover entwickelt wurde, konnte die Fehlstellendichte im Inneren von Spanwurzeln als 2-dimensionales Rasterbild abgebildet werden.

Dabei stellte sich heraus, dass die Erhöhung der Schnitttiefe bei gleicher Schnittgeschwindigkeit zu einer Verstärkung der Schädigung in der Randzone führt. Ein signifikanter Einfluss der Schnittgeschwindigkeit auf die Schädigungstiefe konnte nicht nachgewiesen werden.

Bei einer Probe zeigte sich in der Raster-Positronenaufnahme eine Entfestigung in der Randzone, die auf den Einfluss der bei der Zerspanung auftretenden Temperatur zurückgeführt wird.

4.1 Einleitung

Mit der Positronen-Annihilations-Spektroskopie (PAS) als hochempfindliche Sondenmethode können bereits sehr kleine Fehlstellenkonzentrationen in verformten Metallen zerstörungsfrei nachgewiesen werden. Durch die Analyse der Annihilationsstrahlung des

[1] Entwickelt in Zusammenarbeit mit den Firmen Carl Zeiss und LEO-Elektronenmikroskopie GmbH, 73447 Oberkochen und mit Förderung durch das BMBF, Fördernummer KZ03N8001.

Hochgeschwindigkeitsspanen. Hrsg. H. K. Tönshoff und F. Hollmann

ISBN: 3-527-31256-0

Positrons mit einem Elektron aus der Umgebung der Fehlstelle können Erkenntnisse über den inneren Aufbau der untersuchten Materie gewonnen werden.

Mit Vergleichsmessungen ist es möglich, den S-Parameter der PAS mit mechanischen Größen, wie der Fließspannung, der Verfestigung und der Vickers-Härte in Zusammenhang zu bringen. So konnte im Zugversuch ein linearer Zusammenhang zwischen S-Parameter und Verfestigung beim Eisenwerkstoff C45E bestimmt werden.

Die plastischen Vorgänge bei der Zerspanung mit hohen Schnittgeschwindigkeiten sind Gegenstand intensiver Forschung seitens der Industrie und der Ingenieurwissenschaften. Dennoch sind die Vorgänge der Spanbildung bei hohen Schnittgeschwindigkeiten nicht abschließend geklärt, und die Spanbildungsmechanismen werden kontrovers diskutiert.

Während der spanenden Fertigung kommt es zu einer Umformung des Metalls in der Spanwurzel direkt vor der Werkzeugschneide. Dabei wird das Material nicht nur plastisch verformt, sondern ein Großteil der mechanischen Arbeit wird in Wärme umgesetzt. Die Wärmeentwicklung in der Spanwurzel kann so groß werden, dass die entstehende Wärmemenge nicht schnell genug über den Span und das Werkstück abtransportiert wird, und es zu einer Entfestigung in der Spanwurzel kommt.

Von besonderem Interesse ist die Mikrostruktur der Randzone. So hängt die Betriebsfestigkeit der Bauteile unter schwingender oder korrosiver Belastung von den physikalischen Eigenschaften der Randzone ab. Mikrorisse und andere Defekte können Ausgangspunkte für das Versagen unter schwingender Belastung, aber auch Angriffspunkte für die Oberflächenkorrosion sein.

Die ortsaufgelöste PAS bietet nun eine Möglichkeit die Verformung in einem Querschnitt durch Span und Spanwurzel direkt sichtbar zu machen. Mit Hilfe von Raster-Positronenabbildungen der Spanwurzel bietet sich ein Einblick in das Innere der Spanbildung.

In Zusammenarbeit mit dem Institut für Fertigungstechnik und Werkzeugmaschinen (IFW) in Hannover wurde eine spezielle, für die PAS geeignete Probengeometrie entworfen und mit einer ballistischen Methode Spanwurzelproben bei unterschiedlichen Schnittparametern hergestellt.

Mit der Bonner Positronen Mikrosonde (Bonn Positron Microprobe BPM) steht ein Laborgerät mit einem Feinfokus-Positronenstrahl zur Verfügung, mit dem Untersuchungen des Verformungszustands im Mikrometerbereich durchgeführt werden konnten.

Durch ortsaufgelöste Messungen mit der BPM an Spanwurzeln im Modellwerkstoff C45E gelang, es die Verformungs- und Scherzonen direkt abzubilden. Der Einfluss der Prozessparameter Schnittgeschwindigkeit und Schnitttiefe auf die Schädigung in der Randzone konnte mit diesen Abbildungen bestimmt werden. Dabei zeigte sich, dass die Erhöhung der Schnitttiefe bei gleicher Schnittgeschwindigkeit zu einer Verstärkung der Schädigung in der Randzone führt. Ein signifikanter Einfluss der Schnittgeschwindigkeit auf die Schädigungstiefe wurde nicht gefunden.

4.2 Messmethode

In den 40er Jahren des letzten Jahrhunderts wurden erstmalig Positronen zur Untersuchung von Festkörpern eingesetzt [1], wobei in den 60er Jahren klar wurde, dass die Zerstrahlungsparameter des Positrons sensitiv auf Gitterdefekte sind [2, 3]. Fehlstellen im Kristall bilden durch ihr offenes Volumen ein attraktives Potential für positiv geladene Teilchen, in dem das Positron eingefangen wird. Mit Positronen können Punktdefekte schon ab einer Konzentration von 10^{-7} bis 10^{-6} Defekte pro Atom nachgewiesen werden. Das Positron ist dabei die Fehlstellensonde und als Messsignal dient die 511 keV Annihilations-γ-Strahlung. Ein umfassender Übersichtsartikel über die Möglichkeiten der Positronen-Annihilations-Spektroskopie (PAS) zur Untersuchung von Fehlstellen wurde 1973 von WEST veröffentlicht [4]. Heutzutage stellt die PAS eine etablierte Methode in der Fehlstellenanalytik und in der zerstörungsfreien Materialprüfung dar [5, 6, 7, 8].

4.2.1 Das Positron als Spürhund für Gitterdefekte

Innerhalb weniger Pikosekunden nach dem Eindringen in den Festkörper geben die Positronen ihre gesamte kinetische Energie ab und werden auf die thermische Energie des Festkörpers

$$E_{kin} = {}^{3}\!/_{2}\; k_B T \quad (\sim 0.04 \text{ eV bei RT}) \tag{1}$$

abgebremst[2] [9]. Dieser Prozess wird Thermalisierung genannt, und findet in einem kleinen Bruchteil der Restlebensdauer des Positrons statt, womit die Zerstrahlung aus nichtthermischen Zuständen unbedeutend wird [10]. Die mittlere Implantationstiefe $\bar{z}$ für monoenergetische Positronen kann nach Ghosh über einen einfachen Zusammenhang abgeschätzt werden [11]:

$$\bar{z} = \frac{A}{\rho} E^n \ . \tag{2}$$

E ist hier die Implantationsenergie in keV, ρ die Dichte in g/cm^3, n und A sind Fitparameter, die für Metalle werden von Vehanen et al. mit $A = 4.0$ µgcm^{-2}keV^{-n} und n = 1.6 angegeben werden [12]. Für eine typische Positronenenergie von 30 keV ergibt sich für Eisenwerkstoffe eine Implantationstiefe von 1.2 µm.

Nach der Thermalisierung diffundiert das Positron durch das Gitter und verhält sich wie ein freies geladenes Teilchen. Von den positiv geladenen Atomrümpfen abgestoßen, ist seine Aufenthaltswahrscheinlichkeit im Zwischengitter am höchsten. Die Bewegung lässt sich durch einen dreidimensionalen Random-Walk beschreiben [10], woraus sich der folgende Zusammenhang zwischen Diffusionslänge L_+ und mittlerer Lebensdauer τ_+ ergibt:

$$L_+ \approx \sqrt{6 D_+ \tau_+} \ . \tag{3}$$

Der Diffusionskoeffizient D_+ hängt vom Material und der Haftstellendichte ab und liegt in einer Größenordnung von 10^{-4} m^2/s. Bei einer mittleren Lebensdauer von 100–300 ps in defektarmen Metallen [10] ergeben sich Diffusionslängen von 300–500 nm. Diese große Beweglichkeit erklärt die hohe Empfindlichkeit der Positronen gegenüber Gitterdefekten.

Jede lokale Verringerung der Dichte der Atomrümpfe führt zu einer Absenkung der potentiellen Energie des Positrons, d. h. es entsteht ein attraktives Potential. Die einfachste Realisierung einer solchen Haftstelle ist eine Leerstelle im Gitter, die durch den fehlenden

---

[2] Für das Positron gilt genau wie für das Elektron das Pauli-Verbot. Da sich aber immer nur ein Positron zur gleichen Zeit in der Probe befindet, sind alle Zustände der Fermiverteilung leer. Im Gegensatz zu Elektronen erreichen alle Positronen thermische Energie.

positiv geladenen Atomrumpf ein attraktives Potential von ~1eV für Positronen bildet. Einmal in einer solchen Falle eingefangen, kann das Positron aufgrund seiner geringen kinetischen Energie bis zu seiner Zerstrahlung nicht mehr entweichen. Als Sondenteilchen besitzt es eine Ortsauflösung im atomaren Bereich. Aus der Diffusionslänge folgt eine theoretische untere Grenze für die makroskopische Ortsauflösung jeglicher Messung mit Positronen, die bei ungefähr 0.5 μm liegt.

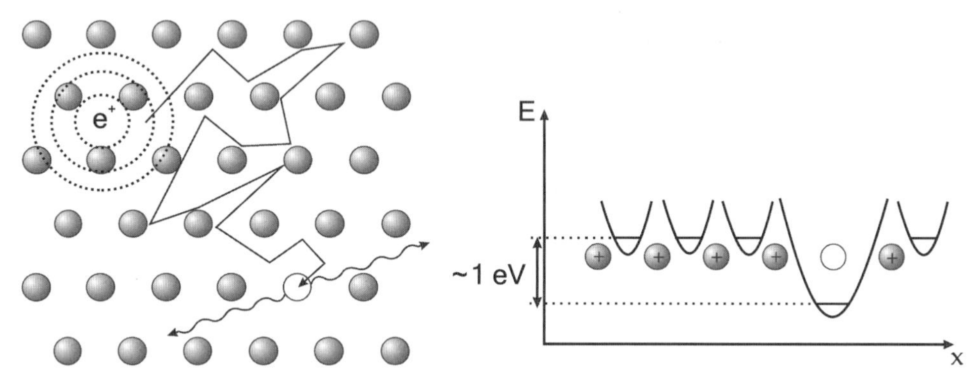

Abbildung 1: Links: Diffusion eines Positrons durch das Kristallgitter. Nach der Thermalisierung diffundiert das Positron solange durch das Gitter, bis es von einer Fehlstelle eingefangen wird oder im Zwischengitter zerstrahlt. Rechts: Schematische Darstellung des Potentialverlaufs in der Umgebung einer Leerstelle. Die Potentialtiefe liegt bei ~1 eV. Ein einmal in der Leerstelle eingefangenes Positron kann bis zu seiner Zerstrahlung nicht mehr entkommen.

Bei der Annihilation von Positron und Elektron werden die Ruhemasse sowie die kinetischen Energien beider Teilchen als γ-Strahlung frei. Die Zerstrahlung erfolgt dabei in zwei γ-Quanten, die im Schwerpunktsystem eine Energie von jeweils 511 keV besitzen und in einem Winkel von 180° abgestrahlt werden. Im Laborsystem führt der Longitudinalimpuls des Elektrons zu einer Doppler-Verschiebung der 511 keV Annihilationsstrahlung. Der Impuls des thermalisierten Positrons ist im Mittel sehr viel kleiner als der Elektronenimpuls und kann vernachlässigt werden. Im Energiespektrum der γ-Strahlung ist der Annihilationspeak durch den Einfluss des Elektronenimpulses symmetrisch verbreitert[3]. Diese Dopplerverbreiterung wird durch zwei Linienformparameter, den S-Parameter (*s̲hape*) und den W-Parameter (*w̲ing*) angegeben. Die Definition der Linienformparameter ist in Abbildung 2 gezeigt. Der S-Parameter ist dabei der Quotient der Fläche unter dem zentralen Teil des Peaks A_S mit dem Gesamtintegral. Er beschreibt den Anteil der energiearmen Leitungs- und Valenzelektronen an der Annihilation.

Durch die Analyse der emittierten Gammastrahlung können nun Informationen über den inneren Aufbau der untersuchten Materie gewonnen werden. Aufgrund der fehlenden Rumpfelektronen in einer Leerstelle ist die lokale Impulsdichte geringer als im umgebenden ungestörten Gitter. Daraus folgt, dass ein in eine Leerstelle eingefangenes Positron bei der Zerstrahlung eine geringere Dopplerverbreiterung des Gammasignals aufweist. Durch die Summation über viele Zerstrahlungsereignisse (typisch: 10^6) kann aus dem S-Parameter auf die Leerstellendichte geschlossen werden.

[3] In einem modernen γ-Spektroneter hat die 511 keV Annihilationslinie in etwa die doppelte Halbwertsbreite wie die apparative Auflösung.

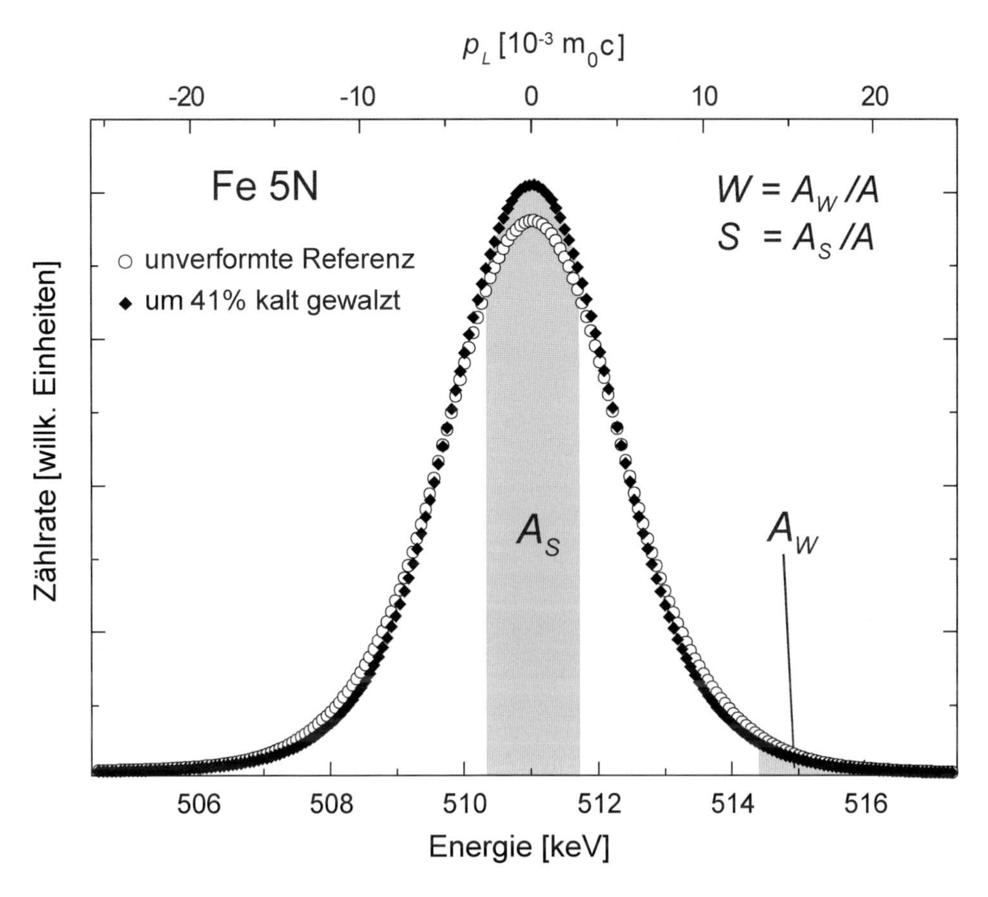

Abbildung 2: Dopplerspektrum von verformtem und unverformten Eisen vom Reinheitsgrad 5N. Beide Kurven sind auf die Fläche A unter dem Peak normiert. Die Linienformparameter S und W sind als der Quotient der mit A_S bzw. A_W bezeichneten Flächen durch die Gesamtfläche A definiert. An der oberen Abszisse ist der Elektronenimpuls in Einheiten von 10^{-3} m_0c angegeben.

Tabelle 1: Verformungsgrad des Metalls und S-Parameter.

	Fehlstellendichte	Dopplerverbreiterung	S-Parameter
unverformtes Metall	niedrig	stark	niedrig
verformtes Metall	hoch	schwach	hoch

4.2.2 Mit Positronen nachweisbare Gitterdefekte

Die plastische Deformation von Metallen basiert auf der Bewegung und Multiplikation von Versetzungen. Die Erzeugung von Versetzungen geht immer mit der Produktion von Leerstellen und Zwischengitteratomen einher. Die wichtigsten Mechanismen zur Leerstellengeneration infolge plastischer Verformung sind die Annihilation von Stufenversetzungen und das Ziehen beweglicher Sprünge auf Schraubenversetzungen [13, 14, 15].

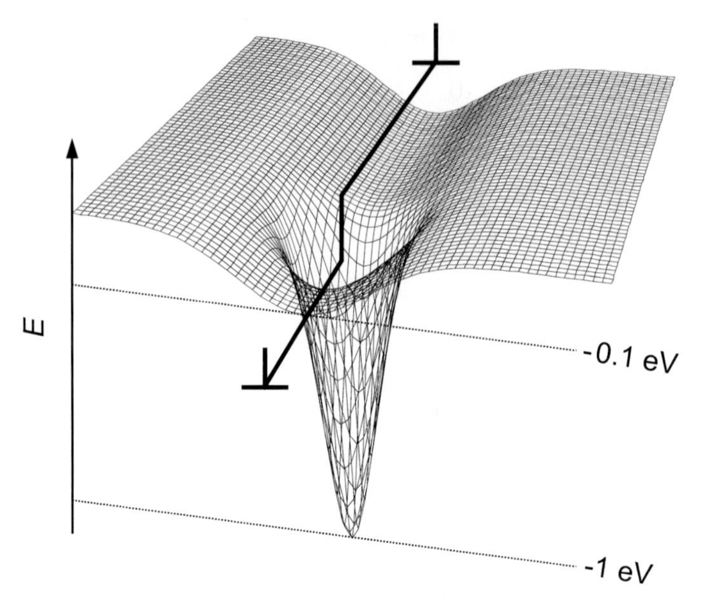

Abbildung 3: Potentialverlauf eines Sprungs in einer Stufenversetzung: Ein einatomarer Sprung entspricht einer Einzelleerstelle. Die Versetzungslinie bildet einen schnellen Diffusionsweg für Positronen. Der Nachweis von Leerstellen gibt Aufschluss über die Versetzungskonzentration [16].

Durch die Wechselwirkung der Versetzungen miteinander (Schneidprozesse, Bildung von Versetzungsdipolen, Waldversetzungen) entstehen unbewegliche Hindernisse, welche die Versetzungsbewegung einschränken und zur Verfestigung des Metalls führen. Durch die während der Verformung entstehende Wärme können umgekehrt diese Hindernisse zur Diffusion aktiviert werden, was zu einer Entfestigung des entsprechenden Bereichs führt [17, 18, 19]. Die Versetzungsdichte erlaubt damit einen Rückschluss auf den Verformungsgrad des Materials. Die mittels PAS bestimmten Versetzungsdichten stimmen gut mit den Ergebnissen von Restwiderstandsmessungen überein.

4.2.3 Die Bonner Positronen Mikrosonde

Die Bonner Positronen Mikrosonde (Bonn Positron Microprobe BPM) ermöglicht die ortsaufgelöste Messung der Fehlstellendichte im Mikrometerbereich. Die BPM wurde 1994 in Zusammenarbeit mit den Firmen Zeiss[4] und LEO[5] mit Förderung durch das BMBF[6] entwickelt und bis Ende 1997 fertiggestellt. Seitdem hat die BPM eine Reihe von Erweiterungen und Umbauten erfahren, so dass heute ein zuverlässiges und vielseitiges Laborgerät zur Verfügung steht [8, 6].

Das Instrument besteht aus der Kombination eines Feinfokus-Positronenstrahls und eines konventionellen Raster-Elektronenmikroskops (REM). Positronenquelle und Haarnadelkathode befinden sich auf den gegenüberliegenden Seiten eines magnetischen Prismas, das beide Strahlen in die Eingangsebene einer konventionellen REM-Säule fokus-

[4] Carl Zeiss, 73447 Oberkochen
[5] LEO Elektronenmikroskopie GmbH, 73447 Oberkochen
[6] Fördernummer KZ03N8001

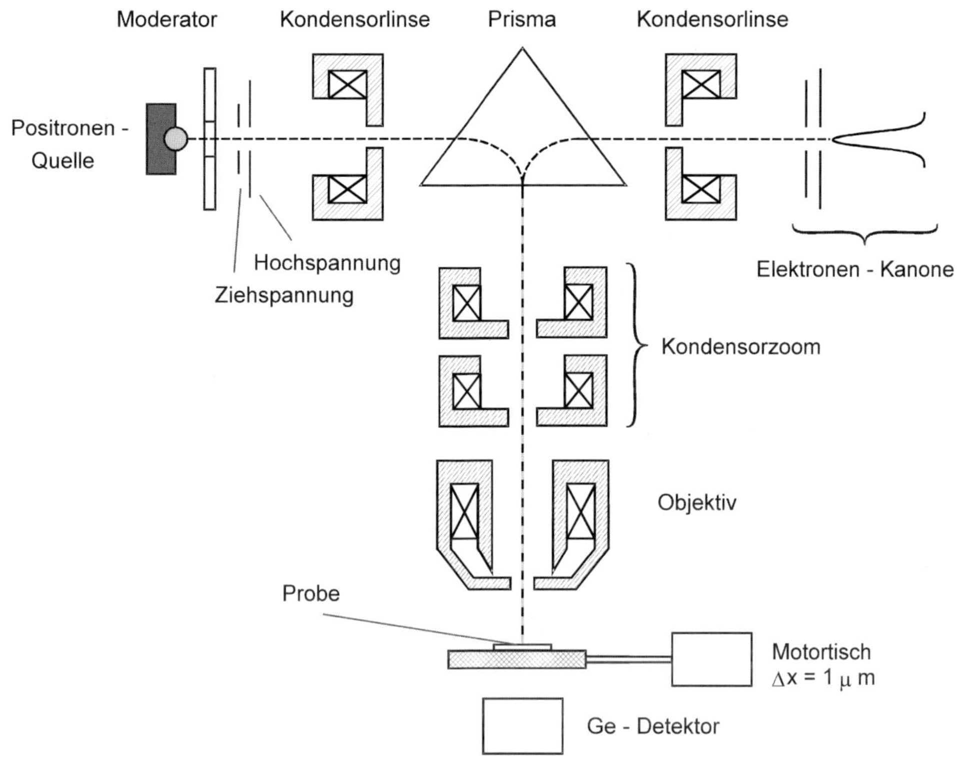

Abbildung 4: Schematischer Aufbau der Bonner Positronen Mikrosonde. Die von der Positronenquelle bzw. der Elektronenkanone erzeugten Teilchenstrahlen werden durch Kondensorlinsen auf die Eingangsebene eines symmetrischen magnetischen Prismas abgebildet. Kondensorzoom und Objektivlinse einer REM-Säule fokussieren die Strahlen auf die Probe, die auf einem 2-Achsen-Motortisch mit einer Positioniergenauigkeit von 1μm montiert ist. Ein in 10 mm Abstand unter der Probe angebrachter Germanium-Detektor registriert die 511 keV Annihilationsstrahlung.

siert. Kondensorzoom und Objektiv sorgen für eine Fokussierung der Strahlen auf die Probe, die auf einem 2-Achsen-Motortisch mit einer Positioniergenauigkeit von 1 μm befestigt ist. Anders als zur Aufnahme einer REM-Abbildung wird der Positronenstrahl nicht gerastert, sondern die Probe mit dem Motortisch durch den Strahl gefahren. Die Probe befindet sich dabei in Hochvakuum außerhalb der magnetischen Linsenfelder. Das Energiespektrum der Annihilationsstrahlung wird mit einem Germanium-Detektor[7] in 10 mm Abstand unterhalb der Probe aufgenommen.

Der Durchmesser des Positronenstrahls lässt sich im Bereich von 5 μm bis 200 μm einstellen und die Strahlenergie von 4.5 bis 30 keV variieren. Das in die BPM integrierte REM erreicht eine Ortsauflösung von 10 nm, so dass eine zuverlässige Probencharakterisierung möglich ist.

[7] Energieauflösung des Detektors: 1.2 keV bei 478 keV.

4.3 Materialbeschreibung und Probenpräparation

Durch die spanende Bearbeitung werden die Eigenschaften der unmittelbaren Oberfläche sowie auch der oberflächennahen Bereiche des Werkstücks, die Randzone, beeinflusst. Nach den bisherigen Erkenntnissen führt eine Erhöhung von Schnittgeschwindigkeit v_c und Schnitttiefe h zu steigenden Temperaturen. Ebenso findet man mit steigender Schnittgeschwindigkeit sinkende Prozesskräfte. Dies bedeutet ein Absinken der umgesetzten Energie pro abgespantem Volumen und somit der freigesetzten Wärmemenge. Allerdings kommt es stark lokalisiert zu sehr hohen Temperaturen und einem ausgeprägten Temperaturgradienten, der von den Wärmequellen in den Scherzonen ausgeht [20, 21].

Durch die sinkenden Prozesskräfte bei hoher Schnittgeschwindigkeit wird eine Verringerung der mechanischen Belastung erwartet. Das Werkzeug, das die Wärmequelle darstellt, bewegt sich schnell über das Werkstück, so dass die entstehende Wärme nur sehr wenig Zeit hat, in die Probe einzudringen. Aus diesem Grund wird von einer sinkenden thermischen Belastung des Werkstücks ausgegangen. Dies gilt jedoch nur für die mittlere Temperatur. Aufgrund des hohen Temperaturgradienten nehmen die Temperaturen in der sekundären Scherzone direkt unterhalb des Werkzeugs mit steigender Schnittgeschwindigkeit zu [21]. Es kann daher zu einer stärkeren thermischen Beeinflussung der Randzone kommen, obwohl die erzeugte Wärmemenge insgesamt abnimmt.

An den Spanwurzeln werden mit der BPM diese Vorgänge untersucht[8]. Als Untersuchungswerkstoff wird der Vergütungsstahl C45E in normalgeglühtem Zustand verwendet. C45E wird als Werkzeugstahl für mittlere Beanspruchungen in allen Bereichen der industriellen Fertigung verwendet. Die chemische Zusammensetzung dieses Stahls ist in Tabelle 2 angegeben.

Tabelle 2: Werkstoffzusammensetzung des Probenmaterials C45E nach Messung in [21]. Entspricht den Anforderungen nach EN 10083-1 [22].

Element	C	Si	Mn	P	S	Cr	Ni
Gew. %	0.44	0.21	0.75	0.016	0.024	0.12	0.04

Voruntersuchungen haben gezeigt, dass Proben, die durch Schnittunterbrechung bei rotierender Zerspanung gewonnen werden, für die Untersuchung mit ortsaufgelöster Positronenspektroskopie ungeeignet sind (Abbildung 5). Die Kräfte, die bei diesen Verfahren [23] in der Umgebung der Spanwurzel wirksam werden, führen zu einer Deformation, die den zu untersuchenden Effekt überdeckt.

Ebenfalls ist es bei diesen Methoden nicht möglich, eine ebene, polierte Oberfläche zu erhalten, wie sie für Messungen mit der BPM von Vorteil ist. Ein nachträgliches Schleifen und Polieren der Proben ist nicht möglich, da die dadurch in die Probe eingebrachten Defekte (Verformung, Kontamination mit Polierdiamanten) zu unkontrollierbaren Artefakten führen.

Aus diesen Gründen wurde eine ballistische Methode zur Spanwurzelherstellung gewählt, die eine saubere Schnittunterbrechung über einen großen Bereich von Schnittgeschwindigkeiten ermöglicht (300 m/min–2400 m/min). Eine genaue Beschreibung des Aufbaus findet sich in [24, 8].

---

[8] Das Projekt wurde von der DFG unter der Projektnummer MA 1689/7-1 gefördert.

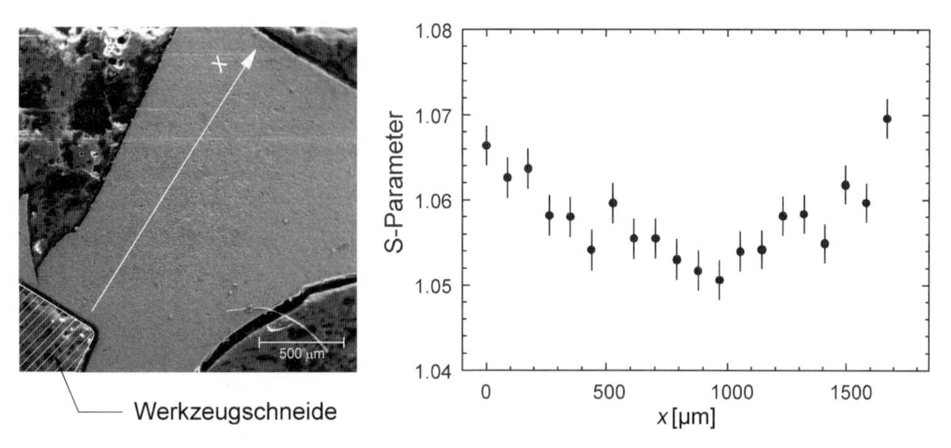

Abbildung 5: PAS-Messung über eine Spanwurzel, entnommen aus rotierender Zerspanung bei v_c = 3000 m/min (Quick-Stop-Methode [23]). Die Schnittrichtung x ist durch den hellen Pfeil markiert (links). Die Verformungsvorlaufzone wird durch die während der Probenpräparation (Schleifen und Polieren) eingebrachte Schädigung überdeckt. Der Aufprall der Probe gegen die Gehäusewand der Quick-Stop-Vorrichtung hat zu einer Stauchung geführt (rechts: x = 1000 – 1500 µm, Anstieg der Fehlstellenkonzentration S steigt auf 1.07). Diese Methode ist somit für die Probenherstellung ungeeignet.

In Zusammenarbeit mit dem Institut für Fertigungstechnik und Werkzeugmaschinen in Hannover wurde eine speziell für die PAS geeignete Probengeometrie entwickelt. Um störende Einflüsse auf die Messfläche während des Durchflugs durch den Schusskanal zu verhindern, ist die Probe zweigeteilt ausgeführt und wird vor dem Schuss vorsichtig verschraubt und verstiftet. Die anschließende Messung findet auf der Innenseite der Probe statt, die einen Querschnitt durch Span und Spanwurzel liefert [24, 8].

Alle Proben wurden vor der Spanwurzelherstellung einer Temperaturbehandlung unterzogen. Die Proben wurden 3 h bei 680 °C im Vakuum ($p < 2 \cdot 10^{-6}$ mbar) lösungsgeglüht und anschließend mit 60 K/h abgekühlt. Dies entspricht einem Normalglühen nach EN 10083-1 [22]. Durch die Temperaturbehandlung stellt sich ein feinkörniges, gleichmäßiges Gefüge aus feinlamellarem Perlit und Ferrit ein.

Um ein Verziehen der Proben durch das Normalglühen zu verhindern, fand das Glühen in zwei Stufen statt. Vor dem ersten Glühschritt lagen die Proben mit 0.2 mm Übermaß in allen Dimensionen vor. Dieses Übermaß wurde nach dem Glühen zusammen mit allen durch eine etwaige Geometrieänderung entstandenen Maßänderungen abgefräst und die Proben abermals unter denselben Bedingungen geglüht. Durch dieses etwas aufwendige Verfahren konnte sichergestellt werden, dass die Proben maßgenau sind und sich nicht im Schusskanal verkanten, wodurch sie für die Messung unbrauchbar wären.

Wie die Ergebnisse von Ausheilversuchen zeigen, werden sämtliche für Positronen sichtbare Fehler beseitigt, die aus der Vorgeschichte der Proben stammen. Alle gemessenen S-Parameter werden auf den S-Parameter dieses ausgeheilten Ausgangszustands normiert, wodurch ein direkter Vergleich verschiedener Proben möglich wird.

Es wurden Proben bei unterschiedlicher Schnitttiefe h und Schnittgeschwindigkeit v_c untersucht. Insbesondere wurde dabei die Schädigungstiefe in der Randzone beachtet. Tabelle 3 zeigt die Eigenschaften der mit ortsaufgelöster PAS untersuchten Proben sowie die aus den Messungen ermittelte Schädigungstiefe r in der Randzone.

Tabelle 3: Probenübersicht: v_c ist die Schnittgeschwindigkeit, h die Schnitttiefe. Die Schädigungstiefe in der Randzone ist mit r angegeben, der Fehler mit Δr. Bei Probe 6 konnte die Schädigungstiefe nicht ausgewertet werden (*).

Nummer	v_c [m/min]	h [µm]	r [µm]	Δr [µm]
1	1200	170	200	48
2	600	140	97	18
3	600	260	289	66
4	900	70	160	20
5	900	170	360	135
6	2400	260	--- (*)	---
7	900	40	42	11
8	300	220	219	92
9	1200	120	178	27

4.4 Mechanische Größen und S-Parameter

Zum Verständnis der Bedeutung des S-Parameters bei plastisch verformten Metallen wurden eine Reihe von Versuchen durchgeführt, die einen Vergleich des S-Parameters mit mechanischen Größen, wie der Fließspannung, der Verfestigung und der Vickers-Härte gestatten.

4.4.1 Zugversuche

Zur Bestimmung des Verlaufs des S-Parameters in Abhängigkeit der plastischen Verformung wurden zwei Zugversuche durchgeführt. Tabelle 4 zeigt die aus dem Zugversuch ermittelten mechanischen Kennwerte von C45E im Vergleich zu den Literaturwerten. Die dazugehörige Fließkurve zeigt Abbildung 6. Die Proben wurden um einen bestimmten Betrag gedehnt, danach entlastet und der S-Parameter in einem Positronen-Spektrometer gemessen. Ergebnisse früherer Untersuchungen zeigen, dass es bei der Messung des S-Parameters unerheblich ist, ob die Proben im belasteten oder im entlasteten Zustand gemessen werden, da der elastische Anteil der Verformung keinen signifikanten Anteil am Ergebnis hat [16].

Der S-Parameter ist ein Maß für die Fehlstellendichte, die von der im Probenquerschnitt wirksamen wahren Spannung abhängig ist. Daher ist in Abbildung 6, im Gegensatz zu der sonst üblichen technischen Darstellung, die wahre Spannung σ_w gegen die Dehnung aufgetragen.

Der ferritische Stahl C45E zeigt eine ausgeprägte Streckgrenze. In diesem Bereich führt die plastische Verformung nicht zur Verfestigung, wodurch die für eine weitere Verformung notwendige Spannung konstant bleibt oder sogar leicht absinkt. Durch die Bindung von Versetzungen an interstitiell gelösten Kohlenstoffatomen (Cotrell-Wolken) im Ausgangszustand ist für das Gleiten der Versetzungen zunächst eine erhöhte Spannung notwendig. Nach dem Losreißen von den Cotrell-Wolken gleiten die Versetzungen nahezu ungehindert durch den Kristall. Dieser Vorgang setzt sich lawinenartig durch die Probe fort und führt zu Lüders-Bändern an der Probenoberfläche.

Tabelle 4: Mechanische Kennwerte aus dem Zugversuch an C45E im Vergleich zur Literatur [22].

Streckgrenze R_p [MPa]		Zugfestigkeit R_m [MPa]		Bruchdehnung A [%]	
Exp.	Lit.	Exp.	Lit.	Exp.	Lit.
343 ± 30	370–430	620 ± 30	630–780	15 ± 1	14–17

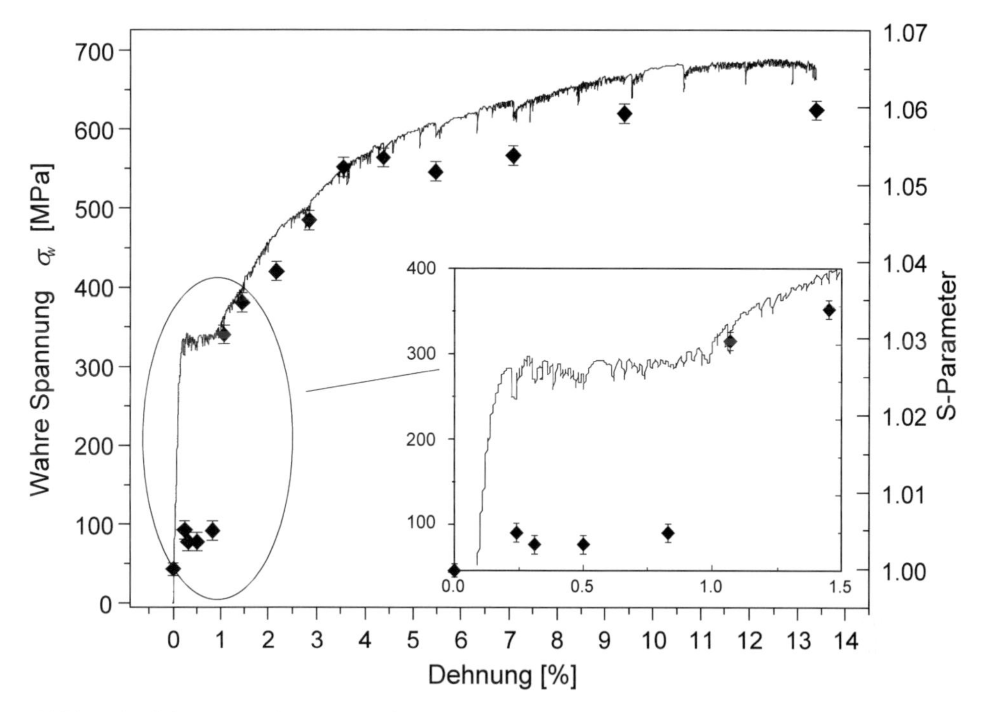

Abbildung 6: Fließkurve von C45E. Verlauf von wahrer Spannung σ_w (linke Ordinate) und S-Parameter (rechte Ordinate) bei steigender Dehnung im Zugversuch. Im Insert ist der Bereich der Lüders-Dehnung herausvergrößert, nach [25].

Im Bereich der Lüders-Dehnung steigt der S-Parameter nur leicht an und bleibt dann bis zum Beginn der Verfestigung auf einem konstanten Niveau von S = 1.004 (siehe Insert in Abbildung 6). Mit einsetzender Verfestigung steigt der S-Parameter zunächst sprunghaft an und geht ab 9% Dehnung langsam in die Sättigung über (S = 1.06).

4.4.2 Zusammenhang zwischen Verfestigung und S-Parameter

Einen deutlichen Zusammenhang zwischen S-Parameter und Verfestigung liefert die in-situ Messung während eines Zugversuches. Dazu wurden Röhrchen mit unterschiedlicher Wandstärke aus C45E angefertigt und in einer Verformungsmaschine mit Piezotranslator

[26, 27] gezogen. Die Positronenquelle (in diesem Fall ^{22}Na) befindet sich, mit Mylar-Folie geschützt, im Inneren des Röhrchens. In Abbildung 7 ist der S-Parameter gegen die Verfestigung aufgetragen.

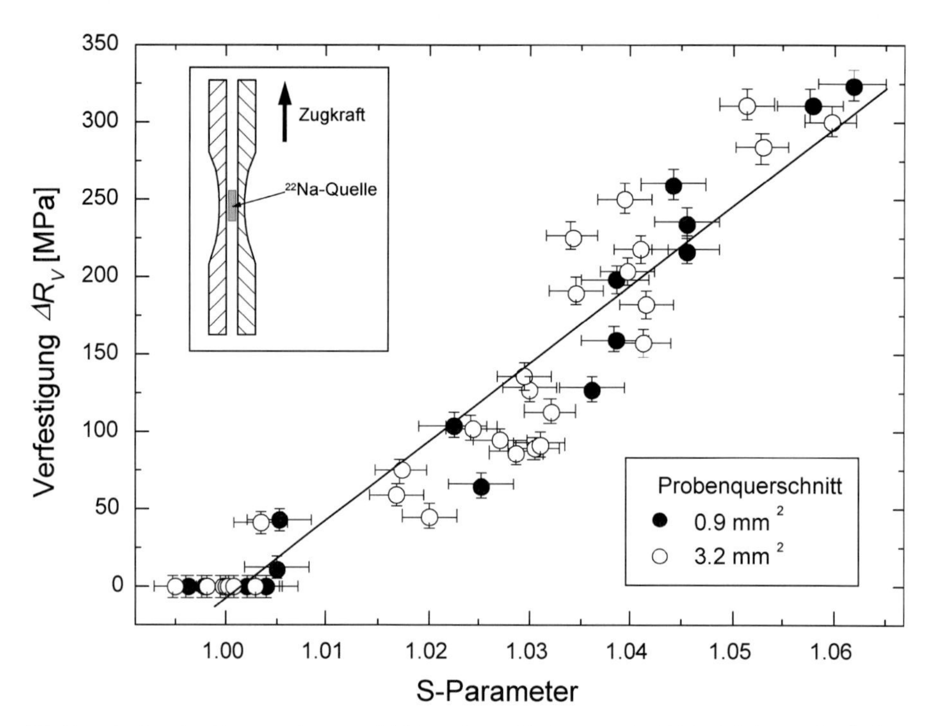

Abbildung 7: Aus den Zugversuchen an C45E berechnete Verfestigung in Abhängigkeit von der Änderung des S-Parameters. Der lineare Zusammenhang kann zu einer empirischen Abschätzung der Verfestigung aus der Messung des S-Parameters genutzt werden.

Die Verfestigung ΔR_V kann als Zunahme der Fließgrenze nach jedem Zugschritt definiert werden. In einer Auftragung von ΔR_V gegen den S-Parameter aus dem Zugversuch zeigt sich ein weitgehend linearer Zusammenhang, wie er auch bei Aluminium und Kupfer von Wider et al. gefunden wurde [16].

Dadurch ist es möglich, empirisch aus einer Änderung des S-Parameters ΔS auf die Verfestigung zu schließen. Durch lineare Regression ergibt sich folgendes Ergebnis:

$$\frac{\Delta R_V}{\Delta S}\left[\frac{MPa}{\%}\right] = 50.7 \pm 6 . \quad (4)$$

Dieser Zusammenhang ermöglicht Rückschlüsse auf eine Korrelation von Versetzungsdichte und S-Parameter. Bei geringer plastischer Verformung, sofern keine Versetzungstextur auftritt, ist die Verfestigung ΔR_V proportional zur Quadratwurzel der Versetzungsdichte ρ_{disl}. Mit der linearen Abhängigkeit der Verfestigung vom S-Parameter lässt sich nun folgende Beziehung für den Bereich kleiner plastischer Verformungen aufstellen:

$$S \sim \sqrt{\rho_{disl}} . \quad (5)$$

Bei den Messungen an Spanwurzeln ist es allerdings nicht einfach möglich, aus dem S-Parameter auf die Verfestigung zu schließen, da die Bedingung einer kleinen Verformung ohne Versetzungstextur in der primären Scherzone und auch im Span nicht gegeben ist. Auch eine eventuelle Entfestigung in der Randzone durch Temperatureinwirkung macht es schwierig, in einfacher Weise vom S-Parameter auf die verbleibende Versetzungsdichte zu schließen.

Der Verformungsbereich kann in den ortsauflösenden Messungen durch den S-Parameter zuverlässig bestimmt werden. Form und Größe der Scherzonen, sowie die Ausdehnung der Randzone quer zur Schnittrichtung können aus den Raster-Positronenabbildungen entnommen werden.

4.4.3 Vickers-Härte

Abbildung 8 zeigt den Zusammenhang zwischen Vickers-Härte und S-Parameter beim C45E. Es zeigt sich, dass der S-Parameter bereits auf solch kleine Verformungen anspricht, die nicht zu einer Erhöhung der Härte führen. Ab einem S-Parameter von 1.025 steigt die Härte mit dem S-Parameter an. Die Ungenauigkeit im Zusammenhang zwischen S-Parameter und Vickers-Härte wird im wesentlichen vom Fehler in der Härtemessung bestimmt. Zu ähnlichen Ergebnisse führten Messungen am rostfreien austenitischen Stahl X2CrNiMo17-12-2 [28]. In diesem Fall liegt die Ansprechschwelle bei der Härtemessung mit $S = 1.04$ allerdings noch höher.

Da zwischen Härteprüfung und Zugversuch hinsichtlich der Werkstoffbeanspruchung wesentliche Unterschiede bestehen, ist es jedoch schwierig, mittels eines Modells eine funktionale Beziehung zwischen Vickers-Härte und Verfestigung abzuleiten. Ein empirischer Zusammenhang ist in der DIN Norm 50150 tabelliert [29].

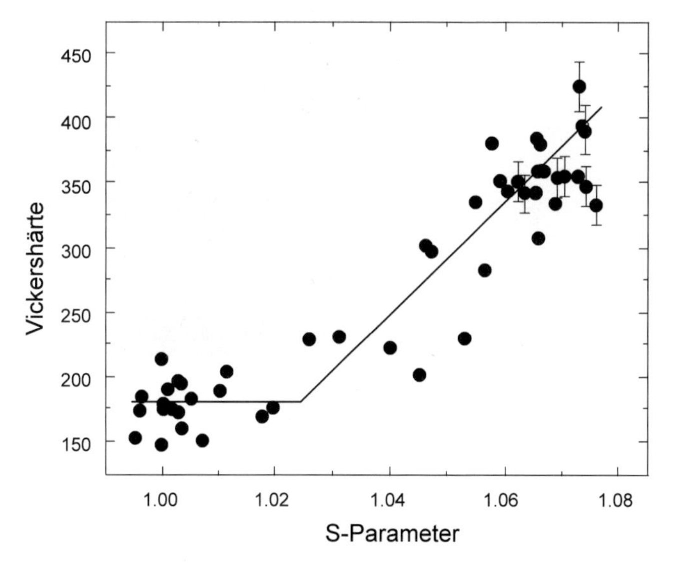

Abbildung 8: Zusammenhang zwischen Vickers-Härte und S-Parameter bei C45E. Die statistischen Fehler des S-Parameters sind gegenüber den Fehlern der Vickers-Härte vernachlässigbar gering. Eine Verfestigung die einem S-Parameter von ca. 1.025 entspricht, führt nicht zu einer signifikanten Erhöhung der Härte. Die durchgezogene Linie ist als Eye-Guide zu verstehen.

4.5 Ortsaufgelöste Messungen

4.5.1 Nachweis der einzelnen Verformungszonen

Abbildung 9 zeigt den relativen S-Parameter in Span und Spanwurzel bei einer Spanwurzel-Probe. Die Probe wurde von links mit einer Schnittgeschwindigkeit von $v_c = 1200$ m/min und einer Schnitttiefe von $h = 170$ µm auf das stehende Werkzeug beschleunigt (im Bild rechts oben, schraffiert). Das Messraster hat eine Maschenweite von 50 µm × 50 µm. Der relative Fehler des S-Parameters liegt bei 0.002. Bei dieser und bei den folgenden ortsaufgelösten Messungen ist die S-Parameter-Abbildung in Falschfarbendarstellung halbtransparent über ein REM-Bild des Messbereichs auf der Probe gelegt.

Die stärkste Verformung findet sich in der primären Scherzone (orange bis rot), die sich in den Span hinein fortsetzt. Durch die Temperaturentwicklung in der sekundären Scherzone an der Spanfläche und in der Trennzone ist die Schädigung teilweise ausgeheilt (im Span rechts, grüner Bereich). Die Verformungsvorlaufzone vor dem Span ist durch einen relativen S-Parameter von 1.02 bis 1.04 gekennzeichnet.

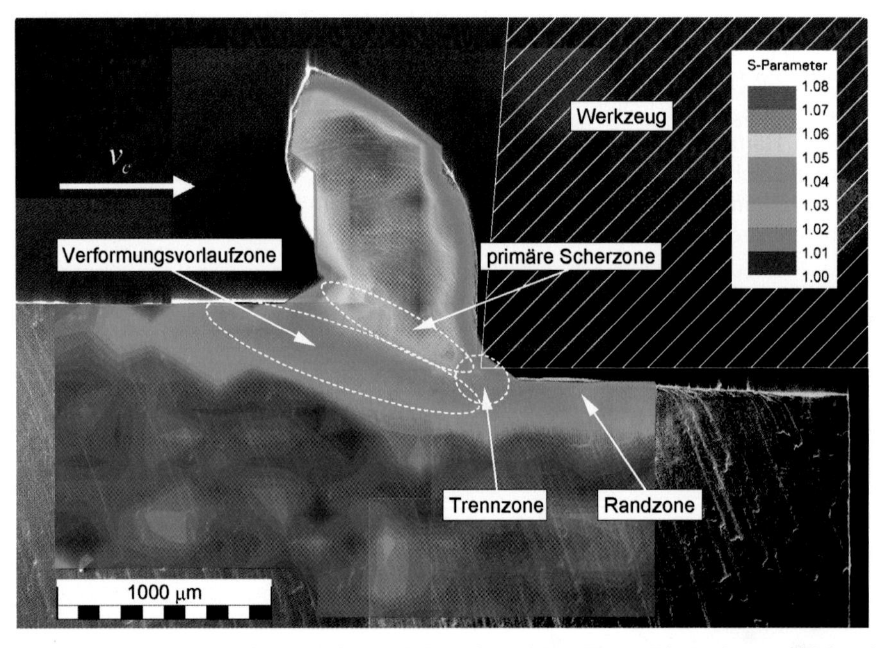

Abbildung 9: Spanwurzelaufnahme bei $V_c = 1200$ m/min und h = 170 µm. Die Positronenabbildung in Falschfarben ist halbtransparent über eine elektronenmikroskopische Aufnahme gelegt. Die Verformung ist auf den Bereich der Scherzone konzentriert. Die Schädigungstiefe in der Randzone liegt bei 180 ± 25 µm.

Sie besitzt eine Ausdehnung von ca. 1.3 mm in Schnittrichtung. Eine ebenso starke Verformung befindet sich in der Randzone, welche eine Ausdehnung von 180 ± 25 µm quer zur Schnittrichtung hat. Außerhalb der Verformungszonen ist keine Schädigung im Inneren des Materials festzustellen, es wird der S-Parameter des ausgeheilten Materials gemessen. Im Span selbst äußert sich die Verfestigung in einem maximalen S-Parameter von 1.08. Nach Berechnungen von Staab kann für Eisen-Werkstoffe aus diesen Werten auf die Versetzungsdichte ρ_{disl} geschlossen werden. Im unverformten Bereich der Probe entspricht der S-Parameter von 1.00 einer Versetzungsdichte von $\rho_{disl} \leq 10^9/cm^2$, der maximale S-Parameter von 1.08 in der Mitte des Spans entspricht $\rho_{disl} \geq 10^{11}/cm^2$ [30]. Ein eventuelles thermisches Ausheilen der Fehlstellen bleibt dabei allerdings unberücksichtigt.

4.5.2 Vergleich mit der Vickers-Härte

An derselben Probe wurde die Oberflächenhärte mit einem Mikro-Vickers-Härteprüfgerät gemessen, wobei ein Auflagegewicht von 25 g verwendet wurde. In Abbildung 10 sind die Ergebnisse dargestellt. Prinzipiell zeigt die ortsaufgelöste Darstellung der Vickers-Härte ein ähnliches Verhalten wie der S-Parameter. Jedoch können die Verformungszonen nicht so deutlich identifiziert werden und im Span lässt sich die Entfestigung an der Spanfläche nicht nachweisen. Auch die Ausdehnung der Schädigung in der Randzone ist aus diesen Ergebnissen nicht zu entnehmen. Ein experimentelles Problem bei der Härtebestimmung zeigt sich an den Kanten der Probe. Der Prüfdiamant drückt das Material am Rand nach unten, so dass eine Vermessung des Eindrucks keine sinnvollen Ergebnisse liefert. Ein genauer Vergleich zwischen S-Parameter und Vickers-Härte ist in Abbildung rechts exemplarisch an Hand eines Linien-Scans vom Span in den unverformten Bereich dargestellt. Auch hier ist der Verlauf prinzipiell ähnlich, jedoch zeigt der S-Parameter eine höhere Empfindlichkeit gegenüber geringeren Verformungen. Die Härtewerte im unverformten und im maximal verformten Material entsprechen den Literaturangaben nach [22].

4.5.3 Einfluss der Schnittparameter auf die Randzone

Es wurden ortsaufgelöste PAS-Messungen an mehreren Proben durchgeführt, um den Einfluss der Schnittgeschwindigkeit v_c und der Schnitttiefe h auf die Randzone zu unter-

HV(25)	gemessen	Literatur
unverformt	185 ± 10	170 ± 10
max. verformt	375 ± 16	350 ± 20

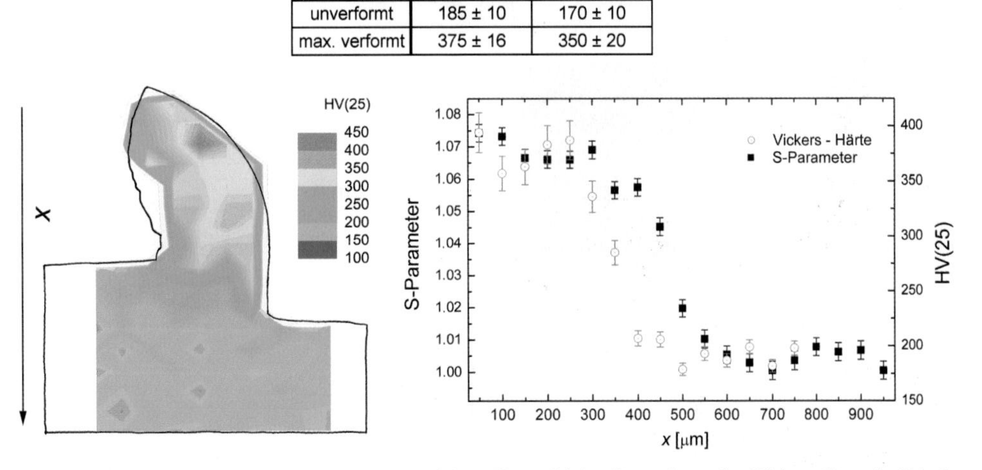

Abbildung 10: Vergleich von S-Parameter und Vickers-Härte. Links: Darstellung der Vickers-Härte in Falschfarben an der selben Probe wie in Abbildung 9. Rechts: Verlauf des S-Parameters und der Vickers-Härte (Auflagemasse 25 g) vom Span in den unverformten Bereich. Beide Kurven zeigen grundsätzlich den selben Verlauf, jedoch ist der S-Parameter empfindlicher für geringere Verformung.

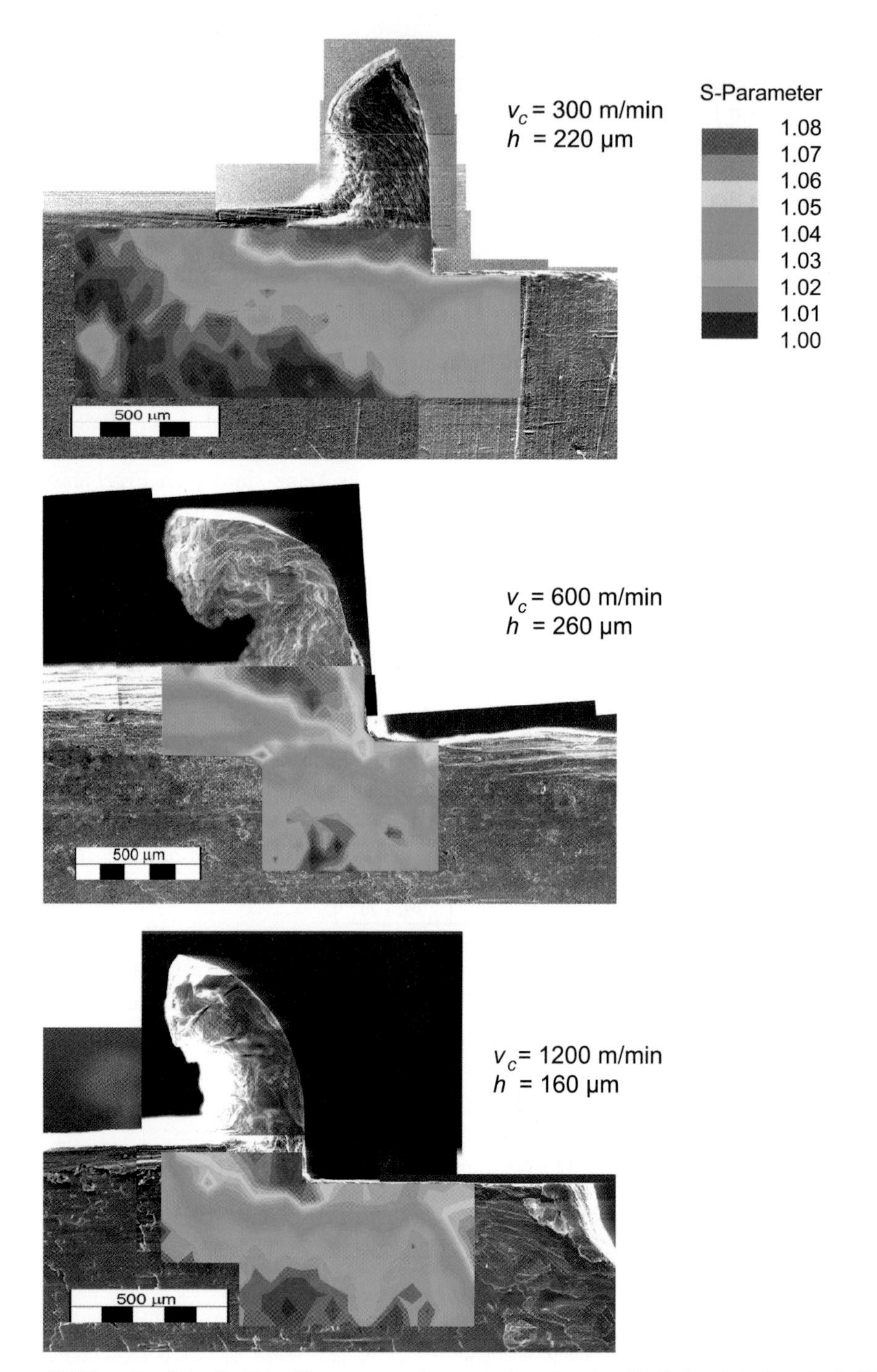

Abbildung 11: Ortsaufgelöste Messungen an Spanwurzeln mit unterschiedlicher Schnittgeschwindigkeit und vergleichbarer Schnitttiefe

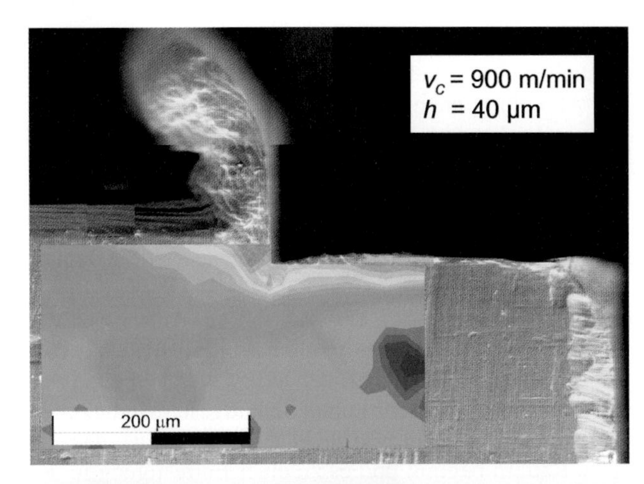

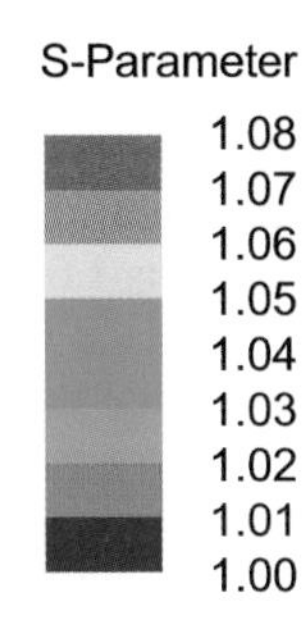

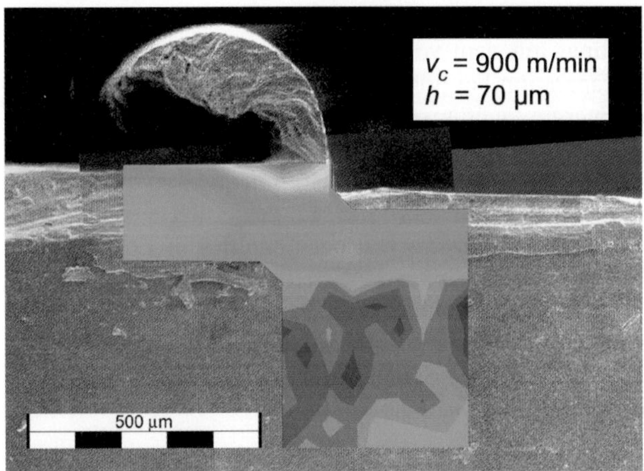

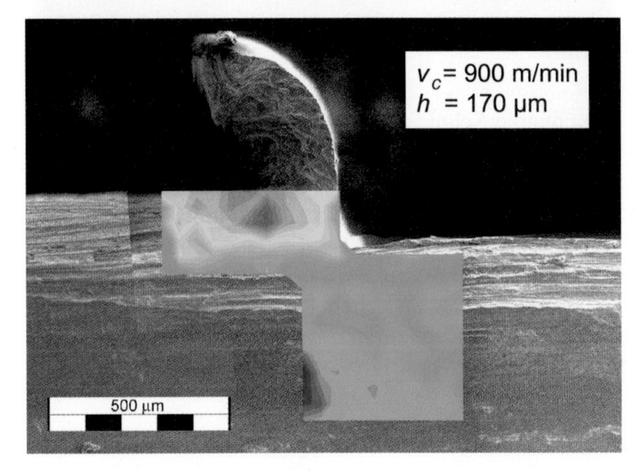

Abbildung 12: Ortsaufgelöste Messungen an Spanwurzeln mit unterschiedlicher Schnitttiefe und gleicher Schnittgeschwindigkeit von 900 m/min. Man beachte den unterschiedlichen Maßstab in der oberen Abbildung.

suchen. Abbildung 11 zeigt drei Positronenscans bei v_c = 300 m/min, v_c = 600 m/min und v_c = 1200 m/min und einer voreingestellten Schnitttiefe von 200 µm. Die realen, gemessenen Schnitttiefen sind rechts in der Abbildung angegeben. Sie weichen nur gering vom Sollwert ab, sodass die Messungen vergleichbar bleiben. In allen drei Abbildungen sind die Verformungszonen deutlich erkennbar. Die primäre Scherzone weist einen S-Parameter von 1.07 bis 1.08 auf, was einem Sättigungseinfang der Positronen in Fehlstellen entspricht. Im unteren Plot bei v_c = 1200 m/min ist im rechten Teil der Probe die Auswirkung des Aufschlags auf die Prallfläche als Anstieg des S-Parameters auf 1.065 zu erkennen.

Dieser Effekt ist aber vom Span räumlich weit genug entfernt, um ein Ausmessen der Randzonenschädigung nicht zu stören. Die Randzone weist in allen drei Plots einen geringeren S-Parameter (1.03 – 1.05) auf als die primäre Scherzone, sodass hier von einer geringeren Schädigung ausgegangen werden kann. Bei sehr hohen Schnittgeschwindigkeiten (v_c = 2400 m/min) kann die Verformung in der Randzone nicht ausgewertet werden, da das Werkstück bei der Zerspanung zu Rattern beginnt und es zu einer Entfestigung in der Randzone kommt (siehe Abbildung 13).

Die Variation der Schnitttiefe gelingt mit dem vorliegenden Schussapparat nur bis zu einer Tiefe von ca. 250 µm. Eine Präparation bei höheren Schnitttiefen ist nicht möglich, da in diesem Fall die gespeicherte Energie nicht ausreicht, um das Projektil bis zur Prallfläche auf der Schnittgeschwindigkeit zu halten.

Abbildung 12 zeigt drei Positronenaufnahmen bei v_c = 900 m/min und drei unterschiedlichen Schnitttiefen h = 40 µm, h = 70 µm und h = 170 µm. Es zeigt sich eine deutliche Abhängigkeit der Schädigungstiefe in der Randzone von der Schnitttiefe. Ebenso steigt die Ausdehnung der primären Scherzone mit zunehmender Schnitttiefe.

Bei h = 40 µm (Abbildung 12, oberes Bild) nimmt der S-Parameter in der Randzone einen im Vergleich höheren Wert an als bei den größeren Schnitttiefen von 70 µm bzw. 170 µm. Dies deutet darauf hin, dass bei kleinsten Schnitttiefen die Reibungskräfte in der sekundären Scherzone an der Spanfläche nicht ausreichen, um die zur Entfestigung nötigen Temperaturen zu erzeugen.

4.5.4 Entfestigung bei v_c = 2400 m/min

An einer Probe mit der maximal erreichbaren Schnittgeschwindigkeit von v_c= 2400 m/min und einer Schnitttiefe von h = 260 µm wurde eine ortsaufgelöste PAS-Messung über einen großen Bereich bis vor die Verformungsvorlaufzone angefertigt. Auch hier beträgt die Maschenweite des Messrasters 50 µm in beiden Richtungen. Abbildung 13 zeigt einen Scan über die Spanwurzel. Die Verformungsvorlaufzone ist stark ausgeprägt, sie misst ca. 1.6 mm in Schnittrichtung und reicht mehr als 0.8 mm tief ins Material hinein. Deutlich erkennbar ist ein entfestigter Bereich (S-Parameter zwischen 1.01 und 1.02) in der Randzone (im Bild rot eingekreist). Erst nach dem Vorbeilaufen des Werkzeugs wird die in der Stauzone und in der sekundären Scherzone an der Freifläche erzeugte Wärme ins Material abgegeben und führt zum Ausheilen der vorher eingebrachten Defekte.

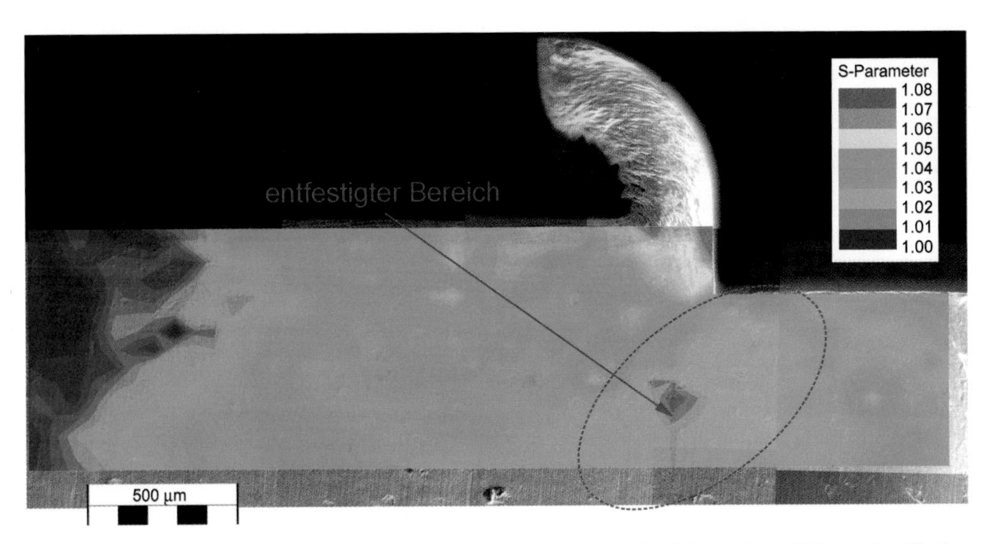

Abbildung 13: Entfestigter Bereich in einer Spanwurzel mit V_c = 2400 m/min und h = 260 µm. Die Verformungsvorlaufzone ist stark ausgeprägt und misst ca. 1.6 mm in Schnittrichtung. Durch die Temperatureinwirkung in der sekundären Scherzone an der Freifläche ist es zu einer Ausheilung von Gitterfehlern d.h. einer Entfestigung gekommen. Es wird keine starke Verformung in der Randzone beobachtet.

4.6 Diskussion

Die in Zusammenarbeit mit dem Institut für Fertigungstechnik und Werkzeugmaschinen (IFW) in Hannover entwickelte Probengeometrie sowie der Aufbau zur Probenherstellung haben sich als reproduzierbar und zuverlässig erwiesen. Durch die geteilte Schussprobe ist es möglich geworden, einen Querschnitt durch die Verformungszonen zu gewinnen, der eine Messung mit Positronen ohne nennenswerte Artefakte durch den Präparationsprozess erlaubt [24, 8].

Wie die ortsaufgelösten Messungen in Abschnitt 5 gezeigt haben, können die Verformungszonen in Span und Spanwurzel gut durch eine Messung des S-Parameters abgebildet werden. Es ist möglich, zwischen der primären Scherzone, der Trennzone und der Verformungsvorlaufzone bei einer Spanwurzel-Probe zu unterscheiden (siehe Abbildung 9). Insbesondere erlaubt die Positronenspektroskopie ein genaues Ausmessen der Schädigungstiefe in der Randzone, die für das Betriebsverhalten spanend bearbeiteter Bauteile entscheidend ist. So hängt die Betriebsfestigkeit der Bauteile unter schwingender oder korrosiver Belastung von den physikalischen Eigenschaften der Randzone ab. Mikrorisse und andere Defekte der Oberfläche können Ausgangspunkte für das Versagen unter schwingender Belastung aber auch Angriffspunkte für die Korrosion sein [31].

Den stärksten Einfluss auf die Beschaffenheit der Randzone haben die Prozessparameter Schnittgeschwindigkeit v_c und Schnitttiefe h [21]. In den in Abschnitt 5 dargestellten Messungen wurde der Verformungszustand in der Spanwurzel und in der Randzone abhängig von v_c und h ortsaufgelöst mit Positronen untersucht (Abbildung 11 und Abbildung 12). Die Schädigungstiefe in der Randzone bei einer vergleichbaren Schnitttiefe von etwa 200 µm ist in Abbildung 14 gegen die Schnittgeschwindigkeit aufgetragen. Es

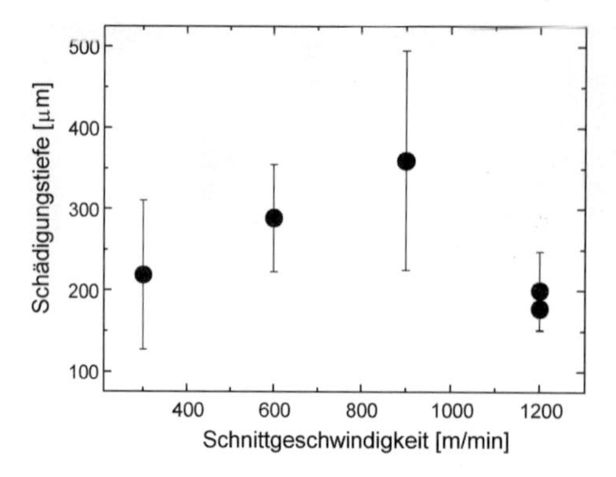

Abbildung 14: Schädigungstiefe der Randzone in Abhängigkeit der Schnittgeschwindigkeit v_c bei vergleichbarer Schnitttiefe von etwa 200 μm. Es zeigt sich keine signifikante Abhängigkeit.

wurde keine Abhängigkeit gefunden. Die Werte streuen um eine Schädigungstiefe von 250 ± 75 μm.

Zu vergleichbaren Ergebnissen kommt Plöger am Werkstoff C45E bei Eigenspannungsuntersuchungen an der Oberfläche von drehend zerspanten Proben bei einer Schnitttiefe von 300 μm, wobei über eine Oberflächenschicht von 10 μm Dicke gemittelt wurde. Die Hauptkomponente des Eigenspannungstensors in Schnittrichtung σ_{11} zeigt im Schnittgeschwindigkeitsbereich zwischen 300 und 2600 m/min keine Abhängigkeit von der Schnittgeschwindigkeit. Im Gegensatz dazu zeigt die Komponente σ_{22} in Vorschubrichtung einen Abfall mit zunehmender Schnittgeschwindigkeit [21]. Diese Abhängigkeit wird von Plöger mit dem Ploughing-Effekt erklärt. Unter Ploughing wird das Verdrängen des Werkstoffs in das Werkstück aufgrund der Kantenverrundung des Werkzeugs verstanden [32]. Ebenfalls kommt es beim Außenlängsdrehen zu einer mehrfachen Umformung einzelner Bereiche.

Durch diese mehrfache Umformung lässt sich die Schnittgeschwindigkeitsabhängigkeit der Komponente σ_{22} nicht mit den durch PAS an den Schussproben gewonnen Daten vergleichen, wohl aber die Komponente σ_{11}, bei der übereinstimmend keine Abhängigkeit von v_c gefunden wird.

Hierzu ist zu bemerken bei der Eigenspannungsmessung die Stärke der Schädigung auf der Oberfläche nachgewiesen wird und nicht die Schädigungstiefe im Inneren des Materials.

Wie schon aus der Zerspanung bei herkömmlichen Geschwindigkeiten bekannt, wird auch bei hohen Schnittgeschwindigkeiten ein Anstieg der Schädigungstiefe in der Randzone mit zunehmender Schnitttiefe gefunden. Abbildung 15 zeigt den Einfluss der Schnitttiefe bei $v_c = 600$ m/min (links) und $v_c = 900$ m/min (rechts).

Die zunehmende Schädigungstiefe führt jedoch nicht zu einer Zunahme der Eigenspannungen an der Oberfläche, wie Plöger zeigen konnte. Weder die Komponente in Schnittrichtung σ_{11}, noch die Komponente in Vorschubrichtung σ_{22} zeigt eine signifikante Abhängigkeit von der Schnitttiefe [21].

Eine Entfestigung in der Randzone bei $v_c = 2400$ m/min und $h = 260$ μm konnte mit einer ortsaufgelösten Messung des S-Parameters nachgewiesen werden (siehe Abbildung 13). Die Entfestigung ist auf die Wärmeentwicklung in der Stauzone sowie in der

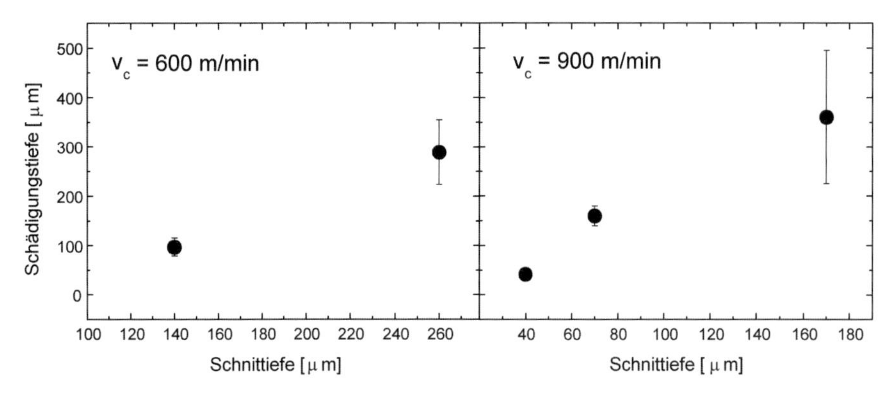

Abbildung 15: Tiefe der Randzonenschädigung bei gleicher Schnittgeschwindigkeit V_c = 600 m/min (links) und V_c = 900 m/min (rechts). Es ist ein deutlicher Anstieg der Schädigungstiefe mit zunehmender Schnitttiefe festzustellen.

sekundären Scherzone an der Freifläche zurückzuführen. Erst nach dem Vorbeilaufen des Werkzeugs wird die dort entstandene Wärme ins Innere der Probe abgegeben und führt da zu einem Ausheilen der vorher eingebrachten Defekte. Dies äußert sich in einem niedrigeren S-Parameter (S = 1.01 – 1.02) im Vergleich zur verfestigten Umgebung ($S \approx 1.04$). Das thermische Ausheilen von Defekten konnte ebenfalls in der sekundären Scherzone an der Spanfläche bei einer Probe mit den Schnittparametern v_c = 1200 m/min und h = 170 µm beobachtet werden (siehe Abbildung 9, im Span rechts). Durch die Wärmeentwicklung in der sekundären Scherzone an der Spanfläche heilen die dort durch die Umformung eingebrachten Defekte aus, wobei die Temperatur nach Simulationsrechnungen von Behrens und Westhoff durchaus Werte von weit über 600°C annehmen kann [20]. Im weiteren Verlauf der Spanbildung wird dieser Bereich nach oben transportiert. Dies erklärt den geringen S-Parameter (S = 1.03 – 1.04) am dem Werkzeug zugewandten Rand des Spans in Vergleich zum Wert im Span selbst (S = 1.07 – 1.08).

Der Vergleich zwischen den Methoden zeigt, dass die Empfindlichkeit der Positronenspektroskopie weit über die der Röntgendiffraktometrie hinausgeht. Dies gilt nicht nur in bezug auf die Empfindlichkeit gegenüber Gitterfehlern, sondern auch in Bezug auf die Ortsauflösung von wenigen Mikrometern, die nur mit sehr speziellen Instrumenten an Synchrotronstrahlquellen im Prinzip möglich ist. Für derartige Experimente ist außerdem eine sehr aufwendige Probenpräparation notwendig, die der für die Transmissions-Elektronenmikroskopie entspricht. Ein weiterer Vorteil der PAS ist das geringe Messvolumen der Positronen. Bei einer Strahlenergie von 30 keV wird in Eisen über eine Tiefe von ~1 µm gemittelt, der eine Mittelung über ca. 10 µm bei der Verwendung von Röntgenstrahlen gegenübersteht.

Die Experimente mit ortsaufgelöster Positronenspektroskopie am Modellwerkstoff C45E zeigen einen direkten Zugang zu den Vorgänge im Inneren der Spanbildung auf. Durch die Auswertung der Rasterpositronen-Abbildungen der Verformungszonen kann auf die Schädigungstiefe in der Randzone bei unterschiedlichen Schnittparametern geschlossen werden.

4.7 Literaturverzeichnis

[1] Behringer, R.; Montgomery, C.: Phys. Rev.; Vol. 61, S. 222; 1942
[2] Dekthyar, I.; Levina, D.; Mikhalenkov, V.: Soviet Phys. Dokl.; Vol. 9, S. 492; 1964
[3] MacKenzie, I.; Khoo, T.; McDonald, A.; McKee, B.: Phys. Rev. Lett.; Vol. 19, S. 946; 1967
[4] West, R.: Adv. Phys.; Vol. 22, S. 263; 1973
[5] Hautojärvi, P.: Positrons in Solids, Topics in Current Physics; Vol. 12; Springer Verlag; 1979
[6] Krause-Rehberg, R.; Leipner, H.: Positron Annihilation in Semiconductors; Springer; 1999
[7] Bennewitz, K.; Haaks, M.; Staab, T.; Eisenberg, S.; Lampe, T.; Maier, M.: Z. f. Metallkd.; Vol. 93, No. 23, S. 778; 2002
[8] Haaks, M.: Positronenspektroskopie an Ermüdungsrissen und Spanwurzeln; Dissertation; Universität Bonn; 2003
[9] Nieminen, R.; Oliva, J.: Phys. Rev. B; Vol. 22, S. 2226; 1980
[10] Puska, M.; Nieminen, R.: Rev. Mod. Phys.; Vol. 66, S. 841; 1994
[11] Ghosh, V.: Appl. Surf. Sci.; Vol. 85, S. 187; 1995
[12] Vehanen, A.; Saarinen, K.; Hautojärvi, P.; Huomo, H.: Phys. Rev. B; Vol. 35, S. 4606; 1987
[13] Saada, G.: Acta Metal.; Vol. 9, S. 965; 1961
[14] Seeger, A.: Theorie der Gitterfehlstellen; in: [33], S. 383 ff
[15] Hirsch, P.; Warrington, D.: Philos. Mag.; Vol. 6, S. 735; 1961
[16] Wider, T.; Maier, K.; Holzwarth, U.: Phys. Rev. B; Vol. 60, S.179; 1999
[17] Hull, D.; Bacon, D.: Introduction to Dislocations, 3rd ed.; Butterworth & Heinemann; 1984
[18] Mughrabi, H.: Plastic Deformation and Fracture of Materials; in Materials Science and Technology; Vol. 6; VCH Weinheim; 1993
[19] Seeger, A.: Moderne Probleme der Metallphysik; Springer; 1965
[20] Behrens, A.; Westhoff, B.: Untersuchung des Orthogonalschnittprozesses mit Hilfe eines Finite-Element Modells mit ideal-duktilem Werkstoffverhalten; in [34]; S. 208
[21] Plöger, J.: Randzonenbeeinflussung durch Hochgeschwindigkeitsdrehen; Dissertation; Universität Hannover; 2002
[22] EN Norm 10083-1, Vergütungsstähle – technische Lieferbedingungen für Edelstähle; Beuth Verlag; 1997
[23] Tönshoff, H.; Ben Amor, R.: Schnittunterbrechung bei hohen Schnittgeschwindigkeiten; in [34]; S. 86
[24] Denkena, B; Plöger, J.; Breidenstein, B.: Auswirkung des Hochgeschwindigkeitszerspanens auf die Werkstoffrandzone; in [Diesem Buch]
[25] Bennewitz, K.: Positronenspektroskopie an zyklisch verformten Titan- und Eisenwerkstoffen; Dissertation; Universität Bonn; 2002
[26] Wider, T.; Hansen, S.; Maier, K.; Holzwarth, U.: Phys. Rev. B; Vol. 57, S. 5126; 1999
[27] Zamponi, C.: Positronenspektroskopie an plastischen Zonen in Al-Legierungen und GaAs-Wafern; Dissertation; Universität Bonn; 2002
[28] Holzwarth, U.; Barbieri, A.; Hansen-Ilzhöfer, S.; Schaaff, P.; Haaks, M.: Appl. Phys. A; Vol. 73, S. 467; 2001

[29] DIN Norm 50150, Umwertung von Härtewerten; Beuth Verlag; 2000
[30] Staab, T.: Positronenlebensdauerspektroskopieuntersuchungen zum Sinterprozess in Metallpulverpreßlingen – Der Einfluss von Gefüge und Mikrostruktur auf den Materialtransport; Dissertation; Universität Halle-Wittenberg; 1997
[31] Hermann, R.; Reid, C.: Slow Crack Groth in the Presence of Tensile Residual Stress; S. 759; in [35]
[32] Albrecht, P.: The Ploughing Process in Metal Cutting; ASME publications; S. 243; 1959
[33] Flügge, S.: Handbuch der Physik – Kristallphysik; Band 7, Teil 1; 1955
[34] Tönshoff, H.; Hollmann, F.: Spanen metallischer Werkstoffe mit hohen Geschwindigkeiten; Zwischenbericht des Schwerpunkts; Verlag Universität Hannover; 2000
[35] Macherauch, E.; Hauk, V.: Residual Stress in Science and Technology; DGM Informationsgesellschaft; 1987

5 Application of the Finite Element Method at the Chip Forming Process under High Speed Cutting Conditions

A. Behrens, B. Westhoff, K. Kalisch

Abstract

Problems of the Finite Element (FE) simulation of the cutting process under High Speed Cutting (HSC) conditions arise from the demand for small chip dimensions. The consequence is the concentration of high deviations of stresses, strain, strain rates and temperature within the very small area of chip formation. This requires a suitable description of the material behaviour. Another main problem is the development of suitable models for the separation of the chip material from the workpiece base. In the focus of this report FE-solutions of orthogonal cutting processes are examined, yet also some outlooks to spatial simulation of chip formation are demonstrated.

This paper presents the following problem solutions:

1. A chip separation model with a dynamic separation path of the chip.
2. Description of the material model, with which the chip formation, the flow stress behaviour and the cutting forces may be predicted with sufficient accuracy.
3. The demands for the mesh quality and the introduction of refinement boxes with varying mesh width at different chip formation areas, in order to calculate the temperature distribution and its effects on the chip formation.
4. With the results of planar cutting simulations is it possible to set up a separate model for the calculation of the temperature distribution in the tool.
5. Some spatial simulations for orthogonal cutting and outer turning problems was developed and discussed.

Kurzfassung

Die Imponderabilien der Finite Elemente Simulation (FEM) der Hochgeschwindigkeitszerspanung resultieren aus der kleinen Verformungszone bei der Spanbildung und den dort herrschenden hohen Gradienten der Spannungen, der Temperatur, des Umformgrades und der Umformgeschwindigkeit. Diese Konstellation erfordert eine Materialbeschreibung, die diese hohen Gradienten abbilden und auch die daraus resultierenden thermo-mechanischen Instabilitäten induzieren kann. Des Weiteren muss eine geeignete Beschreibung der Vorgänge an der Schneidkante gefunden werden, um die Ablösung des Spanes vom Werkstück und die daraus resultierenden Eigenspannungen richtig berechnen und abbilden zu können. Zum Abschluss sind die grundlegenden Probleme bei der räumlichen FE-Simulation des Orthogonaleinstechdrehens und des Außenlängsdrehens zu lösen.

Die hier vorgelegte Arbeit zeigt folgende Problemlösungen auf:

1. Die Entwicklung eines Separationsmodells, welches dynamisch die Materialtrennung an der Schneidkante berechnet.

Hochgeschwindigkeitsspanen. Hrsg. H. K. Tönshoff und F. Hollmann

ISBN: 3-527-31256-0

2. Die Beschreibung eines Materialmodells, welches eine Voraussage der Spanform, der herrschenden Spannungen und der Schnittkräfte ermöglicht.
3. Die Darstellung eines Vernetzungsalgorithmussees, der unter Verwendung von Refinementboxen mit unterschiedlichen Netzweiten die Modellierung der hohen Gradienten der Spannung, Temperatur, Umformgeschwindigkeiten und des Umformgrades in der Spanbildungszone und die daraus resultierenden Effekte ermöglicht.
4. Die Ergebnisse der ebenen Anschnittsimulation konnten in einem separaten Modell zur Berechnung der Temperaturverteilung im Werkzeug bei langen Schnittwegen verwendet werden.
5. Die räumliche Modellierung einfacher Zerspanprozesse wird ebenfalls dargestellt.

5.1 Introduction

The conditions and the limits of the cutting process are defined mainly by the characteristics of the chip formation. It also influences forces and temperature distributions as well as the toolwear. The properties of the workpiece surface, formed by the cutting process, are also defined by the chip forming mechanism. These are the main reasons, which have lead to widespread investigations of the chip formation process itself.

Necessary experimental values for the understanding of the process, such as the temperature distribution in the chip or in the contact surface of the tool, cannot easily be determined due to the extreme conditions in the chip forming zone. This motivated the development of simple analytical models for the orthogonal cutting process, which were limited by the complex and non-linear nature of the chip formation. Here the finite element simulation can support the experimental investigations very well.

As the orthogonal cutting process is well suited for basic research, it is used in this article to demonstrate the different material separation algorithms for the simulation of the chip formation. Different material models for the extreme forming conditions in the shearing zone were developed and integrated in the simulations in order to evaluate the quality of these algorithms. The high temperature, stress and strain gradients led to high FE- mesh deformations and efficient remeshing methods had to be developed to stabilize the simulations. The results from the FE simulations are then compared to experimentally obtained values of cutting forces and chip shapes. More first results of calculated residual stresses in the workpiece's subsurface will be shown in this article. After this a transfer to a separate thermal tool loading model was developed with these results. In the last step the calculations of the planar orthogonal cutting process are extended to a spatial model. Here the spatial orthogonal cutting and outer turning process is demonstrated.

5.2 Separation Criteria's

There are several different possibilities for the description of the activities at the cutting edge (zone 3, see figure 7 at chapter 5.4.1) using FEM with the Lagrange-formulation. The separation of material can be initiated at the nodes (node splitting [7], non linear springs [8], contact based separation [6]) or can be achieved by deletion or deactivation of elements [9]. The COD fracture criterion of [15] were analysed too in cooperation of this research program. All these alternatives have the disadvantage that the separation path is predetermined by the model definition and does not depend on actual calculation values. These values could be a geometrical separation criterion (e.g. contact on the tool) or a physical separation criterion like stress or strain. Thus location of separation is known a priori, but the time to separation at a critical value is depending on the calculation.

Further on the conditions close to the cutting edge can be described as mere forging process inducing that there is no material separation (see figure 1). This kind of simulation has two advantages: qualitative information concerning the workpiece border zones can be obtained using various cutting velocities; the separation point of material flow depends on the calculated values. However this modelling method overestimates the forces as no material separation takes place whereas the simulated chip form corresponds to reality [10].

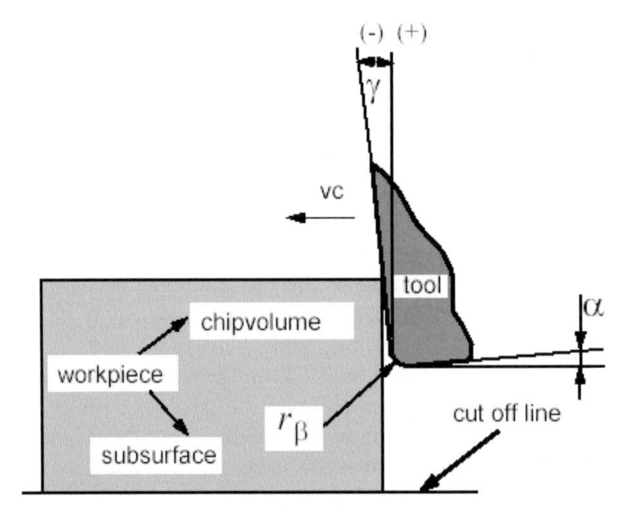

Figure 1: Characteristics of the forging model

The contact based separation [6] is suitable for the description of chip forming without including the workpiece subsurface if the chip volume is considered exclusively. The nodes are successively separated from a fixed surface by variation of the separation and tangential forces (see figure 2). Furthermore the workpiece subsurface is represented by a rigid line segment (separation line in figure 2). The tool is simplified considered to be rigid too. The rigid tool has an aiding radius near the line for the workpiece subsurface. This radius partly overlaps this subsurface line (see figure 2) and allows a defined junction between separated nodes and the cutting edge. Having positive rake angles, the aiding radius can be neglected. With zero or negative rake angle, the rake friction and the compressive forces in front of the cutting edge inhibit the separation of the nodes and thus a smooth transition to the tool. The used geometric separation criteria based on the separation condition that a node must have contact with the tool and the separation line (workpiece subsurface) for separation.

It will be shown by the simulation in chapter 5.4 that the contact based separation pictured the cutting forces and chip geometry well, whereas the pure forging model overestimates cutting forces. According to these results a combined model was created, where elements will be deleted by the calculated values in the pure forging model. That could be realized only by a remeshing operation (see chapter 5.3). The failure criteria are based on two conditions: first a physical critical value has to be reached (e.g. chip velocity) and second the element has to be in contact with the tool (geometrical condition). This criterion was detected by the calculated chip velocity, where the velocity changed the direction at one certain point. All the material is compressed in the workpiece subsurface below this neutral slip point or goes into the chip above (acc to chapter 5.4.4).

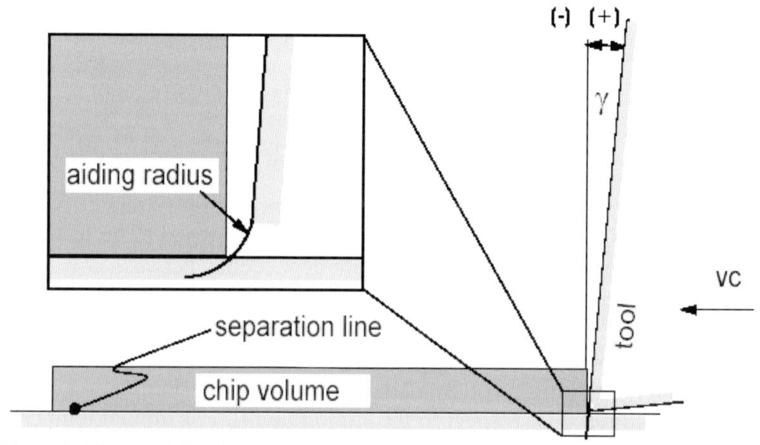

Figure 2: Characteristics of the contact based separation model

Further calculation at the neutral slip point shows that the stresses in cutting direction are better suitable as a failure criterion for the element deletion. Moreover this material behaviour is described in the ploughing force model according to [11]. However the material separation is not localised only at one point in reality, rather a material area exists in front of the tool where the material flows in the chip and in the subsurface. Finally Figure 3 shows this model in combination with a remeshing step.

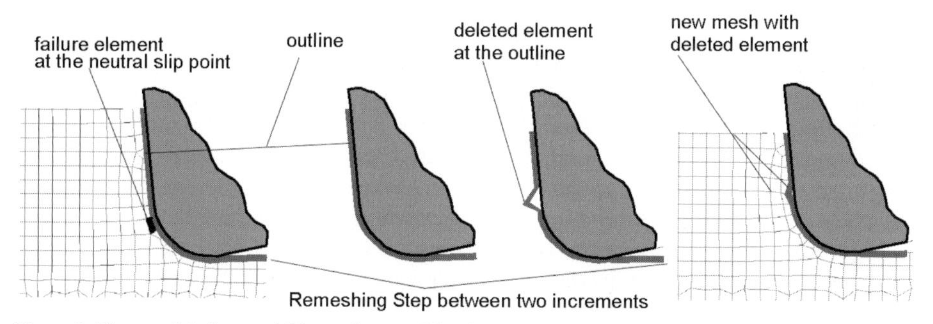

Figure 3: Element deletion model by outline modification at the neutral slip point

5.3 Material Model and Essential Mesh Conditions

In the primary shear zone (see Figure 7 zone 1) one has to deal with extremely high localized strains (ε), strain rates ($\dot{\varepsilon}$) and temperature gradients (ϑ) that cannot simply be referred to the uniform state of stresses derived from the common experimental determination of the material's flow stress behaviour (σ_f). More the experiments showed a chip segmentation at high cutting velocities in the orthogonal cutting of the carbon steel Ck45 [2]. In order to integrate these conditions into the FE simulations, material laws by Johnson-Cook (Eq. 5.1) and El-Magd (Eq. 5.2) were investigated. The integration of the El Magd material model in the calculation was only possible by cooperation with the research group of Prof. EL Magd in this research program.

$$\sigma_f(\varepsilon,\dot{\varepsilon},T)=\left[A+B\varepsilon^n\right]\cdot\left[1+C\cdot\ln(\dot{\varepsilon}/\dot{\varepsilon}_0)\right]\cdot\left[1-\left(T^*\right)^m\right] \quad \text{with} \quad T^*=\frac{T-T_0}{T_m-T_0} \qquad [3] \quad (5.1)$$

$$\sigma_f(\varepsilon,\dot{\varepsilon},T)=\sigma_f(\varepsilon,\dot{\varepsilon},T_0)\cdot\psi(T) \quad \text{with} \quad \sigma_f(\varepsilon,\dot{\varepsilon},T_0=273K)=\mathrm{K}\left(B+\varepsilon^n\right)+\eta\dot{\varepsilon} \qquad [4] \quad (5.2)$$

The parameter identification in Eq. 5.1 was based on a reference of flowstress curves in [5] with a strain rate of $\dot{\varepsilon}_0$ = 1 s^{-1}. The temperature exponent was assumed to be m = 1 in good accordance to [5]. It takes into account a temperature dependency between $\vartheta = 20°C$ and $\vartheta = 1200°C$. The melting temperature of the material is T_m = 1808 K and the reference temperature is given as T_0 = 293 K. The second model consists of two parts: for small up to medium strain rates, the flowstress behaviour is mainly induced by a thermal activated sliding process whereas at higher strain rates the damping fractions are dominating, leading to a linear flowstress evolution with respect to the strain rate [4]. For limited temperature intervals the parameters n and η can be assumed as constant. This way the temperature dependency of the flowstress is integrated into the formula by a suitable temperature function $\psi(T)$ (acc. [4]). All necessary material dependent parameters for the carbon steel Ck45N are determined from the well-known Split-Hopkinson bar tests [16].

Both models were verified by an orthogonal cutting process (see in chapter 5.4). Different cutting velocities from 0 to 600 m/min were tested with a varying friction factor m between 0, 0.5 and 0.7 (shear friction model). The verification of the simulated cutting forces with experimental results was accomplished in cooperation with the IFW- project of Ben Amor [20]. Figures 4.a – 4.d show the force-velocity behaviour on the basis of two temperature functions $\psi(T)$ for Eq. 5.1 and the flowstress-velocity graphs resulting from Eq. 5.2. Figures 4.a and 4.c differ only by a higher temperature coefficient β in the latter diagram. A steeper descent of the flowstress with rising temperature results from this. The calculated cutting forces tend to rise with increasing cutting velocity in contradiction to the experimental results. But the higher temperature coefficient β causes a significant translation of the calculated force curve below the experimentally determined one (cp. Fig. 4.a and 4.c), whereas in Fig. 4.a the curve rises stronger than in Fig. 4.c.

The significant dependency of the cutting force on the cutting velocity might be described by an overestimation of the damping influence $\eta\cdot\dot{\varphi}$ at low strain rates. It results in a steep ascent of the stresses. The strain rate in Eq. 5.2 goes into the formulation by a (underproportional) logarithmic function. Fig. 4.d shows the dissatisfying possibility to adapt the calculated values to the experimental ones by reducing the friction factors with increasing cutting velocity. A reduction of the friction factor causes a change of the chip formation by reducing the chip curvature and increasing the chip's thickness as well as the contact length. Opposed to this, the simulation predicts a decreasing thickness and contact length as well as an augmentation of the chip curvature.

Moreover with this material and under the given cutting conditions (γ = –6°; h = 0.1 mm), the primary chip formation changes from flowing to segmented chip due to thermal-mechanical instabilities in the primary shearing zone at a cutting speed of approximately $v_c = 750$ m/min [2].

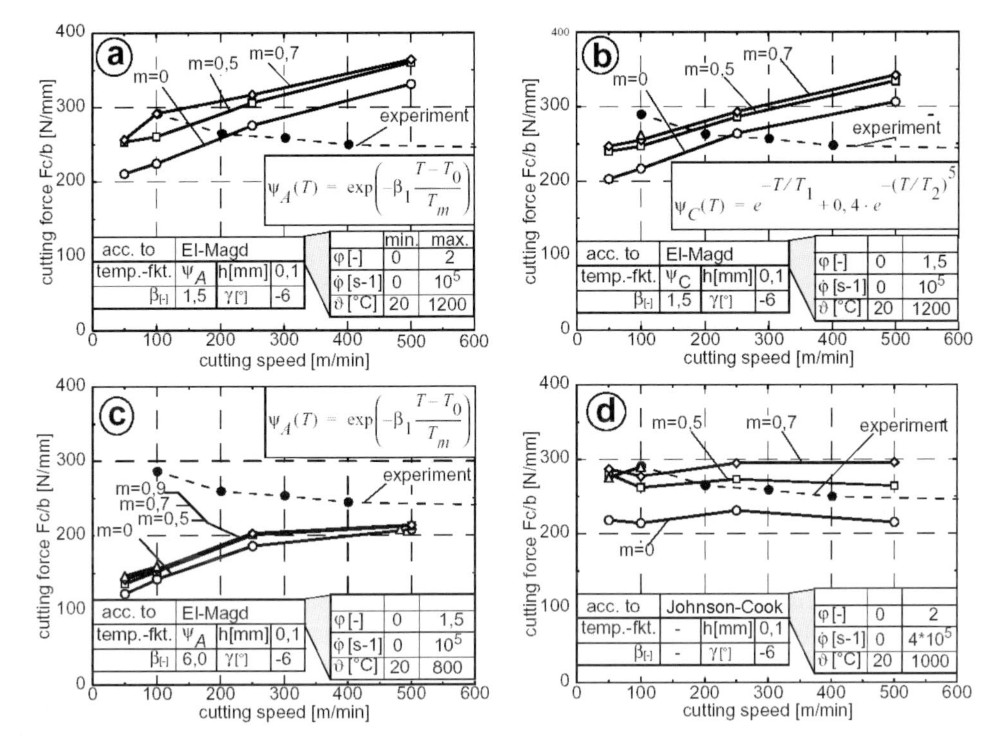

Figure 4: Resulting cutting forces due to different flowstress descriptions and temperature functions

The investigations of the different material laws showed that the models used in Fig. 4.b and 4.c only were suitable to reproduce the chip segmentation behaviour at the regarded cutting speed. Eq. 5.1 alone, only used in Fig. 4.d, cannot meet this demand.

For these reasons Westhoff developed a modified approach by a numerical combination of the upper two material laws [6]. The cutting force progression and the chip formation behaviour are represented in a better way for cutting velocities up to 3000 m/min. The resulting flowstress behaviour is shown in Fig. 5.

The mesh description and refinement technique can be regarded as another important topic of the simulation. Thermo-mechanical instabilites, caused by high gradients of the strain rates ($\dot{\varphi}$) and related high temperatures (ϑ) as well as strains (φ), result in localised high gradients of these values.

Their precise calculation requires a very fine FE mesh in order to avoid smoothening effects. This realisation was developed by the cooperation with the "Institut für Werkstoffe" at the University of Braunschweig [19]. By an average element edge length of some micrometers the gradients as well as the chip segmentation behaviour can be modelled satisfyingly. A lot of FEM programs offer a consistent mesh refinement over the whole model in this context. The enlargement of an extreme fine meshing leads to an enormous increase of computing time, which reduces the possibility of parameter studies.

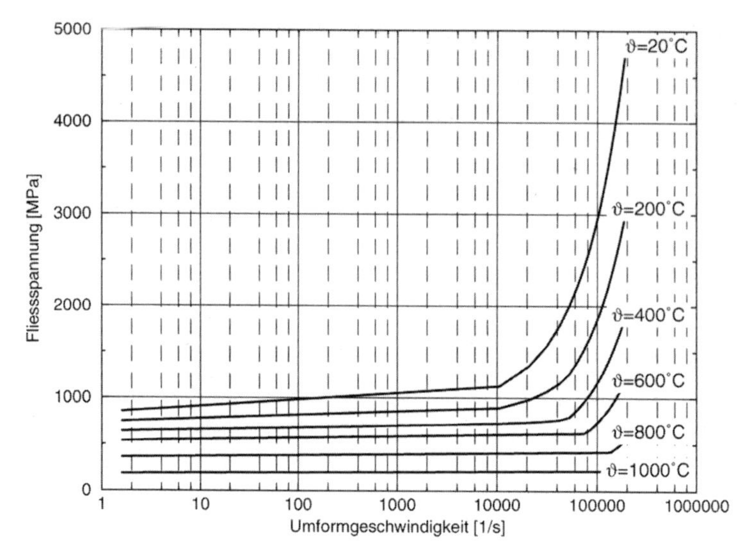

Figure 5: Resulting material Law

For this reason an interface was implemented which allows to insert or to change refinement zones (Refinement-Box) before and during the calculation. Furthermore the remeshing program obtains miscellaneous information about the interface: initial element edge length, velocity and direction of desired box motion, the varying edge lengths and the coarsening level of the remaining not interesting mesh. An example is shown in figure 6.

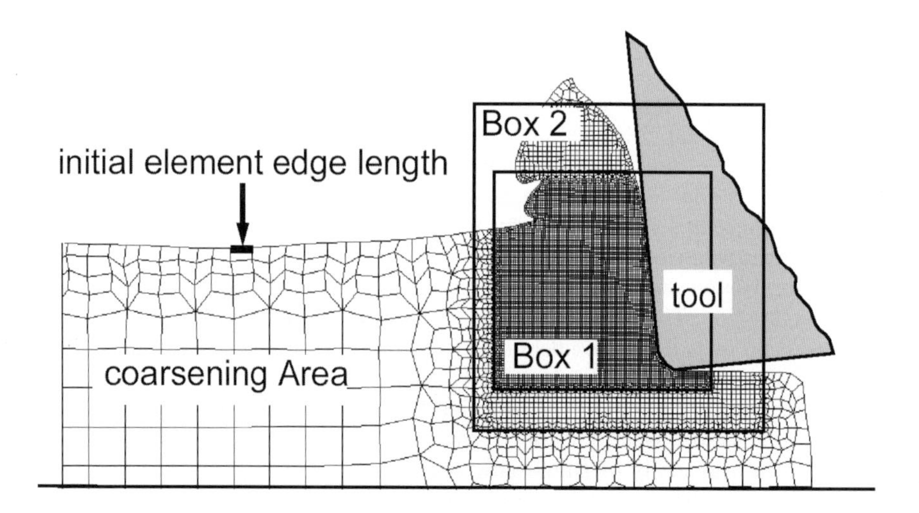

Figure 6: Application of refinement boxes in the forging model of the HSC process.

5.4 Planar FEM-Analysis

5.4.1 Orthogonal Cutting

The first example for a planar FEM-process analysis is the simple 2D orthogonal cutting process, which serves for the mere description of the chip contour during the forming process. It is based on [1]. Figure 7 shows the different areas in this process. Zone 1 denotes the primary shear zone, where plastic deformation is caused by the material slipping in the shear bands. In the secondary shear zone (zone 2) the chip undergoes an additional shearing due to shear friction stresses at the cutting edge. The material cutting occurs in zone 3, located in front of the tool edge. Zone 4 is characterized by friction at the transition from cutting edge to minor cutting edge. Furthermore a preliminary deformation zone exists, which influences the workpiece subsurface of the material (zone 5).

In cooperation with the project partner (see: IFW Hannover, Prof. Tönshoff, "Spanbildung und Temperaturen beim Spanen mit hohen Geschwindigkeiten") the process parameters for experiments and simulations were chosen according to [2]; they are shown in figure 8. The cutting speed was varied between 100 m/min and 2000 m/min. All parameters in figure 8 serve as input parameters for the FE-analysis. The heat transfer between chip and tool was neglected which results in an overestimation of the chip temperature. In addition the non-influenced part of the workpiece subsurface is neglected in the forging model. This area is represented by a line segment as well (see figure 1 cut off line). Moreover a constant friction factor is used for the whole contact area between cutting edge and chip during the simulation. The friction factor was set equal to zero in accordance to HSC experiments where very low values matched the simulation results at best (cp. figure 13).

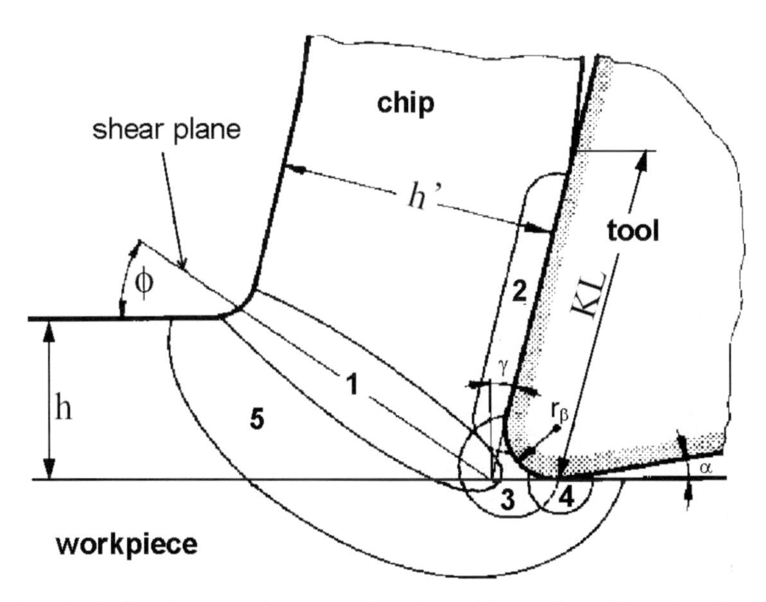

Figure 7: Distributed zones at the orthogonal cutting model according to Warnecke [1]

Parameters	Forming model	Separation model
Cutting length	a = 0.8 mm at workpiece length of 1mm	
chip height	h = 0.1mm	
chip width	b = 3 mm	
friction factor	m = 0	
Plastic heat generation	$\chi = 0.9$	
cutting speed	$V_c = 100 - 3000$ m/min	
rake anglel	$\gamma = -6°$	
clearance angle	$\alpha = 7°$	
radius of cutting edge	$r_\beta = 15\ \mu m$	

Figure 8: Parameters table of the model constructio

5.4.2 Chip Geometry, Cutting Forces and Chip Temperature Distribution

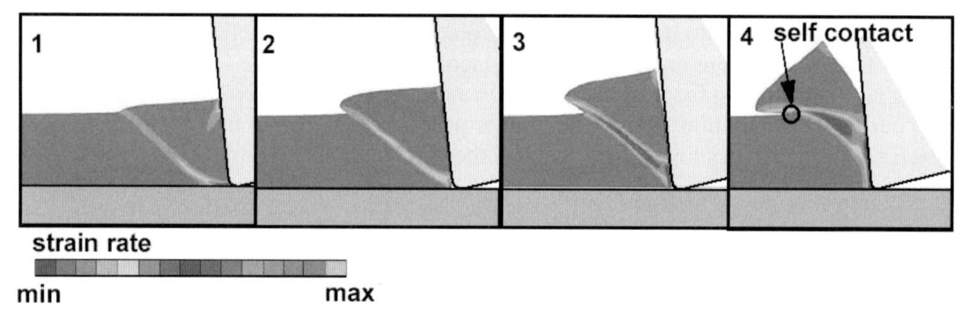

Figure 9: Forming of the first segment

As pointed out in chapter 5.3 the thermo-mechanical instabilities cause a change in the chip forming mechanism from a flow chip ($v_c < 750$ m/min) to a segmented chip ($v_c >$ 750 m/min) [2]. The FE-simulations of the orthogonal cutting process verify the chip geometry and a changing in the chip forming mechanism. Figure 9(1–4) shows the different forming stages of one segment in the contact based separation model. At first the slight curvature in the primary shear zone (shear band) of the arising segmented chip of figure 9 (1) points away from the tool. The primary shear zone is known to be the area of maximum strain rate. During the proceeding simulation the curvature changes thus detaching the first lamella at the end of the segmentation process (figure 9(4)) as a result of the shear band curvature. In figure 9(4) a high chip curvature is induced by the negligence of friction and the segment touches the workpiece.

For the first verification of the FE-simulation quality the calculated chip form in the contact based separation model should exemplarily compared with a real chip produced at the "Institut für Werkstoffkunde Hannover" at cutting speeds of 2000 m/min using the material Ck45N [18]. The "Institut für Werkstoffkunde Hannover" is a member of the research program and supports the verification of simulation results well. Caused by the neglected friction the simulated chips have a stronger curvature compared to the experimentally derived ones (cp. figure 10). Friction induces some forming effects during the tool-workpiece interaction and while the chip is in contact with the workpiece surface. Therefore real chips bend more than simulated ones. In order to match this behaviour, simulations were carried out where the chip separation from the tool was prevented (tool detaching not allowed as in [10]).

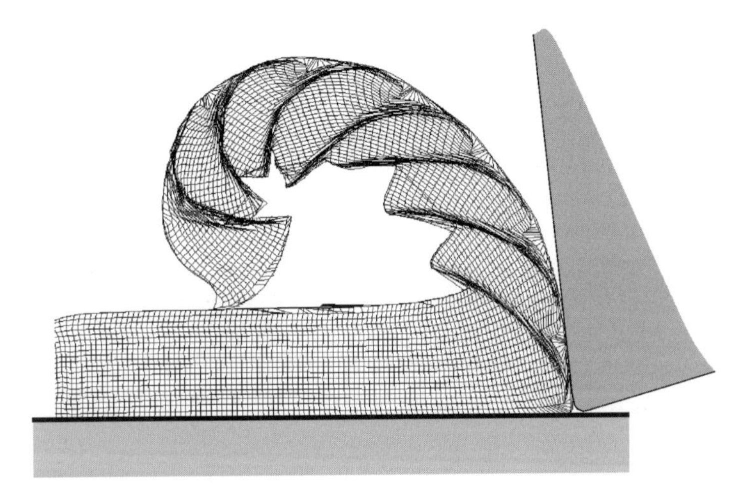

Figure 10: Calculated segmented chip geometry

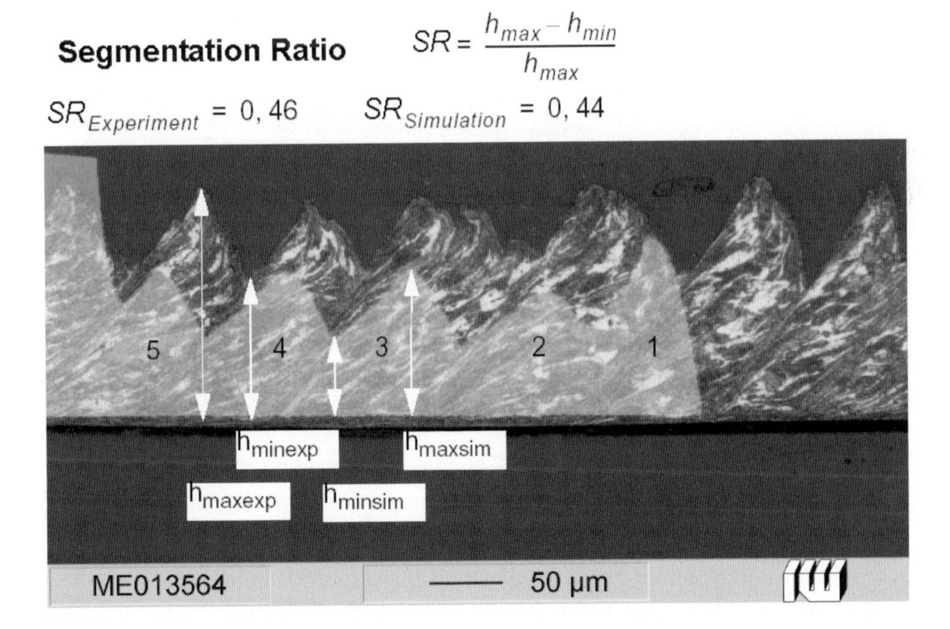

Figure 11: Comparison between calculated and experimental chip for segmentation ratio

The comparison between simulation and reality shows few differences in the structure of segmentation (shear angle Φ in figure 12) and in the distance between two segments (chip height h in figure 11). In this case only the third and fourth segments are usable for an accurate comparison as the fifth segment is actually constituted and the first two segments are influenced by the first cut. With respect to this the segmentation ratio is 0.44 in the simulation and 0.46 in the experiment. The segmentation ratio is the defined as the ratio of the maximum chip height (h_{max}) to the minimum chip height (h_{min}) (see figure 11). More differences are visible in the comparison of the maximum and minimum chip height when the numerical glued on the tool chip is regarded. These effects have to put into perspective in the comparison with the calculated curved chip (figure 10), if the heights are compared with heights from the real chip. Then the difference in the chip height is 25 % between simulation and experiment, while the difference is 35 % according to figure 11 and figure 12 at the numerical glued on the tool chip.

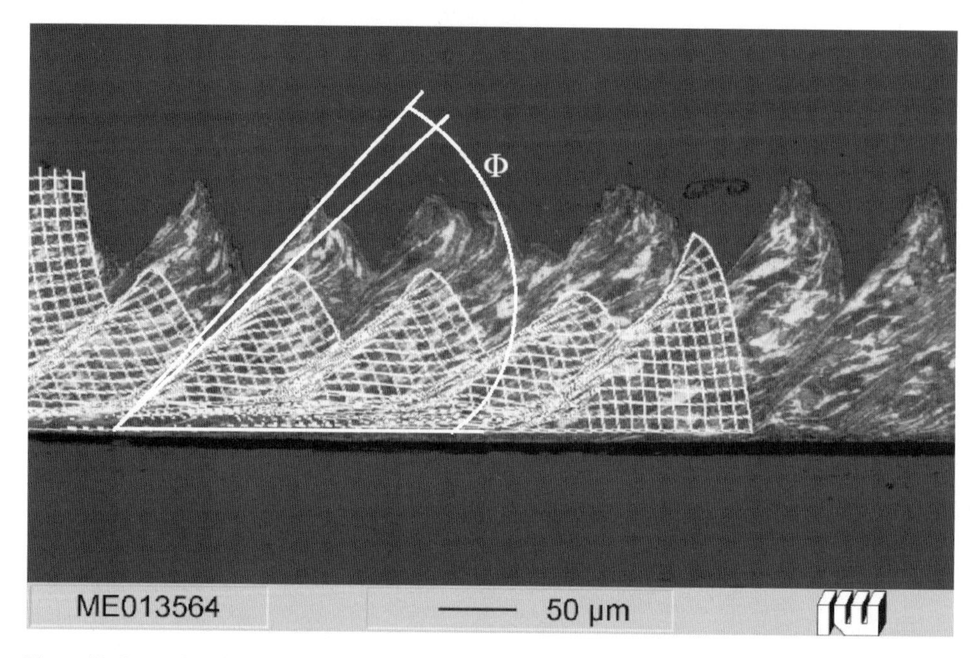

Figure 12: Comparison between calculated and experimental chip for shear angle

Taking into account the slight deviation between simulation and experiment it can be stated, that the segmentation behaviour of the chip is well represented in the FE simulation as long as the local refinement technique and the material laws from chapter 5.3 are used.

The cutting forces were chosen as the second verification value. The results should specify the quality of the different separation models which are described in chapter 5.2. For this reason the cutting speed curve for a cutting speed of 2000 m/min is shown as an example in figure 12. The comparison between experimentally derived and simulated force behaviour is shown in figure 14, the simulation parameters are described in figure 8.

The diagram in figure 13 shows a good correspondence between the contact based separation model and the experimental results considering the mean cutting force. In contrast the mere forging model leads to an overestimation of the cutting force. Both models show a peak value of cutting force with the first cut that decreases with the slip of the first chip segment. The oscillating progression of the cutting force in both models is mainly caused by the alternating material compression in front of the tool and the slipping of the chip segments. A slight displacement in the segmentation frequencies in figure 13 can be stated with a higher segmentation frequency of the contact based separation model. This may be caused by the deformation of and the energy flow in the workpiece subsurface. By varying the friction factor no significant changes in the cutting force behaviour could be observed. Only the peak value at the first cut was influenced in height.

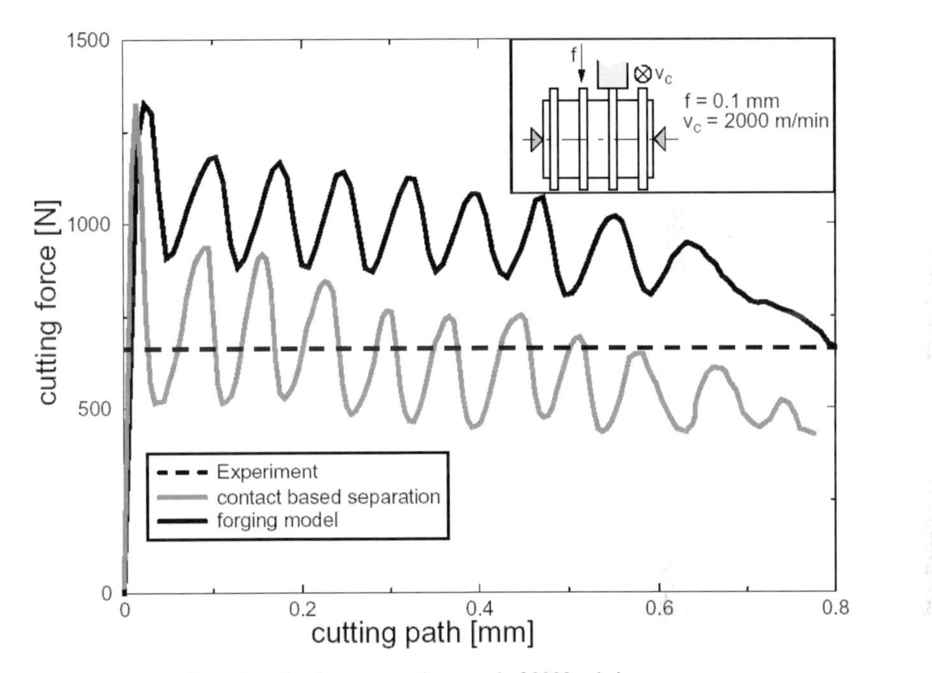

Figure 13: Comparison of cutting forces at cutting speed of 2000 m/min

In order to identify the quality of the cutting force prediction of both models, the medium cutting forces will be compared (figure 14). During the analysis in the cutting speed range up to 1000m/min the contact based separation model shows a good correspondence with the experimental results, whereas the forging model makes to high cutting force predictions. Nevertheless the qualitative characteristics of both curves are identical, since both are computing a cutting force decrease at the time of chip segmentation. Contrary to the experimental values the simulated curves of forces ascent at lower cutting speeds. This may be related to the neglected frictional behaviour in the simulations, which seems to have a significant influence on the cutting speed at lower cuttings speeds in general.

In this context the analysis of the calculated contact length shows additional differences between the used models (forging model and contact based separation model). A severe problem arises from the fact, that the contact length is not measurable in the experiment.

More in the simulations with the two different models also different contact lengths were calculated. However a dependency between contact length and cutting force could be qualitatively identified as the contact length decreases with increasing cutting speed. This behaviour was also detected in the experiments at different cutting speeds. This somehow disagrees with the simulation results from figure 14, where below 1000 m/min the cutting force is rising in opposite to the experiments and calculated contact lengths. Although this behaviour cannot fully be explained it may be assumed that the unconsidered tribology imposes a bigger effect than estimated. This is valid for cutting speeds below 1000 m/min (flow chip forming) only as above whereas the contact length oscillates in the high speed cutting area (v_c > 1000 m/min) due to the fact of chip segmentation. The discrepancy of the contact length values over all cutting velocities could explain also the higher calculated cutting forces in the forging model because the cutting force is an integration value of the boundary forces of the nodes over the whole contact length.

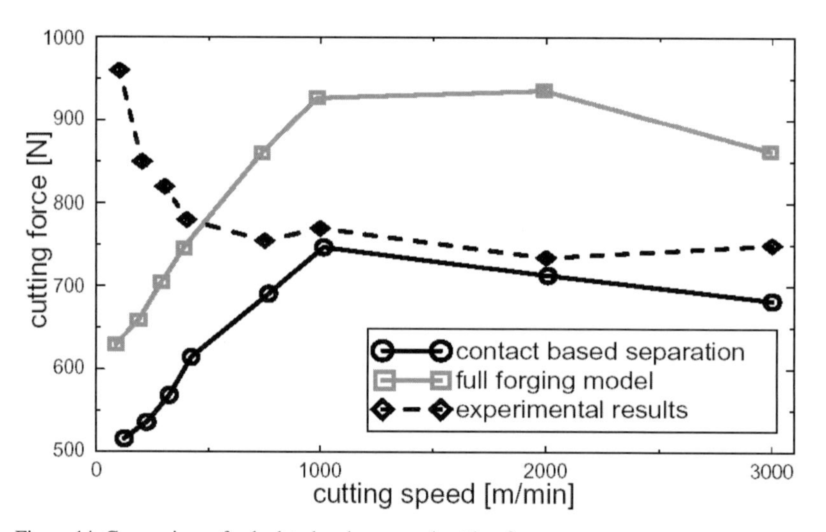

Figure 14: Comparison of calculated and measured cutting forces

Figure 15 shows the different temperature distributions in the chip for both separation models. On the left side of this figure is a node path from A to B in both models visible. The highest temperature is reached in the middle of the shear band at 800 °C, whereas the surrounding material has a temperature of 300 °C at the beginning of the shear band. Furthermore the temperature curve along this path is displayed at the right side, where values of the contact separation model indicate higher temperatures in the shear band than of the forging model. Therefore the segmentation ratio (figure 11) in the forging model is lower than in the other one. This is explainable by the heat transfer into the workpiece subsurface at the forging model. The heat transfer was neglected at the contact based separation model where a temperature of 400 °C exists at the bottom of the undeformed chip and the temperature in the shear band is 100°C higher than the temperature in the shear band of the forging model. The higher temperatures in the contact based separation model could explain the lower cutting forces, because the flow stress is reduced by them. Further simulations with friction showed that the highest temperatures are reached at the tool contact surface.

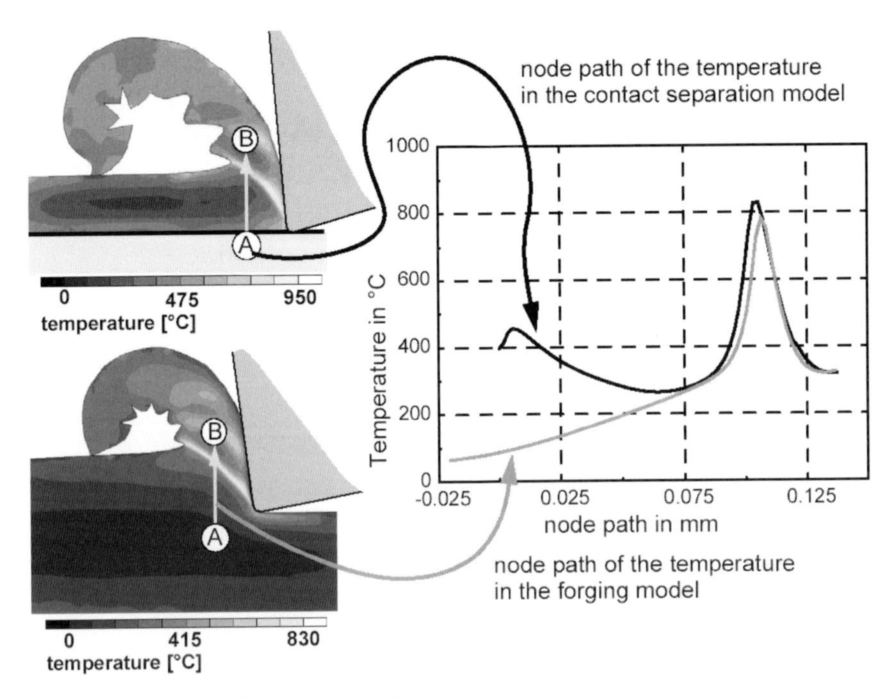

Figure 15: Temperature distribution in the chip

Another problem of both models is the overestimation of the temperature. The comparison with experimental results from the research program member (see: Prof. Clos, "Verformungslokalisierung und Spanbildung im Inconel 718"), showed a maximum temperature of 300 °C at a chip height of 0.25 mm and at a cutting speed of 1278 m/min. The FE-simulation indicates a maximum temperature of 600 °C in the contact area to the tool and flow chip forming. In the shear band area a temperature of 350 °C was calculated but this temperature is too low to form a segmented chip like in the experiment. At first the higher temperature in the contact area results from the negligence of heat transfer in the chip tool interaction. Secondly the calculated temperature in the shear band is not high enough to initiate a thermo- mechanical instability for a shear band forming on the one hand side. This result could denote that a material damage is to occur at the segmented chip forming process of Ck45N. On the other hand side the temperature in the shear bands are predicted relyingly by the simulations.

5.4.3 Residual stresses in the workpiece subsurface

The residual stresses were verified in cooperation with the project partner (IFW Hannover, Prof. Denkena, „Auswirkung des Hochgeschwindigkeitsspanens auf die Werkstückrandzone") [17]. The measurement of the residual stresses resulted from samples which were produced by cycloidical milling process with no overlapping of the cutting paths. By this the workpiece subsurface is influenced only once. All parameters are nearly identical to Figure 8, but the chip height (h_{exp} = 0.12 mm) and the rake angle (γ = 18°) are different in the milling process. Therefore the verification of the simulation results is meant as an example.

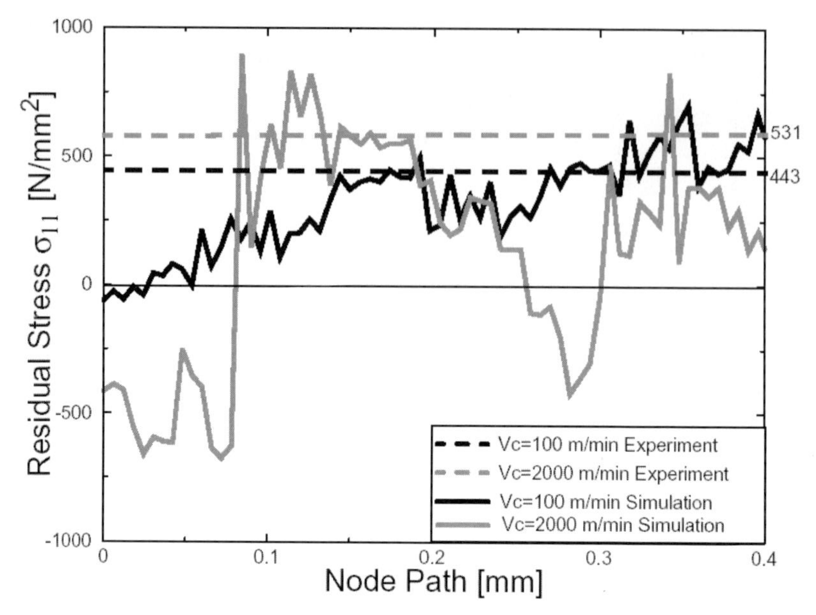

Figure 16: Residual Stresses on the workpiece subsurface

The residual stresses (shown in figure 16) were investigated at the same cutting speed as in the experiment although the orthogonal cutting simulation model was used. Additionally a cooling time of 20 s was implemented. At this time the surface temperature of the workpiece has reached ambient temperature. The residual stresses (σ_{11} in direction of v_c) show strong variations at a cutting speed of $v_c = 2000$ m/min which is caused by the segmentation chip forming. At the first cut one can assume compressive stresses which are nearly identical by module with the following tensile stresses. Nevertheless the results show more instability along the cutting path due to the chip segmentation. The model approximately estimates the values of the experiment at a cutting speed of $v_c = 100$ m/min. In conclusion the forging model can predict the dimension of the residual stresses for both cutting speeds.

5.4.4 Additional analysis with the forging model

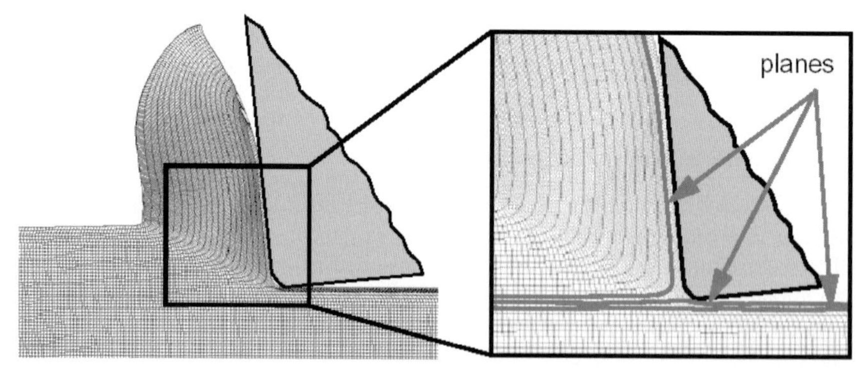

Figure 17: Deformed original mesh at a cutting speed of 100 m/min

Two mechanism of chip forming (flow and segmented chip) can be observed at cutting speeds varying from v_c = 100–2000 m/min in the analysis of the chip geometry. Two examples, represented in figure 17 (flow chip at v_c = 100 m/min) and in figure 18 (segmented chip at v_c = 2000 m/min), show the forming of the basic mesh in the forging model.

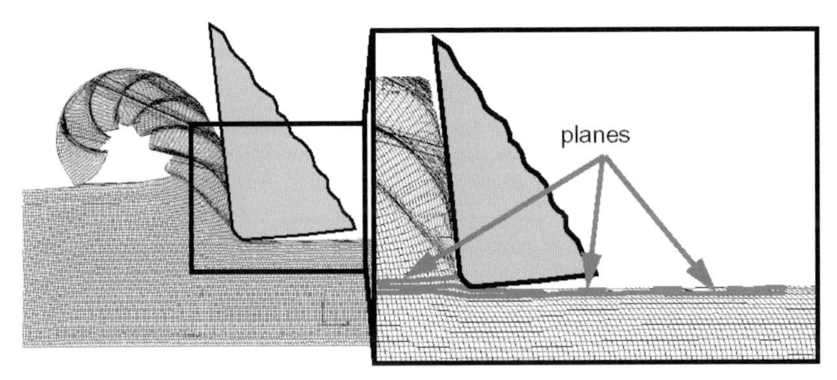

Figure 18: Deformed original mesh at a cutting speed of 2000 m/min

Figure 17 shows a clear shearing in the original mesh at a cutting speed of 2000 m/min, so that the segments are visible. Furthermore figure 17 and figure 18 on the right side display the basic mesh analysis of the first cut. A comparison of the deformed basic meshes and the flow lines (red lines) is shown at a cutting speed of v_c = 100 m/min and v_c = 2000 m/min. The flow lines describe a material separation at the cutting edge, as one part flows into the chip volume while the other part is compressed and leads to compressive stresses in the workpiece subsurface. From this the existence of a neutral-slip point (under consideration of the chip width a line) can be assumed where the material flow changes the direction.

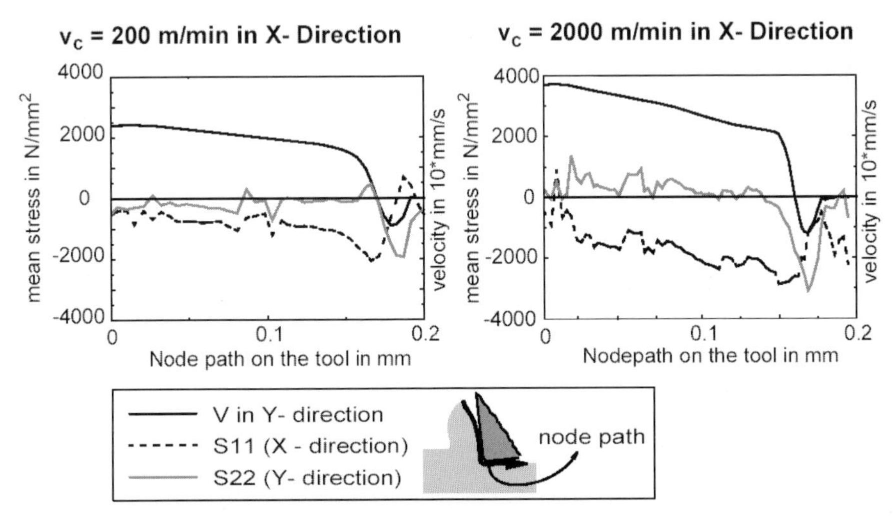

Figure 19: Velocity and stress distribution on the tool

The analysis of the Y-component of the local flow velocity (chip flow direction) in the chip supports this as the Y-component changes it's direction at one certain point. All the material is compressed in the workpiece subsurface below this neutral slip point. Its calculation shows nearly constant values over all cutting speeds with flow chip forming. This means that the point is not influenced by cutting speed. On the other hand the neutral slip point oscillates at higher cutting speed with segmented chip forming, where the frequency is the same like the one of the cutting force. The second support of this theory arises from the stress distribution in the chip. Figure 19 shows the node path for the Y-component of velocity (chip flow direction) and stresses σ_{11} and σ_{22}. The mean stress in chip flow direction σ_{22} is zero at the neutral slip point when a flow chip is formed. The mean stress in cutting direction σ_{11} reaches a minimum few micrometers earlier. In the case of segmented chip forming the analysis of stresses indicates a minimum of σ_{11} and the zero point of σ_{22} on the same place, but before the chip flow velocity reaches zero. After the zero point of the chip flow velocity a minimum is reached by this velocity and the stress in chip flow direction σ_{22}. On the basis of these insights the minimum value of stresses in cutting direction σ_{11} is chosen as the selection criteria for the element deletion model from chapter 5.2.

Moreover this material behaviour is described in the ploughing force model according to [11], but the material separation is not localised only at one point in reality. Rather a material area exists in front of the tool where the material flow separates into the chip and the subsurface. Therefore the ploughing area depends on the chip height h and the radius of the cutting edge r_b [12]. The flowing material from the ploughing area initiates a kind of forging process at the cutting edge which results in a smaller chip height. This means that the whole chip is not removed from the workpiece. The FE-analysis in this chapter shows indicator values for the material separation on the cutting edge which was implemented in the element deletion model.

5.4.5 Thermal loading on the tool

From the previously examined model the mechanical loading of the tool can be determined with high accuracy but not the thermal loading as this model calculates the first millimetres only.

This would require an extension of the simulation to the point of time where a stable temperature field in the tool (cutting plate) and the tool shank has been reached, which means to extend the cutting path to at least 1000 meters. Also a further mesh has to be

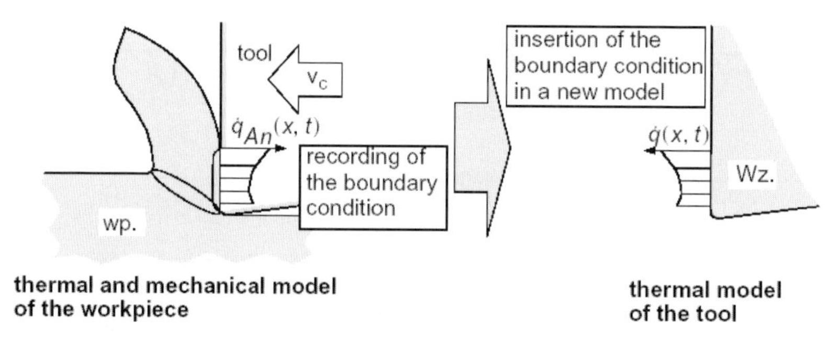

Figure 20: Transfer of the results from the first cut to a static analysis of the tool

created at the tool. Due to computational reasons this was not possible. A more effective way is the transfer of the thermal loading to a separate model which calculates the thermal loading of the tool only. The previous model determines this load as a boundary condition in the new model. As shown in Figure 20, the recorded local heat-flux density $\dot{q}_{An}(x,t)$ can be transferred to the new thermal model of the tool.

For this model the thermal simulation results from chapter 5.4.2 at a cutting speed of 1000 m/min were used. The properties of the carbide cutting plate are taken from the manufacturer's specifications in [14], the thermal and mechanical properties of the tool shank were obtained from [13]. A very fine mesh (element edge length = 1.2 μm) was used in order to reproduce the high temperature gradients in the contact area. Furthermore a high heat-transfer coefficient ($\alpha_\gamma = 100\ W/m^2K$) was chosen to account for the intensive heat-transfer between the cutting plate and the tool shank due to the high contact pressure. The heat flow from the tool to the chip was simplified as shown in eq. (5.3).

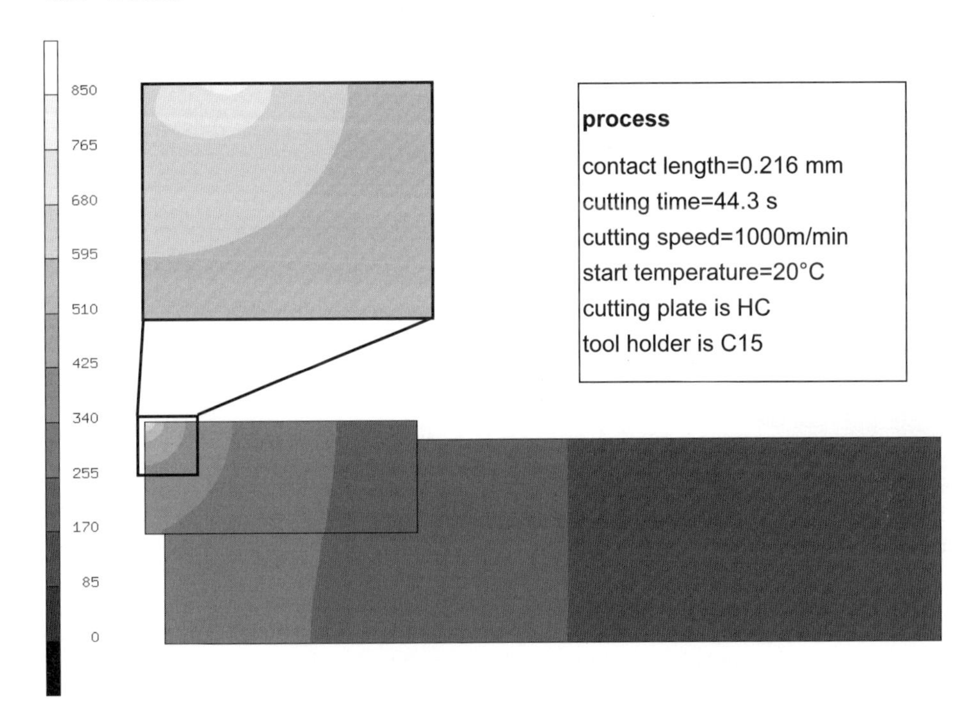

Figure 21: Temperature distribution in the tool after 44.3 s

$$\dot{q}(x,t) = \dot{q}_{An}(x,t) + \alpha_\gamma [\vartheta_{span} - \vartheta_{Werkzeug}(x,t)] \tag{5.3}$$

Figure 21 shows the temperature field in the tool after a cutting time of 44.3 seconds. The highest temperature appears almost at the end of the contact area. The temperature analysis at the cutting edge showed a strong increase at the beginning of the simulation. A state of equilibrium is nearly reached at a temperature of 700 °C at the end of the cutting time. But a stationary state has not been reached yet in the centre of the cutting plate.

5.5 Spatial FE-Analysis

5.5.1 Chip width influence in the orthogonal cutting process

In the previous chapter the planar FE-analysis was based on a predetermined process by the IfW Hannover. There the chip width was chosen as constant with b = 3 mm. In this chapter the chip width will be varied in spatial FE-analysis in order to obtain information about the chip width's influence on cutting forces and chip geometry. The model definition data is shown in figure 22. One of the important problems of spatial FE-analyses is the tremendous amount of calculation time. For the first approaches a coarse FE-mesh had to be used, which is though unable to predict shear localisations and segmented chip forming. This problem restricts the maximum cutting speed to $v_c \leq 750$ m/min because at higher cutting speeds a segmented chip will be formed in this process. Furthermore the material model from chapter 5.3 and the contact based separation model from chapter 5.2 were integrated into the analysis. The tool was defined to be rigid and is represented in the spatial analysis by a plane (figure 22).

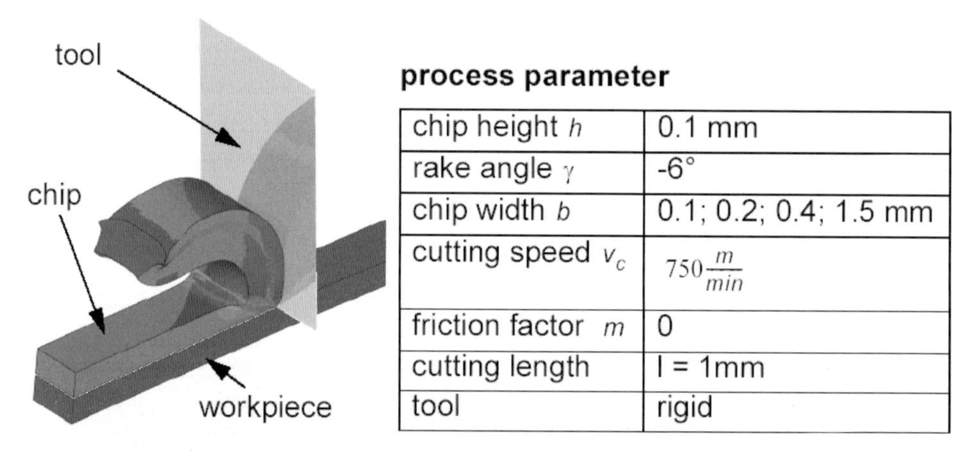

chip height h	0.1 mm
rake angle γ	-6°
chip width b	0.1; 0.2; 0.4; 1.5 mm
cutting speed v_c	$750 \frac{m}{min}$
friction factor m	0
cutting length	l = 1mm
tool	rigid

Figure 22: Process parameters of a spatial orthogonal cutting model.

With a cutting length of 1.25 mm a steady state for the cutting forces could be reached in the analysis. By calculating a chip of 0.1 mm width the simulation indicated a self contact of the highly curved chip with the workpiece. By increasing the chip width up to 1.5 mm this behaviour was reduced. The spatial chip geometry in the middle of the chip matches the planar results very well. The chip height in the flow chip also increases by this procedure. However it must be mentioned that more material is needed for the bulging region of the chip (especially for relatively small chip widths), where material flows to both sides of the workpiece due to the spatial bending. This could not be represented in the planar simulation. A complementary behaviour can be observed with the shear angle Φ in the primary shear zone (figure 7, zone 1): it increases with increasing chip width.

The calculated cutting force is the second important value to evaluate the influence of the chip width. Here the cutting forces from the planar and spatial analysis were normalised to a chip width of 1.0 mm in order to assure comparability. Figure 23 shows decreasing influence of the chip width, so that at a chip width of 1.5 mm the same normalized cutting force was calculated like in the planar analysis.

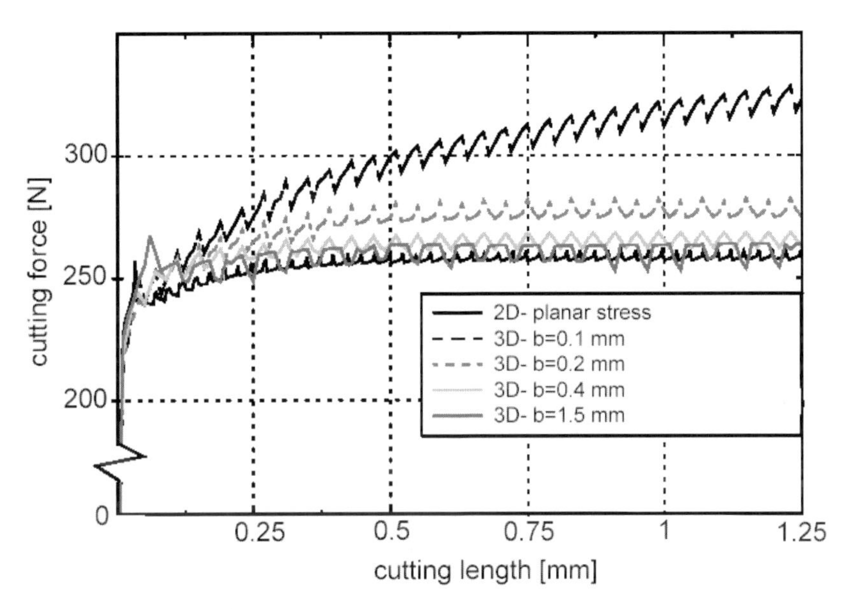

Figure 23: Comparison of the normalized cutting forces.

5.5.2 3D model of an outer turning process

The model used for the simulation of an outer turning process is based on the separation model from figure 2 for the calculation of the forces and the chip forming. The knowledge concerning material separation (chapter 5.2) and dynamic material behaviour (chapter 5.3) was transferred to the spatial-outer turning process shown in Figure 24. The spatial chip forming of this process has a lower complexity than it has in milling processes because there is no change of the chip geometry along the cutting path. In the turning process the kinematics of the tool and thus the geometry of the model can considerably easier be described, too.

The predetermined chip volume was again attached (glued) to the rigid surface of the workpiece and has a length of 0.41mm in cutting direction. Furthermore the whole chip volume was modelled with 4836 elements, whereas the transition region to the machined surface was assigned a depth of 7 μm. Although outer turning is a continuous process, only the first cut could be simulated with the available computing capacity. The tool penetrates the workpiece with its rounded cutting edge. Due to the geometry of the tool (effective tool cutting edge inclination and rake angle $\lambda_{eff.} = 10°$ respectively $\gamma_{eff.} = 10°$), the chip is inclined spatially with respect to the tool plane. This is in good accordance to the chips observed during the real turning process.

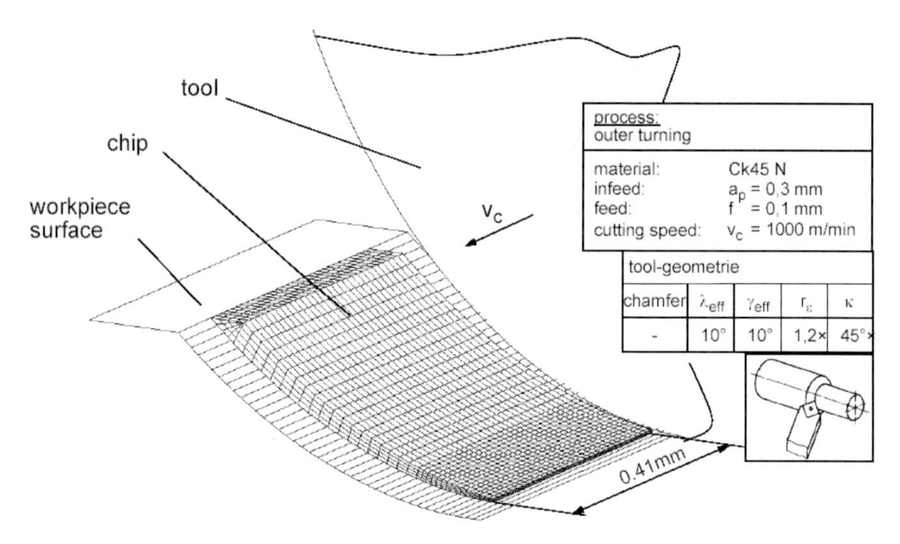

Figure 24: Description of the 3D outer turning model

This simple spatial but geometrically complex model illustrates the problems encountered in the simulation of an outer turning process. A very coarse mesh for the chip must be used compared to planar simulations of an orthogonal cutting process. A remeshing of the 3D deformable body is not necessary. That's why a smoothing of the steep gradients of temperature, plastic strain and strain rate and thus a loss in accuracy has to be tolerated. Therefore it is not possible to reproduce the thermo-mechanical instabilities (shear bands) in the primary shear zone.

Figure 25 shows the deformed chip after the cutting path of x = 0.2417 mm. At this time the chip is detaching at point B while at the other end (position A) a slight bending upward due to self-contact can be observed. Because of the positive rake angle the cutting edge of the tool contacts the chip beginning with position A (see Figure 25), where the chip is smallest. With further penetration of the tool a chip is formed beginning at point A and the detachment of the chip from the tool also begins here. The contact of the elements with the edge is delayed in feed direction. Thus the chip is already totally separated from the tool at position A and comes into contact with the surface of the workpiece while at position B the cutting is just beginning.

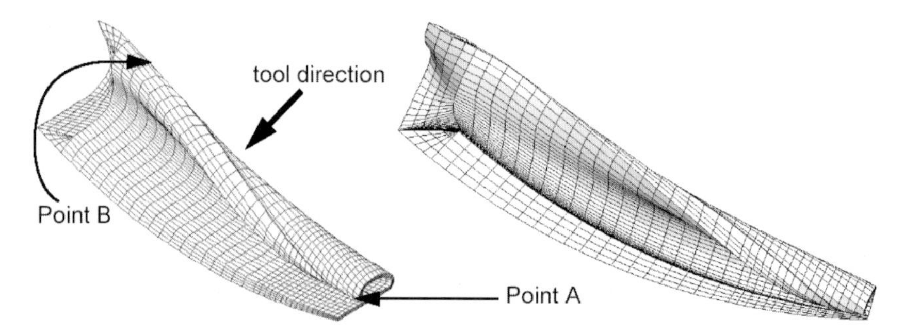

Figure 25: Deformed chip after 14.5 μs

For the spatial simulation of the chip formation process a remeshing is still strongly required. It is needed to avoid the instability of the simulation, because the strong element distortion in the case of chip self-contact stops the calculation. At the same time the mesh could be refined in order to reproduce the high gradients in the primary shear zone.

5.6 Conclusions and outlook

In the presented work on the FE-simulation of high speed cutting processes the advances in the reproduction of different phenomena of planar chip formation are introduced. This required the formulation of a material law which can reproduce the thermo-mechanical instabilities in the primary shear zone. The potential as well as the limitations of the description of the processes at the cutting edge were presented too. With the contact based separation model the cutting forces and the shape of the chip can be predicted sufficiently well in accordance to experimental data. The drawback of this model is that the properties of the workpiece subsurface cannot be predicted. In this case the forming model has to be used. The model tends to an excessive prediction of of the cutting forces, but it estimates the residual stresses in the workpiece subsurface well. Further work concerning this topic has combined both models, which means the separation of the workpiece material at the calculated ploughing point. First results show a significant decrease of the cutting forces and the temperature though the chip geometry remains unchanged.

Further the tribological conditions in the contact area between tool and workpiece were examined. The analysis results for cutting force and cutting length resulted in the conclusion that a significant decrease of the friction coefficient with increasing cutting speed has to be expected. Both simulations and experiments will accomplish to estimate the friction coefficients.

Another relevant aspect in the analysis of the cutting process is the loading of the tool. Furthermore a prediction of the cutting forces is known from the first cut simulations. Chapter 5.4.2 shows accordance to the experimental data and a rapid achievement of a steady state. But the first cut simulation is not adequate to predict the thermal loading of the tool. Therefore the thermal loading of the tool was transferred into a new model, where a steady state temperature distribution at the cutting edge was calculated.

Finally the models of material separation and dynamic material behavior were transferred to a spatial model of an orthogonal cutting and outer turning process. First simulations dealt with the analysis of the chip geometry. The major problem with spatial models is the description of the complex geometry, especially in milling processes. Also the geometry of the resulting chip has to be reproduced in three dimensions, leading to a strong distortion of the elements in the mesh. This problem can only be overcome with the insertion of suitable algorithms for the remeshing into the simulation.

5.7 References

[1] Warnecke, G.: Spanbildung bei metallischen Werkstoffen, München, Technischer Verlag Resch, 1974

[2] Friemuth, T.; Andrae, P.; Ben Amor, R.: High-Speed Cutting – Potential and Demands. In: First Saoudi Technical Conference & Exhibition, Conference Report, Riadh 2000, pp. 210–223

[3] Hiermaier, S.: Numerische Simulation von Impactvorgängen mit einer Netzfreien Lagrangemethode (Smooth Particle Hydrodynamics), Dr.-Ing. Dissertation, Universität der Bundeswehr München, 1996
[4] El-Magd, E.; Treppmann, C.: Stoffgesetze für hohe Dehngeschwindigkeiten.Spanen metallischer Werkstoffe mit hohen Geschwindigkeiten, Kolloquium des Schwerpunktprogramms der Deutschen Forschungsgemeinschaft am 18. 11. 1999 in Bonn
[5] Doege, E.; Meyer-Nolkemper, H.; Saeed, I.: Fließkurven metallischer Werkstoffe. Hanser Verlag, München, Wien, 1986
[6] Westhoff, B.: Modellierungsgrundlagen zur FE-Analyse von HSC-Prozessen, Shaker Verlag, Dissertation an der Universität der Bundeswehr Hamburg 2001
[7] Huang, J. M.; Black, J. T.: An Evaluation of Chip Separation Criteria for the FEM Simulation of Machining, Journal of Manufacturing Science and Engineering, Vol. 118 (1996), S. 545–554
[8] Zhang, B.; Bagchi, A.: Finite Element Simulation of Chip Formation and Comparison with Machining Experiment, Journal of Engineering for Industry, Vol. 116 (1994), S. 289–297
[9] Behrens, A.; Westhoff, B.: Anwendung von MARC auf Zerspanprozesse. MARC Benutzertreffen, München, 1998
[10] Behrens, A.; Kalisch, K.; Westhoff, B.: Anwendung der FE-Simulation auf den Spanbildungsprozess bei der Hochgeschwindigkeitszerspanung, Zwischenbericht im Rahmen des DFG Schwerpunktprogrammes "Spanen metallischer Werkstoffe mit hohen Geschwindigkeiten", Hamburg 09. 09. 2002
[11] Albrecht, P.: New Developments in the Theory of the Metal-Cutting Process, Part I, The Ploughing Process in Metal Cutting, Trans. ASME 82, 1960, S. 348–358
[12] Xu, G.: Einfluß der Schneidkantenform auf die Oberflächenausbildung beim Hochgeschwindigkeitsfräsen mit Feinkornhartmetall, Dr.-Ing. Dissertation, TH Darmstadt, 1996
[13] N. N.: Stahl-Eisen-Werkstoffblätter (SEW). Verein Deutscher Eisenhüttenleute Verlag Stahleisen mbH, Düsseldorf, 1992
[14] N. N.: Hartmetalle. Informationsmaterial der Firma WidiaValenite, 2000
[15] Bäker, M.; Rösler, J.; Siemers, C.: Development of a Finite-Element-Model for the Design of Machninable Titanium Alloys, 2nd International German and French Conference on High Speed Machining, Darmstadt, 1999, S. 179–184
[16] Treppmann, C.: Fließverhalten metallischer Werkstoffe bei Hochgeschwindigkeitsbeanspruchung, Dr.-Ing. Dissertation, RWTH Aachen, 2001
[17] Plöger, J. M.: Randzonenbeeinflussung durch Hochgeschwindigkeitsdrehen, Dr.-Ing. Dissertation, Hannover, 2002
[18] Haferkamp, H.; Niemeyer, M.; Henze, A.; Schäperkötter, M.: Chip formation during machining of Ck45.; Buchbeitrag in "Scientific Funtamentals of HSC", S. 32–42; Herausgeber Herbert Schulz, Carl Hanser Verlag, München, 2001,
[19] Bäker, M.; Rösler, J.; Siemers, C.: A Finite Element Model of High Speed Metal Cutting with Adiabatic Shearing, International Journal Computer and Structures, Vol. 80, 2002
[20] Ben Amor, R.: Thermomechanische Wirkmechanismen und Spanbildung bei der Hochgeschwindigkeitszerspanung, Dr.-Ing. Dissertation, Hannover 2003

6 Experimentelle und numerische Untersuchungen zur Hochgeschwindigkeitszerspanung

F. Klocke, S. Hoppe

Zusammenfassung

Die Hochgeschwindigkeitszerspanung (High Speed Cutting (HSC)) ist derzeit eines der am meisten diskutierten Themen in der Fertigungstechnik. Viele Beispiele aus der industriellen Praxis dokumentieren die Vorteile der Hochgeschwindigkeitsbearbeitung. Diese können aber nur dann gezielt genutzt werden, wenn der Einfluss der erhöhten Schnittgeschwindigkeit auf Maschine, Werkzeug und Bauteilqualität bekannt sind. Das Ziel dieser Arbeit war die Beschreibung der Wirkungen der extremen thermischen und dynamischen Bedingungen beim Hochgeschwindigkeitsdrehen auf die Spanbildung, Schnittkräfte, Temperaturen und Oberflächenqualitäten aber auch den Werkzeugverschleiß und damit die Zerspanbarkeit. Die Beschreibung der Spanbildungsmechanismen erfolgte durch umfangreiche Zerspanversuche, die Anwendung neuer Versuchsaufbauten zur Temperaturmessung sowie durch Zerspansimulationen auf Basis der Finiten Elementen Methode (FEM). Um den Einfluss der hohen bis sehr hohen Schnittgeschwindigkeiten von werkstoffspezifischen Phänomenen zu trennen, kamen mit dem Vergütungsstahl CK45N, der hochfesten Aluminiumlegierung AlZnMgCu1,5 und der Titanlegierung TiAl6V4 drei Metalle mit sehr unterschiedlichen Eigenschaften und Anwendungsgebieten zum Einsatz. Sämtliche Versuchsergebnisse wurden als Verifikationsgrößen für die Zerspansimulation herangezogen. Unter Verwendung eines kommerziellen FE-Programms und unter Verwendung neu entwickelter Beschreibungen des Werkstoffverhaltens war es möglich unterschiedliche Spanarten (Fließ- und Lamellenspan) zu simulieren. Vergleiche zwischen den experimentellen und simulierten Kräften und Temperaturen ergaben eine gute Übereinstimmung, so dass die Ergebnisse der Simulation zur Beschreibung der Spanbildungsmechanismen bei hohen Schnittgeschwindigkeiten und somit zur optimierten Auslegung von Hochleistungszerspanprozessen herangezogen werden können.

Abstract

High speed cutting (HSC) is strongly discussed in modern production engineering. Many examples from industry show the advantages of this technology. However, the influence of high cutting speeds on machine tool, tool and workpiece quality have to be known. The current work describes the thermal and dynamical conditions in high speed turning and their influence on chip formation, resultant forces, temperatures, surface quality and tool wear. The examination consist of cutting experiments using conventional and newly developed setups. Furthermore, cutting simulations using Finite Elements were conducted. To distinguish workpiece dependent mechanism from those caused by high cutting speeds, three different workpiece materials were examined. These are a medium carbon steel (Ck45N or AISI 1045), a wrought aluminum alloy (AlZnMgCu1,5 or AA 7075) and

Hochgeschwindigkeitsspanen. Hrsg. H. K. Tönshoff und F. Hollmann

ISBN: 3-527-31256-0

the titanium alloy TiAl6V4. The experimental results are used to verify the cutting simulation. Using a commercially available FE-code and new descriptions of material behavior at high strain rates, different mechanism of chip formation were simulated. The comparison of experimental and numerical results show good agreement. Therefore, the cutting simulation is suitable to describe and predict chip formation mechanisms. It can be used as a tool to develop and improve cutting processes.

6.1 Einleitung

Das Ziel der vorliegenden Untersuchungen ist es, die Spanbildungsverhältnisse bezüglich Scherung, Reibung, Stofftrennung und -umlenkung bei konventionellen und deutlich gesteigerten Schnittgeschwindigkeiten für unterschiedliche Werkstoffgruppen grundlegend zu beschreiben. Hierbei stehen die beim Spanen mit hohen Schnittgeschwindigkeiten besonders relevanten werkstofftechnischen, wärmetechnischen und technologischen Einflussgrößen auf die Spanbildung und die Werkzeugbelastung im Zentrum der Untersuchungen. Dadurch ist es möglich, schrittweise eine plastizitätsmechanische und thermodynamische Modellierung der Spanbildungsvorgänge inklusive der Randzonenbeeinflussung abzuleiten, die in Experimenten verifiziert werden. Die für die Spanbildung bei hohen Schnittgeschwindigkeiten relevanten Einflussgrößen leiten sich aus den komplexen Wechselwirkungen zwischen der Verformungsgeschwindigkeit, der Temperatur, den Festigkeitseigenschaften und dem Gefügezustand des Werkstoffes ab. Die Erforschung dieser Einflussgrößen erfordert eine gesamtheitliche Betrachtung des Spanbildungsvorganges und mithin sich ergänzende Beiträge aus den Bereichen Wärmeübertragung, Werkstoffkunde und Fertigungstechnik. Die Vorgehensweise stützt sich auf zwei Säulen: Zum Einen werden die Spanbildungsmechanismen bei hohen Schnittgeschwindigkeiten experimentell untersucht. Die Auswertung wird durch FEM-Modellierungen auf der Basis bislang bekannter Werkstoffkenndaten und Methoden unterstützt. Parallel dazu werden neue Daten und Methoden zur Verbesserung der FEM-Modellierung ermittelt und verifiziert. Da der zerspante Werkstoff den Bereich der Hochgeschwindigkeitsbearbeitung definiert, sind im Folgenden die Ergebnisse des Hochgeschwindigkeitsdrehens von drei unterschiedlichen Werkstoffen vorgestellt und interpretiert worden. Als Vertreter der Leichtmetalle, bei denen heute schon hohe Schnittgeschwindigkeiten industriell Anwendung finden, ist die aushärtbare Aluminiumknetlegierung AlZnMgCu1,5 (AA 7075) ausgewählt worden. Sie ist aufgrund ihrer hohen Festigkeit insbesondere in Strukturbauteilen der Luftfahrt zu finden. Für die Gruppe der Stähle kommt der Vergütungsstahl Ck45N (AISI 1045) im normalisiertem Zustand zum Einsatz. Um die Hochgeschwindigkeitsbearbeitung mit ihren Vorteilen auch für schwer zerspanbare Werkstoffe zu nutzen, werden Versuche mit der Titanlegierung TiAl6V4 durchgeführt. Die untersuchten Schnittparameter sind in Tabelle 1 dargestellt. Die Zerpanbarkeit wird anhand der Messgrößen Schnittkräfte, Spanbildung und Zerspantemperaturen bewertet, die bei hohen Schnittgeschwindigkeiten auftreten.

Tabelle 1: Schnittparameter der vorliegenden Untersuchung

Werkstoff	Werkzeug	Vorschub f	Schnitt-tiefe a_p	max. Schnitt-geschwindigkeit v_c
AlZnMgCu1,5	HW-K20 M15	0,1 mm	1 mm	6 000 m/min
	SPUN120304	0,25 mm	2 mm	6 000 m/min
Ck45N	CA-K10, SiC-whiskerverstärkt,	0,1 mm	1 mm	6 000 m/min
	SNGN 120408T01020	0,2 mm	1 mm	6 000 m/min
TiAl6V4	CA-K10, SiC-whiskerverstärkt, SNGN 120408T01020	0,1 mm	1 mm	600 m/min

6.2 Zerspankräfte bei hohen Schnittgeschwindigkeiten

6.2.1 Schnittkräfte bei der Zerspanung von AlZnMgCu1,5 und Ck45N

Die Ermittlung der Schnittkräfte bei hohen Schnittgeschwindigkeiten ist seit Jahrzehnten Gegenstand der Forschung. Aufbauend auf Ergebnissen erster Versuche von Salomon [1] im Jahr 1931 wurden Theorien über den Schnittkraftverlauf bei hohen Schnittgeschwindigkeiten entwickelt. Die experimentellen Ergebnisse ergaben laut Salomon, dass der spezifische Energieverbrauch pro Spanungsquerschnitt ab einer kritischen Schnittgeschwindigkeit etwa unverändert bleibt. Kronenberg [2] reduzierte 1959 die Gültigkeit dieses Ergebnisses von Salomon auf den Fall, dass aufgrund der hohen Schergeschwindigkeit das Werkstück spröde versagt. Er wies darauf hin, dass das Werkstoffverhalten bei der Zerspanung und insbesondere bei der Hochgeschwindigkeitszerspanung aufgrund der hohen Schergeschwindigkeiten im Bereich der primären Scherzone nicht anhand von konventionellen Materialprüfungen wie dem Zugversuch zu ermitteln sei. Bredendick [3] bestimmte 1959 die dynamischen Massenkräfte des zerspanten Volumens, die bei hohen Schnittgeschwindigkeiten als Anteil der Schnittkraft nicht mehr zu vernachlässigen sind. Ausgehend vom Impulssatz der Dynamik ermittelt er Schnittgeschwindigkeiten für „bedeutsame Massenkräfte“ deren untere Grenze er für Stahl bei ca. v_c = 24 000 m/min ansetzte. 1960 erhielten DeGroat und Ashburn [4] bei ballistischen Zerspanversuchen steigende Schnittkräfte bis zu einer Schnittgeschwindigkeit von v_c = 20 000 m/min. Kusnetsov [5] stellte 1960 bei seinen ballistischen Versuchen an Aluminium ein Kraftminimum bei einer Schnittgeschwindigkeit von v_c = 3 000 m/min fest. Schiffer [6] veröffentlichte 1965 erstmals im kontinuierlichen Schnitt erzeugte Schnittkraft-Schnittgeschwindigkeitsverläufe bei Aluminium bis v_c = 7 000 m/min. Aufgrund der geringen Anzahl von Messpunkten bei hohen Schnittgeschwindigkeiten ordnete er den leichten Anstieg der Schnittkraft jedoch der Versuchsstreuung zu.

1973 beschrieb Arndt [7] den Kraftverlauf bei der Ultra-Hochgeschwindigkeitszerspanung (v_c > 10 000 m/min) und lieferte einen theoretischen Ansatz zu deren Erklärung. Diese beinhaltet die Bildung schmaler, adiabater Scherbänder sowie die Überlagerung von Massen- und Scherkräften. Er sagte ein lokales Schnittkraftmaximum voraus, Bild 1.

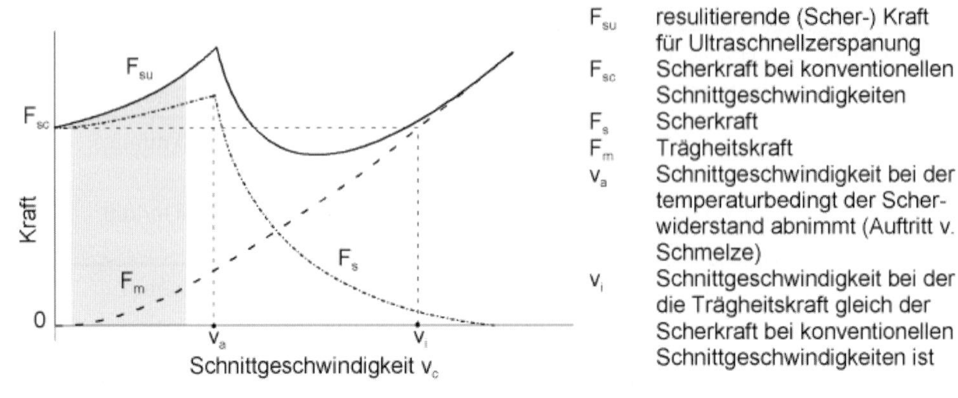

Bild 1: Theoretischer Verlauf der Komponenten der Schnittkraft bei hohen Schnittgeschwindigkeiten nach Arndt [7]

Dieses ergibt sich durch den Anstieg der Scherkraft mit steigender Umformgeschwindigkeit beim Auftritt adiabater Scherbänder in der primären Scherzone. Bei weiterer Steigerung der Verformungsgeschwindigkeit fällt die Scherkraft durch die thermische Entfestigung im Bereich der primären Scherzone ab. Ein erneuter Anstieg der Schnittkraft bei weiter erhöhten Schnittgeschwindigkeiten ist ausschließlich auf den steigenden Anteil der Massenkräfte zurückzuführen. Oxley [8] stellte 1982 ein analytisches Modell zur Vorhersage der Schnittkräfte bei hohen Schnittgeschwindigkeiten auf. Ausgehend von bestehenden Modellen für konventionelle Schnittgeschwindigkeiten und basierend auf Materialkennwerten aus Hochgeschwindigkeits-Druckversuchen, sagte er einen logarithmisch fallenden Verlauf der Schnittkraft voraus, den er bis zu einer Schnittgeschwindigkeit von $v_c = 400$ m/min messtechnisch nachwies und dann bis zu einer Geschwindigkeit von $v_c = 6\,000$ m/min extrapolierte. 1997 ermittelte Sutter [9] bei ballistischen Versuchen mit Stahl ein Schnittkraftminium bei einer Schnittgeschwindigkeit von $v_c = 2\,500$ m/min. Er stellte einen Zusammenhang zwischen einer vom Spanwinkel abhängigen Scherbandbildung und dem Schnittkraftverlauf her.

Obwohl ein Schnittkraftanstieg bei hohen Schnittgeschwindigkeiten in der Vergangenheit messtechnisch nachgewiesen wurde und theoretische Ansätze für eine Erklärung dieses Anstiegs vorliegen [10, 11], herrscht in Industrie und Forschung die Meinung vor, dass sich die Schnittkraft bei hohen Schnittgeschwindigkeiten einem konstanten Minimalwert asymptotisch nähert [12].

Aufgrund dieser Unstimmigkeiten ist eine exakte Bestimmung der Schnittkraftverläufe bei der Hochgeschwindigkeitszerspanung unter Berücksichtigung aller Einflussgrößen von elementarer Bedeutung.

Wird die Schnittkraft über der Schnittgeschwindigkeit aufgetragen ergibt sich für die Zerspanung von Stahl und Aluminium den in Bild 2 dargestellte Verlauf.

Aufgrund der stark unterschiedlichen Spanungsquerschnitte werden für beide Werkstoffe ähnliche Werte der Schnittkraft gemessen. Bei der Zerspanung von Ck45N fällt die Schnittkraft bis zu einer Schnittgeschwindigkeit von $v_c = 2\,000$ m/min ab. Wird die

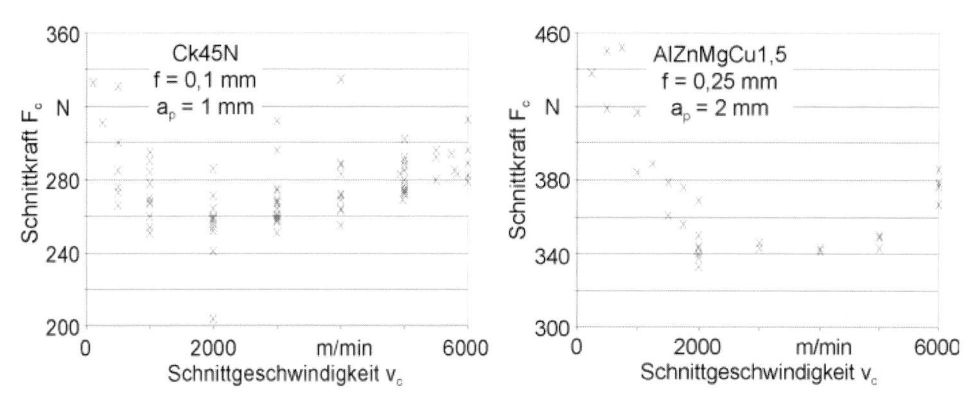

Bild 2: Schnittkraftverläufe beim Außenlängsdrehen von Ck45N und AlZnMgCu1,5

Schnittgeschwindigkeit weiter erhöht, ist ein kontinuierlicher Anstieg der Schnittkraft auf Werte zu beobachten, die im Bereich der Schnittkräfte bei Zerspanung mit konventionellen Schnittgeschwindigkeiten liegen. Diese Erhöhung kann, wie später erläutert wird, nicht durch den Einfluss von Verschleiß oder dynamische Kräfte begründet werden.

Der Verlauf der Schnittkräfte beim Außenlängsdrehen von AlZnMgCu1,5 weist qualitativ einen ähnlichen Verlauf wie bei der Stahlzerspanung auf. Auch hier ist ein Minimum der Schnittkraft zu beobachten, welches jedoch mit v_c = 4 000 m/min bei erheblich höheren Schnittgeschwindigkeiten liegt als bei Stahl. Die Tatsache, dass das Minimum bei derart hohen Schnittgeschwindigkeiten liegt kann dafür verantwortlich sein, dass der Anstieg der Schnittgeschwindigkeit bislang selten beobachtet wurde.

6.2.2 Einfluss der Massenkräfte

Ein wesentlicher Unterschied der Hochgeschwindigkeitszerspanung im Vergleich zur Zerspanung mit konventionellen Schnittgeschwindigkeiten ist die Tatsache, dass der Anteil der auftretenden Massenkräfte an der Schnittkraft berücksichtigt werden muss. Nach Arndt [7] existiert bei der Ultrahochgeschwindigkeitszerspanung (v_c > 9 000 m/min) eine Grenzgeschwindigkeit, ab der der Anteil der Massenkraft alle übrigen Kraftanteile wie Reib-, Trenn- und Scherkraft überwiegt und alleine für den Kraftverlauf verantwortlich ist. Die Berücksichtigung der Massenkräfte macht demnach nur für die Bearbeitung von Ck45N und AlZnMgCu1,5 Sinn.

Deutlich lässt sich für beide Werkstoffe beim Drehen ein Minimum der Schnittkraft und somit ein becherförmiger Verlauf über der Schnittgeschwindigkeit erkennen (Bild 2). Berechnungen ergaben, dass der Anteil der auftretenden Massenkräfte ab einer Schnittgeschwindigkeit von v_c = 4 000 m/min nicht mehr vernachlässigt werden darf, den Anstieg der Schnittkräfte jedoch alleine nicht erklären kann. Die Massenkräfte $F_{m\gamma n}$ normal zur Spanfläche können nach Gleichung 1 berechnet werden und steigen bei den durchgeführten Drehversuchen bei einer Schnittgeschwindigkeit von v_c = 6 000 m/min exponentiell auf Werte von ca. $F_{m\gamma n,St}$ = 8 N für Stahl und ca. $F_{m\gamma n,Al}$ = 3 N für Aluminium an [13].

$$F_{m\gamma n} = \frac{\rho \cdot A_c \cdot v_c^2 + \rho \cdot A_{ch} \cdot v_{ch}^2 \cdot \sin\gamma_o}{\cos\gamma_o} \qquad \text{(Gl. 1)}$$

In dieser Gleichung sind $A_c = b \cdot h$ der Spanungsquerschnitt und $A_{ch} = b \cdot h_{ch}$ der Spanquerschnitt, ρ die Werkstoffdichte und γ_O der Werkzeugorthogonalspanwinkel.

6.2.3 Verschleißeinfluss auf die Schnittkraft bei der Zerspanung von AlZnMgCu1,5 und Ck45N

Der Schneidenverschleiß ist eine weitere Größe, die den Schnittkraftverlauf signifikant bestimmt. Untersuchungen zeigen, dass der Werkzeugverschleiß bei der Zerspanung der Aluminiumknetlegierung AlZnMgCu1,5 mit Hartmetallschneiden auch bei hohen Schnittgeschwindigkeiten vernachlässigt werden kann. Die Schneiden weisen lediglich starke Aufschmierungen nach der Zerspanung auf (Bild 3, links), die teilweise mit dem Span abgleiten (Bild 3, rechts).

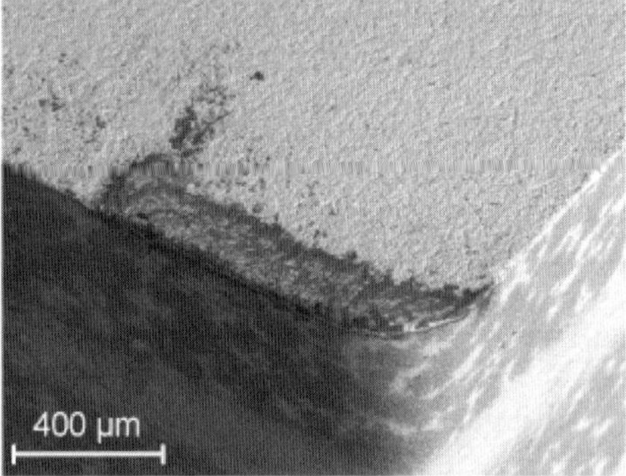

Bild 3: Hartmetallschneide mit und ohne Aufschmierung nach der Zerspanung von AlZnMgCu1,5 (v_c = 3000 m/min, f = 0,1 mm, a_p = 1 mm)

Dem gegenüber zeigen die Schneiden aus Oxidkeramik bei der Stahlbearbeitung einen mit der Schnittzeit kontinuierlich ansteigenden Verschleiß. Die thermische und mechanische Belastung der Schneidkante steigt zudem mit der Schnittgeschwindigkeit an. Insbesondere der Freiflächenverschleiß führt zu einer Vergrößerung der Kontaktzone zwischen neu entstandener Werkstückoberfläche und Schneide.

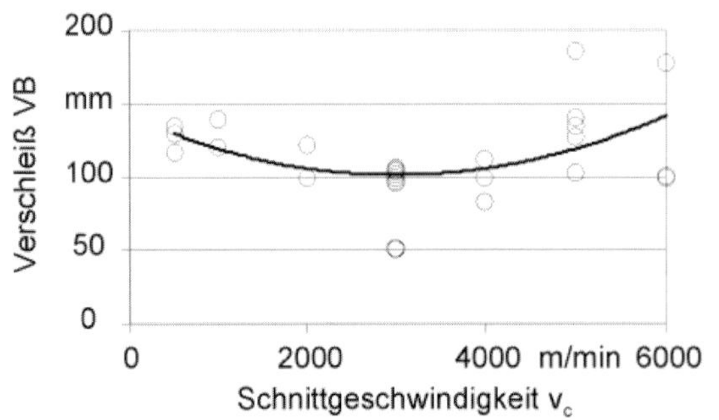

Bild 4: Verschleißmarkenbreite VB in Abhängigkeit von der Schnittgeschwindigkeit v_c bei der Zerspanung von Ck45N

Der dadurch größere Reibungsanteil in Richtung der Schnittgeschwindigkeit erhöht die thermische Werkzeugbeanspruchung und die auftretenden Schnittkräfte. Um den Verschleißeinfluss auf die in Abhängigkeit von der Schnittgeschwindigkeit v_c gemessenen Kräfte zu minimieren, kam für jeden Versuch eine neue Schneide zum Einsatz. Der Verlauf des Freiflächenverschleißes nach konstanter Schnittlänge für Ck45N über der Schnittgeschwindigkeit ist in Bild 4 dargestellt. Wie die Schnittkräfte weist auch der Verschleiß ein Minimum bei einer Schnittgeschwindigkeit von $v_c = 2\,000$ bis 3 000 m/min auf. Eine weitere Erhöhung der Schnittgeschwindigkeit führt zu einer starken Streuung der Verschleißmarkenbreite VB. Bei den Versuchen wurde sowohl kontinuierlich als auch diskontinuierlich ansteigender Freiflächenverschleiß der Hauptschneide anhand der Kraftmessungen identifiziert, Bild 5.

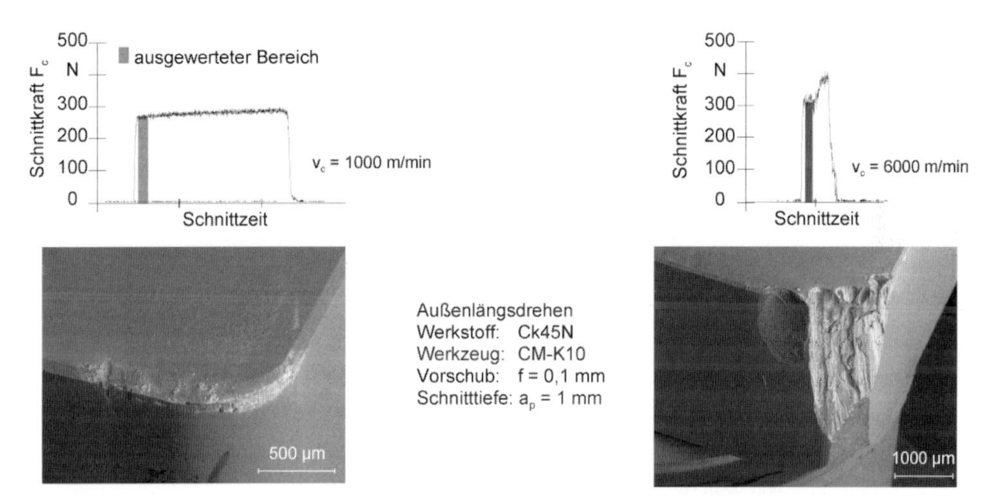

Bild 5: Schnittkraft F_c bei kontinuierlich (links) und diskontinuierlich (rechts) verlaufendem Verschleiß

Anhand dieser Kraftmessungen war nachzuweisen, dass die jeweils zu Beginn eines Schnittes gemessenen Schnittkräfte nicht signifikant vom Verschleiß beeinflusst wurden. Zur Auswertung der Schnittkräfte wurden folglich nur der in Bild 5 grau hinterlegte Anfangsbereich der Kurven herangezogen.

Bei der Hochgeschwindigkeitszerspanung von Ck45N ergibt sich demnach neben dem Kraftminimum zusätzlich ein Verschleißminimum im selben Schnittgeschwindigkeitsbereich. In diesem Bereich herrschen trotz der gesteigerten thermischen Belastung der Schneide optimierte Zerspanbedingungen für die Hochgeschwindigkeitszerspanung vor.

6.2.4 Schnittkräfte bei der Zerspanung von TiAl6V4

Die Hochgeschwindigkeitszerpanung der Titanlegierung TiAl6V4 wird aufgrund des hohen Werkzeugverschleißes auf Schnittgeschwindigkeiten von $v_c = 600$ m/min begrenzt. Bei dieser Schnittgeschwindigkeit versagt die Schneide aus SiC-verstärkter Oxidkeramik bereits nach kürzester Schnittzeit. Aus diesem Grund wurden weitere Versuche mit Wendeschneidplatten aus Bornitrid durchgeführt. Hierdurch wurde die auswertbare Schnittgeschwindigkeit verdoppelt (Bild 6). Der signifikante Unterschied der Schnittkräfte bei der Zerspanung mit Bornitrid und SiC-verstärkter Oxidkeramik im Bereich geringer Schnittgeschwindigkeiten kann auf die unterschiedliche Oberflächenqualität und thermischen Eigenschaften der Schneidstoffe zurückgeführt werden.

Der Verlauf der Schnittkraft über der Schnittgeschwindigkeit stellt sich anders dar als bei der Zerspanung von Aluminium und Stahl. Wie bei den zuvor beschriebenen Werkstoffen fällt die Schnittkraft bei der Zerspanung der Titanlegierung ab. Aufgrund des hohen Werkzeugverschleißes bei der Bearbeitung von TiAl6V4 mit höheren Schnittgeschwindigkeiten kann zur Zeit keine Aussage darüber getroffen werden, ob bei der Zerspanung von TiAl6V4 ein Schnittkraftminimum analog zu Aluminium und Stahl auftritt.

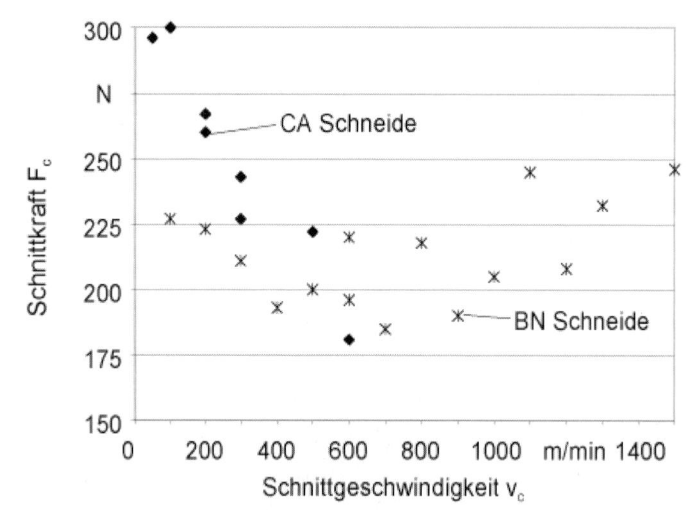

Bild 6: Schnittkraftverlauf beim Aussenlängsdrehen von TiAl6V4

Im Gegensatz zu der Zerspanung von Ck45N und insbesondere AlZnMgCu1,5 ist der Verschleiß die Größe, die die erreichbare Schnittgeschwindigkeit bei der Titanzerspanung limitiert.

Bereits bei vergleichsweise geringen Schnittgeschwindigkeiten wird die zulässige Verschleißmarkenbreite VB = 200 µm überschritten. Der Verschleiß steigt bis zu einer Schnittgeschwindigkeit von v_c = 300 m/min nahezu linear mit der Schnittgeschwindigkeit an. Die Streuung der Verschleißwerte ist in diesem Bereich bereits hoch. Eine extreme Streuung der Verschleißmarkenbreite tritt ab einer Schnittgeschwindigkeit von v_c = 400 m/min auf. Diese hohe Streuung ist durch das Auftreten von Schneideckenausbrüchen begründet, wodurch Werte der Verschleißmarkenbreite von VB > 800 µm herrühren.

6.3 Spanbildung bei hohen Schnittgeschwindigkeiten

Die geometrische Beschreibung der Kontaktverhältnisse und des Spans ist wesentlich für die analytische und numerische Beschreibung des Hochgeschwindigkeitszerspanprozesses. Hierbei ist zu beachten, dass insbesondere der Span in dem Zeitraum zwischen Entstehung und metallografischer Präparation aufgrund des Prozesses einer thermischen und mechanischen Behandlung unterzogen wird. Aus diesem Grund ist die Interpretation der Ergebnisse für Rückschlüsse auf Verformungsgrade und thermisch beeinflusste Zonen im Span schwierig. Im Folgenden werden für den Vergütungsstahl Ck45N insbesondere die Größen Kontaktzonenlänge, Spandicke und -breite sowie die Scherbanddicke bestimmt. Diese sind wesentlich für die Beschreibung des Spanbildungsprozesses.

6.3.1 Spangeometrie bei der Hochgeschwindigkeitszerspanung von Ck45N

Der Vergütungsstahl Ck45N zeigt bei den hier untersuchten Schnittparametern einen schnittgeschwindigkeitsabhängigen Übergang von der Fließspan- zur Lamellenspanbildung. Dieser Übergang geht einher mit dem Auftritt von Scherbändern die sich zwischen einzelnen Lamellen ausbilden. Während bei geringen Schnittgeschwindigkeiten der Span durch kontinuierliche Scherung gebildet wird (Bild 7, links) kann bei einer Schnittgeschwindigkeit von $v_c = 500$ m/min schon eine Unterscheidung zwischen stark verformtem Scherband und schwach verformter Lamelle erfolgen (Bild 7, Mitte). Bei einer weiteren Erhöhung der Schnittgeschwindigkeit ist eine deutliche Lokalisierung der Scherung zu beobachten (Bild 7, rechts). Die Region in der die Schliffe angefertigt wurden, sind ebenfalls eingezeichnet.

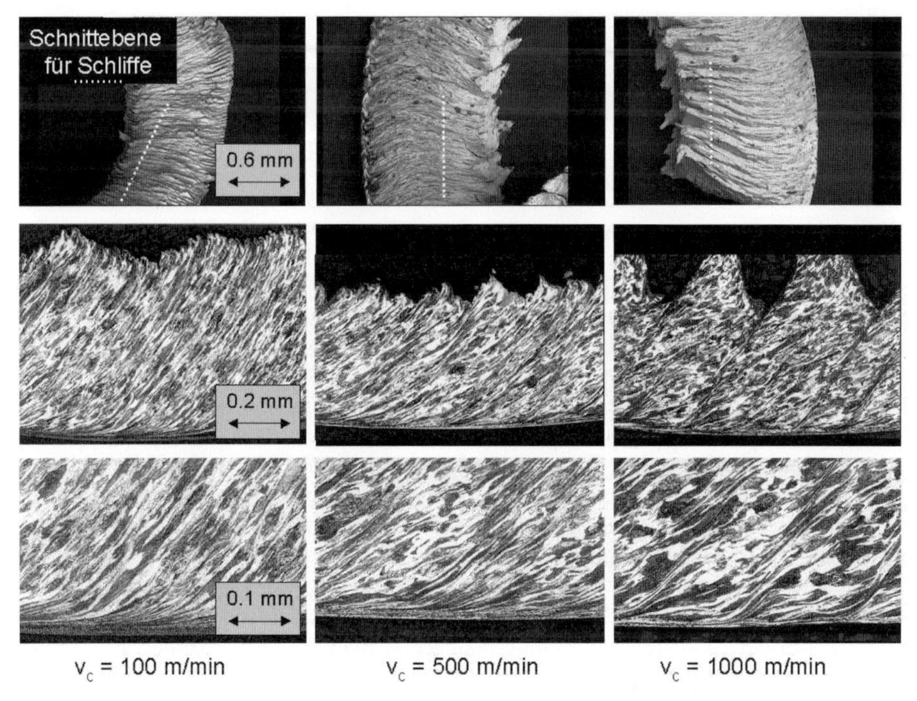

Bild 7: Spanbildung beim Außenlängsdrehen von Ck45N (Vorschub f = 0,25 mm)

Der Übergang vom Fließspan zum Lamellenspan lässt sich durch die Angabe der minimalen und maximalen Spanhöhe quantifizieren. Wie in Bild 8 zu erkennen ist, verläuft der Übergang nicht kontinuierlich. Kann bei einer Schnittgeschwindigkeit von v_c =

250 m/min noch keine deutliche Unterscheidung zwischen minimaler Spandicke $h_{ch,min}$ und maximaler Spandicke $h_{ch,max}$ getroffen werden, beträgt sie bei einer Schnittgeschwindigkeit von v_c = 500 m/min schon 29 Prozent. Die maximale Differenz beträgt ab einer Schnittgeschwindigkeit von v_c > 3000 m/min bis zu 50 Prozent.

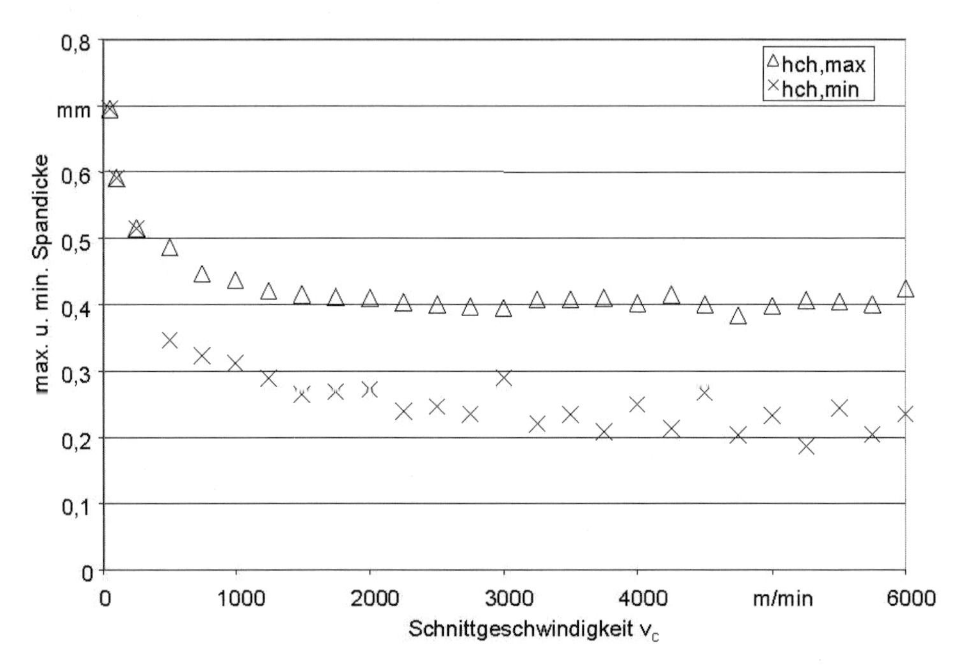

Bild 8: Verlauf der maximalen und minimalen Spandicke über der Schnittgeschwindigkeit beim Außenlängsdrehen von Ck45N

Der Übergang vom Fließ- zum Lamellenspan kann auch anhand des Spanquerschliffes beobachtet werden. Bild 9 zeigt die Querschliffe der Späne, die nach dem Außenlängsdrehen angefertigt wurden. Die Ebene des Schliffes ist in der REM-Aufnahme (Bild 9, links oben) gezeigt. Weist der Span bei geringen Schnittgeschwindigkeiten noch keine Spuren einer Lamellierung auf, so kann ab einer Schnittgeschwindigkeit von v_c = 500 m/min eine Lamellierung festgestellt werden. Eine weitere Erhöhung der Schnittgeschwindigkeit führt zu einer ausgeprägten Lamellierung an der der Nebenschneide abgewandten Spanseite (Bild 9, rechter Bereich der aufgenommenen Späne). Diese Aufnahmen zeigen den ausgeprägten dreidimensionalen Charakter der Spanbildung und insbesondere der Lamellierung.

Neben der Spandicke sind die Abmessungen der Scherbänder von Bedeutung für die Spanbildung. Bei der Lamellenspanbildung beobachtet man drei Scherbänder. Ein Scherband entsteht in der primären Scherzone und wandert mit dem Span ab. Dieses Scherband, das auch als adiabatisches Scherband bezeichnet wird, trennt wie oben beschrieben die einzelnen Lamellen voneinander. Ein weiteres Scherband entsteht aus der tertiären Scherzone an der erzeugten Werkstückoberfläche. Die Entstehung dieses Scherbandes und seine Auswirkung auf die Bauteilqualität und thermische Schneidenbelastung wird im nächsten Antragszeitraum untersucht.

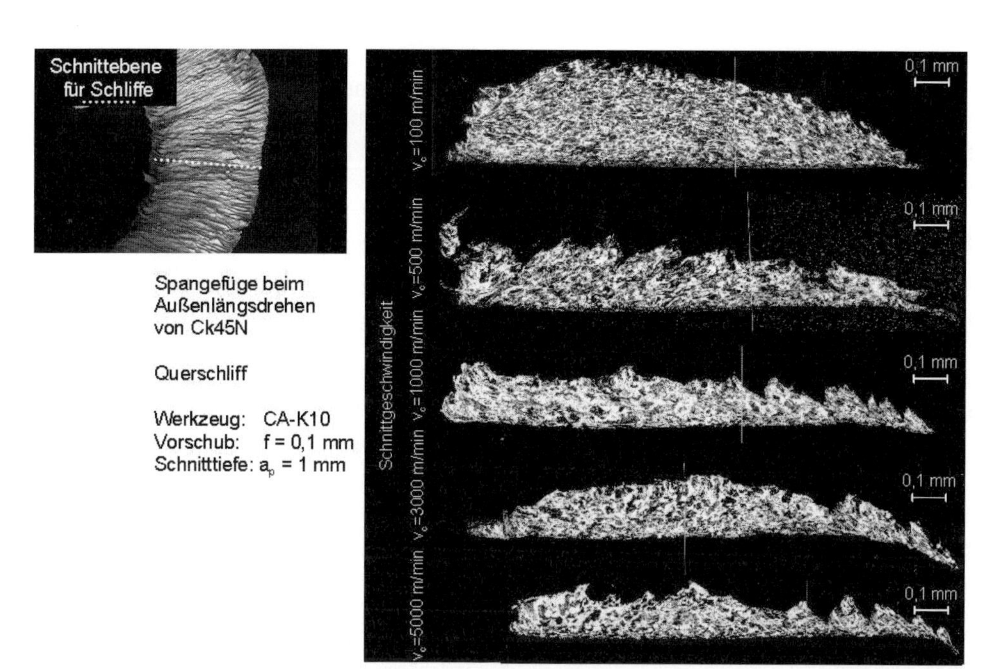

Bild 9: Querschliffe der Späne beim Außenlängsdrehen von Ck45N

Das Scherband, das aus der sekundären Scherzone an der Spanunterseite entsteht hat einen wesentlichen Einfluss auf die Spanbildung. Es stellt das Interface zwischen Span und Spanfläche dar und ist aus diesem Grund das Produkt der mechanischen und thermischen Mechanismen in der Kontaktzone.

Die Bestimmung der Scherbandbreite anhand von Spanschliffen an der Spanunterseite ist sehr aufwendig. Hierzu muss eine repräsentative Anzahl von Spänen ausgewählt und metallografisch präpariert werden. Das Schwarz-Weiß-Gefüge von Ck45N ermöglicht zwar eine gute Visualisierung der Verzerrung der Körner. Eine exakte Abgrenzung zwischen Scherband und Lamelle ist jedoch nicht eindeutig möglich, so dass Messungenauigkeiten unvermeidlich sind. In Bild 10 ist eine Scherbandmessung dargestellt. Das Dia-

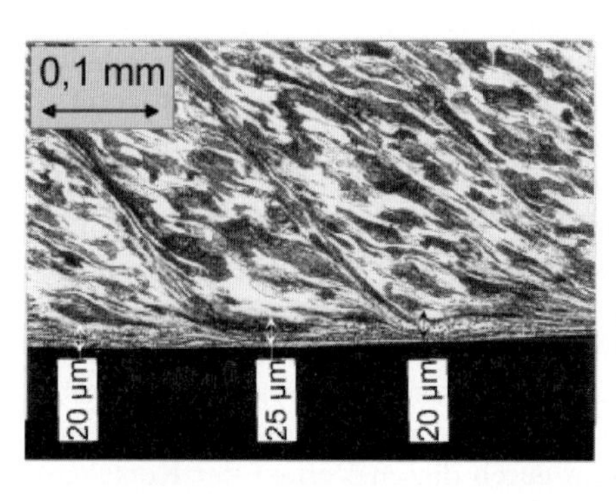

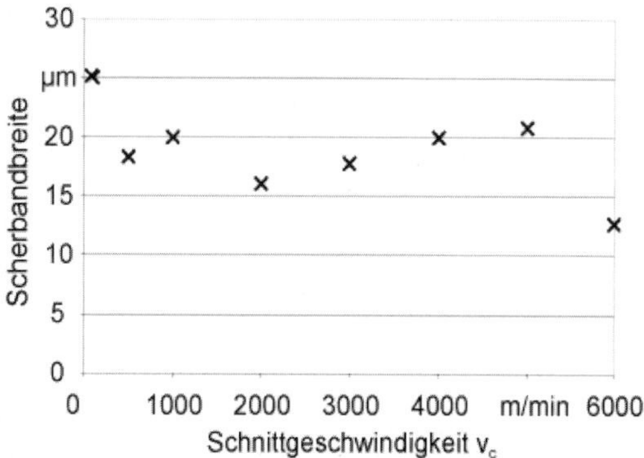

Bild 10: Breite des Scherbandes an der Spanunterseite von Ck45N

gramm in Bild 10 zeigt die Scherbandbreite über der Schnittgeschwindigkeit aufgetragen. Alle Punkte in dem Diagramm stellen Mittelwerte aus mindestens sieben Messungen von verschiedenen Spänen pro Schnittgeschwindigkeit dar. Eine eindeutige Tendenz ist nicht nachweisbar. Die Größenordnung der Scherbandbreite ist jedoch eine wichtige Information für den Vergleich mit der FEM-Simulation.

6.3.2 Beschreibung der Kontaktzone

Neben den geometrischen Informationen der Spanschliffe können durch die Analyse der Schneide weitere Kenntnisse über den Hochgeschwindigkeitszerspanprozess gewonnen werden. Insbesondere die Kontaktzonenlänge l_k parallel zur Nebenschneide ist für die Zerspansimulation von hohem Interesse. In Bild 12 ist die REM-Aufnahme einer gebrauchten Schneide nach der Zerspanung von Ck45N abgebildet.

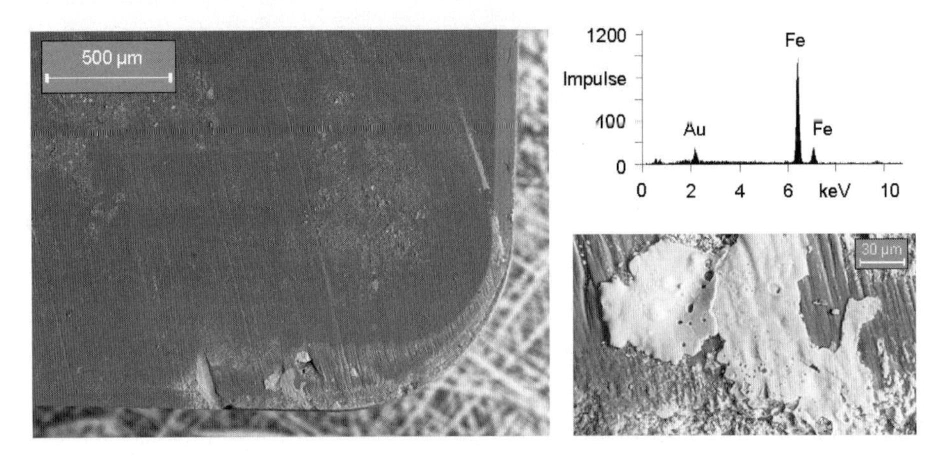

Bild 11: links: Oxidkeramikschneide nach einem Vorschubweg von 40 mm (v_c = 2 000 m/min, f = 0,1 mm, a_p = 1 mm), rechts: Stahlschmelze auf der Spanfläche im Detail (verifiziert durch EDX Messung oben)

Auf der Spanfläche erkennt man einen Materialübertrag nach einer Außenlängsdrehbearbeitung bei v_c = 2000 m/min. Bild 11, rechts unten, zeigt die Vergrößerung des Materialauftrags auf der Spanfläche. Dieser Materialübertrag weist tropfenförmige Bereiche auf, die darauf schließen lassen, dass es sich hierbei um Schmelze des Werkstoffes handelt, was durch eine EDX-Analyse bestätigt wurde. Der gemessene Impuls für Gold ist durch die Vorbehandlung der Schneide (Bedampfung mit Gold) begründet. Das Auftreten von geschmolzenem Werkstoff unterstreicht die Ergebnisse der Temperaturmessungen des Institutes für Wärmeübertragung und Klimatechnik WÜK [14] die belegen, dass sich die Spantemperaturen bei hohen Schnittgeschwindigkeiten dem Schmelzpunkt des Werkstoffes annähern.

Der Verlauf der Kontaktzonenlänge l_k über der Schnittgeschwindigkeit ist in Bild 12 qualitativ dargestellt. Die Kontaktlänge nimmt aufgrund der erhöhten Spankrümmung mit steigenden Schnittgeschwindigkeiten ab. Mit Blick auf die nachgewiesenen steigenden Schnittkräfte über der Schnittgeschwindigkeit kann durch diesen Verlauf der Kontaktzonenlänge eine erhöhte Schneidenbelastung angenommen werden, da sich die Schneidennormalspannung mit der Schnittgeschwindigkeit erhöht. Bei der Hochgeschwindigkeitsbearbeitung herrscht demnach ein sehr hoher Druck mit Temperaturen nahe dem Werkstückschmelzpunkt vor, was die geringe Standzeit der eingesetzten Werkzeuge erklärt. Der qualitative Verlauf der Normalspannung σ und ist ebenso in Bild 12 eingetragen.

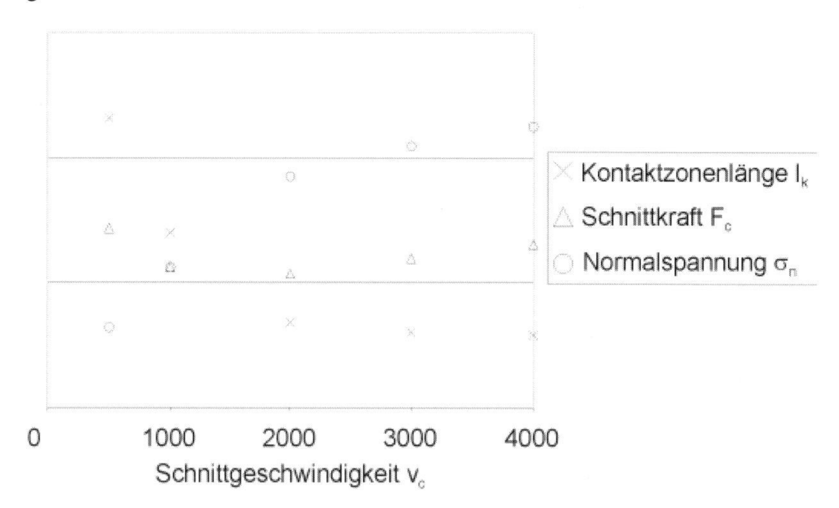

Bild 12: Qualitativer Verlauf der Schneidennormalspannung σ_n, Schnittkraft F_c und Kontaktzonenlänge l_k über der Schnittgeschwindigkeit v_c (Werkstoff Ck45N, konstante Spanbreite angenommen)

Die in Bild 12 und auch bei der Simulation angenommene konstante Spanbreite wird im Folgenden betrachtet. Hierzu wurden REM-Spanaufnahmen angefertigt, Bild 13. Bei der Analyse der Bilder zeigt sich, dass die Spanbreitung bis zu zehn Prozent der eingestellten Schnitttiefe beträgt. Vermisst man die Kontaktzonenlänge parallel zur Hauptschneide, l_{kp}, so erhält man ebenfalls Werte die oberhalb der Schnitttiefe liegen. Zusätzlich kann gezeigt werden, dass die Scherzonen nicht geradlinig über der Spanbreite verlaufen, sondern eine Krümmung aufweisen. Diese Ergebnisse werden auch durch die Analyse der Querschliffe aus Bild 9 unterstützt.

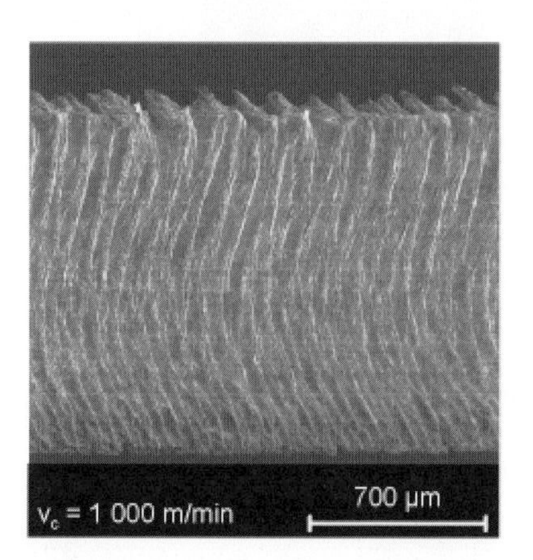

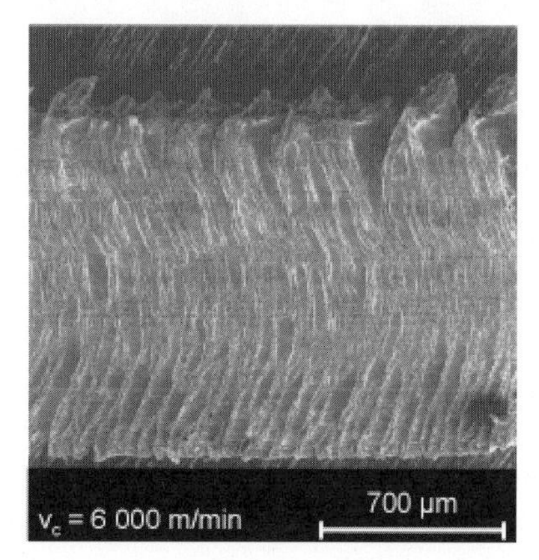

Bild 13: Späne aus Ck45N bei v_c = 1 000 m/min (links) und v_c = 6 000 m/min (rechts)

6.3.3 Spanbildung bei der Hochgeschwindigkeitszerspanung von TiAl6V4

Die α-β-Titanlegierung TiAl6V4 wird den schwer zerspanbaren Metallen zugeordnet. Insbesondere die hohe thermische Belastung verbunden mit einer mechanischen Wechselbeanspruchung der Schneide durch die ausgeprägte Lamellenspanbildung sind als Ursache für kurze Standzeiten der Werkzeuge zu nennen. Daher liegt der Schnittgeschwindigkeitsbereich bei der Hochgeschwindigkeitszerspanung dieser Legierung mit $v_c = 100$ bis 500 m/min um eine Zehnerpotenz unterhalb der von Stahl und Aluminium.

Die Spanform unterscheidet sich ebenfalls signifikant von den anderen untersuchten Materialien. Die bei dieser Titanlegierung vorherrschende Spanart ist über dem gesamten untersuchten Schnittgeschwindigkeitsbereich der Lamellenspan, Bild 14. Diese Tatsache ermöglicht einerseits eine Untersuchung der Lamellenentstehung bei geringen Schnittgeschwindigkeiten. Andererseits kann der Bereich der Hochgeschwindigkeitszerspanung bei der Titanlegierung nicht wie bei Stahl und Aluminium anhand der Spanart definiert werden [15]. Ein Vergleich der Spanarten von Stahl/Aluminium auf der einen und von Titan auf der anderen Seite kann bei Vernachlässigung dieser Tatsache zu falschen Schlüssen in Hinblick auf den Einfluss der Schnittgeschwindigkeit führen. Eine mögliche Definition des Hochgeschwindigkeitsbereiches bei Titan kann jedoch anhand der Spanform geführt werden. So ändert sich die Spanform von zylindrischen Wendelspänen hin zu Band- und Wirrspänen. Auffällig ist darüber hinaus der starke Einfluss der Schnittgeschwindigkeit auf die Spandicke, Bild 14.

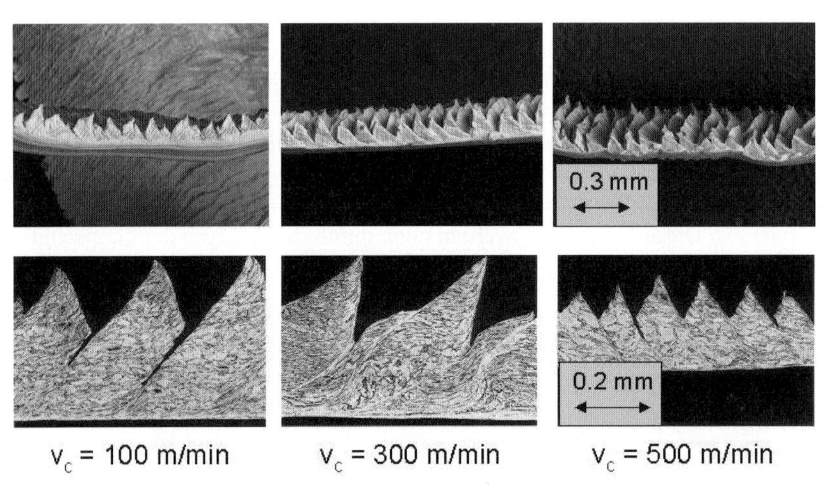

Bild 14: Spanform und -gefüge beim Drehen von TiAl6V4 ($f = 0{,}25$ mm, $a_p = 1$ mm)

Das Spangefüge von TiAl6V4 eignet sich ausgesprochen gut für die Beschreibung der Verformungs- und Spanbildungsmechanismen der Spanart Lamellenspan. Im Vergleich zu Aluminium und Stahl ist die Orientierung der Körner und die Ausprägung der Scherbänder erheblich besser zu erkennen.

6.3.4 Beschreibung der Kontaktzone

Die Bestimmung der Kontaktzonenlänge bei der Hochgeschwindigkeitszerspanung von TiAl6V4 ist aufgrund des hohen Schneidenverschleißes schwierig. Die hohen auftretenden Temperaturen [14] sowie die erheblichen Schnittkräfte führen zu einem schnellen Versagen der Schneiden. Im Gegensatz zu dem kontinuierlichen Anstieg der Schnitttemperaturen und dem degressiven Abfall der Schnittkräfte weist die Oberfläche der verwendeten Schneiden kein einheitliches Bild auf (Bild 15).

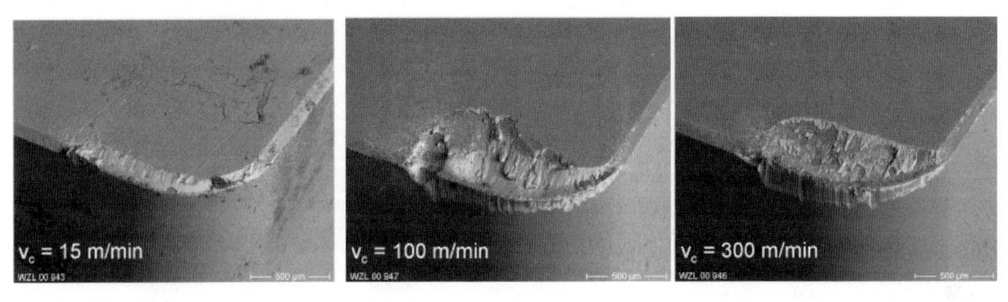

Bild 15: Spanflächen beim Drehen von TiAl6V4 (f = 0,1 mm, a_p = 1 mm)

Kann man bei geringen Schnittgeschwindigkeiten (v_c = 15 m/min) die Kontaktzone noch sehr gut identifizieren, so ist dies bei erhöhten Schnittgeschwindigkeiten nicht mehr möglich. Die Aufschmierung von Werkstoff sowie ein starker Kolkverschleiß erschweren die Auswertung. Die Anzahl der auswertbaren Schneiden ist sehr gering, da auch schon bei moderaten Schnittgeschwindigkeiten häufig ein Schneidenbruch auftritt.

6.3.5 Spanbildung bei der Hochgeschwindigkeitszerspanung von AlZnMgCu1,5

Die aushärtbare Knetlegierung AlZnMgCu1,5 wurde bei Schnittgeschwindigkeiten bis v_c = 6000 m/min zerspant. Die Schnittbedingungen für Aluminium sind bei Vorschüben von f = 0,1 mm und f = 0,25 mm bei konstanter Schnitttiefe a_p = 2 mm. Analog zu Ck45N zeigt die Aluminiumlegierung bei hohen Schnittgeschwindigkeiten (v_c = 1000 m/min) einen Übergang vom Fließspan zum Lamellenspan (Bild 16).

Die Spanform geht von langen Bandspänen und zylindrischen Wendelspänen bei hohen Schnittgeschwindigkeiten in einen Bröckelspan über. Dabei nimmt die Größe der Bröckelspäne mit zunehmender Schnittgeschwindigkeit ab. In Bild 16 ist deutlich die Abnahme der Spandicke von niedrigen zu hohen Schnittgeschwindigkeiten zu erkennen. Darüber hinaus nimmt die Ausprägung der Segmentierung mit der Schnittgeschwindigkeit zu. Der Grad der Segmentierung bestimmt bei hohen Schnittgeschwindigkeiten den Spanbruch. Dieser erfolgt an der am stärksten segmentierten Stelle des Spanes. Hierdurch kann die Verkleinerung der Bröckelspäne mit hohen Schnittgeschwindigkeiten erklärt werden. Zusätzlich kann das weitgehend unbeeinflusste Gefüge in den Lamellen erkannt werden. Die Form der Segmentierung führt zu dem Schluss, dass bei der Spanbildung bei hohen Schnittgeschwindigkeiten Rissbildungsmechanismen eine Rolle spielen. Dieser Schluss steht jedoch im Gegensatz zu der bestehenden Theorie der Lamellenspanbildung, die durch ein Aufstauchen und Abscheren einen rein plastischen Ansatz verfolgt.

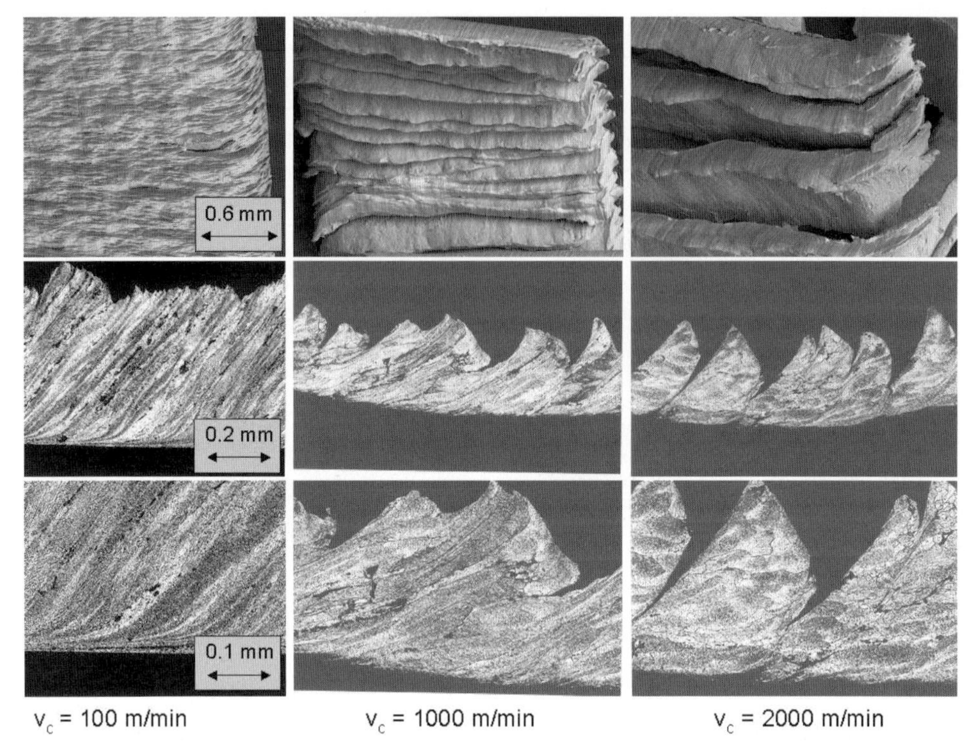

Bild 16: Spanform und -gefüge beim Drehen von AlZnMgCu1,5 mit Hartmetall (f = 0,25 mm; a_p = 2 mm)

6.3.6 Abhängigkeit der Oberflächenqualität und Randzonenbeeinflussung von der Schnittgeschwindigkeit

Ein häufig genanntes Argument für die Einführung der Hochgeschwindigkeitszerspanung ist die Verbesserung der Oberflächengüte. In Bereichen sehr hoher Schnittgeschwindigkeiten (v_c > 2000 m/min) ist dies bei der Drehbearbeitung von Stahl nicht der Fall (Bild 17). Die Rauheit steigt kontinuierlich an und ist bei einer Schnittgeschwindigkeit von v_c = 6000 m/min doppelt so hoch wie bei v_c > 2000 m/min. Die Deformation der Werkstückrandzone zeigt eine ähnliche Abhängigkeit. In Bild 18 ist das Randzonengefüge längs und quer zur Vorschubrichtung gezeigt. Die Schliffe zeigen einen Anstieg der plastisch deformierten Zone mit steigender Schnittgeschwindigkeit. Dies kann nicht mit steigendem Schneidenverschleiß begründet werden, wie Bild 4 zeigt. Die Analyse der Querschliffe ergibt, dass die Aufwürfe, die die Vorschubbahnen voneinander trennen, ebenfalls mit zunehmender Schnittgeschwindigkeit ansteigen (Bild 18) was die Ursache für den Anstieg der Oberflächenrauhigkeit darstellt. Aus diesen Ergebnissen lässt sich schließen, dass die erhöhte Schnittgeschwindigkeit zu einer erhöhten Werkstücktemperatur führt, was die Verformbarkeit der Randzone erhöht. Diese Folgerung wird auch durch die Temperaturmessungen gestützt, die zusammen mit dem Lehrstuhl für Wärmeübertragung und Klimatechnik (WÜK) an der RWTH Aachen durchgeführt wurden.

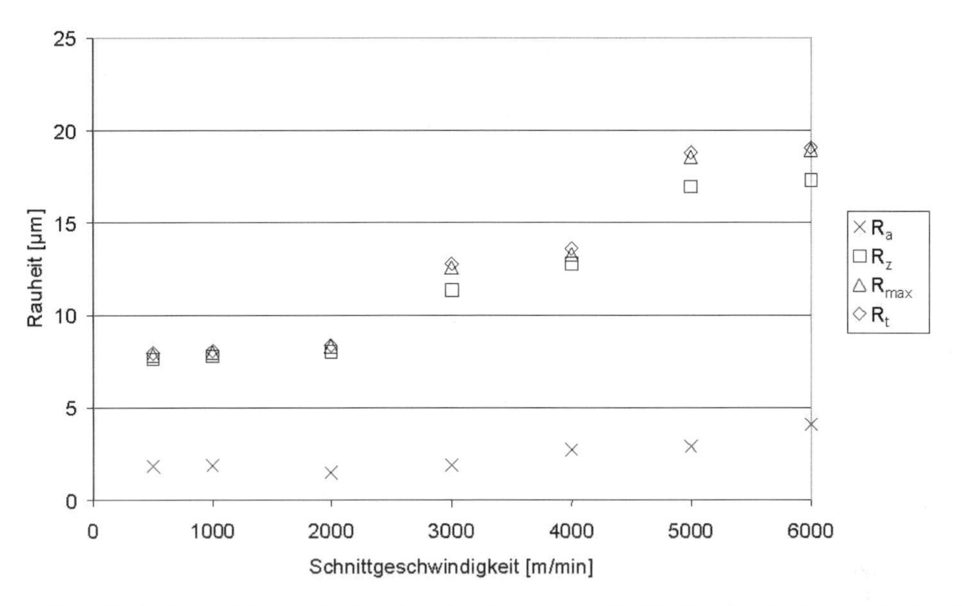

Bild 17: Oberflächenqualität beim Hochgeschwindigkeitsdrehen von Ck45N (Vorschub f = 0,2 mm, Schnitttiefe a_p = 1 mm)

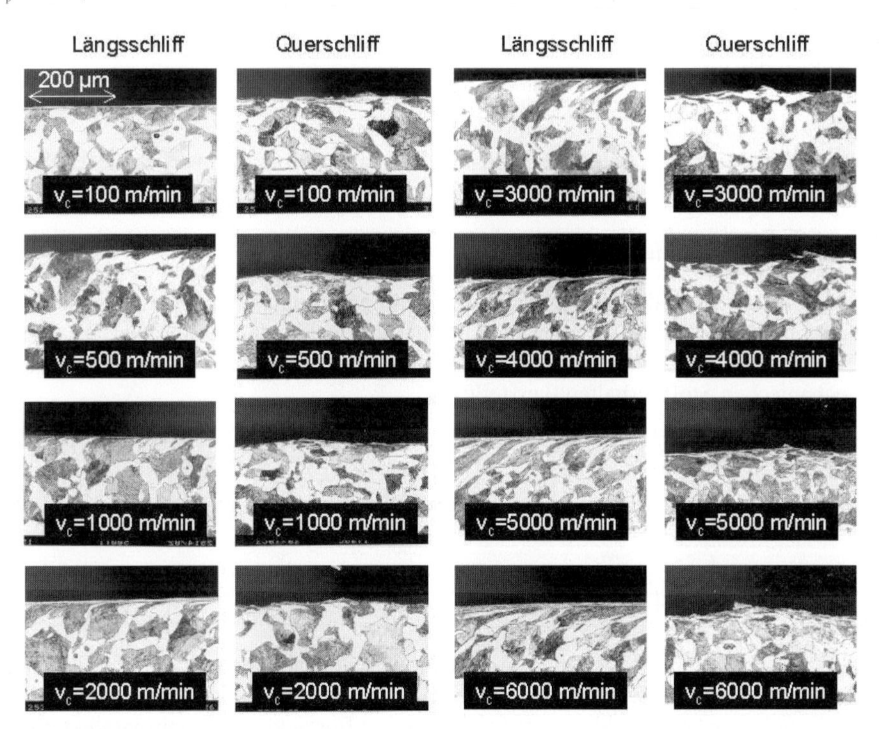

Bild 18: Randzonengefüge beim Hochgeschwindigkeitsdrehen von Ck45N (Vorschub f = 0,2 mm, Schnitttiefe a_p = 1 mm)

6.4 FEM Simulation der Spanbildung

Die Modellierung von Zerspanprozessen ist seit Jahrzehnten Gegenstand der Forschung auf dem Gebiet der Fertigungstechnik. Die gängigsten Ansätze zur Definition der Schnittkräfte [16] und der bei der Zerspanung auftretenden Temperaturen [17] sind gleichzeitig die ältesten. Die Modellierung mit Hilfe numerischer Methoden tritt aufgrund der rasant verbesserten Rechnerleistungen seit ca. 10 Jahren verstärkt in den Vordergrund.

Ein numerisches Modell auf Basis der Methode der Finiten Elemente erfordert Daten neuer Qualität. Die konventionellen Eingangsdaten wie Fließkurven und Wärmeleiteigenschaften, die üblicherweise für die Umformtechnik entwickelt wurden, müssen unter geänderten Bedingungen ermittelt werden. Hierzu gehören stark erhöhte Temperaturen und Verformungsgeschwindigkeiten, die die konventionellen um zwei bis fünf Zehnerpotenzen überschreiten.

Das Ziel des aktuellen Forschungsprojektes zur Beschreibung der physikalischen Grundlagen der Spanbildung bei hohen Schnittgeschwindigkeiten ist die Aufstellung eines numerischen Zerspanungsmodells. Die zentrale Forderung besteht in der Verifikation der erhaltenen Simulationsergebnisse durch die vorgestellten experimentellen Versuche. Das so erhaltene und ständig verfeinerte Modell soll schließlich zu der Beschreibung nicht messbarer Größen beitragen.

Zur Überprüfung der Güte der erstellten Simulationsmodelle für die Zerspanung von Ck45N und AlZnMgCu1,5 wurden zahlreiche Simulationen durchgeführt und ausgewertet. Zuvor werden jedoch die getroffenen Annahmen genannt, die die Interpretation der Ergebnisse beeinflussen.

- Die Werkstoffmaterialien (Aluminium und Stahl) werden als ideal-visko-plastisch, die Werkzeuge (Hartmetall und Oxidkeramik) als ideal-elastisch angenommen.
- Zwischen Werkstück und Schneide wird ein konstanter Reibungswert nach Coulomb angesetzt.

6.4.1 Simulation der Aluminiumzerspanung

Die Simulation der Spanbildung bei der Aluminiumlegierung AlZnMgCu1,5 wurde mit dem Programm DEFORM 2D und basierend auf dem folgenden Materialgesetz (siehe Beitrag El-Magd, E., Korthäuer, M.: „Experimentelle und numerische Untersuchung zum thermomechanischen Stoffverhalten“) erstellt:

$$\sigma = (K \cdot (B + \varepsilon)^n + \eta \cdot \dot{\varepsilon}) \cdot \Psi(T) \qquad \text{(Gl. 2 [18, 19])}$$

Als Temperaturfunktion wurde die folgende Exponentialfunktion angesetzt:

$$\Psi(\mathrm{T}) = \exp\left(-\beta \frac{\mathrm{T} - \mathrm{T}_0}{\mathrm{T}_m - \mathrm{T}_0}\right) \qquad \text{(Gl. 3 [18, 19])}$$

In diesen Gleichungen sind K, B, n, η, β und T_m werkstoffabhängige Größen, die experimentell am LFW ermittelt wurden. Die weiteren Parameter sind in Tabelle 2 dargestellt.

Ziel des Projektes ist es, ein Modell für einen weiten Bereich von Schnittparametern zu erstellen. Die Bilder 19 und 20 zeigen daher den Vergleich von simulierten und gemessenen Zerspankräften und -temperaturen. Für hohe Schnittgeschwindigkeiten, die in diesem

Schwerpunktprogramm im Fokus stehen, zeigt sich eine gute Übereinstimmung von simulierten Schnittkräften und Spanunterseitentemperaturen.

Tabelle 2: Thermomechanische Eigenschaften für die Simulation der Aluminiumzerspanung (AlZnMgCu1,5)

E-Modul E	Querkontraktionszahl ν	thermische Ausdehnung α	Wärmeleitfähigkeit λ	Produkt aus spez. Wärmekapazität und Dichte $c_p * \rho$	Taylor-Quinney Koeffizient κ	Coulombscher Reibwert μ
55,8 GPa	0,32	$2{,}3 \cdot 10^{-5}$ K^{-1}	173,7 W/(m · K)	2,107 N/(m^2 · K)	0,62	0,05

Bei niedrigen Schnittgeschwindigkeiten ist diese Übereinstimmung geringer ausgeprägt. Eine Ursache hierfür kann in dem verwendeten Materialgesetz liegen, dass nur für einen begrenzten Temperaturbereich und hohe Umformgeschwindigkeiten die Versuchsergebnisse am LFW hinreichend gut beschreibt [19]. Das vorliegende Modell ermöglicht demnach die Simulation der Schnittkräfte und Spantemperaturen bei hohen Schnittgeschwindigkeiten mit einer hohen Genauigkeit. Die Tatsache, dass zwei experimentelle Vergleichsparameter übereinstimmen unterstreicht die Güte des Modells als Instrument für den Fertigungstechniker.

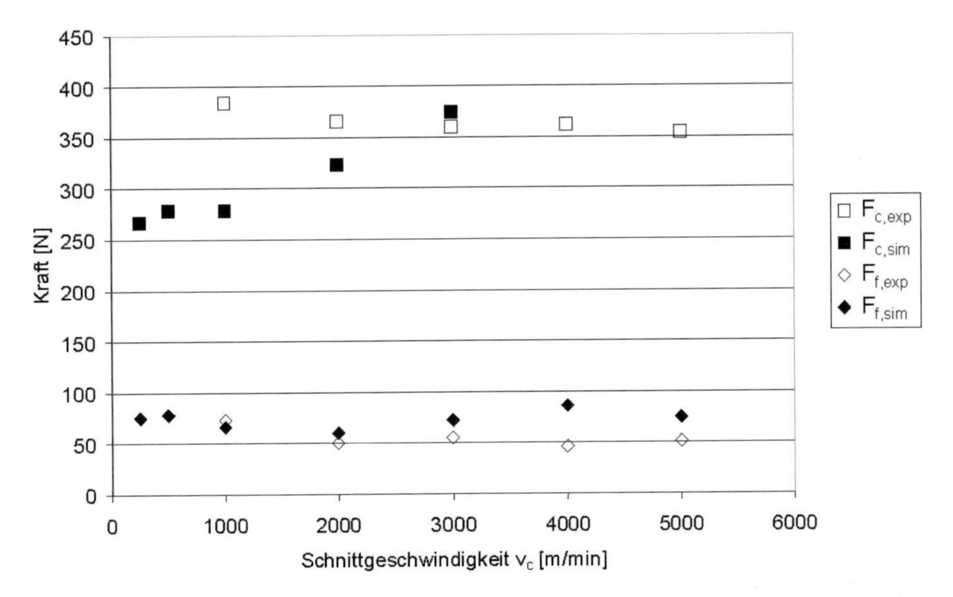

Bild 19: Vergleich der simulierten und gemessenen Schnittkräfte bei der Zerspanung von AlZnMgCu1,5 (f = 0,25 mm, a_p = 1 mm Materialgesetz Gl.1.)

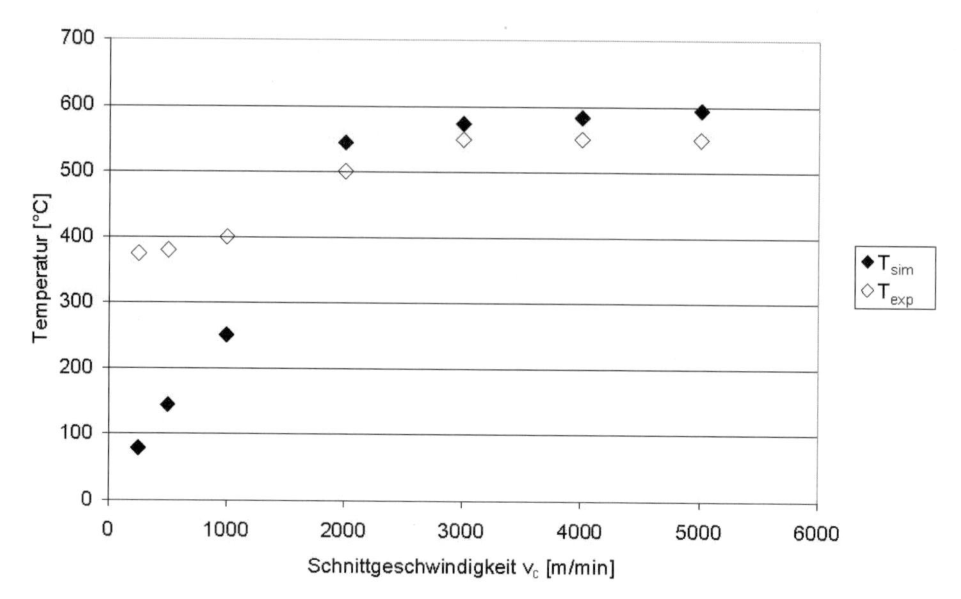

Bild 20: Vergleich der simulierten und gemessenen Spantemperaturen bei der Zerspanung von AlZnMgCu1,5 ($f = 0{,}25$ mm, $a_p = 1$ mm, Materialgesetz Gl. 2.)

Die simulierten mechanischen und thermischen Belastungen der Schneide können daher für die Prozessauslegung genutzt werden. Dass die Spanart des simulierten Spans (Fließspan) nicht mit der im Experiment (Lamellenspan) übereinstimmt, zeigt den Forschungsbedarf im Bereich der Spansimulation auf.

6.4.2 Simulation der Stahlzerspanung

Für die Simulation der Stahlzerspanung wurde anfangs ebenfalls das Materialgesetz des LFW (Gleichung 2) angewandt. Im Gegensatz zur Simulation der Spanbildung bei Aluminium zeigte dieses Gesetz eine unzureichende Übereinstimmung mit dem Experiment. Daher wurde seitens des LFW ein erweitertes Materialgesetz ermittelt und in die Simulation der Stahlzerspanung eingebunden.

Das neue Gesetz (Gleichung 4), das verschiedene Bereiche von Dehngeschwindigkeiten in sich vereinigt, ist in dem Beitrag von El-Magd/Korthäuer näher erläutert.

$$\dot{\varepsilon} = (1-M)\left(\left(\frac{\sigma}{\sigma_0(T,\varepsilon)}\right)^{N(T)} + \left(\frac{\sigma}{\sigma_H(T,\varepsilon)}\right)^{1/m(T)}\right)\dot{\varepsilon}^* + M\left(\left(\frac{\sigma-\sigma_G(T,\varepsilon)}{\eta}\right)\dot{\varepsilon}_G(T,\varepsilon)\right)$$

(Gl. 4 [19])

Die thermomechanischen Kenngrößen der Simulation können Tabelle 3 entnommen werden.

Bild 21 zeigt für unterschiedliche Schnittgeschwindigkeiten den Vergleich der simulierten und gemessenen Schnittkräfte unter Verwendung des Materialgesetzes nach Gleichung 4. Der Vergleich der Schnittkräfte im quasistationären Zustand ergibt eine gute Übereinstimmung bei Schnittgeschwindigkeiten von $v_c = 100$ m/min und $v_c = 1000$ m/min und eine sehr gute Übereinstimmung bei einer Schnittgeschwindigkeit von v_c = 500 m/min.

Tabelle 3: Thermomechanische Eigenschaften für die Simulation der Stahlzerspanung (Ck45N)

E-Modul E	Querkontraktions-zahl ν	thermische Ausdehnung α	Wärmeleitfähigkeit λ	Produkt aus spez. Wärmekapazität und Dichte $c_p*\rho$	Taylor-Quinney Koeffizient κ	Coulombscher Reibwert μ
166 GPa	0,3	$1{,}3*10^{-5}$ K^{-1}	38,67 W/(m*K)	3,659 N/(m^2*K)	0,9	0,1

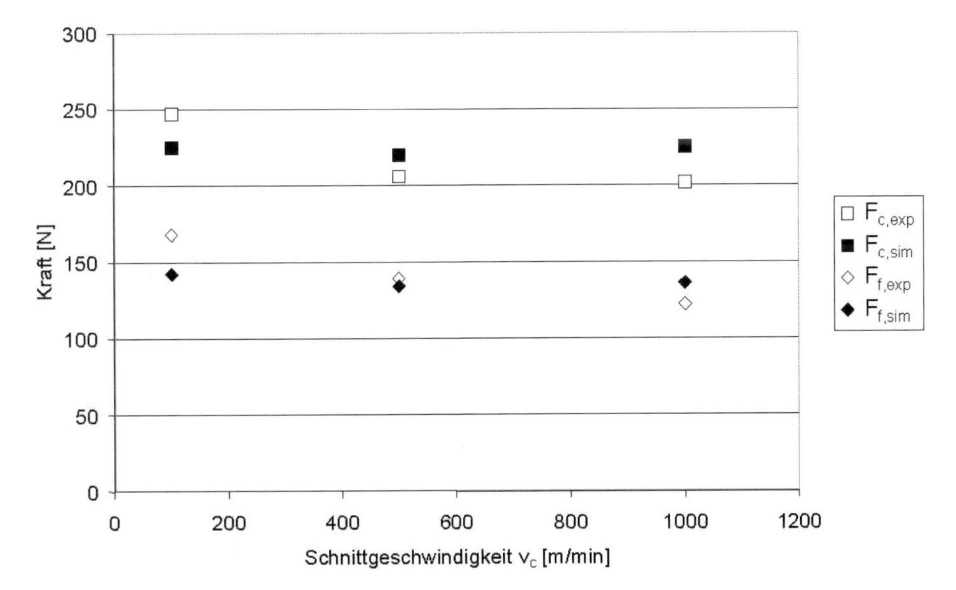

Bild 21: Vergleich der simulierten und gemessenen Kräfte bei der Zerspanung von Ck45N in Abhängigkeit von der Schnittgeschwindigkeit (f = 0,1 mm, a_p = 1 mm)

Zum Vergleich der simulierten und gemessenen Spantemperatur ist es notwendig, dass die simulierte Prozesszeit maximiert wird. Die simulierte Prozesszeit betrug durch die Anwendung einer am Werkzeugmaschinenlabor programmierten Konti-Span-Routine [24], t_{sim} = 15 ms. Dieser Zeitbereich ist lang genug um durch die hohe Zeitauflösung der Pyrometermessung mit dem Experiment verglichen werden zu können. Die vom WÜK gemessene Spantemperatur beträgt $\vartheta \approx 500$ °C, die simulierte Temperatur 475 °C.

Die Simulation der Lamellenspanbildung ist ebenfalls durchgeführt worden. Die Lokalisierung der Scherung wurde wie in [20, 21] durch die Implementierung adiabater Fließkurven oder Schädigungskriterien erreicht [21, 23]. Die experimentellen Ergebnisse zeigen, dass der Einfluss der Spanlamellierung auf die Zerspantemperaturen und Schnittkräfte vernachlässigbar ist. Daher werden diese Ansätze, die in [24–26] näher beschrieben sind, nicht weiter verfolgt.

6.5 Literatur

[1] Salomon, C.: Verfahren zur Bearbeitung von Metallen oder bei einer Bearbeitung durch schneidende Werkzeuge sich ähnlich verhaltenden Werkstoffen. 1931
[2] Kronenberg, M.: Zwischenbericht über die Vervielfachung heute üblicher Schnittgeschwindigkeiten. Werkstattstechnik, Jahrg. 49, Heft 4, S. 181–184, 1959
[3] Bredendick, F.: Die Massenkräfte beim Zerspanvorgan. Werkstatt und Betrieb, Jahrg. 92, Heft 10, S. 739–742, 1959
[4] DeGroat, G.H.; Ashburn, A.: Ultra-high-speed machining. American Machinist, Special Report 484, pp. 111–126, 1960
[5] Kusnetsov, V.D.; Polosatkin, G.D.; Kalashnikova, M.P.: The study of cutting processes at very high speeds. Sibirsk Physico-Technical Research Institute, 1960
[6] Schiffer, F.: Spanungskräfte bei sehr hohen Schnittgeschwindigkeiten. Wissenschaftl. Zeitschrift der Uni Dresden, 14, Heft1, S. 109–122, 1965
[7] Arndt, G.: Ultra-high-speed machining. Annals of the CIRP, Vol 21/1 1972, pp. 3–4, 1972
[8] Mathew, P.; Oxley, P.L.B.: Predicting the Effects of very high cutting speeds on Cutting forces, etc. Annals of the CIRP, Vol. 31/1/1982, pp. 49–52, 1982
[9] Molinari, A.; Sutter, G.; Delime, A.; Dudzinski, D.: High speed machining experiments. 1. French and German Conference on High Speed Machining, Metz, Juni 1997
[10] Klocke, F.; Zinkann, V.: Hochgeschwindigkeit ändert die Spanbildung. VDI-Z, 141, Nr 3/4, S. 30–34, 1999
[11] Siems, S.; Warnecke, G.; Aurich, J.C.: Mechanismen der Werkstoffbeanspruchungen sowie deren Beeinflussung bei der Zerspanung mit hohen Geschwindigkeiten, in diesem Buch
[12] Denkena, B.; Kuhlmann, A.; Ben Amor, R.: Thermomechanische Aspekte der Hochgeschwindigkeitsbearbeitung. 4th int. Conf. On Metal Cutting and High Speed Machining, Darmstadt, 19./20. 3. 2003
[13] Klocke, F.; Hoppe, S.: High Speed Turning of the Aluminum Alloy AA7075. Production Engineering Vol. IX/1 (2002)
[14] Müller, B.; Renz, U.: Temperature measurements with a bibre-optic two-colour-pyrometer, in "Scientific fundamentals of high speed cutting", Schulz, H. (Hrsg.), Carl Hanser Verlag, München–Wien 2001, pp. 181–186
[15] Bäker, M.; Rösler, J.; Siemers, C.: Spanbildung bei der Hochgeschwindigkeitszerspanung von Titan-Legierungen, Spanen metallischer Werkstoffe mit hohen Geschwindigkeiten, Kolloquium des SPP der DFG am 18. 11. 1999, S. 10–15, 1999
[16] Merchant, M.E.: Mechanics of the metal cutting process. Journal Appl. Phys., 16, pp. 267–318, 1945

[17] Vieregge, G.: Zerspanung der Eisenwerkstoffe. Verlag Stahleisen, Düsseldorf, 1970
[18] El-Magd, E.; Treppmann, C.: Mechanical behaviour of AA7075, Ck45N and TiAl6V4 at high strain rates. Materialsweek, (2000)
[19] Treppmann, C.: Fließverhalten metallischer Werkstoffe bei Hochgeschwindigkeitsbeanspruchung. Dissertation, RWTH Aachen, 2001
[20] Bäker, M.; Rösler, J.; Siemers, C.: A finite element model of high speed metal cutting with adiabatic shearing. Computers and Structures, 2002 (2002) 80, pp. 495–513
[21] Behrens, A.; Westhoff, B.: Finite Element Modeling of High Speed Machining Processes. 2nd International German and French Conference on High Speed Machining, Darmstadt, 1999, S. 185–190
[22] Uhlmann, E.; Zettier, R.: Simulation der Spanbildung und Oberflächenentstehung beim Hochgeschwindigkeitsspanen einer Nickelbasislegierung; in diesem Buch
[23] Sievert, R. u. Mitarbeiter: Simulation der Spansegmentierung einer Nickelbasislegierung unter Berücksichtigung thermischer Entfestigung und duktiler Schädigung, in diesem Buch
[24] Klocke, F.; Raedt, H.W.; Hoppe, S.: 2D-FEM Simulation of the orthogonal High Speed Cutting Process. Machining Science and Technology, vol. 5, issue 3, pp. 323–340, 2001
[25] Klocke, F.; Hoppe, S.: Simulation of the metal cutting process – reliability and optimization. International Journal of Production Engineering and Computers, 4/2002 (2003) 5, pp. 43–51
[26] Klocke, F.; Raedt, H.W.; Hoppe, S; Messner, G.; Schmitz, R.: FEM Simulation of METAL forming and cutting operations, 7th ICTP in Japan, 2002

7 Experimentelle und numerische Untersuchungen zur Temperatur- und Wärmequellenverteilung beim Hochgeschwindigkeitsspanen

U. Renz, B. Müller

7.1 Einleitung

Die beim Hochgeschwindigkeitsspanen auftretenden Temperaturen beeinflussen den gesamten Prozess, da hierdurch Parameter wie Schneidenverschleiß, Materialverhalten und Reibungseigenschaften beeinflusst werden. Die Messung von Temperaturen beim Drehen mit hohen Geschwindigkeiten stellt aufgrund hoher lokaler Temperaturgradienten, geringer Größenskalen, begrenzter optischer Zugänglichkeit und unbekannter Emissionsgrade hohe Anforderungen an die Messtechnik. Aus diesem Grund wurde ein schnelles faseroptisches Zwei-Farben Pyrometer entwickelt, mit dem die Temperaturen der Spanunterseite, Spanoberseite, Werkstückoberfläche und in der Kontaktzone von Span und Werkzeug in Abhängigkeit von der Schnittgeschwindigkeit, dem Vorschub oder dem Werkstoff gemessen werden konnten. Die Temperaturen steigen mit der Schnittgeschwindigkeit an und nähern sich asymptotisch einem Grenzwert.

Parallel zu den pyrometrischen Messungen wurden mit einer Hochgeschwindigkeits-Infrarotkamera Temperaturfelder während der Spanentstehung im Orthogonalschnitt aufgenommen. Hieraus wurden die Temperaturverläufe in der Scherzone ausgewertet, und es konnte die Geschwindigkeitsabhängigkeit des Materialverhaltens gezeigt werden. In einem weiteren Versuchsaufbau wurde der zeitliche Verlauf der Temperaturverteilung der Schneidplatten erfasst.

Zur Bestimmung der kompletten Temperaturverteilungen und Maximalwerte von Werkzeug, Werkstück und Span wurden zum thermischen Verhalten numerische Berechnungen mit einem Finite-Volumen Programm durchgeführt. Hierbei wurden sämtliche Eingangsdaten, wie z. B. Spangeometrie, Scherzonenabmessungen und Wärmequellterme, aus experimentell bestimmten Daten ermittelt, was eine große Realitätsnähe des Modells gewährleistet. Die Verteilung der Wärmequellterme wurde durch Vergleich mit den gemessenen Temperaturen angepasst, wobei die eingebrachte Gesamtenergie der experimentell ermittelten Schnittleistung entspricht.

7.2 Abstract

The temperatures occuring in a high-speed manufacturing operation affect the whole process, since parameters as tool wear, material behaviour and friction are influenced. For temperature measurements of chip and workpiece surfaces of AA 7075 aluminium, AISI 1045 steel, and Ti6Al4V titanium a fast fibre-optic two-colour pyrometer has been developed. The two-colour principle allows temperature measurements with high absolute accuracy without knowledge of the surface emissivity. Quartz fibres with small diameters enable measurements at locations with limited optical access. The results show a strong

Hochgeschwindigkeitsspanen. Hrsg. H. K. Tönshoff und F. Hollmann

ISBN: 3-527-31256-0

temperature increase with rising cutting speed approaching asymptotically a limiting value, which corresponds to the melting temperature in case of AA 7075 aluminium alloy. The workpiece surface temperatures show approximately a linear increase with cutting speed and are strongly affected by tool wear.

Additionally a high-speed infrared camera has been applied to measure temperature distributions during the chip formation in an orthogonal turning process. The temperature distributions in the primary shear zone have been evaluated, which show that the material behaviour is depending on the cutting speed. The time dependent temperature distribution of the tool has been measured in an alternative experimental set-up.

Temperature measurements are hardly possible at each location of interest, e. g. in the friction zone between tool and chip or in the finished workpiece subsurface layer, due to the small scales and high temperature gradients. To determine the complete temperature distribution of tool, workpiece, and chip a two-dimensional numerical calculation of the energy equation is performed. A finite volume method with structured grids is applied for the solution. The theoretically determined distribution of the total heat source term at different locations has been corrected by a comparison of the calculated temperatures with measured values. The results show that the melting temperature of the workpiece material can be reached in the friction zones. Extremely high temperature gradients occur in the workpiece subsurface layer and the temperatures exceed the structural transformation temperature at which Ferrite/Pearlite changes into Austenite. The influence of the transformation enthalpy on the temperatures has also been investigated.

7.3 Experimentelle Untersuchungen

7.3.1 Zwei-Farben Pyrometrie

7.3.1.1 Theorie

Bei Temperaturmessverfahren basierend auf der Infrarotstrahlung, nämlich Pyrometrie oder Thermografie, wird die Temperatur über die von der Oberfläche ausgesendete elektromagnetische Strahlung bestimmt. Den Zusammenhang zwischen der spektralen spezifischen Ausstrahlung und der Temperatur eines realen Körpers liefert das Plancksche Gesetz multipliziert mit dem spektralen Emissionsgrad ε_λ, wobei C1 und C2 die Planckschen Strahlungskonstanten sind:

$$E_\lambda(T) = \frac{\varepsilon_\lambda C_1}{\lambda^5 \left[\exp(C_2/\lambda T) - 1\right]} \tag{7.1.1}$$

Das größte Problem für die Temperaturbestimmung liegt in der Ermittlung des Emissionsgrads im Wellenlängenbereich des Messgeräts. Der Grund hierfür liegt in den zahlreichen den Emissionsgrad beeinflussenden Faktoren, wie Material, Oberflächenbeschaffenheit, Wellenlänge, Temperatur und Winkellage zur Oberfläche. Insbesondere bei der Messung beim Hochgeschwindigkeitsspanen an den entstehenden Spänen machen Einflüsse wie Oxidation und Rauhigkeit der Oberfläche eine genaue Bestimmung des Emissionsgrads sehr schwierig. Beim Zwei-Farben Pyrometer werden die Intensitäten zweier diskreter Wellenlängenbänder erfasst und die Messsignale der beiden Wellenlängenbereiche ins Verhältnis gesetzt. Dadurch wird die ermittelte Temperatur unabhängig von nicht durch die Temperatur hervorgerufenen Intensitätsschwankungen der Messsignale, wie sie zum Beispiel durch Verschmutzung der Optik oder durch eine unterschiedliche Größe des Messobjektes im Blickfeld der Pyrometeroptik auftreten können. Damit kann auch die Temperatur von Objekten gemessen werden, die das Blickfeld der Optik nur teilweise ausfüllen. Der zweite große Vorteil besteht darin, dass durch die Bildung des Verhältnisses der beiden Signale die ermittelte Temperatur unabhängig vom Emissionsgrad ist, wenn dieser bei den beiden Wellenlängen gleich ist (grauer Strahler). Aus dem Planckschen Gesetz kann eine Gleichung hergeleitet werden, siehe Pyatt [1], für die mit einem Zwei-Farben-Pyrometer gemessene Temperatur T_R in Abhängigkeit von den Pyrometerwellenlängen λ_1 und λ_2 und dem Verhältnis der Emissionsgrade der Messoberfläche bei diesen Wellenlängen:

$$T_R = \left(\frac{1}{T} + \frac{\ln(\varepsilon_1 / \varepsilon_2)}{C_2 \left(\lambda_2^{-1} - \lambda_1^{-1} \right)} \right)^{-1} . \qquad (7.1.2)$$

Falls die Emissionsgrade bei den beiden Pyrometerwellenlängen gleich sind, fällt der zweite Term auf der rechten Gleichungsseite weg, und die gemessene Temperatur T_R ist gleich der wahren Oberflächentemperatur T. Durch die Wahl von zwei dicht benachbarten Pyrometerwellenlängen kann die Bedingung gleicher Emissionsgrade für viele Oberflächen gut angenähert werden. Es kann also ohne eine aufwändige Kalibrierung des Pyrometers an der Messoberfläche die genaue Absoluttemperatur bestimmt werden, selbst wenn sich der Emissionsgrad während der Messung verändert.

7.3.1.2 Entwicklung eines schnellen faseroptischen Zwei-Farben Pyrometers

Die Messung von Temperaturen beim Drehen mit hohen Geschwindigkeiten stellt aufgrund hoher lokaler Temperaturgradienten, geringer Größenskalen, begrenzter optischer Zugänglichkeit und unbekannter Emissionsgrade hohe Anforderungen an die Messtechnik. Ein kritischer Vergleich von in der Literatur vorgestellten Messverfahren findet sich bei Müller et al. [2]. Am Lehrstuhl für Wärmeübertragung und Klimatechnik, RWTH Aachen, wurde ein spezielles Pyrometer entwickelt, wobei die im Folgenden dargestellten Aspekte berücksichtigt wurden. Eine detaillierte Beschreibung der Pyrometerentwicklung und ausführliche Analysen der Messgenauigkeit finden sich bei Müller & Renz [3, 4].

Der größte Fehlereinfluss für die gemessene Absoluttemperatur wird beim Zwei-Farben Pyrometer durch einen Unterschied der spektralen Emissionsgrade bei den beiden Pyrometerwellenlängen hervorgerufen. Zur Bestimmung geeigneter Pyrometerwellenlängen wurden die Temperaturfehler mit Gleichung 7.1.2 für verschiedene metallische Oberflächen berechnet [3, 4]. Hierbei wurde auf Literaturdaten für die spektralen Emissionsgrade zurückgegriffen, Touloukian & DeWitt [5]. Die Fehler für die schließlich gewählten Wellenlängen von 1,7 und 2,0 μm liegen sogar bei Temperaturen von über 1500 K für verschiedene metallische Oberflächen mit unterschiedlichen Eigenschaften, z. B. sandgestrahlt oder oxidiert, unter 5 % [3, 4]. Lediglich polierte metallische Oberflächen können bei sehr hohen Temperaturen Fehler von über 10 % verursachen. Da die Oberflächen der Späne oxidieren und, abgesehen von der Spanunterseite, eine sehr hohe Rauhigkeit aufweisen, siehe REM Aufnahmen des Werkzeugmaschinenlabors (WZL) der RWTH Aachen im Kapitel **Klocke/Hoppe, „Experimentelle und numerische Untersuchung zur Hochgeschwindigkeitszerspanung“**, sind die zu erwartenden Messfehler gering. Vergleichsmessungen an leicht und stark oxidiertem Kohlenstoffstahl zeigten, dass hier die Temperaturfehler bei 650 K nur ca. 2 % betragen [4]. Um die Fehler für die bearbeiteten Werkstückoberflächen abschätzen zu können, wurden im Rahmen dieses Projekts spektrale Emissionsgradmessungen der drei untersuchten Werkstoffe in Auftrag gegeben, da keine Literaturdaten zu gedrehten Oberflächen verfügbar sind, siehe Bild 1. Die gemessenen Verläufe weisen leichte Unregelmäßigkeiten bei 2 bis 2,2 µm auf, die aber systembedingt sind und im Bereich der Messgenauigkeit liegen.

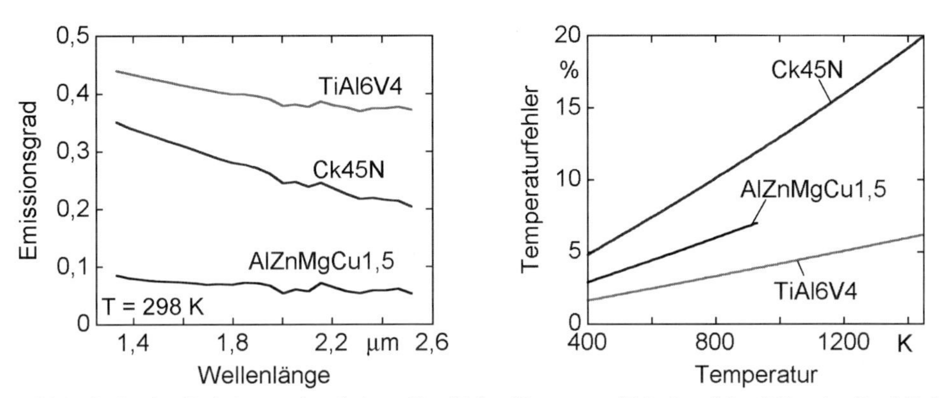

Bild 1: Spektraler Emissionsgrad gedrehter Oberflächen/Temperaturabhängiger Messfehler des Zwei-Farben Pyrometers

Der Vergleich mit den Literaturdaten für polierte AlZnMgCu1,5- und TiAl6V4-Oberflächen [5] zeigt, dass die Emissionsgrade für die mit hohen Schnittgeschwindigkeiten gedrehten Oberflächen nur wenige Prozent über denen der polierten liegen. Obwohl die Oberflächen aufgrund der beim Außenlängsdrehen entstehenden Riefen eine hohe Rauhigkeit besitzen, zeigt dies, dass die Oberfläche abgesehen von den relativ großen Riefenstrukturen eine sehr geringe Rauhigkeit hat. Dies resultiert insbesondere für Ck45N in relativ großen Temperaturfehlern für die Messung an den bearbeiteten Werkstückoberflächen, siehe Bild 1. Der Temperaturfehler ist als $(T_R\text{-}T)/T$ definiert. Die Fehler für AlZnMgCu1,5 wurden nur bis zur Schmelztemperatur dargestellt.

Ein Vorteil dieser sehr glatten Oberflächen ist die geringe Neigung zur Oxidation. Die optischen Eigenschaften dieser Oberflächen verändern sich auch lange Zeit nach dem Drehprozess nicht. Aus diesem Grund wurden die gemessenen Temperaturen mit dem aus Bild 1 ermittelten Emissionsgradverhältnis korrigiert unter der Annahme eines unveränderten Emissionsgrads während der Temperaturmessung beim Drehen und der Messung des spektralen Oberflächenemissionsgrads. Außerdem wird die Annahme getroffen, dass das Emissionsgradverhältnis temperaturunabhängig ist, was bei nicht oxidierenden Oberflächen näherungsweise erfüllt ist, siehe [5, 6].

Ein weiteres Ziel bei der Pyrometerentwicklung war eine hohe Empfindlichkeit, da insbesondere bei Aluminium geringe Strahlungsintensitäten vorliegen aufgrund des geringen Emissionsgrads und des niedrigen Temperaturniveaus bedingt durch die Schmelztemperatur von ca. 650 °C. Hinzu kommt die Problematik, dass sich nach dem Wienschen Verschiebungsgesetz das Strahldichtemaximum mit abnehmender Temperatur zu längeren Wellenlängen verschiebt. Da die maximale Wellenlänge aufgrund der Transmission der Quarzfaser auf ca. 2,2 µm begrenzt ist, musste die Empfindlichkeit mit einem optischen

System mit hoher Transmission, zweistufig Peltierelement gekühlten Detektoren und Verstärkern mit niedrigem Rauschen und variablem Verstärkungsfaktor erhöht werden. Die minimal messbare Temperatur beträgt ca. 250 °C und ist abhängig vom gewählten Verstärkungsfaktor und Faserdurchmesser.

Eine hohe zeitliche Auflösung ist für Messungen beim Hochgeschwindigkeitsspanen notwendig, da aufgrund des hohen Werkzeugverschleißes oft nur Versuchszeiten im Millisekundenbereich realisiert werden können. Die zeitliche Auflösung des Pyrometers wird durch die Verstärkerbandbreite limitiert und beträgt je nach gewähltem Verstärkungsfaktor max. 500 kHz, was einer Ansprechzeit von 0,7 µs entspricht. Für Messungen in der Scherzone, bei denen eine sehr hohe zeitliche Auflösung notwendig war, wurde das Pyrometers modifiziert, dass eine Ansprechzeit von 100 ns erreicht wurde. Die Ansprechzeit konnte mit einem experimentellen Aufbau mit speziellen Funkenblitzlampen nachgewiesen werden, siehe Müller & Renz [7].

Um den Messfleck möglichst nah an den Kontaktzonen von Span und Schneide und Werkstück und Schneide positionieren zu können, wurde eine Quarzfaser als Lichtleiter verwendet, da die optische Zugänglichkeit für eine Linsenoptik bei dem Drehprozess nicht gegeben ist. Eine kleine Messfleckgröße ist aufgrund der großen Temperaturgradienten ebenfalls wichtig. Kleine Faserdurchmesser in Kombination mit geringem Abstand zwischen Messobjekt und Faser resultieren in einem kleinen Messfleck, z. B. ergibt eine in einem Abstand von 1 mm positionierte Faser mit einem Durchmesser von 0,26 mm einen Messfleckdurchmesser von 0,65 mm. Ein weiterer Vorteil bei Verwendung der Faseroptik in geringem Abstand zur Messoberfläche besteht darin, dass Fehlerquellen wie reflektierte Strahlung, insbesondere bei den stark reflektierenden Oberflächen der Werkstücke, vgl. Bild 1, oder Störungen infolge fliegender Partikel oder von Staub reduziert werden.

Bei der Auswahl der lichtleitenden Faser wurde auf eine hohe thermische und mechanische Widerstandsfähigkeit geachtet. Die speziell beschichtete Infrarot-Quarzfaser erweicht erst bei einer Temperatur von ca. 1175 °C und bietet eine sehr hohe Transmission von über 99 % pro Meter bei den Pyrometerwellenlängen, was lange Faserlängen ermöglicht. Bei den Experimenten wurden Fasern mit 5 m Länge verwendet, damit das Pyrometer außerhalb der Drehmaschine positioniert werden konnte. Gebrochene oder zerkratzte Faseroberflächen können einfach und schnell wieder poliert werden, was aufgrund der hohen Wahrscheinlichkeit eines Schneidenbruches bei hohen Schnittgeschwindigkeiten sehr wichtig ist. Aufgrund der hohen Transmission und des Zwei-Farben Prinzips ist der Einfluss der Faserlänge auf die gemessene Temperatur vernachlässigbar. Auch die von der Faser emittierte thermische Eigenstrahlung, wenn diese hohen Temperaturen ausgesetzt wird, ist sehr niedrig und beeinflusst kaum die gemessene Temperatur, siehe Untersuchungen von Oikari et al. [8].

In Bild 2 ist der prinzipielle Aufbau des Pyrometers dargestellt. Die Quarzfaser leitet die Infrarotstrahlung in das Pyrometer. Hier wird sie mit einer achromatischen Linse parallelisiert und mit einem dichroitischen Spiegel (Farbteiler) spektral aufgespalten. Bandpassfilter filtern die ca. 100 nm breiten Wellenlängenbereiche bei den Zentralwellenlängen 1,7 und 2,0 µm heraus. Mit den Linsen werden die beiden Strahlen auf die InGaAs Fotodetektoren fokussiert. Die Detektoren werden zur Reduzierung des Rauschens mit Peltierelementen auf –40 °C gekühlt. Die Ausgangssignale der Detektoren werden verstärkt und von der Messdatenerfassungskarte in einem tragbaren PC aufgenommen. Die Messkarte hat eine digitale Auflösung von 12 bit und eine maximale Abtastrate von 30 MS/s. Die beiden Pyrometersignale werden mit zwei separaten A/D-Wandlern zeitgleich erfasst. Anschließend erfolgt auf dem PC die Berechnung der Temperaturen aus den Messdaten.

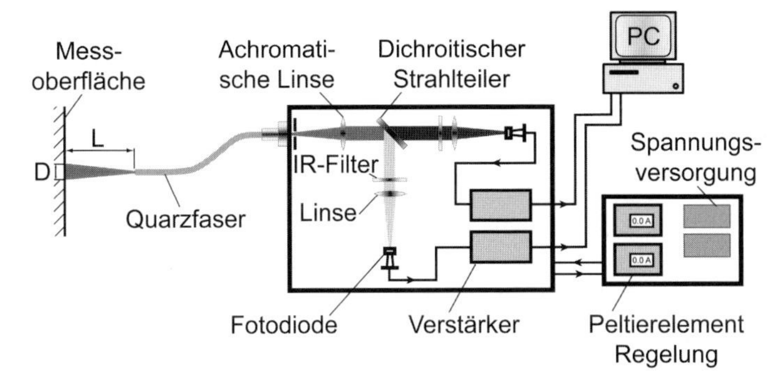

Bild 2: Schematischer Aufbau des Zwei-Farben-Pyrometers

7.3.1.3 *Kalibrierung*

Für die Kalibrierung des Pyrometers wird ein kommerzieller schwarzer Strahler verwendet, dessen Temperatur zwischen Raumtemperatur und 1200 °C eingestellt werden kann. Die verstärkten Signale der Detektoren und das Verhältnis der beiden sind in Bild 3 mit den durchgezogenen Linien dargestellt. Der Verlauf des Verhältnisses der Signale wird durch ein Polynom dritten Grades angenähert, mit dem in der Auswertesoftware die Temperatur bestimmt wird.

Um auch Temperaturen über 1200 °C messen zu können, wurden die Pyrometersignale theoretisch bestimmt. Hierfür wurde ein Programm geschrieben, mit dem eine numerische Integration des Planckschen Gesetzes unter Berücksichtigung der spektralen Eigenschaften aller optischen Komponenten und der Detektoren durchgeführt wird. Die berechneten Kurven müssen infolge geringer Unsicherheiten, z. B. bei den Werten für die Reflexionsverluste an den Oberflächen, durch Multiplikation mit einer Konstanten an die experimentellen Kurven angepasst werden. Diese Korrektur beträgt allerdings nur wenige Prozent. Die Verläufe der berechneten Daten, im Diagramm mit Punkten dargestellt, sind nahezu identisch mit den Messdaten. Mit dieser theoretischen Kalibrierkurve sind genaue Temperaturmessungen bis zum Schmelzpunkt aller drei untersuchten Werkstoffe möglich.

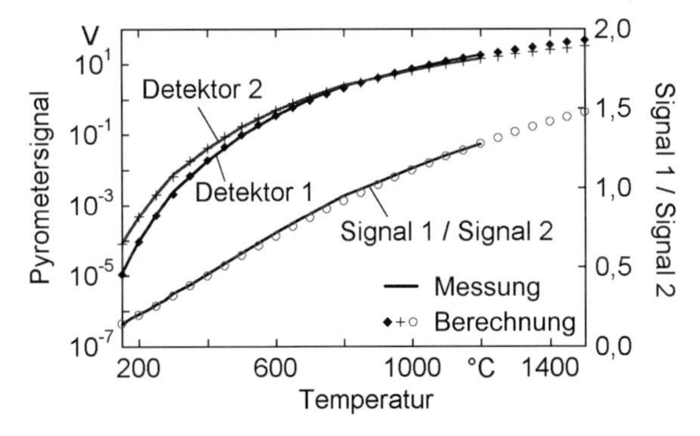

Bild 1.2.3: Kalibrierkurve – Vergleich experimenteller und berechneter Pyrometersignale und Signalverhältnis

7.3.2 Temperaturmessungen mit dem Zwei-Farben Pyrometer

7.3.2.1 Messpositionen

Für die Messung der Spanunterseitentemperatur wurden Löcher in die Schneidplatten funkenerodiert oder durch Laserstrahlschneiden gebohrt, siehe Abbildung 4. Da die Maximaltemperatur am Ende der Kontaktzone von Span und Schneide zu erwarten ist, siehe z. B. Lenz [9], und das Abkühlen des Spanes infolge der hohen Schnittgeschwindigkeiten gering ist, kann auf diese Weise annähernd die bei der Zerspanung auftretende Maximaltemperatur gemessen werden, wenn die Messpositionen nah an der Kontaktzone liegen. Dies war insbesondere für die bei Stahl und Titan verwendeten geringen Vorschübe schwierig, da bei hohen Schnittgeschwindigkeiten die Kontaktzonenlängen im Bereich von 0,1 – 0,3 mm liegen. Der Abstand der Löcher wurde variiert, um ein Optimum hinsichtlich geringem Abstand und Stabilität der Schneidkante zu finden. Außerdem wurden möglichst kleine Faserdurchmesser verwendet.

Für die Messung der Spanoberseitentemperatur wurden zwei Ansätze verfolgt. Bei dem einen Aufbau wurde eine dünne Quarzfaser in einer Hartmetallspitze auf den Span ausgerichtet, siehe rechte Skizze in Bild 4. Alternativ wurde eine fokussierende achromatische Optik verwendet, die einen Arbeitsabstand zwischen Span und Optik von 50 mm ermöglicht und einen Messfleckdurchmesser von min. 0,1 mm aufweist. Diese Optik wurde mit einem dreiachsigen Mikropositioniertisch und Laserlicht auf die Spanoberseite ausgerichtet. Bei niedrigen Schnittgeschwindigkeiten wickelten sich zwar teilweise Bandspäne um die Hartmetallspitze, aber die Anordnung war stabil genug, um nicht aus der Position gedrückt zu werden. Außerdem ist nur eine sehr kurze Messzeit im Zehntelsekundenbereich erforderlich, um eine stationäre Temperatur auswerten zu können.

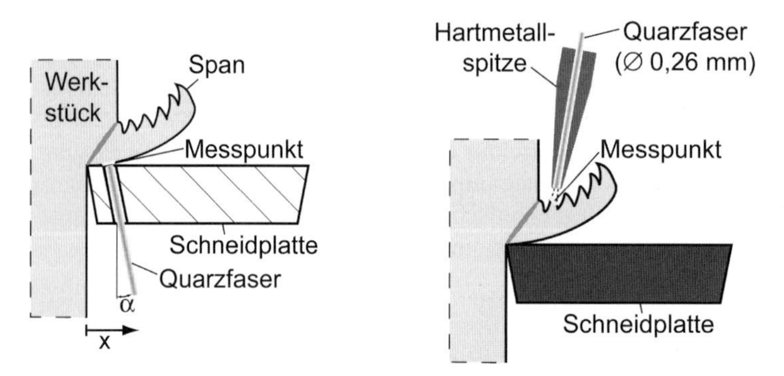

Bild 4: Messpositionen Spanunterseite (links)/Spanoberseite (rechts)

Für die Messung der Werkstücktemperatur nahe der Kontaktzone zwischen Schneide und Werkstück wurden ebenfalls Bohrungen in die Schneidplatten eingebracht. Die linke Skizze in Bild 5. zeigt die Positionierung der Faser beim Außenlängsdrehen für die Messung der Werkstücktemperatur unter der Hauptschneide in einem Schnitt durch die Hauptschneide. Es konnte ein minimaler Abstand von ca. 1 mm zwischen Schneidkante und Messfleck realisiert werden. Alternativ wurde die Quarzfaser auch in einer Nut zwischen Schneidplatte und Unterlegplatte geführt, was in einem Abstand von ca. 4 – 5 mm zur Schneidkante resultierte. Diese Faserpositionierung wurde auch für die Messung unter der

Nebenschneide gewählt, siehe rechte Skizze in Bild 5. Mit dieser Messposition wird die Temperatur der bearbeiteten Werkstückoberfläche gemessen. Problematisch ist hierbei die geringe Länge des Nebenschneideneingriffs und die dadurch verursachte inhomogene Erwärmung des Werkstückmaterials im Bereich des Messflecks.

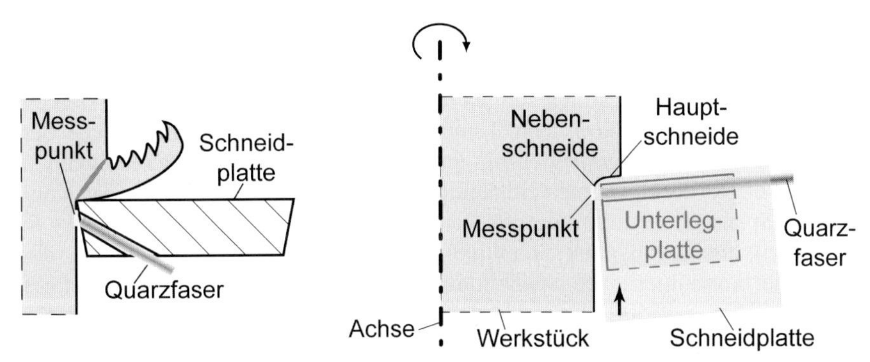

Bild 5: Messpositionen Werkstück unter der Hauptschneide (Ansicht: Schnitt durch die Hauptschneide) (links)/Werkstück unter der Nebenschneide (Draufsicht, Schneidplatte transparent dargestellt) (rechts)

Die Experimente wurden an einer Index GU 800 CNC Drehmaschine des WZL, RWTH Aachen, siehe Kapitel **Klocke/Hoppe, „Experimentelle und numerische Untersuchung zur Hochgeschwindigkeitszerspanung“**, mit einer Leistung von 32 kW und einer maximalen Drehzahl von 12.000 U/min ohne Kühlschmierstoff durchgeführt. Für Ck45N und TiAl6V4 wurde ein Orthogonalfreiwinkel von 6° und ein Orthogonalspanwinkel von –6° und für AlZnMgCu1,5 ein Freiwinkel von 5° und ein Spanwinkel von 6° gewählt.

7.3.2.2 Werkstoff AlZnMgCu1,5

Die Messungen an der Aluminiumlegierung AlZnMgCu1,5 (AA 7075) wurden mit einem Vorschub von 0,25 mm und einer Schnitttiefe von 2 mm durchgeführt. Scheiben mit einem mittleren Durchmesser von 250 mm wurden im Außenlängsdrehen bearbeitet, wobei unbeschichtete Hartmetall-Wendeschneidplatten (HW K20 SPGN 120304) verwendet wurden. Erste Messungen der Spanunterseitentemperaturen mit einer Faser mit Durchmesser 0,66 mm, die in einem Abstand x von 1,1 mm zur Hauptschneide, siehe Bild 4, positioniert war, sind in Müller & Renz [10] veröffentlicht worden. Zur Messung der in der Kontaktzone auftretenden Maximaltemperaturen wurde der Abstand x zwischen Loch und Schneidkante auf ca. 0,4 mm verringert und eine Faser mit Außendurchmesser 0,42 mm verwendet. Temperaturverläufe als Funktion des Zerspanwegs sind exemplarisch für verschiedene Schnittgeschwindigkeiten im linken Diagramm von Bild 6 abgebildet. Nach ca. 10 Werkstückumdrehungen erreichen alle Verläufe eine näherungsweise stationäre Endtemperatur, die für die Auswertung der Temperaturen als Funktion der Schnittgeschwindigkeit verwendet wurde, siehe Kontaktzonentemperaturen im rechten Diagramm in Bild 6. Bei dieser Messposition lag die Faser zumindest bei kleinen Schnittgeschwindigkeiten in der Kontaktzone von Span und Schneide. Bei hohen Schnittgeschwindigkeiten nimmt die Kontaktzonenlänge ab, und es wurde teilweise die Temperatur der Spanunterseite gemessen. Aus der Schwankung des Messsignals kann geschlossen werden, ob die Temperatur der Spanunterseite oder der Kontaktzone gemessen wurde. Um auch bei niedrigen Schnittgeschwindigkeiten, bei denen die Kontaktzonenlänge relativ groß ist, die

Spanunterseite messen zu können, wurde in einer weiteren Messreihe der Abstand zur Schneidkante auf 1,6 mm erhöht und ein größerer Lochwinkel von $\alpha = 20°$ gewählt, da sich der Spanablaufwinkel mit der Schnittgeschwindigkeit ändert. Eine Faser mit Außendurchmesser 0,42 mm wurde in einer Bohrung mit einem Durchmesser von ca. 0,5 mm positioniert. Die gemessenen Spanunterseitentemperaturen sind ebenfalls im rechten Diagramm in Bild 6 dargestellt. Sie zeigen für Schnittgeschwindigkeiten über 2000 m/min einen, in Anbetracht der Streuung der Messwerte, sehr ähnlichen Verlauf wie die Kontaktzonenmessungen. Die Temperaturen steigen mit zunehmender Schnittgeschwindigkeit an und nähern sich einer asymptotischen Temperatur von ca. 650 °C an, welche der Schmelztemperatur der Aluminiumlegierung entspricht. Für Schnittgeschwindigkeiten unter 1500 m/min liegen die Spanunterseitentemperaturen deutlich unter denen der Kontaktzone. Wie die Spanschliffe und fotografischen Aufnahmen des WZL, siehe Klocke & Hoppe [11], zeigen, findet bei einer Schnittgeschwindigkeit von ca. 1000 m/min der Übergang von einer kontinuierlichen Spanbildung zu einem Segmentspan statt, und bei Geschwindigkeiten über ca. 1500 m/min werden keine zusammenhängende Späne mehr produziert, sondern einzelne Spanlamellen, die nach ihrer Entstehung wegfliegen. Deshalb befindet sich bei hohen Schnittgeschwindigkeiten eine Wolke von Spansegmenten, bei denen auch die Scherzonen zwischen den einzelnen Segmenten sichtbar sein können, im Blickfeld der Faser, was ein Grund für die ähnlichen Temperaturen bei den beiden Messpositionen sein kann. Wie im Diagramm erkennbar, steigt die Temperatur der Spanunterseite im Gegensatz zur Kontaktzonentemperatur im Bereich der kontinuierlichen Spanbildung nur leicht an. Es wurden weitere Messreihen mit kleineren Faserdurchmessern und noch geringeren Abständen zur Schneidkante durchgeführt, aber die gemessenen Maximaltemperaturen überstiegen nie die Schmelztemperatur der Aluminiumlegierung, was die These stützt, dass sich die Temperaturen in der Kontaktzone asymptotisch der Schmelztemperatur des Werkstückmaterials annähert. Dies wird auch von den rasterelektronenmikroskopischen Untersuchungen von Blümke & Müller [12] unterstützt, die aufgeschmolzenes Material an der Spanunterseite nachgewiesen haben.

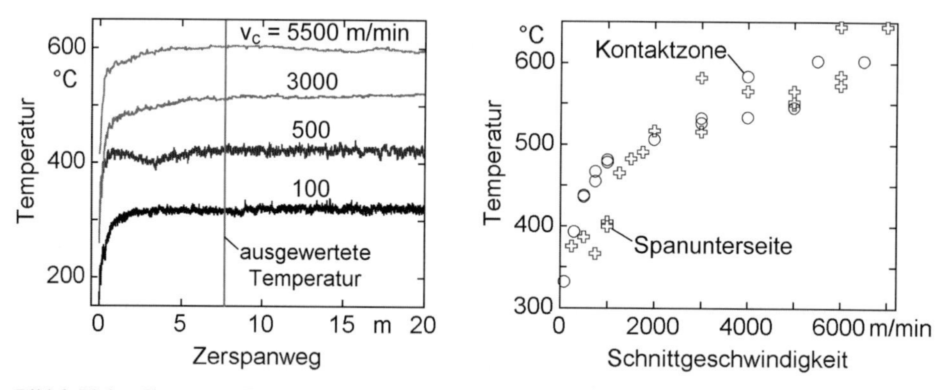

Bild 6: Links: Gemessene Temperaturverläufe als Funktion des Zerspanwegs/Rechts: Vergleich Temperaturen der Kontaktzone und Spanunterseite

Die Spanoberseitentemperatur wurde mit dem in Bild 4 skizzierten Aufbau gemessen. Die Temperaturen sind im Vergleich mit den Kontaktzonentemperaturen in Bild 7 dargestellt. Auch hier zeigt sich für den Bereich der kleinen Segmentspäne ein identischer Verlauf zwischen Kontaktzone, bzw. Spanunterseite, und Spanoberseite. Im Bereich des kontinuierlichen Spans liegen die Temperaturen der Spanoberseite ca. 100 K unter denen der Kontaktzone und ca. 60 K unter denen der Spanunterseite. Dies ist auf den Einfluss der zusätzlichen Erwärmung der Spanunterseite aufgrund der Reibung zwischen Span und Schneide zurückzuführen.

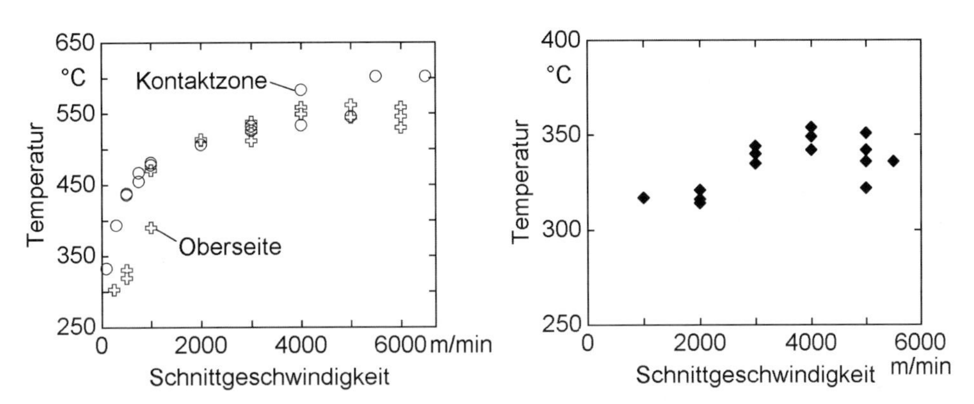

Bild 7: Links: Vergleich Temperaturen Kontaktzone und Spanoberseite/Rechts: Werkstücktemperatur unter der Hauptschneide

Die Ergebnisse der Messung der Werkstücktemperatur unter der Hauptschneide sind im rechten Diagramm des Bilds 7 dargestellt. Die Faser mit ihrem Durchmesser von 0,66 mm war unter der Schneidplatte positioniert und hatte einen Abstand zur Schneidkante von ca. 3,7 mm. Aufgrund des geringen Verschleißes und damit kleinen Reibzone zwischen Werkstück und Schneide bei der Aluminiumzerspanung und des kleinen Emissionsgrads der Oberfläche, siehe Bild 1, ist die Strahlungsintensität sehr gering, was Messungen bei niedrigen Schnittgeschwindigkeiten unmöglich macht. Insbesondere die in Bild 7 dargestellten Messwerte für Geschwindigkeiten bis 2000 m/min sind mit großer Unsicherheit behaftet. Tendenziell ist ein leichter Anstieg der Temperaturen mit der Schnittgeschwindigkeit zu erkennen. Bei Schnittgeschwindigkeiten ab 5000 m/min nimmt die Streuung der Messwerte zu.

7.3.2.3 Werkstoff Ck45N

Die Messungen an Ck45N (AISI 1045) wurden mit einer Schnitttiefe von 1 mm und Vorschüben von 0,1 oder 0,2 mm pro Umdrehung durchgeführt. Scheiben mit mittlerem Durchmesser von 250 mm und einer Breite von 40 oder 20 mm wurden als Werkstücke verwendet und als Werkzeug kamen SiC-whiskerverstärkte Oxidkeramik-Wendeschneidplatten (CA SNGN 120408) zum Einsatz. Temperaturverläufe der Spanunterseite in Abhängigkeit der Schnittzeit sind in Müller & Renz [13] veröffentlicht worden.

Das linke Diagramm in Bild 8 zeigt die Temperaturen der Spanunterseite für verschiedene Abstände zwischen Faser und Schneidkante und einen Vorschub von 0,1 mm. Der Faserdurchmesser betrug 0,42 mm bei den Messungen mit einem mittleren Abstand zur Schneidkante von 0,75 mm. Die Temperaturen steigen bei niedrigen Schnittgeschwindigkeiten stark an und zeigen ein asymptotisches Verhalten. Die Maximaltemperaturen von 1100 °C bei Schnittgeschwindigkeiten über 3000 m/min können durch Schneidenverschleiß oder einen Einfluss der Kontaktzone infolge des geringen Abstands zur Schneidkante verursacht sein. Um die Beeinflussung durch die Kontaktzone auszuschließen, wurden weitere Messungen der Spanunterseite in einem Abstand von 1,6 mm zur Schneidkante durchgeführt. Um den Messfleck nicht zu groß werden zu lassen, wurde eine dünnere Faser mit einem Durchmesser von 0,26 mm gewählt, die in einem flacheren Winkel von 20° positioniert wurde, damit die Messfleckverschiebung infolge der Änderung der Spankrümmung mit der Schnittgeschwindigkeit keinen zu großen Einfluss hat. Die Messwerte bei Schnittgeschwindigkeiten bis zu 500 m/min sind nahezu identisch mit den in geringerem Abstand zur Schneidkante gemessenen Temperaturen. Bei höheren Geschwindigkeiten liegen sie im Mittel 150 K niedriger. Die Streuung der Messwerte ist auch für hohe Geschwindigkeiten niedrig verglichen mit der Messreihe mit geringerem Abstand zur Schneide. Messungen mit einem Vorschub von 0,2 mm bei einem Faserabstand von 1,6 mm sind im rechten Diagramm von Bild 8 im Vergleich zu den Werten für Vorschub 0,1 mm gezeigt. Die Temperaturen sind fast identisch für Geschwindigkeiten bis 500 m/min. Die asymptotische Ausgleichskurve, die durch eine rationale Funktion wiedergegeben wird, zeigt eine Differenz von ca. 50 K zwischen den beiden Vorschüben für höhere Schnittgeschwindigkeiten. Dieser Unterschied kann nicht zwangsläufig mit einer höheren Temperatur in der Kontaktzone gleichgesetzt werden, da die Abkühlzeit der Spanoberfläche für den hohen Vorschub geringer ist aufgrund der mit dem Vorschub ansteigenden Kontaktzonenlänge.

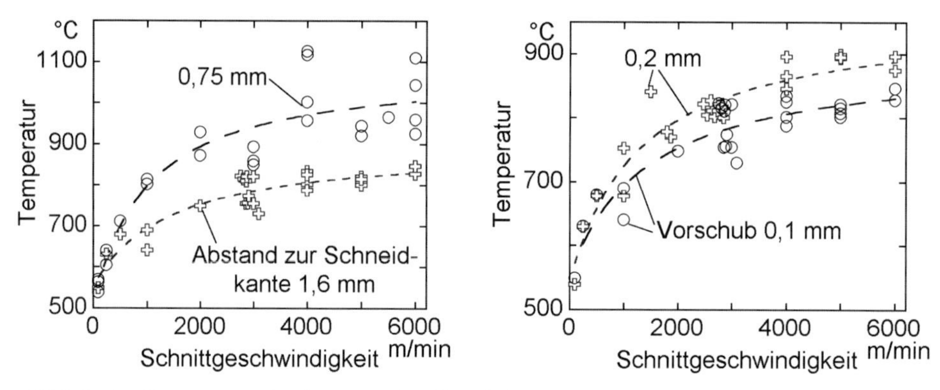

Bild 8: Links: Temperaturen der Spanunterseite (Vorschub 0,1 mm)/Rechts: Temperatur der Spanunterseite in Abhängigkeit vom Vorschub

Es wurden weitere Messpositionen realisiert, um zu ermitteln, wie hoch die Maximaltemperaturen nahe an der Kontaktzone sind. Hierfür wurden verschiedene Faserdurchmesser und Lochabstände getestet. Auf der linken Seite von Bild 9 ist im Vergleich zur Messung mit 1,5 mm Abstand zur Schneidkante eine Messreihe der Spanunterseitentemperatur mit einem mittleren Abstand von 0,35 mm gezeigt. Der Faseraußendurchmesser betrug hierbei 0,26 mm und der Vorschub 0,2 mm. Aufgrund des geringen Abstands des Loches zur Schneidkante kam es oft schon nach wenigen Zehntelsekunden zum Bruch der Schneide. Nur wenige Messungen eigneten sich für eine sinnvolle Temperaturauswertung. Die ausgewerteten Temperaturen unterliegen daher einer relativ hohen Unsicherheit und können nur eine Tendenz aufzeigen. Die Werte liegen ungefähr 400 K über den mit Faserabstand 1,5 mm ermittelten Werten und erreichen Maximalwerte von 1300 °C, was ca.

150 K unter der Schmelztemperatur (Solidustemperatur) von Ck45 liegt. Zur Ermittlung der auftretenden Maximaltemperaturen wurden weitere Messungen durchgeführt. Die Ergebnisse zeigten eine hohen Streuung, aber die maximal gemessenen Kontaktzonentemperaturen lagen im Bereich der Schmelztemperatur.

Die Messung der Werkstücktemperatur, wie in Bild 5 links dargestellt, wurde in zwei verschiedenen Abständen zur Schneidkante durchgeführt. Mit der Positionierung der Faser in einem Loch in der Schneidplatte konnte ein Abstand des Bohrungsmittelpunktes zur Schneidkante von 1 mm realisiert werden. Die Faser mit Durchmesser von 0,42 mm war hierbei in einem Winkel α von 60° positioniert. Alternativ wurde die Faser unter der Schneidplatte positioniert, was aufgrund der Schneidplattendicke in einem Faserabstand von 4,5 mm resultierte. Der Messfleck wurde hierbei mit in die Faser eingekoppeltem Licht eines Diodenlasers auf die Oberfläche ausgerichtet. Die Temperaturverläufe beider Messpositionen sind im rechten Diagramm von Bild 9 abgebildet und zeigen einen näherungsweise linearen Anstieg der Temperatur mit der Schnittgeschwindigkeit. Da die Werkstücktemperatur extrem abhängig vom Verschleiß der Schneide ist, wie Untersuchungen von Müller & Renz [14] zeigen, wurde bei diesen Experimenten möglichst für jeden Versuch eine neue Schneide verwendet. Die beiden Verläufe weisen einen sehr hohen Temperaturunterschied von bis zu 330 K bei einer Schnittgeschwindigkeit von 6000 m/min auf, was auf extreme Temperaturgradienten in der bearbeiteten Werkstückrandzone hinweist. Aus diesem Grund ist es sehr wichtig, die Messposition möglichst nah an der Reibzone von Schneide und Werkstück zu positionieren, um sinnvolle Aussagen über die auftretenden Maximaltemperaturen treffen zu können. Wie die im folgenden Abschnitt dargestellten numerischen Berechungen belegen, liegen die in der Reibzone auftretenden Maximaltemperaturen noch deutlich über den Messwerten. Eine Extrapolation von Messwerten, die in größerem Abstand zur Reibzone gemessen wurden, z. B. einige Millimeter, kann schon bei geringen Unsicherheiten des Messwerts zu extremen Ungenauigkeiten der berechneten Maximaltemperaturen führen.

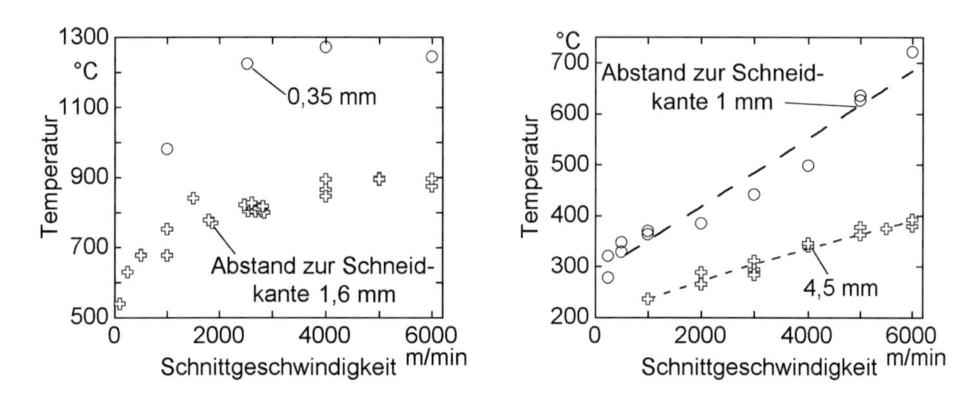

Bild 9: Links: Temperaturen der Spanunterseite (Vorschub 0,2 mm)/Rechts: Werkstücktemperatur unter der Hauptschneide

Die Temperatur der Spanoberseite wurde sowohl mit der fokussierenden Linsenoptik als auch mit einer, in der Hartmetallspitze geführten, 0,26 mm Faser gemessen, siehe Bild 4. Die Optik wurde mit einer Faser mit einem Durchmesser von 0,1 mm verbunden, was bei optimaler Ausrichtung auf die Messoberfläche einen minimalen Messfleck von

0,1 mm ermöglicht. Die Ausrichtung auf die gewünschte Stelle auf der Spanoberseite wurde bei beiden Messanordnungen mit Laserlicht an einer durch Schnittunterbrechung erzeugten Spanwurzel durchgeführt. Der Messfleck befand sich in einem Abstand von ca. 0,5 mm zum Übergangspunkt von Werkstückoberfläche und Span. Bei Schnittgeschwindigkeiten bis 1000 m/min konnten mit der Optik Messungen durchgeführt werden. Aufgrund des größeren Abstands trat hier das Problem einer Umwicklung durch die Späne nicht auf. Die ursprüngliche Positionierung der Optik blieb also erhalten, was einen Vorteil gegenüber den Messungen mit der Hartmetallspitze darstellt. Bei Schnittgeschwindigkeiten über 1000 m/min waren Messungen mit der Optik nicht mehr möglich, da sich der Spanablaufwinkel in Richtung der Optik geändert hatte, so dass diese nicht mehr die eigentliche Messstelle an der Spanwurzel sondern die umherfliegenden Späne sah. Der Vergleich mit den mit der Hartmetallspitze gemessen Temperaturen zeigt, dass die Ergebnisse nahezu identisch sind, siehe Abbildung 10. Lediglich bei sehr niedrigen Geschwindigkeiten sind die mit der Optik gemessenen Temperaturen etwas höher, was durch die Ungenauigkeit der Messfleckpositionierung und der kleineren Messfleckgröße bei Verwendung der Abbildungsoptik begründet werden kann.

Das rechte Diagramm in Bild 10 zeigt den Vergleich der Temperaturen der Spanunterseite mit denen der Spanoberseite. Die Temperaturen der Spanunterseite liegen im Mittel 100 K über denen der Spanoberseite.

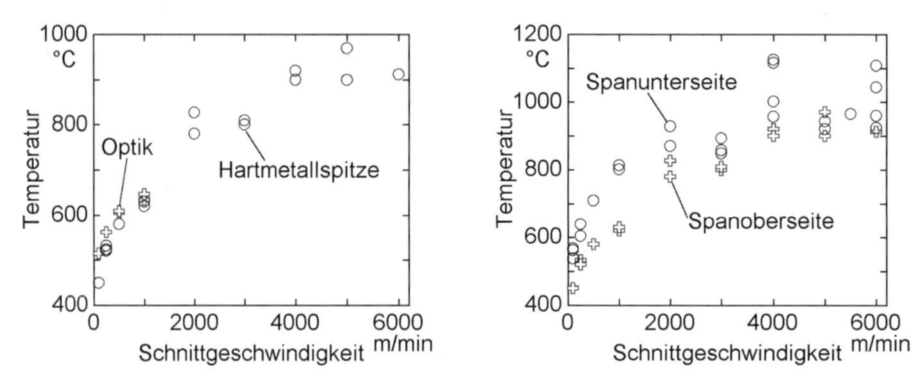

Bild 10: Links: Spanoberseitentemperatur gemessen mit Abbildungsoptik und Hartmetallspitze/Rechts: Vergleich der Spanunterseiten- und Spanoberseitentemperatur

7.3.2.4 Werkstoff TiAl6V4

Für die Messungen an der Titanlegierung wurde ein Vorschub von 0,1 mm und eine Schnitttiefe von 1 mm gewählt. Als Werkstück kam eine Welle mit einem mittleren Durchmesser von 80 mm zum Einsatz und als Werkzeug SiC-whiskerverstärkte Oxidkeramik-Wendeschneidplatten (CA SNGN 120408). Aufgrund der hohen Festigkeit des Werkstoffs sind die realisierten Schnittgeschwindigkeiten ungefähr eine Zehnerpotenz niedriger als bei Stahl.

Die ersten Messungen an der Spanunterseite wurden mit einer Faser mit Durchmesser 0,42 mm in einem mittleren Abstand von 0,65 mm zur Schneidkante durchgeführt, siehe linkes Diagramm in Bild 11. Die Temperaturen zeigen ein asymptotisches Verhalten bis zu Geschwindigkeiten von 250 m/min. Bei höheren Geschwindigkeiten wird es zunehmend schwieriger Experimente durchzuführen, bei denen die Temperaturen nicht durch den Werkzeugverschleiß beeinflusst sind und deren Versuchsdauer ausreicht, um einen thermisch stationären Zustand zu erreichen, bevor die Schneidkante bricht. Zeitaufgelöste Temperaturmessungen, die den Verschleißeinfluss zeigen, sind in Müller & Renz [14] dargestellt. Der hohe Verschleiß beeinflusst die Reproduzierbarkeit der gemessenen Temperaturen, was sich in der hohen Streuung der Messdaten bei hohen Geschwindigkeiten wiederspiegelt. Um die Schwächung der Schneiden zu reduzieren wurde eine Messreihe mit einer 0,26 mm Faser und einem größeren Abstand von 1,5 mm zur Schneidkante unter einem Winkel α von 20° durchgeführt. Die gemessenen Temperaturen zeigen bis hin zu hohen Geschwindigkeiten asymptotisches Verhalten und liegen bis zu einer Schnittgeschwindigkeit von 200 m/min ähnlich hoch wie die Messungen mit 0,65 mm Abstand. In einer weiteren Messreihe wurde versucht, mit der 0,26 mm Faser und möglichst geringen Abständen von ca. 0,45 mm zur Schneidkante die Temperaturen nahe an der Reibzone zu ermitteln. Die Lochposition schwankt um ca. ±0,1 mm aufgrund von Fertigungsungenauigkeiten beim Laserschneiden. Die gemessenen Temperaturen zeigen ein sehr ähnliches Verhalten wie die in 0,65 mm Abstand ermittelten Werte, siehe Bild 11. Da die Kontaktzonenlängen bei Titan sehr klein sind, liegen die Messwerte unter den in der Reibzone auftretenden Maximalwerten. Eine Aussage wie bei der untersuchten Aluminiumlegierung und dem Stahl, dass sich die Temperaturen der Schmelztemperatur nähern, ist für die Titanlegierung daher nicht möglich. Die gemessenen Maximalwerte lagen bei ca. 1200 °C und damit 450 K unter der Schmelztemperatur von TiAl6V4. Eine Vergrößerung des Vorschubs, um größere Kontaktzonenlängen zwischen Span und Schneide zu erreichen, war bei der Titanzerspanung aufgrund der hohen Kräfte nicht möglich.

Die Messung der Spanoberseite wurde mit der Hartmetallspitze und der 0,26 mm Faser durchgeführt. Die Messwerte zeigen einen deutlichen Anstieg bei Geschwindigkeiten bis 100 m/min und eine steigende Differenz zwischen Spanunterseite und Spanoberseite, siehe rechtes Diagramm in Bild 11. Bei höheren Geschwindigkeiten liegen sie im Mittel bei 750 °C, unterliegen allerdings einer sehr hohen Streuung, weshalb keine eindeutige Tendenz erkennbar ist. Gründe hierfür können die relativ ungenaue Positionierung der Faser sein, infolge dessen der Abstand des Messflecks zum Übergangspunkt von Werkstückoberfläche und Span zwischen 1 und 2,5 mm schwankte, dass nicht für jeden Versuch eine neue Schneide verwendet wurde und eine veränderte Spanform bei hohen Geschwindigkeiten, wie die Aufnahen mit der Infrarotkamera in Müller & Renz [15] belegen.

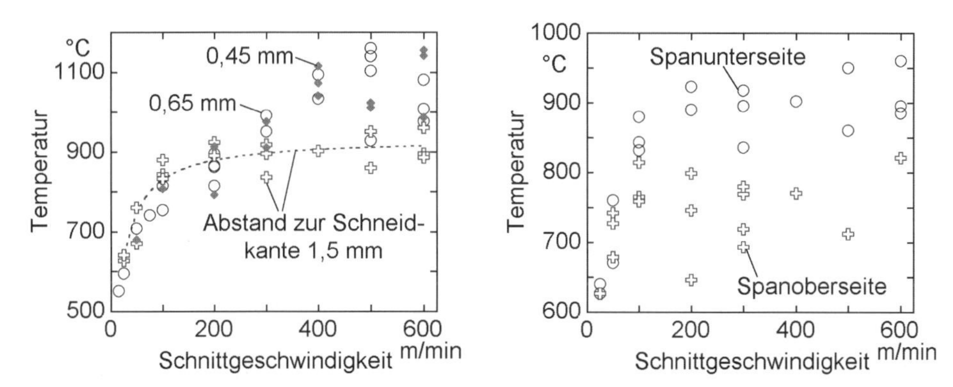

Bild 11: Links: Spanunterseitentemperatur in Abhängigkeit des Abstands Faser-Schneidkante/Rechts: Vergleich Spanunterseiten- und Spanoberseitentemperatur

Die Werkstücktemperaturen wurden unter der Haupt- und Nebenschneide gemessen, siehe Bild 5. Die Faser mit einem Durchmesser von 0,42 mm war bei beiden Versuchen unter der Schneidplatte positioniert und hatte daher einen Abstand von ca. 4,5 mm zur Schneidkante. Die Messung unter der Nebenschneide entspricht der Temperatur der bearbeiteten Werkstückoberfläche. Die Messung dieser Temperatur ist schwierig, da die Eingriffslänge der Nebenschneide nur ca. 0,3 mm beträgt, was bedeutet, dass der Bereich der Welle, der durch den Schnittprozess erwärmt wird, kleiner als der Messfleck des Pyrometers ist. Dies resultiert für ein Zwei-Farben Pyrometer nicht in einem Messfehler, aber die Strahlungsenergie ist geringer. Eine sehr genaue Positionierung des Messflecks mit Laserlicht ist außerdem erforderlich. Die Wärmeableitung in die Welle ist bei der Titanlegierung wesentlich geringer im Vergleich zu den beiden anderen untersuchten Werkstoffen aufgrund der kleinen Temperaturleitfähigkeit. Obwohl für jede Messung eine neue Schneidkante verwendet wurde, verursachte der Schneidenverschleiß bei Geschwindigkeiten ab 300 m/min eine extreme Streuung der Messwerte [2]. Die dargestellten Verläufe in Bild 12 zeigen bis zu einer Schnittgeschwindigkeit von 250 m/min asymptotisches Verhalten und einen nahezu identischen Verlauf. Dies belegt, dass die unter der Hauptschneide gemessenen Temperaturen denen der bearbeiteten Werkstückoberfläche ungefähr entsprechen. Folglich können auch die Messwerte der beiden anderen Werkstoffe unter der Hauptschneide als Maß für die Temperatur der bearbeiteten Werkstückoberfläche verwendet werden. Zu beachten ist allerdings, dass insbesondere die in einem Abstand von 3-4 mm gemessenen Werte deutlich unter den Maximaltemperaturen der Werkstückoberfläche liegen.

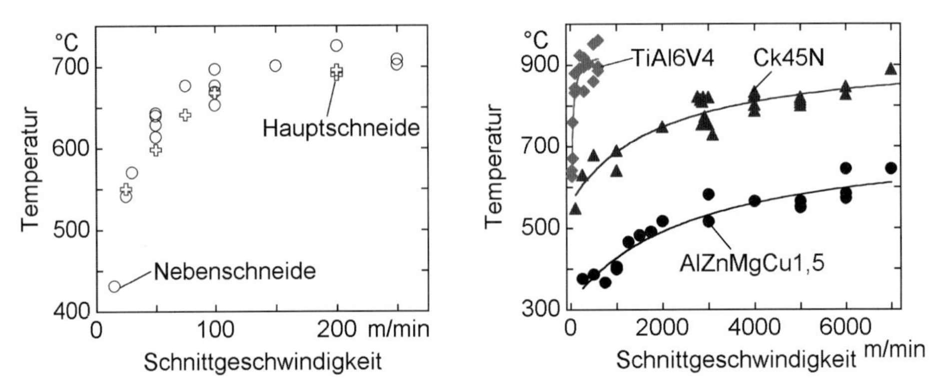

Bild 12: Links: Vergleich der Werkstücktemperatur unter der Haupt- und Nebenschneide/Rechts: Spanunterseitentemperatur in Abhängigkeit des Werkstoffs

Abschließend ist ein Vergleich der Spanunterseitentemperatur der drei untersuchten Werkstoffe im rechten Diagramm von Bild 12 dargestellt. Die Zerspanung der Werkstoffe findet bei einem sehr unterschiedlichen Temperaturniveau statt. Das Temperaturniveau von Titan liegt nur leicht über dem von Stahl, aber die Schnittgeschwindigkeiten, bei denen die Temperaturen erreicht werden, liegen bei Stahl ungefähr eine Zehnerpotenz höher. Dies liegt einerseits an unterschiedlichen Reibbedingungen in der Kontaktzone und andererseits an einem unterschiedlichen Werkstoffverhalten bei hohen Dehnungen und Dehnraten, siehe Ergebnisse des Lehr- und Forschungsgebietes Werkstoffkunde (LFW) der RWTH Aachen im Kapitel **El-Magd/Korthäuer, „Experimentelle und numerische**

Untersuchung zum thermomechanischen Werkstoffverhalten beim Hochgeschwindigkeitsspanen" und El-Magd [16]. Alle Verläufe nähern sich mit steigender Schnittgeschwindigkeit asymptotisch einem Grenzwert. Insbesondere bei Titan, aber auch bei Stahl, ist der Schneidenverschleiß bei den hohen Geschwindigkeiten sehr groß. Man befindet sich hier bereits in Grenzbereichen, bei denen die verwendeten Schneidstoffe nicht mehr sinnvoll einsetzbar sind. Lediglich bei Aluminium ist der Verschleiß bei den maximalen Schnittgeschwindigkeiten akzeptabel.

7.3.3 Thermografische Messungen

7.3.3.1 Messungen während der Spanenstehung

Die thermografischen Messungen wurden mit einer Hochgeschwindigkeits-Infrarotkamera durchgeführt, die im Wellenlängenbereich von 8–10 μm empfindlich ist. Die maximale Abtastrate beträgt im Vollbildmodus 200 Hz und lässt sich für kleinere Bildausschnitte auf bis zu 2,5 kHz erhöhen. Das focal-plane-array hat 320 · 240 Pixel und wird mit einem Stirlingkühler auf 80 K gekühlt. Dadurch kann eine Temperaturdifferenz (NETD-Wert) von 21 mK bei 298 K aufgelöst werden. Die unten dargestellten Aufnahmen wurden je nach Schnittgeschwindigkeit mit Integrationszeiten zwischen 5 und 50 μs aufgenommen, um eine maximale Bewegungsunschärfe von 2 Pixeln nicht zu übersteigen. Durch Verwendung einer zusätzlichen Nahaufnahmelinse wurde eine lokale Auflösung von ca. 45 μm/Pixel erreicht. Im Folgenden wird nur ein kurzer Überblick über die durchgeführten Messungen gegeben. Detailliertere Informationen zur experimentellen Vorgehensweise und weitere Ergebnisse finden sich in Müller & Renz [15].

Aufgrund der hohen Schnittgeschwindigkeiten war es nicht möglich, eine Bildsequenz der Spanentstehung mit der Infrarotkamera aufzunehmen. Daher wurde ein experimenteller Aufbau zur Triggerung der Infrarotkamera realisiert, um die Spanentstehung zu einem genau definierbaren Zeitpunkt zu erfassen, siehe Bild 13. Die Triggerung der Kamera erfolgt mit einer Lichtschranke, die ein Signal an den Pulse/Delay-Generator gibt, sobald die Schneidplatte die Lichtschranke unterbricht. Mit dem Pulse/Delay-Generator kann ein Ausgangssignal mit einer zeitlichen Verzögerung von minimal 1 ns gegenüber dem Eingangssignal erzeugt werden. Dieses Ausgangssignal wird zum Triggereingang der Kamera

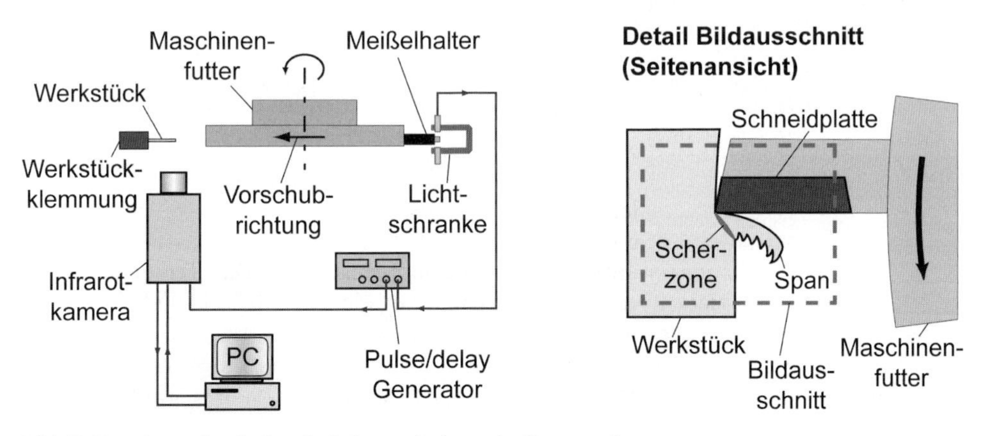

Bild 13: Experimenteller Aufbau für Infrarotaufnahmen der Spanentstehung

gegeben, die dann zu dem Zeitpunkt, an dem sich die Schneidplatte in der Mitte des Bildausschnitts befindet, ein Bild aufnimmt. Als Werkstücke wurden dünne Plättchen der Größe $40 * 20 * 1\ mm^3$ verwendet. Da die Schneide nur einen Span von ca. 20 mm Länge pro Umdrehung schneidet, kann sich im Gegensatz zum kontinuierlichen Drehen, wie bei den Messungen mit dem Pyrometer angewendet, kein stationäres Temperaturfeld ausbilden. Der Einfluss der Schnittdauer auf die Temperaturen in der primären Scherzone ist bei hohen Schnittgeschwindigkeiten allerdings vernachlässigbar.

Bild 14 zeigt Aufnahmen der Werkstoffe Ck45N und TiAl6V4 bei verschiedenen Geschwindigkeiten und Vorschüben. Bei Ck45N ist eine Veränderung der Spanform bei Erhöhung der Geschwindigkeit erkennbar. Der Hauptgrund hierfür liegt in der abnehmenden Spandicke und der sich verändernden Spankrümmung bei steigender Schnittgeschwindigkeit. Bei der Geschwindigkeit 100 m/min biegt sich der Span hinter das dünne Werkstückplättchen, wodurch die Unschärfe der Aufnahme verursacht wird. Für Titan ist der Vergleich zweier Vorschübe abgebildet. Auch hier zeigt sich der Einfluss der größeren Spandicke und des dadurch erhöhten Spanradius bei höherem Vorschub. Die sich verändernde Spankrümmung bei dem Titanspan mit geringem Vorschub und dem Stahlspan bei hoher Geschwindigkeit, die die Spiralform des Spans bewirkt, kann durch eine nachträgliche Krümmung des Spans nach dem Verlassen der Spanbildungszone, verursacht durch Spannungen im Span, begründet werden. Größere Spandicken erhöhen die Stabilität des Spans und verhindern dadurch das nachträgliche Krümmen. Die in Bild 14 angegebenen Temperaturen können nur als grobe Richtwerte angesehen werden, da die verwendeten Emissionsgrade am Ausgangsmaterial ermittelt wurden und es aufgrund von zunehmender Oxidation und Oberflächenrauhigkeit nicht möglich ist, einen genauen Emissionsgrad zu ermitteln. Den extremen Einfluss bereits kleiner Änderungen

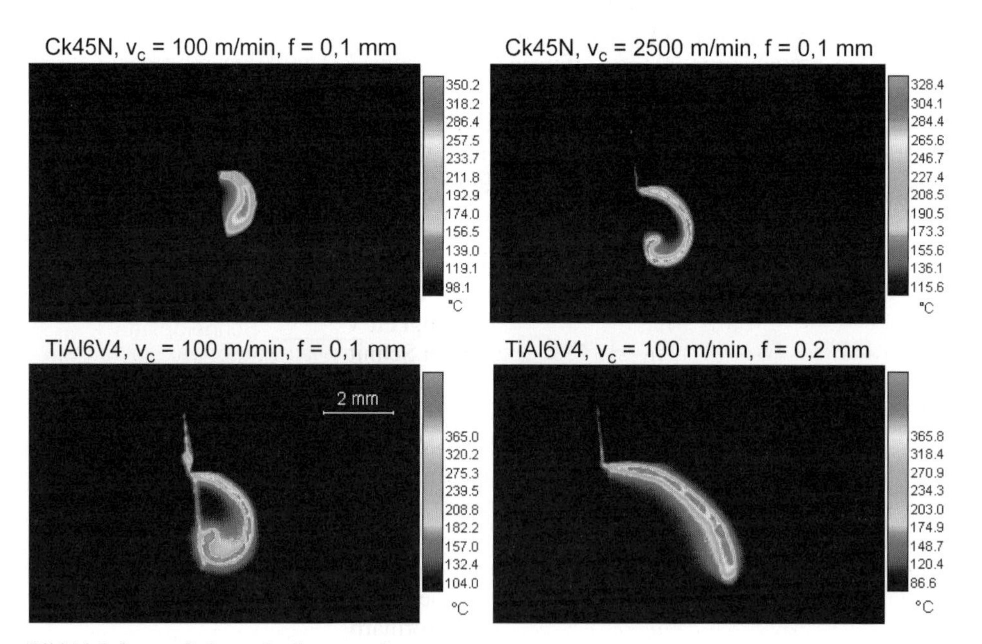

Bild 14: Infrarotaufnahmen der Spanentstehung

der Oxidschichtdicke auf den Emissionsgrad belegen Untersuchungen in Siegel & Howell [17].

Unter der Annahme, dass keine große Änderung des Emissionsgrads während der sehr schnellen Deformation des Werkstoffs in der primären Scherzone stattfindet, lassen sich die Temperaturverläufe anhand eines linearen Profils senkrecht zur Scherzone auswerten, siehe Bild 15. Eine weitere Fehlerquelle stellt hierbei die begrenzte lokale Auflösung der Infrarotkamera dar. Bei Vergleich mit zweidimensional berechneten Temperaturen muss außerdem beachtet werden, dass Oberflächeneffekte aufgrund von Wärmeabgabe an die Umgebung und Unterschiede bei der Wärmegenerierung infolge unterschiedlicher Spannungszustände im Material und an der Oberfläche zu niedrigeren Messwerten führen. Ein Hinweis hierfür ist die in den Bildern sichtbare Zunahme der Strahlungsintensität über der Spanlänge. Trotzdem lassen sich durch die Auswertung zumindest qualitative Aussagen treffen.

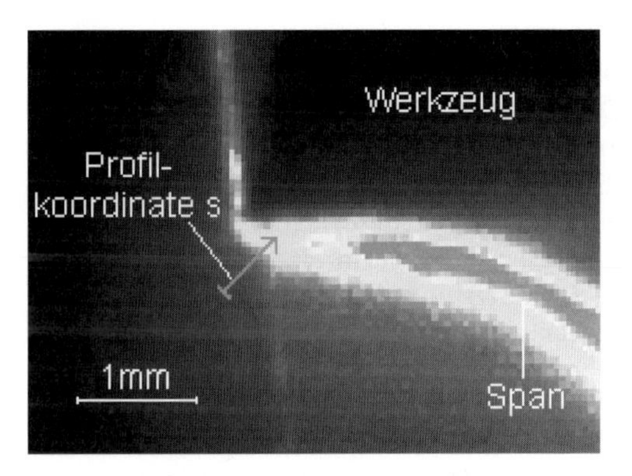

Bild 15: Profilkoordinate für die Auswertung der Temperaturverteilung in der primären Scherzone

Bild 16 zeigt Temperaturprofile entlang der Profilkoordinate s für Ck45N und TiAl6V4 bei verschiedenen Schnittgeschwindigkeiten. Die Emissionsgrade der Ausgangsmaterialien wurden mittels einer pyrometrischen Vergleichsmessung zu 0,35 für Ck45N und 0,46 für TiAl6V4 bei einer Temperatur von 450 °C bestimmt. Der Werkstoff Ck45N zeigt nur einen geringen Anstieg der Scherzonentemperatur bei den höheren Schnittgeschwindigkeiten im Vergleich zu der niedrigsten Geschwindigkeit von 100 m/min. Auch der Anstieg des Temperaturgradienten ist nur bei niedrigen Schnittgeschwindigkeiten erkennbar. Der Temperaturgradient steigt durch den mit steigender Schnittgeschwindigkeit zunehmenden Einfluss des advektiven Wärmetransports infolge Materialbewegung im Vergleich zum diffusiven Transport (Wärmeleitung). Mit steigender Schnittgeschwindigkeit ist bei TiAl6V4 ein deutlicher Anstieg der maximalen Scherzonentemperatur und des Temperaturgradienten in der Scherzone erkennbar. Die steigende Temperatur kann mit einem veränderten Werkstoffverhalten bei hohen Umformgeschwindigkeiten begründet werden. TiAl6V4 besitzt von den untersuchten Werkstoffen das am stärksten geschwindigkeitsabhängige Werkstoffverhalten, siehe El-Magd & Treppmenn [18]. Mit steigender Umformgeschwindigkeit nimmt die Umformarbeit zu, was höhere Temperaturen bewirkt.

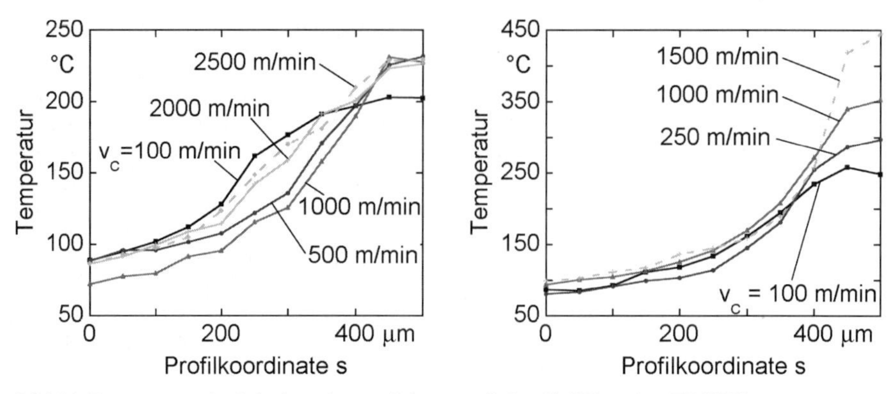

Bild 16: Temperaturverläufe in der primären Scherzone, links: Ck45N, rechts: TiAl6V4

7.3.3.2 Messung der Schneidplattentemperatur

Mit einem modifizierten experimentellen Aufbau wurden die zeitabhängigen Temperaturverteilungen der Schneidplatten gemessen. Der Aufbau ist ähnlich dem in Bild 13 gezeigten, aber die externe Triggerung wurde nicht benötigt, da die langen Versuchszeiten die Aufnahme von Bildsequenzen zuließen. Außerdem wurden als Werkstücke Scheiben mit 1 mm breiten Stegen ins Maschinenfutter gespannt und der Meißelhalter mit der Schneidplatte war fixiert. Die Stege waren 10 mm hoch und wurden in einem kontinuierlichen Prozess zerspant, wodurch je nach Schnittgeschwindigkeit relativ lange Schnittzeiten von 0,6 bis 8 s erreicht wurden. Es wurde ein Bildausschnitt von 128 × 128 Pixel gewählt, wodurch eine maximale Bildwiederholfrequenz von 746 Hz ermöglicht wird, und die Integrationszeit betrug 50 µs. Eine Infrarotaufnahme eines solchen Versuches mit eingezeichneten Konturen von Schneide, Werkstück und Span ist in Bild 17 dargestellt.

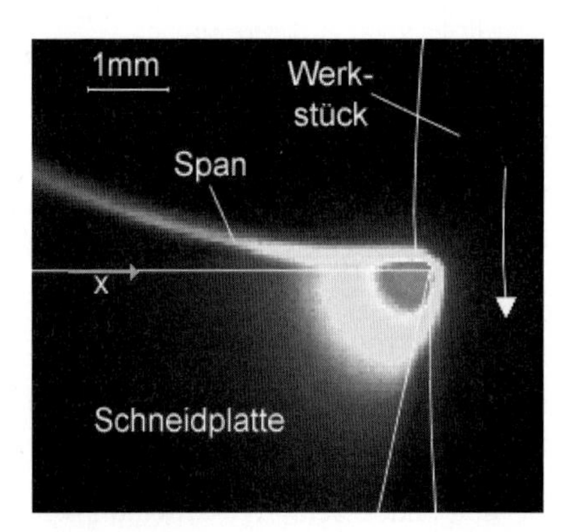

Bild 17: Infrarotaufnahme der kontinuierlichen Zerspanung

Der Emissionsgrad der für die Stahlzerspanung verwendeten Keramikschneidplatten wurde mit einer Kalibriermessung zu $\varepsilon = 0{,}97$ bestimmt. Die Hartmetallschneidplatten, eingesetzt für die Aluminiumversuche, wurden mit einem speziellen Lack beschichtet, der einen Emissionsgrad von 0,97 besitzt, um eine homogene Oberfläche zu gewährleisten. Die Flanken der Schneidplatten wurden plan geschliffen, so dass sowohl die Schneidenflanke als auch der Werkstücksteg in der Bildebene der Kamera liegen. Bild 18 zeigt exemplarisch Temperaturprofile bei verschiedenen Schnittgeschwindigkeiten entlang der Spanfläche, entspricht Koordinate x in Bild 17, für Ck45N und AlZnMgCu1,5. Die Profile wurden nach einer Schnittdauer von 1,34 s für Stahl und 0,94 s für Aluminium ausgewertet und über der x-Koordinate bis zur Schneidkante dargestellt. Bei den höheren Geschwindigkeiten haben zu diesen Zeitpunkten die an der Schneide auftretenden Maximaltemperaturen näherungsweise einen stationären Endwert erreicht.

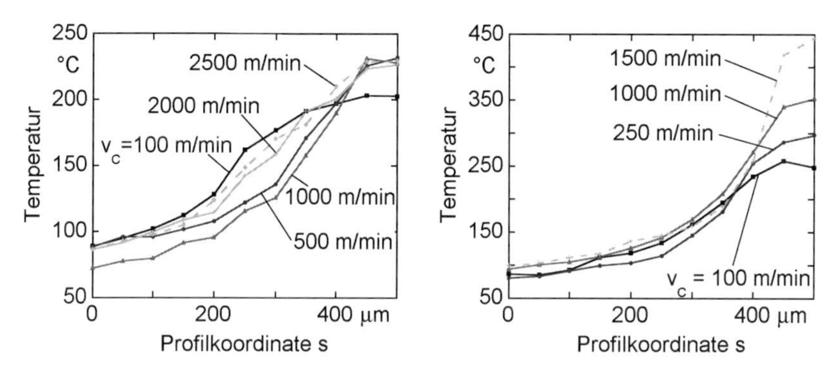

Bild 18: Temperaturverläufe entlang der Spanfläche; links: Ck45N, Vorschub 0,2 mm, rechts: AlZnMgCu1,5, Vorschub 0,25 mm

Es ist erkennbar, dass sich der Ort maximaler Temperatur nicht an der Schneidkante befindet, sondern etwas dahinter auf der Spanfläche in der Kontaktzone zwischen Span und Werkzeug. Dies ist konsistent mit Aussagen in der Literatur und den im folgenden Abschnitt beschriebenen numerischen Berechungen. Das Temperaturniveau und der Anstieg mit der Schnittgeschwindigkeit sind bei Aluminium deutlich niedriger als bei Stahl.

Die mit der Infrarotkamera durchgeführten Messungen zeigen im Vergleich zu den mit dem Pyrometer unmittelbar hinter den Reibflächen gemessenen Temperaturen, dass es selbst bei hoher lokaler Auflösung bei einem solchen Versuchsaufbau in der Seitenansicht nicht möglich ist, die beim Zerspanen auftretenden Maximaltemperaturen zu messen. Gründe hierfür sind die Seitenansicht, in der die Reibzonen nicht sichtbar sind, und die begrenzte lokale Auflösung der Infrarotkamera, mit der die extremen Temperaturgradienten im Bereich der Kontaktzone nicht aufgelöst werden können. Außerdem bewiesen die ortsaufgelösten pyrometrischen Temperaturmessungen in der Reibzone von Lenz [9], dass hohe Temperaturgradienten existieren und die Maximalwerte im Zentrum liegen. Deshalb würden selbst mit einer extrem hohen lokalen Auflösung, mit der die Reibzonen aufgelöst werden können, in der Seitenansicht deutlich niedrigere Temperaturen gemessen.

7.4 Numerische Untersuchungen

7.4.1 Thermisches Modell

Für die Berechnung der Temperaturverteilungen von Werkzeug, Werkstück und Span wurde ein rein thermisches Modell aufgestellt, bei dem die zweidimensionale Energieerhaltungsgleichung stationär oder instationär mit einem Finite-Volumen Verfahren numerisch gelöst wird. Für die Berechnung wurde das kommerzielle CFD-Programm FLUENT 4.5 eingesetzt, bei dem eine Unterroutine zur Berechnung der Wärmequellterme des Zerspanprozesses implementiert wurde. Da es sich um eine rein thermische Berechung handelt, in der keine Werkstoffverformung berücksichtigt wird, muss die Geometrie des Spans vorgegeben werden, und es müssen Modelle für die Bestimmung der Wärmequellterme in den verschiedenen Scher- und Reibzonen verwendet werden. Diese Quellterme werden aus dem Produkt der Geschwindigkeitsvektoren mit den Kraftvektoren in den relevanten Ebenen berechnet. Der Vorteil dieser thermischen Rechnung gegenüber gekoppelten plastomechanisch-thermischen FEM-Berechnungen, siehe zum Beispiel Klocke et al. [19], Westhoff [20], Bäker [21], Söhner [22], besteht darin, dass die beim Zerspanprozess experimentell ermittelte Größen in das Modell einfließen, wie z. B. geometrische Parameter, oder die Bestimmung der Wärmequellterme aus gemessenen Kräften. Außerdem werden keine Reibkoeffizienten benötigt, für die keine abgesicherten Daten für die Bedingungen beim Hochgeschwindigkeitsspanen vorliegen, und kein Materialmodell, dessen Bestimmung sehr aufwändig und dessen Übertragbarkeit auf die Zerspanung problematisch ist aufgrund der Ermittlung an Modellversuchen mit einachsigem Spannungszustand. Außerdem ermöglicht die hier vorgestellte Methode eine stationäre Berechnung, was für den Vergleich mit den experimentell ermittelten stationären Endtemperaturen notwendig ist. Instationäre Rechnungen haben nämlich gezeigt, dass die Temperaturen an den durchgeführten Messpositionen erst nach ca. 1,5 ms Schnittzeit näherungsweise stationär sind, was für numerische Rechnungen mit kleinen Zellengrößen und hohen Geschwindigkeiten lange Rechenzeiten bedeutet. Aufgrund dieser Vorteile finden sich in der Literatur zahlreiche analytische und numerische Arbeiten rein thermischer Berechnungen, siehe z. B. Tay [23] für einen Überblick, die auch von Vieregge [24] als genaueres Verfahren für die Bestimmung von Temperaturen angesehen wurden. Aufgrund fehlender Messdaten war die Verifikation der Modelle in der Vergangenheit jedoch in der Regel nicht möglich, vergleiche hierzu Aussagen von Lenz [25] und Raman [26].

Eine detaillierte Beschreibung des thermischen Modells, der Bestimmung der Wärmequellterme und der Randbedingungen wurde in Müller & Renz [27] veröffentlicht. Bild 19 zeigt die im Modell berücksichtigten Wärmequellen und die Mechanismen der Wärmeübertragung. Die Kräftezerlegung für die Bestimmung der Quellterme der verschiedenen Zonen basiert auf dem Spanbildungsmodell von Merchant [28], jedoch darf die Annahme einer ideal scharfen Schneide für hohe Schnittgeschwindigkeiten aufgrund des hohen Verschleißes nicht verwendet werden. Daher wurde eine zusätzliche Kontaktzone l_{c2} zwischen Schneidplatte und Werkstück eingeführt und die Kräftebilanz um die hier angreifenden Kräfte erweitert. Die gemessenen Kraftkomponenten sind im Klocke & Hoppe [29] dargestellt. Auch die Abmessungen und Lage der Scher- und Reibzonen wurde aus den dort gezeigten mikroskopischen Schliffbildern ermittelt. Die Randbedingungen für freie oder erzwungene Konvektion wurden geschwindigkeitsabhängig mit Nusselt-Korrelationen berechnet. Strahlungsrandbedingungen wurden aus der Literatur ermittelt oder experimentell bestimmt. Die thermophysikalischen Stoffdaten Wärmeleitfähigkeit und spezifische Wärmekapazität wurden temperaturabhängig gemessen und für die numerischen Berechnungen in abschnittsweise lineare Profile umgewandelt [27].

Rechts in Bild 19 ist ein kleiner Ausschnitt des strukturierten Berechnungsgitters, bestehend aus 88.434 Zellen, dargestellt. Im Bereich der Kontaktzonen zwischen Span und Schneide (l_{c1}) und Werkstück und Schneide (l_{c2}) wurden aufgrund von Temperaturgradienten im Bereich von $5 \cdot 10^7$ K/m sehr kleine Gitterzellenabmessungen von min. 500 nm gewählt. Dies ist von großer Bedeutung, da größere Gitterzellen aufgrund von Mittelungseffekten und Ungenauigkeiten des numerischen Verfahrens Auswirkungen auf die berechneten Maximaltemperaturen haben.

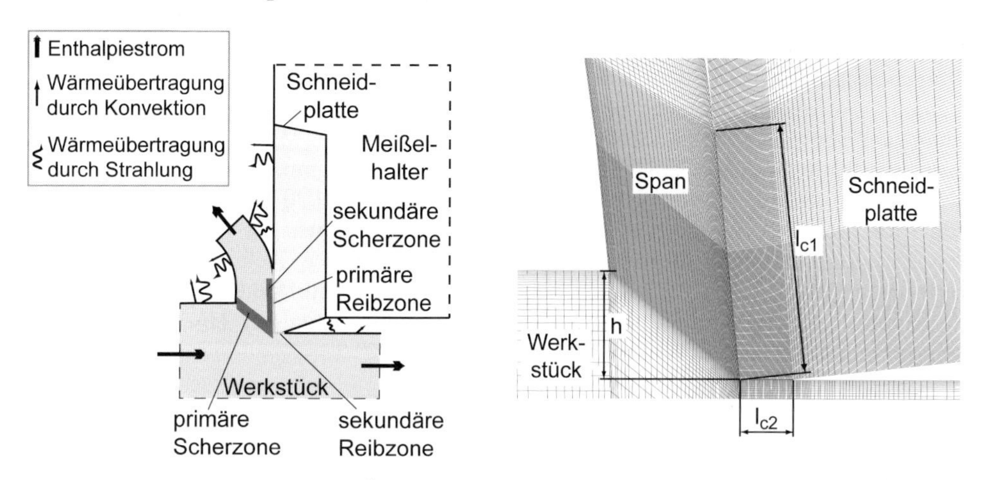

Bild 19: Links: Wärmegenerierung und Übertragung beim Zerspanen/Rechts: Detail des Berechnungsgitters der Spanwurzel

Da verschiedene Modellannahmen notwendig sind für die Aufteilung der Schnittleistung auf die verschiedenen Wärmequellterme, wurde eine Optimierung der Verteilung durch Vergleich mit den im vorigen Abschnitt dargestellten pyrometrisch gemessenen Temperaturen vorgenommen. Diese iterative Optimierung war aufgrund geringer Rechenzeiten für die stationäre Berechnung möglich.

Eine Analyse der bei der Zerspanung auftretenden Energieformen hat gezeigt, dass nahezu die gesamte Schnittleistung in thermische Energie umgewandelt wird [27]. Das aufgestellte Modell gewährleistet, dass exakt die experimentell ermittelte Schnittleistung in Wärme dissipiert, was eine Bewertung der verschiedenen Wärmströme und Quellen in Bezug auf die Schnittleistung ermöglicht.

7.4.2 Ergebnisse für Ck45N

Die Ergebnisse der Berechnungen mit dem oben beschriebenen Modell wurden mit den gemessenen Temperaturen der Spanober- und Unterseite und den beiden in verschiedenen Abständen zur Schneidkante gemessenen Werkstücktemperaturen verglichen, siehe [27]. Es zeigte sich, dass die größten Unterschiede bei den Werkstücktemperaturen auftraten, was auf ein Modell für die Bestimmung der Kraftkomponenten an der Reibzone zwischen Schneide und Werkstück zurückgeführt wurde. Die oben erwähnte iterative Optimierung der Quelltermverteilung führte schließlich für eine Schnittgeschwindigkeit von 1000 m/min zu der in Bild 20 links dargestellten Temperaturverteilung, die nur einen Ausschnitt des gesamten Berechnungsgebietes zeigt. Die berechneten Werkstücktemperaturen liegen hier immer noch ca. 120 K unter den Messwerten, die hierfür mit dem in Bild 20 gezeigten Emissionsgradverlaufs korrigiert wurden. Da die Temperaturgradienten an der Oberfläche aber extrem hoch sind, siehe Diagramm in Bild 20, führen kleine Unsicherheiten bei der Reibzonenlänge l_{c2} und bei der Faserpositionierung während der Messung zu hohen Abweichungen in der Temperatur. Um diese Unsicherheiten abschätzen zu können, werden weitere Untersuchungen durchgeführt. Der Vergleich der berechneten und gemessenen Spantemperaturen zeigte akzeptable Abweichungen um 10 %. Für die in Bild 20 gezeigte Temperaturverteilung wurde die Gefügeumwandlungsenthalpie von Ferrit/Perlit in Austenit mit einer Anpassung des temperaturabhängigen Verlaufs der spezifischen Wärmekapazität berücksichtigt. Die Daten hierfür wurden mittels einer DSC (differential scanning calorimeter) Messung bestimmt. Die Rechungen haben gezeigt, dass die Gefügeumwandlung nicht vernachlässigt werden darf, da sie die Maximaltemperaturen um mehr als 120 K absenken kann. Die in Bild 20 gezeigten Temperaturverläufe im Werkstück zeigen, dass die Gefügeumwandlungstemperatur von 1020 K nur bis in eine Tiefe von 4 µm erreicht wird und eine Temperaturerhöhung von mehr als 100 K in eine Tiefe von 35 µm im gesamten Berechnungsgebiet vordringt. Diese Tiefe korreliert mit dem verformten Gebiet in der Werkstückrandzone, das in den Schliffbildern im Kapitel **Klocke/Hoppe, „Experimentelle und numerische Untersuchung zur Hochgeschwindigkeitszerspanung“** und bei Plöger [30] erkennbar ist.

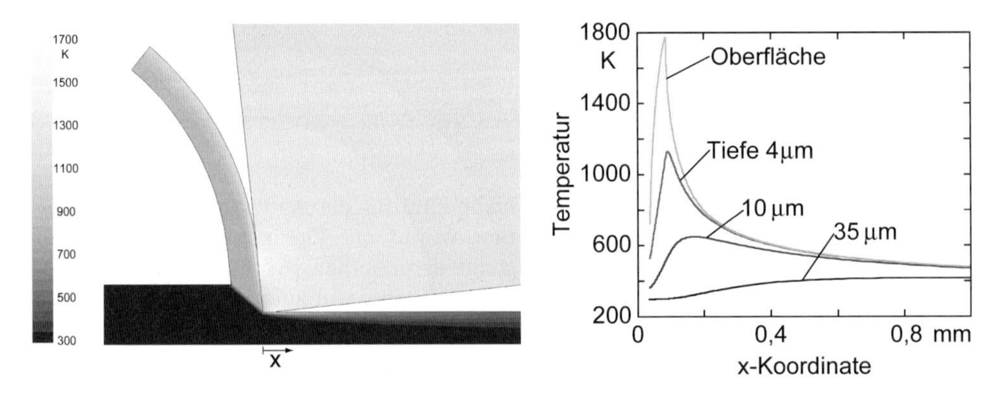

Bild 20: Berechnete Temperaturen, Ck45N, v_c = 1000 m/min, Spanungsdicke h = 0,1 mm/Links: Temperaturverteilung – Rechts: Temperaturverläufe im Werkstück

Der Vergleich der Messdaten mit den Berechnungen für Schnittgeschwindigkeiten von 3000 und 6000 m/min zeigte ähnlich hohe Abweichungen bei den Werkstücktemperaturen wie für 1000 m/min, aber deutlich ansteigende Unterschiede bei den Spantemperaturen. Dies liegt am temperaturbegrenzenden Einfluss bei Erreichen der Schmelztemperatur des Werkstoffs, der mit konventionellen Modellen nicht berücksichtigt werden kann, für eine Berechnung realistischer Temperaturen bei hohen Schnittgeschwindigkeiten aber notwendig ist. Um den Einfluss in den Rechnungen erfassen zu können, wurde ein neues Modell aufgestellt, das eine temperaturabhängige maximale Schubspannung an den Reibflächen einführt. Die Daten für die maximalen Scherfließspannungen für Ck45N sind den Messungen vom LFW entnommen, siehe Kapitel **El-Magd/Korthäuer, „Experimentelle und numerische Untersuchung zum thermomechanischen Werkstoffverhalten beim Hochgeschwindigkeitsspanen“**. Erste Rechnungen mit diesem Modell zeigen, dass damit der starke Anstieg der Maximaltemperaturen mit der Schnittgeschwindigkeit begrenzt wird, und ein asymptotisches Verhalten erzielt wird. Die Ergebnisse werden in Müller & Renz [31] und Müller [32] veröffentlicht. Die Rechengenauigkeit konnte außerdem durch feinere Gitter mit ca. 150.000 Zellen, angepasste Gittergeometrien für jede Schnittgeschwindigkeit und das Einführen einer tertiären Scherzone in der Werkstückrandzone gesteigert werden.

7.5 Literatur

[1] Pyatt, E. C.: Some considerations of the errors of brightness and two-colour types of spectral radiation pyrometer; British Journal of Applied Physics; 5, S. 264–268; 1954

[2] Müller, B.; Renz, U.; Hoppe, S.; Klocke, F.: Radiation thermometry at a high-speed turning process; zur Veröffentlichung akzeptiert in: Journal of Manufacturing Science and Engineering, ASME; 2003

[3] Müller, B.; Renz, U.: Development of a fast fiber-optic two-color pyrometer for the temperature measurement of surfaces with varying emissivities; Review of Scientific Instruments; 72, 8, S. 3366–3374; 2001

[4] Müller, B.; Renz, U.: A fast fiber-optic two-color pyrometer for temperature measurements of metallic surfaces with varying emissivities; in: *Temperature: Its Measurement and Control in Science and Industry*; Vol. 7, AIP, Hrsg.: C. Meyer, G. Strouse, B. Saunders, W. Tew; 2003

[5] Touloukian, Y. S.; DeWitt, D. P.: Thermal Radiative Properties – Metallic Elements and Alloys; IFI/Plenum, New York – Washington; 1970

[6] Bramson, M. A.: Infrared Radiation – A Handbook for Applications; Plenum Press, New York; 1968

[7] Müller, B.; Renz, U.: Time resolution enhancement of a fiber optic two-color pyrometer; in: Thermosense XXIII, Proceedings of SPIE, Vol. 4360, Orlando, USA, Hrsg.: A. E. Rozlosnik, R. B. Dinwiddie, S. 447–454; 2001

[8] Oikari, R.; Laurila, T.; Hernberg, T.: High-temperature effects in fluorine-doped, fused synthetic silica fibers; Applied Optics, 36, 21, S. 5058–5063; 1997

[9] Lenz, E.: Die Temperaturmessung in der Kontaktzone Span-Werkzeug beim Drehvorgang; Annals of the CIRP; XIII, S. 201–210; 1966

[10] Müller, B.; Renz, U.: Temperaturmessung mit einem Zwei-Farben-Pyrometer; in: Spanen metallischer Werkstoffe mit hohen Geschwindigkeiten; Hrsg.: H. K. Tönshoff, F. Hollmann, Verlag der Universität Hannover, S. 217–224; 2000

[11] Klocke, F.; Hoppe, S.: High Speed Turning of the Aluminum Alloy AA7075; WGP Annalen, F02; 2002

[12] Blümke, R.; Müller, C.: Aufschmelzen in der Grenzfläche zwischen Span und Schneide bei der Hochgeschwindigkeitsbearbeitung der Aluminiumlegierung 7075; Mat.-wiss. u. Werkstofftech. 33;S. 520–523; 2002

[13] Müller, B.; Renz, U.: Temperature measurements with a fibre-optic two-colour-pyrometer; in: *Scientific Fundamentals of High Speed Cutting*; Hrsg.: H. Schulz, Carl Hanser Verlag, München – Wien, S. 181–186; 2001

[14] Müller, B.; Renz, U.: Time resolved temperature measurements in manufacturing; Measurement, 34-4, S. 363–370; 2003

[15] Müller, B.; Renz, U.: Thermographic measurements of high-speed metal cutting; in: Thermosense XXVI, Proceedings of SPIE, Vol. 4710, Orlando, USA, Hrsg.: X. P. Maldague, A. E. Rozlosnik, S. 126–134; 2002

[16] El-Magd, E.: Mechanical properties at high strain rates; Journal de Physique IV, Vol. 4; S. C8-149/170; 1994
[17] Siegel, G. M.; Howell, J. R.: Thermal radiation heat transfer; 3rd ed., Hemisphere, Washington;1992
[18] El-Magd, E.; Treppman, C.: Mechanical behaviour of materials at high strain rates, in: *Scientific Fundamentals of High Speed Cutting*; Hrsg.: H. Schulz, Carl Hanser Verlag, München – Wien, S. 113–122; 2001
[19] Klocke, F.; Raedt, H. W.; Hoppe, S.; Krieg, T.; Müller, N.; Nöthe, T.: Examples of FEM Application in Manufacturing Technology; Journal of Materials Processing Technology; 120; S. 450–457; 2002
[20] Westhoff, B.: Modellierungsgrundlagen zur FE-Analyse von HSC-Prozessen. Dissertation, Universität der Bundeswehr Hamburg, 2002
[21] Bäker, M.; Rösler, J.; Siemers, C.: A finite element model of high speed metal cutting with adiabatic shearing. Computers and Structures, 80, S. 495–513; 2002
[22] Söhner, J.: Beitrag zur Simulation zerspanungstechnologischer Vorgänge mit Hilfe der Finite-Elemente-Methode; Dissertation Universität Karlsruhe; 2003
[23] Tay, A. O.: A review of methods of calculating machining temperature; J. of Materials Processing Technology; Vol. 36; S. 225–257;1993
[24] Vieregge, G.: Die Energieverteilung und die Temperatur bei der Zerspanung; Werkstatt und Betrieb; Vol. 86–11; S. 691–703; 1953
[25] Lenz, E.: Die Temperaturmessung beim Zerspanen; Werkstattstechnik; Vol. 54-9; S. 422–426;1964
[26] Raman, S.: Remote sensing for on-line temperature estimation in machining: A basic framework; J. Material Processing Technology, Vol. 38, S. 613–632; 1993
[27] Müller, B.; Renz, U.: Thermal analysis of a high-speed metal cutting process; in: Proceedings of the 6th ASME-JSME Thermal Engineering Joint Conference, AJTEC 2003, Hawaii Island, USA; A6-242; 2003
[28] Merchant, M. E.: Mechanics of the Metal Cutting Process. I. Orthogonal Cutting and a Type 2 Chip; Journal of Applied Physics, Vol. 16-5, S. 267–275; 1945
[29] Klocke, F.; Hoppe, S.: „Mechanisms of chip formation in high speed cutting“, in: *Scientific Fundamentals of High Speed Cutting*; Hrsg.: H. Schulz, Carl Hanser Verlag, München – Wien, S. 1–10; 2001
[30] Plöger, J. M.: Randzonenbeeinflussung durch Hochgeschwindigkeitsbearbeitung; Dissertation Universität Hannover; 2002
[31] Müller, B.; Renz, U.: Numerische Simulation des thermischen Verhaltens eines Zerspanprozesses; Fluent CFD Konferenz 2003, 24.–25.9., Bingen am Rhein, Germany
[32] Müller, B.: Thermische Analyse des Zerspanens metallischer Werkstoffe mit hohen Schnittgeschwindigkeiten, Dissertation RWTH Aachen; 2004

8 Experimentelle und numerische Untersuchung zum thermomechanischen Stoffverhalten

E. El-Magd, C. Treppmann, M. Korthäuer

Kurzfassung

Der Spanbildungsprozess ist durch komplexe Wechselwirkungen zwischen der Verformungsgeschwindigkeit, der Temperatur, den Festigkeitseigenschaften und dem Gefügezustand eines Werkstoffes gekennzeichnet. Diese Wechselwirkungen verändern sich bei der Hochgeschwindigkeitsbearbeitung grundlegend und führen zu einem veränderten Spanbildungsmechanismus.

In diesem Zusammenhang wurden Untersuchungen zur Bestimmung der Materialparameter in einem großen Dehngeschwindigkeits- und Temperaturbereich durchgeführt, wobei im Hochgeschwindigkeitsbereich die folgenden vier Faktoren berücksichtigt werden müssen: (1) Durch die steigende Belastungsgeschwindigkeit nimmt die Dehngeschwindigkeitsempfindlichkeit zu, (2) die Temperaturerhöhung aufgrund des adiabatischen Charakters des Prozesses fördert die Verformungslokalisierung und Instabilität, (3) die Massenträgheitskräfte dürfen nicht mehr vernachlässigt werden und (4) die lokale Bruchdehnung sinkt bei steigender Dehngeschwindigkeit und führt daher zu einer höheren Kerbempfindlichkeit. Für die konstitutive Beschreibung des Materialverhaltens in den untersuchten Bereichen von Temperatur und Dehnrate müssen unterschiedliche physikalische Verformungsmechanismen berücksichtigt werden. Bei Dehnraten oberhalb von 1000 s^{-1} dominieren Dämpfungsprozesse. Im Bereich von Dehnraten unter 1000 s^{-1} sind athermische beziehungsweise thermisch aktivierte Vorgänge maßgeblich.

Abstract

The cutting process is generally distinguished by a complex interaction between deformation velocity, temperature, stability properties and the (micro)structure of the material. These interactions dramatically change under high speed cutting conditions and lead to a different mechanism of chip formation.

To evaluate the material parameters over a wide range of stress and temperature a lot of research was conducted. Under high speed conditions there are some important factors that have a great influence on the material's behaviour. The major part of the deformation energy is transformed into heat, leading to a reduction of flow stress. The mechanical behaviour of materials at high strain rates is characterised by increased strain rate sensitivity, by the adiabatic character of the deformation process and by increasing effects of mass inertia forces. The flow stress reaches a maximum at a characteristic strain value. The subsequent drop of the flow stress can lead to deformation localisation in combination with heat concentration. The mechanical behaviour over this wide range needs the consideration of different physical deformation mechanisms. In the range of high temperatures and low strain rates stress relaxation due to creep deformation processes are super-

Hochgeschwindigkeitsspanen. Hrsg. H. K. Tönshoff und F. Hollmann

ISBN: 3-527-31256-0

imposed to the plastic deformation process with a relatively low strain rate sensitivity and temperature dependence. In the range of high strain rates, the damping controlled deformation mechanism is additionally active leading to a high increase of the strain rate sensitivity.

8.1 Einleitung

Auf der Basis von phänomenologischen sowie werkstoffkundlich fundierten Modellen soll das Verhalten metallischer Werkstoffe in großen Temperatur- und Geschwindigkeitsbereichen durch Materialbeschreibungen erfasst werden. Als Untersuchungswerkstoffe werden ein einfacher Vergütungsstahl (Ck45N), eine hochfeste Aluminiumlegierung (AA7075 T351) sowie eine Titanlegierung (TiAl6V4 MG Grade 23 ELI) festgelegt. Zur Validierung der Stoffgesetze und der ermittelten Parameter in dem gesamten untersuchten Temperatur- und Geschwindigkeitsbereichen wurden Schlag-Scherversuche an Hutproben durchgeführt. In Kombination mit der Finiten Elemente Simulation konnte dabei die Extrapolation der Stoffgesetze für sehr hohe Dehngeschwindigkeiten überprüft werden.

Um bei Zerspanungsvorgängen Informationen über die Entstehung von Spanlamellen, die Form und Größe der Scherzone und den Scherwinkel zu erhalten, wurden unterbrochene hochdynamische Zerspanungsversuche mit Hilfe des modifizierten Split-Hopkinson Bars vorgenommen. Diese Methode erlaubt auch bei sehr hohen Schnittgeschwindigkeiten den Zerspanvorgang schlagartig zu unterbrechen.

8.2 Versuchstechniken

8.2.1 Quasistatische Versuche

Die quasistatischen Untersuchungen ($\dot{\varepsilon} \Leftarrow 100\ \mathrm{s}^{-1}$) wurden an elektro-mechanisch bzw. servo-hydraulisch angetriebenen Universalprüfmaschinen der Firmen MTS und Schenck durchgeführt. Die maximale Prüfkraft der Anlagen beträgt zwischen 25 kN und 100 kN. Bei diesen Prüfmaschinen ist sowohl für Raumtemperatur als auch für die Hochtemperatureinrichtung ein kalibriertes Extensometer für Zug- und Druckversuche vorhanden, um direkt an der Probe die Dehnungsmessung vorzunehmen.

8.2.2 Schnelle Versuche

Zur Ermittlung des Werkstoffverhaltens im Bereich zwischen den dynamischen und den quasistatischen Ergebnissen wird ein ungeregelter Hydraulikzylinder mit einer einstellbaren Geschwindigkeit verwendet. Der Hydraulikzylinder erreicht eine maximale Geschwindigkeit von ca. 12 m/s bei einer Nennnkraft von 25 kN. Der Gesamthub des Zylinders beträgt 65 mm, wobei 10 mm effektiv bei einer annähernd konstanten Geschwindigkeit genutzt werden können. Als Energieeinheit dienen zwei 10 Liter Blasenspeicher, wobei einer als Hochdruckeinheit mit 100 bar und der andere als Niederdruckeinheit mit 10 bar fungiert. Die Blasenspeicher stellen den kompletten Volumenstrombedarf, den der Zylinder für den Ausfahrvorgang benötigt.

8.2.3 Schlag-Druck-Versuche

Die elementare Theorie der elastischen Wellenausbreitung ist Grundlage der Schlag-Druck-Versuche mit dem modifizierten Split-Hopkinson-Bar. Zwischen zwei Stäben befindet sich eine Probe mit einem kleineren Querschnitt als dem der Stäbe. Eine beschleunigte Masse trifft auf den Eingangsstab. Durch diese schlagartige Belastung wird eine Druckwelle induziert, die den Eingangsstab durchläuft und am ersten Dehnungsmessstreifen gemessen wird. Beim Erreichen der Kontaktstelle von Eingangsstab und Probe wird die Welle aufgrund der Querschnittsänderung aufgesteilt, so dass die Probe beim Durchlauf der Welle plastisch verformt wird. Der im Ausgangsstab ankommende verbleibende Anteil der Welle wird durch den zweiten Dehnungsmessstreifen erfasst.

Mit den durch die DMS ermittelten Dehnungs-Zeit-Kurven können sowohl die Partikelgeschwindigkeit, die Verlängerungsgeschwindigkeit als auch der Stauchgrad und die Stauchgeschwindigkeit ermittelt werden.

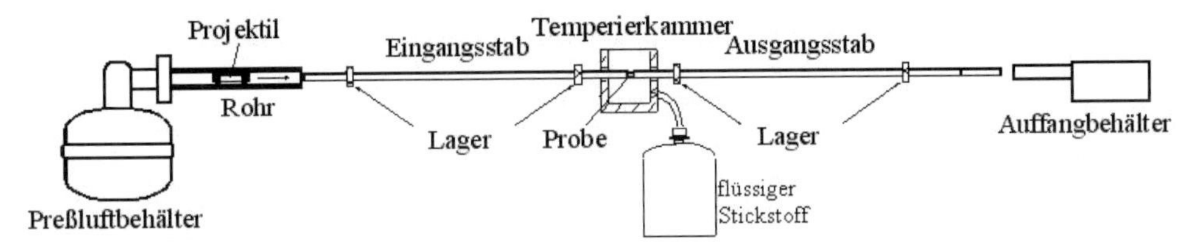

Bild 1: Split-Hopkinson-Bar mit pneumatischer Beschleunigung

Mit der in Bild 1 dargestellten Versuchsanlage wurden die Schlag-Druck-Versuche durchgeführt. Mit diesem Versuchsaufbau ist es ebenso möglich, Versuche im Bereich tiefer und hoher Temperaturen durchzuführen (93 K < $T_{Versuch}$ < 1273 K).

8.3 Ermittlung des Werkstoffverhaltens in Abhängigkeit von Dehngeschwindigkeit und Temperatur

8.3.1 CK45N

Eigenschaften und chemische Zusammensetzung:

Der Vergütungsstahl Ck45N wurde in normalisierter Wärmebehandlung untersucht. Das Ausgangsmaterial hatte einen Durchmesser von ca. 300 mm. Die Proben wurden nur aus einem Randbereich von etwa 20 mm in axialer Richtung entnommen. Die chemische Zusammensetzung in Massenprozent beträgt 0,45 % C; 0,22 % Si; 0,63 % Mn; 0,016 % P und 0,026 % S. Es sind folgende mechanischen Eigenschaften ermittelt worden: Zugfestigkeit R_m = 627 MPa; Streckgrenze $R_{p0,2}$ = 334 MPa; Bruchdehnung A = 17 %; Brucheinschnürung Z = 23,5 & und Härte HV 30 = 163,5.

Versuchsergebnisse:

Im Bild 2 links sind die Ergebnisse der quasistatischen Versuche bei einer Dehngeschwindigkeit von 0,001 s^{-1} und in einem Temperaturbereich zwischen Raumtemperatur und 1000 °C dargestellt. Es zeigt sich, dass bei CK45 eine Erhöhung der Fließspannung im Temperaturbereich von 250 °C bis 400 °C aufgrund der dynamischen Reckalterung erfolgt.

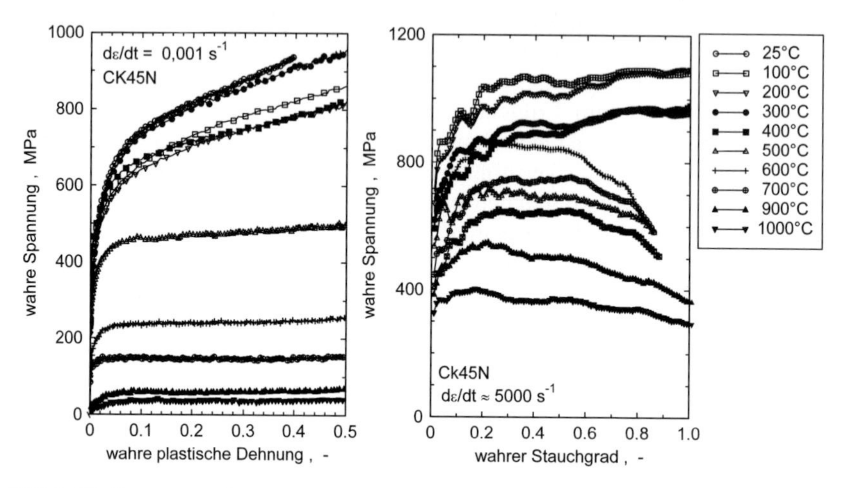

Bild 2: Fließkurven aus Druckversuchen an CK45N bei einer Dehngeschwindigkeit von $\dot{\varepsilon} = 0{,}001\ s^{-1}$ und $\dot{\varepsilon} \approx 5000\ s^{-1}$ bei unterschiedlichen Temperaturen

Bild 2 rechts zeigt exemplarisch die Ergebnisse der dynamischen Fließkurven bei einer Dehngeschwindigkeit von 5000 s^{-1} und Temperaturen zwischen 100 °C und 1000 °C. Hier wird, wie schon bei den quasistatischen Versuchen, ein sehr ähnliches Materialverhalten sichtbar. Während im unteren Temperaturbereich noch eine deutliche Verfestigung des Materials erkennbar ist, so fällt die Fließspannung ab 500 °C kontinuierlich ab. Auffällig bleibt zudem, dass die Fließspannungen bei 500 °C geringere Werte aufweisen als bei 600 °C. Offensichtlich hat also die dynamische Reckalterung auch bei hohen Dehngeschwindigkeiten Einfluss auf den Fließspannungsverlauf.

Zieht man einen direkten Vergleich der Fließkurven von CK45N (Bild 2) im annähernd quasistatischen Bereich mit Dehngeschwindigkeiten von 0,001 s^{-1} und den durch die Hopkinson-Bar Methode erreichten dynamischen Bereich bei ca. 5000 s^{-1}, so ergeben sich deutliche Unterschiede im Bereich der maximal auftretenden Spannungen. Besonders bei höchsten Temperaturen, zum Beispiel bei 1000 °C, liegt die maximal auftretende Fließspannung im dynamischen Bereich bei 400 MPa, während im quasistatischen Bereich der Wert nicht mehr über 30 MPa ansteigt.

Bild 3 zeigt die den Einfluss der Dehnratenänderung auf die Temperaturabhängigkeit der Fließspannung, bei Dehngeschwindigkeiten, die von quasistatisch über schnell bis hin zu dynamisch reichen. Abhängig von der Dehngeschwindigkeit erfolgt bei CK45N eine Erhöhung der Fließspannung im unteren und mittleren Temperaturbereich aufgrund der dynamischen Reckalterung. Mit steigender Dehngeschwindigkeit verschieben sich zudem die Spannungserhöhung und der darauf folgende Spannungsabfall zu höheren Temperaturen, bei denen die Diffusionsgeschwindigkeit der Fremdatome der Versetzungsgeschwindigkeit bei höheren Dehngeschwindigkeiten entspricht.

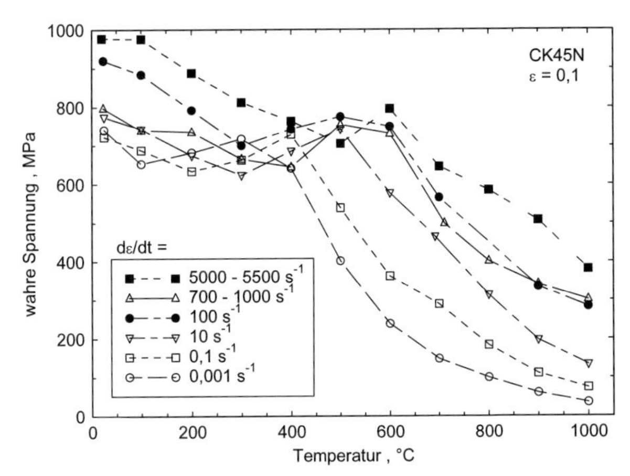

Bild 3: Temperaturabhängigkeit von CK45N bei quasistatischen, schnellen und dynamischen Versuchen

Trägt man die Spannungen bei einer Dehnung von $\varepsilon = 0{,}1$ über der Dehnrate bei den unterschiedlichen Temperaturen auf, so erhalt man die Darstellung gemäß Bild 4. In diesem Bild ist die Dehnrate logarithmisch aufgetragen. Damit wird der Einfluss von Dehngeschwindigkeit und Temperatur im Geschwindigkeitsbereich bis ca. 100 s^{-1} deutlich. Im Temperaturbereich bis ca. 400 °C ist der Geschwindigkeitseinfluss relativ konstant. Bei höheren Temperaturen und niedrigen Dehnraten (10 s^{-1}) steigt die Geschwindigkeitsempfindlichkeit dagegen stark an. Besonders bei 1000 °C ist ein enormer Anstieg der Fließspannungswerte zwischen quasistatischen und dynamischen Dehnraten festzustellen.

Wird die Geschwindigkeits- und Temperaturabhängigkeit von CK45N einmal nur im dynamischen Bereich dargestellt (Bild 4), so ergibt sich ein linearer Zusammenhang für die Spannung bei ansteigenden hohen Dehnraten. Deutlich lässt sich zudem die Abnahme der Geradensteigung bei höher werdenden Temperaturen feststellen. Während von Raumtemperatur bis 600 °C ein ungefähr konstanter Wert festgestellt wird, so nimmt dieser bis 1000 °C deutlich ab.

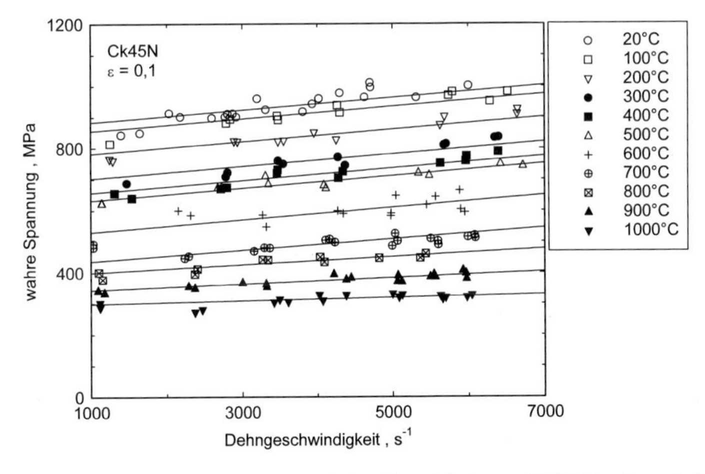

Bild 4: Temperatur- und Geschwindigkeitsabhängigkeit von CK45N im dynamischen Geschwindigkeitsbereich

8.3.2 TiAl6V4

Eigenschaften und chemische Zusammensetzung:

Die verwendete Legierung trägt den Zusatz MG ELI für „medical grade extra low interstitiell“ und hat einen etwas geringeren Sauerstoffgehalt als die Standardlegierung.

Die chemische Zusammensetzung in Massenprozent beträgt 0,02 % C; 0,01–0,02 % N; 5,91–5,96 % Al; 0,12 % O; 0,11 % Fe; 0,0027–0,0044 % H und 3,85–3,90 % V. Es sind folgende mechanischen Eigenschaften ermittelt worden: Zugfestigkeit R_m = 1219 MPa; Streckgrenze $R_{p0,2}$ = 1084 MPa; Bruchdehnung A = 25 %; Brucheinschnürung Z = 17,6 & und Härte HV 30 = 350.

Versuchsergebnisse:

Analog zu Ck45N wurden auch für TiAl6V4 Druckversuche bei Nenndehngeschwindigkeiten von 0,001 s^{-1} zur Ermittlung der Fließkurven des Werkstoffs bei unterschiedlichen Temperaturen ermittelt. TiAl6V4 zeigt bei Temperaturen bis 400 °C eine wesentlich stärkere Verfestigung bei steigender Verformung (Bild 5 links) als CK45N. Bei Raumtemperatur versagt die Druckprobe bei einer Verformung von ca. ε = 0,26. Im Temperaturbereich zwischen 100 °C und 500 °C wurden die Proben nicht bis zum Bruch verformt. Bei Temperaturen darüber hinaus wurde bis zu Verformungen von ε = 0,7 kein Bruch festgestellt.

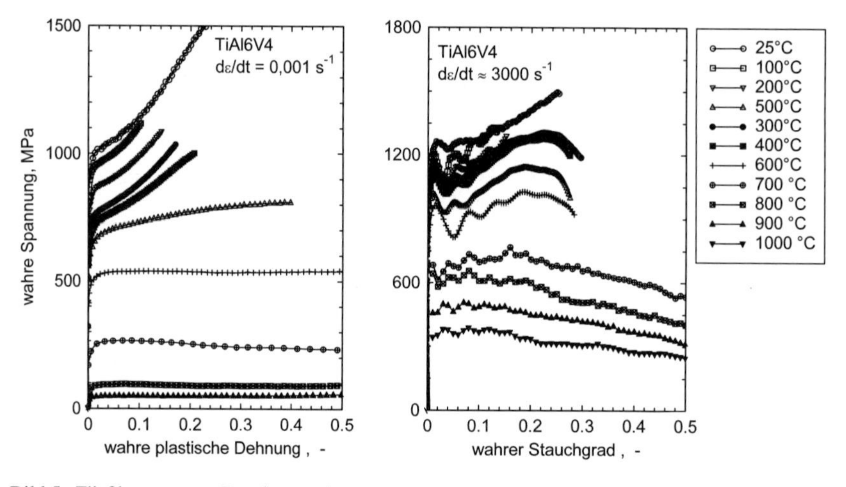

Bild 5: Fließkurven aus Druckversuchen an TiAl6V4 bei einer Dehngeschwindigkeit von $\dot{\varepsilon} = 0{,}001\ s^{-1}$ und $\dot{\varepsilon} \approx 3000\ s^{-1}$ bei unterschiedlichen Temperaturen

Die Fließkurven in Bild 5 rechts zeigen die Ergebnisse der dynamischen Druckversuche an TiAl6V4. Die Fließspannung steigt bei dynamischer Verformung deutlich an, die Verfestigung ist nahezu linear. Der Einfluss der Dehnratenänderung auf die Temperaturabhängigkeit der Fließspannung bei der Titanlegierung ist in Bild 6 dargestellt. Im gesamten Temperaturbereich erreichen die dynamischen Versuche im Vergleich zu den langsamen Dehngeschwindigkeiten eine höhere Spannung.

Zudem verschiebt sich mit steigender Dehngeschwindigkeit der abfallende Bereich der Spannung zu höheren Temperaturen hin. Besonders im Höchsttemperaturbereich sind gravierende Abweichungen der Spannungen zwischen quasistatischen und dynamischen Dehnraten festzustellen. Eine einfache Übertragung der Temperaturabhängigkeit von quasistatischen zu dynamischen Versuchen scheint daher nicht mehr möglich. Renz und Müller, „Experimentelle und numerische Untersuchungen zur Temperatur- und Wärmequellenverteilung beim Hochgeschwindigkeitsspanen“, zeigten in diesem Zusammenhang auch einen deutlichen Anstieg des Temperaturgradienten bei TiAl6V4.

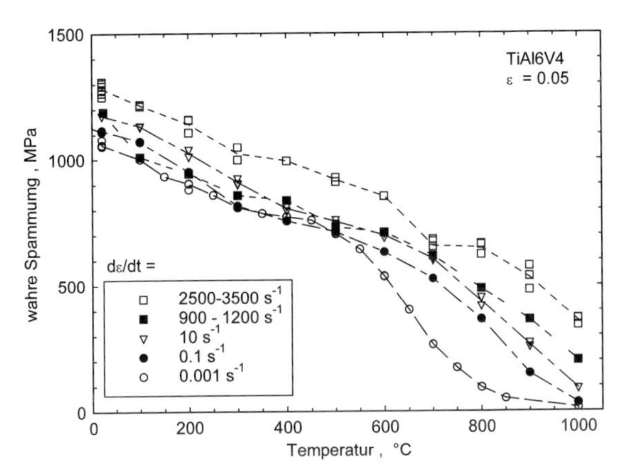

Bild 6: Temperaturabhängigkeit von TiAl6V4 bei quasistatischen, schnellen und dynamischen Versuchen

Bild 7 zeigt die Abhängigkeit der wahren Spannung von der Dehngeschwindigkeit bei einer wahren Dehnung von $\varepsilon = 0,05$. Im Temperaturbereich bis ca. 400 °C und Dehnraten bis zu 30 s^{-1} ist der Geschwindigkeitseinfluss relativ konstant. Bei höheren Temperaturen oder höheren Dehnraten (> 10^3 s^{-1}) steigt die Geschwindigkeitsempfindlichkeit stark an. Auch für TiAl6V4 ergibt sich ein linearer Zusammenhang für die Spannung bei hohen Dehnraten (Bild 7).

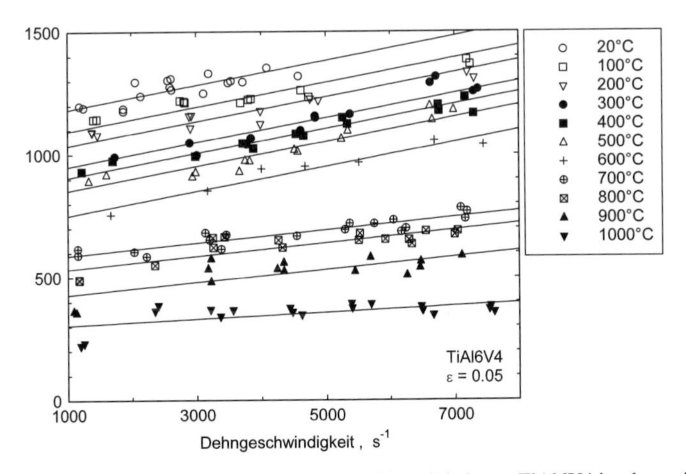

Bild 7: Temperatur- und Geschwindigkeitsabhängigkeit von TiAl6V4 im dynamischen Geschwindigkeitsbereich

8.3.3 AA7075

Eigenschaften und chemische Zusammensetzung:

Die ausscheidungshärtbahre Aluminiumknetlegierung AlZn5,5MgCu (AA7075) wurde in der Wärmebehandlung T351 von der Fa. Drahtwerk Elisental als Stangenmaterial mit den Durchmessern *7, 12* und *16 mm* geliefert und in dieser Wärmebehandlung untersucht. Die chemische Zusammensetzung in Massenprozent beträgt 0,067–0,087 % Si; 0,14–0,20 % Fe; 1,34–1,49 % Cu; 0,027–0,028 % Mn; 2,57–2,90 % Mg; 0,188–0,19 % Cr; 5,74–6,05 % Zn; 0,017–0,02 % Tu und der Rest Al. Es sind folgende mechanischen Eigenschaften ermittelt worden: Zugfestigkeit R_m = 508–557 MPa; Streckgrenze $R_{p0,2}$ = 466–472 MPa; Bruchdehnung A = 2,3–2,6 % und Härte HV 30 = 185.

AlZnMgCu-Legierungen erreichen von allen Aluminiumlegierungen die höchsten Festigkeitswerte. Die Mangan-Zusätze dienen neben dem Chrom zur Verbesserung der Beständigkeit und Steuerung des Ausscheidungsverhaltens. Mit steigender Festigkeit kommt der Begrenzung der Beimengungen Fe und Si erhöhte Bedeutung zu, da grobe Ausscheidungen schwerlöslicher Phasen wie Al_6(FeMn) und andere die Dauerschwingfestigkeit und Risszähigkeit beeinträchtigen. Die Wärmebehandlung T351 definiert, dass die Aluminiumknetlegierung zur Aushärtung zuerst lösungsgeglüht (480 °C bis 530 °C), dann abgeschreckt (Abkühldauer bis 200 °C = 30 bis 40 s), kaltverfestigt und kaltausgelagert (30 °C/4 h) wird.

Versuchsergebnisse:

Bild 8 links zeigt die Abhängigkeit der Fließspannung von der wahren Dehnung für Temperaturen bis 500 °C und einer Dehnrate von 0,001 s^{-1}. Während die Druckproben bis 150 °C durch Scherbrüche versagen, findet oberhalb von 150 °C bei Verformungen bis ca. ε = 1 kein Bruch statt.

Im dynamischen Geschwindigkeitsbereich ist bei der Aluminiumlegierung AA7075 ein deutlicher Abfall der Fließspannung mit steigenden Versuchstemperaturen festzustellen,

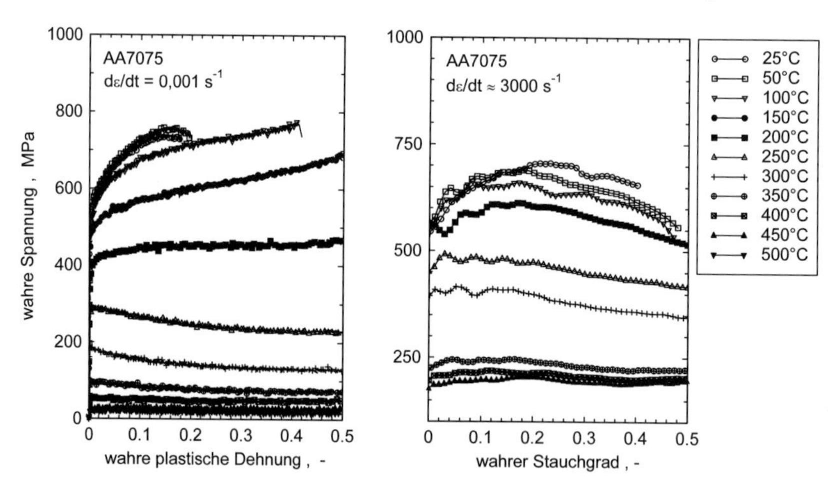

Bild 8: Fließkurven aus Druckversuchen an AA7075 bei einer Dehngeschwindigkeit von $\dot{\varepsilon} = 0{,}001\ s^{-1}$ und $\dot{\varepsilon} \approx 3000\ s^{-1}$ bei unterschiedlichen Temperaturen

wobei schon bei Raumtemperatur aufgrund der adiabatischen Entfestigung eine Abnahme der Spannung mit steigender Verformung feststellbar ist (Bild 8 rechts).

Wie erwartet, zeigt sich ein starker Spannungsabfall bei Temperaturen oberhalb von 150 °C. Die Erhöhung der Dehngeschwindigkeit führt zu einer Verschiebung des Spannungsabfalls zu höheren Temperaturen.

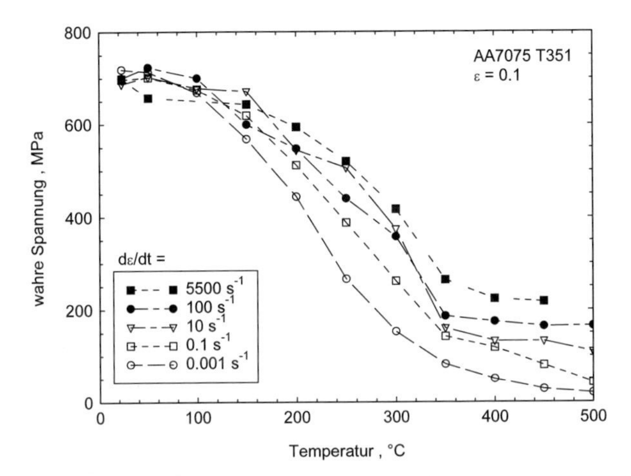

Bild 9: Temperaturabhängigkeit von AA7075 bei quasistatischen, schnellen und dynamischen Versuchen

Damit ergibt sich bei einer Dehnung von $\varepsilon = 0{,}1$ die Geschwindigkeits- und Temperaturabhängigkeit, wie in Bild 9 und 10 logarithmisch und linear dargestellt. Die Ergebnisse zeigen im Bereich niedriger Temperaturen (T < 100 C) und Dehnraten unter 100 s^{-1} eine sehr geringe Geschwindigkeitsempfindlichkeit. Bei höheren Temperaturen oder höheren Dehnraten steigt die Geschwindigkeitsempfindlichkeit deutlich an. Auch bei AA7075 wird bei Dehnraten über 1000 s^{-1} eine lineare Abhängigkeit der Spannung von der Dehngeschwindigkeit ermittelt.

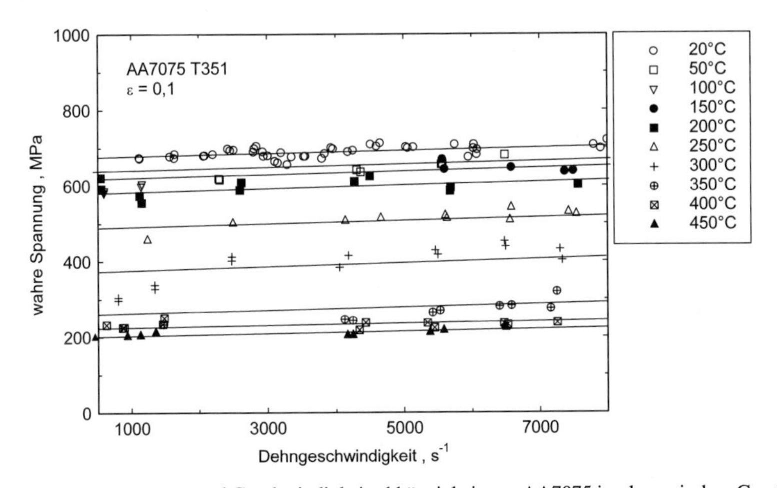

Bild 10: Temperatur- und Geschwindigkeitsabhängigkeit von AA7075 im dynamischen Geschwindigkeitsbereich

8.4 Beschreibung des Werkstoffverhaltens in Abhängigkeit von Dehnung, Dehngeschwindigkeit und Temperatur

Die im Kapitel 8.3 dargestellten quasistatischen und dynamischen Versuchsergebnisse können mit Hilfe konstitutiver Beziehungen beschrieben werden. Es werden hier zunächst einfache Beschreibungen verwendet, um mit einer möglichst geringen Anzahl von Parametern das Werkstoffverhalten zu beschreiben und den Bereich einzugrenzen, in denen diese einfachen Beschreibungen gültig sind. Hier stehen vor allem die Anwendbarkeit der Ergebnisse und die Darstellung der Beschreibung auch mit analytisch geschlossenen Gleichungen im Vordergrund. Mit etwas komplexeren Formulierungen wird dann der Gültigkeitsbereich so erweitert, dass eine Beschreibung des Werkstoffverhaltens im gesamten untersuchten Geschwindigkeits- und Temperaturbereich möglich wird.

Als konstitutive Gesetze werden im quasistatischen Bereich folgende Formulierungen gewählt:

1. Basierend auf die Verfestigungsfunktion von Swift [3]

$$\sigma = K(T)(B+\varepsilon)^{n(T)} \tag{8.4.1}$$

mit temperaturabhängigen Parametern K und n:

2. Basierend auf einer erweiterten Form des Ansatzes von Voce bzw. Kocks/Mecking [4]. Die ursprüngliche Beschreibung von Voce bzw. Kocks/Mecking führt jedoch zu einer Sättigungsspannung bei hohen Verformungen. Da dieses experimentell nicht bestätigt werden kann, wird die Beschreibung um ein lineares Glied ($C_1 \cdot \varepsilon$) erweitert [5]. Auch hier werden für alle Parametern Temperaturabhängigkeiten formuliert:

$$\sigma = \sigma_0(T) + C_1(T)\cdot\varepsilon + C_2(T)\left(1-\exp\left(-\frac{\varepsilon}{C_3(T)}\right)\right) \tag{8.4.2}$$

Zur Beschreibung des dynamischen Bereichs werden folgende Ansätze verwendet:

1. Basierend auf Gleichung von Swift, für dynamische Versuche erweitert um den Ansatz der linearen Dämpfung. Die Temperaturerhöhung wird zunächst durch einen Produktansatz berücksichtigt, um eine analytische Beschreibung der adiabatischen Fließkurve zu erhalten:

$$\sigma = (K(B+\varepsilon)^n + \eta\cdot\dot{\varepsilon})\cdot\exp\left[-\beta_1\frac{T-T_0}{T_m}\right] \tag{8.4.3}$$

Mit

$$\int_{T_0}^{T}\frac{1}{\Psi(T)}dT = \frac{\bar{\kappa}}{\bar{\rho}\,\bar{c}}\int_0^{\varepsilon}\sigma_{iso}\,d\varepsilon \tag{8.4.4}$$

folgt nach Trennung der Variablen und anschließender Integration bei konstanter Dehngeschwindigkeit die adiabatische Spannung:

$$\sigma_{ad} = \frac{K(B+\varepsilon)^n + \eta\cdot\dot{\varepsilon}}{1+\frac{\bar{\kappa}\,\beta}{\bar{\rho}\,\bar{c}\,T_m}\left(\frac{K(B+\varepsilon)^{n+1}-B^{n+1}}{n+1}+\eta\dot{\varepsilon}\varepsilon\right)} \tag{8.4.5}$$

Diese Beschreibung ist zwar nur in kleinen Temperaturbereichen und bei hohen Dehngeschwindigkeiten gültig, sie ermöglicht allerdings eine systematische Ermittlung der Parameter.

2. Ebenfalls basierend auf der Gleichung von Swift mit der Erweiterung der linearen Dämpfung, aber mit beliebigen Temperaturabhängigkeiten Parametern *K* und *n*.

$$\sigma = \left(K(T)(B+\varepsilon)^{n(T)} + \eta \cdot \dot{\varepsilon}\right). \qquad 8.4.6$$

Dabei ist eine analytische Beschreibung der adiabatischen Fließkurve nicht mehr möglich, da die Trennung der Variablen in $\rho \cdot c \cdot dT = \kappa \cdot \sigma \cdot d\varepsilon$ nicht mehr möglich ist. Die Temperaturerhöhung muss daher numerisch gemäß

$$\Delta T = \frac{\kappa}{\rho\, c}\,\sigma\,\Delta\varepsilon \qquad 8.4.7$$

berechnet werden. Diese Formulierung ermöglicht die Beschreibung des gesamten untersuchten Temperaturbereichs bei dynamischer Beanspruchung ($\dot{\varepsilon} > 1000\ \text{s}^{-1}$).

3. Wie auch schon für die quasistatischen Versuche soll eine Beschreibung basierend auf Gleichung 8.4.2 (erweiterte Kocks/Mecking Gleichung) in Kombination mit der linearen Dämpfung durchgeführt werden.

$$\sigma = \sigma_0(T) + C_1(T) \cdot \varepsilon + C_2(T)\left(1 - \exp\left(-\frac{\varepsilon}{C_3(T)}\right)\right) + \eta\dot{\varepsilon} \qquad 8.4.8$$

Die Temperaturerhöhung muss analog zu 2. numerisch gemäß Gleichung 8.4.7 berechnet werden. Auch diese Formulierung ermöglicht die Beschreibung des gesamten untersuchten Temperaturbereichs bei dynamischer Beanspruchung ($\dot{\varepsilon} > 1000\ \text{s}^{-1}$).

4. Außerdem wird bei der Beschreibung der dynamischen Versuche exemplarisch das häufig in FE Programmen implementierte Materialmodell von Johnson und Cook [6] dargestellt:

$$\sigma = \left(A + B\varepsilon^n\right)\left(1 + C\ln\dot{\varepsilon}\right)\left(1 - \left(\frac{T - T_{room}}{T_{melt} - T_{room}}\right)^m\right) \qquad 8.4.9$$

Diese Beschreibung führt aufgrund der relativ einfachen Formulierung der Temperaturabhängigkeit nur in engen Grenzen zu brauchbaren Ergebnissen.

Ist eine kontinuierliche Beschreibung vom quasistatischen bis zum dynamischen Werkstoffverhalten erforderlich, so muss eine komplexere Beschreibung verwendet werden, die die unterschiedlichen physikalischen Einflüsse miteinander kombiniert. Dabei sei hier auf Kapitel 8.4.3 verwiesen.

8.4.1 Beschreibung der quasistatischen Versuchsergebnisse

Die Beschreibung der quasistatischen Versuchsergebnisse wurde sowohl mit dem Ansatz von Swift (Gleichung 8.4.1) als auch mit der eben dargestellten erweiterten Kocks/ Mecking (Gleichung 8.4.2) durchgeführt. In Bild 11 sind beispielhaft die Ergebnisse der Beschreibung mit Gleichung 8.4.2 dargestellt. Die hierfür verwendeten Konstanten sowie die Beschreibung nach Gleichung 8.4.1 kann in [7] nachgelesen werden.

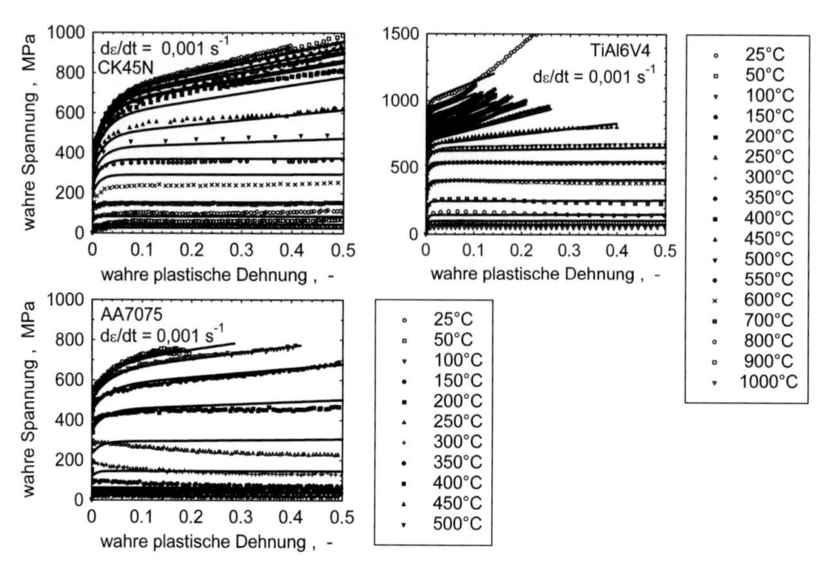

Bild 11: Temperaturabhängige Beschreibung von CK45N, TiAl6V4 und AA7075 bei $\dot{\varepsilon} = 0{,}001\ \mathrm{s}^{-1}$

Wegen des großen untersuchten Temperaturbereiches müssen die Parameter für die eben dargestellte Beschreibung nach Kocks/Mecking (Gl. 8.4.2) temperaturabhängig ermittelt werden. Die Verläufe der Parameter σ_0 und C_1 bis C_3 in Abhängigkeit von der Temperatur sind für jeden einzelnen Werkstoff in Bild 1.4.2 dargestellt.

Bei CK45 ist bei den quasistatischen Versuchen ein deutlicher Einfluss der dynamischen Reckalterung im unteren bis mittleren Temperaturbereich zu erkennen. Diese wird durch die Addition von

$$\mathrm{R(T)} = \exp\left(-\left(\frac{T-T^*}{\mathrm{T_B}}\right)^2\right) \qquad 0 < R(T) \leq 1 \qquad 8.4.10$$

berücksichtigt.

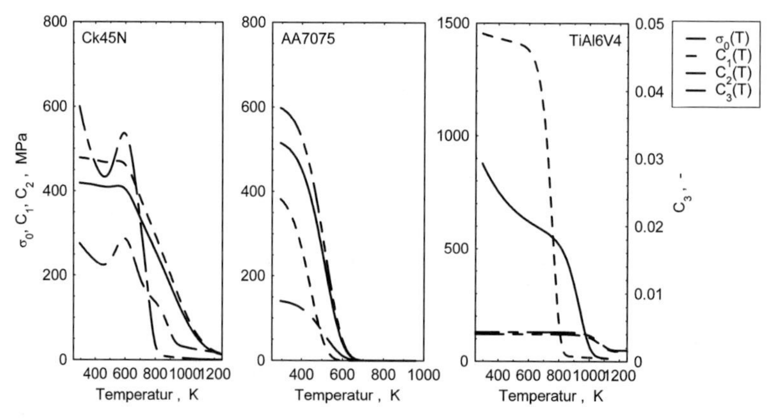

Bild 12: Temperaturabhängigkeiten der Parameter von Gleichung 8.4.2

8.4.2 Beschreibung der dynamischen Versuchsergebnisse

Für die Beschreibung der dynamischen Fließkurven wurden insgesamt drei verschiedene Ansätze nach den Gleichungen 8.4.6, 8.4.8 und 8.4.9 verwendet. Bild 13 zeigt die Beschreibung der Fließkurven mit Hilfe der Beschreibung nach Swift, die um den Ansatz der linearen Dämpfung erweitert wurde (Gleichung 8.4.6). Aufgrund des großen untersuchten Temperaturbereiches müssen die beiden Parameter K und n der Gleichung 8.4.6 temperaturabhängig beschrieben werden. Diese Beschreibungen sind in [7] nachzulesen.

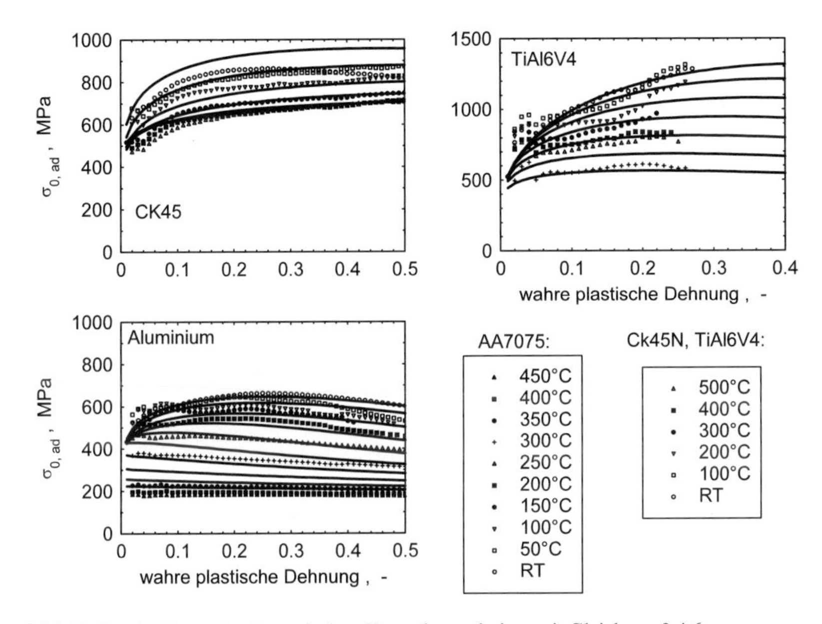

Bild 13: Beschreibung der dynamischen Versuchsergebnisse mit Gleichung 8.4.6

Diese Beschreibungen sind für die Aluminium- und die Titanlegierung für den untersuchten Temperaturbereich erfolgreich. Bei Ck45N wird der Versuch bei Raumtemperatur stark überschätzt. Erst ab etwa 100 °C stimmen Versuchsergebnisse und Beschreibung überein.

Bild 14 zeigt die Temperaturabhängigkeit der beiden Parameter K und n für die Beschreibung nach Swift. Wie schon im quasistatischen Geschwindigkeitsbereich ist auch bei der Beschreibung der Hochgeschwindigkeitsversuche die dynamische Reckalterung beim CK45N mit zu berücksichtigen.

8.4.3 Beschreibung des Werkstoffverhaltens für den gesamten untersuchten Geschwindigkeits- und Temperaturbereich

Die bisherige kontinuierliche Beschreibung des Materialverhaltens [7] setzte sich aus einer Kombination der verschiedenen Dehngeschwindigkeitsbereiche zusammen:

$$\dot{\varepsilon} = (1-M) \cdot (\dot{\varepsilon}_{kr} + \dot{\varepsilon}_{pl}) + M \cdot \dot{\varepsilon}_{Dämpfung} \qquad 8.4.11$$

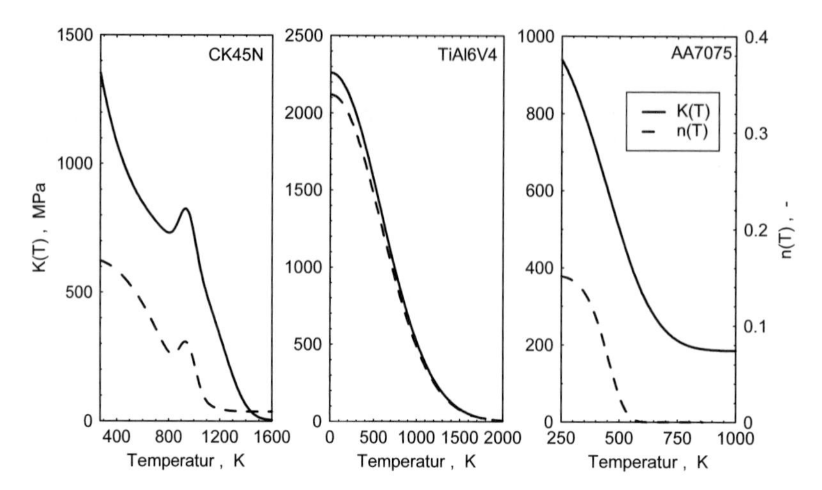

Bild 14: Temperaturabhängigkeiten der Parameter K und n der Gleichung 8.4.6

dabei war $M(T, \varepsilon, \dot{\varepsilon})$ eine Funktion die den Übergang zur viskosen Dämpfung beschrieb:

$$M = 1 - \exp\left(-\left(\frac{\dot{\varepsilon}}{\dot{\varepsilon}_G} \right)^{\nu_1} \right) \quad \text{mit} \quad \nu_1 = 100 \qquad 8.4.12$$

Damit ergab sich folgende Gleichung für das Werkstoffverhalten:

$$\dot{\varepsilon} = (1 - M)\left(\left(\frac{\sigma}{\sigma_0(T, \varepsilon)} \right)^{N(T)} + \left(\frac{\sigma}{\sigma_H(T, \varepsilon)} \right)^{1/m(T)} \right) + M \cdot \left(\frac{\sigma - \sigma_G(T, \varepsilon)}{\eta} + \dot{\varepsilon}_G \right) \qquad 8.4.13$$

Dieses Materialgesetz für den gesamten untersuchten Geschwindigkeits- und Temperaturbereich wurde bisher erfolgreich bei Klocke und Hoppe, „Experimentelle und numerische Untersuchung zur Hochgeschwindigkeitszerspanung", und bei Behrens, Westhoff und Kalisch, „Application of the Finite Element Method at the Chip Forming Process under high Speed Cutting Conditions" zur Zerspansimulation angewendet.

Diese Beschreibung hatte allerdings den Nachteil, dass zum einen recht viele Konstanten bestimmt werden mussten (23–28 Parameter), zum anderen, dass diese Beschreibung eine transzendente Funktion der Spannung war. Es Bestand daher der Bedarf nach einer Vereinfachung mit einer Reduktion der Parameter und der Formulierung in der Form $\sigma = f(\varepsilon, \dot{\varepsilon}, T)$. Im Folgenden wird daher eine Lösung gezeigt, welche diese Möglichkeiten beinhaltet [8]:

Für die Beschreibung des Festigkeitsverhaltens $\sigma(\varepsilon)$ soll die Gleichung von Hollomon [8] herangezogen werden:

$$\sigma = K \cdot \varepsilon^n \qquad 8.4.14$$

Außerdem soll für den Bereich der niedrigen Dehnraten der Geschwindigkeitseinfluss durch eine Potenzfunktion [9] dargestellt werden:

$$\sigma = \sigma(\varepsilon, T) \cdot \dot{\varepsilon}^m \qquad 8.4.15$$

Die dynamischen Effekte (lineare Dämpfung) sollen wie bisher durch

$$\sigma = \sigma_h(\varepsilon) + \left(\frac{M_T \cdot B}{b^2 \cdot N_m}\right) \cdot \dot{\varepsilon} \quad \text{wobei} \quad \eta = \left(\frac{M_T \cdot B}{b^2 \cdot N_m}\right) \qquad 8.4.16$$

mit M_T dem Taylor-Faktor und b dem Burgersvektor beschrieben werden [1]. Die mobile Versetzungsdichte N_m hängt von der Dehnung ab. Jedoch kann angenommen werden, dass N_m bereits nach relativ kleinen Dehnungen den Sättigungswert erreicht und somit als konstant betrachtet wird.

Die unrelaxierte Fließspannung ist eine Funktion, die abhängig von Spannung, Dehngeschwindigkeit und Temperatur ist:

$$\sigma_0 = \left(\sigma_h \cdot \dot{\varepsilon}^m \cdot \varepsilon^n + \eta \cdot \dot{\varepsilon}\right) \cdot \Psi(T) \qquad 8.4.17$$

Die Temperaturfunktion $\psi(T)$ ist aus der $\sigma(T)$ Beziehung aus den Bildern 4 und 9 bestimmt worden

$$\Psi(T) = \left[\exp\left(-\frac{T}{T_1}\right) + A^* \exp\left(-\left(\frac{T}{T_2}\right)^{\mu}\right)\right] . \qquad 8.4.18$$

In dieser Gleichung hat der Exponent μ für alle untersuchten Werkstoffe einen Wert von 7.

Während der plastischen Verformung bei hohen Temperaturen findet eine dynamische Spannungsrelaxation statt, da das Material nicht nur plastisch verformt wird, sondern auch mit einer Kriechgeschwindigkeit von $\dot{\varepsilon}_c \sim \sigma^{1+\upsilon}$ kriecht. Unter Berücksichtigung der dynamischen Spannungs-Relaxation kann die Fließkurve im Folgenden beschrieben werden:

$$\sigma = \frac{\sigma_0}{\left(1 + \left(\sigma_0 / \sigma^*\right)^{\upsilon} \exp\left(T / T^*\right) \cdot \frac{\dot{\varepsilon}^*}{\dot{\varepsilon}} \cdot \varepsilon\right)^{1/\upsilon}} \quad \text{mit } \sigma^* = 1\ \text{MPa} \qquad 8.4.19$$

Damit wurde die Zahl der Parameter für die Beschreibung des Werkstoffverhaltens im gesamten untersuchten Geschwindigkeits- und Temperaturbereich mehr als halbiert. Außerdem kann nun die Spannung direkt berechnet werden und muss nicht iterativ bestimmt werden.

Tabelle 1: Verwendete Parameter des konstitutiven Materialgesetzes

Material	σ_h	m	n	η	T^*	A	T_1	T_2	$\dot{\varepsilon}^*$	υ
	MPa			MPa · s	K		K	K	s^{-1}	–
CK45N	605	0.01	0.17	0.0242	203	0.33	1300	700	$1.53 \cdot 10^{-32}$	7
AA7075	509	0.0018	0.17	0.0076	100	0.65	822	580	$3.26 \cdot 10^{-28}$	5.5
TiAl6V4	1199	0.005	0.17	0.0599	111	0.52	346	1280	$2.07 \cdot 10^{-25}$	3.7

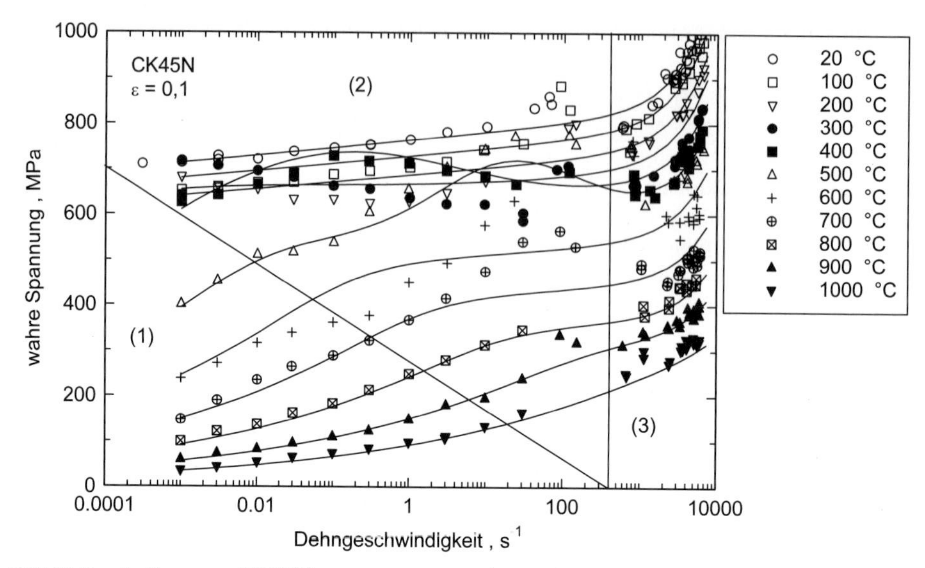

Bild 15: Beschreibung von CK45N im gesamten untersuchten Dehngeschwindigkeits- und Temperaturbereich

Für CK45N muss die dynamische Reckalterung additiv $\sigma_{Stahl-CK45} = \sigma + \Delta\sigma_{Stahl-CK45}$ berücksichtigt werden:

$$\Delta\sigma_{\text{Stahl-CK45}} = 140 \cdot \exp\left[-\left(\frac{\text{T - 700}}{130}\right)^6\right] \cdot \exp\left[-\left(\frac{\ln(\dot{\varepsilon}) - 0.023 \cdot \text{T} + 16.5}{9.0 - 0.01 \cdot \text{T}}\right)^2\right] \tag{8.4.20}$$

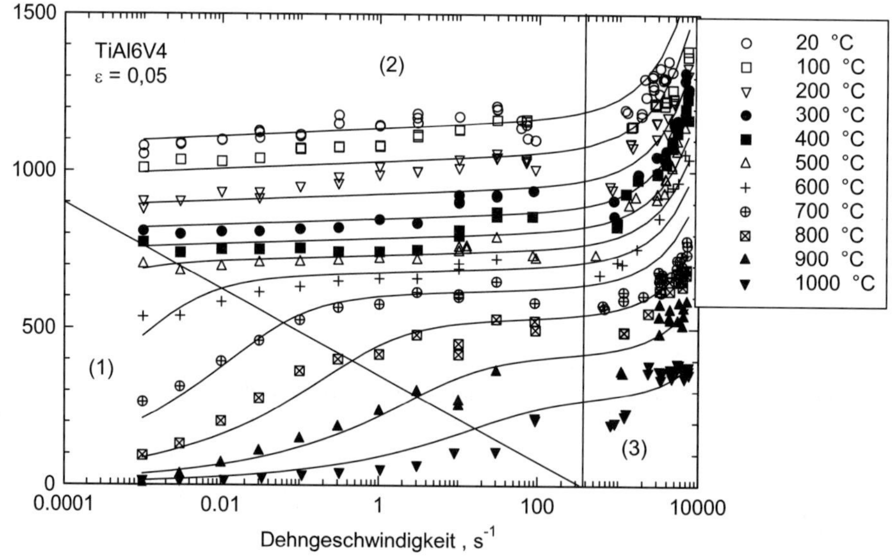

Bild 16: Beschreibung von TiAl6V4 im gesamten untersuchten Dehngeschwindigkeits- und Temperaturbereich

Die in den Bildern 15–17 gezeigte Beschreibung der Versuchsergebnisse für die untersuchten Werkstoffe ist mit dem gerade beschriebenen Modell für den gesamten Temperatur- und Geschwindigkeitsbereich vorgenommen worden.

Anhand dieser Darstellung lassen sich die drei unterschiedlichen Bereiche von Dehngeschwindigkeit und Temperatur zeigen. Im Bereich niedriger Temperaturen und mittlerer Dehngeschwindigkeiten erstreckt sich der Bereich der Plastizität und der dynamischen Reckalterung (2). Im Bereich hoher Temperaturen und niedriger Geschwindigkeiten sind die Spannungsrelaxation und das Kriechen zu berücksichtigen (1).

Rechts in den Darstellungen, also im Bereich höchster Dehngschwindigkeiten ist schließlich die lineare Dämpfung maßgeblich für das Materialverhalten (3).

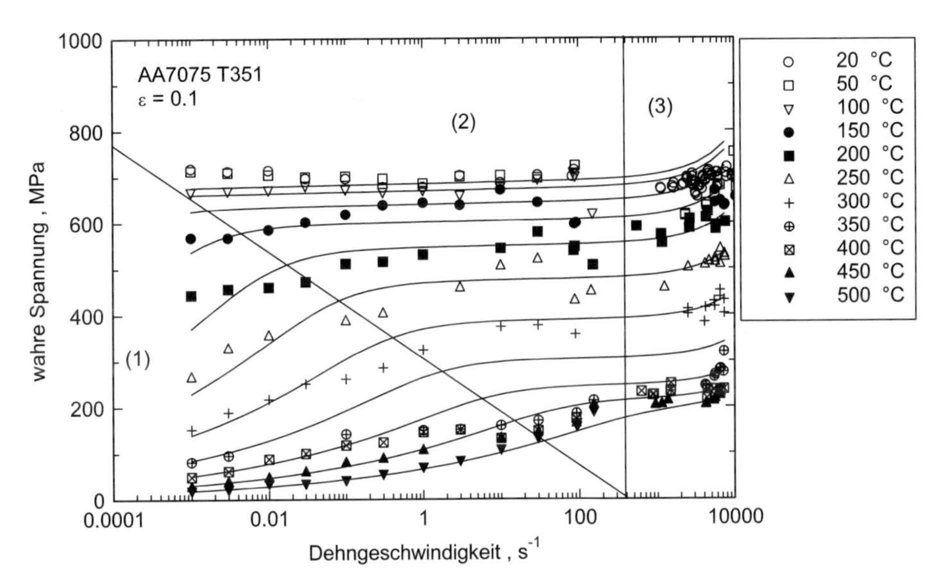

Bild 17: Beschreibung von AA7075 im gesamten untersuchten Dehngeschwindigkeits- und Temperaturbereich

8.5 Untersuchungen an dem Werkstoff 42CrMo4 in Abhängigkeit von der Wärmebehandlung

8.5.1 Versuchsergebnisse

In Zusammenarbeit mit dem IWT in Bremen (Dr. Lübben) wurden Untersuchungen an dem Werkstoff 42CrMo4 im Ausgangszustand und bei drei verschiedenen Wärmebehandlungen gemacht. Es wurden Druckversuche im quasistatischen und dynamischen Geschwindigkeitsbereich durchgeführt. Darüber hinaus wurden diese Ergebnisse mit Hilfe verschiedener Materialgesetze beschrieben. Es wurden folgende Wärmebehandlungszustände eingestellt: 1) Ausgangszustand mit einer Härte von 33 HRC, 2) $T_{Anl.}$ = 515 °C mit einer Härte von 40 HRC, 3) $T_{Anl.}$ =375 °C mit einer Härte von 48 HRC und 4) $T_{Anl.}$ = 235 °C mit einer Härte von 54 HRC.

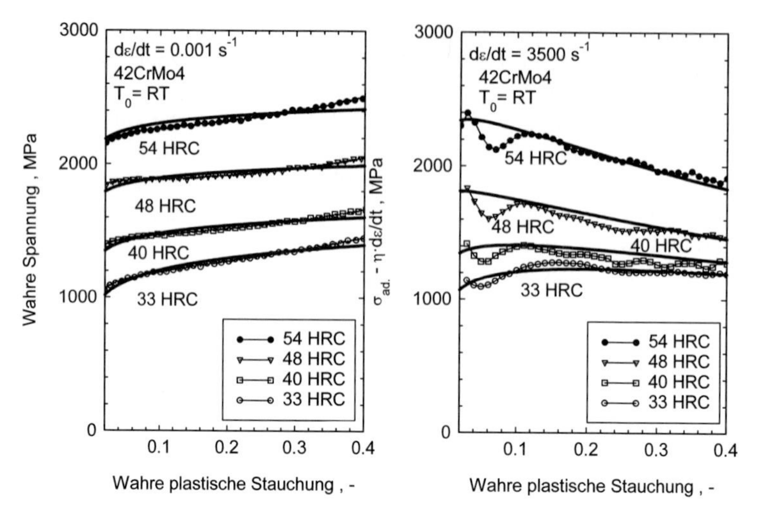

Bild 18: Vergleich der Fließkurven von 42CrMo4 bei $\dot{\varepsilon} = 0.001\,\mathrm{s}^{-1}$ und $\dot{\varepsilon} \approx 3500\,\mathrm{s}^{-1}$

Zieht man einen direkten Vergleich der Fließkurven im quasistatischen Bereich mit Dehngeschwindigkeiten von 0,001 1/s und im dynamischen Bereich bei ca. 3500 1/s, so ergibt sich nur ein geringe Differenz im Bereich der maximal auftretenden Spannungen vergleichbarer Härten zwischen beiden Dehngeschwindigkeiten. Dieses Ergebnis wird auch bei den anderen untersuchten Härtegraden bestätigt.

Deutlich sichtbar ist auch die adiabatische Entfestigung von 42CrMo4 im dynamischen Bereich, während bei 0,001 1/s eine ansteigende Spannung bei wachsendem Stauchgrad feststellbar ist. Während im dynamischen Bereich deutlich sichtbare Brüche ab einer Härte von 48 HRC aufgetreten sind, ist bei den quasistatischen Versuchen auch bei den höchsten Härten äußerlich kein Bruch feststellbar gewesen.

8.5.2 Beschreibung der Versuchsergebnisse

Als Grundlage für die Beschreibung der quasistatischen Fließkurven von 42CrMo4 dient der Ansatz nach Hollomon [9].

$$\sigma = K \cdot \varepsilon^n \qquad 8.5.1$$

Über diesen Ansatz können die Fließkurven unter Berücksichtigung der Härten gut beschrieben werden. Geringe Abweichungen im Bereich größerer plastischer Stauchgrade sind auf die Reibung während des Versuches zurückzuführen. Basis der Beschreibung der adiabaten Fließkurven ist die Beschreibung nach Ludwik [11], erweitert um den Ansatz der linearen Dämpfung. Der Einfluss der eintretenden Temperaturerhöhung auf die Fließspannung wird mit einem multiplikativen Ansatz mit einer Temperatur-Funktion beschrieben.

$$\sigma = (K_1 + K \cdot \dot{\varepsilon}^n + \eta \cdot \dot{\varepsilon}) \cdot \exp\left[-\beta_1 \frac{T - T_0}{T_m}\right] \qquad 8.5.2$$

beschreiben. Der Verformungsvorgang ist annähernd adiabatisch, da die Verformungszeit für eine Wärmeübertragung nicht ausreicht. Der größte Teil der Verformungsenergie wird in Wärme umgewandelt, während der Rest zur Erhöhung der Gitterverzerrungsenergie infolge zunehmender Versetzungsdichte beiträgt. Bei einem Stauchversuch steigt die Temperatur in der Probe gemäß

$$\rho \cdot c \cdot dT = \kappa \cdot \sigma \cdot d\varepsilon \qquad 8.5.3$$

an. Durch Einsatz in 8.5.2 und Trennung der Variablen und Integration folgt

$$\sigma_{ad} = \frac{K_1 + K \cdot \varepsilon^n + \eta \cdot \dot{\varepsilon}}{1 + \frac{\bar{\kappa}\ \beta_1}{\bar{\rho}\ \bar{c}\ T_m}\left(\frac{K_1 \cdot \varepsilon + K \cdot \varepsilon^{n+1}}{n+1} + \eta\dot{\varepsilon}\varepsilon\right)} \qquad 8.5.4$$

Mit Hilfe der eben gezeigten Beschreibungen für die adiabaten Fließkurven, kann nun die oben dargestellte Gleichung 8.5.4 bei der angegebenen Temperaturfunktion und einer konstanten Dehngeschwindigkeit verwendet werden. Aus diesem Grunde wurde auch in der Darstellung der Fließkurven der Anteil der linearen Dämpfung von der adiabaten Spannung abgezogen, da eine konstante Dehngeschwindigkeit über den gesamten Versuch nicht gewährleistet ist.

Mit der Temperaturkonstanten $\beta_1 = 3$ können die Fließkurven über den gesamten Bereich der plastischen Dehnung beschrieben werden. Durch die Berücksichtigung der Spannungserhöhung mit Hilfe der Konstanten K_1 können die aus den quasistatischen Versuchen ermittelten Parameter K und n direkt in der Beschreibung übernommen werden.

8.6 Zusammenhang zwischen Werkstoffparameter und Neigung zur Scherbandbildung

Wie beim quasistatischen Zugversuch, wo nach Erreichen des Kraftmaximums eine beschleunigte Verformungslokalisierung in der Einschnürzone beginnt, führt das Spannungsmaximums der adiabatischen Hochgeschwindigkeitsfließkurve zur mechanischen Instabilität. Erreicht die Dehnung an einer beliebigen Stalle den kritischen Dehnungswert, der zum Spannungsmaximum gehört, so kann dort die Verformung bei abfallender Spannung zunehmen, während andere Stelle mit niedriger Dehnung elastisch entlastet werden können. Daher steigt die Neigung zur Verformungslokalisierung mit abnehmendem Wert der kritischen Dehnung ab.

Bei einer isothermen Fließfunktion $\sigma = K\varepsilon^n f(\dot{\varepsilon})\exp[-\beta_1 T / T_m]$ ergibt sich bei Verformung mit der Temperatur Erhöhung gemäß $\rho \cdot c \cdot dT = \kappa \cdot \sigma \cdot d\varepsilon$ bei konstanter Dehnrate eine adiabatische Fließkurve

$$\sigma_{ad} = \frac{K\varepsilon^n f(\dot{\varepsilon})}{1 + a\frac{K\varepsilon^{1+n} f(\dot{\varepsilon})}{1+n}} \qquad 8.6.1$$

mit $a = \kappa\ \ \beta_1 / (\overline{\rho c} T_m)$. Das Maximum dieser Fließkurve wird bei der kritischen Dehnung von

$$\varepsilon_c = \left[\frac{n(1+n)}{a\ \ K}\frac{1}{f(\dot{\varepsilon})}\right]^{\frac{1}{n+1}} \qquad 8.6.2$$

erreicht. Unter Berücksichtigung der Höchstkraftbedigungen beim quasistatischen Zugversuch mit der Dehnrate $\dot{\varepsilon}_0$ ist der Verfestigungsexponent gleich der wahren Gleichmaßdehnung zu setzen: $n = \ln(1 + A_G)$, wobei die Gleichmaßdehnung innerhalb einer Werkstoffgruppe proportional zur Bruchdehnung ist. Die Zugfestigkeit folgt aus dieser Bedingung zu: $R_m = K(n/e)^n f(\dot{\varepsilon}_0)$. Damit ergibt sich für die kritische Dehnung

$$\dot{\varepsilon}_0 = \left[\frac{n(1+n)}{R_m f(\dot{\varepsilon}) / f(\dot{\varepsilon}_0)} \right]^{1+n} \qquad 8.6.3$$

Damit ist zu erwarten, dass die Neigung zur Verformungslokalisierung und zur Bildung adiabatischer Scherbänder mit zunehmender Zugfestigkeit, zunehmender Verformungsgeschwindigkeit und abnehmenden Verfestigungsexponenen (bzw. abnehmender Bruchdehnung) ansteigt.

8.7 Verifikation der Werkstoffbeschreibung mit Hilfe von Schlag-Scher-Versuchen (CK45N)

Für die Verifikation der Werkstoffeigenschaften bei höchsten Dehngeschwindigkeiten wurden Schlag Scherversuche durchgeführt. Die Probengeometrie ist dabei ähnlich einem Hut gestaltet. Daher bezeichnet man diese Proben auch als „Hutproben". Diese dynamischen Versuche wurden mit Hilfe der Finiten Elemente simuliert, um die Gültigkeit des ermittelten Werkstoffmodells in einem höheren Geschwindigkeitsbereich zu überprüfen.

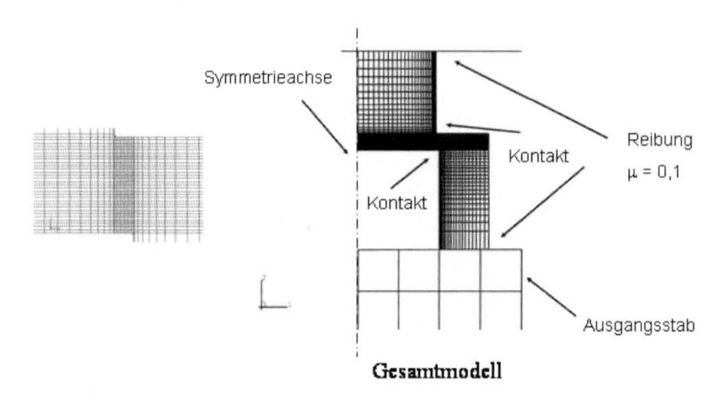

Bild 19: Idealisierung der Hutprobe

Die Simulation wurde mit dem kommerziellen FE-Programm Abaqus/Explizit durchgeführt. Für die Simulation der Lokalisierung im Scherversuch wurde die verwendete Hutprobe idealisiert. Da es sich um eine zylindrische Probe handelt, wird in der FE-Rechnung eine rotationssymmetrische Halbprobe (Bild 19) simuliert. Die Belastung wurde mit Hilfe eines experimentell ermittelten Weg-Zeitsignals auf die obere Knotenreihe aufgebracht. An den Kontaktflächen der Probe zur Prüfmaschine wurde Coulombsche Reibung (μ = 0,1) berücksichtigt. Außerdem wurde an den Übergängen zum Scherbereich eine Kontaktdefinition vorgenommen, da das Material während der Verformung mit sich selbst in Kontakt tritt. Die unterste Elementreihe des simulierten Ausgangsstabes wurde mit infiniten Elementen versehen, so dass auf die Simulation des gesamten Ausgangsstabes verzichtet werden konnte.

Zur Überprüfung der ermittelten Werkstoffparameter wurde aus der FE Simulation die Kraft am Übergang von der Probe zum Ausgangsstab ermittelt. Die Wegwerte wurden aus der Verkürzungsgeschwindigkeit der Gesamtprobe integriert (Bild 20). Es zeigt sich, dass die experimentell ermittelten globalen Kraft-Weg Werte sehr gut mit der Simulation übereinstimmen, obwohl das Stoffgesetz aus Stauchversuchen bei wesentlich niedrigeren Geschwindigkeiten $\dot{\varepsilon} \leq 7500\ s^{-1}$ ermittelt wurde. Dies zeigt, dass die ermittelten Werkstoffparameter bis zu diesem viel höheren Geschwindigkeitsbereich bis 34000 s^{-1} problemlos extrapoliert werden können.

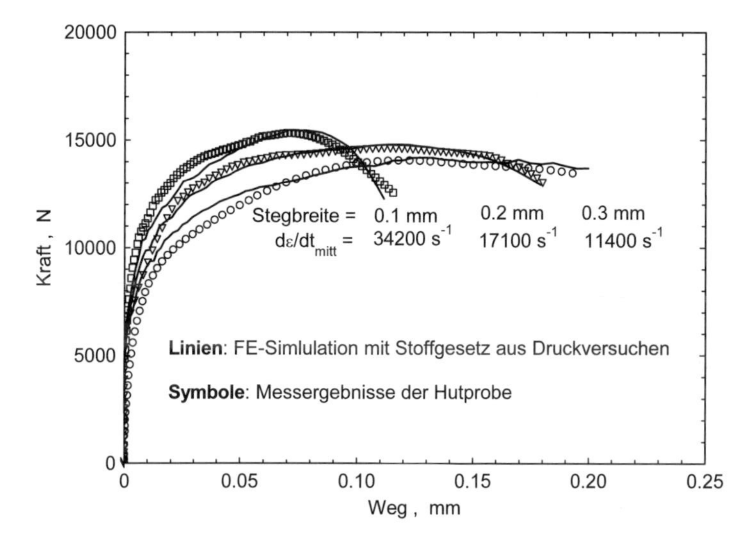

Bild 20: Vergleich zwischen Stoffgesetz, globaler Verformung in der Simulation und im Experiment

Zur Erfassung der Verformungslokalisierung wird in bestimmten Fällen ein sehr feines Netz mit Maschenweiten unter 1 µm bei der numerischen Simulation verwendet. Dabei werden lokale Dehnraten von mehr als 10^7 berechnet. In diesem Bereich äußerst hoher lokaler Geschwindigkeiten kann die lineare Extrapolation der isothermen Spannung entsprechend dem Dämpfungsmodell zur Überschätzung des Verformungswiderstandes des Werkstoffs führen. In diesen Fällen können empirische Beziehungen herangezogen werden. In Rösler, Bäker und Siemers, „Mechanisms of Chip Formation“, wurde gezeigt, dass ein genaueres Simulationsergebnis erzielt werden kann, wenn der Geschwindigkeitseinfluss durch

$$\sigma = \sigma_h(\varepsilon) + C \cdot \ln\left(1 + \frac{\dot{\varepsilon}}{\dot{\varepsilon}^*}\right) \qquad 8.7.1$$

nach [10] beschrieben wird.

8.8 Methode zur Erzeugung von Spanwurzeln mit Hilfe des Split-Hopkinson Bars

Die Durchführung eines Analogieversuchs zum Zerspanprozeß bei hohen Schnittgeschwindigkeiten ist mit Hilfe eines modifizierten Split-Hopkinson Bars möglich [13] Dieser Prozess kann auch zur Erzeugung von Spanwurzeln genutzt werden [14–16].

Dafür ist eine Vorrichtung nötig, die es zum einen erlaubt, Schneidwerkzeuge an einem Stabende des Hopkinson Bars zu befestigen und ein Werkstück genau zu positionieren. Zum anderen muss diese Vorrichtung aber auch in der Lage sein, den Schneidvorgang schlagartig zu unterbrechen. Den prinzipiellen Aufbau eines Hochgeschwindigkeitszerspanversuchs zeigt Bild 21. Mit Hilfe dieser Methode können so Spanwurzeln in einem großen Geschwindigkeitsbereich untersucht werden.

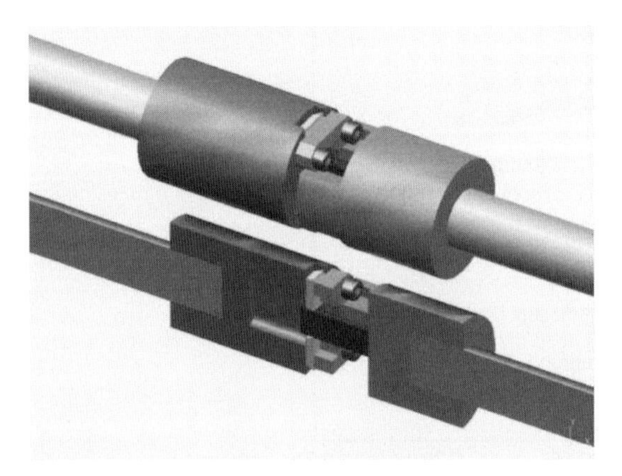

Bild 21: Vorrichtung zur Erzeugung von Spanwurzeln an einem mod. Split-Hopkinson Bar

Das Prinzip dieses Hochgeschwindigkeitszerspanversuchs funktioniert wie folgt: In dem Eingangsstab wird mit Hilfe einer pneumatisch beschleunigten Masse eine Schlagwelle induziert, die den Stab durchläuft und bei Erreichen des anderen Stabendes das im Werkstückhalter befestigte Werkstück ebenfalls schlagartig beschleunigt. Dadurch werden die beiden Wendeschneidplatten an dem quaderförmigen Werkstück mit hoher Geschwindigkeit vorbeigeführt und ein Span mit hoher Schnittgeschwindigkeit abgenommen. Das Schneidsystem arbeitet demnach wie ein Hochgeschwindigkeitshobel. Aus Symmetriegründen werden zwei Schneidwerkzeuge verwendet. Durch die beiden, aus dem Werkstückhalter herausragenden Stege ist es möglich, den Schnittvorgang schlagartig zu unterbrechen und so Spanwurzeln bei Schnittgeschwindigkeiten von v_c bis 3000 m/min. zu erzeugen. Um das Werkstück vor dem Versuch genau zu positionieren, wird in einem kleinen Bereich des Werkstücks an den Seiten, an denen der Span abgenommen werden soll, Material so abgetragen, dass das Werkstück zwischen den beiden Werkzeugen positioniert werden kann.

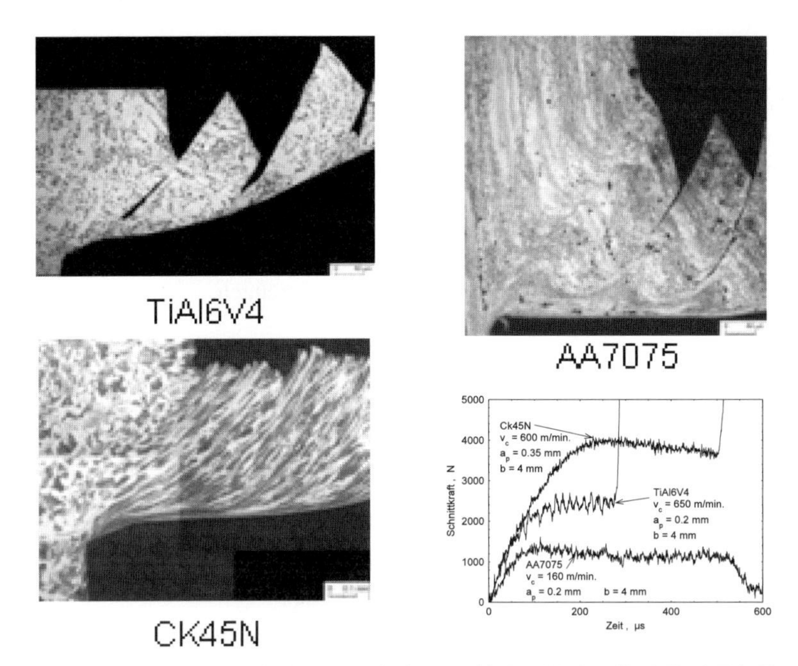

Bild 1.8.2: a)–c) Beispiele für Spanwurzeln für verschiedene Werkstoffe d) Kraft-Zeit Signale der verschiedenen Spanwurzeln

8.9 Zusammenfassung

Das Werkstoffverhalten von CK45N, TiAl6V4 und AA7075 wurde bei quasistatischen, schnellen und dynamischen Dehngeschwindigkeiten in einem Temperaturbereich von Raumtemperatur bis 1000 °C untersucht. Hierfür wurden Stauchversuche in einem Geschwindigkeitsbereich von 10^{-3} bis 10^{4} s^{-1} durchgeführt.

Bei der Erhöhung der Dehnrate steigt die Fließspannung in der Regel kontinuierlich an. Die Erhöhung der Temperatur führt zu einer Abnahme der Fießspannungswerte. Eine Ausnahme bildet hier der Vergütungsstahl, bei dem dynamische Reckalterung (Blausprödigkeit) auftritt, die der Verfestigung durch Versetzungsmultiplikation überlagert ist.

Mit Hilfe von Zustandsgleichungen wurde das Fließverhalten in Abhängigkeit von der Temperatur beschrieben. Hierfür wurden die Ansätze von Swift, Ludwik und Johnson und Cook verwendet. Es zeigte sich, dass die Beschreibung nach Swift bei TiAl6V4 bei quasistatischer Belastung keine zufrieden stellende Beschreibung ergab. Die modifizierte Zustandsgleichung, basierend auf Kocks/Mecking, lieferte für alle drei Werkstoffe angemessene Beschreibungen.

Zur Überprüfung der Extrapolierbarkeit der Stoffgesetze wurden Scherversuche mit Vergleichsdehnraten bis zu 34000 s^{-1} durchgeführt, die durch die FE Methode simuliert wurden. Hiermit konnten die Materialgesetze auch in einem höheren Dehngeschwindigkeitsbereich validiert werden.

Die Beschreibung des Werkstoffverhaltens durch eine überarbeitete Beschreibung im gesamten untersuchten Temperatur- und Geschwindigkeitsbereich wurde wesentlich vereinfacht. Die Zahl der Parameter wurde mehr als halbiert. Für CK45N kommt die Abhängigkeit der dynamischen Reckalterung dazu. Dieser Ansatz berücksichtigt die diffusionsgesteuerten Kriechprozesse im Bereich hoher Temperaturen und niedriger Dehngeschwindigkeiten näherungsweise durch einen Spannungs-Relaxations-Ansatz. Im Bereich etwas höherer Dehngeschwindigkeiten und niedriger Temperaturen werden plastische Umformvorgänge berücksichtigt und bei hohen Dehnraten wird das Werkstoffverhalten durch das dämpfungsgesteuerte Modell beschrieben.

Mit Hilfe des Split-Hopkinson Bars für Druckversuche wurde eine Methode entwickelt, Spanwurzeln bei hohen Schnittgeschwindigkeiten zu erzeugen. Damit ist es möglich, Spanwurzeln bei Geschwindigkeiten bis zu ca. 3000 m/min. zu erzeugen.

8.10 Literatur

[1] El-Magd, E.: Journal de Physique III, Vol. 4, 1994, C8-149-170

[2] Lippmann, H.: Springer Verlag, Berlin 1981, 210–229

[3] Swift, H. W.: Plastic instability under plane stress, J. Mech. Phys. Solids, 1(1952), 18

[4] Voce, E.: J. Inst. Metals, 74 (1948) 537

[5] El-Magd, E.; Treppmann, C.: Dehnratenabhängige Beschreibung der Fließkurven bei erhöhten Temperaturen, Z. Metallkd., 92 (2001) 8, 888–893

[6] Johnson, G. R.; Cook, W. H.: Fracture characteristics of three metals subjected to various strains, strain rates, temperatures and pressures, Eng. Frac. Mech., 21 (1985) 1, 31–45

[7] Treppmann, C.: Fließverhalten metallischer Werkstoffe bei hohen Geschwindigkeiten, Dr.-Ing. Dissertation, RWTH Aachen, 2001, Kapitel 5

[8] El-Magd, E.; Treppman, C.; Korthäuer, M.: Einfluss von Dehngeschwindigkeit und Temperatur auf die Fließkurven von CK45N und TiAl6V4 in Kennwertermittlung für die Praxis, ed. H. Frenz und A. Wehrstedt, Wiley-VCH Verlag, Weinheim, 2002, Tagungsband Werkstoffprüfung 2002, Bad Nauheim, 235–241

[9] Hollomon, J.: Tensile deformation, Trans. AIME, 162 (1945), 268–290

[10] Ludwik, P.: Über den Einfluß der Deformationsgeschwindigkeit bei bleibenden Deformationen mit besonderer Berücksichtigung der Nachwirkungserscheinungen, Physikalische Zeitschrift, 10 (1909) 12, 411–417

[11] Ludwik, P.: Elemente der Technologischen Mechanik, Springer Verlag, Berlin, 1909

[12] Sutter, G.; Molinari, A.; Delime, A.; Dudzinski, D. and Faure, L.: High Speed machining experiments, 1st French and German Conference on High speed machining, Metz, Juni 1997

[13] El-Magd, E.; Treppmann, C. und Brodmann, M.: Ermittlung der mechanischen Eigenschaften von Werkstoffen bei hohen Verformungsgeschwindigkeiten durch die Methode des Split-Hopkinson Bars, Werkstoffprüfung, DGM, Bad Nauheim, (1998), 193–202

[14] El-Magd, E.; Treppmann, C.: Spanwurzelentstehung bei hohen Geschwindigkeiten, Materialprüfung 91 (1999) 11–12 , 457–460

[15] El-Magd, E.; Treppmann, C.: Erzeugung von Spanwurzeln bei hohen Verformungsgeschwindigkeiten mit der Methode des Split-Hopkinson-Bars, erschienen in: Spanen metallischer Werkstoffe mit hohen Geschwindigkeiten, H. K.Tönshoff, F. Hollmann (Hrsg.), Verlag Universität Hannover, 234–237

9 Simulation des Spanbildungsprozesses beim Hochgeschwindigkeitsfräsen

F. Biesinger, J. Söhner, L. Delonnoy, C. Schmidt, V. Schulze, J. Schmidt, O. Vöhringer, H. Weule

Kurzfassung

Ziel dieses Verbundvorhabens war es, einerseits die Zerspankinetik beim Hochgeschwindigkeitsfräsen und andererseits das dabei relevante Werkstoffverhalten zu analysieren und in Form eines Spanbildungsmodells so aufzubereiten, dass mit Hilfe der Methode der Finiten Elemente die Simulation der Hochgeschwindigkeitsfräsbearbeitung erfolgen kann. Hierzu waren zunächst in fertigungstechnischen Untersuchungen die Zerspankinetik und die auftretenden Temperaturverteilungen zu bestimmen, um Klarheit über die relevanten Beanspruchungsparameter zu erhalten. Anschließend waren die sich ausbildenden Oberflächen und Randschichten von Werkstück und Span zu charakterisieren, um damit Verifikationen der Simulationsrechnungen vornehmen zu können. Zudem waren das mechanische Werkstoffverhalten bei den relevanten Verformungsgeschwindigkeiten und Temperaturen sowie das Umwandlungsverhalten in Form von ZTA-Diagrammen experimentell zu ermitteln. Die experimentellen Befunde und die daraus abgeleiteten Modellansätze sollten dann zu einem gemeinsamen Simulationsprogramm zusammengeführt werden und die mit diesem erhaltenen Ergebnisse abschließend durch Vergleich mit den experimentellen Beobachtungen verifiziert werden.

Ein wichtiges Resultat ist ein Simulationsmodell, das die Spanbildung, die entstehende Randzone, die entstehenden Späne und die wirkenden Prozessgrößen abbildet. Das Modell soll damit die Zerspanprozessoptimierung erlauben und eine bessere Prozessbeherrschung ermöglichen.

Abstract

Objective of this project was to analyse the cutting kinetics of high speed milling on the one hand and the relevant material behaviour on the other hand to prepare a chip formation model usable to simulate the high speed milling process applying the finite element method. Therefore the cutting forces and temperature distributions were determined to get an idea about the relevant load parameters. Subsequently the microstructure of the surface layers of the workpiece and of the chip were characterised to verify the simulation procedure. Furthermore the mechanical material behaviour for the relevant strain rate and temperature as well as the phase transformation behaviour during short-time heating were identified. The experimental results and the model formulations are consolidated to a simulation program. The results obtained from the simulation program are finally verified by comparing with experimental observation.

An important result is a simulation model which represents the chip formation, the surface layers, the produced chips and the acting process characteristics. The model will be used to optimize the cutting process and to allow a better control of the cutting process.

Hochgeschwindigkeitsspanen. Hrsg. H. K. Tönshoff und F. Hollmann

ISBN: 3-527-31256-0

9.1 Werkstoff, Versuchseinrichtung und -durchführung

9.1.1 Werkstoff, Wärmebehandlung

Der für die Versuche verwendete Werkstoff Ck45 lag im Anlieferungszustand in Form gewalzter Brammen mit einem Industrienormalisierungsgefüge vor. Zur Erzielung eines reproduzierbaren Gefüges wurden alle Brammen nachtäglich normalisiert. Die Austenitisierung erfolgte für 4 h bei 870 °C. Anschließend wurden die Brammen im Ofen binnen 88 h auf 50 °C abgekühlt. Die Zeiligkeit des Gefüges durch den Walzprozess ist deutlich erkennbar. Die chemische Zusammensetzung wurde durch Emissionsspektralanalyse (ESA) ermittelt und liegt innerhalb der für Ck45 zulässigen Toleranzen.

9.1.2 Zerspanversuche

Für das Stirnplanfräsen im Gleichlauf standen im Institut für Werkzeugmaschinen und Betriebstechnik (wbk) der Universität Karlsruhe (TH) eine Fräsmaschine des Typs Heller und ein horizontales Bearbeitungszentrum des Typs MC16 der Firma Heller zur Verfügung. Die maximalen Drehzahlen betrugen für die Fräsmaschine 8000 U/min und für das Bearbeitungszentrum 16000 U/min. Als minimale Schnittgeschwindigkeit für die HSC-Versuche wurde der Übergang vom konventionellen Fräsen zum HSC-Fräsen gewählt ($v_c = 400$ m/min). Nach oben hin wurde der Bereich der Schnittgeschwindigkeit von der maximalen Drehzahl der verwendeten Fräsmaschine und durch den Durchmesser des eingesetzten Werkzeuges begrenzt.

Im HSC-Zerspanprozess wurde die Vorschubrichtung identisch zur Walzrichtung gewählt und die Bearbeitung erfolgte jeweils trocken. Die Zerspanparameter wurden folgendermaßen festgelegt:

Schnittgeschwindigkeit:	$v_c = 50$ m/min bis 6000 m/min
Vorschub:	$f_z = 0.05$ mm bis 0.4 mm
Schnitttiefe:	$a_p = 1$ mm, 2 mm
Schnittbreite:	$a_e = 2$ mm bis 31.5 mm
Eingriffswinkel:	$\varphi_e = 5°$ bis 90°
Werkzeug:	Messerkopffräser der Firma Walter AG „Mini Novex F 2033 positiv", mit einer Wendeschneidplatte besetzt,
Wendeschneidplatte:	HM P25 (TiN beschichtet) der Fa. Walter AG „P2894-Gr.1"

Die messtechnische Erfassung der Schnittkräfte beim Stirnplanfräsen erfolgte durch Zerspanungsversuche unter Variation der Zerspanungsparameter. Dabei kam eine piezoelektrische Kraftmessplattform der Firma Kistler zum Einsatz. Die Zerspanungsversuche erfolgten durch Einzahnfräsversuche in Bahnen. Um ein Zerkratzen der vorher bearbeiteten Versuchsfläche zu vermeiden, erfolgte nach einem Fräsweg von 30 mm ein Versatz des Fräsers sowie eine Steigerung der Schnittgeschwindigkeit bzw. des Vorschubes. Durch die Vorbearbeitung des Werkstücks mit einem Treppenprofil war eine konstante Schnitttiefe gewährleistet. Die Oberflächengüte wurde durch die gemittelte Rauhtiefe R_z und den arithmetischen Mittenrauhwert R_a charakterisiert.

Üblicherweise werden zur Kraftmessung piezoelektrische Kraftsensoren verwendet. Der Messaufbau stellt in seiner Gesamtheit einen gekoppelten Mehrmassenschwinger dar. Die durch das Schwingen des Messaufbaus beschleunigten Massen haben Massenkräfte zwischen der Ober- und Unterplatte der Kraftmessplattform zur Folge, was zu Messfehlern führt. Um den Einfluss dieses Effektes auf die Bestimmung der Schnittkräfte zu bestimmen, wurde die Linearität der Messkette durch die Aufnahme der Frequenzgänge mittels der Impulshammermethode analysiert. Die Kohärenz der Ergebnisse, die eine Aussage darüber gibt, inwieweit das Eingangs- und Ausgangssignal im Frequenzbereich in kausalem Zusammenhang stehen, kann als Maß für die Qualität von Messungen mit Signalanteilen bei den jeweiligen Frequenzen herangezogen werden. Sie kann Werte zwischen 0 (kein Zusammenhang) und 1 (strenge Kausalität) annehmen und sollte den Wert 0.9 nicht unterschreiten. Die ermittelten Hauptfrequenzgänge des Messaufbaus (G_{xx}, G_{yy}, G_{zz}) lassen sich in Form von Bode-Diagrammen sowie den dazugehörigen Kohärenzfunktionen darstellen. Abbildung 1 zeigt dies beispielhaft für G_{xx}. Die Auswertung dieser Diagramme zeigt die Resonanzstellen des Messaufbaus anhand der Maxima in den Amplitudengängen und den dazugehörigen Sprüngen in den Phasengängen. Die niedrigste Resonanzfrequenz bei etwa 1000 Hz sollte vom Frequenzspektrum des Messsignals nicht überschritten werden, um eine Verfälschung der Messwerte zu vermeiden [1].

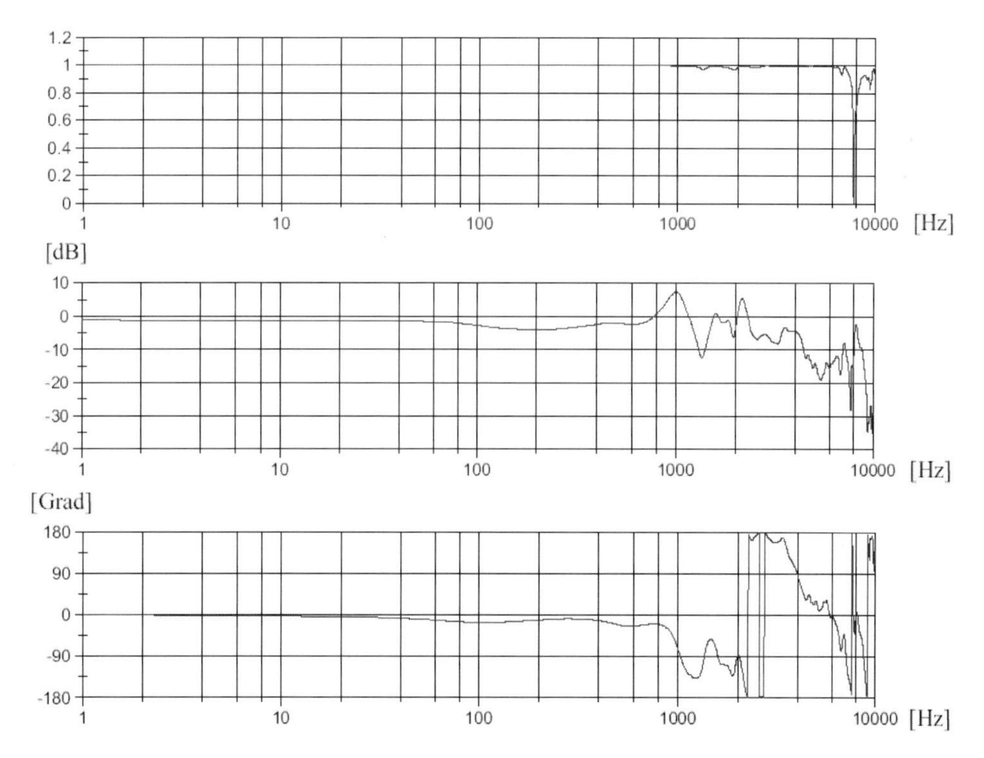

Abbildung 1: Kohärenzfunktion, Amplitudengang und Phasengang des Messaufbaus in X-Richtung, G_{xx}

Die während der Zerspanung herrschende Prozesstemperatur im Werkstück und in der Wendeschneidplatte ist eine weitere Größe, die für die Verifikation der Simulation erforderlich ist. Zu deren Bestimmung kamen verschiedene Messverfahren zum Einsatz [2]. Prinzipiell lassen sich zwei Klassen der Temperaturmessung finden: zum einen die Messung auf Basis der Wärmeleitung und zum anderen die Messung auf Basis der Wärmestrahlung, die sich besonders für die Temperaturmessung dynamischer Objekte anbietet.

Aufgrund der hohen Bahngeschwindigkeit der Wendeschneidplatte beim Stirnplanfräsen kann die Messung der Temperatur auf der Spanfläche der Wendeschneidplatte nur durch eine zeitlich hochauflösende Thermovideographie erfolgen. Zum Einsatz kam dabei die Hochgeschwindigkeitskamera Phoenix der Firma Indigo mit integrierter Auswertesoftware, die Temperaturmessungen auf der Wendeschneidplatte bis v_c = 400 m/min zuließ. Um dem temperaturabhängigen Emmisionskoeffizienten des beobachteten Objektes Rechnung zu tragen, wurde die Kamera bei verschieden hohen Temperaturen kalibriert, indem mittels einer speziellen Vorrichtung eine Wendeschneidplatte auf einer Heizspule montiert, unter Stickstoffatmosphäre zur Vermeidung von Verzunderung auf verschiedene Temperaturen erhitzt und mittels Präzisionsthermometer die Referenztemperatur gemessen wurde. Die Aufzeichnung des Wärmebildes der Wendeschneidplatte bei unterschiedlichen Temperaturen ermöglichte die Erstellung einer Kalibrierkurve, mit deren Hilfe den gemessenen Intensitätsverteilungen der Kamera eine °C-Skala zugeordnet werden konnte. Zwischenwerte und größere Werte werden inter- bzw. extrapoliert.

9.1.3 Metallograhische Untersuchungen der Randschichten und Späne

Der Einfluss der Schnittgeschwindigkeit auf die Oberflächengüte wurde mit einem Tastschnittverfahren (Perthometer) und einem optischen Messsystem (Microfocus-Messgerät der Firma UBM) bestimmt. Für die Bewertung der Oberflächengüte wurden mit beiden Messmethoden die gemittelte Rauhtiefe R_z und der arithmetische Mittenrauhwert R_a in Vorschubrichtung ermittelt. Beide Messgeräte benutzen einen internen Profilfilter, der das Istprofil in langwellige Anteile, die dem Welligkeitsprofil (Schwingspuren) zugeordnet wurden, und kurzwellige Anteile, die das Rauheitsprofil bilden, aufteilt.

Zur Charakterisierung der sich zerspanbedingt einstellenden Gefüge in den Randschichten wurden Schliffe senkrecht zur Oberfläche und zur Vorschubrichtung hergestellt. Von den Spänen wurden Schliffe senkrecht zu ihrer Achse in der Spanmitte angefertigt. Das Gefüge wurde jeweils unter einem Auflichtmikroskop der Bauart Aristomet der Firma Leica bzw. einem Rasterelektronenmikroskop LEO Gemini 1530 der Firma LEO betrachtet. Zur Bestimmung der Elementverteilung in den oxidierten Oberflächenschichten der Späne wurde ein wellenlängendispersiver Detektor in einer Röntgenmikroanalyse (WDS) eingesetzt.

9.1.4 Röntgenographische Eigenspannungsmessungen

Zur Messung der Eigenspannungen in den gefrästen Randschichten wurde die röntgenographische Spannungsmessung (RSM) herangezogen. Die mit $CrK\alpha$-Strahlung erzeugten {211}-Interferenzlinien der ferritischen Phase wurden mit einem Szintillationszähler bei ψ-Winkeln zwischen −60° und +60° mit einer Schrittweite von 10° vermessen. Aus den Lagen der Intensitätsschwerpunkte wurden anschließend unter Verwendung der Querkontraktionszahl $\nu = 0.28$ und des Elastizitätsmoduls $E = 210000$ MPa mit dem $\sin^2\psi$-Verfahren die Eigenspannungswerte berechnet. Durch wiederholten elektrolytischen Abtrag definierter Oberflächenschichten in einer Vorrichtung der Bauart Graul und sukzessive Vermessung der so freigelegten Oberflächen erfolgte die Bestimmung von Eigenspannungstiefenverläufen.

Die Messungen erfolgten jeweils in einem Messpunkt auf der gefrästen Oberfläche, der einem Eingriffswinkel des Fräswerkzeuges von $\varphi_e^M \approx 0°$, $\approx 45°$ und $\approx 90°$ entsprach (vgl. Abbildung 2, links). An jedem Messpunkt wurden in drei unterschiedlichen Richtungen (γ = 0°, 45° und 90°) Messungen durchgeführt, um den oberflächenparallelen Spannungstensor bestimmen zu können [3]. Dabei wurde als Haupteigenspannung σ_1^{ES} diejenige, die näher an der Tangente an die Werkzeugbahn zu liegen kam, und als σ_2^{ES} die, die näher an der Normalen zur Werkzeugbahn lag, angenommen. Aussagen über die durch die Werkzeugbewegung hervorgerufene Rotation des Eigenspannungstensors in der Oberfläche wurden an Hand des Orientierungswinkels α zwischen der Tangente an die Werkzeugbahn und der Haupteigenspannung σ_1^{ES} gewonnen (vgl. Abbildung 2, rechts).

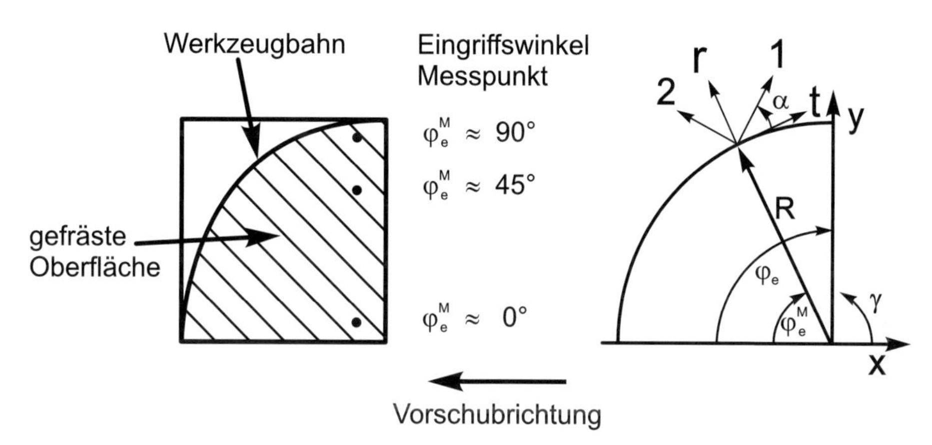

Abbildung 2: Anordnung der Messpunkte auf einer HSC-Fräsprobe (links) und Orientierung des Hauptachsensystems zur Vorschubrichtung (rechts)

9.1.5 Verformungsverhalten in Abhängigkeit von T und $\dot{\varepsilon}$

Für Verformungsgeschwindigkeiten von $\dot{\varepsilon} = 10^{-4}\ \mathrm{s}^{-1}$ bis $\dot{\varepsilon} = 10^{-2}\ \mathrm{s}^{-1}$ und Temperaturen von $T = -196$ °C bis $T = 1000$ °C wurden Zugversuche am Institut für Werkstoffkunde I, Universität Karlsruhe (TH), an einer elektromechanischen Universalprüfmaschine der Bauart Zwick mit einer maximalen Prüfkraft von 100 kN durchgeführt. Zur Bestimmung des mechanischen Werkstoffverhaltens bei Verformungsgeschwindigkeiten von $\dot{\varepsilon} = 10^{-2}\ \mathrm{s}^{-1}$ bis $\dot{\varepsilon} = 10^{0}\ \mathrm{s}^{-1}$ und Temperaturen zwischen $T = -196$ °C und Raumtemperatur wurde eine servohydraulische Prüfmaschine der Bauart Schenck mit einer maximalen Prüfkraft von 100 kN verwendet.

Die Ermittlung von Werkstoffkennwerten bei hohen Verformungsgeschwindigkeiten von $\dot{\varepsilon} = 10^{0}\ \mathrm{s}^{-1}$ bis $\dot{\varepsilon} = 10^{3}\ \mathrm{s}^{-1}$ und Temperaturen von Raumtemperatur bis $T = 1000$ °C wurden am Lehrstuhl Werkstoffe des Maschinenbaus (LWM) an der TU Chemnitz durchgeführt. Hierbei kam für die Versuche bei $\dot{\varepsilon} = 10^{0}\ \mathrm{s}^{-1}$ eine servohydraulische Prüfmaschine der Bauart Instron 8503 mit einer maximalen Prüfkraft von 250 kN und bei höheren Verformungsgeschwindigkeiten ein Rotationsschlagwerk mit einem Warmzughopkinson-Aufbau zum Einsatz. Dort wurde die während der Belastung einer Zugprobe entstehende elastische Welle am Messpunkt mit DMS aufgezeichnet und daraus auf die tatsächlich wirkende Kraft geschlossen [4].

9.1.6 Versuche zur Bestimmung des ZTA-Verhaltens

Zur Ermittlung der ZTA-Diagramme bei Aufheizraten zwischen $\dot{T} = 10^2$ K/s und $\dot{T} = 10^4$ K/s wurden Versuche in einer für Kurzzeitaustenitisierungexperimente ausgerüsteten servohydraulischen Prüfmaschine (Bauart Schenck) gefahren. Die Prüfmaschine wurde in Kraftkontrolle auf $F = 0$ N geregelt und die entstehenden Dehnungen durch einen kapazitiven Wegaufnehmer mit keramischen Messschenkeln aufgezeichnet. Die Probenerwärmung erfolgte konduktiv bei Strömen von bis zu 10 kA. Die Temperatur in der Messstrecke wurde über zwei Pyrometer (Typ IP 10 und Typ IGA 10) der Firma Impac gemessen und als Eingangsgröße in einen PID-Regler eingespeist. Zur Vermeidung von Zunderbildung auf der Probe wurde die Außenseite mit Argon gespült [5]. Die aufgezeichneten Dehnungs-Temperatur-Zusammenhänge wurden hinsichtlich des Umwandlungsanfangs und -endes analysiert.

9.1.7 Simulation der Spanbildungsvorgänge mit Hilfe der Methode der Finiten Elemente

Um bei der Diskretisierung der an der Zerspanung beteiligten Partner die Genauigkeit der Ergebnisse gewährleisten zu können, müssen einige Anforderungen an die Simulation gestellt werden:

- Berücksichtigung der physikalischen Zusammenhänge
- Modellierung der Spansegmentierung
- Implementierung der Kinematik für verschiedene Bearbeitungsprozesse
- Simulation der Materialauftrennung und Spanbildung
- Feine Diskretisierung aufgrund der hohen Deformations- und Temperaturgradienten in der Scherzone
- Adaptive Neuvernetzung wegen Konvergenzproblemen infolge stark verzerrter Elemente im Span
- Grobe Diskretisierung in von der Spanbildungszone entfernt Bereichen, um den Rechenaufwand überschaubar zu machen
- Berücksichtigung des Zerspanungsspezifischen Werkstoffverhaltens

Das Gesamtmodell der 3D-Simulation ist modular aufgebaut, das heißt, Werkstück und Wendeschneidplatte werden also separat modelliert und zur Berechnung zusammengefügt. Ausgangsmodell ist ein bereits vorbearbeitetes Werkstück mit einem Eingriffswinkel von $\varphi_e = 90°$. Die Wendeschneidplatte befindet sich anfänglich kurz vor der Schneideneintrittsposition, um auch den Eintrittsstoß der Wendeschneidplatte auf das Werkstück, welcher einen entscheidenden Einfluss auf den Bearbeitungsprozess haben kann, zu berücksichtigen. Da verformbare Körper nicht aktiv bewegt werden können, erfolgt die Beschleunigung der Wendeschneidplatte auf die gewünschte Schnittgeschwindigkeit durch Anbringen eines starren Körpers auf der Rückseite der Platte. Dieser Starrkörper wird mit einem Knoten im Raum referenziert, über den die translatorische und rotatorische Fräserbewegung ausgeführt wird. Das Werkstück wird auf der Unterseite in allen Raumrichtungen festgehalten. Der sich beim Gleichlauffräsen ausbildende Kommaspan mit einer gegen Null verlaufenden Spanungsdicke erfordert eine sehr feine Netzkonfiguration des Werkstückes im Zerspanungsbereich. Um Rechenzeit einzusparen, wächst die Elementgröße mit zunehmendem Abstand vom Zerspanungsbereich. Alle Elemente werden mit dem Versagenskriterium beaufschlagt, damit vermieden werden kann, dass der

Pfad der Materialauftrennung vorgegeben wird. Abbildung 3 zeigt das Geometriemodell sowie das FE-Netz der 3D-Simulation. Die verwendeten Techniken sind sinngemäß auch für die 2D-Simulation anwendbar.

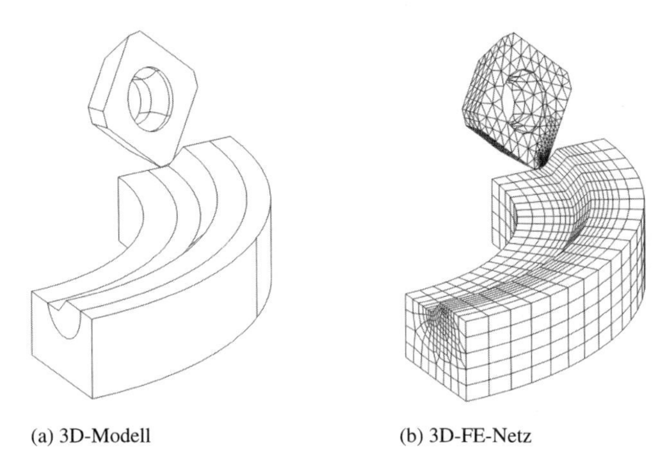

(a) 3D-Modell (b) 3D-FE-Netz

Abbildung 3: Modell und FE-Netz der 3D-Simulation

Zur Berechnung der während der Abkühlphase der Wendeschneidplatte auftretenden Temperaturen muss der Wärmeübergangskoeffizient bei erzwungener Konvektion h_{con} basierend auf strömungsmechanischen Überlegungen anhand der Beziehung

$$h_{con} = \frac{Nu \cdot \lambda_{Luft}}{l_{char}} \tag{9.1}$$

bestimmt werden, mit der Nusseltzahl Nu, der thermischen Konduktivität für Luft λ_{Luft} und der „charakteristischen Länge" l_{char}, die zuvor zu berechnen ist und dem Durchmesser einer Kugel gleichzusetzen ist, deren Volumen dem der Wendeschneidplatte entsprechen muss.

Zunächst ist zu beurteilen, ob bei den gegebenen Randbedingungen eine turbulente oder laminare Umströmung der Wendeschneidplatte vorliegt. Dies geschieht mit der Berechnung der Reynoldszahl, die für eine laminare Strömung kleiner dem Wert 2300 entsprechen muss. Unter den hier vorliegenden Bedingungen ergibt sich eine Reynoldszahl von $Re \approx 2200$. Damit liegt man im Grenzbereich, d.h. im Übergangsbereich von einer laminaren zu einer turbulenten Umströmung der Wendeschneidplatte, wodurch sich die Gleichung zur Berechnung der Nusseltzahl durch vektorielle Addition einer laminaren und einer turbulenten Strömung ergibt:

$$Nu = \sqrt{Nu_{lam}^2 + Nu_{turb}^2} \tag{9.2}$$

Mit Hilfe der von der Umgebungstemperatur abhängigen Prandtlzahl, die für die Berechnung der laminaren und turbulenten Nusseltzahl nötig ist, kann die Berechnung des Wärmeübergangskoeffizienten nach Gleichung (9.1) erfolgen.

Das für die numerische Simulation entwickelte und in Form einer benutzerdefinierten Materialroutine VUMAT implementierte Werkstoffmodell setzt sich additiv aus drei Anteilen zusammen, die sich zur Fließspannung σ ergänzen (Gleichung (9.5) \ [6–9]). Der erste und zweite Anteil entsprechen der Aufteilung der Fließspannung in einen athermischen, nur über den Schubmodul G von der Temperatur abhängigen Anteil σ_G und einen thermischen σ^*, der bei Temperaturen oberhalb $T_0(\dot{\varepsilon})$ verschwindet. Der dritte Anteil stellt einen temperaturunabhängigen isotropen Verfestigungsterm dar, der mit einem LUDWIK-Term formuliert wurde. Somit ergibt sich die Fließspannung σ zu:

$$\sigma = \sigma_G + \sigma^* + h \cdot (\varepsilon_{pl})^{1/\mu} \tag{9.3}$$

$$\sigma = \sigma_{G,0} \cdot \frac{G(T)}{G(0K)} + \sigma_0^* \cdot \left[1 - \left(\frac{T}{T_0}\right)^n\right]^m + h \cdot (\varepsilon_{pl})^{1/\mu} \tag{9.4}$$

$$\sigma = \sigma_{G,0} \cdot \frac{G(T)}{G(0K)} + \sigma_0^* \cdot \left[1 - \left(\frac{T_k}{\Delta G_0} \ln\left(\frac{\dot{\varepsilon}_0}{\dot{\varepsilon}}\right)\right)^n\right]^m + h \cdot (\varepsilon_{pl})^{1/\mu} \tag{9.5}$$

In noch ausstehenden Untersuchungen soll Gleichung (9.5) durch die im Rahmen des SPP („siehe El-Magd et al – Experimentelle und numerische Untersuchungen zum thermomechanischen Stoffverhalten") erarbeitete Beziehung

$$\sigma = \frac{\sigma_0}{\left(1 + \left(\sigma_0 / \sigma^*\right)^\nu \cdot \exp\left(T / T^*\right) \cdot \frac{\dot{\varepsilon}^*}{\dot{\varepsilon}} \cdot \varepsilon\right)^{1/\nu}} \tag{9.6}$$

$$\sigma_0 = (K \cdot \varepsilon^n \cdot \dot{\varepsilon}^m + \eta \cdot \dot{\varepsilon}) \cdot \left(\exp\left(-\frac{T}{T_1}\right) + A^* \cdot \exp\left(-\frac{T}{T_2}\right)^\mu\right) \tag{9.7}$$

ersetzt werden, damit das Werkstoffverhalten auch bei höchsten Verformungsgeschwindigkeiten und bei hohen Temperaturen genau beschrieben wird.

Das Versagen des Materials wird mit einem Schädigungsmodell beschrieben, das in erster Linie von der plastischen Vergleichsdehnung abhängt. An einem Integrationspunkt ist die Schädigung definiert als $D = \sum \frac{\Delta\varepsilon}{\varepsilon^f}$, wobei $\Delta\varepsilon$ das Inkrement der plastischen Vergleichsdehnung und ε^f die Vergleichsbruchdehnung bei den aktuellen Beanspruchungsbedingungen sind. Versagen tritt auf, wenn $D = 1.0$ wird.

Zur Integration des elastisch-plastischen Werkstoffmodells in der benutzerdefinierten Materialroutine VUMAT für ABAQUS/Explicit kam ein Algorithmus nach [11] zum Einsatz, der auf einer modifizierten EULER-Integration mit Fehlerkontrolle basiert.

Die Anpassung des Werkstoffmodells an das mechanische Werkstoffverhalten des verwendeten Werkstoffes wurde mit Hilfe der Methode der Minimierung der Fehlerquadratsumme durchgeführt. Hierzu kam das Programm Fitit (IWM, Freiburg) zum Einsatz.

9.2 Ergebnisse und Diskussion

9.2.1 Experimentelle Charakterisierung des Zerspanprozesses

Zur quantitativen Bewertung der Schnittkräfte hat sich die Berechnung der integralen Werte bewährt, bei der das Integral des Messsignals über der Fräserdrehung berechnet wird. Der integrale Wert wird dabei als Zerspanungsarbeit definiert und stellt ein Maß für die Energie dar, die nötig ist, einen Span zu nehmen. Abbildung 4 links zeigt für die Schnittbreite a_e = 2 mm und verschiedene Zahnvorschübe die gemessenen Zerspanungsarbeiten über der Schnittgeschwindigkeit. Die Schnitttiefe a_p wird mit 2 mm konstant gehalten. Es ist zu erkennen, dass die Zerspanungsarbeit bis zu einer Grenzgeschwindigkeit von ca. 1200 m/min nahezu konstant ist. Oberhalb dieser Grenzgeschwindigkeit ist eine Interpretation der Ergebnisse nicht sinnvoll, da sich hier das dynamische Verhalten der Messkette verfälschend auf die Zerspankräfte auswirkt. Die zunehmende Streubreite der Ergebnisse oberhalb der Grenzgeschwindigkeit unterstreicht dies. Es ist lediglich zu erkennen, dass bei steigendem Vorschub die benötigte Zerspanungsarbeit und somit die Schnittkräfte zunehmen. Die Variation der Schnitttiefe zeigt gleiches Verhalten. Wie aus Abbildung 4 rechts ersichtlich ist, gilt dies auch für steigende Schnittbreiten.

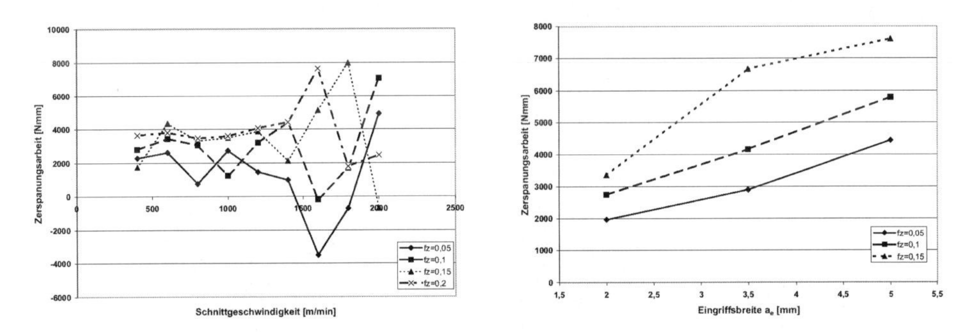

Abbildung 4: Zerspanungsarbeit unter Variation der Zerspanungsparameter

Der in anderen Projekten [siehe z.B. Abele et al., Einfluss des Wärmebehandlungszustandes und der Technologieparameter auf die Spanbildung und Schnittkräfte beim Hochgeschwindigkeitsfräsen, Warnecke et al., Mechanismen der Werkstoffbeanspruchung sowie deren Beeinflussung bei der Zerspanung mit hohen Geschwindigkeiten] beobachtete Schnittkraftabfall bei Zunahme der Schnittgeschwindigkeit wurde nicht beobachtet. Dies ist auf den verwendeten Gleichlauffräsprozess zurückzuführen, bei dem der Eintrittstoß, der vermutlich in seiner Höhe annährend schnittgeschwindigkeitsunabhängig ist, besonders dominant ist. Zudem führt der verwendete große Radius des Fräsers zu einer kurzen Wechselwirkungszeit, was nochmals die Dominant des Eintrittsstoßes erhöht.

Die Abhängigkeit der Schneidentemperatur von den Zerspanungsparametern (Schnittgeschwindigkeit, Vorschub, Schnitttiefe) wird durch deren Variation bestimmt und ist in Abbildung 5 dargestellt.

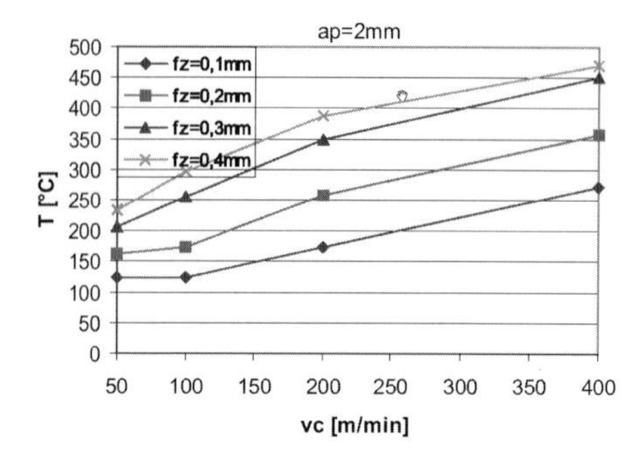

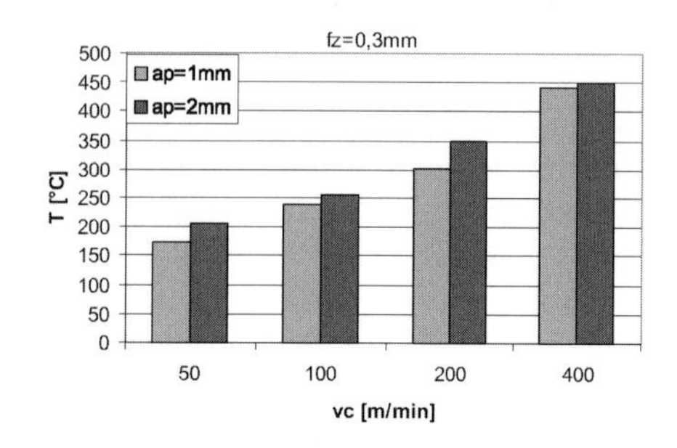

Abbildung 5: Werkzeugschneidentemperatur in Abhängigkeit der Zerspanungsparameter Schnittgeschwindigkeit, Vorschub und Schnitttiefe

Über eine Bitmap-Analysefunktion der Auswertesoftware lassen sich Temperaturen innerhalb eines festzulegenden Rechtecks als Höhenlinien darstellen und auswerten. Abbildung 6 links zeigt ein Wärmebild der Wendeschneidplatte direkt zum Zeitpunkt des Austritts aus dem Werkstückmaterial.

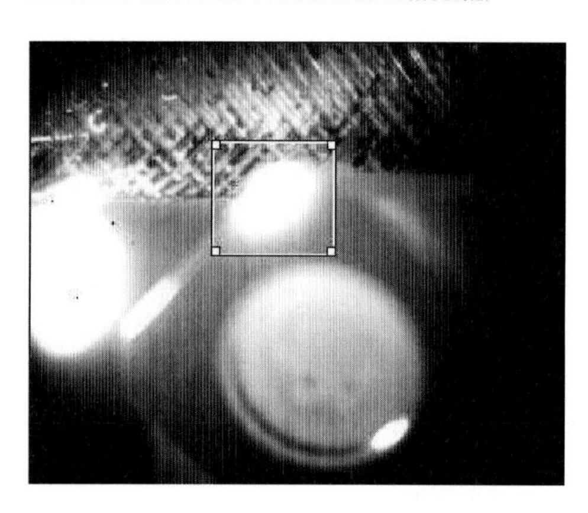

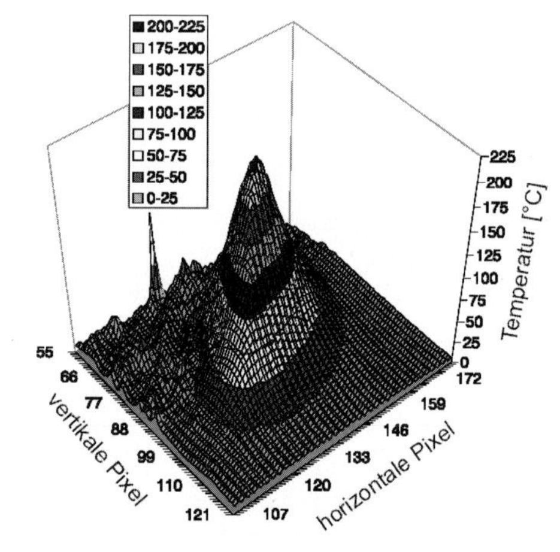

Abbildung 6: Qualitative und quantitative Betrachtung der Wärmeentwicklung auf der Schneide

Für die Auswertung werden die Temperaturen in Abhängigkeit der Pixelnummer in horizontaler und vertikaler Richtung exportiert und können somit digital erfasst und dargestellt werden. Abbildung 6 rechts zeigt die Analyse des in Abbildung 6 links dargestellten Wärmespots. Er ist jedoch zur besseren Veranschaulichung um 45° gegen den Uhrzeigersinn in der Bildebene gedreht. Die Achsenbeschriftungen enthalten die Nummern der Pixel. Auf der Z-Achse sind die Temperaturwerte aufgetragen. Es ist festzustellen, dass die Temperaturverteilung in Lage und Ausformung der im allgemeinen konkaven Ausbildung des Kolkverschleißes entspricht, was dadurch erklärbar ist, dass der Kolkverschleiß durch einen diffusen Verschleißvorgang hervorgerufen wird, der durch hohe Temperaturen verstärkt wird. Die maximale Temperatur auf der Wendeschneideplatte liegt nicht direkt an der Schneidkante sondern auf der Spanfläche.

Mit fortschreitender Dauer ist nach Austritt aus dem Werkstück ein Abkühlen der Wendeschneidplatte zu beobachten. Für die geringste und die höchste Schnittgeschwindigkeit bei Vorschub $f_z = 0.2$ mm und Schnitttiefe $a_p = 1$ mm ist dies in Abbildung 7 anhand der Abkühlkurven aufgezeigt.

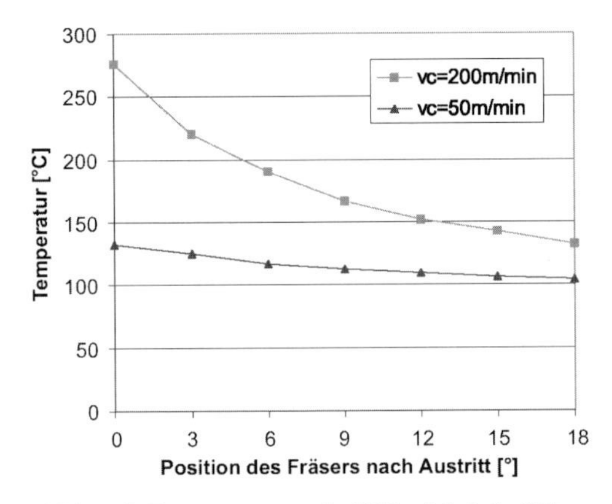

Abbildung 7: Temperaturwerte in Abhängigkeit der Fräserposition für verschiedene Schnittgeschwindigkeiten

Da bei der höheren Schnittgeschwindigkeit ein höherer Temperaturgradient zur Außentemperatur vorhanden ist, kühlt sich die Wendeschneidplatte auch schneller ab, so dass sich beide Kurven bis zum Verlassen des Bildbereichs im Temperaturbereich von ca. 100-130 °C annähern. Die Abkühlkurven bei den anderen Schnittgeschwindigkeiten werden zwischen den beiden Kurven erwartet. Für die Schnittgeschwindigkeit $v_c = 200$ m/min ergibt sich für das erste Wertepaar eine Abkühlrate von 10.8 °C pro durchlaufendem Winkelgrad des Fräsers.

9.2.2 Randschichtcharakterisierung

Die gemittelte Rauhtiefe R_z für die Schnittbreite $a_e = 8$ mm und für verschiedene Zahnvorschübe zeigt exemplarisch Abbildung 8.

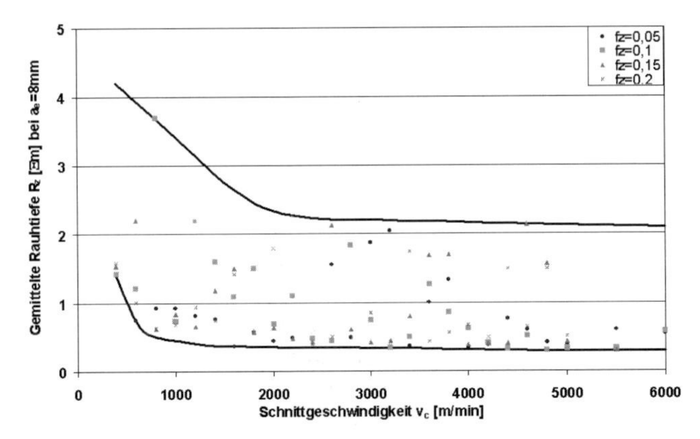

Abbildung 8: Abhängigkeit der gemittelten Rauhtiefe R_z von der Schnittgeschwindigkeit für verschiedene Zahnvorschübe

Nach einem Abfall im Bereich kleiner Schnittgeschwindigkeiten zeigen die Messwerte für die Oberflächenrauheit keinen signifikanten Einfluss der Schnittgeschwindigkeit. Die Streubreite der Messergebnisse ist auf die Messungenauigkeit des Messsystems zurückzuführen und kann daher vernachlässigt werden. Eine Abhängigkeit der Oberflächenrauheit vom Zahnvorschub ist nicht erkennbar, was mit der Schneidengeometrie zu erklären ist, die durch die Phasenbreite der Nebenschneide von 2 mm ein Breitschlichtfräsen verursacht, womit der zuvor erfolgte Schnitt nochmals überfräst und somit die entstehende Oberfläche geschlichtet wird. Insgesamt wird bei allen verwendeten Parametern eine sehr gute Oberflächenrauhheit erreicht.

Die durch den Fräsprozess erzeugte oberflächennahe Mikrostruktur weist Kristallitformänderungen, Brüche von Zementitlamellen und Deformationslinien im Ferrit auf, die als Anzeichen plastischer Deformationen zu werten sind. Exemplarisch ist in Abbildung 9 ein Querschliff durch eine gefräste Randschicht dargestellt.

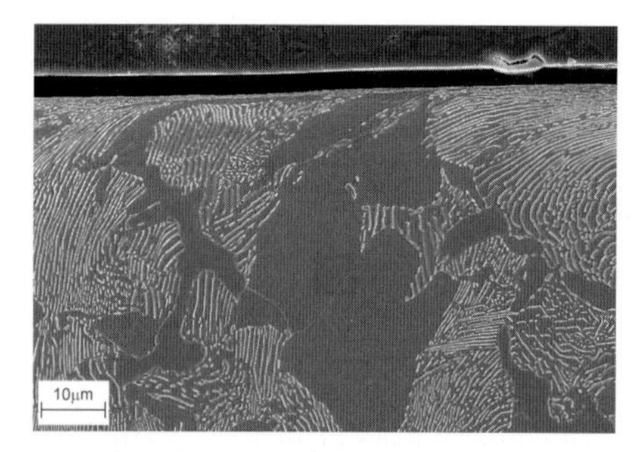

Abbildung 9: Rasterelektronische Aufnahme des Querschliffs nach HSC-Bearbeitung mit $v_c = 1500$ m/min [1]

Bis in eine Tiefe von ungefähr 10 µm sind verformte Kristallite, Brüche in Zementitlamellen und Fliesslinien im Ferrit erkennbar. Mit steigender Schnittgeschwindigkeit nimmt die Tiefe der plastisch deformierten Randschicht ab. Ausgehend von der niedrigsten untersuchten Schnittgeschwindigkeit (v_c = 400 m/min) mit einer ca. 20 µm dicken plastisch verformten Randschicht, nimmt die Dicke bis auf ca. 5 – 10 µm bei v_c = 3000 m/min ab [14].

Der Einfluss des Vorschubs auf die Oberflächeneigenspannungen wird in Abbildung 10 dargestellt.

Über der Schnittgeschwindigkeit ist der Oberflächenwert der Haupteigenspannung σ_1^{ES} und σ_2^{ES} aufgetragen. Bei konstanter Schnittbreite a_e = 8 mm wurde die Schnittgeschwindigkeit von v_c = 500 m/min bis v_c = 5000 m/min während jeder Versuchsreihe erhöht. Die untersuchten Vorschübe waren f_z = 0.05 mm, f_z = 0.10 mm, f_z = 0.15 mm und f_z = 0.20 mm. Die Punkte in Abbildung 10 stellen die Messwerte dar, die durch Ausgleichskurven verbunden sind. Für den Vorschub f_z = 0.05 mm sind in Abbildung 1.2.7 oben links die Haupteigenspannungen dargestellt. Über dem gesamten Schnittgeschwindigkeitsbereich tritt ein zweiachsiger Haupteigenspannungszustand auf. Bei niedrigen Schnittgeschwindigkeiten liegt ein zweiachsiger Druckeigenspannungszustand vor. Mit ansteigender Schnittgeschwindigkeit kommt es zu einer Verschiebung des Druckeigenspannungszustandes in Richtung Zugspannnungen, so dass σ_1^{ES} bei ca. v_c = 2500 m/min das Vorzeichen wechselt. σ_2^{ES} bleibt im gesamten Schnittgeschwindigkeitsbereich negativ. Bei Er-

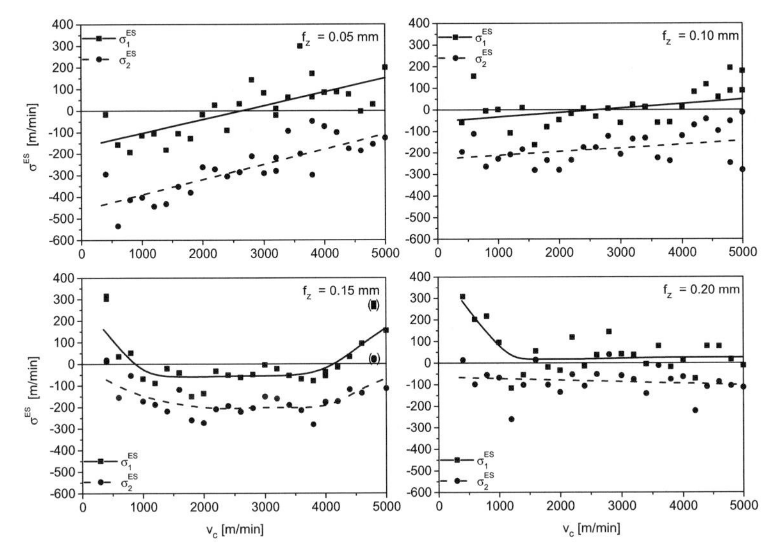

Abbildung 10: Einfluss der Schnittgeschwindigkeit auf die Eigenspannungen für unterschiedliche Vorschübe und eine Schnittbreite $a_e = 8$ mm

höhung des Vorschubs auf $f_z = 0.10$ mm ist der Einfluss der Schnittgeschwindigkeit auf den Eigenspannungsverlauf bei qualitativ gleichem Verhalten deutlich geringer als bei $f_z = 0.05$ mm. Der Wechsel von σ_1^{ES} vom Druckeigenspannungsbereich in den Zugeigenspannungsbereich tritt dagegen weiterhin bei ca. $v_c = 2500$ m/min auf. Die Maximalbeträge für die Druckeigenspannungen bei niedrigen Schnittgeschwindigkeiten sind kleiner als bei $f_z = 0.05$ mm. Dieses Verhalten wird auch beim Außenlängsdrehen gefunden (siehe Denkena et al, Auswirkungen des Hochgeschwindigkeitsspanens auf die Werkstückrandzone). Bei einer weiteren Steigerung des Vorschubs auf $f_z = 0.15$ mm liegt für Schnittgeschwindigkeiten bis $v_c = 1000$ m/min eine Haupteigenspannungskomponente im Zugbereich. Zwischen $v_c = 1000$ m/min und $v_c = 4000$ m/min zeigen die Haupteigenspannungen negative Vorzeichen und einen nahezu konstanten Verlauf. Ab $v_c = 4000$ m/min steigen die Eigenspannungen in Richtung Zug an. Die bei $v_c = 4000$ m/min eingeklammerten Werte sind wegen starken Verschleißes der Wendeschneidplatte nur eingeschränkt bewertbar. Für den größten untersuchten Vorschub von $f_z = 0.20$ mm zeigt Abbildung 10 unten rechts über den gesamten Schnittgeschwindigkeitsbereich eine Haupteigenspannungskomponente im Zugbereich. Lässt man die hohen Zugeigenspannungswerte bei Schnittgeschwindigkeiten bis $v_c = 1000$ m/min außer Acht, dann findet man hier die kleinsten Haupteigenspannungsbeträge. Die Ursache für die starke Abnahme von σ_1^{ES} bei $f_z = 0.15$ mm und $f_z = 0.20$ mm mit ansteigender Schnittgeschwindigkeit ist unklar.

In Abbildung 11 ist der Orientierungswinkel α in Abhängigkeit von der Schnittgeschwindigkeit für die vier suchten Vorschübe dargestellt. Über der Schnittgeschwindigkeit lassen sich die Orientierungswinkel nahezu durch konstante Werte von $\alpha \approx -30°$ annähern, die bei der gewählten Lage des Messpunktes einer Orientierung der Haupteigenspannung σ_1^{ES} in Vorschubrichtung entsprechen. Für $f_z = 0.20$ mm war dies nicht möglich. Die starken Streuungen bei den α-Werten werden durch die teilweise recht kleinen Eigenspannungsbeträge verursacht, die zu einer stärkeren Gewichtung von Messfehlern und

Abweichungen führt. Zudem ist zu berücksichtigen, dass sich der Messfleck auf der Probe verfahrenstechnisch bedingt durch Probenverkippung verändert. Dadurch fließen vorrangig Bereiche mit größeren Eingriffswinkeln in die Bewertung ein, so dass die Orientierung der Haupteigenspannungen vorrangig anhand von Körnern bestimmt wird, bei denen die Tangente an die Werkzeugbahn stärker in Richtung des Vorschubs orientiert ist.

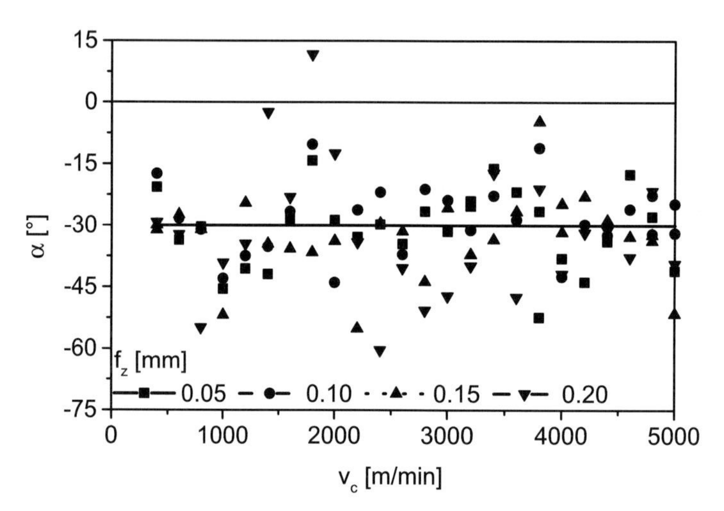

Abbildung 11: Einfluss der Schnittgeschwindigkeit auf den Orientierungswinkel für unterschiedliche Vorschübe und einer Schnittbreite a_e = 8 mm

Bei der Bewertung der Eigenspannungszustände müssen zwei Beanspruchungsarten unterschieden werden. Zum einen direkte mechanische Beanspruchungen und zum anderen thermische Beanspruchungen, die indirekt zu plastischen Verformungen führen können und die Eigenspannungen in Richtung Zug verschieben [16]. Bei der direkten mechanischen Beanspruchung muss die Richtung quer zum Vorschub, in der Quetschvorgänge zu Streckungen der oberflächennahen Randbereiche und damit zu Druckeigenspannungen führen, von der Vorschubrichtung unterschieden werden, in der neben den Quetschvorgängen auch Aufstauchungen des vor der Schneide befindlichen Materials möglich sind. Somit können die Dehnungen reduziert sein oder sogar Stauchungen dominieren und demnach reduzierte Druck- oder eventuell Zugeigenspannungen vorliegen.

Während bei f_z = 0,05 mm im Bereich kleiner Schnittgeschwindigkeiten offensichtlich die Quetschvorgänge dominieren, so dass beide Eigenspannungskomponenten im Druckbereich liegen, wird mit steigender Schnittgeschwindigkeit eine Verschiebung der Eigenspannungen in Richtung Zug erkennbar, was auf zunehmende thermische Effekte zurückzuführen ist. Bei vergrößerten Vorschüben wird die Spandicke vergrößert, wodurch auch die Temperatur anwächst. Dies führt zu weiter verringerten Druckeigenspannungen. Bei den beiden größten Vorschüben wird bei kleinen Schnittgeschwindigkeiten eine zusätzliche Verschiebung der Eigenspannungen in Richtung Zug gefunden, die auf die beschriebenen Aufstaucheffekte zurückgeführt werden kann.

9.2.3 Spancharakterisierung

Spancharakterisierungen mit Analysen der Segmentierung und der lokalen Mikrostrukturunterschiede innerhalb der Segmente und der Scherbänder wurden beim Bohren vorgenommen (siehe: Fr.-W. Bach et al. – Analyse des Werkstoffverhaltens beim Bohren mit hohen Geschwindigkeiten). Die dort gefundenen Beziehungen konnten hier qualitativ für das Schaftfräsen bestätigt werden.

Der Einfluss der Spanparameter auf das Gefüge, das Auftreten einer Oxidschicht und die Lokalisierung der Verformung wird an Hand von metallographischen Spanschliffen untersucht. Folgende Spanparameter wurden während der Versuche variiert: Schnittgeschwindigkeit v_c, Schnittbreite a_e und der Vorschub f_z. Für die in den Spänen auftretenden Gefüge werden folgende Abkürzungen verwendet: *f/p* (Ferrit/Perlit), *f/p+m* (Ferrit/Perlit und zusätzlich Martensit) und *m* (nur Martensit). Hierzu werden Grenzschnittgeschwindigkeiten eingeführt [14], bei deren Überschreitung sich z.B. das Gefüge ändert. Die Schnittgeschwindigkeit, ab der Späne mit teilweise ferritisch/perlitischem und teilweise martensitischem Gefüge auftreten, wird als $v_{c,Grenz}^{f/p+m}$ bezeichnet und diejenige, ab der Späne mit rein martensitischem Gefüge auftreten, mit $v_{c,Grenz}^{m}$. Ab $v_{c,Grenz}^{Lokal}$ wird eine Lokalisierung der plastischen Verformung beobachtet.

Der Einfluss der Schnittgeschwindigkeit auf die Spanmorphologie wird bei einer Variation der Schnittgeschwindigkeit von v_c = 400 m/min bis v_c = 5000 m/min, einer Schnittbreite a_e = 2 mm und den Vorschüben f_z = 0.05 mm sowie f_z = 0.20 mm diskutiert (Abbildung 1.2.9).

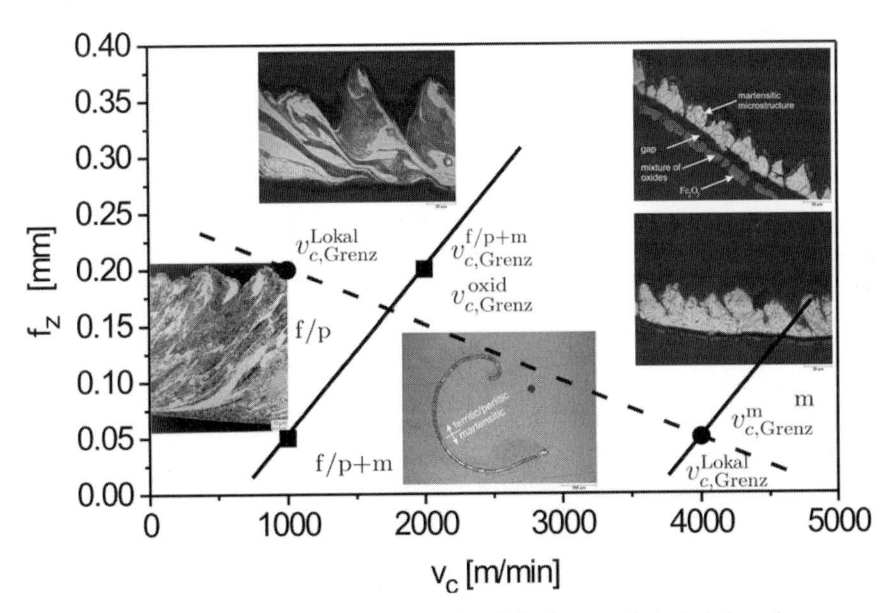

Abbildung 12: Einfluss der Schnittgeschwindigkeit auf die Spanmorphologie bei a_e = 2 mm

Eine Vergrößerung des Zahnvorschubes von f_z = 0.05 mm auf f_z = 0.20 mm, die eine Spandickenzunahme bedeutet, bewirkt eine Erhöhung der kritischen Schnittgeschwindigkeiten für teilweise $\left(v_{c,Grenz}^{f/p+m}\right)$ und vollständig martensitische $\left(v_{c,Grenz}^{m}\right)$ Späne.

Die Grenzschnittgeschwindigkeit für die Lokalisierung $v_{c,Grenz}^{Lokal}$ zeigt bei Zunahme des Zahnvorschubes eine hierzu gegenläufige Tendenz und fällt von 4000 m/min bei f_z = 0.05 mm auf 1000 m/min bei f_z = 0.20 mm.

Um ein martensitisches Spangefüge zu erhalten, muss zunächst eine Austenitisierung erfolgen und dann die für die martensitische Umwandlung notwendige Abkühlgeschwindigkeit überschritten werden. Dies wird durch eine kleine Spandicke begünstigt und ist bei kleinen Werten von a_e und f_z gegeben. Die untersuchten Spangefüge zeigen, dass Oxidschichten an der Ober- und Unterseite der Späne nur dann auftreten, wenn Martensit gebildet wird. Die Lokalisierung der Verformung wird bei dickeren Spänen im Vergleich zu dünneren Spänen begünstigt.

9.2.4 Werkstoffverhalten

Das mechanische Werkstoffverhalten ist in Abbildung 13 exemplarisch in Form der 1.5 %-Dehngrenze über der Temperatur T in Abhängigkeit von der Verformungsgeschwindigkeit $\dot{\varepsilon}$ dargestellt. Die Kurven wurden unter Verwendung von Gleichung (9.6) berechnet.

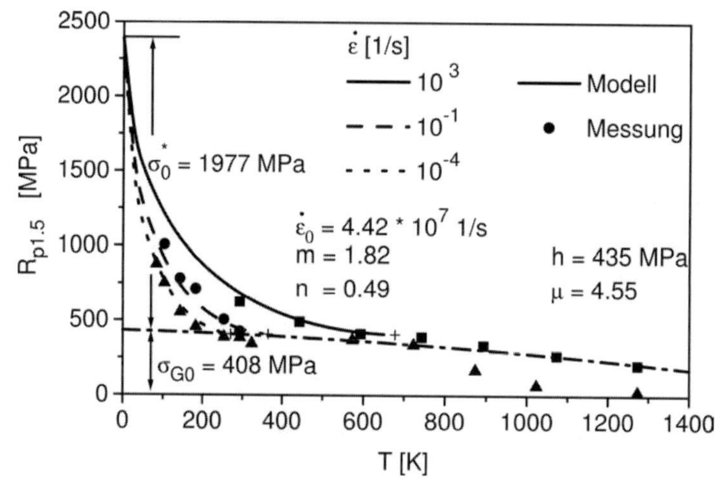

Abbildung 13: $R_{P1.5}$ in Abhängigkeit von der Temperatur T und der Verformungsgeschwindigkeit $\dot{\varepsilon}$

Mit dem Anstieg der Temperatur ist bei konstanter Verformungsgeschwindigkeit ein signifikanter Abfall von $R_{P1.5}$ zu erkennen. Dieser Abfall ist bis zu $T_0(\dot{\varepsilon})$ verursacht durch die thermische Aktivierung der Versetzungsbewegung, wobei T_0 mit zunehmender Verformungsgeschwindigkeit ansteigt. Eine Steigerung der Verformungsgeschwindigkeit im Bereich thermischer Aktivierung geht mit einer Erhöhung des Fließspannungsniveaus einher. Oberhalb von T_0 wird die Fließspannung nur noch durch den athermischen Fließspannungsanteil bestimmt (strichpunktierte Linie in Abbildung 13). Erhöht man die Temperatur weiter, tritt zunächst ein Bereich nur geringer weiterer Änderungen auf und dann fallen die Festigkeitswerte erneut ab, weil dann Kriechverformungen auftreten, die bereits bei kleinen Spannungen zu zeitabhängigen plastischen Deformationen führen. Die in Abbildung 13 angegebenen Werkstoffparameter gehen als werkstoffkundliche Eingangsgrößen in die FEM-Simulation ein.

Zur Interpretation von Phasenumwandlungen während der Zerspanung des Versuchswerkstoffs Ck45 wurden ZTA-Versuche durchgeführt. Das untersuchte Aufheizgeschwindigkeitsfeld lag zwischen 1000 und 10000 K/s und ist in Abbildung 14 dargestellt.

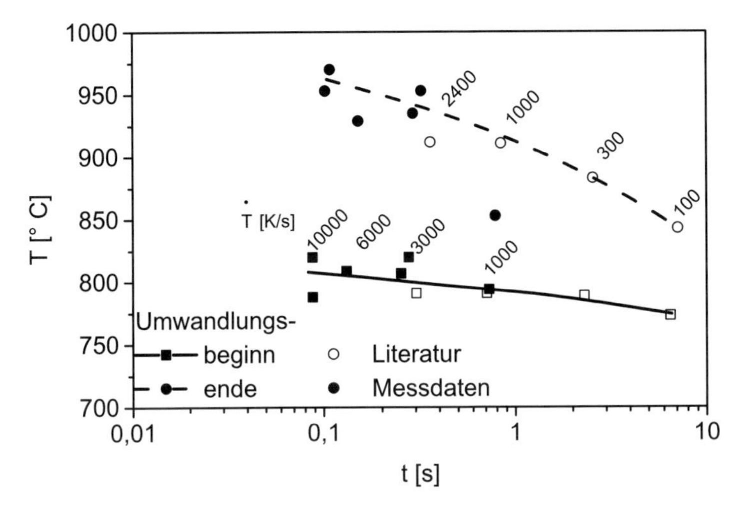

Abbildung 14: ZTA-Diagramm und Literaturdaten [18] für Ck45

Der Umwandlungsbeginn setzt für eine Aufheizgeschwindigkeit von 1000 K/s bei 800 °C ein. Die Steigerung der Aufheizgeschwindigkeit führt zu einem kontinuierlichen Anstieg der A_{c1}-Temperatur auf bis zu 815 °C bei $\dot{T} = 10^4$ K/s. Das Ende der Umwandlung wird mit $\dot{T} = 10^3$ K/s bei 850 °C erreicht und steigt bei Erhöhung auf 3000 K/s deutlich an, so dass bei 10^4 K/s das Umwandlungsende erst bei 960 °C erreicht wird. Der Vergleich der Messdaten mit Literaturwerten [18] zeigt mit weiter ansteigenden Aufheizgeschwindigkeiten eine Fortführung der dort gefundenen Tendenzen zu höheren Umwandlungstemperaturen. Die zu niedrige Temperatur für das Umwandlungsende bei $\dot{T} = 10^3$ K/s ist vermutlich auf Wärmeleitungseffekte im Versuchsaufbau zurückzuführen, die bei größeren Aufheizgeschwindigkeiten unterdrückt werden.

9.2.5 Simulation der Spanbildungsvorgange mit Hilfe der Methode der Finiten Elemente

Bei der Zerspanung von metallischen Werkstoffen mit höheren Schnittgeschwindigkeiten ist eine Ausbildung von segmentierten Spänen zu beobachten [17, 19]. Zur Abbildung der realen Gegebenheiten der Spanbildung muss die Simulation die Bildung von Scherspänen unter den gegebenen Randbedingungen ebenfalls leisten.

Die Scherspanbildung kann nicht nur durch ein dehnungsbasierte Versagenskriterium, das einer zuvor definierten Elementgruppe in Lage und Breite der Scherebene zugeordnet wird, erzwungen werden sondern auch durch thermische Entfestigung des Materials infolge Veränderung der Beanspruchungsbedingungen nachgewiesen werden. Um die thermische Entfestigung zu begünstigen, wurde die Starttemperatur geändert. Bei einem Spanwinkel $\gamma = -10°$, einer Schnittgeschwindigkeit v_c = 600 m/min und einer Starttemperatur T = 0 K bildet sich in der Simulation Scherspäne (Abbildung 15(a) und 15(b)). Damit wurde die grundsätzliche Möglichkeit zur Scherspanbildung in der Simulation gezeigt. Die Grenzen für das Auftreten von Scherspänen sind durch Parametervariationen im noch laufenden Vorhaben aufzuzeigen.

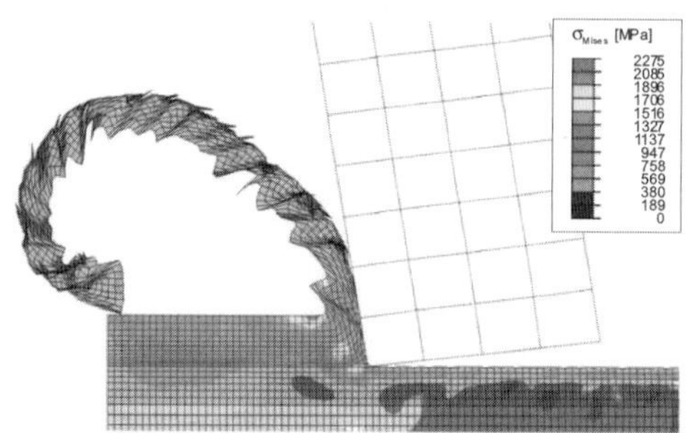

(a) von Mises Spannungen in der Scherspansimulation

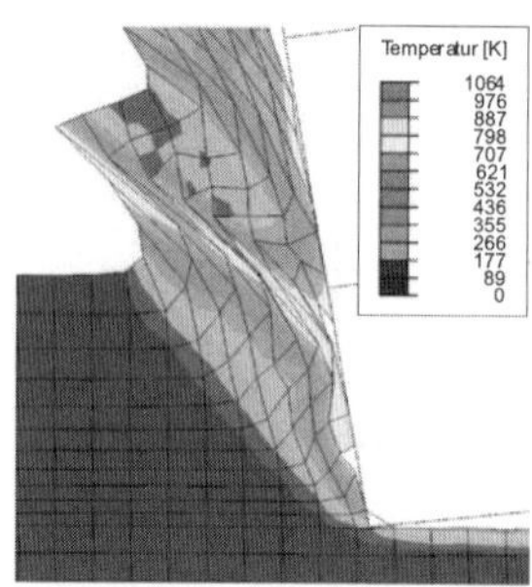

(b) Temperaturen in der vergrößerten Darstellung der Scherspansimulation

Abbildung 1.2.12: Scherspanbildung durch thermische Entfestigung im Materialmodell

Die Berechnungsgrößen Schnittkraft und Zerspanungstemperatur, die aus der Simulation gewonnen werden können, dienen zur Verifikation und liefern erste Hinweise auf die Zuverlässigkeit des modellierten Zerspanungsprozesses.

Die Schnittkraft ergibt sich aus der Addition der Reaktionskräfte an den Knoten der Wendeschneidplatte. Die Simulationen zeigen keine signifikante Änderungen der Schnittkraft mit steigender Schnittkraft. Die tangentiale Schnittkraft F_C ist bis zu doppelt so hoch wie die Normalkraft F_N und die Passivkraft F_P. Die Ergebnisse lassen sich mit den Messungen der Schnittkraft mittels Piezoelektrik vergleichen (siehe Kapitel 9.2.1). Ein Vergleich der berechneten tangentialen Schnittkraft F_C mit der experimentell bestimmten Schnittkraft zeigt, dass für den unterkritischen Schnittgeschwindigkeitsbereich ein Fehler < 10 % vorhanden ist (vgl. Abbildung 16). Ein Vergleich der Schnittkräfte im überkritischen Bereich, d.h. bei Schnittgeschwindigkeiten, bei denen das Frequenzspektrum des Kraftsignals die Grenzfrequenz der Messkette überschreitet und somit das Kraftsignal verfälscht, ist durch das Einwirken des dynamischen Verhaltens der Messkette nicht zulässig.

Zur Verifikation der Simulation hinsichtlich der auftretenden Temperaturen wurde exemplarisch eine thermisch-mechanisch gekoppelte Simulation eines Zerspanungsvorganges durchgeführt, in der die Wärmeleitung vom Span zum Werkzeug mit berücksichtigt wurde. Aufgrund der hohen Berechnungsdauer und des hohen Speicherbedarfes wurde eine derartige Simulation nur für einen Zerspanungszustand durchgeführt, bei dem die Schnittgeschwindigkeit $v_c = 200$ m/min und der Zahnvorschub $f_z = 0.2$ mm eingestellt ist. Um weiteren Speicherplatz zu sparen, wird die Simulation in zwei Schritten durchgeführt: Im ersten Simulationsschritt wird das sich auf der Spanfläche der Schneide einstellende Temperaturspektrum berechnet, dass als Anfangsbedingung für den sich anschließenden zweiten Schritt der Temperaturberechnung dient. Dabei wird ausgenutzt, dass sich die Temperaturen auf der Wendeschneidplatte nach kurzer Zeit einem quasi-stationären Zustand nähern, woraus die Annahme getroffen wird, dass sich der Maximalwert der Werkzeugtemperatur bis kurz vor dem Austritt der Schneide aus dem Werkstück nicht ändern wird.

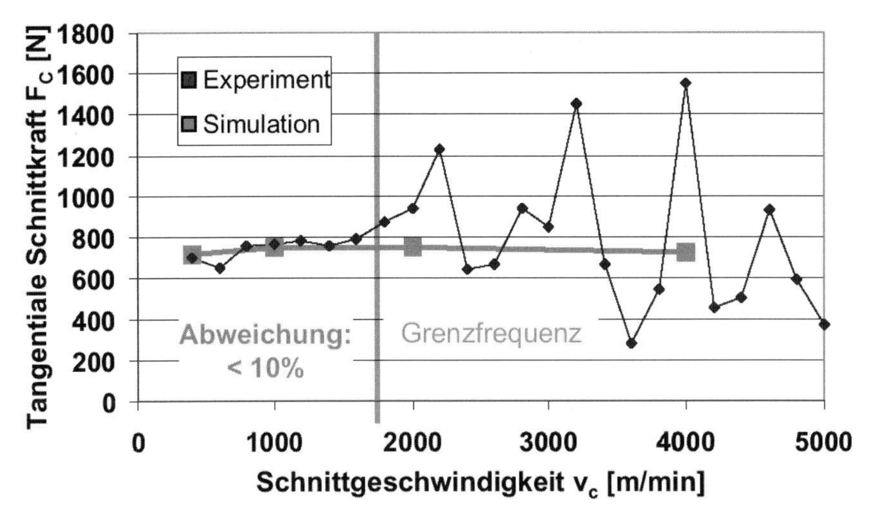

Abbildung 1.2.13: Vergleich der berechneten tangentialen Schnittkraft mit gemessener Schnittkraft

Der zweite Schritt simuliert das Verlassen des Werkzeuges und die sich anschließende Abkühlung des Werkzeuges im Luftschnitt. Nach Abscheren des Spanes kühlt sich die Spanfläche durch den Luftschnitt ab. Um die Temperaturen vergleichen zu können, muss diese Abkühlphase in die Simulation integriert werden. Der dazu notwendige Wärmeübergangskoeffizient für die erzwungene Konvektion lässt sich durch strömungsmechanische Überlegungen nach Gleichung (9.1) berechnen. Er ergibt ≈ 2.0 W/(m^{2}K).

Die Analyse der so berechneten Temperaturverteilung auf der Wendeschneidplatte ergibt maximale Temperaturen direkt an der Schneidkante. Dies widerspricht den experimentellen Versuchen in Kapitel 9.2.1 sowie den 2D-Simulationen des Orthogonalschnittes und lässt sich auf die scharfe Schneidkante zurückführen, die bei der 3D-Simulation verwendet wurde. Dies deckt sich auch mit den Beobachtungen von [20], dass bei steigender Schartigkeit der Schneide die maximale Temperatur bei der Zerspanungssimulation zur Schneidkante hin verlagert wird [20]. Bei Vergleich der simulierten Temperatur in einem lokalen Bereich mit den Temperaturwerten aus Experimenten ist eine sehr gute Übereinstimmung festzustellen (vgl. Kapitel 9.2.1). Die ermittelten Temperaturwerte liegen zwischen 250 und 270 °C. Dies gilt auch für die Abkühlrate nach dem Austreten der Wendeschneidplatte aus dem Werkstück, die pro Winkelgrad des Fräsers bei 10 °C liegt. Zur Verifikation der Spantemperaturen sollen die ZTA-Versuche herangezogen werden. Diese liefern eine Minimaltemperatur für die Spanbildung beim Auftreten von martensitischen Gefügeanteilen.

9.3 Zusammenfassung

Im Rahmen des Projektes „Simulation des Spanbildungsprozesses beim Hochgeschwindigkeitsfräsen" wurden experimentelle Untersuchungen zur Charakterisierung des Stirnplanfräsprozesses durchgeführt, die zur Verifikation der ebenfalls durchgeführten Simulation des Prozesses mit der Methode der Finiten Elemente dienten.

Die Schneidentemperatur direkt nach dem Ausgriff des Stirnplanfräsers zeigt in dem durch die Aufnahmefrequenz der Kamera bis v_c = 400 m/min beschränkten Schnittgeschwindigkeitsbereich eine Zunahme mit ansteigenden Schnittgeschwindigkeiten und ansteigendem Zahnvorschub. Die Zerspanungsarbeit bleibt bis zu einer Schnittgeschwindigkeit von v_c = 1200 m/min nahezu konstant. Bei größeren Schnittgeschwindigkeiten sind die ermittelten Daten für die Zerspankräfte nicht interpretierbar, da es zu Nichtlinearitäten im dynamischen Verhalten der Messkette kommt. Die durch den Stirnplanfräsprozess erzeugten Oberflächenrauheiten zeigen bis zu $v_c \approx$ 350 m/min abnehmende Beträge. Ein Einfluss der weiteren Schnittparameter konnte nicht festgestellt werden. Anhand von Querschliffen im Randschichtbereich wurde die oberflächennahe Mikrostruktur untersucht. Es wurden deutliche Anzeichen plastischer Deformation gefunden, deren Tiefenwirkung mit steigender Schnittgeschwindigkeit zurückgeht. Die röntgenographisch ermittelten Eigenspannungstiefenverläufe zeigen Druckeigenspannungen unterhalb der Oberfläche, die mit ansteigender Schnittgeschwindigkeit in Richtung Zug verschoben sind. Der Haupteigenspannungszustand wird nach dem Eintrittsstoß des Fräsers im Bereich der Werkstückkante tangential zur Werkzeugbewegung ausgerichtet. Eine Erhöhung der Schnittgeschwindigkeit bewirkt, bedingt durch die Zunahme der Randschichttemperatur bei kleinem Vorschub, eine Verschiebung der Oberflächeneigenspannungen von Druckeigenspannungen zu Zugeigenspannungen. Bei dem größten Vorschub ist dagegen kein signifikanter Einfluss der Schnittgeschwindigkeit zu erkennen. Eine Zunahme des Vorschubs bewirkt tendenziell eine Verschiebung in Richtung Zugeigenspannungen. Die Spancharakterisierung ergab bei Vergrößerung des Zahnvorschubes eine Erhöhung der Grenzschnittgeschwindigkeit für die Bildung von martensitischen Gefügebereichen und das Auftreten von Oxidschichten an Spanunter- und -oberseite. Die Lokalisierung der plastischen Deformation zeigte hierzu eine gegenläufige Tendenz.

Für die Simulation des Spanbildungsprozesses mit der Methode der Finiten-Elemente wurde basierend auf der thermisch aktivierten Versetzungsbewegung eine Werkstoffroutine zum Einsatz mit ABAQUS/Explicit implementiert. Zur Untersuchung der Realisierbarkeit einer Scherspansimulation wurde ein zwei-dimensionales Zerspanmodell mit Orthogonalkinematik entwickelt. Exemplarisch konnte die Scherspansimulation durchgeführt werden. Im derzeit laufenden Anschlussprojekt soll durch geeignete Variationsrechnungen das Parameterfeld für das Auftreten der Scherlokalisierung ermittelt werden. Für die Simulation der Spanbildung beim Stirnplanfräsen wurde eine drei-dimensionale Zerspankinematik entwickelt. Der Vergleich der experimentell ermittelten und der aus der dreidimensionalen Simulation erhaltenen Schnittkräfte zeigen sehr gute Übereinstimmung bis zum Erreichen der Grenzfrequenz der Messplattform. Bei höheren Schnittgeschwindigkeiten bleiben die in der Simulation ermittelten Schnittkräfte konstant.

9.4 Literatur

[1] Biesinger, F.; Söhner, J.; Schulze, V.; Vöhringer, O.; Weule, H.: Zerspankraftmessung und Randschichtcharakterisierung beim Hochgeschwindigkeits-Stirnplanfräsen. In: Tönshoff, H.K. (Hrsg.); Hollmann, F (Hrsg.): *Spanen metallischer Werkstoffe mit hohen Geschwindigkeiten*, 2000. – Kolloquium des Schwerpunktprogramms der Deutschen Forschungsgemeinschaft am 18. 11. 1999 in Bonn, S. 129–151

[2] Damaritürk, H.S.: *Temperaturen und Wirkmechanismen beim Hochgeschwindigkeitsfräsen von Stahl*, TH Darmstadt, Diplomarbeit, Carl Hanser Verlag 1990

[3] Eigenmann, B.; Macherauch, E.: Röntgenographische Untersuchungen von Spannungszuständen in Werkstoffen. In: *Mat.-wiss. U. Werkstofftech.* Teil IV: 27 (1996), S. 491–501

[4] Al-Mousawi, M.M.; Reid, S.R.; Deans, W.F.: The use of the split Hopkinson pressure bar techniques in high strain rate materials testing. In: *Proc Instn Mech Engrs* 211 (1997), Nr.C, S. 273–292

[5] Obergfell, K.; Schulze, V.; Vöhringer, O.: Mikrostrukturelle Charakterisierung und Simulation lasergehärteter Randschichten von Stählen. In: *Kurzzeitmetallurgie*, Universität Bayreuth, Lehrstuhl für metallische Werkstoffe, 1999, S. 215–224

[6] Macherauch, E.; Vöhringer, O.: Das Verhalten metallischer Werkstoffe unter mechanischer Beanspruchung. In: *Zeitschrift für Werkstofftechnik: Information für Werkstoffanwender, Konstrukteure, Fertigungstechniker, Werkstoffprüfer* 9 (1978), S. 370–391

[7] Schulze, V.; Vöhringer, O.: Plastic Deformation: Constitutive Description. In: Busch, K.H.J. (Hrsg.); Cahn, R.W. (Hrsg.); Flemings, M.C. (Hrsg.); Ilschner, B. (Hrsg.); Kramer, E.J. (Hrsg.); Mahajan, S (Hrsg.): *Encyclopedia of Materials: Science and Technology*. Elsevier Science Ltd. Pergamon Press, 2001, S. 7050-7064

[8] Söhner, J.; Weule, H.; Biesinger, F.; Schulze, V.; Vöhringer, O.: Examinations and 3D-simualtions of HSC face milling process. In : *Fourth CIRP International Workshop, Delft, the Netherlands, August 17–18, 2001* (2001), S. 111–116

[9] Biesinger, F.; Söhner, J.; Schulze, V.; Vöhringer, O.; Weule, H.: Aspects of Materials Science and Production Engineering at High-Speed-Cutting Processes and their Finite-Elemente-Simulation. In: *3rd International German and French Conference on High Speed Machining, 27.–29. Juni 2001, Metz, Frankreich* (2001)

[10] El-Magd, E.; Korthäuer, M.: Experimentelle und numerische Untersuchung zum thermomechanischen Verhalten. In: „Hochgeschwindigkeitsspanen metallischer Werkstoffe“, Ergebnisse des SPP 1057 der DFG

[11] Sloan, S.W.: Substepping Schemes for the Numerical Integration of Elastoplastic Stress-Strain Relations. In: International Journal for Numerical Methods in Engineering 24 (1987), S. 893–911

[12] Abele, E.; Sahm, A.; Koppka, F.: Einfluss des Wärmebehandlungszustandes und der Technologieparameter auf die Spanbildung und Schnittkräfte beim Hochgeschwindigkeitsfräsen. In: „Hochgeschwindigkeitsspanen metallischer Werkstoffe“, Ergebnisse des SPP 1057 der DFG

[13] Warnecke, G.; Siems, S.; Aurich, J.C.: Mechanismen der Werkstoffbeanspruchung sowie deren Beeinflussung bei der Zerspanung mit hohen Geschwindigkeiten. In: „Hochgeschwindigkeitsspanen metallischer Werkstoffe“, Ergebnisse des SPP 1057 der DFG

[14] Biesinger, F.; Thiel, M.; Schulze, V.; Vöhringer, O.; Krempe, M.; Wendt, U.: Characterization of Surface and Subsurface Regions of HSC-milled Steel. In: Schulz, Herbert (Hrsg.): *Scientific Fundamentals of HSC*. Hanser Verlag, 2001, S. 137–149

[15] Denkena, B.; Plöger J.; Breidenstein, B.: Auswirkungen des Hochgeschwindigkeitsspanens auf die Werkstückrandzone. In: „Hochgeschwindigkeitsspanen metallischer Werkstoffe“, Ergebnisse des SPP 1057 der DFG

[16] Scholtes, B.: *Eigenspannungen in mechanisch randschichtverformten Werkstoffzuständen: Ursachen, Ermittlung und Bewertung*, Universität Karlsruhe (TH), Habilitationsschrift, 1991
[17] Bach, Fr.-W.; Schäperkötter, M.: Analyse des Werkstoffverhaltens beim Bohren mit hohen Geschwindigkeiten. In: „Hochgeschwindigkeitsspanen metallischer Werkstoffe", Ergebnisse des SPP 1057 der DFG
[18] Orlich, J.; Rose, A.; Wiest, P.: Max-Planck-Institut für Eisenforschung (Hrsg.): *Atlas zur Wärmebehandlung der Stähle.* Bd. 3, Zeit-Temperatur-Austenitisierungs-Schaubilder. Verlag Stahleisen M.B.H., Düsseldorf, 1973
[19] Tönshoff, H.K.; Ben-Amor, R.; Kaak, R.; Urban, B.: Fräsen ohne Tempolimit? In: *Werkstattstechnik – wt* 89 (1999) Nr.7/8, S. 365–368
[20] Jain, A.; Yen, E.Y.; Altan, T.: Invetigation of Effect of Tool Edge Preparation in Orthogonal Cutting Using FEM Simulation, Engineering Researc Center for Net Shape Manufacturing (ERC/NSM), The Ohio State University. 2001 (ERC Report No. HPM/ERC/NSM-01-R-12). – Forschungsbericht

10 Analyse der Wirkzusammenhänge beim Bohren mit hohen Geschwindigkeiten

K. Weinert, W. Koehler, F.-W. Bach, M. Schäperkötter

Kurzfassung

Durch die Bestimmung und Analyse der verschiedenen auf den Bohrprozess Einfluss nehmenden Größen wird das Verständnis des Spanbildungsvorgangs beim Hochgeschwindigkeitsbohren gefördert. Eine Untersuchung auf der Basis einer Kooperation von fertigungstechnologischen und werkstoffkundlichen Partnern liefert dabei unterschiedliche Ansatzpunkte sowie Vorgehensweisen, die eine Beschreibung des Prozesses aus sich ergänzenden Sichtweisen ermöglichen.

Die aufbauend auf den erworbenen Kenntnissen der Wirkzusammenhänge beim Bohren mit hohen Schnittparametern entstandenen Modelle und erarbeiteten Analyseansätze dienen sowohl dem Verständnis des Spanbildungsvorgangs als auch des Bohrprozesses insgesamt. Die entwickelten Methoden eignen sich weiterhin für eine umfassende Untersuchung der Bohrwerkzeuge und dienen als Grundlage für eine ganzheitliche Analyse des Spanvorgangs. Dargestellt sind die Erkenntnisse zu Bohrversuchen in Ck45 (1.1191), TiAl6V4 (3.7165) und AlZnMgCu1,5 (3.4365).

Die Ergebnisse der Untersuchungen des mechanischen Belastungsprofils über der Werkzeugschneide, der Bestimmung der Kontaktfläche sowie der Analysen von Bohr-Spanwurzeln und der Randzone zeigen deutliche Wechselbeziehungen untereinander, die durch Messungen der Wärmeentwicklung im Prozess bestätigt werden. Anhand dieser Erkenntnisse ist es möglich, Analysemethoden für das Werkzeug und den Prozess zur Verfügung zu stellen, mit deren Einsatz ein optimiertes Bearbeitungsergebnis erzielt werden kann.

Abstract

By determination and analysis of the variables influencing the drilling process an improved understanding of the chip formation process in high speed drilling is achieved. An analysis on the basis of the cooperation between materials science and production engineering provides different starting points and procedures enabling a description from complementary points of view.

Models and analysis methods were developed from knowledge gained about the coherent effects of the high speed drilling process. This leads to an improved understanding of chip formation as well as the drilling process in general. The developed methods are further suitable for a comprehensive investigation of the drilling tools and serve as basis for a holistic analysis of the cutting process. This paper presents the results gained from drilling experiments in carbon steel (1.1191), titanium- (3.7165) and aluminum alloy (3.4365).

The results of the investigations of the mechanical load on the cutting edge, the determination of the contact surface as well as the analyses of chip roots and the peripheral

Hochgeschwindigkeitsspanen. Hrsg. H. K. Tönshoff und F. Hollmann

ISBN: 3-527-31256-0

zone clearly exhibit interdependencies which are confirmed by measurements of the heat development during the process. Based on this knowledge it is possible to make analysis methods available for tool and process in order to achieve optimized machining conditions.

10.1 Einleitung

Die Hochgeschwindigkeitsbearbeitung hängt maßgeblich vom Werkstückwerkstoff, vom eingesetzten Schneidstoff, von der Werkzeuggeometrie und vom Bearbeitungsverfahren ab. Aufgrund der speziellen Problematik beim Bohren definiert sich die Hochgeschwindigkeits-Bohr-Bearbeitung schon ab einer Verdopplung der konventionellen Schnittgeschwindigkeit [2].

Durch die Bestimmung und Analyse der verschiedenen auf den Bohrprozess Einfluss nehmenden Größen wird das Verständnis des Spanbildungsvorgangs beim Hochgeschwindigkeitsbohren gefördert. Eine Betrachtung durch die Kooperation von fertigungstechnologischen und werkstoffkundlichen Partnern liefert dabei unterschiedliche Ansatzpunkte sowie Vorgehensweisen, die eine Beschreibung des Prozesses aus sich ergänzenden Sichtweisen ermöglichen.

10.2 Versuchsbeschreibung und -methoden

Die dargestellten Untersuchungen betrachten ausgehend von konventionellen Schnittgeschwindigkeiten eine Steigerung von v_c = 100 m/min bis auf 500 m/min. Zusätzlich wird der Vorschub erhöht, der eine wesentliche Stellgröße des Bohrprozesses darstellt. Zunächst wurde ein Basiswerkzeug eingesetzt, dessen Geometrie, Schneidstoff und Beschichtung zu Beginn der Untersuchungen ausgewählt wurde. Ausgehend von diesem Werkzeug (im Folgenden als Geometrie Typ A bezeichnet) wurden im Verlauf des Vorhabens weitere Werkzeuggeometrien eingesetzt (vgl. Tabelle 1).

Tabelle 1: Keil- und Freiwinkel der eingesetzten Bohrwerkzeuge

Werkzeug/ Radius [mm]	Keilwinkel β [Grad]			Freiwinkel α [Grad]		
	Typ A	Typ B	Typ C	Typ A	Typ B	Typ C
0.5	75.1	69.2	73.6	7.3	11	7.8
1.5	73	69.8	73.4	7.3	11	7.8
2.5	76.7	67.4	80.9	7.3	11	7.8
3.5	68.7	61.3	69	7.3	11	7.8
4.5	61.2	56.8	62.9	7.3	11	7.8
5.5	56.1	52	57	7.3	11	7.8
6.5	54.2	49.6	53.4	7.3	11	7.8

Zur Untersuchung der mechanischen Belastung kamen Zwei- und Drei-Komponentenkraftmessplattformen zum Einsatz. Des weiteren wurden im Rahmen dieses Projekts verschiedene Methoden zur Untersuchung der auf den Bohrprozess Einfluss nehmenden Größen angewendet bzw. eigens entwickelt. Diese werden in den folgenden Kapiteln beschrieben.

Als wesentliche Entwicklung ist die Methodik zur Analyse der Kontaktfläche sowie die Hochgeschwindigkeits-Bohrunterbrechungsvorrichtung, zur prozesssicheren Erzeugung von Spanwurzeln bei Schnittgeschwindigkeiten bis 600 m/min, herauszustellen. Genaue Beschreibungen zur Funktions- und Vorgehensweise sind in [13] und [3] veröffentlicht.

10.3 Ergebnisse

10.3.1 Mechanische Belastung

Messungen der mechanischen Belastung beim Vollbohren zeigen den Einfluss der Schnittgeschwindigkeit auf Bohrmoment und Vorschubkraft. Diese Versuche wurden beim Bohren von Ck45 N unter Einsatz von Emulsion und Minimalmengenschmierung (MMKS) durchgeführt, um den Einfluss des Kühlschmiermittelkonzepts (KSS-Konzept) aufzuzeigen. Der Einsatz unterschiedlicher Werkzeuggeometrien soll klären, in wie weit die Geometrie Einfluss auf die Belastung nimmt.

Bei konstanter Schnittgeschwindigkeit hat eine Erhöhung des Vorschubs immer ein größeres Bohrmoment zur Folge. Ergebnisse zur Bearbeitung von Ck45 N zeigen, dass die Werte des Bohrmoments bei konventionellem Vorschub f = 0,25 mm unabhängig von der Schnittgeschwindigkeit auf einem Niveau liegen (vgl. Bild 1, Bild 2). Erst bei erhöhten Vorschubwerten (f = 0,375 mm und 0,5 mm) ist eine eindeutige Tendenz zu geringeren Werten bei Steigerung der Schnittgeschwindigkeit zu erkennen. Untersuchungen von Klocke und Hoppe sowie Tönshoff (et.al.) zum Hochgeschwindigkeitsdrehen von Ck45

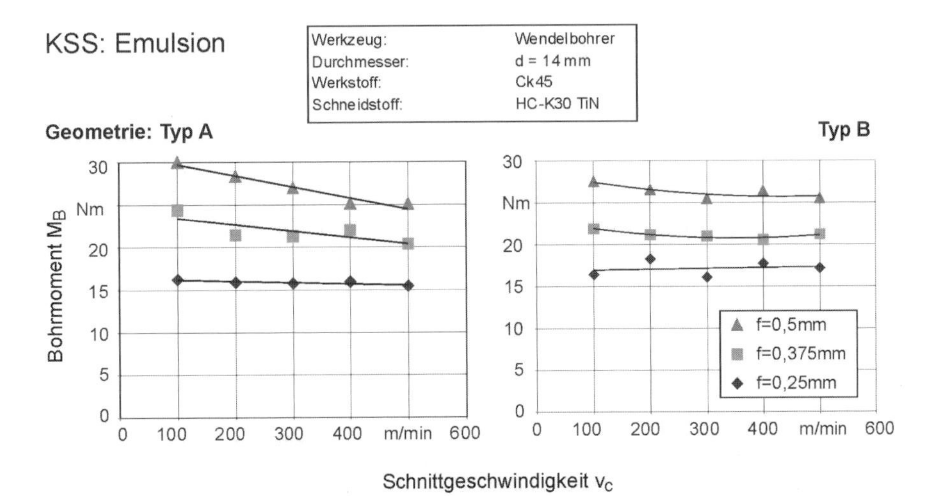

Bild 1: Verhalten des Bohrmoments unter Verwendung unterschiedlicher Werkzeuggeometrien bei Emulsionsschmierung

bestätigen, dass eine deutliche Kraftabnahme erst ab erhöhten Schnittgeschwindigkeiten einsetzt, wie sie beim Bohren prozessbedingt nicht eingesetzt werden können [7], [10]. Die verfahrensspezifischen Unterschiede des Bohrens im Vergleich zum Drehen beeinflussen zusätzlich die Ausbildung der mechanischen Belastung.

Bei Schnittgeschwindigkeiten von 100 bis 300 m/min ist das Bohrmoment unter MMKS geringer als unter Emulsionsschmierung. Es ist anzunehmen, dass bei geringerer Schmierung die Temperatur an der Schneide höher ist. Die damit einhergehende thermische Werkstoffentfestigung hat eine Verringerung des Moments zur Folge. Gleichzeitig steigt mit zunehmender Schnittgeschwindigkeit die thermische Belastung des Werkzeugs und der Spanbildungszone. Dies hat zur Folge, dass trotz höherer Schmierleistung das Moment abnimmt und sich bei sehr hohen Schnittgeschwindigkeiten den Werten, die unter Einsatz von MMKS ermittelt wurden, annähert (vgl. Bild 1 und Bild 2, Typ A). Untersuchungen der Bohrungsqualität und der Bohrungsrandzone stützen diese Annahmen (siehe Bild 5).

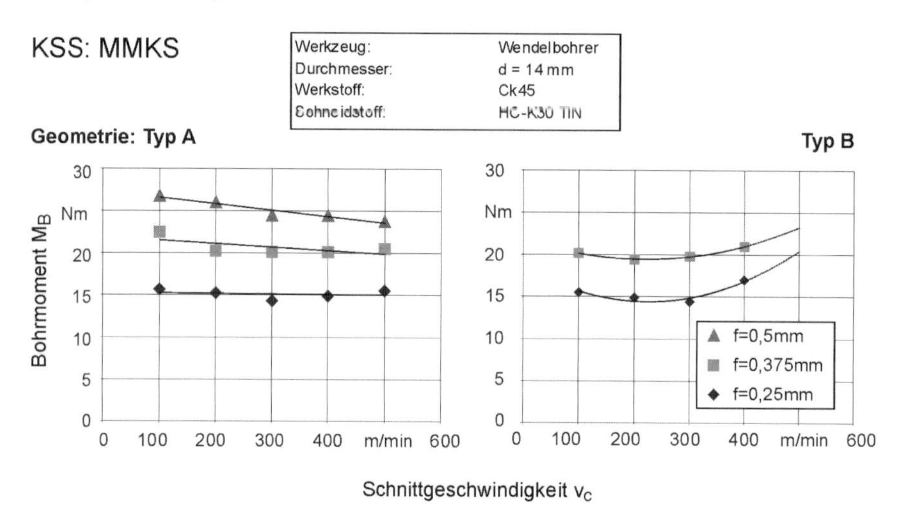

Bild 2: Verhalten des Moments bei Verwendung unterschiedlicher Werkzeuggeometrien und Minimalschmierung

Im Vergleich zur Basisgeometrie (Typ A, Bild 1, Bild 2) nimmt das Bohrmoment bei Einsatz der Geometrie Typ B tendenziell geringere Werte an. Unter Verwendung von MMKS zeigt sich jedoch eine Zunahme der Werte ab einer Schnittgeschwindigkeit von v_c = 400 m/min. Zudem konnten bei Minimalschmierung auf Grund einer unzureichenden Prozesssicherheit keine hohen Vorschubwerte (f = 0,5 mm) gefahren werden. Es zeigte sich, dass die Geometrie des Werkzeugs Einfluss auf die Entwicklung der Kräfte bei Steigerung der Schnittparameter nimmt. Dies wird besonders bei hohen Schnittwerten deutlich.

10.3.2 Einfluss erhöhter Schnittparameter auf die Bohrungswand

Der normalisierte Gefügezustand des Ck45 N ist charakterisiert durch relativ harte Bereiche aus Perlit und weiche Bereiche aus duktilem Ferrit. Der Wechsel zwischen den Gefügebestandteilen bewirkt Schwankungen in den Zerspanbedingungen, die sich in der Oberflächenqualität niederschlagen. Diese Geometrieabweichungen sind entscheidend für die gemessenen Rauheitswerte.

Eine Schnittgeschwindigkeitssteigerung bewirkt zunächst eine deutliche Verbesserung der Oberflächenqualität (Bild 3, Bild 4). Dieser Zusammenhang kann mit der durch zunehmende Reibung steigenden Temperatur erklärt werden, da bei MMKS eine bessere Oberfläche als unter Emulsion erzielt wird. Experimentell ermittelte Oberflächenrauheiten beim Stirnplanfräsen zeigen ebenfalls bei Steigerung der Schnittgeschwindigkeit bis 350 m/min abnehmende Beträge (siehe Biesinger, F. et al., Simulation des Spanbildungsprozesses beim Hochgeschwindigkeitsfräsen).

Durch eine Steigerung des Vorschubs verschlechtert sich die Qualität der Oberfläche. Dem Werkzeug steht weniger Zeit zur Verfügung, die durch den Trennprozess sowie durch Reibung entstehende Wärme an die Umgebung (Bohrungswand) abzugeben. Im Vergleich zu niedrigeren Vorschüben bohrt das Werkzeug bei gesteigerten Vorschüben in weniger stark erwärmtes Material, die Prozesskräfte steigen (vgl. Bild 1, Bild 2). Dies verursacht hohe Temperaturen an der Werkzeugschneide. Dadurch kann es zu den weiter unten beschriebenen negativen Überhitzungseffekten der Schneide kommen. Bedingt durch die wesentlich kürzere Zerspanzeit, im Vergleich zu niedrigeren Vorschüben, kommt es weiterhin zu einer schnelleren Abkühlung der Bohrungswand.

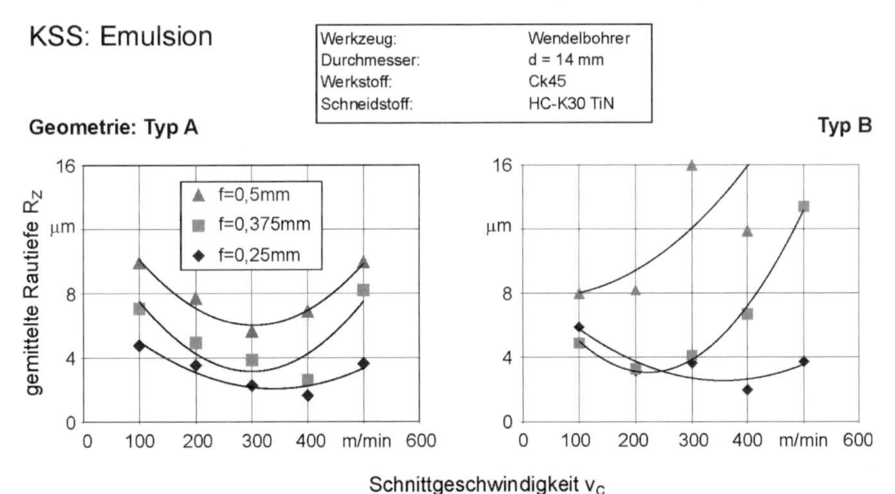

Bild 3: Einfluss der Werkzeuggeometrie auf die Oberflächenqualität beim Bohren von Ck45 N unter Erhöhung der Schnittparameter bei Emulsionsschmierung

Bei beiden Kühlschmierkonzepten kommt es nach einer weiteren Steigerung der Schnittgeschwindigkeit zu einem ausgeprägtem Minimum der gemittelten Rauhtiefe. Anschließend tritt wieder eine Verschlechterung der Oberfläche ein, da ab einer bestimmten Geschwindigkeit der Kühlschmiermittelfilm, der für die Benetzung der Schneide sorgt, abreißt. Dadurch kann es zur Überhitzung der Schneide, zu Verklebungen und zur Bildung von Aufbauschneiden kommen (siehe Bild 17, Bild 19). Diese Einflüsse wirken der positiven Entwicklung der Temperaturerhöhung im Prozess entgegen und erzeugen eine Verschlechterung der Oberflächenqualität. Bei Einsatz einer Minimalmengenschmierung (vgl. Bild 4) kommt es auf Grund der geringeren Schmiermenge zu einem frühzeitigeren Abriss des Schmierfilms im Vergleich zur Emulsionsschmierung. Dies bewirkt, dass das Minimum der ermittelten Rauhtiefe zu geringeren Schnittgeschwindigkeiten hin verschoben wird (vgl. Bild 3 mit Bild 4).

Bei geringen Schnittgeschwindigkeiten werden mit Bohrergeometrie Typ B geringere R_z Werte erzielt als mit der Geometrie Typ A. Bei Einsatz von Typ B werden jedoch bei der Kombination hoher Vorschub und gesteigerte Schnittgeschwindigkeit deutlich höhere Werte gemessen als bei Typ A, analog zum Verlauf des Bohrmoments. Im Verlauf der Schnittgeschwindigkeitssteigerung treten bei Bohrungen, die mit Bohrer Typ B erzeugt wurden, deutlich rauere Oberflächen auf. Tendenziell ist jedoch ein ähnlicher Verlauf der Rauheitskurven erkennbar: Mit Steigerung der Schnittgeschwindigkeit werden zunächst bessere Oberflächenwerte erzielt, bis es bedingt durch den Abriss des Kühlschmierstofffilms zu Aufklebungen und Anhaftungen infolge mangelnder Schmierung kommt.

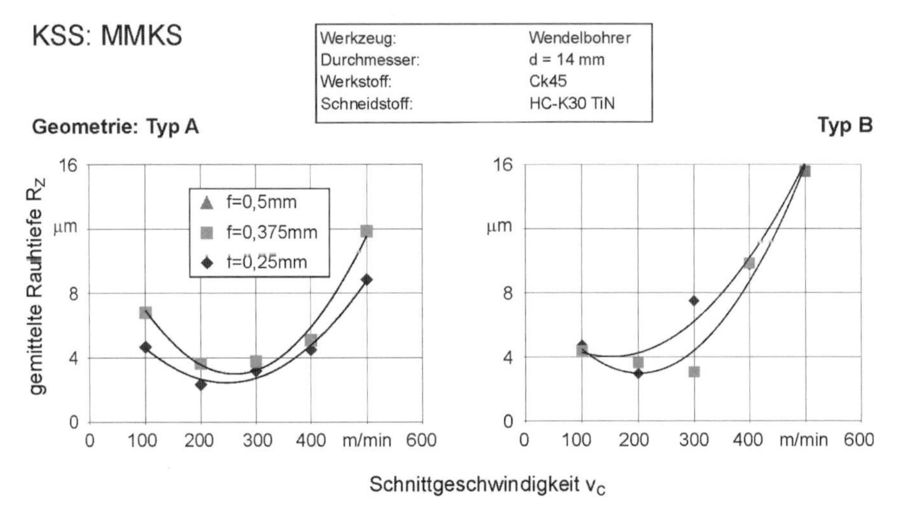

Bild 4: Einfluss der Werkzeuggeometrie auf die Oberflächenqualität beim Bohren von Ck45 N unter Erhöhung der Schnittparameter bei Minimalschmierung

Zur Bestätigung der Erkenntnisse aus der Analyse der Momente und Rauhtiefen wurden lichtmikroskopische und röntgenografische Untersuchungen an mit Emulsionsschmierung hergestellten Bohrungen in Ck45 N durchgeführt. Es treten makroskopische Anhaftungen auf, die mit zunehmender Bohrungstiefe abnehmen. Je länger die Bohrungswand dem Zerspanprozess, d. h. der Reibung durch die Nebenschneide und dem Spanabtransport, ausgesetzt ist, desto ausgeprägter bilden sich die Anhaftungen aus. Es kann daher geschlossen werden, dass die Bildung der Anhaftungen bei der Entstehung der Bohrungswand durch den Übergang von Haupt- zu Nebenschneide initiiert wird und diese Anhaftungen sich anschließend durch Reibvorgänge mit der Nebenschneide vergrößern.

Die Ausmaße der Anhaftungen nehmen mit der Steigerung von Schnittgeschwindigkeit und Vorschub zu (siehe Tabelle in Bild 5). Es handelt sich dabei in der Regel um stark verfestigte Randbereiche mit Härtewerten bis zu 610 HV0,01, jedoch nicht um Martensit. Bei hohen Schnittparameterwerten kam es jedoch zur Entstehung von Weißen Schichten, beispielhaft in Bild 5 links abgebildet. Dabei handelt es sich um Neuhärtungszonen, die durch eine Prozesstemperatur von über 800 °C mit anschließender schneller Abkühlung entstanden sind und eine Härte von bis zu 1140 HV0,01 aufweisen. Ein Abschreckvorgang in heißen Bereichen kann auftreten, da die Emulsion mit Raumtemperatur und hohem Druck (20 bar) durch die Kühlkanäle im Werkzeug in die Spanbildungszone eingebracht wird. Die Weiße Schicht besteht aus tetragonal verzerrtem Martensit. Direkt unter dieser Neuhärtungszone ordnen sich im Übergang zum verformten Grundgefüge Bereiche aus angelassenem tetragonal verzerrtem Martensit sowie aus kubischem Martensit an.

Weiterhin wurden für alle neun in Bild 5 aufgelisteten Parametersätze röntgenographische Phasenanalysen der Bohrungswände angefertigt. Als Eindringtiefe τ der Röntgenstrahlen wird die Materialdicke betrachtet, bei der die Anfangsintensität auf 1/e abgenommen hat. Die Eindringtiefe bewegt sich bei der verwendeten Cr-Strahlung und konstantem Kippwinkel (90°) zwischen $\tau = 2{,}9\ \mu m$ (bei Beugungswinkel $2 \cdot \theta = 60°$) und $\tau = 5{,}8\ \mu m$ (bei $2 \cdot \theta = 160°$). Der Gehalt an Restaustenit nimmt mit zunehmender Schnittgeschwindigkeit und größer werdendem Vorschub bis auf 7 % zu. Martensit tritt jedoch nicht so massiv auf, dass er direkt nachweisbar ist. Auch diese Ergebnisse weisen klar eine Prozesstemperatur von über 800 °C nach. Bei kleinen Vorschüben konnte von Biesinger et al. (siehe Biesinger, F. et al., Simulation des Spanbildungsprozesses beim Hochgeschwindigkeitsfräsen) auch beim Stirnplanfräsen eine Zunahme der Randschichttemperatur bei Erhöhung der Schnittgeschwindigkeit nachgewiesen werden.

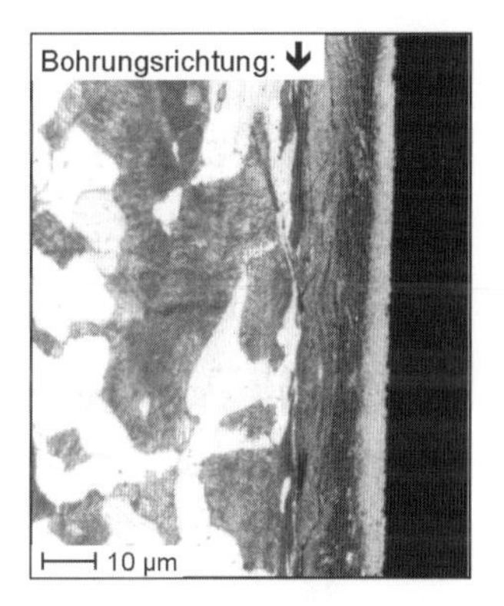

Werkstückoberfläche mit weißer Schicht (Martensit ca. 1140 HV0,01) und bis zu 7% Austenit ⇒ T > 800 °C

	Schnittparameter		Auftreten von		
	Schnittgeschwindigkeit v_c [m/min]	Vorschub f [mm]	Anhaftungen	weißen Schichten	Restaustenit [%]
1)	100	0,25	-	-	-
2)	100	0,375	-	-	-
3)	100	0,5	✓	-	-
4)	300	0,25	-	-	-
5)	300	0,375	✓	-	3,8
6)	300	0,5	✓	-	4,2
7)	500	0,25	✓	✓	5,2
8)	500	0,375	✓	-	6,8
9)	500	0,5	✓	✓	7,0

Bild 5: Qualität der Bohrungswand beim Bohren von Ck45 N

Es konnte gezeigt werden, dass höhere Schnittgeschwindigkeiten Einfluss auf die mechanische Belastung und die erzeugte Oberflächenqualität nehmen. Werkzeuggeometrie und KSS-Konzept verschieben den Verlauf von Bohrmoment und gemittelter Rauhtiefe in Abhängigkeit der Schnittgeschwindigkeit zu geringeren bzw. höheren Werten. Der Einfluss der Geometrie auf den Bohrprozess ist besonders bei hohen Schnittparametern erkennbar. Um den Einfluss der Werkzeuggeometrie auf die mechanische Belastung genauer analysieren zu können, wurde die Verteilung der Zerspankraftkomponenten über die Schneiden des Bohrwerkzeugs ermittelt.

10.3.3 Verteilung der Zerspankraftkomponenten

Beim Bohren wird durch Schnitt- und Passivkraft das Bohrmoment eingeleitet. Beide Kraftkomponenten heben sich bei symmetrisch angeordneten Schneiden auf, da sie im Prozess gleichmäßig an beiden Schneiden auftreten. Um Schnitt- und Passivkraft trotzdem bestimmen zu können, wurde am Institut für Spanende Fertigung (ISF) eine spezielle Versuchssystematik entwickelt, die nur eine Schneide belastet, gleichzeitig jedoch den Vollbohrprozess realitätsnah nachbildet (vgl. Bild 6) [15]. Die Kräfte können so durch eine drei Komponenten Kraftmessplattform aufgenommen werden. Quer- und Hauptschneide des Bohrers werden in Abschnitte, sog. Zerspanungsquerschnitte, unterteilt, die getrennt voneinander untersucht werden können. Dadurch ist es möglich, ein mechanisches Belastungsprofil der Schneide zu erstellen. Vergleichsuntersuchungen, bei denen Moment und Vorschubkraft beider Schneiden in unterschiedlich breiten Zerspanungsquerschnitten bis hin zum Vollbohren aufgenommen wurden, zeigen, dass die Summe der Kräfte das reale Vollbohren abbildet und dass das Bohrmoment aus den einzelnen Kräften gebildet werden kann [2], [14]. Diese Vergleichsuntersuchungen zur Validierung der Vorgehensweise wurden mit den Werkstoffen Ck45 N, AlZnMgCu1,5 und TiAl6V4 durchgeführt.

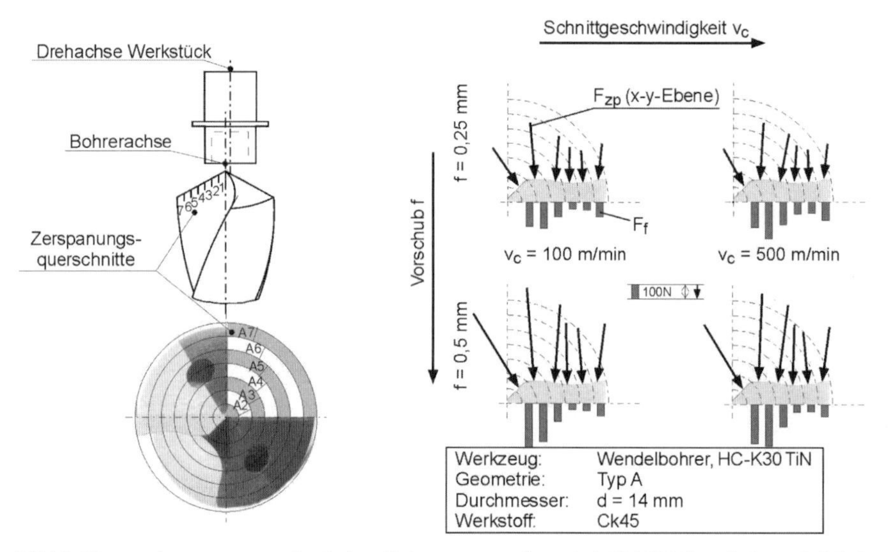

Bild 6: Untersuchungen zur mechanischen Belastungsverteilung bei Ck45 N Vorschub- und Schnittgeschwindigkeitssteigerung

Die Zerspankraftkomponenten Schnitt- (F_c) und Passivkraft (F_p) sind als Vektoren $F_{zp(x\text{-}y\text{-}Ebene)}$ auf dem jeweiligen Zerspanungsquerschnitt angetragen. Der Betrag der Vorschubkraft F_f ist in Form eines Balkens ebenfalls dargestellt (vgl. Bild 6). Erkennbar ist die deutliche Belastungssteigerung bei Anhebung des Vorschubs. Die Orientierung der Vektoren ändert sich bei Erhöhung der Schnittparameter nur geringfügig. Mit diesem Verfahren können Maxima und Minima der mechanischen Belastung auf der Werkzeugschneide aufgezeigt werden.

Bedingt durch die Geometrie der Werkstückproben für den inneren Zerspanungsquerschnitt (A1) ist es nicht möglich, Versuche für diesen Bereich prozesssicher durchzuführen, da es zu starkem Ausbördeln und Quetschen, bis hin zur Deformierung der Proben kommt [15]. Bei Versuchen in TiAl6V4 wurde für diesen Bereich eine angepasste Probengeometrie verwendet. Die entsprechenden Kräfte sind in Bild 7 grau hinterlegt dargestellt. Sie bestätigen die Annahme aus den Vergleichsuntersuchungen mit Ck45 N, dass es bei der verwendeten Geometrie auf der Querschneide zu hohen mechanischen Belastungen kommt (siehe auch Bild 16). Die Darstellung in Bild 17 zeigt außerdem die generellen Möglichkeiten der Untersuchungsmethodik auf. Kraft und Moment beim Bohren lassen sich als Verlauf der Zerspankraftkomponenten über der Schneide darstellen. Des weiteren ist es möglich, die gemessenen Kräfte auf die betreffenden Wirkstellen zu projizieren, um beispielsweise Normal- und Tangentialkräfte auf den einzelnen Schneidkeilen darzustellen.

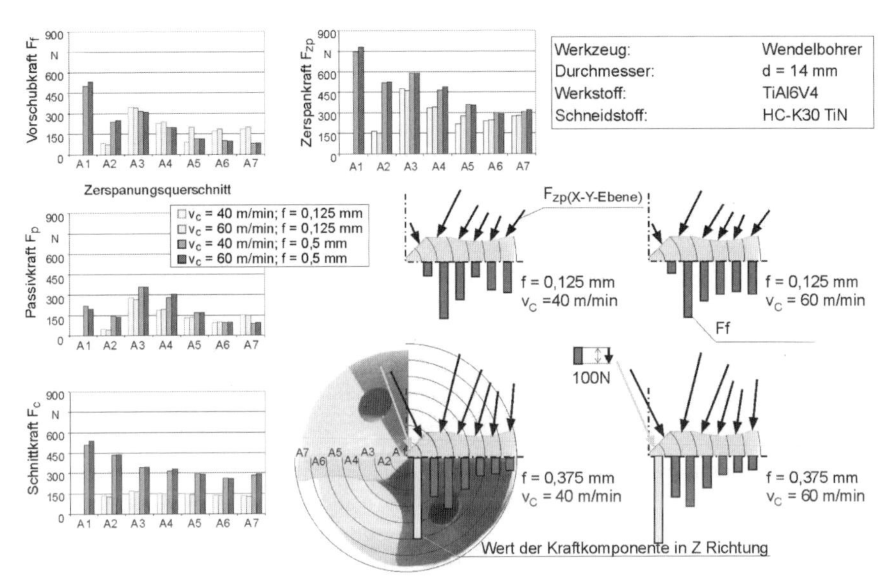

Bild 7: Darstellung und Vergleich von Zerspankraftkomponenten beim Bohren von TiAl6V4 bei Steigerung der Schnittparameter

Insgesamt zeigt sich beim Zerspanen von TiAl6V4, dass im Vergleich zu Ck45 N und auch zu AlZnMgCu1,5 die Passivkraft im Verhältnis zur Schnittkraft deutlich höhere Werte annimmt und sie dadurch die Orientierung der Vektoren auf der Bohrerschneide beeinflusst. Um den Einfluss der Schneidengeometrie auf Orientierung und Verteilung der Zerspankraftvektoren bzw. auf die mechanische Belastung zu untersuchen, wurden die Versuche in Ck45 N erweitert. In Bild 8 sind drei verschiedene Bohrergeometrien abgebildet, wobei Typ A die Basisgeometrie darstellt. Im Gegensatz zur Basisgeometrie Typ A wird durch Einsatz von Geometrie Typ B eine gleichmäßigere Verteilung der Zerspankraftkomponenten erzeugt. Der Verlauf von Schnitt- und Passivkraft ($F_{zersp(X\text{-}Y\text{-}Ebene)}$) bei Typ C zeigt, dass durch die Geometrie die Orientierung der Kräfte beeinflusst werden kann. Die Vorschubkraft zeigt bei Typ C allerdings einen ähnlichen Verhalten wie bei Typ A.

Zusammenfassend lässt sich festhalten, dass die Orientierung der Zerspankraftvektoren sowie die Verteilung der mechanischen Belastung über der Quer- und der Hauptschneide des Bohrers vom zu zerspanenden Werkstoff und der Schneidengeometrie abhängen. Die Vorschubkraft bewirkt bei Steigerung eine Erhöhung aller Komponenten, wohingegen die Schnittgeschwindigkeit eine leichte Verringerung der Kräfte erzeugt. Sie nimmt jedoch keinen Einfluss auf Orientierung und Verteilung der Belastung.

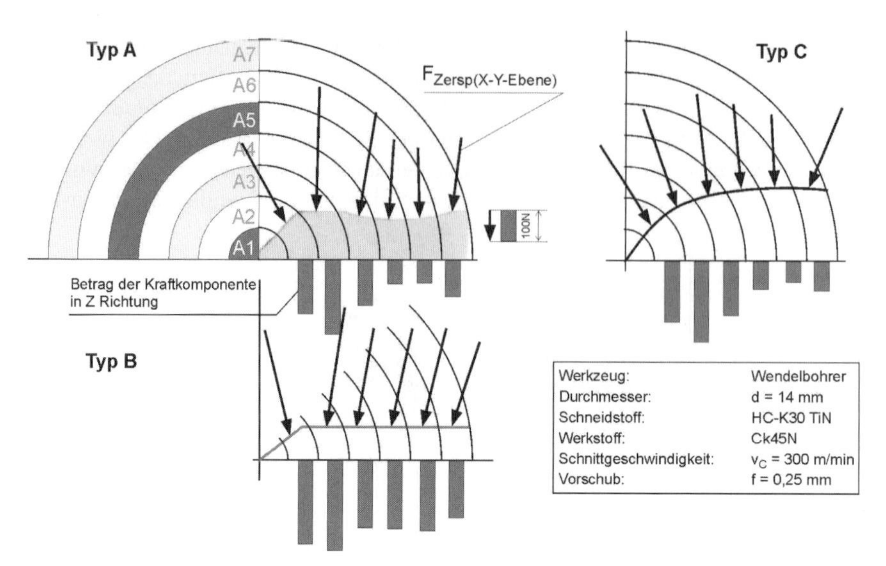

Bild 8: Verlauf des Zerspankraftvektors beim Einsatz unterschiedlicher Werkzeuggeometrien

10.3.4 Kontaktflächenanalyse (Ck45 N, TiAl6V4)

Im Rahmen der Untersuchungen wurde der Kontakt zwischen Span und Werkzeug auf der Spanfläche beim Bohren von Ck45 N und TiAl6V4 betrachtet. Zur Analyse der Kontaktfläche ist im Hochvakuum eine zusätzliche Beschichtung auf das herstellerseitig TiN-beschichtete Werkzeug aufgebracht worden. Diese soll die Kontaktfläche, d. h. den Abrieb des Spans auf der Spanfläche, sichtbar machen und Aufschlüsse über besonders stark beeinflusste bzw. belastete Bereiche der Schneide geben.

An das zusätzlich aufgebrachte Schichtsystem wurden folgende Anforderungen gestellt. Sie soll den Kontakt zwischen ablaufendem Span und Werkzeug sichtbar machen, jedoch die Geometrie der Schneide nicht verändern. Die Haftfestigkeit der zusätzlichen Schicht muss ausreichend hoch sein. Auf der anderen Seite soll die Schicht durch den Spanvorgang abgerieben werden können, damit die Kontaktfläche sichtbar wird.

Mit einer amorphen Cr_xN-Schicht wurden diese Anforderungen für die zu zerspanenden Werkstoffe Ck45 N und TiAl6V4 realisiert. Die Aufbringung der Beschichtung erfolgte als zweilagiges Schichtsystem mittels PVD auf die vorhandene TiN-Beschichtung des Bohrers. Die Schicht selbst besteht aus einer im Hochvakuum aufgebrachten Cr-Zwischenschicht und einer in reaktiver Stickstoffatmosphäre applizierten Cr_xN-Schicht. Die gesamte Schichtdicke beträgt ca. 5 µm (vgl. Bild 9).

Die Bilder zur Anlayse der Kontaktfläche wurden mit einem Rasterelektronenmikroskops und einer anschließenden EDX-Analyse aufgenommen, um Aufschluss über die Kontaktflächen und die ursächlichen Belastungen einzelner Bereiche zu erhalten. Zur Vereinfachung der Analyse werden die Ergebnisse farblich kodiert dargestellt (Mapping). Der zur Darstellung der Kontaktzone Span-Werkzeug zusätzlich aufgebrachten Chrom-Beschichtung wird dabei die Farbe Blau zugeordnet. Die Werkzeugbeschichtung des Bohrers (TiN) wird durch die Detektion von Titan (Mapping Grün) hervorgehoben. Rot erscheint das Wolfram des Hartmetalls (Wolfram-Carbid) des Bohrers. Bei Untersuchun-

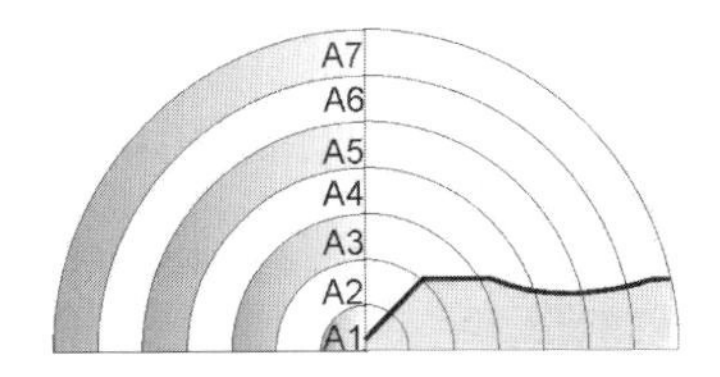

Anforderungen an die Beschichtung

- aufgebrachte Beschichtung darf Geometrie des Werkzeugs nicht verändern
- Haftfestigkeit muss ausreichend hoch sein, jedoch soll die Beschichtung durch den Bohrprozess abgerieben werden können

Realisierte Beschichtung

- amorphe Cr_xN-Schicht
- aufgebracht mittels PVD-Verfahren
- bestehend aus 2 Schichten:
  1. eine im Hochvakuum aufgebrachte Cr-Zwischenschicht
  2. in einer reaktiven Stickstoffatmosphäre aufgebrachte Cr_xN-Schicht
- gesamte Schichtdicke ca. 5μm

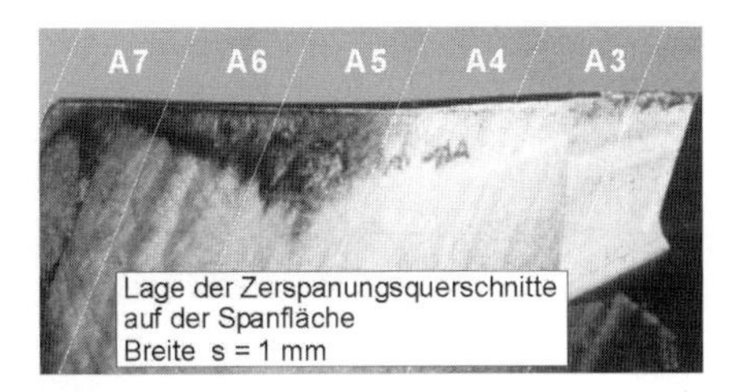

Bild 9: Kontaktflächenbestimmung am Bohrwerkzeug

gen mit dem Werkstückmaterial TiAl6V4 erscheint zerspantes Material ebenfalls grün. Deutlich zu erkennen sind die Unterschiede zwischen abgetragenem und aufgeschweißtem oder anhaftendem Material.

Die folgenden REM-Aufnahmen konzentrieren sich auf die Spanfläche des Bohrers. Untersucht wurde der Einfluss der Schnittgeschwindigkeit und des Vorschubs auf die Kontaktfläche.

10.3.4.1 Ausbildung der Kontaktfläche bei Ck45 N

Die Ergebnisse der Bohrungsbearbeitung von Ck45 N zeigen zunächst eine Zone hoher Belastung an der Schneidkante sowie eine darauf folgende Zone geringerer Belastung, der sich wiederum eine weitere große Zone hoher Belastung anschließt. Die hohen Belastungen bewirken, dass an der Schneidkante die komplette Beschichtung abgerieben und Ausbrüche bis auf das Grundsubstrat des Werkzeugs (Wolfram-Carbid) festgestellt wurden (vgl. Bild 10).

In Bild 11 ist die Änderung der Kontaktfläche auf der Spanfläche bei Steigerung der Schnittparameter dargestellt. Deutlich zu erkennen ist die Vergrößerung der Kontaktfläche mit steigendem Vorschub. Schnittgeschwindigkeitssteigerungen bewirken hingegen eine leichte Abnahme der Fläche.

Mittels der in Bild 9 (unten rechts) dargestellten Einteilung ist es möglich, die aus den Zerspankraftvektoren ermittelten Normal- und Tangentialkräfte auf die jeweiligen Flächen zu beziehen. Betrachtet wurden Kontaktflächen-Abschnitte auf der Hauptschneide. Die Größe der erkennbaren Kontaktflächen ist nicht konstant über die Schneide verteilt. In der Mitte der Hauptschneide ist ein Maximum zu erkennen, wohingegen die Kontaktfläche zur Schneidenecke (A7) und zur Querschneide (A3 – A1) hin deutlich abnimmt. Die Zerspankraftkomponenten verteilen sich an diesen Stellen auf deutlich kleinere Flächen als im Mittelbereich der Hauptschneide. Dies führt zu höheren Spannungen in diesen Bereichen.

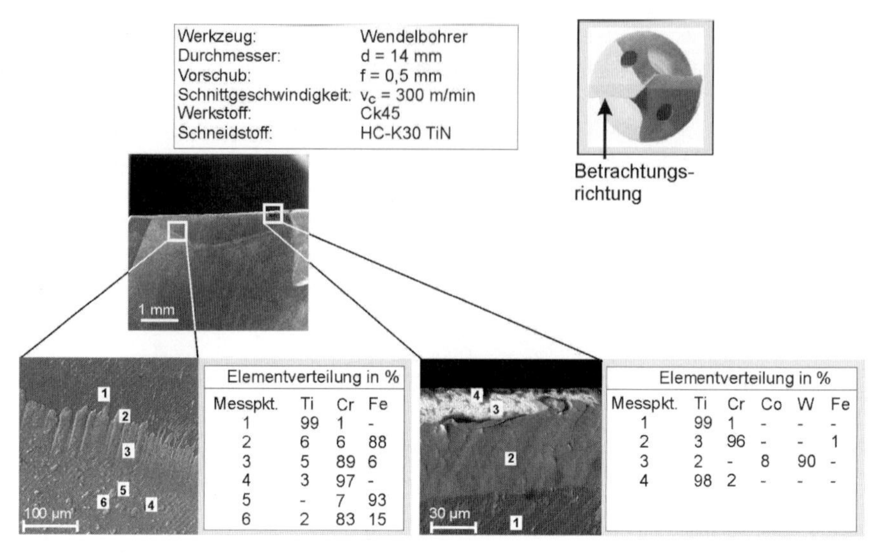

Elementverteilung in %			
Messpkt.	Ti	Cr	Fe
1	99	1	-
2	6	6	88
3	5	89	6
4	3	97	-
5	-	7	93
6	2	83	15

Elementverteilung in %					
Messpkt.	Ti	Cr	Co	W	Fe
1	99	1	-	-	-
2	3	96	-	-	1
3	2	-	8	90	-
4	98	2	-	-	-

Bild 10: Elementverteilung auf der Hauptschneide (REM und EDX)

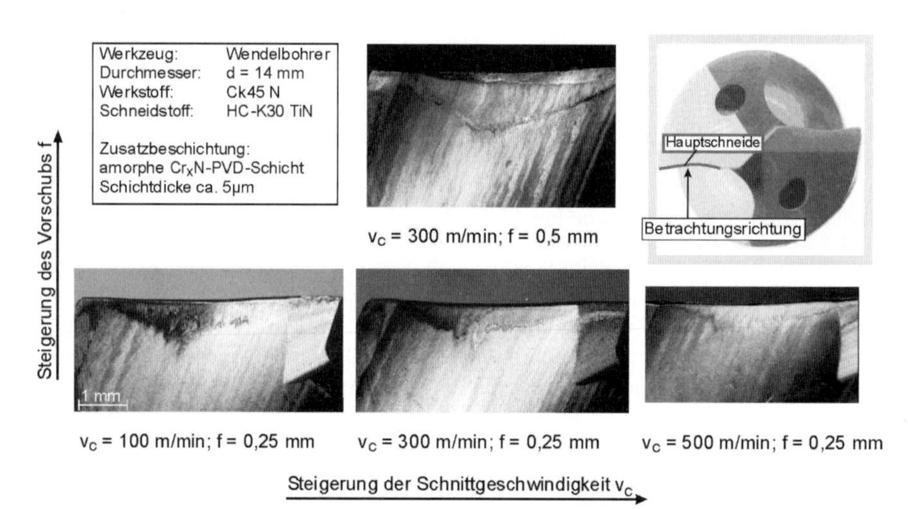

Bild 11: Änderung der Kontaktfläche auf der Spanfläche in Abhängigkeit der Schnittparameter

10.3.4.2 Ausbildung der Kontaktfläche bei TiAl6V4

Untersucht wurde die Kontaktfläche bei Steigerung von Vorschub und Schnittgeschwindigkeit. Die Wahl der Parameter orientiert sich an den Experimenten zur mechanischen Belastung. EDX-Mapping-Aufnahmen einer Zerspanung mit $v_c = 20$ m/min (f = 0,125 mm, Bild 12) stellen deutlich den Verlauf der Schneidkantenfase dar. Es findet dort ein Wechsel von blauer nach grüner Färbung statt. Dies bedeutet, dass der Abrieb der zusätzlich aufgebrachten Chromschicht stärker hinter der Fase vollzogen wird. Trotzdem sind Abtragungen auf der Fase zu erkennen, die teilweise das Grundsubstrat des Bohrers (Wolfram-Carbid) erkennen lassen. Hinter der Fase ist ein breiter Abrieb der

Chrom-Zusatzbeschichtung zu erkennen. Vereinzelt zeigen sich kleinere Ausbrüche (Wolfram). Der Abrieb auf der Fase erscheint dennoch „tiefer“, der Abrieb hinter der Fase jedoch breiter bzw. großflächiger.

EDX-Analysen bei einer Zerspanung mit $v_c = 40$ m/min detektieren Titan auf der gesamten Schneidkante. Weitere Analysen bestätigen, dass auf dem Bereich der Schneidkantenfase Material der zerspanten Titanlegierung anhaftet. Dies stützt die Annahme, dass diese Fase bei der Zerspanung die Bildung einer Aufbauschneide begünstigt (siehe Bild 17, Bild 19). Beim Abriss des angelagerten bzw. anhaftenden Materials kann es zu Beschädigungen der Beschichtung kommen. Der Abrieb hinter der Fase ähnelt dem Abrieb auf der Spanfläche bei $v_c = 20$ m/min. Mappingbilder zu $v_c = 60$ m/min weisen einen deutlich kleineren Bereich geringerer Belastung auf, der sich bei $v_c = 20$ m/min noch über die gesamte Länge der Schneidkantenfase abbildet.

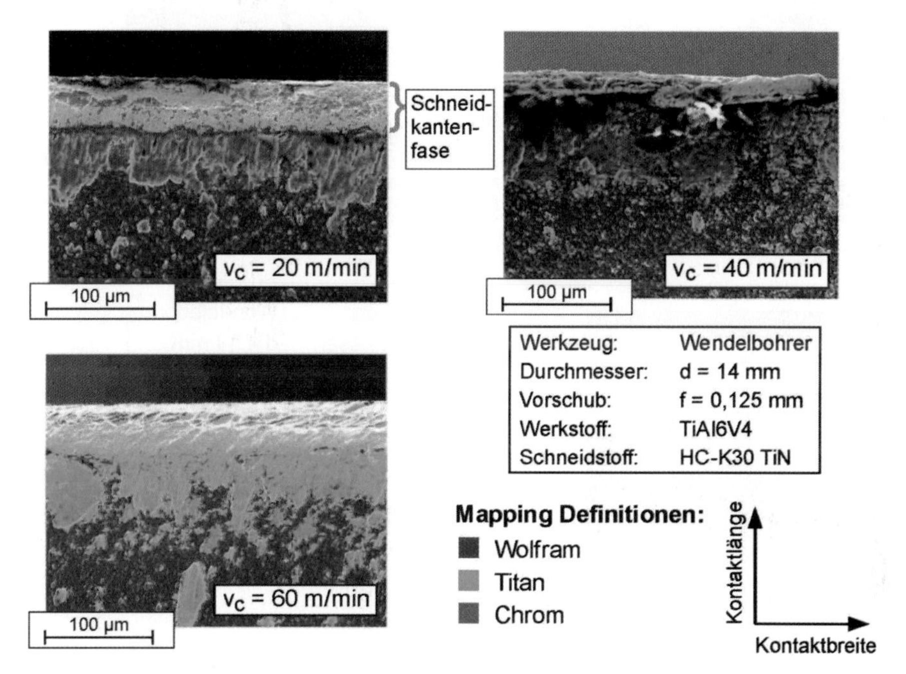

Bild 12: Kontaktflächenanalyse – Schnittgeschwindigkeitssteigerung EDX Analyse – Mapping

Bei $v_c = 60$ m/min sind keine bis auf das Grundsubstrat abgeriebenen Stellen im Bereich hinter der Fase zu detektieren. Um diese Zonen hoher Belastung genauer herauszustellen, wurden Darstellungen gewählt, die nur das detektierte Wolfram zeigen. Bei $v_c = 20$ m/min sind an der Schneidkante und auf der Fase breite Bereiche zu erkennen, an denen das Hartmetall sichtbar wird. Wird bei $v_c = 60$ m/min nur das Wolfram eingeblendet, so wird eine klar erkennbare dünne Wolframlinie entlang der Schneidkante sichtbar. Im Unterschied zur geringeren Schnittgeschwindigkeit ($v_c = 20$ m/min) ist kein Wolfram auf der Fase oder hinter der Fase zu erkennen, des weiteren sind die Wolframbereiche bei $v_c = 20$ m/min deutlich breiter.

Insgesamt erfährt bei allen Schnittgeschwindigkeiten der Bereich hinter der Fase einen großflächigeren Abrieb als der auf der Fase. Bei $v_c = 20$ m/min ist dieser Unterschied sehr deutlich ausgeprägt, die Fase wird bei der geringsten Schnittgeschwindigkeit nur punktuell belastet. Mit Steigerung der Schnittgeschwindigkeit verkleinert sich gleichzeitig die Zone geringer Belastung.

Der Einfluss des Vorschubs auf die Ausbildung der Kontaktzone beim Zerspanen von TiAl6V4 wurde durch Steigerung des Vorschubs von f = 0,125 mm auf f = 0,25 mm und 0,375 mm bei v_c = 20 m/min = const. betrachtet (vgl. Bild 13). Zu erkennen ist die deutliche Auswirkung hinsichtlich der Kontaktlänge bei gesteigerten Parametern, welche sich um ein Vielfaches der Länge beim geringsten Vorschub steigert.

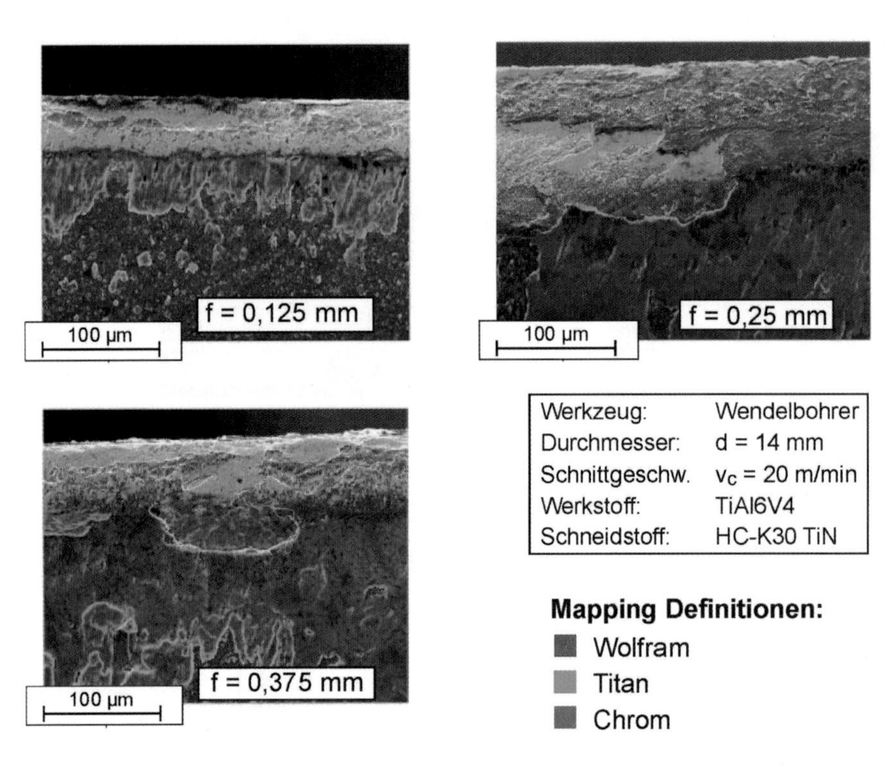

Bild 13: Kontaktflächenanalyse – Vorschubssteigerung EDX Analyse – Mapping

Im Vergleich zu den Kontaktflächen bei f = 0,125 mm wird deutlich, dass auch bei einer Steigerung des Vorschubs hinter der Schneidkante eine Zone geringerer Belastung gebildet wird und hinter dieser Zone ein deutlicher Abrieb entsteht. Die Kontaktfläche bei einem Vorschub von f = 0,25 mm (vgl. Bild 13) zeigt einen Ausbruch bis auf das Grundgefüge Wolfram-Carbid (roter Bereich). Betrachtungen der gesamten Schneidkante ergeben, dass sich dieser tiefe Ausbruch nur auf einzelne Bereiche beschränkt und nicht durchgängig über die gesamte Hauptschneide auftritt. Die Ausbrüche verlaufen in einem Abstand von ca. 50 µm hinter der Schneidkante (Länge der Ausbrüche ca. 50 µm) und liegen auf der Kante der Führungsfase. Dieser tiefe Abrieb kann durch starken Druck sowie durch Aufklebung des Materials verursacht werden. Das angelagerte Material reißt im Anschluss ab. Beschichtung und Grundgefüge werden dadurch abgetragen.

Im Unterschied zu den Kontaktflächen bei Vorschüben von f = 0,125 mm sind bei den gesteigerten Vorschüben die Abreibungen hinter der Zone geringer Belastung deutlich tiefer und zeigen an mehren Stellen das Grundgefüge des Bohrers. Zudem wächst mit Steigerung des Vorschubs in der gering belasteten Zone die Anzahl von vereinzelten Abreibungen der Chromschicht an. Beide Ausprägungen scheinen auch beim Zerspanen der Titanlegierung von der Führungsfase bestimmt zu werden.

Die maximale Kontaktflächenlänge tritt beim höchsten Vorschub auf und beträgt ca. 300 μm. Sie ist damit dreimal länger als beim geringsten Vorschub. Maximale Belastungen treten bei gesteigerten Vorschüben direkt an der Schneidkante und nach einer Zone minimalem Abriebs hinter der Schneidkante auf.

Die Analysen zur Kontaktzone zwischen Werkzeug und Span deuten auf eine Stauzone vor der Schneide hin, die einen begrenzten Bereich hinter der Schneidkante entlastet und dort zu einem geringeren Abrieb der Spanfläche führt. Die Schneidkantenfase des Werkzeugs ist deutlich auf den REM-Bildern zu erkennen. Durch diese Fase kann die Bildung von Aufbauschneiden begünstigt werden, es kommt zu geringeren Abreibungen im Bereich der Fase. Hohe Abriebe direkt an der Schneidkante treten jedoch trotzdem auf. Zudem scheinen die vermehrt bei gesteigerten Vorschüben auftretenden Abplatzungen der Beschichtungen auf abgerissene Aufbauschneiden hinzudeuten. An Schliffen von Spanwurzeln aus AlZnMgCu1,5 [3] und Ck45 N (siehe Bild 17) konnte ein unterschiedlicher Werkstofffluss in der Kontaktzone gefunden werden, der die Ausbildung einer derartigen Zone geringeren Abriebs erklären könnte.

Im Vergleich zu Ck45 N zeigen die analysierten Kontaktflächen beim Bohren von TiAl6V4 eine ähnliche Ausprägung. In der Nähe der Schneidkante sind die Kontaktzonen mit tieferen Abreibungen verbunden (Wolfram-Zonen). Dahinter sind Zonen geringeren Abriebs sichtbar, die hinter der Schneidkanten-Fase zu Bereichen großflächigen Abriebs der Chrom-Zusatzbeschichtung werden (vgl. Bild 10 mit Bild 12 und Bild 13). Deutlich ist hingegen der Unterschied in der Länge der Kontaktflächen auf der Hauptschneide zu erkennen, der ausgehend von der Schneidkante gemessen wird. Des weiteren bildet sich bei der Zerspanung von TiAl6V4 kein Maximum des Abriebs auf der Mitte der Hauptschneide aus wie bei Ck45 N.

Beim Bohren von Ck45 N erstreckt sich die Kontaktfläche bis über 1 mm hinter der Schneidkante (nach Verdopplung des Vorschubs auf ca. 1,5 mm). Die analysierten Kontaktflächen bei der Zerspanung von TiAl6V4 besitzen hingegen maximal 0,3 mm Länge (beim maximalen Vorschub f = 0,375 mm) ebenfalls ausgehend von der Schneidkante gemessen. Das bedeutet, dass sich die mechanische Belastung auf viel geringere Bereiche erstreckt und somit die Prozesskräfte auf kleinere Flächen angreifen, wodurch der Druck auf das Werkzeug während der Bearbeitung erhöht wird. Ausbrüche und geringere Standzeiten sind die Folge. Mit Zunahme der Schnittgeschwindigkeit „verdichtet" sich die Kontaktfläche und die entlastete Zone hinter der Schneidkante wird verringert. Allerdings ändert sich die Kontaktlänge bei höheren Schnittgeschwindigkeiten nur marginal.

10.3.5 Spanbildung

Zur Analyse und Beschreibung des Bohrprozesses ist die Kenntnis der ursächlichen Vorgänge bei der Spanbildung von entscheidender Bedeutung [12]. Insbesondere Veränderungen, wie sie sich beim Einsatz einer Hochgeschwindigkeitsbearbeitung ergeben, sind von besonderem Interesse. Eine wesentliche Methodik zur Analyse der Spanbildungsvorgänge sind Spanwurzeluntersuchungen. Spanwurzeln verbinden die Werkstückrandzone mit dem Span und stellen die Spanabhebung im „eingefrorenen“ Zustand dar.

Die besondere Problematik der Untersuchung und Beschreibung der Spanbildung beim Bohren ergibt sich durch den fehlenden Einblick auf die Spanzone. Im Gegensatz zum Drehen oder Fräsen ist beim Bohren eine direkte Beobachtung des Spanbildungsprozesses nicht möglich, weil die Wirkstelle von außen nicht zugänglich ist. Daher ist der Einsatz einer speziell auf den Bohrprozess abgestimmten Unterbrechungsvorrichtung notwendig. Mit der im Rahmen dieses Projekts konstruierten und in Betrieb genommenen Hochgeschwindigkeits-Bohrunterbrechungs-Vorrichtung (H-BUV) ist erstmalig eine prozesssichere und reproduzierbare Erzeugung von Spanwurzeln aus dem realen Bohrprozess möglich. Eine detaillierte Beschreibung dieser Vorrichtung wurde in [13] veröffentlicht.

Die bekannten Schnittunterbrechungsmethoden unterteilen sich in Verfahren, bei denen entweder das Werkstück oder das Werkzeug bzw. entsprechende Segmente davon, schlagartig beschleunigt werden und somit der Kontakt zwischen Werkstück und Werkzeug aufgehoben wird. Hierbei gilt für alle Schnittunterbrechungen, dass in einem minimalen Zeitintervall eine maximale Beschleunigung aufzubringen ist [11], [9].

Ein Wegschwenken des Werkzeugs von der Probe in Umfangsrichtung, wie es beim Drehen zur Erzeugung von Spanwurzeln angewendet wird, kann beim Bohren nicht zum Einsatz kommen. Stattdessen ist eine Beschleunigung der Probe auf einer spiralförmigen Bahn nötig, um die entstandenen Spanwurzeln nicht zu beschädigen und einen prozesssicheren Auslösevorgang zu gewährleisten. Für höhere Geschwindigkeiten, wie sie insbesondere bei der HSC-Bearbeitung auftreten, gab es bislang keine Möglichkeit, den Bohrprozess so zu unterbrechen, dass eine unbeschädigte Spanwurzel entsteht. Das Prinzip zum Führen der Probe in der H-BUV ist in Bild 14 dargestellt [13], [5].

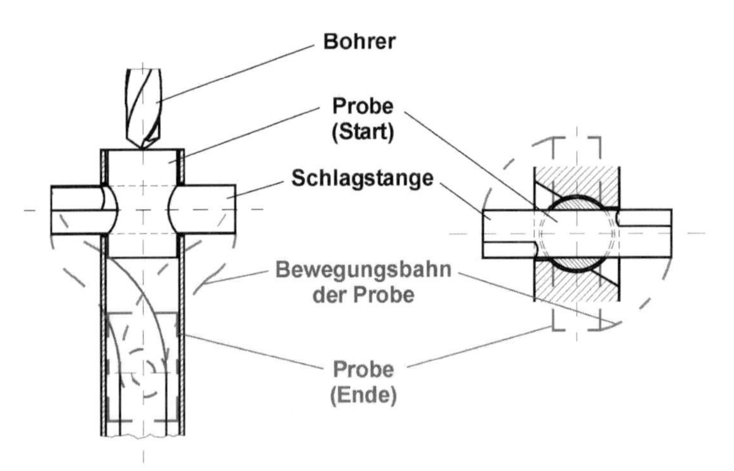

Bild 14: Funktionsprinzip zum Führen der Probe in der H-BUV auf einer spiralförmigen Bahn

Eine Vorrichtung zur Spanunterbrechung beim Hochgeschwindigkeitsbohren muss auch bei hohen Drehzahlen zuverlässig funktionieren und einen gefahrlosen Betrieb gewährleisten. Einfache Handhabung und eine universelle Einsetzbarkeit hinsichtlich des verwendeten Bearbeitungszentrums sowie des Werkzeug sind ebenfalls wünschenswert. Zur Erzeugung von Spanwurzeln muss eine schlagartige und prozesssichere Unterbrechung des Bohrvorgangs erfolgen, die zerstörungsfrei weder Werkstück noch Bohrer beeinflusst. Bei der H-BUV erfolgt hierzu eine rotatorisch und translatorisch geführte Bewegung der Probe mit ausreichend hoher Geschwindigkeit, um die Spanwurzel sicher und ohne weitere Beeinflussung aus der Spanzone herauszuführen. Die H-BUV ermöglicht eine Unterbrechung des Bohrvorgangs bis zu einer Schnittgeschwindigkeit von v_c = 700 m/min mit den im Rahmen dieses Projekts eingesetzten Werkzeugen.

Bild 15 zeigt die entwickelte Systematik zur Präparation der erzeugten Spanwurzeln. Diese Vorgehensweise ermöglicht die definierte Herstellung von Gefügeschliffen senkrecht zur Quer- und zur Hauptschneide. Rechts unten im Bild 15 sind dabei die 12 an der Hauptschneide (alle 500 µm) und die 11 an der Querschneide (alle 200 µm) realisierten Schliffebenen dargestellt. Eine genaue Beschreibung der Probenpräparation befindet sich in [3].

An derart erzeugten Spanwurzeln aus AlZnMgCu 1,5 lassen sich Quetschzonen lokalisieren. Im Eingriffsbereich der Querschneide in der Mitte der Bohrung bildet sich eine deutliche Stauzone im Material. Der große Anteil an Quetschvorgängen im Mittelbereich der Querschneide liegt in der geringen Relativbewegung zwischen Werkzeug und Werkstück und darin, dass diese Schneide bei der Zerspanung von AlZnMgCu1,5 ca. 70 % der Vorschubkraft trägt, begründet. Die Schnittgeschwindigkeit hat deutlichen Einfluss auf die Ausprägung dieser Stauzone. Dies konnte für das Fertigungsverfahren Außenlängsdrehen auch im Beitrag von B. Denkena, J. Plöger, B. Breidenstein, Auswirkung des Hochgeschwindigkeitsspanens auf die Werkstückrandzone aufgezeigt werden.

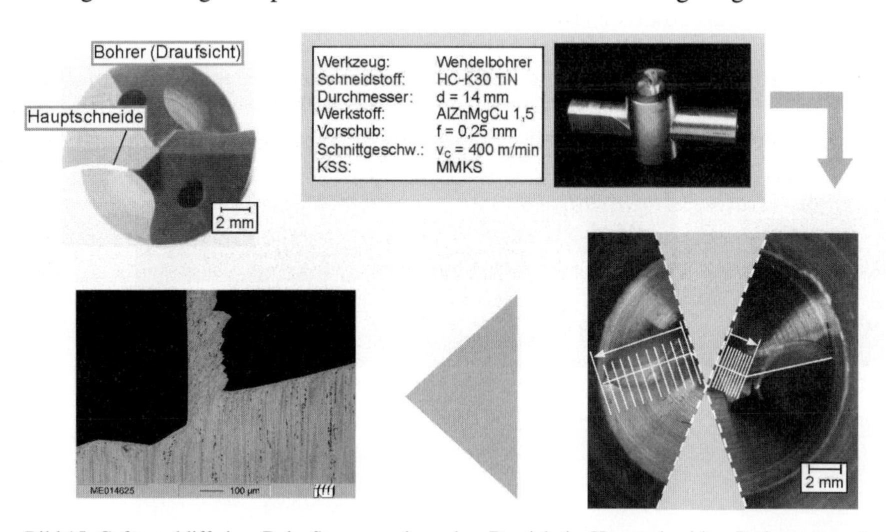

Bild 15: Gefügeschliff einer Bohr-Spanwurzel aus dem Bereich der Hauptschneide – Probenpräparation

Die Spanbildung bei AlZnMgCu1,5 reagiert im Übergangsbereich von Quer- zu Hauptschneide sehr direkt auf die sich verändernden Geometrieverhältnisse. Das Werkzeug bildet sich werkstoffunabhängig detailliert in den Spanwurzeln ab. Die Prozesstemperaturen müssen den Aluminium-Werkstoff in einen teigigen Zustand versetzt haben, sonst könnte er die Feingeometrie des Bohrers nicht so detailliert abbilden. Die vollständige Analyse der Spanwurzeln aus AlZnMgCu1,5 ist in [3] wiedergegeben. Hier soll ausführlich auf die Spanwurzeln aus Ck45 N eingegangen werden.

Bild 16 links gibt die Draufsicht auf den Querschneidenbereich einer Spanwurzel aus Ck45 N (v_c = 100 m/min; f = 0,25 mm) an Hand von REM-Aufnahmen wieder. In der Übersicht sind die Spanwurzeln der beiden Querschneiden und die dazwischenliegende Quetschzone gut zu erkennen. Ein Ausschnitt dieser Zone ist in Detail 1 dargestellt, bei hoher Vergrößerung zeigt sich eine gerichtete Anordnung von Riefen im Material. Diese Riefen lassen sich durch Quetschvorgänge erklären, es handelt sich um Spuren von TiN-Partikeln der Werkzeugbeschichtung. Die Übersichtsaufnahme macht deutlich, dass beim Stahl der Übergangsbereich von der Quetschzone zum Bohrungsgrund um ein Vielfaches größer ist als bei der Aluminiumlegierung und sich durch eine sehr raue Oberfläche auszeichnet. Der eigentliche Bohrungsgrund gestaltet sich ähnlich wie bei AlZnMgCu1,5.

Die Spanunterseite der Spanwurzel ist mit einer Übersichtsaufnahme und einem Detail des Übergangs vom Bohrungsgrund zur Spanunterseite in der Mitte von Bild 16 abgebildet. Wie bei AlZnMgCu1,5 bildet sich auch beim Stahl die an der Schneidkante des Bohrers angebrachte Fase deutlich in der Spanwurzel ab. Der Übergang vom Bohrungsgrund zur Spanunterseite weist mehrere Bereiche mit gequetschter Oberfläche auf, die sich jedoch nicht bis zu der Quetschzone zwischen den beiden Spanwurzeln fortsetzen. Der Übergang vom Bohrungsgrund zur Spanunterseite im Bereich der Querschneide zeigt bei dieser Werkstoff-Schnittparameterkombination keine Quetschanteile. Jedoch gibt es im Wirkungsbereich der Hauptschneide eine raue Spur im Bohrungsgrund, deren Feinstruktur dem Übergangsbereich zwischen Quetschzone und Bohrungsgrund im Bereich zwischen den beiden Spanwurzeln entspricht. Wie das AlZnMgCu1,5 zeigt auch der Stahl die Feingeometrie des Bohrers als Abdruck (Detail 2) und muss in einem teigigen Zustand vorgelegen haben, was auf sehr hohe Prozesstemperaturen schließen lässt.

Rechts in Bild 16 ist die Spanoberseite der Spanwurzel wiedergegeben. Dabei handelt es sich über den ganzen Radius um einen Fließspan. Weder im Bereich der Hauptschneide noch im Bereich der Querschneide (Detail 3) lassen sich Scherprozesse beobachten.

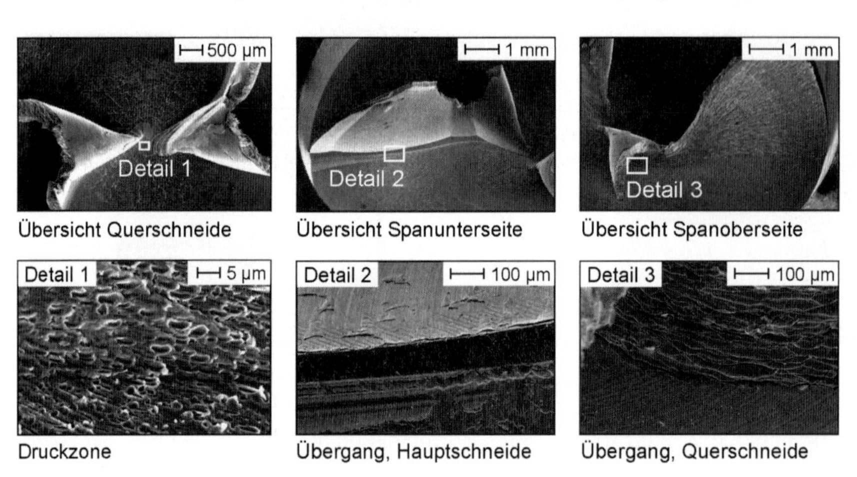

Bild 16: Untersuchung einer Spanwurzel aus Ck45 N im REM; v_c = 100 m/min; f = 0,25 mm

Die in Bild 10 dargestellten Ergebnisse der Bohrungsbearbeitung von Ck45 N zeigen eine hohe Belastung an der Schneidkante und eine darauf folgende Zone geringerer Belastung, der sich wiederum eine Zone hoher Belastung anschließt. In Bild 17 ist die Entstehung dieser Zone geringer Belastung zusammengefasst. Rechts ist dabei als Detail der Spanwurzel im REM der Übergang vom Bohrungsgrund zur Spanunterseite abgebildet, links ist das entsprechende Schliffbild in gleicher Vergrößerung gegeben. Die beschriebene Stauzone ist in beiden Bildern gekennzeichnet und weist die gleiche Ausdehnung auf. Im Schliffbild ist der unterschiedliche Werkstofffluss in der Kontaktzone zu erkennen. Der Werkstoff des abfließenden Spans wird erst oberhalb der Stauzone einer Scherverformung ausgesetzt. Dies bestätigt die Analysen zur Kontaktzone zwischen Werkzeug und Span. Die Stauzone/Aufbauschneide entlastet einen begrenzten Bereich hinter der Schneidkante und führt dort zu einem geringeren Abrieb der Spanfläche.

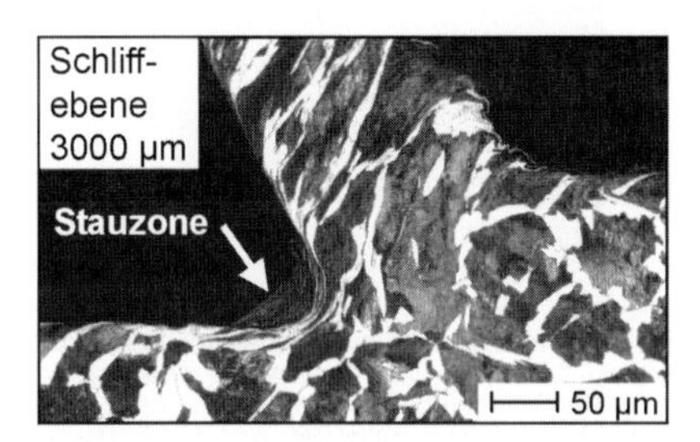

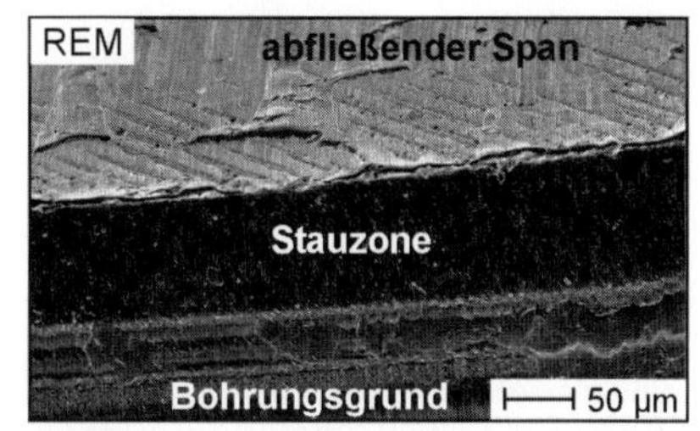

Spanwurzel Hauptschneide; Material: Ck45 N; f = 0,25 mm; v_c = 100 m/min

Bild 17: Bildung einer Stauzone/Aufbauschneide beim HSC-Bohren

10.3.5.1 Schnittgeschwindigkeitseinfluss

Bild 18 und Bild 19 vergleichen die Spanbildung des Werkstoffs Ck45 N bei Schnittgeschwindigkeiten von v_c = 100 m/min und v_c = 500 m/min an Hand von lichtmikroskopischen Bildern in unterschiedlichen Schliffebenen. Dabei stellt Bild 18 die Verhältnisse an der Quer- und Bild 19 die an der Hauptschneide dar. Die Schliffbilder sind in der Reihenfolge der Schlifftiefe von links nach rechts angeordnet. Der Betrachter bewegt sich so quasi durch die Spanwurzel hindurch, ausgehend vom Mittelbereich der Querschneide bis zum Randbereich der Hauptschneide. Deutlich zu erkennen sind die mit zunehmendem Radius sich ändernden Winkelverhältnisse. In der Gesamttendenz nimmt die Spandicke und -krümmung mit zunehmendem Radius ab.

Die Schliffbilder der Spanwurzeln im Querschneidenbereich (Bild 18) zeigen die Bildung und Entwicklung der Stauzone vor dem Werkzeug. Sie tritt bei Stahl verstärkt bei der hohen Schnittgeschwindigkeit von v_c = 500 m/min auf. Dabei kommt es infolge der hohen Prozesstemperaturen (Minimum 800 °C) zur Bildung einer weißen Schicht. Die thermische Belastung der Querschneide nimmt bei Steigerung der Schnittgeschwindigkeit zu. Weiterhin kann festgehalten werden, dass die Spanstauchung mit zunehmender Schnittgeschwindigkeit sinkt, während die Spankrümmung zunimmt. Letztere hat eine kleinere Kontaktfläche bei höheren Werten von v_c zur Folge. Der Einfluss der Schnittgeschwindigkeit und Schnittkraft auf die Ausbildung des Scherwinkels bei Ck45 N wurde von Ben Amor [4] und im Beitrag von Siems, S.; Warnecke, G.; Aurich, J. C., Mechanismen der Werkstoffbeanspruchungen sowie deren Beeinflussung bei der Zerspanung mit hohen Geschwindigkeiten, untersucht. Es konnte eine Zunahme des Scherwinkels bei gleichzeitiger Zunahme der thermischen Entfestigung festgestellt werden.

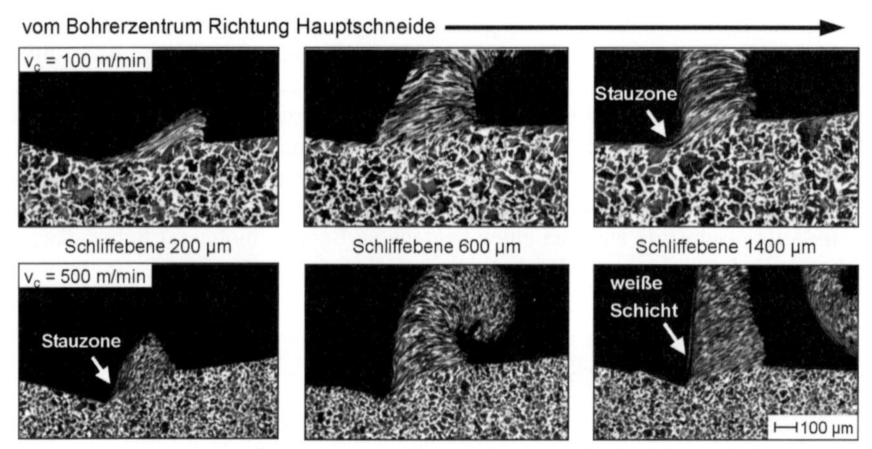

Bild 18: Spanwurzel Querschneide Ck45 N; f = 0,25 mm

Die Schliffbilder der Spanwurzeln im Bereich der Hauptschneide (Bild 19) zeigen, wo sich die Fase an der Schneidkante des Bohrwerkzeugs in die Spanwurzel einprägt. Unter dieser Fase staut sich das Material auf. Dies bestätigt die Analysen zur Kontaktzone zwischen Werkzeug und Span. Das aufgestaute Material zeigt wiederum eine weiße Schicht, deren Ausdehnung mit erhöhter Schnittgeschwindigkeit und steigendem Werkzeugradius zunimmt. Bei v_c = 500 m/min erreicht sie in der Schliffebene 5000 µm eine erhebliche Dicke von ca. 40 µm, was auf Grund der zur Entstehung dieser Neuhärtungszone notwendigen Abkühlgeschwindigkeiten auf Prozesstemperaturen von mindestens 1000 °C schließen lässt. Die Zunahme der Temperatur zur Werkzeugaußenseite hin lässt sich mit den geometrisch bedingt steigenden Schnittgeschwindigkeiten erklären. Erzeugte Spanwurzeln beim Orthogonal-Einstech-Drehen von Ck45 N weisen ebenfalls weiße Schichten an

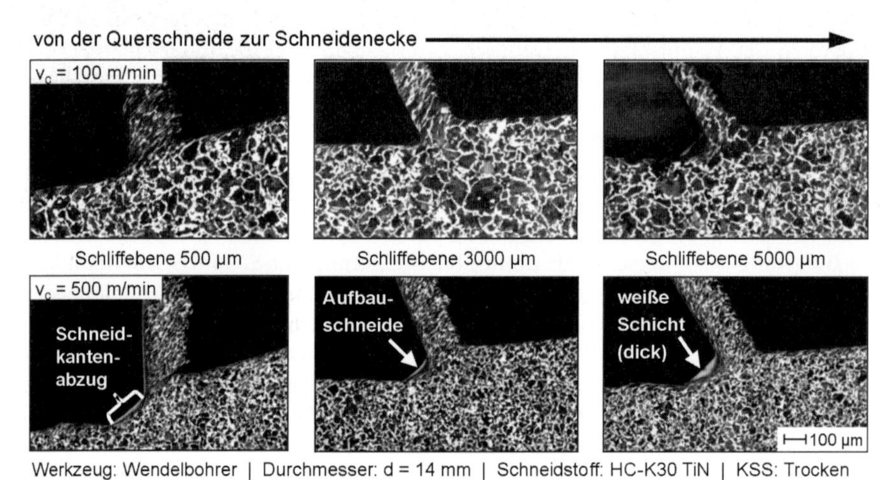

Bild 19: Spanwurzel Hauptschneide Ck45 N; f = 0,25 mm

der Spanunterseite auf. Es muss allerdings bei Vergleichen in Betracht gezogen werden, dass die angegebene Sollschnittgeschwindigkeit v_c beim Bohren nur an der Schneidenecke erreicht wird [6].

Die in diesem Kapitel zur Spanbildung beim HSC-Bohren zusammengefassten Ergebnisse lassen sich gut mit dem in [1] beschriebenen und in Bild 20 dargestellten sogenannten *Ploughing Process* in Einklang bringen.

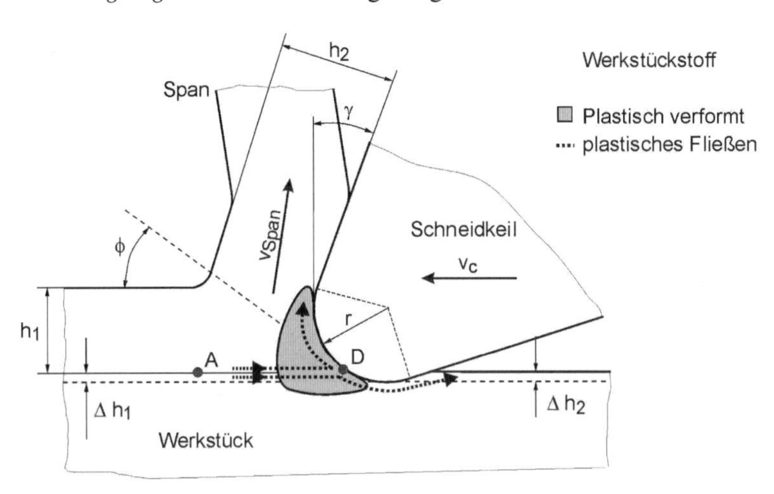

Bild 20: Schematische Darstellung des Ploughing-Prozesses

10.3.6 Wärmeverteilung

Zerspanvorgänge sind durch hohe Wärmeumwandlungen und die daraus resultierenden hohen Temperaturen im Bereich der Spanzone gekennzeichnet. Änderungen im Gefüge von Span und Werkstück können durch die Einbringung unterschiedlich großer Wärme- und somit Energiebeträge hervorgerufen werden. Untersuchungen zur Wärmeentstehung und -verteilung beim Bohren mit gesteigerten Schnittparametern sind von grundlegendem Interesse, da z. B. beim Bohren von Stahl die Bohrungswand so stark erhitzt werden kann, dass es zu einer Härtung der oberen Randschicht kommt. Diese gehärtete Schicht wird die Standzeit der nachfolgenden Gewindebohrer oder Reibahlen stark reduzieren und auch das Einsatzverhalten der Bauteile negativ beeinflussen.

Die Ermittlung der Temperaturen am Ort der Entstehung während des Zerspanvorgangs ist problematisch, da das Gebiet der Spanbildung weder optisch zugänglich ist, noch durch direkten Kontakt erfasst werden kann. Es ist daher von zentraler Bedeutung, Vorgehensweisen und Methoden zu entwickeln, um Temperaturen und im Prozess entstehende Wärmeentwicklungen abschätzen zu können. Beim Bohren entsteht hinsichtlich des Temperaturfelds ein Zylinder, über dessen Außenwände die sich schnell ändernde Temperatur abgeführt wird. Die Wärmeabfuhr erfolgt durch Wärmeleitung (in das Werkstück, in das Werkzeug und in die Späne), Wärmeübertragung (von Werkzeug, Werkstück und Spänen auf den KSS bzw. die Umgebungsmedien) und Konvektion (durch die in der Zerspanzone erwärmte Luft und den KSS). Dabei verändern sich die entstehenden Temperaturfelder solange, bis ein Gleichgewicht der zu- und abgeführten Wärmemengen erreicht ist. Die Aufteilung der anfallenden Wärmemenge ist schwer zu quantifizieren. Sie ist stark abhängig vom eingesetzten Bohrverfahren, dem Werkstoff und den Schnittparametern. Zur Reduzierung der thermischen Bauteil- und Werkzeugbelastung sind Zerspanprozesse so auszulegen, dass sie mit einem möglichst geringen Energieeinsatz erfolgen und zum anderen die Wärmeabfuhr über die Späne begünstigt wird. Daher stehen bei den Untersuchungen zum Bohren die Temperaturen der drei Teilsysteme Werkzeug, Werkstück und Span, mit deren Kenntnis auf die entsprechenden Wärmeströme zurückgeschlossen werden kann, im Mittelpunkt.

Zur Ermittlung der Wärmeverteilung beim Bohrprozess kamen verschiedene Methoden zum Einsatz. Der Wärmefluss in den Span wurde mittels einer kaloriemetrischen Messanordnung bestimmt. Dabei werden die im Bohrprozess entstehenden Späne in einem mit Öl befüllten ringförmigen Gefäß aus Kunststoff aufgefangen. Während des Bohrvorgangs ist das Gefäß mit einem Deckel verschlossen, damit zusätzliche Wärmeverluste vermieden werden. Das Prinzip dieser Anordnung ist in Bild 21 dargestellt.

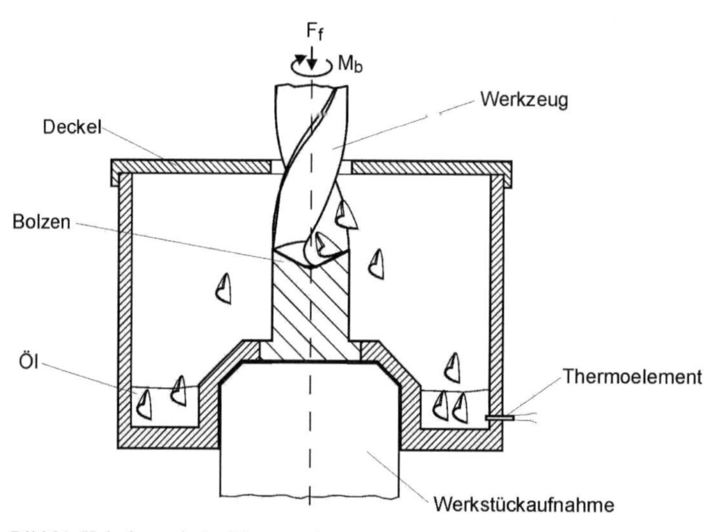

Bild 21: Kaloriemetrische Messanordnung

Das Gefäß wird mit einem Thermo-Öl soweit befüllt, dass sämtliche Späne nach der Bearbeitung von Öl bedeckt sind. Die Messung wird mit einem in das Öl eintauchenden Thermoelement durchgeführt. Dieser Aufbau stellt vom Aufwand und der Aussagekraft her eine sinnvolle Möglichkeit zur Ermittlung der Energieverteilung dar. Die Kalorimetrie ist kein eigentliches Temperaturmessverfahren. Mit ihrer Hilfe können jedoch Angaben über die anteilige Verteilung der auftretenden Wärmeströme bzw. -mengen getätigt werden. Andere Methoden, wie die Thermografie oder der Einsatz von Thermoelementen, sind aufgrund der hohen Prozessdynamik und der komplexen Form der Späne nicht zur Erfassung der über die Späne abgeführten Wärmemenge geeignet. Nach dem Energieerhaltungsgesetz gilt, dass die im Kalorimeter gemessene Wärmemenge gleich der durch den Spanprozess an die Späne abgegebenen Wärmemenge ist.

Der Anteil der über die Späne abgeführten Wärmemenge konnte über die beschriebene kalorimetrische Messmethode bestimmt werden (vgl. Bild 22). Die Wärmemenge wird ins Verhältnis zu der über die Prozessgrößen Vorschubkraft und Bohrmoment ermittelten

Gesamtenergie im Bohrprozess gesetzt. In Abhängigkeit von der Steigerung der Schnittparameter lassen sich so qualitative Aussagen über den Anteil der über die Späne abgeführten Wärmemenge treffen. Da bei allen Versuchen die gleichen systematischen Fehlerquellen auftreten, sind hierbei vergleichende Aussagen untereinander zulässig.

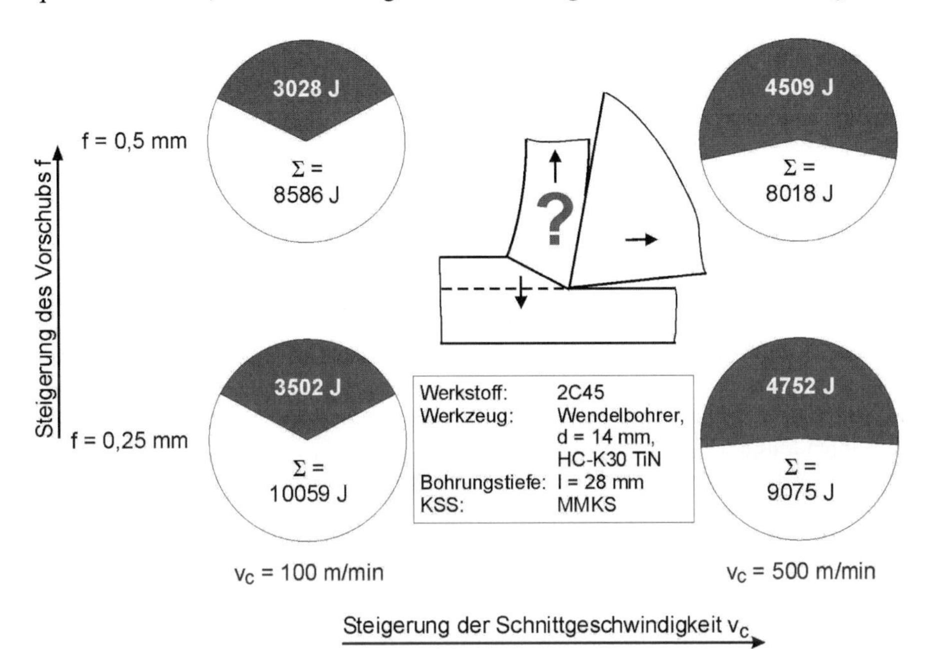

Bild 22: Anteil der über die Späne abgeführten Wärmemenge beim Bohren von Ck45 N

Der Einfluss des Vorschubs auf den prozentualen Anteil der in den Span fließenden Wärmemenge ist gering. Mit Steigerung der Schnittgeschwindigkeit nimmt der Anteil der über die Späne abgeführten Energie im Verhältnis zu der gesamten in den Prozess eingebrachten Energie jedoch deutlich zu. Die Wärme im Span gibt einen Hinweis auf die Temperatur in der Spanbildungszone. Es ist daher anzunehmen, dass die Wärme in der Spanbildungszone ebenfalls mit zunehmender Schnittgeschwindigkeit ansteigt und die entstehende Wärme an die beteiligten Elemente (Werkzeug, abgeführter Span, verbleibendes Material) abgibt. Die Versuche zur Spanbildung zeigen einen Einfluss der Schnittgeschwindigkeit auf den Werkstofffluss und das Gefüge, welcher eindeutig auf veränderte Prozesstemperaturen bei Erhöhung der Schnittgeschwindigkeit zurückzuführen ist (vgl. Bild 17, Bild 18, Bild 19). Die Versuche zur Randzonenbeeinflussung bestätigen diese Annahmen (siehe Bild 5).

Um die in das Werkstück fließende bzw. verbleibende Wärmemenge zu bestimmen, wurden zylinderförmige Proben mit NiCr-Ni Thermoelementen bestückt. Dabei dient das Thermoelement zur Erfassung der Temperatur im Inneren des Werkstücks. Die spezielle Probengeometrie wird bei der Berechnung der Wärmemenge berücksichtigt. Der Versuchsaufbau schließt eine Messung der Prozesskräfte ein, die wie bei den Versuchen zur kalorimetrischen Wärmeverteilung parallel zur Temperaturmessung ermittelt werden [2].

Im Gegensatz zum Wärmefluss in den Span, nimmt bei einer Schnittgeschwindigkeitssteigerung die in das Werkstück fließende, auf die Gesamtenergie bezogene Wärmemenge nur geringfügig zu. Hohe Vorschübe bewirken eine Abnahme der in die Probe fließenden Wärmemenge.
Die Temperaturerhöhung des Werkstücks wird in einem definierten Abstand zur Bohrungswand ermittelt. Unter der Annahme eines isotropen Körpers, d. h. einer konstanten Wärmeleitfähigkeit in alle Richtungen, und einer stationären Wärmeleitung durch eine Rohrwand, lässt sich die Temperaturerhöhung an der Bohrungswand mit Hilfe des Fourierschen Gesetzes ermitteln:

$$\Delta T_i = \Delta T_a + \frac{W_{Wst} \cdot \ln\left(\frac{r_a}{r_i}\right)}{2 \cdot \pi \cdot t \cdot \lambda \cdot l} \tag{10.1}$$

Dadurch, dass bei einer Steigerung der Schnittgeschwindigkeit in deutlich kürzerer Zeit eine vergleichbar große Menge Wärme in das Werkstück fließt, kommt es zu einer Erhöhung der errechneten Temperaturen an der Bohrungswand. Röntgenografische Untersuchungen der Bohrungswand und entsprechende Härtemessungen weisen das Auftreten erhöhter Temperaturen nach (siehe Bild 5). Der Einfluss der Temperaturerhöhung auf das zu zerspanende Material zeigt sich deutlich in der Ausbildung des Bohrmoments sowie in Gefügeanalysen von Spanwurzelquerschliffen nahe der Bohrungswand.

10.4 Zusammenfassung

Die aufbauend auf den erworbenen Kenntnissen der Wirkzusammenhänge beim Bohren mit hohen Schnittparametern entstandenen Modelle und erarbeiteten Analyseansätze dienen sowohl dem Verständnis des Spanbildungsvorgangs als auch des Bohrprozesses insgesamt. Die entwickelten Methoden eignen sich weiterhin für eine umfassende Untersuchung der Bohrwerkzeuge und dienen als Grundlage für eine ganzheitliche Analyse des Spanvorgangs.

Die durchgeführten Untersuchungen zeigen den Einfluss gesteigerter Schnittparameter auf den Zerspanprozess. Das Bohrmoment nimmt bei erhöhten Vorschüben kontinuierlich über einer Steigerung der Schnittgeschwindigkeit ab. Im Vergleich zur Emulsionsschmierung werden bei Minimalschmierung geringere Werte bei der Vorschubkraft und dem Moment erzielt. Durch eine geringere Kühlleistung, wie sie bei MMKS im Vergleich zur Emulsionsschmierung vorliegt, wird die im Zerspanprozess vorherrschende Temperatur gesteigert.

Mit einer Zunahme der Schnittgeschwindigkeit nimmt die Prozesswärme zu. Betrachtungen der Randzone ergaben, dass durch den Zerspanprozess bei Ck45 N an den Bohrungswänden Bereiche mit weißen Schichten entstehen, die bis zu 15 µm dick sind. Grund für die Ausbildung dieser Schichten ist die Erwärmung der oberflächennahen Bereiche durch Reibung mit anschließender Selbstabschreckung durch Wärmeabfuhr in den Grundwerkstoff und in das Kühlschmiermittel. Die extrem hohen Härten weisen klar eine Prozesstemperatur von über 800 °C nach. Des Weiteren kann davon ausgegangen werden, dass bei hohen Schnittgeschwindigkeiten der Kühlschmiermittelfilm abreißt. Dies führt auf Grund des steigenden thermischen Einflusses und der sinkenden mechanischen Belastung bei hohen Schnittparametern zu einer Verschlechterung der Oberflächenqualität.

Besonders bei hohen Schnittparametern ist der Einfluss der Geometrie auf die mechanische Belastung und die Oberflächenqualität erkennbar. Beim HPC-Bohren (High Performance Cutting) unterliegt das Werkzeug anderen Anforderungen im Vergleich zu konventionellen Schnittparametern. Die spezifischen Problematiken des Bohrens, wie z. B. der Spantransport aus der Tiefe der Bohrung sowie sich über den Radius des Werkzeugs ändernde Winkelverhältnisse und unterschiedliche Schnittgeschwindigkeiten entlang der Schneide, verschärfen sich bei erhöhten Schnittparametern.

Die Ergebnisse der Untersuchungen des mechanischen Belastungsprofils über der Werkzeugschneide, der Bestimmung der Kontaktfläche sowie der Analysen von Bohr-Spanwurzeln und der Randzone zeigen deutliche Wechselbeziehungen untereinander, die durch Messungen der Wärmeentwicklung im Prozess bestätigt werden. Die Kenntnis der Verteilung der Zerspankraft über der Schneide fördert zusammen mit dem Einblick in die Spanbildungszone durch die Analyse von Spanwurzeln sowie der Bestimmung der Kontaktsituation zwischen Span und Werkzeug das Verständnis der Spanbildung unter veränderten Bedingungen. Die Ergebnisse dienen der gezielten Einflussnahme auf den Bohrprozess, indem Analysemethoden für das Werkzeug und den Prozess zur Verfügung gestellt werden, mit deren Einsatz ein optimiertes Bearbeitungsergebnis erreicht werden kann.

10.5 Literatur

[1] Albrecht, P.: New Developments in the Theory of the Metal-Cutting Process, Part I, The Ploughing Process in Metal Cutting, Trans. ASME 82, S. 348–358, 1960

[2] Bach, Fr.-W.; Koehler, W.; Kruzhanov, V.; Opalla, D.; Prehm, J.; Zeitz, V.: Untersuchungen zum Bohren von Stahl mit hohen Geschwindigkeiten. In: Weinert, K. (Hrsg.): Spanende Fertigung, 3. Ausgabe, Vulkan-Verlag Essen, S. 240–251, 2001

[3] Bach, Fr.-W.; Koehler, W.; Opalla, D.; Schäperkötter, M.; Weinert, K.: Spanwurzeluntersuchungen beim HSC-Bohren, VDI-Z-Special Werkzeuge, März I/2003, S. 20–23, Springer VDI Verlag, 2003

[4] Ben Amor, R.: Thermomechanische Wirkmechanismen und Spanbildung bei der Hochgeschwindigkeitszerspanung, Dissertation Universität Hannover, Fachbereich Maschinenbau, Institut für Fertigungstechnik und Werkzeugmaschinen, 2002.

[5] Griffiths, B. J.: The development of a quick-stop device for use in metal cutting hole manufacturing processes. International Journal of Machine Tool Design and Research, 26 (1986) 2, S. 191–203, 1986

[6] Haferkamp, H. et. al.: Chip Formation During Machining of Ck45. In: Schulz, H.: Scientific Fundamentals of HSC, Carl Hanser Verlag, München, S. 32–42, 2001

[7] Klocke F.; Hoppe, S.: Mechanisms of Chip Formation in High Speed Cutting. In: Schulz, H.: Scientific Fundamentals of HSC, Carl Hanser Verlag, München, S. 1–10, 2001

[8] Plöger, J. M.: Randzonenbeeinflussung durch Hochgeschwindigkeitsdrehen. Deutsche Dissertation. Fortschritt-Berichte VDI, Reihe 2: Fertigungstechnik, Bd. 611, 2002

[9] Schmidt, G.; Leopold, J.: Vergleich und Bewertung von Methoden der Spanwurzelgewinnung durch plötzliche Schnittunterbrechung. Wissenschaftliche Zeitschrift der Technischen Hochschule Karl-Marx-Stadt, Bd. 25, Heft 5, S. 757–765, 1983

[10] Tönshoff, H. K. (et. al.): Charakterizing the HSC-Range – Material Behaviour an Residual Stress. In: Schulz, H.: Scientific Fundamentals of HSC, Carl Hanser Verlag, München, S. 103–112, 2001
[11] Tönshoff, H. K.; Ben Amor, R.: Schnittunterbrechung bei hohen Schnittgeschwindigkeiten. In: Tönshoff, H. K.; Hollmann, F. (Hrsg.): Spanen metallischer Werkstoffe mit hohen Geschwindigkeiten. Tagungsband zum Kolloquium des Schwerpunktprogramms der Deutschen Forschungsgemeinschaft am 18. 11. 1999 in Bonn, S. 86–97, 1999
[12] Warnecke, G.: Spanbildung bei metallischen Werkstoffen. Fertigungstechnische Berichte; Reihe 2, Resch Verlag, Gräfelfing b. München, 1974
[13] Weinert, K.; Koehler, W.; Opalla, D.: Schnittunterbrechung beim Bohren mit hohen Geschwindigkeiten. wt – Werkstattstechnik online 92 (2002), 6 Seiten, 2002
[14] Weinert, K.; Koehler, W.; Opalla, D.: Analysis of the mechanical tool load during high speed drilling. In: Schulz, H. (Hrsg.): Scientific Fundamentals of High Speed Cutting. Carl-Hanser-Verlag München, S. 172–179, 2001
[15] Weinert, K.; Koehler, W.; Opalla, D.: Mechanical Tool Load during Drilling with High Velocities. Production Engineering, 8 (2001) 2, 4 Seiten, 2001

11 Einlippentiefbohren unter HSC-Bedingungen

U. Heisel, M. Zhang, R. Eisseler

Kurzfassung

Mit dem Bearbeitungsverfahren Einlippenbohren lassen sich einerseits Bohrungen mit Längen-Durchmesser-Verhältnissen bis zu $l/d = 200$ (in Einzelfällen bis zu 400) erzeugen. Es wird andererseits aber auch zur Herstellung von Präzisionsbohrungen mit $l/d < 5$ und zur Bearbeitung hochfester Werkstoffe eingesetzt. Gerade bei diesen Werkstoffen treten bei hohen Vorschüben Band- und Kommaspäne auf, die beim Abtransport verklemmen und damit zum Werkzeugbruch führen können. Eine weitere Folge sind durch ungünstige Spanformen beschädigte Bohrungswände. Mit steigender Schnittgeschwindigkeit lässt sich der Vorschub weiter erhöhen, da sich über eine konstante Spandicke auch die Spanform in einem günstigen Bereich halten lässt. Bei sehr hohen Schnittgeschwindigkeiten kommt es bei spanenden Bearbeitungsverfahren zu der in der Literatur beschriebenen Lamellenspanbildung. Aufgrund der Bedeutung der Spanform für einen zuverlässigen Bearbeitungsprozess werden am IfW der Universität Stuttgart Untersuchungen zur Spanbildung beim Einlippenbohren unter HSC-Bedingungen bis zum 5fachen der üblichen Schnittgeschwindigkeit durchgeführt. Gegenstand der Arbeiten sind die Vorgänge in der Spanbildungszone, sowie das Verhalten der Späne beim Abtransport entlang der Werkzeugsicke. Zur Beobachtung der Spanbildungsvorgänge beim Werkstoff Ck45 wird Hochgeschwindigkeitsaufnahmetechnik in Verbindung mit einer Versuchseinrichtung verwendet, die den Blick auf den Ort der Spanentstehung erlaubt. Die Aufnahmen wurden hinsichtlich der Verlagerung von Oberflächenpunkten auf dem ablaufenden Span sowie hinsichtlich des Verhaltens des Spans beim Auflaufen auf die Wand der Werkzeugsicke ausgewertet. Da ein stabiler Bearbeitungsprozess auch maßgeblich von einer zuverlässigen Spanentsorgung beeinflusst wird, schlossen sich Messungen zur Spanabfuhrgeschwindigkeit im Bereich der Werkzeugsicke an.

Abstract

Drill holes with length-diameter ratios up to $l/D = 200$ (in exxeptions up to 400) can be produced with the machining method of deep-hole drilling with smallest diameters. Being brought to the machining place through a channel inside the tool, the cutting oil washes the arising chips outwardly over a bead, in order to ensure a reliable removal of the chips. The required rate of flow is guanranteed by very high cutting oil pressures up to 250 bar as well as by optimised cross-sections of the channel. However, ribbon chips and comma-shaped chips, which can become stuck during the removal and thus can lead to the tool breakage or damaged drill walls, occur at high feeds in the case of high-strength materials. The feed can be increaseed further with rising cutting speed, since the chip form can also be kept in favourable bounds through a constant chip thichness. Because the chip form is important for a reliable machining process, the IfW at the University of Stuttgart carries out investigations on the chip formation in deep-hole drilling with smallest diameters

Hochgeschwindigkeitsspanen. Hrsg. H. K. Tönshoff und F. Hollmann

ISBN: 3-527-31256-0

under HSC conditions at the triple of the usual values. The objects of the work are the processes in the zone of the chip formation as well as the behaviour of the chips when being removed along the tool baed. The place of the chip formation is examined with high-speed filming techology in the investigations. The chip formation itself is analysed as well as the behaviour of the chip when colloding with the wall of the tool bead. Since astable machining Process is decisively influenced by a reliable chip disposal as well, measurements on the chip flow velocity in the area of the tool bead are added.

11.1 Einleitung

Per Definition wird unter Tiefbohren das Erzeugen von Bohrungen mit einem Länge-Durchmesser-Verhältnis (*l/d*) von mehr als drei verstanden. Üblicherweise werden Tiefbohrverfahren ab $l/d > 5$ eingesetzt und sind bisher ab $l/d > 10$ unumgänglich. Nach VDI 3210 wird beim Tiefbohren neben anderen Verfahren vor allem zwischen BTA-, Ejektor- und Einlippen-Bohren unterschieden [1]. Das Einlippen-Bohren (ELB) bietet gegenüber anderen Bohrverfahren wirtschaftliche Vorteile, die auf die hohe erreichbare Qualität und Produktivität zurückzuführen sind [2]. So werden Einlippenwerkzeuge nicht nur eingesetzt, wenn Längen-Durchmesser-Verhältnisse bis zu $l/D = 200$ (in Einzelfällen bis zu 400) erreicht werden müssen, sondern auch zur Herstellung von Präzisionsbohrungen mit $l/D < 5$ und zur Bearbeitung hochfester Werkstoffe. Ermöglicht werden die großen Bohrtiefen durch die besondere Art der Spanentfernung aus der Bearbeitungszone. Dazu wird Kühlschmierstoff unter hohem Druck (bis 250 bar) durch einen Kühlschmierstoffkanal an die Schneide geführt. Von dort strömt er zusammen mit den Spänen durch eine V-förmige Sicke an der Außenseite des Werkzeuges aus der Bohrung (siehe Bild 1) [1]. Bei Bohroperationen in hochfesten Werkstoffen entstehen jedoch bei hohen Vorschubwerten Band- und Kommaspäne, die trotz hoher KSS-Drücke in der Sicke verklemmen und bei Werkzeugen kleiner Durchmesser zum Bruch führen können. Eine weitere Folge der ungünstigen Spanformen sind beschädigte Bohrungswände.

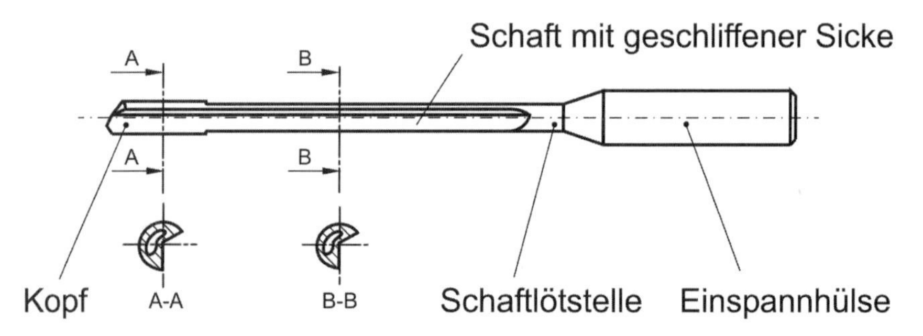

Bild 1: Typischer VHM-Einlippenbohrer

Aus diesem Grund wird die Auslegung solcher Bearbeitungsoperationen zu einer Gratwanderung zwischen einem möglichst wirtschaftlichen Zeitspanvolumen bei gleichzeitig hoher Prozesssicherheit.

In der Literatur beschriebene Untersuchungen zur Hochgeschwindigkeitszerspanung (HSC) bei spanenden Verfahren wie Drehen und Fräsen zeigen, dass mit zunehmender

Schnittgeschwindigkeit die Zerspankräfte und Wärmeübergänge auf Werkstück und Werkzeug abnehmen, der Spanabfluss günstiger verläuft, die Bearbeitungsqualität steigt und höhere Vorschubwerte möglich sind. Von HSC-Bedingungen beim Bohrverfahren wird bereits beim Einsatz des 2-fachen Werts konventioneller Schnittgeschwindigkeiten gesprochen [3, 4, 5].

Im Rahmen des DFG-Schwerpunktprogramms 1057 – „Spanen metallischer Werkstoffe mit hohen Geschwindigkeiten" werden seit Beginn des Jahres 2001 am Institut für Werkzeugmaschinen (IfW) der Universität Stuttgart empirische Untersuchungen zum Hochgeschwindigkeitsbohren (HSD) mit Einlippenwerkzeugen durchgeführt. Die Arbeiten laufen in Kooperation mit der Staatlichen Materialprüfanstalt Stuttgart (MPA). Anlass für die Untersuchungen waren die oben beschriebene, vorschubabhängige Spanform als begrenzender Faktor für die Produktivität, sowie die aus der Literatur bekannten Vorteile der Hochgeschwindigkeitsbearbeitung, die nun auf das Einlippenbohren übertragen werden sollten. Der Betrachtung der Spanbildung sowie den Vorgängen des Spanablaufs wurde dabei besonders Rechnung getragen. Das Ziel des durchgeführten Projektes waren Erkenntnisse die ein sicheres und wirtschaftliches Tiefbohren mit Einlippenwerkzeug kleinster Durchmesser unter HSC-Bedingungen gewährleisten sollen.

Im Rahmen der Untersuchungen wurde zunächst der Vergütungsstahl Ck45 bearbeitet, einer der Werkstoffe, die innerhalb des Schwerpunktprogramms festgelegt wurden. Bei den eingesetzten Werkzeugen handelte es sich um Einlippenbohrer mit den Durchmessern $d = 2{,}5$ mm und $d = 5$ mm in Vollhartmetallausführung. Da bisher keine Erkenntnisse über entsprechende Schnittdaten zur HSD-Bearbeitung vorlagen, wurden die Empfehlungen dreier Werkzeughersteller als Ausgangsbasis herangezogen (siehe Bild 2) woraus sich definitionsgemäß Schnittgeschwindigkeiten größer/gleich 200 m/min ableiten. Im Verlauf der Untersuchungen wurde der Wert bis auf 500 m/min angehoben. Zur Bewertung des Bearbeitungsprozesses wurden das Bohrmoment, die Vorschubkraft, die Bohrungsqualität sowie die Spanform herangezogen.

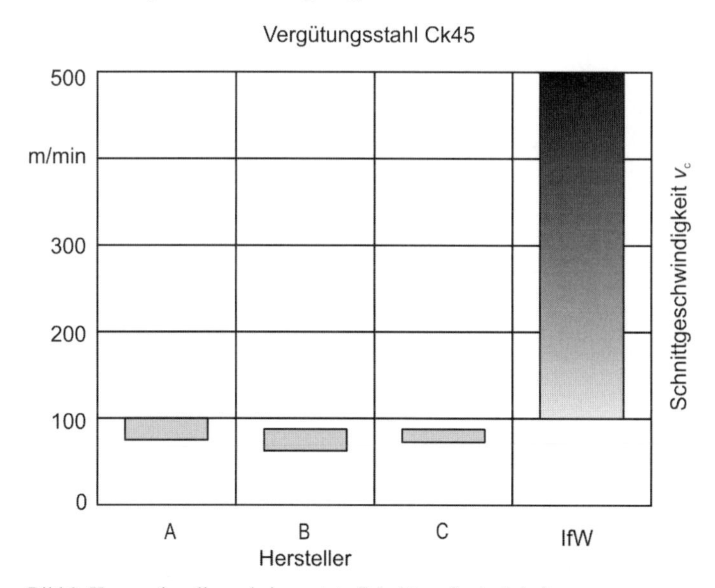

Bild 2: Konventionelle und eingesetzte Schnittgeschwindigkeiten

11.2 Bohrmoment und Vorschubkraft

Einleitende Zerspanversuche befassten sich mit den Korrelationen $F_f(v_c, f)$ und $M_B(v_c, f)$ zwischen den Prozessgrößen Vorschubkraft F_f und Bohrmoment M_B und den variierten Schnittparametern Schnittgeschwindigkeit v_c und Vorschub f. Die experimentelle Ermittlung der Prozessgrößen F_f und M_B erfolgte quasistatisch mit Hilfe eines 4-Komponenten-Dynamometers. Ihre Abhängigkeit von den Schnittparametern ermöglicht erste Rückschlüsse auf mechanische und tribologische Vorgänge bei der Spanbildung. Wie im Bild 3 zu sehen, setzt sich die Zerspankraft F bei einschneidigen Einlippenwerkzeugen aus der Schnittkraft F_c, der Vorschubkraft F_f und der resultierenden Passivkraft F_p zusammen. Die resultierende Passivkraft F_p ergibt sich aus den Komponenten an äußerer und innerer Hauptschneide (F_{pa}, F_{pi}) sowie der Passivkraft an der Nebenschneide (F_{pNS}). Die Schnitt- und Passivkraft werden durch die Führungsleisten aufgenommen, so dass an ihnen Reibkräfte (F_{R1}, F_{R2}) und Normalkräfte (F_{N1}, F_{N2}) wirken. Das auf das Werkzeug wirkende Bohrmoment M_B resultiert aus dem Schnittmoment M_C und einem Reibmoment M_R, welches sich hauptsächlich aus den an den Führungsleisten auftretenden Reibkräften ergibt. Die auf das Werkstück wirkende axiale Kraft F_{ax} addiert sich aus dem Betrag der Vorschubkraft F_f und einer axialen Kraftkomponente F_{KSS}, die durch den Volumenstrom des Kühlschmierstoffs entsteht. Die an den Führungsleisten angreifenden, axialen Reibkräfte sind vergleichsweise klein und können daher vernachlässigt werden [6, 7, 8, 9].

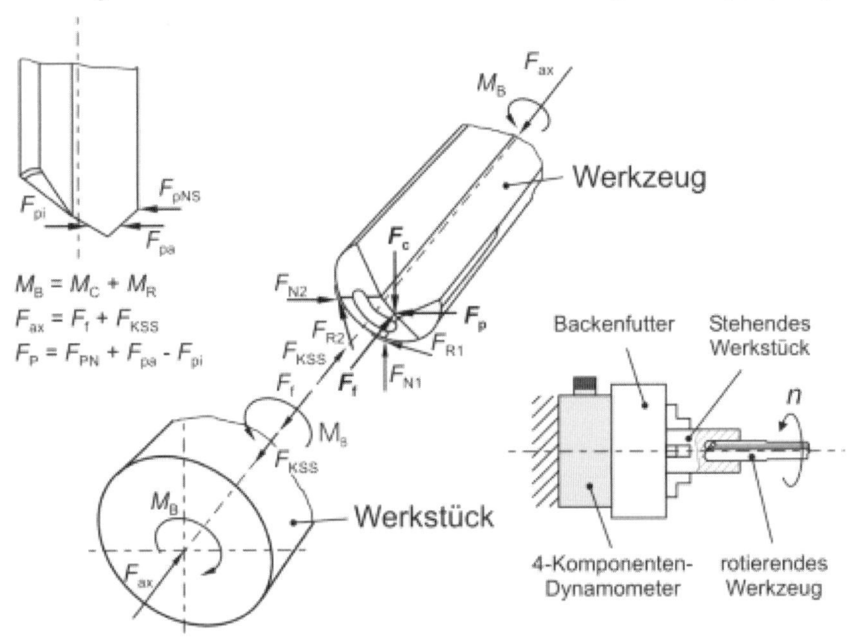

Bild 3: Kräfte und Momente am Bohrkopf und Werkstück

Die in der Literatur beschriebene und bei unterschiedlichen spanenden Bearbeitungsverfahren nachgewiesene Beobachtung, dass die Schnittkraft und damit das Bohrmoment mit steigender Schnittgeschwindigkeit abnehmen, konnte beim Einlippenbohren nicht bestätigt werden. Im Gegensatz dazu zeigt sich bei Werkzeugen des Durchmessers 5 mm ein proportionaler Anstieg des Bohrmoments im variierten Schnittgeschwindigkeitsbereich zwischen 200 m/min und 500 m/min (siehe Bild 4). Insbesondere bei großen *l/d*-Verhältnissen scheinen dafür die großen Zeitspanvolumina und die damit erschwerte Späneabfuhr verantwortlich zu sein. Das zwischen Werkzeugschaft und Bohrungswand abzutransportierende Spanvolumen erhöht die Reibung und somit das Bohrmoment. Dies zeigt sich bei sehr hohen Schnittgeschwindigkeiten durch einen überproportionalen Anstieg des Bohrmoments. Ebenso steigt die Vorschubkraft infolge der zunehmenden Vorschubgeschwindigkeit (siehe Bild 5).

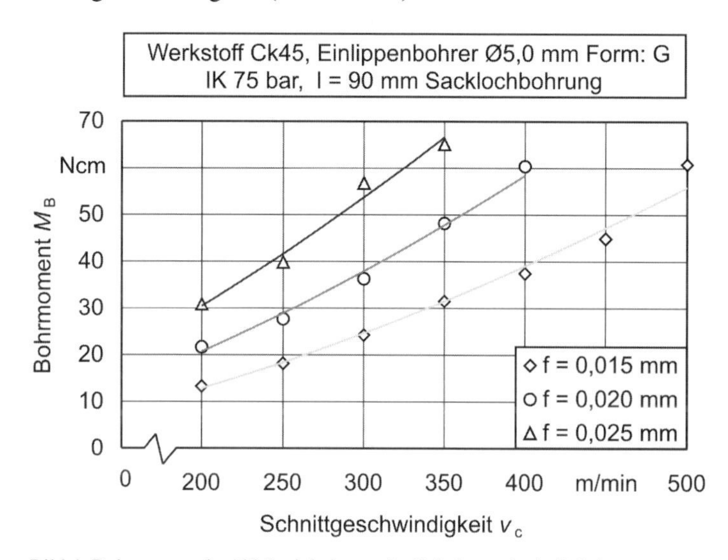

Bild 4: Bohrmoment in Abhängigkeit von der Schnittgeschwindigkeit

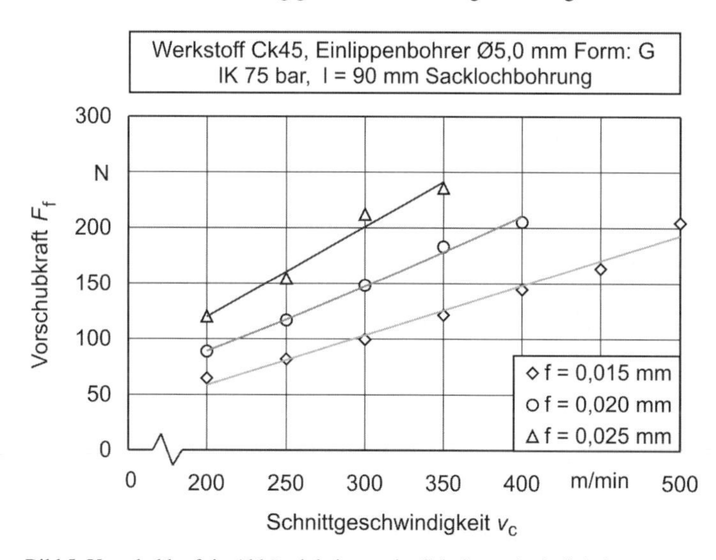

Bild 5: Vorschubkraft in Abhängigkeit von der Schnittgeschwindigkeit

Bei hohen Vorschub-Schnittgeschwindigkeitskombinationen zeigen sich ausgeprägte Signalspitzen in den Verläufen der Kraftmesskurven, die auf Spanverklemmungen bzw. Spänestaus zurückzuführen sind (siehe Bild 6). Eine Verbesserung der Bearbeitungsbedingungen mit steigender Schnittgeschwindigkeit lässt sich aus den Ergebnissen nicht ableiten.

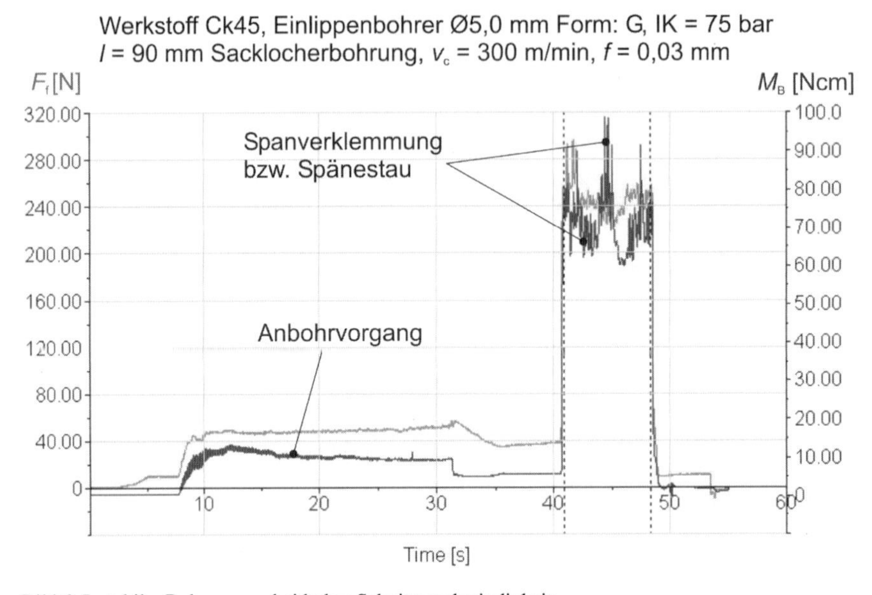

Bild 6: Instabiler Bohrprozess bei hoher Schnittgeschwindigkeit

11.3 Bohrungsqualität

Ein Bewertungskriterium für die Bearbeitungsqualität ist der Zustand der Bohrungswand. Daher wurde im Rahmen der Untersuchungen die Abhängigkeit zwischen der gemittelte Rautiefe R_z und den variierten Bearbeitungsparametern v_c und f untersucht (siehe Bild 7).

R_z zeigt über dem variierten Schnittgeschwindigkeitsbereich einen parabolischen Verlauf. Aufgrund der damit verbundenen abnehmenden Neigung zur Aufbauschneidenbildung an Hauptschneide und Schneidenecke sinkt der Rauheitswert zunächst mit steigender Schnittgeschwindigkeit. Bei einem weiteren Anstieg wird die Wandoberfläche infolge der nun einsetzenden Wirrspanbildung beschädigt wodurch der Rauheitswert wieder zunimmt. Der Scheitel der Kurve verschiebt sich dabei mit steigenden Vorschubwerten hin zu niedrigeren Schnittgeschwindigkeitsbereich. Bessere Rauheitswerte bei höherem Vorschub lassen sich durch die damit verbundenen höheren Schnittkräfte erklären, durch welche die Führungsleisten des Werkzeugkopfes stärker an die Bohrungswand gepresst werden und damit zu einer verstärkten Glättung der Oberfläche führen (vgl. Kap. 11.2).

Alle in den Untersuchungen erzielten Ergebnisse bezüglich der Oberflächengüte der Bohrungen liegen in den ISO-Rauheitsklassen N6 bzw. N7, welche mit dem Einlippenbohrverfahren auch unter normalen Prozessbedingungen erzielt werden können [10].

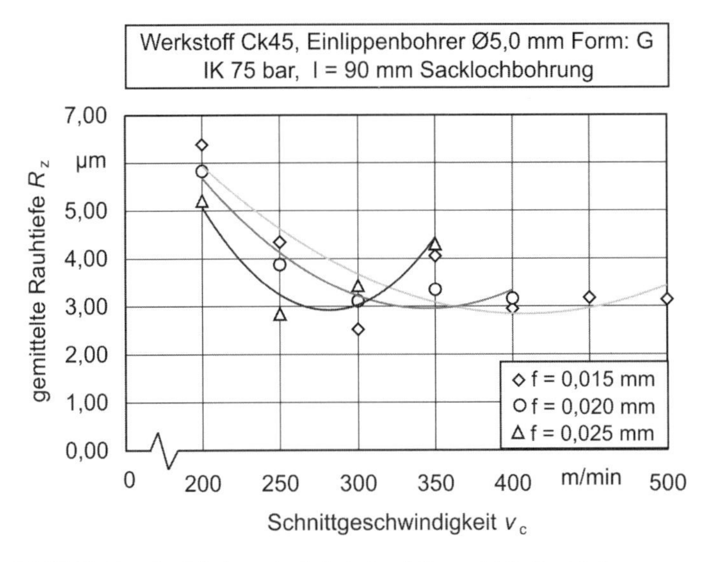

Bild 7: Einfluss der Schnittgeschwindigkeit auf die gemittelte Rauhtiefe

11.4 Spanform und Spanbildung

Die Zuverlässigkeit der Spanabfuhr sowie die Bohrungsqualität hängen entscheidend von der Spanform und somit indirekt vom Spanbildungsvorgang ab. So können beispielsweise Späne, die sich zwischen Werkzeugschaft und Bohrungswand verklemmen, zu einer Beeinträchtigung der Bohrungswand oder im schlimmsten Fall zu einem Werkzeugbruch führen.

Die Hauptschneide des Einlippenbohrers teilt sich in eine innere und eine äußere Schneidenzone auf. Da die Spanbildung gleichzeitig in beiden Zonen erfolgt, behindern sich die nebeneinander entstehenden Spanteile bei ihrem Ablauf, wodurch ein gefalteter Gesamtspan entsteht. Bedingt durch den Schnittgeschwindigkeitsgradienten zwischen Werkzeugachse ($v_c = v_{c\,max}$) und Schneidecke am Bohrerumfang (v_c = 0 m/min) laufen die beiden Spanteile mit unterschiedlicher Geschwindigkeit ab, wodurch der langsamer ablaufende Innenspan eingerissen wird (siehe Bild 8). Die sichtbaren Knickstellen senkrecht zur Spanablaufrichtung werden durch einen behinderten Spanablauf verursacht. Der Span zeigt bei seiner Entstehung eine Neigung zum Aufrollen, so dass er von der Spanfläche abhebt. Aufgrund der Störung dieser Aufrollbewegung durch das Auflaufen im Sickengrund oder an der Bohrungswand sowie der Verformung durch nachdrängenden Werkstoff, wird der Span geknickt.

Im Falle des Einlippentiefbohrens treten bei optimierten Bearbeitungs-parametern typischerweise gefaltete bzw. zylindrische Wendelspäne auf, die dem KSS-Medium eine ausreichend große Querschnittsfläche bieten, um zuverlässig aus der Bohrung gespült zu werden. Der Tendenz zur Bildung langer Wirrspäne bei hohen Schnittgeschwindigkeiten (siehe Bild 9) lässt sich mit einer Anpassung der Vorschubwerte begegnen. Im Bereich relativ niedriger Schnittgeschwindigkeiten führt ein hoher Vorschub meist zur Bildung kurzer jedoch dicker, kommaförmiger Spanlocken oder Bandspäne, die sich zwar weniger gegenseitig behindern, aber aufgrund ihrer hohen Steifigkeit eher zum Verklemmen zwischen Bohrungswand und Werkzeugschaft neigen.

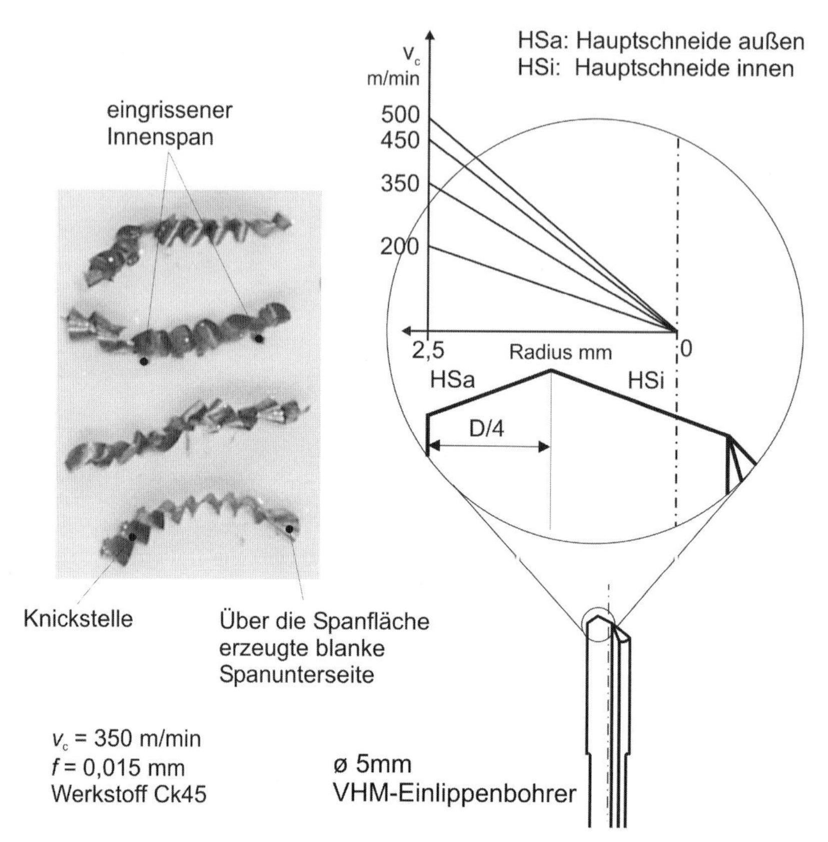

Bild 8: Gefaltete Wendelspäne und Schnittgeschwindigkeitsgradient am Bohrkopf

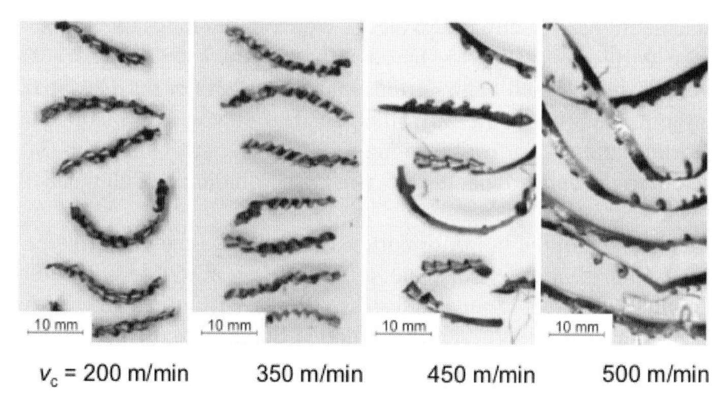

Bild 9: Spanform nach Schnittgeschwindigkeit

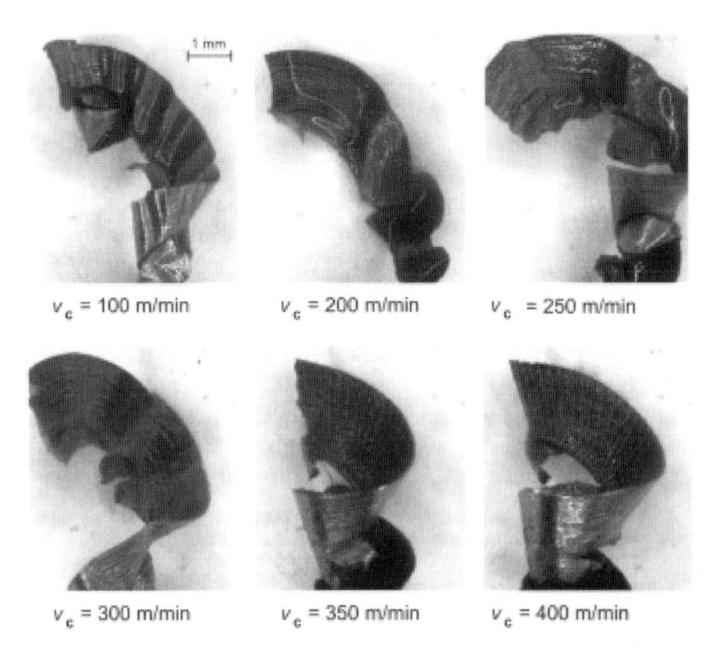

Bild 10: Lamellenspanbildung

Beim Versuch mit sehr hohen Schnittgeschwindigkeiten (v_c > 300 m/min) lässt sich die in der Literatur beschriebene Lamellenspanbildung erkennen (siehe Bild 10) [3, 11], wobei die Spandicke und die Steifigkeit höher als bei Fließspanbildung sind, was zur Verschlechterung des Prozesses beiträgt.

Hinsichtlich der Bewertung der Gängigkeit der Späne in der Werkzeugsicke wurde der projizierte Spandurchmesser herangezogen. Dessen Messungen haben gezeigt, dass dieser mit steigender Schnittgeschwindigkeit logarithmisch zunimmt und innerhalb des variierten Schnittgeschwindigkeitsbereichs den Wert des verfügbaren Spanraums ($D_{span\,max}$ = 2,4 mm) in der Sicke überschreitet (siehe Bild 11).

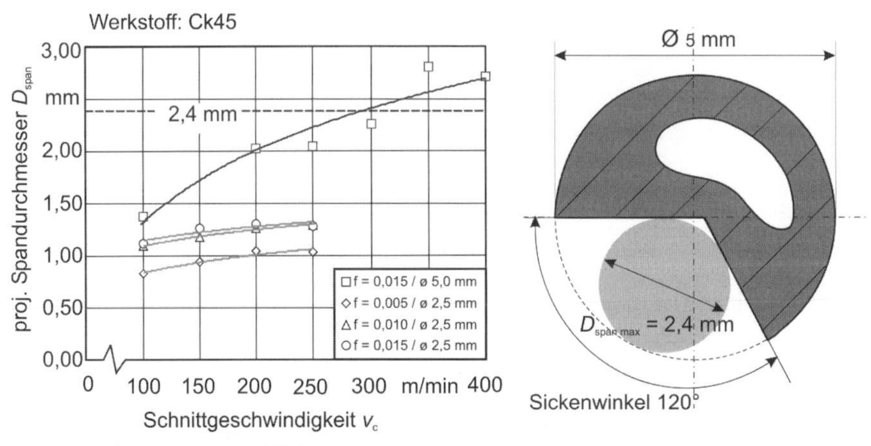

Bild 11: Spandurchmesser und Sickenraum

Die direkte Beobachtung der Spanbildung bei Bohroperationen gestaltet sich aufgrund der schlechten Zugänglichkeit der Bearbeitungsstelle als schwierig. Werkstückschnitte oder partielle Öffnungen, um den Blick auf die Spanentstehung freizugeben, lassen sich speziell beim Einlippenbohren nicht nutzen, weil damit der für das Verfahren notwendige KSS-Strom gestört wird. Mittels eines speziellen Versuchsaufbaus ist es dem IfW jedoch gelungen, die Spanbildung unter realitätsnahen Bedingungen visuell zu erschließen.

Mittels vorgefertigter Stifte aus dem Werkstoff Ck45, die in einen transparenten Halter aus Acrylglas eingepresst und verklemmt wurden, konnten Zerspanversuche mit den variierten Größen Schnittgeschwindigkeit und Vorschub durchgeführt werden. Eine über dem Halter angeordnete Hochgeschwindigkeitskamera wurde auf die Spanentstehungsstelle fokussiert und mit einem Stroboskop synchronisiert. (siehe Bild 12). Im Gegensatz zum Bohren in Vollmaterial kann bei dieser Vorgehensweise der Einfluss der Schneidecke bzw. der Nebenschneide nicht berücksichtigt werden. Ein Vergleich zwischen den Spänen beim Vollbohren und solchen die mit der oben beschriebenen Versuchsanordnung gewonnen wurden, zeigte jedoch keinen nennenswerten Unterschied bezüglich der Spanform.

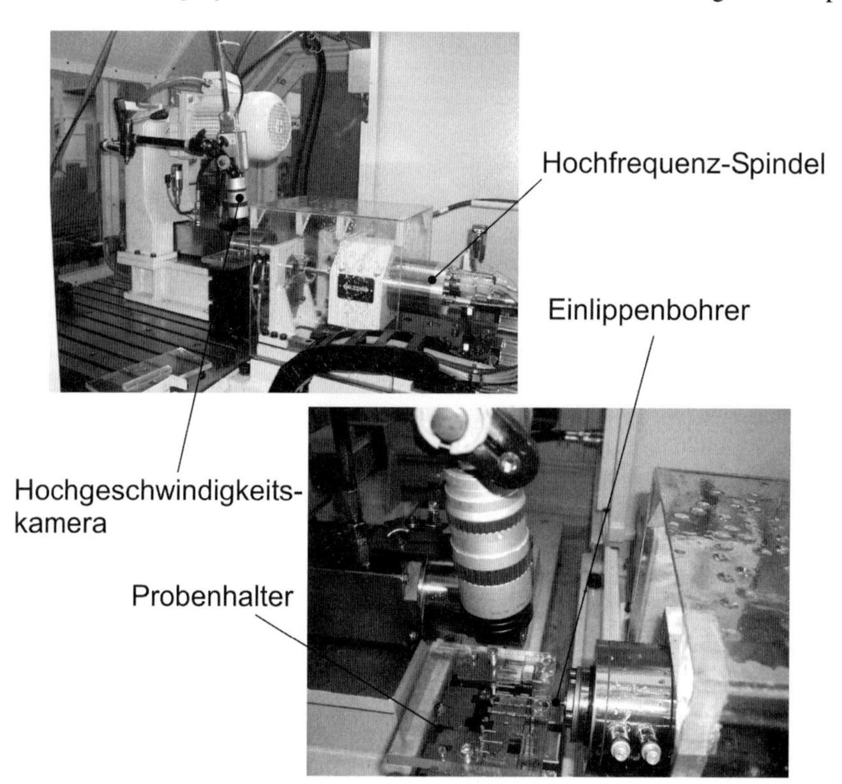

Bild 12: Versuchsaufbau für Hochgeschwindigkeitsaufnahmen

Aufgrund der begrenzten Vergrößerung des eingesetzten Kameraobjektivs, sowie der unbefriedigenden Auflösung der Kamera lässt sich eine Beurteilung der Spanbildung aus den Aufnahmen nur schwer ableiten, jedoch kann die sichtbare Spanbewegung innerhalb des in der Aufnahme sichtbaren Sickenraums deren Geschwindigkeit V_{span} liefern (siehe Bild 13).

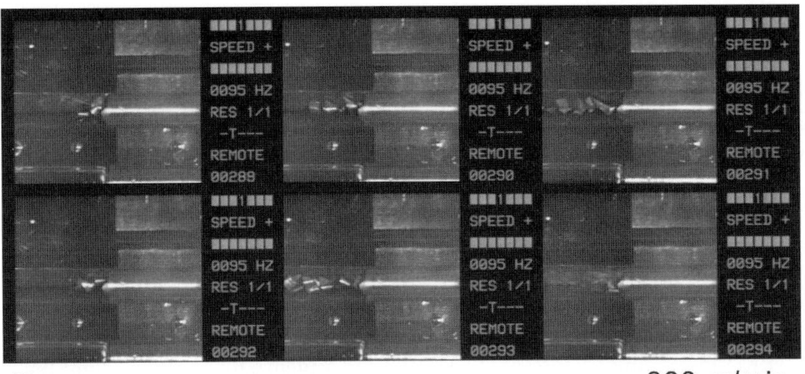

10mm v_c = 300 m/min

Spanablaufsgeschwindigkeit v_{Span} = 731 mm/s

Bild 13: Exemplarische Sequenz der Hochgeschwindigkeitsaufnahme

11.5 Zusammenfassung und Ausblick

Es wurden zum Einlippenbohren experimentelle Untersuchungen im HSC-Bereich bis zum 5-fachen der konventionellen Schnittgeschwindigkeit durchgeführt. Als Werkstoff kam der Vergütungsstahl Ck45 zum Einsatz. Dabei wurden erste Erkenntnisse gewonnen, die für einen prozesssicheren und wirtschaftlichen Einsatz der HSC-Technologie beim Einlippentiefbohren erforderlich sind.

Im relativ niedrigen Schnittgeschwindigkeitsbereich (2 bis 3-fache der konventionellen Werte) lässt sich der Span beim Einlippenbohren mit Werkzeugen des Durchmessers 5 mm noch in günstiger Form erzeugen. Mit weiter steigender Schnittgeschwindigkeit treten lange Wirr- oder Bandspäne auf. Analog dazu steigen Vorschubkräfte und Bohrmomente, verursacht durch die zunehmende Reibung zwischen den abgeführten Spänen und den Flächen an der Bohrungswand und der Sicke. Die bei hohen Schnittgeschwindigkeiten einsetzenden Spanverklemmungen, sowie Spänestaus beeinträchtigen die Oberfläche der Bohrungswand und vermindern somit die Oberflächengüte.

Mit steigendem Schnittgeschwindigkeitsgradienten entlang der Hauptschneide des Einlippenbohrers geht der Scherspan allmählich in einen Fließspan über, was auch dazu führt, dass der projizierte Spandurchmesser mit steigender Schnittgeschwindigkeit zunimmt. Um weitere Aussagen zu den Mechanismen der Spanbildungsvorgänge liefern zu können, sind Spanwurzeluntersuchungen sowie Spanquerschnittuntersuchungen notwendig, zu deren Durchführung eine sogenannte Quick-Stopp-Einrichtung geschaffen und verwendet werden soll [4, 12, 13].

Die Versuchseinrichtung hierfür wird derzeit weiterentwickelt. Durch den Einsatz eines Mikroskops und die Umgestaltung der KSS-Zuführung wird es möglich, die Spanentstehungsstelle mit noch höherer Vergrößerung und Auflösung aufzuzeichnen. Eine Untersuchung des Zusammenhanges zwischen der Spanbildung und der Schnittgeschwindigkeit wird dadurch möglich.

11.6 Literatur

[1] N. N.: VDI 3210: Tiefbohrverfahren
[2] Heisel, U.: Stand der Technik beim Tiefbohren. In: Tiefbohren: Verfahren, Werkzeuge, Maschinen. VDI-Fachtagung in Stuttgart. VDI-Verlag Düsseldorf, 1991, S. 1–10
[3] Schulz, H.: Hochgeschwindigkeitsbearbeitung, Hanser-Verlag 1996
[4] Weinert, K.; Jasper, J.: Analyse der Wirkzusammenhänge beim Bohren mit hohen Geschwindigkeit. In H.K. Tönshoff, F. Hollmann (Hrsg.): Spanen metallischer Werkstoffe mit hohen Geschwindigkeit, Kolloquium des Schwerpunkt-programms der Deutschen Forschungsgemeinschaft am 18. 11. 1999 in Bonn
[5] Tönshoff, H.K.; Friemuth, T.; Plöger, J.: Kräfte und Eigenspanungsausbildung beim Hochgeschwindigkeitsaußenlängsdrehen. In H.K. Tönshoff, F. Hollmann (Hrsg.): Spanen metallischer Werkstoffe mit hohen Geschwindigkeit, Kolloquium des Schwerpunktprogramms der Deutschen Forschungs-gemeinschaft am 18. 11. 1999 in Bonn
[6] Streicher, P.: Tiefbohren der Metalle. Fachbuchreihe Band 2: Werkzeugmaschine international. Vogel Verlag Würzburg, 1975
[7] Pfleghar, F.: Verbesserung der Bohrungsqualität beim Arbeiten mit Einlippentiefbohrwerkzeugen. Dissertation Universität Stuttgart, 1976
[8] Fink, P.: Präzisionsbohren mit Einlippenwerkzeugen. Dissertation Universität Stuttgart, 1977
[9] Eichler, R.: Prozesssicherheit beim Einlippenbohren mit kleinsten Durchmessern. Dissertation Universität Stuttgart, 1996
[10] Firma Botek Produktprospekt Einlippenbohrer, 2002
[11] Hafenkamp, H.; Niemeyer, M.; Schäperkötter, M.: Werkstoffverhalten und Mikrostrukturausprägung bei hohen Schnittgeschwindigkeiten. In H.K. Tönshoff, F. Hollmann (Hrsg.): Spanen metallischer Werkstoffe mit hohen Geschwindigkeit, Kolloquium des Schwerpunkt-programms der Deutschen Forschungsgemeinschaft am 18. 11. 1999 in Bonn
[12] Weinert, K.; Bach, F. W.; Schäperkötter, M.; Koehler, W.: Spanwurzeluntersuchungen beim HSC-Bohren. In VDI-Z Integrierte Produktion Special (2003) Heft 1 Werkzeuge, Seite 20–23
[13] Tönshoff, H.K.; Ben Amor, R.: Schnittunterbrechung bei hohen Schnittgeschwindigkeiten. In H.K. Tönshoff, F. Hollmann (Hrsg.): Spanen metallischer Werkstoffe mit hohen Geschwindigkeit, Kolloquium des Schwerpunktprogramms der Deutschen Forschungsgemeinschaft am 18. 11. 1999 in Bonn

12 Werkstoffeinfluss auf die Spanbildung bei der Hochgeschwindigkeitszerspanung metallischer Werkstoffe

E. Brinksmeier, P. Mayr, F. Hoffmann, T. Lübben, A. Walter, P. Diersen, P. Ponteau, J. Sölter

Kurzfassung

Ziel der in diesem Artikel vorgestellten Forschungsarbeiten war es, die Spanbildung und die Randzonenbeeinflussung bei der Hochgeschwindigkeitszerspanung in Abhängigkeit von der Temperaturleitfähigkeit durch eine gezielte Werkstoffauswahl zu analysieren. Neben der Variation der Temperaturleitfähigkeit wurde auch der Einfluss der Mikrostruktur und Härte einzelner Werkstoffe auf den Spanbildungsmechanismus untersucht. Dadurch konnten die Werkstoffzustände so eingestellt werden, dass sie eine thermische Entfestigung oder eine mechanische Verfestigung bei der Spanbildung begünstigten.

Für nahezu alle untersuchten Werkstoffe (Stähle, Reinaluminium, Kupfer, Aluminium- und Titanlegierungen) lässt sich feststellen, dass eine exponentielle Abnahme der Zerspankraft mit steigender Schnittgeschwindigkeit vorliegt. Im untersuchten Werkstoffspektrum zeigte sich, dass die Ausbildung segmentierter Späne mit Abnahme der Temperaturleitfähigkeit bzw. mit zunehmender Ausgangshärte des Werkstoffs ansteigt. Zudem konnte festgestellt werden, dass die Übergangsschnittgeschwindigkeit v_{HSC} mit Abnahme der Temperaturleitfähigkeit sowie mit zunehmender Zugfestigkeit des Werkstoffs exponentiell abnimmt. Darüber hinaus existiert eine Abhängigkeit der Oberflächeneigenspannungen von der Schnittgeschwindigkeit bei der Zerspanung der Werkstoffe AlZnMgCu1,5 und 42CrMo4. Die durch die Zunahme der Schnittgeschwindigkeit steigende Zerspanleistung führt zunächst zu einer stärkeren thermischen Beeinflussung der Werkstückrandzone, wodurch die Oberflächeneigenspannungen steigen. Bei weiterem Anstieg der Schnittgeschwindigkeit bleiben die gemessenen Oberflächeneigenspannungen auf einem konstanten Niveau bzw. verringern sich geringfügig. Dieses kann auf die abnehmende Kontaktzeit zwischen Werkzeug und Werkstück zurückgeführt werden.

Abstract

The objective of the presented research work was to analyze the chip formation during High Speed Cutting (HSC) for workpiece materials with different temperature diffusivities. Additionally the influence of microstructure and material hardness on chip formation were taken into account. This strategy enabled us to prepare material properties which promoted either a thermal softening or a mechanical hardening during chip formation.

For almost all of the analyzed materials (steels, aluminum, copper, aluminum and titanium alloys) an exponential decrease of the resultant force was observed with increasing cutting speed. Within the range of investigated materials the segmentation of chips rises with decreasing temperature diffusivity and increasing material hardness. Furthermore the

Hochgeschwindigkeitsspanen. Hrsg. H. K. Tönshoff und F. Hollmann

ISBN: 3-527-31256-0

threshold cutting speed v_{HSC} decays exponentially if the temperature diffusivity decreases and the tensile strength increases. Additionally surface residual stresses after machining correlate with cutting speeds when machining AlZnMgCu1,5 and 42CrMo4. With augmenting cutting speed the cutting power and therefore the surface residual stresses increase. From a certain cutting speed a further increase does not lead to a significant change of the measured surface residual stresses. This behavior is due to the decrease of the contact time between tool and workpiece.

12.1 Einleitung

Die Mechanismen, die zur Segmentspanbildung führen, werden in der Literatur unterschiedlich beschrieben. Der „Mechanische Ansatz“, der die Bildung segmentierter Späne durch eine Rissbildung vor der Schneide erklärt, wurde von Nakayama [1] eingeführt. Insbesondere bei der Beschreibung der Segmentspanbildung in der Hartbearbeitung hat sich dieses Modell etabliert [2, 3, 4]. Durch das Anstauchen des Werkstoffs vor der Werkzeugschneide entstehen hohe Druckspannungen in der Werkstückrandzone. Der zu bearbeitende Werkstoff wird an der Schneidenecke lokal plastisch verformt. Zusätzlich entsteht ausgehend von einem Sprödbruch an der Werkstückoberfläche eine Trennfläche, die sich in Richtung der Schneidkante ausbreitet. Das dreieckförmige Segment von der Trennfläche, der Werkstückoberfläche und der Spanfläche des Werkzeugs beginnt zu gleiten und der im Bereich der Schneidenecke plastisch verformte Werkstoff folgt dem abgleitenden Spansegment, so dass die einzelnen Spansegmente von einem Band plastisch verformten Materials zusammen gehalten werden.

Ein anderer Ansatz begründet die Segmentspanbildung mit thermo-mechanischen Vorgängen in der Scherzone [5, 6, 7]. Danach entstehen bevorzugt Segmentspäne, wenn die durch den Umformvorgang erzeugte Wärme nicht schnell genug aus der Scherzone abgeführt werden kann, d. h. wenn das Gleichgewicht zwischen Wärmeentstehung und Wärmeabfuhr zu Lasten der Wärmeabfuhr gestört wird. Die Wärme ist dann in der Scherzone stark lokalisiert und bewirkt dort ein thermisches Versagen des Werkstoffs. Dieser Vorgang wird in der Literatur häufig als adiabate Scherung bezeichnet [8] und führt zur Ausbildung segmentierter Späne [9, 10, 11, 12].

Grundlage der durchgeführten Arbeiten war das Ergebnis aus Schmidts Untersuchungen, wonach sich eine adiabate Scherung bevorzugt bei Werkstoffen mit einer geringen Temperaturleitfähigkeit a ausbildet [13]. Ziel der in diesem Artikel vorgestellten Forschungsarbeiten war es daher, die Spanbildung und die Randzonenbeeinflussung bei der Hochgeschwindigkeitszerspanung in Abhängigkeit von der Temperaturleitfähigkeit a durch eine gezielte Werkstoffauswahl zu analysieren. Die gemessenen Temperaturleitfähigkeiten der im gesamten Vorhaben untersuchten Werkstoffe sind in Bild 1 dargestellt. Zusätzlich sind die Zugfestigkeiten der einzelnen Werkstoffe bei Raumtemperatur auf der Abszisse eingetragen. Die Zugfestigkeiten sind nicht ohne weiteres auf die während der Zerspanung vorherrschenden Bedingungen übertragbar. Als Arbeitshypothese wurde dennoch davon ausgegangen, dass bei höherer Raumtemperatur-Zugfestigkeit mehr thermische Energie aufgebracht werden muss, damit eine Segmentspanbildung durch adiabate Scherung einsetzen kann.

Neben der Variation der Temperaturleitfähigkeit wurde auch der Einfluss der Mikrostruktur und Härte einzelner Werkstoffe auf den Spanbildungsmechanismus untersucht.

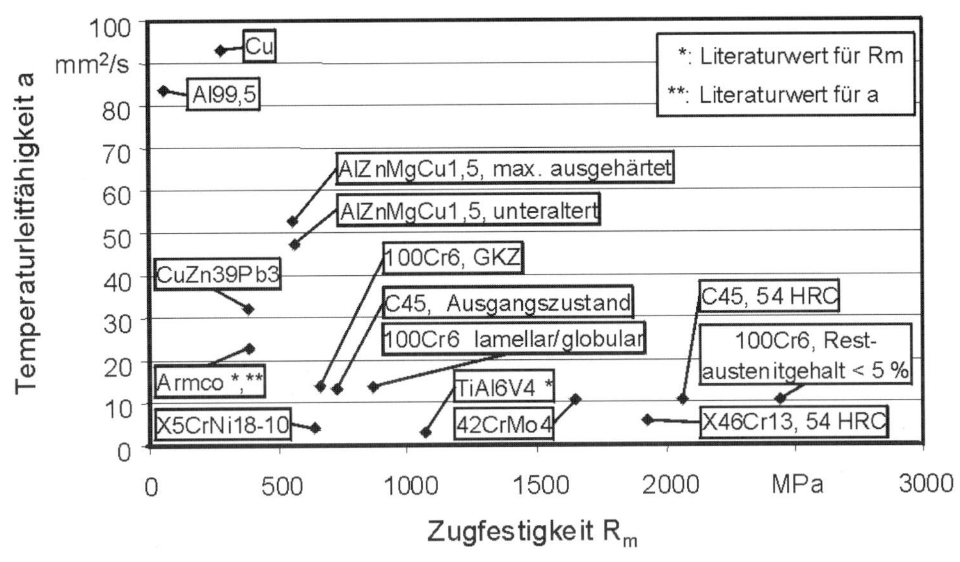

Bild 1: Gemessene Temperaturleitfähigkeiten und Zugfestigkeiten für die im Vorhaben untersuchten Werkstoffe

Dadurch konnten die Werkstoffzustände so eingestellt werden, dass sie eine thermische Entfestigung oder eine mechanische Verfestigung bei der Spanbildung begünstigten. Folgend werden exemplarische Ergebnisse aus dem gesamten Forschungsvorhaben für die Werkstoffe AlZnMgCu1,5 und 42CrMo4 vorgestellt. Zur Variation der Festigkeitskennwerte wurden für den 42CrMo4 verschiedene Anlassstufen eingestellt. Die Aluminiumlegierung wurde in verschiedenen Auslagerungszuständen untersucht.

Abschließend wird die Gesamtheit der Ergebnisse aus den werkstoffspezifischen Untersuchungen dargelegt. Es wurde dabei der Einfluss der Zugfestigkeit R_m („mechanischer Werkstoffeinfluss“) auf die Übergangsschnittgeschwindigkeit v_{HSC} untersucht. Die Übergangsschnittgeschwindigkeit v_{HSC} stellt eine Grenze zwischen dem Bereich der konventionellen Schnittgeschwindigkeiten und der Hochgeschwindigkeitsbearbeitung dar. Des Weiteren wurde die Abhängigkeit der Spansegmentierung Gs von der Temperaturleitfähigkeit a („thermischer Werkstoffeinfluss“) der unterschiedlichen Werkstoffe analysiert. Zusätzlich wurde der Einfluss des Leistungsfaktors k, der sich aus dem Verhältnis von thermischen Kenngrößen (Schmelztemperatur T_m, Wärmeeindringkoeffizient b) und der Zugfestigkeit R_m berechnet, auf die Übergangsschnittgeschwindigkeit v_{HSC} untersucht.

12.2 Experimentelle Vorgehensweise

12.2.1 Vorgehensweise bei den Zerspanversuchen

Die Zerspanversuche wurden an einem Bearbeitungszentrum des Typs FFZ 200 der Firma Steinel durchgeführt. Das Bearbeitungszentrum ist mit einer Drehstrom-Hauptspindel ausgerüstet, die sich durch ein maximales Drehmoment von $M_d = 185$ Nm und einem

Drehzahlbereich von $n = 30\ min^{-1}$ bis $n = 18.000\ min^{-1}$ auszeichnet. Bei den eingesetzten Werkstückdurchmessern von d = 50 mm (42CrMo4) bzw. d = 160 mm (AlZnMgCu1,5) konnte eine maximale Schnittgeschwindigkeit von $v_c = 2.826$ m/min bzw. $v_c = 9.047$ m/min realisiert werden. Die scheibenförmigen Werkstoffproben hatten eine Dicke von 28 mm (42CrMo4) und eine Dicke von 30 mm im Falle von AlZnMgCu1,5, so dass auf einer Probe mehrere Zerspanversuche durchgeführt werden konnten. Zur Aufnahme in die Werkzeugmaschine, wurden die Proben mit einer zentrischen Bohrung mit einem Durchmesser von 20 mm versehen.

Während der Zerspanversuche wurden die Zerspankräfte (Schnittkraft F_c, Vorschubkraft F_f, Passivkraft F_p) mit einer Dreikomponentenkraftmessplatte gemessen. Die Versuche wurden mit einem fest stehenden Drehmeißel durchgeführt. Hierbei handelte es sich um ein Werkzeugsystem mit einem PCLNR1616H12-Klemmhalter und Wendeschneidplatten aus Kubischem Bornitrid (CBN). Zusammen mit der Halterausrichtung und der Plattengeometrie ergeben sich folgende Schneideneingriffsverhältnisse:
Einstellwinkel $\kappa = 95\ °$,
Spanwinkel $\gamma = -7\ °$,
Freiwinkel $\alpha = 7\ °$,
Neigungswinkel $\lambda = -7\ °$,
Eckenradius $r_\varepsilon = 0{,}8$ mm.

Die Messung der Oberflächenqualität erfolgte mit einem Oberflächentastgerät Perthometer M4Pi der Firma Mahr GmbH, Göttingen. Die Messungen entsprechen den Angaben über die Gesamtabweichung in DIN 4772, Klasse 2. Zur Beschreibung der Oberflächenqualität wurde die gemittelte Rautiefe Rz verwendet. Die Untersuchung der Mechanismen der Spanbildung erfolgte anhand der Analyse von ausgewählten Spänen. Metallografische Schliffe der Späne wurden hinsichtlich des Segmentierungsgrads Gs ausgewertet (Bild 2). Der Segmentierungsgrad berechnet sich aus dem Verhältnis der maximalen Spandicke zur minimalen Spandicke. Ist Gs gleich Eins ist ein Span vollkommen segmentiert. Bei einem Segmentierungsgrad Gs = 0 liegt ein Fließspan vor.

Zur Definition der Übergangsschnittgeschwindigkeit wurde die von Tönshoff et al. eingeführte Gleichung 12.2.1 zur Beschreibung der Zerspankräfte in Abhängigkeit von der Schnittgeschwindigkeit zugrunde gelegt [14].

$$F_i(v_c) = F_{i,stat} + F_{i,dyn} \cdot \exp\left(-\frac{v_c}{v_{trans}}\right) \qquad (12.2.1)$$

Dabei beschreibt $F_{i,stat}$ den geschwindigkeitsunabhängigen Anteil der Kraftkomponente F_i und $F_{i,dyn} \cdot \exp\left(-\frac{v_c}{v_{trans}}\right)$ den mit v_c exponentiell abfallenden dynamischen Anteil von F_i. Per Definition liegen dann Hochgeschwindigkeitsbedingungen vor, wenn der dynamische Anteil der Zerspankraft auf $1/e^2$ (14 %) abgefallen ist. Dieses entspricht dem zweifachen Wert der charakteristischen Größe v_{trans}.

12.2.2 Vorgehensweise bei der Oberflächencharakterisierung

Die Härtemessungen wurden an den Zylinderproben durchgeführt (Eindrücke senkrecht zur Oberfläche). Diese Form der Messung liefert über die Eindringtiefe einen integralen Wert über den vorliegenden Härtegradienten. Je kleiner die Eindringtiefe, desto näher

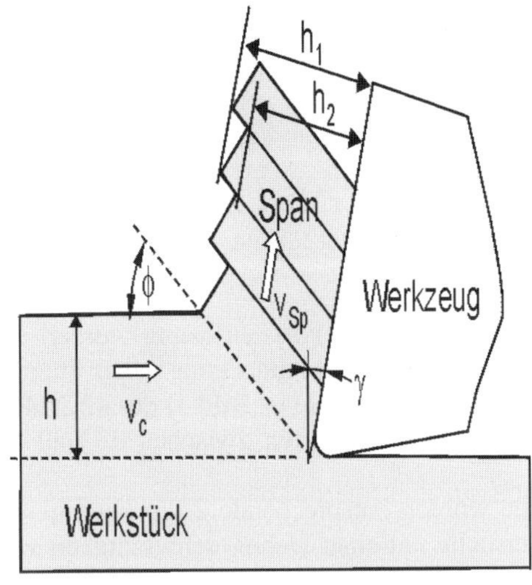

$$\text{Segmentierungsgrad } Gs = \frac{h_1 - h_2}{h_1}$$

Gs = 1 => vollkommen segmentierter Span

Gs = 0 => Fließspan

Bild 2: Definition des Segmentierungsgrads Gs

kommt die Messung an die wahre Oberflächenhärte. Dieser Forderung nach geringer Eindringtiefe steht andererseits der Wunsch nach einer möglichst breiten Diagonalen zur Verbesserung der Messgenauigkeit gegenüber. Diese Forderung wird um so wichtiger, je größer die Oberflächenrauheit der Probe wird, da sie die optische Identifizierung der Diagonalenbegrenzung stark beeinflusst.

Als Kompromiss aus diesen gegenläufigen Forderungen wurde das Vickers-Verfahren mit einer Prüfkraft von 1 N für den Stahl 42CrMo4 und von 0,25 N für die Aluminiumlegierung AlZnMgCu1,5 ausgewählt. Diese Prüfbedingungen führten unter den vorliegenden Verhältnissen zu Eindringtiefen von max. 4,8 µm (42CrMo4) bzw. 3,4 µm (AlZnMgCu1,5) und liegen damit innerhalb der beeinflussten Randschicht.

Aufgrund der schwer zu vermessenden Eindrücke resultierten relativ große Streuungen der Härtewerte. Es wurde daher für jede Variante an 10 zufällig ausgewählten Positionen eine Messung durchgeführt, und daraus eine mittlere Härte der Randschicht berechnet. Dieses Messverfahren wurde jeweils am unzerspanten und zerspanten Bereich der Proben angewandt.

Für AlZnMgCu1,5 wurden zusätzlich Ultramikrohärte-Tiefen-Verläufe unter Verwendung eines Fischerscope H100Xyp mit einer Prüfkraft von 5 mN ermittelt.

Alle Eigenspannungsmessungen wurden unter Verwendung von CrK_α-Strahlung, einer Messzeit von 4 s und einer Schrittweite von 1° an der {211}-Netzebene des α-Eisens beim 42CrMo4 bzw. {311}-Netzebene des α-Aluminiums bei der Aluminiumlegierung AlZnMgCu1,5 durchgeführt. Gemessen wurde beim 42CrMo4 bei den ψ-Winkeln 0°, ± 7°, ± 10°, ± 41°, ± 43°, ± 45° bzw. bei AlZnMgCu1,5 bei 0, ± 7°, ± 15°, ± 40°, ± 45°, ± 50°, ± 55°. Die Peaklagen-Bestimmung erfolgte mit der Schwerpunktmethode, die Auswertung mit dem $\sin^2 \psi$-Verfahren. Gemessen wurde in jedem Fall senkrecht zur Schnittrichtung und parallel zur Schnittrichtung (Bearbeitungsrichtung).

Für die Erstellung der Eigenspannungs-Tiefenverläufe wurden die Proben elektrolytisch abgetragen, wobei Schrittweiten von ca. 1 µm im Randbereich, 2 µm im Übergangsbereich und ab 20 µm Tiefe 5 µm-Schritte angestrebt wurden. Die Messung der Abtragstiefe erfolgte mit einem Hommel-Tester und der Auswertung von entsprechenden Profilschrieben.

12.3 Hochgeschwindigkeitszerspanung von 42CrMo4

12.3.1 Vergütung des 42CrMo4

Nach einer Austenitisierung und einer Härtung in wässriger Polymerlösung wurden die Proben bei unterschiedlichen Temperaturen angelassen. Zur Abdeckung eines breiten Härtebereichs wurden aus dem zuvor ermittelten Anlassschaubild (s. Bild 3) des 42CrMo4 verschiedene Anlasstemperaturen ausgewählt, die zu Härtewerten zwischen 33 und 54 HRC führen.

Zur weiteren Charakterisierung der Zustände wurden entsprechende Zugproben gefertigt. Für jeden Zustand wurden 3 Wiederholversuche mit einer Dehngeschwindigkeit von 10^{-3} s^{-1} durchgeführt. Als charakterisierende Größe wurde in Anlehnung an [15] die Zugfestigkeit R_m ermittelt. Die Mittelwerte dieses Kennwerts und die zugehörigen einfachen Standardabweichungen sind in Tabelle 1 aufgeführt.

Chemische Zusammensetzung (in Gew.%)

	C	Cr	Si	Mn	P	S	Ni	Mo	Cu	Al	Ti
Messung	0,38	1,05	0,27	0,82	0,009	0,025	0,06	0,2	0,13	0,03	0,004
DIN	0,38-0,45	0,9-1,2	<0,4	0,6-0,9	<0,035	<0,035		0,15-0,3			

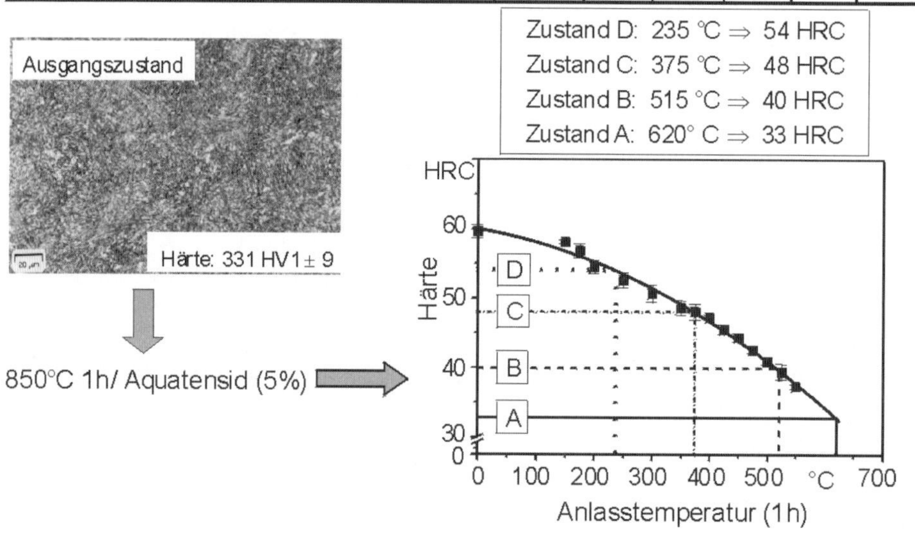

Bild 3: Chemische Zusammensetzung, Ausgangsgefüge und experimentell ermitteltes Anlassschaubild der untersuchten Schmelze des 42CrMo4

Die Temperaturleitfähigkeit a des gehärteten 42CrMo4 wurde als Auftragsuntersuchung am Forschungszentrum Karlsruhe unter Verwendung der Laser-Flash Methode [16] ermittelt. Messungen an anderen Stählen zeigen, dass der Einfluss der Anlassbehandlung lediglich zu kleinen Änderungen dieser Größe führt, so dass in Tabelle 1 hier in erster Näherung von einem konstantem Wert ausgegangen wurde.

Der Wärmeeindringkoeffizient b wurde gemäß der Gleichung [17]

$$b = \rho \cdot c_p \cdot \sqrt{a} \tag{12.3.1}$$

aus der Temperaturleitfähigkeit a, der Dichte ρ und der spezifischen Wärmekapazität c_p berechnet. Dichte und Wärmekapazität wurden der Literatur entnommen [18]. Diese Daten sind ebenfalls in Tabelle 1 aufgeführt.

Tabelle 1: Thermische und mechanische Eigenschaften des 42CrMo4 in verschiedenen Vergütungszuständen

Härte [HRC]	R_m [MPa]	a [mm²/s]	$\rho \times c_p$ [MJ/(m³ · K)]	b [kJ/(m² · K · s^0,5)]
33	1008 ± 7	10,6 ± 0,5	3,4	11,5
40	1203 ± 24			
48	1487 ± 46			
54	1906 ± 5			

12.3.2 Zerspanuntersuchungen

12.3.2.1 Zerspankräfte

Bild 4 zeigt die Abhängigkeit der Zerspankraft F_z von der Schnittgeschwindigkeit und der Vergütungsfestigkeit des Werkstoffs. Deutlich erkennbar ist ein Absinken der Zerspankräfte für alle untersuchten Werkstoffzustände, das sich durch den von Tönshoff eingeführten Exponentialansatz beschreiben lässt [14]. Die daraus bestimmten Übergangsschnittgeschwindigkeiten, die den Geschwindigkeitsbereich der konventionellen von der Hochgeschwindigkeitsbearbeitung abgrenzen, sind für die verschiedenen Werkstofffestigkeiten ebenfalls in der Abbildung eingetragen. Die Übergangsschnittgeschwindigkeit v_{HSC} beschreibt in dem hier verwendeten Ansatz die Sensitivität des Kraftabfalls mit zunehmender Schnittgeschwindigkeit. Es zeigt sich, dass mit zunehmender Werkstoffhärte die Übergangsschnittgeschwindigkeit v_{HSC} leicht ansteigt. Für eine Werkstoffhärte von 33 HRC wurde eine Übergangsschnittgeschwindigkeit von 434 m/min ermittelt. Bei einer Härte von 54 HRC ergibt sich ein v_{HSC} von 540 m/min. Zu erkennen ist, dass die Zerspankräfte mit steigender Werkstoffhärte weniger stark absinken. Die nichtgeschwindigkeitsabhängigen Anteile der Zerspankraft $F_{z,stat}$ steigen erwartungsgemäß mit zunehmender Werkstoffhärte an. Für eine Härte von 33 HRC liegt der Wert von $F_{z,stat}$ bei ca. 60 N, für eine Vergütungsfestigkeit von 54 HRC liegt dieser Wert bei 80 N.

12.3.2.2 Oberflächenqualität

In Bild 5 sind die gemittelten Rautiefen Rz für die untersuchten Vergütungshärten von 42CrMo4 in Abhängigkeit von der Schnittgeschwindigkeit v_c dargestellt. Zusätzlich ist die

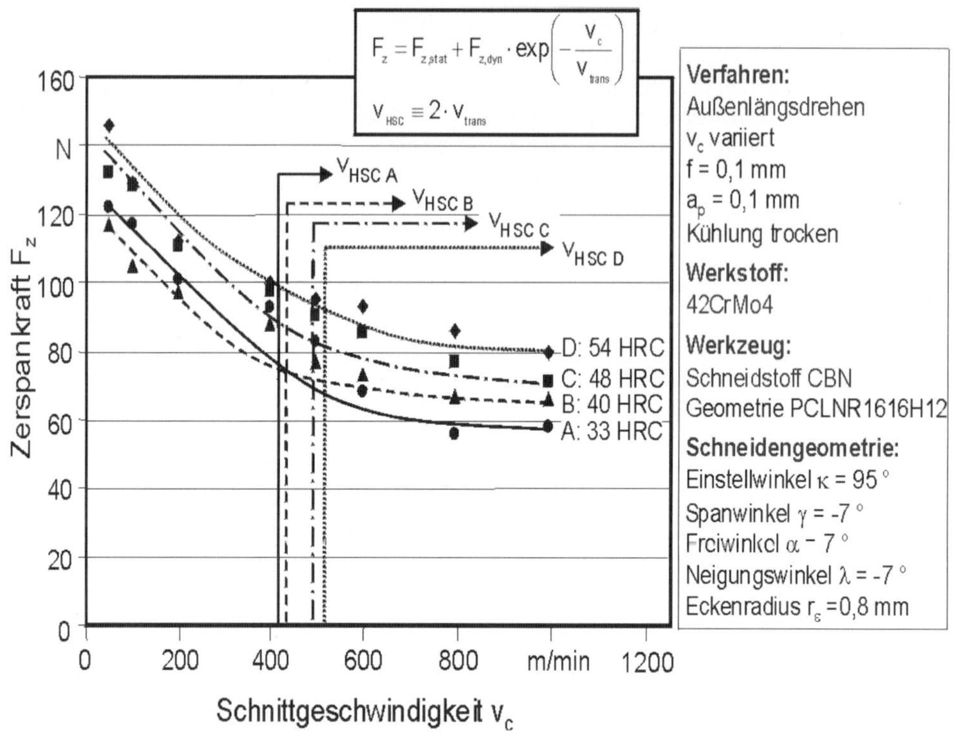

Bild 4: Zerspankraft F_z in Abhängigkeit von der Schnittgeschwindigkeit v_c für 42CrMo4 in verschiedenen Vergütungsfestigkeiten

kinematische Rauheit eingezeichnet, die sich aus den geometrischen Verhältnissen bei der Zerspanung ergibt und von dem Vorschub und dem Eckenradius der Schneide abhängt. Eine signifikante Verbesserung der Oberflächengüte mit steigender Schnittgeschwindigkeit, ist für eine Ausgangshärte des Werkstoffs von 33 HRC zu erkennen. Die gemessenen Rz-Werte sinken von ca. 9 µm bei einer Schnittgeschwindigkeit von 75 m/min auf 2,5 µm bei einer Schnittgeschwindigkeit von 900 m/min. Ein nur geringer Schnittgeschwindigkeitseinfluss auf die erreichbare Oberflächenqualität ergibt sich für die Vergütungsfestigkeiten von 48 und 54 HRC. Die gemittelte Rauhtiefe Rz sinkt in beiden Fällen von einem Wert von ca. 3 µm auf 2 µm. Es wird vermutet, dass sich für niedrige Schnittgeschwindigkeiten mit steigender Werkstoffhärte die Beeinflussung der Oberfläche durch die Werkzeugfreifläche verringert. Dies ist auf die geringere elastische Verformung bei härteren Werkstoffzuständen des Werkstoffs unter der Drangkraft des Werkzeugs zurückzuführen. Die geringen Unterschiede bei hohen Schnittgeschwindigkeiten lassen sich auf ein thermisch bedingtes Erweichen der Werkstoffoberfläche durch die Zunahme der eingebrachten Zerspanleistung P_c zurückführen. Dieses führt zusammen mit der Relativbewegung zwischen Werkzeug und Werkstück zu einem Glätten der erzeugten Oberfläche.

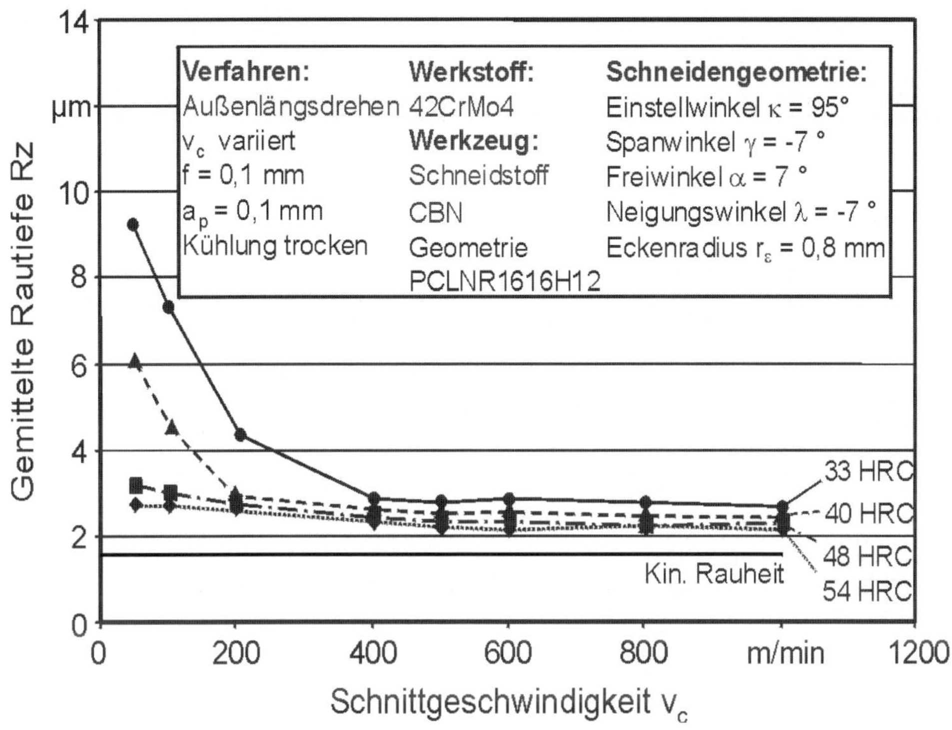

Bild 5: Gemittelte Rautiefe Rz in Abhängigkeit von der Schnittgeschwindigkeit v_c für 42CrMo4 in verschiedenen Vergütungsfestigkeiten

12.3.2.3 Mechanismen der Spanbildung

Um den Einfluss der Vergütungsfestigkeit von 42CrMo4 auf die Spanbildung analysieren zu können, wurden Spanschliffe von Spänen angefertigt, die bei einer Schnittgeschwindigkeit von v_c = 800 m/min erzeugt wurden. Bild 6 zeigt das Ergebnis dieser Untersuchungen. Zur Charakterisierung des Spanbildungsmechanismus wurde den Spänen ein Segmentierungsgrad Gs zugeordnet. Dieser berechnet sich aus dem Verhältnis der maximalen Spanhöhe zur minimalen Spanhöhe. Bei einer Fließspanbildung ist der Segmentierungsgrad gleich Null. Für einen vollständig segmentierten Span ist Gs gleich Eins. Mit zunehmender Werkstoffhärte zeigt sich eine signifikante Veränderung des Segmentierungsgrads Gs. Bei einer Werkstoffhärte von 33 HRC ist Gs = 0,22. Mit zunehmender Härte des Werkstoffs steigt der Segmentierungsgrad auf einen Maximalwert von 0,47. Da die vier untersuchten Werkstoffzustände praktisch die gleiche Temperaturleitfähigkeit haben, sind die unterschiedlichen Segmentierungsgrade auf die abnehmende Duktilität mit zunehmender Werkstofffestigkeit zurückzuführen. Zunächst steigt der Segmentierungsgrad mit zunehmender Vergütungsfestigkeit an (33 HRC–48 HRC). Bei einer weiteren Erhöhung ändert sich der Segmentierungsgrad kaum. Die abnehmende Duktilität führt aber zu einer früheren Abscherung eines Spansegments, wodurch die Anzahl der einzelnen Spansegmente pro Längeneinheit ansteigt. Daher sind auf einer gleichen Spanlänge bei dem Werkstoffzustand mit einer Festigkeit von 54 HRC mehr, aber schmalere Spansegmente zu erkennen, als bei dem Zustand mit einer Festigkeit von 48 HRC.

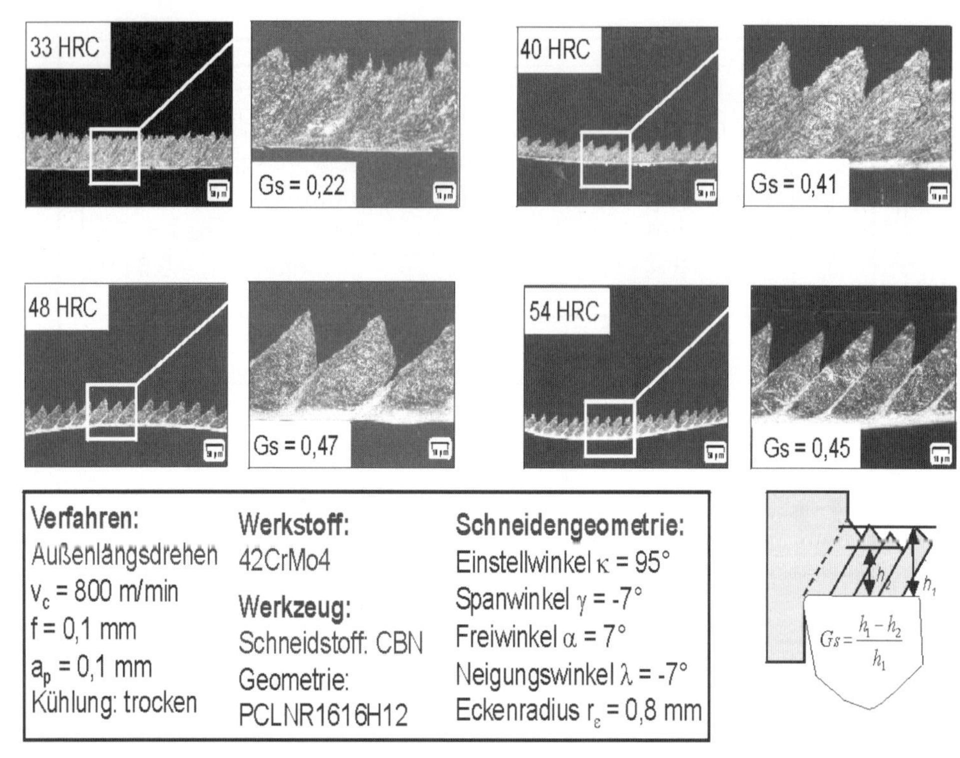

Bild 6: Spanbildung und Segmentierungsgrad Gs in Abhängigkeit von der Vergütungsfestigkeit von 42CrMo4

12.3.3 Randzonenveränderungen beim 42CrMo4

In Bild 7 sind die resultierende Randzonengefüge und Härtemessungen bzw. Halbwertsbreitenänderungen an der Oberfläche dargestellt. Die resultierenden Härteänderungen fallen insgesamt sehr klein aus, so dass unter Berücksichtigung der zugehörigen Streubänder nur schwer eindeutige Abhängigkeiten abgelesen werden können. Diese Aussage gilt sowohl für den Einfluss der Schnittgeschwindigkeit als auch der Härte (Bild 7, oben links).

Die metallographischen Schliffuntersuchungen haben ergeben, dass sich bei einigen Kombinationen von Härte und Schnittgeschwindigkeit Neuhärtungszonen gebildet haben, die aber eine Dicke von weniger als einem Mikrometer aufweisen (Bild 7, oben rechts). Auch hier ist keine Systematik erkennbar. Weiterhin können auf diesem Weg die Anlasszonen nicht eindeutig erkannt und hinsichtlich ihrer Tiefenreichweite quantifiziert werden.

Die Messergebnisse der Halbwertsbreitenänderung unter den beiden Azimuten weisen keine signifikante Abhängigkeit von der Schnittgeschwindigkeit auf. Negative Werte (entsprechend einer Entfestigung) sind bei 33 und 54 HRC Vergütungsfestigkeit feststellbar, während bei 40 und 48 HRC eine Verfestigung vorliegt. Mit zunehmender Vergütungshärte ist in beiden Messrichtungen keine Systematik erkennbar (Bild 7, unten).

Die Ergebnisse der Eigenspannungsmessungen sind in Bild 8 zusammengefasst. Die angegebene Eigenspannungs-Tiefen-Verläufe wurden ausschließlich für die Eigenspannungskomponente senkrecht zur Bearbeitungsrichtung ermittelt (φ = 90).

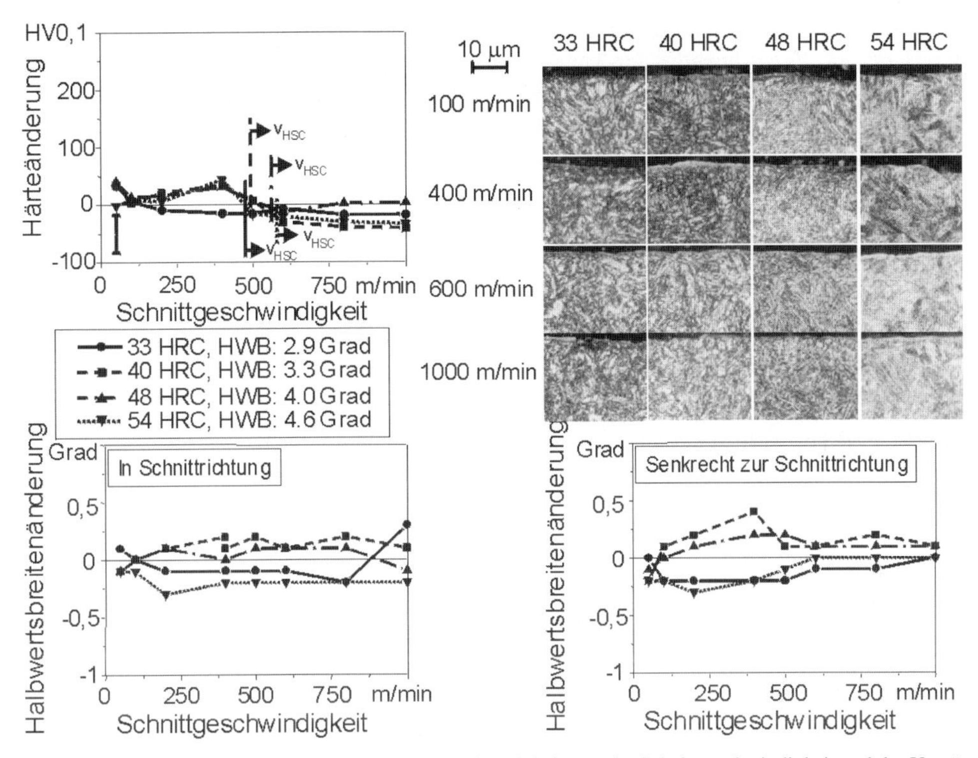

Bild 7: Oberflächenänderungen beim 42CrMo4 in Abhängigkeit von der Schnittgeschwindigkeit und der Vergütungshärte:
oben : Härte und Gefüge unten: Halbwertsbreite

Zunächst ist festzustellen, dass sowohl die Vergütungshärte als auch die Schnittgeschwindigkeit einen deutlichen Einfluss auf die Oberflächeneigenspannungen ausüben. Für die geringste untersuchte Festigkeit ist im Wesentlichen ein im untersuchten Schnittgeschwindigkeitsbereich monoton ansteigender Verlauf festzustellen. Mit steigender Härte kommt es zur Ausbildung eines Eigenspannungsmaximums vor der Übergangsschnittgeschwindigkeit. (Bild 8 oben). Dieses ist dadurch zu erklären, dass mit zunehmender Schnittgeschwindigkeit die mechanische Belastung sinkt und die thermische Belastung ansteigt. Anschließend fallen die Oberflächeneigenspannungen mit wachsender Schnittgeschwindigkeit bzw. mit einer konstanten Schnittkraft im HSC-Bereich und einer geringeren Kontaktzeit bzw. geringeren thermischen Belastung wieder ab.

Die Eigenspannungs-Tiefen-Verläufe zeigen ebenfalls eine ausgeprägte Abhängigkeit von der Vergütungsfestigkeit. So erhöht sich mit steigender Werkstoffhärte das Druckspannungsmaxima deutlich. Die zugehörige Tiefe hingegen bleibt ungefähr konstant (s. Bild 8, unten links).

Aus den Tiefenverläufen wurde unter Verwendung eines Exponentialansatzes gemäß

$$\sigma(z) = a \cdot e^{-b \cdot z} - c \cdot e^{-d \cdot z} + f, \quad \text{a, b, c, d, f: Konstanten} \qquad (12.3.3.1)$$

die Tiefe des Nulldurchgangs der Eigenspannungen ermittelt. Diese Größe ist als Maß für die insgesamt thermisch belastete Werkstoffrandzone interpretierbar [14].

Sie weist ebenfalls eine erkennbare Abhängigkeit von der Schnittgeschwindigkeit und der Härte auf. Die Abnahme der Tiefe des Nulldurchgangs mit zunehmender Schnittgeschwindigkeit ist durch eine geringere Kontaktzeit bzw. durch eine sinkende thermische Belastung mit zunehmender Schnittgeschwindigkeit erklärbar.

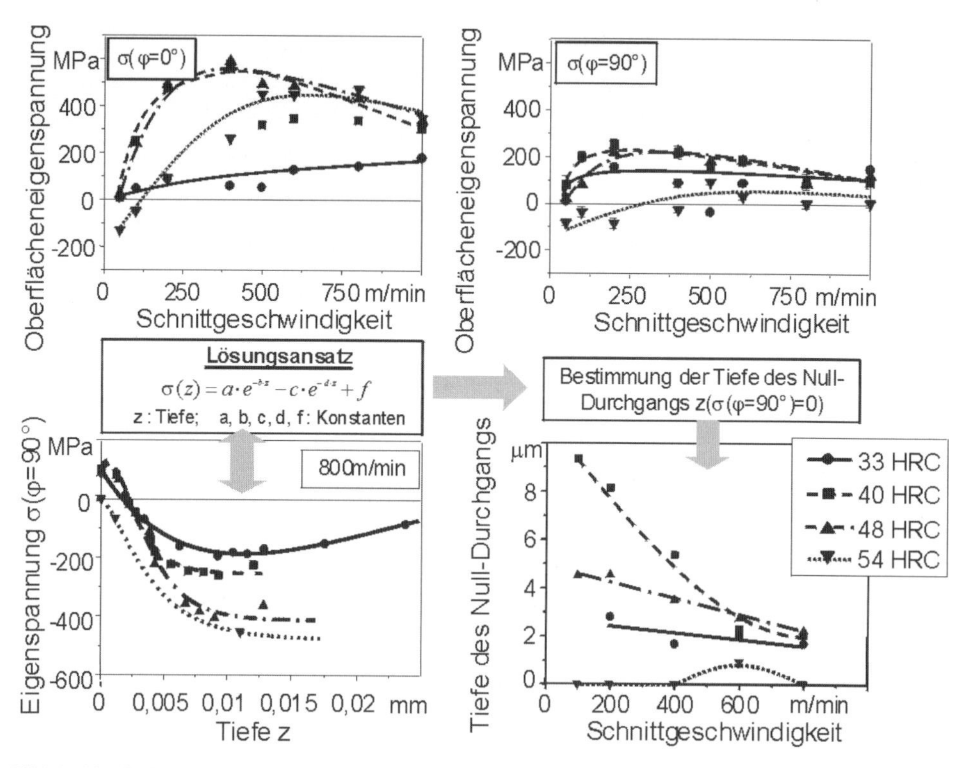

Bild 8: Oberflächeneigenspannung (oben), Eigenspannungs-Tiefen-Verläufe (unten links) und Tiefenlage des Nulldurchgangs in den Eigenspannungs-Tiefenverläufen (unten rechts) in Abhängigkeit von der Vergütungsfestigkeit des 42CrMo4

12.4 Hochgeschwindigkeitszerspanung von AlZnMgCu1,5

12.4.1 Auslagerung der Aluminiumlegierung AlZnMgCu1,5

Ausgehend vom Anlieferzustand (maximal ausgehärtet) wurde in Anlehnung an die Ergebnisse von [19] ein unteralterter Zustand eingestellt. Das Ziel war es, u.a. zu prüfen, ob beim Außenlängsdrehen ebenfalls nur für den unteralterten Zustand segmentierte Späne entstehen. Die durchgeführten Wärmebehandlungen und die resultierenden Gefüge sind in Bild 9 dargestellt. Die zugehörigen Werkstoffkennwerte, die gemäß dem in Kapitel 12.2.2 beschriebenen Vorgehen ermittelt wurden, sind in Tabelle 2 aufgeführt. Ein deutlicher Einfluss des Auslagerungszustands auf die Temperaturleitfähigkeit ist offensichtlich.

Chemische Zusammensetzung (in Gew.%)

	Si	Fe	Cu	Mn	Mg	Cr	Zn	Al	Ti
Messung	0,1	0,15	1,59	0,047	2,55	0,20	5,99	88,25	0,039
EN	<0,40	<0,50	1,2-2,0	<0,30	2,1-2,9	0,18-0,28	5,1-6,1	Rest	<0,20

490°C 90min/Eiswasser +10h 100°C

Unteraltert

Härte : 175 HV0,2±1

Ausgangszustand

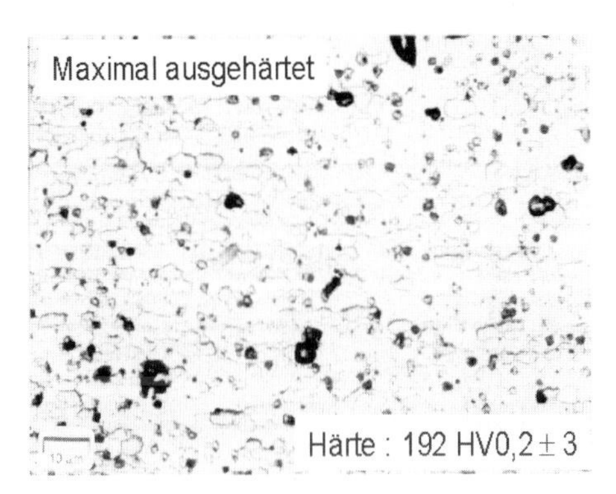

Bild 9: Chemische Zusammensetzung, Ausgangsgefüge und Gefüge des unteralterten Zustandes des AlZnMg-Cu1,5

Tabelle 2: Thermische und mechanische Eigenschaften der Aluminiumlegierung AlZnMgCu1,5 in verschiedenen Auslagerungszuständen

Härte [HV0,2]	R_m [MPa]	a [mm²/s]	$\rho \times c_p$ [MJ/(m^3 · K)]	b [kJ/(m^2 · K · s^{0,5})]
175 192	551 ± 18 559 ± 14	47,7 ± 2,4 53,0 ± 2,6	2,4	17,5 16,6

12.4.2 Zerspanuntersuchungen

12.4.2.1 Zerspankräfte

In Bild 10 sind die Zerspankräfte in Abhängigkeit der Schnittgeschwindigkeit für den maximal ausgehärteten Zustand (Ausgangszustand) und unteralterten Zustand von AlZnMgCu1,5 dargestellt. Deutlich erkennbar ist das starke Absinken der Zerspankräfte bei einem Anstieg der Schnittgeschwindigkeit von 50 m/min auf 1000 m/min. Bei sehr geringen Schnittgeschwindigkeiten kann es durch den adhäsiven Kontakt zwischen Schneide und Werkstoff zur Bildung von Aufbauschneiden kommen. Dieser Effekt wird durch den negativen Spanwinkel noch verstärkt. Es wird vermutet, dass sich dadurch der Spanablauf verschlechtert und entsprechend die Zerspankraft ansteigt.

Im weiteren Verlauf sinken die gemessenen Zerspankräfte weiter ab und erreichen ein Minimum von $F_z = 46$ N bei einer Schnittgeschwindigkeit von $v_c = 3500$ m/min. Anschließend steigen die Zerspankräfte wieder an und erreichen bei einer Schnittgeschwindigkeit von $v_c = 7000$ m/min einen Wert von 50 N. Der Wiederanstieg der Zerspankraft bestätigt die von Klocke et al. durchgeführten Untersuchungen [20]. Ein Erklärungsansatz für diesen Anstieg liefern Ergebnisse aus der Werkstoffkunde [21]. Dort wurde ein Anstieg der Fließspannung bei hohen Umformgeschwindigkeiten festgestellt. Die Zerspankräfte des unteralterten AlZnMgCu1,5 und des Ausgangszustands unterscheiden sich lediglich für Schnittgeschwindigkeiten von unter 1000 m/min. Dies lässt sich auf die inkohärenten Ausscheidungen im unteralterten Zustand zurückführen, die den Spanablauf bei geringen Schnittgeschwindigkeiten verbessern. Bei sehr hohen Schnittgeschwindigkeiten spielt dieser Einfluss offensichtlich keine Rolle und die gemessenen Werte des maximal ausgehärteten und des unteralterten Zustands sind innerhalb der Messgenauigkeit identisch.

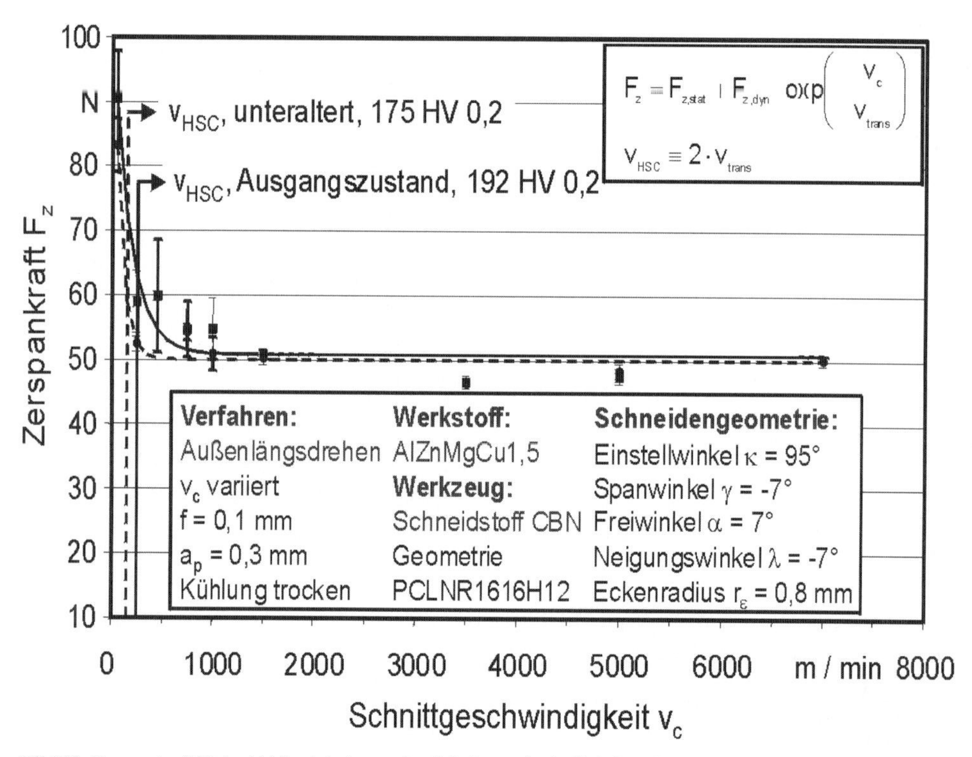

Bild 10: Zerspankraft F_z in Abhängigkeit von der Schnittgeschwindigkeit v_c für einen maximal ausgehärteten und einen unteralterten Zustand von AlZnMgCu1,5

Der Wiederanstieg der Zerspankraft für sehr hohe Schnittgeschwindigkeiten wird in Gleichung 12.2.1 nicht berücksichtigt. Da der Wiederanstieg im betrachteten Schnittgeschwindigkeitsbereich jedoch relativ klein ist, wurde zur Bestimmung der Übergangsschnittgeschwindigkeit die Gleichung 12.2.1 verwendet. Für den unteralterten Zustand beträgt die Übergangsschnittgeschwindigkeit $v_{HSC} = 259$ m/min. Bei der Zerspanung des

Ausgangsgefüges ergibt sich v_{HSC} zu 343 m/min. Die Unterschiede der v_{HSC}-Werte kommen durch das unterschiedlich starke Absinken der Zerspankraft mit ansteigender Schnittgeschwindigkeit zustande. Hier zeigt sich die Sensitivität der Übergangsschnittgeschwindigkeit auf den ermittelten Kurvenverlauf. Für eine möglichst verlässliche Bestimmung der Übergangsschnittgeschwindigkeit sind im Bereich des Zerspankraftabfalls möglichst viele Messpunkte aufzunehmen.

12.4.2.2 Oberflächenqualität

Bild 11 zeigt die gemittelte Rautiefe Rz in Abhängigkeit von der Schnittgeschwindigkeit v_c. Die gemessenen Oberflächenrauheiten der untersuchten Zustände unterscheiden sich ebenfalls nur für geringe Schnittgeschwindigkeiten. Bei einer Schnittgeschwindigkeit von v_c = 50 m/min sind die kinematische Rauheit und die am Ausgangszustand gemessene gemittelte Rautiefe identisch. Offensichtlich spielt die Spanbildung bei sehr niedrigen Schnittgeschwindigkeiten für die erreichbare Oberflächenqualität eine untergeordnete Rolle. Mit zunehmender Schnittgeschwindigkeit steigen der Einfluss aus dem System Maschine-Werkzeug-Werkstück und der Spanbildung auf die Oberflächenqualität. Ein Anstieg der gemittelten Rautiefe ist die Folge. Für den untersuchten Schnittgeschwindigkeitsbereich ist für den Ausgangszustand aber keine ausgeprägte Abhängigkeit der gemittelten Rautiefe von der Schnittgeschwindigkeit erkennbar. Die gemessenen Werte der gemittelten Rautiefe für den unteralterten Zustand zeigen ebenfalls keine signifikante Abhängigkeit von der Schnittgeschwindigkeit.

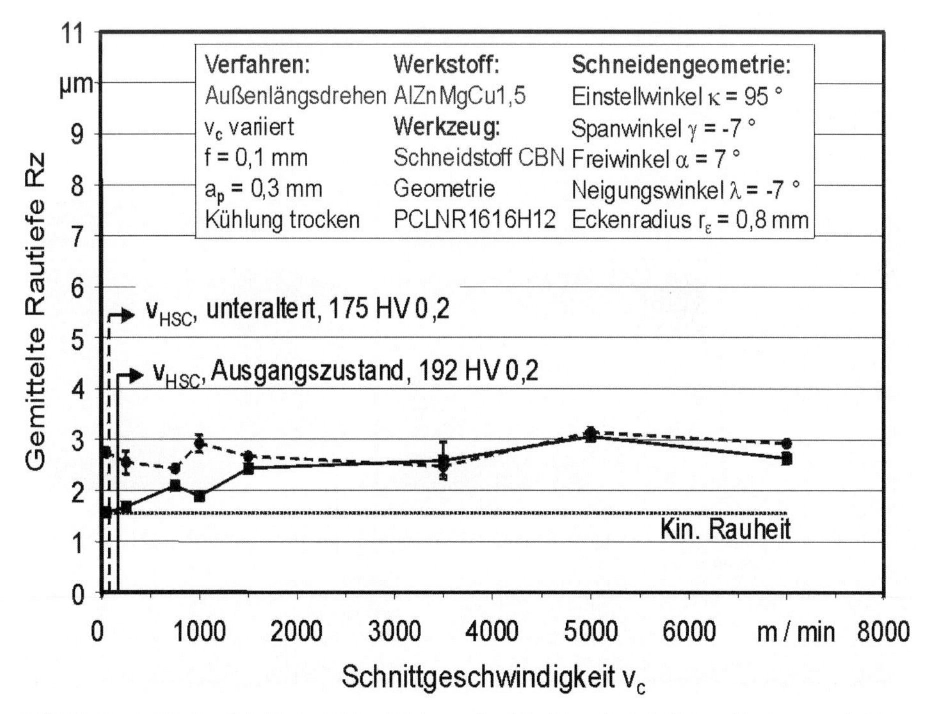

Bild 11: Gemittelte Rautiefe Rz in Abhängigkeit von der Schnittgeschwindigkeit v_c für einen maximal ausgehärteten und einen unteralterten Zustand von AlZnMgCu1,5

12.4.2.3 Mechanismen der Spanbildung

Den Einfluss des Auslagerungszustands von AlZnMgCu1,5 auf die Spanbildung zeigt Bild 12. Dort ist der Segmentierungsgrad Gs beider Auslagerungszustände für eine Schnittgeschwindigkeit von $v_c = 50$ m/min ($< v_{HSC}$) und eine Schnittgeschwindigkeit von $v_c = 750$ m/min ($> v_{HSC}$) dargestellt. Im maximal ausgehärteten Zustand ist für beide Schnittgeschwindigkeiten keine Spansegmentierung erkennbar. Die geringen Gs-Werte sind auf die Ausfransungen an der Spanoberseite zurückzuführen. Im unteralterten Zustand ist eine Segmentierung der Späne offensichtlich, obwohl die Härte des unteralterten Zustands geringer ist als die des Ausgangszustands. Die Segmentierung wird auf die geringere Temperaturleitfähigkeit von AlZnMgCu1,5 im unteralterten Zustand zurückgeführt. Sie beträgt $a = 47,7$ mm^2/s, verglichen mit $a = 53,0$ mm^2/s im Ausgangszustand. Außerdem führen inkohärente Ausscheidungen im unteralterten Gefüge zu einer verringerten Duktilität, die ebenfalls eine Segmentierung begünstigt. Der Anstieg des Segmentierungsgrads mit zunehmender Schnittgeschwindigkeit ist auf eine Erhöhung der eingebrachten Wärmemenge zurückzuführen, die eine adiabate Scherung bei der Spanbildung begünstigt. Diese Ergebnisse stimmen mit den von Blümke et al. beim Hochgeschwindigkeitsfräsen ermittelten Resultaten überein [19]. Blümke et al. stellten fest, dass ausschließlich für den unteralterten Zustand des AlZnMgCu1,5 eine Spansegmentierung auftritt und mit steigender Schnittgeschwindigkeit zunimmt.

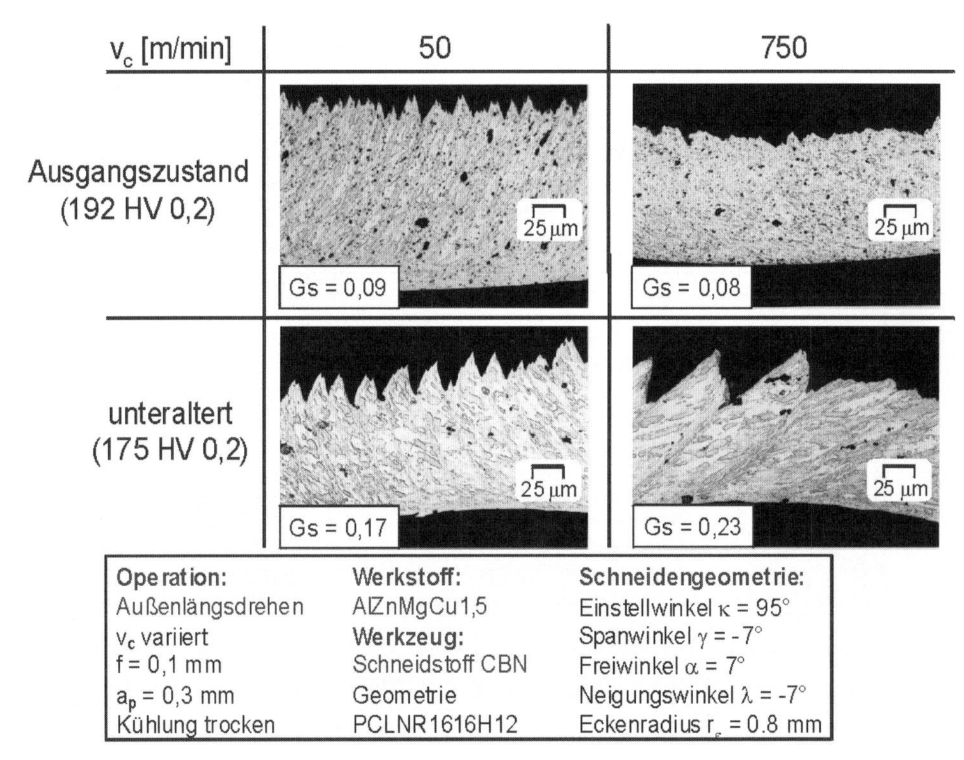

Bild 12: Spanbildung und Segmentierungsgrad Gs in Abhängigkeit vom Auslagerungszustand von AlZnMgCu1,5 für Schnittgeschwindigkeiten von $v_c = 50$ m/min und $v_c = 750$ m/min

12.4.3 Randzonenveränderungen bei der Aluminiumlegierung AlZnMgCu1,5

Zunächst wurden auch bei diesem Werkstoff metallographische Schliffe der zerspanten Probenoberflächen angefertigt. Diese zeigen eine ausgeprägte Walztextur parallel zur Probenoberfläche. Es lässt sich daher auf diesem Weg keine Gefügeveränderung durch den Zerspanprozess feststellen. Es wurden daher Ultramikrohärte-Tiefen-Verläufe ermittelt (Prüfkraft 0,005 N), um die Tiefe der beeinflussten Zone zu ermitteln (Bild 13). Es zeigt sich, dass die Tiefe der beeinflussten Zone beim unteralterten Zustand mit zunehmender Schnittgeschwindigkeit abnimmt. Die Beeinflussungstiefe aller untersuchten Schnittgeschwindigkeiten liegt zwischen ca. 8 und 20 µm (Bild 13, oben).

Die Oberflächenverfestigung nimmt mit wachsender Schnittgeschwindigkeit ab. Dieses Ergebnis korreliert mit den sinkenden Zerspanungskräften, die sich mit wachsender Schnittgeschwindigkeit einstellen (s. Bild 10).

Beim maximal ausgehärteten Zustand lässt sich die Beeinflussungstiefe nicht abschätzen, da die Härtewerte bei diesem Werkstoffzustand unabhängig von der Schnittgeschwindigkeit stark streuen. Diese Streuungen sollten auf den größeren Flächenanteil der Ausscheidungen in diesem Zustand zurückzuführen sein.

Die Härte- und Halbwertsbreitenänderungen an der Oberfläche sind in Bild 14 zusammengefasst. Beide Größen zeigen bei der kleinsten Schnittgeschwindigkeit eine Verfesti-

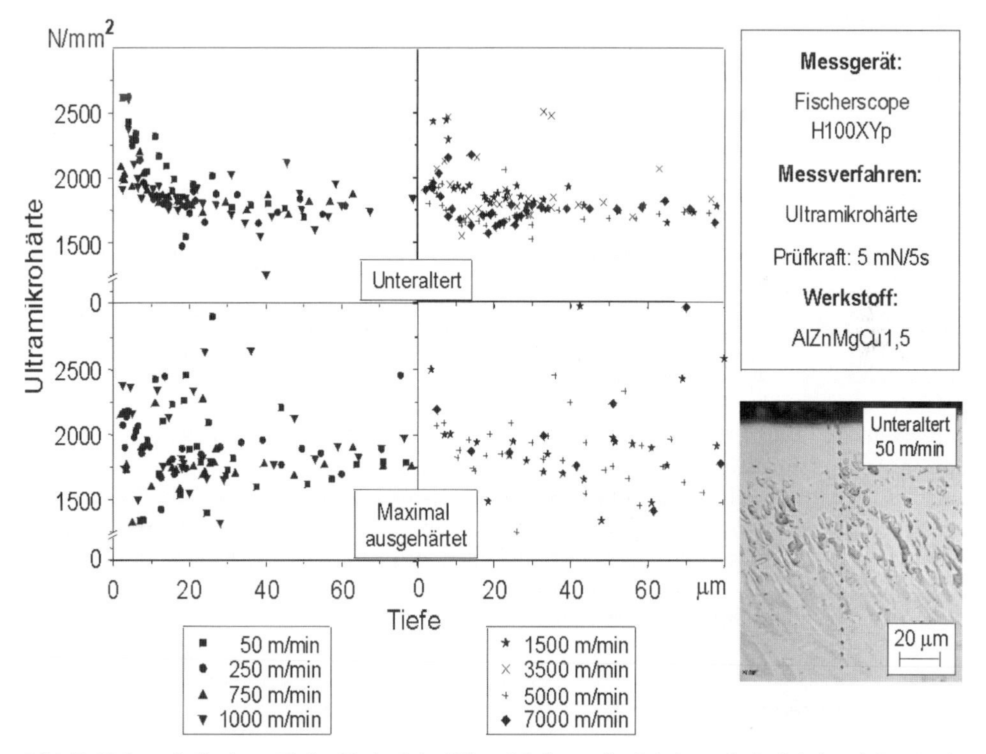

Bild 13: Universalmikrohärte-Tiefen-Verläufe in Abhängigkeit von der Schnittgeschwindigkeit und dem Auslagerungszustand:
oben: unteraltert unten: maximal ausgehärtet

gung an, die aus der mechanischen Belastung bzw. der Zunahme des Versetzungsdichte durch den Umformprozess während der Zerspanung resultiert. Mit steigender Schnittgeschwindigkeit bzw. steigender Zerspanleistung P_c fällt die Härteänderung zunächst in Richtung einer Entfestigung ab. Bei sehr hohen Schnittgeschwindigkeiten nähert sie sich aber an Null an. Die Halbwertsbreitenänderungen zeigen einen ähnlichen Verlauf.

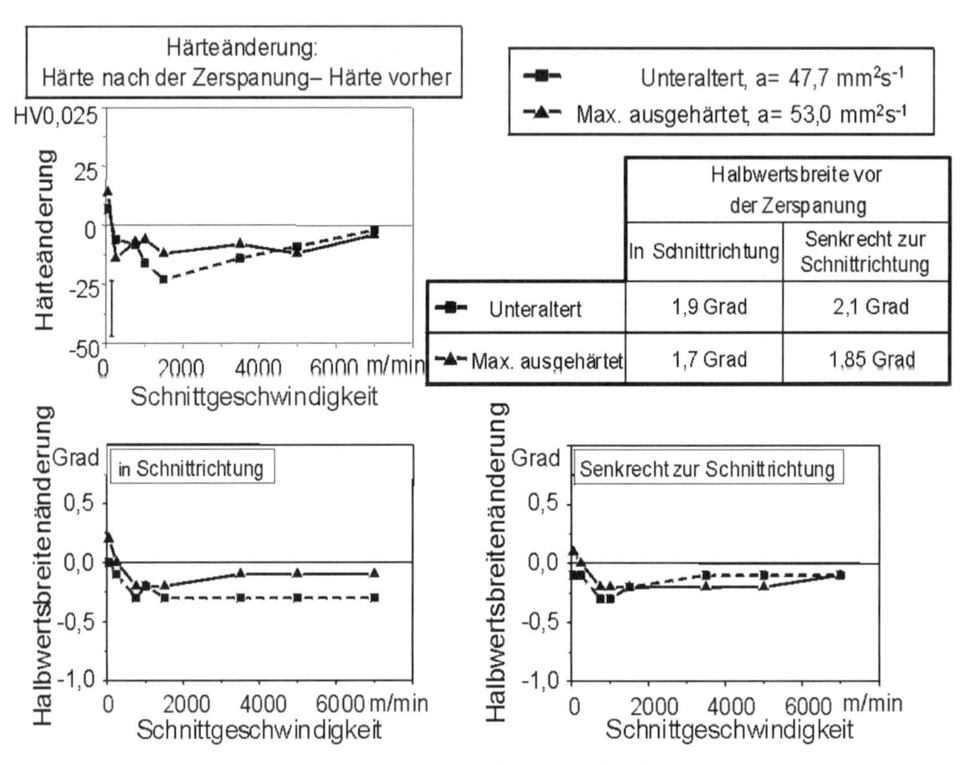

Bild 14: Oberflächenänderung in Abhängigkeit von der Schnittgeschwindigkeit und dem Auslagerungszustand

Die entsprechenden Oberflächeneigenspannungsmessungen sind in Bild 15 dargestellt. Senkrecht zur Bearbeitungsrichtung ($\varphi = 90°$) weisen die Eigenspannungsverläufe der beiden Auslagerungszustände die typische Abhängigkeit von der Schnittgeschwindigkeit auf: Die Messwerte steigen in Richtung des Zugspannungsbereiches an und durchlaufen bei höheren Schnittgeschwindigkeiten ein Maximum. In Schnittrichtung ($\varphi = 0°$) wird ein Maximum bei kleinen Schnittgeschwindigkeiten erreicht. Danach fallen die Oberflächeneigenspannungen und nähern sich einemn konstanten Niveau, das allerdings deutlich vom Auslagerungszustand abhängt.

12.5 Ergebnisse aus dem gesamten Werkstoffspektrum

Das globale Ziel dieses Vorhabens war die Ermittlung des Werkstoffeinflusses auf die Übergangsschnittgeschwindigkeit. Dazu wurde einerseits die Temperaturleitfähigkeit

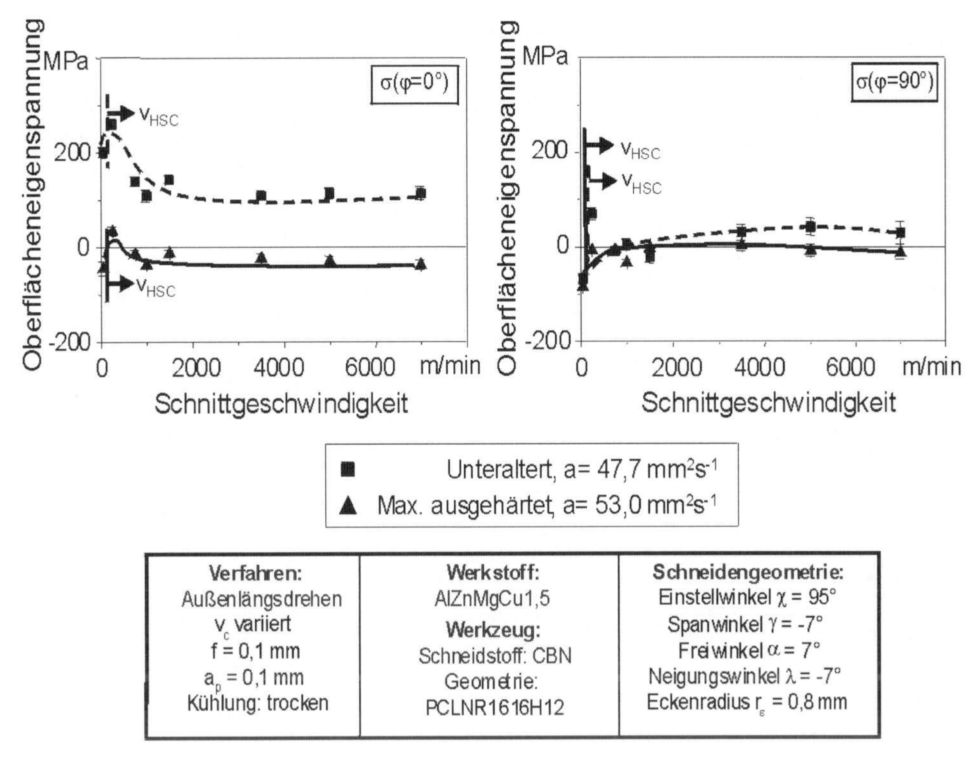

Verfahren:	Werkstoff:	Schneidengeometrie:
Außenlängsdrehen	AlZnMgCu1,5	Einstellwinkel χ = 95°
v_c variiert	**Werkzeug:**	Spanwinkel γ = -7°
f = 0,1 mm	Schneidstoff: CBN	Freiwinkel α = 7°
a_p = 0,1 mm	Geometrie:	Neigungswinkel λ = -7°
Kühlung: trocken	PCLNR1616H12	Eckenradius r_ε = 0,8 mm

Bild 15: Eigenspannungsmessungen an der Oberfläche des AlZnMgCu1,5

bzw. der Wärmeeindringkoeffizient durch entsprechende Werkstoffauswahl variiert. Andererseits wurde die Festigkeit der ausgewählten Werkstoffe durch entsprechende Wärmebehandlungen in einem großen Bereich variiert.

Im Folgenden werden die an den untersuchten Werkstoffen und Werkstoffzuständen ermittelten Übergangsgeschwindigkeiten in Anlehnung an [15] den Werkstoffkenngrößen gegenübergestellt. In dieser Arbeit wurde festgestellt, dass beim Orthogonal-Einstechdrehen ein exponentieller Zusammenhang zwischen der Übergangsschnittgeschwindigkeit v_{HSC} und dem Raumtemperaturwert der statischen Zugfestigkeit besteht. Dieser Zusammenhang ist zwar bisher nicht erklärbar, da bei den Vorgängen der Hochgeschwindigkeitszerspanung deutlich höhere Temperaturen und Dehngeschwindigkeiten vorliegen, aber die ausgezeichnete Korrelation zwischen diesen Größen lässt die Autoren „ein physikalisches Phänomen hinter der empirischen Größe Grenzgeschwindigkeit vermuten" [15].

Bezüglich der thermischen Belastung wird in [15] der Wärmeeindringkoeffizient als wesentliche Größe zur Beschreibung der Wirkzusammenhänge beim Zerspanprozess angesehen. Für das Orthogonal-Einstechdrehen wird allerdings kein direkter Zusammenhang zwischen dem Wärmeeindringkoeffizient und der Übergangsschnittgeschwindigkeit gefunden. Es besteht lediglich eine Tendenz, dass Werkstoffe mit höherem Wärmeeindringkoeffizient auch höhere Grenzschnittgeschwindigkeiten aufweisen.

Zur Kopplung zwischen mechanischen und thermischen Einflüssen wird in [15] der sogenannte Leistungsfaktor k definiert. Diese Größe ist ungefähr proportional zum Quotienten aus der maximal in das Bauteil eindringenden Wärmestromdichte und der mechanisch eingebrachten Leistung. Für sie gilt:

$$k = \frac{b \cdot T_m}{R_m} \tag{12.5}$$

Für das Orthogonal-Einstechdrehen wurde in [15] ein nahezu linearer Zusammenhang zwischen der Übergangsschnittgeschwindigkeit und dem Leistungsfaktor gefunden.

12.5.1 Einfluss der Werkstofffestigkeit auf die Übergangsschnittgeschwindigkeit

Die Zugfestigkeit wurde wie oben beschrieben als Mittelwert aus 3 Messungen bestimmt. Diese Messdaten sind in Bild 16 den entsprechenden Übergangsschnittgeschwindigkeiten gegenübergestellt. Ebenfalls eingezeichnet ist der in [15] angegebene Streubereich für das Orthogonal-Einstechdrehen. Demnach indizieren die Messdaten, dass unter den vorliegenden Zerspanbedingungen beim Außenlängsdrehen praktisch keine Abhängigkeit der Übergangsschnittgeschwindigkeit von der Zugfestigkeit besteht. Alle Messdaten über einen Festigkeitsbereich von ca. 250 bis 2500 MPa bilden ein Streuband mit einer Breite von ca. 300 m/min. Von dieser Aussage auszunehmen sind lediglich die Kohlenstoffstähle C15 und C45, die aber mit deutlich abweichenden Werten für die Schnitttiefe a_p und und den Vorschub f untersucht wurden, und das reine Aluminium. Für diesen Werkstoff wurde eine Übergangsschnittgeschwindigkeit gefunden, die sehr nahe am Streuband des Orthogonal-Einstechdrehens liegt.

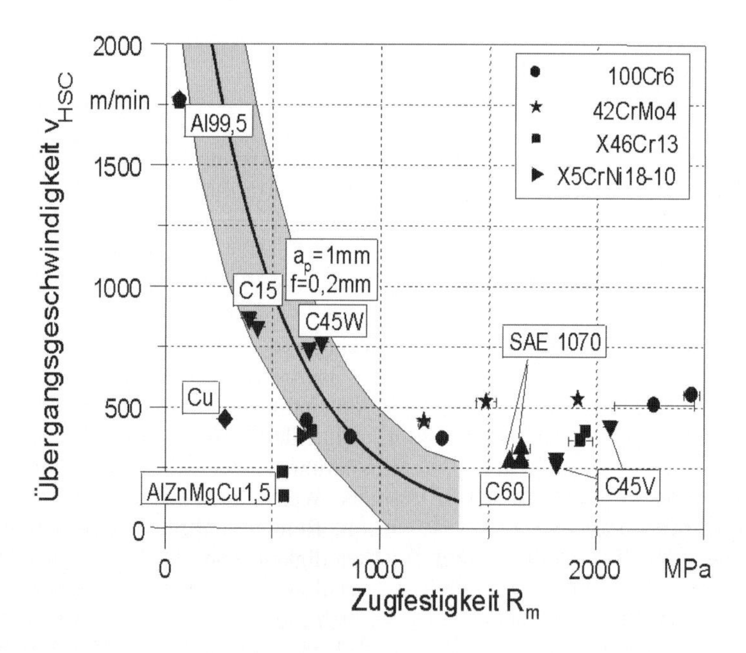

Bild 16: Zusammenhang zwischen Übergangsschnittgeschwindigkeit und Zugfestigkeit R_m

12.5.2 Einfluss der thermo-physikalischen Werkstoffeigenschaften auf die Übergangsschnittgeschwindigkeit und den Segmentierungsgrad Gs

Der Wärmeeindringkoeffizient der untersuchten Werkstoffe wurde wie oben beschrieben aus Messungen der Temperaturleitfähigkeit und Literaturdaten für die spezifische Wärmekapazität und die Dichte ermittelt. Bild 17 zeigt die gemessenen Übergangsschnittgeschwindigkeiten in Abhängigkeit von dieser Größe. Ebenfalls wurde das in [15] gefundene Streuband für das Orthogonal-Einstechdrehen eingezeichnet. Die eigenen Messdaten liegen partiell in diesem Streuband. Wesentliche Abweichungen resultieren für das reine Kupfer und die Legierung AlZnMgCu1,5.

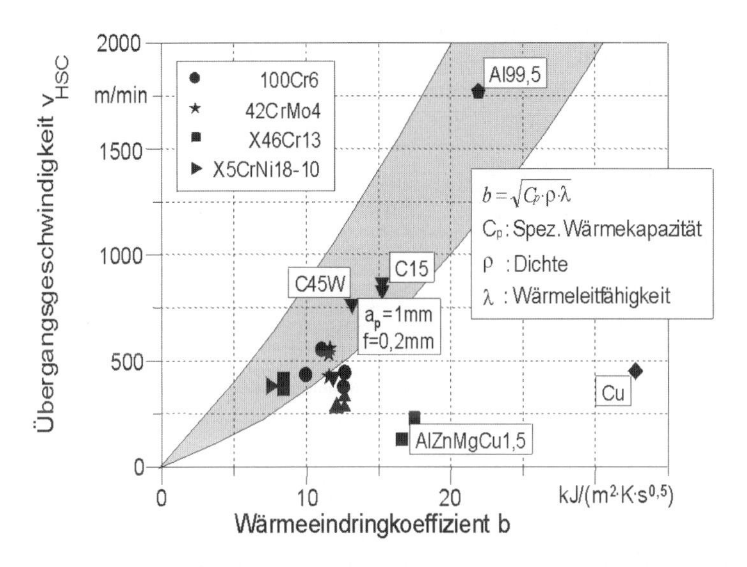

Bild 17: Zusammenhang zwischen Übergangsschnittgeschwindigkeit und Wärmeeindringkoeffizient b

Bild 18 zeigt den Segmentierungsgrad Gs in Abhängigkeit der Temperaturleitfähigkeit a für die im Vorhaben untersuchten Werkstoffe. Die Segmentierungsgrade wurden an mit unterschiedlichen Schnittbedingungen (Schnittgeschwindigkeit, Schnitttiefe) erzeugten Spänen ermittelt. Es ist zu erkennen, dass mit steigender Temperaturleitfähigkeit der Segmentierungsgrad sinkt. Dieses ist darauf zurückzuführen, dass mit steigender Temperaturleitfähigkeit die thermische Entfestigung des Werkstoffs und damit die Segmentspanbildung durch adiabate Scherung abnimmt. Reinaluminium zeigt keine Spansegmentierung, auch nicht für eine Schnittgeschwindigkeit von $v_c = 7000$ m/min. Die unterschiedlichen Segmentierungsgrade bei der Variation von bspw. der Ausgangshärte desselben Werkstoffs zeigen, dass nicht ausschließlich die thermischen Werkstoffeigenschaften für die Segmentspanbildung maßgebend sind. Mit zunehmender Härte des Werkstoffs sinkt gleichzeitig dessen Duktilität wodurch eine Segmentspanbildung gefördert wird. Zusammenfassend lässt sich sagen, dass die thermischen und die mechanischen Werkstoffeigenschaften gleichermaßen die Segmentspanbildung beeinflussen. Eine hohe

Temperaturleitfähigkeit und eine hohe Duktilität des Werkstoffs führen eher zur Fließspanbildung. Der Span wird in diesem Fall durch einen kontinuierlichen Umformprozess gebildet. Eine niedrige Temperaturleitfähigkeit sowie eine geringe Duktilität des Werkstoffs führt tendenziell zu einer Segmentspanbildung. Dabei kann die Segmentspanbildung durch adiabate Scherung, aber auch durch den Sprödbruch des Werkstoffs zustande kommen.

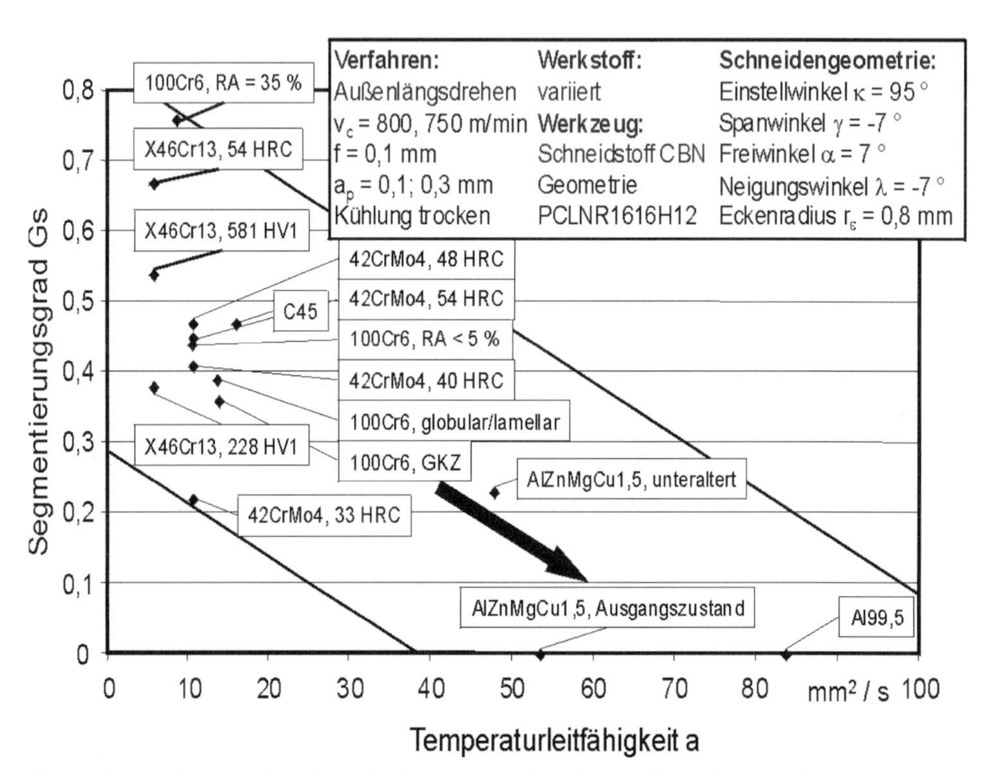

Bild 18: Segmentierungsgrad Gs der im Vorhaben untersuchten Werkstoffe in Abhängigkeit von der Temperaturleitfähigkeit a

12.5.3 Leistungsbetrachtung und Übergangsschnittgeschwindigkeit

In Bild 19 ist die Übergangsschnittgeschwindigkeit dem gemäß Gleichung 12.5 berechneten Leistungsfaktor gegenübergestellt. Auch in dieser Darstellung ist das in [15] angegebene Streuband für das Orthogonal-Einstechdrehen eingetragen. In dieser Darstellung zeigt sich, dass die eigenen Messdaten größtenteils im bzw. nahe an diesem Streuband liegen. Deutliche Abweichungen resultieren hier für den C15 mit variierten Schnittparametern und den reinen Metallen Aluminium und Kupfer.

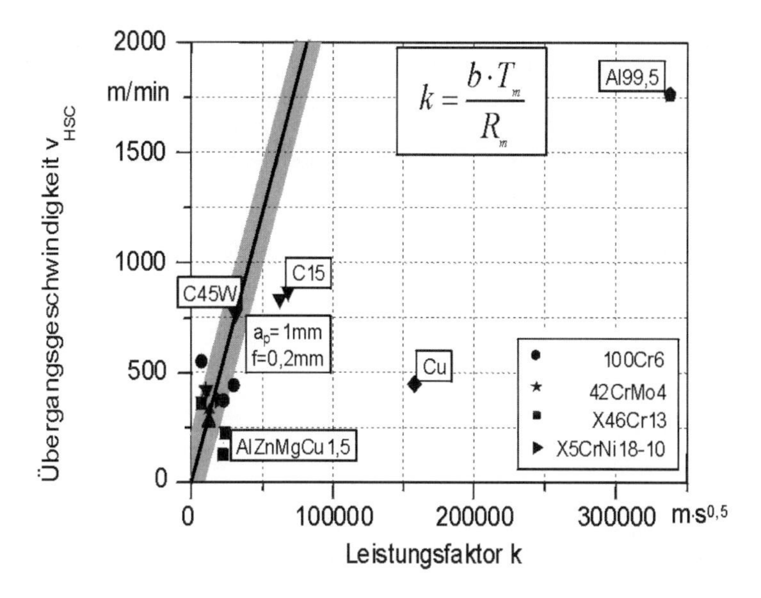

Bild 19: Zusammenhang zwischen Leistungsfaktor k und Übergangsschnittgeschwindigkeit

12.6 Zusammenfassung

Zusammenfassend lässt sich für nahezu alle untersuchten Werkstoffe sagen, dass eine exponentielle Abnahme der Zerspankraft mit steigender Schnittgeschwindigkeit beobachtet werden kann. Die Übergangsschnittgeschwindigkeit v_{HSC}, die den Übergang von der Zerspanung im konventionellen Schnittgeschwindigkeitsbereich in den HSC-Bereich beschreibt, wurde für diese Werkstoffe, die im Außenlängsdrehprozess bearbeitet wurden, ermittelt. Für das gesamte untersuchte Werkstoffspektrum konnte gezeigt werden, dass die Ausbildung segmentierter Späne mit Abnahme der Temperaturleitfähigkeit bzw. mit zunehmender Ausgangshärte des Werktoffs ansteigt. Zudem konnte festgestellt werden, dass die Übergangsschnittgeschwindigkeit v_{HSC} mit Abnahme der Temperaturleitfähigkeit sowie mit zunehmender Zugfestigkeit des Werkstoffs exponentiell abnimmt.

Der Werkstoff 42CrMo4 zeigte eine signifikante Abhängigkeit der Zerspankräfte von der Schnittgeschwindigkeit sowie der Ausgangshärte des Werkstoffs. Die Segmentierung der Späne nimmt ebenfalls mit zunehmender Werkstoffhärte zu. Die Abhängigkeit der Zerspankräfte von der Schnittgeschwindigkeit war bei AlZnMgCu1,5 weniger ausgeprägt als bei 42CrMo4.

Die Spanbildung des AlZnMgCu1,5 wird maßgeblich vom Auslagerungszustand beeinflusst. Im unteralterten Zustand ergab sich eine Spansegmentierung, die im maximal ausgehärteten Zustand völlig ausblieb. Die thermische Beeinflussung bei der Hochgeschwindigkeitszerspanung bewirkt bei dem Werkstoff AlZnMgCu1,5 eine Entfestigung der Oberfläche, die bei 42CrMo4 jedoch nicht beobachtet werden konnte.

Es zeigte sich außerdem, dass eine Abhängigkeit der Oberflächeneigenspannungen von der Schnittgeschwindigkeit bei beiden Werkstoffen existiert. Die durch die Zunahme der Schnittgeschwindigkeit steigende Zerspanleistung führt zunächst zu einer stärkeren thermischen Beeinflussung der Werkstückrandzone, die Oberflächeneigenspannungen steigen. Bei weiterem Anstieg der Schnittgeschwindigkeit bleiben die gemessenen Oberflächeneigenspannungen auf einem konstanten Niveau bzw. verringern sich geringfügig. Bei allen Vergütungszuständen von 42CrMo4 fällt zudem die Tiefe des Eigenspannungs-Nulldurchgangs mit zunehmender Schnittgeschwindigkeit ab, da die Kontaktdauer zwischen Schneidkeil und Werkstück sinkt.

12.7 Literatur

[1] Nakayama, K.: The Formation of Saw-toothed Chip Metal Cutting. Proceedings in the Int. Conference on Production Engeneering, Tokyo, 1974, pp. 572–577

[2] Ackerschott, G.: Grundlagen der Zerspanung einsatzgehärteter Stähle mit bestimmter Schneide. Dr.-Ing. Dissertation RWTH Aachen, 1991

[3] Moisan, A.; Poulachon, G.: A Contributuion to the Study of the Cutting Mechanisms During high Speed mechining of Hardned steel. Annals of the CIRP Vol. 47 (1998) 1

[4] Berktold, A.: Drehräumen gehärteter Stahlwerkstoffe. Dr.-Ing. Dissertation RWTH Aachen, 1992

[5] Bayoumi, A. E.; Xie, J. Q.: Some Metallurgical Aspects of Chip Formation in Cutting Ti6Al4V Alloy. Materials Sciene and Engineering A 190 (1995), pp. 173–180

[6] Zhen Bing, H.; Komanduri, R.: Modelling of Thermomechanicel Shear Instability in Machining. Int. Journal of Mechanical Science 39 (1997)

[7] Davis, M. A.; Burns, T. J.; Evans, C.: On the Dynamics of Chip Formation in Machining Hard Metals. Annals of the CIRP 46 (1997) 1, pp. 25–30

[8] Winkler, H.; Tönshoff, H. K.: Werkstoff-Fließeigenschaften beeinflussen adiabate Scherung. Maschinenmarkt, Würzburg 90 (1984) 17

[9] Poulachon, G.; Moisan, A.: A Contribution to the Study of the Cutting Mechanisms During High Speed Machining of Hardened Steel. Annals of the CIRP, 47 (1998) 1, pp. 73–76

[10] Poulachon, G.; Moisan, A.; Jawahr, I. S.: On Modelling the Influence of Thermo-Mechanical Behaviour in Chip Formation During Hard Turning of 100Cr6 Bearing Steel. Annals of the CIRP, 50 (2001) 1, pp. 31–36

[11] Gente, A.; Hoffmeister, H.-W.: Chip Formation in Machining TiAl6V4 at Extremely High Cutting Speeds. Annals of the CIRP, 50 (2001) 1, pp. 49–52

[12] Warnecke, G.; Siems, S.: Dynamics in High Speed Machining. Third International Conference on Metal Cutting and High Speed Machining. Metz, 27.–30. 6. 2001

[13] Schmitd, W.: Theoretisch-physikalischer Beitrag zur Hochgeschwindigkeitszerspanung mit geometrisch definierter Schneide. Dr.-Ing. Dissertation Gesamthochschule Kassel, 1990

[14] Tönshoff, H. K.; Friemuth, T.; Plöger, J.; Ben-Amor, R.: Kräfte und Eigenspannungsausbildung beim Hochgeschwindigkeits-Außenlängsdrehen. Kolloquium des Schwerpunktprogramms „Spanen metallischer Werkstoffe mit hohen Geschwindigkeiten“ der Deutschen Forschungsgemeinschaft, Bonn, 18. 11. 1999.

[15] Denkena, B.; Ben Amor, R.; Kuhlmann, A.: Thermomechanische Aspekte der Hochgeschwindigkeitsbearbeitung, 4th international Conference on Metal Cutting and High Speed Machining, 19.–21. März 2003

[16] Parker, W.J.; Jenkins, R.J.; Butler, C.P.; Abbott, G.L.: „Flash Method for Determining Thermal Diffusivity", J. Appl. Phys. 32 (1961) 1679

[17] Gröber; Erk; Grigull: Die Grundgesetze der Wärmeübertragung, Reprint Springer-Verlag Berlin/Heidelberg/New York, 1981

[18] Richter, F.: Die physikalischen Eigenschaften von metallischen Werkstoffen, Metall 45 (1991) 6

[19] Blümke, R.; Sahm, A.; Siems, S.; Müller, C.; Exner, E.; Schulz, H.; Warnecke, G.: Charakterisierung der Spanbildung bei Kurzzeitbelastung während des Hochgeschwindigkeitsfräsens, Tagungsband zum Kolloquium des DFG-Schwerpunktprogramms „Spanen metallischer Werkstoffe mit hohen Geschwindigkeiten", Bonn, 1999, S.23–25

[20] Klocke, F.; Hoppe, S.: Experimentelle und numerische Untersuchungen zum Spanbildungsvorgang bei der Zerspanung mit geometrisch bestimmter Schneide mit hohen Schnittgeschwindigkeiten. „Spanen metallischer Werkstoffe mit hohen Geschwindigkeiten" der Deutschen Forschungsgemeinschaft, Bonn, 18. 11. 1999, S. 238–247

[21] El-Magd, E.; Treppmann, C.: Stoffgesetze für hohe Dehngeschwindigkeiten. Kolloquium des Schwerpunktprogramms „Spanen metallischer Werkstoffe mit hohen Geschwindigkeiten" der Deutschen Forschungsgemeinschaft, Bonn, 18. 11. 1999, S. 225–233

13 Einfluss des Wärmebehandlungszustandes und der Technologieparameter auf die Spanbildung und Schnittkräfte beim Hochgeschwindigkeitsfräsen

E. Abele, A. Sahm, F. Koppka

Kurzfassung

Bei der Zerspanung mit definierter Schneide treten bei hohen Schnittgeschwindigkeiten reduzierte Schnittkräfte und ein Übergang von kontinuierlicher zu segmentierender Spanbildung auf. Die Ursache wird auf das Werkstoffverhalten zurückgeführt. Ziel dieses Projektes war es, den Werkstoffeinfluss auf die Spanbildung und Schnittkräfte bei der HSC-Bearbeitung zu untersuchen. Dazu wurden unterschiedliche Auslagerungszustände der Aluminiumlegierung AlZnMgCu1.5 und verschiedene Wärmebehandlungszustände der Stahllegierung 40CrMnMo7 bearbeitet. Es zeigte sich, dass durch die Wärmebehandlung an beiden Werkstoffen die Spanbildung in weiten Bereichen beeinflusst werden kann und die Technologieparameter nur eine sekundäre Rolle spielen. Durch eine definierte Wärmebehandlung der Aluminiumlegierung AlZnMgCu1.5 konnten sowohl eine kontinuierliche als auch segmentierende Spanbildung bis zu Schnittgeschwindigkeiten von v_c = 8000 m/min erreicht werden. Hiermit war man in der Lage, den Einfluss der Spanbildung auf die Schnittkräfte isoliert zu untersuchen. Dieser Bericht zeigt den Einfluss der Wärmebehandlung und der Technologieparameter, wie Schnittgeschwindigkeit und Zahnvorschub auf die Spansegmentierung und Schnittkräfte.

Abstract

During the machining with high cutting speeds reduced cutting forces are measured and a change in chip formation from continuous to serrated can be investigated. The causes lie in the characteristics of the work material. The aim of this project was to investigate the influence of the work material upon the chip formation and the cutting forces during the machining of HSC. Therefore different precipitation states of the workpiece material AlZnMgCu1.5 5 (Al707) and different heat treatments of the workpiece material 40CrMnMo7 were machined. The results show that the chip formation could be influenced by the way of heat treatment of the work piece material. With an exact heat treatment of the work piece a continuous as well as serrated chip formation could be achieved up to a cutting velocity of v_c = 8000 m/min. Resulting from the ability of achieving a precise state of the chip formation the cutting forces could be investigated independently from the form of the chips. This paper deals with influence of the heat treatment and the technological parameters, like cutting speed and feed rate upon the chip segmentation and cutting forces.

Hochgeschwindigkeitsspanen. Hrsg. H. K. Tönshoff und F. Hollmann

ISBN: 3-527-31256-0

13.1 Einleitung

Bisherige Untersuchungsergebnisse zeigen eine wechselnden Spanbildung mit zunehmender Schnittgeschwindigkeit, welches auf das Phänomen der Spansegmentierung zurückzuführen ist. Komanduri [1] und Hou und Komanduri [2] berichten von einem diskontinuierlichem Übergang von kontinuierlicher zu segmentierender Spanbildung. Dieser Übergang ist auf die thermoplastische Instabilität in der primären Scherzone zurückzuführen. Aufgrund der hohen Energieumsetzung infolge der Umformvorgänge unter Kurzzeitbelastung kommt es zu adiabaten Zuständen in der primären Scherzone. Wissenschaftler bezeichnen diese Vorgänge mit „catastrophic shear" [3, 4, 5, 6, 7]. Die Autoren gehen dabei von einer plastischen Werkstoffverfestigung aus. Zeitgleich kommt es bei diesen Prozessen zu einem Temperaturanstieg infolge der Umformarbeit, was zu einer thermischen Entfestigung des Werkstückmaterials in der primären Scherzone führt. Begünstigt wird dies durch die annähernd adiabaten Zustände in der primären Scherzone. Kommt es nun zu einem Gleichgewicht zwischen der plastischen Verfestigung und der thermischen Entfestigung, so tritt ein plötzlicher Schervorgang auf.

Eine andere Gruppe von Autoren sieht eine reduzierte Scherfestigkeit aufgrund anderer Effekte als Ursache für die Spansegmentierung [8, 9]. Die Wissenschaftler gehen davon aus, dass die Spansegmentierung durch Mikrorisse infolge des spröden Materialverhaltens unter hohen Umformraten entsteht. Basierend auf dieser Theorie hängt die Spanbildung von der Sprödbruchempfindlichkeit des Werkstückstoffs ab. Mit zunehmender Schnittgeschwindigkeit ist die Scherrate höher und die Kontaktfläche zwischen zwei Segmenten nimmt ab. Eine weitere Zunahme der Schnittgeschwindigkeit führt zu einer vollständigen Trennung von zwei Segmenten. Lemaire und Backofen [10] stellten in dem Moment der Segmentierung eine schlagartige Reduzierung der Schnittkraft fest, was sie auf das kleinere Scherbandvolumen zurückführen. Aufgrund dessen ist hierbei im Vergleich zur kontinuierlichen Spanbildung eine niedrigere Umformarbeit erforderlich. Klocke und Zinkann [11] machen den Übergang von kontinuierlicher zu segmentierter Spanbildung für die reduzierten Schnittkräfte bei hohen Schnittgeschwindigkeiten verantwortlich.

Bisher wurde der Einfluss der Spansegmentierung auf die Schnittkräfte nicht untersucht. Aus diesem Grund erfolgten experimentelle Untersuchungen mit unterschiedlichen Auslagerungszuständen an der Aluminiumlegierung AlZnMgCu1.5 und verschiedene Wärmebehandlungszustände an dem Stahl 40CrMnMo7 beim Stirnplanfräsen.

13.2 Experimentelle Vorgehensweise

13.2.1 Untersuchte Werkstückmaterialien

Die Aluminiumlegierung AlZnMgCu1.5 (7075 ISO) (Zusammensetzung in Gewichtsprozent: 0,4 Si, 0,5 Fe, 1,2–2,0 Cu, 0,3 Mn, 2,1–2,9 Mg, 0,18–0,28 Cr, 5,1–6,1 Zn, 0,2 Ti) lag im Anlieferungszustand (T6) vor. Zusätzlich dazu wurden überalterte und unteralterte Gefügezustände am Institut für Physikalische Metallkunde der technischen Universität Darmstadt (PHM) eingestellt. Durch Auslagern des „Peak-Aged-Gefüges" (T6) bei 190° C über 70 Stunden konnte das überalterte Gefüge erreicht werden. Weichglühen bei 490° C über 90 Minuten, anschließendes Abschrecken in Eiswasser und 10 Stunden langes auslagern führte zu dem unteralterten Gefüge, Tabelle 1.

Tabelle 1: Werkstoffeigenschaften AlZnMgCu1.5

Gefüge	Unteraltert	„Peakaged“	Überaltert
Härte HV1	175	185	100
Fließgrenze [N/mm²]	405	480	225
Zugfestigkeit [N/mm²]	520	540	340
Dehnung [%]	9	5	11

Der Stahl 40CrMnMo7 (Zusammensetzung in Gewichtsprozent: 0,35–0,45 C, 0,2–0,4 Si,. 1,3–1,6 Mn, 1,8–2,1 Cr, 0,15–0,25 Mo) lag im einem vergüteten Zustand vor. Nach einer Austenitisierung über 10 Minuten bei 880°C wurden vier unterschiedliche Gefügezustände durch anschließende Wärmebehandlung eingestellt: Ein martensitisches Gefüge wurde durch Abschrecken von der Austenitisierungstemperatur in Öl erreicht, ein angelassenes martensitisches Gefüge wurde ebenfalls durch Abschrecken in Öl von derselben Temperatur in Verbindung mit einem anschließenden Anlassen über 25 Minuten bei 440 °C eingestellt. Ein kontrolliertes Abkühlen mit einem Abkühlgradient von 1,5 K/min führte zu einem lamellaren perlitischen Gefüge. Zusätzlich wurde ein weichgeglühtes Gefüge durch Glühen bei 725 °C über 160 Stunden hergestellt. Die mechanischen Eigenschaften können aus Tabelle 2 entnommen werden.

Tabelle 2: Werkstoffeigenschaften 40CrMnMo7

Gefüge	Martensit	angelas. Martensit	Perlit	weichgeglüht
Härte HV1	630	470	260	180
Fließgrenze [N/mm2]	–	1360	400	290
Zugfestigkeit [N/mm2]	1850	1545	850	790
Dehnung [%]	–	8	14	17

13.2.2 Experimenteller Aufbau

Die Fräsuntersuchungen erfolgten auf einer vom PTW entwickelten und gebauten 3-Achs-Hochgeschwindigkeitsfräsmaschine. In Bild 1 ist der Versuchsaufbau gezeigt. Um Drehfrequenzen bis 16000 min^{-1} zu erreichen, verfügt die Maschine über eine Motorspindel des Typs HFS 230/1600-28 des Herstellers GMN.

Bei der experimentellen Versuchsdurchführung wurde als zerspanendes Verfahren das Stirn-Umfangs-Planfräsen angewandt. Zwei Fräser mit unterschiedlichem Durchmesser (d_1 = 160 mm und d_2 = 125 mm) aber mit geometrisch gleichen Sitzen für die Wendeschneidplatten wurden für die Durchführung eingesetzt. Als Schneidstoff kam zum einen unbeschichtetes Hartmetall für die Zerspanung von Aluminiumwerkstoffen und zum anderen beschichtetes Hartmetall für die Zerspanung der Stahlwerkstoffe zum Einsatz. Der Wendeschneidplattentyp SPHW 100408 wurde in beiden Werkstofffällen verwendet und für jeden Versuch wurde eine unbenutzte Schneidkante eingesetzt, um Verschleißeinwirkungen zu vermeiden.

Experimenteller Aufbau

Messaufbau:	1: Werkzeug 2: Werkstück 3: Körperschallsensoren 4: Messplattform 5: Spindel
Prozess:	Stirn-Umfangs-Planfräsen
Maschine:	HSC_05 (PTW)
Max. Drehzahl:	n_{max} =16000 [1/min]
Max. Leistung:	P_{max} = 25 kW
Werkzeug:	D = 160 / 125 mm
Material Al:	Hartmetall (K10)
Material St:	besch. Hartmetall (TiN)

Bild 1: Versuchsaufbau

Die technologischen Parameter während der Zerspanung der Aluminiumwerkstoffe wurden mit einem Schnittgeschwindigkeitsbereich zwischen v_c = 800–8000 m/min, Zahnvorschüben zwischen f_z = 0,1–0,3 mm, einer Schnitttiefe von a_p = 4 mm und einer Eingriffgröße von a_e = 5 mm festgelegt. Durch die höhere Festigkeit des gewählten Stahls wurde die Schnittgeschwindigkeit im Bereich 500–4000 m/min und der Zahnvorschub in einem Fenster von f = 0,1–0,3 mm variiert. Schnitttiefe und Schnittbreite waren konstant (a_p = 3 mm, a_e = 4 mm).

13.2.3 Kraftmessung

Für die Kraftmessung wurde ein Dreikomponenten-Dynamometer der Firma Kistler verwendet. Die Ausgangssignale sind als analoge elektrische Spannung linear zur Kraft messbar. Eine Abtastrate von 5MHz gewährleistete eine Aufzeichnung über den kurzen eingriffzeiten. Untersuchungen von Herget [12] zeigen den Einfluss des dynamischen Übertragungsverhaltens des Messaufbaus bei der Schnittkraftmessung beim Fräsen. Aufgrund des Unterbrochen Schnitts wird das Messsystem auf zwei Weisen angeregt:

- Harmonische Anregung durch die Eingriffsfrequenz, abhängig von der Anzahl der Schneiden und der Drehzahl des Fräsers.
- Anregung in einem hohen Frequenzband aufgrund des impulsartigen Verhaltens der Schnittkräfte beim Ein- und Austreten beim Gegenlauf- bzw. Gleichlauffräsens.

  Bei den durchgeführten Versuchen wurden zwei Strategien verfolgt, um den Einfluss, der Eingriffsfrequenz zu minimieren.
- Fräsen mit einer konstanten Eingriffsfrequenz
- Inverse Filterung

  Das Fräsen mit konstanter Eingrifffrequenz führt zu einer kontinuierlichen harmonischen Anregung des Versuchsaufbaus bei variierenden Schnittgeschwindigkeiten. Das heißt, dass die Verfälschung durch den dynamischen Einfluss über den Schnittgeschwindigkeitsbereich konstant ist. Um eine konstante Eingriffsfrequenz über den unterschiedlichen Schnittgeschwindigkeiten zu erhalten, müssen die Durchmesser der Werkzeuge bzw.

die Schneidenanzahl angepasst werden. Die harmonisch, durch die Schneiden angeregte Frequenz lässt sich durch

$$f_e = \frac{v_c \times z \times 1000}{D \times \pi \times 60} [\text{Hz}] \quad (1)$$

berechnen.

Die Durchführung dieser Vorgehensweise sei hier nur anhand der Versuche für den Aluminiumwerkstoff erläutert. Die Eingrifffrequenz wurde durch das Auswählen von Werkzeugdurchmesser und Anzahl der Schneiden konstant auf 256 Hz gehalten. Tabelle 3 gibt die Auswahl der Durchmesser und Schneidenanzahl wieder.

Tabelle 3: Technologieparameter beim Fräsen mit konstanter Eingriffsfrequenz

Schnittgeschwindigkeit [m/min]	800	1600	3125	4000	6250	8000
Werkzeugdurchmesser [mm]	160	160	125	160	125	160
Anzahl der Schneidplatten	10	5	2	2	1	1
Drehzahl [min^{-1}]	1592	3183	7958	7958	15916	15916

Durch die Anwendung der Inversfilterung [12, 13] konnten die Messsignale des Kraftmesssystems offline korrigiert werden. Dabei wurden die signale im Frequenzbereich durch das Eigenverhalten des Messsystems dividiert und anschließend in den Zeitbereich zurückgeführt. Den Versuchen ging eine Frequenzanalyse des Messaufbaus voraus.

13.3 Spanbildung bei AlZnMgCu1.5

Von den aus den Fräsuntersuchungen erhaltenen Spänen wurden 6 für weitere mikroskopische Untersuchungen entnommen. Am Institut für Physikalische Metallkunde der Technischen Universität Darmstadt (PhM) wurden für anschließende metallographische Untersuchungen die Späne in Längsrichtung eingebettet und durch anschließendes Schleifen präpariert. Die Charakterisierung der auftretenden Spansegmentierung erfolgte durch den Segmentierungsgrad (Bild 2). Alle Messungen hierzu wurden am dickeren Spanende an 10 angrenzenden Segmenten durchgeführt.

Fräsuntersuchungen mit unterschiedlichen Technologieparametern im Anlieferungszustand der Aluminiumlegierung zeigten einen Einfluss des Zahnvorschubs auf den Segmentierungsgrad (Bild 3). Dabei hatte die Art des Fräsens – Gleich- oder Gegenlauf – keinen Einfluss auf die Spansegmentierung.

Neben den Technologieparametern zeigten die Gefügezustände einen signifikanten Einfluss auf die Spanbildung. Fräsuntersuchungen mit unterschiedlichen Gefügezuständen zeigten auf, dass die Ausscheidungshärtung der Aluminiumlegierung AlZnMgCu1.5 der Schlüssel für segmentierende oder kontinuierliche Spanbildung ist. Fräsen des unteralterten Gefüges (T4, 175HV) bei v = 1000 m/min Schnittgeschwindigkeit führt zu einer leichten Segmentierung und Scherbändern (schwarze Bereiche am geätzten Span zwischen zwei Segmenten) in einem Winkel von 60° zur Spanunterseite (Bild 4c). Mit zunehmender Schnittgeschwindigkeit trennen sich die Scherbänder weiter auf und die Spansegmen-

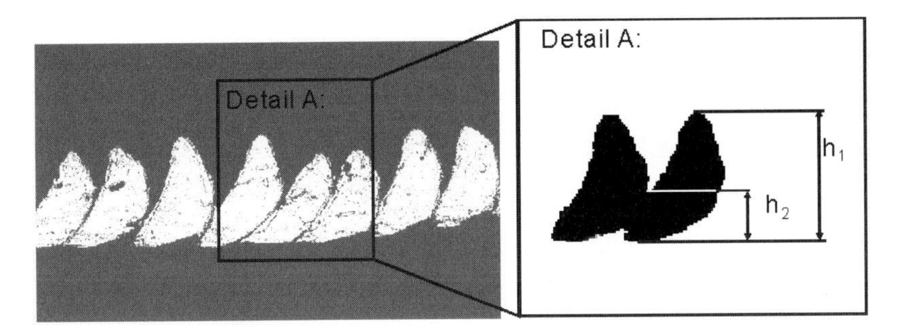

Segmentierungsgrad:

$$G_s = \frac{h_1 - h_2}{h_1}$$ ⇨ Kontinuierlicher Span: $G_s = 0$

Ganz segmentierter Span: $G_s = 1$

Bild 2: Messung der Spansegmentierung

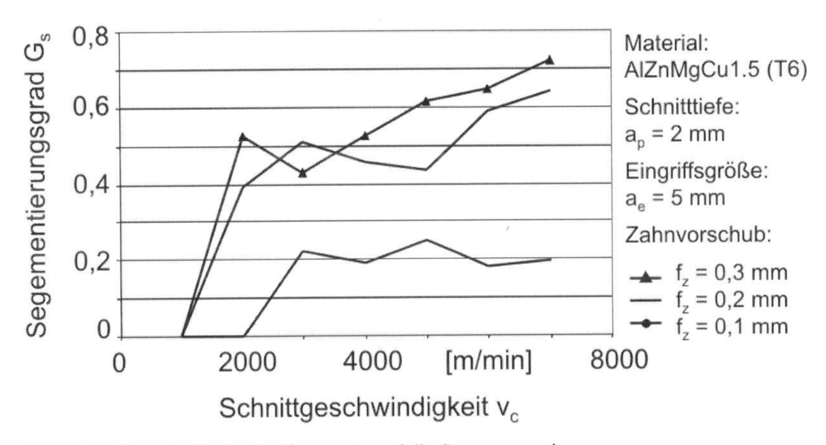

Bild 3: Einfluss der Technologieparamter auf die Spansegmentierung

tierung nimmt zu (Bild 4d). Ein zweiter unteralterter Gefügezustand mit einer Härte von 135 HV zeigt ebenfalls eine Spansegmentierung. Jedoch ist die Spansegmentierung bei hohen Schnittgeschwindigkeiten nicht so intensiv, wie bei dem unteralterten Zustand mit einer Vickershärte von 175 HV. Im Gegensatz dazu führen die überalterten Gefügezustände (T7, 130 HV und T7, 100 HV) zu einer kontinuierlichen Spanbildung bis zur höchsten Schnittgeschwindigkeiten von $v_c = 7000$ m/min und der Span bleibt selbst beim erhöhten Zahnvorschub von $f_z = 0{,}4$ mm kontinuierlich (Bild 4b). Durch mikroskopische Untersuchungen dieser Späne konnten keine Scherbänder nachgewiesen werden. Im Vergleich zu den unteralterten und überalterten Gefügezuständen zeigt der Anlieferungszustand (peak-aged) ein ungleichmäßiges Segmentierungsverhalten (Bild 4a).

Um den Einfluss der unterschiedlichen Auslagerungszustände auf die Spanbildung zu zeigen, erfolgte eine Untersuchung des Segmentierungsgrades. Bild 5 zeigt den Segmentierungsgrad bei unterschiedlichen Schnittgeschwindigkeiten für ein unter- und überaltertes Gefüge. Beim Zerspanen des unteralterten Gefüges (T4, 175 HV) steigt der Segmen-

peak aged

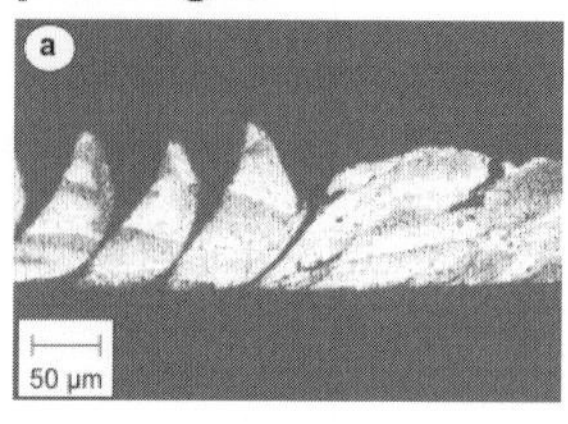

v_c = 7000 m/min, f_z = 0,2 mm, HV1 = 185

überaltert

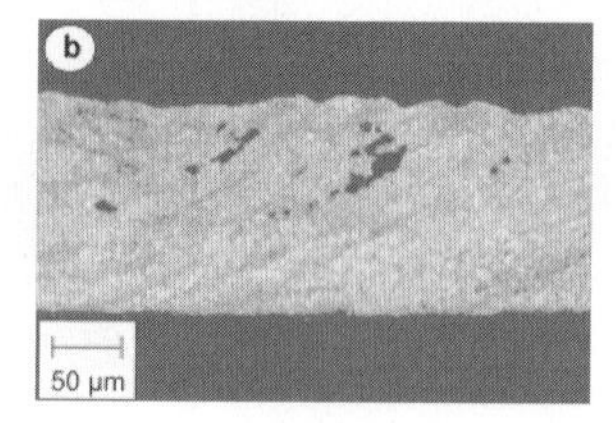

v_c = 7000 m/min, f_z = 0,4 mm, HV1 = 100

unteraltert

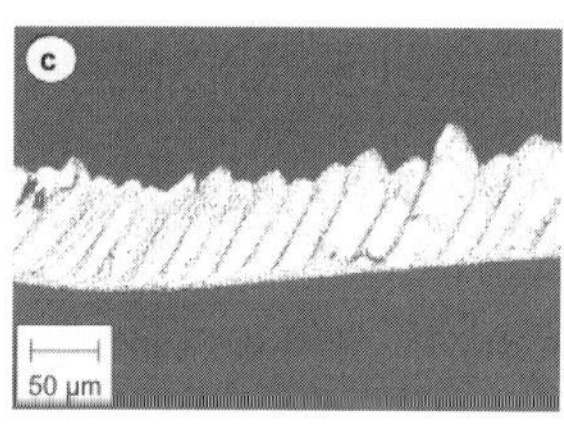

v_c = 1000 m/min, f_z = 0,2 mm, HV1 = 175

unteraltert

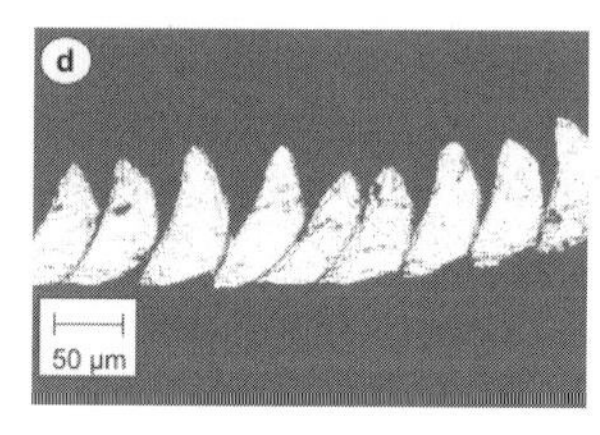

v_c = 7000 m/min, f_z = 0,2 mm, HV1 = 175

Bild 4 a-d: Spanbildung bei AlZnMgCu1.5

tierungsgrad konstant bis zu einer Schnittgeschwindigkeit von v_c = 7000 m/min. Der unteralterte Gefügezustand mit einer Härte von 135 HV (T4, 135 HV) zeigt einen annähernd konstanten Segmentierungsgrad über dem untersuchten Schnittgeschwindigkeitsbereich. Im Gegensatz dazu ist der Segmentierungsgrad für die überalterten Gefügezustände bis zu höchsten Schnittgeschwindigkeiten null. Gründe für die unterschiedliche Spanbildung, wie sie durch Müller [14] näher beschrieben werden, lassen sich durch die unterschiedlichen Gefügezustände erklären.

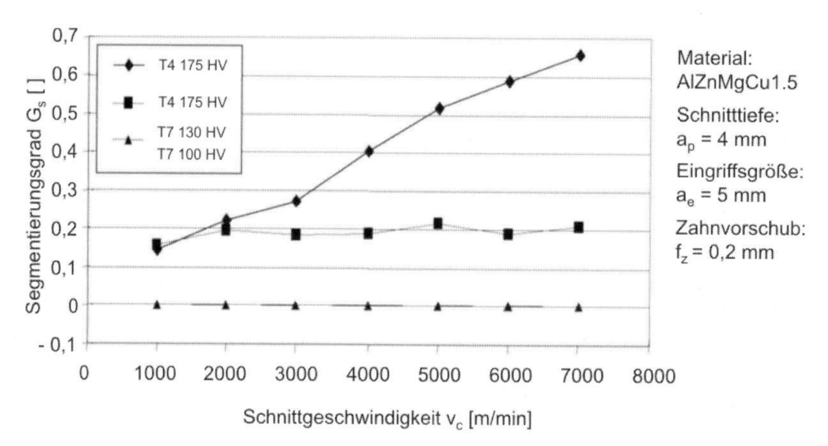

Bild 5: Segmentierungsgrad bei AlZnMgCu1.5 über der Schnittgeschwindigkeit

13.4 Spanbildung bei 40CrMnMo7

Zerspanuntersuchungen an 40CrMnMo7 erfolgten im Gleichlauffräsen ohne den Einsatz von Kühlschmierstoff. Die Späne mit dem dazugehörigen, unbearbeiteten Gefüge sind in Bild 6 dargestellt. Eine starke Segmentierung und das Auftreten von weißen Schichten zwischen den Segmenten sowie an Spanunterseite waren bei den Spänen des martensitischen und des angelassenen martensitischen Gefüges zu erkennen. An den Spänen trat über die Spanlänge eine gleichmäßige Spansegmentierung auf. Im Gegensatz dazu zeigten die Spänen des duktileren Perlits und des weichgeglühten Gefüges ein ungleichmäßiges Spansegmentierungsverhalten auf (Bild 5c und d). Im Spaninneren ist eine plastische Deformation zu erkennen.
Im Gegensatz zu der unteralterten Aluminiumlegierung zeigen alle Gefüge des Stahls nur einen geringen Anstieg des Segmentierungsgrades innerhalb des untersuchten Schnittgeschwindigkeitsbereichs (Bild 7). Für den Martensit und den angelassenen Martensit ist der Segmentierungsgrad bei einer Schnittgeschwindigkeit von v_c = 500 m/min über 0,7. Eine weitere Steigerung der Schnittgeschwindigkeit über v_c = 2000 m/min führt zur Bildung von einzelnen Segmenten (G_s = 1). Im Falle des duktileren Perlits und des weichgeglühten Gefüges ist der Segmentierungsgrad im untersuchten Schnittgeschwindigkeitsbereich ungefähr 0,4.

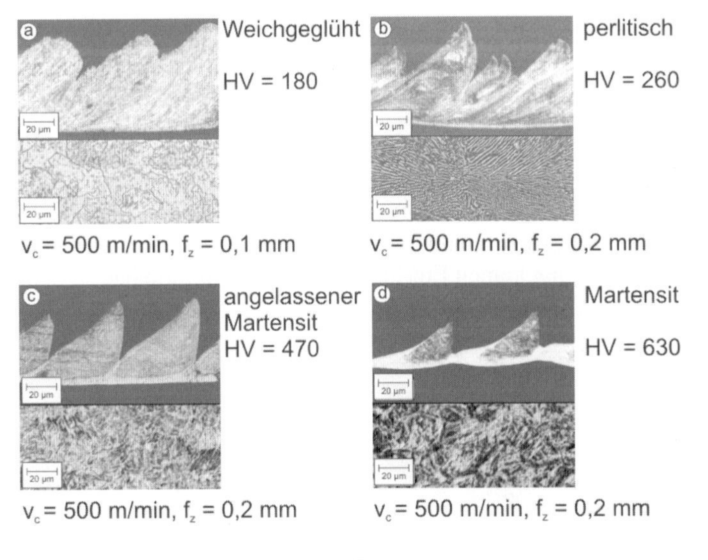

Bild 6 a-d: Spanbildung bei 40CrMnMo7

Der zur Spansegmentierung führende Mechanismus ist im Falle von 40CrMnMo7 ein anderer als bei AlZnMgCu1.5. Für den Stahl wird der von der Literatur her bekannte Zusammenhang zwischen Härte und Spansegmentierung bestätigt. Eine höhere Härte führt demnach zu einer ausgeprägteren Spansegmentierung. Die Härte als ein indirektes Maß für die Duktilität und Verformbarkeit, welche durch das Gefüge vorgegeben wird, kann somit für die qualitative Vorhersage der Spanform bei Stahl verwendet werden.

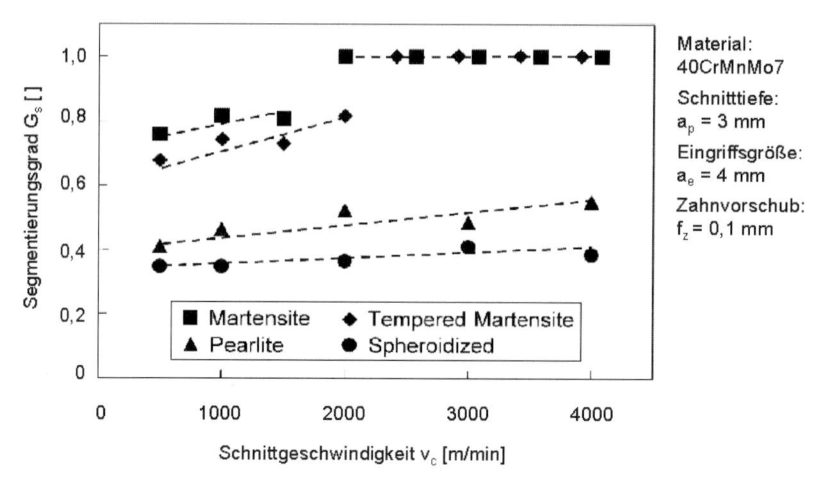

Bild 7: Segmentierungsgrad bei 40CrMnMo7 über der Schnittgeschwindigkeit

13.5 Schnittkräfte

Um den Einfluss der Spansegmentierung auf die Schnittkräfte zu untersuchen, erfolgte die Schnittkraftmessung beim Fräsen der unterschiedlichen Auslagerungszustände von AlZnMgCu1.5, womit eine kontinuierliche bzw. segmentierende Spanbildung unabhängig von der Schnittgeschwindigkeit erreicht wird.

Bild 8 zeigt die mittlere Schnittkraft über den Schneideneingriff. Die Untersuchungen zeigen einen Schnittkraftabfall mit zunehmender Schnittgeschwindigkeit für unterschiedliche Spanbildung (segmentierend + kontinuierlich). Das Ergebnis dieser experimentellen Untersuchung an AlZnMgCu1.5 in unterschiedlichen Auslagerungszuständen verdeutlicht, dass die Spansegmentierung keinen Einfluss auf die Schnittkräfte hat.

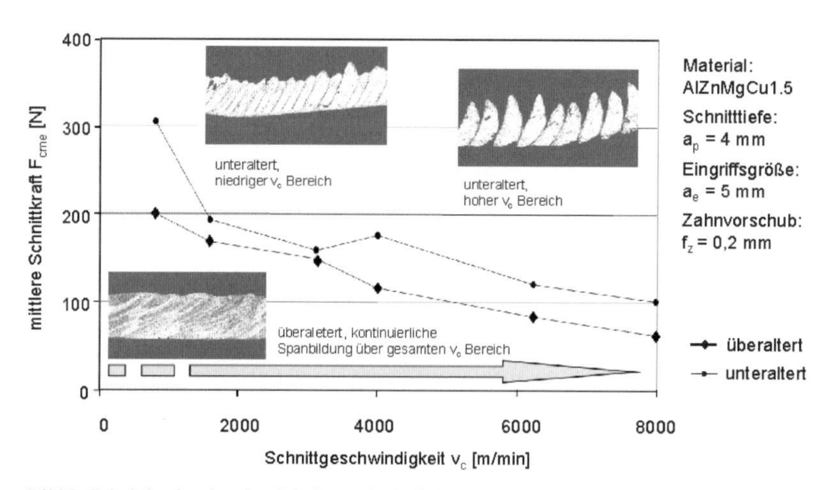

Bild 8: Schnittkräfte über der Schnittgeschwindigkeit bei ALZnMgCu1.5

Um die Übertragbarkeit der vorher gezeigten Erfahrungen zu überprüfen erfolgte neben der Aluminiumlegierung die Schnittkraftmessung an 40CrMnMo7 bei Schnittgeschwindigkeiten bis 4000 m/min,. Die experimentellen Untersuchungen wurden an vier unterschiedlichen Wärmebehandlungszuständen mit unterschiedlichen Härten durchgeführt (Bild 9).

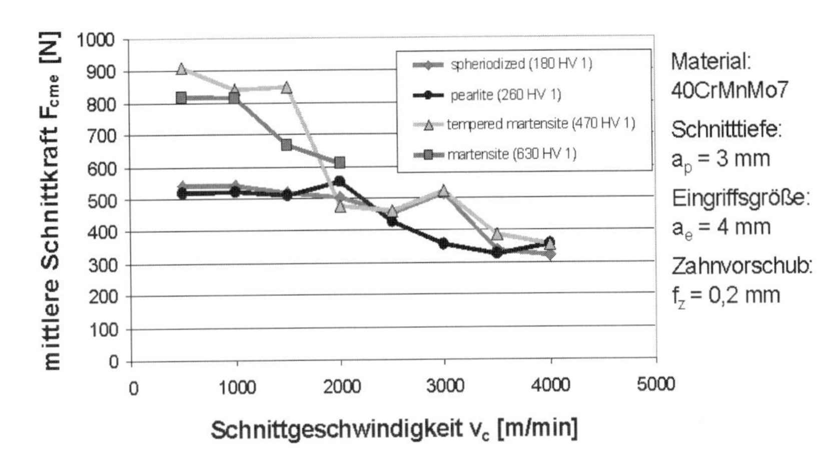

Bild 9: Schnittkräfte über der Schnittgeschwindigkeit bei 40CrMnMo7

An allen Materialzuständen konnte ein Schnittkraftabfall mit zunehmender Schnittgeschwindigkeit festgestellt werden. Im Gegensatz zu den an der Aluminiumlegierung durchgeführten Untersuchungen hatte das Gefüge im Falle des Stahls einen signifikanten Einfluss. Beim Fräsen des weichgeglühten Gefügezustandes ist der Einfluss der Schnittgeschwindigkeit auf die Schnittkräfte wesentlich schwächer als bei dem martensitischen bzw. angelassenen martensitischen Gefügezustand. Innerhalb des untersuchten Schnittgeschwindigkeitsbereichs konnte ein Abfall der Schnittkräfte um bis zu 50% festgestellt werden. Im Falle des martensitischen Gefüges setzt der Schnittkraftabfall bereits bei einer

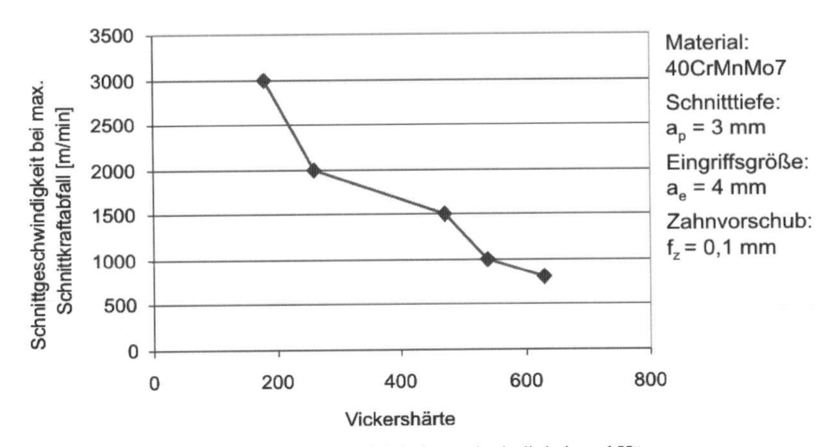

Bild 10: maximaler Schnittkraftabfall bei Schnittgeschwindigkeit und Härte

Schnittgeschwindigkeit von $v_c = 1000$ m/min ein. Der angelassene Martensit hat seinen maximalen Schnittkaftabfall bei $v_c = 1500$ m/min. Beim Fräsen der Wärmebehandlungszustände mit niedrigerer Härte trat der maximale Schnittkraftabfall erst bei höheren Schnittgeschwindigkeiten auf. Um dieses Phänomen näher zu untersuchen, wurde die erste Ableitung des Schnittkraftverlaufs nach der Schnittgeschwinigkeit berechnet und die Maximalwerte für jedes Gefüge bzw. die korrespondierende Schnittgeschwindigkeit ermittelt. Bild 10 zeigt für die Vickershärte der untersuchten Gefüge die Schnittgeschwindigkeit mit dem größten Schnittkraftabfall.

Bild 10 verdeutlicht die Abhängigkeit des Schnittkraftabfalls von den mechanischen Eigenschaften (Vickershärte) im Falle des untersuchten Stahlwerkstoffs. Zwischen der Vickershärte und der Schnittgeschwindigkeit mit dem maximalen Schnittkraftabfall ist ein annähernd linearer Zusammenhang zu erkennen.

13.6 Zusammenfassung

Die Untersuchungen unter systematischer Variation des Werkstückmaterials, des Gefüges und der Technologieparameter wie zum Beispiel der Schnittgeschwindigkeit oder des Zahnvorschubs verdeutlichen, dass die Spanbildung im Wesentlichen von den Werkstückstoffeigenschaften abhängt. Die Technologieparameter zeigten nur sekundären Einfluss. Die Schnittgeschwindigkeit hat nur dann einen Einfluss auf die Spanbildung und Schnittkräfte, wenn der Werkstückstoff empfindlich auf die Parameter ist.

Bei der Zerspanung von AlZnMgCu1.5 im unteralterten Gefügezustand trat eine regelmäßige Spansegmentierung auf. Im Gegensatz dazu führte der überalterte Gefügezustand zu einer kontinuierlichen Spanbildung. Unabhängig von der unterschiedlichen Spanbildung konnte für beide Gefügezustände ein Schnittkraftabfall mit zunehmender Schnittgeschwindigkeit festgestellt werden. Aufgrund dieses Zusammenhangs wird davon ausgegangen, dass andere Effekte die Ursache für den auftretenden Schnittkraftabfall sind. Diese Effekte werden im Buchbeitrag „Microstructure – A Dominating Parameter for Chip Forming During High Speed Milling“ des Institutes für Physikalische Metallkunde der Technischen Universität Darmstadt näher erläutert.

Der niedriglegierte Stahl 40CrMnMo7 wurde in vier unterschiedlichen Gefügezuständen untersucht. Hierbei konnte die Vickershärte von 180 HV bis 630 HV variiert werden. Es zeigte sich, dass der Schnittkraftabfall bei zunehmender Schnittgeschwindigkeit von dem Gefügezustand abhängig ist.

Die Ergebnisse im Einzelnen:

- Die Schnittkräfte nahmen mit zunehmender Schnittgeschwindigkeit für die Werkstoffe AlZnMgCu1,5 und 40CrMnMo7 ab.
- Im Falle des AlZnMgCu1,5 hatte die Spanbildung sowohl im unteralterten als auch im überalterten Auslagerungszustand, keinen Einfluss auf die Schnittkraft
- Steigende Schnittgeschwindigkeit oder zunehmender Zahnvorschub führen zu einer ausgeprägteren Spansegmentierung für Späne des unteralterten Gefügezustandes, während die Späne des überalterten bis zu höchsten Schnittgeschwindigkeiten kontinuierlich bleiben.
- Die Wärmebehandlung bei 40CrMnMo7 zeigte einen Einfluss auf den Schnittkraftabfall bei zunehmender Schnittgeschwindigkeit.
- Zwischen der Vickershärte von 40CrMnMo7 und dem maximalen Schnittkraftabfall konnte ein fast linearer Zusammenhang festgestellt werden.

13.7 Literatur

[1] Komanduri, R.; Schroeder, T.; Hazra, J.; von Turkovich, B. F.; Flom, D. G.: On the Catastrophic Shear Insability in High-Speed Machining of an AISI 4340 Steel, Journal of Engineering for Industry, 104: 121–131, 1982
[2] Bing Hou, Z.; Komanduri, R.: Modelling of thermomechanical shear instability in machining, Int. J. Mech. Sci., Vol. 39/11: 1273–1314, 1997
[3] Li, P.; Ma, C.; Lai, Z.: Strain evaluation model of adiabatic shear band produced by orthogonal cutting in high strength low alloy steel, Materials Science and Technology, 12: 351–354, 1996
[4] Klamecki, B. E.: Catastrophe Theorie Models of Chip Formation, Journal of Engineering for Industry, 104, 1982
[5] Wingrove, A. L.: The Influence of Projectile Geometry on Adiabatic Shear and Target Failure, Metallurgical Transactions, 4., 1973
[6] Komanduri, R.; Brown, R. H.: On the Mechanics of Chip Segmentation in Machining, Journal of Engineering for Industry, 103: 33–51, 1981
[7] Nakayama, K.: The Formation of Saw Tooth Chips Proc. Intern. Conf. On Prod. Eng., Tokyo, 572–577, 1974
[8] Shaw, M. C.; Vyas, A.: The Mechanism of Chip Formation with Hard Turning Steel, CIRP Annals, Vol. 47/1: 77–82, 1998
[9] Vyas, A.; Shaw, M. C.: Mechanics of Saw-Tooth Chip Formation in Metal Cutting, J. Manufact. Sci. Eng., 121: 163–172, 1999
[10] Lemaire, J. C.; Backofen, W. A.: Adiabatic Instability in the Orhogonal Cutting of Steel, Metallurgical Transactions, 3: 477–481, 1972
[11] Klocke, F.; Zinkann, V.: Hochgeschwindigkeitsbearbeitung ändert die Spanbildung, VDI-Z, 41: 30–34, 1999
[12] Herget, T.: Simulation und Messung des zeitlichen Verlaufs von Zerspankraftkomponenten beim Hochgeschwindigkeitsfräsen, Hanser Verlag, München, 1994
[13] Miyazawa, S.: „Measurements of Transient Cutting Force by Means of Fourier Analyzer“, Bulletin of Mechnical Engeneering Laboratory, Ibaraki, Japan
[14] Müller, C; Blümke, R.: Mater. Sci. Tech. 17 (2001) 651–654

14 Mechanismen der Werkstoffbeanspruchungen sowie deren Beeinflussung bei der Zerspanung mit hohen Geschwindigkeiten

S. Siems, G. Warnecke, J. C. Aurich

Kurzfassung

Phänomene und Mechanismen der Hochgeschwindigkeitszerspanung werden an Werkstoffen mit unterschiedlichen technologischen und physikalischen Eigenschaften untersucht. Dazu werden Modellzerspanversuche mit kontrolliertem Einzelschneideneingriff und konstanter Spanungsdicke durchgeführt. Vergleichende Untersuchungen zur Bestimmung typischer HSC-Kriterien erfolgen an einem Spektrum verschiedener Stahlwerkstoffe mit unterschiedlichem Zerspanverhalten bei hohen Schnittgeschwindigkeiten. Zur Beschreibung der bei diesen Geschwindigkeiten auftretenden Phänomene werden sowohl Zerspankräfte und Körperschall als auch die Spanbildung und die oberflächennahe Randzone untersucht.

Abhängig von den Werkstoffeigenschaften werden unterschiedliche Verläufe der Zerspankräfte in dem untersuchten Schnittgeschwindigkeitsbereich von 500 m/min bis 8000 m/min ermittelt. Die Zerspankräfte nehmen für alle Werkstoffe mit steigenden Schnittgeschwindigkeiten ab. Bei Werkstoffen mit einem Übergang zur Segmentspanbildung beginnt der Schnittkraftabfall mit Einsetzen der Segmentspanbildung. Die Schnittkräfte steigen im untersuchten Schnittgeschwindigkeitsbereich nicht mehr an und nähern sich einem konstanten Niveau. Bei Werkstoffen mit Fließspanbildung im gesamten Schnittgeschwindigkeitsbereich wird ein Anstieg der Schnittkräfte nach einem Minimum festgestellt.

Bei hohen Schnittgeschwindigkeiten entstehen auf der bearbeiteten Werkstückoberfläche Aufschmelzungen, was auf das Erreichen der Schmelztemperatur in den Kontaktzonen schließen lässt. In der oberflächennahen Randzone werden Fließschichten mit hohen Verformungsgraden beobachtet. Diese Verformungen nehmen mit steigender Schnittgeschwindigkeit zu. Infolge einer Verfestigung, die mechanisch verursacht ist, und einer Entfestigung, die thermisch verursacht ist, werden unterschiedliche Verläufe der Mikrohärte auf der Werkstückoberfläche gemessen. An einigen Werkstoffen konnten Schwingungsmarken infolge der Spansegmentierung mit Frequenzen im Bereich 100 kHz bis 1 MHz beobachtet werden.

Abstract

Effects and mechanisms of High Speed Cutting (HSC) are investigated using materials with different technological and physical properties. Therefore model experiments with determined engagements of a single cutting edge with constant undeformed chip section are conducted. Comparative investigations in order to obtain characteristic criterions for

Hochgeschwindigkeitsspanen. Hrsg. H. K. Tönshoff und F. Hollmann

ISBN: 3-527-31256-0

HSC are carried out using different steel materials with miscellaneous cutting behaviour at high cutting speeds. In order to describe the effects at high cutting speeds, cutting forces and acoustic emissions as well as the chip formation and subsurface layer of the workpiece are examined.

Depending on the material properties a different behavior of the cutting forces in the analyzed cutting speed range from 500 m/min up to 8,000 m/min were measured. For all materials the cutting forces decrease with increasing cutting speed. For materials, showing a transition from flow chips to serrated chips, the decrease of the cutting forces starts with the beginning of chip segmentation. The cutting forces stop increasing within the examined speed range und approach a constant level. In case of materials, that show a flow chip formation over the complete speed range, a rise of the cutting forces after passing through a minimum can be observed.

At very high cutting speeds areas with smelted surface material fused to the machined workpiece surface are generated implying that the smelting temperature in the contact area was reached. In the subsurface layers of the workpiece a flow layer at high deformation rates can be observed. These deformations increase with rising cutting speed. Due to mechanical induced strain hardening and thermal induced softening a different behavior of the microscopic hardness at the workpiece surface can be measured. For some materials vibration marks due to chip segmentation within the frequency range of 100 kHz to 1 MHz can be observed.

14.1 Einleitung

Phänomene und Mechanismen des Werkstoffverhaltens bei der Zerspanung mit hohen Schnittgeschwindigkeiten werden an Werkstoffen mit unterschiedlichen technologischen und physikalischen Eigenschaften untersucht. Dazu werden Modellzerspanversuche mit kontrolliertem Einzelschneideneingriff und konstanter Spanungsdicke durchgeführt. Vergleichende Untersuchungen zur Bestimmung typischer Kriterien für die Definition der Hochgeschwindigkeitsbearbeitung erfolgen an einem Spektrum verschiedener Stahlwerkstoffe mit unterschiedlichem Zerspanverhalten bei hohen Schnittgeschwindigkeiten. Zur Beschreibung der bei diesen Geschwindigkeiten auftretenden Phänomene werden Zerspankräfte, Spanbildung und oberflächennahe Randzone untersucht.

14.2 Experimentelle Untersuchungen

Als Hochgeschwindigkeitsbearbeitung wird die spanende Bearbeitung mit hohen Schnittgeschwindigkeiten bezeichnet. Sie stellt hohe Anforderungen an die einzusetzende Werkzeugmaschine in Hinblick auf Spindeldrehzahl, Drehmoment und verfügbare Leistung sowie an Werkzeuge und Schneidstoffe hinsichtlich der thermo-mechanischen Beanspruchungen. Zur Beschreibung der bei der Hochgeschwindigkeitszerspanung auftretenden Phänomene wurden Zerspanuntersuchungen auf einem Modellversuchsstand zum Fräsen durchgeführt, der die Untersuchung von einzelnen Schneideneingriffen ermöglicht. Zur Reduzierung der Einflussgrößen wird die Spanungsdicke während eines Schneideneingriffes konstant eingestellt.

14.2.1 Prinzip der Zerspanung mit Einzelschneideneingriffen

Fräsen ist ein spanendes Bearbeitungsverfahren mit unterbrochenem Schnitt, bei dem sich während der Zerspanung die Schneideneingriffe überlagern. Die erzeugte Werkstückoberfläche wird durch nachfolgende Schneideneingriffe beeinflusst. Um die tatsächlichen Verhältnisse während eines Schneideneingriffes untersuchen zu können, wurde eine Versuchsanordnung zur Separierung der Effekte eingesetzt. Die Schneideneingriffe wurden definiert in festen Abständen voneinander gesetzt, um eine Überlagerung zu vermeiden. Bild 1 zeigt das Prinzip der Untersuchungen mit Einzelschneideneingriffen. Durch diese Einzelschneideneingriffe können Effekte auf der Werkstückoberfläche oder in der oberflächennahen Randzone sichtbar gemacht werden.

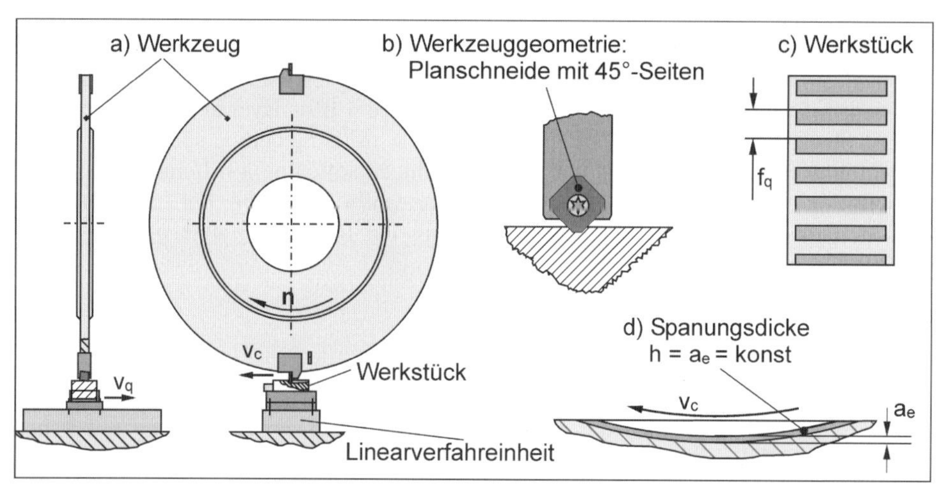

Bild 1: Prinzip zur Durchführung von Einzelschneideneingriffsuntersuchungen

Es handelt sich bei den Zerspanuntersuchungen um einen Umfangsfräsprozess, der von der Geometrie und Kinematik des herkömmlichen Fräsens abweicht. Ein dem Vorschub pro Zahn beim Fräsen vergleichbarer Vorschub existiert bei dieser Versuchsanordnung nicht. Die Werkstücke werden konkav vorgefräst, damit die Spanungsdicke während der Untersuchungen konstant ist (Bild 1 d)). Dadurch wird die Auswertung von Kraft- und Körperschalldaten vereinfacht, da über den Zeitraum des Schneideneingriffes nahezu konstante geometrische Bedingungen vorliegen. Auch die Auswertung der Späne wird durch die konstante Spanungsdicke über den Schneideneingriff vereinfacht, weil der Einfluss der Spanungsdickenänderung auf das Werkstoffverhalten entfällt. Durch die Kinematik des Umfangsfräsens mit einer Zustellung in radialer Richtung, einer symmetrischen Schneidengeometrie und der konstanten Spanungsdicke, ist der Versuchsaufbau dem Orthogonalspanen sehr ähnlich. Allerdings wird mit dieser Versuchsanordnung mit unterbrochenem Schnitt gearbeitet.

Es konnte in den Untersuchungen gezeigt werden, dass prinzipiell kein Unterschied zwischen den Spanbildungsphänomenen bei Spänen mit veränderlicher Spanungsdicke zu Spänen mit konstanter Spanungsdicke besteht. Vergleichende Untersuchungen wurden am PTW in Darmstadt im Stirnplanfräsprozess durchgeführt. Dabei konnte am Beispiel einer Aluminiumlegierung AlZnMgCu1.5 gezeigt werden, das im Bereich der maximalen Spanungsdicke beim Fräsen vergleichbare Spangeometrien erzeugt werden und die spezifische Kräfte auf einem ähnlichen Niveau liegen.

14.2.2 Versuchsaufbau

Für die Untersuchungen mit Einzelschneideneingriffen wurde ein Hochleistungsschleifzentrum ELB CAM MASTER 1/I FR in Fahrständerbauweise eingesetzt. Die integrierte Spindel, mit einer Dauerleistung von 40 kW erreicht eine maximale Schnittgeschwindigkeit von 10.800 m/min bei einem Werkzeugdurchmesser von 400 mm. Zur Realisierung von Einzelschneideneingriffen muss das Werkstück quer zur Werkzeugebene mit hoher Geschwindigkeit verfahren werden um eine gegenseitige Beeinflussung der Schneideneingriffe zu vermeiden. Weil die Verfahrachsen der Werkzeugmaschine die geforderten Geschwindigkeiten von maximal 34 m/min nicht erreichen, wurde eine zusätzliche Linearachse MDKUVE 15 3ZR AL mit zweireihigen Kugelumlaufführungen und 3-fach Zahnriemenantrieb der Firma INA Lineartechnik oHG, Homburg (Saar), in die Maschine eingebaut. Diese Linearverfahreinheit erreicht eine maximale Verfahrgeschwindigkeit von 70,4 m/min.

Das Fräswerkzeug wurde als Sonderwerkzeug auf der Basis des Eckfräsers M700 von der Firma Widia GmbH, Produktbereich Heinlein, Lichtenau, gefertigt. Dieser Werkzeugtyp wird für Hochgeschwindigkeitsanwendungen eingesetzt und beinhaltet standardmäßig Kassetten mit formschlüssiger Fliehkraftsicherung. Die Versuche wurden mit Hartmetall-Wendeschneidplatten der Geometrie SEHW 1204AFN mit Planschneide der Breite 2 mm, einem Freiwinkel von 20°, einer Befestigung durch eine Torx-Senkkopfschraube M 5,5 und Sortenbezeichnung WAP25 von der Firma Walter AG, Tübingen, durchgeführt. Die Wendeschneidplatten bestehen aus beschichtetem Hartmetall der Sorte P25 (mittlere Zähigkeit) und hatten einen TiCN+Al_2O_3+TiN-Schichtaufbau.

14.2.3 Messtechnik

Zur Erfassung der Prozesswirkungen wurden während der Versuche Zerspankräfte und Körperschall gemessen. In Bild 2 ist die Versuchseinrichtung mit der Messtechnik dargestellt. Die Kräfte wurden mit einem Dreikomponenten-Dynamometer 9251A der Firma Kistler Instrumente AG, Winterthur gemessen und durch einen Ladungsverstärker 5007, Kistler Instrumente AG, Winterthur, verstärkt. Das Analogsignal aus dem Ladungsverstärker wurde mit Hilfe einer Messwerterfassungskarte 12-16 U (PC) E, CONTEC, San Jose, mit einer Abtastfrequenz von 100 kHz pro Kanal, digital abgetastet. Zur Messwerterfassung wurde ein PC mit der Software DASY-LAB, Version 4.0 der Firma DASYTEC GMBH, Mönchengladbach, eingesetzt.

Die gemessenen Zerspankraftsignale haben durch kurze, einzelne Schneideneingriffe einen impulsähnlichen Charakter, der zu einer breitbandigen und hochfrequenten Frequenzanregung des Messaufbaus führt. Eine genaue Kraftmessung ist nur dann möglich, wenn die Eigenfrequenzen des Aufbaus zur Kraftmessung höher liegen als die durch den Schneideneingriff dominanten Frequenzen [1, 2]. Die Schwingungsanregung des Messaufbaus führt zu einer Verfälschung der Messung durch eine Überlagerung von Trägheitskräften des Sensors. Mit steigender Schnittgeschwindigkeit wird die Anregung stärker und begrenzt die Auswertbarkeit der Kraftmessung bei hohen Schnittgeschwindigkeiten. Das Meßsystem ist nicht mehr in der Lage, dem Zerspankraftverlauf zu folgen, sondern misst bei steigender Schnittgeschwindigkeit zunehmende Anteile aus dem dynamischen Verhalten des Kraftsensors. Dieser Effekt kann anhand von Nachschwingungen außerhalb des

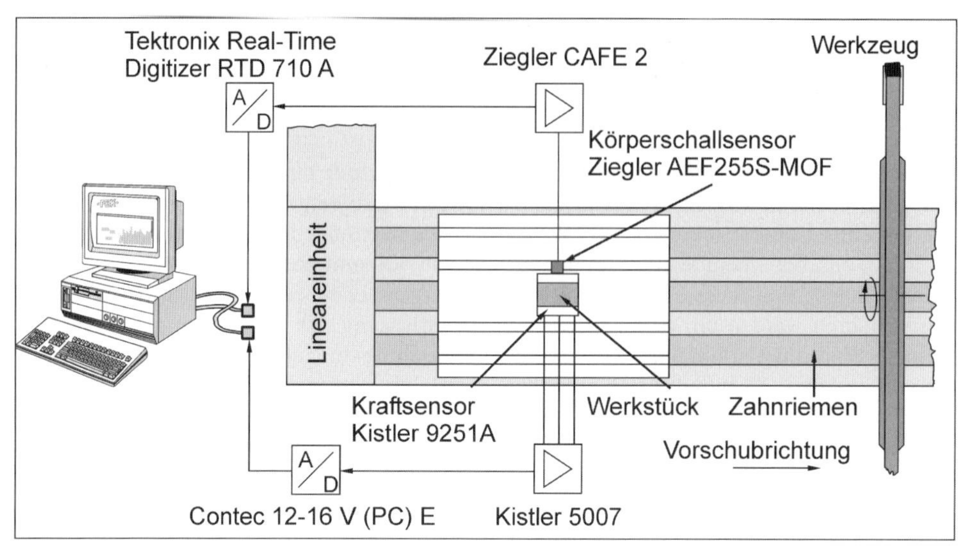

Bild 2: Versuchsaufbau mit Messtechnik

eigentlichen Eingriffes beobachtet werden. Das System schwingt frei aus, mit abklingender Amplitude.

Je kürzer der Schneideneingriff ist, desto breitbandiger ist die Frequenzanregung. Bei den Untersuchungen mit Schnittgeschwindigkeiten bis 8000 m/min und Spanungslängen von 25 mm sind die Eingriffzeiten minimal 0,188 ms. Aus diesem Grund muss das Meßsystem hohe Resonanzfrequenzen besitzen, um den schnellen Änderungen des Zerspankraftverlaufes folgen zu können. In Bild 3, sind die geschwindigkeitsabhängigen Frequenzanregungen dargestellt, die aus einem idealen Kraftsignal eines Schneideneingriffs mit steigender und fallender Spanungsdicke ohne Eintrittsstoß berechnet wurden.

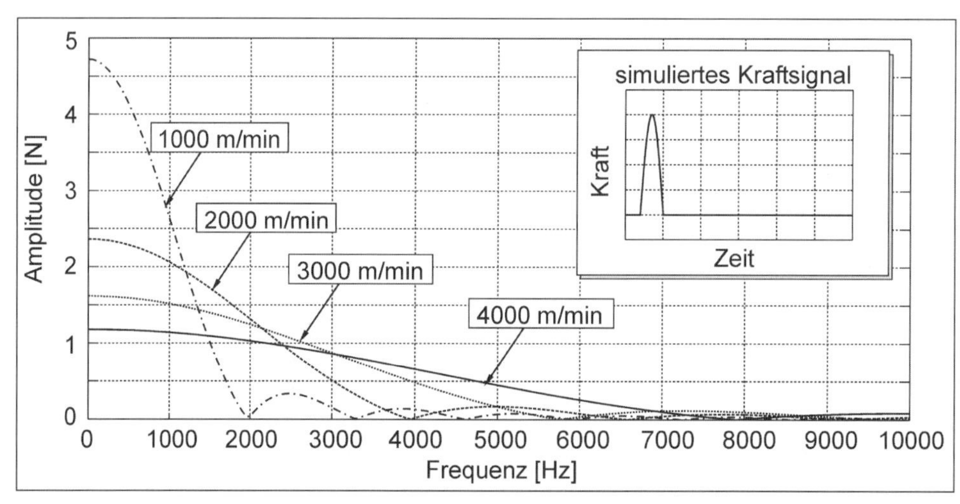

Bild 3: Frequenzanregung durch Kraftsignal und Vergleich unbehandelter und mit Invers-Filterung behandelter Kraftsignale

Zur Ermittlung und späteren Kompensation des Messfehlers infolge der Überlagerung der Trägheitskräfte des Messsystems ist die Kenntnis der Übertragungsfunktionen des kompletten Aufbaus wichtig. Die Übertragungsfunktion ist eine Bewertungsfunktion der übertragenen Frequenzen und gibt an, wie stark einzelne Frequenzen vom System gedämpft oder verstärkt werden. Die Übertragungsfunktion des Systems kann mit Hilfe einer bekannten Impulsförmigen Anregung an der Stelle des Schneideneingriffes und der Messung der Schwingungen des Versuchsaufbaus ermittelt werden und ist definiert als

$$H(f) = \frac{S_y(f)}{S_x(f)}, \tag{1}$$

mit $S_y(f)$ als Fouriertransformierte des Ausgangssignales y(t) und $S_x(f)$ als Fouriertransformierte des Eingangssignales x(t).

Zur Ermittlung der Zerspankräfte ist eine Aufbereitung der gemessenen Signale notwendig. Nach MYAZAWA [1] und HERGET [2] kann das eigentliche Kraftsignal berechnet werden, wenn die Übertragungsfunktion des kompletten Messsystems bekannt ist. Sofern die Übertragungsfunktion H(f) und das Ausgangssignal y(t) bekannt sind, kann das Eingangssignal x(t) wie folgt berechnet werden:

$$x(t) = F^{-1}\left[\frac{S_y(f)}{H(f)}\right]. \tag{2}$$

Diese Vorgehensweise wird als Inversfilterung bezeichnet. Grenzen dieses Verfahrens resultieren aus dem Eigenschwingungsverhalten des Kraftsensors, da bei höheren Schnittgeschwindigkeiten höhere Frequenzen und damit die Eigenfrequenzen des Kraftsensors angeregt werden. Bei Schnittgeschwindigkeiten höher als 5000 m/min ist deshalb keine sinnvolle Auswertung der Zerspankraftsignale mit dem beschriebenen Aufbau möglich. In Bild 4 ist ein Vergleich zwischen den Ursprungssignalen und den durch Filterfunktionen transformierten Signalwerten dargestellt.

Bei niedrigen Schnittgeschwindigkeiten ist außerhalb des Schneideneingriffes nahezu kein Nachschwingen zu erkennen. Bei hohen Schnittgeschwindigkeiten ist keine sinnvolle Auswertung mit dem Originalsignal möglich. Durch die Invers-Filterung ist die Rekonstruktion des ursprünglichen Kraftsignals erfolgreich. Deutlich erkennbar ist auch das Eigenschwingverhalten des Kraftsensors bei hohen Schnittgeschwindigkeiten.

14.2.4 Experimentelle Untersuchungen

Für die experimentellen Untersuchungen wurden die Stähle C22, Ck45, C60 und 40 CrMnMo 7 eingesetzt. Diese Stahlwerkstoffe weisen grundsätzlich unterschiedliches Verhalten bei der Zerspanung auf, da sie ein breites Spektrum von geringer Festigkeit und hoher Bruchdehnung bis zu hoher Festigkeit und geringer Bruchdehnung haben. Der Stahl C22 wurde zur Analyse der Fließspanbildung untersucht, da dieser Werkstoff im gesamten untersuchten Schnittgeschwindigkeitsbereich keine Segmentspanbildung aufweist. Im Gegensatz dazu ist die Spanbildung beim Ck45 abhängig von der Korngröße. Der Ck45 wurde zum einen mit grobkörnig normalisiertem Gefüge (Anlieferzustand) und zum anderen mit feinkörnigem normalisiertem Gefüge zerspant, um Fließ- und Segmentspanbildung zu untersuchen. Der Übergang von der Fließ- zur Segmentspanbildung mit steigender Schnittgeschwindigkeit wurde an den Stählen C60 und 40 CrMnMo 7 differenziert

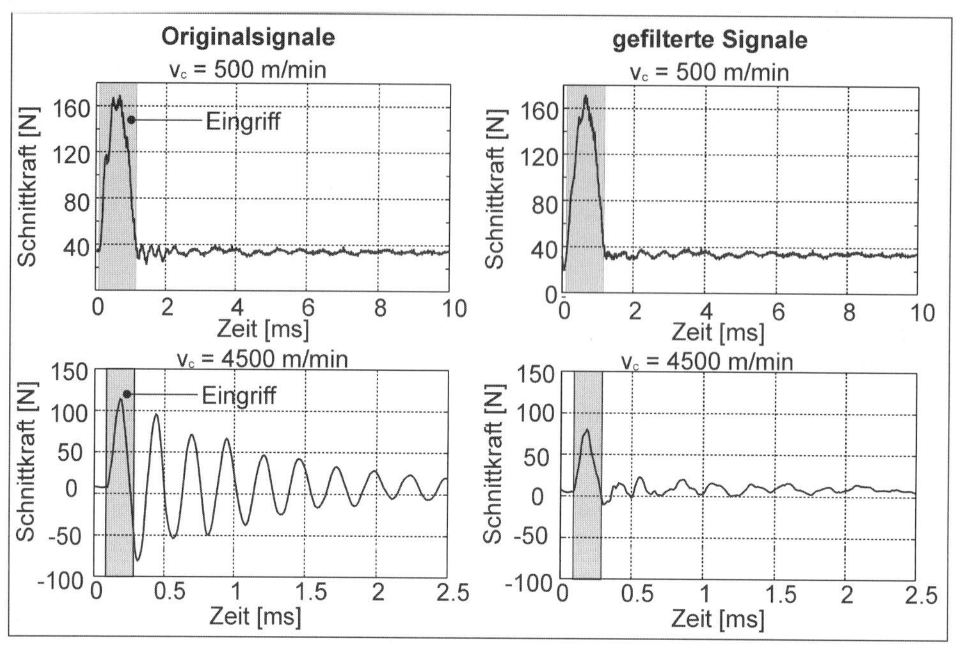

Bild 4: Vergleich unbehandelter und invers-gefilterter Kraftsignale

untersucht. Exemplarisch wurde zusätzlich eine Beta-Titanlegierung Ti15-3 zerspant, die ein ähnliches Kristallgitter wie Stahl aufweist. Die Werkstoffkennwerte und die Einstellparameterbereiche sind in Tabelle 1 dargestellt.

Bei den experimentellen Untersuchungen wurde die Spanungsdicke konstant gehalten. Sämtliche Proben wurden mit konstanten Bedingungen auf dem Versuchsaufbau konkav gefräst, um eine dem Kreisbogen des Schneideneingriffes angepasste Krümmung zu errei-

Werkstoff	Gefüge	v_c [m/min]	h [µm]	Streckgrenze [MPa]	Zugfestigkeit [MPa]	Bruchdehnung [%]	Härte [HV1]	Werkstoff-Nr.
C22	Zeilig, gewalzt	500 - 8000	100	290	590	22	112	1.0402
Ck45	N, Anlieferzustand, N, variiert	500 - 6000	100	370 390	710 725	17 16	198 222	1.1191
C60	N	500 - 5000	100	450	800	14	250	1.0601
40CrMnMo7	V	500 - 5000	50	800	1100	10	320	1.2311
Ti-15-3	Lösungsgeglüht, Peak-Aged	200, 500	50	735 1340	755 1360	30 9	260 395	

Tabelle 1: Werkstoffkennwerte

chen. Die Fliehkraft bedingte Aufweitung des Werkzeuges wurde kompensiert, jedoch nicht die Vergrößerung des Krümmungsradius der Schneidenbahn. Alle Proben wurden gleich vorgefräst und weisen den gleichen Krümmungsradius auf. Eine Fliehkraft bedingte Aufweitung des Werkzeuges im Durchmesser um 200 µm (v_c = 8000 m/min) verursacht eine Abweichung der Spanungsdicke von 15 µm am Anfang und am Ende des Schneideneingriffes. Bei geringeren Drehzahlen ist die Aufweitung geringer, beispielsweise beträgt die Abweichung bei einer Schnittgeschwindigkeit von 4000 m/min und einer daraus resultierenden Aufweitung von 100 µm nur noch 4 µm.

14.3 Spanbildung

Zur Charakterisierung des Werkstoffverhaltens bei der Hochgeschwindigkeitszerspanung ist die Untersuchung der Spanbildung von zentraler Bedeutung. Anhand der Spanmorphologie können verschiedene Wirkungen auf das Arbeitsergebnis erklärt werden. Das Werkstoffverhalten und die wichtigsten Einstellparameter Schnittgeschwindigkeit und Spanungsdicke beeinflussen direkt die Spanbildung und die resultierenden Zerspankräfte. Beobachtet wurden bei den durchgeführten Untersuchungen Fließspäne und Segmentspäne. Bei steigenden Schnittgeschwindigkeiten entstehen bei den meisten Werkstoffen Segmentspäne, da diese Form der Spanbildung die zur Verformung des Werkstoffs benötigte Energie verringert (siehe Rössler, Bäker, Siemers: Mechanisms of Chip Formation). Segmentspäne weisen große Bereiche mit geringer Verformung im Innern eines Segments auf. In den Randbereichen zwischen den Segmenten und der Spanunterseite entstehen Zonen mit sehr hohen Verformungen infolge einer Verformungskonzentration und eventuellen Scherlokalisierung. Im Gegensatz dazu wurden bei zwei Werkstoffen nur Fließspäne mit homogener Verformung im gesamten Schnittgeschwindigkeitsbereich gefunden. Nachfolgend wird die unterschiedliche Spanbildung bei hohen Schnittgeschwindigkeiten dargestellt.

14.3.1 Fließspanbildung

Stahlwerkstoffe mit vergleichsweise geringen Festigkeiten und hohen Bruchdehnungen neigen bei üblichen Schnittgeschwindigkeiten und üblichen Spanungsdicken nicht zur Verformungskonzentration und damit nicht zur Bildung von Segmentspänen. Die untersuchten Stähle C22, mit zeiligem Walzgefüge und der feinkörnige und normalisierte Stahl Ck45 weisen bis zu einer Schnittgeschwindigkeit v_c = 8000 m/min dieses Verhalten auf (Bild 5).

An den Spänen lassen sich die Krümmung der Späne, die Spandickenstauchung und die Morphologie der Fließspäne in Abhängigkeit von der Schnittgeschwindigkeit untersuchen. Die Verformungen im Span werden durch primäre Verformungen in der primären Scherzone sowie durch sekundäre Verformungen infolge von Reibung zwischen Spanunterseite und Spanfläche (sekundäre Scherzone) bestimmt. Bei der Fließspanbildung wird der Werkstoff in der primären Scherzone annähernd homogen geschert. Die Strukturlinien im Span verlaufen linear. Durch sekundäre Scherung infolge von Reibung in der Kontaktzone zwischen Spanunterseite und Spanfläche des Werkzeuges sind die Strukturlinien bogenförmig gekrümmt, es entsteht eine so genannte „Fließschicht". An den Spänen ist unmittelbar der Einfluss der Spanflächenreibung erkennbar. Die Dicke der Fließschicht

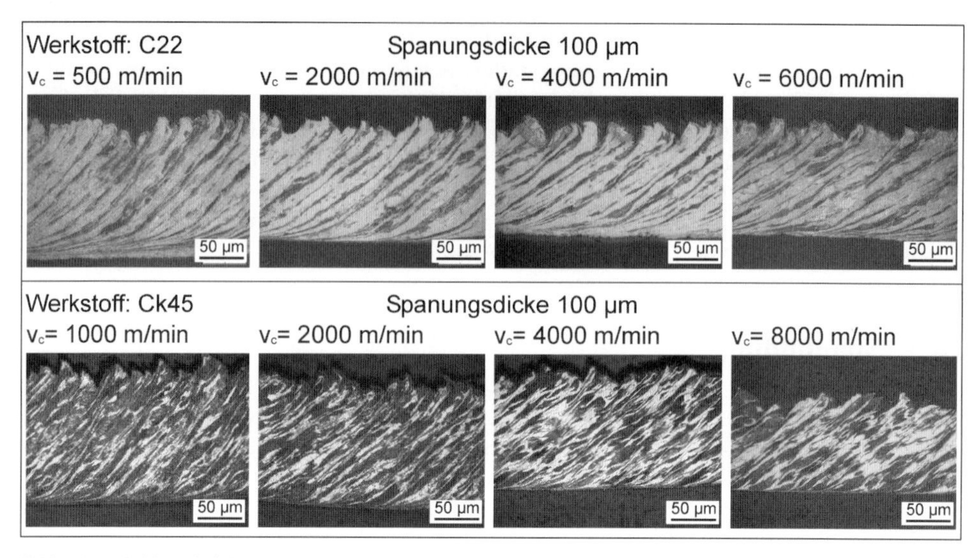

Bild 5: Spanbildung bei der Zerspanung von C22, Ck45

nimmt mit steigender Schnittgeschwindigkeit ab und die sekundäre Verformung konzentriert sich in dieser dünner werdenden Fließschicht. Dieses Verhalten wird durch eine zunehmende Temperatur an der Spanunterseite und der daraus folgenden Entfestigung des Werkstoffes verursacht. Durch eine geringere örtliche Ausbreitung der Temperatur bei höherer Schnittgeschwindigkeit entstehen kleinere Zonen mit höheren Temperaturen die zu hohen Verformungen des Werkstoffes in der Fließzone führen. Zusätzlich werden die Strukturlinien oberhalb der Fließzone geradliniger und die Strukturwinkel kleiner, was auch auf die Konzentration der sekundären Scherung in einer schmaler werdenden Fließschicht und durch verminderte Reibung zurück zu führen ist. Bei der Zerspanung von C22 fällt die Spandickenstauchung λ von 1,97 bei $v_C = 500$ m/min auf Werte im Bereich von 1,4 bei v_C zwischen 3000 m/min und 8000 m/min ab (Bild 6).

Der Abfall der Spandickenstauchung tritt bis zu einer Schnittgeschwindigkeit von $v_C = 3000$ m/min auf. Mit weiter steigender Schnittgeschwindigkeit bleibt die Spandickenstauchung nahezu konstant. Der Strukturwinkel im Span, gemessen im Bereich der Spanoberseite, fällt von 52° bei $v_c = 500$ m/min auf 33° bei $v_c = 8000$ m/min annähernd linear ab. Bei der Zerspanung des Ck45 mit feinkörnigem Gefüge wurde ein ähnliches Verhalten beobachtet. Der Strukturwinkel im Bereich der Spanoberseite nimmt von 55° bei $v_c = 500$ m/min bis auf 32° bei $v_c = 8000$ m/min ab. Die Spanstauchung fällt nahezu linear mit steigender Schnittgeschwindigkeit von 1,5 bei $v_c = 500$ m/min auf 1,14 bei $v_c = 8000$ m/min. Eine asymptotische Annäherung auf einen Grenzwert wurde nicht festgestellt.

14.3.1.1 Verformungen im Fließspan

Die Verformungen im Fließspan lassen sich nur indirekt quantifizieren. Eine Möglichkeit besteht in der Auswertung der Spandickenstauchung. Daraus lassen sich jedoch nur die primären Verformungen bestimmen. Nach Merchant [3] kann aus der Spandickenstauchung λ der Scherwinkel ϕ der primären Scherzone berechnet werden (Bild 7).

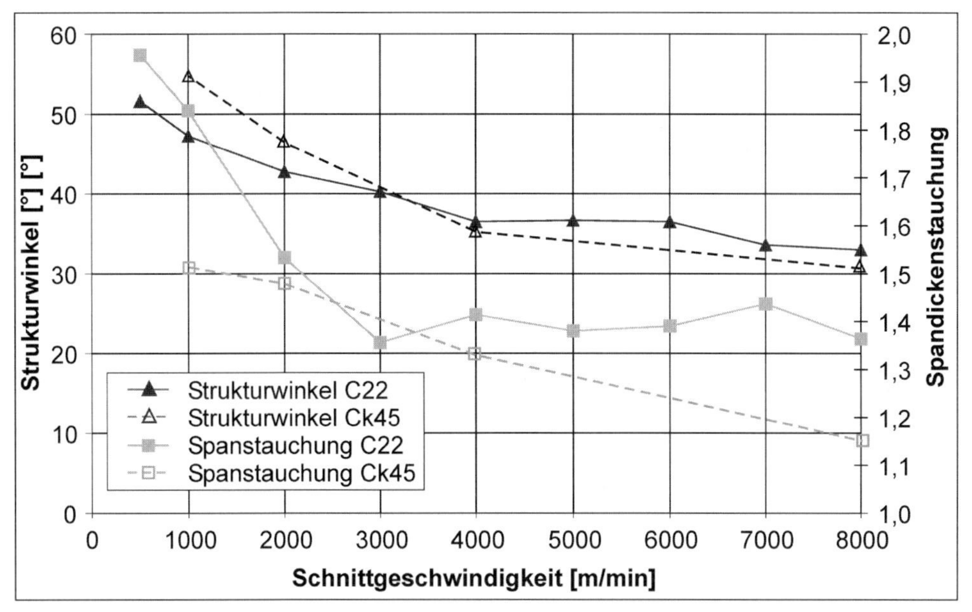

Bild 6: Spanstauchung und Strukturwinkel bei der Zerspanung von C22 und Ck45

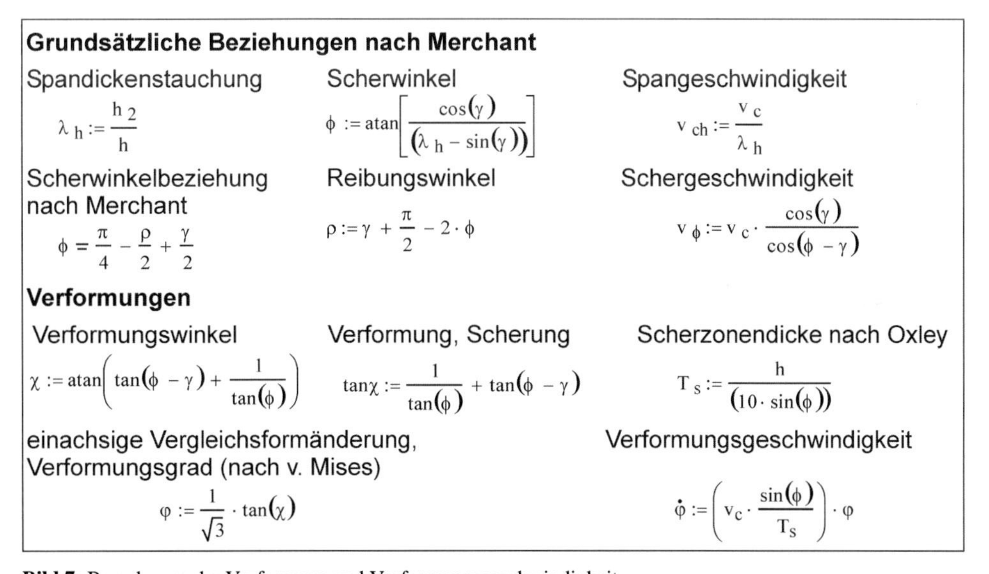

Bild 7: Berechnung der Verformung und Verformungsgeschwindigkeit

Aus ϕ errechnet sich der Verformungswinkel $\tan(\chi)$, der auch als „Scherung" oder „shear strain" bezeichnet wird. Aus dem Maß für die Scherung wird nach v. Mises der einachsige Vergleichsumformgrad φ berechnet. Dieser Umformgrad wird zum Vergleich verschiedener Verformungsarten wie Dehnungen Stauchungen oder Scherungen verwendet. Der Umformgrad ist gleichzusetzen mit der wahren Dehnung, die zur Beschreibung des Werkstoffverhaltens mit Hilfe von Fließkurven verwendet wird.

In Bild 8 sind die Werte für den Scherwinkel und die entsprechenden Umformgrade dargestellt. Bei der Zerspanung von C22 steigt der Scherwinkel von 25° auf 35° durch eine Abnahme der Spandickenstauchung. Analog des Verlaufes der Spandickenstauchung über die Schnittgeschwindigkeit bleiben der Scherwinkel und der Verformungsgrad ab einer Schnittgeschwindigkeit $v_c = 3000$ m/min annähernd konstant. Im Gegensatz dazu steigt der Scherwinkel bei der Zerspanung von Ck45 linear auf 42° an und der Verformungsgrad fällt linear auf 1,16.

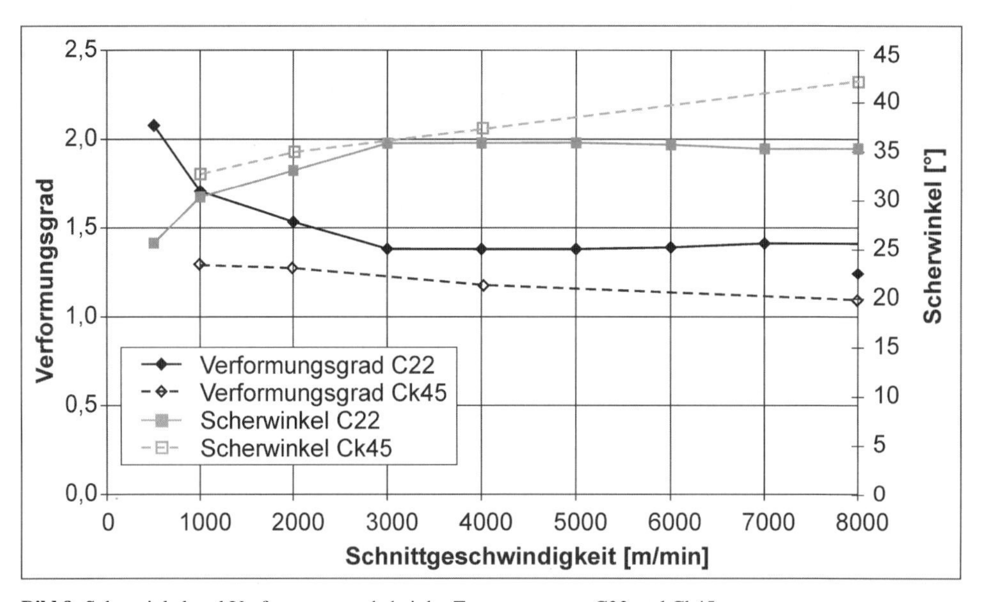

Bild 8: Scherwinkel und Verformungsgrade bei der Zerspanung von C22 und Ck45

14.3.2 Segmentspanbildung

Mit steigenden Schnittgeschwindigkeiten findet bei vielen Werkstoffen ein Übergang von der Fließspanbildung zur Segmentspanbildung statt. Dieser Übergang ist nicht nur von der Schnittgeschwindigkeit abhängig, sondern wird auch stark von der Spanungsdicke beeinflusst. Mit steigender Spanungsdicke wird der Übergang zur Segmentspanbildung bei geringeren Schnittgeschwindigkeiten auftreten.

Der Übergang von der Fließspanbildung zur Segmentspanbildung tritt bei der Zerspanung der Stähle C60 und 40CrMnMo7 auf. Dabei wurde ein unterschiedliches Verhalten der Stahlwerkstoffe beim Übergang vom Fließspan zum Segmentspan gefunden (Bild 9). Bei der Zerspanung des Stahls C60 wurden Mischformen von Spänen mit Fließspanbildung und Segmentspanbildung in einem Span festgestellt. Mit steigender Schnittgeschwindigkeit im Bereich von $v_c = 1000$ m/min bis 2500 m/min steigt die Zahl der Segmente in einem Span an. Im Gegensatz dazu zeigte der untersuchte Stahl 40 CrMnMo 7 einen unmittelbaren Übergang zur Segmentspanbildung, ohne ausgeprägte Mischformen, bei $v_c = 1500$ m/min. Wenn bei der Spanbildung ein Übergang zur Segmentierung stattfindet, ist dieser Vorgang über den kompletten Schneideneingriff konstant. Dieses Verhalten resultiert aus der höheren Festigkeit und geringeren Verformungsfähigkeit des Stahls

40 CrMnMo 7 gegenüber dem Stahl C60. Vereinzelt zeigen sich in den Spänen bei der Schnittgeschwindigkeit v_c = 1000 m/min unregelmäßige Mischformen, aber der Anteil ist sehr gering.

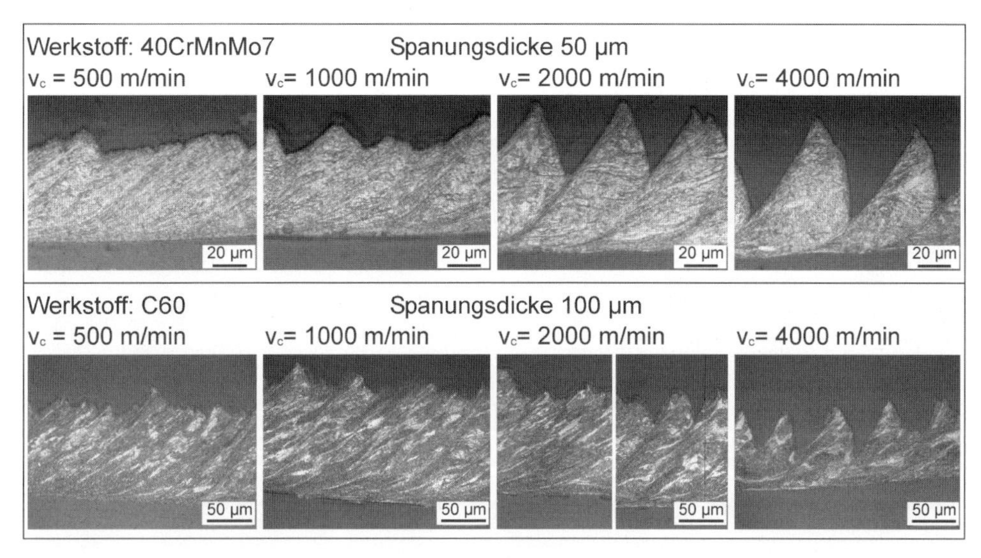

Bild 9: Segmentspanbildung bei der Zerspanung von 40 CrMnMo 7 und C60

Bei der Zerspanung von 40 CrMnMo 7 sind die Scherbereiche zwischen den Segmenten sehr stark ausgeprägt. Es wurden mit steigender Schnittgeschwindigkeit und steigender Spanungsdicke Verformungskonzentrationen beobachtet. Bei hohen Schnittgeschwindigkeiten und Spanungsdicken resultieren die Verformungskonzentrationen durch Scherlokalisierung in Scherbändern mit einer geänderten Struktur. Die geänderte Struktur in den Scherbändern wird durch kurzzeitige Temperaturerhöhungen zwischen den Segmenten oberhalb der Austenitisierungstemperatur während oder kurz nach dem Abschervorgang bei hohen Schnittgeschwindigkeiten verursacht. Bei Verformungskonzentrationen sind die Temperaturen und deren Gradienten geringer.

Der Einfluss der Schnittgeschwindigkeit ist stärker als der Einfluss der Spanungsdicke. Bei einer Variation der Spanungsdicke und einer Schnittgeschwindigkeit von v_c = 500 m/min tritt ein Übergang zur Segmentspanbildung ab 90 µm Spanungsdicke auf (Bild 10). Die Segmentierung erfolgt mit sehr geringem Segmentierungsgrad von 30 % und bleibt mit steigender Spanungsdicke bis h = 150 µm annähernd konstant. Bei auftretender Verformungskonzentration entstehen zwei unterschiedlich verformte Bereiche im Span durch unterschiedliche Phasen bei der Segmentierung. In der Aufstauphase wird das Gefüge nur im Bereich der Spanunterseite schwach verformt. Die nachfolgende Scherphase verursacht einen Bereich im Span, der genau wie ein Fließspan starke Scherverformung zeigt. Wie in Bild 10b) und c) zu sehen ist, sind diese Scherbereiche bei v_c = 500 m/min sehr stark ausgeprägt und nehmen ca. 50 % der Segmentfläche ein. Diese Späne werden als Wellenspäne bezeichnet. Dünne Scherbänder infolge einer starken Lokalisierung der Verformung treten bei dieser Schnittgeschwindigkeit nicht auf. Im Gegensatz dazu treten bei einer Spanungsdickenvariation bei v_c = 2000 m/min sehr starke Lokalisierungen auf

(Bild 10d) bis f)). Bei h = 50 µm können die Scherbänder zu einem großen Teil noch als Verformungskonzentrationen charakterisiert werden, wobei vereinzelt schon Ansätze zur Scherbandbildung zu sehen sind. Ab h = 70 µm werden nur noch Scherlokalisierungen beobachtet.

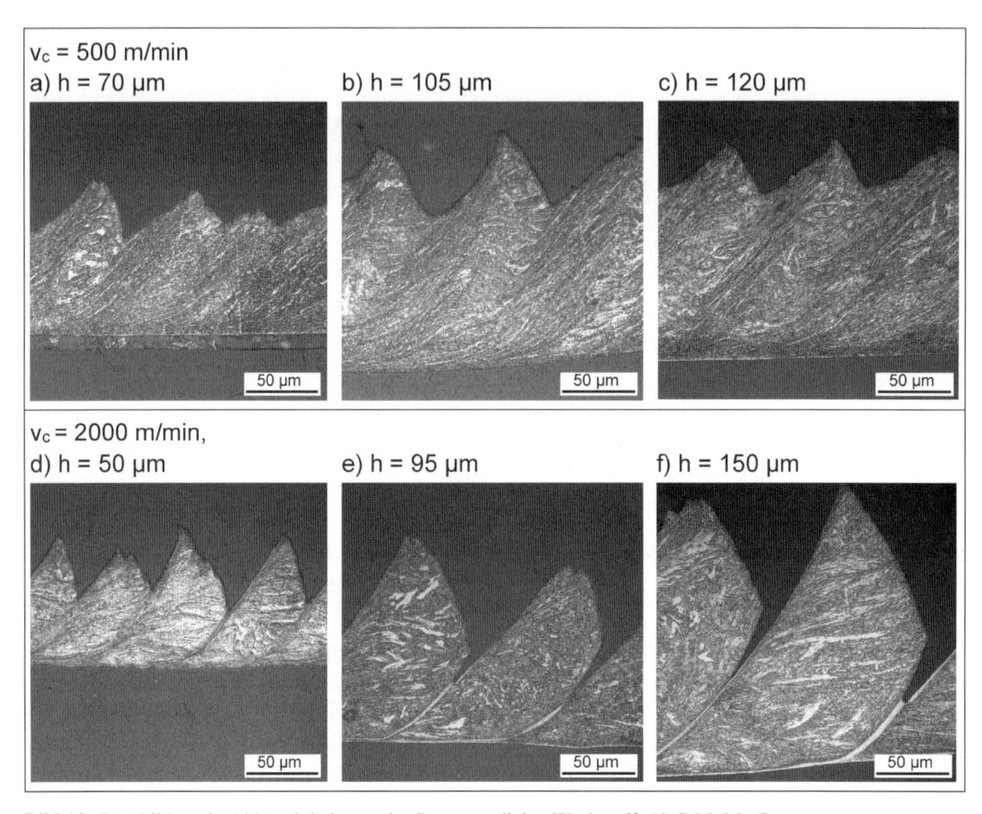

Bild 10: Spanbildung in Abhängigkeit von der Spanungsdicke, Werkstoff: 40 CrMnMo 7

Mit weiter zunehmender Spanungsdicke reißen die Berührungspunkte zwischen den Segmenten infolge von Reibung auf der Spanfläche ein. Beim Spanablauf reibt das vorhergehende Segment auf der Spanfläche und verformt sich dabei noch an der Spanunterseite. Diese Tatsache wird durch das Auftreten ausgeprägter Fließschichten auf der Spanunterseite belegt. Durch die Verzögerung infolge der Reibung auf der Spanunterseite „kippt“ das Segment auf der Spanoberseite in Richtung der Spanablaufrichtung. Die Stelle an der Spanoberseite zwischen den Segmenten hat zu diesem Zeitpunkt noch eine sehr geringe Festigkeit infolge der hohen Temperaturen und trennt sich durch die zu hohe Zugbelastung auf. Dieses Verhalten wird in Bild 10f) deutlich. Am rechten Scherband ist eine Auftrennung zu erkennen.

14.3.3 Verformungen im Segmentspan

Die Verformungen im Span werden durch primäre Verformungen in der Scherzone sowie durch sekundäre Verformungen infolge von Reibung zwischen Spanunterseite und Spanfläche bestimmt. Zur Charakterisierung der Verformungen im Segmentspan wurden Mikrohärtemessungen durchgeführt. Ein Fokus lag dabei auf dem Verlauf senkrecht zum Scherbereich bzw. Scherband.

Der Werkstoff 40 CrMnMo 7 ist gekennzeichnet durch einen Übergang von Fließspan- zur Segmentspanbildung bei einer Schnitttiefe von 50 µm und einer Schnittgeschwindigkeit von $v_c = 1500$ m/min. Ausgehend von homogenen Fließspänen bei einer Schnittgeschwindigkeit von 500 m/min nimmt der Segmentierungsgrad mit steigenden Schnittgeschwindigkeiten zu. Die Bereiche im Segmentspan mit Verformungskonzentrationen oder Scherlokalisierungen haben höhere Härten infolge von Verformungsverfestigung bzw. Martensitbildung. Die Mikrohärte in den dazwischen liegenden Bereichen im Inneren des Segmentes, gemessen entlang einer Linie quer zum Scherbereich, hat einen wannenförmigen Verlauf (Bild 11).

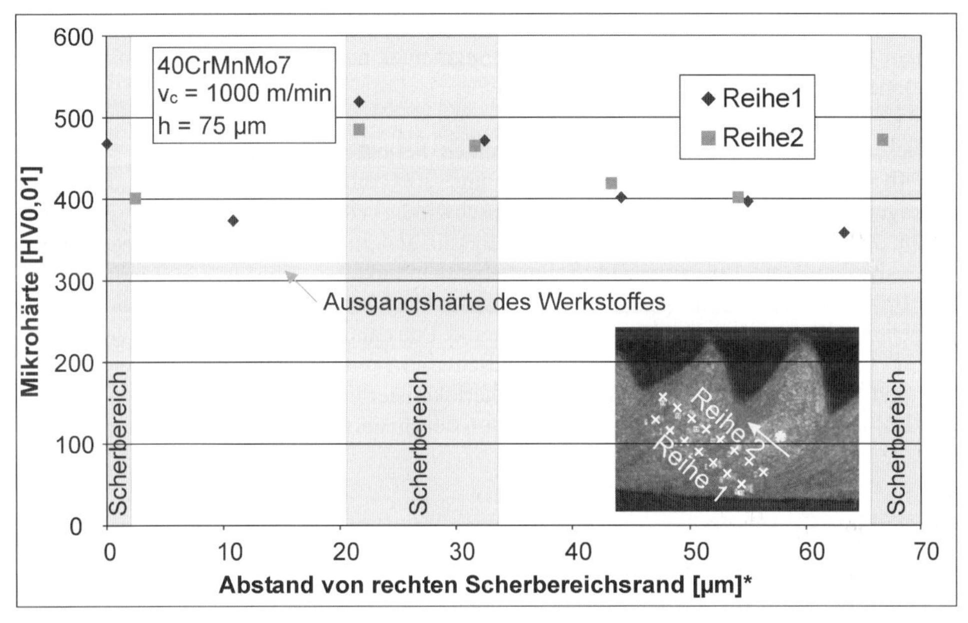

Bild 11: Mikrohärte im Segmentspan

Das Minimum der Härte fällt mit steigender Schnittgeschwindigkeit auf annähernd den Wert der Referenzhärte des Ausgangswerkstoffs ab. Die Gradienten in Richtung zu den Scherlokalisierungen werden mit steigender Schnittgeschwindigkeit höher. Dieser Effekt ergibt sich aus einer Kombination von zwei Einflüssen. Zum einen nimmt die Verformung im Inneren der Segmente mit steigender Schnittgeschwindigkeit ab. Das führt zu niedrigeren Härten mit steigenden Schnittgeschwindigkeiten. Zum anderen führen thermische Entfestigungsvorgänge innerhalb der Segmente infolge des Wärmeflusses aus der Zone der Verformungskonzentration bzw. den Scherlokalisierungen in die angrenzenden Segmente zu höheren Härtegradienten. Vergleichbare Ergebnisse am Stahlwerkstoff Ck45 wurden in der Arbeitsgruppe aus Hannover erarbeitet [4] (siehe Haferkamp, Henze, Schäpperkötter: Einfluss der Werkstoffeigenschaften beim Höchstgeschwindigkeitsspanen).

Generell lassen sich für die untersuchten Proben folgende Aussagen machen:

1. Zur Spanunterseite hin steigt die Mikrohärte infolge höherer Verformungen an. Im freien Segmentbereich an der oberen Spanseite ist die Mikrohärte nahezu konstant, was auf eine gleichmäßige Verformung bei der Segmententstehung hindeutet. Dagegen stellen sich im durch die Scherbänder begrenzten unteren Bereich steigende Mikrohärten in Richtung der Spanunterseite ein.
2. Zwischen einzelnen Segmenten gibt es Härtesprünge. Am vorhergehenden Segment entsteht ein Scherband mit sehr hohen Härten, direkt am Rand des nachfolgenden Segmentes ist die Mikrohärte nur etwa 10–20% höher als die Mikrohärte des Grundmaterials.
3. Ausgehend von der geringen Mikrohärte steigt die Mikrohärte in nachfolgenden Bereichen des Segmentes an. Dabei muss zwischen freiem Rand und Scherband unterschieden werden. Während die Mikrohärte zum Scherband hin sehr stark ansteigt, ist zu einem freien Rand im oberen Bereich des Segmentes nur ein schwacher Anstieg zu erkennen.

Diese Tendenzen gelten für die untersuchten Schnittgeschwindigkeiten $v_c = 1000$ m/min ($h = 75$ µm), 1500 m/min ($h = 50$ µm) und 2000 m/min ($h = 50$ µm). Es ist davon auszugehen, dass sich bei höheren Schnittgeschwindigkeiten keine prinzipielle Änderung ergibt. Abhängig von der Schnittgeschwindigkeit ändern sich die Mikrohärtegradienten und Absolutwerte. Bei geringen Schnittgeschwindigkeiten von $v_c = 500$ m/min bzw. $v_c = 1000$ m/min und Spanungsdicken $h > 60$ µm weist der Span zwischen den Segmenten ausgeprägte Scherbereiche mit einer annähernd konstanten Mikrohärte im Bereich von 500 HV0,01 auf. Mit steigender Schnittgeschwindigkeit werden diese Bereiche dünner und es finden sich weiß geätzte Scherlokalisierungen mit Mikrohärten um ca. 710 HV0,01. Diese Werte sind unabhängig von der Spanungsdicke.

14.4 Zerspankräfte

Während der Untersuchungen wurden Zerspankräfte tangential und normal zur Schnittrichtung gemessen. Für alle Werkstoffe wurde ein Schnittkraftabfall mit steigenden Schnittgeschwindigkeiten gefunden. Die Abnahme der Schnittkräfte wird bei Stahlwerkstoffen durch thermische Entfestigung des Werkstoffes verursacht, weil die Temperaturen im Span, hervorgerufen durch die Verformung, mit steigender Schnittgeschwindigkeit zunehmen. Dieser Schnittkraftabfall ist unabhängig von der Spanmorphologie. Zusätzlich zum Einfluss der thermischen Entfestigung verursacht die Spansegmentierung fallende Schnittkräfte mit einem asymptotischen Verlauf bei steigenden Schnittgeschwindigkeiten.

Der Stahl C22, im Versuchsprogramm der Stahl mit der geringsten Zugfestigkeit, zeigt im Schnittkraftverlauf keinen starken Schnittkraftabfall. Es findet ein geringfügiger Schnittkraftabfall von ca. 15% bis zu einer Schnittgeschwindigkeit von 3000 m/min statt. Bei weiter steigender Schnittgeschwindigkeit steigen die Schnittkräfte wieder an. Vergleichbare Ergebnisse sind bisher nur aus den Untersuchungen aus Aachen (siehe Klocke, Hoppe: Experimentelle und numerische Untersuchung zur Hochgeschwindigkeitszerspanung) bekannt. Zur Absicherung dieses Ergebnisses wurde eine zweite Serie von Versuchen durchgeführt, die den wieder ansteigenden Verlauf bestätigte. Der in Bild 12 dargestellte Verlauf wurde aus beiden Untersuchungen gemittelt. Zusätzlich zu den wieder ansteigenden Kräften findet sich ein relativ hohes Niveau der Schnittkräfte, das höher als bei den Stählen mit höherer Zugfestigkeit ist. Es besteht ein Zusammenhang zwischen Spanbildung und den Schnittkraftverläufen, denn der Stahl C22 zeigt innerhalb des untersuchten Stellgrößenbereichs nur Fließspäne, während die Stähle Ck45, C60 und 40 CrMnMo 7 einen Übergang zur Segmentspanbildung aufweisen.

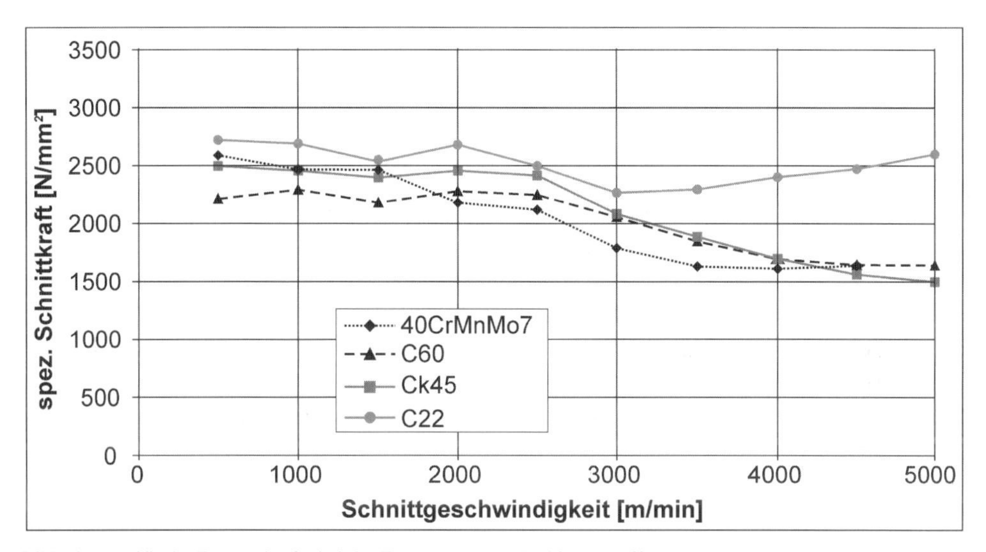

Bild 12: Spezifische Zerspankräfte bei der Zerspanung von Stahlwerkstoffen

Der grobkörnige Stahl Ck45 und die Stähle C60 und 40 CrMnMo 7 zeigen ein niedrigeres Niveau der Schnittkräfte und den erwarteten asymptotischen Schnittkraftabfall. Die Schnittkraftverläufe korrelieren mit der Spanbildung. Bei diesen Werkstoffen wurde ein Übergang von der Fließspanbildung zur Segmentspanbildung gefunden, jedoch in unterschiedlicher Ausprägung. Während beim Stahl 40 CrMnMo 7 ein unmittelbarer Übergang bei $v_c = 1500$ m/min gefunden wurde, bei dem die Schnittkräfte stark zu fallen beginnen, zeigt der Stahl C60 einen kontinuierlichen Übergang von Fließspänen über Mischformen mit Fließspan- und Segmentspananteilen, hin zu reinen Segmentspänen, bei dem die Schnittkräfte erst ab einer Schnittgeschwindigkeit von $v_c = 2500$ m/min stärker abfallen. Bei dieser Schnittgeschwindigkeit sind ca. 50 % des Spanes segmentiert. Damit dominiert ab dieser Schnittgeschwindigkeit der Segmentierungseinfluss, was zu fallenden Schnittkräften führt.

Im Gegensatz zu den Schnittkräften verhalten sich die Schnittnormalkräfte von allen Werkstoffen ähnlich. Es wurde durchgehend ein abfallender Verlauf festgestellt (Bild 13).

Dabei fällt auf, das die Schnittnormalkraft bei der Zerspanung des Stahls Ck45 ab $v_c = 3000$ m/min einen stärkeren Abfall aufweist als bei geringeren Schnittgeschwindigkeiten. Bei den Stählen C22, Ck45 und 40 CrMnMo 7 wurde dieses Verhalten nicht gefunden. Die Schnittnormalkraft fällt bei diesen Stählen gleichmäßig. Erst bei höheren Schnittgeschwindigkeiten ab $v_c = 4000$ m/min stellt sich ein asymptotischer Verlauf ein.

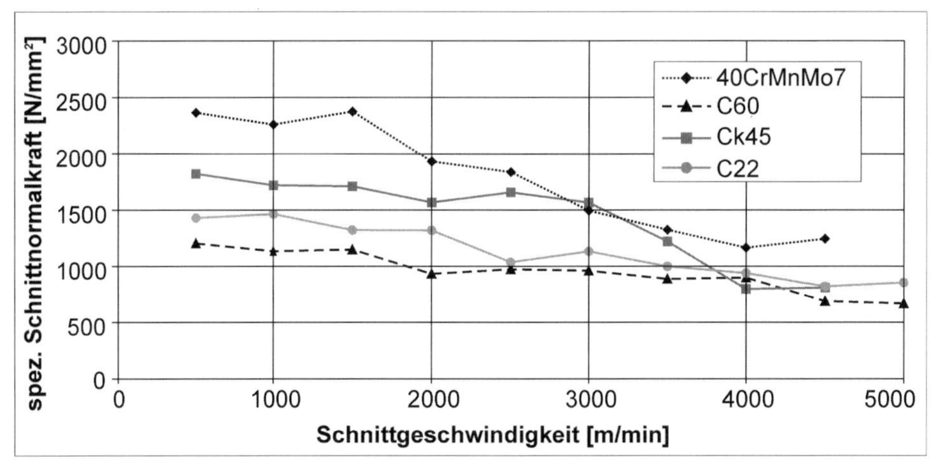

Bild 13: Schnittnormalkräfte bei der Zerspanung verschiedener Stahlwerkstoffe

14.4.1.1 Analytische Betrachtung der steigenden Schnittkräfte bei Fließspanbildung

Durch geringe Festigkeitswerte und hohen Bruchdehnungen am Beispiel des Stahls C22, resultiert eine sehr gute Verformbarkeit, die bei der Verformung zu einer geringeren Temperatursteigerung im Vergleich zu höherfesten Werkstoffen führt. Daraus resultiert eine begrenzte thermische Entfestigung. Der Wiederanstieg der Schnittkräfte bei nicht segmentierenden Stahlwerkstoffen resultiert aus einer bei steigenden Schnittgeschwindigkeiten auftretenden Verfestigung des Werkstoffes, die linear von der Verformungsgeschwindigkeit abhängt. Dieses Verhalten lässt sich mit analytischen Berechnungen auf Basis der untersuchten Späne und einem Werkstoffgesetz nachweisen (Bild 14). Das Werkstoffgesetz zum Stahl C22 wurde in Aachen von TREPPMANN entwickelt [5]. Es wird mit einer adiabaten Fließkurve gearbeitet, weil die Temperaturen bei der Zerspanung von C22 nicht bekannt sind.

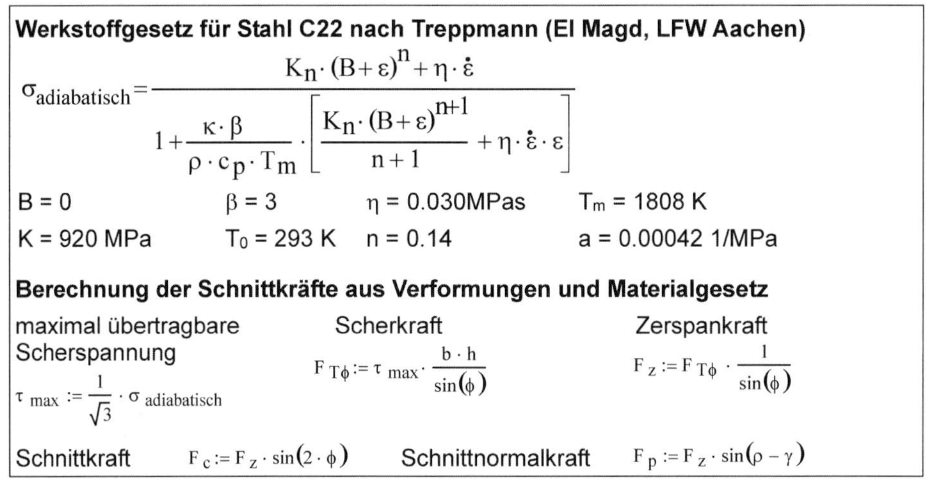

Bild 14: Berechnung der Schnittkräfte mit Werkstoffgesetz

Mit diesem Vorgehen wird die thermische Entfestigung zu hoch bewertet, da mit dieser Annahme kein Wärmefluss von der Scherzone in die umliegenden Bereiche stattfindet. Diese Annahme ist gültig für hohe Geschwindigkeiten, bei denen die Wärme während des Spanbildungsprozesses keine Zeit hat, sich auszubreiten. Aus den Spänen wurden Verformungsgrade und Scherwinkel bestimmt. Mit diesen Verformungsgraden, den Scherwinkeln und der Schnittgeschwindigkeit kann nach OXLEY [6] die Dicke der Scherzone und die Verformungsgeschwindigkeit berechnet werden.

Verformungsgrad und Verformungsgeschwindigkeit werden als Eingangsgrößen für die Fließkurve benötigt. Aus den ermittelten Fließspannungen werden die Zerspankräfte nach Merchant [3] ermittelt. In Bild 15 ist der Vergleich zwischen berechnetem Verlauf und gemessenem Verlauf dargestellt. Der berechnete Schnittkraftverlauf hat grundsätzlich den gleichen Verlauf wie die gemessenen Schnittkräfte, es findet ein Abfall der Schnittkräfte auf ein Minimum mit steigender Schnittgeschwindigkeit statt. Bei weiter steigender Schnittgeschwindigkeit steigen die Schnittkräfte annähernd linear an. Dieser lineare Anstieg resultiert aus der linearen Dehnratenabhängigkeit und konstanten Scherwinkeln bei hohen Verformungsgeschwindigkeiten. Das Niveau der berechneten Schnittkräfte ist höher und der Schnittkraftabfall und der Wiederanstieg schwächer als bei den gemessenen Werten. Ein Unterschied stellt sich auch bei den berechneten Schnittnormalkräften ein. Bei niedrigen Schnittgeschwindigkeiten werden sehr hohe Normalkräfte berechnet, die exponentiell abfallen und nach durchlaufen eines Minimums linear ansteigen. Der Anstieg

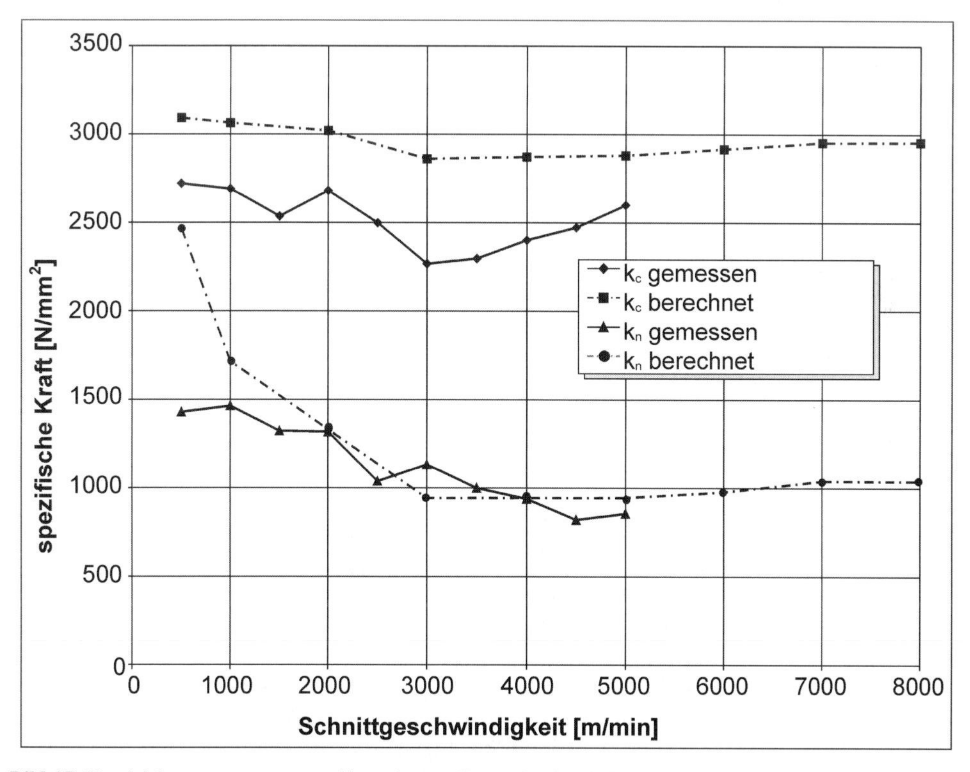

Bild 15: Vergleich von gemessenen und berechneten Zerspankräften bei der Zerspanung von C22

resultiert analog zu den Schnittkräften aus der linear von der Verformungsgeschwindigkeit abhängigen Verfestigung und konstanten Scherwinkeln ab einer Schnittgeschwindigkeit von $v_c = 3000$ m/min.

Dieser Unterschied erklärt sich aus der Annahme eines linear vom Scherwinkel abhängigen Reibfaktors bei der Berechnung nach Merchant. Aus Finite-Element-Berechnungen ist bekannt, dass die Spannungsbeziehung zwischen Normal- und Reibspannung nicht linear ist [7]. Entlang der Kontaktzone in Richtung des Spanablaufes fällt die Normalspannung exponentiell ab, die Reibspannung ist im Haftreibungsbereich konstant und fällt im Bereich der Gleitreibung proportional zur Normalspannung ab. Aus der Begrenzung der Reibspannung im Haftreibungsbereich resultieren geringere Schnittnormalkräfte.

14.5 Randzonenbeeinflussung

Für die Fertigung von Bauteilen ist die Einhaltung vorgegebener Qualitätskriterien von zentraler Bedeutung. Die Zerspanparameter beeinflussen die Qualität der Werkstückoberfläche und von Funktionskanten. Durch Verformung der Oberfläche, thermische und dynamische Einflüsse werden die Bildung von Rauheiten, Eigenspannungen und weitere Oberflächeneigenschaften beeinflusst. Verfestigung wie auch Entfestigung in den Oberflächenschichten sowie Eigenspannungen, infolge von mechanisch und thermisch beeinflussten Spannungsveränderungen in der Randzone, bestimmen die Dauerfestigkeit des Bauteiles. Bei den Untersuchungen mit Einzelschneideneingriff wurden die erzeugten Oberflächen rasterelektronen- und lichtmikroskopisch untersucht. Zusätzlich wurden Mikrohärtemessungen direkt auf der Oberfläche der Einzelschneideneingriffe gemessen. Die Verformungen der oberflächennahen Randzone werden durch Querschliffe sichtbar gemacht.

14.5.1 Thermische Einflüsse

Die Werkstückoberflächen der Einzelschneideneingriffe wurden im Rasterelektronenmikroskop untersucht. Aus verschiedenen Untersuchungen ist bekannt, dass bei hohen Schnittgeschwindigkeiten kurzzeitig Temperaturen bis zum Schmelzpunkt des Werkstoffs, sowohl bei Aluminium als auch bei Stahl, erreicht werden [8, 9]. Dieses Verhalten zeigt sich auch bei der Zerspanung der Stahlsorten 40 CrMnMo 7 und C60 (Bild 16). Ab einer Schnittgeschwindigkeit von 2000 m/min verändert sich die Werkstückoberfläche bei der Zerspanung des Stahls C60, bei der Zerspanung des Stahls 40 CrMnMo 7 tritt dieser Effekt zwischen 3000 m/min und 4000 m/min auf.

Es treten vereinzelte aufgeraute Riefen auf. Mit weiter steigender Schnittgeschwindigkeit nimmt der Anteil an aufgerauter Oberfläche zu und es zeigen sich kugelförmige Strukturen, die auf ein kurzzeitiges Aufschmelzen und Erstarren hindeuten. Das Erreichen der Schmelztemperatur bei Aluminiumlegierungen wurde von der Arbeitsgruppe Exner bestätigt (siehe Exner, Müller, Landua: Microstructure – A Dominating Parameter for Chip Forming During High Speed Milling). Dort wurden Aufschmelzungen auf der Spanunterseite und zwischen einzelnen Segmenten nachgewiesen, die ebenfalls tröpfchenförmig auftraten. Die Aufschmelzungen treten beim Stahl C60 ab dem Schnittgeschwindigkeit mit dominierender Segmentspanbildung auf. Die Temperaturerhöhung wirkt sich stark auf die Werkstückoberfläche aus. Querschliffe der Oberfläche haben jedoch keine

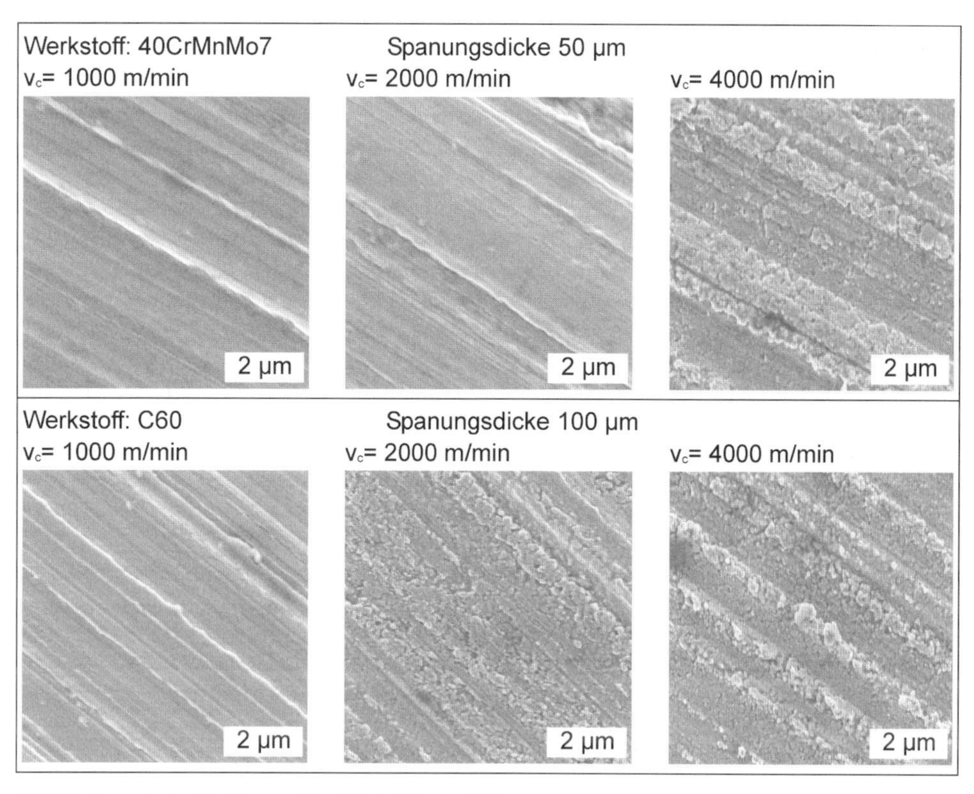

Bild 16: Thermische Einflüsse auf der Werkstückoberfläche

weißen Schichten gezeigt, die auf Martensit an der Oberfläche hindeuten könnten. Der Bereich der Aufschmelzung an der Oberfläche ist sehr klein. Die erkennbaren Strukturen an der Oberfläche sind kleiner als ein Mikrometer und reichen genauso weit in das Werkstückinnere. Bei den Werkstückoberflächen des 40 CrMnMo 7 wird die direkte Korrelation mit dem Einsetzten der Segmentspanbildung ausgeschlossen, da ab v_c = 1500 m/min eindeutige Segmentspäne mit starken Verformungslokalisierungen an der Spanunterseite auftreten. Aus Untersuchungen am feinkörnigen Stahl Ck45 ist bekannt, dass bei der Spanungsdicke 50 µm ebenfalls ab 4000 m/min Aufschmelzungen auftreten und bei einer Spanungsdicke von 100 µm diese schon ab 2000 m/min sichtbar sind. Bei diesem Werkstoff wurden ausschließlich Fliessspäne gefunden. Es wird davon ausgegangen, dass der Effekt der Aufschmelzung unabhängig von der Spanbildung auftritt. Mit Hilfe von experimentellen Untersuchungen und Modellierungen der Arbeitsgruppe RENZ aus Aachen (siehe Renz, Müller: Experimentelle und numerische Untersuchungen zur Temperatur- und Wärmequellenverteilung beim Hochgeschwindigkeitsspanen) wurde nachgewiesen, dass die Schmelztemperatur eines beliebigen Werkstoffes mit Steigerung der Schnittgeschwindigkeit erreicht wird.

14.5.2 Mikrohärte

Auf den zerspanten Oberflächen wurden Mikrohärteuntersuchungen mit einer Last von 25 g (HV0.025) durchgeführt. Pro Schnittgeschwindigkeit wurden drei unterschiedliche Eingriffe mit jeweils acht Messpunkten ausgewertet und gemittelt. In Bild 17 sind die Ergebnisse dargestellt.

Dabei wurden schnittgeschwindigkeitsabhängig stark unterschiedliche Verläufe für verschiedene Werkstoffe festgestellt. Bei dem Stahl 40 CrMnMo 7 wurde ein kontinuierlich ansteigender Verlauf gefunden, der in zwei Bereiche eingeteilt werden kann. Bis $v_c = 2000$ m/min findet ein starker Anstieg statt, der sich auf eine zunehmende mechanische Verfestigung der Oberfläche zurückführen lässt. Mit höheren Schnittgeschwindigkeiten wird der Anstieg geringer, was eine Folge höherer Temperaturen auf der Werkstückoberfläche ist. Durch thermische Entfestigung erweicht die zuvor stark verformte Oberfläche wieder und die Mikrohärte steigt nicht mehr stark an. Zusätzlich überlagert sich der Einfluss der Spansegmentierung. Ab Schnittgeschwindigkeiten $v_c \geq 2000$ m/min tritt eine starke Spansegmentierung zusammen mit einer starken Abnahme der Schnitt- und insbesondere der Schnittnormalkräfte ein.

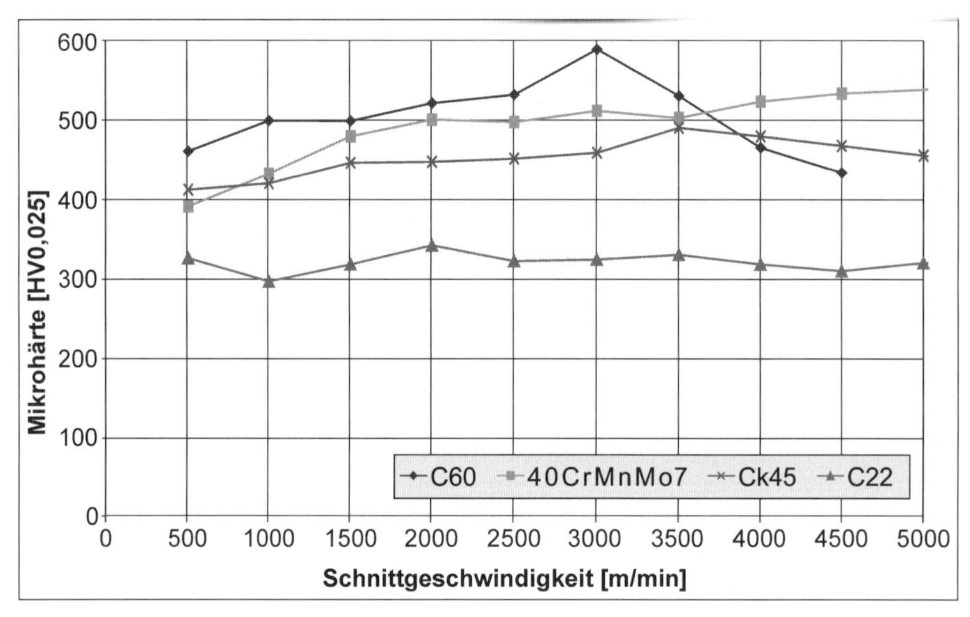

Bild 17: Mikrohärte auf der Werkstückoberfläche

Der Anteil dieser Einflüsse auf den Mikrohärteverlauf ist nicht bekannt. Härtungseffekte können für die ermittelten ansteigenden Mikrohärten nicht verantwortlich sein, da im Bereich der Oberflächen in entsprechenden Längsschliffen kein Martensit gefunden wurde. Ab einer Schnittgeschwindigkeit von $v_c = 3000$ m/min fällt die Mikrohärte bei der Zerspanung von C60 deutlich ab.

Beim Stahl C60 wird die Werkstückoberfläche ab einer Schnittgeschwindigkeit $v_c = 2000$ m/min infolge thermischer Einflüsse geschädigt. Dieses Verhalten führt dabei zur Entfestigung der Oberfläche. Zusätzlich fallen die Schnittkräfte ab $v_c = 3000$ m/min und die Segmentspanbildung dominiert. Das verursacht eine Abnahme der lokalen Verformung an der Oberfläche und damit die Abnahme der Mikrohärte.

14.5.3 Verformungen

Der Werkstoff C22 weist ein zeilig orientiertes Gefüge auf. Das heißt, im Gefügeschliff finden sich Ferrit- und Perlitkörner in unterschiedlichen Bereichen, die in Zeilen angeordnet sind. Aus diesem Grund können oberflächennahe Verformungen, hervorgerufen durch den Zerspanvorgang, sichtbar gemacht werden. Verformungen sind als Abweichung der gekrümmten Perlitzeilen von einer als Gerade angenommenen Ausgangszeile erkennbar.

Die Zeilen im Grundgefüge des Werkstoffs sind quer zur Schnittrichtung orientiert. Zur Berechnung der Verformungen wurde die Tiefe der Beeinflussung, gemessen quer zur Schnittrichtung, sowie die Abweichung von der Geraden in Schnittrichtung untersucht. Aus den gemessenen Werten lässt sich ein Wert für die Scherverformung errechnen. Der Verlauf der Scherung ist in Bild 18 dargestellt.

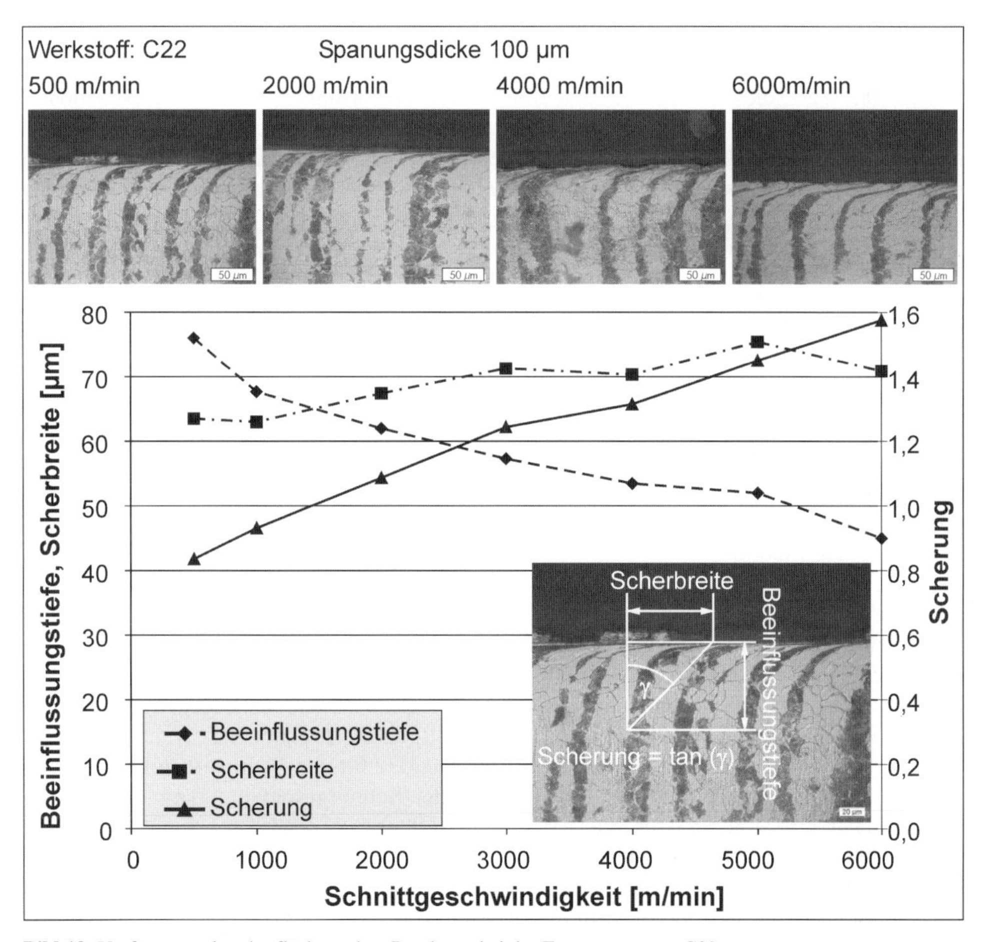

Bild 18: Verformung der oberflächennahen Randzone bei der Zerspanung von C22

Nahe der Oberfläche liegen die maximalen Scherverformungen vor, die asymptotisch mit steigender Tiefe in das Werkstück bis auf Null absinken. Auffällig ist, das die Perlitzeilen bei hohen Schnittgeschwindigkeiten, wie beispielsweise bei v_c = 6000 m/min, nicht asymptotisch zur Werkstückoberfläche verlaufen, sondern mit einem festen Winkel in einem bestimmten Bereich. Mit zunehmender Werkstücktiefe zeigen sich wieder gekrümmte Linien. Dieses Verhalten deutet auf konstante Scherung im oberflächennahen Bereich hin, wie es beispielsweise bei Strömungen an reibungsbehafteten Wänden der Fall ist. Der Werkstoff zeigt im oberflächennahen Bereich bei hohen Schnittgeschwindigkeiten ein quasi-viskoses Verhalten infolge einer thermischen Entfestigung. Diese Erklärung wird unterstützt durch das Auffinden von Aufschmelzungen bei diesen Geschwindigkeiten.

Die Beeinflussungstiefe sinkt mit steigender Schnittgeschwindigkeit um ca. 40 % bis v_c = 6000 m/min. Im gleichen Schnittgeschwindigkeitsbereich steigt die Scherbreite geringfügig um ca. 12 %. Daraus folgt für die mittlere Scherung als Quotient aus Scherbreite und Beeinflussungstiefe ein stark ansteigender Verlauf. Dieses Verhalten wurde auch in den Arbeitsgruppen aus Braunschweig, Hannover und Karlsruhe für andere Stahlwerkstoffe nachgewiesen.

Die Verformungen auf der Oberfläche haben keinen signifikanten Einfluss auf die Mikrohärte der Werkstückoberfläche. Es wurde ein relativ konstanter Verlauf der Mikrohärte über die Schnittgeschwindigkeit gefunden. Eine Erklärung für dieses Verhalten kann anhand der Werkstoffkennwerte gegeben werden. Durch die Zugfestigkeit von 590 MPa und einer Bruchdehnung von 22 % ist der Stahl C22 ein sehr weicher Werkstoff, der eine geringe mechanische Verfestigung und damit Härteänderungen bei Verformung aufweist. Hinzu kommt die thermische Entfestigung bei höheren Umformtemperaturen. Aus diesen Gründen werden sich Härteänderungen durch diese gegensätzlichen Effekte praktisch aufheben.

14.5.4 Segmentierungsmarken

In verschiedenen Untersuchungen konnte eine Beeinflussung der Werkstückoberfläche durch die Spanbildung bei der Zerspanung im Einzelschneideneingriff festgestellt werden. Das heißt, es wurden Marken quer zur Eingriffsrichtung mit konstantem Abstand zueinander festgestellt, die Rattermarken ähneln (Bild 19), jedoch eine um mehrere Größenordnungen höhere Frequenz haben.

Aus dem Abstand und der Schnittgeschwindigkeit kann die Wiederholfrequenz ermittelt werden. Aus den Untersuchungen dieser Wiederholfrequenzen folgt, dass die resultierenden Frequenzen eine Abhängigkeit von der Schnittgeschwindigkeit aufweisen. In den Untersuchungen mit den Werkstoffen Stahl 40 CrMnMo 7 und einer Beta-Titanlegierung Ti 15-3, wurden Segmentierungsmarken gefunden. Es wird davon ausgegangen, dass es sich um eine Folge der Spansegmentierung handelt, da die Frequenzen zwischen 31 kHz und 104 kHz für den Titanwerkstoff und bis zu 290 kHz für den Stahlwerkstoff erreichen. Die ermittelten Frequenzen sind abhängig von der Schnittgeschwindigkeit. Dieser Zusammenhang wurde in [8] für die Aluminiumlegierung AlZnMgCu 1.5 nachgewiesen. Aus der Korrelation von Körperschallsignalen und Markenabstand konnte ein eindeutiger Zusammenhang mit der Spansegmentierung festgestellt werden. Die Spansegmentierungsfrequenzen betragen bei der Aluminiumzerspanung bis zu 2 MHz, womit eindeutig fest steht, dass es sich nicht um Maschinen- oder Werkzeugschwingungen handeln kann.

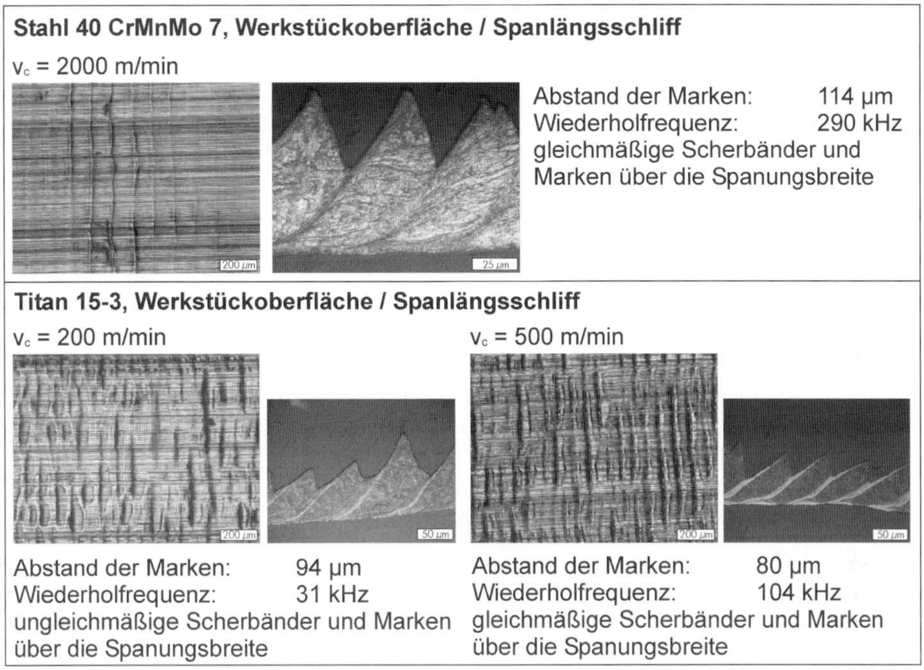

Stahl 40 CrMnMo 7, Werkstückoberfläche / Spanlängsschliff

v_c = 2000 m/min

200 µm

25 µm

Abstand der Marken: 114 µm
Wiederholfrequenz: 290 kHz
gleichmäßige Scherbänder und Marken über die Spanungsbreite

Titan 15-3, Werkstückoberfläche / Spanlängsschliff

v_c = 200 m/min

200 µm

50 µm

Abstand der Marken: 94 µm
Wiederholfrequenz: 31 kHz
ungleichmäßige Scherbänder und Marken über die Spanungsbreite

v_c = 500 m/min

200 µm

50 µm

Abstand der Marken: 80 µm
Wiederholfrequenz: 104 kHz
gleichmäßige Scherbänder und Marken über die Spanungsbreite

Bild 19: Beeinflussung der Werkstücküberfläche durch die Spansegmentierung

Unterstützt wird die Vermutung durch den geometrischen Verlauf der Segmentierungsmarken. Bei einer Schnittgeschwindigkeit von v_c = 200 m/min für die Ti15-3 verlaufen die Segmentierungsmarken nicht linear über die Spanungsbreite, sondern berühren sich teilweise und trennen sich wieder. Bei der Zerspanung von Titan 15-3 mit v_c = 500 m/min und allen Untersuchungen am Stahl 40 CrMnMo 7 mit auftretender Spansegmentierung sind demgegenüber eindeutige parallele Linien mit annähernd konstantem Abstand zu beobachten. Das gleiche Verhalten findet sich bei den Scherbändern der entsprechenden Späne. Bei geringer Schnittgeschwindigkeit für Ti15-3 sind die Scherbänder entlang der Spanbreite versetzt und teilweise unterbrochen. Wird der Längsschliff an einer tieferen Stelle angefertigt, liegt das Scherband an einer anderen Stelle, oder es werden beispielsweise zwei Scherbänder gefunden, die unmittelbar nebeneinander liegen, ohne ein dazwischen liegendes Segment. Bei höherer Schnittgeschwindigkeit sind die Scherbänder über die Spanbreite konstant, was durch eine Betrachtung der Spanoberseite nachvollziehbar ist. Segmentierungsmarken wurden auch in anderen Arbeitsgruppen des Schwerpunktprogramms bei Stahl- und Titanwerkstoffen und unterschiedlichen Versuchsanordnungen gefunden. Beispielsweise wurden in Magdeburg von der Arbeitsgruppe CLOS et al. (siehe Clos, Lorenz, Schreppel, Veit: Verformungslokalisierung und -spanbildung im Inconel 718) im Split-Hopkinson-Bar-Versuch bei Ti6Al4V diese Segmentierungsmarken nachgewiesen. In Braunschweig wurden von WESSELS (siehe Hoffmeister, Wessels: Thermomechanische Wirkmechanismen bei der Hochgeschwindigkeitszerspanung von Titan- und Nickelbasislegierungen) ebenfalls entsprechende Marken an einem Ti6Al4V und einem Stahl Ck45 im Orthogonalschnitt mit unterbrochenem Eingriff nachgewiesen.

14.6 Zusammenfassung

Mit den durchgeführten Untersuchungen sollten verschiedene HSC-typische, das heißt werkstoff- und prozesstechnologische Kriterien ermittelt werden, die werkstoffspezifisch den Beginn der HSC-Zerspanung markieren. Dabei haben sich verschiedene Kriterien herauskristallisiert, die für eine werkstoffabhängige Definition von HSC-Anwendungsbereichen geeignet erscheinen. Das wichtigste Kriterium für den Beginn einer Hochgeschwindigkeitszerspanung ist zunächst ein starker Schnittkraftabfall in Verbindung mit einer auftretenden Spansegmentierung. Der Grund hierfür ist die Herabsetzung der für die Spanbildung erforderlichen Verformungsenergie durch den Segmentierungsvorgang. Aus Simulationen anderer Arbeitsgruppen ist bekannt, das zur Bildung von Spansegmenten mit geringen Verformungen und Scherbändern mit sehr hohen Verformungen zusammen weniger Energie umgesetzt wird, als bei der Fließspanbildung.

Es wurde in den Untersuchungen gezeigt, dass eine unmittelbare Korrelation zwischen starkem Schnittkraftabfall und Spansegmentierung existiert. Für die Werkstoffe C60 und 40 CrMnMo 7 wurden stark abfallende Schnittkräfte gefunden, die genau mit einsetzender Spansegmentierung korrelieren. Bei diesen Werkstoffen stellen sich ähnlich asymptotische Schnittkraftverläufe mit weiter steigenden Schnittgeschwindigkeiten ein, wie sie von anderen Arbeitsgruppen für die Drehbearbeitung gefunden wurden. Beim Stahl C22 wurden schwach fallende Schnittkräfte mit einem folgenden Wiederanstieg bei steigender Schnittgeschwindigkeit gefunden. Dieser Wiederanstieg wurde auf eine von der Verformungsgeschwindigkeit abhängige Verfestigung zurückgeführt, was mit exemplarischen Berechnungen auf Basis von Fließkurven gezeigt werden konnte. Dieser Werkstoff wird deshalb als nur eingeschränkt HSC-fähig eingestuft.

Stahlwerkstoffe mit hohen Bruchdehnungen und niedrigen Zugfestigkeiten weisen keinen ausgeprägten Hochgeschwindigkeitsbereich aufweisen. Dieses Verhalten lässt sich mit den Fließkurven erklären. Werkstoffe mit hoher Zugfestigkeit und geringer Bruchdehnung weisen bei hohen Verformungen und Verformungsgeschwindigkeiten einen starken Abfall der adiabaten Fließkurve auf. Dieser Abfall der Fließkurve ist bei Werkstoffen mit geringer Zugfestigkeit und hoher Bruchdehnung auch vorhanden, aber wesentlich schwächer. Daraus folgt eine entsprechend schwächere thermische Entfestigung des Werkstoffes.

Mit den dargestellten Ergebnissen kann eine Aussage darüber getroffen werden, ab welchen Schnittgeschwindigkeiten ein Werkstoff HSC-zerspant werden kann. Begrenzt wird der HSC-Bereich von den Wirkungen auf die oberflächennahe Randzone. Eine Grenze ist das Erreichen der Schmelztemperatur auf der Werkstückoberfläche. Diese Grenze ist werkstoffabhängig. Bei Werkstoffen mit hohen Zugfestigkeiten und kleinen Bruchdehnungen treten Aufschmelzungen früher ein, als bei Werkstoffen mit kleinen Zugfestigkeiten und hohen Bruchdehnungen. Ein weiteres begrenzendes Kriterium stellen Eigenspannungen auf der Werkstückoberfläche dar. Durch den steigenden thermischen Einfluss entstehen steigende Zugeigenspannungen an der Oberfläche, die zu Bauteilversagen führen können.

14.7 Literatur

[1] Miyazawa, S.; Usui, Y.: *Measurements of Transient Cutting Force by Means of Fourier Analyzer*, Bulletin of Mechanical Engineering Laboratory, Mech. Eng. Lab., Ibaraki, Japan, (1985).

[2] Herget, T.: *Simulation und Messung des zeitlichen Verlaufs von Zerspankraftkomponenten beim Hochgeschwindigkeitsfräsen*, Dissertation, Darmstädter Forschungsberichte für Konstruktion und Fertigung, Carl Hanser Verlag, München, (1994).

[3] Merchant, E.: *Mechanics of the Metal Cutting Process*, Journal of Applied Physics 16, (1945), 5, S. 267–275

[4] Ben Amor, R.: *Thermomechanische Wirkmechanismen und Spanbildung bei der Hochgeschwindigkeitszerspanung*. Dissertation Universität Hannover, Fachbereich Maschinenbau, Institut für Fertigungstechnik und Werkzeugmaschinen, 2002

[5] Treppmann, C.: *Fließverhalten metallischer Werkstoffe bei Hochgeschwindigkeitsbeanspruchung*, Dissertation, Mitteilungen aus dem Lehr- und Forschungsgebiet Werkstoffkunde der RWTH Aachen, (2001)

[6] Oxley, P. L. B.: *Rate of Strain Effect in Metal Cutting*, Journal of Engineering for Industry, 11, (1963), S. 335–338

[7] Oh, J. D.: *Mechanically and thermally coupled Finite Element Analysis of Chip Formation in Metal Cutting,* Transactions of the NAMRI of SME, Volume XXVIII, (2000), S. 167–172

[8] Siems, S.; Dollmeier, R.; Warnecke, G.: *Material Behaviour of Aluminium 7075 and AISI 1045 Steel in High Speed Machining*, Transactions of the NAMRI of SME, Volume XXVIII, (2000), S. 101–106

[9] Warnecke, G.; Siems, S.: *Machining of Different Steel Types at High Cutting Speeds*, Production Engineering Vol. VIII/1, (2001), S. 1–4

15 Microstructure – A Dominating Parameter for Chip Forming During High Speed Milling

C. Müller, S. Landua, R. Blümke, H. E. Exner

Abstract

The influence of microstructure on chip formation mechanism of the aluminium alloy AlZnMgCu1.5 and the steel 40CrMnMo7 has been examined. A broad variation of microstructures was achieved by different heat treatments. Cutting tests were accomplished with cutting velocities up to 7000 m/min. It could be shown that microstructure has a stronger influence on chip formation mechanism than cutting velocity. No speed-dependent transition from continuous to segmented chip formation was found for any microstructure.

In contrary to literature hardness does not have a direct influence on chip formation mechanism for the microstructures examined. In case of the age-hardenable aluminium alloy the interactions between dislocations and precipitates in the primary shear zone determine chip formation mechanism. In the underaged condition shear localisation occurs because of shearing of coherent precipitates resulting in local work softening (segmented chips), whereas shear localisation in the overaged condition is prevented by not sharable incoherent precipitates (continuous chips). In case of the steel chip formation is determined by the work hardening ability of the material. For a small work hardening ability shear localisation is caused by recurrent shear fracture in the primary shear zone. Therefore segmented chips occur. Microstructures which exhibit high work hardening ability show continuous chips.

Kurzfassung

Der Einfluss des Werkstoffgefüges auf den Spanbildungsmechanismus wurde anhand der Aluminiumlegierung AlZnMgCu1.5 und des Stahls 40CrMnMo7 untersucht. Durch geeignete Wärmebehandlungen wurde eine breite Variation an Gefügen eingestellt, an denen Zerspanungsversuche bei Schnittgeschwindigkeiten von bis zu 7000 m/min durchgeführt wurden. Es konnte gezeigt werden, dass das Werkstoffgefüge einen stärkeren Einfluss auf den Spanbildungsmechanismus hat als die Schnittgeschwindigkeit. Ein geschwindigkeitsabhängiger Übergang von kontinuierlicher Spanbildung zu Segmentspanbildung wurde bei keinem Gefüge gefunden.

Die in der Literatur als Ursache segmentierender Späne häufig angenommene Härte des Werkstoffes hat für die untersuchten Gefüge keinen direkten Einfluss auf den Spanbildungsmechanismus. Im Fall der ausscheidungshärtbaren Aluminiumlegierung sind die in der primären Scherzone einsetzenden Wechselwirkungen zwischen Versetzungen und den Ausscheidungen mechanismusbestimmend. Im unteralterten Zustand wird eine Scherlokalisierung durch ein entfestigendes Werkstoffverhalten beim Schneiden kohärenter Ausscheidungen verursacht (Segmentspanbildung), während im überalterten Zustand eine Scherlokalisierung durch inkohärente, nicht schneidbare Teilchen verhindert wird (konti-

Hochgeschwindigkeitsspanen. Hrsg. H. K. Tönshoff und F. Hollmann

ISBN: 3-527-31256-0

nuierliche Spanbildung). Im Fall des Stahls wird die Spanbildung durch das Verfestigungsvermögen des Werkstoffs bestimmt. Bei geringem Verfestigungsvermögen wird die Scherlokalisierung und die damit verbundene Spansegmentierung durch periodisch auftretende Scherbrüche in der primären Scherzone verursacht. Gefüge, die ein hohes Verfestigungsvermögen aufweisen, zeigen kontinuierliche Späne.

15.1 Introduction

Chip formation in high speed milling is determined by the cutting parameters and by the mechanical and thermal properties of the workpiece material. Frequently, instabilities occur during chip formation, resulting in shear localised segmented chips [1]. Chip segmentation is assumed to be caused either by periodic shear fracture on the shear plane [2–4] or by localised thermoplastic shear instability [5, 6].

It is known that the mechanical properties of a workpiece material are strongly influenced by its microstructure [7, 8]. In order to investigate the relationship between microstructure, mechanical properties and chip formation, high speed milling experiments with two commercially important alloys, i.e. AlZnMgCu1.5 (7075 aluminium alloy) and 40CrMnMo7 (DIN 1.2311) steel are performed. For both materials, a variety of microstructures was produced to show the coherence of material properties and chip formation mechanism.

15.2 Material Properties and Experimental Details

The aluminium alloy AlZnMgCu1.5 (composition in wt.%: 0.4 Si, 0.5 Fe, 1.2–2.0 Cu, 0.3 Mn, 2.1–2.9 Mg, 0.18–0.28 Cr, 5.1–6.1 Zn, 0.2 Ti) was received in the peak-aged T 651 condition. Underaged and overaged states were obtained by heat treatment. Annealing of the peak-aged material at 190 °C for 70 hours produces an overaged microstructure. Solution heat treatment at 490 °C for 90 minutes and subsequent quenching in ice water, followed by a 10 hour ageing treatment at 100 °C results in an underaged state.

The steel 40CrMnMo7 (composition in wt.%: 0.35–0.45 C, 0.2–0.4 Si, 1.3–1.6 Mn, 1.8–2.1 Cr, 0.15–0.25 Mo) was received in the hardened and tempered condition. After austenitizing for 10 minutes at 880 °C, four different microstructures (Fig. 1a to Fig. 1d) were produced by the following annealing heat treatments: A martensitic structure (M) was produced by oil quenching from austenitizing temperature, whereas tempered martensite (TM) was produced by oil quenching from the same temperature, followed by a 25 minute tempering treatment at 440 °C. Furnace cooling from austenitizing temperature with a cooling rate of 1.5 K/min produced lamellar pearlite (P). A spheroidized pearlite (S) was obtained by a 160 hour annealing treatment at 725 °C, followed by air cooling.

Duplex microstructures were produced, showing ferrite grains surrounded by either a martensit or a pearlite matrix. After a heat treatment in the ($\alpha + \gamma$) phase field (735 °C for 160 h) oil quenching resulted in a ferrite-martensite (DFM)and furnace cooling with a cooling rate of 1.5 K/min in a ferrite-pearlite (DFP) duplex microstructure (Fig. 1e and Fig. 1f). The single phase martensite and the martensite matrix of the duplex structure are identical, showing a microhardness of 900 HV0.01 in both cases. The volume fraction of

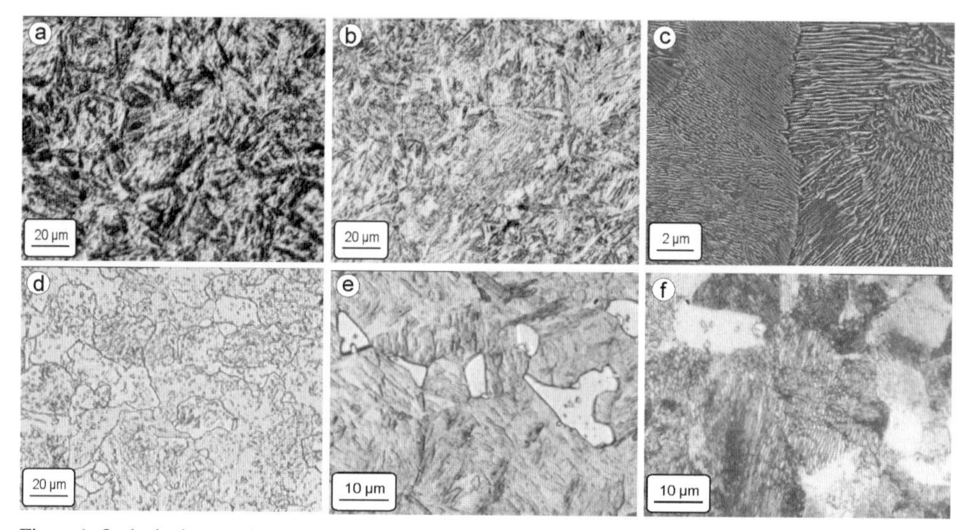

Figure 1. Optical micrographs of the microstructures of the steel 40CrMnMo7
(a) martensite (M); (b) tempered martensite (TM); (c) lamellar pearlite (P); (d) spheroidized pearlite (S); (e) duplex ferrite-martensite (DFM); (f) duplex ferrite-pearlite (DFP)

ferrite in the duplex microstructure is 10% while the mean intercept of the ferrite grains is 10 µm. The ferrite grains are approximately globular and show an contiguity of zero, i.e. they are completely surrounded by the martensite matrix. In case of the ferrite-pearlite duplex structure, the volume fraction, morphology and contiguity of the ferrite grains are the same as for the ferrite-martensite duplex structure. The pearlite matrix of the duplex structure is identical to the pure pearlite shown in Fig. 1c, both having a microhardness of 330 HV0.01.

Vickers hardness of all precipitation states of the aluminium alloy and the non-duplex microstructures of the steel was measured with a load of 1 kg. Room temperature tensile tests were performed on cylindrical proportional specimens (gauge length/diameter ratio = 5) with a strain rate of $2 \cdot 10^{-4}$ s^{-1}. From the stress-strain curves, the yield strength, the ultimate tensile strength and the elongation at rupture were determined.

Table 1. Mechanical properties of the aluminium alloy Al7075

Precipitation state	HV1	$R_{p0,2}$ [MPa]	R_m [MPa]	A [%]
T4	175	405	520	9
T6	185	480	540	5
T7	100	225	340	11

Table 2. Mechanical properties of the steel 40CrMnMo7

Microstructure	HV1	$R_{p0,2}$ [MPa]	R_m [MPa]	A [%]
M	630	–	1850	–
TM	470	1360	1545	8
P	260	400	850	14
S	180	290	790	17

The results for the aluminium alloy are shown in Table 1, the characteristic values for the steel are shown in Table 2.

High-speed cutting tests were carried out, using a milling machine at the Institute of Production Management and Technology (PTW), Darmstadt University of Technology. For AlZnMgCu1.5, machining was performed in up-milling with the following parameters: Cutting speed $v_c = 1000$ to 7000 m/min with increments of 1000 m/min, feed per tooth $f_z = 0.2$ mm, width of cut $a_p = 4$ mm, depth of cut $a_e = 5$ mm. A few experiments were also performed with $f_z = 0.4$ mm. Cutting tests were carried out with uncoated cemented carbide tool inserts (rake angle: 0°, geometry: SPHW 120408). Machining of 40CrMnMo7 was performed in down-milling with the following parameters: $v_c = 500$ to 4000 m/min with increments of 500 m/min, $f_z = 0.1$ mm, $a_p = 3$ mm, $a_e = 4$ mm. Cutting tests were carried out with TiN-coated cemented carbide tool inserts. Geometry was the same as for the aluminium alloy. A new cutting edge was used for each machining experiment in order to exclude the effect of tool wear. The milling cutter (diameter 160 mm) was equipped with one cutting insert. All cutting tests were carried out under dry machining conditions.

15.3 AlZnMgCu1.5 (Al 7075)

15.3.1 Chip Formation

The chips produced by machining of the peak-aged material reveal no systematic segmentation behaviour [9–11]. At high cutting speeds, parts of the chips are found to be mostly segmented with some continuous regions at random intervals (Fig. 2a).

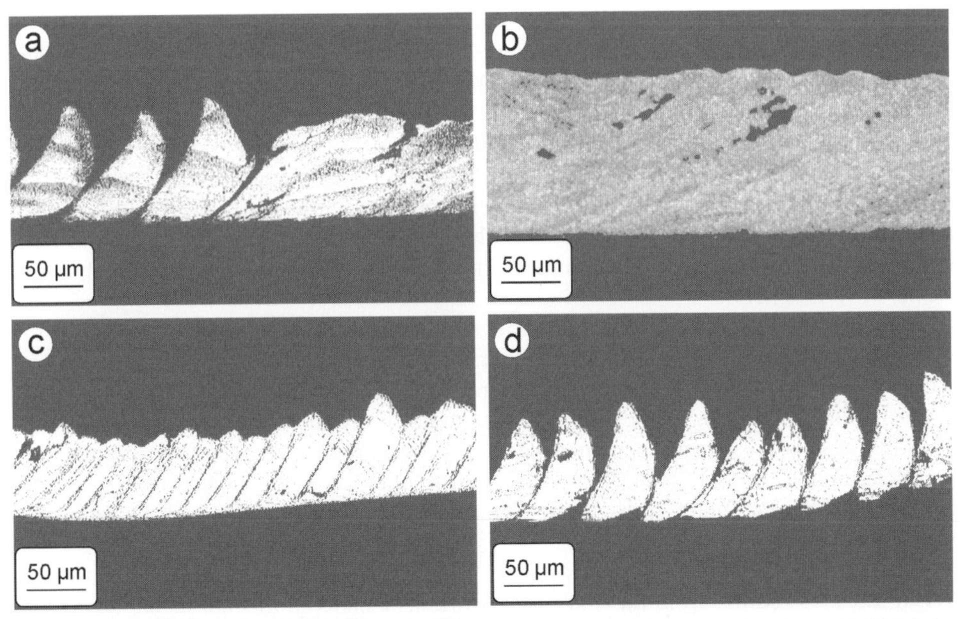

Figure 2. Micrographs of chips obtained by machining of different ageing states (a) peak-aged, $v_c = 7000$ m/min, $f_z = 0.2$ mm; (b) overaged, $v_c = 7000$ m/min, $f_z = 0.4$ mm; (c) underaged, $v_c = 1000$ m/min, $f_z = 0.2$ mm; (d) underaged, $v_c = 7000$ m/min, $f_z = 0.2$ mm

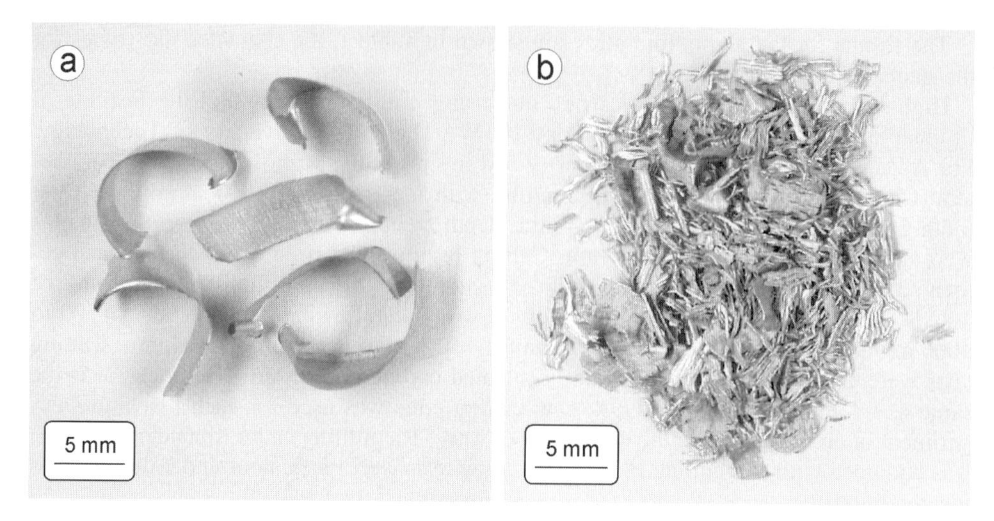

Figure 3. Macroscopic shape of chips (v_c = 7000 m/min, f_z = 0.4 mm) (a) overaged; (b) underaged

The chips obtained from the overaged alloy are continuous over the whole length of the chip independent of cutting speed. Even at the combination of highest cutting speed (7000 m/min) and highest feed per tooth (0.4 mm), the primary shear deformation is homogeneous and no tendency of segmentation is visible (Fig. 2b and 3a).

In case of the underaged material, segmentation takes place at all cutting speeds. At v_c = 1000 m/min and f_z = 0.2 mm, dark-etching shear bands at an angle of approximately 60° to the underside of the chip are visible (Fig. 2c).

At the highest cutting speed investigated (7000 m/min), the separation of the segments is nearly complete at f_z = 0.2 mm (Fig. 2d). For the thicker end of the chip the degree of segmentation was found to increase pronouncedly with cutting speed (Fig. 4). The thinner end remains continuous independently of cutting speed. An increase of the feed per tooth to f_z = 0.4 mm, leading to thicker chips, results in a more pronounced segmentation [12]. Complete separation of neighbouring segments takes place at the highest cutting speed (7000 m/min) and chips consisting of individual segments are produced (Fig. 3b). A transition from a continuous to a segmented chip by increasing cutting speed as observed earlier [13] does not occur.

The hypothesis that the hardness controls chip segmentation [1] does not apply to the age hardenable aluminium alloy investigated: In the peak-aged state showing the highest hardness (Fig. 5), parts of the chips are continuous while in the underaged state showing a lower hardness the chips are segmented throughout. From these observations it becomes clear that neither the cutting speed nor the hardness of the alloy are the governing parameters determining the chip shape (segmented or continuous) in high speed milling of this age-hardenable aluminium alloy. Rather the precipitation state is the decisive factor for segmentation.

This suggests the following sequence of events for the formation of segmented chips. When the stress builds up in the underaged workpiece material in front of the advancing cutting tool, shearing of precipitates starts when the critical stress is reached in the plane of highest shear stress (shear plane). As a consequence, the critical shear stress in this

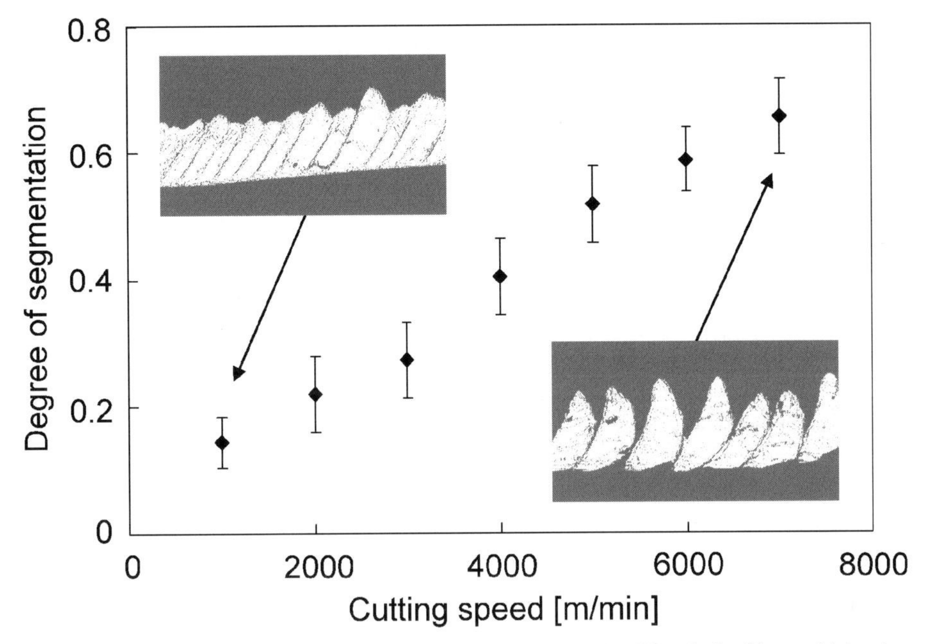

Figure 4. Degree of segmentation as a function of cutting speed for the chips obtained by machining the underaged state ($f_z = 0.2$ mm)

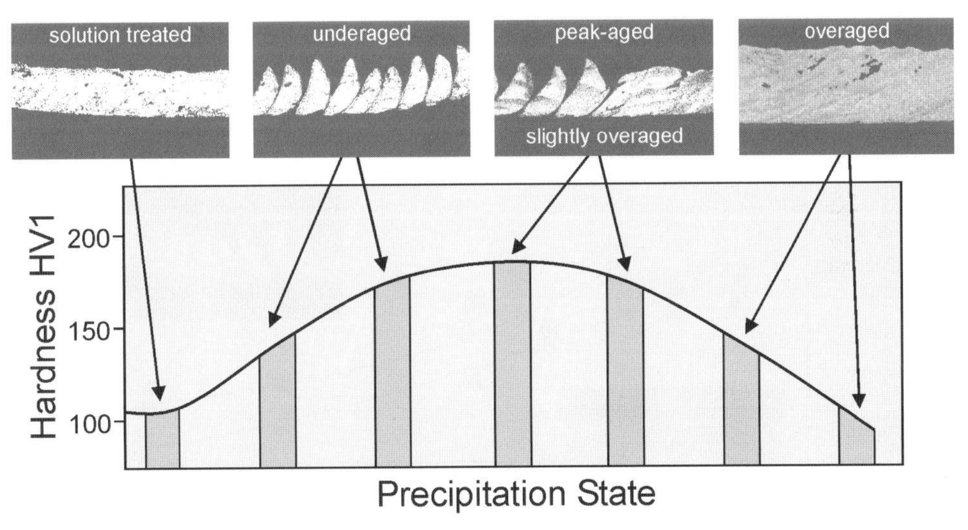

Figure 5. Vickers hardness as a function of precipitation state of the produced microstructures

plane is lowered (work softening) and a concentration of dislocation movement takes place, leading to a localisation of deformation. The sudden release of dislocation pile-ups from sheared precipitates then leads to a significant temperature increase close to the glide planes [14]. In turn, the corresponding thermal softening concentrates further deformation to a narrow region around the primarily activated glide bands. Thus, a shear band (usually called adiabatic) which is no longer crystallographically defined forms across the chip width giving raise to formation of a segment. The formation of the segment leads to release of stress in front of the cutting tool. The stress then starts to build up again by action of the advancing cutting tool and the bulk of the following segment is deformed until the critical shear stress is reached in the shear plane. Then the next event of shear localisation takes place in the way described above. The higher the cutting speed the higher is the local temperature increase as a smaller amount of heat is dissipated by heat conduction. Therefore, less of the deformation is taken up by the bulk of the segment and the degree of segmentation increases with increasing cutting speed as observed.

In the overaged condition the incoherent precipitates lead to local work hardening and thus to a homogenous slip distribution enabling the spreading of deformation to a larger volume of the chip. The consequent lack of localised work and thermal softening results in a homogeneous deformation of the entire chip volume and thus favours the development of a continuous chip. The mixed-type chip shape observed in the peak-aged condition can be understood by local variation of the precipitation state: As the change in precipitation state from coherent to incoherent is gradual, both shearing and bypassing of precipitates by dislocations is possible, involving a local planarisation or a homogenisation of slip, and, in turn, local work softening or work hardening, respectively [15].

15.3.2 Influence of Microstructure on Cutting Force

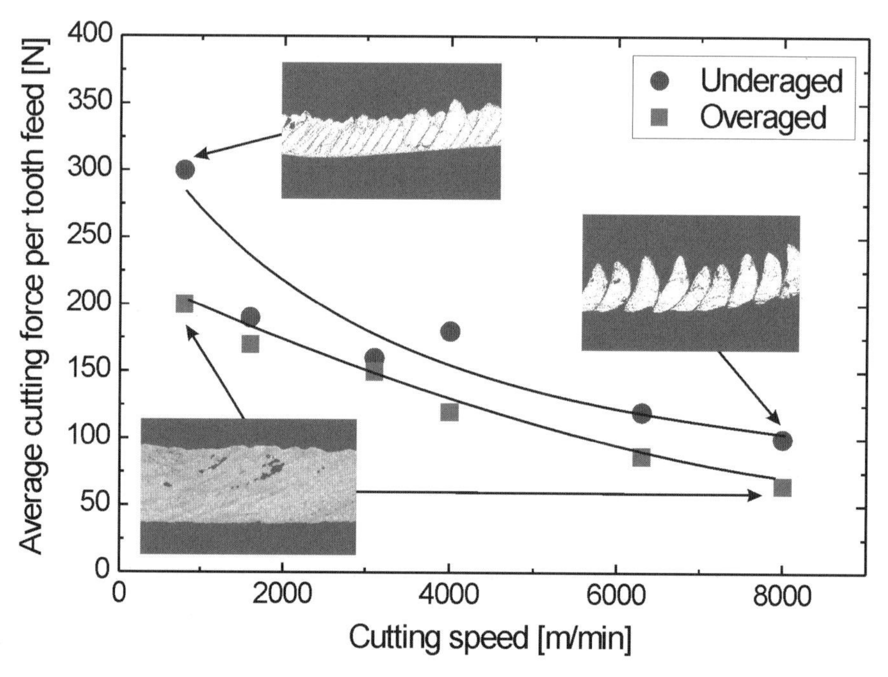

Figure 6. Average cutting force per tooth feed as a function of cutting speed for the underaged and overaged microstructure

Fig. 6 shows the cutting force as a function of the cutting speed for the underaged microstructure with segmented chips and the overaged microstructure with continuous chips. Independent of the chip formation mechanism a decrease of cutting force with increasing cutting speed is observed (see also chapter Abele/Sahm/Koppka in this book and [16]). This means that the decrease in cutting force can not be attributed to a change in chip formation only [17,18].

SEM investigations revealed the appearance of molten regions at the underside of the chips produced at higher cutting speeds (Fig. 7b) [19]. These regions result from high temperatures up to the melting temperature occurring in the HSC process (see also chapter

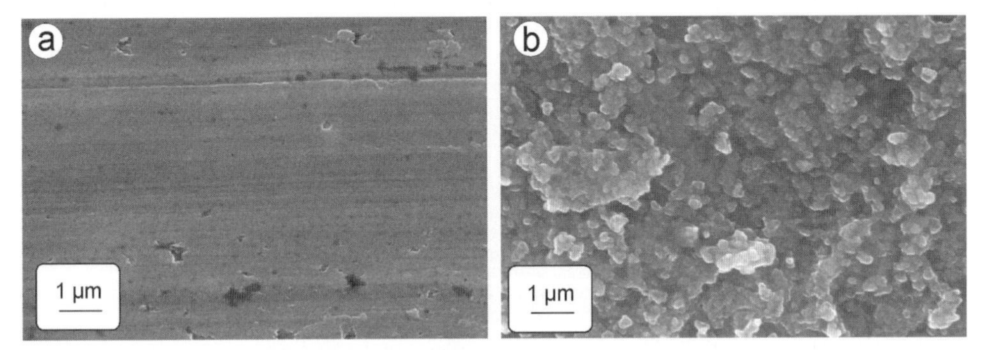

Figure 7. SEM images of the underside of the chip (peak-aged microstructure) (a) v_c = 1000 m/min; (b) v_c = 7000 m/min

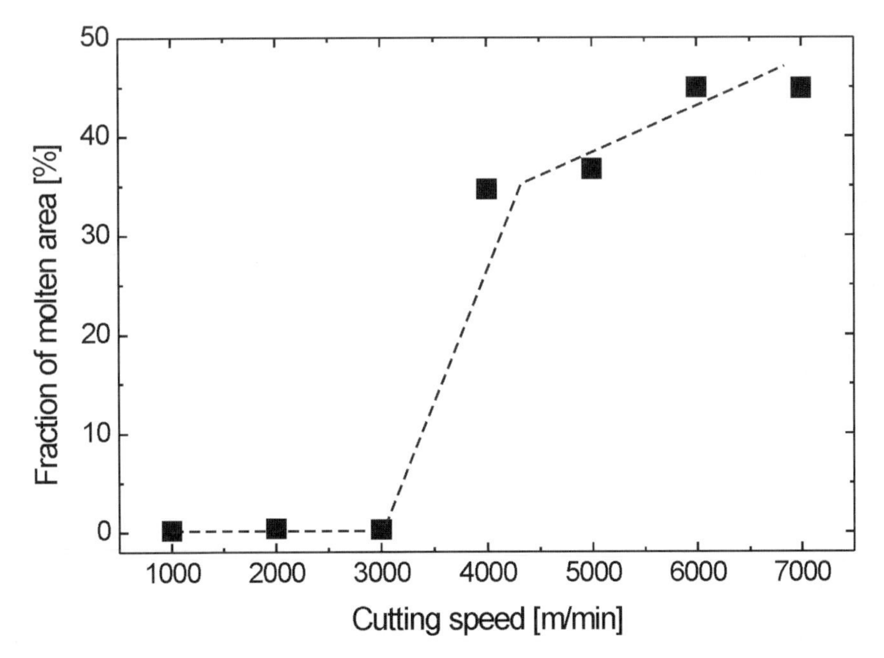

Figure 8. Fraction of molten area on the underside of the chip as a function of cutting speed (peak-aged microstructure)

Renz/Müller in this book and [20]). The in Fig. 7b shown spherical melt drops have a diameter of 100–500 nm. It is assumed that the appearance of a molten layer in the interface between chip and cutting edge is positive for the cutting process. The liquid interface layer facilitates chip flow which leads to a decrease in cutting force [21,22]. The fraction of molten area on the underside of the chip increases for cutting speeds above 3000 m/min with increasing cutting speed (Fig. 8).

The melt drops were also found on the upper side of the chips (Fig. 9b). On the segment area which was the former surface created in the previous cut the same structure as on the underside of the chip was observed. The surface created by shearing shows a strongly deformed structure (Fig. 9c). This structure comes while the formation of the segment takes place by friction of the two opposite shear surfaces.

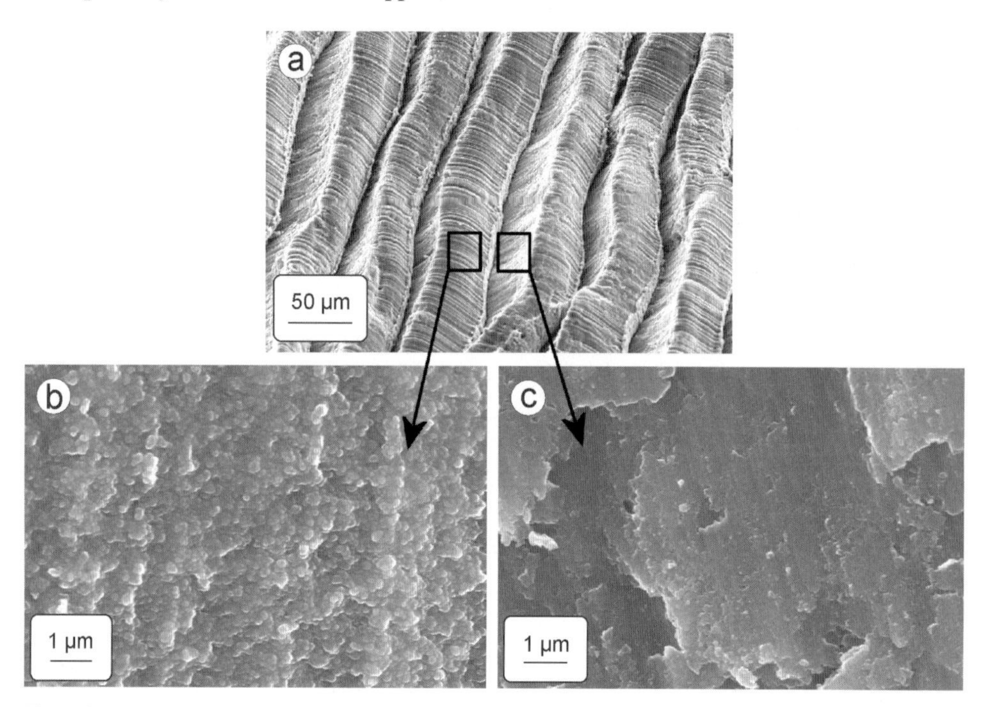

Figure 9. SEM images of the upper side of the chip (underaged microstructure); v_c = 7000 m/min (a) view of the segmentation; (b) former surface created in previous cut; (c) surface created by shearing

15.3.3 Correlation of Chip Forming Mechanism with Biaxial Compression/Shear Loadings at High Strain Rates

Deformation behaviour at high strain rates was investigated by biaxial dynamic shear/compression loading with a drop weight tower at the Chair Materials Engineering, Technical University Chemnitz-Zwickau. The mass of the drop weight was 600 kg, a drop height of 80 mm was employed. The load is measured at the tip of the drop weight by strain gauges. Strain measurement was performed by an opto-electrical camera. The results of the compression test are given as stress-strain curves. More detailed information on the testing system and instrumentation used is presented earlier [23].

To reach a combined shear/compression loading, cylindrical specimens (diameter = height = 9 mm) with an small, but defined inclination angle α were used. Stress state response inclination angle was varied between 0° and 10° with increments of 2°. Loading axis of the specimens was oriented transversely to the rolling direction. Drop height and specimen geometry resulted in an initial strain rate of $\dot{\varepsilon} = 10^2\ s^{-1}$. At least three specimens of each microstructural variety and inclination angle were tested. Adjustable rigid stopping devices allowed to arrest deformation immediately after onset of shear localization. This allowed subsequent analysis of the shear band formation and the failure development.

Figure 10. Macroscopic view of specimens after dynamic compression/shear deformation; left: overaged; right: underaged

In dynamic shear/compression loading, a strong effect of precipitation state on deformability and failure was found. A representative macroscopic view of an underaged and an overaged specimen after high strain rate compression in the drop weight tower is shown in Fig. 10. The overaged microstructure allows homogeneous deformation of the entire volume of the specimen. No indications of shear localization occur, while in case of the underaged microstructure, specimen failure takes place due to shear localization at low reductions of height. This material behaviour is identical to that observed at the high speed cutting experiments.

Engineering stress-strain curves of the overaged microstructure are given in Fig. 11 for different inclination angles and different maximum compressive strains between 50% and 80%. The greatest compression of 80% was allowed for the inclination angles of 8° and 10°, defining the most severe testing conditions. After reaching flow stress, a continuous increase of load was measured, caused by work hardening and by the increase of specimen diameter during compression. In all cases deformation was homogeneous without formation of a localized shearband, even in case of the most severe testing conditions (combination of a compression of 80% and an inclination angle of 10°).

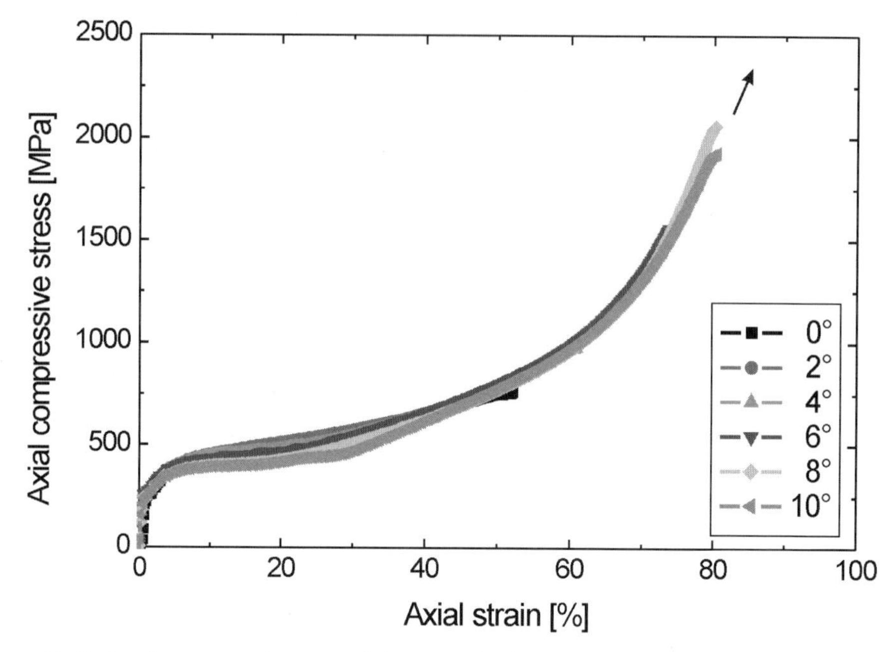

Figure 11. Engineering stress-strain curves of the overaged microstructure for different biaxial loading conditions (inclination angle 0° – 10°)

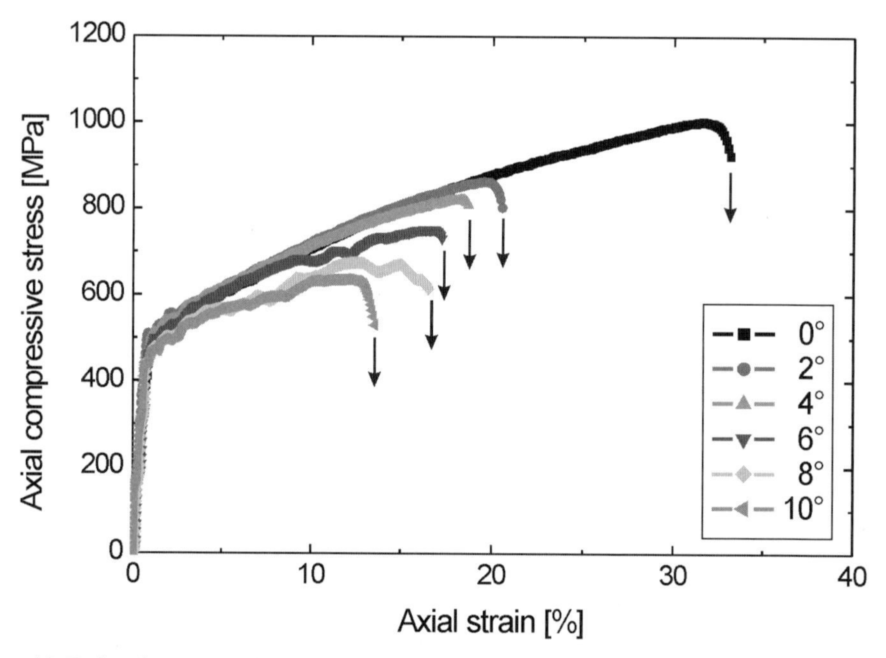

Figure 12. Engineering stress-strain curves of the underaged microstructure for different biaxial loading conditions (inclination angle 0° – 10°)

Fig. 12 shows the engineering stress-strain curves for the underaged microstructure. After reaching flow stress, a further increase of load occurred until load suddenly drops at a certain reduction of height. It is caused by specimen failure in form of a diagonal localized shearband. At the underaged condition, this shear localization occurs even in pure uniaxial compression (inclination angle 0°). A biaxial stress state results in a enhanced shear sensitivity taking place at lower axial displacements and loads, consequently.

A specimen of the underaged microstructure, stopped in an early state of shear localization, is shown in Fig. 13a and Fig. 13b. Here a strong formation of slip lines are to be seen, caused by localization of dislocation movements. Orientation of the slip lines is approximately on the planes of highest shear stress at an angle of ±45° to the loading axis of the specimen (Fig. 13a). As shown in Fig. 13b, the occurrence of slip lines often is limited to individual grains showing a favourable orientation. Grains with a strong formation of slip lines can be adjacent to grains without slip lines. The formation of slip lines can be interpreted as a precursor of shear band formation. Fig. 13b shows an initial state of a shearband (width of less than 20 µm). Obviously the nuclei of a macroscopic shear band starts within a cluster of grains with ship plane orientations nearly fitting to the macroscopic shear stress plane.

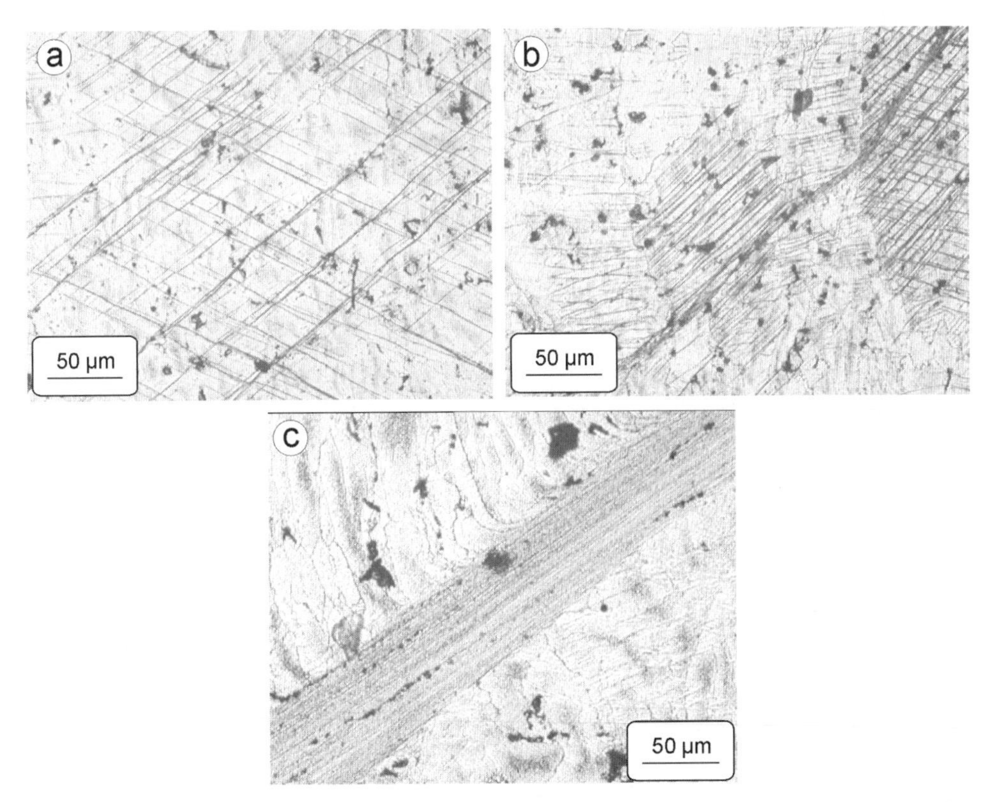

Figure 13. Micrographs of a specimen of the underaged microstructure after dynamic compression/shear deformation (a) slip lines under 45° to the loading axis; (b) formation of slip lines limited to individual grains; (c) fully developed shear band

Small misoriented grains are bridged and the shear displacement between the two areas neighboured to the shear band increases. If the assumption of the stress softening within the shear band is valid, the extension of the band along and perpendicular to the shear plane may be accepted likely. With further growth of the band even larger misoriented grains or hard phases might be cut, like a cascade. In this context, the presented shear band in Fig. 13c is a late stage, but before complete rupture of the two huts. The width of the shear band is about 50 µm. Shear band propagation is crystallographically undefined through grains of varying orientation. Grain boundaries and intermetallic inclusions do not form obstacles for shear band growth. These results confirm the suggestion of the sequence of events for the formation of segmented chips given in chapter "Chip Formation".

15.4 40CrMnMo7 (DIN 1.2311)

15.4.1 Chip Formation

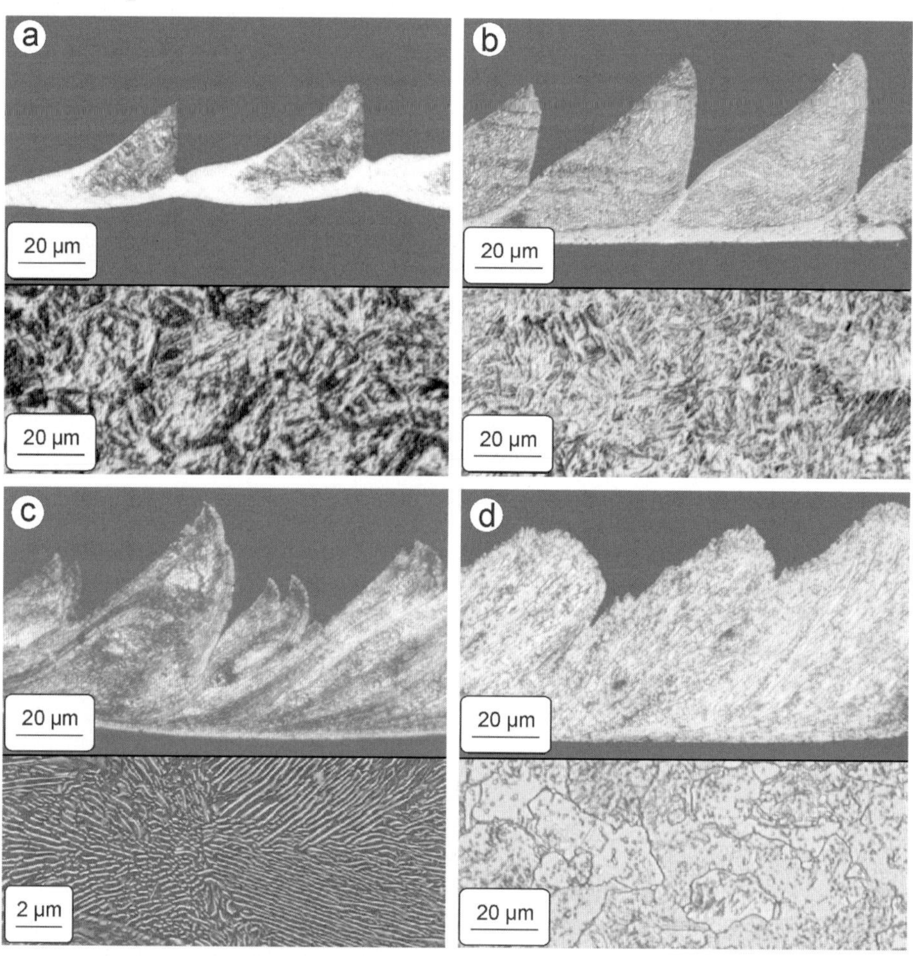

Figure 14. Micrographs of the chips obtained by machining of different microstructures (v_c = 500 m/min; f_z = 0.1 mm) (a) martensite; (b) tempered martensite; (c) lamellar pearlite; (d) spheroidized pearlite

The chips, together with micrographs of the corresponding (unmachined) microstructures, are shown in Fig. 14 [10,11]. Chips produced from both the martensite and the tempered martensite are heavily segmented with appearance of white etching areas between the segments and along the underside of the chip (Fig. 14a and Fig. 14b). Segmentation was observed to be uniform over the entire chip width, as shown in the SEM image of the upper chip surface (Fig. 15).

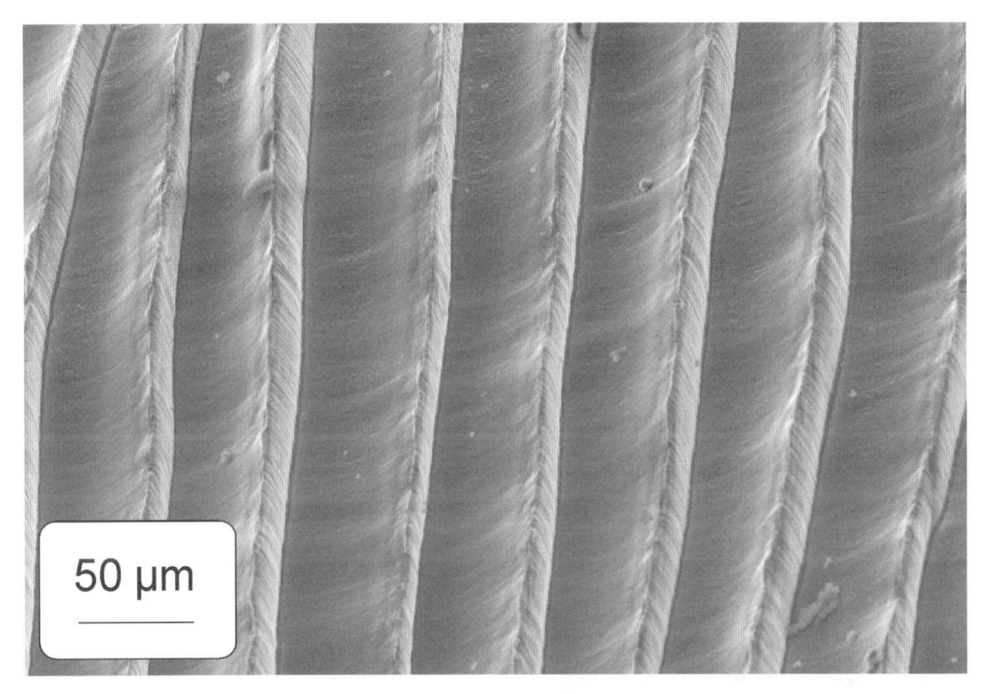

Figure 15. SEM image of the upper side of the chip corresponding to Fig. 14a

In contrast, the chips of the more ductile pearlite and spheroidized structures reveal a non uniform, irregular segmentation behaviour (Fig. 14c and Fig. 14d). In spite of the development of segments, the entire chip body has been deformed plastically. The corresponding increase in hardness due to work hardening is clearly visible in Fig. 16. The microhardness within the chips of the spheroidized structure is more than twice as high as that measured in the unmachined material, whereas no increase in microhardness has been observed within the chip segments of the saw-tooth chips obtained from the martensitic structure.

The degree of segmentation increases only slightly with cutting speed within the speed range investigated (Fig. 17). For the martensite and tempered martensite, the degree of segmentation is more than 0.7 even at $v_c = 500$ m/min. Increasing the cutting speed to more than 2000 m/min results in the formation of individual segments. For the more ductile pearlite and spheroidized structures, the degree of segmentation is about 0.4 for all cutting speeds.

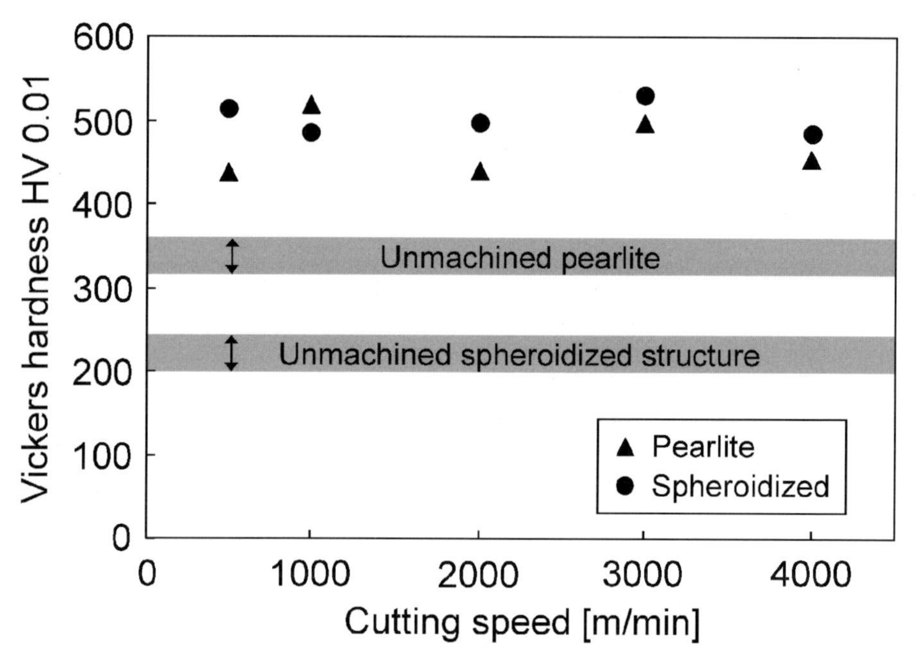

Figure 16. Microhardness measurements within chips of pearlitic and spheroidized microstructure

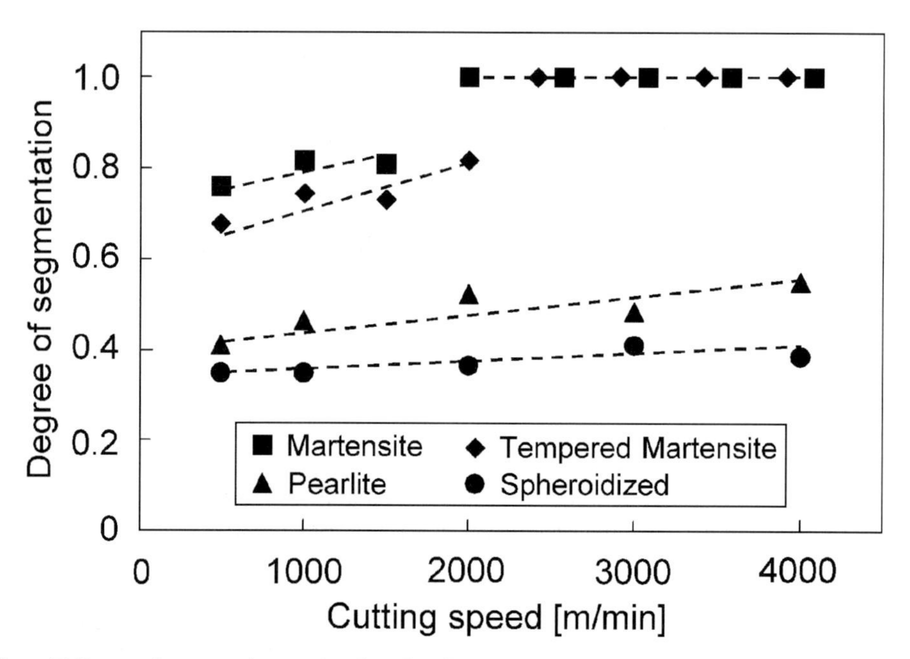

Figure 17. Degree of segmentation as a function of cutting speed ($f_z = 0.1$ mm)

The mechanism leading to chip segmentation of 40CrMnMo7 is different from that proposed for the aluminium alloy AlZnMgCu1.5. In case of 40CrMnMo7, the well known relation between hardness and chip segmentation [1] has been confirmed (a higher hardness leads to a more severe segmentation). The hardness as an indirect measure for ductility and deformability, which are in turn strongly determined by the microstructure, can therefore reasonably be used for a qualitative prediction of chip shape of steels.

15.4.2 Chip Formation of Duplex Microstructures

The chips produced from the ferrite-martensite duplex structure are heavily segmented with appearance of white etching areas between the segments and along the underside of the chip (Fig. 18a), like the chips of the martensite microstructure (Fig. 14a) [24]. The segment spacing is about 50 µm for both structures.

There is no obvious difference in chip shape between the homogeneous martensite and the corresponding duplex structure. This is confirmed by measurement of the degree of segmentation as shown in Fig. 19. Both structures show an identical dependence of segmentation on cutting speed. At the lowest cutting speed investigated (500 m/min), the degree of segmentation is about 0.8, showing a slight increase with cutting speed. For cutting speeds exceeding 1500 m/min, a complete separation of neighbouring segments (corresponding to a degree of segmentation of 1) occurs for both structures. The ferrite grains of the duplex structure are clearly visible both within the segments and the white etching area of the chips. This is shown in Fig. 20 at higher magnification. The ferrite grains contained within the bulk of the segment show only a slight deformation along the chip flow direction.

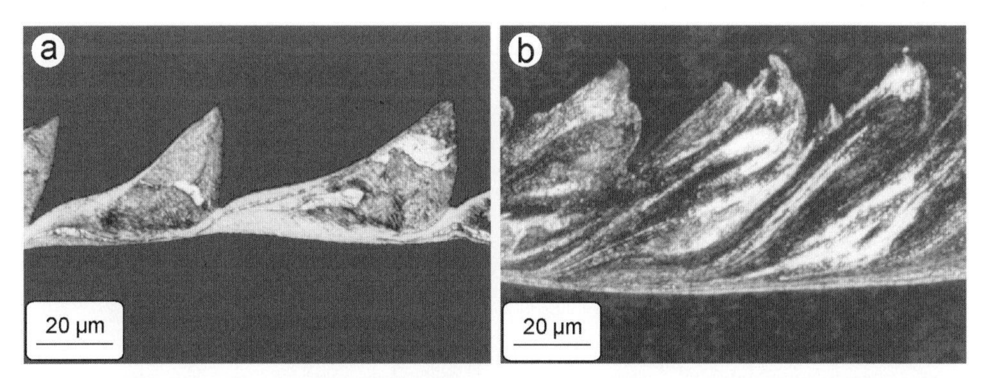

Figure 18. Micrographs of the chips obtained by machining of different microstructures (v_c = 500 m/min; f_z = 0.1 mm) (a) duplex ferrite-martensite; (b) duplex ferrite-pearlite

A sharp boundary is visible between the white area at the bottom of the chip and a deformed ferrite grain. The microhardness within these deformed grains is about 450 HV0.01. The higher hardness compared to the undeformed ferrite (260 HV0.01) is due to work hardening and is independent on the cutting speed. The ferrite grains contained within the white layer along the underside of the chip or between the segments are heavily deformed, forming narrow white stripes that can be distinguished from the surrounding white area due to their slightly different etching behaviour. The aspect ratio of these grains is about 30 : 1.

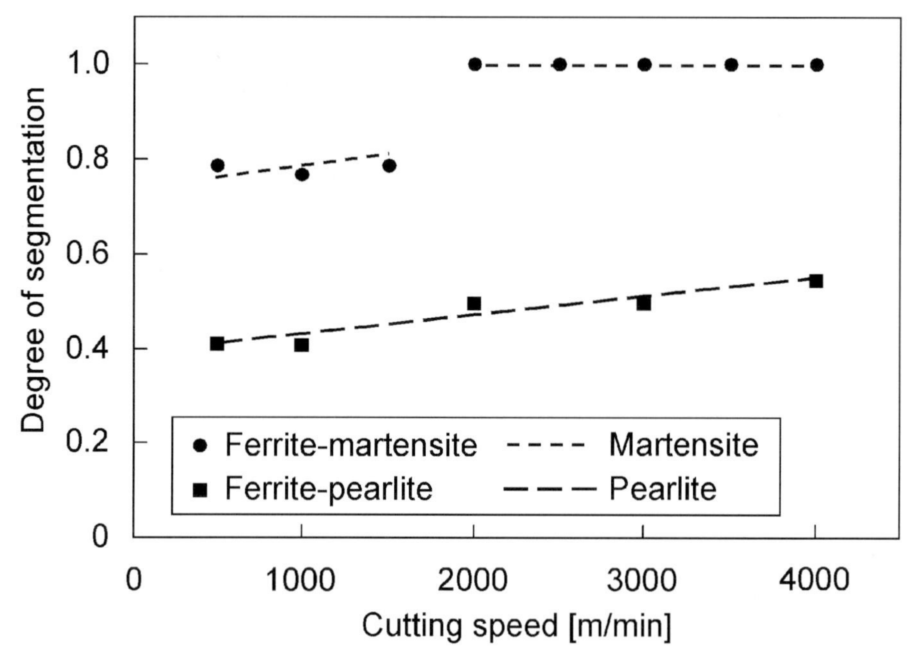

Figure 19. Degree of segmentation as a function of cutting speed (f_z = 0.1 mm)

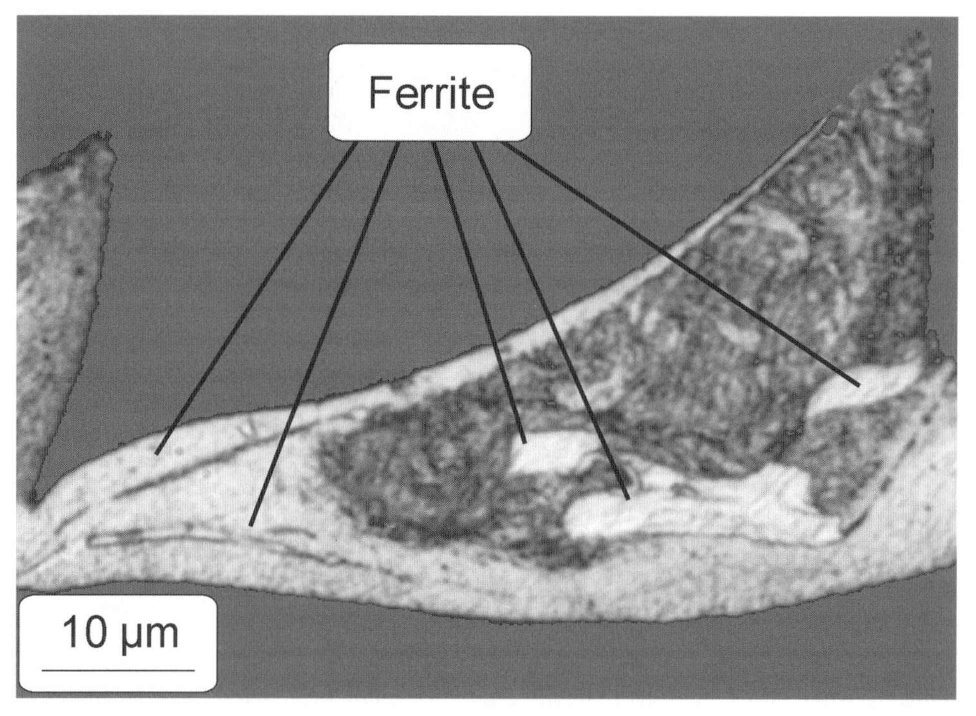

Figure 20. Micrograph of a chip segment of the ferrite-martensite duplex structure

Microhardness measurements within the chips of the martensite microstructure revealed a hardness of the white layer which is more than 30% higher than the unmachined martensite (>1200 HV0.01 and 900 HV0.01, respectively, Fig. 21). Increasing cutting speed results in a slight decrease of the hardness of the white layer. In contrast, the hardness of the dark etching bulk of the segments (700 HV0.01) was found to be reduced by more than 20% in comparison to the unmachined material. This result was found for all cutting speeds (Fig. 21).

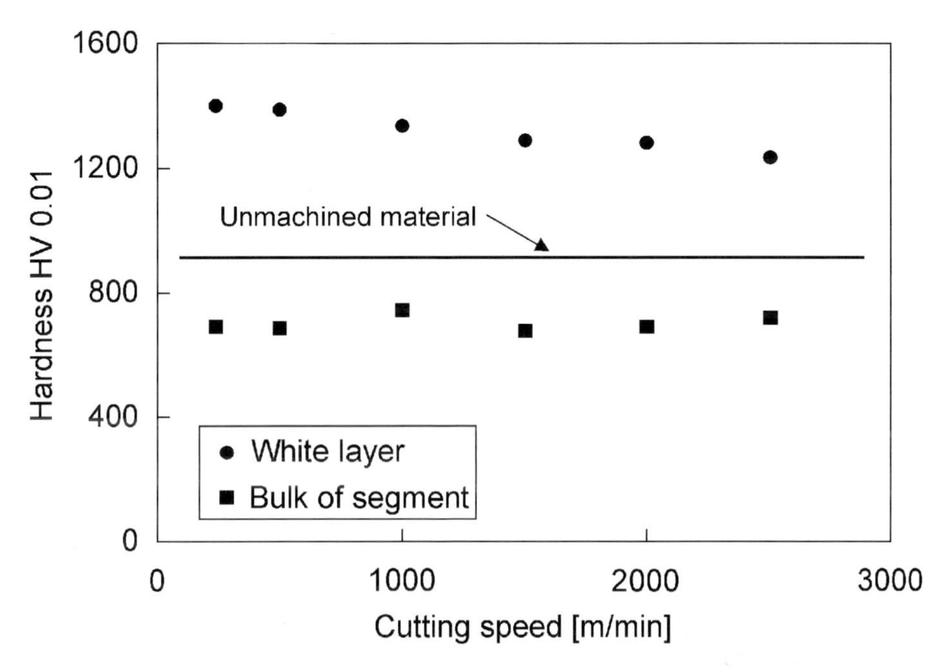

Figure 21. Microhardness within the chips of the martensite microstructure

The chips obtained by machining of the ferrite-pearlite duplex structures reveal a non uniform, irregular segmentation as shown in Fig. 18b, like the chips of the pearlite microstructure (Fig. 14c). As for the ferrite-martensite duplex structure, the dependence of the degree of segmentation on the cutting speed remains unchanged for the ferrite-pearlite duplex structure when compared to the homogeneous pearlite (Fig. 19). A slight increase from 0.4 to 0.5 is observed for both microstructures when increasing the cutting speed from 500 to 4000 m/min. The former ferrite grains can be recognized as heavily and irregularly deformed white bands. The orientation of these bands is roughly along the flow lines contained within the chip.

Plastic deformation of the dark etching bulk of the segments of machined martensite can neither be confirmed by metallographic cross-sections (Fig. 14a) nor by microhardness measurements (Fig. 21). The decrease in microhardness of the segment bulk caused by tempering of the martensite during chip formation overcompensates any increase of microhardness due to work hardening. Here, the ferrite-martensite duplex structure gives direct evidence of plastic deformation of the whole segment by the distinct hardness increase of the ferrite grains.

The ferrite grains of the duplex-structures investigated are completely surrounded by the matrix, so that plastic deformation of these grains is only possible if the surrounding matrix deforms by a similar amount. Assuming a globular shape of the ferrite grains in the unmachined microstructure, a quantification of the local plastic deformation within the chip is possible by measurement of the aspect ratio of these grains. The measured aspect ratio of 30:1 within the white layer in the chip bottom corresponds to a plastic deformation of 3000% in the secondary shear zone. This is in good agreement with values of shear strain in the secondary shear zone [25,26].

The deformed ferrite grains within the secondary shear zone can readily be distinguished from the surrounding white layer. The high temperature during chip formation causes austenitization of both the high-carbon matrix and the low-carbon ferrite grains. Simultaneously, plastic deformation takes place, leading to the high aspect ratio of the ferrite grains. After completion of chip formation, rapid cooling causes a diffusionless phase change of the matrix, resulting in the formation of the white etching layer in the chip bottom. The time at austenitization temperature is too short for levelling out the carbon content of the austenitized ferrite grains and matrix [27,28]. The carbon content of the austenitized ferrite grains remains nearly unchanged; they again transform to ferrite during chip cooling. These results confirm the formation of the white layer to be caused by austenitization and subsequent rapid cooling. A mechanical destruction of microstructure [29,30] would not yield the observed sharp boundary between deformed ferrite grains and the white layer. As a consequence, we attribute the development of the white layer in the chip formation to a thermally-induced phase transformation. This does not exclude, however, that white layer formation in other systems like tribological testing may be due to a mechanically-induced phase transformation.

In case of the ferrite-pearlite duplex microstructure, the heavy deformation of the ferrite grains along the flow lines within the chip is an indication of plastic deformation of the entire volume of the chip, which, in spite of its segmented appearance, is a continuous rather than a segmented chip. Continuous chip formation of the pearlite structure was also confirmed by microhardness measurements, showing work hardening of the chip [11].

15.5 Summary

High speed milling experiments have been performed with various microstructures of the aluminium alloy AlZnMgCu1.5 and the steel 40 CrMnMo7. The influence of heat treatment and cutting conditions on chip shape can be summarised as follows:

For the alloys investigated, the microstructure is the decisive parameter determining whether segmented or continuous chips develop. No cutting speed dependent transition from continuous to segmented chips has been observed. Chip shape of AlZnMgCu1.5 is determined by the precipitation state, i.e. whether precipitates are shearable by dislocations or not. Segmented chips are found in the underaged state whereas continuous chips are obtained in the overaged state. In the presence of incoherent (i.e. non shearable) precipitates, local work hardening homogenises deformation leading to continuous chips. Shearing of coherent precipitates causing local work softening is responsible for the initiation of localised shear bands in the shear plane and hence for the development of segmented chips. Local thermal softening is therefore a consequence of local work softening and not the primary cause for chip segmentation. Increasing the cutting speed or the feed per tooth leads to a more severe segmentation of the chips obtained from underaged material, while the chips obtained from overaged material remain continuous up to the highest cutting speed. Good correlation with dynamic deformation behaviour was observed. Overaged material allows homogeneous compression of up to 80% even under the most severe testing conditions while the underaged microstructure shows failure due to localized shear band formation. Specimens of the underaged microstructure stopped immediately after onset of shear localization show a concentration of dislocation movement in form of slip lines. These slip lines can be interpreted as crystallographically defined precursors of a fully developed (crystallographically not defined) shear band. Independent of the chip formation mechanism a decrease of cutting force with increasing cutting speed was observed. The appearance of a molten layer in the interface between chip and cutting edge facilitates chip flow which leads to the decrease in cutting force.

The hardness of the workpiece material is not the decisive parameter for the shape of chips formed during high speed machining of AlZnMgCu1.5, whereas in case of the steel 40 CrMnMo7, the well-known correlation between hardness and chip shape was obtained. For the steel, an increase of hardness results in an increase of chip segmentation. Heavily segmented chips are obtained by machining the martensitic structure, whereas nearly continuous chips showing distinct work hardening are obtained from the spheroidized pearlite. A slight increase of the degree of segmentation by increasing cutting speed was observed for the steel. Chip formation mechanism and the degree of segmentation remain unchanged by addition of a volume fraction of 10% of ferrite to either martensite or pearlite. The ferrite grains remain clearly visible within the chip bulk as well as within the white layer developing in case of the ferrite-martensite duplex structure and can therefore be used for an estimation of local plastic deformation within the chip. The sharp boundary between white layer and ferrite grains indicates that the white layer is due to a thermally-induced phase transformation. In case of martensite, the whole bulk of the segment is plastically deformed, as was shown by a hardness increase of the ferrite grains contained within the segment.

15.6 Literature

[1] Komanduri, R.; Schröder, T.; Hazra, J.; von Turkovich, B. F.; Flom, D. G.: J. Eng. Ind. 104 (1982) 121–131

[2] Shaw, M. C.; Vyas, A.: Ann. CIRP 47 (1998) 77–82

[3] Vyas, A.; Shaw, M. C.: J. Manufact. Sci. Eng. 121 (1999) 163–172

[4] Elbestawi, M. A.; Srivastava, A. K.; El-Wardany, T. I.: Ann. CIRP 45 (1996) 71–76

[5] Hou, Z. B.; Komanduri, R.: Ann. CIRP 44 (1995) 69–73

[6] Hou, Z. B.; Komanduri, R.: Int. J. Mech. Sci. 39 (1997) 1273–1314

[7] Mataya, M. C.; Carr, M. J.; Krauss, G.: Metall. Trans. A 13A (1982) 1263–1274

[8] Lee, W. S.; Sue, W. C.; Lin, C. F.; Wu, C. J.: Mater. Sci. Technol. 15 (1999) 1379–1386

[9] Müller, C.; Blümke, R.: Mat. Sci. Tech. 17 (2001) 651–654

[10] Blümke, R.; Sahm, A.; Müller, C.: in „Scientific Fundamentals of HSC", Schulz, H. (Ed.), (2001) 43–52

[11] Blümke, R.; Müller, C.: Mat.-wiss. u. Werkstofftech. 33 (2002) 194–199

[12] Blümke, R.; Sahm, A.; Siems, S.; Müller, C.; Exner, H. E.; Schulz, H.; Warnecke, G.: in „Spanen metallischer Werkstoffe mit hohen Geschwindigkeiten“, Tönshoff, H. K., Hollmann, F. (Eds.), Deutsche Forschungsgemeinschaft, Bonn, (2000) 23–35
[13] Komanduri, R.; Schröder, T. A.: J. Eng. Ind. 108 (1986) 93–100
[14] Armstrong, R. W.; Coffey, C. S.; Elban, W. L.: Acta Metall. 30 (1982) 2111–2116
[15] Deschamps, A.; Brechet, Y.: Acta Mater. 47 (1999) 293–305
[16] Schulz, H.; Abele, E.; Sahm, A.: Ann. CIRP 50 (2001) 45–48
[17] Lemaire, J. C.; Backofen, W. A.: Metall. Trans 3 (1972) 477–481
[18] Nakayama, K.; Arai, M.; Kanda, T.: Ann. CIRP 37 (1988) 89–92
[19] Blümke, R.; Müller, C.: Mat.-wiss. u. Werkstofftech. 33 (2002) 520–523
[20] Müller, B.; Renz, U.: in „Spanen metallischer Werkstoffe mit hohen Geschwindigkeiten“, Tönshoff, H. K., Hollmann, F. (Eds.), Deutsche Forschungsgemeinschaft, Bonn, (2000) 217–224
[21] Schulz, H.; Spur, G.: Ann. CIRP 38 (1989) 51–54
[22] Venuvinod, P. K.; Lau, W. S.; Narasimha Reddy, P.; Rubenstein, C.: Ann. CIRP 32 (1983) 59–64
[23] Meyer, L. W.; Staskewitsch, E.; Burblies, A.: Mech. of Mat. 17 (1994) 203–214
[24] Blümke, R.; Müller, C.: Z. Metallkd. 93 (2002) 1119–1122
[25] Trent, E. M.: Metal Cutting, Butterworth-Heinemann, Oxford (1991)
[26] Wright, P. K.: J. Eng. Ind. 104 (1982) 285–292
[27] Eda, H.; Ohmura, E.; Yamauchi, S.; Inasaki, I.: Ann. CIRP 42 (1993) 389–392
[28] Shaw, M. C.; Vyas, A.: Ann. CIRP 43 (1994) 279–282
[29] Turley, D. M.: Mater. Sci. Eng. 19 (1975) 79–86
[30] Schöfer, J.; Rehbein, P.; Stolz, U.; Löhe, D.; Gahr, K.-H.: Wear 248 (2001) 7–15

16 Ausprägung der Oberflächentopografie beim Hochgeschwindigkeitsfräsen mit Kugelkopffräsern

F. Lierath, H.-J. Knoche

Kurzfassung

Das Grundanliegen des DFG-Vorhabens „Der Einfluss technologischer Primärkenngrößen und Parameter auf die Ausprägung der Werkstückoberflächen beim Hochgeschwindigkeitsfräsen" (Li 559/4) besteht in der Erforschung der Wechselwirkungen zwischen dem Hochgeschwindigkeits-Fräsvorgang mit Kugelkopffräsern mit seinen Wirkmechanismen und dem hochdynamischen Werkstoffverhalten, insbesondere hinsichtlich seiner Auswirkungen auf Topografie und Randzone.

Die Feingestalt der Oberflächen hat für die Funktionalität von Bauteilen im Gesenk- und Formenbau eine besondere Bedeutung. Die dabei auftretenden spezifischen Phänomene werden theoretisch und experimentell untersucht.

Die aus der Fräsergeometrie und Kinematik resultierenden theoretischen Rauheitsprofile werden analysiert und modelliert. Dies gilt sowohl für scharfe als auch für verschleißbehaftete Werkzeugzustände. Störgrößen seitens der Maschine (Bewegungsungleichförmigkeiten) und des Werkzeuges (Rundlauf, Schneidenschartigkeit) werden berücksichtigt.

Die theoretischen Ergebnisse werden mit den umfangreichen Messergebnissen korreliert, und der Einfluss der Schnittwerte wird analysiert. Unterschiede, resultierend aus hohen und konventionellen Geschwindigkeiten, werden statistisch abgesichert herausgearbeitet.

Die Wirkung der Schartigkeit der Werkzeugschneide auf die Ausbildung der Rauheit quer zur Vorschubrichtung wird quantitativ analysiert und schnittgeschwindigkeitsabhängig quantifiziert.

Der Einfluss von Härte und Gefüge des Warmarbeitsstahles 40CrMnMo7 (im Lieferzustand, gehärtet sowie in zwei Anlasszuständen) auf die Ausbildung der Topographien wird dargestellt und diskutiert.

Auf Untersuchungsergebnisse, die über den dargestellten Umfang hinausgehen und die im Rahmen des DFG-Vorhabens erarbeitet wurden, wird verwiesen.

Abstract

The DFG-project entitled „Der Einfluss technologischer Primärkenngrößen und Parameter auf die Ausprägung der Werkstückoberflächen beim Hochgeschwindigkeitsfräsen" (Li 559/4) aims at investigating the interactions between high-speed milling with spherical head cutters and its mechanisms of action and the highly dynamic material behaviour, particularly with regard to its effects on topography and peripheral zone.

The surface finish is particularly important to the functionality of components in die and mould making. Specific phenomena occurring in this respect are examined both theoretically and experimentally.

Hochgeschwindigkeitsspanen. Hrsg. H. K. Tönshoff und F. Hollmann

ISBN: 3-527-31256-0

The theoretical roughness profiles resulting from cutter geometry and kinematics are analysed and modelled. This applies to both sharp and wear-bound tool states. Disturbance variables caused by the machine (non-uniform motion) and the tool (true running, raggedness of cutting edge) are taken into consideration.

The theoretical results are correlated with the extensive measuring results. The impact of the cutting values is analysed. Differences resulting from high and conventional speeds are identified on a statistically safe basis.

The effect of the cutting edge's raggedness on roughness formation transversally to the feed direction is analysed quantitatively and quantified as a function of the cutting speed.

The impact of hardness and microstructure of hot-work tool steel 40CrMnMo7 (in as-supplied state, hardened and in two tempering states) on topography formation is presented and discussed.

Reference is made to investigation results which go beyond the limits of the presentation and have been obtained in the scope of the DFG project.

16.1 Einleitung

Entsprechend Bild 1 besteht das Ziel des vom Lehrstuhl Werkstoffe des Maschinenbaus der TU-Chemnitz (LWM) und vom Institut für Fertigungstechnik und Qualitätssicherung der Uni-Magdeburg (IFQ) bearbeiteten interdisziplinären Forschungsvorhabens **„Ermittlung und Beschreibung des Werkstoffverhaltens beim Hochgeschwindigkeitsspanen“** in der Analyse des Hochgeschwindigkeitsspanens mit geometrisch bestimmter Schneide an Hand einer ausgewählten Verfahrensvariante des Fräsens, dem Kugelkopffräsen [1, 17, 23].

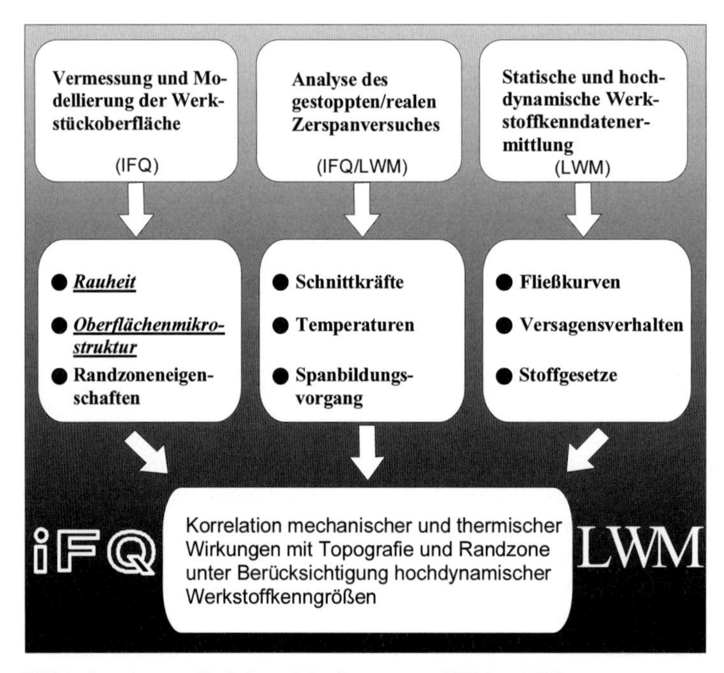

Bild 1: Gemeinsame Vorhabenszielstellungen von LWM und IFQ

Besondere Berücksichtigung findet dabei seitens des IFQ (Teilvorhaben „Der Einfluss technologischer Primärkenngrößen und Parameter auf die Ausprägung der Werkstückoberflächen beim Hochgeschwindigkeitsfräsen“ -Li 559/4 [1]) die Ausprägung der entstehenden Werkstückoberfläche in ihrer Topografie und Randzonenbeschaffenheit. In die Untersuchungen wurden die Werkstoffe C45E (1.1191), spannungsarmgeglüht und 40CrMnMo7 (1.2311) in 4 verschiedenen Zuständen einbezogen. Im gehärteten Zustand weist der 40CrMnMo7 ein martensitisches Gefüge (Bild 2b) auf. Bei den angelassenen Zuständen (40-42 und 46-48 HRC) liegt ein angelassener Martensit mit CrFe-Carbiden (Vergütungsgefüge) (Bild 2c) vor.

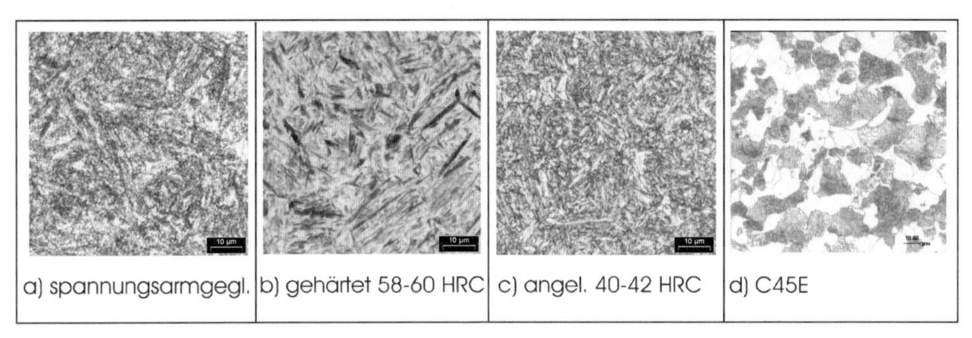

Bild 2: Gefügezustände der Werkstoffe 40CrMnMo 7 und C45E

Nachfolgende Ausführungen konzentrieren sich auf die Entstehung der Oberflächentopografie. Die Problematik der mit der Oberflächenprofilausprägung einhergehenden Randzonenbeeinflussung (Eigenspannungs- und Mikrohärteverläufe in oberflächennahen Bereichen sowie das Auftreten „weißer“ Schichten in der Randzone (u. a. beim Kugelkopffräsen von 40CrMnMo7) wird dagegen in [1, 18, 19, 22] untersucht.

16.2 Einflussgrößen auf das Oberflächenprofil beim Kugelkopffräsen

Beim Fräsen bildet sich die Oberflächentopographie des Werkstückes durch die Überlagerung der Schnittflächenrauheit, beeinflusst durch Verformungs- und Trennmechanismen und durch die Werkzeugschneidenfeinstruktur, mit der geometrisch-kinematisch bedingten Rauheit heraus. Dies gilt auch für den Einsatz von Schaftfräsern mit kugelförmiger Hauptschneide. Diese Werkzeuge werden als Kugelkopffräser bezeichnet. Sie sind z. B. im Gesenk- und Formenbau für die HSC-Schlichtbearbeitung unverzichtbar und ordnen sich in einen Komplex ein, der sich dynamisch weiterentwickelt [4, 5].

Verschiedene Veröffentlichungen beschäftigen sich mit der Entstehung und Beeinflussung der Oberflächenrauheit beim Fräsen. Von SATO wurden die Grundprinzipien einer sogenannten (Flush Fine) FF-Technologie veröffentlicht [6]. Er schlägt im Rahmen dieses Konzeptes vor, im Gegensatz zu der Praxis in Deutschland, den Zahnvorschub gleich der Zeilenbreite zu wählen, um die Oberflächenrauheit zu minimieren. Eine Auseinandersetzung mit den Einflüssen, die von der Querschneide des Werkzeuges bezogen auf die Rauheit ausgehen, findet jedoch nicht statt. KO und LEE [7] modellieren die durch Schaftfräsen erzeugte Oberflächenstruktur, indem sie das Werkzeug funktional beschreiben und die zerspankraftbedingte Werkzeugverformung auf einer Oberfläche abbilden. PUDER [8] empfiehlt, HSC-gefräste Oberflächen mit Tastschnittgeräten zu vermessen, um sie durch Fourier-Transformationen zu bewerten. Im Ergebnis dieser Bewertung soll auf den „Unrundlauf" mehrschneidiger Werkzeuge geschlossen werden, der nicht nur von der Aufspannung sondern auch von der Frästechnologie abhängig ist. Darüber hinaus wurden Untersuchungen bekannt [9], die sich aus der Sicht der Mikrozerspanung u. a. mit den Einflüssen von Spanungsdicke (unter Beachtung der Mindestspanungsdicke) und Schnittgeschwindigkeit (Bereich der Normalgeschwindigkeit) auf die Oberflächenrauheit für das Umfangsfräsen im Gleich- und Gegenlauf von Stahlwerkstoffen auseinandersetzen.

Die Oberflächenfeinstruktur eines durch Kugelkopffräsen hergestellten Bauteiles hängt von vielen Faktoren ab. Bild 3 gibt einen Überblick über die Vielzahl der Einflussgrößen und nimmt eine grobe Wichtung vor.

Einflussgrößen auf die Oberflächenrauheit beim Kugelkopffräsen

Einflussgröße		Produktivität	Rauheit
Schnittwerte			
Schnittgeschwindigkeit	⬆	⬆	⇩
Zeilenbreite	⬆	⬆	⬆
Zahnvorschub	⬆	⬆	⇧
Werkzeug			
Werkzeugverschleiß	⬆	—	⬆
Schneidenschartigkeit	⬆	—	⇧
Kugeldurchmesser	⬆	⬆	⬇
Querschneidenlänge	⬆	—	⬇
L/D-Verhältnis	⬆	⬇	
Werkzeugrundlauf	⬆	—	⬆
Fräseranstellung senkr.	ja	—	(⇩)
Maschine/Steuerung/CAM			
Führungsbahnabweichungen	⬆	—	⇧
Bewegungsungleichförmigkeiten	⬆	—	⬆
Schwingungen	⬆	—	⬆
Schmierstoffeinsatz MMS	ja	—	⬇
Werkstoffhärte	⬆	⬇	⬇

➡ großer Einfluss ⇨ Einfluss weniger groß

Bild 3: Einflussgrößen auf das Oberflächenprofil

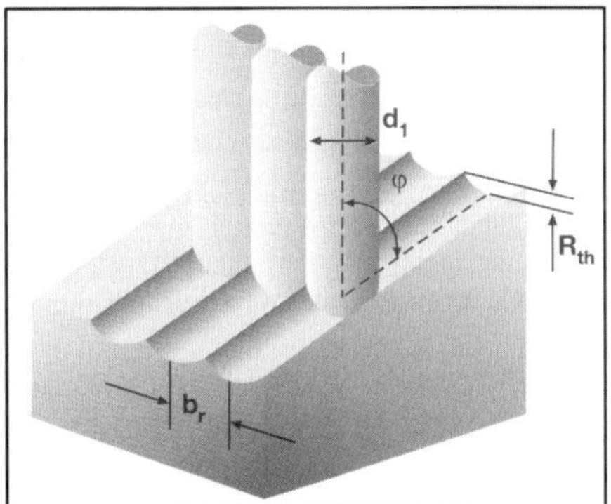

d_1 φ R_{th} b_r

Rauheit R_{th} in Vorschubrichtung

$$R_{th} = d_1/2 - \sqrt{\frac{d_1^2 - (F * f_z)^2}{4}}$$

Faktor $F \leq$ Schneidenzahl z

Rauheit R_{th} senkrecht zur Vorschubrichtung

$$R_{th} = d_1/2 - \sqrt{\frac{d_1^2 - b_r^2}{4}}$$

Bild 4: Näherungsformeln zur Rauheitsabschätzung

Bedingt durch die Werkstückform und die Steuerungsart der Maschine wirken je nach Fräseranstellung zur momentanen Werkstückoberfläche entweder die Hauptschneiden und/oder die Querschneide eines Kugelkopffräsers oberflächenprofilierend. Bei senkrechter Fräseranstellung profiliert die Querschneide permanent. Nur wenn die Zeilenbreite größer als die Querschneidenlänge gewählt wird, kommt die Hauptschneide zusätzlich profilierend zum Einsatz. Wird das Werkzeug quer zur Vorschubrichtung angestellt, profiliert die Hauptschneide in der Drehwinkelstellung, in der sie senkrecht zur Vorschubrichtung steht. Bei Anstellung in Vorschubrichtung profiliert sie, wenn sie parallel zur Vorschubrichtung steht. Im Falle der Überlagerung beider Anstellungen kann für jeden Schneidenpunkt (repräsentiert durch den Schneidenwinkel κ) berechnet werden, für welchen Drehwinkel φ er profilierend zum Eingriff kommt [2]. Bild 5 zeigt typische Oberflächenstrukturen für die senkrechte und die Fräserqueranstellung.

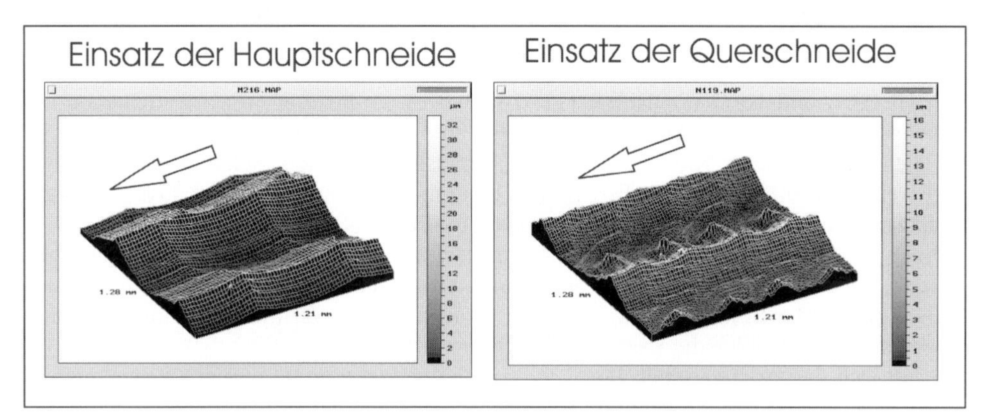

Bild 5: Typische Oberflächen bei Fräserqueranstellung (links) und senkrechter Fräseranstellung (rechts)

Wegen der Vielzahl der wirkenden Störgrößen und deren Beträge ist die Verwendung von Ra, Rz und Rt für die Analyse von technologischen Einflussgrößen auf die Oberflächenprofilausbildung von spanend unter HSC-Bedingungen mit geometrisch bestimmter Schneide hergestellten metallischen Oberflächen oft nicht ausreichend, da die Reproduzierbarkeit der Ergebnisse, z. B. bei Werkzeugwechsel bzw. unvermeidlich auftretendem Werkzeugverschleiß, unzureichend ist. Die Einflüsse von Störgrößen liegen wertmäßig in einer Größenordnung oder sogar oberhalb des Einflusses zu untersuchender technologischer Einflussgrößen. Deshalb wird für solche Fälle vorgeschlagen, die Mess- bzw. Bewertungsgröße nicht auf die Bauteilsollkontur sondern auf die Abweichung, die durch die Hauptstörgröße(n) (Z_0) entsteht, zu beziehen, was freilich mit größerem Auswerteaufwand verbunden ist (vgl. Abschnitt 16.3). Dies bedeutet für die Verwendung des Mittenrauhwertes Ra, dass er als bezogener Mittenrauhwert Ra_{bez}, längs und quer zur Vorschubrichtung zur Anwendung kommt und nach Beziehung 16.2.1 berechnet wird.

$$Ra_{bez} = \frac{1}{l}\int_0^l / Z(x) - Z_0(x) / \, dx \qquad (16.2.1)$$

Darüber hinaus ist Vorsorge zu treffen, dass weitere Störgrößen möglichst ausgeschaltet bzw. minimiert werden. Dies betrifft Einflüsse von Bewegungsungleichförmigkeiten, die aus der Berechnung der Werkzeugmittelpunktbahnkurve im Zusammenwirken von CAM-Lösung, Maschinensteuerung und dem Reaktionsvermögen und der Steifigkeit von Antriebselementen resultieren. Die experimentellen Untersuchungen wurden deshalb zur Erzielung gerader Fräsbahnen ausschließlich an ebenen Oberflächen durchgeführt. Dies betrifft weiterhin die Vermeidung bzw. Kleinhaltung von Schwingungen. Aus der Literatur [10] ist bekannt, dass beim Hochgeschwindigkeitsfräsen eine zerspanungsbedingte Schwingungsanregung entsprechend der Drehzahl und der Schneideneingriffsfrequenz im Bereich bis zu 2 kHz erfolgt. Um Schwingungen, die sich der Sollbewegung des Werkzeuges überlagern, klein zu halten wurden sehr steife Werkzeuge (Vollhartmetall-Kugelkopffräser Ø12 mm) verwendet. Weiterhin wurden die eingesetzten Kugelkopffräser extrem verkürzt (Auskraglänge/Werkzeugdurchmesser < 2,5). In den meisten Fällen wurden einschneidige Werkzeugen eingesetzt, um einerseits definierte Eingriffbedingungen zu haben und um andererseits zu erreichen, dass Drehfrequenz und Zahneingriffsfrequenz zusammenfallen. Außerdem wurde zur Vermeidung von Schwingungen mit kleinen Spanungsbreiten gearbeitet. Im Gegensatz zu den Untersuchungen von HEISEL und KRONDORFER [11–14], wo es darum ging, die Identifikation der Schwingungen durch Rauheitsmessungen zu ermöglichen, geht es hier letztlich hauptsächlich darum, durch Kleinhaltung und „Herausfilterung" des Schwingungseinflusses und weiterer Einflüsse, wie z. B. der von Führungsbahnabweichungen, Aussagen zur Abhängigkeit der Rauheit von technologischen Einflussgrößen zu gewinnen.

Nach FEINAUER [10] muss beim Hochgeschwindigkeitsfräsen davon ausgegangen werden, dass der Entstehungszeitraum einer Oberflächenrille so kurz ist, dass sich Schwingungen kaum in der Form der Rille niederschlagen. Vielmehr legt die Schwingbewegung hauptsächlich die Lage der Oberflächenrille fest.

Lässt sich das zu erwartende Profil in Vorschubrichtung bzw. quer zur Vorschubrichtung, z. B. wegen der Ausbildung gekrümmter Bearbeitungsspuren (wie sie bei senkrechter Anstellung des Kugelkopffräsers auftreten) nicht getrennt, also 2D-modellieren, so sollte auf eine flächenhafte Betrachtung (3D-Modellierung und Messung) des Objektes übergegangen werden. Wegen der geringen Größe der dann verwendeten „Messfläche" (z. B. 75000 Messpunkte auf ca. $1{,}2 \cdot 1{,}2\ mm^2$ [1]) kann auf eine Trennung von Welligkeitsprofil und Rauheitsprofil verzichtet werden. Die abgeleitete Messgröße SPa (Gleichung 16.2.2) bezieht sich damit auf die Messfläche und die ungefilterten Messwerte und ist mit bestimmten Abstrichen unter Berücksichtigung der vorhandenen Randbedingungen mit Ra vergleichbar:

$$SPa = \frac{1}{A}\int_0^{l_1}\int_0^{l_2} / Z(x,y) / dxdy = \frac{1}{n.m}\sum_{i=1}^{n}\sum_{j=1}^{m} / Z_{i,j} / \qquad (16.2.2)$$

Ergebnisse unter Verwendung von Ra_{bez}, einer daraus abgeleiteten empirischen Formzahl F_f, SPa bzw. SPa_{bez}, ermittelt durch Erweiterung der Beziehung (16.2.2) durch Einführung einer Größe $Z_0(X,Y)$ in analoger Weise wie in Beziehung (16.2.1), werden in [1] ermittelt und diskutiert.

Alternativ kann, wie nachstehend gezeigt wird, zur Einflussgrößenanalyse die Korrelation zwischen (analytisch) erwartbarem und messtechnisch ermitteltem Profil wirksam genutzt werden. Als Bewertungsgröße steht der Korrelationskoeffizient zwischen dem modellierten (2D- oder 3D-Oberflächenprofil und dem gemessenen Profil zur Verfügung. Gleichung 16.2.3 zeigt, wie der Korrelationskoeffizient für den 2D-Fall berechnet wird.

$$r_{xy} = \frac{\sum_{i=1}^{n}(x_i - \overline{x}) * (y_i - \overline{y})}{\sqrt{\sum_{i=1}^{n}(x_i - \overline{x})^2 * \sum_{i=1}^{n}(y_i - \overline{y})^2}} \qquad (16.2.3)$$

Die Erweiterung auf den 3D-Fall, bei dem der Korrelationskoeffizient ($r_{z1,z2}$) als Funktion von $z_1(x,y)$ und $z_2(x,y)$ ermittelt wird, ist elementar [1].

16.3 Oberflächenausprägung beim Einsatz der Hauptschneide

16.3.1 Topografie quer zur Vorschubrichtung

Als eine dominante Störgröße hinsichtlich der Analyse technologischer Einflussgrößen auf die Topografieausbildung quer zur Vorschubrichtung (bei Queranstellung des Kugelkopffräsers) konnte unter den Bedingungen der Hochgeschwindigkeitsbearbeitung das Feinprofil der Werkzeughauptschneide durch experimentelle Untersuchungen ermittelt werden [1]. Dies trifft auf Grund der vorhandenen Abweichungen auch bereits für neue, also unbenutzte, Werkzeuge zu. Bild 6 zeigt die softwareseitige Überlagerung der gespiegelten radialen Abweichungen der Werkzeughauptschneide („Schneidenschartigkeit") eines neuwertigen Werkzeuges, gemessen mit einem schneidenförmigen Taster, mit dem Oberflächenprofil einer Versuchsprobe, die mit hoher Schnittgeschwindigkeit bearbeitet wurde. Als Abszisse wurde die Abwicklung der Hauptschneide verwendet. Das Detailbild (rechts) zeigt, wie gut das Oberflächenprofil der „Schartigkeit" der Werkzeugschneide folgt. Im unteren Bildteil ist die Differenz zwischen Werkzeugabweichung und Werkstück-

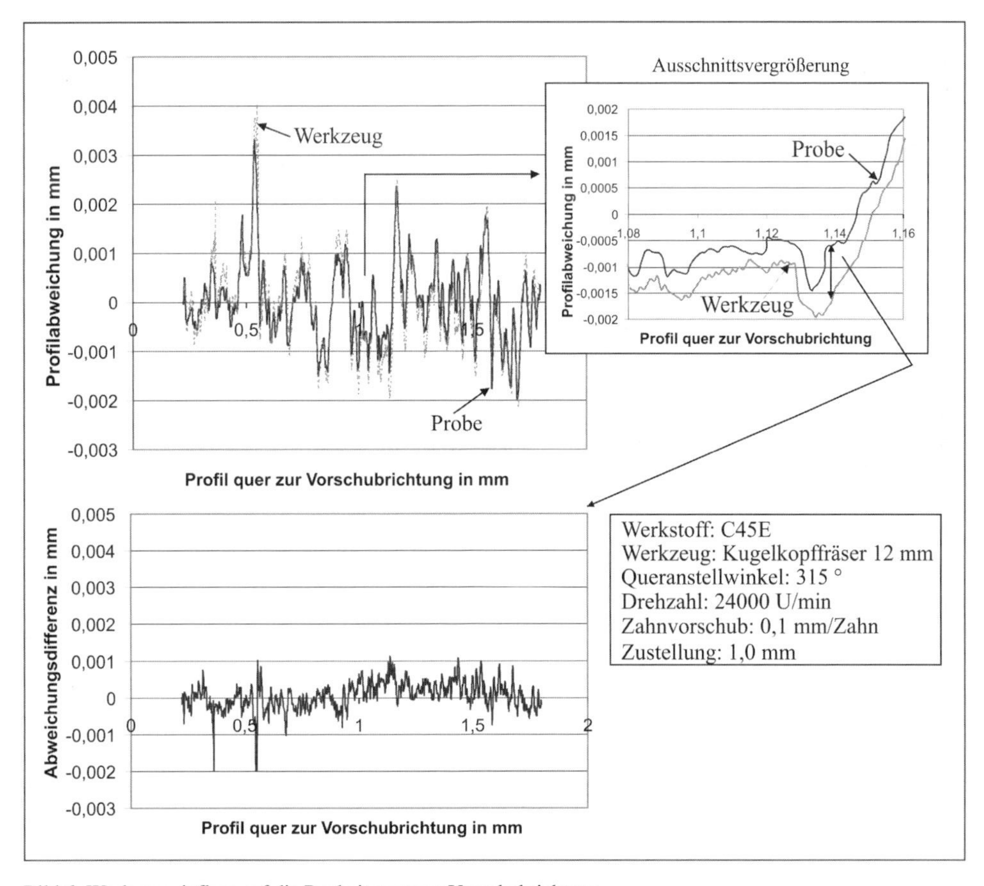

Bild 6: Werkzeugeinfluss auf die Rauheit quer zur Vorschubrichtung

oberflächenprofil aufgetragen. Eindeutig ist erkennbar, dass sie wesentlich kleiner als die gemessene Abweichung des Werkstückes ist. Zerspant wurde C45E im Gleichlauf. Analoge Ergebnisse wurden auch beim Einsatz des Warmarbeitsstahles 40CrMnMo7 erzielt.

Zur quantitativen Bewertung des Einflusses von technologischen Größen (z. B. der Schnittgeschwindigkeit) auf die Topografie quer zur Vorschubrichtung macht es sich somit erforderlich, den Einfluss des Werkzeugschneidenfeinprofiles zu eliminieren. Wird darauf verzichtet, bewirken (auch geringer) Werkzeugverschleiß bzw. ein Werkzeugwechsel und damit der Einsatz einer anderen Schneide, dass die Ergebnisse nicht reproduzierbar sind. Ein gedanklicher Ansatz, die Schneidenschartigkeit mechanisch auf tolerierbare Werte zu reduzieren, lässt sich für den Kugelkopffräser nicht mit vertretbarem Aufwand verwirklichen. Deshalb wurde nach Möglichkeiten gesucht, ausgehend von fabrikneuen Werkzeugen bzw. Werkzeugen mit sehr geringem Verschleiß, die Berücksichtigung der Schneidenschartigkeit durch messtechnische und rechnergestützte Methoden zu realisieren.

Zur Analyse des Einflusses technologischer Größen wurden zwei Methoden zur Anwendung gebracht [1]. Bei der sogenannten "direkten" Methode wird ein Vergleich zwischen Werkzeugfeinprofil und Probenprofil durch Differenzbildung zwischen den Probenprofilwerten und der Profilabweichungen der Werkzeugschneide vorgenommen, was eine optimale rechnergestützte Ausrichtung beider Profile zueinander erforderlich macht. Es wird entweder Gleichung 16.2.1 angewendet, oder es wird zur Ermittlung einer quantitativen Bewertungsgröße ($r_{z1,z2}$) eine Korrelationsanalyse zwischen den genannten Profilen durchgeführt. So kann zum Beispiel die ermittelte Differenz zwischen dem „Negativabdruck" des Werkzeugfeinprofils und dem Probenprofil als Maß für den Einfluss einer zu analysierenden technologischen Größe (z. B. der Schnittgeschwindigkeit) herangezogen werden. Das Werkzeugfeinprofil nimmt damit bei Fräserqueranstellung für die Topografie quer zur Vorschubrichtung eine ähnliche Stellung ein wie die Werkzeugbewegung (Kinematik) in Vorschubrichtung, wie nachstehend noch gezeigt wird.

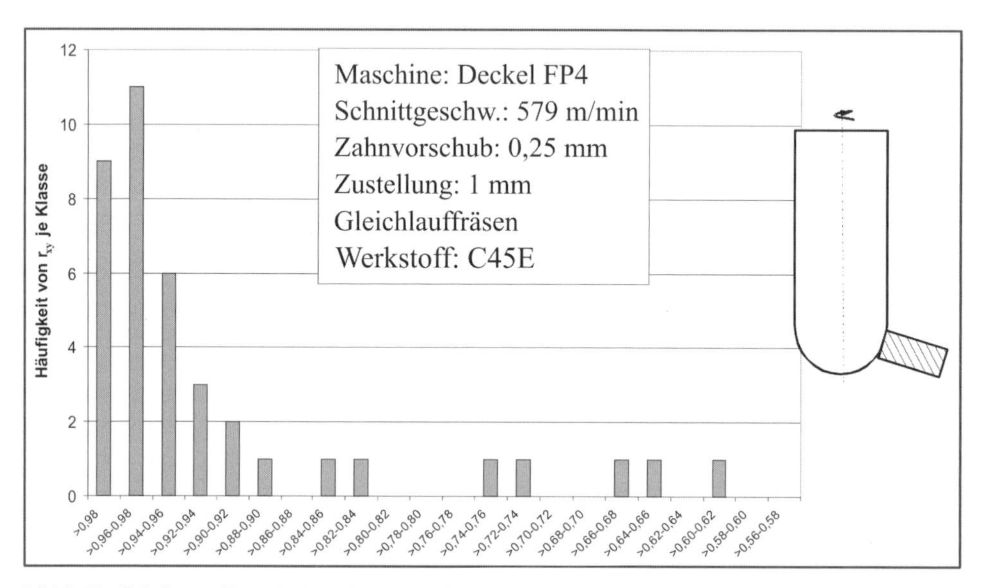

Bild 7: Häufigkeitsverteilung des Korrelationskoeffizienten $r_{z1,z2}$ für aufeinanderfolgende Schneideneingriffe

Bei der „indirekten" Methode (abgeleitet von der Kreuzkorrelationsmethode [16]) werden die Oberflächenprofile benachbarter Werkzeugeingriffe quantitativ verglichen. Ein Maß für den Einfluss einer technologischen Größe (z. B. der Schnittgeschwindigkeit) unter sonst konstanten Bedingungen sind nicht die gemessenen Absolutwerte, sondern die von Werkzeugeingriff zu Werkzeugeingriff auftretenden Änderungen [1]. Dabei wird unterstellt, dass sich das Werkzeugfeinprofil gleichartig auf die Probenoberfläche benachbarter Werkzeugeingriffe auswirkt, da der Werkzeugverschleiß zwischen zwei Schneideneingriffen vernachlässigt werden kann. Als Bewertungsgröße kann ein bezogener Mittenrauhwert ($Z_0(x)$ ergibt sich aus dem der Schneideneingriff 1; Z(x) ergibt sich aus Schneideneingriff 2) und/oder der Korrelationskoeffizient $r_{z1,z2}$ verwendet werden. Die Häufigkeitsverteilung von $r_{z1,z2}$ entsprechend Bild 7 zeigt, dass die objektbedingte Unsicherheit so groß ist, dass mit Mittelwertbildung gearbeitet werden muss, um statistisch gesicherte Aussagen ableiten zu können. Vorhandene Ausreißer können entweder auf örtliche „Materialfehler" oder auch auf eventuell auftretende geringfügige Verunreinigungen der Probe (z. B. durch Staubkörner) zurückgeführt werden.

Nach [15] ergibt sich entsprechend Gleichung 16.3.1.1 für beide Werkstoffproben bei einer statistischen Sicherheit von 95% für eine Mittelwertbildung aus 10 Messwertreihen je Versuchspunkt eine Vertrauensgrenze V_B für den Korrelationskoeffizienten $r_{z1,z2}$ von ca. 0,06, die als tragfähiger Kompromiss unter dem Aspekt Informationsgewinn im Verhält-

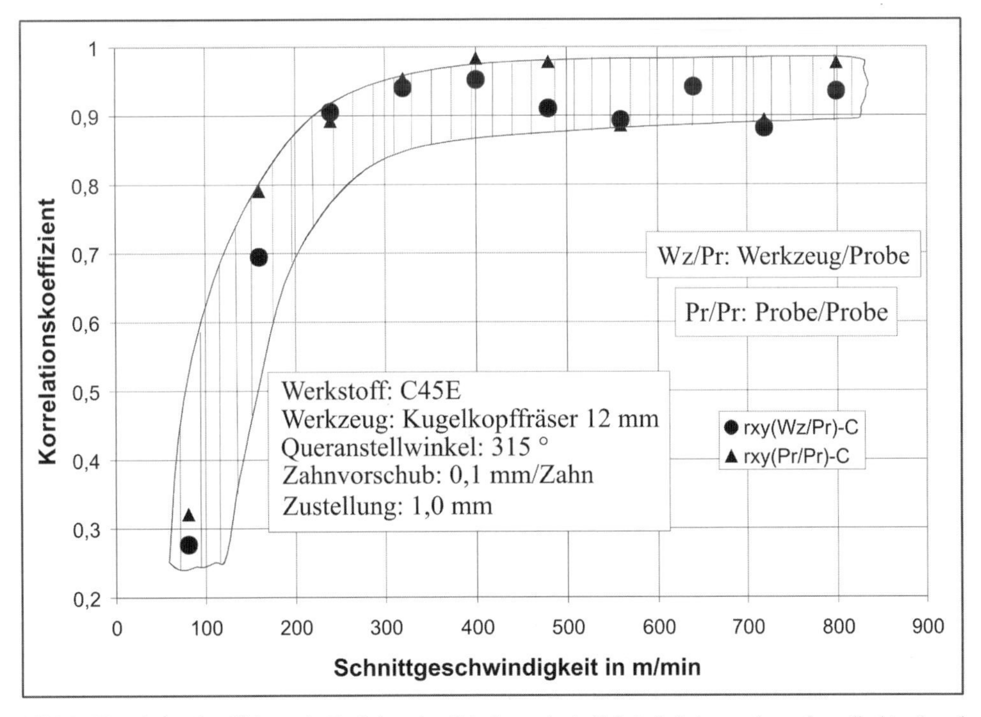

Bild 8: Korrelationskoeffizient als Funktion der Schnittgeschwindigkeit bei Anwendung der „direkten" und „indirekten" Methode

nis zu Mess- und Auswertezeit angesehen wird. Der wahre Wert ermittelt sich nach Gleichung 16.3.1.2:

$$V_B = \frac{t\alpha,\ n^* \sqrt{\frac{1}{n-1}\sum_{i=1}^{n}(x_i - \overline{x})^2}}{\sqrt{n^*}} \qquad (16.3.1.1)$$

$$X_t = \overline{X}_{gem} \pm V_B \qquad (16.3.1.2)$$

Werden sowohl die „direkte“ als auch die „indirekte“ Methode zur Anwendung gebracht und miteinander verglichen, so zeigt sich entsprechend Bild 8, dass sie in ihrer Aussagekraft gleichwertig sind.

Wegen der gegenüber der „direkten“ Methode geringeren Messzeiten wurde überwiegend die „indirekte“ Methode zur Anwendung gebracht. Für die Einflussanalyse wurden dafür jeweils die Abweichungen z_{1i} und z_{2i} zweier aufeinanderfolgender Schneideneingriffe miteinander korreliert. Die jeweils für einen Kurvenpunkt gültigen in das Bild 9

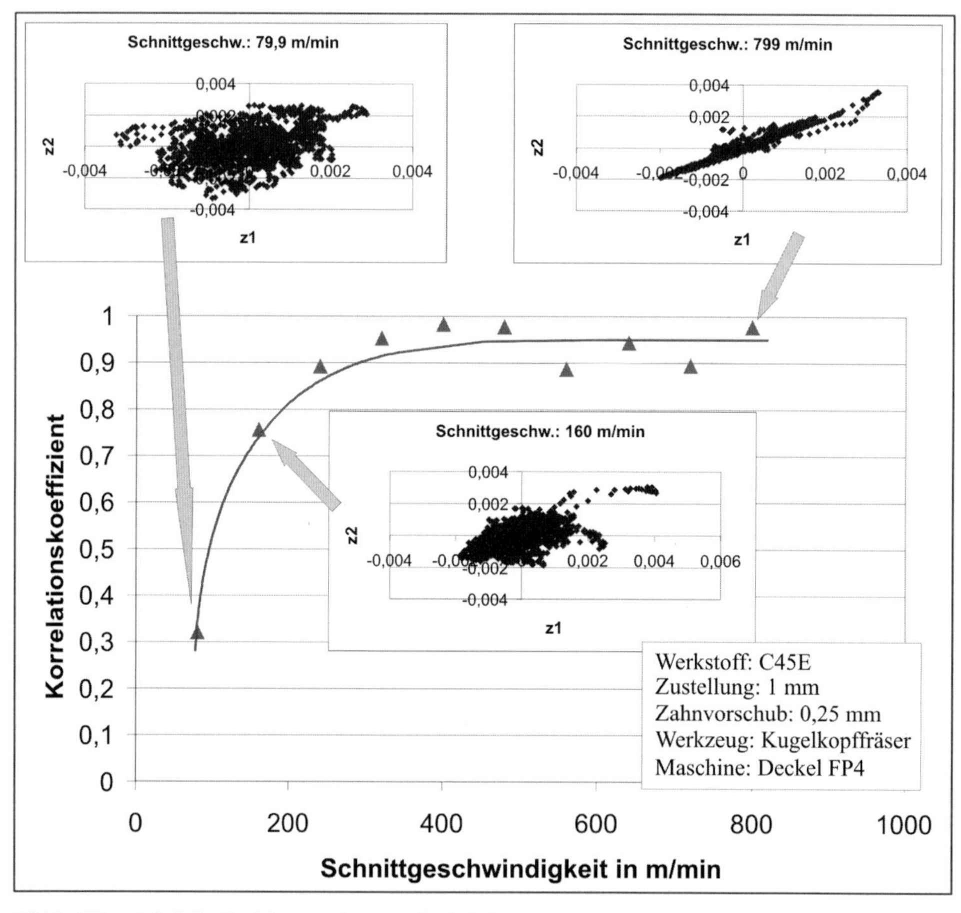

Bild 9: Abhängigkeit der Funktion $z_2 = f(z_1)$ von der Schnittgeschwindigkeit

eingebetteten Diagramme enthalten die Abhängigkeit $z_2 = f(z_1)$. Bei völliger Identität von z_{1i} und z_{2i} für alle i müsste die Funktion eine völlig streuungsfreie Gerade ergeben, was für den Korrelationskoeffizienten den Wert 1 ergeben würde. Unter HSC-Bedingungen (v_c = 799 m/min, n = 30000 min^{-1}) ergibt sich eine gute Annäherung an diese Idealbedingungen.

Die Korrelation zweier benachbarter Schneideneingriffe wird jedoch mit abnehmender Schnittgeschwindigkeit immer schlechter, und es entsteht für die Bedingungen des konventionellen Spanens (v_c = 79,9 m/min, n = 3000 min^{-1}) eine Punktewolke, was zeigt, dass von Schneideneingriff zu Schneideneingriff sehr große örtliche Veränderungen in der Probenoberfläche auftreten, die unabhängig von der Werkzeugschneidenfeinstruktur sind.

16.3.2 Topografie in Vorschubrichtung

Näherungsformeln zur Bestimmung des theoretisch erwartbaren Rauheitswertes (Rt_{th}) beim Kugelkopffräsen gelten für den Hauptschneideneingriff. Ergänzend zur Literatur wird für die Bestimmung der Rauheit in Vorschubrichtung ein Faktor F eingeführt [3], denn schon bei geringer Rundlaufabweichung profiliert bei einem mehrschneidigen Werkzeug nur eine Schneide die Oberfläche, sodass F ≤ der Schneidenzahl des Werkzeuges, aber mindestens 1 ist (Bild 4).

Hauptstörgröße für die Analyse von technologischen Einflüssen auf die Rauheit in Vorschubrichtung ist die kinematisch bedingte Rauheit. Sie resultiert aus der Werkzeuggeometrie und der Werkzeug-Istbewegung. Letztere weicht von der Werkzeug-Sollbewegung durch Bewegungsungleichförmigkeiten ab. Nicht vermiedene Schwingungen und Führungsbahnabweichungen überlagern sich mit aus den Antrieben resultierenden Ungleichförmigkeiten der Bewegungen. Die auftretenden Unterschiede zwischen den wirksamen Zahnvorschüben benachbarter Zahneingriffe sind nicht zu vernachlässigen. Sie resultieren aus Bewegungsungleichförmigkeiten (Drehzahl- und/oder Vorschubgeschwindigkeitsschwankungen) der Maschine. Auswirkungen von Abweichungen von der Werkzeugsollbewegung auf das gemessene Profil können durch geeignete Maßnahmen mit guter Näherung softwareseitig korrigiert werden [1], solange sie nicht zu groß werden. Dies ermöglicht einen Vergleich mit dem Ergebnis der 2D-Modellierung der kinematischen Rauheit, bezogen auf die Werkzeug-Sollbewegung.

Die Auswirkungen der Verlagerung der Werkzeug-Mittelpunktsbahn zeigt das Bild 10. Dargestellt sind der Messwertverlauf (Rohprofil), der korrigierte Verlauf der Messwerte und der Verlauf der 2D-Modellierung der kinematischen Rauheit bezogen auf die Werkzeug-Sollbewegung. Zur Ermittlung des korrigierten Verlaufs wird dabei die aktuelle Bahn des Werkzeugmittelpunkts für die Profilierwege eines Schneideneingriffes näherungsweise aus dem Messwertverlauf berechnet. Dabei muss zulässig vereinfachend davon ausgegangen werden, dass während der Profilierzeit, die nur ca. ein bis zwei Prozent der Zeit für eine Fräserumdrehung beträgt, das Werkzeug sich gleichförmig in Vorschubrichtung bewegt. Wird der von der Hauptstörgröße freigemachte Messwertverlauf mit dem modellierten Verlauf korreliert, ergibt sich eine deutliche Abhängigkeit von der Schnittgeschwindigkeit, wie Bild 11 zeigt. Nach einem starken Anstieg, ausgehend von kleinen Schnittgeschwindigkeiten, werden ab ca. 400 m/min in etwa konstante Werte von etwas mehr als r_{xy} = 0,9 erreicht. Die in das Bild eingelagerten Diagramme zeigen jeweils für unterschiedliche Schnittgeschwindigkeiten das gemessene Profil (Rohprofil) im Vergleich mit der kinematischen Rauheit.

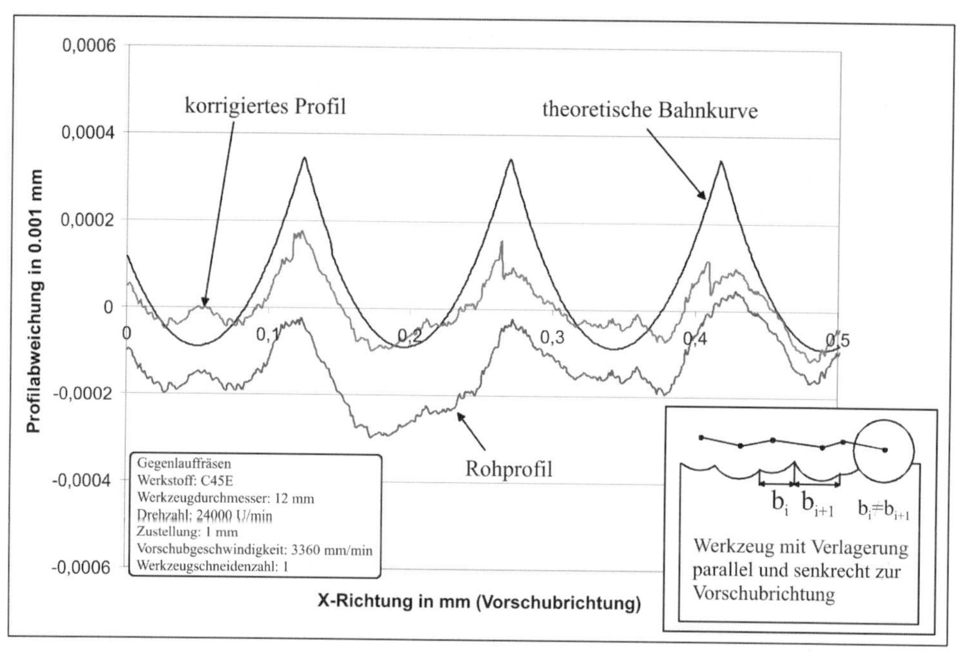

Bild 10: Signalverlauf, theoretisch, unkorrigiert und korrigiert

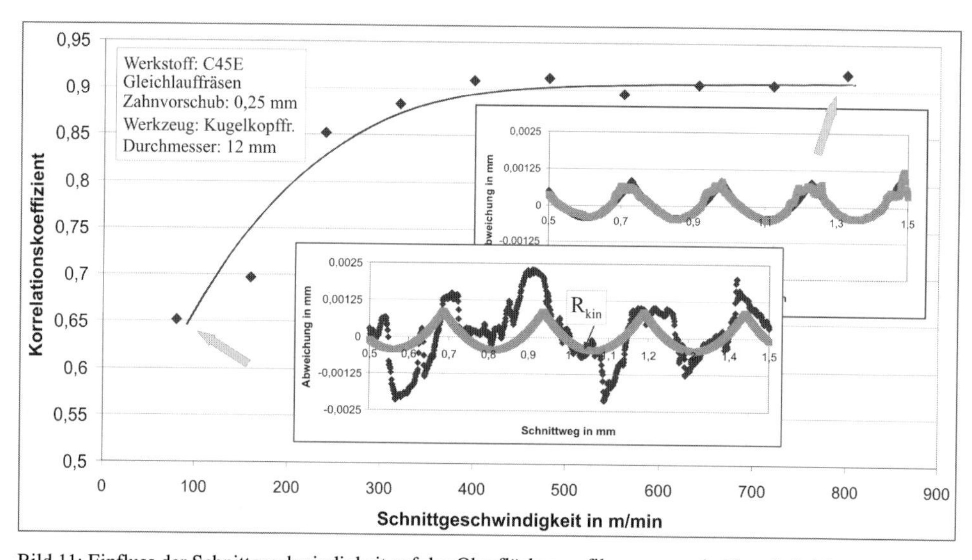

Bild 11: Einfluss der Schnittgeschwindigkeit auf das Oberflächenprofil, gemessen in Vorschubrichtung

16.4 Oberflächenausprägung beim Einsatz der Querschneide

Kugelkopffräser sind häufig so ausgelegt, dass zwei Hauptschneiden durch eine Querschneide verbunden sind. Während im Hauptschneidenbereich wegen der üblicherweise vorhandenen mittleren bzw. hohen Schnittgeschwindigkeit und wegen der Schneidengeometrie ein normaler Zerspanungsprozess abläuft, findet im Querschneidenbereich (vgl. Bild 12) wegen der vorhandenen geometrischen (sehr großer Keilwinkel) und kinematischen (der kleine Werkzeugdurchmesser im Bereich der Querschneide führt zu kleinen Wirkgeschwindigkeiten) Bedingungen überwiegend ein Umformprozess statt. Die Wirkungen des Einsatzes der Querschneide auf das erzeugte Oberflächenprofil sind derzeit in der Literatur kaum beschrieben und sollen nachfolgend einer Betrachtung unterzogen werden.

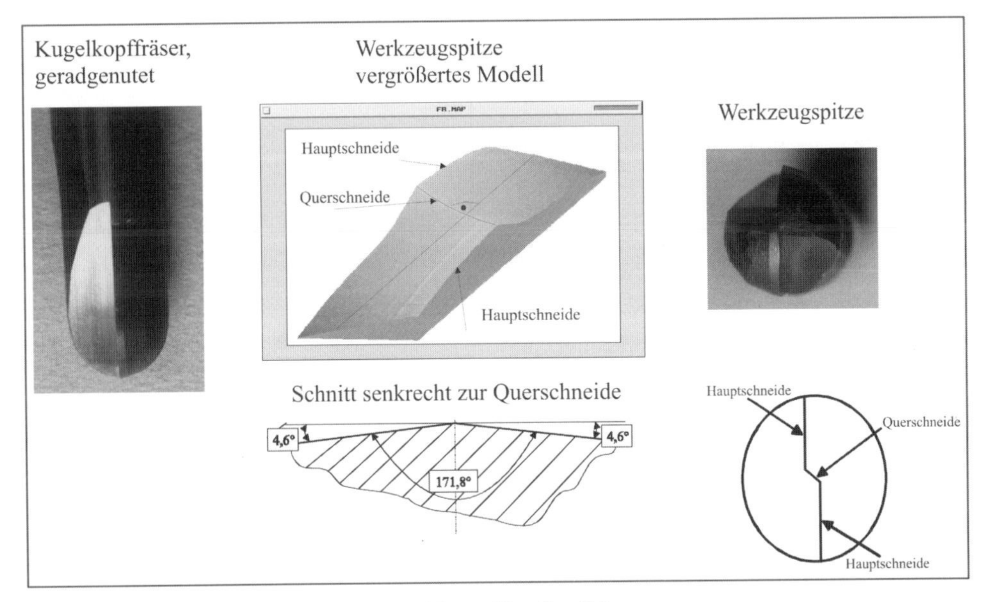

Bild 12: Verhältnisse im Bereich der Querschneide von Kugelkopffräsern

Als Hauptstörgröße beim Einsatz der mit dem Querschneideneingriff verbundenen senkrechten Fräseranstellung wurden Unterschiede in der fertigungsgeometrischen Auslegung baugleicher Kugelkopffräser im Bereich der Querschneide und die Wirkung des Verschleißes, der die Feinstruktur der Schneide verändert, durch vergleichende Experimente [1] ermittelt.

16.4.1 Modellierung des Oberflächenprofils

Die zykloidenförmige Bahn, die profilierende Schneidenpunkte des Werkzeuges relativ zur Probenoberfläche zurücklegen, macht die Anwendung eines 3D-Modells zur Oberflächenmodellierung (zur Ermittlung der Solloberfläche), als Hilfsmittel für die Einflussgrößenanalyse, erforderlich. Die in Abschnitt 16.4 genannten Umstände machen die mathematische, auf Funktionen beruhende, Beschreibung von Hauptschneide, Querschneide sowie der an der Profilierung der Werkstückoberfläche beteiligten Werkzeugflächen schwierig und unpraktikabel. Zur rechnergestützten Modellierung der Topographie wird deshalb zur Werkzeugbeschreibung im räumlichen Koordinatensystem ein engmaschiges Raster von bis zu 256 · 256 Punkten in X- bzw. Y-Richtung über die Werkzeugspitze des Kugelkopffräsers gelegt [1]. Für jeden Punkt wurde mit einem Tastschnittgerät (FORM-Talysurf) eine Z-Koordinate (Höhenkoordinate) ermittelt. Das gesamte Feld aller XYZ-Werte repräsentiert das Werkzeug und wird softwareseitig [1] weiterverarbeitet.

Zur Simulation der Werkzeugbewegung führt für den Fall der senkrechten Fräseranstellung das Raster des Werkzeuges (entsprechend Bild 13) eine Vorschubbewegung in X-

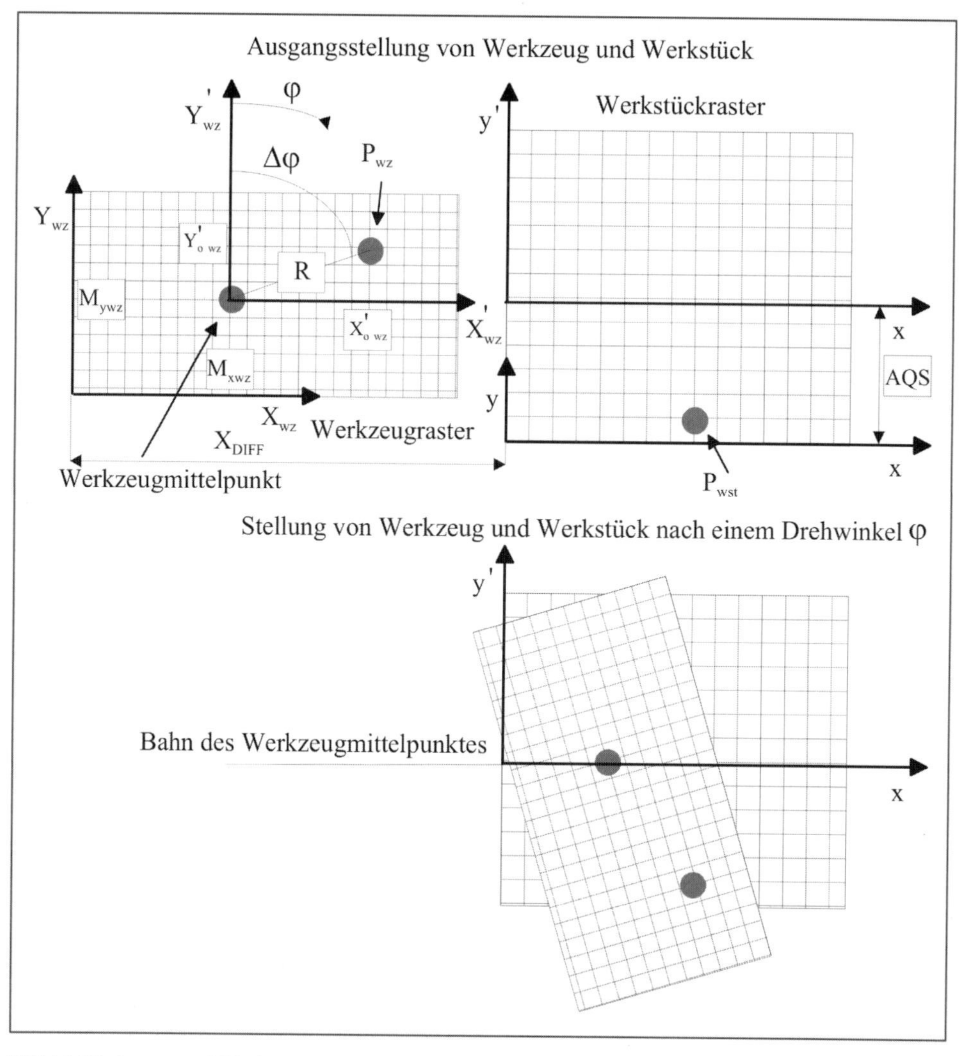

Bild 13: Werkzeug- und Werkstückraster im Koordinatensystem; geometrische Zusammenhänge und Koordinatentransformationen

Richtung und eine Drehbewegung um einen festgelegten Punkt aus. Ein ausgewählter Punkt P_{wz} bewegt sich damit auf einer Zykloidenbahn relativ zum Werkstück. Es macht sich erforderlich, die Werkzeugdaten in das Koordinatensystem Y'_{wz}, X'_{wz} zu transformieren. Das Werkstückkoordinatensystem wird zweckmäßig nach der Lage der Spur des Mittelpunktes der Querschneide ausgerichtet. Nach wenigen Transformationsschritten wird die Umrechnung beider Systeme ineinander möglich [1].

Wird die Bahn eines ausgewählten Werkzeugpunktes P_{wz} mit der Position eines ausgewählten Werkstückpunktes P_{wst} in Beziehung gesetzt, so kann es (näherungsweise) zur identischen Position der Punkte kommen ($P_{wz} = P_{wst}$). Dieser Fall ist im Bild 13 im unteren Bildteil dargestellt.

Der Punkt P_{wz} profiliert die Probenoberfläche im Punkt P_{wst} oder führt eine Bewegung in der Luft aus. Dies hängt von der Größe der aktuellen Z-Koordinate der beiden beteiligten Punkte ab. Für den Fall der Näherung der beiden jeweiligen aktuellen Punkte müssen die Nullstellen eines nichtlinearen impliziten Gleichungssystems ermittelt werden.

Wird die dargelegte Vorgehensweise vollkombinatorisch für alle Punkte ausgeführt, so ergibt sich die berechnete Werkstückoberfläche als Feld F(i,j) (i, j = 1 bis 256), bei dem jedem Feldelement ein Wert Z(i, j) zugeordnet ist. Soll das Zeilenfräsen als eine praxisübliche Variante simuliert werden, so muss in der Simulation das Werkzeug, genau wie beim realen Zeilenfräsprozess, die erforderlichen Bewegungsabläufe komplett ausführen. Mit dem entwickelten Softwarewerkzeug wird die Zielstellung verfolgt,

- die Werkstückoberfläche unter den Bedingungen des Eingriffs von Hauptschneiden und der Querschneide zu modellieren,
- den Einfluss von Quer- und Hauptschneide in besonderen Fällen zu selektieren und
- durch Vergleich zwischen berechneten und gemessenen Werkstückoberflächen einerseits den spezifischen werkzeugseitigen Einfluss zu eliminieren und um andererseits den Einfluss anderer Größen, wie zum Beispiel den einer Schnittwertvariation, ermitteln zu können.

Als Bewertungsgröße für gemessene bzw. rechnerisch ermittelte Oberflächen wurden der Korrelationskoeffizient zwischen modellierter und gemessener Oberfläche und die Größe SPa herangezogen [1].

Das Modell zur Simulation der Oberflächen beim Kugelkopffräsen kann prinzipiell sowohl beim Einsatz scharfer als auch verschlissener Werkzeuge angewendet werden [1]. Dies ist insbesondere deshalb von Interesse, da der Werkzeugverschleißzustand von wesentlicher Bedeutung für die Oberflächenausprägung ist, wie nachfolgend noch exemplarisch dokumentiert wird. Bild 14 zeigt einen typischen Verschleiß eines Kugelkopffräsers mit senkrechter Fräseranstellung beim Zeilenfräsen im Gleichlauf. Im Bildteil unten links ist die Verschleißmarkenbreite der Freifläche über dem Schneidenwinkel [1] (0° bedeutet Werkzeugzentrum) aufgetragen. Für die Ausbildung der Oberfläche ist jedoch nicht die Größe der Verschleißmarke, sondern die Werkzeugstrukturierung senkrecht dazu entscheidend.

Bild 15 zeigt das Ergebnis einer Werkzeugabtastung des profilbildenden Querschneidenbereiches für ein scharfes Werkzeug und ein Werkzeug mit starkem Verschleiß.

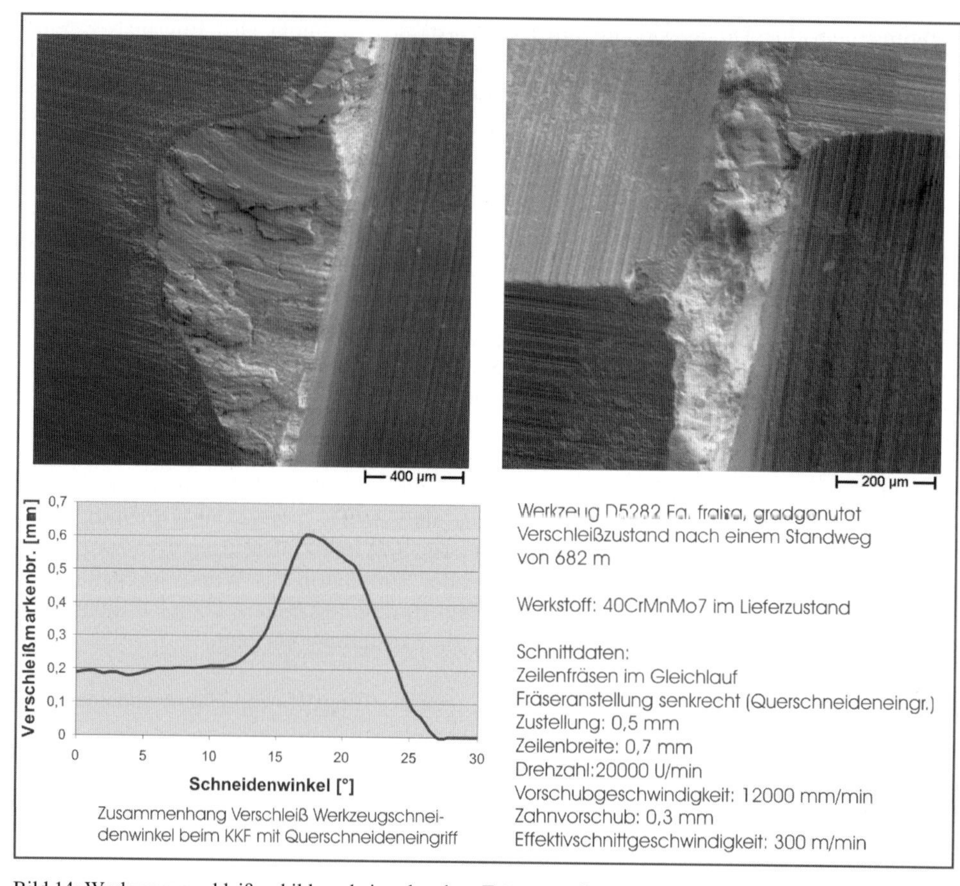

Bild 14: Werkzeugverschleißausbildung bei senkrechter Fräseranstellung

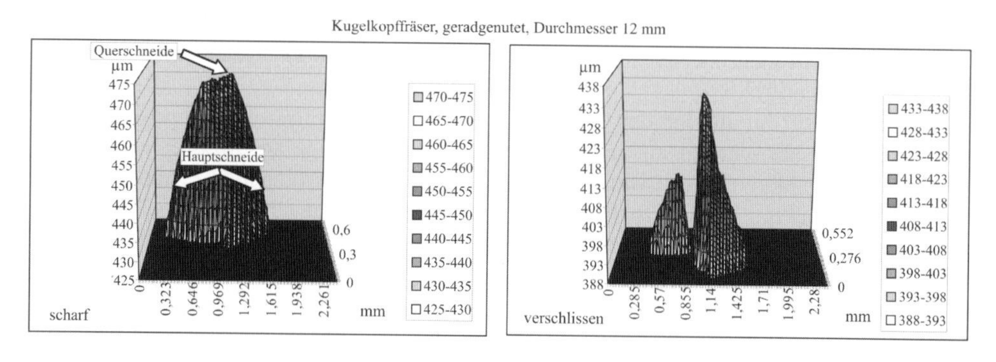

Bild 15: Digitalisierung der Werkzeugspitze

Bild 16 veranschaulicht das gemessene und das (unter Anwendung des am IFQ entwickelten 3D-Modellierungsprogramms) berechnete Ergebnis des Oberflächenfeinprofils des Werkstückes beim Einsatz eines scharfen Werkzeuges (links) und eines verschlissenen Werkzeuges (rechts) für den Werkstoff 40CrMnMo7, gehärtet. Die optische Übereinstimmung zwischen den gemessenen und berechneten Profilen ist gut, obwohl die Wirkung des Verschleißes zu einer starken Vergröberung der Oberfläche im Vergleich zum Einsatz eines scharfen Werkzeuges [1] geführt hat. Nachfolgend soll das Ergebnis durch SPa und durch den Korrelationskoeffizienten quantifiziert werden.

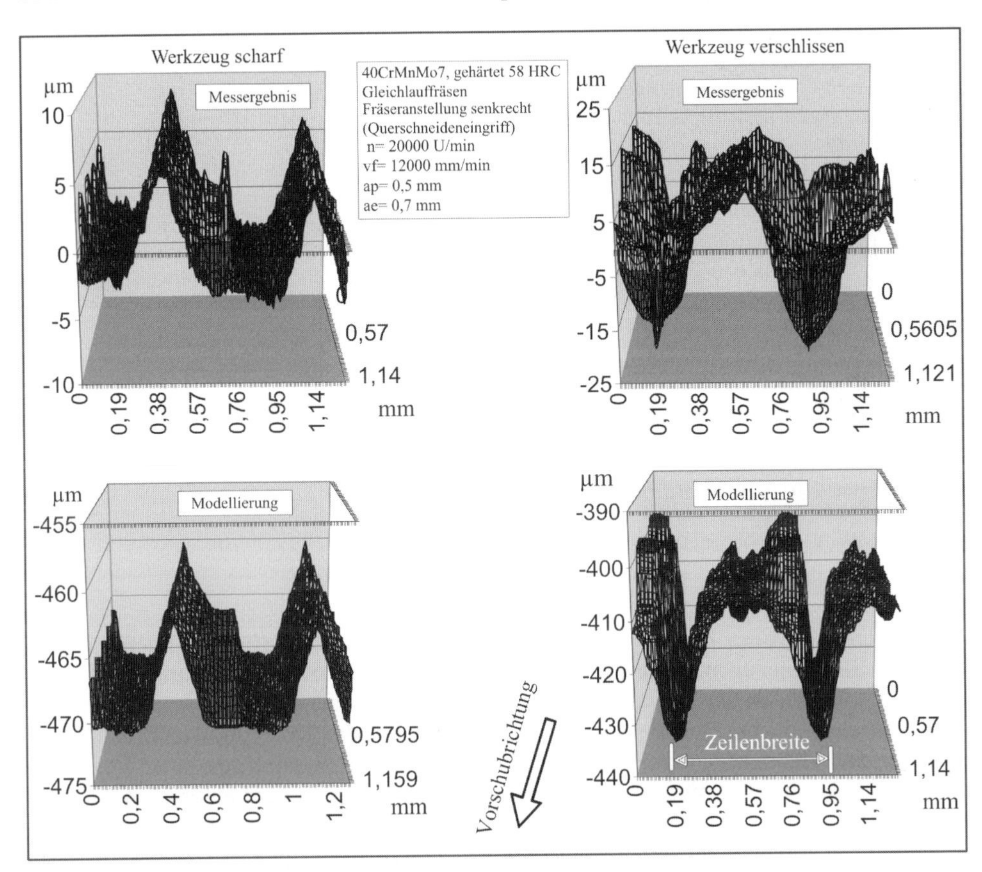

Bild 16: Vergleich einer gemessenen mit einer modellierten Oberfläche beim verschlissenen Werkzeug

Einen Vergleich zwischen den gemessenen und den aus der Modellierung resultierenden SPa-Werten zeigt das Bild 17 für verschiedene Werkzeuge und Schnittregime. Damit ist nicht nur optisch (Bild 16) sondern auch quantitativ gezeigt, dass das Modell geeignet ist, das aus der Kinematik und Werkzeuggeometrie resultierende Oberflächenprofil richtig widerzuspiegeln.

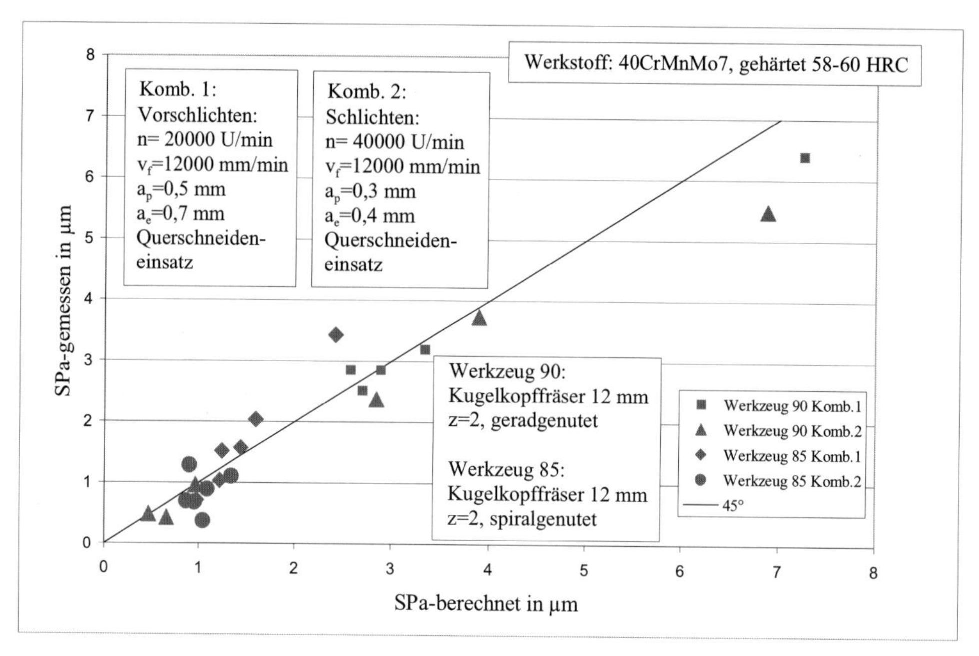

Bild 17: Zusammenhang zwischen gemessenen und berechneten SPa-Werten

16.4.2 Einflussanalyse

Als Bewertungsgrößen für die Analyse technologischer Einflussgrößen wurden die Größen SPa, SPa_{bez} (bezogen auf das modellierte Profil) und der Korrelationskoeffizient zwischen dem modellierten und dem gemessenen Profil verwendet [1].

Bei einer Querschneidenlänge von 0,5 mm treten an der Übergangsstelle von Querschneide und Hauptschneide bei einer Drehzahl von 40000 U/min und einer Vorschubgeschwindigkeit von 20 m/min Wirkgeschwindigkeiten, wegen der vektoriellen Addition von Schnittgeschwindigkeit v_c und Vorschubgeschwindigkeit v_f, im Bereich von 42 bis 82 m/min (mittlere Wirkgeschwindigkeit $v_{wm}(m/min) = 0{,}5(mm) \cdot 3{,}1416 \cdot n_{wz}(m/min)/1000$) auf. Auch im Werkzeugdrehzentrum ist die Wirkgeschwindigkeit nicht Null, sondern beträgt 20 m/min. Nachfolgendes Bild 18 enthält als Abszisse vereinfachend die Drehzahl und nicht die mittlere oder eine punktuell auftretende Wirkgeschwindigkeit.

Es zeigt sich, dass die Übereinstimmung zwischen berechnetem und gemessenem Oberflächenprofil mit zunehmender Bearbeitungsgeschwindigkeit immer besser wird und dass auch eine klare Abhängigkeit von der Werkstoffhärte erkennbar ist. Diese verbesserte „Formtreue" mit steigender Bearbeitungsgeschwindigkeit ist die Folge des Umform- und Fließverhaltens des Werkstoffes und des sich mit der Bearbeitungsgeschwindigkeit ändernden Umformwiderstands und muss nicht automatisch mit einer Verbesserung der Oberflächengüte einhergehen, da Einebnungseffekte auftreten können, die bei weniger guter Formtreue eine geringe Oberflächenrauheit zur Folge haben. Im Experiment wurde ein indirekter proportionaler Zusammenhang zwischen Werkstoffhärte und Oberflächenrauheit für die vorliegenden Verhältnisse ermittelt [1, 17].

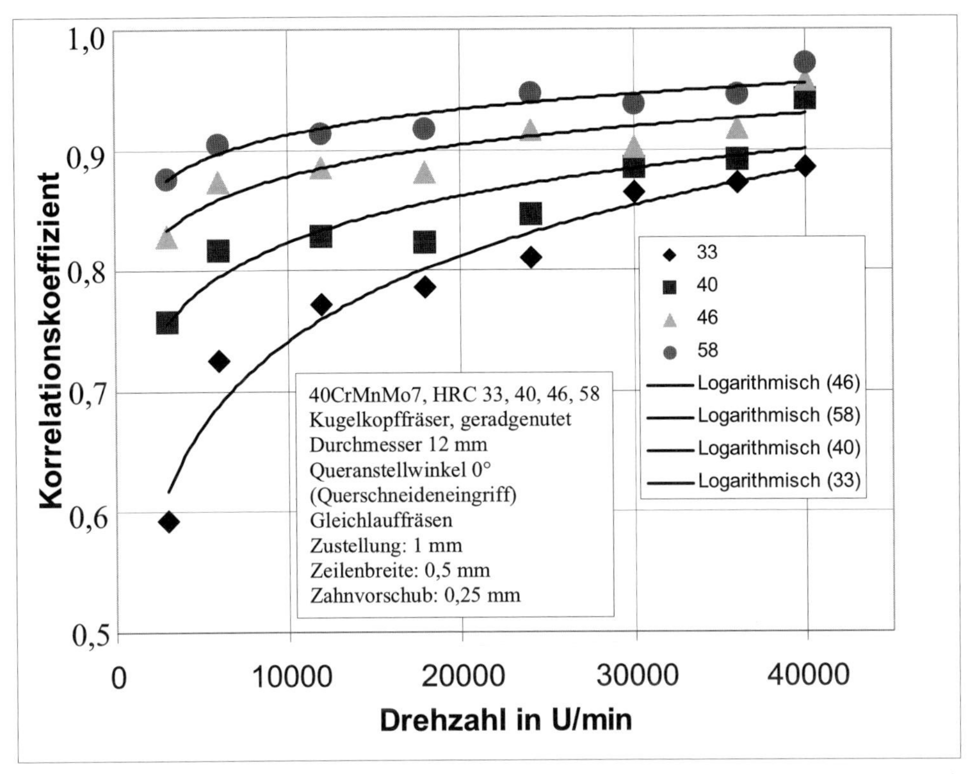

Bild 18: Zusammenhang zwischen gemessenem und berechnetem Oberflächenprofil als Funktion von Bearbeitungsbedingungen beim Einsatz eines scharfen Werkzeuges

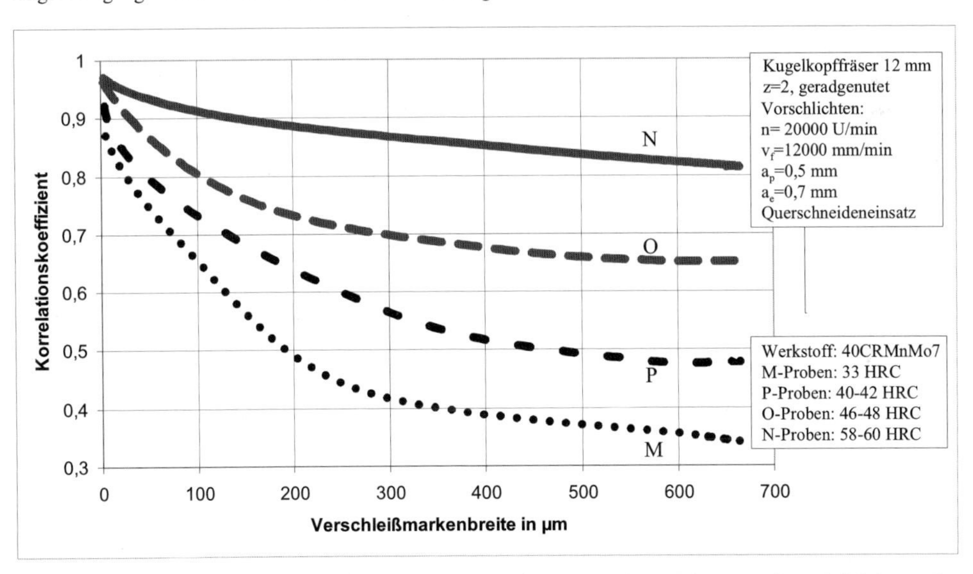

Bild 19: Korrelationskoeffizient als Funktion des Werkzeugverschleißzustandes unter Berücksichtigung der Werkstoffhärte

Wie Bild 19 zeigt, ist der Grad der Übereinstimmung von berechneter und gemessener Oberfläche auch eine Funktion des Werkzeugverschleißzustandes. Die mit zunehmender Verschleißmarkenbreite einhergehende stärker werdende Zerklüftung der Werkzeugschneide (Bilder 14 und 15) führt mit weicher werdendem Werkstoff zu größeren Unterschieden zwischen gemessenen und berechneten Oberflächenprofilen, die sich in einem Absinken des Korrelationskoeffizienten ausdrücken.

16.5 Diskussion technologischer Einflussgrößen

Wie vorstehend gezeigt wurde, ist es möglich die durch den Einsatz des Kugelkopffräsens entstehende Werkstückoberfläche 2D bzw. 3D zu modellieren. Gute Übereinstimmung zwischen gemessenen und modellierten Oberflächen tritt ein, wenn es gelingt die Hauptstörgrößen zu berücksichtigen und den Einfluss weiterer Störgrößen klein zu halten. Gute Übereinstimmung wird durch den Einsatz hoher Schnittgeschwindigkeiten, nicht zu kleiner Zeilenbreiten und Zahnvorschübe (damit sich das Nutzsignal vom Grundstörpegel abhebt), scharfer Werkzeuge und harter Werkstoffe gefördert. Die unter den Bedingungen der Hochgeschwindigkeitsbearbeitung gering werdenden Unterschiede zwischen geometrisch kinematisch erwartbarer und tatsächlich erzeugter Oberfläche (hier verbal als Formtreue bezeichnet) und deren quantitative Beschreibung stellen das eigentliche Ergebnis der in den Abschnitten 16.3 und 16.4 dargelegten Untersuchungen dar. Daraus folgt, dass es bei der Hochgeschwindigkeitsbearbeitung sehr stark von der Werkzeugauslegung und der Kinematik abhängt, welche Oberflächenqualität letztlich erreicht wird.

Die Vielzahl der Einflussgrößen (vgl. Bild 3) macht derzeit eine praxisgerechte treffsichere Vorausberechnung der zu erwartenden Werkstückoberfläche in vielen Fällen noch unmöglich. Trotzdem soll der Einfluss technologischer Arbeitswerte anhand des (zu erwartenden) Mittenrauhwertes Ra bzw. SPa diskutiert werden.

Analysiert werden soll der Einfluss der Schnittgeschwindigkeit, als Größe, die HSC-Bearbeitung dominierend charakterisiert. Darüber hinaus sollen auch die produktivitätsbeeinflussenden Größen Zahnvorschub und Zeilenbreite kurz betrachtet werden, da ihre Veränderung beim Übergang von konventionellen Schnittgeschwindigkeiten zu hochgeschwindigkeitstypischen Schnittgeschwindigkeiten sofort zur Disposition steht. Zur Erreichung hoher Schnittgeschwindigkeiten wird die Fräserqueranstellung, die mit dem reinen Hauptschneideneingriff verbunden ist, betrachtet. Entsprechend Bild 20a) und b) konnte festgestellt werden, dass sich nicht nur die „Formtreue“, wie durch die Korrelationsanalyse ausgewiesen, also der Korrelationskoeffizient zwischen kinematisch und geometrisch erwartbarer Oberfläche mit zunehmender Schnittgeschwindigkeit verbessert, sondern dass sich auch der Mittenrauhwert Ra wegen der zunehmenden Wirkstellentemperatur [1], der sinkenden Schnittkraft und der damit glatter und rissfreier werdenden Oberfläche verringert. Gemessen wurde in Vorschubrichtung.

Die in Abschnitt 16.3.2 beschriebene Methodik zur Ermittlung von Ra_{bez} (in der Bildlegende mit (k) gekennzeichnet, erbrachte trotz extrem stabiler Versuchsbedingungen noch eine merkliche Verringerung der Streuung der Messergebnisse.

Wegen der die Schnittgeschwindigkeit begrenzenden werkzeugseitigen und maschinenseitigen Bedingungen beim Kugelkopffräsen können über den Schnittgeschwindigkeitsbereich jenseits der 1100 m/min (1500 m/min beim Einsatz von Schneidenteilen am Umfang des Kugelkopffräsers [1]), der für das Kugelkopffräsen von Stahl keine Rolle

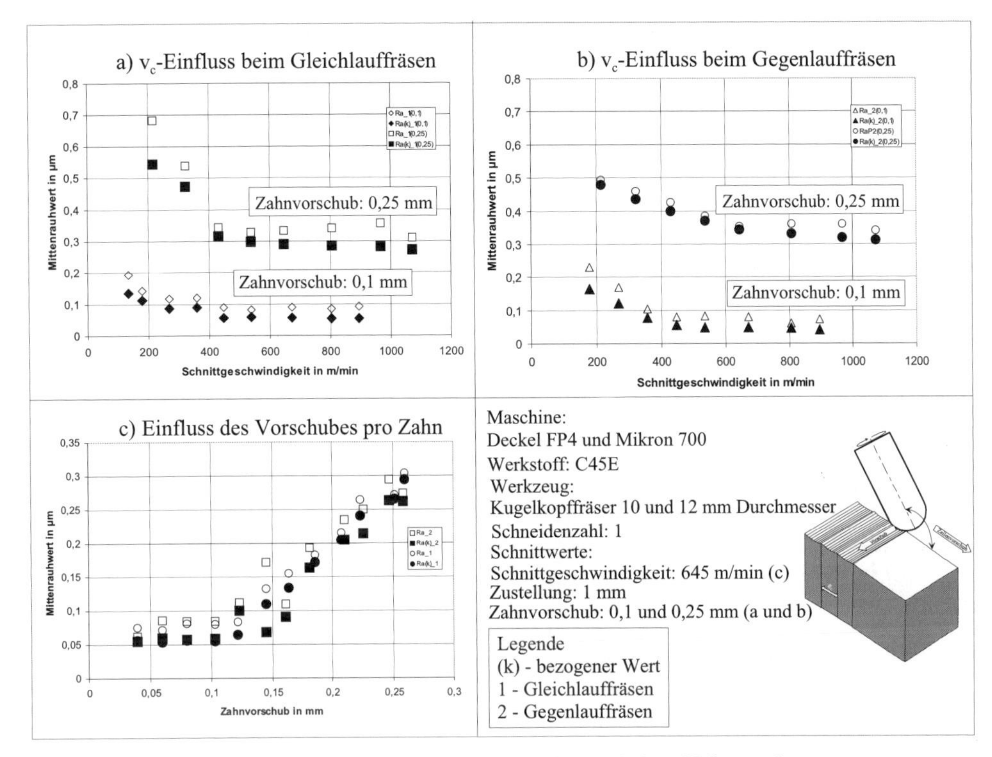

Bild 20: Zusammenhang zwischen Schnittgeschwindigkeit, Zahnvorschub und Mittenrauhwert

spielt, keine Aussagen gemacht werden. Hier soll auf die Ergebnisse von **Siems**, **Warnecke** und **Aurich** (Mechanismen der Werkstoffbeanspruchungen sowie deren Beeinflussung bei der Zerspanung mit hohen Geschwindigkeiten, [20]) verwiesen werden, die festgestellt haben, dass sich die Oberflächenrauheit mit weiter zunehmender Schnittgeschwindigkeit beim Werkstoff 40CrMnMo7 wieder verschlechtert.

Die Variation des Zahnvorschubes bei gleichzeitigem Einsatz einer bezogen auf die Bedingungen des Kugelkopffräsens relativ hohen Schnittgeschwindigkeit [1] erbrachte unter Beachtung des Einflusses der Mindestspandicke [9] sowie der Berücksichtigung eines „Grundstörpegels" bezüglich des Mittenrauhwertes das erwartete Ergebnis (Bild 20c)). Auch hier wirkte die Ermittlung von Ra_{bez} streuungsverringernd. Unterschiede im Oberflächenfeinprofil zwischen Gleich- und Gegenlauffräsen, die sich im Ra-Wert kaum niederschlagen, werden in Abschnitt 16.6 diskutiert.

Neben ihrem Einfluss auf die Verfahrensproduktivität wirkt sich eine Variation der Zeilenbreite verändernd auf den Schnittweg je Schneideneingriff und insbesondere auf die Oberflächenfeinstruktur aus. Bei reinem Hauptschneideneingriff bildet sich quer zur Vorschubrichtung, mit zunehmender Schnittgeschwindigkeit immer exakter werdend, die Werkzeugkrümmung und der Krümmung überlagert die Schneidenfeinstruktur des Werkzeuges auf der Werkstückoberfläche ab (vgl. Abschnitt 16.3.1). Für scharfe Werkzeuge und mittlere bis hohe Schnittgeschwindigkeiten lässt sich die Rauheit in Form von Rt_{th} mittels Faustformel näherungsweise berechnen (vgl. Bild 3) woraus bereits vorstehend verwiesen wurde. Mit zunehmender Einsatzzeit des Werkzeuges, das heißt mit zunehmendem Verschleiß nimmt jedoch die Rauheit über dieses Niveau hinaus stark zu, [1] wie Bild 21a) zeigt.

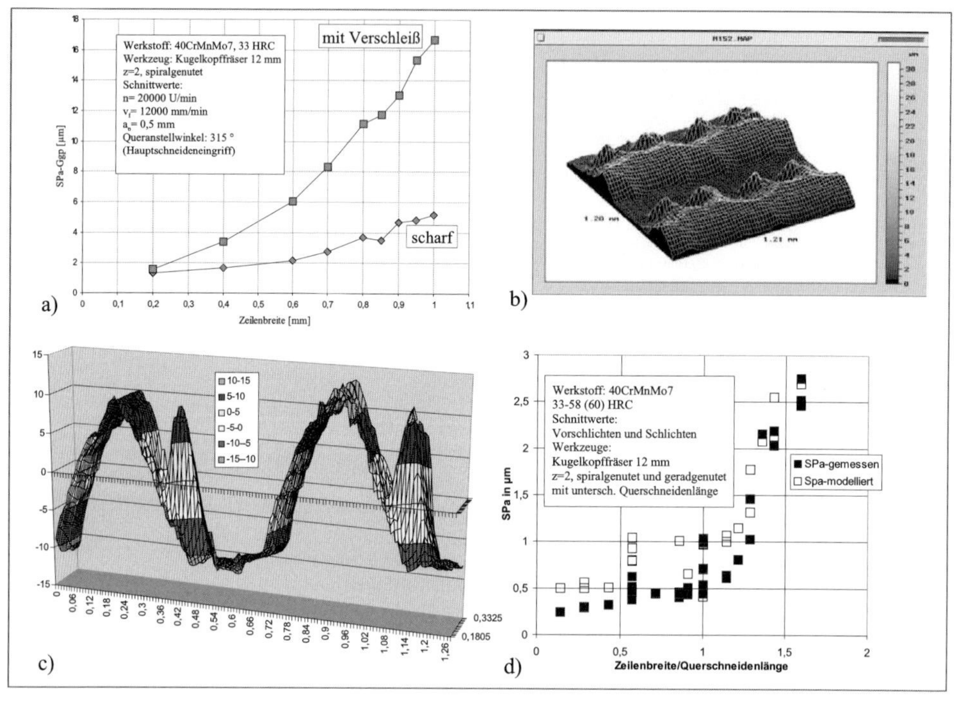

Bild 21: Einfluss der Zeilenbreite auf die Oberflächenfeinstruktur

Bei senkrechter Fräseranstellung bestimmt das Verhältnis von Zeilenbreite zu Querschneidenlänge, ob neben der Querschneide auch Teile der Hauptschneiden profilierend wirksam werden. Wie die Bilder 5 und 21b) zeigen, wird im Profilierungsbereich der Querschneide eine größere Menge Werkstoff verformt und verquetscht. Das (softwareseitig) quer zur Vorschubrichtung herausgeschnittene Stück (Bild 21c)) macht auch quantitativ deutlich, bis in welche Größenordnungen die Materialaufschiebungen bei großer Zeilenbreite gehen. Dies führt bei ungünstigen Schnittbedingungen (verschlissenen Werkzeugen und hartem Werkstoff) durch die erforderliche hohe Umformarbeit zur Bildung weißer Schichten in der Werkstückrandzone [1]. Die Materialaufschübe haben unter diesen Bedingungen, bezogen auf die gesamte Oberfläche, eine einebnende Wirkung, da sie aus dem „Oberflächental" heraus ansetzen.

Ist die Zeilenbreite kleiner als die Querschneidenlänge, so wird die Werkstückoberfläche mehrfach profiliert. Messungen ergaben, dass erst mit einem Verhältnis von Zeilenbreite zu Querschneidenlänge > 1 mit einem deutlichen Anstieg der Oberflächenrauheit zu rechnen ist, da sich die Krümmung der Hauptschneide profilierend niederschlägt und sich damit auf der Werkstückoberfläche trotz senkrechter Fräseranstellung abbildet. Bild 21d) zeigt die Abhängigkeit der Größe SPa (gemessene und berechnete Werte) von der Zeilenbreite. Auch hier wurde eine gute Übereinstimmung zwischen gemessenen und berechneten Werten erreicht.

16.6 Mikroskopische Charakterisierung

Um charakteristische Unterschiede zwischen Gleich- und Gegenlauffräsen sichtbar zu machen, reicht die Auflösung eines Tastschnittgerätes (FORM TALYSURF 120 PC) nicht mehr aus. Bild 22 zeigt rasterelektronenmikroskopische Aufnahmen von Proben aus 40CrMnMo7 für Gleich- und Gegenlauffräsen unter HSC-Bedingungen (Schnittgeschwindigkeit v_c = 799 m/min) für das Zeilenfräsen mit Kugelkopffräsern.

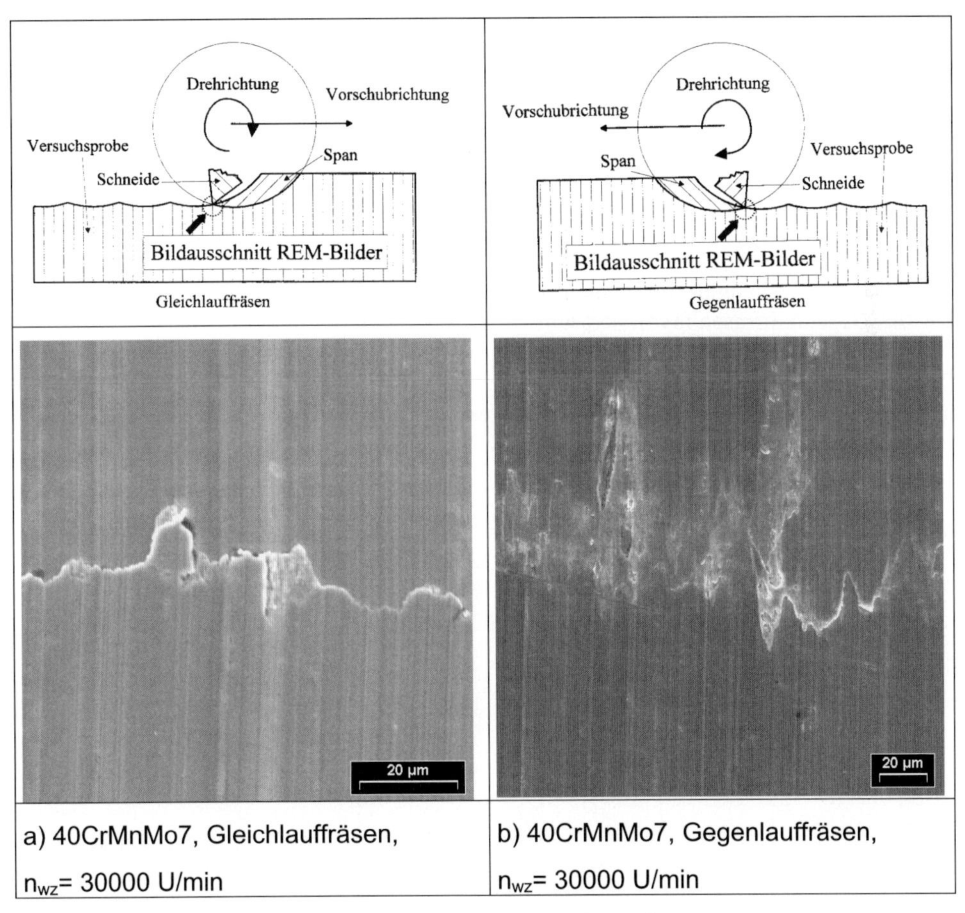

Bild 22: REM-Aufnahmen für Gleich- und Gegenlauffräsen unter HSC-Bedingungen

Im Bild ist zur Erläuterung die Kinematik beim Gleich- und Gegenlauffräsen für den Fall des „Walzenfräsens“ dargestellt, deren prinzipielle, bekannte Aussage, dass

- beim Gleichlauffräsen der Span am dicken Ende angeschnitten wird und das Werkzeug „auf der erzeugten Oberfläche“ ausschneidet,
- beim Gegenlauffräsen der Span am dünnen Ende angeschnitten wird und das Werkzeug „auf der erzeugten Oberfläche“ anschneidet,

auf das Kugelkopffräsen unter den Bedingungen des Zeilenfräsens ohne Querschneideneingriff übertragbar ist. Beim Gleichlauffräsen wird das hinter dem Span (in Vorschubrichtung) liegende Material als Funktion des Drehwinkels immer dünner und kann den Span nicht mehr ausreichend „abstützen". Deshalb kommt es ähnlich, wie es zur Gratbildung am Werkstückende kommt, dazu, dass sich das Material vor dem eigentlichen Schneideneingriff verformt und schließlich unter die Schneide gedrückt wird, was zu der charakteristischen Übergangskante, leicht unregelmäßig ausgeprägt, links im Bild dargestellt, führt. Beim Gegenlauffräsen versucht die Werkzeugschneide, auf der Oberfläche gleitend in das Material einzudringen, was ihr wegen des vorhandenen Schneidkantenradius und den Eigenschaften des Werkstoffes (z. B. seiner Elastizität) erst bei einer bestimmten Mindestspanungsdicke gelingt. Bevor die Mindestspanungsdicke erreicht ist, gleitet die Schneidkante über die Werkstückoberfläche, verformt diese und reißt kleinste Materialteilchen aus ihr heraus, was deutlich im Bild rechts oben und rechts unten zu sehen ist. In Abhängigkeit von den konkreten Bedingungen (Werkstoff, Schnittgeschwindigkeit, Zahnvorschub, Schneidkantenradius) kann nun der „glättende" Effekt gegenüber dem Effekt des Herausreißens von Materialteilchen überwiegen oder umgekehrt. Deshalb ist eine grundsätzliche vergleichende Entscheidung, ob Gleich- oder Gegenlauffräsen zur besseren Oberflächengüte führt, nicht so einfach, obwohl in der Literatur oft diesbezüglich das Gegenlauffräsen favorisiert wird.

Für den Werkstoff 40CrMnMo7 soll ein Vergleich der Werkstückoberflächen im betrachteten Bereich aufeinanderfolgender Zahneingriffe zwischen Hochgeschwindigkeit und Normalgeschwindigkeit durchgeführt werden. Bild 23 zeigt deshalb die Verhältnisse für Normalgeschwindigkeit bei ca. 89 m/min Schnittgeschwindigkeit.

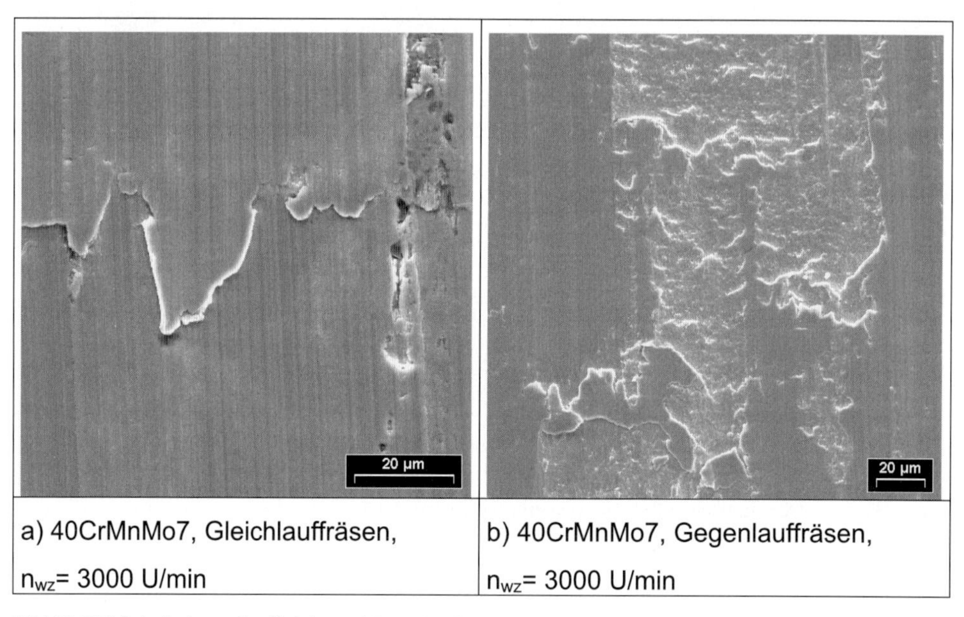

a) 40CrMnMo7, Gleichlauffräsen, n_{wz}= 3000 U/min

b) 40CrMnMo7, Gegenlauffräsen, n_{wz}= 3000 U/min

Bild 23: REM-Aufnahmen für Gleich- und Gegenlauffräsen unter konventionellen Schnittbedingungen

Aus den Aufnahmen geht hervor, dass bei kleinen Schnittgeschwindigkeiten beim Gleichlauffräsen die Übergangsstufe ausgeprägter wird, was seine Ursache in der Zunahme der Zerspankraft haben könnte. Beim Gegenlauffräsen nimmt (kraftbedingt) offensichtlich mit kleiner werdender Schnittgeschwindigkeit die Mindestspanungsdicke zu, bei der ein zusammenhängender Span erzeugt wird. Dies führt dazu, dass der Bereich, in dem die Schneide auf der Oberfläche entlanggleitet und ihre Spuren hinterlässt, länger wird.

Bei senkrechter Fräseranstellung kommt es kinematisch bedingt nicht zu den oben gezeigten charakteristischen Unterschieden zwischen Gleich- und Gegenlauffräsen [1].

Nachfolgend sollen die in den Abschnitten 16.3 und 16.4 gemachten Ausführungen hinsichtlich des Einflusses von Schnittgeschwindigkeit, Werkstoffhärte, Fräseranstellung und Werkzeugverschleißeinfluss optisch durch mikroskopische Aufnahmen untersetzt werden. Bild 24 zeigt im Vergleich der Teilbilder a) und b) deutlich, dass beim Hauptschneideneigriff mit zunehmender Schnittgeschwindigkeit (Steigerung der Schnittgeschwindigkeit auf den 4-fachen Wert) die Oberflächenfeinstruktur sauberer, das heißt rissfreier wird. Bei senkrechter Fräseranstellung wird trotz gleicher Drehzahlen in einem wesentlich niedrigeren Schnitt- bzw. Wirkgeschwindigkeitsbereich gearbeitet, wodurch die Effekte geringer ausfallen. Mit zunehmender Härte des Werkstoffes 40CrMnMo7 (Vergleich der Teilbilder b) und d)) wird die Oberfläche beim Hauptschneideneingriff deutlich rissfreier. Bei senkrechter Fräseranstellung (Querschneideneingriff) bilden sich die Bearbeitungsstrukturen mit zunehmender Werkstoffhärte (Teilbilder c) und e)) deutlicher ab.

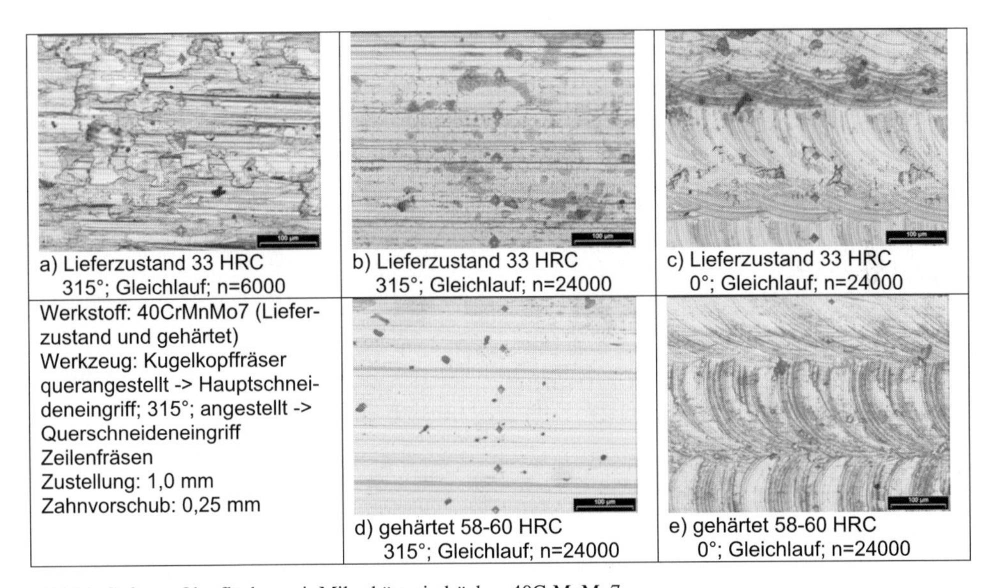

Bild 24: Gefräste Oberflächen mit Mikrohärteeindrücken 40CrMnMo7

Das Bild 25 zeigt dies für einen Zahnvorschub von 0,25 mm. Es wurde beim Querschneideneingriff eine stark plastisch verformte Oberfläche festgestellt (Bilder a) und b)), wobei die Verformungen beim scharfen Werkzeug geringer und nicht so unregelmäßig sind wie beim Werkzeug mit Verschleiß. Die Werkstückoberfläche weist sehr starke Werkstoffaufschübe auf. Beim Hauptschneideneingriff fallen die Verformungen an der

Oberfläche wesentlich geringer aus (Bilder c) und d)), auch hier sind die Unterschiede zwischen scharfem und verschlissenem Werkzeug deutlich erkennbar. Es entstanden auch hier beim verschlissenen Werkzeug an der Oberfläche Materialaufschübe, die allerdings wesentlich geringer ausfallen. Quer zur Vorschubrichtung sind kleine Risse zu erkennen, die ihre Ursachen eindeutig im Werkzeugverschleiß haben.

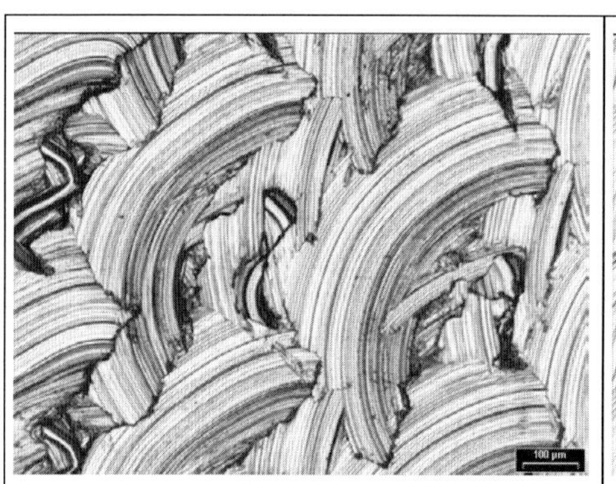

a) f_z=0,25 mm; Gleichlauf; $ß_{fn}$=0°; Werkzeug mit Verschleiß

b) f_z=0,25 mm; Gleichlauf; $ß_{fn}$=0°; scharfes Werkzeug

c) f_z=0,25 mm; Gleichlauf; $ß_{fn}$=315°; Werkzeug mit Verschleiß

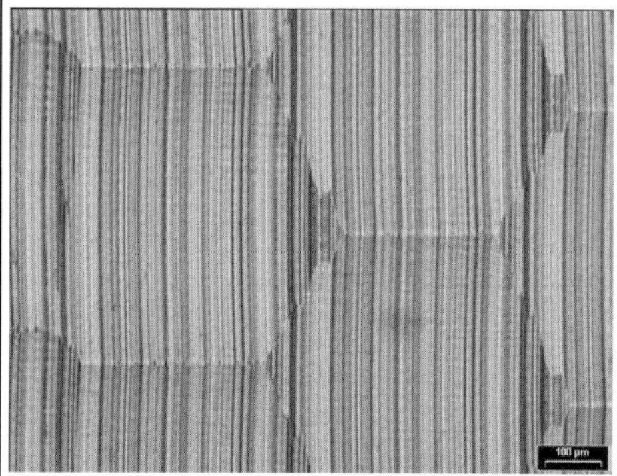

d) f_z=0,25 mm; Gleichlauf; $ß_{fn}$=315°; scharfes Werkzeug

Bild 25: Lichtmikroskopische Aufnahmen von Oberflächenprofilen beim Einsatz scharfer und verschlissener Werkzeuge

Die Risse sind nicht identisch mit von **Siems**, **Warnecke** und **Aurich** (Mechanismen der Werkstoffbeanspruchungen sowie deren Beeinflussung bei der Zerspanung mit hohen Geschwindigkeiten, [20]) bzw. von **Clos**, **Schreppel**, **Veit** und **Lorenz** (Verformungslokalisierung und Spanbildung im Inconel 718, [21]) beobachteten Span-Segmentierungsmarken. Dies folgt aus der Tatsache, dass Späne aus den untersuchten Werkstoffen erst bei höheren Schnittgeschwindigkeiten bzw. größeren Spanungsdicken, als die die beim Kugelkopffräsen erreichbar sind, segmentieren.

16.7 Ausblick

Weiterführende Arbeiten konzentrieren sich auf die im Gemeinschaftsvorhaben des LWM und des IFQ festgeschriebenen Zielstellungen, werkstofftechnische und fertigungstechnische Untersuchungen, Topografie und Randzone betreffend, zusammenzuführen und miteinander zu korrelieren, wie es hinsichtlich des Einflusses der Werkstoffhärte bereits beispielhaft dargestellt ist.

16.8 Quellenverzeichnis

[1] Lierath, F.; Knoche, H.-J.: Zwischenberichte des IFQ von 1997–2002 zum Projekt LI 559/4: „Der Einfluss technologischer Primärkenngrößen und Parameter auf die Ausprägung der Werkstückoberflächen beim Hochgeschwindigkeitsfräsen“ (Gemeinschaftsvorhaben: „Ermittlung und Beschreibung des Werkstoffverhaltens beim Hochgeschwindigkeitsspanen“ im Rahmen des Schwerpunktprogramms „Spanen metallischer Werkstoffe mit hohen Geschwindigkeiten“)

[2] Hock, S.: Hochgeschwindigkeitsfräsen im Werkzeug- und Großformenbau; Darmstädter FORSCHUNGSBERICHTE für Konstruktion und Fertigung; Shaker Verlag Aachen 1996

[3] Knoche, H.-J.: Ausprägung der Werkstückoberfläche und Randzone beim Hochgeschwindigkeitsfräsen mit Kugelkopffräsern; II. Kolloquium Hochgeschwindigkeitszerspanung (Mikron-HSM-Kompetenz-Zentrum Deutschland, IFQ und DWA) in Magdeburg am 30. 8. 2002

[4] Schulz, H.: Die Fertigungstechnik an der Jahrtausendwende 20 Jahre HSC; Werkstatt und Betrieb, Sonderdruck 2001, S. 223–226

[5] Lierath, F.: Spanende Hochgeschwindigkeitsbearbeitung – eine Herausforderung an die Werkzeug- und Maschinenhersteller und an die Wissenschaft; II. Kolloquium Hochgeschwindigkeitszerspanung (Mikron-HSM-Kompetenz-Zentrum Deutschland, IFQ und DWA) in Magdeburg am 30. 8. 2002

[6] Sato, M.: Vorschuboptimiertes Hochgeschwindigkeitsfräsen; Werkstatt und Betrieb 131 (1998) 1–2, S. 74–78

[7] Ko, S.; Lee, J.: Präzisions-Oberflächenbearbeitung mit Schaftfräsern; Konferenzeinzelbericht; Entgraten und Oberflächenfeinbearbeitung; 4. Internationale Fachtagung, Bad Nauheim 23./24. September 1996

[8] Puder, J.: Werkstückdiagnose minimiert Unrundlauf des Werkzeugs beim HSC-Fräsen, HSC erfordert angepasste Frässtrategien; 20 Jahre HSC, Werkstatt und Betrieb, Sonderdruck 2001, S. 179–182

[9] Hüntrup, V.: Untersuchungen zur Mikrostrukturierbarkeit von Stählen durch das Fertigungsverfahren Fräsen; Forschungsberichte aus dem Institut für Werkzeugmaschinen und Betriebstechnik der Universität Karlsruhe Band 96

[10] Feinauer, A.: Dynamische Maschineneinflüsse auf die Werkstückqualität beim Hochgeschwindigkeitsfräsen; Diss. 1998, Universität Stuttgart

[11] Heisel, U.; Fischer, A.: Von der Oberfläche zur Maschinenbeurteilung beim Umfangsfräsen; HOB, 6, 1992, S. 30–34

[12] Heisel, U.; Krondorfer, H.: Oberflächenqualität beim Umfangsplanfräsen; HOB, 7/8, 1996 S. 59–62

[13] Heisel, U.; Krondorfer, H.: Oberflächenverfahren zur Schwingungsanalyse; HOB, 9, 1996, S. 85–92

[14] Heisel, U.; Krondorfer, H.: Ursachen dynamisch bedingter Oberflächenfehler schneller erkennen; HOB, 10, 1996, S. 76–81

[15] Müller, P. H.; Neumann, P.; Storm, R.: Tafeln der mathematischen Statistik; Fachbuchverlag Leipzig, 1973

[16] v. Weingraber, H.; Abou-Aly, M.: Handbuch Technische Oberflächen, Typologie, Messung und Gebrauchsverhalten; Friedrich Vieweg & Sohn-Verlag Braunschweig/ Wiesbaden 1989

[17] Meyer, L.-W.; Halle, T.: Zwischenberichte des LWM von 1997–2002 zum Projekt Me 1457/2: „Hochdynamisches Werkstoffverhalten beim Hochgeschwindigkeitsfräsen“ (Gemeinschaftsvorhaben: „Ermittlung und Beschreibung des Werkstoffverhaltens beim Hochgeschwindigkeitsspanen“ im Rahmen des Schwer punktprogramms „Spanen metallischer Werkstoffe mit hohen Geschwindigkeiten“)

[18] Grodrian, I.-U.: Ausprägung der Werkstückrandzone beim HSC-Fräsen mit Kugelschaftfräsern Kolloquium des Schwerpunktprogramms der DFG: „Spanen metallischer Werkstoffe mit hohen Geschwindigkeiten“ am 11. 12. 2001 in Magdeburg, S22-29, ISBN 3-929757-49-4

[19] Tönshoff, K.-H.; Hollmann, F.: Spanen metallischer Werkstoffe mit hohen Geschwindigkeiten Kolloquium des Schwerpunktprogramms der Deutschen Forschungsgemeinschaft am 18. 11. 1999 in Bonn, ISBN 3-00-006320-X

[20] Warnecke, G.; Siems, S.: Machining of Different Steel Types at High Cutting Speeds, Production Engineering Vol. VIII/1 (2001), S. 1–4

[21] Clos, R. u. a.: Zwischenbericht des IEP für das Jahr 2002 für das Projekt Cl 157/2: „Mechanismen der Hochgeschwindigkeitsverformung einer Nickelbasislegierung“ im Rahmen des Schwerpunktprogramms „Spanen metallischer Werkstoffe mit hohen Geschwindigkeiten“

[22] Plöger, J. M.: Randzonenbeeinflussung durch Hochgeschwindigkeitsdrehen, Diss. Uni-Hannover 2002

[23] Halle, T.: Erstellen von Stoffgesetzen für das HSC-Fräsen, Kolloquium des Schwerpunktprogramms der DFG: „Spanen metallischer Werkstoffe mit hohen Geschwindigkeiten“ am 11. 12. 2001 in Magdeburg, S. 43–54, ISBN 3-929757-49-4

17 Ermittlung von Werkstoffkenndaten für die numerische Simulation des Hochgeschwindigkeitsspanens

L. W. Meyer, T. Halle

Kurzfassung

Beim Hochgeschwindigkeitsspanen von metallischen Werkstoffen treten teilweise extreme Belastungen auf. Es werden Temperaturen bis zu 1000 °C, Dehngeschwindigkeiten bis $\dot{\varepsilon} = 10^5\ s^{-1}$ und Gesamtdehnungen von $\varphi > 2$ erreicht. Für eine realitätsnahe Simulation werden Werkstoffkenndaten benötigt, die im oben genannten Beanspruchungsfeld ermittelt werden. Im Rahmen des DFG SPP „Hochgeschwindigkeitsspanen" wurden spezielle Hochgeschwindigkeitsprüfmethoden entwickelt und verifiziert. Erst damit wurde es möglich, an zwei Werkstoffen C45E und 40CrMnMo7 umfassende Untersuchungen des Hochgeschwindigkeits-Werkstoffverhaltens unter ein- und mehrachsigen Belastungen vorzunehmen und in parametrisierte Werkstoffmodelle zu überführen. Die Werkstoffmodelle werden in mehreren anderen Teilprojekten genutzt. Die neu entwickelten Prüfaufbauten werden kurz vorgestellt und die Qualität der Hochgeschwindigkeitsmessungen an Hand von Beispielen aufgezeigt. Neben den Untersuchungen zur Werkstofffestigkeit als Funktion von Temperatur, Dehnung und Dehngeschwindigkeit wurden an beiden Werkstoffen gestoppte Spanversuche in Kooperation mit der TU Magdeburg durchgeführt. Dabei zeigen beide Werkstoffe stark unterschiedliches Verhalten bei der sich einstellenden Spanform. Der Stahl 40CrMnMo7 segmentiert stark, während der Stahl C45E Fließspäne bildet. Mittels der Methode der Visioplastizität wurde C45E untersucht, der im Span vorliegende Verformungszustand analysiert und über eine Kopplung mit dem zuvor ermittelten Werkstoffmodell in Spannungen und Temperaturen überführt. Mittels Hochgeschwindigkeitsaufnahmen konnten auch die lokal auftretenden Dehnungen und Dehngeschwindigkeiten bestimmt werden. Da die Verformungen ohne ein Werkstoffmodell ermittelt werden können, ist dieses Verfahren sehr gut zur Validierung von FEM Simulationen verwendbar.

Abstract

During the high speed cutting of metallic materials partially extreme conditions may occur. Temperatures up to 1000 °C, strain rates up to $10^5\ s^{-1}$ and deformations above 2 are common. In order to perform realistic simulations of the cutting process, material data derived from tests at extreme conditions are necessary.

In the frame of the DFG-Priority Program "High Speed Cutting" special high-velocity test methods were developed and verified. Herewith, extended investigations on steel C45E and 40CrMnMo7 were performed to measure the material behaviour at high strain rates under uniaxial and multiaxial loading. The derived constitutive equations are used in other projects. After a short explanation of the developed test set-ups the quality of the high rate measurements are presented. Besides the investigations of stress as a function of

Hochgeschwindigkeitsspanen. Hrsg. H. K. Tönshoff und F. Hollmann

ISBN: 3-527-31256-0

temperature, strain and strain rate, stopped cutting tests on both materials were performed in cooperation with the TU Magdeburg. These tests revealed a different behaviour of the materials investigated during the formation of the chip shape. Steel 40CrMnMo7 showed a strong segmentation whereas steel C45E formed a continuous chip.

Steel C45E was investigated by means of visioplasticity. The strain conditions in the chip were analysed and used to calculate stresses and temperatures using the derived constitutive equations. High speed photography was applied to determine local strains and strain rates. Because those deformation patterns can be identified without a constitutive model, this method is very suitable to validate the finite element simulations.

17.1 Einleitung

Entsprechend Bild 1 besteht das Ziel des gemeinsam vom Institut für Fertigungstechnik und Qualitätssicherung der Uni-Magdeburg (IFQ) und dem Lehrstuhl Werkstoffe des Maschinenbaus der TU-Chemnitz (LWM) bearbeiteten interdisziplinären Forschungsvorhabens **„Ermittlung und Beschreibung des Werkstoffverhaltens beim Hochgeschwindigkeitsspanen"** in der Analyse des Hochgeschwindigkeitsspanens mit geometrisch bestimmter Schneide an Hand ausgewählter Verfahrensvarianten des Fräsens und der Ermittlung von relevanten Werkstoffkenndaten für die numerische Simulation.

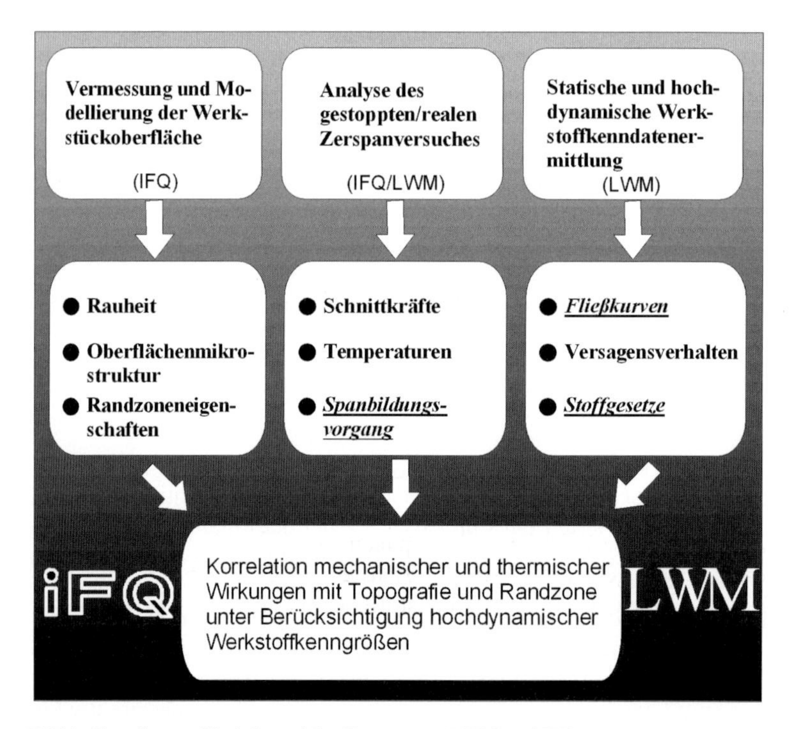

Bild 1: Gemeinsame Vorhabenszielstellungen von LWM und IFQ

Seitens des LWM lag das Hauptaugenmerk auf der Ermittlung von Fließkurven sowie deren Überführung in Stoffgesetze für FEM Simulationen. Weitere Arbeitsschwerpunkte waren gestoppte Spanversuche und an den damit erzeugten Spänen durchgeführte Visioplastizitätsuntersuchungen zur Validierung von numerischen Simulationen. Beim Hochgeschwindigkeitsspanen von metallischen Werkstoffen treten teilweise extreme Belastungen auf. Es werden Temperaturen bis zu 1000 °C, Dehngeschwindigkeiten bis $\dot{\varepsilon} = 10^5\ s^{-1}$ und Gesamtdehnungen von $\varphi > 2$ erreicht. Für eine realitätsnahe Simulation solcher Verfahren werden Werkstoffkenndaten aus diesem Beanspruchungsfeld benötigt ermittelt werden. Die Ermittlung und Beschreibung des Werkstoffverhaltens unter HSC-Bedingungen war und ist der zentrale Schwerpunkt des Teilprojektes in Chemnitz. Es wurden Werkstoffkenndaten unter teilweise extremen Belastungsbedingungen in Abhängigkeit von der Dehnung ε, der Dehngeschwindigkeit $\dot{\varepsilon}$ und der Temperatur T ermittelt. Ein besonderes Augenmerk wurde hierbei auf das Verhalten der Werkstoffe unter Scherbeanspruchung gelegt. Zum Ersten spielt die Spansegmentierung durch auftretende adiabatische Scherung im Span eine bedeutende Rolle und zum Zweiten ist es möglich unter Scher- bzw. Torsionsbeanspruchung wesentlich größere homogene plastische Dehnungen zu erreichen.

Hierbei sind je nach Werkstoff Umformgrade weit über $\varphi = 1$ realisierbar, auch wenn der Werkstoff im Zugversuch bereits bei $\varphi = 0{,}15$ den Bereich der Gleichmaßdehnung verlässt. Überschlagsmäßige Abschätzungen der Verformungsgeschwindigkeit beim Kugelkopffräsen mit 12 mm Fräsern bei 1500 m/min Umfangsgeschwindigkeit und einer Spanungsdicke von 0,1 mm ergeben Dehngeschwindigkeiten im Geschwindigkeitsbereich von ca. $\dot{\varepsilon} = 10^3\ s^{-1} \ldots 10^4\ s^{-1}$. Beim besonderen Fall des adiabatischen Scherens im Span sind $\dot{\varepsilon}$ -Werte von bis zu $10^6\ s^{-1}$ denkbar. In Bild 2 sind typische in technischen Anwendungen auftretende Dehngeschwindigkeiten dargestellt.

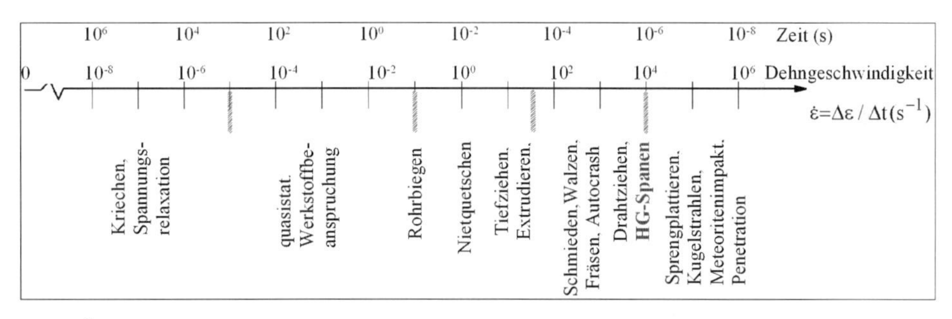

Bild 2: Übersicht über die in technischen Anwendungen auftretenden Geschwindigkeiten

Der Bereich der im Allgemeinen beim HSC-Spanen auftretenden plastischen Verformungsgeschwindigkeiten ist gekennzeichnet. Im Rahmen des Gemeinschaftsvorhabens des IFQ und des LWM wurden die beiden Werkstoffe C45E und 40CrMnMo7 untersucht.

17.2 Messtechnische Realisierung und spezielle Prüfaufbauten

Das Werkstoffverhalten unter Bedingungen des Hochgeschwindigkeitsspanens ist in hohem Maße von den Werkstoffeigenschaften bei hohen Temperaturen und hohen Dehngeschwindigkeiten abhängig. Für die Ermittlung der notwendigen Werkstoffkenndaten konnte teilweise auf die bereits am LWM vorhandene Messtechnik zurückgegriffen werden. Im Rahmen des vorgestellten Projektes wurden einige neue spezielle Prüfaufbauten konstruiert und genutzt, um möglichst extreme Prüfbedingungen zu realisieren.

Für die Durchführung von Zugversuchen bei hohen Dehngeschwindigkeiten /1/ und gleichzeitig hohen Temperaturen kam ein am LWM entwickelter Warmzughopkinson-Aufbau zum Einsatz. Das Prinzip des Warmzughopkinsons ist in Bild 3 gezeigt.

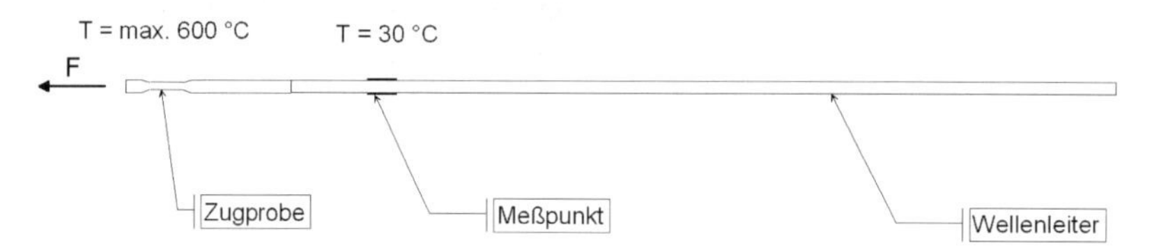

Bild 3: Schematischer Aufbau des Warmzughopkinsons (WZHP)

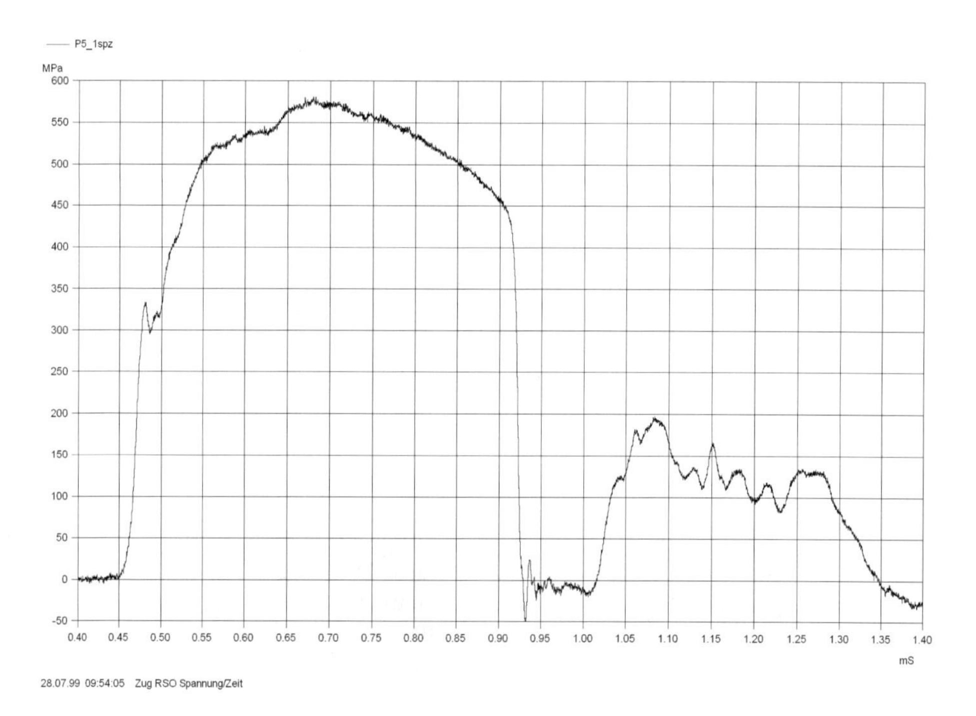

Bild 4: Beispiel eines am WZHP erhaltenen Kraft-Zeit Diagramms, Werkstoff C45E, Temperatur 450 °C, deutlich ist die reflektierte Welle nach dem eigentlichen Versuch zu erkennen

Eine Probe ist an einem Wellenleiter mittels Reibschweißung befestigt. Der Vorteil und das Prinzip des WZHP-Aufbaus besteht aus der Kraftmessung an einem Wellenleiter und nicht an der eigentlichen Probe. Dadurch ist es möglich die Probe zu erwärmen, während die Messstelle kalt bleibt. So ist es mittels DMS möglich, die von der Probe in den Wellenleiter eingekoppelte Welle zu messen und daraus auf das Spannungs-Dehnungs-Verhalten zu schließen. Ein typisches ungeglättetes Spannungs-Zeit-Diagramm ist in Bild 4 dargestellt.

Die gute erreichte Qualität des Messsignals wird besonders deutlich, wenn die Kraftmessung nach der üblichen Methode der DMS (hier Hochtemperatur-DMS) auf einem sich elastisch verformenden Teil der Probe mit der Messung auf dem Wellenleiter verglichen wird, Bild 5. Die Qualität des Messsignals auf dem Wellenleiter ist deutlich besser als das Signal der Hochtemperatur-DMS. Der in Bild 5 auftretende zeitliche Unterschied zwischen den beiden Messsignalen ist auf den Abstand der DMS von ca. 300 mm zueinander zurückzuführen. Der Warmzughopkinson erlaubt Dehngeschwindigkeiten von ca. 3000 s^{-1} bei Temperaturen bis zu 1200 °C.

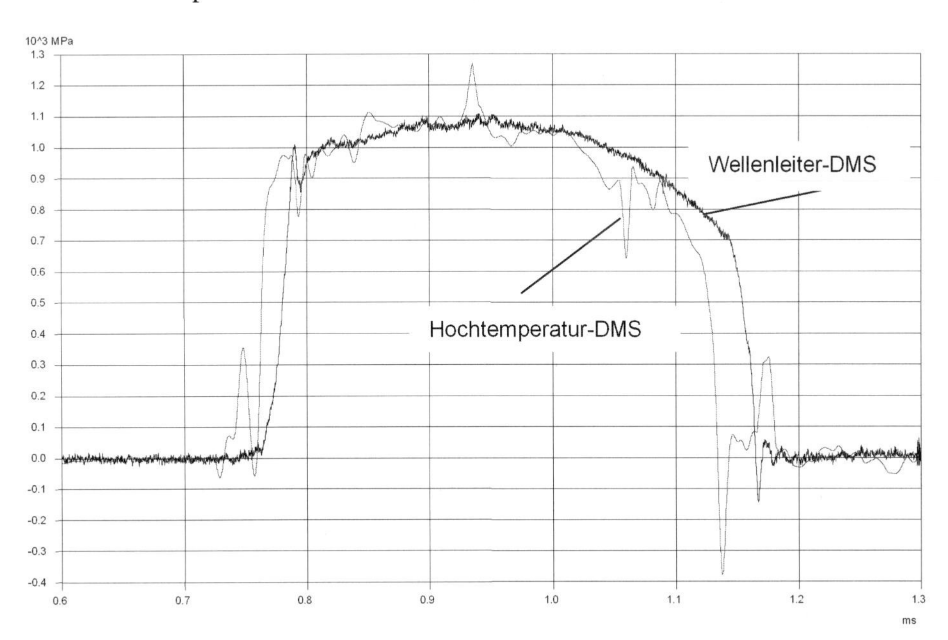

Bild 5: Messsignale der Hochtemperatur-DMS und der Wellenleiter-DMS

Das verwendete Messprinzip setzt eine minimale Prüfgeschwindigkeit von ca. 10 m/s in Abhängigkeit von der Länge des Wellenleiters voraus. Dies liegt in der Reflexion der Welle im Wellenleiter begründet. D. h. die Messung muss vollständig abgeschlossen sein, bevor die am Ende des Wellenleiters reflektierte Welle erneut die Messstelle passiert.

Ein weiterer Schwerpunkt bei den Untersuchungen des Werkstoffverhaltens sind Messungen bei großen Scherungen. Dazu wurde am LWM eine neuartige Impact-Torsionsprüfmaschine entwickelt. Die Maschine erlaubt Prüfgeschwindigkeiten von $\dot{\gamma} \approx 500\ s^{-1}$ (bei kürzeren Messlängen auch darüber) und gleichzeitig Prüftemperaturen von max. 1200 °C. Der Drehwinkel ist dabei nicht begrenzt. Die Rohrproben können also bis zum

Bruch tordiert werden. Die Maschine erlaubt max. Drehmomente von 1000 Nm bei $\dot{\gamma} < 10\ s^{-1}$, bei Schergeschwindigkeiten darüber ca. 300 Nm. Die Umdrehungen pro Minute sind auf 3000 begrenzt. In Bild 6 sind die Maschine und Messdiagramme bei $\dot{\gamma}$ = 200 1/s gezeigt.

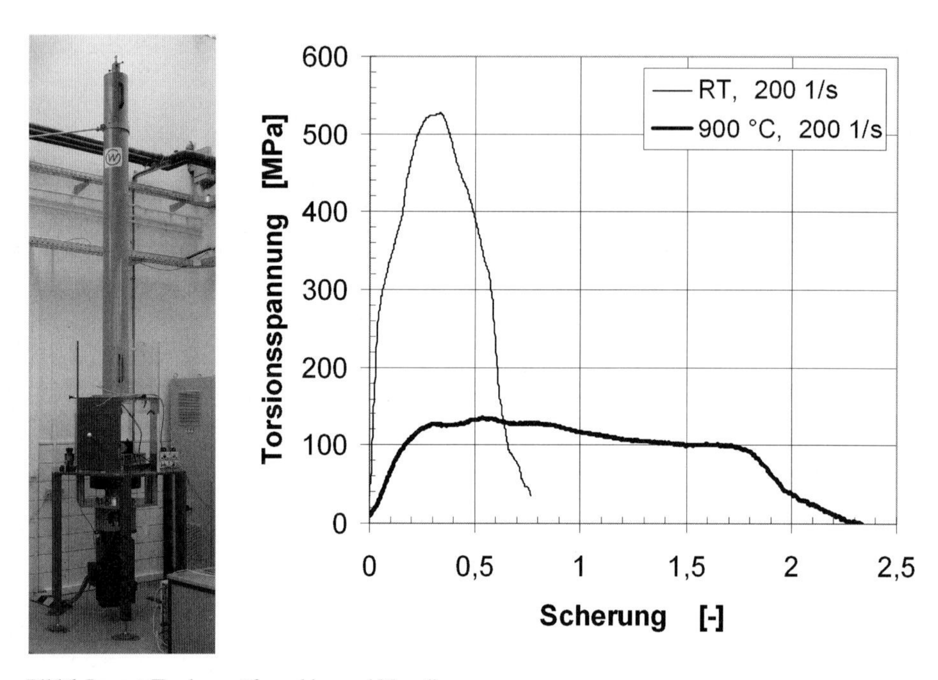

Bild 6: Impact-Torsionsprüfmaschine und Messdiagramm

Es ist also möglich, bei hohen Festigkeiten hohe Torsionsverformungen und hohe Torsionsgeschwindigkeiten bis $\dot{\gamma} = 10^3\ s^{-1}$ zu erreichen und dabei ohne Störungen Schubspannungen und Scherverformungen zu messen. Dadurch wird es möglich, Aussagen über die Schubfließspannungen bei großen plastischen Scherungen zu treffen. Dieses Beanspruchungsfeld ist bisher nur von Torsions-Hopkinsonaufbauten mit zwar hohen Schergeschwindigkeiten, aber begrenzten Verformungen angerissen worden. Mit der neuen Prüfeinrichtung kann diese Lücke geschlossen werden, was außer für das Hochgeschwindigkeitsspanen auch für viele andere Umformverfahren mit hohen Umformungen gilt. Aus der Literatur ist bekannt, dass sich bei der FEM-Simulation des Spanvorganges numerisch berechnete Umformgrade von mehr als $\varphi = 2$ ergeben. Auf größere Verformungen muss bisher extrapoliert werden. Die hier begonnenen Untersuchungen werden diese Lücke schließen und so die Gültigkeitsgrenzen der verwendeten Modelle stark erweitern.

17.3 Allgemeines Vorgehen zum Erstellen von Werkstoffmodellen

Der allgemeine Ablauf bei der Modellierung von Werkstoffeigenschaften ist nach Kocks /2/ in Bild 7 gezeigt.

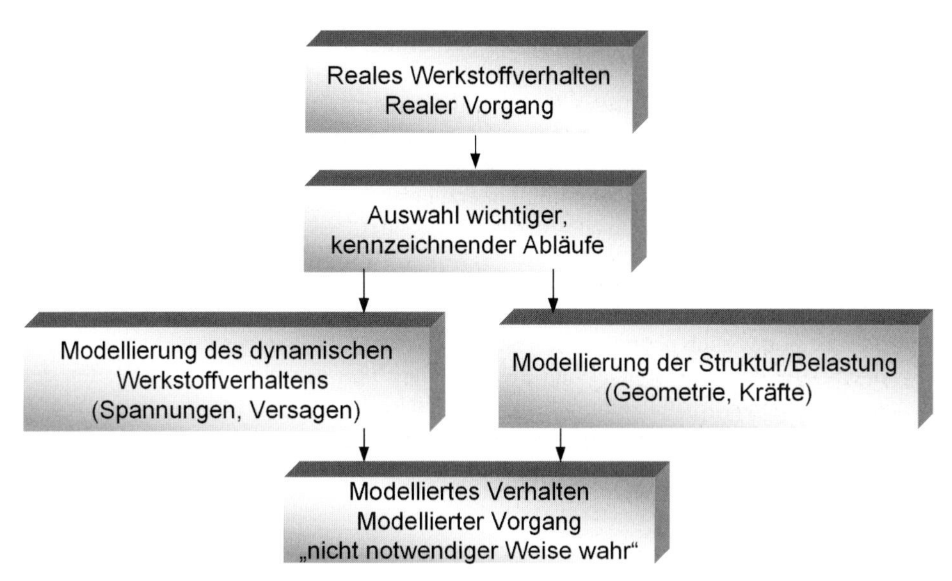

Bild 7: Schematische Darstellung zur Modellierung von Werkstoffeigenschaften

In den meisten Fällen ist das reale Werkstoffverhalten und der reale Vorgang um viele Größenordnungen zu komplex, um in allen Einzelheiten durch eine Simulationsrechnung exakt abgebildet werden zu können. Es ist daher zwingend erforderlich, sich auf die wichtigsten Abläufe einzuschränken, die den Gesamtvorgang **maßgeblich** kennzeichnen. Nur eine erfolgreiche Modellierung des Werkstoffverhaltens in Verbindung mit einer genauen Modellierung der Struktur und deren Randbedingungen kann zu einem zufriedenstellenden Gesamtergebnis führen. Die gesamte Antwort muss und kann nicht in allen Einzelheiten exakt abgebildet werden, aber die Auswahl der wichtigen physikalischen Haupt- und Randbedingungen muss so gewählt sein, dass das Ergebnis die wesentlichsten Vorgänge widerspiegeln kann. In diesem Fall gilt es, mit Hilfe von Modellgesetzen die Lösung von mechanischen Verformungs-Problemen auf numerische Art und Weise zu finden.

In den nachfolgenden Abschnitten soll ein kurzer Überblick über die allgemeine Vorgehensweise zur Aufstellung solcher Materialgesetze gegeben werden. In der Literatur finden sich ausführliche Hinweise /3/, /4/, /5/. Es soll hier nur das Aufstellen von Fließbedingungen genauer betrachtet werden. Schädigungsmodelle werden nicht behandelt.

17.3.1 Konstitutive Gleichungen

Im allgemeinsten Fall kann eine Fließkurve wie nachfolgend dargestellt angegeben werden:

$$f(\sigma, \varepsilon, \dot{\varepsilon}, T, \chi) = 0 \tag{17.3.1}$$

Dabei entsprechen die Formelzeichen folgenden zugeordneten Größen:

σ = wahre Spannung
ε = wahre Dehnung
$\dot{\varepsilon}$ = wahre plastische Dehngeschwindigkeit
T = Temperatur
χ = Struktur oder Gefügeparameter

Der Strukturparameter χ soll die Einflüsse der Größe, Form und Anordnung der Körner, die Art und Verteilung der Versetzungen, der Dichte, die Gefügeausbildung und weitere Einflüsse z. B. durch die Art des Kristallgitters widerspiegeln. Diese Größe ist meist sehr komplex und findet in vielen einfachen Werkstoffmodellen keine Entsprechung. Auf Grund der starken wechselseitigen Beeinflussungen der Parameter untereinander, die weder physikalisch noch experimentell umfassend ermittelt werden können, werden empirische oder mikrostrukturmechanische Ansätze verwendet.

17.3.1.1 Empirische und semiempirische Gleichungen

Die empirischen oder auch phänomenologischen Ansätze setzen in der Regel voraus, dass die Spannung, die der Werkstoff erträgt, nur abhängig von den momentanen Werten der Dehnung, der Dehngeschwindigkeit und der Temperatur ist. Die Vorgeschichte des Werkstoffs bzw. der absolvierte Belastungspfad wird vernachlässigt.

Die am häufigsten verwendete, sehr einfache konstitutive Gleichung ist die sogenannte Ludwik-Gleichung (17.3.2) /6/.

$$\sigma = \sigma_0 + K \cdot \varepsilon^n \tag{17.3.2}$$

Sie beschreibt den Zusammenhang zwischen plastischer Formänderung und Fließspannung bei konstanter Dehngeschwindigkeit und Temperatur. Ludwik setzt voraus, dass sich die Verformungsverfestigung als Potenzgesetz mit einer Konstanten entwickelt. Dies entspricht auch in vielen Fällen dem realen Werkstoffverhalten, zumindest nach einer bestimmten Übergangsverformung bis zu einer „Sättigungsgrenze" der Spannung. Beim Ansatz nach Ludwik (17.3.2) ist eine finite Spannung bei der Elastizitätsgrenze vorhanden. Allerdings beginnt die Steigung der Fließkurve jedoch mit einem infiniten Wert ($\partial\sigma / \partial\varepsilon_{|\varepsilon=0} = \infty$) was nicht dem realen Verhalten entspricht. Deshalb wurde 1945 von Hollomon (17.3.3) folgende Vereinfachung des Ludwik-Ansatzes vorgeschlagen /7/:

$$\sigma = K \cdot \varepsilon^n \tag{17.3.3}$$

Dabei ergibt sich allerdings der gravierende Nachteil, dass für eine Dehnung von $\varepsilon = 0$ auch die Spannung $\sigma = 0$ ist. Daher ist es mit dem nach Hollomon modifizierten Ludwik-Ansatz nicht möglich, exakte Spannungswerte bei kleinen Dehnungen zu erhalten. Trotzdem hat dieses Modell auf Grund seiner Einfachheit breite Anwendung gefunden. Für den hier betrachteten Fall des HSC-Fräsens mit seinen komplexen Beanspruchungen des Werkstoffs ist es aber nicht anwendbar.

Der von Ludwik vorgeschlagene einfache Ansatz diente als Grundlage für eine Vielzahl von weiteren Materialmodellen. So hat z. B. Swift sich dem Problem der infiniten Spannung zum Beginn der Fließkurve gewidmet. Folgender Ansatz wurde von ihm vorgeschlagen /8/:

$$\sigma = K \cdot (B + \varepsilon)^n \quad \text{bei} \quad n < 1 \tag{17.3.4}$$

Dadurch ergibt sich der Vorteil einer finiten Spannung bei Fließbeginn ($\sigma_{\varepsilon=0} = K \cdot B^n$). Es sind eine Vielzahl solcher Verbesserungen am Ludwik-Modell von unterschiedlichen Autoren vorgeschlagen worden, auf deren Darstellung hier aber verzichtet werden soll, da ein Großteil dieser empirischen Gleichungen nur für bestimmte Werkstoffe und damit ein bestimmtes Werkstoffverhalten z. B. eine sehr stark ausgeprägte Streckgrenze optimiert wurde. Alle bisher vorgestellten Werkstoffmodelle gehen von einer konstanten Dehngeschwindigkeit und einer konstanten Temperatur aus. Dies ist aber in einem Großteil der technisch vorkommenden Belastungen nicht gegeben. Daher gab es schon sehr zeitig Bestrebungen, diesen Nachteil der bisher vorgestellten Werkstoffmodelle zu beseitigen. Von Ludwik selbst wurde folgende Beziehung vorgeschlagen:

$$\sigma = \sigma_F \left[1 + \alpha \cdot \ln\left(\frac{\dot{\varepsilon}_{pl}}{a_1} \right) \right] \tag{17.3.5}$$

Dabei wurde eine Erhöhung der Fließspannung mit dem Logarithmus der Dehngeschwindigkeit vorausgesetzt, d.h. ein linearer Anstieg der Fließspannung bei „Normgeschwindigkeit" zu höheren Werten bei einer Darstellung im halblogarithmischen Diagramm. Diese Gleichung (17.3.5) kann nur eine Erhöhung der Fließgrenze beschreiben. Spannungen bei höheren Dehnungen und höheren Dehngeschwindigkeiten gibt sie nicht wider. Im Allgemeinen wird dieser Ansatz aber mit einer Ludwik-Gleichung kombiniert, d. h. es wird angenommen, dass sich die Verfestigung nach Überschreiten der durch die Belastungsgeschwindigkeit erhöhten Fließgrenze exakt so verhält wie bei einer quasistatischen Belastung.

Zahlreiche weitere Ansätze zur Beschreibung einer Geschwindigkeitsabhängigkeit wurden vorgeschlagen z. B. nach Zener und Hollomon /9/:

$$\sigma = \sigma_F \left(1 + \frac{\dot{\varepsilon}_{pl}}{a} \right)^m \tag{17.3.6}$$

Aber auch diese empirischen Werkstoffmodelle berücksichtigten bisher nicht den Einfluss einer Temperatur. 1982 schlugen Johnson und Cook folgende Gleichung vor /10/.

$$\sigma = (A + B\varepsilon^n)(1 + C \ln \dot{\varepsilon}) \left[1 - \left(\frac{T - T_{Raum}}{T_{Schmelz} - T_{Raum}} \right)^m \right] \tag{17.3.7}$$

Auf Grund der einfachen Form dieses multiplikanten Ansatzes, der $\sigma = f(\varepsilon, \dot{\varepsilon}, T)$ mit einander verknüpft, hat diese Gleichung sehr breite Anwendung gefunden. Sie ist in praktisch jedes kommerzielles FEM-Programm integriert, was einer weiten Verbreitung zusätzlich Vortrieb leistete. Bei vielen Werkstoffen liefert die Johnson-Cook-Gleichung eine zufriedenstellende Übereinstimmung mit den experimentell ermittelten Daten, auch wenn der Nachteil des Zusammenhangs $\sigma \sim \ln \dot{\varepsilon}$, d. h. nur ein linearer Anstieg im gesamten halblogarithmischen $\sigma_F - \dot{\varepsilon}$ Diagramm teilweise starke Verfälschungen des realen Verhaltens mit sich bringt. Für die JC-Beziehung müssen nur 4 Konstanten ermittelt werden. Ein weiterer Ansatz in Form eines geschlossenen Modells stammt von Zerilli und Armstrong /11/. Dieses Modell existiert für kubisch raumzentrierte (17.3.8) und kubisch flächenzentrierte (17.3.9) Werkstoffe:

$$\overset{krz}{\sigma} = \Delta\sigma_G + B_0 \cdot \exp\left[(-\beta_0 + \beta_1 \ln \dot{\varepsilon})\, T\right] + K_0 \varepsilon^n + K_\varepsilon \ell^{-\frac{1}{2}} \tag{17.3.8}$$

$$\overset{kfz}{\sigma} = \Delta\sigma_G + B_1 \cdot \varepsilon^{\frac{1}{2}} \exp\left[(-\beta_0 + \beta_1 \ln \dot{\varepsilon})\, T\right] + K_\varepsilon \ell^{-\frac{1}{2}} \tag{17.3.9}$$

Es ist von Vorteil, wenn auch semiempirische Gleichungen in Beziehung zum mikromechanischen Verhalten stehen. Eine Übergangsform in dieser Richtung stellen die Gleichungen von Zerilli und Armstrong (17.3.8 und 17.3.9) dar. Neben dem berücksichtigten Einfluss der Temperatur und der Dehngeschwindigkeit in Form des thermisch aktivierten Verhaltens unterscheiden sie krz- und kfz-Werkstoffe. Zusätzlich dazu berücksichtigen sie den Einfluss der Kornfeinung durch das Auftreten von mechanischen Zwillingen bei der Hochgeschwindigkeitsverformung durch einen Hall-Petch-Term. Ausgehend von den bisherigen guten Erfahrungen am Lehrstuhl Werkstoffe des Maschinenbaus mit dem ZA-Modell wurden für alle untersuchten Werkstoffe konstitutive Modelle diesen Typs aufgestellt. Es liefert über den gesamten untersuchten Geschwindigkeits- und Temperaturbereich gut mit dem realen Werkstoffverhalten übereinstimmende berechnete Fließkurven mit Bestimmtheitsmaßen $R^2 > 0,7$.

Versuchsweise wurden auch andere Modelle angewendet, die aber zu keinem zufriedenstellenden Ergebnis für die beiden im Rahmen des Teilprojektes des LWM untersuchten Stähle C45E und 40CrMnMo7 führten (Johnson-Cook: $R^2 = 0,54$, Kahn-Liang: $R^2 = 0,64$, Klepaczko: $R^2 = 0,49$). Neben den hier kurz vorgestellten Modellen zur Beschreibung des Fließverhaltens existieren eine Vielzahl anderer Beschreibungen, auf die jedoch hier nicht näher eingegangen werden soll.

17.3.1.2 Mikrostrukturmechanische Modelle

In dem nachfolgenden Kapitel sollen die wesentlichsten Grundlagen zur Erstellung von Werkstoffmodellen vorgestellt werden, die auf mikrostrukturellen Vorgängen beruhen. Bei einer plastischen Verformung, also auch bei dem Entstehen von Fließ- oder Segmentspänen, führt die externe Belastung zu einem Spannungsanstieg in der Probe. Die Probe verformt sich dann plastisch, wenn die internen Spannungen ausreichen, die im Werkstoff vorhandenen Versetzungen über weit- und kurzreichende Hindernisse zu treiben. Die erwähnten weitreichenden Spannungsfelder werden hauptsächlich von der Struktur des Werkstoffes bestimmt und weniger von der Temperatur und der Dehngeschwindigkeit. Daher wird dieser Anteil der Spannungen athermische Spannungskomponente σ_a genannt. Die thermisch beeinflusste Spannungskomponente σ^* wird von den Wechselwirkungen zwischen den kurzreichenden Hindernissen und den Versetzungen bestimmt. Bei einer plastischen Verformung bewegen sich die Versetzungen durch das Gitter und treffen dabei auf Hindernisse. Diese Hindernisse oder auch andere Versetzungen wirken der Versetzungsbewegung entgegen. Bei $T < 0,4\ T_s$ und $\dot{\varepsilon} \leq 10^3\ s^{-1}$ wird in der Literatur übereinstimmend davon ausgegangen, dass dort ein einziger thermisch aktivierter Prozess dominiert. Die thermische Aktivierung vereinfacht das Versetzungsgleiten, indem die von außen aufzubringende Spannung für den Gleitvorgang erniedrigt wird. Mit steigender Temperatur verringert sich die Höhe der Barriere bis auf Null, so dass nur die Fließspannung, die aus den athermischen Anteilen resultiert, aufzubringen ist. Bei fallender Temperatur erhöht sich die Barrierenwirkung bis auf $\hat{\sigma}$ bei T = 0 K oder $\dot{\varepsilon} = \dot{\varepsilon}_0$. Eines der Modelle, die auf dieser Theorie aufbauen, ist das sogenannte MTS-Modell von Kocks und Follansbee (17.3.10–17.3.12), das vor allem im englischsprachigen Raum verwendet wird /12/:

$$\Delta G = \Delta G_0 \left[1 - \left(\frac{\sigma}{\sigma_0} \right)^p \right]^q \tag{17.3.10}$$

$$KT \ \ln \frac{\dot{\varepsilon}_0}{\dot{\varepsilon}} = \Delta G_0 \left[1 - \left(\frac{\sigma}{\sigma_0} \right)^p \right]^q \tag{17.3.11}$$

Die beiden Parameter p und q spiegeln die Form der Hindernisse wieder. Die Fließspannung σ ergibt sich dann aus der folgenden Gleichung:

$$\sigma = \sigma_a + (\hat{\sigma} - \sigma_a) \left\{ 1 - \left[\frac{KT}{\Delta G_0} \ln \left(\frac{\dot{\varepsilon}_0}{\dot{\varepsilon}} \right)^{\frac{1}{q}} \right]^{\frac{1}{p}} \right\} \tag{17.3.12}$$

Die Fließspannung σ ist eine Funktion der sogenannten Referenzspannung $\hat{\sigma}$, der sogenannten „mechanical threshold stress" oder besser der Fließspannung bei 0 K. Nachteil dieses Modells ist, dass nur die Fließspannung in Abhängigkeit von der plastischen Dehngeschwindigkeit und der Temperatur beschrieben werden kann. Spannungen bei größeren Dehnungen zu ermitteln, ist hier nicht möglich, was diese Art von Modellen zumindest für größere Verformungen, wie sie beim Hochgeschwindigkeitsspanen auftreten, nicht verwendbar macht. Im deutschsprachigen Raum hat sich ein gleiches Modell, welches ebenfalls auf der thermischen Aktivierung der Versetzungsbewegung beruht und auf Macherauch und Vöhringer /13/ zurückgeht, durchgesetzt. Auf die Herleitung des Modells soll an dieser Stelle nicht eingegangen werden. Die endgültige Gleichung (17.3.13), die sich dann letztlich ergibt, lässt sich praktikabel nur noch numerisch lösen. Bei konstanter Mikrostruktur gilt:

$$\sigma = \sigma_G + \sigma_0^* \left[1 - \left(\frac{KT \ln \dot{\varepsilon}_0 / \dot{\varepsilon}}{\Delta G_0} \right)^n \right]^m \tag{17.3.13}$$

$$\text{mit} \quad \dot{\varepsilon}_0 = \frac{\rho_m b v}{MT}$$

Dabei ist ρ_m die Dichte der beweglichen Versetzungen, ν die mittlere Versetzungsgeschwindigkeit, b der Burgersvektor und M_T der Taylorfaktor. Diese notwendigen Werkstoffkennwerte entziehen sich aber größtenteils einer einfachen Messung und lassen sich meist nur indirekt bestimmen. Teilweise sind auch widersprüchliche Werte in der Literatur angegeben. Auch bei diesem Modell besteht der Nachteil, dass Spannungen bei größeren Verformungen nicht bestimmbar sind.

Wenn diese Modelle mit weiteren Ansätzen kombiniert werden, sind auch Beschreibungen über den gesamten, für die Modellierung von HSC-Vorgängen interessierenden Bereich möglich. Allerdings ist dann mit einer großen Anzahl (>10) Werkstoffparametern zu rechnen, die für jeden Werkstoff und jede Werkstoffvariation neu bestimmt werden müssen. Beispielhaft sei hier das Modell von Treppmann /4/ aus Aachen genannt. Bei diesem Werkstoffmodell werden nicht nur Fließkurven bei unterschiedlichen Dehngeschwindigkeiten und Temperaturen ermittelt und in eine mathematische Beschreibung gebracht, sondern Werkstoffstrukturparameter direkt oder indirekt ermittelt und zu einem Werkstoffgesetz zusammengefasst.

17.4 Zerilli-Armstrong-Modelle für C45E und 40CrMnMo7

Unter der Annahme, dass eine Schockbelastung im für die HSC-Bearbeitung relevanten Beanspruchungsgebiet nicht vorkommt, vereinfacht sich die ZA-Gleichung für die krz Werkstoffe zu:

$$\sigma = \Delta\sigma_G + B_0 \exp\left[(-\beta_0 + \beta_1 \ln\dot{\varepsilon})\right] T + K_0 \varepsilon^n \tag{17.4.1}$$

Es sind also 6 Parameter zu ermitteln: $\Delta\sigma_G$, β_0, β_1, B_0, K_0 und n. Für alle empirischen und semiempirischen Modelle ist die Vorgehensweise zur Ermittlung dieser Parameter die gleiche. Zunächst muss der Bereich der Beanspruchungen für die Temperatur und die Dehngeschwindigkeit festgelegt werden. In diesem Feld sind dann umfangreiche Messungen für eine bestimmte Beanspruchungsart wie Zug, Druck oder Torsion durchzuführen. Dabei wird gezielt die Dehngeschwindigkeit im Allgemeinen zwischen 10^{-4} und 10^{4} s^{-1} variiert. Somit werden Fließkurven erhalten, in denen der Einfluss der Dehngeschwindigkeit enthalten ist. Da aber beim HSC-Fräsen im Span sehr hohe Temperaturen entstehen können, ist es notwendig, auch Versuche bei erhöhten Temperaturen und gleichzeitig erhöhten Dehngeschwindigkeiten durchzuführen. Bisher wurden Versuche im T-Bereich von RT bis 600 °C, teilweise bis 1000 °C und Dehngeschwindigkeitsbereichen von 10^{-4} bis10^{4} s^{-1} durchgeführt. Da das ZA-Modell Spannungen in Abhängigkeit von der Dehnung, Temperatur und Dehngeschwindigkeit liefert, ist es notwendig, die erhaltenen Messkurven hinsichtlich der augenblicklichen Temperatur zu korrigieren. Darum sind an dieser Stelle einige Erläuterungen zum adiabatischen Werkstoffverhalten bei dynamischer Beanspruchung. Bei Hochgeschwindigkeitsverformungsprozessen verläuft der Vorgang annähernd adiabatisch, da die Verformungszeit für eine Wärmeübertragung nach außen nicht ausreicht. Der größte Teil der Verformungsenergie wird in Wärme umgewandelt. Der restliche Teil wird zur Erhöhung der Gitterverzerrungsenergie infolge zunehmender Versetzungsdichte verwendet. Bei einem einfachen dynamischen Stauchversuch steigt die Temperatur in der Probe gemäß folgender Gleichung (17.4.2):

$$\rho \cdot C \cdot dT = \theta \cdot \sigma \cdot d\varepsilon \tag{17.4.2}$$

Der Parameter θ gibt dabei den in Wärme umgewandelten Anteil der Verformungsarbeit an. σ ist der aktuelle Wert der Spannung, der bereits durch den bisherigen Temperaturanstieg beeinflusst wurde. Der sogenannte Taylor- und Quinney-Faktor θ wurde von verschiedenen Autoren für Kupfer und Stahl ein Wert von ca. 0,9 ermittelt und festgesetzt. Dies gilt allerdings nur für Dehngeschwindigkeiten ≥ 10 s^{-1}. Bei mittleren Dehngeschwindigkeiten um 1 s^{-1} ist die Größe des Taylor/Quinney-Faktors sehr stark vom Werkstoff und der Probengröße abhängig. Dies führt zu Problemen bei der Ermittlung der wahren Temperatur während der Versuche. Um ein genaues Werkstoffmodell erstellen zu können, muss zu jedem Zeitpunkt des Versuches die Temperatur in der Probe bekannt sein, da die gemessene Spannung sehr stark durch die wirklich herrschende Temperatur beeinflusst wird. Aus diesem Grund werden die im Versuch ermittelten Kurven mit der Temperatur verknüpft. Es reicht nicht aus, nur die Starttemperatur (in der Regel RT) zu berücksichtigen. Die Temperaturerhöhung wird daher mit Hilfe folgender Gleichung ermittelt:

$$\Delta T = \frac{\theta}{\rho \cdot c_p} \int \sigma \, \mathrm{d}\varepsilon \tag{17.4.3}$$

Bei einem Stauchversuch einer zylindrischen Probe mit einer Höhe und einem Durchmesser von 9 mm kann die Temperatur in Abhängigkeit vom Werkstoff bei einer Verformung um 50 % um bis zu 300 °C steigen und die Spannung, die notwendig ist, um den Werkstoff weiter fließen zu lassen, sinkt stark ab.

Wenn dies nicht bei der Auswertung berücksichtigt wird, sind zu hohe Spannungen denkbar. Mit Hilfe eines Computerprogramms wie z. B. Sigmaplot®, Origin® oder SPSS® wird dann eine mehrdimensionale nichtlineare Regression nach der Methode der kleinsten Fehlerquadrate durchgeführt, wobei die Spannung σ immer die Zielvariable ist. Die Güte der erhaltenen Parameter hängt sehr von den gewählten Startparametern, den Parameterschranken und den Abbruchkriterien für die Iteration ab. Zur Beurteilung der Güte einer solchen Regression wird im Allgemeinen das sogenannte Bestimmtheitsmaß R^2 herangezogen. R^2 wird 1, wenn die Modelldaten mit den Versuchsdaten exakt übereinstimmen. Bei R^2-Werten von $\geq 0{,}75$ geht man von einer ausreichenden Genauigkeit aus. Für jeden Belastungsfall also Zug, Druck und Torsion ist ein solches Modell notwendig, da sich die Werkstoffe nur in relativ wenigen Fällen z. B. unter Zug- und Druckbelastung gleich verhalten. Z.B. zeigte der untersuchte C45E einen ausgeprägten SD-Effekt (ca. 6 % statisch und 7 % dynamisch). Beim 40CrMnMo7 ist der SD-Effekt noch stärker ausgeprägt. Aus diesem Grund war es notwendig getrennte ZA-Modelle für den Zug- und den Druckbereich aufzustellen.

Tabelle 1: Konstanten für Z-A-Modell, 40CrMnMo7 und C45E, Zugbelastung, $10^{-4} \leq \dot{\varepsilon}$ 10^{3}; RT ≤ T ≤ 600°C

Material	$\Delta\sigma_G$	B_0	β_0	β_1	K_0	n	Gültigkeit
40CrMnMo7 (WBH 1)	461	583	0,00225	0,000133	1394	0,585617	$0 < \varepsilon \leq 9$ %; $R^2 > 0{,}95$
40CrMnMo7 (WBH 2)	852	1344	0,002631	0,00006221	462	0,5259	$0 < \varepsilon \leq 9$ %; $R^2 > 0{,}86$
40CrMnMo7 (WBH 3)	897	1881	0,00252	0,000038379	391	0,691	$0 < \varepsilon \leq 9$ %; $R^2 > 0{,}88$
C45E	80	823	0,00495	0,0002	1199	0,380197	$0 < \varepsilon \leq 11$ %; $R^2 > 0{,}945$

Tabelle 2: Konstanten für Z-A-Modell, 40CrMnMo7, Druckbelastung, $10^{-4} \leq \dot{\varepsilon}$ 10^{3}; RT ≤ T ≤ 600°C

Material	$\Delta\sigma_G$	B0	β_0	β_1	K_0	n	Gültigkeit
40CrMnMo7 (WBH 1)	600	1288	0,0036344	0,00012128	452	0,5056	$0 < \varepsilon \leq 50\%$; $R^2 > 0{,}7984$
40CrMnMo7 (WBH 2)	850	1366	0,0025720	0,000060206	457	0,5252	$0 < \varepsilon \leq 50\%$; $R^2 > 0{,}74$
40CrMnMo7 (WBH 3)	900	1841	0,0024181	0,000039367	380	0,693	$0 < \varepsilon \leq 50\%$; $R^2 > 0{,}729$
C45E	83	826	0,00494	0,00022	1202	0,382	$0 < \varepsilon \leq 60\%$; $R^2 > 0{,}88$

In Tab. 1 und 2 sind die ermittelten Parameter für die Zug- und Druckbelastung des 40CrMnMo7 in den drei untersuchten Wärmebehandlungszuständen 1 (33HRC), 2 (41 HRC) und 3 (46 HRC) und des C45E dargestellt. Beim Vergleich der berechneten Fließkurven unter Zug- und Druckbeanspruchung bei RT und quasistatischer Belastungsgeschwindigkeit wird der SD-Effekt noch einmal deutlich. Zusätzlich fällt auf, dass die Modelle oberhalb $\varepsilon = 0{,}2$ stark auseinanderlaufen, Bild 8. Die Ursache für dieses Verhalten liegt in den unterschiedlichen Gültigkeitsbereichen der aufgestellten ZA-Modelle begründet. Auf Grund der relativ kleinen Gleichmaßdehnung des 40CrMnMo7 kann nur ein kleiner Bereich der Dehnung (max. 0,2) zur Berechnung der Werkstoffkonstanten herangezogen werden. Der Bereich der hohen Verformungen wird vom ZA-Modell für den Zugbereich sehr stark überschätzt. Dies hat natürlich Einfluss auf die Ergebnisse von numerischen Simulationen. Da es bei der Simulation des HSC-Spanens zu Verformungen von $\varphi > 2$ kommen kann, ist es notwendig bei diesen großen Verformungen exakte Fließspannungen zu ermitteln. Dazu eignet sich hervorragend die unter Punkt 17.2 beschriebene Impact-Torsionsmaschine. Da $\sigma = f(T, \varepsilon, \dot{\varepsilon})$ ist, ist das Modell nicht mehr einfach darstellbar. Daher sind in den Bildern 9 und 10 jeweils für Raumtemperatur und 600 °C die räumlichen Fließkurven in Abhängigkeit von ε und $\dot{\varepsilon}$ für eine Druckbelastung dargestellt. Die Gültigkeitsgrenzen sind immer an den gemessenen Bereichen orientiert.

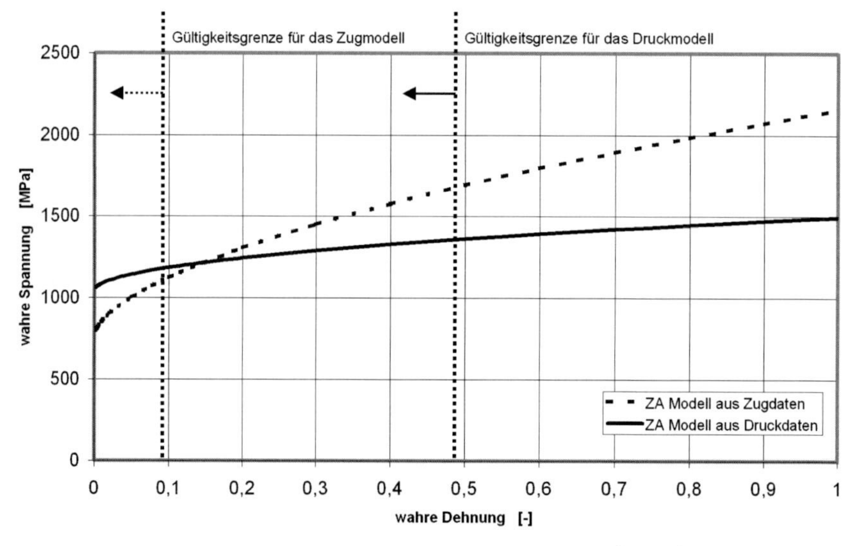

Bild 8: Vergleich der ZA Modelle für 40CrMnMo7 für Zug und Druck, $\dot{\varepsilon} = 1 s^{-1}$; T = RT

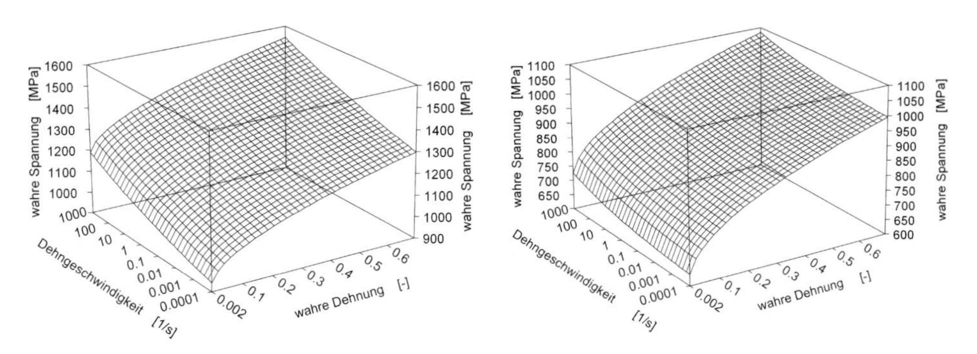

Abb.9: 40CrMnMo7 WBH1, Druck, RT

Abb.10: 40CrMnMo7 WBH1, Druck, 600 °C

17.5 Gestoppte Spanversuche und Visioplastizitätsuntersuchungen

Als Ausgangsbasis für die Quickstoppvorrichtung wird ein am LWM vorhandenes Rotationsschlagwerk (RSO), das für das Zerreißen von Zugproben bei hohen Geschwindigkeiten bis 50 m/s bzw. für Hochtemperatur/Hochgeschwindigkeits-Zug-Versuche eingesetzt wird, wegen seiner günstigen Voraussetzungen genutzt. Eine Schwungscheibe (m = 220 kg) wird zum Rotieren gebracht. An der Scheibe ist eine Vorrichtung befestigt, die als Schlagkralle bezeichnet wird und die per Steuerimpuls aus einem eingeklappten Zustand heraus durch die Fliehkraft innerhalb einer halben Scheibenumdrehung ausgeklappt werden kann. Die Kralle wird erst beim Erreichen der gewünschten Rotationsgeschwindigkeit (= Prüfgeschwindigkeit) ausgeklinkt und nimmt bei der folgenden Umdrehung das vor dem Rad befindliche, am unteren Probenende befestigte Querhaupt (Joch) mit, so dass die Zugprobe schlagartig bis zum Bruch verformt wird.

Für die Durchführung der gestoppten Spanversuche wird die Rotationsbewegung der Schwungscheibe als Schnittbewegung für ein Werkzeug genutzt. Für die Unterbrechung des Spanungsvorgangs wird das Aufschlagen der Kralle auf das Joch genutzt. Da in Absprache mit dem IWQ spanungstechnisch der Orthogonalschnitt wegen seiner hohen Aussagekraft für Modellierungen realisiert werden sollte, wurde die Schlagkralle so umgebaut, dass sie zwei Wendeschneidplatten aufnehmen konnte. Zwei Schneidplatten kommen zum Einsatz, damit die Probe während des Spanungsvorgangs nicht unsymmetrisch (zur Probenlängsachse) belastet wird. Die lochfreien Wendeplatten aus Hartmetall P30 wurden mit einem Spanwinkel $\gamma = 0°$ und einem Freiwinkel $\alpha = 6°$ versehen. Der Schneidkantenradius beträgt ca. 0,01 mm. Im Vordergrund stand die Bestimmung von Größen, wie Scherebenenausbildung, Spanablaufgeschwindigkeit, Verformungsgrad und Verformungsgeschwindigkeit in der Scherzone, Seqmentierungsgrad der Späne und Kraftverlauf als Funktion von Schnittgeschwindigkeit und Spanungsdicke. Als Untersuchungsbereich steht schnittgeschwindigkeitsseitig ein Bereich von ca. 100 bis zu ca. 2400 m/min zur Verfügung. Spanungsdicken können von 0,1 bis ca. 0,8 mm variiert werden.

Bei den durchgeführten Untersuchungen am C45E (Bild 11) wurde festgestellt, dass die Spanungsdicke hinsichtlich der Herausbildung segmentierter Späne von wesentlicher Bedeutung ist. So bilden sich bei höheren Spanungsdicken bereits segmentierte Späne bei einer vergleichsweise niedrigen Schnittgeschwindigkeit von 600 m/min. Dies lässt in Verbindung mit den Ergebnissen anderer Autoren /14/, /15/ den Schluss zu, dass eine segmentierte Spanbildung nicht unbedingt adiabatisch sein muss. Wärmeleitmechanismen belegen, dass bei der vorhandenen guten Wärmeleitung eine 10 μm breite Scherzone, die sich auf 750 °C erwärmt hatte, innerhalb einer μs eine Temperaturerniedrigung durch Wärmefluss in die „kalte" Umgebung von $\Delta t \approx 100$ °C erfährt. Bei hochfesten Stählen setzt die adiabatische Scherung bei 600 m/min Schnittgeschwindigkeit in 2–3 μs ein, sodass während der Scherzonenbildung – in diesem hypothetischen Fall – ein Drittel des Wärmeinhalts wieder abfließen kann (In der Realität wird dieser Betrag geringer sein, da die Temperaturdifferenz wiederum den Wärmeabfluss steuert.). Dennoch ergibt sich aus dieser Analyse, dass selbst bei den hier vorhandenen Schergeschwindigkeiten von 10^5–10^6 s^{-1} (wegen der sehr geringen Scherbandbreite) noch keine volladiabatischen Zustände erreicht sind.

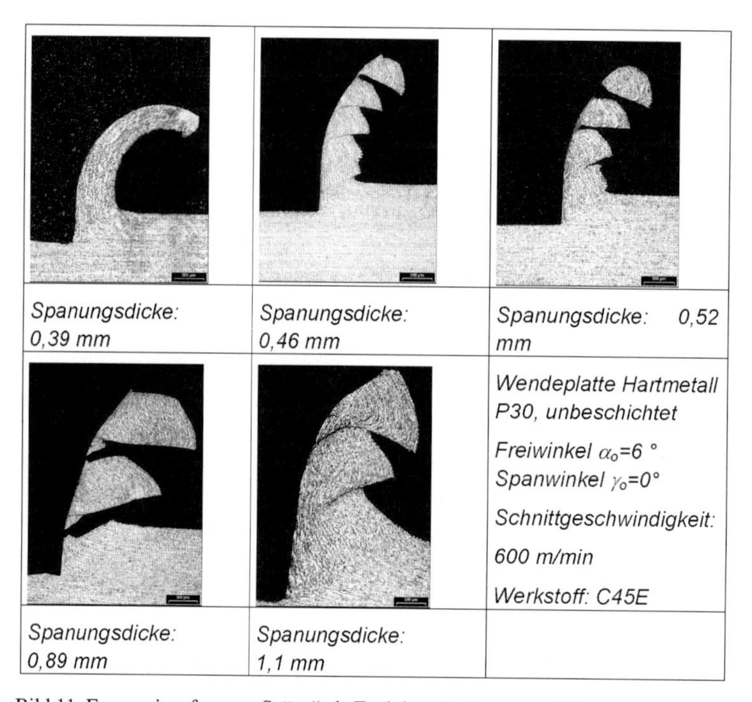

Bild 11: Form „eingefrorener Späne" als Funktion der Spanungsdicke

Bei einem Versuch mit einer Schnittgeschwindigkeit von 2400 m/min (und einer Spanungsdicke von mehr als einem Millimeter) erfolgte das Stoppen des Schnittvorganges (Bild 12) so, dass der Zustand der Scherzone ohne die sich sonst anschließende Segmentierung eingefroren wurde.

Anhand der Gefügebilder sind eine Scherverformung und die Spansegmentierung erkennbar. Im Bereich der beim Stopp des Werkzeugeingriffs sich unmittelbar vor der Schneide befindlichen Scherzone treten innerhalb des Gefüges Mikrorisse auf (Bild 12). Die Länge des Scherweges kann an der Verschiebung der Schneidenbereichsflanken an der konkaven Spanseite abgelesen werden. Unter der Annahme, dass die Scherung adiaba-

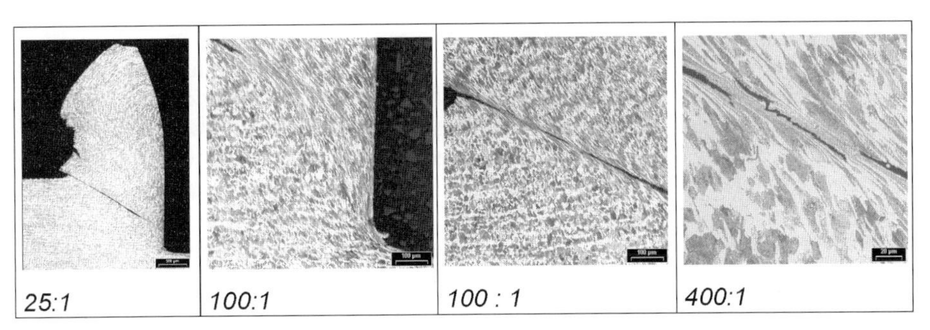

Bild 12: Spanwurzel beim Quick-Stopp Versuch mit einer Schnittgeschwindigkeit von 2400 m/min

tisch verläuft, treten durch das Schwinden beim Abkühlen Zugspannungen senkrecht zur Scherzone auf, die zu einer Materialtrennung und damit zur Spansegmentierung beitragen könnten. Als ein weiterer Grund zur Rissbildung im weichen Scherband kann das leicht wellige Profil des Scherbandes gesehen werden: Zwei Körper gleiten nur dann ohne eine Bewegung quer zur Scherebene aufeinander ab, wenn die Scherebene in sich plan ist. Das ist hier nicht der Fall. Die leichte Krümmung des unter ca. 30° liegenden „Risses" bewirkt eine Zwangsverschiebung quer zum Riss, wie sie im Bild 12 rechts ersichtlich ist. Bild 13 zeigt den gemessenen Schnittkraftverlauf, die verwendeten Versuchsproben und schematisch die realisierte Signalverarbeitung. Der Spanungsvorgang erfolgt im Orthogonalschnitt. Die Werkzeugschneide trifft mit hoher Geschwindigkeit auf die Versuchsprobe auf, schneidet aber wegen der Probenform nicht mit voller Spanungsdicke an, damit der Eintrittsstoß gedämpft wird. Über einen Schnittweg von ca. 5–6 mm ist die realisierte Spanungsdicke annähernd konstant, was sich auch im Signalverlauf widerspiegelt. Der Eintrittsstoß führt jedoch erwartungsgemäß dazu, dass das Signal von einer Schwingung

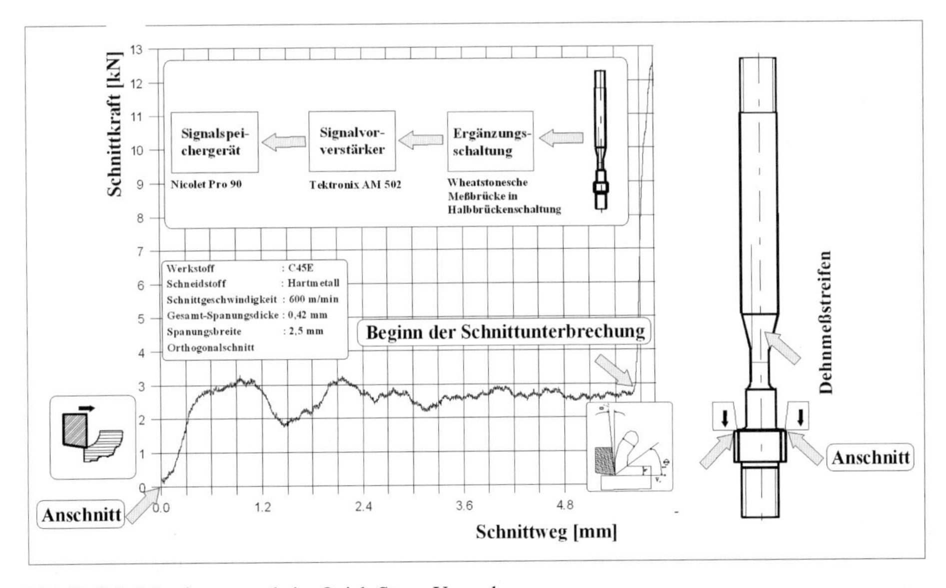

Bild 13: Schnittkraftmessung beim Quick-Stopp-Versuch

überlagert wird, die mit zunehmender Schnittzeit ausklingt. Mit diesem Aufbau ist es möglich, auch bei hohen Schnittgeschwindigkeiten quasi exakte Schnittkräfte zu bestimmen. Beim schlagartigen Versuchsabbruch durch die Schnellstoppeinrichtung kommt es zu einem schnellen Signalanstieg, der aus dem beginnenden Zerreißvorgang der Versuchsprobe entsteht und nicht mehr dem Spankraftsignal zugeordnet werden kann. Die Signalerzeugung und -verarbeitung erfolgt wie im oberen Bildteil dargestellt.

17.5.1 Korrelation von Druck/Scherergebnissen mit der Spanbildung

In Zusammenarbeit mit dem PhM und der PTW Darmstadt wurden umfangreiche Untersuchungen zur Korrelation der Spanbildung mit Druck/Scherversuchen durchgeführt. Dabei zeigte sich eine sehr gute Übereinstimmung zwischen den am LWM durchgeführten Scherversuchen und den realen Spanversuchen der PTW. Es wurden verschiedene Werkstoffe untersucht. Bei allen Werkstoffen zeigte sich die gleiche eindeutige Abhängigkeit. Die Scherneigung eines Werkstoffes, die sich durch den D/S Versuch ermitteln lässt, steht im eindeutigen Zusammenhang, ob sich beim Hochgeschwindigkeitspanen ein Fließ- oder Segmentspan einstellt. Die Ergebnisse sind in diesem Buch im von der PhM Darmstadt ("Exner, H. E.; Blümke, R.: Microstructure – A Dominating Parameter for Chip Forming During High Speed Milling") erstellten Kapitel enthalten.

17.5.2 Anwendung der Methode der Visioplastizität

Die Methode der Visioplastizität geht auf Thomsen, Jang und Bierbower /16/ zurück. Erste Versuche einer rechnergestützten Auswertung der Rasterverformungen und deren Anwendung auf Fließpressvorgänge stammen von Palmer und Oxley und sind in /17/ veröffentlicht. Heutzutage existiert eine große Anzahl von Veröffentlichungen zu diesem Thema bzw. zur breiten Anwendung dieser Methode. Einen sehr guten umfassenden Überblick mit detaillierten Hinweisen zur Auswertung stammt von Weber /Leopold/ Schmidt /18/. Es gibt eine Vielzahl von Verfahren die auf der Methode der Visioplastizität beruhen. Die am häufigsten im Einsatz befindlichen Feldmessverfahren zeigt Tabelle 3 im Überblick.

Das grundsätzliche Prinzip der Visioplastizität besteht aus dem Aufbringen eines Gitters orthogonaler Linien auf eine in der Bewegungsrichtung liegende Symmetrieebene des zu verformenden Körpers. Dabei ist grundsätzlich immer eine Linienschar im unverformten Raster parallel zur Bewegungsrichtung des Werkzeuges. Diese Linien verformen sich während des Fließvorganges zu Stromlinien. Die dazu orthogonalen Linien bezeichnet man als Potentiallinien. Die diskreten Rasterpunkte einer k-ten Stromlinie, die in steigender Reihenfolge mit dem Index i versehen sind, werden in einem beliebigen ortsfesten kartesischen Koordinatensystem mit (x_{1i}; x_{2i}; . . .) bezeichnet. Wenn mehrere Bilder während des Verformungsvorganges mit einem bekannten definierten zeitlichen Abstand vorhanden sind, kann zusätzlich dazu die zur i-ten Linie gleichen Zeitunterschieds gehörende Zeit t_i mit dem Wert $t_i = (i - 1)\,\Delta t$ mit in die Auswertung einbezogen werden. Aus der Literatur ist bekannt, dass eine vollständige, durch Interpolationsmethoden im Gesamtintervall der Stromlinie, Approximation nicht oder nur in seltenen Fällen z. B. mit sehr kleinen Verformungen gelingt. Bei der Vorgabe einer hinreichenden Genauigkeit muss der Grad des Interpolationspolynoms entsprechend hoch gewählt werden, was aber zu starken Abweichungen („Welligkeit") des Polynoms zwischen den Stützstellen führt, so dass die Approximation sehr schlecht sein kann.

Tabelle 3: Übersicht der Feldmessverfahren /18/

Verfahren	Modell Objekt	statisch / dynamisch	Verformungs-verhalten	Genauigkeit
Strahlungs-optik Durch-strahlung	Modell	vorrangig statisch, dynamisch hoher Aufwand, Ebene und räumlich	elastisch elast.-plast. (plastisch)	bis zu 10 Ordnungen Teile: 1/10 Ordnung qualitative Unter-suchungen
Reflexion	Objekt (Modell)	stat. und dyn. Untersuchungen	elastisch	bis zu 4 Ordnungen Teile: 1/10 Ordnung qualitative Untersu-chungen 1/1000 mm
Reißlack-verfahren	Objekt	stat. / dyn. (Feld)	elastische Ver-formung	qualitativ bis $\varepsilon \approx 10^{-3}$ Fehler ca. 10 %
Holografische Interferometrie	Objekt	stat./Dyn.	wie Strahlungs-optik (Kopieren)	ähnlich Moiretechnik
Visioplastizität	Objekt/ Modell	stat. bzw. insta-tionäres Fließen	thermovisko-plast., thermo-viskoses, thermo-visko-elastisches Fließen	Feldmessverfahren kleiner 10 %

Deswegen wurde auf die in /18/ empfohlene Methode der Stromlinienapproximation durch glättende kubische Splines zurückgegriffen. Dabei wird nicht über den gesamten Bereich ein einziges Polynom, sondern über Teilintervalle stückweise Polynome angesetzt. Aus der Literatur /18/ ist bekannt, dass sich hierfür besonders Splines (Polynome dritten Grades) eignen, da sie in ihren Randpunkten zweimal stetig differenzierbar sind. Das Problem vereinfacht sich sehr stark, wenn zwischen den Stützstellen äquidistante Zeitabstände vorliegen. Die Ausgleichsfunktion $x(t)$ im Intervall (t_i, t_{i+1}) für $i = 1, ..., n-1$, hat dann die folgende Gestalt:

$$\overline{x}(t) = f_i(t) = a_i\left(\frac{t-t_i}{\Delta t}\right)^3 + b_i\left(\frac{t-t_i}{\Delta t}\right)^2 + c_i\left(\frac{t-t_i}{\Delta t}\right) + d_i \quad \text{mit } t_i = t_1 + (i-1)\Delta t \qquad (17.5.1)$$

Die für die Auswertung notwendige Forderung nach zweimaliger stetiger Differenzierbarkeit an den Randpunkten des Intervalls $(i; i+1)$ führt zu den folgenden Kopplungsbedingungen:

$$\begin{aligned} f_i(t_{i+1}) &= f_{i+1}(t_{i+1}) \\ f_i'(t_{i+1}) &= f_{i+1}'(t_{i+1}) \quad i = 1, \ldots, n-2 \\ f_i''(t_{i+1}) &= f_{i+1}''(t_{i+1}) \end{aligned} \qquad (17.5.2)$$

Da $\overline{x}(t)$ eine ausgleichende Funktion haben muss, ist folgende Zusatzbedingung notwendig:

$$w: [x(t_i) - f_i(t_i)] = g_i \quad i = 1, \ldots, n \qquad (17.5.3)$$

wobei gelten muss:

$$\begin{aligned} g_1 &= f_1'''(t_1) \\ g_k &= f_k'''(t_k) - f_{k-1}'''(t_k);\ k = 2, \ldots, n-1 \\ g_n &= -f_{n-1}'''(t_n) \end{aligned} \tag{17.5.4}$$

In /18/ wird gezeigt, dass sich für den Fall $w \rightarrow \infty$ $x(t_i) = f_i(t_i)$ ergibt und man somit eine exakt durch die vorgegebenen Punkte gehende interpolierende Splinefunktion erhält und das für $w \rightarrow 0$ sich eine im Sinne der Methode der kleinsten Fehlerquadrate für (x, t_i) eine ausgleichende Gerade ergibt. D. h. also, für $0 < w < \infty$ ist für kleine w der Ausgleich stärker, und für große Werte von w die Interpolation. Es ist daher möglich, durch eine gezielte Wahl von w eine gewichte Summe der quadrierten Abweichungen $x(t_i) - f_i(t_i)$ zu erreichen. Der Parameter w wird im Allgemeinen so gewählt, dass die Anpassung in den Grenzen der Messfehler (typisch ± 0,02 mm) erfolgt. Leider reicht in den meisten Fällen die Spline-Approximation der Stromlinien allein nicht aus, um die für die weitere Aufbereitung der Daten notwendige „Glattheit" zu sichern. Aus diesem Grund hat sich ein anschließender zweidimensionaler Ausgleich als vorteilhaft erwiesen. Auf einer Herleitung der entsprechenden Beziehungen soll an dieser Stelle verzichtet werden. In /18/ wird die Vorgehensweise ausführlich behandelt. Auf Grund der oben genannten Möglichkeiten hat sich die Methode der Visioplastizität als ein geeignetes Mittel zur Untersuchung plastischer Fließvorgänge etabliert. Da die Methode der Visioplastizität auf der Applikation einer Rasterstruktur (üblich sind orthogonale Linien oder auch Punktraster) beruht, ist es notwendig, thermisch und auch mechanisch stabile Raster zu verwenden, die den hohen Belastungen einer Hochgeschwindigkeitsspanung widerstehen können. Darüber hinaus muss das Raster den Anforderungen an die Auflösung und Genauigkeit ausgewählt werden. In Tabelle 4 sind die wichtigsten Rasterapplikationsverfahren zusammenfassend dargestellt.

Tabelle 4: Methoden zur Rasterapplikation /18/

Rastertyp	Herstellungsverfahren	Liniendichte
Schichtraster	Kleben	< 100 Linien / mm
	Druck	< 10 Linien / mm
	fotochemisches Beschichten	< 500 Linien / mm
eingearbeitete Raster	mechanisch einarbeiten (Ritzen, Fräsen, Hobeln)	< 3 Linien / mm
	thermisch einarbeiten (Laser)	< 20 Linien / mm
	chemisch einarbeiten (Fotolithographie, Erodieren, Ätzen)	bis zu 100 Linien / mm

Bei den bisherigen Untersuchungen wurde zunächst, auch im Hinblick auf die Genauigkeit, damit begonnen, Versuche mit fotochemisch aufgebrachten Rastern durchzuführen. Es zeigt sich jedoch sehr schnell, dass dieser Rastertyp nicht für den Anwendungsfall des Spanens geeignet war. Die Raster waren thermisch nicht stabil. Aus diesem Grund wurde dazu übergegangen, mit thermisch mittels Laser, eingearbeiteten Rastern zu experimentieren. Die Raster, die federführend am IFQ entwickelt und hergestellt wurden, wurden in der am LWM vorhandenen, im RSO integrierten Quickstoppeinrichtung geprüft. Dabei wurde mit einer breiten Variation der Rasterparameter versucht, ein für diesen Anwendungsfall optimales Raster zu finden. Die Proben wurden vor dem Lasern poliert, bzw. sandgestrahlt, mit TiN, TiCN beschichtet oder unbeschichtet eingesetzt. Die Linienabstände und -breiten wurden variiert. Auf diese Art und Weise stellte sich heraus, dass Ritzen, Hobeln, Fräsen und Lasereinbrennen sehr gut für mechanisch und thermisch hochbeanspruchte Raster geeignet sind. Dabei ist allerdings zu beachten, dass die Linienabstände nicht zu klein gewählt werden sollten. Für diesen Anwendungsfall stellten sich Laserraster der Größe 0,2 × 0,4 mm als die bisher untere Grenze heraus. In Bild 14 ist jeweils ein Raster vor und nach dem Versuch gezeigt. Das 0,15er Raster ist nach dem Versuch nicht mehr zu erkennen und damit nicht auswertbar. Die Genauigkeit der Ergebnisse ist direkt von der Liniendichte in Span abhängig. Die maximale noch auswertbare Liniendichte pro mm liegt bei ca. 10 Linien.

Der Vorteil der Visioplastizität im Vergleich zu anderen Rasterverfahren besteht in der Kombination einer rein geometrischen Verschiebungsmessung mit fundamentalen mechanischen und thermodynamischen Grundgesetzen.

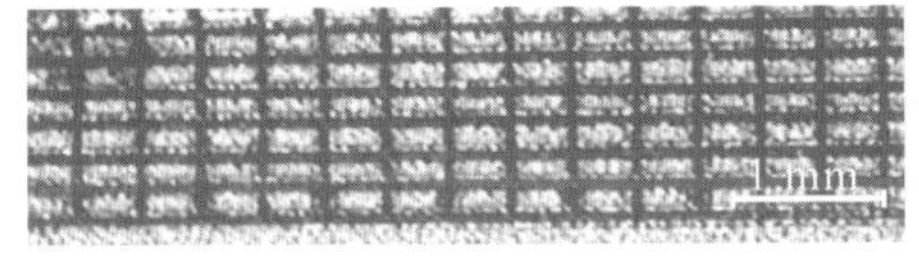

Span 8.2 rechts, 0,2 Raster

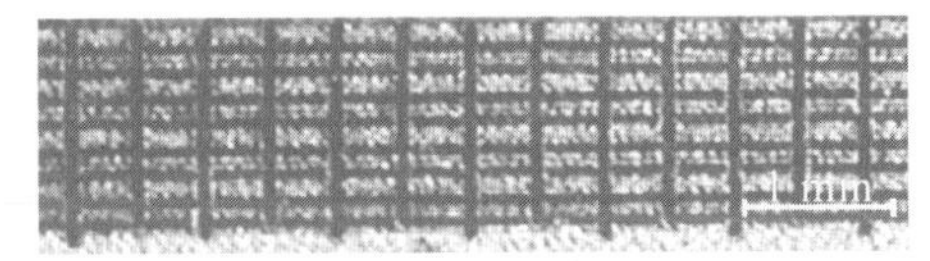

Span 4.2 links, 0,15 Raster

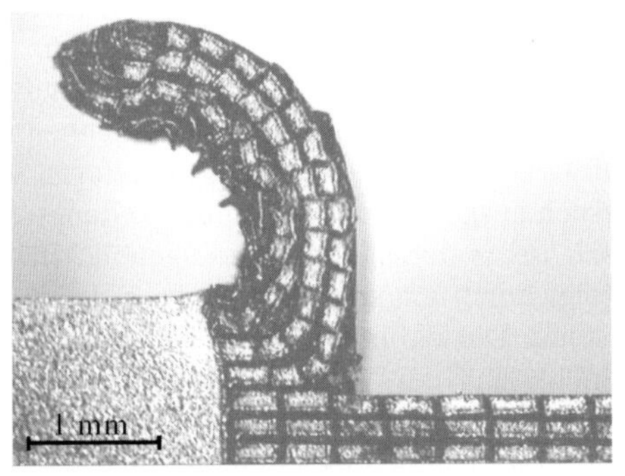

Span 8.2 rechts, 0,2 Raster, Raster auswertbar

Span 4.2 links, 0,15 Raster, Raster nicht auswertbar

Bild 14: Abbildungen von Rastern 0,2 mm und 0,15 mm vor bzw. nach dem Versuch

Grundsätzlich sind zwei unterschiedliche Versuchstechniken möglich. Die sogenannte „Einfrier"-Technik und die In-situ-Technik. Beide Verfahren wurden bei den gemeinsamen Untersuchungen vom IFQ und LWM verwendet. An dieser Stelle soll nur die „Einfrier"-Technik hinsichtlich des Versuchsaufbaus sowie der Versuchsauswertung näher erläutert werden. Zur Anwendung kommen geteilte Proben, Bild 15.

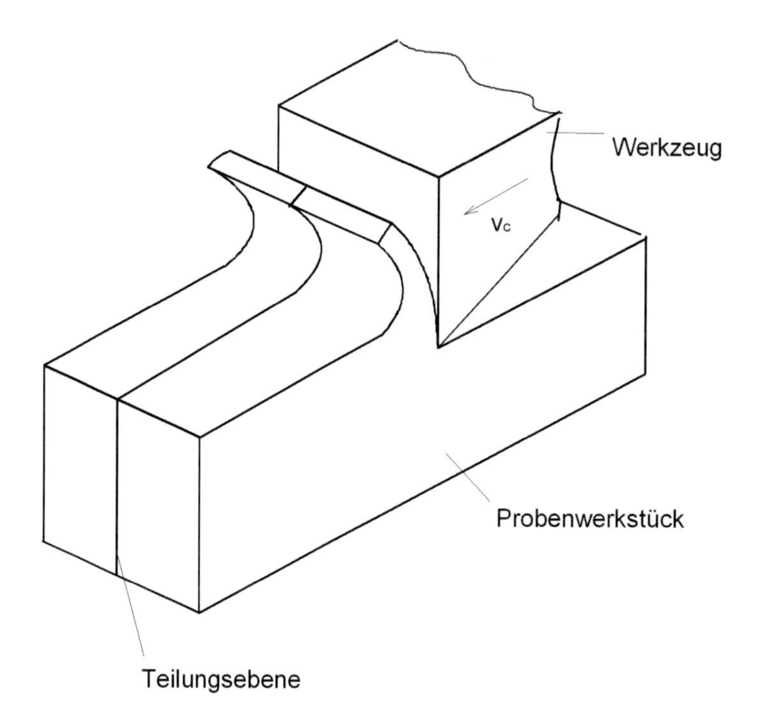

Bild 15: Schematische Darstellung einer geteilten Probe

Diese Probenform soll einen für eine richtige Auswertung notwendigen, ebenen Deformationszustand garantieren. Die Raster sollten bei symmetrischen Werkstücken in der Symmetrieebene aufgebracht werden, da dort keine störenden Schubspannungen auftreten. Um vergleichbare Ergebnisse zu erhalten, dürfen in der Teilungsebene ausschließlich Drucknormalspannungen wirken, damit sich das geteilte Werkstück ebenso verformt wie ein ungeteiltes. Die Probe wird nach dem Versuch ausgebaut und das in der Teilungsebene befindliche Objektgitter ausgemessen. Dazu ist es notwendig, den augenblicklichen Deformationszustand „einzufrieren". Dies erfolgt durch ein schnelles Stoppen der Relativbewegung zwischen Werkzeug und Werkstück. Die dafür erforderliche Bremszeit t_B sollte so kurz wie möglich sein, um die Veränderung des Werkstoffflusses durch den Auslaufvorgang vernachlässigbar klein zu halten. Dies ist durch die Quickstoppvorrichtung garantiert. In Bild 16 ist die mikroskopische Aufnahme eines Spanes aus C45E mit einer Spanungsdicke von ca. 0,6 mm dargestellt.

Daneben ist in Bild 17 das dazugehörende Stromlinienbild mit den Potentiallinien gezeigt. Diese Stromlinienanalyse ist der Ausgangspunkt für alle weiteren Berechnungen wie Spannung, Temperatur, Dispersionsenergie usw. Die Auswertung der Rasterstruktur erfolgt halbautomatisch.

Die Lage aller Punkte in einem beliebigen ortsfesten kartesischen Koordinatensystems wird mehrfach bestimmt und mit dem Mittelwert wird die Rechnung fortgesetzt. Das weitere Vorgehen zur Auswertung ist schematisch in Bild 18 gezeigt.

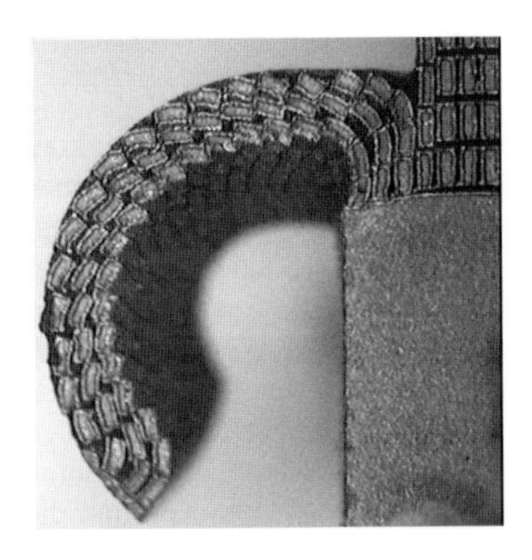

Bild 16: Span C8links

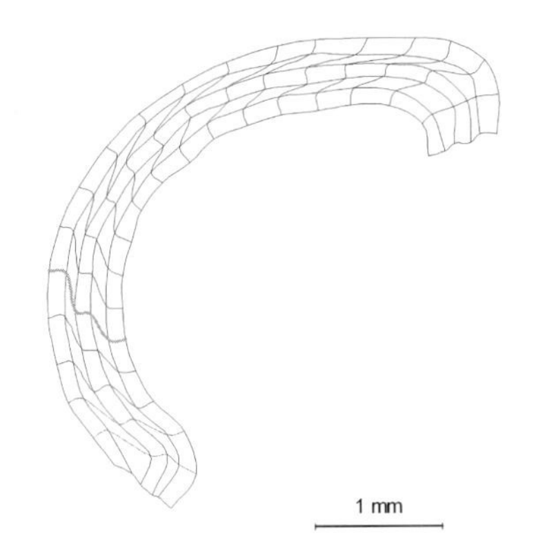

Bild 17: Stromlinienanalyse des Span C8links

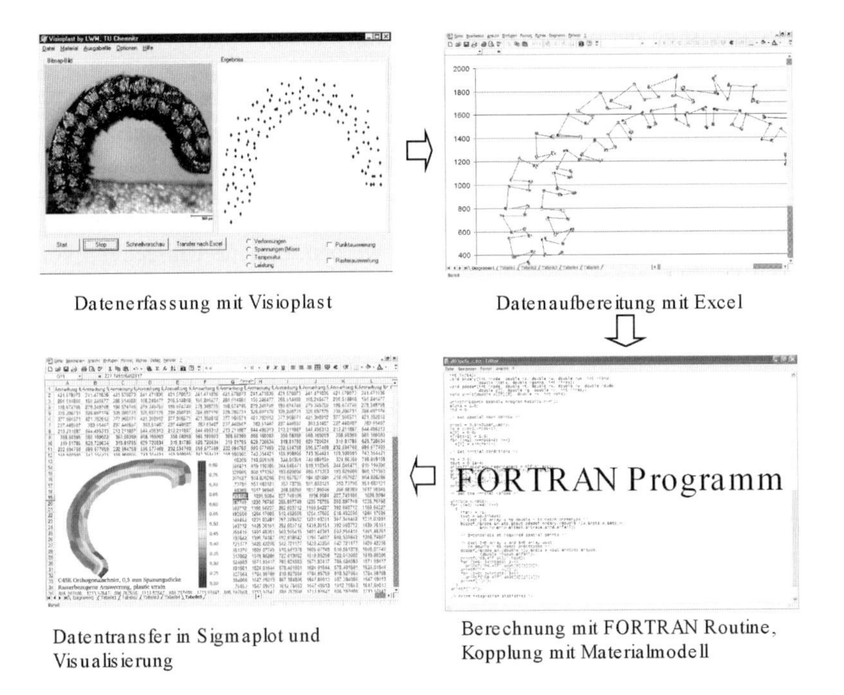

Bild 18: Schematische Vorgehensweise zur Auswertung

Nachdem die Daten erfasst wurden, werden sie über ein Interface an ein Fortranprogramm übergeben. Dieses Programm beinhaltet die notwendigen Grundgleichungen wie z. B. die Kontinuitätsbeziehung und die Gleichgewichtsbedingungen zur Berechnung der Deformation und der Deformationsgeschwindigkeiten. Wenn nur Fließgeschwindigkeiten, Deformationen und Deformationsgeschwindigkeiten bestimmt werden sollen, wird kein Stoffgesetz benötigt. Deshalb eignet sich diese Methode gut zur Bestimmung von Randbedingungen für die FEM oder zur Verifizierung numerischer Lösungen.

17.6 Zusammenfassung

Im Rahmen des hier vorgestellten Teilprojektes wurden neuartige Prüfeinrichtungen konstruiert, erprobt und für die Ermittlung von Werkstoffkenndaten unter teilweise extremen Belastungsbedingungen validiert. Mit Hilfe dieser Vorrichtungen war es erstmals möglich, bei hohen Temperaturen (T_{max} = 1200 °C), hohen Dehngeschwindigkeiten (10^4 1/s) und gleichzeitig sehr großen Dehnungen ($\varphi > 2$) verlässliche Werkstoffkenndaten zu ermitteln. Dadurch wurde es möglich, Werkstoffmodelle für die beiden Werkstoffe C45E und 40MnCrMo7 den Simulationsprojekten für die numerische Simulation des Hochgeschwindigkeitspanens zur Verfügung zu stellen. Es ist geplant, die bereits erwähnten Scherversuche bei hohen Verformungen und Temperaturen in die Modelle zu integrieren und auf diese Art und Weise die bisherige Lücke in den Modellen zu schließen und die gemessenen Werkstoffkenndaten damit zu vervollständigen. Durch das Wegfallen der bisher notwendigen Interpolation auf große Verformungen und Temperaturen wird sich die Realitätsnähe der numerischen Simulationen weiter verbessern. Die vorgestellte Methode der Visioplastizität ist zu der notwendigen Validierung von Simulationsergebnissen hervorragend geeignet. Alle Ergebnisse des Projektes sind in /19/ noch einmal ausführlich dargestellt.

Es konnten messtechnische Erkenntnisse im Rahmes diese Projektes erarbeitet werden, die die Ermittlung von Werkstoffkenndaten unter außergewöhnlichen Belastungsbedingungen zulassen. Diese Kenntnisse werden auch in zukünftigen Projekten Anwendung finden können.

Leider konnte bisher noch nicht abschließend geklärt werden, ob eine Umrechung von Zug und Druck-Spannungen auf Scherspannungen nach v. Mises oder Tesca, insbesondere bei höheren Dehnungen zulässig ist, da diese Vergleichspannungshypothesen nur für die Elastizitätsgrenze formuliert wurden. Das Ergebnis dieser Untersuchen wird separat veröffentlicht werden.

In Zusammenarbeit mit dem PhM und der PTW Darmstadt wurden Untersuchungen zur Korrelation der Spanbildung mit Druck/Scherbelastungen durchgeführt. Bei allen untersuchten Werkstoffen zeigte sich eine eindeutige Abhängigkeit: Die Scherneigung eines Werkstoffes steht im direkten Zusammenhang damit, ob sich bei ein Fließ- oder Segmentspan bildet.

Die Autoren bedanken sich bei der Deutschen Forschungsgemeinschaft (DFG) für die langjährige Förderung des Projektes.

17.7 Quellenverzeichnis

[1] Meyer, L. W.; Halle, T.: Dynamische Prüfung von C45E und 40CrMnMo7 bei erhöhten Temperaturen und gleichzeitig erhöhten Dehngeschwindigkeiten unter Zugbeanspruchung, Tagungsband Werkstoffprüfung 2000 in Bad Nauheim, DVM, S. 349–358, ISSN 0941-5300

[2] Kocks, U. F.: Unified Equations for Creep and Plasticity, A. K. Miller (ed.), Elsevier Appl. Sci., N.Y., 1 (1987)

[3] Meyer, L. W.; Staskewitsch, E.: Modellgesetze zum Werkstoffverhalten unter hohen Belastungsgeschwindigkeiten, 1991

[4] Treppmann, C.: Fließverhalten metallischer Werkstoffe bei Hochgeschwindigkeitsbeanspruchung, LFW-Mitteilung Juli 2001
[5] Halle, Th.: Erstellen von Stoffgesetzen für das HSC Fräsen, Vorträge zum Kolloquium des Schwerpunktprogramms der DFG, , Preprint Nr. 7/2001
[6] Ludwick, P.: Über den Einfluss der Deformationsgeschwindigkeit bei bleibenden Deformationen mit besonderer Berücksichtigung der Nachwirkungserscheinungen, Physikalische Zeitschrift, 10 (1909) 12, S. 411–417
[7] Hollomon, J. H.: Tensile deformation, Trans. AIME, 162 (1945), 268–290
[8] Swift, H. W.: Plastic instability under plane stress, J.Mech. Phys. Solids, 1 (1952), 18
[9] Zener, C.; Hollomon, J. H.: Problems in Non-Elastic Deformation of Metals, Journal of Applied Physics, Vol. 17, 81946), S. 69–90
[10] Johnson, G. R.; Cook, W. H.: in Proc. 7th Internat. symposium on Ballistic, The Hague, 541 (1983)
[11] Zerilli, F. J.; Armstrong, R. W.: J. Appl. Phys., 61, No. 5, 1816 (1987)
[12] Follansbee, P. S.: Hogh-Strain-Rate deformation of FCC Metals and alloys, Metallurgical Applications of shock-Wave and High-Strain-Rate Phenomena, Eds. L. E. Murr, K. P. Staudhammer, M. A. Meyers; New York, 1986
[13] Macherauch, E.; Vöhringer, O.: Werkstofftechnik 9, (1978), S. 370–391
[14] Tönshoff, H. K. et al.: Beratung der Arbeitsgruppe Technologie (im Rahmen des DFG-Schwerpunktprogramms: Spanen metallischer Werkstoffe mit hohen Geschwindigkeiten), Braunschweig 1999
[15] Meyer, L. W.; Krüger, L.; Abdel-Malek, S.: Adiabatische Schervorgänge, Festigkeits- und Verformungsverhalten sowie Versagensablauf, Materialprüfung, Jahrg. 41 (1999) H. 1–2, S. 31–35
[16] Thomsen, E. G.; Yang, C. T.; Bierbower, J. B.: Ar. experimental investigation of the mechanics of plastic deformation of metals, University of California Publications in Engineering, 5 (1954) 4, 89–144
[17] Palmer, W. B.; Oxley, P. L. B.: Mechanics of orthogonal machining, Proc. Instn. Mech. Engrs. 173 (1959) 24, 623
[18] Weber; Leopold; Schmidt: Visioplastizität, wissenschaftliche Schriftenreihe der Technischen Hochschule Karl-Marx-Stadt 13/1985, ISSN 0323-6374
[19] Halle, T.: Untersuchungen zum mechanischen Werkstoffverhalten der Stähle C45E und 40CrMnMo7 und Korrelation mit HSC Spanergebnissen, Dissertation, TU Chemnitz, geplant 2004

18 Experimentelle und Numerische Untersuchungen zur Spanbildung beim Hochgeschwindigkeitsspanen einer Nickelbasislegierung

E. Uhlmann, R. Zettier

Kurzfassung

Dieser Beitrag hat die Erstellung und Verifizierung eines FEM-Modells zur spanenden Bearbeitung zum Inhalt. Die hier vorgestellten Arbeiten befassen sich mit dem Hoch-Geschwindigkeits-Drehen der Nickelbasislegierung Inconel 718. Mit Hilfe von FEM-Simulationen wurden die im Prozess auftretenden Schnittkräfte und Temperaturen in Abhängigkeit verschiedener Prozessparameter untersucht. Die Ergebnisse der Prozesssimulation hängen dabei entscheidend von der Modellierung des Materialverhaltens ab. Zur Verifizierung des FEM-Modells werden experimentelle Untersuchungen durchgeführt. Der Vergleich mit den experimentellen Ergebnissen zeigt die Qualität der Simulation und weist auf noch bestehende Defizite hin, welche den Schwerpunkt für künftige Arbeiten bilden.

Abstract

This paper contains the realization and verification of a FEM model of cutting. The work presented here addresses the high-speed-turning of the nickel-based alloy Inconel 718. The cutting forces and temperatures occurring in the process are analyzed with the help of FEM simulations against different process parameters. The results of the process simulation crucially depend on the modeling of the material behavior. Different experiments are carried out for the verification of the FEM-model. The comparison with the experimental results proves the quality of the simulation and points at existing deficits, which represent the focus of future work.

18.1 Einleitung

Ziel der hier vorgestellten Arbeit war es, eine Steigerung nutzbarer Schnittgeschwindigkeiten, Vorschübe und Schnitttiefen bei der Hochgeschwindigkeitsbearbeitung (HSC-Bearbeitung) der Nickelbasislegierung Inconel 718 (IN 718) zu erreichen. Nickelbasislegierungen zeichnen sich insbesondere durch eine hohe Warmfestigkeit aus. Diese Eigenschaft erschwert in erheblichem Maße die spanende Bearbeitung der betrachteten Werkstoffe [1, 2].

Um das gesetzte Ziel zu erreichen, wurde die HSC-Bearbeitung von IN 718 mit dem FE-Programm ABAQUS/Explicit simuliert. Durch eine enge Zusammenarbeit mit der Bundesanstalt für Materialforschung und -prüfung Berlin (*BAM Berlin*) [3] und dem Insti-

Hochgeschwindigkeitsspanen. Hrsg. H. K. Tönshoff und F. Hollmann

ISBN: 3-527-31256-0

tut für Experimentelle Physik der Otto-von-Guericke Universität Magdeburg (*IEP Magdeburg*) [4] sind theoretische und experimentelle Ansätze aus den Bereichen Fertigungstechnik, Kontinuumsmechanik sowie der Materialphysik erfolgreich zusammengeführt worden. Ergebnis dieser interdisziplinären Zusammenarbeit ist ein 3D-Simulationsmodell zur Abbildung des realen Drehprozesses.

Zur Quantifizierung der Auswirkungen einer Variation der Prozessparameter wurden entsprechende Modellvarianten erstellt. Dabei bezieht sich die Variation der Prozessparameter auf die Schnitttiefe und den Vorschub. Des Weiteren sollten der Einfluss des Eckenradius und der Abbildungsgenauigkeit des Werkzeugs durch die Simulation erfasst werden. Parallel zu den Berechnungen fanden am Institut für Werkzeugmaschinen und Fabrikbetrieb der TU Berlin (*IWF Berlin*) Zerspanuntersuchungen unter Variation der o. g. Stellgrößen statt. Der Vergleich der Simulationsergebnisse mit den Experimenten hinsichtlich der Schnittkräfte zeigt, dass sich mit dem hier vorgestellten Modell der Einfluss der genannten Kenngrößen abbilden lässt.

18.2 Experimentelle Untersuchungen

Die durchgeführten Experimente sollen zum besseren Verständnis des Spanbildungsprozesses bei der HSC-Zerspanung von IN 718 beitragen und der Verifizierung der FE-Zerpansimulationen dienen. Am *IWF Berlin* fanden Untersuchungen mit folgenden Schwerpunkten statt: Analyse der Verformungen in Spänen und Spanwurzeln, Bestimmung der Zerspankräfte unter verschiedenen Schnittbedingungen sowie Erfassung des Einflusses der Schnittparameter auf die neu entstehende Werkstückoberfläche.

Alle Experimente wurden beim Außenlängs-Runddrehen durchgeführt. Aufbauend auf den im Folgenden beschriebenen Basisversuch konnten durch Änderung der Halter- bzw. Wendeschneidplattengeometrie verschiedene Prozessvarianten realisiert werden. Die Wirkgeometrie des Basisexperiments ergibt sich aus der Kombination von Wendeschneidplatten des Typs SNGN 1207 08T01020 mit dem Werkzeughalter der Form CSSN L 2020M12-IC (Tab. 1). Bei dem verwendeten Schneidstoff handelt es sich um eine whiskerverstärkte Oxidkeramik vom Typ CC670 der Fa. SANDVIK, Schweden.

Tabelle 1: Wirkgeometrie beim Außenlängs-Runddrehen

Einstellgröße	Wert
Spanwinkel γ_o	−6°
Freiwinkel α_o	6°
Neigungswinkel λ_s	0°
Einstellwinkel κ_r	45°
Eckenradius r_ε	0,8 mm

Durch die bereits erwähnte Variation von Halter- bzw. Wendeschneidplattengeometrie konnte zusätzlich zu Stellgrößen wie Schnittgeschwindigkeit, Vorschub und Schnitttiefe auch die Wirkgeometrie bezüglich Eckenradius, Neigungswinkel sowie Spanwinkel geändert werden. Alle Zerspanexperimente wurden in Anlehnung an die Prozesssimulationen im Trockenschnitt durchgeführt.

Bei allen Experimenten kam der Werkstückwerkstoff IN 718 im lösungsgeglühten Zustand zum Einsatz. Für die Untersuchung der Spanmorphologie wurde ein Werkstückwerkstoff mit einem sehr homogenen und feinkörnigen Gefüge (Zustand IV, [4]) verwendet. Da die Messung der Zerspankräfte im Außenlängs-Runddrehen bei höheren Schnittgeschwindigkeiten realisiert werden sollte, musste auf Werkstücke mit größeren Durchmessern zurückgegriffen werden. Diese wiesen hingegen einen grobkörnigen Gefügezustand auf (Zustand I, [4]). In diesem Zusammenhang sei auf HOFFMEISTER „Thermomechanische Wirkmechanismen bei der Hochgeschwindigkeitszerspanung von Titan- und Nickelbasislegierungen“ [5] verwiesen, der sich mit den Auswirkungen des Gefügezustands auf die Spanbildung und die Schnittkräfte befasste.

18.2.1 Analyse der Verformung in Spänen

Ziel der hier vorgestellten Untersuchungen ist das bessere Verständnis des Spanbildungsprozesses bei der HSC-Zerspanung von IN 718. Die sehr arbeitsintensive Aufbereitung der Spanproben und die daran anschließende metallographische Auswertung wurden am *IEP Magdeburg* vorgenommen. Anhand von Querschliffen erfolgte die Bestimmung des Segmentierungsgrades G_s [6], der Segementbreite w'_{seg} sowie der Scherbanddicke d (Bild 1).

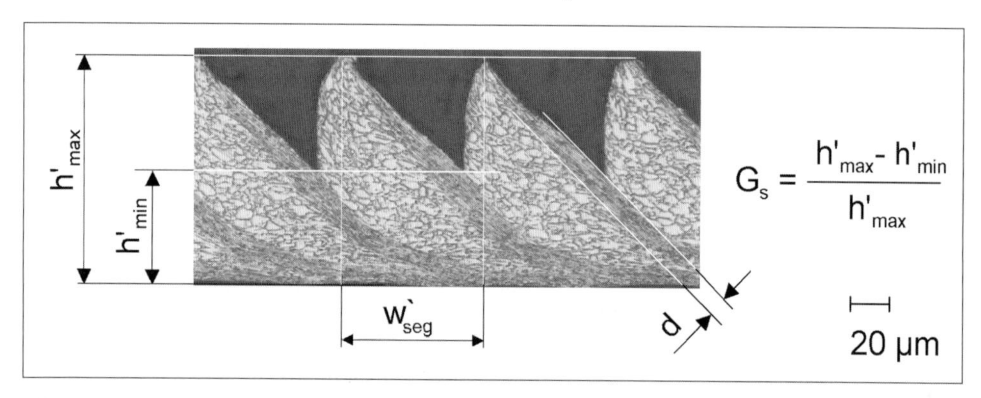

Bild 1: Segmentspan mit charakteristischen Kenngrößen

Bei den Experimenten zur Erzeugung von Spänen zur späteren Auswertung am *IEP Magdeburg* kam eine CNC-Schrägbett-Drehmaschine TNS 30 der Fa. *TRAUB, Reichenbach/Fils,* Deutschland zum Einsatz. Die Wirkgeometrie entsprach der des bereits vorgestellten Basisexperiments.

Gegenstand der Untersuchungen waren die Einflüsse der Schnittgeschwindigkeit v_c und des Vorschubs f auf die Spanbildung. Dazu wurde die Schnittgeschwindigkeit v_c bei einem Vorschub f von 0,10 mm schrittweise von 50 m/min bis auf 400 m/min erhöht. Die Vorschubvariation erfolgte bei einer Schnittgeschwindigkeit von v_c = 100 m/min. Der Variationsbereich des Vorschubs lag zwischen f = 0,06 mm und f = 0,20 mm. Die Schnitttiefe a_p betrug bei allen Versuchen 0,5 mm.

18.2.1.1 Einfluss der Schnittgeschwindigkeit auf die Spanbildung

In diesem Abschnitt wird der Einfluss der Schnittgeschwindigkeit auf die Spanbildung, insbesondere auf den Segmentierungsgrad G_s, die Segmentbreite w'_{seg} und die Scherbanddicke d diskutiert. Bild 2a zeigt REM-Aufnahmen von Spanquerschnitten. Die dazugehörigen Spanproben wurden bei Schnittgeschwindigkeiten v_c von 50 m/min, 100 m/min und 300 m/min erzeugt. Bild 2b stellt darüber hinaus die Ausprägung des Segmentierungsgrads G_s, der Segmentbreite w'_{seg} und der Scherbanddicke d in Abhängigkeit der Schnittgeschwindigkeit v_c dar. Wie aus Bild 2a ersichtlich, bildet sich bei einer Schnittgeschwindigkeit von v_c = 50 m/min ein Fließspan aus, so dass damit Angaben hinsichtlich der zu betrachtenden Größen G_s, w'_{seg} und d entfallen. Eine Erhöhung der Schnittgeschwindigkeit auf v_c = *100* m/min führt zur Segmentspanbildung. Wird die Schnittgeschwindigkeit bis auf v_c = 300 m/min gesteigert, so nimmt auch der Segmentierungsgrad zu. Dabei ist der größte Anstieg des Segmentierungsgrades bei der Erhöhung der Schnittgeschwindigkeit von v_c = 100 m/min auf v_c = 150 m/min zu verzeichnen. Danach fällt die Zunahme des Segmentierungsgrades deutlich geringer aus.

Bei den durchgeführten Experimenten ist ein Maximum des Segmentierungsgrads G_s bei einer Schnittgeschwindigkeit von v_c = 300 m/min zu verzeichnen. Die Versuche bei einer Schnittgeschwindigkeit v_c = 400 m/min weisen auf den Rückgang des Segmentierungsgrades im betrachteten Schnittgeschwindigkeitsbereich hin.

Wie in Bild 2b ersichtlich ist, bewirkt die Erhöhung der Schnittgeschwindigkeit v_c eine Abnahme der Segmentbreite w'_{seg}. Im mittleren Schnittgeschwindigkeitsbereich zwi-

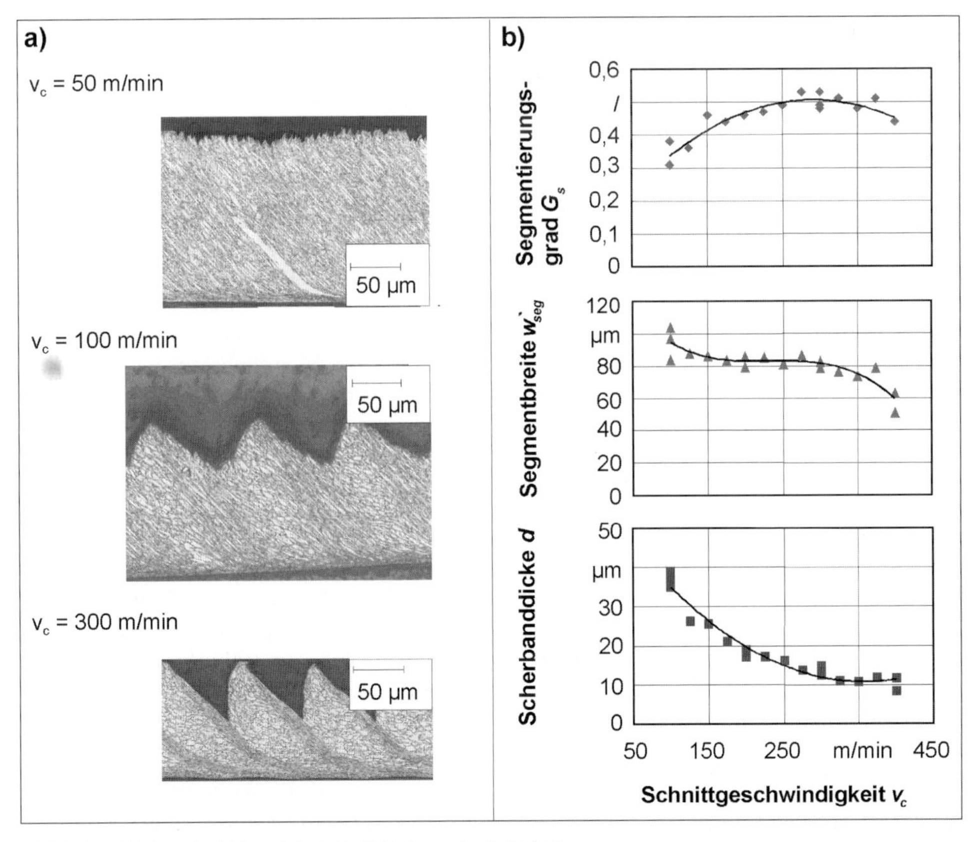

Bild 2: Spanbildung in Abhängigkeit der Schnittgeschwindigkeit v_c

schen $v_c = 200$ m/min und $v_c = 300$ m/min bleibt die Segmentbreite jedoch konstant. Die ausgeprägtesten Veränderungen der Segmentbreite ergeben sich in den Schnittgeschwindigkeitsbereichen von $v_c = 100$ m/min bis $v_c = 200$ m/min und $v_c = 300$ m/min bis $v_c = 400$ m/min.

Die Scherbanddicke *d* weist nach Bild 2b in dem hier betrachteten Schnittgeschwindigkeitsbereich anfangs einen starken Abfall auf. Ab einer Schnittgeschwindigkeit von 250 m/min verringert sich der Rückgang der Scherbanddicke, um sich danach auf einen konstanten Wert einzustellen. Ausgehend von einer Scherbanddicke von $d = 35$ µm bei einer Schnittgeschwindigkeit von $v_c = 100$ m/min sinkt die Scherbanddicke mit Erhöhung der Schnittgeschwindigkeit auf $v_c = 400$ m/min auf einen Wert von etwa $d = 10$ µm ab.

In Bild 2a ist zu erkennen, dass das so bezeichnete Scherband (bei $v_c = 100$ m/min und $v_c = 300$ m/min) ein Bereich höherer plastischer Verformung ist. Neben dieser Zone existiert im Spansegment selbst ein Gebiet, in dem ein relativ unverformtes Gefüge vorliegt. Mit zunehmender Schnittgeschwindigkeit nimmt die Ausdehnung der Zone hoher plastischer Verformung ab, während der in ihr vorherrschende Verformungsgrad zunimmt. Die in CLOS et al. „Verformungslokalisierung und Spanbildung im Inconel 718" [4] vorgestellten Untersuchungen des *IEP Magdeburg* zum Hopkinson-Orthogonalspanen belegen, dass die Lokalisierung der plastischen Verformungen bei hohen Schnittgeschwindigkeiten (etwa 1000 m/min) bis hin zur Ausbildung eines „adiabatischen Scherbands" fortschreitet. Dabei nimmt die Scherbanddicke bis auf wenige Mikrometer ab.

18.2.1.2 Einfluss des Vorschubs auf den Spanbildungsprozess

Auch für die Variation des Vorschubs *f* erfolgt die Darstellung des Segmentierungsgrades G_s, der Segmentbreite w'_{seg} und der Scherbanddicke *d* in Form von Diagrammen (Bild 3b). Bei einem Vorschub von $f = 0{,}06$ mm bildete sich in zwei von drei Versuchen ein Fließspan aus, so dass auch in diesem Fall die Angaben für den Segmentierungsgrad G_s, die Segmentbreite w'_{seg} und die Scherbanddicke *d* entfallen. Im Vorschubbereich von $f = 0{,}1$ mm bis $f = 0{,}2$ mm nimmt der Segmentierungsgrad Werte zwischen $G_s = 0{,}24$ und $G_s = 0{,}37$ an. Die Betrachtung der Messpunkte lässt jedoch keine eindeutige Aussage zum Verhalten des Segmentierungsgrads G_s in Abhängigkeit des Vorschubs zu. Interessant ist der Unterschied zwischen den Werten bei den Vorschüben $f = 0{,}08$ mm und $f = 0{,}10$ mm. Hier steigt der Segmentierungsgrad von $G_s = 0{,}24$ auf rund $G_s = 0{,}33$ an. Dies kann durch die bei Vorschüben *f* um 0,06 mm bis 0,08 mm einsetzende Segmentierung bedingt sein.

Die Segmentbreite steigt linear mit wachsendem Vorschub an. Dabei nimmt sie Werte zwischen $w'_{seg} = 96$ µm bei einem Vorschub von $f = 0{,}08$ mm und $w'_{seg} = 146$ µm bei $f = 0{,}2$ mm an. Die Scherbanddicke *d* nimmt ebenfalls mit wachsendem Vorschub *f* von $d = 38$ µm bis auf einen Betrag von ungefähr $d = 52$ µm zu. Diese Erhöhung der Scherbanddicke *d* vollzieht sich im gesamten Vorschubbereich von $f = 0{,}08$ mm bis $f = 0{,}20$ mm. Der Anstieg der Scherbanddicke nimmt zu größeren Vorschüben hin ab (Bild 3b).

Eine Erklärung für eine mögliche Unabhängigkeit des Segmentierungsgrads G_s vom Vorschub *f* liegt im gleichzeitigen Anstieg der Segmentbreite und der Scherbanddicke. Weitet sich der Bereich hoher plastischer Verformungen aus, so unterliegen die einzelnen Körner des Gefüges einer geringeren plastischen Verformung. Dadurch erfolgt kein Versagen des Materials im Bereich des Scherbandes und der Segmentierungsgrad bleibt über den betrachteten Vorschubbereich nahezu konstant.

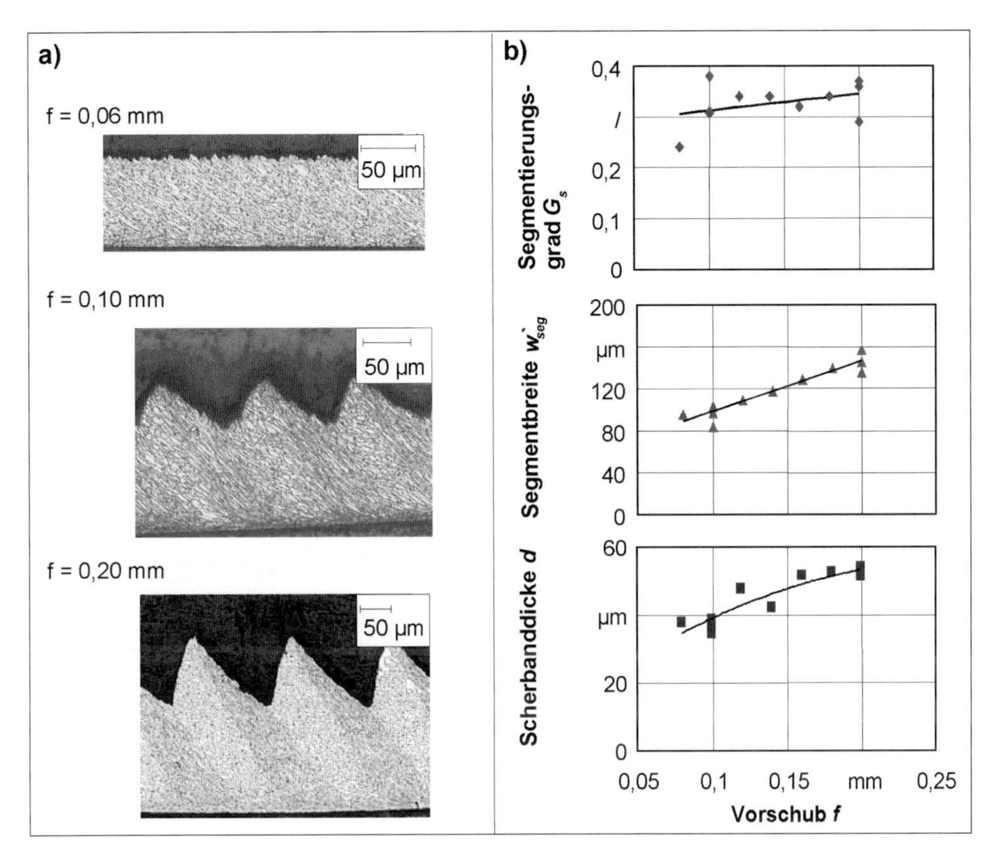

Bild 3: Spanbildung in Abhängigkeit des Vorschubs f

Die Untersuchungen zur Analyse der Verformung in Spänen zeigen einen deutlichen Einfluss der technologischen Parameter Schnittgeschwindigkeit v_c und Vorschub f auf die Spanbildung. Somit bilden diese Experimente eine Grundlage für die Verifizierung der Zerspansimulation.

18.2.2 Messung der Zerspankräfte

Die experimentell zu ermittelnden Schnittkräfte dienen der Verifizierung der mit Hilfe der FE-Analyse berechneten Belastungen des Werkzeuges. Im Mittelpunkt der hier vorgestellten Untersuchungen stand die ausführliche Variation der Schnittparameter und der Wirkgeometrie der Werkzeuge. Zur Messung der Zerspankraftkomponenten beim Außenlängs-Runddrehen sowie zur Bestimmung der Oberflächenqualitäten kam der im folgenden Abschnitt kurz beschriebene Versuchsaufbau zum Einsatz.

Die Zerspanversuche wurden auf einer Drehmaschine vom Typ VDF 180 C-U der Fa. *BOEHRINGER*, Deutschland, durchgeführt. Für die Untersuchungen kam ein Dynamometer vom Typ Z13764 der Fa. *KISTLER AG*, Schweiz, zum Einsatz. Die Kraftsignale des Dynamometers sind durch die drei daran angeschlossenen Ladungsverstärker (Typ 5011A) in Ausgangsspannungen umgewandelt worden. Die Ausgangssignale lagen im

Bereich von ± 10 V und verhielten sich proportional zu den Komponenten der Zerspankraft. Zur Datenerfassung diente ein PC mit einer installierten A/D-Wandlerkarte vom Typ DAS 1602. Die Weiterverarbeitung der Messwerte erfolgte mit der Software Testpoint.

Wie bereits in der Einleitung zu diesem Kapitel erwähnt, stand die Ermittlung der Zerspankräfte unter Veränderung der Schnittparameter und der Wirkgeometrie im Fokus der Untersuchungen. Dazu fanden Variationen des Vorschubs f, der Schnitttiefe a_p, des Eckenradius r_ε, des Neigungswinkels λ_s und des Spanwinkels γ_o statt. Alle Versuche fanden bei Schnittgeschwindigkeiten v_c von 200 m/min, 400 m/min, 600 m/min, und 800 m/min statt, um zusätzlich deren Einfluss auf die Kräfte und die Qualität der neu entstehenden Werkstückoberflächen belegen zu können.

In den Experimenten wurde Kerbverschleiß als dominierende Verschleißform beobachtet [7, 8]. Die Bestimmung der Zerspankraftkomponenten erfolgte im arbeitsscharfen Zustand der Schneiden. Dadurch sollte der Einfluss des Werkzeugverschleißes auf die Ergebnisse der Kraftmessung weitgehend ausgeschlossen werden. Der Werkzeugverschleiß selbst war nicht Gegenstand dieser Untersuchungen.

18.2.2.1 Einfluss des Vorschubs und der Schnittgeschwindigkeit auf die Zerspankräfte

Für die Vorschub- und Schnitttiefenvariation kam die im Basisexperiment beschriebene Kombination aus Wendeschneidplatte und -halter zum Einsatz. Bild 4 zeigt die Verläufe der Schnittkräfte für die Vorschübe $f = 0{,}1$ mm, $f = 0{,}15$ mm und $f = 0{,}2$ mm in Abhängigkeit der Schnittgeschwindigkeit v_c bei einer Schnitttiefe von $a_p = 0{,}5$ mm. Bei allen drei Vorschüben ist ein Rückgang der Schnittkräfte für höhere Schnittgeschwindigkeiten festzustellen. Die Verringerung der Schnittkräfte bewegt sich zwischen 13 % bei einem Vorschub $f = 0{,}1$ mm und 17 % bei den Vorschüben $f = 0{,}15$ mm bzw. $f = 0{,}2$ mm.

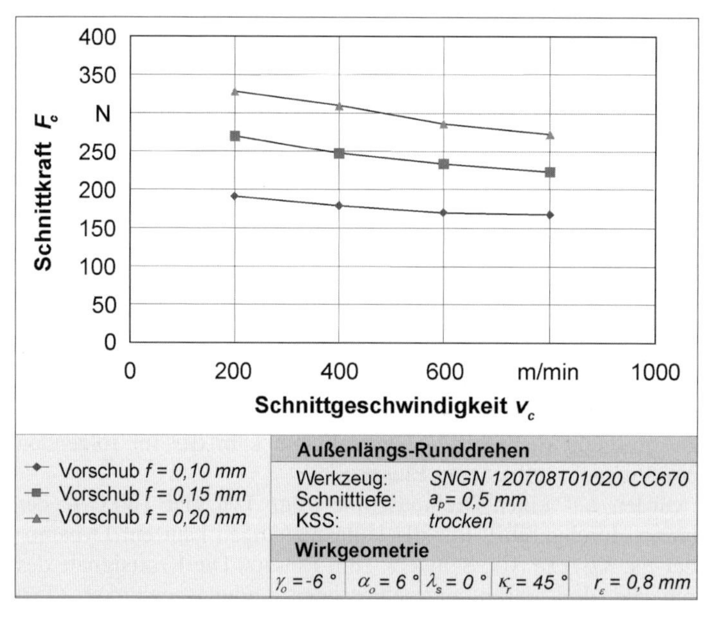

Bild 4: Schnittkräfte in Abhängigkeit des Vorschubs f und Schnittgeschwindigkeit v_c

Grundsätzlich weisen die Passiv- bzw. Vorschubkräfte eine den Schnittkraftverläufen ähnliche Tendenz auf. Die Passivkräfte stellen sich in etwa bei der Hälfte der Schnittkräfte ein, während die Vorschubkräfte die kleinste Zerspankraftkomponente darstellen. Auch hier ist ein Abfall der Kräfte bei Erhöhung der Schnittgeschwindigkeiten erkennbar.

18.2.2.2 Einfluss der Schnitttiefe und der Schnittgeschwindigkeit auf die Zerspankäfte

Die Erhöhung der Schnitttiefe a_p erbrachte bei allen Schnittgeschwindigkeiten v_c eine Steigerung aller Komponenten der Zerspankraft. Die dazugehörigen Experimente fanden bei einem Vorschub von $f = 0{,}15$ mm statt. Die weiteren Parameter entsprachen dem des Basisexperiments. In Bild 5 ist die Abhängigkeit der Schnittkräfte von der Schnitttiefe a_p und der Schnittgeschwindigkeit v_c dargestellt. Der prozentuale Rückgang der Schnittkräfte F_c in Abhängigkeit von der Schnittgeschwindigkeit v_c beträgt bei einer Schnitttiefe $a_p = 0{,}5$ mm etwa 17 %, bei $a_p = 0{,}75$ mm rund 15 % und bei $a_p = 1{,}0$ mm rund 14 %.

Bezüglich der Passiv- und Vorschubkräfte zeigen die Untersuchungen ein annähernd gleiches Verhalten wie bei der Vorschubvariation. Lediglich bei einer Schnittgeschwindigkeit von $v_c = 800$ m/min ist ein leichter Anstieg der Passiv- und Vorschubkräfte zu verzeichnen.

Der sehr gleichförmige und nahezu parallele Verlauf der Graphen in Bild 5 legt nahe, dass die Variation der Schnitttiefe a_p eine annähernd proportionale Veränderung der Schnittkräfte bewirkt. So ist bei einer Verdopplung der Schnitttiefe a_p in etwa eine Verdopplung der Schnitt- und Vorschubkräfte zu verzeichnen. Der Anstieg der Passivkräfte fiel dagegen etwas geringer aus. ARUNACHALAM [9] konnte hingegen beim Plandrehen von IN 718 im ausgelagerten Zustand ein nichtlineares Verhalten der Zerspankräfte in Abhängigkeit der Schnitttiefe beobachten. Als mögliche Ursachen für die unterschiedlichen Ergebnisse sind die verschiedenen Materialzustände und Prozessvarianten zu nen-

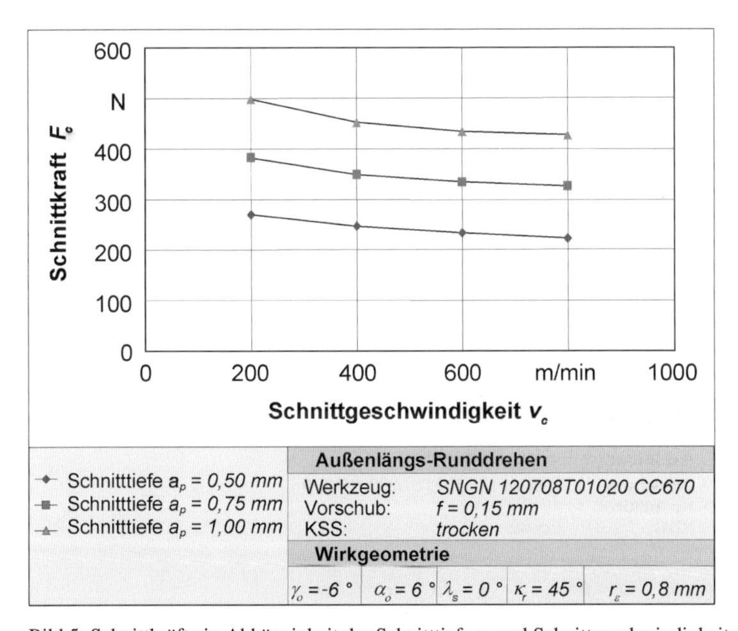

Bild 5: Schnittkräfte in Abhängigkeit der Schnitttiefe a_p und Schnittgeschwindigkeit v_c

nen. Weiterhin ist in diesem Zusammenhang anzuführen, dass die von ARUNACHALAM [9] beschriebenen Experimente bei Schnitttiefen von a_p = 1 mm, 1,5 mm und 2 mm durchgeführt wurden.

18.2.2.3 Einfluss des Eckenradius auf die Zerspankäfte

Die Erhöhung des Eckenradius von r_ε = 0,8 mm auf r_ε = 1,2 mm wurde durch den Einsatz von Wendeschneiden des Typs SNGN 120712T01020 realisiert. Ausgehend von den Experimenten zur Schnitttiefenvariation fanden diese Untersuchungen bei einer Schnitttiefe von a_p = 1 mm und einem Vorschub von f = 0,15 mm statt. Es stellte sich heraus, dass eine Vergrößerung des Eckenradius r_ε im beschriebenen Maße keinen wesentlichen Einfluss auf den Verlauf der Schnitt- und Passivkräfte ausübt. So betragen die maximalen Abweichungen der Schnittkräfte in Abhängigkeit von der Schnittge-schwindigkeit v_c und dem Eckenradius r_ε 4,5 %. Die Verläufe der Vorschubkräfte weisen bis zu einer Schnittgeschwindigkeit von 400 m/min ebenfalls eine große Ähnlichkeit auf. Danach fallen die Vorschubkräfte bei einem Eckenradius von r_ε = 1,2 mm geringer aus als beim Basisexperiment mit r_ε = 0,8 mm.

18.2.2.4 Einfluss des Neigungswinkels auf die Zerspankäfte

Zur Variation des Neigungswinkels λ_S wurden die Wendeschneidplatten des Basisexperiments in einen Werkzeughalter der Form CSDN N 2525M12-IC eingespannt. Die damit verbundene Änderung des Neigungswinkels von $\lambda_S = 0°$ auf $\lambda_S = -5°$ zeigt kaum Einfluss auf den Verlauf der Schnittkräfte (Bild 6).

Lediglich bei der Schnittgeschwindigkeit v_c = 800 m/min ergab sich eine Abweichung von etwa 5 % zum Basisexperiment. Eine mögliche Ursache ist der höhere Kerbverschleiß, der sich bereits nach sehr kurzer Bearbeitungszeit einstellt.

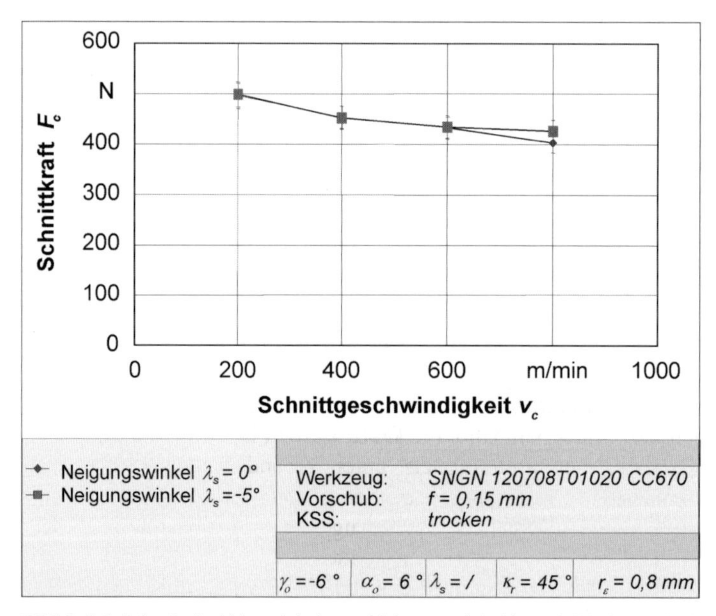

Bild 6: Schnittkräfte in Abhängigkeit von Neigungswinkel λ_s und Schnittgeschwindigkeit v_c

Diese Experimente wurden ebenfalls analog zur Schnitttiefenvariation bei einem Vorschub von $f = 0{,}15$ mm und einer Schnitttiefe von $a_p = 1$ mm durchgeführt. Im Gegensatz zur Schnitttiefenvariation nahmen im Vergleich zum Basisexperiment die Passivkräfte zu. Die Vorschubkräfte hingegen fielen im gesamten Schnittgeschwindigkeitsbereich geringer aus.

18.2.2.5 Ergebnisse der Spanwinkelvariation

Bei der Spanwinkelvariation kam der Plattentyp SPGN 120408T01020 in Kombination mit dem Werkzeughalter CSTP L 2020-K12 zum Einsatz. Die Wendeschneiden bestanden aus einer Schneidkeramik vom Typ CC 650 und sind ebenfalls ein Produkt der Fa. *SANDVIK*, Schweden. Die Experimente fanden bei einer Schnitttiefe von $a_p = 1$ mm und einem Vorschub von $f = 0{,}1$ mm statt. Der über den Werkzeughalter eingestellte Einstellwinkel betrug $\kappa_r = 60°$. Aufgrund des abweichenden Einstellwinkels und der verwendeten Wendeschneiden sind die im Folgenden dargestellten Ergebnisse nicht direkt mit denen der übrigen Versuche vergleichbar.

Bei dem über den Werkzeughalter eingestellten Spanwinkel von $\gamma_o = 5°$ kann trotz der Schutzfase der Wendeschneide nur eine geringe Abhängigkeit der Schnittkraft F_c im Schnittgeschwindigkeitsbereich von $v_c = 200$ m/min bis 800 m/min festgestellt werden. Die Schnittkraft F_c liegt bei dieser Variante bei etwa 300 N.

Im Gegensatz dazu weisen die Verläufe bei einem Spanwinkel von $\gamma_o = 0°$ bzw. $\gamma_o = -5°$ eine Abhängigkeit von der Schnittgeschwindigkeit v_c auf. So fallen die Werte der Schnittkraft von $F_c = 352$ N bei $\gamma_o = 0°$ und $v_c = 200$ m/min, bedingt durch die Erhöhung der Schnittgeschwindigkeit auf 800 m/min, um 18 % ab. Bei einem Spanwinkel $\gamma_o = -5°$ beträgt der Rückgang der Schnittkraft ausgehend von $F_c = 367$ N rund 19 %.

Qualitativ weisen die Passiv- und Vorschubkräfte der Schnittkraft ähnliche Verläufe auf. Die Vorschubkraft F_f und die Passivkraft F_p haben bei einem eingestellten $\gamma_o = 5°$ über den betrachteten Schnittgeschwindigkeitsbereich einen Betrag von etwa einem Drittel der Schnittkraft. Dahingegen fallen bei Spanwinkeln von $\gamma_o = 0°$ und $\gamma_o = -5°$ die Vorschubkräfte größer als die Passivkräfte aus. So nehmen bei einer Schnittgeschwindigkeit von $v_c = 200$ m/min die Vorschubkräfte Werte von rund $F_f = 150$ N ($\gamma_o = 0°$) und 170 N ($\gamma_o = -5°$) an. Die Passivkräfte betragen bei dieser Parameterkombination hingegen $F_p = 133$ N ($\gamma_o = 0°$) und 154 N ($\gamma_o = -5°$).

18.3 Zerspansimulation

Ein weiteres zentrales Arbeitspaket im dargestellten Forschungsvorhaben beinhaltete die Erstellung eines FEM-Modells zur 3D-Simulation des Zerspanprozesses. Umfangreiche Berechnungen unter Variation der Schnittparameter und Wirkgeometrie dienten der Verifizierung des im Folgenden beschriebenen Modells. Dazu wurden in Anlehnung an die in Kapitel 2 dargestellten Experimente Simulationen unter Veränderung der Schnittgeschwindigkeit v_c, des Vorschubs f, der Schnitttiefe a_p, des Spanwinkels γ_o und der Werkzeuggeometrie durchgeführt. Die Variation der Werkzeuggeometrie bezog sich auf den Eckenradius r_ε sowie die Modellierung einer gefasten Schneide.

Die Simulation erfolgte mit dem universell einsetzbaren, leistungsfähigen FEM-Programmpaket ABAQUS, Version 5.8 der Fa. *HIBBIT, KARLSSON & SOERENSEN INC.*,

USA. Das Programmpaket war am Konrad-Zuse-Zentrum für Informationstechnik Berlin (*ZIB Berlin*) auf einem Vektorrechner CRAY J 932 / 16-8192 mit 16 Prozessoren und 8 GByte Hauptspeicher der Fa. *CRAY RESEARCH INC.,* USA, installiert. Dieses Finite-Elemente-Programmsystem ist besonders geeignet für die Analyse großer linearer Systeme sowie komplexer und physikalisch nichtlinearer Problemstellungen.

Ziel der in diesem Kapitel dargestellten Untersuchungen war die Erfassung des Einflusses geänderter Parameter auf die Ergebnisse der Zerspansimulation. Um eine Reihe von Modellvarianten erstellen zu können, die mit identischen Simulationsparametern wie Reibwerte, Versagenskriterium, Werkstoffmodell in einem großen Variationsbereich der Schnitt- und Einstellparameter stabile Simulationen ermöglicht, mussten Vereinfachungen getroffen werden. Diese Vorgehensweise stellt die Vergleichbarkeit der Simulationsergebnisse untereinander sicher.

18.3.1 Modellierung der Spanbildung

Um die Modellvarianten effektiv und reproduzierbar zu erstellen, wurde ein Preprozessor entwickelt. Dieses Programm diente der automatischen Erstellung von Abaqus-Input-files für die verschieden Simulationen.

Der Preprozessor erzeugte die folgenden Geometrieelemente für das Grundmodell des Außenlängs-Runddrehens: das unverformte Spanvolumen, eine Schicht von Versagenselementen, die Spanfläche des Werkzeugs und die neu entstehende Werkstückoberfläche im Bereich des Schneideneingriffs. Bild 7 zeigt eine Darstellung des Grundmodells in Anlehnung an GERLOFF [10]. Als Variablen bei der Erstellung der unterschiedlichen Modellvarianten gehen der Vorschub, die Schnitttiefe, der Spanwinkel sowie der Eckenradius ein.

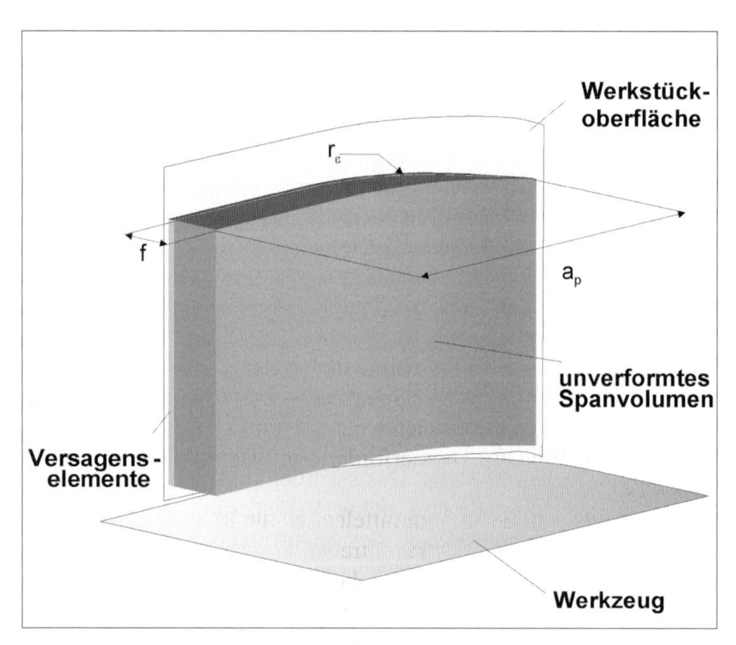

Bild 7: Bestandteile des Grundmodells

Ausgangspunkt für die Modellierung des unverformten Spanvolumens war der theoretische Spanungsquerschnitt in der Werkzeugbezugsebene. An diesem wurde eine Vernetzung in der Ebene vorgenommen. Dabei legte der Preprozessor entlang der Hauptschneide acht Elemente in Vorschubrichtung an. Diese Elementierung behält das Programm bis zum Übergang der Hauptschneide in den Eckenradius bei. Dort wurde der Umbruch auf vier Elemente vollzogen.

Die folgenden Umbrüche auf zwei bzw. ein Element waren in Abhängigkeit der sich im Eingriff befindlichen Bogenlänge des Eckenradius frei einstellbar. So erfolgte der Umbruch von vier auf zwei Elemente bzw. von zwei auf ein Element in Abhängigkeit von der Spanungsdicke. Das Elementkantenverhältnis in der Werkzeugbezugsebene war auf eins zu drei festgelegt. Bild 8 zeigt exemplarisch die Vernetzung der Spanungsquerschnitte bei der Vorschubvariation.

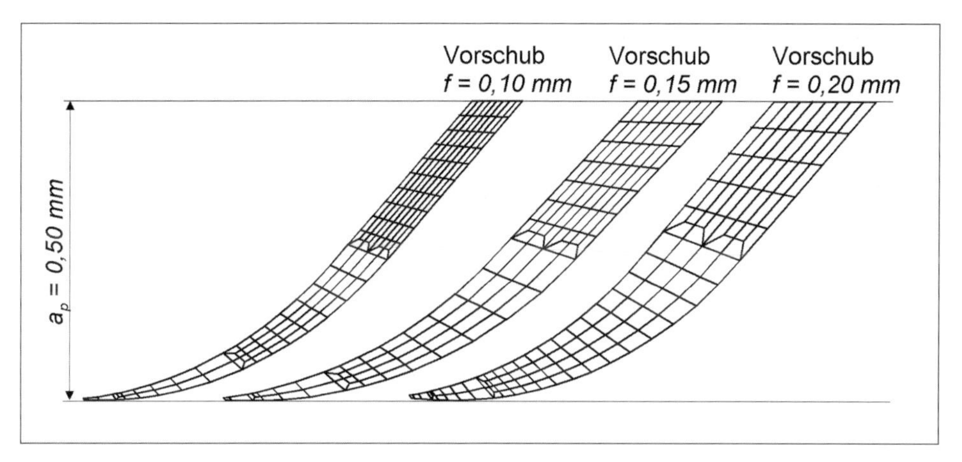

Bild 8: Vernetzte Spanungsquerschnitte der Vorschubvariation bei einer Schnitttiefe $a_p = 0{,}5$ mm und einem Eckenradius $r_\varepsilon = 0{,}8$ mm

Das so entstandene Netz wurde danach mehrfach in gleichen Abständen in Schnittrichtung projiziert, so dass ein dreidimensionales Knotennetz des unverformten Spanvolumens entstand. Dies ermöglichte die Definition der 3D-Elemente aus denen das Spanvolumen gebildet wurde. Die oberste Elementreihe bestand gemäß GERLOFF [10] aus infiniten Elementen während alle anderen Elemente vom Typ eines 8-Knoten-Volumenelements mit reduzierter Integration [11] waren.

Die bereits erwähnte Werkstückoberfläche übernahm die Funktion des Grundwerkstoffs, indem sie sicherstellte, dass der Span über die Spanfläche des Werkzeugs abgleiten konnte. Sie bestand aus Starrkörperelementen und diente dazu, ein Abfließen des Spans in Richtung des Grundmaterials zu unterbinden. Dies erforderte die Definition einer Kontaktbedingung zur Spanunterseite.

Die Schicht der Versagenselemente schloss sich unmittelbar an die Rückseite des Spanvolumens an und diente zur Realisierung der Werkstofftrennung. Damit war die Trennebene zwischen Span und neu entstehender Werkstückoberfläche vorab festgelegt. Die Schicht der Versagenselemente besaß in allen Modellvarianten eine Dicke von 8 µm und bestand wie das Spanvolumen aus 8-Knoten-Volumenelementen mit reduzierter Integration.

Da der Grundwerkstoff durch das Modell unberücksichtigt blieb, wurde nur die Spanfläche des Werkzeugs modelliert. Die Spanfläche setzte sich ebenfalls aus ebenen Starrkörperelementen zusammen und war in den Variationen der Schnittparameter ohne Fase sowie unter Vernachlässigung des Spanwinkels ausgeführt.

Die Einführung von Schnittebenen stellte eine Vereinfachung der Auswertung bezüglich der Erfassung der Temperaturen, Dehnungen und Spannungen dar. Dazu wurden im Vorfeld der Simulation einzelne Elemente zu Elementsätzen zusammengefasst, welche die einzelnen Schnitte definieren. So legte der Preprozessor die Schnittebenen 2, 3 und 4 immer vor einem Elementumbruch an. Die Schnittebene 1 hingegen verlief durch die dritte Elementreihe und die Ebene 5 durch das vorletzte Element ausgehend vom Außendurchmesser (Bild 13).

Das bestehende FEM-Modell zur 3D-Zerspansimulation lässt sich nach GERLOFF [10] grundsätzlich in vier verschiedene physikalische Teilmodelle gliedern. Dabei beinhaltet das erste Teilmodell das elastisch-viskoplastische Materialverhalten in Form eines Werkstoffgesetzes. Das der Simulation zugrundeliegende Werkstoffgesetz für das viskoplastische Materialverhalten von IN 718 entspricht dem Johnson-Cooke-Modell [12] (Gleichung 1):

$$\sigma_F = \left[A + B \cdot (\bar{\varepsilon}^{pl})^n\right] \cdot \left[1 + C \cdot \ln\left(\frac{\dot{\bar{\varepsilon}}^{pl}}{\dot{\varepsilon}_0}\right)\right] \cdot \left[1 - \left(\frac{\theta - \theta_{room}}{\theta_{melt} - \theta_{room}}\right)^m\right] \quad (1)$$

mit: der Fließspannung σ_F, der plastischen Vergleichsdehnung $\bar{\varepsilon}^{pl}$, der plastischen Vergleichsdehnungsrate $\dot{\bar{\varepsilon}}^{pl}$, der Schmelztemperatur θ_{melt} und der Anfangstemperatur θ_{room}.

Bei $\dot{\varepsilon}_0$, A, B, C, n und m handelt es sich um Materialkonstanten, die von der *BAM Berlin* und dem *IEP Magdeburg* experimentell bestimmt wurden [12].

Darüber hinaus wurde das in Gleichung 1 beschriebene Werkstoffmodell im Projektverlauf durch die *BAM Berlin* um einen Term, der den Einfluss einer duktilen Schädigung auf das Materialverhalten berücksichtigt, erweitert. Mit Hilfe dieses Ansatzes gelang es, den Spanbildungsprozess durch 2D-Simulationen sehr realistisch abzubilden, siehe SIEVERT et al. „Simulation der Spansegmentierung einer Nickelbasislegierung unter Berücksichtigung thermischer Entfestigung und duktiler Schädigung“ [3].

Das physikalische Teilmodell 2 beschreibt den Auftrennmechanismus der Spanbildung. Eine Gegenüberstellung der verschiedenen Möglichkeiten zur Umsetzung der Werkstofftrennung wurde von WESTHOFF [13] ausführlich diskutiert. ABAQUS/Explicit stellt die Verwendung von speziellen Versagenselementen zur Verfügung. Diese Elemente verlieren ihre Zugsteifigkeit nach Erreichen eines vorab definierten Kriteriums. Zur Realisierung der Spanseparierung in den unterschiedlichen Modellen kam dieser Elementtyp zum Einsatz. Als Grenzkriterium für das Aussetzen der Versagenselemente ist eine plastische Vergleichsdehnung von $\varepsilon_{pl} = 2$ festgelegt worden.

Die Wärmegenerierung infolge der geleisteten plastischen Umformarbeit fand Berücksichtigung durch das dritte Teilmodell. Dabei wurde von der Annahme ausgegangen, dass eine Umwandlung von 90 % der zur plastischen Verformung geleisteten Arbeit in Wärme erfolgt [10]. Teilmodell 4 legt die zwischen Werkstückoberfläche und Freifläche bzw. die zwischen Spanunterseite und Spanfläche des Werkzeugmodells wirkenden Kontaktrandbedingungen fest. Die tribologischen Randbedingungen gingen durch die Verwendung eines Reibkoeffizenten $\mu = 0{,}3$ in die Modellierung ein. Zusätzlich dazu fand die Begrenzung der maximalen Scherspannung τ_{max} im Kontaktbereich zwischen Werkzeug und

Spanunterseite statt. Der hierbei angenommene Wert der maximalen Scherspannung τ_{max} betrug 100 MPa. Diese Festlegung erfolgte in Anlehnung an OLSCHEWSKI et al. [12] für die 2D-Zerspansimulationen.

Durch die genannten Vereinfachungen wie die Vernachlässigung der Werkzeugfreifläche, des Grundwerkstoffes und des Spanwinkels konnte die Stabilität des Modells bei den unterschiedlichen geometrischen Randbedingungen gewährleistet werden. Der Einfluss des Spanwinkels und der Schutzfase des Werkzeugs auf den Zerspanvorgang wurden als zusätzliche Variationsparameter gesondert betrachtet.

18.3.2 Ergebnisse der Zerspansimulation

Die im Weiteren beschriebene Auswertung der Simulation bezieht sich im Wesentlichen auf die Schnittkräfte. Die oben genannten Vereinfachungen hatten zur Folge, dass die Passiv- und Vorschubkräfte in den Simulationen zu niedrig ausfielen. Daher wurden sie für die anschließenden Auswertungen der Berechnungen nicht herangezogen.

Die zeitlichen Verläufe der Zerspankraftkomponenten weisen eine Abhängigkeit vom Verhalten der Versagenselemente auf. Dieser Umstand wirkt sich in Form von Schwankungen auf den Kraftverlauf aus. Um die einzelnen Simulationsergebnisse besser miteinander vergleichen zu können und um die Auswertung der Simulationen zu standardisieren, wurden die Schnittkraftverläufe durch Polynome fünften Grades approximiert [14].

Die Zerspansimulationen zur Vorschubvariation erfolgten bei einer Schnitttiefe von $a_p = 0{,}5$ mm und Schnittgeschwindigkeiten von $v_c = 200$ m/min und 600 m/min. Zusätzlich dazu fand bei einem Vorschub von $f = 0{,}10$ mm die Simulation unter Annahme einer Schnittgeschwindigkeit von $v_c = 400$ m/min statt. Die in den Experimenten festgestellte Abhängigkeit der Zerspankräfte von der Schnittgeschwindigkeit v_c konnte mit den hier durchgeführten Simulationen nicht nachgewiesen werden. Eine Ursache dafür liegt in der Form des verwendeten Materialmodells ohne die Berücksichtigung der duktilen Schädigung. ABAQUS liefert mit dem beschriebenen FEM-Modell für die untersuchten Schnittgeschwindigkeiten nahezu identische Zerspankräfte. Die so ermittelten Schnittkräfte stellen sich bei Schnittgeschwindigkeiten von $v_c = 200$ m/min, $v_c = 400$ m/min und $v_c = 600$ m/min auf $F_c = 195{,}9$ N, $F_c = 197{,}0$ N und $F_c = 196{,}2$ N ein. Sie weichen nur geringfügig voneinander ab und können somit als identisch angenommen werden. Die Simulationen zur Variation der Schnittparameter und Wirkgeometrie hatten grundsätzlich die Ausbildung eines Fließspans zur Folge, was im Wesentlichen auf die oben genannten Vereinfachungen zurückzuführen ist.

Ein Vergleich der aus den Experimenten resultierenden Schnittkräfte bei einer Schnittgeschwindigkeit von $v_c = 200$ m/min mit den simulierten Werten ergab eine gute Übereinstimmung. Aufgrund dieser Erkenntnis und dem Befund, dass die berechneten Schnittkräfte unabhängig von der Schnittgeschwindigkeit v_c erscheinen, werden im Folgenden den Simulationsergebnissen die experimentellen Ergebnisse bei einer Schnittgeschwindigkeit von $v_c = 200$ m/min gegenübergestellt. Dies betrifft die Vorschub-, die Schnitttiefen- und Eckenradiusvariation.

18.3.2.1 Einfluss der Vorschubvariation auf die Simulationsergebnisse

Die Berechnungen fanden analog zu den Experimenten bei einer Schnitttiefe von $a_p = 0{,}5$ mm, einem Einstellwinkel von $\kappa_r = 45°$ und einem Eckenradius von $r_\varepsilon = 0{,}8$ mm statt. Bei dem in Bild 9 dargestellten Vergleich der Simulationsergebnisse mit den Ergebnissen der Zerspanexperimente ist bezüglich der Schnittkräfte eine gute Übereinstimmung zu erkennen. Die Schnittkräfte stiegen sowohl bei den Simulationen als auch bei den Experimenten mit zunehmendem Vorschub f an. Allerdings ist ein Unterschied zwischen Realität und Simulation im Grad des Anstiegs der Schnittkräfte in Abhängigkeit des Vorschubs f zu verzeichnen. So fielen die berechneten Schnittkräfte F_c bei einem Vorschub $f = 0{,}10$ mm um 2 %, bei $f = 0{,}15$ mm um 3 % und bei $f = 0{,}2$ mm um 12 % größer aus als in den entsprechenden Experimenten.

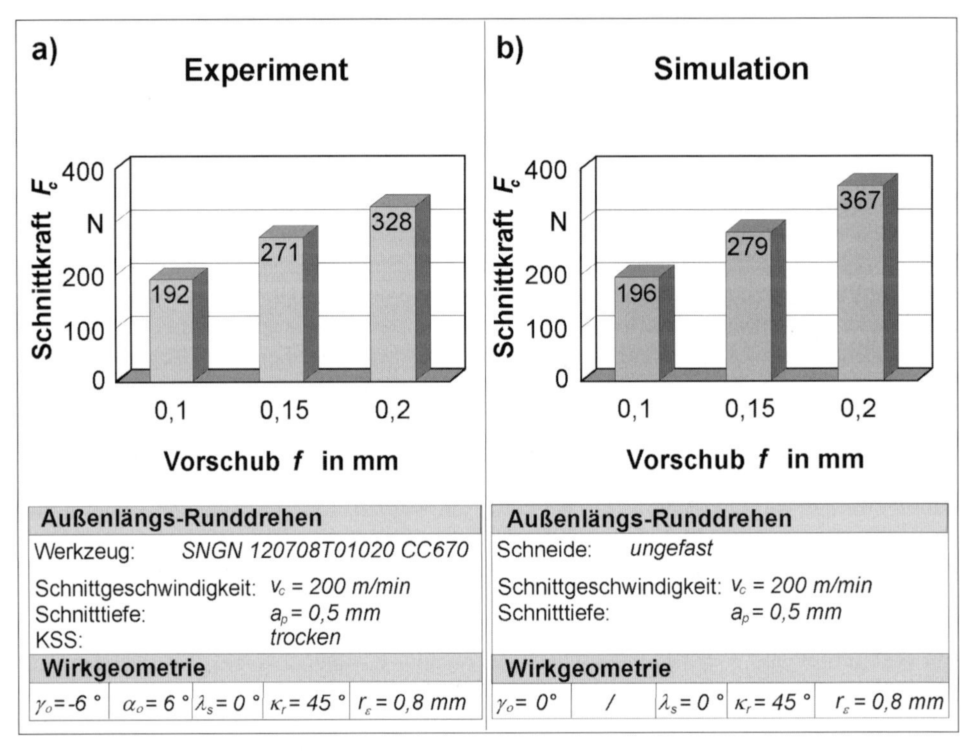

Bild 9: Vergleich der simulierten mit den experimentell ermittelten Schnittkräfte bei Vorschubvariation

Als eine mögliche Ursache für die unterschiedlichen Anstiege der Schnittkräfte F_c in Abhängigkeit des Vorschubs f ist die in den drei Modellrechnungen verwendete maximale Anzahl von je acht Elementen in Vorschubrichtung zu nennen (Bild 8). Weiterhin kommen die Modellierung der Spantrennung und die ausschließliche Betrachtung des Spanvolumens als Ursache für dieses Verhalten in Betracht.

Die im Zerspanprozess auftretenden Temperaturen in der sekundären Scherzone wurden in den bereits beschriebenen Schnittebenen 1 bis 5 (siehe Kap. 18.3.1) bestimmt. Eine Abhängigkeit der maximalen Temperatur des Spans vom Vorschub ist dabei nicht zu verzeichnen. Der Vergleich der Simulationsergebnisse hinsichtlich der maximalen Temperaturen mit den im zweiten Projektjahr durchgeführten Temperaturmessungen auf der Spanfläche des Werkzeugs zeigt, dass die simulierten maximalen Temperaturen (ϑ_{max} etwa 1200 °C) um rund 15 % bis 20 % höher ausfallen. Damit stellen sich die berechneten

Temperaturen im Bereich der sekundären Scherzone auf Werte dicht unterhalb der Schmelztemperatur von IN 718 bei ca. 1290°C ein. Eine Diskussion der Temperaturentstehung in Abhängigkeit des Werkstoffverhaltens findet in Kap. 18.3.2.5 statt.

18.3.2.2 Einfluss der Schnitttiefenvariation auf die Simulationsergebnisse

Diese Berechnungen wurden unter den Randbedingungen eines Vorschubs von $f = 0,15$ mm, eines Einstellwinkels von $\kappa_r = 45°$ und eines Eckenradius von $r_\varepsilon = 0,8$ mm durchgeführt. Der Vergleich zwischen den Berechnungen mit ABAQUS und den entsprechenden Experimenten liefert hinsichtlich der Abweichung zwischen Realität und Simulation die gleichen Ergebnisse wie die der Vorschubvariation. Die Schnittkräfte F_c fielen bei der ABAQUS Simulation gemäß den Schnitttiefen $a_p = 0,5$ mm, 0,75 mm und 1,00 mm um 3 %, 8 % bzw. 10 % höher aus als die der Experimente.

Generell kann festgestellt werden, dass eine Vergrößerung der Schnitttiefe a_p ein lineares Anwachsen der Schnittkräfte sowohl in den Simulationen als auch in den Experimenten zur Folge hat. Auch hier fällt der Anstieg der Schnittkräfte bei Erhöhung der Schnitttiefe etwas größer aus als in den Experimenten (Bild 10).

Die Auswertung hinsichtlich der maximalen Temperaturen ϑ_{max} in der sekundären Scherzone ergibt, dass die Unterschiede zwischen den Simulationsergebnissen der Schnitttiefenvariation so gering sind, dass kein Anstieg der Temperatur infolge der Erhöhung der Schnitttiefe festzustellen ist. Auch die Temperaturverteilungen entlang des sich

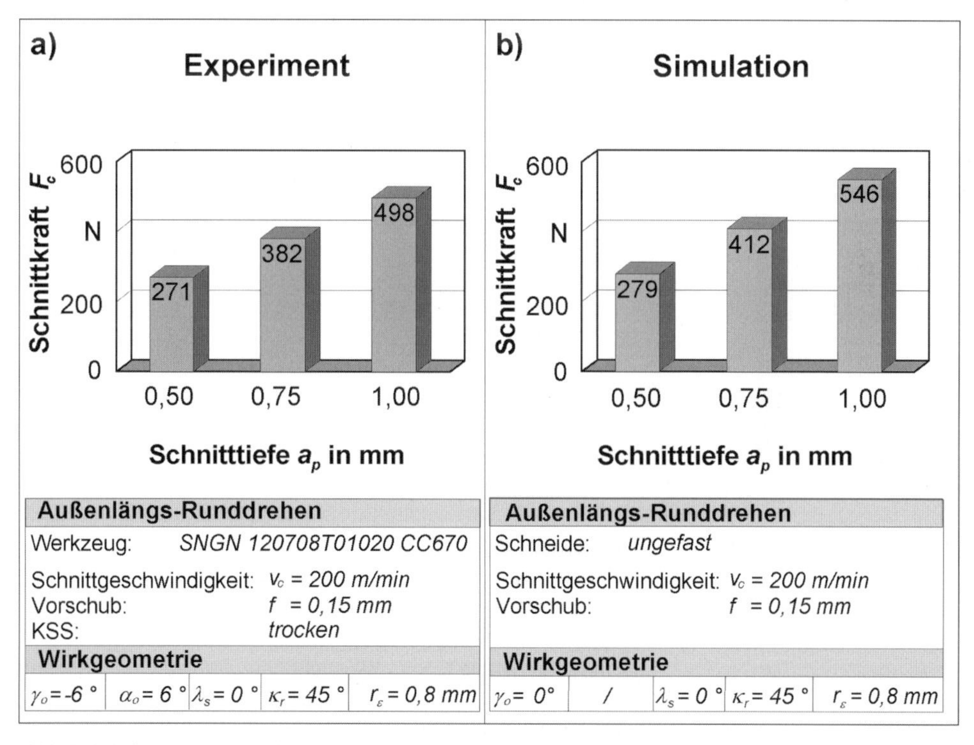

Bild 10: Schnittkräfte bei Schnitttiefenvariation

im Eingriff befindlichen Schneidenabschnitts gleichen sich. Die mittlere simulierte Temperatur beträgt in der sekundären Scherzone ungefähr $\vartheta_{mitl.} = 1100$ °C.

18.3.2.3 Einfluss der Eckenradiusvariation auf das Simulationsergebnis

Für die Eckenradiusvariation wurde bei einer Schnitttiefe von $a_p = 1$ mm und einem Vorschub von $f = 0{,}15$ mm der Eckenradius analog zu den Experimenten von $r_\varepsilon = 0{,}8$ mm auf 1,2 mm erhöht. Die so berechneten Schnittkräfte fielen dabei um etwa 10 % größer aus als in den Experimenten. Es ist jedoch aus den Simulationen und aus den experimentellen Untersuchungen deutlich zu erkennen, dass der Eckenradius r_ε keinen Einfluss auf den Betrag der Schnittkraft hat. Die Werte der Schnittkraft für die Variation des Eckenradius unterscheiden sich in der Simulation um weniger als 1 % und in den Experimenten um 2,3 %.

18.3.2.4 Einfluss der Spanwinkelvariation auf die Simulationsergebnisse

Die experimentellen und numerischen Untersuchungen zur Spanwinkelvariationen sind aufgrund unterschiedlicher Randbedingungen nicht direkt miteinander vergleichbar. So wurden die Simulationen unter der Annahme eines Vorschubs von $f = 0{,}1$ mm, einer Schnitttiefe von $a_p = 0{,}5$ mm, eines Einstellwinkels von $\kappa_r = 45°$ und eines Eckenradius von $r_\varepsilon = 0{,}8$ mm durchgeführt. Bild 11 zeigt die Schnittkräfte F_c für die Spanwinkelvariation. Wie erwartet stellen sich bei einem negativen Spanwinkel γ_o die größten Schnittkräfte F_c ein. Mit ansteigendem Spanwinkel γ_o sinken die Kräfte. Dies zeigte sich auch in den Experimenten. Dort allerdings fiel der beobachtete Abfall der Schnittkräfte F_c wesentlich größer aus. Das kann möglicherweise an der Vernachlässigung der Schutzfase im Rahmen der Modellierung liegen.

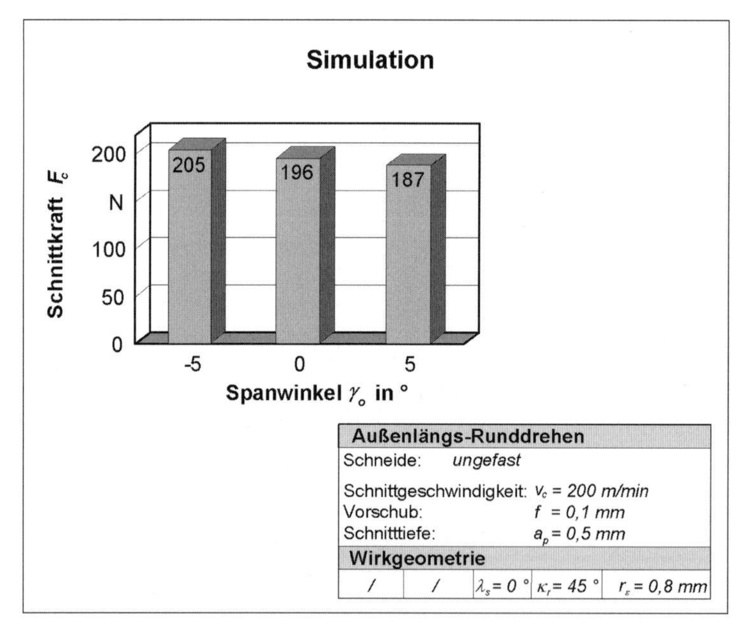

Bild 11: Schnittkräfte bei Spanwinkelvariation

18.3.2.5 Auswirkung der Einbeziehung der Schutzfase des Werkzeugs auf die Zerspansimulation

Die in den Experimenten verwendeten Wendeschneiden waren mit einer Schutzfase, deren Fasenwinkel 20° betrug, versehen. Für die Abschätzung des Einflusses des aus der Schutzfase resultierenden stark negativen Spanwinkels auf den Zerspanprozess, war eine gesonderte Modellvariante vorgesehen. Die Simulation fand bei einem Vorschub von $f = 0{,}1$ mm, einer Schnitttiefe von $a_p = 0{,}5$ mm und einer Schnittgeschwindigkeit von $v_c = 600$ m/min statt. Die Einbeziehung der Schutzfase in die Simulation ließ größere plastische Deformationen und damit einhergehende höhere mechanische und thermische Beanspruchungen im Bereich der primären Scherzone erwarten. Um ein vorzeitiges Aufreißen der Versagenselemente aufgrund der höheren Beanspruchung zu verhindern, wurde das Modell von vornherein in Richtung der Schnittgeschwindigkeit feiner vernetzt.

Bei der Auswertung zeigte sich, dass die Simulation bei den verwendeten Parametern eine Tendenz zur Ausbildung eines Segmentspans aufweist (Bild 12). Die ansatzweise erkennbare Segmentierung des Spans beruht dabei allein auf der thermischen Entfestigung. Daher ist die Segmentierung nicht so stark ausgeprägt wie in den 2D-Zerspansimulationen der *BAM Berlin* [3], bei welchen die duktile Schädigung bereits erfolgreich implementiert werden konnte. Auch der Spannungsabfall bei dem hier verwendeten Materialmodell resultiert allein aus der in der primären Scherzone vorherrschenden Temperatur.

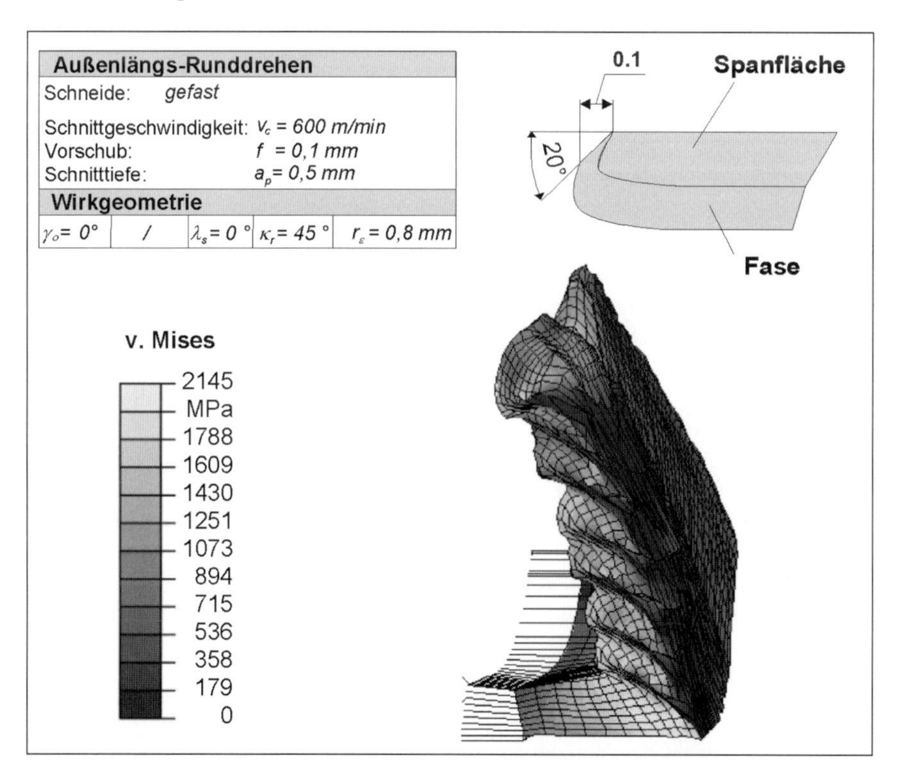

Bild 12: Spanbildungssimulation mit Schutzfase des Werkzeugs

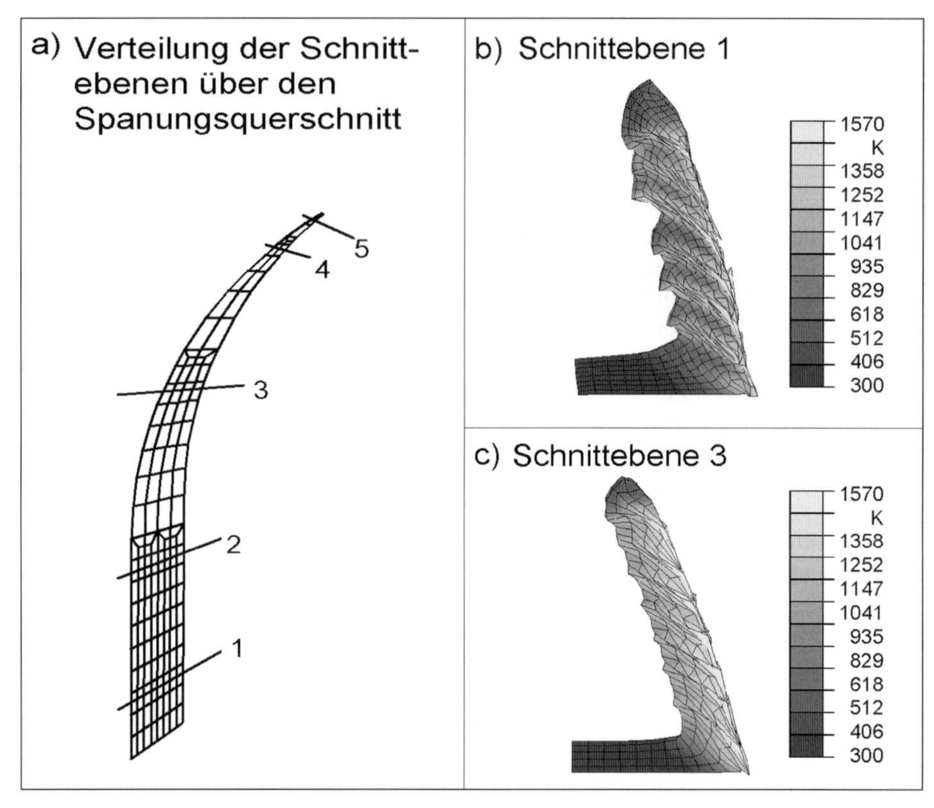

Bild 13: Segmentspanbildung infolge thermischer Entfestigung

Wie Bild 13 zeigt, liegen die so berechneten Scherbandtemperaturen im Bereich der Schmelztemperatur von IN 718 und fallen somit zu hoch aus [3, 4, 15]. Im Gegensatz dazu trägt in dem erweiterten Materialmodell die duktile Schädigung ebenfalls zum Verlust der Steifigkeit bei, wodurch in der Simulation die Temperaturentwicklung reduziert wird und die Zerspankräfte wesentlich stärker und schneller abfallen. Aufgrund der fehlenden duktilen Schädigung ist vermutlich auch die Ausprägung des Schnittkraftabfalls im zeitlichen Verlauf zu gering [3].

Die Passiv- und Vorschubkräfte waren größer als in den Simulationen zur Variation der Schnittparameter, wenn auch im Vergleich zu den Experimenten noch zu niedrig. So betrug die berechnete Passivkraft rund 70 % der experimentell bestimmten, während die simulierte Vorschubkraft im Vergleich zum Experiment nur etwa 55 % aufwies. Die Hauptursache für die zu geringen Vorschub- und Passivkräfte war vermutlich die ausschließliche Betrachtung des Spanvolumens [14].

18.3.2.6 Simulationsergebnisse bei Berücksichtigung der duktilen Schädigung

In einem weiteren Schritt ist das Werkstoffverhalten mit der duktilen Schädigung in die Zerspansimulation integriert worden (Bild 14).

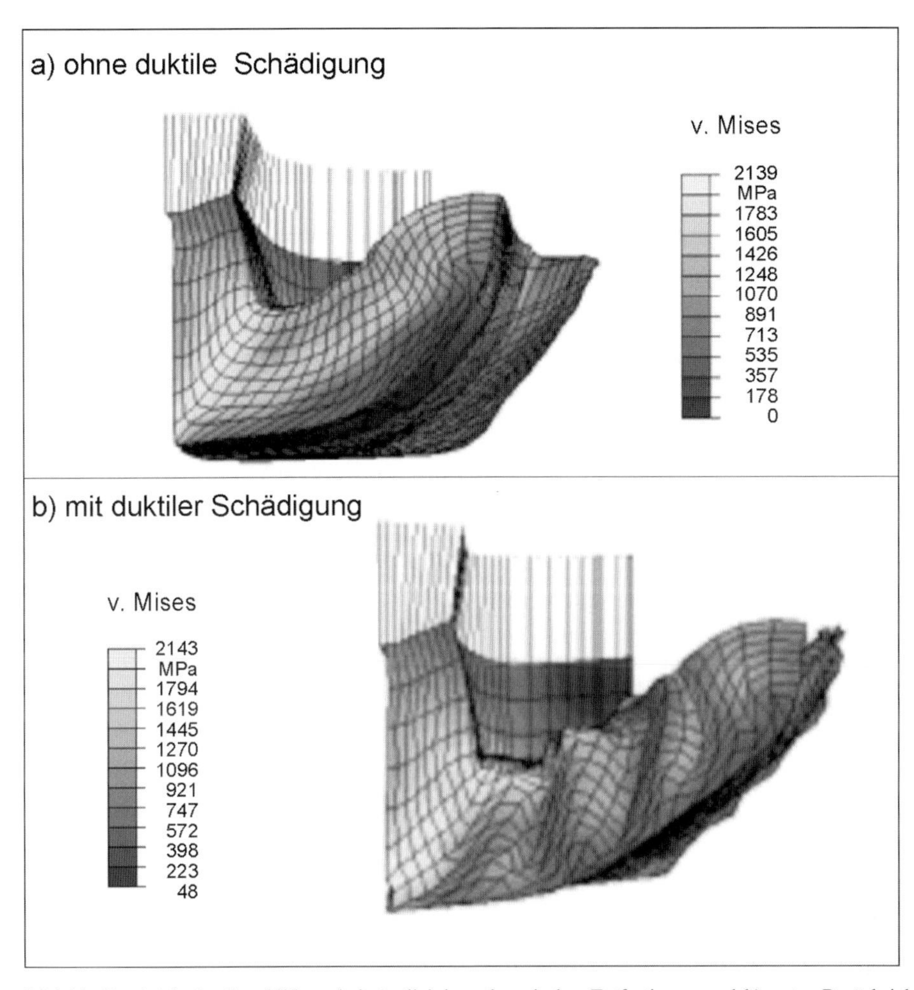

Bild 14: Vergleich der Spanbildung bei a) alleiniger thermischer Entfestigung und b) unter Berücksichtigung duktiler Schädigung

Dabei konnte auf das neue Hochleistungsrechner-System-Norddeutschland (HLRN System) am *ZIB Berlin* zurückgegriffen werden.

Mit dem Wechsel des Rechnersystems vollzog sich gleichsam der Übergang auf die ABAQUS Version *6.3*. Erste 3D-Testrechnungen belegten den Einfluss des Schädigungsverhaltens auf die simulierte Spanbildung (Bild 14).

Die Simulationen wurden bei einem Spanwinkel von $\gamma_o = -5°$, einem Vorschub $f = 0{,}1$ mm, einer Schnitttiefe $a_p = 0{,}5$ mm, einem Einstellwinkel $\kappa_r = 45°$ und einem E-ckenradius $r_\varepsilon = 0{,}8$ mm durchgeführt. Es besteht, wie Bild 14b zeigt, aufgrund der zusätzlichen Entfestigung die Neigung zur Ausbildung eines Segmentspans. Im Gegensatz dazu ist in Bild 14a der bei Verwendung des Werkstoffmodells ohne die duktile Schädigung entstehende Fließspan abgebildet. Beide Simulationen wurden bei einer Schnittgeschwindigkeit von 600 m/min durchgeführt.

18.4 Zusammenfassung

Die Untersuchungen zur plastischen Verformung der Späne zeigen, dass der Segmentierungsgrad G_s mit steigender Schnittgeschwindigkeit zunimmt und nach Erreichen eines Maximums wieder abfällt. Die Segmentbreite und Scherbanddicke nehmen im hier betrachteten Schnittgeschwindigkeitsbereich ab. Bei wachsendem Vorschub ist ein Ansteigen der Segmentbreite und der Scherbanddicke zu verzeichnen. Eine Abhängigkeit des Segmentierungsgrades vom Vorschub bei konstanter Schnittgeschwindigkeit ist nicht eindeutig zu belegen.

In Zerspanexperimenten an IN 718 sind die Zerspankräfte bei verschiedenen Schnittparametern und Wirkgeometrien gemessen worden. Für alle untersuchten Vorschübe sinken die Zerspankräfte mit steigender Schnittgeschwindigkeit. Dies trifft auch auf die Variation der Schnitttiefe zu, wobei die Einflüsse von Schnitttiefe und Schnittgeschwindigkeit weitgehend unabhängig voneinander sind.

Der Neigungswinkel hat keinen signifikanten Einfluss auf die Schnitt- und Passivkräfte. Ein ähnliches Verhalten zeigen die Zerspankräfte bei Variation des Eckenwinkels. Die Steigerung des Spanwinkels bewirkt die Verminderung aller Kräfte. Bei einem positiven Spanwinkel von $\gamma_o = 5°$ konnte nur eine sehr geringe Abhängigkeit der Zerspankräfte von der Schnittgeschwindigkeit festgestellt werden.

Die Simulation zur Vorschub-, Schnitttiefen- und Eckenradiusvariation liefern hinsichtlich der Schnittkräfte vergleichbare Ergebnisse zu denen der Zerspanuntersuchungen. Dahingegen konnte die Abhängigkeit der Zerspankräfte von der Schnittgeschwindigkeit mit dem derzeitigen Modell nicht erfasst werden. Dies ist im Wesentlichen auf die noch nicht berücksichtigte duktile Schädigung und deren Dehnratenabhängigkeit zurückzuführen.

Die Berücksichtigung der Schutzfase des Werkzeugs hatte die Tendenz zur Ausbildung eines 3D Segmentspans zur Folge. Auch weiterführende Simulationen unter Berücksichtigung der duktilen Schädigung zeigten die Tendenz zur Segmentspanbildung.

18.5 Literatur

[1] Gatto, A.; Iuliano, L.: Advanced Coated Ceramic Tools for Machining Superalloys; Int. J. Mach. Tools Manufact., Vol. 37, Nr. 5, S. 591–605; 1997

[2] Rahman, M; Seah, W. K. H.; Teo, T. T.: The Machinability of Inconel 718; Journal of Materials Processing Technology; 63, S199–204; 1997

[3] Sievert, R.; Hamann, A.; et al.: Simulation der Spansegmentierung einer Nickelbasislegierung unter Berücksichtigung thermischer Entfestigung und duktiler Schädigung; In: „Hochgeschwindigkeitsspanen metallischer Werkstoffe“, Ergebnisse des SPP 1057 der DFG

[4] Clos, R.; Lorenz, H.; Schreppl, U.; Veit, P.: Verformungslokalisierung und Spanbildung im Inconel 718, In: „Hochgeschwindigkeitsspanen metallischer Werkstoffe“, Ergebnisse des SPP 1057 der DFG

[5] Hoffmeister, H.-W.; Wessels, T.: Thermomechanische Wirkmechanismen bei der Hochgeschwindigkeitszerspanung von Titan- und Nickelbasislegierungen; In: „Hochgeschwindigkeitsspanen metallischer Werkstoffe“, Ergebnisse des SPP 1057 der DFG

[6] Brinksmeier, E.; Bera, A.: Einfluß des Werkstoffs auf die Spanbildung bei hohen Schnittgeschwindigkeiten; In: Tönshoff, H. K (Hrsg.); Hollmann, F. (Hrsg.): Spanen metallischer Werkstoffe mit hohen Geschwindigkeiten 2000. – Kolloquium des Schwerpunkt-programms der Deutschen Forschungsgemeinschaft am 18. 11. 1999, in Bonn, S.174–185

[7] Narutaki, N.; Yamane, Y.; Hayashi, K. ; Kitagawa, T.: High-Speed Machining of Inconel 718 with Ceramic Tools; Annals of the CIRP; Vol. 42/1 S.103–106; 1993

[8] Kitagawa, T.; Kubo, A.; Maekawa, K.: Temperature and wear of cutting tools in high-speed machining of Inconel 718 and Ti-6Al-6V-2Sn; Wear 202, S.142–148; 1997

[9] Arunachalam, R. M.; Mannan, M. A.: High speed facing of age hardened Inconel 718 using silicon carbide whisker reinforced ceramic tools; Konferenz-Einzelbericht: Technical Paper – Society of Manufacturing Engineers, MR02-197, S. 1–8; 2002

[10] Gerloff, S.: Analyse des Drehens duktiler Werkstoffe mit der Finite-Elemente-Methode; Fraunhofer-Insitut für Produktionsanlagen und Konstruktionstechnik, IPK Berlin, Berlin; 1998; zugl.: Berlin, Techn. Universität; Diss.; 1997

[11] Hibbitt, Karlsson & Sorensen INC: ABAQUS / Explicit User's Manual; Hibbitt, Karlsson & Sorensen INC, USA; 1998

[12] Olschewski, J.; Hamann, A.; Noack, H.-D.; Löwe, P.; Kohlhoff, H.: Zwischenbericht zum Forschungsvorhaben, Werkstoffmechanik einer Nickelbasislegierung beim Hochgeschwindigkeitsspanen – Werkstoffverhalten und Modellierung; Bundesanstalt für Materialforschung und -prüfung Berlin; 2001

[13] Westhoff, B.: Modellierungsgrundlagen zur FE-Analyse von HSC-Prozessen; Shaker Verlag, Aachen 2001

[14] Uhlmann, E.; Zettier, R.: Untersuchungen an einem 3D-FEM-Modell zur Zerspanung von INCONEL 718; In: Tagungsband Deutsch-Polnisches Seminar, Danzig, Polen, S. 44–48; 23.–24. 5. 2002

[15] Zettier, R.; Uhlmann, E.: 3D FE Simulation of Turning Processes; CIRP Workshop on "FE Simulation of Cutting and Forging Processes"; Paris, Frankreich; 29. 1. 2003

19 Verformungslokalisierung und Spanbildung in Inconel 718

R. Clos, H. Lorenz, U. Schreppel, P. Veit

Kurzfassung

Verformungslokalisierung und deren Rolle bei der Spanbildung in Inconel 718 wurden unter Hochgeschwindigkeitsbedingungen experimentell untersucht. Die mechanische Beanspruchung erfolgte mit einer modifizierten Split-Hopkinson-Pressure-Bar Anordnung unter Verwendung geeigneter Probentypen. Simultan zum mechanischen Antwortverhalten konnten mit einer speziell entwickelten high-speed Infrarotmesstechnik während der Verformungslokalisierung bzw. der Segmentspanbildung auch Temperaturfelder ermittelt werden. Die Mikrostruktur wurde mittels SEM, TEM und lichtmikroskopisch untersucht. Durch Analyse von Kornstreckung und -drehung wurden u. a. Verformungsverteilungen im Spanwurzelbereich und in Spansegmenten quantifiziert. Es wurde nachgewiesen, dass Verformungslokalisierung in Verbindung mit damage-Prozessen der Grundprozess der Spansegmentierung in Inconel 718 ist. Die Lokalisierung basiert auf einer thermoplastischen Instabilität und geht mit einer moderaten Temperaturerhöhung um ca. 400 °C in der Lokalisierungszone einher. Mikrostrukturell wird eine lokale Texturierung beobachtet, die über Orientierungsentfestigung die Instabilität verstärken kann. In der Endphase der Lokalisierung wurde Materialtrennung nachgewiesen, wobei sich nachfolgend abhängig vom vorherrschenden Spannungszustand ein Scherriss bzw. durch einen Reib- und Schweißprozess ein scharf begrenztes Scherband entwickeln können.

Abstract

Adiabatic strain localization and its role at chip formation in Inconel 718 are investigated experimentally under high-speed deformation conditions. The mechanical loading is realized by a modified Split-Hopkinson-Pressure-Bar technique. Different set-ups and specimens are used for the investigation of adiabatic shear banding and the cutting experiments. Temperature fields are measured during strain localization and segmented chip formation, respectively, by means of a specially developed high-speed infrared-technique simultaneously with the mechanical response. The microstructure is investigated by SEM, TEM and light microscopy. Analysing the stretching and rotation of grains, the strain distribution is determined in chip segments and in root chips. It is shown, that adiabatic strain localization connected with damage processes is the fundamental process of chip segmentation in Inconel 718. The localization is based on a thermo-plastic instability and is accompanied by an only moderate increase of the temperature (about 400 °C) in the region of localization. There is a local texture, which may enhance the instability due to orientation softening. Separation of the material occurs in the final stage of the unstable strain localization. Afterwards, a sharp shear band or a crack develops, depending on the stress state. The shear band is the result of friction and welding processes.

Hochgeschwindigkeitsspanen. Hrsg. H. K. Tönshoff und F. Hollmann

ISBN: 3-527-31256-0

19.1 Einleitung

An einer Vielzahl von Werkstoffen wird bei hinreichend hoher Spanungsgeschwindigkeit ein segmentierter Span beobachtet [1, 2, 3]. Im Gegensatz zur Fließspanentstehung ist die Segmentspanbildung ein diskontinuierlicher Prozess, der u. a. mit einer extremen Verformungslokalisierung in der primären Scherzone verbunden ist. In der Lokalisierungszone können dabei Dehnraten von 10^6 s^{-1}, Scherdehnungen von 10 sowie hohe Temperaturen auftreten, wobei die genauen Zahlenwerte sowohl vom Werkstoff als auch von den Spanungsbedingungen abhängen. Ein in Verbindung mit der Spansegmentierung diskutierter Mechanismus ist „adiabatischer Scherbandbildung" [4, 5]. Dabei handelt es sich um eine thermo-plastische Instabilität, die dadurch gekennzeichnet ist, dass unter gewissen Bedingungen thermische Entfestigung gegenüber Dehnungs- und Dehnratenverfestigung dominiert, und eine ursprünglich homogene Verformung innerhalb extrem kurzer Zeit, quasi „explosionsartig", auf einen schmalen Raumbereich konzentriert wird [6, 7, 8].

Ziel der vorliegenden Arbeit ist es, den Prozess der adiabatischen Scherbandbildung in Inconel 718 im Detail aufzuklären und ausgehend davon das für die numerische Simulation des Spanprozesses zugrundegelegte Materialmodell im o. g. Parameterbereich im Abgleich mit FE-Simulationen der Verbundpartner BAM Berlin und IWF Berlin experimentell zu verifizieren. Das Hochgeschwindigkeitsverformungsverhalten bis hin zur Scherbandbildung wird dabei experimentell mittels modifizierter Split-Hopkinson-Pressure-Bar Technik untersucht. Parallel dazu werden 2D-Orthogonalspanexperimente im gleichen Geschwindigkeitsbereich durchgeführt. Unter Verwendung speziell entwickelter Messverfahren konnten dabei während der Verformungslokalisierung bzw. des Spanprozesses gleichzeitig Temperaturfelder und das mechanische Antwortverhalten bestimmt werden, woran die Qualität der FE-Simulation gemessen werden kann.

19.2 Experimentelle Technik

Zur definierten Erzeugung von Verformungslokalisierung und zum Orthogonalspanen wurde eine modifizierte Split-Hopkinson-Pressure-Bar Technik (SHPB) eingesetzt. Die jeweiligen Proben werden zwischen Einlauf- und Transmitterstab angeordnet (Bild 1). Durch Aufschlag eines Projektils wird im Einlaufstab ein Druckspannungspuls von etwa 80 µs Dauer erzeugt, der die Probe belastet. Zur Untersuchung des Hochgeschwindigkeitsverformungsverhaltens ($\dot{\gamma}$: 10^3. . . 10^6 s^{-1}) bei hohen Scherverformungen bis hin zur Scherbandbildung wurden sogenannte Hutproben bzw. speziell entwickelte flache Hutproben (Bild 1) verwendet, die u. a. in situ Temperaturfeldbestimmungen auf der seitlichen Oberfläche gestatten. Letzteres gilt auch für die ebenfalls im Bild 1 angegebenen Spanungsproben.

Die zur Untersuchung der Verformungslokalisierung eingesetzten Proben sind so gestaltet, dass durch das Eindrücken des „Huts" in den Probenkörper die Verformung geometriebedingt zunächst auf einen mehrere 100 µm breiten Werkstoffbereich konzentriert wird (dieser Bereich ist im Bild 1 am schematisch dargestellten Strahlengang der optischen Abbildung erkennbar, vgl. auch Bild 3).

Die linksseitige „Stegbreite" des Probenkörpers beträgt 2 mm, so dass maximale Hutverschiebungen Δh von etwas weniger als 2 mm realisierbar sind. Durch geeignete Wahl des Hutradius im Verhältnis zum Innenradius des Probenkörpers (analog für die flache

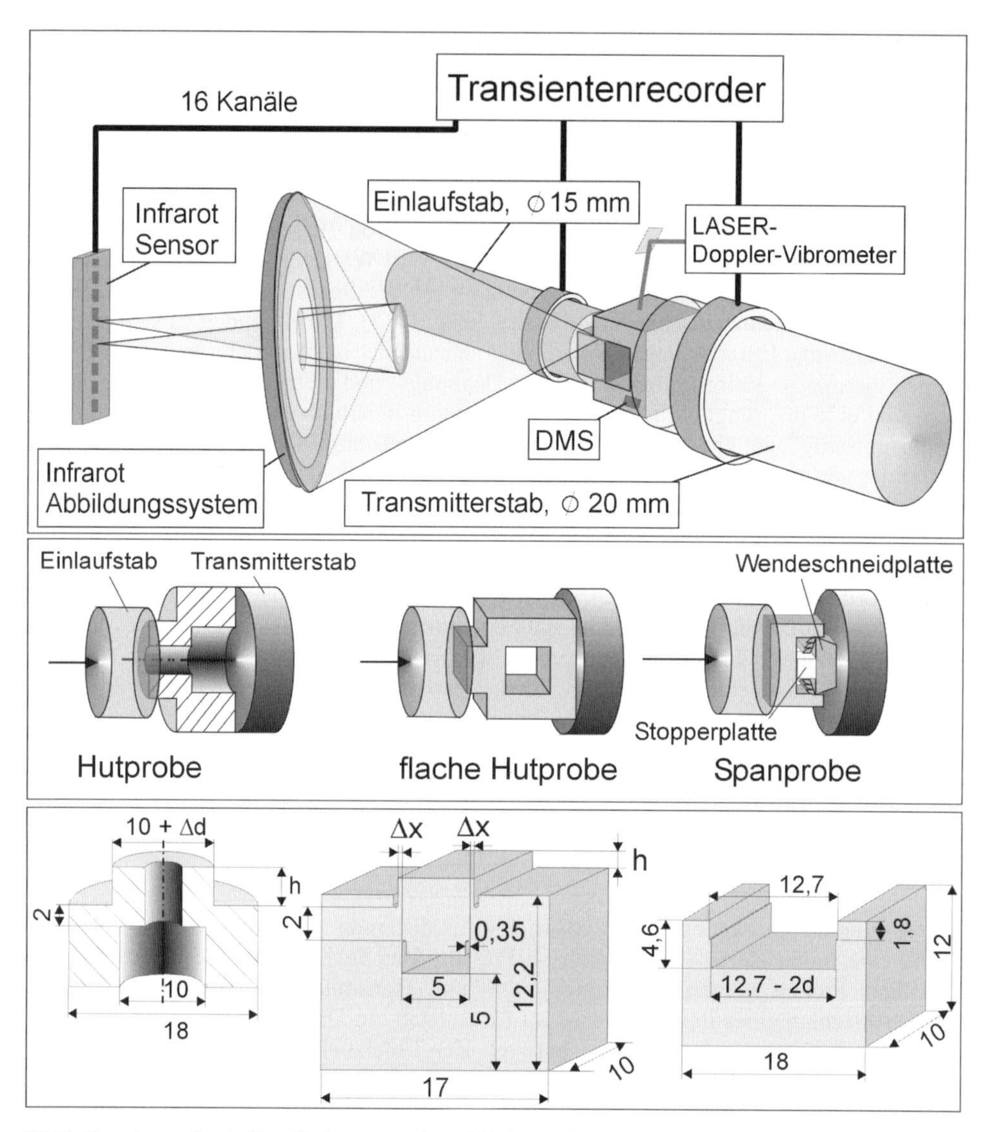

Bild 1: Experimenteller Aufbau, Probengeometrie und Varianten der Probenbelastung

Hutprobe) kann die Neigung der Verformungszone (im Weiteren als „Ligament" bezeichnet) zur Probenachse gezielt eingestellt werden. Experimentbegleitende FE-Simulationen zeigen, dass im Verformungsbereich weitgehend vom Auftreten von Scherverformung ausgegangen werden kann. Ob die im Ligament zunächst im Wesentlichen homogene Scherverformung instabil wird, d. h. lokalisiert, und welcher Endzustand erreicht wird, ist werkstoffabhängig. Sowohl am hut- wie am probenkörperseitigen Ende des Ligaments treten unvermeidbare Spannungs- und Verformungskonzentrationen auf, die den Vorgang beeinflussen, weshalb strenggenommen nicht von einer Instabilität im homogen verformten Material sondern von sogenannter „forced localized shear" [9] auszugehen ist. Ungeachtet dessen zeigen die Ergebnisse der FE-Simulationen, dass eine vereinfachte numerische Modellierung, die von einfacher Scherung ausgeht, sowohl qualitativ wie auch quantitativ vergleichbare Ergebnisse liefert, [10]). Mit diesen Experimenten werden lokal Verformungen und Verformungsgeschwindigkeiten erreicht, die in dem beim Hochgeschwindigkeitsspanen relevanten Parameterbereich liegen. Durch FE-Simulation ausgewählter Experimente vom Verbundpartner BAM Berlin [11] wurde die Anwendbarkeit des vom Verbund zugrundegelegten Materialgesetzes, dessen Parameteridentifikation zunächst im geringeren Verformungs- und Geschwindigkeits-bereich erfolgte [12], in diesem Parameterfeldbereich überprüft bzw. das Materialmodell entscheidend erweitert (vgl. unten).

Die Gefügezustände des untersuchten Werkstoffs Inconel 718 sind in der Tabelle 1 aufgeführt. Neben diesem Werkstoff wurden exemplarische Untersuchungen auch an Ck45 sowie Ti6Al4V durchgeführt.

Tabelle 1: Gefügezustände des Inconel 718

Zustand	Korngröße µm	Mikrohärte $HV_{0,025}$	Bemerkungen
I	102 ± 75	231 ± 16	Ti,Nb-Carbide in der γ - Matrix
II	8,2 ± 0,1	281 ± 14	Ti,Nb-Carbide in der γ - Matrix
III	9,8 ± 0,2	302 ± 12	Ti,Nb-Carbide in der γ - Matrix, δ - Phase an Korngrenzen
IV	3,9 ± 0,03	310 ± 12	Ti,Nb-Carbide in der γ - Matrix, δ - Phase an Korngrenzen

Das mechanische Antwortverhalten wird bei der SHPB-Technik aus den Zeitverläufen der drei Spannungspulse: dem einfallenden Puls $\sigma_i(t)$, dem reflektierten Puls $\sigma_r(t)$ (beide gemessen im Einlaufstab) und dem übertragenen Puls $\sigma_{tr}(t)$ (gemessen im Transmitterstab) ermittelt. Es erfolgt eine Laufzeitkorrektur, auf eine Dispersionskorrektur wurde verzichtet [13].

Die in situ Temperaturfeldbestimmung erfolgte durch Messung der von der Probenoberfläche emittierten Infrarotstrahlung. Dazu wurde der prospektive Verformungslokalisierungsbereich der flachen Hutproben bzw. der Spanungsproben mittels verschiedener, der Messaufgabe angepasster planapochromatischer Spiegelobjektive (15/0,5, 25/0,4 und 40/0,5) auf ein Infrarotdetektorarray mit jeweils 16 Einzeldetektoren abgebildet. Als Detektormaterial wurde im unteren Temperaturbereich (ca. 50 °C bis 600 °C) mit flüssigem Stickstoff gekühltes InSb und im Temperatur-bereich oberhalb ca. 500 °C InGaAs verwendet. Die erreichte laterale Auflösung betrug für das InSb-Array 12 µm, exemplarisch wurde mit dem InGaAs-Array eine laterale Auflösung von 6 µm realisiert. Damit wurde in beiden Fällen die beugungstheoretisch begrenzte Auflösung dieser Detektoren ausgenutzt. Die vom Array gelieferten Signale wurden für jeden Sensor einzeln rauscharm verstärkt und 16-kanalig digital gespeichert (gleiche Zeitbasis wie die mechanischen Pulse). Die Zeitauflösung des Messsystems betrug für das InSb-Array 0,9 µs, für das InGaAs-Array 0,1 µs. Die Temperatureichung des Gesamtsystems erfolgte statisch an Proben des gleichen Materials, wobei durch Aufbringen einer extrem dünnen Anlassschicht auf Eich- und eigentliche Proben vergleichbare Emissionsverhältnisse realisiert wurden [14]. Mögliche Temperaturunterschiede zwischen dem Probeninnern und der Oberfläche bei der Scherlokalisierung wurden mit FE-Simulation untersucht, sie können im Bereich einiger 10 °C liegen. Unter Berücksichtigung dessen, möglicher Änderungen der Emissivität der Probenoberfläche sowie weiterer Fehlerquellen wird von einem maximalen Fehler der Temperaturangaben von ca. 15 % ausgegangen.

Mikrostrukturelle Untersuchungen erfolgten metallographisch, mittels REM sowie in ausgewählten Probenbereichen mittels TEM. An Einzelproben wurden durch auf die Probe aufgebrachte Ritzlinien in Verbindung mit einer Modifizierung der Infrarotsensortechnik in situ Verformungsmessungen realisiert. Darüber hinaus wurden die Ritzlinien in gezielt gestoppten Versuchen rasterelektronenmikroskopisch zur Ermittlung der Scherverformung verwendet (bis zu γ von etwa 0,7, danach versagt die Ritzlinientechnik). Im Bereich höherer Verformungen und für zylindrische Hutproben wurde ein auf der Auswertung von Kornstreckung und -drehung beruhendes Verfahren eingesetzt, das im Zugversuch (Einschnürbereich) sowie mittels Ritzlinientechnik kalibriert wurde.

19.3 Ergebnisse und Diskussion

19.3.1 Verformungslokalisierung und Scherbänder

Im Bild 2a sind die bei Hochgeschwindigkeitsbelastung einer flachen Hutprobe gemessenen Pulsverläufe σ_i, σ_r und σ_{tr} dargestellt, zusätzlich ist die daraus berechnete Relativverschiebung $\Delta h(t)$ des „Huts" gegen den Probenkörper angegeben. Im vorliegenden Fall wurde nach der Belastung im Ligament ein „adiabatisches Scherband" nachgewiesen (diese Aussage bezieht sich auf einen Teil des Ligaments, in manchen Bereichen wird Probentrennung beobachtet). Die Scherbandbreite beträgt ca. 2 . . . 3 µm. Das „adiabatische Scherband" erscheint sowohl lichtmikroskopisch als auch in der REM-Aufnahme strukturlos (eine TEM-Charakterisierung erfolgt im Bild 8). Völlig analog sind die Beobachtungen in Ck45, bei geeigneter Ätzung des metallographischen Schliffs tritt dort ein ebenfalls strukturloses „weißes" Band auf. Diese morphologische Beschreibung kann als vorläufige Definition des Begriffs „adiabatisches Scherband" angesehen werden.

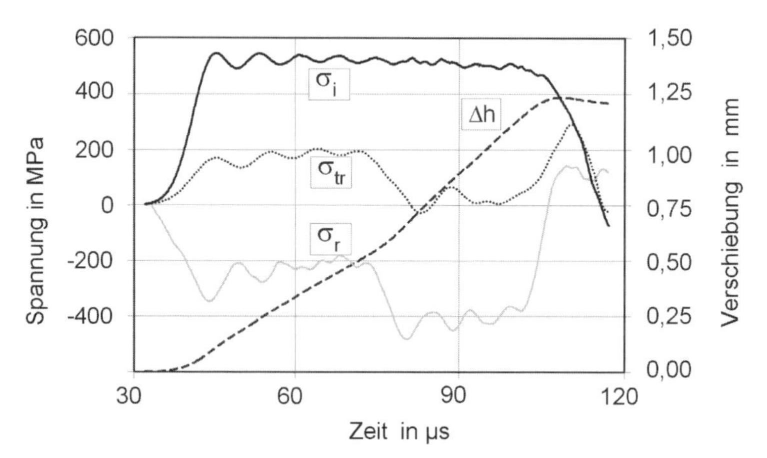

Bild 2a: Pulsverläufe (σ_i – incident-, σ_r – reflected-, σ_{tr} – transmitted-pulse) und Hutverschiebung Δh für eine zylindrische Hutprobe des IN 718/ II

Bild 2b zeigt typische transmittierte Pulse σ_{tr} für Inconel 718 in den unterschiedlichen Gefügezuständen (Tab. 1). Qualitativ gleiches Verhalten von σ_{tr} wird an Ck45 und Ti6Al4V beobachtet. Demgegenüber fehlt z. B. für den Stahl C15 der drastische Spannungsabfall, und es werden dort auch keine Scherbänder sondern nur konzentrierte Verformung (Ligamentbreite einige 100 μm) gefunden. Im Weiteren werden die Hochlage des transmittierten Pulses als „Verformungsphase", die abfallende Flanke als „Lokalisierungsphase" und der sich anschließende Teil von σ_{tr} als „Postlokalisierungsphase" bezeichnet. Die o. g. adiabatischen Scherbänder werden nur in der Postlokalisierungsphase gefunden.

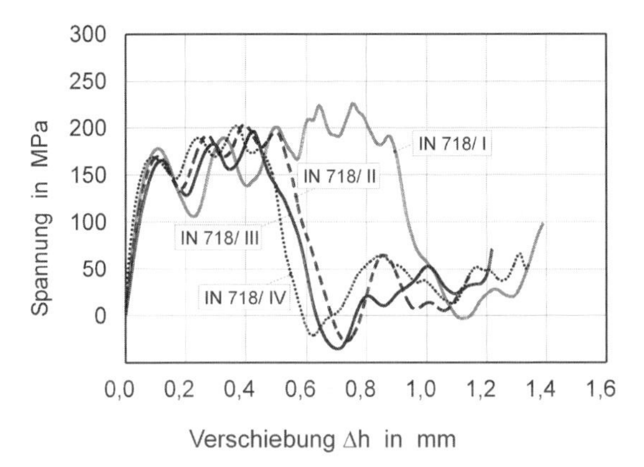

Bild 2b: Verlauf der Transmitterpulse zylindrischer Hutproben für unterschiedliche Gefügezustände des IN 718

Die Bilder 3 bis 5 zeigen Anfangsstadien der Verformungslokalisierung. Zu deren Untersuchung wurden Versuche mit definiert reduzierter Huthöhe durchgeführt, bezogen auf Bild 2 wurden die Belastungen im Anfangsteil des Abfalls von σ_{tr} abgebrochen. Man erkennt in Bild 3, dass sich die Verformung mit zunehmendem Verschiebungsweg Δh auf einen immer schmaler werdenden Raumbereich konzentriert.

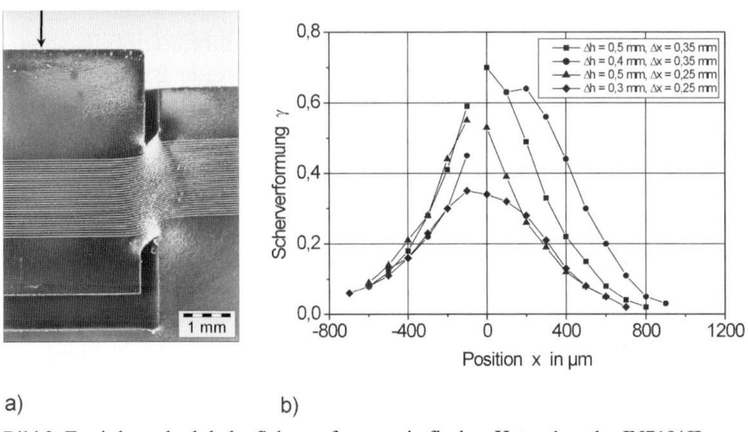

Bild 3: Ermittlung der lokaler Scherverformung in flachen Hutproben des IN718/ II
a) Verlauf der Ritzlinien nach SHPB-Belastung, $\Delta h = 0{,}4$ mm, $\Delta x = 0{,}25$ mm
b) Verteilung der Scherverformung bei variierten Beanspruchungsbedingungen

Die Scherverformung wurde hier für die vier ausgewerteten Tests aus dem Neigungswinkel der Ritzlinien (Mittelwert aus 30 Linien) bestimmt. Dieses Verfahren versagt wegen verformungsbedingten Verschlechterung der Oberflächenqualität bei γ oberhalb von etwa 0,7. Auch mit der in Bild 3 dargestellten speziell entwickelten Probenform lassen sich quasihomogene Scherverformungen senkrecht zum Ligament nur bis zu γ von etwa 0,3 . . . 0,4 realisieren, was charakteristisch für eine Verformungsinstabilität ist.

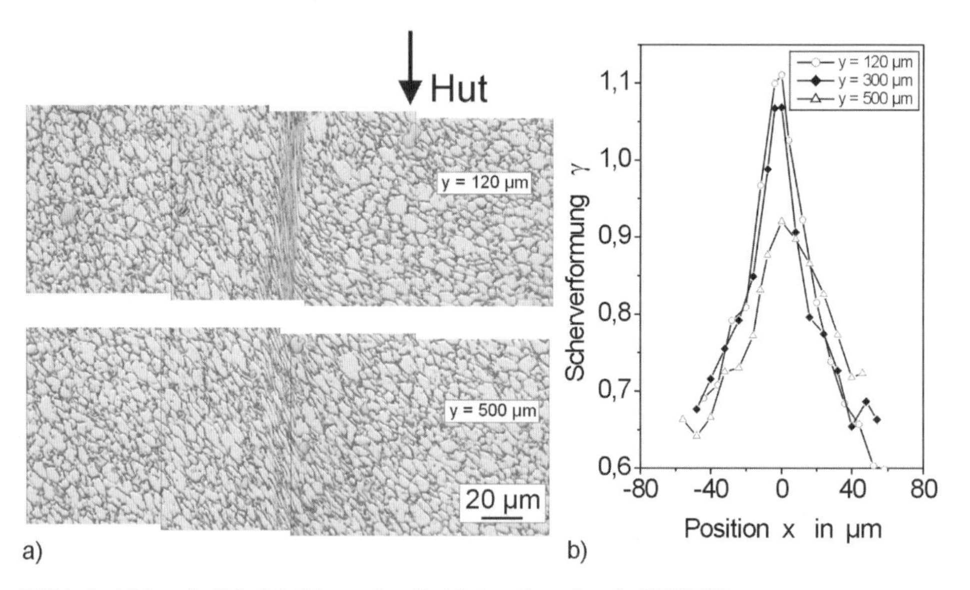

Bild 4: Ausbildung der Scherlokalisierung in zylindrischen Hutproben des IN718/ IV, Belastungsbedingungen: $\Delta h = 0{,}5$ mm, $\Delta x = 0{,}1$ mm

a) Metallographische Schliffe in einem Abstand von 120 µm und 500 µm zur ursprünglichen Probenkante

b) Verlauf der Scherverformung an unterschiedliche Positionen x entlang des Propagationsweges y der Scherlokalisierung

In den Bildern 4 und 5 wurde die Scherverformung mit einem kalibrierten bildanalytischen Verfahren [15] aus der Änderung der Kornform ermittelt. Beide Bilder beziehen sich auf Tests, die auf der abfallenden Flanke des transmittierten Pulses gestoppt wurden. Man erkennt, dass die Verformung im Ligament in beiden Fällen bereits auf einen sehr schmalen Bereich lokalisiert ist, in dem lang ausgezogene Körner beobachtet werden (Bild 4a und 5c). In beiden Fällen ist der Werkstoff im Wesentlichen längs des gesamten Ligaments verbunden (in einigen Fällen wird in kleinen Gebieten längs des Ligaments Materialtrennung beobachtet, Bild 8c). In hier nicht dargestellten Proben wurde eine Verformungslokalisierung (Breite senkrecht zum Ligament unter 1 µm) mit abgeschätzten γ-Werten von mehr als 10 im ungetrennten Werkstoff gefunden.

Bild 6 zeigt die Temperaturentwicklung während der Ausbildung einer Verformungslokalisierung, d. h., bei auf der abfallenden Flanke des transmittierten Pulses gestoppten Tests. Das Detektorarray ist senkrecht zum Ligament justiert (Bild 6b). In dieser Phase werden maximal Temperaturen zwischen 300 °C und 350 °C erreicht, dies allerdings in sehr kurzer Zeit, was mit einer hohen Aufheizrate im Bereich von 10^7 Ks^{-1} verbunden ist.

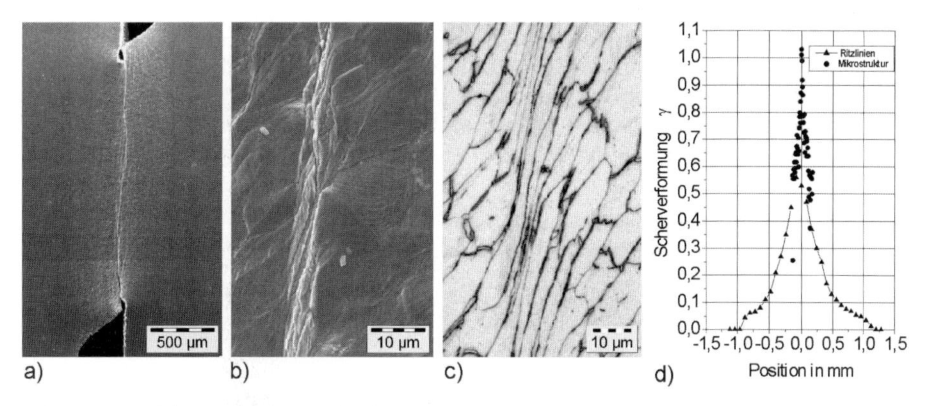

Bild 5: Fortgeschrittenes Stadium der Verformungslokalisierung in flachen Hutproben des IN 718/ III, $\Delta h = 0{,}5$ mm, $\Delta x = 0$ mm, statische Druckkraft 20 kN
a) Übersicht
b) REM-Oberflächenaufnahme aus dem mittleren Bereich des Scherbandes
c) metallographischer Schliff zu Bild b) nach 200 µm Abtrag
d) Lokale Scherverformung aus Ritzlinienverlauf und Kornmorphologie

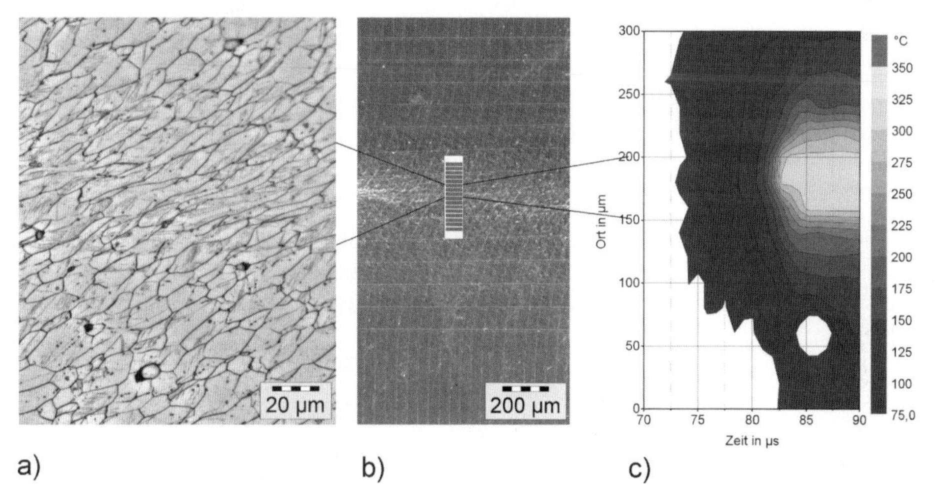

Bild 6: Beginnende Scherlokalisierung und zeitliche Entwicklung der Temperaturverteilung in flachen Hutproben aus IN718/ III, $\Delta h = 0{,}5$mm, $\Delta x = -0{,}25$ mm
a) Metallographischer Schliff zu b) nach 150 µm Abtrag
b) REM – Oberflächenaufnahme mit Ritzlinienverlauf
c) Temperaturverteilung

Führt man die Versuche bis über den Spannungsabfall (Bild 2b) hinaus, d. h. $\Delta h > 0{,}8$ mm (Ausnahme hier der grobkörnige Gefügezustand IN 718/ I), so treten im mittleren Bereich des Ligaments die bereits o. g. adiabatischen Scherbänder auf. Dies ist im Bild 7 dargestellt. Man erkennt das strukturlose schmale Band (Breite ca. 2 µm) sowie die zugehörige Temperaturfeldentwicklung. Deutlich ist, dass auch die maximalen Temperaturen erst nach dem Abfall des transmittierten Pulses, d. h. in der Postlokalisierungsphase, auftreten und im Bereich zwischen 700 °C und 800 °C liegen. Die Aufheizrate erreicht dabei

Werte von einigen 10^7 Ks^{-1}. Auch unter Berücksichtigung der Fehlergrenzen liegen die Temperaturen deutlich unterhalb der Schmelztemperatur von IN 718, die 1270 °C beträgt. Das gleiche Verhalten wird an Ck45 beobachtet, dort werden in der Postlokalisierungsphase Temperaturen von etwa 900 °C registriert, ebenfalls weit unterhalb der Schmelztemperatur dieses Werkstoffs.

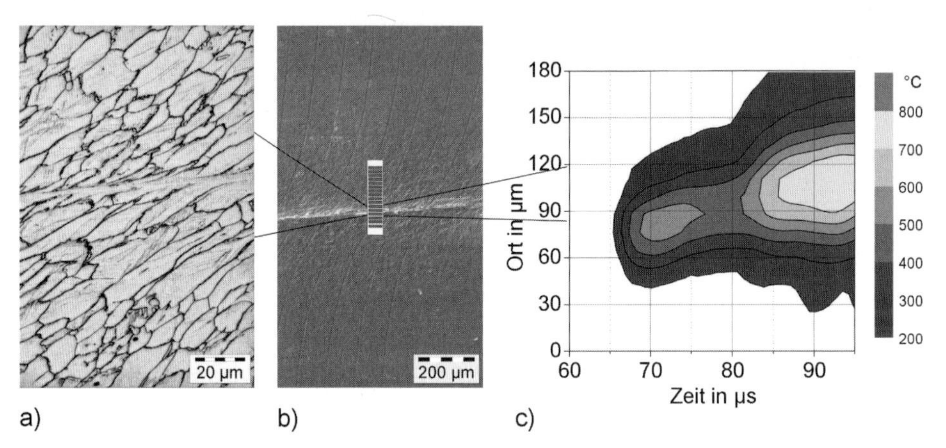

Bild 7: Lokale Scherverformung und zeitliche Entwicklung der Temperaturverteilung in flachen Hutproben aus IN718/ III, Δh = 1,2 mm, Δx = 0 mm, statische Druckkraft 10 kN
a) Metallographischer Schliff zu b) nach 150 µm Abtrag
b) REM – Oberflächenaufnahme mit Ritzlinienverlauf
c) Temperaturverteilung

Transmissionselektronenmikroskopisch konnte die Struktur eines adiabatischen Scherbandes in Inconel 718 aufgelöst werden (Bild 8). Man erkennt, dass sich die Struktur des Bandes signifikant von der des benachbarten (ebenfalls hochverformten) Materials unter

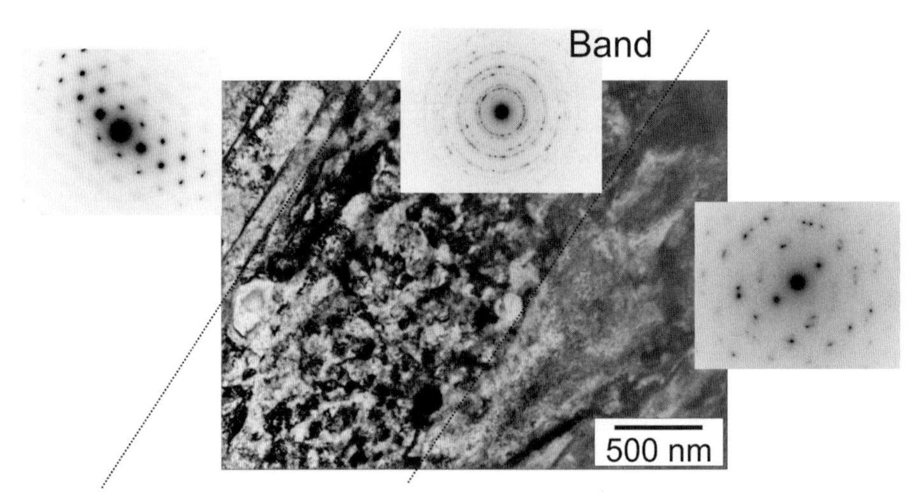

Bild 8: TEM-Mikrostruktur des Scherbandes einer zylindrischen Hutprobe des IN718/ II, Belastungsbedingungen: Δh = 1,13 mm, Δd = 0,06 mm

scheidet und durch das Auftreten einer nanokristallinen Struktur (Kristallitgröße im einige 10 nm-Bereich) gekennzeichnet ist, was im Beugungsbild zu den für Pulverdiagramme typischen Ringstrukturen führt. Demgegenüber zeigen die Beugungsbilder des umgebenden Materials noch klare Kristallreflexe. Die nanokristalline Struktur ist offensichtlich als Signatur eines adiabatischen Scherbandes anzusehen. Sie wird in solchen Bändern u. a. auch in Ck45 gefunden und kann dort wegen der größeren Bandbreite (> 4 µm) deutlich einfacher TEM-präpariert werden (man beachte, dass die Bandbreite für In 718/ II im Bild 8 nur 1,5 µm beträgt, was erhebliche Anforderungen an die elektronenmikroskopische Zielpräparation stellt).

Ausgewählte der hier dargestellten Experimente wurden experimentbegleitend von den Autoren sowie exemplarisch vom Verbundpartner BAM Berlin einer FE-Simulation (bzw. einer vereinfachten numerischen Modellierung unter Annahme einfacher Scherung) unterzogen (in den FE-Simulationen wurde das komplette System Einlaufstab-Probe-Transmitterstab elastisch-thermoviskoplastisch unter Berücksichtigung von Wärmeleitung und Trägheitskräften simuliert, wegen der damit verbundenen großen Rechenzeiten musste eine Beschränkung auf ausgewählte Experimente erfolgen). Es wurde zunächst ein Materialgesetz nach Johnson-Cook zugrundegelegt, dessen Parameteridentifikation in [12] beschrieben ist. Analoge FE-Simulationen wurden auch für Ck45 vorgenommen, wobei auf die im Schwerpunktprogramm vorhandene breite Materialdatenbasis zurückgegriffen wurde. Das Ergebnis dieser Rechnungen ist, dass sie in wesentlichen Punkten nicht mit den Experimenten übereinstimmen. So wird der Abfall des transmittierten Pulses nicht in Übereinstimmung mit den Messungen gefunden (er erfolgt in der Simulation zeitlich deutlich später bzw. langsamer) [11], und die während des Spannungsabfalls berechneten Temperaturen liegen für Inconel 718 im Bereich der Schmelztemperatur, mithin weit oberhalb der gemessenen Werte. Bild 9 zeigt Ergebnisse einer vereinfachten numerischen Modellierung für Ck45 (die FE-Simulation liefert ganz ähnliche Ergebnisse). Es ist klar erkennbar, dass der Spannungsabfall wesentlich vom Experiment abweicht (Bild 2). Durch Verzicht auf Wärmeleitung in der Simulation kann man für Ck45 dem gemessenen mechanischen Antwortverhalten näherkommen, allerdings auf Kosten dessen, dass dann die Temperaturen in der Lokalisierungsphase fast die Schmelztemperatur erreichen.

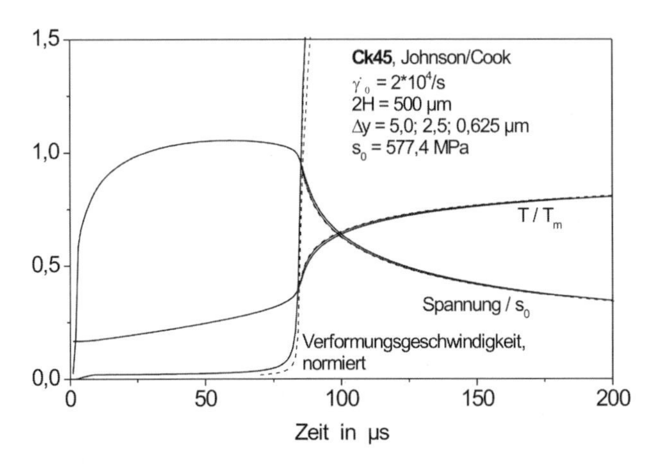

Bild 9: Eindimensionales Modell zur Verformungslokalisierung

Hierbei handelt es sich um ein grundsätzliches Problem, das nicht auf die spezielle Form des Materialgesetzes (hier Johnson-Cook) beschränkt ist, sondern aus der impliziten Voraussetzung der bisherigen Simulation resultiert, dass der Werkstoff beliebig große Verformungen ertragen kann, ohne zu versagen. Im kompakten Material ist ein totaler Verlust der Tragfähigkeit dann auch bei Lokalisierung der Verformung nur durch Schmelzen möglich. Bild 2 zeigt nun, dass die Proben längs des Ligaments nahezu vollständig die Tragfähigkeit verlieren. Der transmittierte Puls geht praktisch auf Null zurück und im gleichen Zeitbereich erreicht der reflektierte Puls fast exakt die Höhe des einfallenden Pulses, was ein eindeutiges Indiz für eine Reflexion an einem „freien Ende" ist, d. h., die Probe setzt einer weiteren Verschiebung durch den einfallenden Spannungspuls nahezu keinen Widerstand entgegen. Deutlich wird das auch durch den ebenfalls in diesem schmalen Zeitbereich auftretenden Knick der $\Delta h(t)$-Kurve, die Relativgeschwindigkeit des Huts stimmt nach dem Knick praktisch mit der Projektilgeschwindigkeit überein. Der im weiteren Zeitverlauf (in der Postlokalisierungsphase) beobachtete „Restwiderstand" der Probe resultiert u. a. aus der Aufbiegung des Probekörpers. Dieses Verhalten kann verstanden werden, wenn man annimmt, dass in der Lokalisierungsphase Versagen/Materialtrennung auftritt. Die dargestellten mikrostrukturellen Ergebnisse sowie Simulationsergebnisse deuten darauf hin, dass der eigentliche Lokalisierungsprozess (im zusammenhängenden Material), der die Folge einer thermo-plastischen Instabilität ist, bereits in einer frühen Phase des Spannungsabfalls (Bild 2) abgeschlossen ist. Danach dominiert Materialversagen.

Ausgehend hiervon wurde das den FE-Simulationen zugrundegelegte Materialgesetz dahingehend erweitert, dass Damageprozesse berücksichtigt werden konnten. Zur notwendigen Parameteranpassung wurden gekerbte Zugversuche der BAM Berlin sowie die hier vorgestellten Experimente benutzt [12]. Ohne auf die Details dieser Modellerweiterung einzugehen, mit der zwei Varianten der Simulation des Materialversagens untersucht wurden, kann festgestellt werden, dass durch die Berücksichtigung von Damageprozessen in der FE-Simulation eine gute Übereinstimmung des berechneten und gemessenen mechanischen Antwortverhaltens erreicht werden konnte. Das Gleiche gilt für die berechneten Temperaturfelder [11].

Zusammengefasst kann der Schluss gezogen werden, dass die an Scherbandproben beobachtete Verformungslokalisierung mit der Entwicklung einer thermo-plastischen Instabilität startet, die mit Versagen/Materialtrennung endet. Die thermo-plastische Instabilität kann dabei, abhängig von der Mehrachsigkeit des Spannungszustands (experimentell wurde diese durch die Neigung des Ligaments variiert), in einen Scherriss übergehen.

Damit kann die Lokalisierungsphase als weitgehend qualitativ und quantitativ verstanden angesehen werden. Nicht erklärt wird damit, warum in der Postlokalisierungsphase wieder zusammenhängende Materialbereiche gefunden werden, zwischen denen sich ein oben charakterisiertes „adiabatisches Scherband" befindet. Es liegt die Vermutung nahe, dass im weiteren Verlauf der Belastung getrennte Bereiche, falls sie unter Druckbelastung stehen, durch Reiben wieder „verschweißt" werden können. Damit stellt sich die Frage, ob die experimentell beobachtbaren „adiabatischen Scherbänder" das Ergebnis eines Reibvorganges in der Postlokalisierungsphase sind. Hierzu wurden „zweiteilige" zylindrische Hutproben aus IN 718 mit der SHPB-Technik belastet. Die Abmessungen der Proben waren identisch mit denen der zylindrischen Hutproben (Bild 1), jedoch wurde der Hut als Einzelteil in den Probenkörper eingesetzt, d. h., beide waren bei Belastungsbeginn unverbunden.

Nach der Belastung durch den einfallenden Puls waren Hut und Probenkörper zumindest partiell verschweißt, und in diesen Bereichen wurden die gleichen „adiabatischen Scherbänder“ nachgewiesen wie in den kompakten zylindrischen Hut- bzw. flachen Hutproben. Derartige Versuche wurden auch an Ck45 durchgeführt und brachten das gleiche Ergebnis, die identische Struktur der „Reib-“ und „adiabatischen Scherbänder“ wurde transmissionselektronenmikroskopisch nachgewiesen. Adiabatische Scherbänder sind mithin nicht das Endstadium der Verformungslokalisierung sondern das Ergebnis eines Reibprozesses (die beobachtete Endstruktur des Scherbandes ist wahrscheinlich durch Rekristallisation entstanden), der auf einem niedrigen Spannungsniveau abläuft (Bild 2) und mit einem drastischen Temperaturanstieg (Bild 6) verbunden ist. Dieser Prozess ist im Detail noch nicht verstanden und entzieht sich derzeit auch der FE-Simulation. Die verschiedenen Stadien der Strukturentwicklung in hochgeschwindigkeitsbeanspruchten Scherproben aus Inconel 718 sind im Bild 10 zusammengefasst.

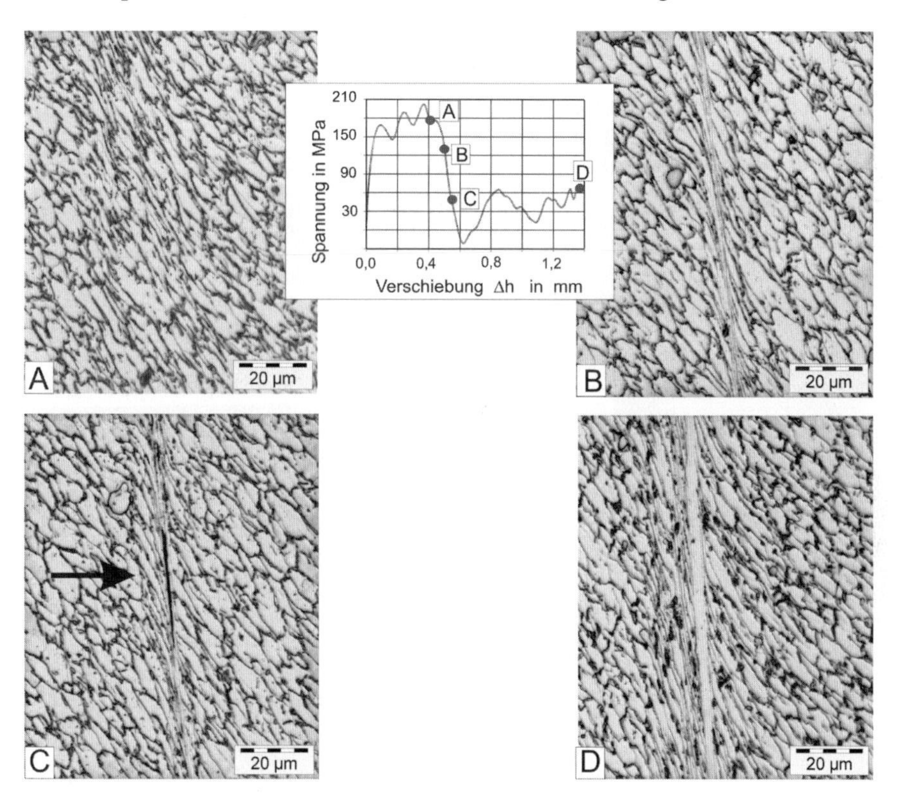

Bild 10: Stadien der Ausprägung der Verformungslokalisierung

19.3.2 Spanbildung

Orthogonalspanversuche an IN 718 mittels SHPB-Technik unter gleichzeitiger Erfassung des mechanischen Antwortverhaltens und der ortsaufgelösten Temperaturentwicklung dienten der Verifikation der 2D-FE-Spansimulation durch die BAM Berlin [12] sowie dem Verständnis des Spanbildungsprozesses überhaupt. Kern des Verfahrens ist eine U-förmige Probe (Bild 1), in die durch den einfallenden Puls eine Wendeschneidplatte eingeschoben wird. Dabei werden stets zwei Späne abgetragen. Der zeitliche Verlauf der Schnittkraft wird in dem weitgehend ruhenden Transmitterstab gemessen werden. Die Spanungsdicke kann bei der Probenfertigung einstellt werden, es wurde mit Werten von 100 bis 250 µm gearbeitet. Ein Stoppen des Spanungsvorgangs ist durch Distanzstücke variabler Dicke problemlos möglich (Stoppzeiten unterhalb 1 µs). Es fallen somit automatisch auch Spanwurzeln an. Die orts- und zeitaufgelöste Temperaturbestimmung erfolgte mit dem bereits beschriebenen Infrarot-Messsystem. Bei den geringeren Spanungsdicken wurden die Temperaturfelder mittels der InGaAs-Arrays aufgenommen, da diese schneller und mit höherer Ortsauflösung (6 µm) betrieben werden können als InSb-Detektoren. Die von einem Sensorelement erfasste Fläche ist kleiner als 10^{-4} mm^2, die rauschbegrenzte untere Temperaturschranke liegt bei etwa 500 °C.

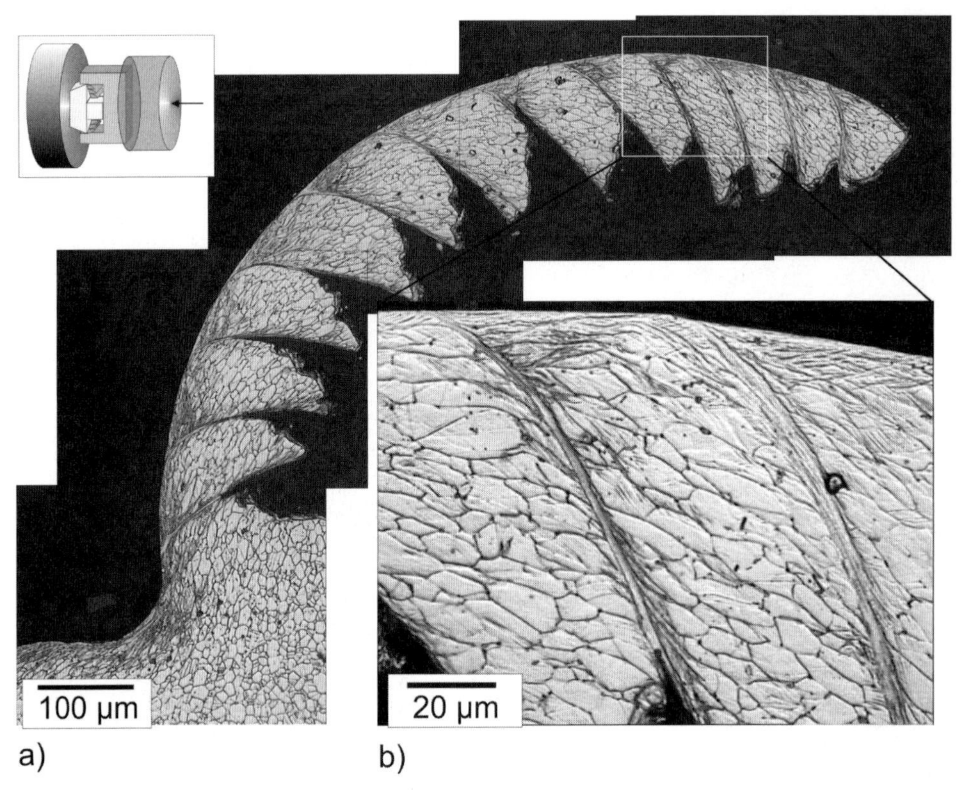

Bild 11: Morphologie eines Segmentspanes nach Hopkinson-Orthogonalspanen des IN718/ II; Spanungsbedingungen: Spanungsgeschwindigkeit 21,1 m/s, Spanungsdicke 100 µm, Spanwinkel 0°, Schneidkantenradius 20 µm

a) metallographischer Schliff

b) Detailaufnahme aus a)

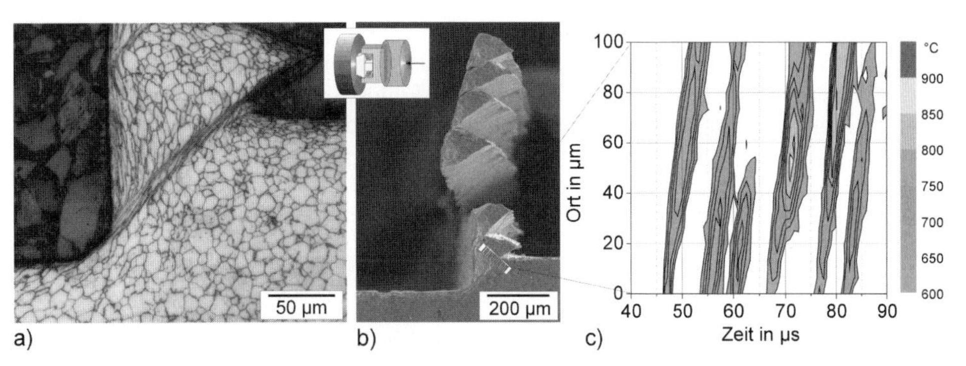

Bild 12: Spanmorphologie (a,b) in fortgeschrittener Segmentierungsphase und zeitliche Entwicklung der Temperaturverteilung (c) beim Hopkinson-Orthogonalspanen des IN718/ III bei Messung mit InGaAs-Sensorzeile; Spanungsgeschwindigkeit 19,0 m/s, Spanungsdicke 100 µm, Spanwinkel 0°, Schneidkantenradius 20 µm

Bei den realisierten Spanungsgeschwindigkeiten im Bereich von 1200 m/min und Spanungsdicken von 100 bis 250 µm wurden grundsätzlich Segmentspäne (bzw. auch Bröckelspäne) beobachtet (Bild 11). Zwischen vollentwickelten Spansegmenten wurden die gleichen Bandstrukturen gefunden wie in der Endphase der Scherbandexperimente, d. h. adiabatische Scherbänder. Das Infrarot-Messsystem erfasst die bei jedem Segmentierungsvorgang auftretenden Temperaturen. Man erkennt mehrere Segmentbildungen, die in einem Zeitabstand von etwa 7 µs erfolgen. Bei der angegebenen Justierung des ortsfesten Detektorarrays werden die Gebiete hoher Temperatur (die Verformungslokalisierungsbereiche zwischen den Segmenten) sukzessive von aufeinander folgenden Sensorelementen registriert, was zu dem „Streifenmuster“ führt. Die maximalen Temperaturen liegen bei ca. 850 °C. Im Bild 12 sind analoge Ergebnisse für die geringste Spanungsdicke von

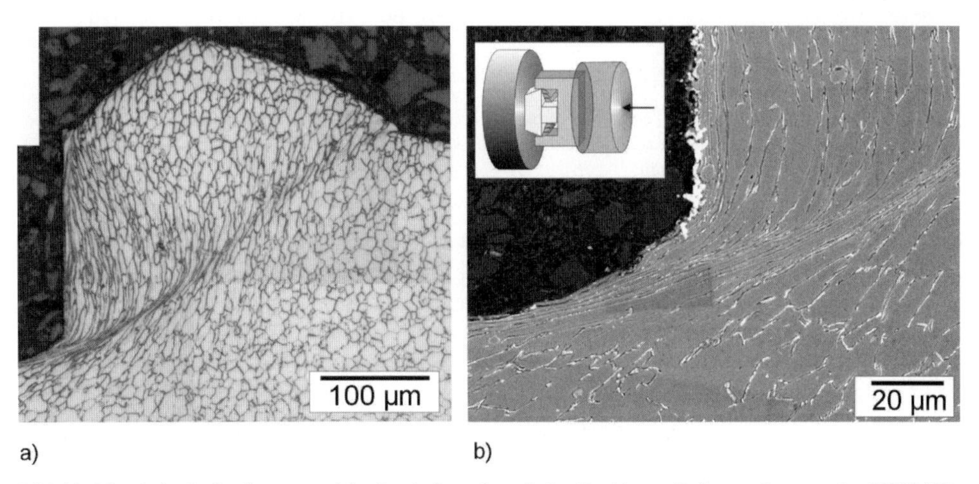

Bild 13: Morphologie der Spanwurzel in der Aufstauphase beim Hopkinson-Orthogonalspanen des IN718/ III; Spanungsgeschwindigkeit 20,1 m/s, Spanungsdicke 200 µm, Spanwinkel 0°, Schneidkantenradius 20 µm
a) metallographischer Schliff
b) REM-Detailaufnahme der Spanwurzel aus a)

100 µm angegeben. Das Teilbild a) zeigt die Spanwurzel und das letzte Segment, hierzu gehört der „Temperaturstreifen“ rechts im Teilbild c). Infolge des Stoppens des Spanens (u. a. reduzierte Spanungsgeschwindigkeit in der Endphase der Spanbildung) wird zwischen diesem Segment und dem Restwerkstoff kein adiabatisches Scherband sondern extrem lokalisierte Verformung gefunden, dementsprechend sind die Temperaturen geringer als bei voll ausgeprägter Segmentierung.

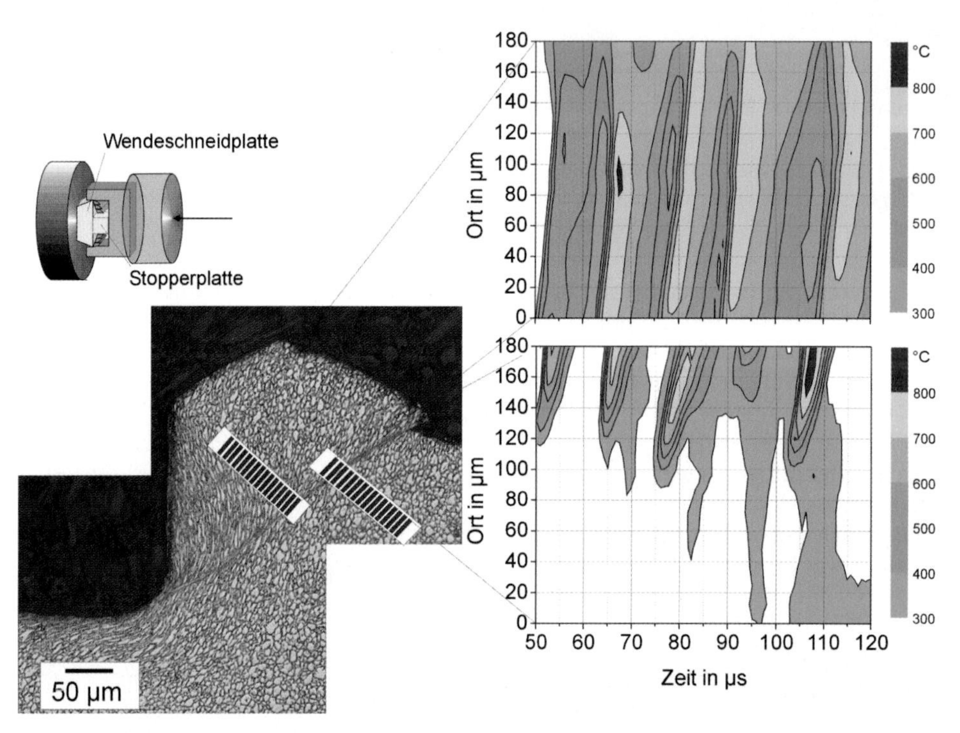

Bild 14: Zeitliche Entwicklung der Temperaturverteilung beim Hopkinson-Orthogonal-spanen des IN718/ IV bei variierter Position der InSb-Sensorzeile; Spanungsge-schwindigkeit 24,5 m/s, Spanungsdicke 150 µm, Spanwinkel 0°, Schneidkantenradius 50 µm

Die Bilder 13 bis 15 zeigen Phasen der Spanbildung in IN 718. In der Aufstauphase erfolgt eine starke Verformung in der Werkzeugumgebung, verbunden mit einer Aufwärtsbewegung des Materials. Gleichzeitig ist eine Lokalisierung der Verformung in der prospektiven Segmentierungsebene (Ligament) zu beobachten. Teilbild 15a zeigt die aus der Kornverformung ermittelten Scherverformungen. Es muss bemerkt werden, dass sich alle Gefügeabbildungen in diesen Bildern auf das gestoppte Spansegment beziehen, mithin zwischen Segment und Grundwerkstoff Verformungslokalisierung aber noch keine adiabatischen Scherbänder auftreten. Bild 14b gibt die Temperaturentwicklung aus zwei (fast identischen) Spanungsversuche mit variierter Justierung des Detektorarrays an und demonstriert die Genauigkeit des Verfahrens.

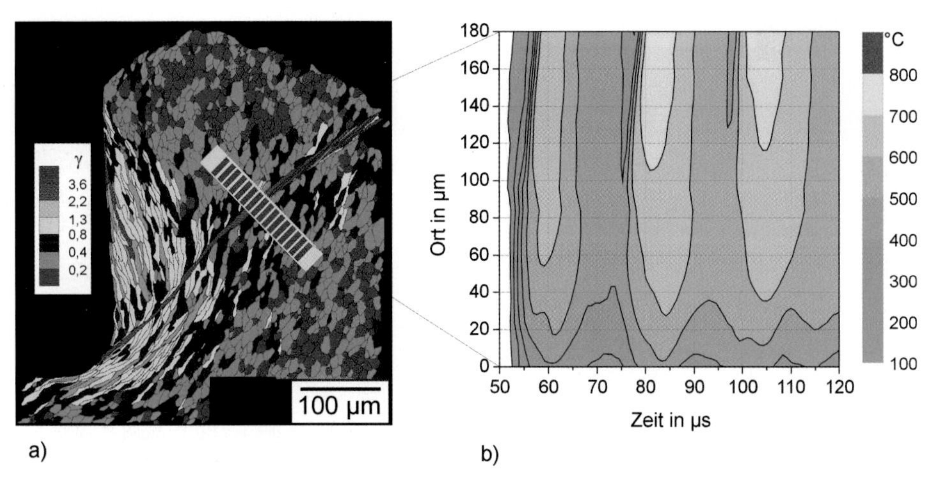

Bild 15: Lokale Scherverformung der Spanwurzel a) und zeitliche Entwicklung der Temperaturverteilung b) beim Hopkinson-Orthogonalspanen des IN718/ II; Spanungs-geschwindigkeit 17,9 m/s, Spanungsdicke 250 µm, Spanwinkel 0°, Schneidkantenradius 50 µm

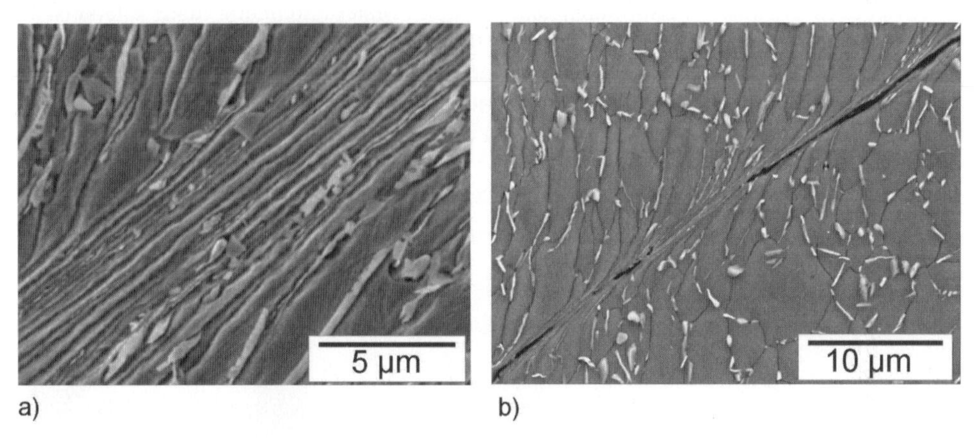

Bild 16: Lokalisierung der Scherverformung zwischen Spansegmenten beim Hopkinson-Orthogonalspanen des IN718/ IV; Spanungsgeschwindigkeit 18,8 m/s, Spanungsdicke 170 µm, Spanwinkel 0°, Schneidkantenradius 20 µm
a) extrem ausgezogene Körner im Lokalisierungsbereich zwischen den Segmenten
b) sehr schmales Scherband mit lokalen Trennungen

Die Bilder 16 und 17 zeigen REM-Aufnahmen der Verformungslokalisierung (vgl. auch Bilder 4a und 5c) zwischen Spansegmenten. Dabei werden lokal Scherverformungen von 20 abgeschätzt. Ebenso wie in den Verformungsproben (Abschn. 3.1) treten vereinzelt Materialtrennungen im Ligament auf (Bild 16b). Allgemein werden beim Spanen vor dem Auftreten adiabatischer Scherbänder höhere Scherverformungen gefunden als in den Verformungsproben, d. h., dass die Materialtrennung hier erst bei höheren Verformungen einsetzt. Dies sollte eine Folge des höheren überlagerten Druck in den Spanproben sein und weist auf eine Abhängigkeit des Materialversagens von der Mehrachsigkeit des Spannungszustandes hin (die im erweiterten FE-Materialmodell berücksichtigt wird [12]).

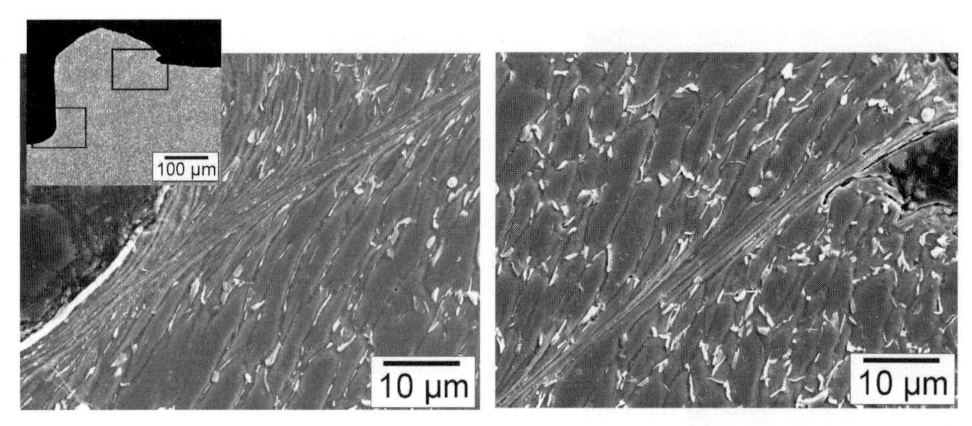

Bild 17: Morphologie der Spanwurzel in fortgeschrittener Segmentierungsphase des In718/ IV nach Hopkinson-Orthogonalspanen, Spanungsgeschwindigkeit 24,7 m/s, Spanungsdicke 150 µm, Spanwinkel 0°, Schneidkantenradius 50 µm

Grundsätzlich findet man beim Spansegmentierungsprozess alle der im Abschnitt 19.3 beschriebenen Stadien: Verformungslokalisierung, Materialtrennung und adiabatische Scherbandentwicklung, und diese Vorgänge laufen im gleichen Temperaturbereich ab. Durch eine vereinfachte numerische Modellierung unter Verwendung des Johnson-Cook-Materialgesetzes für IN 718 wurde nachgewiesen, dass die beim Spanen zur Einzelsegmentbildung zu Verfügung stehende Zeit von ca. 5 µs ausreicht, um eine Verformungsinstabilität auszulösen. Im Detail hängen diese Vorgänge von den Spanungsbedingungen ab (Spanungsdicke, Spanwinkel, Schneidkantenverrundung).

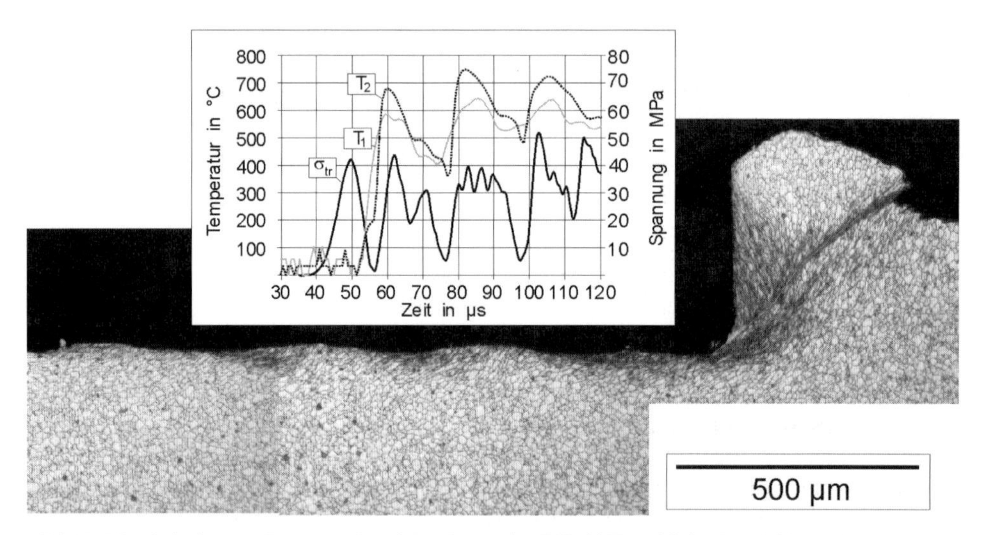

Bild 18: Morphologie von Spanwurzel und Randzone des IN718/ II, zeitliche Entwicklung der Temperatur ausgewählter Sensorelemente sowie Verlauf der Transmitterspannungen, Spanungsgeschwindigkeit 17,9 m/s, Spanungsdicke 250 µm, Spanwinkel 0°, Schneidkantenradius 50 µm

Bild 18 zeigt neben der Morphologie von Spanwurzel und Randzone beim Hopkinson-Orthogonalspanen die zeitliche Entwicklung der Temperatur (für zwei Sensorelemente) und des transmittierten Pulses, der proportional zu Schnittkraft ist und einfach in diese umgerechnet werden kann. In der Anfangsphase des Spanens wird ein „gegenphasiger" Verlauf von Temperatur und Schnittkraft gefunden, der mit dem Verhalten der Verformungsproben korrespondiert (Bilder 2, 6 und 7). Offenbar wächst die Schnittkraft in der Spanaufstauphase während die Temperatur wegen der vergleichsweise homogenen und geringen Verformung niedrig bleibt. Mit dem Einsetzen der Lokalisierung im Ligament fällt die Schnittkraft auf nahezu Null (vgl. Bild 2), aber es kommt zu einem drastischen Temperaturanstieg (vgl. Bild 7). Wenn das erste Spansegment „weggeschoben" ist wiederholt sich der Vorgang. Beim hier gezeigten Spanvorgang ist diese Korrelation jedoch nach einiger Zeit versuchsbedingt nicht mehr nachweisbar. Die Ursache dafür ist die bereits erwähnte Bildung von zwei Spänen (an beiden Innenseiten der U-förmigen Probe), die mit zunehmender Versuchsdauer nicht mehr gleichzeitig gebildet werden. Die zeitgemittelte spezifische Schnittkraft beträgt für das dargestellt Spanexperiment 2 kN/mm², und liegt damit in dem mit FE-Simulationen erhaltenen Bereich (u. a. Rösler/Bäker [16]).

Mit dem um Damageprozesse erweiterten Johnson-Cook-Materialmodell für IN 718 (vgl. Abschn. 19.3) konnten die hier dargestellten Befunde durch eine 2D-FE-Simulation der BAM Berlin im wesentlichen reproduziert werden. Die durch die FE-Simulation erhaltene Spanform stimmt sehr gut mit der im Bild 11 gezeigten überein, und auch die Temperaturen liegen in dem experimentell gefundenen Bereich [11, 12]. Da die FE-Simulation mit Elementabmessungen arbeitet, die deutlich über den licht- und rasterelektronenmikroskopisch ermittelten Linearabmessungen der Lokalisierungs-strukturen liegt, können Details der Verformungslokalisierung durch die FE-Simulation nicht abgebildet werden. Das Gleiche gilt wie bereits bemerkt für die Bildung adiabatischer Scherbänder durch Reibprozesse. Letzterer Vorgang läuft allerdings auf einem sehr niedrigen Spannungs-(Schnittkraft-)niveau ab und sollte deshalb bei der FE-Spansimulation zunächst vernachlässigt werden können.

Deutlich komplexer sind die Vorgänge beim Realspanen. Untersuchungen der Mikrostruktur von durch Außenlängsdrehen erzeugten Spänen des Verbundpartners IWF Berlin wiesen allerdings ab Schnittgeschwindigkeiten von $v_c = 500$ m/min grundsätzlich die gleichen Merkmale wie beim Hopkinson-Orthogonalspanen auf, insbesondere wurden zwischen den Spansegmenten adiabatische Scherbänder gefunden. Bei geringen Geschwindigkeiten werden zwar ebenfalls noch Segmentspäne beobachtet, es erfolgt jedoch keine Verformungslokalisierung im µm-Bereich. Der Lokalisierungsbereich ist dann breiter, die Breite beträgt für $v_c = 100$ m/min knapp 20 µm, und es werden deutlich geringere lokale Verformungen beobachtet (γ bis etwa 1) [17].

19.4 Schlussfolgerungen

Die durchgeführten Untersuchungen zeigen, dass Verformungslokalisierung und Scherbandbildung die entscheidenden Prozesse der Segmentspanbildung beim Hochgeschwindigkeitsspanen in Inconel 718 sind. Die Verformungslokalisierung ist, wie die experimentellen und numerischen Ergebnisse an Scherproben zeigen, die Folge einer thermoplastischen Instabilität. Es wurde nachgewiesen, dass mit fortschreitender Lokalisierung Materialversagen auftritt. Im weiteren Verlauf der Beanspruchung können getrennte Materialbereiche, falls sie unter Druckbelastung stehen, durch Reibprozesse wieder „verschweißt“ werden, in deren Folge dann ein „adiabatisches Scherband“ gebildet wird. Abhängig von der Mehrachsigkeit des Spannungszustandes (Spanungsbedingungen) kann die thermo-plastische Instabilität auch in einen Scherriss übergehen. Ein zur FE-Spansimulation eingesetztes Materialgesetz muss deshalb Damageprozesse/Materialversagen explizit berücksichtigen. Im Rahmen des vorliegenden Verbundprojekts wurde ein solches Materialmodell entwickelt (siehe Sievert, u. a., Simulation der Spansegmentierung einer Nickelbasislegierung unter Berücksichtigung thermischer Entfestigung und duktiler Schädigung). Damit ist es gelungen, die hier dargestellten Verformungslokalisierungsversuche und das 2D-Orthogonalspanen mittels Split-Hopkinson-Pressure-Bar Technik experimentnah zu simulieren. Insbesondere wurden das mechanische Antwortverhalten, die Spanform und die Temperaturfeldentwicklung in guter Übereinstimmung mit den Experimenten berechnet [11, 12].

19.5 Literatur

[1] Bayoumi, A. E., J. Q. Xie: Some metallurgical aspects of chip formation in cutting Ti-6wt.%Al-4wt.%C alloy. Materials Science and Engineering A190 (1995), S. 173– 180.

[2] Gatto, A., L. Iuliano: Advanced coated ceramic tools for machining superalloys. Int. J. Mach. Tools Manufact. 37(1997)5, S. 591–605.

[3] Tönshoff H. K., Arendt C., Ben Amor R.: Cutting of hardened Steel. Annals of the CIRP 49 (2000) 547–566.

[4] Recht, R. F.: A dynamic analysis of high speed machining, ASME Journal of Engineering for Industry 107(1985), S. 309–315.

[5] Komanduri, R., Hou, Z. B.: Thermal modeling of the metal cutting process. Part I-Temperature rise distribution due to shear plane heat source. International Journal of Mechanical Sciences 42(2000), S. 1715–1752.

[6] Molinari, A.: Shear band analysis, Solid State Phenomena Vol. 284 (1988), pp. 446–468.

[7] Meyers, M. A.: Dynamic behavior of materials. John Wiley & Sons, Inc. (1994).

[8] Wright T. W.: The Physics and Mathematics of Adiabatic Shear Bands. University Press, Cambridge, 2002.

[9] Minnaar, K., Zhou, M.: J. Mech. Phys. Solids, vol. 46, pp. 2155–2170, 1998.

[10] Clos, R., Schreppel, U., Veit, P.: Temperature, Microstructure and Mechanical Response during Shear-Band Formation in Different Metallic Materials. J. Phys. IV France 110 (2003), 111–116.

[11] Singh, K. N., Sievert, R., Noack, H.-D. Clos, R., Schreppel, U., Veit, P., Hamann, A, Klingbeil, D.: Simulation of Failure Under Dynamic Loading at Different States of Triaxiality for a Nickel-base Superalloy. J. Phys. IV France 110(2003), 275–280.

[12] Sievert, R., u. Mitarbeiter: Simulation der Spansegmentierung einer Nickelbasislegierung unter Berücksichtigung thermischer Entfestigung und duktiler Schädigung, in diesem Buch

[13] Zencker, U., Clos, R.: Limiting Conditions for Compression Testing of Flat Specimens in the Split Hopkinson Pressure Bar. Exper. Mech. 56(1999)4, 343–348.

[14] Clos, R., Schreppel, U., Veit, P.: Experimental Study of Shear Band Formation in various Steels. J. Phys. IV France 10 (2000), 257–262.
[15] Ohashi, M.: Quantitative metallographic study for evaluation of fracture. Experimental mechanics 38 (1998) 1, 13–17.
[16] Rosler, J., M. Bäker, C. Siemers: Mechanisms of Chip Formation, in diesem Buch.
[17] Uhlmann, E., u. Mitarbeiter: Simulation der Spanbildung und Oberflächenentstehung beim Hochgeschwindigkeitsspanen einer Nickelbasislegierung, in diesem Buch, S. 401.

20 Simulation der Spansegmentierung einer Nickelbasislegierung unter Berücksichtigung thermischer Entfestigung und duktiler Schädigung

R. Sievert, A. Hamann, H.-D. Noack, P. Löwe, K. N. Singh, G. Künecke

Kurzfassung

Die für das Hochgeschwindigkeitsspanen charakteristische Segmentierung der Späne wird durch eine starke Lokalisierung der Deformation in der primären Scherzone verursacht. Simulationen mit einem viskoplastischen Modell (Johnson-Cook), welches neben der Verformungsgeschwindigkeit nur Verfestigung und thermische Entfestigung berücksichtigt, reichen nicht aus, um den Zeitpunkt des Versagens durch Scherbandbildung oder die in Modellspanexperimenten des Instituts für experimentelle Physik (IEP Magdeburg) in einem Scherband bei seiner Entstehung gemessenen Temperaturen zutreffend wiederzugeben. Für die untersuchte Nickelbasislegierung IN718 wurden lokal in den Scherbändern eines segmentierten Spans ausgeprägte Gefügeänderungen in Form sehr starker Kornstreckungen sowie teilweise Trennungen der Abgleitufer festgestellt.

Im Rahmen einer makroskopischen Betrachtung des Werkstoffverhaltens wird in der vorliegenden Arbeit ein Modell für duktile Schädigung vorgestellt. Der Einfluss der Spannungs-Mehrachsigkeit auf die duktile Schädigung wird anhand von Hochgeschwindigkeits-Zugversuchen der BAM an gekerbten Proben sowie in Doppel-Scherversuchen des IEP im Split-Hopkinson-Pressure-Bar-Aufbau an prismatischen Hutproben simuliert.

Mit diesem Materialmodell gelingt sowohl bei einer FE-Simulation des Orthogonal-Spanprozesses die Darstellung der segmentierten Spanform bei gleichzeitiger Wiedergabe der in einem entstehenden Scherband gemessenen Temperaturen als auch die Simulation des vom Institut für Werkzeugmaschinen und Fabrikbetrieb (Berlin) gemessenen Abfalls der mittleren Schnittkraft mit der Schnittgeschwindigkeit.

Abstract

The segmentation of chips that characterises the high speed cutting process is caused by a strong localisation of deformation in the primary shear zone. A viscoplastic model taking into account, beside the strain-rate, strain-hardening and thermal softening only is not sufficient to simulate adequately the failure by shear banding as well as the temperatures in a developing shear band measured by the Institute of Experimental Physics (Magdeburg) in a cutting experiment. For the investigated Nickel-base alloy IN718 significant changes of the material structure in form of strongly stretched grains and partial material separations within the shear bands of a segmented chip were observed.

Within the framework of a macroscopic consideration of the material behaviour a model for ductile damage at high strain-rates is presented. The influence of the stress-

Hochgeschwindigkeitsspanen. Hrsg. H. K. Tönshoff und F. Hollmann

ISBN: 3-527-31256-0

triaxiality on ductile damage is simulated using high strain-rate tensile tests of the BAM on notched specimens and Split-Hopkinson-Pressure-Bar double-shear tests of the IEP.

Through consideration of ductile damage the following objectives could be achieved: i) the representation of the segmented chip shape in a finite-element simulation of orthogonal cutting together with ii) the description of the temperatures measured within a developing shear band and iii) the simulation of the decrease of the mean cutting force with increasing cutting velocity determined experimentally by the Institute of Machine Tools and Factory Management (Berlin).

20.1 Einleitung

20.1.1 Zielsetzung

Die Arbeiten der Bundesanstalt für Materialforschung und -prüfung (BAM) zum Thema „Werkstoffmechanik einer Nickelbasislegierung beim Hochgeschwindigkeitsspanen – Werkstoffverhalten und Modellierung" sind eingebettet in das Verbundprojekt „Hochgeschwindigkeitsspanen einer Nickelbasislegierung" zusammen mit dem Institut für Experimentelle Physik (IEP) der Otto-von-Guericke-Universität Magdeburg [1] und mit dem Institut für Werkzeugmaschinen und Fabrikbetrieb (IWF) der Technischen Universität Berlin [2] und haben die Nickelbasislegierung INCONEL 718 zum Gegenstand.

Die Arbeiten der BAM bestehen aus einem experimentellen und einem theoretischen Teil. Die experimentellen Arbeiten zur Identifikation und Verifikation des Werkstoffmodells ergänzen die experimentellen Untersuchungen des IEP im Bereich von Dehnraten bis 10^3/s. Sie beinhalten im wesentlichen Hochgeschwindigkeitszugversuche bei Variation der Belastungsgeschwindigkeit, der Prüftemperatur und des Mehrachsigkeitsgrads des Spannungszustandes. Ergänzende Stauchversuche wurden in Kooperation mit dem Institut für Metallkunde der Bergakademie Freiberg durchgeführt.

Die theoretischen Untersuchungen dienen der Modellierung des Werkstoffverhaltens bei großen Deformationen und hohen Deformationsgeschwindigkeiten wie sie für das Hochgeschwindigkeitsspanen charakteristisch sind. Die Eignung des entwickelten Werkstoffmodells wird anhand 2-dimensionaler Finite-Elemente(FE)-Simulationen des Orthogonalspanprozesses überprüft. Das so anhand von Modellspanexperimenten des IEP und an Realspanexperimenten des IWF verifizierte Materialmodell bildet die Basis für 3D-FE-Simulationen des IWF zur Untersuchung des Einflusses fertigungstechnischer Parameter auf den Hochgeschwindigkeitszerspanprozess.

20.1.2 Problemstellung und Lösungsansatz

Nachdem am Beginn der Arbeiten eine Überprüfung der Eignung klassischer Modelle zur Beschreibung des Spanbildungsprozesses nach Merchant [3] und Lee & Shaffer [4] sowie deren Weiterentwicklung durch Molinari et al. [5] durchgeführt wurde [7], konzentrierten sich die Aktivitäten der nachfolgenden beiden Projektjahre auf die Beschreibung großer Deformationen bei sehr hohen Dehnraten durch viskoplastische Stoffgesetze mit deformations- und dehnrateninduzierter Verfestigung sowie thermischer Entfestigung. Dabei hat sich das Modell von Johnson & Cook [6] als sehr geeignet herausgestellt, da es aufgrund seiner mathematischen Formulierung in der Lage ist, das Eintreten einer Verformungslokalisierung gut zu beschreiben [8, 9].

Die Materialparameter des Johnson-Cook-Verformungsmodells wurden an das Fließverhalten des hier untersuchten Werkstoffs IN718 in Zug- und Druckversuchen an glatten Proben mit verschiedenen Anfangstemperaturen (RT, 400, 800°C) im Bereich bis zum Auftreten von Einschnürung bzw. von Stauchkreuzen angepasst [8]. Es zeigte sich jedoch, dass die in Modellspanexperimenten des IEP in den Scherbändern bei ihrer Entstehung gemessene Temperaturen [1] und die in realen Spanversuchen des IWF bei höheren Schnittgeschwindigkeiten festgestellte Spansegmentierung [2] durch eine Simulation mit thermischer Entfestigung als einzigem Entfestigungsmechanismus nicht zutreffend beschrieben werden können.

In Bild 18a ist ein Span aus der Nickelbasislegierung IN718 dargestellt, der vom IEP mittels der Split-Hopkinson-Pressure-Bar Technik mit einer durchschnittlichen Schnittgeschwindigkeit von 1000 m/min erzeugt wurde [1]. Diese Spansegmentierung wurde allein mittels des Johnson-Cook-Verformungsmodells einschl. thermischer Entfestigung im ebenen Verzerrungszustand adiabatisch simuliert (Taylor-Quinney-Koeffizient $\beta = 0.9$). In Bild 1a sind die Temperaturen dieser Simulation dargestellt: sie betragen in den Scherbändern 1000 °C und mehr. Vom IEP wurden die Temperaturen auf der in Bild 18a dargestellten, raumfest angeordneten Sensorzeile, hinter der der Span wegläuft, zu verschiedenen Zeitpunkten gemessen, s. Bild 1c: die experimentell festgestellten Temperaturen betragen maximal nur 700 °C.

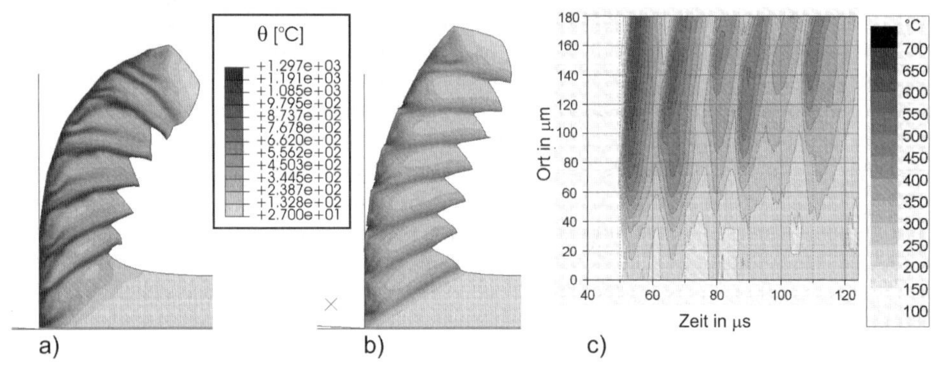

Bild 1: Vergleich der auf der Sensorzeile von Bild 18a quer zu einem Scherband vom IEP (Magdeburg) gemessenen Temperaturen [1] (c) mit adiabatisch simulierten Temperaturen (BAM): gerechnet allein mit einem Verformungsmodell (Johnson-Cook) einschl. thermischer Entfestigung (a) bzw. mit dem im Abschnitt 1.3 dargestellten Materialmodell mit Berücksichtigung duktiler Schädigung (b)

Diese Simulation wurde auch mit Wärmeleitung durchgeführt: die simulierten Temperaturen in einem Scherband sind in der Phase seiner Entstehung sogar noch etwas höher, weil von der sehr heißen Spanwurzel noch etwas Wärme in das Scherband nachfließt. Die Spansegmentierung ist dabei aber weniger ausgeprägt als im Experiment. Bei Simulation allein mit dem Verformungsmodell einschl. thermischer Entfestigung ergibt sich für 400 m/min ein reiner Fließspan, während vom Projektpartner IWF beim Außenlängsrunddrehen für diese Schnittgeschwindigkeit ein voll segmentierter Span erzeugt wurde, s. Bild 20g.

Die Spannung in den Scherbändern der Segmentspanbildung muss also wegen der in Bild 1c dargestellten Temperaturmessungen in den neu entstehenden Scherbändern drastisch abfallen, weil sich aufgrund der starken Erhöhung der plastischen Dehnrate in dieser Lokalisierungszone die Temperatur sonst weiterhin voll entwickeln würde, Bild 1a. Ein erster Schritt zur Simulation eines solchen Befundes ist die Berücksichtigung thermischer Entfestigung, welche als Abnahme der anfänglichen Fließspannung mit zunehmender Temperatur erkennbar ist [11, 12]. Die Fließspannung der in der vorliegenden Arbeit untersuchten Nickelbasislegierung IN718 im lösungsgeglühten Zustand fällt bei Hochgeschwindigkeitsdeformation (Dehnrate 10^3/s im Bereich der Gleichmaßdehnung) in einem Temperaturbereich von 550 bis 1000 °C nur um max. 30% ab. Somit kann in diesem Werkstoff bei Hochgeschwindigkeitsbeanspruchung bis 1000 °C kein gravierender Steifigkeitsabfall allein infolge thermischer Entfestigung auftreten. Es ist auch grundsätzlich nicht unbedingt zu erwarten, dass das Versagensverhalten nach großen plastischen Deformationen allein durch eine thermische Entfestigung beschrieben werden kann, welche nur durch die Temperaturabhängigkeit der Fließspannung am Beginn des Fließens bestimmt ist.

Auch kann durch thermische Entfestigung kein Einfluss der Mehrachsigkeit auf das Versagensverhalten berücksichtigt werden.

Es muss also demnach noch ein weiterer Versagensmechanismus als nur die thermische Entfestigung bei Scherbandbildung mitwirken, der frühzeitig zu einem Steifigkeitsabfall führt und damit über die dann reduzierte plastische Leistung die Temperaturen erst gar nicht so weit ansteigen lässt. Unter Zugbeanspruchung ist dieser zusätzliche Versagensmechanismus in einem Scherband leicht zu identifizieren, es ist schlicht die Materialtrennung, s. z. B. Bild 11d. Der vermutete, weitere Versagensmechanismus kann beim Spanen im Prinzip nur einer infolge der dort primär vorliegenden Beanspruchungsgröße, nämlich ein Versagensmechanismus infolge der extremen plastischen Deformationen sein, die letztlich sogar zur Entstehung der neuen Werkstückoberfläche führen.

In den Scherbändern segmentierter Späne wurden vom IEP ausgeprägte *Gefügeänderungen* in Form sehr starker Kornstreckungen und teilweise *Trennungen der Abgleitufer* festgestellt, vgl. Bild 2. Dass die Segmente bereichsweise noch zusammenhängen, kann auf ein Reib-Verschweißen in der Zone zwischen den zunächst getrennten Segmenten zurückgeführt werden [1]. In Bild 2a ist zu erkennen, dass auch schon an der Initiierung eines Scherbandes einzelne, stark gestreckte Körner beteiligt sind. In der makroskopischen Kontinuumsmechanik werden jedoch die Körner nicht einzeln betrachtet, sondern die makroskopischen Wirkungen von Gefügeänderungen werden durch die Entwicklung innerer Variabler erfasst.

Die Spannung in den Scherbändern bei Segmentspanbildung muss, wie oben erläutert, praktisch vollständig abfallen, weil sich aufgrund der starken Erhöhung der plastischen Dehnrate in dieser Lokalisierungszone die Temperaturen in dem neu entstehenden Scherband sonst über die dort gemessenen und in Bild 1c dargestellten Temperaturen hinaus weiter erhöhen würden. Ein bis zur Materialtrennung führender Verlust der Tragfähigkeit eines Materials infolge plastischer Deformation ist als *duktile Schädigung* [13] zu bezeichnen. Es wird deshalb in der vorliegenden Arbeit ein Modell für duktile Schädigung bei Hochgeschwindigkeitsbeanspruchung vorgestellt und untersucht.

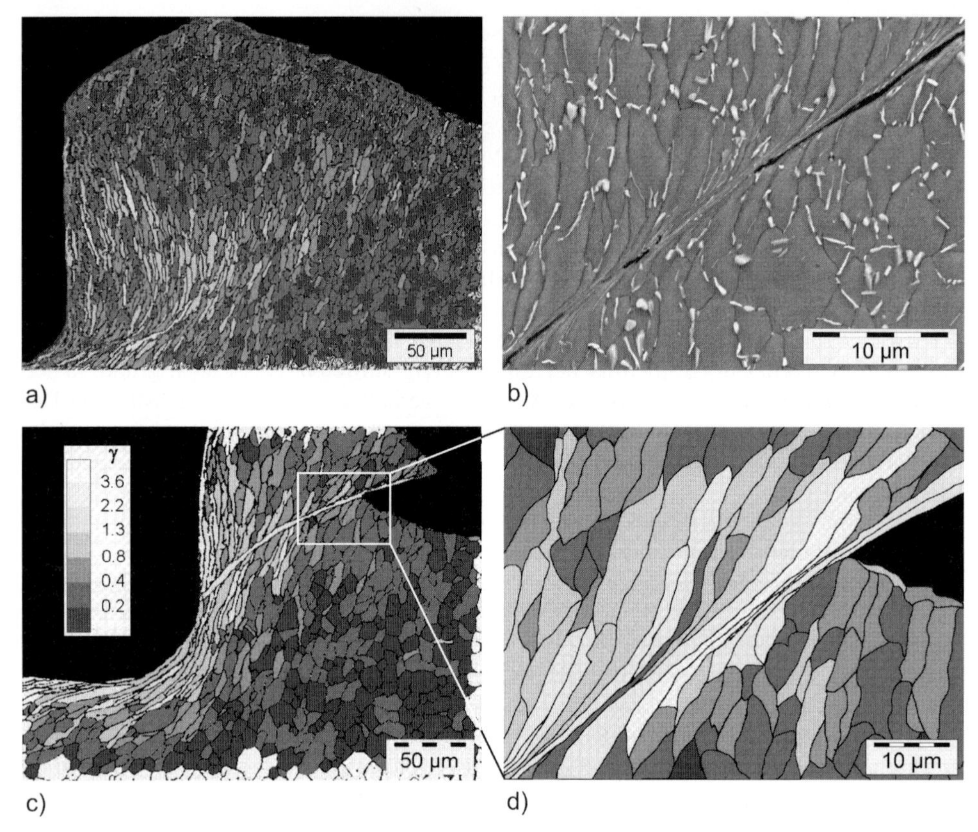

Bild: 2: Ausgeprägte Gefügeänderungen in Form sehr starker Kornstreckungen und lokale Verteilungen des Scherwinkels γ bei Initiierung (a) und innerhalb eines Scherbandes (c, d) sowie teilweise Trennungen der Abgleitufer (b) bei Spansegmentierung in vom IEP (Magdeburg) mittels der Split-Hopkinson-Technik ausgeführten und untersuchten Orthogonalspan-Experimenten an IN718 [1]

20.2 Experimentelle Untersuchungen

20.2.1 Versuchsdurchführung

Die experimentellen Untersuchungen basieren im Wesentlichen auf Hochgeschwindigkeitszugversuchen auf einer servohydraulischen Zugprüfmaschine mit einer Maximalkraft von 100 kN und einer maximalen Kolbengeschwindigkeit von 10 m/s. Die für die Untersuchung der Werkstoffschädigung notwendige Variation des Spannungszustands wird durch spezifische Probenformen erreicht.

Während Versuche an Flachproben mit sehr kleinen versetzten Außenkerben der Initiierung von Scherbändern und der Untersuchung von Verformungslokalisierungen dienen wird durch Versuche an Proben mit variierten großen symmetrischen Kerben eine Variation der Mehrachsigkeit des Spannungszustandes erreicht.

Für die Untersuchung des Temperatureinflusses werden die Proben mit einer geregelten konduktiven Heizung bis 1000 °C erwärmt.

Aufgrund der bei den Versuchen auftretenden großen inhomogenen Deformationen ist für deren Erfassung der Einsatz eines 2-Punkt-Messverfahrens nicht ausreichend. Es wird deshalb eine Hochgeschwindigkeitskamera eingesetzt, um einen ebenen Deformationszustand zu erfassen. Die besten Ergebnisse konnten mit dem Prototyp ISIS V2 einer Hochgeschwindigkeits-CCD-Kamera der Fa. Shimadzu erzielt werden, die mit einer Bildfrequenz von bis zu 1 Mio. Bildern pro Sekunde arbeitet. Eine Besonderheit dieser Kamera besteht darin, dass der Chip neben den lichtsensitiven Pixeln gleichzeitig Speicherzellen enthält (s. Bild 4). Dadurch wird es möglich 100 Bilder mit identischer Position bei einer Auflösung von 260 × 312 Pixeln aufzunehmen. Dies ist eine notwendige Voraussetzung für die Anwendung von Bildbearbeitungsverfahren zur Ermittlung des Deformationsfeldes.

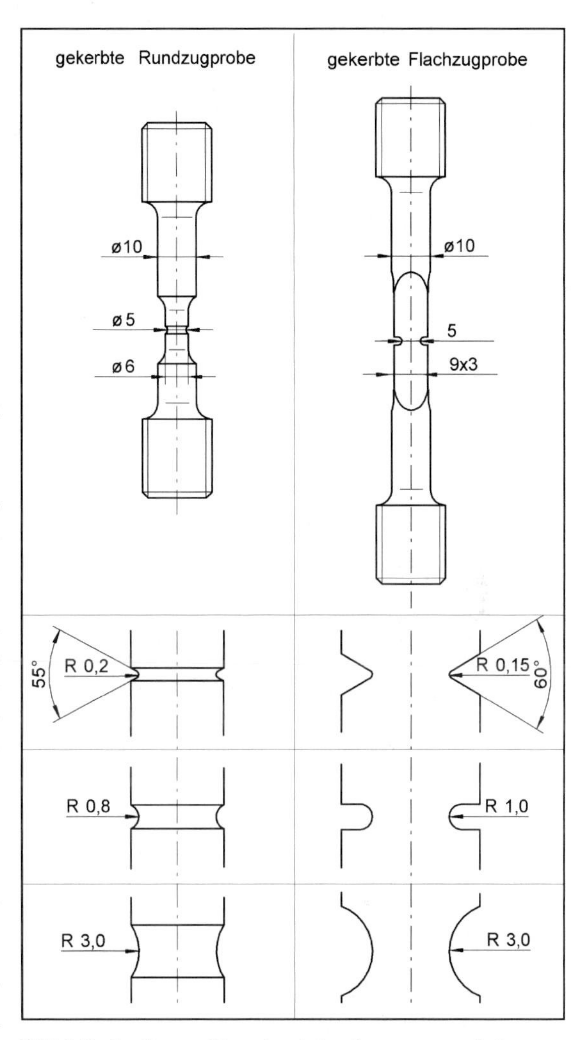

Bild 3: Probenformen für mehrachsige Spannungszustände

Verbunden mit einem inhomogenen Deformationsfeld ist bei hohen Deformationsgeschwindigkeiten auch ein inhomogenes Temperaturfeld, dessen Ermittlung für die Kalibrierung und Verifikation des Werkstoffmodells wichtig ist. Es wird dafür ein Infrarot-Zeilensensor mit 16 MCT-Elementen eingesetzt, die in einem Wellenlängenbereich von ca. 2 bis 13 µm bei einer Ansprechzeit von 0,4 µs arbeiten. Damit ist es möglich, Temperaturen von Raumtemperatur bis 1000 °C bei Temperaturgradienten von bis zu 10^9 K/s zu erfassen. Für die Anpassung des Abbildungsbereichs stehen zwei Spiegeloptiken mit einem Abbildungsmaßstab von 1:1 und 1:15 zur Verfügung.

Schließlich sei noch die unbedingt notwendige Kraftmessung erwähnt. Sie erfolgt unmittelbar an der Probe, die so gestaltet ist, dass sie einen nur elastisch deformierten Teil enthält, über dessen Dehnung die Prüfkraft ermittelt wird.

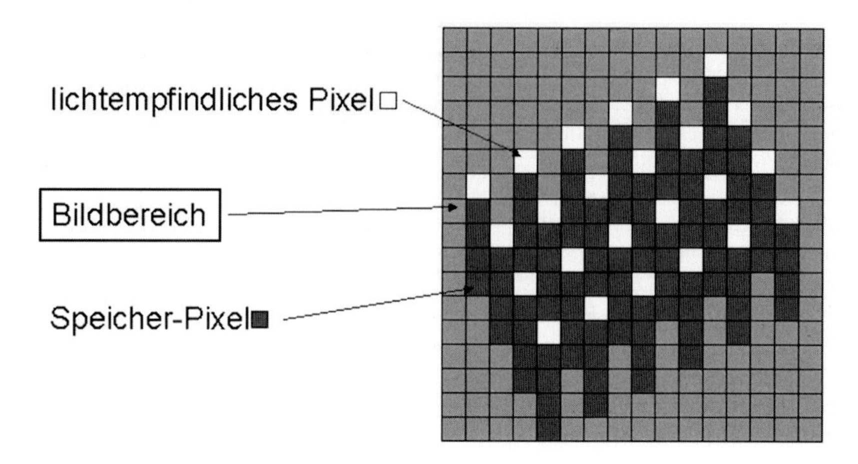

Bild 4: Prinzipielles Chipdesign der Hochgeschwindigkeitskamera nach [14]

Bild 5: Infrarotsensor mit Spiegeloptik

20.2.2 Versuchsergebnisse

Die erwartete und nachzuweisende Abhängigkeit der Werkstoffschädigung vom Mehrachsigkeitsgrad des Spannungszustandes wird u.a. in den Zugkraftverläufen gekerbter Rundzugproben des Bildes 6 deutlich. Mit zunehmender Mehrachsigkeit, d. h. mit kleiner werdendem Kerbradius tritt das Versagen früher ein. Der Werkstoff versagt bei geringeren Kräften und Dehnungen.

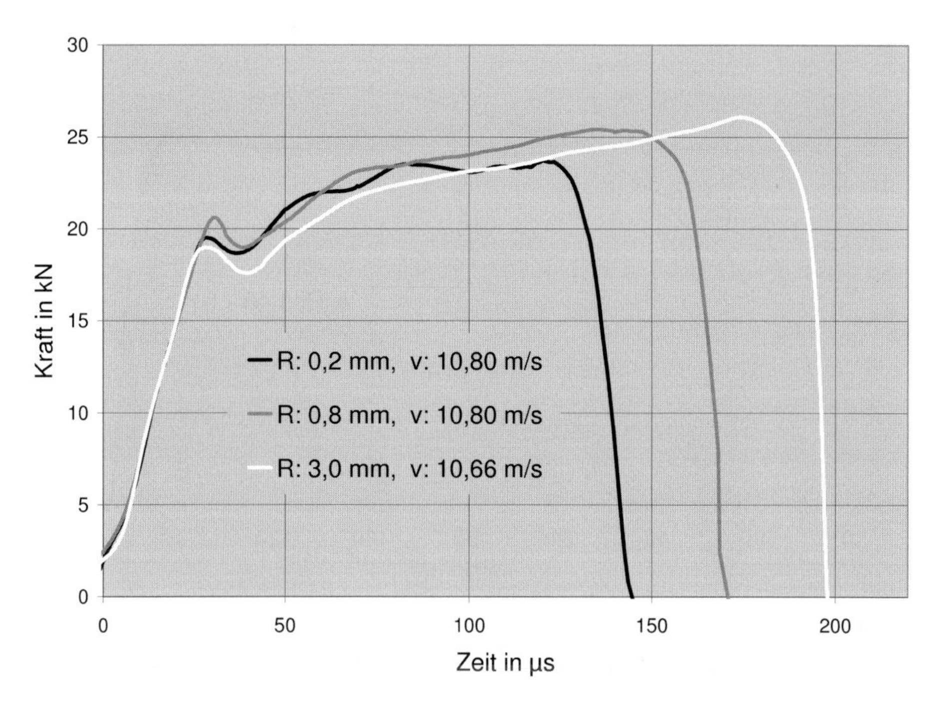

Bild 6: Prüfkraftverläufe in Abhängigkeit vom Kerbradius bei Rundzugproben

Genauere Informationen über den Zeitpunkt und die Erscheinung der Schädigung liefern die Hochgeschwindigkeitsaufnahmen. Im Bild 7 wird beispielhaft an Flachzugproben mit dem Kerbradius R = 1,0 mm die zeitliche Zuordnung des Werkstoffversagens (beginnend beim Anriss im Kerbgrund) zum Prüfkraftverlauf dargestellt.

Aufgrund der hohen Bildfrequenz (hier 200 000 Bilder pro Sekunde) ist es möglich, die Rissentstehung sowie ihre Ausbreitung während des Kraftabfalls gut zu beobachten und zu dokumentieren. Innerhalb von ca. 10 μs verliert die Probe vollständig ihre Tragfähigkeit.

Die Qualität der Hochgeschindigkeitsaufnahmen ermöglicht trotz der relativ geringen Auflösung von 312 × 260 Pixel eine Analyse des Deformationszustandes an der Oberfläche der Flachproben. Im Bild 8 ist das Verschiebungsfeld, ermittelt mit der Grauwertkorrelationssoftware „VEDDAC“ der Chemnitzer Werkstoffmechanik GmbH, kurz vor Probenbruch (weiß) dem Referenzfeld zu Versuchsbeginn (schwarz) gegenübergestellt.

Daraus wurde die logarithmische Dehnung in Probenlängsrichtung LE11 errechnet und mit den Ergebnissen der FE-Simulation unter Berücksichtigung der Werkstoffschädigung, s. Abschnitt 20.3, verglichen.

Während bei glatten Zugproben Bruchdehnungen von ca. 100 % erreicht werden, werden an den gekerbten Proben im Kerbgrund nur maximale Dehnungen von ca. 60 % erreicht, die durch eine FE-Rechnung mit Berücksichtigung duktiler Schädigung simuliert werden können.

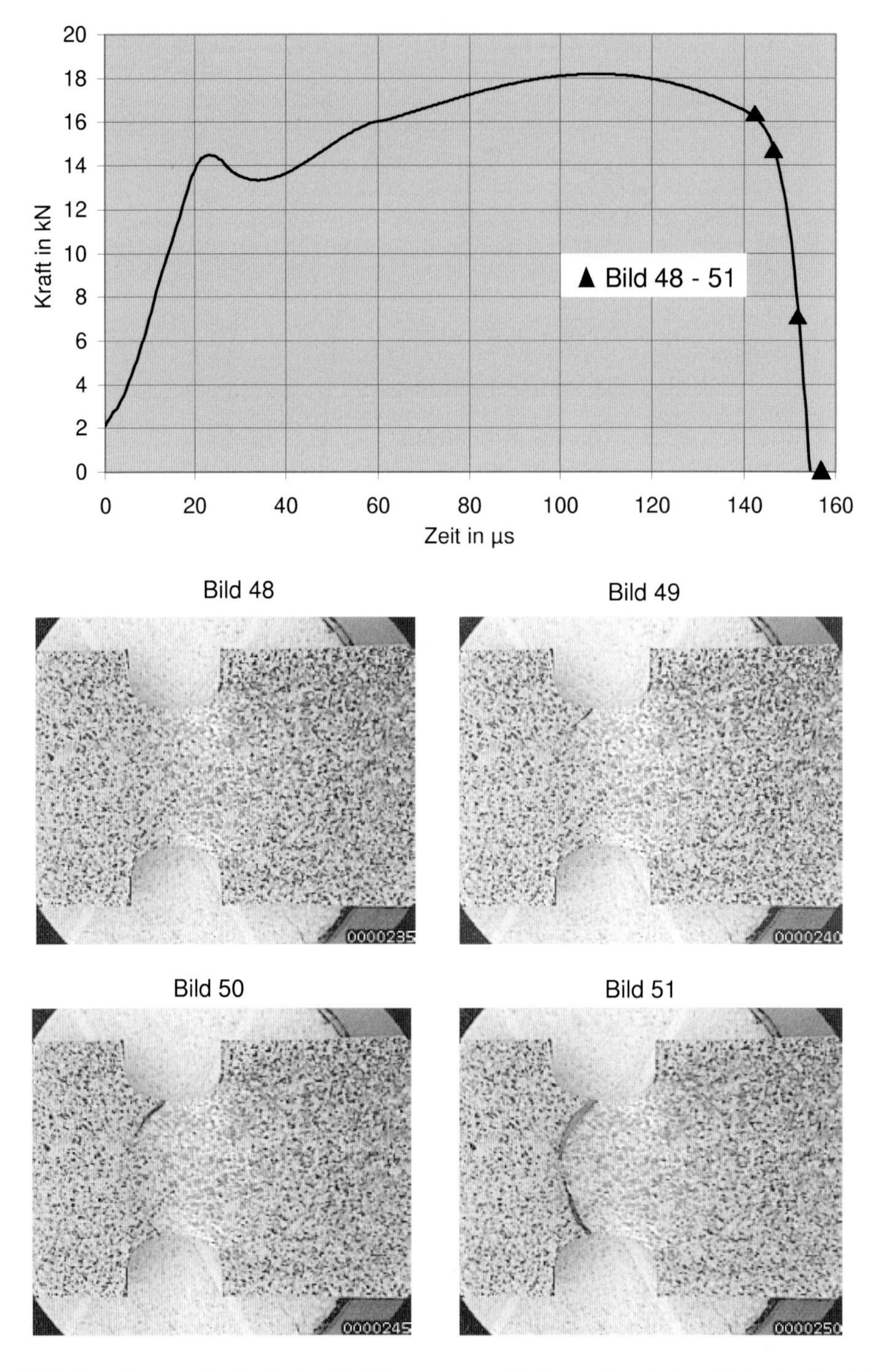

Bild 7: Korrelation von Kraftverlauf und Schädigung an einer Flachzugprobe mit einem Kerbradius R = 1,0 mm

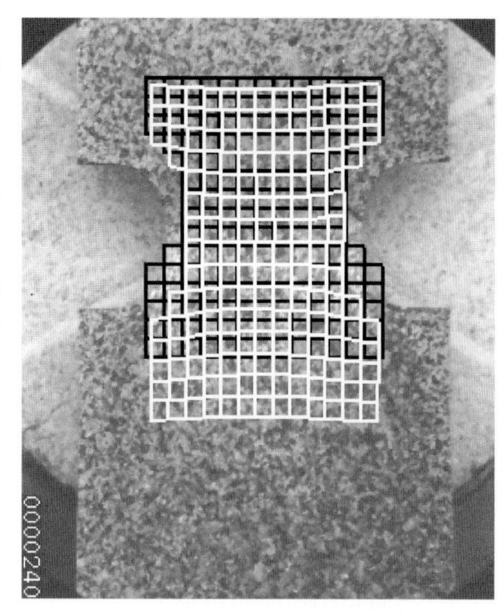

Bild 8: experimentelles Verschiebungsfeld

Unmittelbar verknüpft mit der Deformation der Proben ist deren Temperatur. Zur Ermittlung der Korrelation zwischen Deformation und Temperatur bei hohen Dehnraten und zur Verifikation des Werkstoffmodells wird parallel zur Deformation die Probentemperatur erfasst. Der dafür genutzte und im vorangegangenen Kapitel beschriebene Infrarot-Zeilensenor wird auf der Symmetrieachse der Proben in Höhe der Kerben positioniert. Die exakte Lage während der Probenbelastung ist durch die vorgenannten Hochgeschwindigkeitsaufnahmen bestimmbar. Im Bild 10 sind in Analogie zum Bild 9 die experimentell ermittelten Probentemperaturen dem Ergebnis der FE-Simulation gegenübergestellt.

Beim Experiment wurden die in der FE-Simulation ermittelten maximalen Temperaturen nicht ganz erreicht. Das resultiert zum einen aus der eingestellten Ortsauflösung des IR-Sensors von 0,5 mm, die für den eng lokalisierten Bereich maximaler Dehnung zu gering ist und zum anderen aus der Lage des Sensors in Probenmitte.

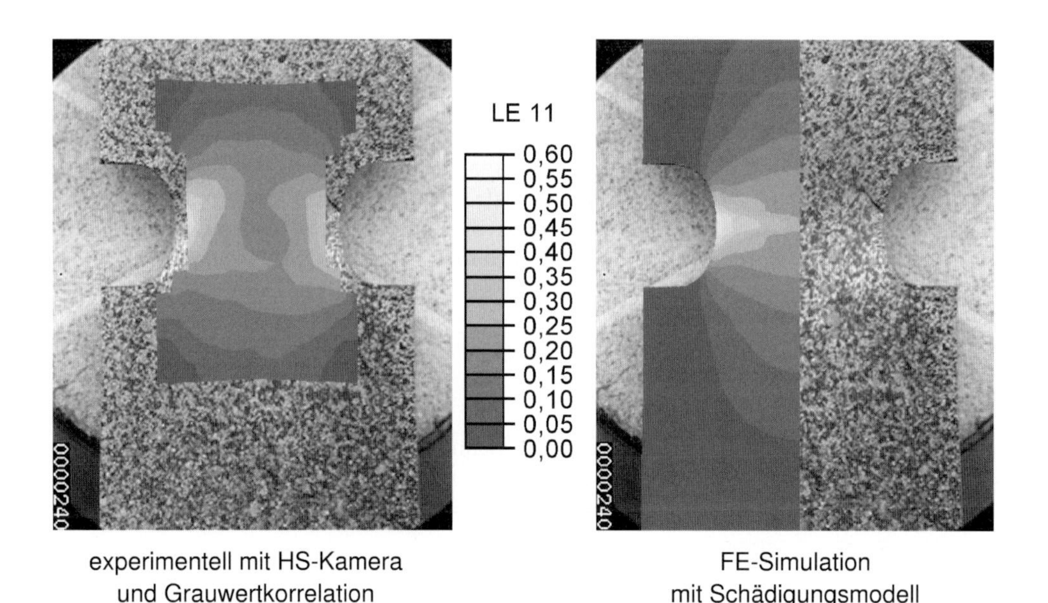

Bild 9: Vergleich der Dehnungen in Probenlängsrichtung LE 11 bei Schädigungsbeginn der Flachzugprobe R = 1,0 mm

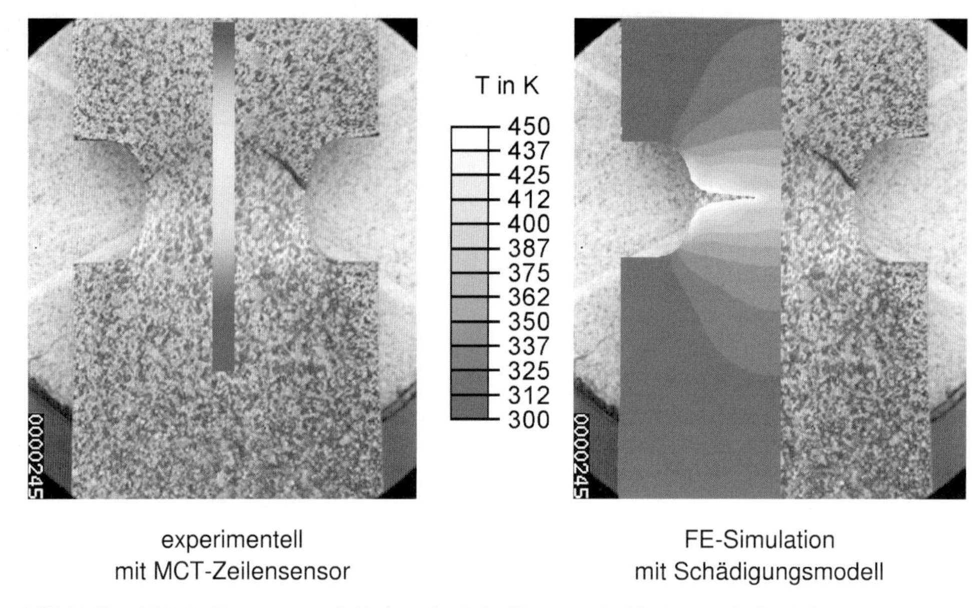

Bild 10: Vergleich der Temperaturen in Probenmitte beim Versagen der Flachzugprobe R = 1,0 mm

20.3 Modell für duktile Schädigung bei Hochgeschwindigkeitsbeanspruchung

Wenn D den Grad der duktilen Schädigung, $0 \leq D \leq 1$, einer Querschnittsfläche (S) eines Materialelements bedeutet, dann wird die Resttragfähigkeit des geschädigten Querschnitts beschrieben durch 1-D. Die in dem noch voll tragenden Restquerschnitt (S (1-D)) wirkende Spannung $\boldsymbol{\sigma}/(1\text{-}D) =: \boldsymbol{\sigma}_{eff}$ wird als effektive Spannung bezeichnet. Gemäß dem Konzept der effektiven Spannung [13] haben die Stoffgleichungen für das Verformungsverhalten des geschädigten Materials mit der effektiven Spannung anstelle der angelegten Spannung $\boldsymbol{\sigma}$ die gleiche Form wie für das ungeschädigte Material; z. B. lautet die nach der Vergleichsspannung aufgelöste Fließregel:

$$\frac{s_V}{1-D} = f(\dot{p}, p, q) \tag{20.3.1}$$

worin p die akkumulierte plastische Vergleichsdehnung und θ die Temperatur bedeutet. In [15] wurde eine finite Gleichung für den Schädigungsgrad D angegeben. Ein einfacher konstitutiver Ansatz für die Entwicklung des Schädigungsgrads ist

$$D = s^k \tag{20.3.2}$$

mit der normierten, inneren Zeit s, dem Lebensdauerverbrauch. Als Maß für diese Bogenlänge S des Beanspruchungspfades wird hier die auf einen kritischen Wert (W_c) bezogene plastische Arbeit gewählt, modifiziert durch den Einfluss der Mehrachsigkeit und durch eine nichtlineare Dehnratenabhängigkeit zur Beschreibung der Abnahme der mittleren

Schnittkraft mit zunehmender Schnittgeschwindigkeit bei Spansegmentierung im Hochgeschwindigkeitsbereich; die Entwicklungsgleichung für die innere Zeit lautet:

$$\dot{s} = \exp\left(\zeta(\sigma_m)\frac{\sigma_m}{\sigma_v}\right)\frac{\sigma_{eff,v}}{W_c}\left(1+\frac{\dot{p}}{\dot{\varepsilon}_1}\right)^a \dot{p}, \qquad \sigma_{eff,v} := \frac{\sigma_v}{1-D} \tag{20.3.3a, b}$$

$$\zeta(\sigma_m) := \begin{cases} \zeta_1, & \text{wenn } s_m > 0 \\ \zeta_2, & \text{wenn } \sigma_m < 0 \end{cases} \tag{20.3.3c}$$

mit der mittleren Zugspannung $\sigma_m := 1/3 \operatorname{tr} \boldsymbol{\sigma} = 1/3\,(\sigma_1 + \sigma_2 + \sigma_3)$. In dem Lebensdauerverbrauch s werden entsprechend der Entwicklungsgl. (20.3.3a) die Anteile der plastischen Arbeitsinkremente an der für den jeweils aktuellen Beanspruchungszustand gültigen Versagensarbeit W_f akkumuliert:

$$\Delta s = \frac{\sigma_{eff,v}\Delta p}{W_f}, \qquad W_f := W_c \exp\left(-\zeta(\sigma_m)\frac{\sigma_m}{\sigma_v}\right)\left(1+\frac{\dot{p}}{\dot{\varepsilon}_1}\right)^{-a} \tag{20.3.4}$$

Für Finite-Elemente-Analysen wird in dieser Arbeit das Programm ABAQUS/Explicit [16] verwendet, aus Gründen der numerischen Stabilität ohne Neuvernetzung. Das hier beschriebene Werkstoffmodell mit Berücksichtigung duktiler Schädigung wurde in eine Routine VUMAT für benutzerdefinierte Materialmodelle implementiert [10].

Wie durch Nachrechnung einer einfachen Scherung mit MATHEMATICA [17] festgestellt wurde, werden an der VUMAT-Schnittstelle von ABAQUS/Explicit bzgl. einer raumfesten Basis die Komponenten-Matrizen der mit dem Drehtensor **R** der polaren Zerlegung des Deformationstensors **F** zurückgedrehten Spannungs- und Verzerrungsgeschwindigkeits-Tensoren übergeben [9]. Dies sind aus der kontinuumsmechanischen Materialtheorie heraus begründete Beanspruchungsmaße [10].

In der Stoffgleichung für die Fließspannung nach Johnson-Cook

$$\sigma_v = \left[1 + C\ln\left(\frac{\dot{p}}{\dot{\varepsilon}_0}\right)\right](A + B\,p^n)\left(1-\left(\frac{\theta-\theta_R}{\theta_M-\theta_R}\right)^m\right)(1-D) \tag{20.3.5}$$

ergibt sich bei Berücksichtigung duktiler Schädigung mit der Rest-Tragfähigkeit 1-D eine weitere Formfunktion. Die für das Verformungsverhalten im Bereich vor Einsetzen des Versagens ($D \approx 0$) ermittelten Materialparameterwerte dieses Modells [8] sind in Tabelle 1 angegeben.

Tabelle 1: Materialparameterwerte des Johnson-Cook-Verformungsmodells für IN718 (lösungsgeglüht)

A [MPa]	**B** [MPa]	C	m	n	$\dot{\varepsilon}_0$ [1/s]	θ_R [°C]	θ_M [°C]
450	1700	0.017	1.3	0.65	10^{-3}	25	1297

Der Koeffizient k der Nichtlinearität des Tragfähigkeitsverlustes infolge Schädigung aus Gl. (20.3.2) gibt an, in welchem Maße sich die geleistete plastische Arbeit in einem Steifigkeitsabfall auswirkt. Der Einfluss der Schädigung auf das Spannungs-Verformungs-Verhalten eines Werkstoffs tritt oftmals erst kurz vor dem endgültigen Versagen auf, wie auch das in Bild 11 dargestellte Experiment an einer glatten Rundprobe aus IN718 zeigt (die Einschnürung wurde mit einer Hochgeschwindigkeitskamera beobachtet; so konnte mit einem Korrekturfaktor auf eine wahre Ersatzspannung geschlossen werden). Die Nichtlinearität des Tragfähigkeitsverlustes ist also sehr ausgeprägt, was ein hohen k-Wert bedeutet.

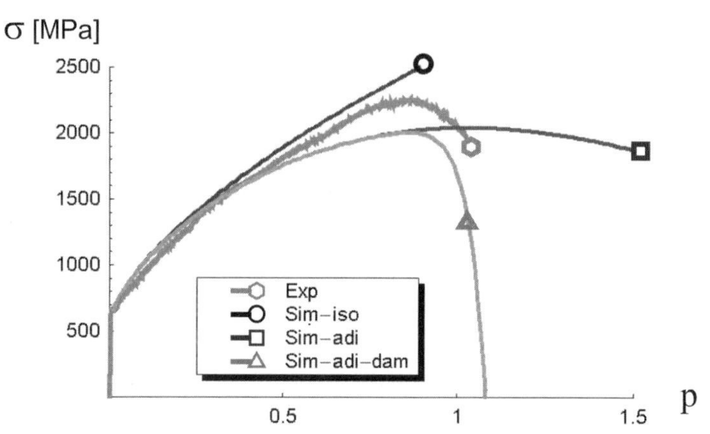

Bild 11: Vergleich der experimentellen Fließkurve (wahre Spannung über logarithmischer, plastischer Verformung p) von IN718 unter Zug bei einer Dehnrate von 10^3/s mit verschiedenen Simulationen: isotherm und adiabatisch gerechnet allein mit dem Spannungs-Verformungs-Modell sowie adiabatisch simuliert unter Berücksichtigung duktiler Schädigung

Die Intensität ζ des Einflusses der Mehrachsigkeit auf die Schädigung könnte unter mittlerem Zug eine andere sein als unter Druck (ζ_1 bzw. ζ_2). Bei der Simulation der Spansegmentierung hat sich herausgestellt, dass auch bei hohem mehrachsigem Druck ein von Null verschiedener Grad D der duktilen Schädigung beschrieben werden können sollte. Dies wird durch eine Exponentialfunktion der Mehrachsigkeit gewährleistet.

Die duktile Schädigung ist nach Gl. (20.3.3) grundsätzlich schon über die Abhängigkeit der effektiven Spannung von der plastischen Dehnrate geschwindigkeitsabhängig. Diese Abhängigkeit reicht jedoch für die Beschreibung des Übergangs von der Bildung von Fließspänen bei konventionellen Schnittgeschwindigkeiten zur Segmentspanbildung bei höheren Schnittgeschwindigkeiten, s. Bild 20, nicht aus. Darüber hinaus nimmt bei einer Simulation mit $a = 0$ die mittlere Schnittkraft mit steigender Schnittgeschwindigkeit aufgrund der Dehnratenverfestigung sogar etwas zu, während sie im Experiment abnimmt, s. Bild 20a. Die Schnittkräfte werden auch durch das Reibungsverhalten beeinflusst (vgl. z. B. [5]). Jedoch sind die Reibungsverhältnisse zwischen Werkzeug und Span nur schwer einzuschätzen. Außerdem besteht die Aufgabe, auch die oben angesprochene Geschwindigkeitsabhängigkeit der Ausbildung der Span-Form zu beschreiben. Deshalb wurde in Gl. (20.3.3a) eine zusätzliche Abhängigkeit der duktilen Schädigungsrate von der plastischen Dehnrate in Rechnung gestellt (Potenzfunktion, vgl. [18]). $\dot{\varepsilon}_1$ ist eine Mindestverformungsgeschwindigkeit, die für das Eintreten der zusätzlichen Geschwindigkeitsabhängigkeit der duktilen Schädigung erreicht werden muss. Diese Normierungsdehnrate sollte im Hinblick auf die Beschreibung der Spansegmentierung unterhalb derjenigen Verformungsraten liegen, die in dem Segmentspan mit der niedrigsten Schnittgeschwindigkeit lokal in der Spanwurzel auftreten.

Simulationen mit rein lokalen Materialmodellen (vgl. [19]), welche den Einfluss räumlicher Beanspruchungsgradienten auf das Materialverhalten in den Stoffgleichungen nicht berücksichtigen (die Entwicklungsgleichungen hängen dort nur von den lokalen Beanspruchungszuständen ab), zeigen bei der Abbildung von Lokalisierungsphänomenen eine besondere Netzabhängigkeit (vgl. [20]), so dass für diese rein lokalen Materialmodelle ein Satz von Materialparameterwerten nur zwischen Netzen mit vergleichbaren kleinsten Elementkantenlängen übertragen werden kann. Sog. nichtlokale Modelle (s. z. B. [21]), welche den Einfluss räumlicher Beanspruchungsgradienten auf das Materialverhalten in den Stoffgleichungen berücksichtigen (Entwicklungsgleichungen werden dabei zu partiellen Differentialgleichungen), sind nur sehr aufwendig zu implementieren [22] und damit für die Ingenieurpraxis noch nicht verwendbar.

In dieser Arbeit wurde das durch die Gl.en (20.3.1–20.3.5) gegebene Materialmodell über eine User-Material-Routine (VUMAT) in das FE-Programm ABAQUS/Explicit implementiert. Für die Spansimulationen wurde das in Bild 1.5.1 dargestellte FE-Modell-System mit einer kleinsten Elementkantenlänge von 6 μm benutzt.

Tabelle 2: Materialparameterwerte der Modellierung duktiler Schädigung nach Gl.en (20.3.1–3) bei Spansegmentierung von IN718 (lösungsgeglüht)

ζ_1	ζ_2	a	$\dot{\varepsilon}_1$ [1/s]	W_c [MPa]	k
1.	2.	0.13	$2 \cdot 10^4$	3600	18

20.4 FE-Simulationen von Experimenten zur Charakterisierung duktiler Schädigung

20.4.1 Scherbandbildung in einer Flachzugprobe

Zur Beschreibung duktiler Schädigung bei Scherbandbildung wurden auch Flachproben unter Zug simuliert, in denen seitlich kleine Kerben zur Initiierung von Scherbändern eingebracht worden sind. Eine solche Scherbandbildung ist in Bild 12d dargestellt.

In Bild 12a ist für diese Flachzugprobe mit anfänglich um 17° versetzten Kerben der Kraft-Zeit-Verlauf des Experiment im Vergleich mit verschiedenen Simulationen angegeben. Der Kraftabfall bei der Rechnung allein mit dem (Johnson-Cook-) Verformungsmodell kommt infolge thermischer Entfestigung deutlich zu spät. Dabei wurde für die Versagensarbeit W_f der dem Verhalten der glatten Rundzugprobe aus Bild 4 entsprechende Wert verwendet. Der Steifigkeitsabfall tritt bei Simulation mit duktiler Schädigung, aber ohne Berücksichtigung des Einflusses der Mehrachsigkeit auf die Schädigung ($\zeta = 0$), zwar früher ein, aber relativ zum Experiment noch zu spät. Wird aber auch der Einfluss der Mehrachsigkeit (σ_m/σ_v) auf die Schädigung berücksichtigt, so kann eine zufriedenstellende Simulation des Experiments erzielt werden, s. Bild 12a.

Die Materialparameterwerte wurden neben dem Zugversuch an der glatten Rundprobe (Bild 10) auch an dieses Experiment mit um 17° versetzten Kerben angepasst, und zwar nicht nur an die Kraft-Zeit-Kurve, sondern es wurde auch die Form des sich ausbildenden und in Bild 12d dargestellten Deformationszustands berücksichtigt. Bild 12b zeigt den Spannungsabfall infolge der duktilen Schädigung in der Simulation. Wie im Experiment, Bild 12d, zu erkennen ist, entspricht die duktile Schädigung unter Zug, Bild 12c, der Materialtrennung in den Bereichen des Einreißens dieser Zugprobe.

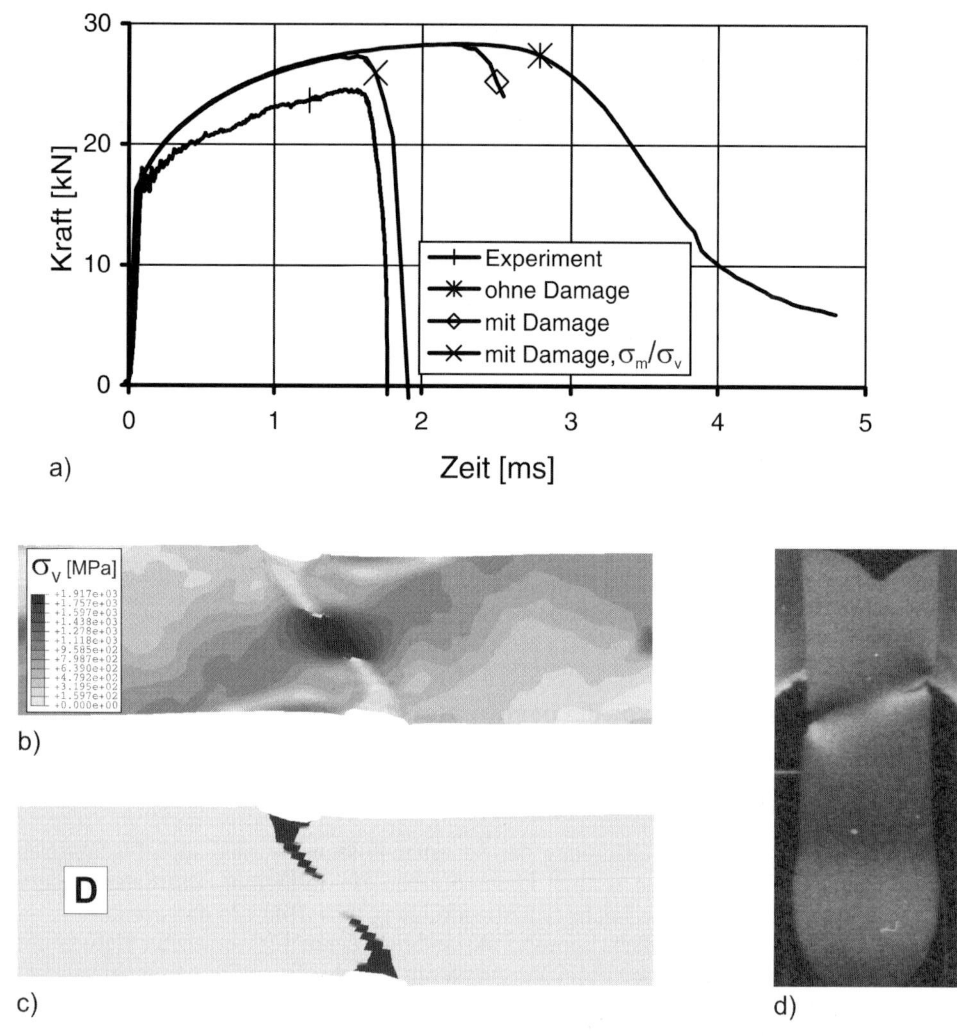

Bild 12: Vergleich des Kraft-Zeit-Verlaufs im Experiment an einer im Messbereich 9 mm breiten und 3 mm dicken Flachzugprobe mit kleinen, anfänglich um 17° versetzten Kerben (Kerbradius 0.2 mm und Kerbtiefe 0.4 mm) bei einer Abzugsgeschwindigkeit von 3,4 m/s mit den Kraft-Zeit-Verläufen in verschiedenen Simulationen, z. B. ohne und mit Berücksichtigung des Einflusses der Spannungsmehrachsigkeit (σ_m/σ_v) auf die duktile Schädigung (a), Abfall der Vergleichsspannung σ_v (b) in den geschädigten Bereichen der Simulation (c) und Aufreißen der Flachzugprobe in einem Scherband (d)

Es wurde nun das Verhalten einer Flachzugprobe mit gleich kleinen, anfänglich um 42° versetzten Kerben unter Verwendung derselben Materialparameterwerte wie für die 17°-Probe vorausgerechnet. Es bildet sich bei der 42°-Probe aber im Experiment, Bild 13c, und in der Simulation, Bild 13b, kein Scherband, sondern es setzt sich die an der 17°-Probe kalibrierte duktile Schädigung nur an einer Kerbe durch. In Bild 13a sind die Kraft-Zeit-Verläufe in Experiment und Simulation dargestellt. Im Experiment werden die Proben nach unten und in den Simulationen nach rechts weggezogen. Das Einreißen findet bei der Probe mit anfänglich um 42° versetzten Kerben sowohl im Experiment als auch in der Simulation an der Kerbe nahe der Abzugseite statt, Bilder 13b,c.

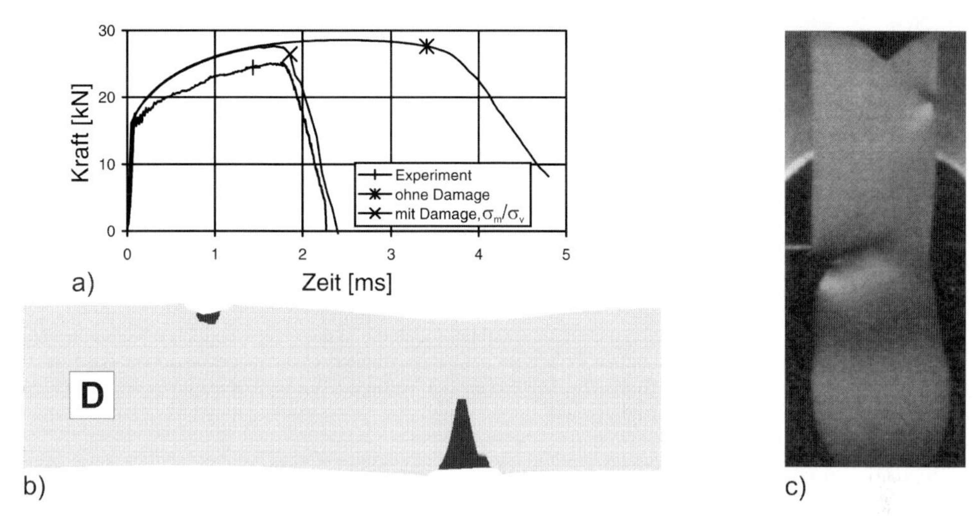

Bild 13: Vergleich des Kraft-Zeit-Verlaufs im Experiment an der Flachzugprobe mit kleinen, anfänglich um 42° versetzten Kerben bei einer Abzugsgeschwindigkeit von 3,4 m/s mit den Kraft-Zeit-Verläufen in Simulationen ohne und mit Berücksichtigung duktiler Schädigung (a), geschädigte Bereiche in der Simulation (b) und Aufreißen der Flachzugprobe nur an einer Kerbe (c)

20.4.2 Versagensverhalten gekerbter Zugproben bei Hochgeschwindigkeitsbeanspruchung und in Split-Hopkinson-Scherversuchen

Zur systematischen Charakterisierung des Einflusses der Spannungs-Mehrachsigkeit auf die duktile Schädigung von IN718 im lösungsgeglühten Zustand wurden an der BAM Hochgeschwindigkeits-Zugversuche an gekerbten Flach- und Rundproben mit unterschiedlichen Kerbradien durchgeführt; die Kerben liegen dabei direkt einander gegenüber, s. Abschnitt 20.2. Die maximale plastische Dehnrate der gekerbten Rundzugproben, die im Bereich der Kerbe auftritt, liegt kurz vor Beginn des Versagens bei ca. $5 \cdot 10^3$/s.

Beim Projektpartner IEP (Magdeburg) wurden zur Charakterisierung des Einflusses der Mehrachsigkeit auf die duktile Schädigung bei Scherung Versuche an prismatischen Hutproben im Split-Hopkinson-Pressure-Bar (SHPB) durchgeführt [1]. Die maximale plastische Dehnrate in der Scherzone liegt kurz vor Beginn des Versagens im Bereich von ca. 10^4/s.

Der Materialparameter ζ des Einflusses der Mehrachsigkeit auf die duktile Schädigung und die kritische plastische Scher-Arbeit W_c wurden an der BAM sowohl an das Versagensverhalten einer Scherbandprobe in einem SHPB-Scherversuch als auch an das Versagensverhalten gekerbter Proben in Hochgeschwindigkeits-Zugversuchen angepasst [23].

Bild 14 zeigt die Simulation des Verhaltens der Rundzugproben.

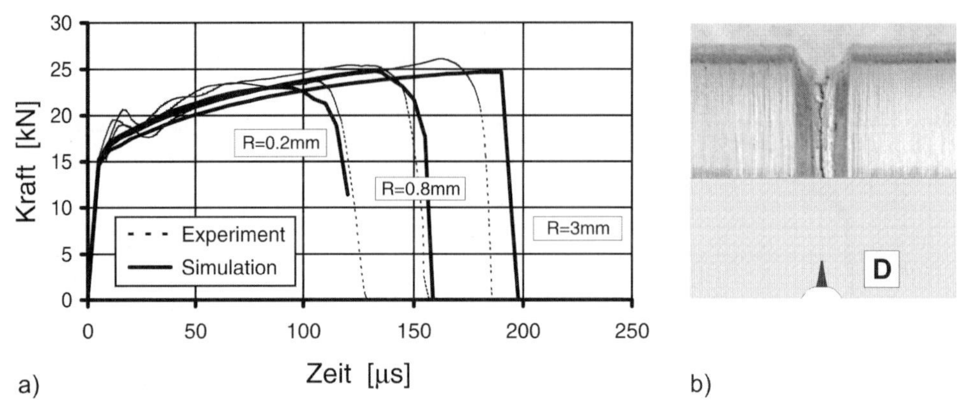

Bild 14: Kraft-Zeit-Verläufe von Zugversuchen an gekerbten Rundproben mit unterschiedlichen Kerbradien bei einer Abzugsgeschwindigkeit von 10 m/s in Experiment und axialsymmetrischer Simulation (a) und das Einreißen der Rundzugprobe mit 0.2 mm Kerbradius bei Beginn des Versagens (b), in Bild (b) unten ist die duktile Schädigung in die Tiefe der Rundprobe dargestellt

In Bild 15a ist die Spannungsmehrachsigkeit in der Probe mit 0.2 mm Kerbradius kurz vor Beginn des Versagens dargestellt.

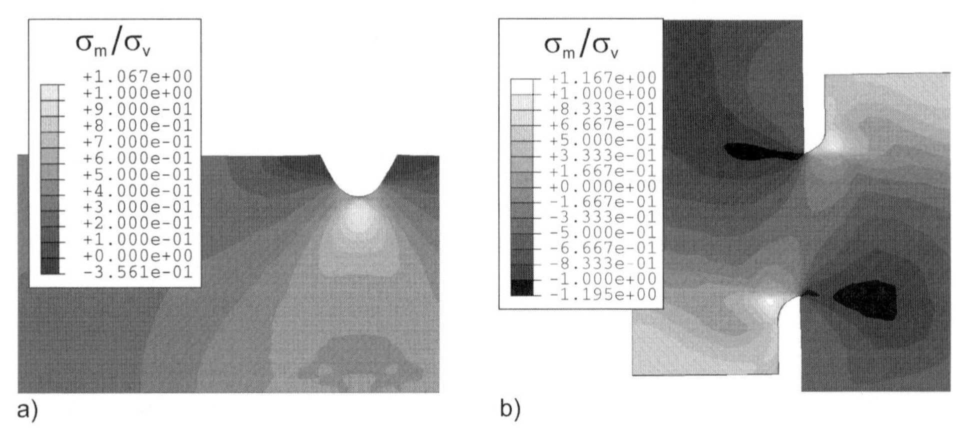

Bild 15: Simulierte Felder der Spannungsmehrachsigkeit kurz vor Beginn des Versagens in der gekerbten Rundprobe mit 0.2 mm Kerbradius in einem Zugversuch mit 10m/s Abzugsgeschwindigkeit (a) und in einer in einem Split-Hopkinson-Test des IEP belasteten Doppel-Scherprobe mit einer Druckmehrachsigkeit von etwa –0.35 in der Scherzone (b)

Die Simulation des Deformations- und Versagensverhaltens verschiedener vom IEP im Split-Hopkinson-Versuch getesteter Scherproben ist in [23] dargestellt. Die Spannungsmehrachsigkeit in der Scherzone der Scherbandprobe, an die das Modell für duktile Schädigung angepasst wurde, beträgt kurz vor Beginn des Versagens $\sigma_m/\sigma_v \approx -1/3$. Bild 16 zeigt die Simulation des Schädigungsverhaltens einer SHPB-Scherprobe mit einer anderen Form als sie für die Modell-Kalibrierung benutzt wurde. Die neue Probenform ist zur ungehinderteren Ausbildung der Scherung mit einer Schlitzkerbe mit einem vollständig ausgerundeten Grund versehen. Diese Ausgangsform ist in Bild 16c noch ansatzweise zu erkennen. Die Spannungsmehrachsigkeit in der Scherzone dieser Probe beträgt kurz vor Beginn des Versagens $\sigma_m/\sigma_v \approx -0.15$.

Im Experiment sind auf der Oberfläche der Probe Ritzlinien zur Messung des Deformationsfeldes aufgebracht worden, Bild 16c. Bei einem Vergleich der gemessenen Scherwinkel (IEP) mit der simulierten plastischen Deformation (BAM) konnte eine gute Übereinstimmung festgestellt werden.

Auch in der Simulation der durch die SHPB-Scherprobe transmittierten Pulse, s. z. B. Bild 16a, ist zu erkennen, wie der Zeitpunkt des Einsetzen des Versagens ohne Berücksichtigung duktiler Schädigung nicht wiedergegeben werden kann.

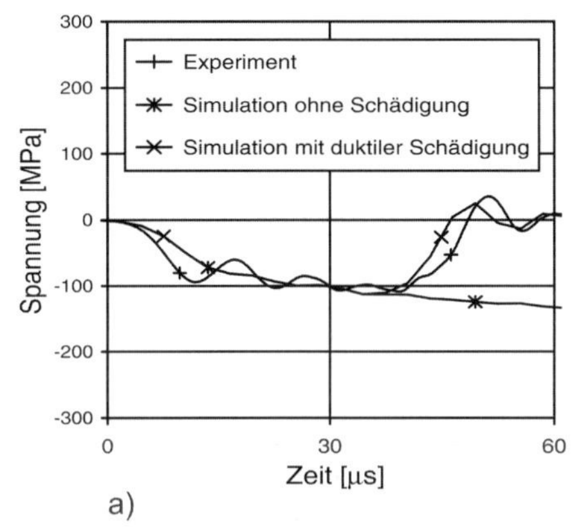

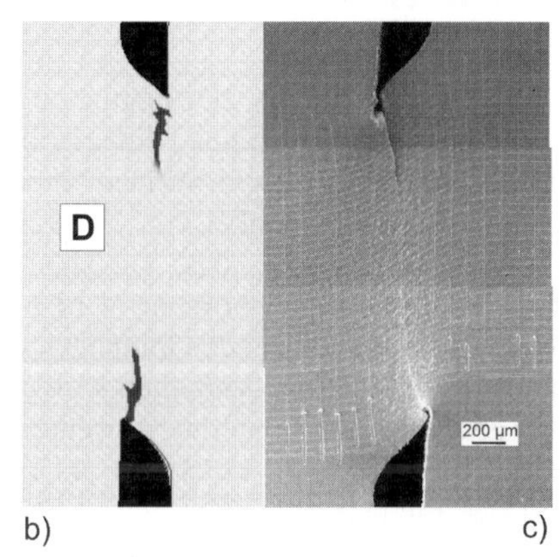

Bild 16: Vergleich des Transmitter-Pulses (Systemantwort) einer in einem Split-Hopkinson-Test des IEP (Magdeburg) belasteten Doppel-Scherprobe mit Simulationen ohne und mit Berücksichtigung duktiler Schädigung (a) sowie Darstellung der beginnenden Materialtrennung in der Scherzone in Simulation (b) und Experiment (c)

In Bild 17 ist das Versagensverhalten einer Probenform dargestellt, bei der die anfänglich vollständig ausgerundeten Schlitzkerben nicht direkt übereinander liegen. Der mehrachsige Druck in der Scherzone dieser Probe ist deshalb kurz vor Beginn des Versagens etwas höher: $\sigma_m/\sigma_v \approx -0.35$, Bild 15b.

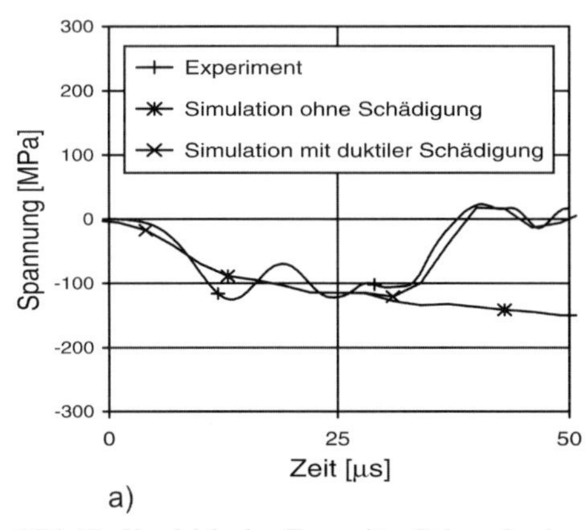

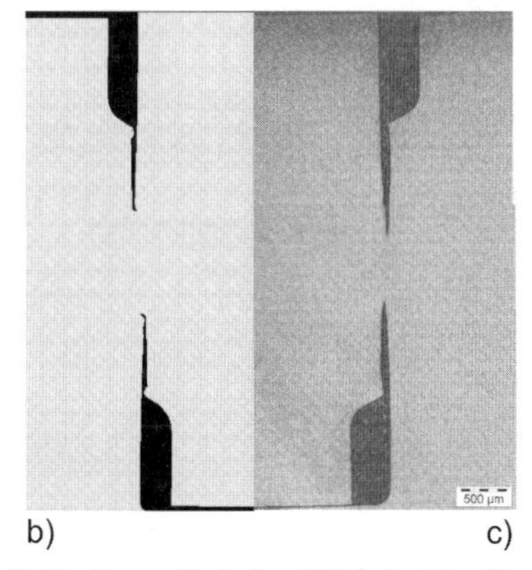

Bild 17: Vergleich des Transmitter-Pulses der in einem Split-Hopkinson-Test des IEP belasteten Doppel-Scherprobe aus Bild 16b mit Simulationen ohne und mit Berücksichtigung duktiler Schädigung (a) sowie Darstellung der Materialtrennung in der Scherzone in Simulation (b) und Experiment (c)

In der Simulation, Bild 17b, tritt in der Scherzone eine völlige Trennung ein. Bei dem weiteren Vordringen des Stempels treffen jedoch die Scherufer in der Simulation wieder aufeinander. Im Experiment ist die Probe im Endzustand zusammenhängend, Bild 17c, was ein Indiz für ein nachträgliches Verschweißen der Abgleitufer in der Reibzone sein kann.

20.5 Simulation der Spansegmentierung unter Berücksichtigung duktiler Schädigung

In Bild 18 ist das für die 2D-Simulation des Spanprozesses benutzte FE-Modell dargestellt. Die Elemente haben nur 1 Integrationspunkt (reduzierte Integration). Das Werkzeug wurde als „Analytical Rigid Surface“ modelliert. Damit der erste Eingriff weich erfolgt, ist am Anschnitt ein Winkel von 60° vorhanden. Wegen der hohen Geschwindigkeiten wird davon ausgegangen, dass ein signifikanter Wärmeübergang zur Umgebung nicht stattfindet. Der Spantrennvorgang wird hier vereinfachend durch eine Versagensschicht beschrieben, die durch Randbedingungen in Längs- und Höhenrichtung fixiert ist. Für das Spannungs-Verformungs-Verhalten wird das gleiche Verformungsmodell (Johnson-Cook) wie im gesamten Spanmaterial verwendet. Das Versagen eines Elements dieser Schicht tritt bei Erreichen einer kritischen akkumulierten plastischen Verformung p ein; dann verliert das Element seine Zugsteifigkeit, trägt aber noch unter Druck. Für den übrigen Bereich des Werkstücks wird das in Kapitel 20.3 beschriebene Modell für duktile Schädigung in Rechnung gestellt. Nach Erreichen eines kritischen Schädigungsgrads wird das betreffende Element bei einer Simulation zur Schnittkraft-Berechnung gelöscht, um den völligen Tragfähigkeitsverlust korrekt abzubilden, in einer Simulation zur Darstellung des Deformationszustands des gesamten Spans wird jedoch eine kleine Reststeifigkeit beibehalten.

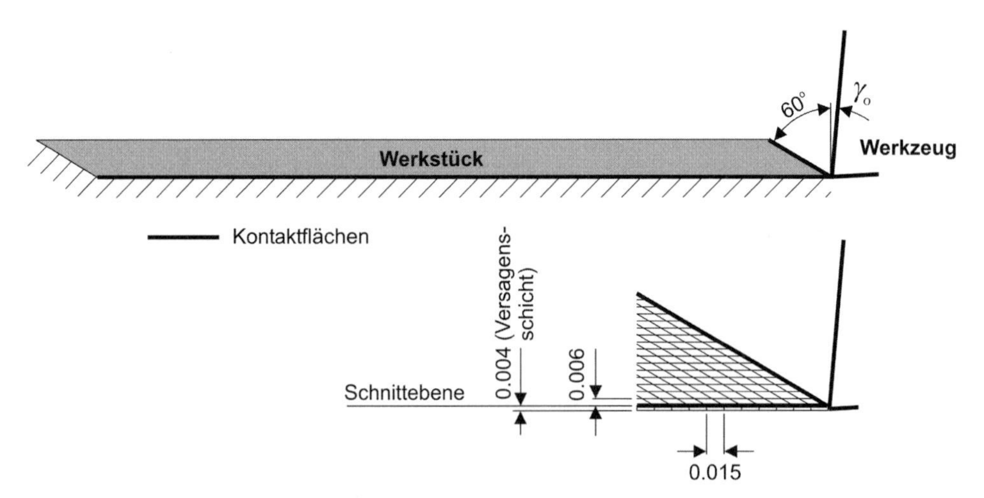

Bild 18: 2D-FE-System zur Simulation des Spanprozesses, ebener Verzerrungszustand

20.5.1 Beschreibung der Temperaturen in den Scherbändern

Im Abschnitt 20.1.2 wurde das Problem dargestellt, dass die allein mit dem (Johnson-Cook-) Verformungsmodell berechneten Temperaturen im Vergleich zu den vom Projektpartner IEP bei Modellspanerzeugung in den Scherbändern experimentell festgestellten Temperaturen [1] deutlich zu hoch sind, s. Bild 1a,c. Bild 1b zeigt die Temperaturen, die mit dem im Abschnitt 20.3 dargestellten Werkstoffmodell mit Berücksichtigung duktiler Schädigung simuliert wurden, im Vergleich zu den Temperaturen, die auf der in Bild 19a dargestellten, raumfest angeordneten Sensorzeile vom IEP zu verschiedenen Zeitpunkten gemessen wurden. Die Scherbänder treten jetzt auf der Basis der erreichten Temperaturen insbesondere infolge der in Bild 19c dargestellten duktilen Schädigung auf. Der Vergleich der Spanformen in den Simulationen ohne und mit Berücksichtigung duktiler Schädigung in Bild 1 zeigt auch, dass sich die Segmente bei Berücksichtigung duktiler Schädigung stärker herausschieben; dies entspricht ebenfalls dem Experiment, s. Bild 19a.

Die Mehrachsigkeit, Bild 19d, im Bereich hoher Vergleichsspannung in der Spanwurzel, wo das nächste Scherband initiiert wird, beträgt in dieser Simulation ca. –1,5. Zur genauen Auflösung der Zustände direkt vor der Schneidkante muss jedoch der Spantrennvorgang besser als durch die Annahme einer Versagensschicht abgebildet werden. Es wird deshalb in der weiteren Arbeit die Versagensschicht durch die Berücksichtigung des Grundwerkstoffs ersetzt, was dann auch die Möglichkeit der Simulation der neu entstehenden Werkstück-Randzone eröffnet.

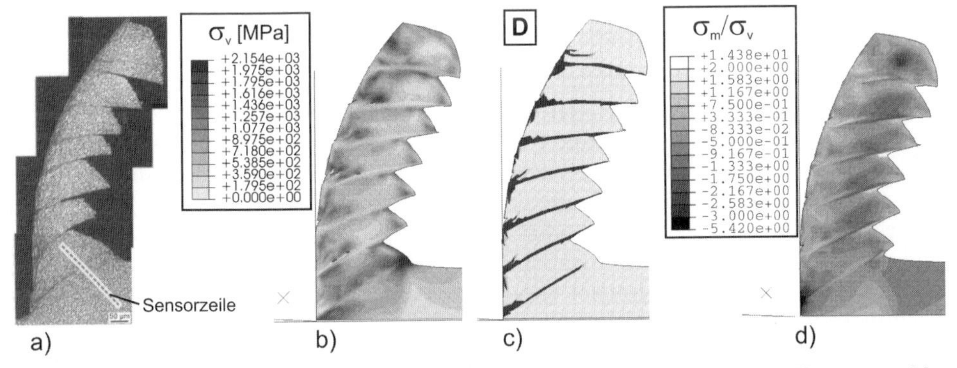

Bild 19: in einem Orthogonalspan-Experiment mittels der Split-Hopkinson-Technik vom IEP erzeugter Modellspan (a), Abfall der Spannung in den Scherbändern (b) infolge der duktilen Schädigung in der Simulation (c) und das Feld der Spannungsmehrachsigkeit (d) zu einem Zeitpunkt kurz vor Initiierung des letzten Scherbandes der Bilder b und c; Spanungsbedingungen: Spanwinkel 0°, Schnittgeschwindigkeit 1000 m/min, Spanungsdicke 150 µm

Bild 20 zeigt für die Segmentspanbildung aus Bild 19 die Vorhersage der zugehörigen Schnittkraftverläufe bezogen auf den Querschnitt des Transmitter-Stabes. Bei jeder Scherbandbildung fällt die Schnittkraft im Experiment und in der Simulation unter Berücksichtigung duktiler Schädigung stark ab. Allerdings sind in der Simulation die Split-Hopkinson-Stäbe sowie die U-förmige, prismatische Probe, welche das zu spanende Werkstück repräsentiert, aus Gründen der Vereinfachung nicht mit modelliert worden, wodurch im Modell-System Schwingungsfreiheitsgrade vernachlässigt wurden. Darüber hinaus fand die Simulation unter Annahme einer konstanten Schnittgeschwindigkeit statt.

Trotz der genannten Vereinfachungen zeigt sich, dass bei Berücksichtigung duktiler Schädigung die simulierte mittlere spezifische Schnittkraft mit der im Experiment ermittelten gut übereinstimmt, Bild 20.

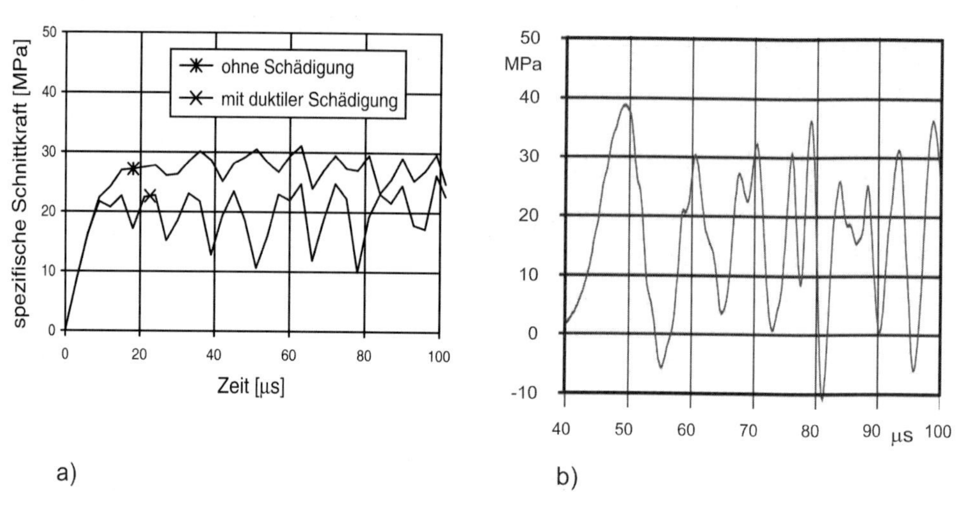

Bild 20: Schnittkraftverläufe des Orthogonalspanprozesses aus Bild 1.5.1.1 in Simulation (a) und Experiment (b)

20.5.2 Beschreibung der Geschwindigkeitsabhängigkeit der Schnittkräfte

Beim Projektpartner IWF (Berlin) sind Versuche zum Außenlängs-Runddrehen für verschiedene Vorschübe und Schnittgeschwindigkeiten durchgeführt worden [2]. Bild 21a zeigt die Verläufe der experimentell bestimmten Schnittkräfte für Vorschübe zwischen f = 0,1 mm und 0,2 mm in Abhängigkeit der Schnittgeschwindigkeit v_c. Bild 21b fasst die in den Experimenten verwendeten Versuchsbedingungen zusammen. Bei allen Vorschüben ist ein Rückgang der Schnittkräfte für höhere Schnittgeschwindigkeiten festzustellen. Diese Charakteristik der Geschwindigkeitsabhängigkeit der Schnittkräfte kann in der Simulation wiedergegeben werden, Bild 21c. Dabei entspricht der Vorschub von f = 0,1 mm für den im Experiment verwendeten Einstellwinkel von $\kappa_r = 45°$ einer Spanungsdicke von h = 0,072 mm. Für diese Simulationen wurden bei allen Schnittgeschwindigkeiten und Spanungsdicken dieselben Materialparameterwerte verwendet (Reibungskoeffizient $\mu = 0.3$, max. übertragbare Randschubspannung $\tau_{max} = 100$ MPa).

Die Versuche des IWF belegen, dass es ab einer Schnittgeschwindigkeit von etwa 100 m/min zur Ausbildung von Segmentspänen kommt. Auch dieser Übergang der Spanform vom Fließspan bei niedriger Schnittgeschwindigkeit (50 m/min), Bild 21e, zum Segmentspan bei höheren Schnittgeschwindigkeiten, z. B. 400 m/min, s. Bild 21g, kann bei Berücksichtigung duktiler Schädigung abgebildet werden, s. die Bilder 21f bzw. 21h, d.

Bild 21f zeigt die plastische Verformung in der Simulation des Fließspans bei 50 m/min, Bild 21e. In diesem mikroskopischen Bild 21e ist links als größerer heller Bereich ein sehr großes Korn zu erkennen, welches sich aber in das umgebende Ensemble der kleineren Körner hinsichtlich der Scherverformung gut einfügt. Die Simulation, Bild 21f, gibt auch die aufgrund der Reibung stark deformierte sekundäre Scherzone auf der Spanunterseite, s. Bild 21f links, gut wieder, vgl. Bild 21e links.

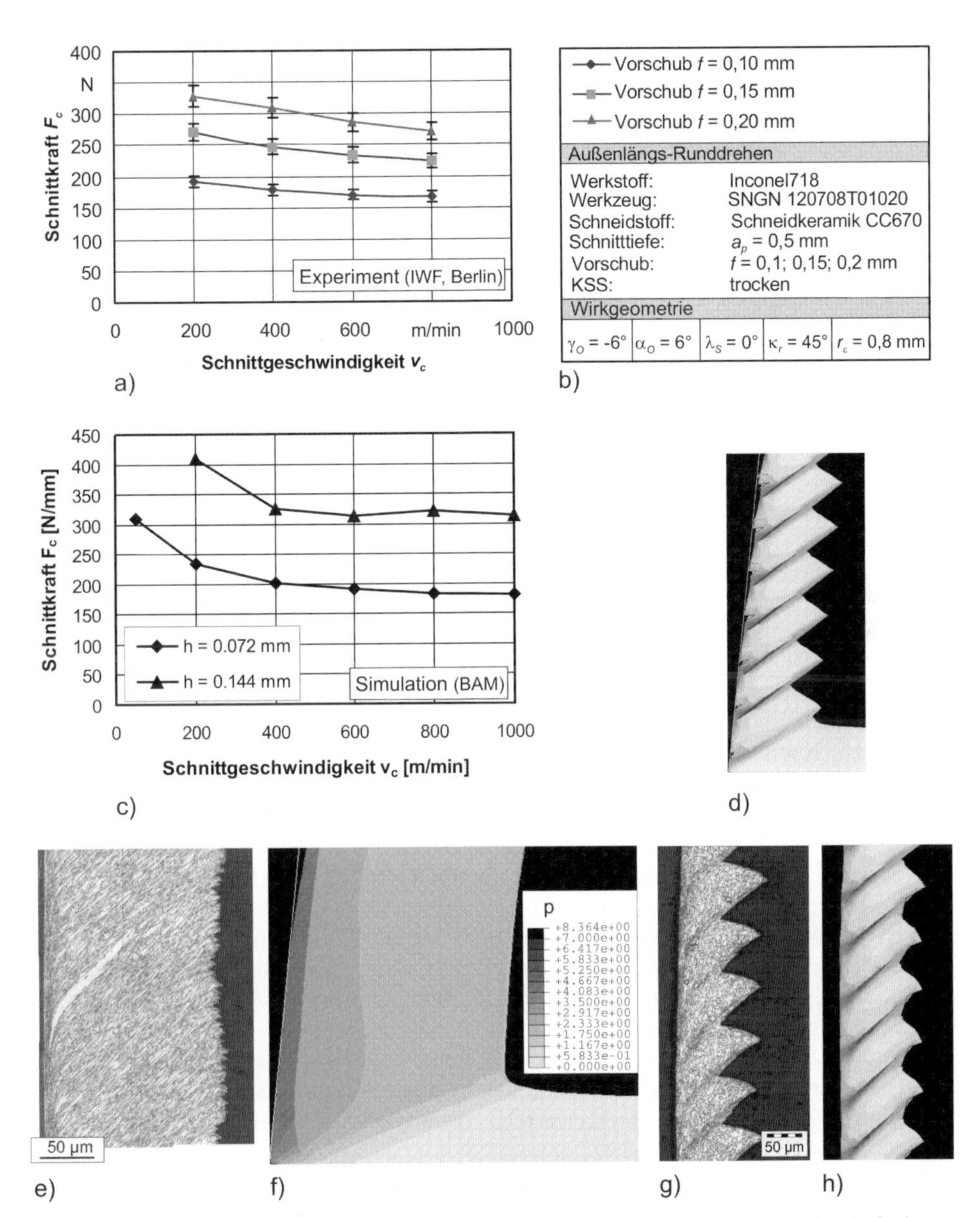

Bild 21: Geschwindigkeitsabhängigkeit der Spansegmentierung: mittlere Schnittkräfte beim Außenlängs-Runddrehen [2] (a, b) und in der Simulation für verschiedene Spanungsdicken h auf einer Schneidkantenlänge von 1 mm im ebenen Verzerrungszustand (c), simulierte Spansegmentierung bei 1000 m/min (d) und bei 400 m/min (h), reale Spanformen bei 400 m/min (g) und 50 m/min (e), akkumulierte plastische Vergleichsdehnung p in der Simulation des Fließspans bei 50 m/min (f)

Das so verifizierte Werkstoffmodell fließt in einem weiteren Schritt in ein am IWF entwickeltes 3D-FE-Modell des Außenlängs-Runddrehens ein [2]. Mit Hilfe der 3D-Simulationen sollen künftig die thermischen und mechanischen Belastungen des Werkzeugs im Vorfeld der Bearbeitung bestimmt werden, um so die Prozess- und Werkzeugauslegung zu optimieren.

20.6 Literatur

[1] Clos, R.; Lorenz, H.; Schreppel, U.; Veit, P.: Mechanismen der Hochgeschwindigkeitsverformung einer Nickelbasislegierung; in diesem Buch

[2] Uhlmann, E.; Zettier, R.: Simulation der Spanbildung und Oberflächenentstehung beim Hochgeschwindigkeitsspanen einer Nickelbasislegierung; in diesem Buch

[3] Merchant, M. E.: Mechanics of the Metal Cutting Process; I. Orthogonal Cutting and a Type 2 Chip; J. Appl. Phys. 16, 267–275, II. Plasticity Conditions in Orthogonal Cutting; J. Appl. Phys. 16, 318–324; 1945

[4] Lee, E. H.; Shaffer, B. W.: The Theory of Plasticity Applied to a Problem of Machining; J. Appl. Mech. 18, 405–413; 1951

[5] Dudzinski, D.; Molinari, A.: A Modelling of Cutting for Viscoplastic Materials; Int. J. Mech. Sci. 39, 369–389; 1997

[6] Johnson, G. R.; Cook, W. H.: Fracture Characteristics of Three Metals Subjected to Various Strains, Strain Rates, Temperatures and Pressures; Engng. Fracture Mechanics 21, 31–48; 1985

[7] Olschewski, J.; Hamann, A.; Haftaoglu, C.: Werkstoffmechanik einer Nickelbasislegierung beim Hochgeschwindigkeitsspanen – Werkstoffverhalten und Modellierung, Teil I; Report BAM-V.2 01/1, Bundesanstalt für Materialforschung und -prüfung (BAM), Berlin, 2001

[8] Olschewski, J.; Hamann, A.; Bendig, M.; et al.: Werkstoffmechanik einer Nickelbasislegierung beim Hochgeschwindigkeitsspanen – Werkstoffverhalten und Modellierung, Teil II; Report BAM-V.2 01/3, Bundesanstalt für Materialforschung und -prüfung (BAM), Berlin, 2001

[9] Olschewski, J.; Hamann, A.; Noack, H.-D.; et al.: Werkstoffmechanik einer Nickelbasislegierung beim Hochgeschwindigkeitsspanen – Werkstoffverhalten und Modellierung, Teil III; Report BAM-V.2 01/6, Bundesanstalt für Materialforschung und -prüfung (BAM), Berlin, 2001

[10] Sievert, R.; Hamann, A.; Olschewski, J.; et al.: Werkstoffmechanik einer Nickelbasislegierung beim Hochgeschwindigkeitsspanen – Werkstoffverhalten und Modellierung, Teil IV; Report BAM-V.2 02/1, Bundesanstalt für Materialforschung und -prüfung (BAM), Berlin, 2002

[11] El-Magd, E.; Korthäuer, M.; Treppmann, C.: Experimentelle und numerische Untersuchung zum thermomechanischen Stoffverhalten; in diesem Buch

[12] Rösler, J.; Bäker, M.; Siemers, C.: Mechanisms of Chip Formation; in diesem Buch

[13] Lemaitre, J.: A Course on Damage Mechanics, Springer Verlag, 1996

[14] Poggemann, D.; Etoh, T. G.; Ruckelshausen, A.; et al.: Development of Ultra-High-Speed Video Cameras for PIV; 4th International Symposium on Particle Image Velocimetry, Paper 1158; Göttingen, September 17–19, 2001

[15] El-Magd, E.; Brodmann, M.: Der Einfluß von Schädigung auf die adiabatische Fließkurve der Aluminiumlegierung AA7075 unter Schlagzugbeanspruchung; Z. Metallkunde 90, 732–737; 1999

[16] Hibbit, Karlsson & Sorensen Inc. ABAQUS/Explicit, Version 6.3, 2002

[17] Wolfram, S.: MATHEMATICA, Version 4, 2000

[18] Børvik, T.; Hopperstad, O. S.; Berstad, T.; Langseth, M.: A Computational Model of Viscoplasticity and Ductile Damage for Impact and Penetration; Eur. J. Mech. A/ Solids 20, 685–712; 2001

[19] Shatla, M.; Kerk, C.; Altan, T.: Process Modeling in Machining. Part I: Determination of Flow Stress Data; Part II: Validation and Applications of the Determined Flow Stress Data; Int. J. Machine Tools and Manufacture 41, 1511–1534, 1659–1680; 2001

[20] De Borst, R.; Van der Giessen, E. (Eds): Material Instabilities in Solids, John Wiley & Sons; 1998

[21] Huang, J.; Kalaitzidou, K.; Sutherland, J. W.; Milligan, W. W.; Aifantis, E. C.; Sievert, R.; Forest, S.: Gradient Plasticity: Implications to Chip Formation in Machining; in: The 4th Int. ESAFORM Conference on Material Forming, Volume two, A. M. Habraken (Ed.); University of Liège, Belgium, 527–530; 2001

[22] Reusch, F.; Klingbeil, D.; Svendsen, B.: Local and Non-Local Gurson-based Models for Ductile Damage Failure; in: The 4th Int. ESAFORM Conference on Material Forming, Volume two, A. M. Habraken (Ed.); University of Liège, Belgium, 511–514; 2001

[23] Singh, K. N.; Sievert; R.; Noack, H.-D.; Clos, R.; Schreppel, U.; Veit, P.; Hamann, A.; Klingbeil, D.: Simulation of Failure Under Dynamic Loading at Different States of Triaxiality for a Nickel-base Superalloy; J. Phys. IV France 110, 275–280, 2003

21 Thermomechanische Wirkmechanismen bei der Hochgeschwindigkeitszerspanung von Titan- und Nickelbasislegierungen

H.-W. Hoffmeister, T. Wessels

Abstract

The aim of the project was to work out the basic thermo-mechanical processes that arise during the cutting of TiAl6V4 and Inconel 718 at extremely high cutting speeds. It was investigated how the plastic deformation as well as the separation and diversion of material make themselves felt especially at high cutting speeds. From the findings obtained, parameter recommendations were to be worked out for the use in real processes.

The investigations showed that the chip segmentation increased with rising thickness of undeformed chip for both materials as well as with rising cutting speed for Inconel 718. For TiAl6V4, the specific cutting force took a nearly constant course as a function of the cutting speed whereas the values decreased with rising cutting speed for Inconel 718. The metal cutting forces and temperatures formed the basis for information on the friction behaviour. The frictional tangential forces and coefficients had very low values with increasing cutting speed due to the contact zone softening as a result of the temperature. Subsequent to the cutting tests, the quality of the surface-near zone was determined by deformation and residual stress measurements. At high cutting speeds internal tensile stress was measured at the surface and internal compressive strain in small layer depths of the surface-near zone. The investigations have also shown that a limitation of the chip edge influences the chip formation in such a way that the chip segmentation tendency is reduced. Using a quick-stop test facility, chip roots were generated in order to determine the phases of chip formation. When analysing the generated deformation statuses it was demonstrated that the chip segmentation was homogeneous with TiAl6V4 whereas the chip formation with Inconel 718 was largely dependent on the cutting speed, the undeformed chip thickness and the structure.

Kurzfassung

Projektziel war es, die thermomechanischen Vorgänge bei der Zerspanung von TiAl6V4 und Inconel 718 bei extrem hohen Schnittgeschwindigkeiten grundlegend herauszuarbeiten. Es wurde untersucht, wie sich die plastische Verformung, die Stofftrennung und -umlenkung insbesondere bei hohen Schnittgeschwindigkeiten einstellen. Aus den erzielten Erkenntnissen sollten Parameterempfehlungen für den Einsatz in realen Prozessen erarbeitet werden.

Die Untersuchungen zeigten, dass die Spansegmentierung mit steigender Spanungsdicke bei beiden Werkstoffen sowie mit steigender Schnittgeschwindigkeit bei Inconel 718 zunahm. Für TiAl6V4 ergab sich über die Schnittgeschwindigkeit ein annähernd

Hochgeschwindigkeitsspanen. Hrsg. H. K. Tönshoff und F. Hollmann

ISBN: 3-527-31256-0

konstanter Verlauf der spezifischen Schnittkraft, wohingegen die Werte bei Inconel 718 mit steigender Schnittgeschwindigkeit abnahmen. Aus den Zerspankräften und -temperaturen wurden Erkenntnisse über das Reibungsverhalten erarbeitet. Die Reibtangentialkräfte und -koeffizienten nahmen mit zunehmender Schnittgeschwindigkeit durch die temperaturbedingt erweichende Kontaktzone sehr geringe Werte an. Im Anschluss an die Zerspanversuche wurde die Qualität der Werkstückrandzone durch Verformungs- und Eigenspannungsmessungen festgestellt. Diese lieferten für hohe Schnittgeschwindigkeiten Zugeigenspannungen an der Oberfläche und Druckeigenspannungen in geringen Randschichttiefen. Die Untersuchungen zeigten ebenfalls, dass eine Spanrandbegrenzung die Spanbildung so beeinflusst, dass die Neigung zur Spansegmentierung verringert wird. Mit einer Schnellstoppversuchseinrichtung wurden zur Ermittlung der Spanbildungsstadien Spanwurzeln erzeugt. Die Analyse der erzeugten Verformungszustände ergab eine gleichmäßige Spansegmentierung von TiAl6V4, wohingegen sich die Spanbildung von Inconel 718 stark schnittgeschwindigkeits-, spanungsdicken- und gefügeabhängig zeigte.

21.1 Einleitung

Ziel der Untersuchungen in diesem Teilprojekt war es, die thermomechanischen Vorgänge bei der Zerspanung von TiAl6V4 und Inconel 718 grundlegend herauszuarbeiten. Eine Analyse der Vorgänge bei extrem hohen Schnittgeschwindigkeiten sollte aufklären, ob und mit welchen Maßnahmen die bisherigen Grenzen bei der Zerspanung von TiAl6V4 und Inconel 718 überwindbar sind. Gegenstand der Arbeiten war die Untersuchung der Zerspankräfte und Zerspantemperaturen, der Spanbildung und Spanformen sowie des plastischen Verformungsverhaltens und der entstandenen Verformungszustände. Die in diesem Beitrag dargestellten Ergebnisse wurden in Zerspanungsuntersuchungen am Institut für Werkzeugmaschinen und Fertigungstechnik (IWF) der Technischen Universität Braunschweig erzielt. Die Arbeiten wurden in einem gemeinsamen Verbundprojekt mit dem Institut für Werkstoffe (IfW) der Technischen Universität Braunschweig [siehe Rösler, Bäker und Siemers: Mechanisms of Chip Formation] durchgeführt.

21.2 Versuchsaufbauten

21.2.1 Hochgeschwindigkeitszerspanversuchsstand

Auf dem Hochgeschwindigkeitszerspanversuchsstand wurde der Großteil der Zerspanversuche durchgeführt. Er basiert auf einer umgebauten Flachschleifmaschine, bei der anstelle der Schleifscheibe ein Werkstückträger mit zwei gegenüberliegenden Werkstücken rotiert (Bild 1, links). Die Werkstücke sind formschlüssig in den Werkstückträger eingelassen und werden durch radiale Zustellung zum Eingriff mit der Schneide gebracht. Die Zerspanung erfolgt im Orthogonalschnitt, die Schnittbedingungen sind über die 50 mm Werkstück- bzw. Schnittlänge konstant. Die Kinematik entspricht der des Einstechdrehens im unterbrochenen Schnitt. Mit diesem Aufbau sind Schnittgeschwindigkeiten bis 100 m/s möglich [8, 9].

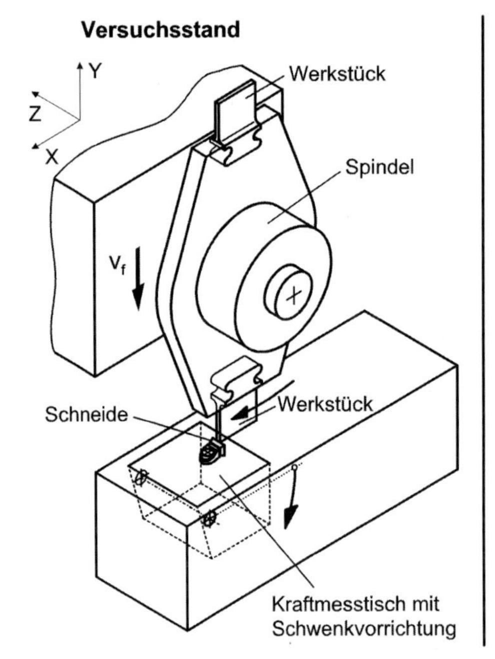

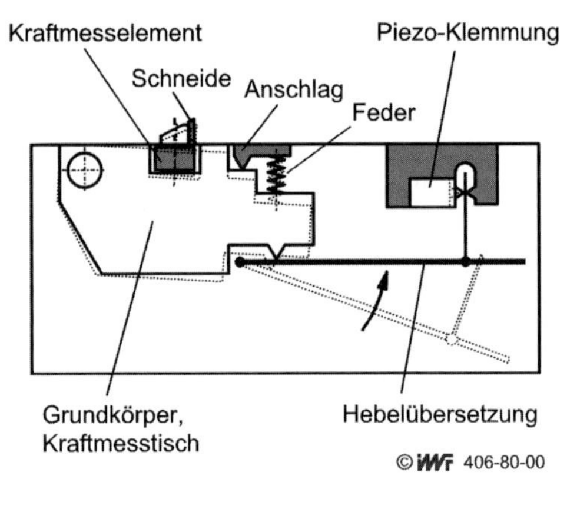

Bild 1: Hochgeschwindigkeitszerspanversuchsstand

Nach einer festgelegten ganzen Zahl von Schnitten wurden die Versuche abgebrochen. Dafür musste die Schneide in Sekundenbruchteilen aus dem Flugkreis der Werkstücke bewegt werden. Z. B. standen bei einer Schnittgeschwindigkeit von 40 m/s für das Außereingriffbringen ca. 15 ms zur Verfügung. Mit Hilfe einer eigens dafür konstruierten Rückzugsvorrichtung konnte die Schneide annähernd verzögerungsfrei ausgelenkt werden (Bild 1, rechts). Die bei der Zerspanung aufgetretenen Schnitt- und Passivkräfte wurden mittels eines piezo-elektrisch arbeitenden Kraftmesselements aufgenommen. Damit das Kraftmesselement bei (Eingriffs-) Zeiten kleiner als 1 ms (≙ 40 m/s Schnittgeschwindigkeit) möglichst verzögerungsarm arbeitete, wurde es mit geringem Eigengewicht und steif gestaltet [5, 6].

Zur Ermittlung der Schneidentemperaturen wurde in einigen Zerspanversuchen der Schneidenquerschnitt mit einer Thermokamera aufgenommen (Bild 2, links). Dazu wurde die Schneide stirnseitig so angeschliffen, dass sie in einer Ebene mit dem Werkstück endete. Die betrachtete Oberfläche wurde eingefärbt, so dass ihr Emissionskoeffizient ungefähr 1 betrug. Vor der Stirnseite der Schneide wurde eine Blende angeordnet, die nur die Abstrahlung der Schneide zur Kamera freiließ und so verhinderte, dass der heiße Span die zu vermessende Schneidenfläche überstrahlte. Ergänzend zur Ermittlung der Schneidentemperaturen wurden in weiteren Versuchen mit Hilfe eines Strahlungspyrometers die Span-② und Werkstücktemperaturen① aufgenommen (Bild 2, rechts). Der Versuchsaufbau musste dazu dementsprechend umgestaltet werden [7].

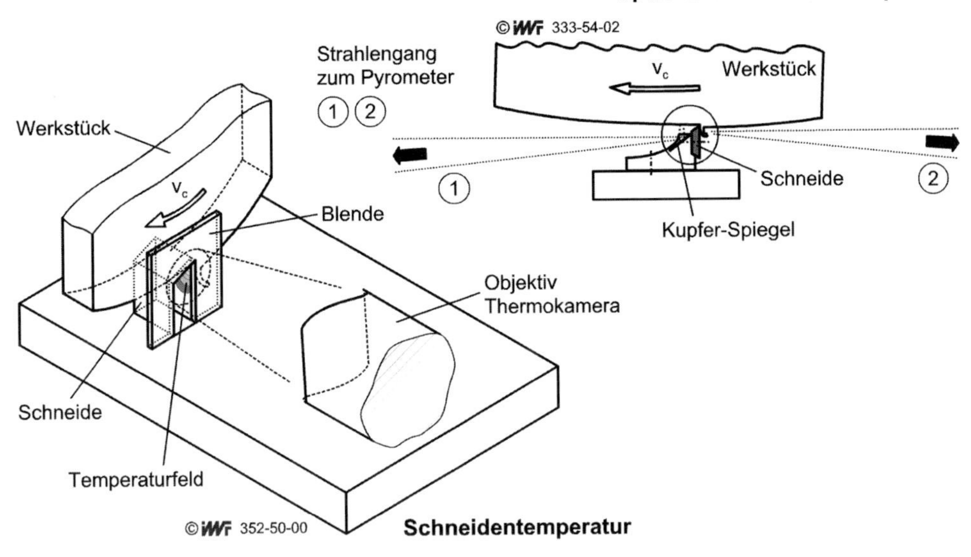

Bild 2: Aufnahme der Zerspantemperaturen

21.2.2 Schnellstoppversuchseinrichtung

Der Nachteil des in Abschnitt 21.2.1 dargestellten Versuchsprinzips bestand darin, dass die Spanbildung nach Beendigung der Zerspanversuche bereits vollständig abgeschlossen war und das Entstehen der Späne selbst nicht festgehalten werden konnte. Aus den Querschliffen der Späne konnte nur bedingt auf ihre Entstehung direkt an der Schneide zurückgeschlossen werden. Um weitere Erkenntnisse über den Spanentstehungsvorgang direkt an der Schneide zu gewinnen, wurde eine Schnellstoppversuchseinrichtung entwickelt (Bild 3), mit der der Spanentstehungsvorgang plötzlich unterbrochen werden konnte. Dabei wurde der Spanbildungsvorgang zufällig „eingefroren", und es entstanden sogenannte Spanwurzeln, die einzelne Stadien der Spanbildung widerspiegelten [5, 6].

Um die notwendigen Beschleunigungen ($\geq 10^7$ m/s^2) aufbringen zu können, arbeitet die Schnellstoppversuchseinrichtung ballistisch. Ein spezielles Versuchswerkstück wird mittels Druckluft gegen eine Prallfläche aus Hartmetall geschossen und erfährt dabei die maximal mögliche negative Beschleunigung, der ein Festkörper ausgesetzt sein kann. Die Geschwindigkeit wird über den Luftdruck und die Masse des Werkstücks eingestellt. Unmittelbar vor dem Aufprall wird über eine kurze Wegstrecke (ca. 1 mm) ein Span abgenommen. Um Querbewegungen und ein Zurücklaufen des Werkstücks zu verhindern, sind Blattfedern am Ende des Schusskanals angeordnet, die das Werkstück entgegen der Schnittrichtung bremsen und in Schnittrichtung leicht federn. Die Qualität der so hergestellten Spanwurzeln wird durch die sehr kurzen Bremswege, die deutlich kleiner als eine Segmentlänge sind, charakterisiert. Für eine Schnittgeschwindigkeit von 40 m/s ist der Bremsweg deutlich kleiner als 20 µm.

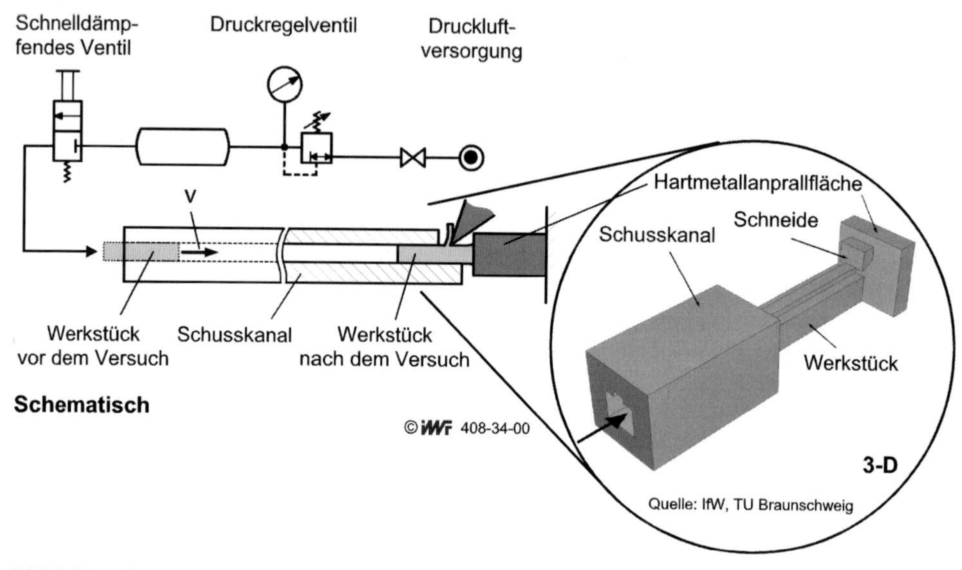

Bild 3: Schnellstoppversuchseinrichtung

21.3 Hochgeschwindigkeitszerspanung von TiAl6V4

21.3.1 Spezifische Schnittkraft bei der Zerspanung von TiAl6V4

Aus den Messungen der Schnittkraft F_c auf dem Hochgeschwindigkeitszerspanversuchsstand wurde die spezifische Schnittkraft k_c bzw. die Zerspanenergie pro zerspantes Werkstoffvolumen berechnet. Bild 4 zeigt die spezifische Schnittkraft bei der Zerspanung von TiAl6V4 in Abhängigkeit von der Schnittgeschwindigkeit v_c für drei verschiedene Spanungsdicken h. Es wurde in den Versuchen grundsätzlich mit scharfer Schneide gearbeitet. Für 40 und 80 µm Spanungsdicke zeigte sich die spezifische Schnittkraft bei den eingesetzten Schnittgeschwindigkeiten nahezu schnittgeschwindigkeitsunabhängig. Eine Verdopplung der Spanungsdicke brachte einen proportionalen Anstieg der Schnittkraft, so dass die spezifischen Werte annähernd spanungsdicken-unabhängig um 2000 MPa lagen. Die für konventionelle Schnittgeschwindigkeiten auftretende Abhängigkeit der spezifischen Schnittkraft von der Spanungsdicke, die nach KIENZLE durch eine Exponentialfunktion angenähert wird, trifft offensichtlich bei TiAl6V4 und hohen Schnittgeschwindigkeiten nicht zu [5, 6, 11, 12, 13].

Bei 15 µm Spanungsdicke ergab sich ein schnittgeschwindigkeitsabhängiger Verlauf für die spezifische Schnittkraft (Bild 4). Gerade im Bereich geringerer Schnittgeschwindigkeiten lieferte die kleinere Spanungsdicke höhere Werte. Dies wurde auf die Schneidkantenverrundung zurückgeführt, welche gegenüber kleinen Spanungsdicken nicht mehr vernachlässigbar war. Als Folge davon wurde effektiv mit einem negativen Spanwinkel zerspant, woraus eine stärkere Umformung und damit eine höhere spezifische Zerspanenergie resultierten. Bemerkenswert war, dass sich die spezifische Schnittkraft zu höheren Schnittgeschwindigkeiten hin den Werten für die größeren Spanungsdicken näherte.

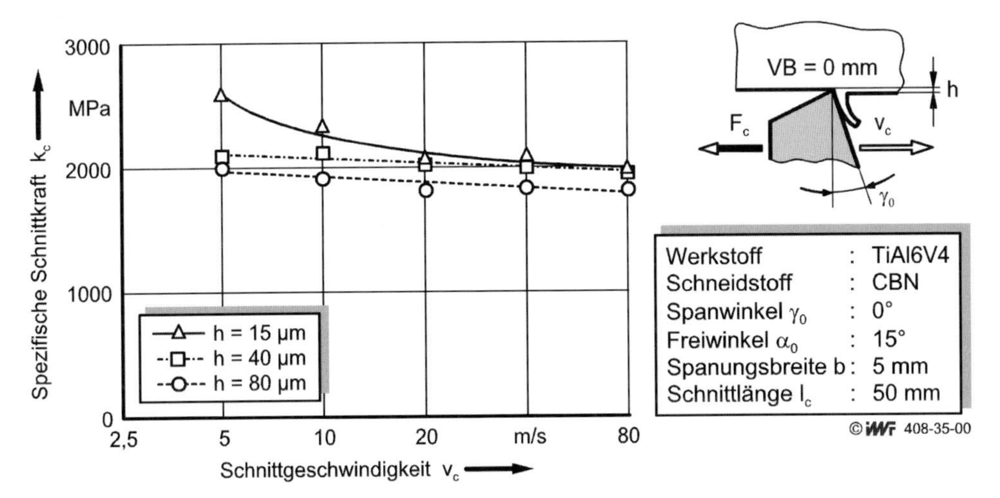

Bild 4: Spezifische Schnittkraft bei der Zerspanung von TiAl6V4

Der schnittgeschwindigkeitsabhängige Verlauf der spezifischen Schnittkraft bei kleinen Spanungsdicken wurde zum Anlass genommen, die spezifische Schnittkraft bei einem stark negativen Spanwinkel γ_0 von $-30°$, der für die Zerspanung von Titanlegierungen aufgrund stark ansteigender Schnittkräfte normalerweise als ungeeignet gilt, zu ermitteln. Der Zusammenhang zwischen dem Umformgrad und der erforderlichen spezifischen Zerspanenergie konnte so genauer untersucht werden.

Bei der niedrigsten eingesetzten Schnittgeschwindigkeit von 5 m/s war die spezifische Schnittkraft um 50 % größer als bei einem Spanwinkel von 0° (Bild 5). Im Vergleich zu den oben dargestellten Ergebnissen nahm die spezifische Schnittkraft für eine Spanungsdicke von 80 µm mit zunehmender Schnittgeschwindigkeit kontinuierlich ab. Sie näherte sich bei hohen Schnittgeschwindigkeiten dem Niveau, welches bei Schneiden mit einem Spanwinkel von 0° vorlag. Betrachtet man die Ergebnisse aus den Versuchen mit kleiner Spanungsdicke und einem Spanwinkel von 0° (Bild 4) und die aus den Versuchen mit einem Spanwinkel von $-30°$ (Bild 5), so kann man schlussfolgern, dass die Verrundung der Schneidkante und der Spanwinkel und somit der Umformgrad bei der Zerspanung von TiAl6V4 mit zunehmenden Schnittgeschwindigkeiten hinsichtlich der aufzuwendenden Zerspanenergie an Bedeutung verlieren [5, 6].

21.3.2 Spanbildung von TiAl6V4

Die Spanbildung von TiAl6V4 ist charakterisiert durch eine ausgeprägte Spansegmentierung, die über einen weiten Schnittparameterbereich durch eine hohe Gleichmäßigkeit gekennzeichnet ist. Die Ähnlichkeit der Segmentquerschnitte von den Spänen in Bild 6 verdeutlicht diese Gleichmäßigkeit. Der Segmentscherwinkel ϕ_{seg} änderte sich mit Variation der Schnittgeschwindigkeit und/oder der Spanungsdicke, wenn überhaupt, nur geringfügig [siehe auch Rösler, Bäker und Siemers: Mechanisms of Chip Formation].

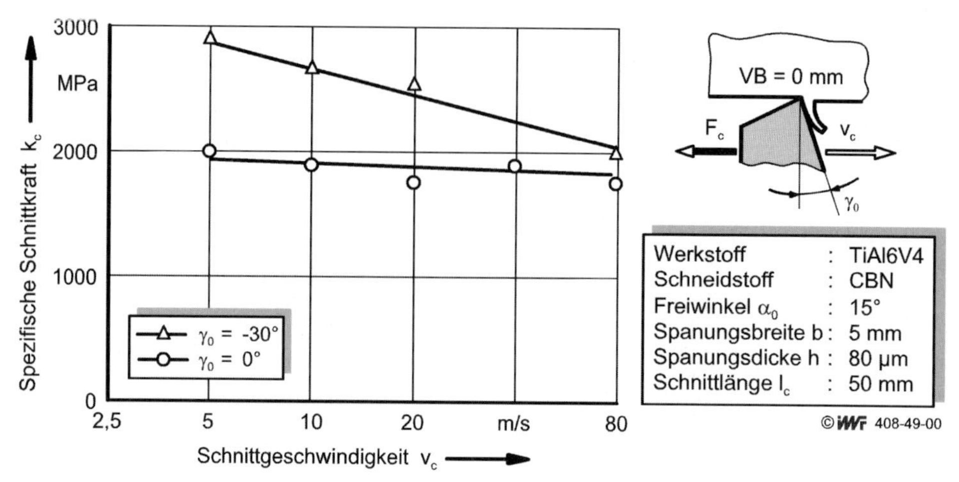

Bild 5: Auswirkung eines negativen Spanwinkels bei der Zerspanung von TiAl6V4

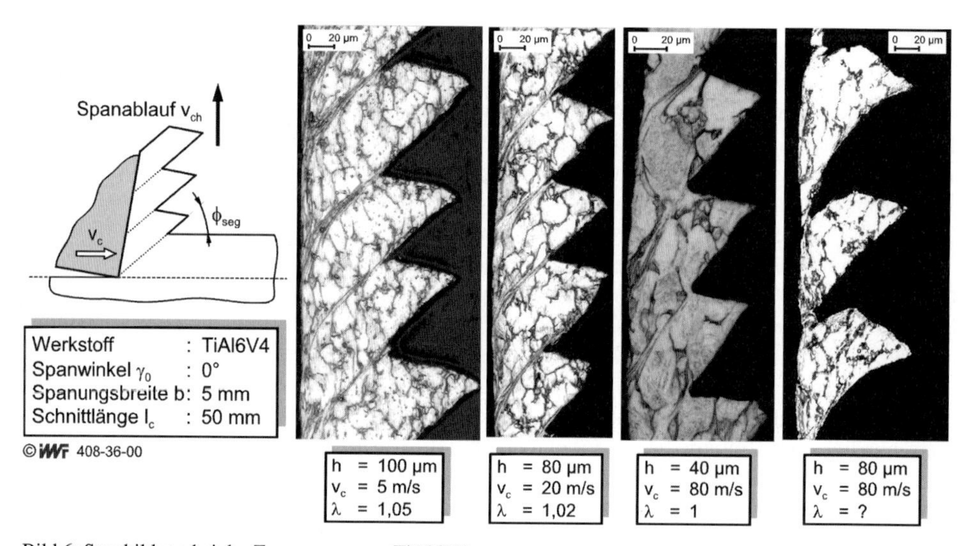

Bild 6: Spanbildung bei der Zerspanung von TiAl6V4

Zwischen den Spansegmenten und an der der Spanfläche zugewandten Spanunterseite ergaben sich starke Verformungskonzentrationen in Form von Gefügedeformationen. Es entwickelten sich zwischen den einzelnen Spansegmenten häufig wenige µm-dicke Scherbänder bzw. -ebenen, in denen das Abgleiten der Spansegmente übereinander stattfand. Zunehmende Schnittgeschwindigkeit und/oder Spanungsdicke wirkten sich in einer Steigerung der Segmentierungsneigung und des Segmentierunggrads aus. Bei hohen Schnittgeschwindigkeiten und großen Spanungsdicken kommt es zur Trennung der Späne in Bruchstücke bzw. in Einzelsegmente. Die Spanstauchungen λ, das Verhältnis von mittlerer Spandicke $\bar{h}_{ch}$ zu Spanungsdicke h bzw. von Schnittlänge l_c zu Spanlänge l_{ch} lagen im Bereich geringfügig größer 1. Bei hohen Schnittgeschwindigkeiten und großen Spanungsdicken wurden Spanstreckungen $\lambda < 1$ ermittelt [1, 2, 5, 6, 8, 9, 15].

Die mit der Schnellstoppversuchseinrichtung erzeugten Spanwurzeln unterstreichen, dass die Spanbildung von TiAl6V4 bei allen eingesetzten Schnittparametern prinzipiell gleich verlief (Bild 7). Selbst bei quasistatisch durchgeführten Versuchen, bei denen die Schnittgeschwindigkeit annähernd null betrug, zeigte sich eine grundsätzlich ähnliche Spanbildung [17, 18].

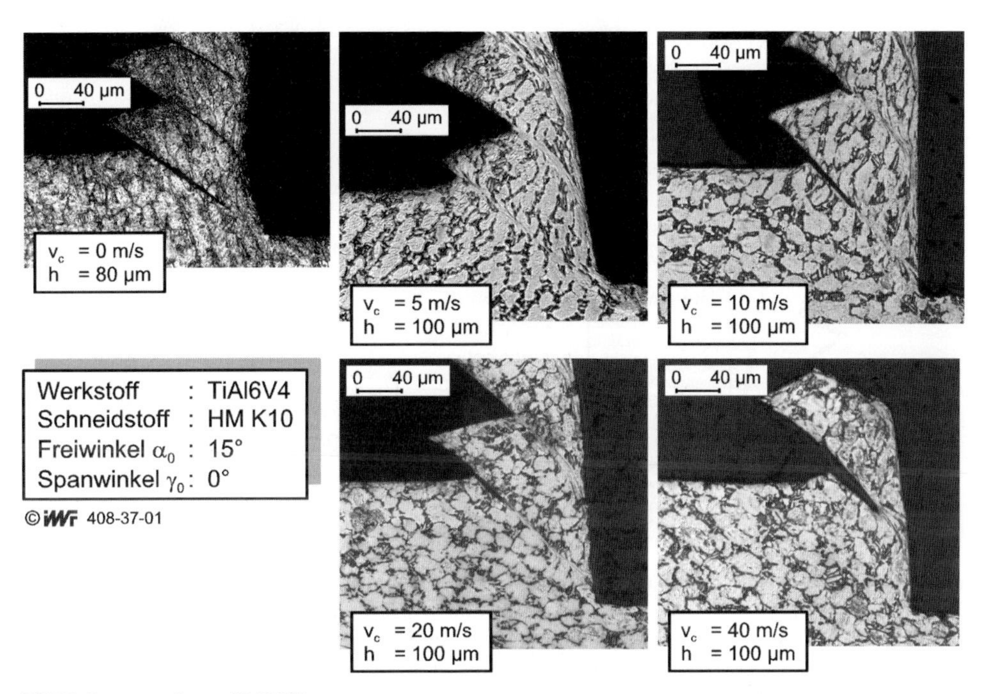

Bild 7: Spanwurzeln aus TiAl6V4

Für 20 m/s Schnittgeschwindigkeit konnten zwei unmittelbar aufeinander folgende Bildungsstadien der Spansegmentierung von TiAl6V4 eingefangen werden (Bild 8). Die dargestellten Stadien geben Aufschluss über den Segmentierungsvorgang im Detail. Im Stadium A beginnt Segment 0 sich gerade zu verformen und die Werkstück-oberfläche sich geringfügig zu wölben. Direkt vor der Schneidkante staut sich der Werkstoff auf. Segment 1 wird über die Scherebene zwischen den Segmenten 0 und 1 hinausgeschoben. Im Stadium B hebt sich die Werkstückoberfläche oberhalb von Segment 0 bereits deutlich hervor, Segment 1 hat seinen Endzustand noch nicht erreicht und wird weiter hinausgedrückt.

Der überwiegende Teil der Verformung von Segment 0 findet unmittelbar vor der Schneidkante statt, die Aufstauung des Werkstoffs erfolgt sowohl in Segment- als auch in Spanablaufrichtung. Wird ein bestimmter Verformungsgrad erreicht, kommt es zur Verformungskonzentration zwischen Segment 0 und dem nächstfolgenden Segment, Segment 0 löst sich aus dem Werkstoffverbund und wird über die neu entstandene Scherebene rausgeschoben. Beim Abgleiten eines Segments findet die Verformung ausschließlich in der Scherebene statt, der Rest des Segments wird nicht weiter verformt.

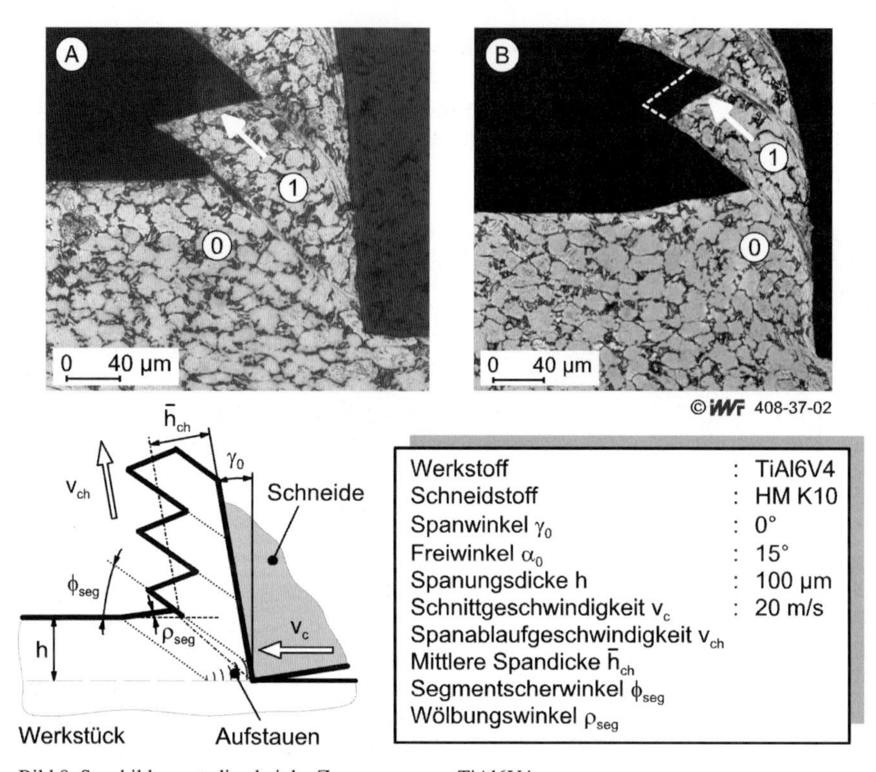

Bild 8: Spanbildungsstadien bei der Zerspanung von TiAl6V4

An den erzeugten Spanwurzeln konnte zudem die Lage der Scherebenen gut festgestellt werden (Bilder 7 und 8). Genau wie für den Spanwinkel 0° ergab sich für –30°, dass der Segmentscherwinkel annähernd unabhängig von der Schnittgeschwindigkeit und der Spanungsdicke ist. Allerdings fielen die Segmentscherwinkel für –30° Spanwinkel aufgrund der geänderten Schneideneingriffsverhältnisse und der damit verbundenen stärkeren Umformung kleiner aus als für 0° (Bild 9) [1, 2, 5, 6].

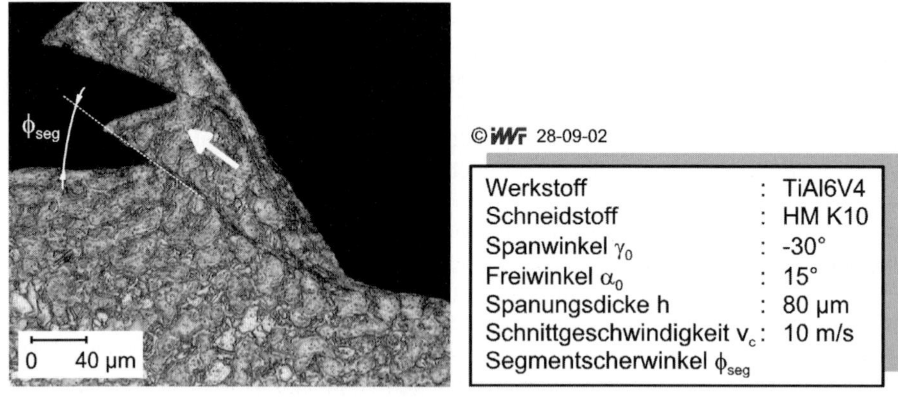

Bild 9: Einfluss des Spanwinkels auf den Segmentscherwinkel

21.3.3 Reibverhalten bei der Zerspanung von TiAl6V4

Die Untersuchung des Reibverhaltens zwischen Schneidstoff und Werkstoff bei hohen Schnittgeschwindigkeiten ist von besonderem Interesse, um Erkenntnisse über den Anteil der Reibung an der ohnehin hohen Schneidenbelastung und die Auswirkungen auf die Standzeit zu bekommen. Im Rahmen dieses Teilprojekts wurde zur Ermittlung des Reibverhaltens zwischen Schneidstoff und Werkstoff eine bestimmte Versuchsmethodik genutzt. Dabei konzentrierten sich die Arbeiten in erster Linie auf die Reibung an der Verschleißmarke.

Die von der Spanbildung an der Schneidkante und Spanfläche verursachten Kräfte überlagern sich mit den Reibungskräften an der Freifläche bzw. Verschleißmarke. Eine isolierte Messung der einzelnen Kräfte ist nicht möglich. Um den Reibkoeffizieten μ bei hohen Schnittgeschwindigkeiten zu ermitteln, wurde vor diesem Hintergrund eine spezielle Methodik gewählt. Und zwar wurden Versuche durchgeführt, bei denen bei konstanter Spanungsdicke von 20 µm die Verschleißmarkenbreite VB variiert wurde. In den ersten Versuchen wurde mit scharfer Schneide (VB = 0) und in weiteren Durchgängen mit einer vor Versuchsbeginn angeschliffenen Verschleißmarke von 0,1 bis 0,15 mm gearbeitet. Während der Versuche wurden jeweils die Schnitt- und Passivkräfte (F_c, F_p) aufgenommen. Durch Bildung der Differenzen der Schnitt- und Passivkräfte aus den Versuchen mit und ohne Verschleißmarke (ΔF_c, ΔF_p) bei sonst gleichen Schnittparametern hebten sich die Kraftanteile, die auf die Spanbildung selbst (Umformung und Spanflächenreibung) zurückzuführen waren, heraus. Übrig blieben die Kraftanteile, die aus der Reibung an der Verschleißmarke resultierten. Der Quotient aus den Kraftdifferenzen $\Delta F_c/\Delta F_p$ stellte somit den Reibkoeffizienten zwischen Schneidstoff und Werkstoff an der Verschleißmarke dar [5].

Der untere Kurvenverlauf in Bild 10 gibt die nach dieser Vorgehensweise berechneten Werte für den Reibkoeffizienten wieder. Trotz der mit steigender Schnittgeschwindigkeit zunehmenden Flächenpressung an der Verschleißmarke, die sich aus dem Quotienten ΔF_p/VB errechnete und Werte zwischen 1250 und 2000 MPa erreichte, nahm der Reibkoeffizient mit steigender Schnittgeschwindigkeit deutlich ab. Die Werte lagen durchweg unter 0,2 und befanden sich damit auf einem sehr geringen Niveau. Die Abnahme des Reibkoeffizienten und der Reibtangentialkraft wurde auf den mit zunehmender Zerspantemperatur stärker erweichenden Werkstoff direkt an der Werkstückoberfläche zurückgeführt. Die Werte streuten bei den höheren Schnittgeschwindigkeiten stärker, da dort der Unterschied bei den Kräften zwischen den Versuchen mit Verschleißmarke und solchen ohne nur noch in der Größenordnung von 50 N lag. Die Reibkoeffizienten strebten einem Minimum zu, welches vermutlich durch Annäherung an den Schmelzpunkt des Werkstoffs erreicht wird. Von dort ab würde dann eine konstante Reibung zu erwarten sein.

Da an der Span- und Freifläche jeweils eine „frische“ neu entstandene Werkstoffoberfläche und derselbe Schneidstoff vorliegen, herrschen an beiden Flächen hinsichtlich des Oberflächenzustands der Kontaktpartner ähnliche Verhältnisse. Deswegen sind die für die Verschleißmarke ermittelten Erkenntnisse tendenziell auf die Reibverhältnisse an der Spanfläche übertragbar. Aufgrund der mit der Umformwärme einhergehenden verhältnismäßig hohen Spantemperaturen befinden sich die Reibkoeffizienten an der Spanfläche vermutlich noch auf einem niedrigeren Niveau als an der Verschleißmarke.

In Zusammenhang mit der Untersuchung des Reibverhaltens bei der Zerspanung von TiAl6V4 wurden die Schneidkantentemperaturen ermittelt. Da die erforderliche Messzeit

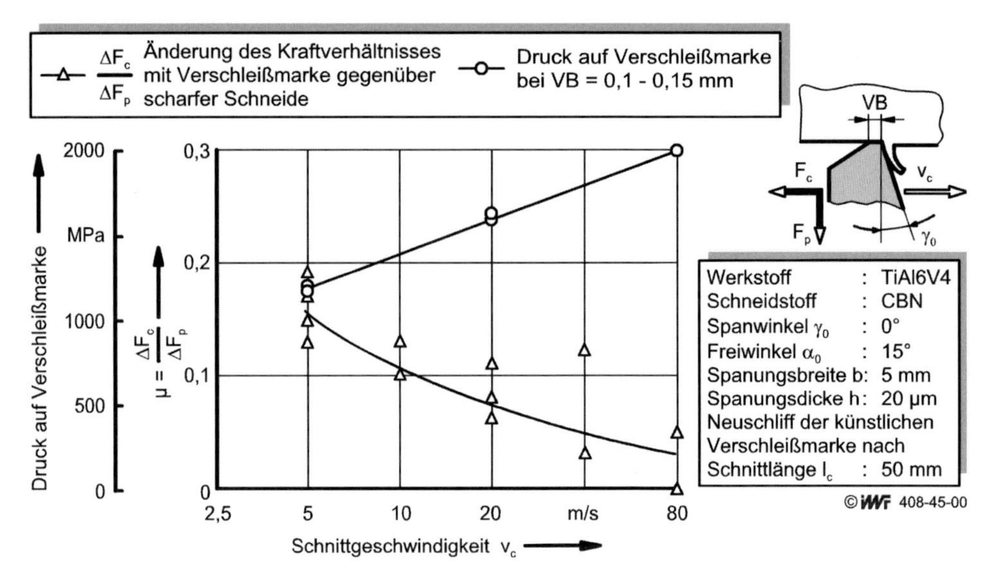

Bild 10: Reibverhalten bei der Zerspanung von TiAl6V4

der verwendeten Thermokamera 40 ms betrug und damit wesentlich größer war als die längste Eingriffszeit in den Zerspanversuchen (10 ms bei der geringsten Schnittgeschwindigkeit von 5 m/s), konnten nur durch eine nachträgliche iterative FEM-Berechnung der zeitlichen und örtlichen Ausbreitung des Temperaturfelds Rückschlüsse auf die Bedingungen während des Schneideneingriffs und somit auf die Spitzentemperaturen an der Schneidkante gezogen werden [7].

In Bild 11 sind die ermittelten Werte für die Spitzentemperaturen an der Schneidkante T und die bei der Zerspanung zugeführte bezogene Wärmemenge Q‘ aufgeführt. Die zugeführte Wärmemenge nahm mit steigender Schnittgeschwindigkeit ab. Dies ließ sich dadurch erklären, dass die für die Wärmeübertragung zur Verfügung stehende Zeit mit zunehmender Schnittgeschwindigkeit abnahm. Dagegen stieg die Schneidkantenspitzentemperatur, obwohl weniger Wärme zugeführt wurde, mit zunehmender Schnittgeschwindigkeit an, wobei der Anstieg zu höheren Schnittgeschwindigkeiten hin (> 15 m/s) abflachte. Der Grund für den Temperaturanstieg bestand darin, dass sich die zugeführte Wärme bei höheren Schnittgeschwindigkeiten nur in einem geringeren Volumen ausbreitete und so zu lokalen Spitzentemperaturen führte. Letztendlich zeigten die ermittelten Temperaturen, dass bei der Hochgeschwindigkeitszerspanung von TiAl6V4 Werkzeugtemperaturen über 1200 °C auftreten können, die neben der mechanischen eine hohe thermische Belastung für den Schneidstoff darstellen. Die Kombination aus mechanischer und thermischer Wechselbelastung ist der Grund für die relativ kurzen Werkzeugstandzeiten, die bei den Versuchen auf dem Hochgeschwindigkeitszerspanversuchsstand bei Schnittgeschwindigkeiten von 5 bis 100 m/s im Sekunden- bis Millisekundenbereich lagen [20].

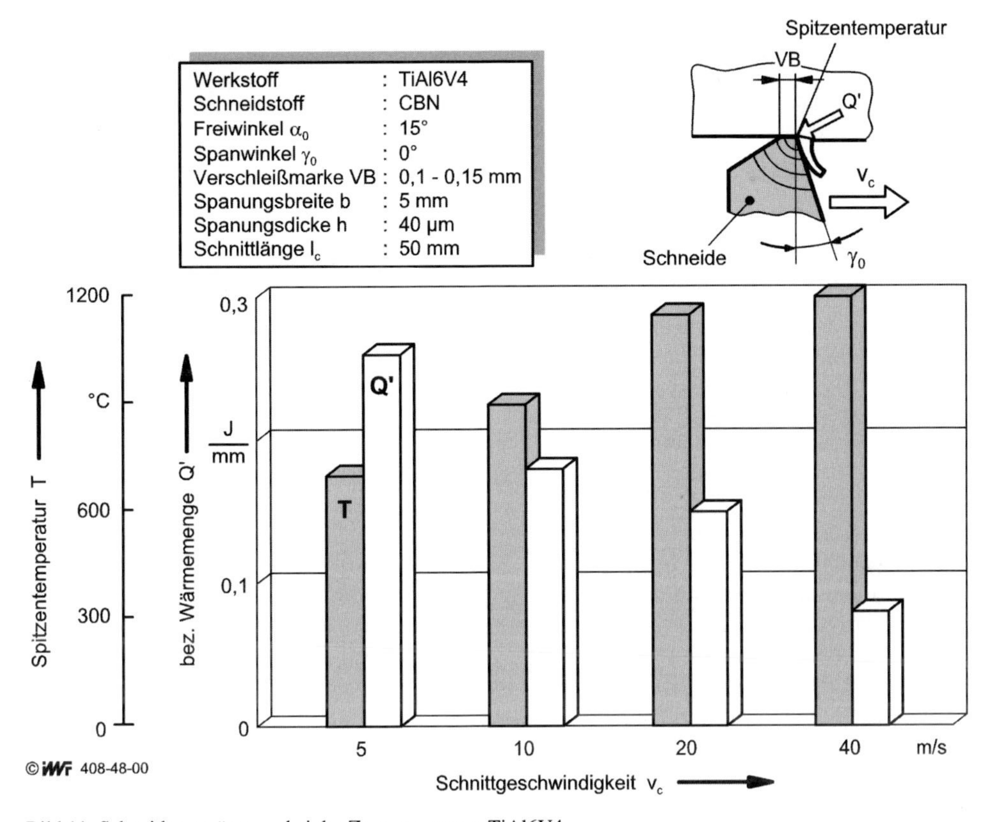

Bild 11: Schneidenerwärmung bei der Zerspanung von TiAl6V4

21.3.4 Einfluss der Zerspanung auf die Werkstückrandzone

Um den Einfluss der Hochgeschwindigkeitszerspanung auf den Werkstückstoff zu ermitteln, wurden Verformungsmessungen in der Werkstückrandzone vorgenommen. Die zugehörigen Zerspanversuche wurden mit speziellen in der Mitte geteilten Werkstücken durchgeführt (Bild 12, links), bei denen die Trennfläche zuvor poliert und mit horizontalen und vertikalen Ritzlinien versehen worden war. Das Polieren diente dazu, dass die Werkstückhälften im zusammengefügten Zustand während des Versuchs möglichst dicht aneinander lagen, um der Zerspanung von ungeteilten Werkstücken aufgrund der Übertragbarkeit der Ergebnisse möglichst nahe zu kommen.

Nach den Versuchen konnte die verbliebene Verformung durch die Krümmung der Ritzlinien festgestellt werden. Im horizontalen Ritzgitter zeigten die Linien eine Welligkeit, die eine Folge der periodisch ablaufenden Spansegmentierung von TiAl6V4 war (Bild 12, rechts). Diese Welligkeit zeichnete sich ebenfalls auf der zerspanten Werkstückoberfläche ab (Bild 12, Mitte). Die an den horizontalen Linien im Werkstückquerschnitt zu beobachtenden Wellenberge und -täler fanden sich im gleichen Abstand auch auf der bearbeiteten Werkstückoberfläche wieder.

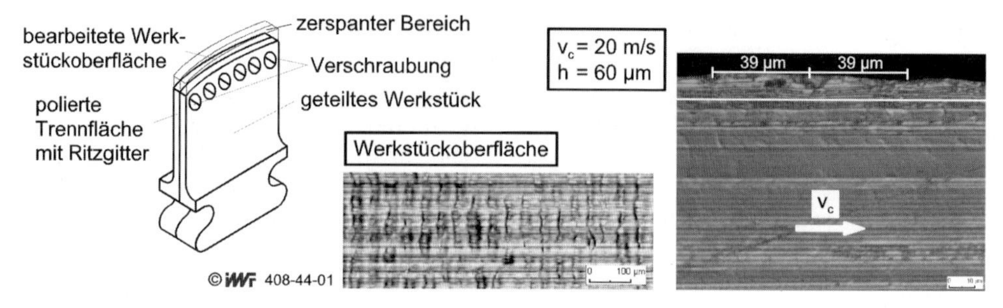

Bild 12: Randzonenverformung bei der Zerspanung von TiAl6V4 (I)

Die vertikalen Ritzgitter wiesen eine Krümmung entgegen der Bewegungsrichtung der Werkstücke bzw. in Bewegungsrichtung der Schneide auf, an denen die Scherverformung durch die Zerspanung bestimmt werden konnte (Bild 13). Direkt an der Werkstückkante/-oberfläche bis in eine Tiefe von ca. 5–10 µm wurden starke Beschädigungen des Werkstoffs beobachtet, die Ritzlinien waren nicht mehr vorhanden. Diese Beschädigungen wurden bei der Zerspanung durch Verschweißen der beiden Werkstückhälften direkt an der zerspanten Oberfläche hervorgerufen. In Oberflächenabständen > 5–10 µm wurden Krümmungen der Ritzlinien durch Scherung festgestellt, die wie die extremen Beschädigungen mit zunehmender Schnittgeschwindigkeit weniger stark ausgeprägt waren. D.h. mit zunehmender Schnittgeschwindigkeit waren die Eindringtiefen der Verformung geringer. Die Erklärung dafür ist vermutlich in der mit zunehmender Schnittgeschwindigkeit geringeren Reibtangentialkraft bzw. Reibung (Bild 10) in Verbindung mit der geringeren Eindringtiefe der Wärme in die Randschicht zu sehen. Die geringeren Reibkräfte hatten zur Folge, dass der Werkstoff weniger stark „mitgerissen“ bzw. verformt wurde. Dieser Effekt wurde durch die geringere Wärmeeindringtiefe noch verstärkt, indem sich die thermische Werkstoffentfestigung ebenfalls nicht so tief bzw. in den betrachteten Randschichttiefen weniger stark auswirkte.

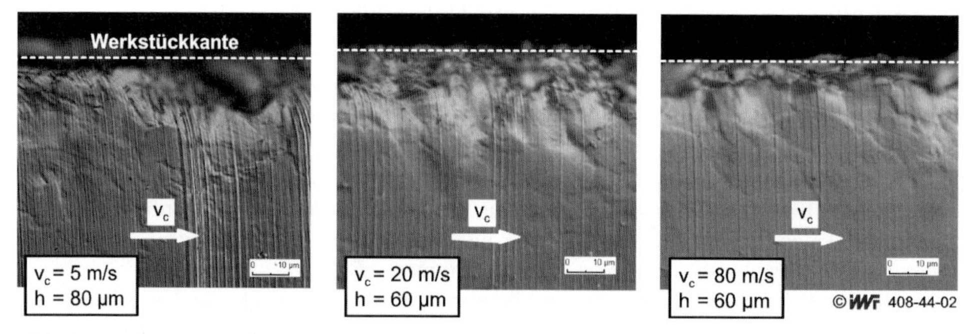

Bild 13: Randzonenverformung bei der Zerspanung von TiAl6V4 (II)

Ergänzend zu den Verformungsmessungen wurden Eigenspannungsmessungen in unmittelbarer Nähe der erzeugten Werkstückoberfläche vorgenommen. Die Eigenspannungen wurden röntgenografisch mit der $\sin^2\psi$-Methode am Institut für Fertigungstechnik und Werkzeugmaschinen in Hannover [Denkena, Plöger und Breidenstein: Auswirkung des Hochgeschwindigkeitsspanens auf die Werkstückrandzone und 21] gemessen. Die zugehörigen Zerspanversuche, von denen jeder genau einen Schnitt bzw. Werkstückeingriff umfasste, wurden wiederum stets mit scharfer Schneide durchgeführt, so dass näherungsweise nur der Einfluss durch die Spanbildung und nicht der durch die Verschleißmarkenreibung berücksichtigt wurde. In Bild 14 sind die entstandenen Eigenspannungen σ für die Schnittgeschwindigkeiten 5 und 20 m/s dargestellt. Bei höheren Schnittgeschwindigkeiten konnte es während eines Eingriffs bereits zu deutlichem Reibverschleiß bzw. zu Ausbrüchen an der Schneidkante kommen, so dass dadurch nicht mehr die gewünschten Eingriffsbedingungen vorlagen und die Eigenspannungsmessungen keine eindeutigen Ergebnisse geliefert hätten.

Für 5 m/s Schnittgeschwindigkeit ergaben die Messungen ausschließlich Werte im Druckeigenspannungsbereich. Da die Eindringtiefe der Messstrahlung ca. 5 μm von der zu messenden Oberfläche aus betragen kann und ein Messwert somit als integraler Mittelwert über eine Schicht der genannten Stärke zu verstehen ist, ist es möglich, dass bei dem Versuch mit 5 m/s Schnittgeschwindigkeit Zugeigenspannungen direkt an der Oberfläche vorlagen, die vom Messverfahren nicht aufgelöst werden konnten. Die Kurve für 5 m/s hat ihren Tiefpunkt von 560 MPa in einem Oberflächenabstand von ungefähr 7,5 μm, steigt dann wieder an und nähert sich in einer Tiefe größer als 100 μm dem Wert Null. Die Kurve für 20 m/s weist dagegen in unmittelbarer Nähe der Werkstückoberfläche Messwerte im Zugeigenspannungsbereich auf. Das lag daran, dass die Zerspantemperatur bei 20 m/s Schnittgeschwindigkeit direkt an der Oberfläche höher war, sich so stärker, zumindestens bis in sehr geringe Randschichttiefen, auswirkten konnte und Zugeigenspannungen hinterließ. In einem sehr geringen Oberflächenabstand fand ein Übergang vom Zug- in den Druckeigenspannungsbereich statt. Die Kurve hat von da ab einen ähnlichen Verlauf wie die Kurve für 5 m/s, nur dass sich der Tiefpunkt bei 500 MPa in einem Oberflächenabstand von ungefähr 10 bis 15 μm einstellte. Die Annäherung an den Wert Null erfolgte ebenfalls in einer Tiefe größer 100 μm. Zusammengefasst lieferten gerade hohe Schnittgeschwindigkeiten Zugeigenspannungen in unmittelbarer Nähe der Werkstückoberfläche und Druckeigenspannungen in geringen Randschichttiefen.

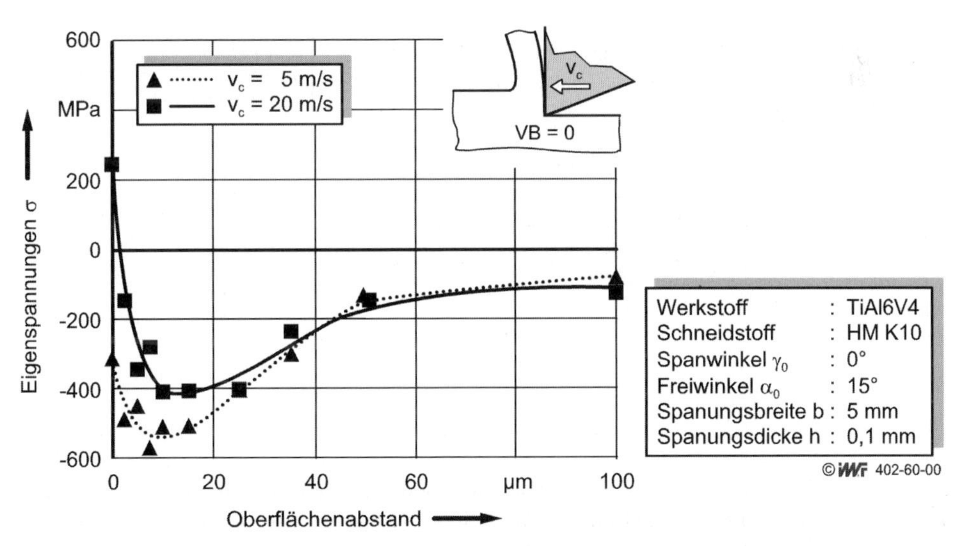

Bild 14: Eigenspannungen in der Werkstückrandzone aus den Zerspanversuchen an TiAl6V4

21.4 Hochgeschwindigkeitszerspanung von Inconel 718

21.4.1 Spezifische Schnittkraft und Spanbildung von Inconel 718

Im Rahmen dieses Teilprojekts stellten die Zerspanungsuntersuchungen an Inconel 718 den zweiten Arbeitsschwerpunkt dar. Aus den Zerspanversuchen auf dem Hochgeschwindigkeitszerspanversuchsstand wurden die in Bild 15 aufgeführten spezifischen Schnittkräfte k_c ermittelt. Es wurde grundsätzlich mit scharfer Schneide gearbeitet. Die spezifische Schnittkraft und damit die Zerspanenergie pro zerspantes Werkstoffvolumen fielen für Inconel 718 höher als bei der Zerspanung von TiAl6V4 aus. Dies wurde auf die höhere Festigkeit von Inconel 718 zurückgeführt [19].

Bei der Zerspanung von Inconel 718 war die spezifische Schnittkraft für den eingesetzten Schnittparameterbereich eindeutig abhängig von der Schnittgeschwindigkeit v_c und der Spanungsdicke h. Gerade im Bereich geringerer Schnittgeschwindigkeiten wurden deutlich höhere Werte für die spezifische Schnittkraft erzielt als bei höheren Schnittgeschwindigkeiten. Eine Halbierung der Spanungsdicke von 80 auf 40 µm ergab eine Erhöhung der spezifischen Schnittkraft um 20 bis 30 % [10]. Dieses spanungsdickenabhängige und damit von TiAl6V4 abweichende Verhalten ist durch die spezifischen Zerspanungs- bzw. Spanbildungsmechanismen von Inconel 718 zu erklären, die anders ablaufen als bei TiAl6V4 [14, 16].

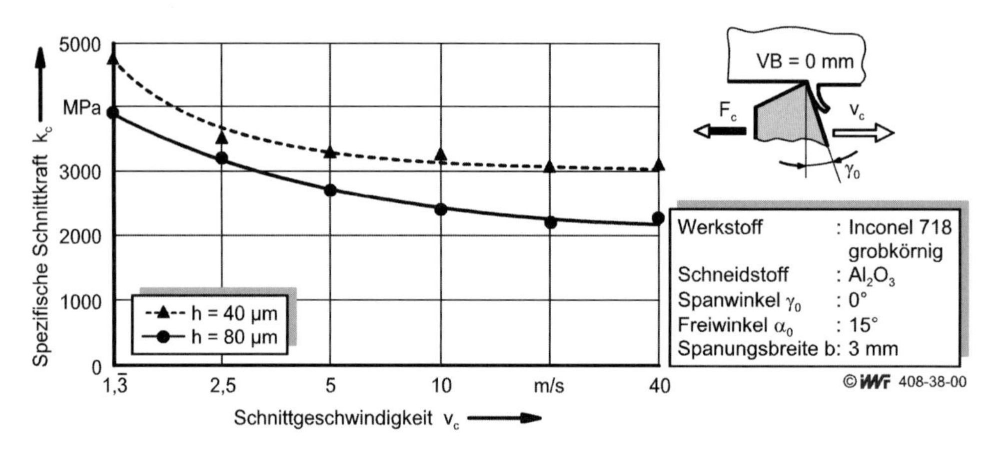

Bild 15: Spezifische Schnittkraft bei der Zerspanung von Inconel 718

Im Gegensatz zu TiAl6V4 zeigte sich die Spanbildung von Inconel 718 sehr ungleichmäßig (Bild 16). Im Bereich kleiner Schnittgeschwindigkeiten waren an den Spänen große Fließspananteile vorzufinden. In einem und demselben Span konnte der Segmentierungsgrad stark schwanken. Zwischen den einzelnen Spansegmenten wurden teilweise Verformungskonzentrationen beobachtet, teilweise aber auch nicht. Bei Steigerung der Schnittgeschwindigkeit wurden die Fließspananteile immer geringer, bis letztendlich reine Segmentspanbildung vorlag. Scherbänder traten dennoch weniger häufig auf als bei der Spanbildung von TiAl6V4. Höhere Schnittgeschwindigkeiten und größere Spanungsdicken steigerten die Segmentierungsneigung. Im Vergleich zu TiAl6V4 wirkte sich bei der Zerspanung von Inconel 718 eine Veränderung der Schnittparameter stärker auf die Spanbildung aus. Die ermittelten Spanstauchungen λ wurden mit zunehmender Schnittgeschwindigkeit kleiner, allerdings wurden Spanstreckungen $\lambda < 1$ nicht festgestellt [10].

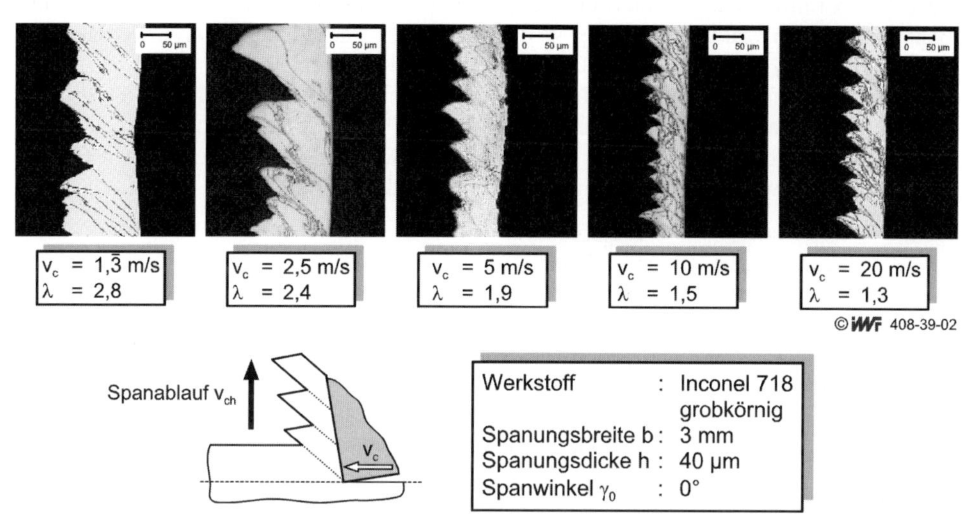

Bild 16: Spanbildung bei der Zerspanung von Inconel 718

Zudem wurde herausgefunden, dass sich Verformungskonzentrationen vorzugsweise im Bereich von Säumen aus kleinen Körnern bildeten. Aus diesem Grund wurden weitere Zerspanversuche an einem feinkörnigen Inconel 718 durchgeführt. Bei dem grobkörnigen zuvor untersuchten Gefüge lagen die maximalen Korngrößen bei 150 µm, so dass sich die Körner über mehrere Spansegmente erstrecken konnten. Das feinkörnige Gefüge hatte maximal 40 µm große Körner und war gleichmäßiger als das grobkörnige.

Beim Vergleich der spezifischen Schnittkräfte wurde festgestellt, dass die Werte für beide Gefügeformen mit steigender Schnittgeschwindigkeit abnahmen (Bild 17). Das war eine Folge der thermischen Entfestigung des Grundmaterials und der Korngrenzen durch steigende Zerspantemperaturen. Bei niedrigen Schnittgeschwindigkeiten und Zerspantemperaturen, bei denen die Verformung des Werkstoffs noch vorwiegend über Versetzungsbewegungen stattfindet, war die spezifische Schnittkraft für beide Gefüge sehr hoch. Es wurde für das feinkörnige Gefüge ein maximaler Wert von 7150 MPa und für das grobe Gefüge von 5900 MPa erreicht. Die Werte waren bei geringen Schnittgeschwindigkeiten für das feine Gefüge größer als für das grobe. Dies wurde auf die höhere Festigkeit des feinen Gefüges, die im Wesentlichen auf einer stärkeren Behinderung von Versetzungsbewegungen durch die größere Anzahl an Korngrenzen beruht, zurückgeführt. Das feine Gefüge brachte damit der Umformung mehr Widerstand entgegen als das grobe.

Bis 3 m/s Schnittgeschwindigkeit wiesen beide Kurven einen steilen Abfall der spezifischen Schnittkraft auf. Die Steilheit ist durch die starke Wirkung der thermischen Entfestigung bei anwachsender Zerspantemperatur zu begründen, die einerseits eine Erleichterung der Versetzungsbewegungen und andererseits eine Herabsetzung der Korngrenzenfestigkeit hervorrief, letzteres hatte ein vermehrtes Einsetzen von Korngrenzengleiten zur Folge. Beides führte zu einer Verringerung des Verformungswiderstands und damit zu geringeren erforderlichen spezifischen Zerspanenergien.

Ab 3 m/s Schnittgeschwindigkeit gingen die Kurven in einen flacheren Teil über, wo die Werte für die spezifische Schnittkraft nicht mehr so stark sanken. Der Einfluss der thermischen Entfestigung nahm für beide Gefüge mit weiter steigender Zerspantemperatur nicht mehr so stark zu wie bis 3 m/s, so dass das Gefälle der beiden Kurven weniger steil ist. Das Eintreten von Versetzungsbewegungen und Korngrenzengleiten näherte sich für beide Gefüge zu hohen Schnittgeschwindigkeiten einem Grenzwert an. Durch die größere Zahl Gefügekörner setzte beim feinen Gefüge vermutlich mehr Korngrenzengleiten ein als beim groben, wodurch die geringeren spezifischen Schnittkräfte bei dem feinen Gefüge und Schnittgeschwindigkeiten > 3 m/s zu erklären sind.

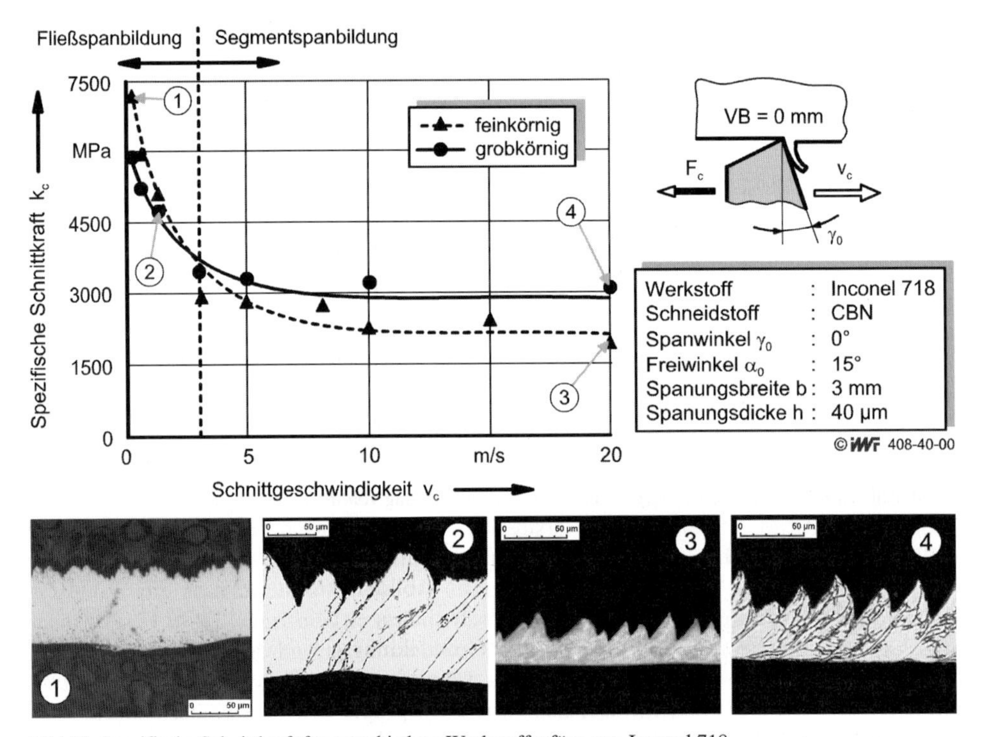

Bild 17: Spezifische Schnittkraft für verschiedene Werkstoffgefüge von Inconel 718

Bis 3 m/s Schnittgeschwindigkeit wiesen die entstandenen Späne bei beiden Gefügen verhältnismäßig große Fließspananteile auf. Die Spanbildung verlief relativ ungleichmäßig, wobei bei dem feinen Gefüge die Segmentierungsanteile deutlicher festzustellen waren. Größer 3 m/s Schnittgeschwindigkeit lag für beide Gefüge ausschließlich Segmentspanbildung vor, die sich bei dem feinen Gefüge ausgeprägter zeigte als bei dem groben. Bei dem feinen Gefüge entstanden zwischen den einzelnen Spansegmenten mehr Verformungskonzentrationen bzw. Scherbänder als bei dem groben. Damit wurde die Beobachtung, dass sich die für die Spansegmentierung charakteristischen Verformungskonzentrationen bzw. Scherbänder bevorzugt in der Umgebung von kleinen Gefügekörnern ausbildeten, bestätigt. Schlussendlich hatte das feine Gefüge die positiven Eigenschaften, dass es auf der einen Seite eine höhere Festigkeit besitzt und auf der anderen Seite bei hohen Schnittgeschwindigkeiten einfacher zu zerspanen ist.

Für einen Spanwinkel γ_0 von –30° war die spezifische Schnittkraft aufgrund des durch die Schneideneingriffsverhältnisse größeren Umformgrads größer als bei 0°, d. h. es wurde mehr Zerspanenergie pro zerspantes Werkstoffvolumen benötigt (Bild 18). Anders als bei der Zerspanung von TiAl6V4 näherten sich die beiden Kurven hier nicht zu höheren Schnittgeschwindigkeiten hin an. Nach einem starken Abfall der spezifischen Schnittkraft bei geringen Schnittgeschwindigkeiten kam es für beide Spanwinkel bei höheren Schnittgeschwindigkeiten zu einem flacheren Kurventeil. Der Übergang befand sich für den Spanwinkel 0° bei 3 m/s und für –30° bei 2 m/s Schnittgeschwindigkeit. Die Übergänge haben die gleiche Begründung wie die in Bild 17.

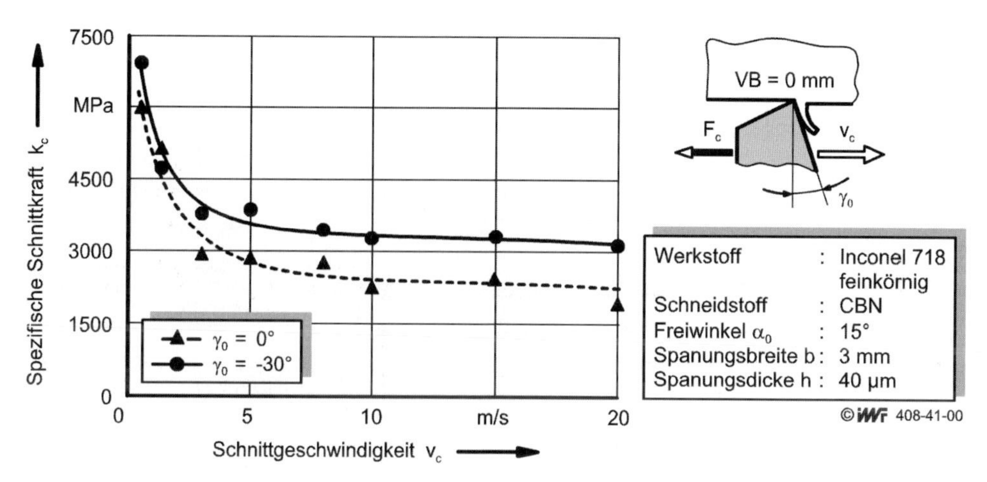

Bild 18: Auswirkung eines negativen Spanwinkels bei der Zerspanung von Inconel 718

Die Analyse der Verformungszustände an den Spanwurzeln aus Inconel 718 untermauerte die gewonnenen Erkenntnisse über die Spanbildung. Aus den Spanschliffen in Bild 19, oben, ist für das feine Gefüge zu erkennen, dass es bei der Zerspanung von Inconel 718 einen Übergang von Fließ- zu Segmentspanbildung gab. In quasistatischen Versuchen mit einer Schnittgeschwindigkeit nahe null wurden reine Fließspäne erzielt, wohingegen bei 5 m/s Schnittgeschwindigkeit bereits ausgeprägte Segmentspanbildung zu beobachten war. 5 m/s Schnittgeschwindigkeit führte bei dem groben Gefüge ebenfalls zur Spansegmentierung (Bild 19), die allerdings weniger stark ausgeprägt war als bei dem feinen Gefüge. Die Ergebnisse verdeutlichten nochmals, dass ein feines Gefüge eine größere Neigung zur Spansegmentierung aufweist als ein grobes.

21.4.2 Reibverhalten bei der Zerspanung von Inconel 718

Bei der Zerspanung von Inconel 718 wurde ebenfalls das Reibverhalten untersucht. Dabei wurde nach der gleichen Vorgehensweise gearbeitet wie bei der Zerspanung von TiAl6V4. Wie bei TiAl6V4 nahm der Druck auf die Verschleißmarke mit steigender Schnittgeschwindigkeit zu (Bild 20). Allerdings lagen die erzielten Werte auf einem deutlich höheren Niveau als bei der Zerspanung von TiAl6V4. Die Werte bewegten sich zwischen 2000 und 3000 MPa und waren damit um 30 bis 50 % höher als bei der Zerspanung von TiAl6V4.

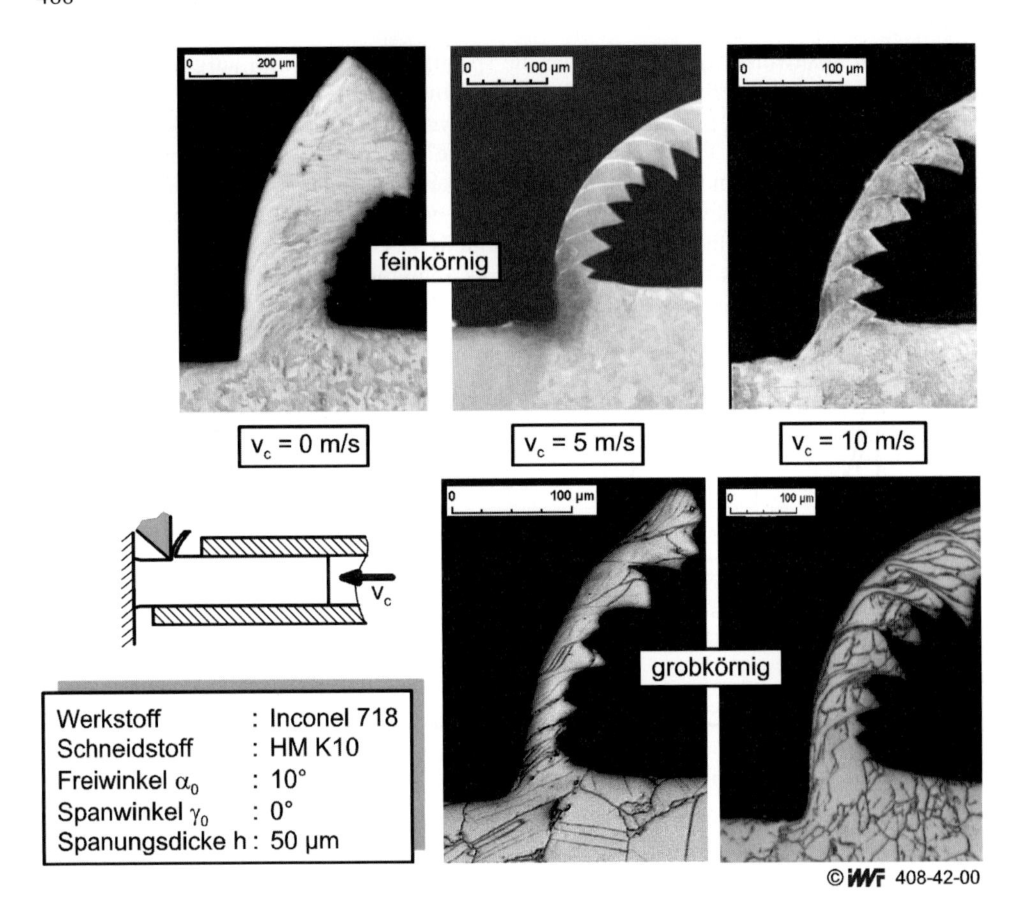

Bild 19: Spanwurzeln aus Inconel 718

Auch bei der Zerspanung von Inconel 718 nahm der Reibkoeffizient mit steigender Schnittgeschwindigkeit ab. Das lag wiederum an der zunehmenden Zerspantemperatur und der daraus resultierenden zunehmenden Werkstofferweichung in der Kontaktzone zwischen Werkstück und Schneide. Die Reibwerte lagen ebenfalls durchweg unter 0,2 und näherten sich bei 80 m/s Schnittgeschwindigkeit einem Minimum. Das Minimum wird vermutlich wiederum durch das Erreichen des Werkstoffschmelzpunkts gebildet, die Reibung bliebe dann näherungsweise konstant. Damit wurde für die Zerspanung von Inconel 718 prinzipiell das gleiche Reibverhalten bei hohen Schnittgeschwindigkeiten ermittelt wie für die Zerspanung von TiAl6V4.

21.5 Zusammenfassung und Ausblick

Für die umfangreichen Zerspanversuche an TiAl6V4 und Inconel 718 wurden im Rahmen dieses Teilprojekts zwei Versuchsaufbauten realisiert, die den technologischen Grundstein für die Durchführung der Projektarbeiten darstellten. Ein Hochgeschwindigkeitszerspan-

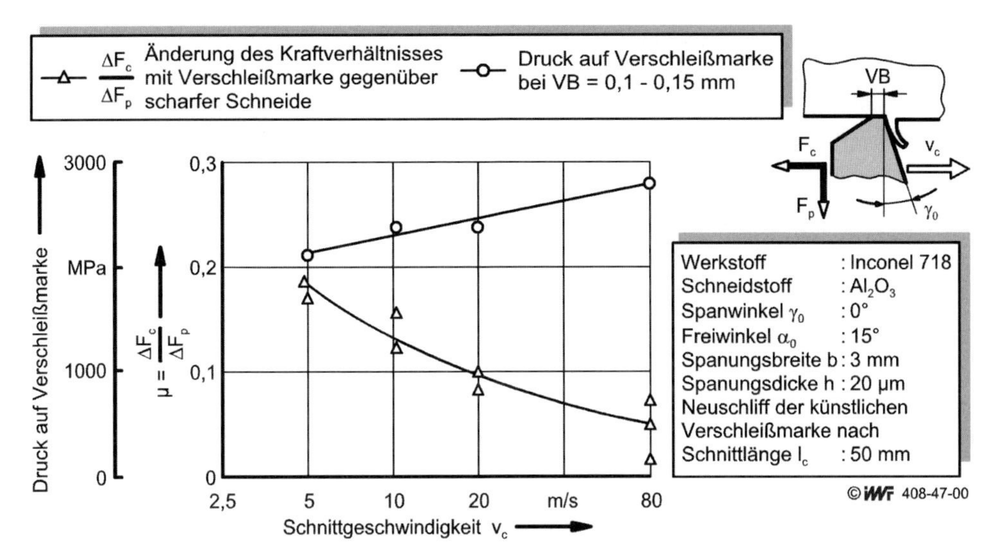

Bild 20: Reibverhalten bei der Zerspanung von Inconel 718

versuchsstand ermöglichte Schnittgeschwindigkeiten bis 100 m/s und die Aufnahme von Schnitt- und Passivkräften innerhalb von Sekundenbruchteilen. Mit Hilfe einer Schnellstoppversuchseinrichtung wurden Spanwurzeln erzeugt, die die verschiedenen Spanbildungsstadien der betrachteten Werkstoffe abbildeten. Die gute Qualität der Spanwurzeln war durch hohe negative Beschleunigungen und damit sehr kurze Bremswege gewährleistet.

Bei der Zerspanung von TiAl6V4 zeigte sich bei großen Spanungsdicken im Verhältnis zur Schneidkantenverrundung ein nahezu schnittgeschwindigkeits- und spanungsdickenunabhängiger Verlauf der spezifischen Schnittkraft. Der bekannte Ansatz von KIENZLE zur Berechnung der spezifischen Schnittkraft traf somit für die Zerspanung von TiAl6V4 bei hohen Schnittgeschwindigkeiten nicht zu. Dagegen wurde bei Spanungsdicken in der Größenordnung der Schneidkantenverrundung und bei negativen Spanwinkeln ein schnittgeschwindigkeitsabhängiger Verlauf der spezifischen Schnittkraft beobachtet, der sich bei hohen Schnittgeschwindigkeiten den Werten bei größeren Spanungsdicken und dem Spanwinkel 0° näherte. Daraus resultierte, dass der Umformgrad bei der Zerspanung von TiAl6V4 mit zunehmenden Schnittgeschwindigkeiten hinsichtlich der benötigten Zerspanenergie an Bedeutung verliert.

Die Späne aus TiAl6V4 zeigten über den gesamten eingesetzten Schnittparameterbereich eine sehr ausgeprägte Spansegmentierung, die äußerst gleichmäßig und durch regelmäßig wiederkehrende Bildungsstadien gekennzeichnet war. Durch eine Steigerung der Schnittgeschwindigkeit und/oder der Spanungsdicke konnte die Segmentierungsneigung verstärkt werden. Im Extremfall kam es zur Trennung der Späne in Bruchstücke bzw. Einzelsegmente.

Die Schneidkantenspitzentemperaturen von über 1200 °C deuteten auf eine hohe Temperaturbelastung des Schneidstoffs und der Werkstückoberfläche bei der Zerspanung von TiAl6V4 hin. Die Summe aus mechanischer und thermischer Wechselbelastung führte bei hohen Schnittgeschwindigkeiten zu kurzen Standzeiten, die sich nur im Sekundenbereich bewegten.

Bei der Zerspanung von TiAl6V4 wurde festgestellt, dass eine Scherverformung der Werkstückrandzone standfand, die mit zunehmender Schnittgeschwindigkeit abnahm. Die hohen Kontaktzonentemperaturen hatten ein Verschweißen/Aufschmelzen des Werkstoffs direkt an der Werkstückoberfläche zur Folge. Die Periodizität der Spansegmentierung hinterließ eine Welligkeit, die sowohl auf der Werkstückoberfläche als auch im Werkstückquerschnitt eindeutig wiederzufinden war. Die Beeinflussung durch die Zerspanung wurde auch anhand von Eigenspannungsmessungen in der Werkstückrandschicht nachgewiesen. Diese lieferten gerade für hohe Schnittgeschwindigkeiten Zugeigenspannungen direkt an der Oberfläche und Druckeigenspannungen in geringen Randschichttiefen.

Bei der Zerspanung von Inconel 718 erwies sich die spezifische Schnittkraft als eindeutig schittgeschwindigkeits- und spanungsdickenabhängig und lag auf einem höheren Niveau als bei TiAl6V4. Anhand von zwei unterschiedlichen Gefügen wurde eine Abhängigkeit der spezifischen Schnittkraft von der Gefügekorngröße festgestellt. Das feinere Gefüge besaß eine höhere Festigkeit, ließ sich aber trotzdem bei hohen Schnittgeschwindigkeiten besser zerspanen.
Die Spanbildung von Inconel 718 veränderte sich mit Variation der Schnittgeschwindigkeit, der Spanungsdicke und der Gefügekorngröße. Eine Steigerung der Schnittgeschwindigkeit und/oder Spanungsdicke sowie eine Verringerung der Gefügekorngröße verstärkten die Segmentierungsneigung. Bei niedrigen Schnittgeschwindigkeiten lagen in den Spänen noch erhebliche Fließspananteile vor, bei hohen Schnittgeschwindigkeiten wurde reine Segmentspanbildung beobachtet. Selbst bei sehr hohen Schnittgeschwindigkeiten erreichte die Segmentierung nicht die Ausgeprägtheit wie bei TiAl6V4.

Die Untersuchung des Reibverhaltens ergab sowohl für TiAl6V4 als auch für Inconel 718 geringe Reibkoeffizienten, die für alle eingesetzten Schnittgeschwindigkeiten kleiner als 0,2 waren. Trotz zunehmender Flächenpressung an der Freifläche nahmen die Reibkoeffizienten bzw. die Reibtangentialkräfte mit steigender Schnittgeschwindigkeit ab und näherten sich einem Minimum.

Die Erkenntnisse aus den Projektarbeiten deuten darauf hin, dass in den Grundlagenversuchen bei den sehr hohen Schnittgeschwindigkeiten die Grenze der Belastung heutiger Schneidstoffe durch die mechanische und thermische Wechselbeanspruchung überschritten wurde. Bei der Umsetzung der erzielten Ergebnisse in einen realen Fräsprozess soll insbesondere die Fragestellung geklärt werden, wo die technisch realisierbare Grenze der Schnittgeschwindigkeitssteigerung bei der Zerspanung von TiAl6V4 und Inconel 718 unter Einsatz heutiger Schneidstoffe liegt. Beurteilungskriterien werden die erzielbaren Standzeiten und Werkstückqualitäten sein.

21.6 Literatur

[1] Bäker, M.; Rösler, J.; Siemers, C.: Spanbildung bei der Hochgeschwindigkeitsbearbeitung von Titanlegierungen. In: Spanen metallischer Werkstoffe mit hohen Geschwindigkeiten; Kolloquium des Schwerpunktprogramms der Deutschen Forschungsgemeinschaft; Hrsg. H. K. Tönshoff, F. Hollmann; 18. 11. 1999, Bonn

[2] Bäker, M.; Rösler, J.; Siemers, C.: High Speed Chip Formation of Ti6Al4V. In: Proceedings of Materials Week 2000, München, 2002

[3] Donachie, M. J. (Jr.): Titanium: A Technical Guide. 1. Auflage Metals Park, OH 44073: ASM International, 1988

[4] Durand-Charre, M.: The Microstructure of Superalloys. 1. Auflage Amsterdam: OPA Overseas Publishers Association, 1997

[5] Gente, A.: Spanbildung von TiAl6V4 und Ck45N bei sehr hohen Schnittgeschwindigkeiten. Braunschweig, Technische Universität, Fakultät für Maschinenbau und Elektrotechnik, Dissertation, 2003

[6] Gente, A.; Hoffmeister, H.-W.: Chip Formation in Machining Ti6Al4V at Extremely High Cutting Speeds. In: CIRP Annals 2001, Nr. 50/1, S. 49–52

[7] Hoffmeister, H.-W.; Bäker, M.; Gente, A.; Weber, T.: High Speed Cutting of Superalloys, Experiments and Modelling. In: Proceedings of the 9th International DAAAM Symposium, Cluj-Napoca, Rumänien, 22.–24. 10. 1998, S. 209–210

[8] Hoffmeister, H.-W.; Gente, A.: Spanbildung von TiAl6V4. In: Spanen metallischer Werkstoffe mit hohen Geschwindigkeiten; Kolloquium des Schwerpunktprogramms der Deutschen Forschungsgemeinschaft; Hrsg. H. K. Tönshoff, F. Hollmann; 18. 11. 1999, Bonn

[9] Hoffmeister, H.-W.; Gente, A.; Weber, T.: Chip Formation at Titanium Alloys under Cutting Speeds of up to 100 m/s. 2nd International Conference on High Speed Machining 1999, PTW TU Darmstadt, Darmstadt, S. 21–28

[10] Hoffmeister, H.-W.; Wessels, T.: Hochgeschwindigkeitszerspanung von Inconel 718. In: VDI-Z Special (2002), NR. II, S. 35–38

[11] Kienzle, O.: Die Bestimmung von Kräften und Leistungen an spanenden Werkzeugen und Werkzeugmaschinen. In: VDI-Z 94 (1952), Nr. 11/12, S. 299–305

[12] Kienzle, O.; Victor, H.: Zerspanungstechnische Grundlagen für die kräftemäßige Berechnung und den Einsatz von Drehbänken, Hobelmaschinen und Bohrmaschinen. In: Werkstattstechnik und Maschinenbau 46 (1956), Nr. 6, S. 283–288

[13] Kienzle, O.; Victor, H.: Spezifische Schnittkräfte bei der Metallbearbeitung. In: Werkstattstechnik und Maschinenbau 47 (1957), Nr. 5, S. 224–225

[14] Kommanduri, R.; Schroeder, T. A.: On Shear Instability in Machining a Nickel-Iron Base Superalloy. In: Journal of Engineering for Industry (1986), Nr. 108, S. 93–100

[15] Kreis, W.: Verschleißursachen beim Drehen von Titanwerkstoffen. Aachen, Technische Hochschule, Fakultät für Maschinenwesen, Dissertation, 1973

[16] Narutaki, N.; Yamane, Y.; Hayashi, K.; Kitagawa, T.: High Speed Machining of Inconel 718 with Ceramic Tools. In: CIRP Annals 1993, Nr. 42/1, S. 103–106

[17] Siemers, C.; Bäker, M.; Mukherji, D.; Rösler, J.: Microstructure Evolution in Shear Bands during the Chip Formation of Ti6Al4V. In: Proceedings of the Titan 2003 World Conference, Hamburg, 2003

[18] Siemers, C.; Mukherji, D.; Bäker, M.; Rösler, J.: Deformation and Microstructure of Titanium Chips and Workpiece. In: Zeitschrift für Metallkunde 92 (2001), S. 853

[19] Sims, C. T.; Stoloff, N. S.; Hagel, W. C.: Superalloys II. New York: John Wiley & Sons, 1987

[20] Tönshoff, H. K.; Friemuth, T.; Arendt, C.; Ben Amor, R.: Schneidstoff-Verschleißverhalten bei hohen Schnittgeschwindigkeiten. In: Produktion: Spanende Fertigung, Maschinenmarkt 15, S. 64–69

[21] Tönshoff, H. K.; Friemuth, T.; Ben Amor, R.; Plöger, J.: Characterizing the HSC-Range-Material Behaviour and Residual Stress. In: Scientific Fundamentals of HSC, Hrsg. Schulz, Herbert, 2001, S. 103–112

22 Mechanisms of Chip Formation

J. Rösler, M. Bäker, C. Siemers

Mechanismen der Spanbildung

Späne der Titanlegierung TiAl6V4, die in Hochgeschwindigkeits- und Schnellstopp-Spanexperimenten erzeugt wurden, werden lichtoptisch analysiert, um Veränderungen in der Mikrostruktur zu analysieren. Für alle verwendeten Schnittgeschwindigkeiten entstehen Segmentspäne; die Segmentgeometrie wird nicht durch die Schnittgeschwindigkeit oder die Gefügestruktur der Titanlegierung beeinflusst.

Die Schnellstopp-Spanproben werden im Rasterelektronen- und Transmissionselektronenmikroskop untersucht und die Entwicklung der Mikrosturktur während der Scherbandbildung im Detail analysiert. Es zeigt sich, dass der Ausgangspunkt der Scherbandbildung direkt vor der Werkzeugspitze liegt. Das Gefüge verändert sich während der Scherbandbildung von einer α-β-Duplex-Struktur hin zu einem nanokristallinen Zeilengefüge. Während der Segmentbildung werden keine Anrisse beobachtet, dies deutet darauf hin, dass sich die Spansegmentierung auf Scherlokalisierung zurückführen lässt.

Die Spanbildung wird mit einem Finite-Elemente-Modell simuliert und das Materialgesetz diskutiert. Die Schnittkraft sinkt mit steigender Schnittgeschwindigkeit, dies korreliert mit experimentellen Beobachtungen an verschiedenen Werkstoffen. Die Abnahme lässt sich nicht durch eine beginnende Spansegmetierung oder eine Veränderung der Reibwerte erklären, sondern wird durch thermische Entfestigung des Werkstoffes und eine Zunahme des Scherwinkels bewirkt. Die Spansegmentierungim Modell erfolgt dabei durch adiabate Scherung ohne Verwendung eines Risskriteriums. Die Spansegmentierung bei hohen Schnittgeschwindigkeiten wird durch Parameterstudien untersucht. Die sich dabei ergebenden Trends in Segmentierung und Schnittkräften stimmen gut mit experimentellen Ergebnissen überein, was als weiterer Hinweis darauf gewertet werden kann, dass Spansegmentierung durch adiabate Scherbandbildung verursacht wird.

Aus den experimentellen und theoretischen Ergebnissen wurden zwei Legierungmodifikationen mit verbesserter Spanbarkeit entwickelt und untersucht, eine deutsche Patentanmeldung ist erfolgt.

Mechanisms of Chip Formation

Chips of the Titanium alloy Ti6Al4V produced in high-speed orthogonal cutting and quick-stop experiments are analysed by means of optical microscopy to study their structure. Segmented chips are formed at all cutting speeds, and it is shown that the geometry of the chips is nearly independent of the cutting speed and the microstructure.

Additionally, quick-stop specimens are analysed in a scanning electron microscope (SEM) and a transmission electron microscope (TEM), to observe the microstructure evolution during the shear band formation. It is shown that the shear band starts in front of the tool tip, and a gradual change in the microstructure from α-β duplex structure to a nano-crystalline lath structure is observed. No indications of crack formation are found, suggesting that chip segmentation in Titanium alloys occurs by shear localisation.

Hochgeschwindigkeitsspanen. Hrsg. H. K. Tönshoff und F. Hollmann

ISBN: 3-527-31256-0

A finite-element model of chip formation is presented and the choice of a material law is discussed. The cutting force decreases with increasing cutting speed as experimentally observed for many materials. This decrease is caused by thermal softening and an increase in the shear angle and not, as often assumed, by chip segmentation or a change in friction. The segmentation process is simulated by adiabatic shearing only. Crack formation has not been implemeted into the model. Parameter studies are used to investigate the segmentation process at high cutting speeds. The resulting trends are in good agreement with experimental observations, indicating that chip segmentation is caused by adiabatic shearing.

The results of the analyses have been used to develop two different alloy modifications with an improved machinability. National patent applications have been made for both alloys.

22.1 Introduction

The results presented in this paper were obtained within the project „Werkstoff- und Prozessdesign für die Hochgeschwindigkeitszerspanung von Titan- und Nickelbasislegierungen – werkstoffkundliche Aspekte“ („*material and process design for high speed cutting of Titanium and Nickelbase alloys – aspects of material science*“) at the „Institut für Werkstoffe“ (institute for materials science) of the Technical University Braunschweig in close collaboration with the „Institut für Werkzeugmaschinen und Fertigungstechnik“ [see Hoffmeister and Wessels: Thermomechanische Wirkmechanismen bei der Hochgeschwindigkeitszerspanung von Titan- und Nickelbasislegierungen].

The main objective of this project was to improve the machinability of Titanium alloys by alloy modification. In order to achieve this, it was deemed necessary to obtain a thorough understanding of the machining process and the reasons for the poor machinability of these alloys. As cutting forces and tool temperatures, the main aspects of machinability of an alloy, are determined by the process of chip formation, a thorough understanding of this process has to be gained. This was attempted in two different ways: On the one hand, experimentally produced chips were cross-sectioned and analysed by means of optical microscopy, scanning and transmission electron microscopy. On the other hand, a finite element model of an orthogonal cutting process was implemented. Although, due to the unknown material behaviour at the extreme conditions occurring in machining, it seems to be impossible to faithfully model a realistic cutting process with high accuracy, finite element simulations have the advantage of allowing to study the influence of all material and process parameters separately, which is experimentally impossible. The main results from these investigations of chip formation are presented in this paper.

From these results, promising alloy modifications were identified and investigated experimentally; national patent applications have been made for two alloys [23]. These modifications are presented briefly at the end of this paper as it focuses on the chip formation process.

22.2 Material Ti6Al4V and experimental set-up

The material used for the experiments is the Titanium alloy Ti6Al4V, which consist of about 90 % Titanium, 6 % Aluminium and 4 % Vanadium by weight [12]. Ti6Al4V is a two-phase $\alpha + \beta$ Titanium alloy. After casting, the alloy was forged at 930 °C and annealed at 800 °C so that a duplex microstructure containing about 80 % α-phase is obtained. The α-grains show an equiaxed shape and are surrounded by transformed β-regions. Transformed β itself consists of a lamellar α-β-structure which cannot be resolved at the optical microscopic level. The average size of the α-grains is about 30 μm.
In the present study, chips are produced on a high-speed-cutting test bay, where an interrupted orthogonal cut (length of cut: 50 mm, width of cut: 5 mm) can be performed. Additionally quick-stop experiments are performed to produce root-chips. Details of the experimental set-up for high-speed experiments and the quick-stop device are given in [Hoffmeister and Wessels: Thermomechanische Wirkmechanismen bei der Hochgeschwindigkeitszerspanung von Titan- und Nickelbasislegierungen].

22.3 Metallographic investigations of chips of Ti6Al4V

Metallographic investigations were performed for chips produced on the high-speed-cutting test bay. The cutting speed v_c was varied between 5m/s and 100m/s, the cutting depth a_p between 20 μm and 100 μm. Figure 1 shows typical segmented chips for Ti6Al4V at optical microscopic level. Strong lines of plastic flow mark the shear band region. In most of the segments closed shear bands can be observed, whereas some segments are separated in the shear band region. From figure 1 it is unlikely that the shear band is caused by this separation through frictional sliding of the cracked surfaces during the segment formation as the regions surrounding the material separation are not similar on both sides and as the material separation is located on the upper edge of the shear band. Crack formation and subsequent welding of the crack surfaces followed by material separation cannot be excluded, however. The tendency of separation increases if large cutting depths at high cutting speeds are used.

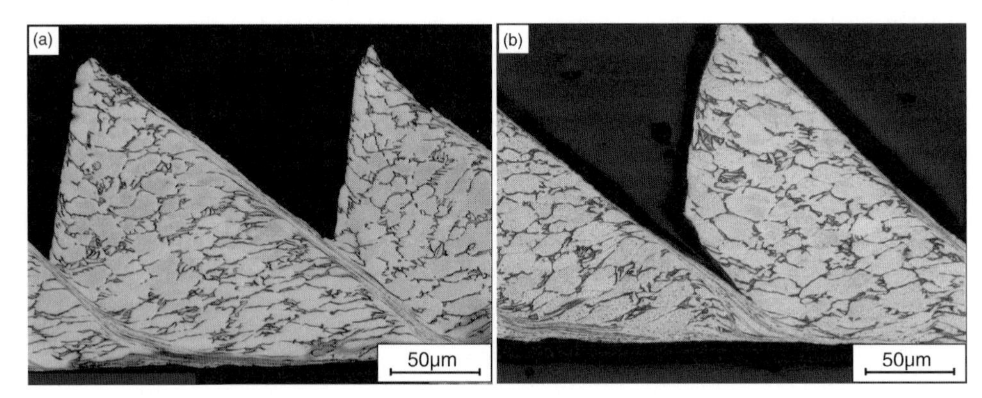

Figure 1: Typical chips of Ti6Al4V. The material separation in shear band region is clearly visible in the picture on the right [5].

The metallographic analyses of the chips will help to clarify the chip formation process for Ti6Al4V. To achieve this, the chips are analysed in three different ways: In a two dimensional cross sectional analysis of the chips centre region the dependence of the segments geometry on the cutting parameters can be observed. To investigate microstructure and geometry changes in transverse direction a three dimensional approach is needed. Finally the chips are analysed from the top side by means of SEM.

22.3.1 Two Dimensional Analyses

Additionally to the chips microstructure, four geometry parameters have been measured: The segment's top angle ρ, the segment's shear angle ϕ_s (defined in cutting direction), the degree of segmentation $G = (h_{max} - h_{min})/h_{max}$, and finally the segment's length l. For a sufficient statistics, ten segments from different areas in the chips have been measured.

From the two dimensional analyses it can be seen that chips produced at different cutting depths are geometrically similar. The length of the segments depends linearly on the cutting depth, whereas the degree of segmentation $G = 0.53 \pm 0.04$ and the measured angles $\rho = 60° \pm 3°$ and $\phi_s = 47° \pm 4°$ do not show any dependence on the cutting depth. There are only small fluctuations in the values within one chip. An influence of the cutting speed cannot be found and even in a quasistatic cutting experiment segmented chips showing similar chip geometries are observed. Variations in the microstructure (duplex-structure, martensitic structure and tempered martensite) do not change the geometry of the chips if similar cutting conditions are used.

Additional analyses, especially for the workpiece surface, have been published in [18]. Some results of two dimensional analyses for the material IN718 are presented in [see Hoffmeister and Wessels: Thermomechanische Wirkmechanismen bei der Hochgeschwindigkeitszerspanung von Titan- und Nickelbasislegierungen] and [14].

22.3.2 Three Dimensional Analyses (Cross Section and Top-Down)

Three dimensional cross sectional analyses are used to study the segment separation process and the microstructural development of the chips in transverse direction. Additionally, top-down analyses are performed in a scanning electron microscope (SEM) to determine the starting point of the segment formation and the time dependent development of the segments.

For the cross-sectional three dimensional analyses, a method similar to computer tomography (CT) has been used: Thin layers of 20 μm, about 2/3 of the average grain diameter, are removed from the surface of the specimen by grinding and polishing. After each step images are taken by means of optical microscopy in combination with digital imaging analysis. The magnification used leads to a maximum of ten segments per image depending on the cutting depth. In the end an image series of about 50 single pictures is got, which are virtually positioned behind each other. The distance to the observation point is kept large compared to the distance between the single images to reduce perspective distortions to a minimum (see Fig. 2).

From the transversal analysis of the cross section it can be seen that for all cutting conditions the segments height h_{max} is smaller at the outer edge of the chips than in the chips' centre region. This observation can be explained by the three dimensional strain state at the outer edge of the chips. After a distance of about 80 μm the segments have reached their maximum height. Two groups of cutting depths have to be distinguished due to their

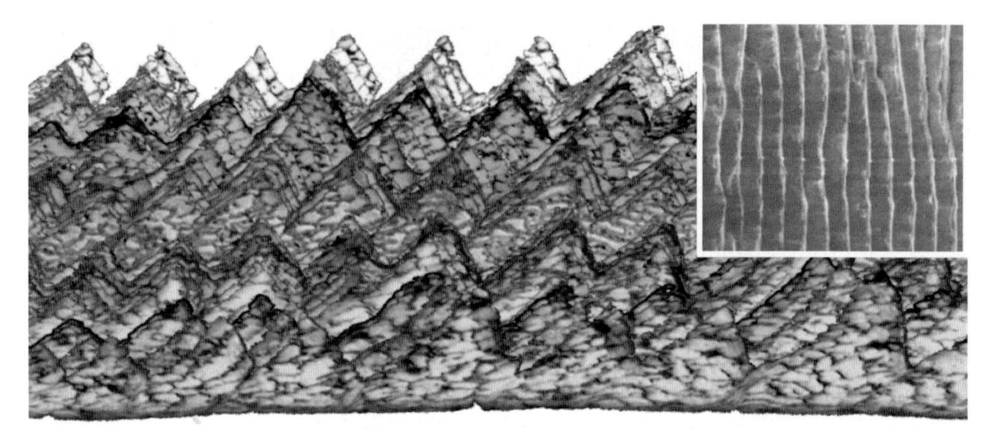

Figure 2: Perspective view of the three dimensional structure of a Titanium chip. The inset in the figure shows a top-down view onto the chip's surface.

influence on the chips' geometry in transversal direction: Cutting depths between 20 µm and 40 µm on the one hand and cutting depth larger than 40 µm on the other hand.

Small cutting depths of up to 40 µm result in irregular chips, the segments' height h_{max} fluctuates strongly between different segments and in transverse direction within one segment also, whereas the segments' angles stay almost constant. Segments cannot be followed throughout the whole chip: Some segments end after a certain distance, new segments start, or segments are split up. A dependence on the microstructure cannot be observed. A possible reason for the irregular chip geometry is chattering of the chip in front of the tool during the cutting operation so that tool contact cannot be ensured always. Due to Titanium's relatively low Young's modulus, the stiffness of thin chips might not be sufficient to realise uniform cutting conditions. It can also be speculated that the surface roughness of the tool results in a small variation of the cutting depth which influences the chips' geometry. There are hardly any separated segments visible in these chips.

For larger cutting depths more regular chips are found. The degree of segmentation G and the angles show small fluctuations between different segments and are almost constant in transverse direction of one single segment. Most of the segments are present through the whole chip, just a few end after a short distance or split up into two parts.

The tendency of segment separation in the shear band region increases with increasing cutting depths. All separations show their maximum length at the outer edge of the chip. Three different kinds of separated segments can be observed: In 85 % of the separated segments the length of the opening decreases in transverse direction and the separations close completely in the chips centre. 10 % of the separated segments are present through the whole chip, especially for chips with the maximum cutting depth of 100 µm. In this case, the length of separation remains constant in transverse direction. Very few segments show material separations that are opened at the chip's edge (see Fig. 3.5) and close on the upper end of the shear band after a certain distance so that an open lens is present in the shear band's centre region (Figs. 3.2 to 3.4). The segment separation closes completely in the chip's centre (Fig. 3.1).

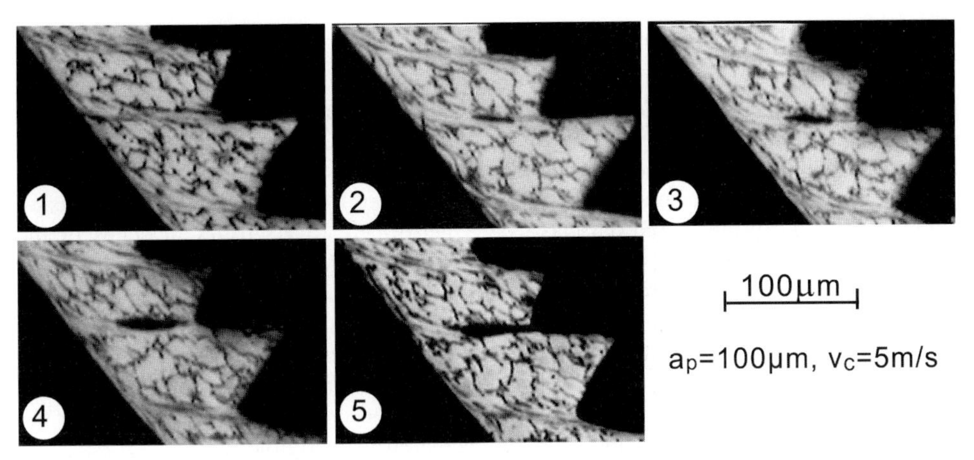

Figure 3: Material separation in the shear band region followed in transverse direction, starting at the chips centre (3.1) to the outer edge (3.5).

The top-down analysis of the chips shows very irregular segments for low cutting depth, which have been discussed in the previous section. At higher cutting depths, the segments are almost perpendicular to the cutting direction. Neighbouring segments are almost parallel, especially in the chips' centre. At the edge of the chips, some segments are slightly bent, the bending angle cannot be related to the cutting direction as the bending direction seems to be random. The length of the bent area in most of the segments is less than 40 μm.

22.3.3 Results of the Geometry Analyses

From the two dimensional analyses it can be seen that the segments' geometry is almost independent of the cutting depth and the tool geometry. There is no influence of the cutting speed on the chips' geometry also. Additionally there are hints that the segment separation in the shear band region occurs after the shear deformation has started, as shear bands can be observed even in separated segments and the bands are often extended to the segments' top.

As the chips of Ti6Al4V are geometrically similar, the distance between neighbouring shear bands remains almost constant within one chip. There is no influence of the microstructure on the starting point of shear band formation. The shear bands cross grain- and phase boundaries: α-grains are separated by the shear band and parts are present on both sides of the shear band.

The results of the top-down analyses show that the segment formation in transverse direction occurs simultaneously all over the segment. If the segment formation were induced at the chips edge, the segments should always be bent in cutting direction and show a maximum advance there. This indicates that the segment formation is induced by geometrical parameters of the cutting process. The three dimensional strain state at the chips free surface and additional edge effects might have some influence on the segment formation as some bent segments can be found. Nevertheless, this influence does not force the segment formation into a certain direction, and the depth of penetration is small compared to the width of cut.

22.4 Segment Formation in Ti6Al4V

For an investigation of the time-dependent segment formation in chips of Ti6Al4V, quick-stop specimens are investigated by means of SEM and TEM at very high magnifications. It is impossible to preselect the terminal point in the quick-stop experiments and it is random when the cut is interrupted. For this reason, several quick-stop experiments using almost identical cutting conditions have been performed, to get different states of the segment formation in front of the tool tip. The microstructure evolution in the segments is then described by using different samples. The cutting depth was chosen to 150 μm. It has been ensured that the deviation of the cutting depth is less than 5 % by measuring a_p at a cross-sectional image of the quick-stop samples at optical level (see Fig. 4). Three cutting speeds (5 m/s, 10 m/s, 20 m/s) have been used. The unavoidable stopping distance in the quick-stop experiments, leading to undefined cutting speeds in the segments used for the analysis, is about 5 % of the cutting depth and is therefore negligible [20].

The deformation state in the segments and the shear bands can be measured from the α-β-microstructure of the material. Before the cutting experiments start, the α-grains show an almost circular shape. Assuming that the volume of the grains remains constant during the chip formation process, the deformation due to the cutting operation can be calculated by comparing the axis of the (deformed) elliptic grains to the diameter of a circle with an identical area. The difference of the elliptic axis and the diameter of the circle can be transformed into a strain. The shear deformation within the shear band is measured by the width of the band (b_s) and the sheared distance (d_s) of single transformed β-grains. The strain ε can then be calculated by $\varepsilon = \tan\Theta/\sqrt{3}$ with $\tan\Theta = b_s/d_s$.

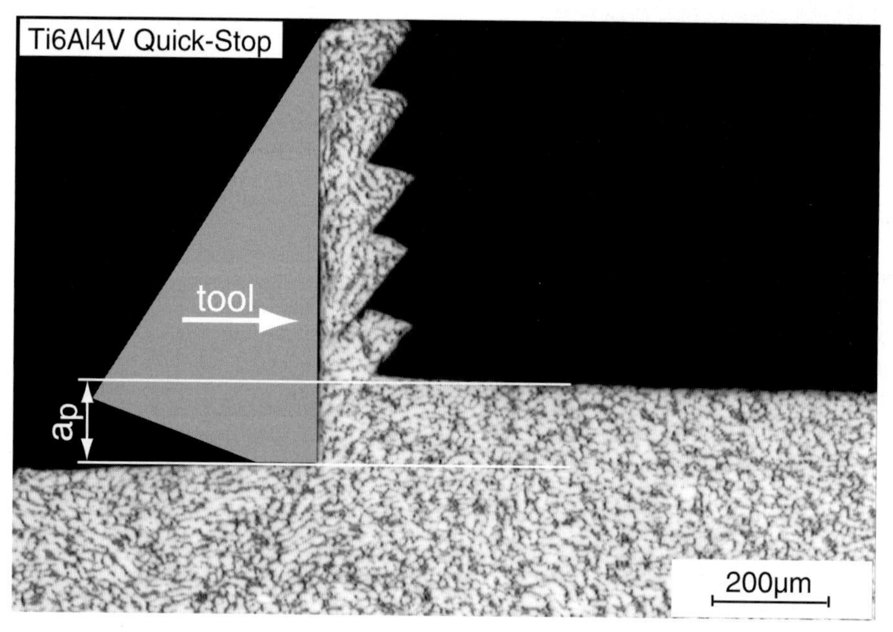

Figure 4: Quick-stop specimen of Ti6Al4V. a_p is measured in the root-chip to ensure similar cutting depths, v_c = 10 m/s.

Finally, selected samples have been prepared for a TEM microstructure analysis. Details of the TEM-preparation methods used here are presented in [16,17]. The shear band is characterised by a nano-crystalline microstructure in Ti6Al4V, which can only be investigated by means of TEM. In the following the previous states are called localised area.

To describe the microstructure evolution in the segments, four different quick stop samples are used (see Fig. 5).

The different states of segment formation, measured by the sheared distance of the segment evolution are normalised on the sheared distance of a fully developed segment. In the early state of the segment formation , material is dammed in front of the rake face. The shear localisation process starts directly in front of the tool tip and ends in the material (see Fig. 5a). The localised area shows a curvature in the direction of chip flow. The shear strain ε within the localised area is measured to 800 %. Even in the early states of the segment formation, a sharp border between the localised area and the neighbouring regions can be observed: The strain in a distance of 0.2 μm to the localised area is reduced to 80 %. In this state, single α-grains show an array of closely spaced dislocations in parallel slip planes (Fig. 6a, note that the deformation analyses and the TEM pictures do not belong to identical samples).

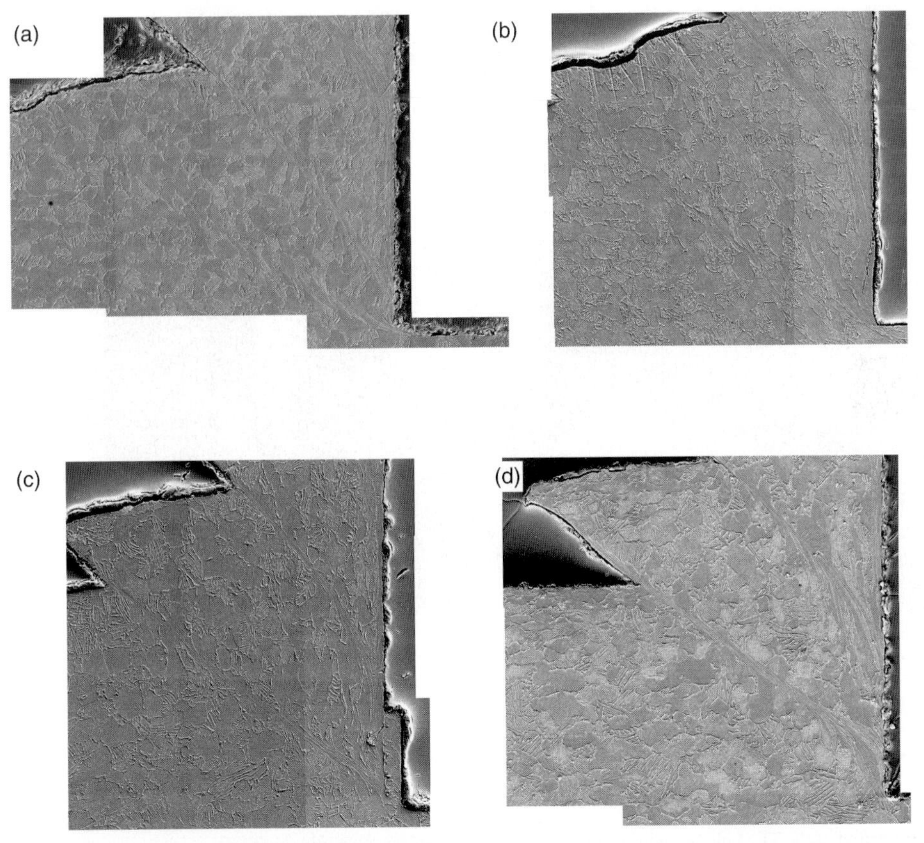

Figure 5: Four different states of segment formation, a_p = 150 μm, v_c = 10 m/s: (a) Early stage, (b), (c) intermediate stages, (d) final stage of segment formation. Note that the pictures consist of SEM image assemblies.

The orientation of the dislocation bands is almost parallel to the macroscopic shear direction of the segments.

When the segment starts to develop some specimens show a second localised zone on the uncut surface. In the early intermdiate stage of segment formation, the localised area is present throughout the whole segment (see Fig. 5b). The width of the localised zone increases during the further segment formation process.

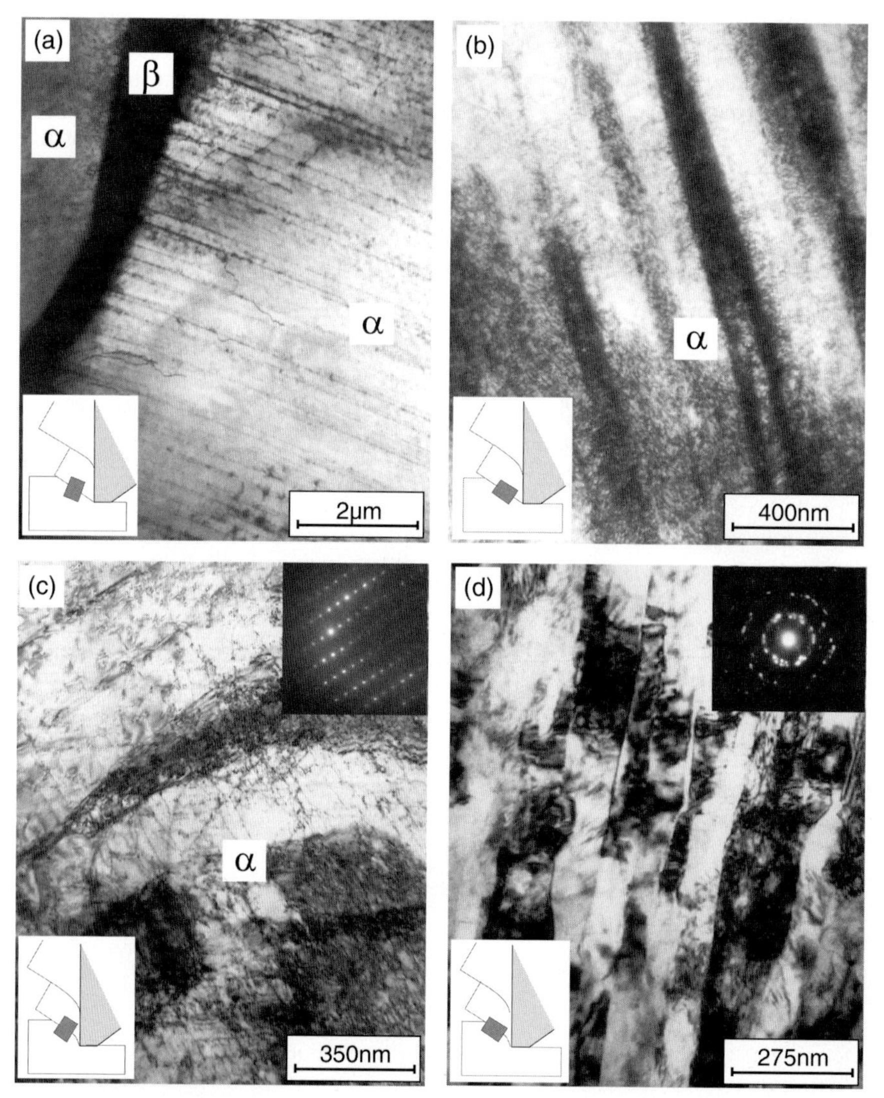

Figure 6: Microstructure evolution in the shear zone, $a_p = 150$ µm, $v_c = 20$ m/s. The transformation from a deformed α-β-structure (a) to a nanocrystalline α-lath-structure (d) is clearly visible. The insets in the images show the orientation of the TEM picture with respect to the direction of macroscopic shear.

In the late intermediate stage of segment formation, the width of the localised area is the same everywhere in the localised area (see Fig. 5c). At a higher sheared distance the width of the localised area decreases from the tool tip to the upper edge, due to additional deformation of the lower side of the segment in direction of chip flow (see Fig. 5d). The strain in the localised area is about 800 % ± 200 % for all different states of the segment formation. As the width of the localised area increases during the segment formation, it is possible that the deformation in the material of the band is limited (to about 800 %). It is likely that the deformation in the regions next to the band is then easier so that a second localisation process starts there. In this case, the shear band formation process can be divided into different localisation steps.

The localisation process itself can be described using figure 6: Due to further deformation subcell formation in single α-grains in the direction of macroscopic shear is induced (see Fig. 6b). Later, a second slip system has to be activated as subcell formation perpendicular to the macroscopic shear direction can be observed (Fig. 6c). At this state of the deformation process, a well defined orientation of the grains is still visible (see selected-area diffraction in figure 6c).

Qualitatively, the microstructure in the shear bands contains parallel laths of α-phase with a high degree of substructures within the laths (Fig. 6d). The material behaviour in the shear band region is therefore anisotropic. The substructures show many different orientations so that a selected-area diffraction is ring-like instead of consisting of single spots (see inset in figure 6d). The average diameter of the subgrains is about 50 nm. The structure of the shear band can be clearly distinguished from the neighbouring areas, showing a deformed equiaxed α-β-structure. β-phase cannot be observed in the shear band. Although the absence of retained β-phase might indicate that there has been a martensitic transformation induced by shear deformation, the TEM analyses in figure 6 indicate that the high amount of shear of about 800% is likely to reduce the thickness of the β layers in the transformed β structure to a great extent so that the β layer might not be clearly visible even at relatively high magnification. As cracks cannot be observed inside the shear bands in TEM, it is very likely that the segmented chip formation in Ti6Al4V is induced by a deformation instability, leading to a deformation localisation and shear band formation by shear deformation. The segment separation then occurs after the shear band formation has started. Nevertheless, micro crack formation followed by welding of the surfaces as observed by Clos in IN718 [see Clos, Lorenz, Schreppel, Veit: Verformungslokalisierung und Spanbildung im Inconel 718] and [11] cannot be excluded, as subsequent shear deformation might have transformed the welding structure.

22.5 Finite Element Model

22.5.1 Model description

A two-dimensional fully thermo-mechanically coupled implicit finite element model of the chip formation process is used. The model is implemented with the finite element software ABAQUS/Standard and uses between 5000 and 20000 quadrilateral first-order elements with selectively reduced integration, depending on chip configuration, see Fig. 7. Because of the strong changes in geometry, especially during the formation of shear bands, it is mandatory to adaptively remesh the model in order to avoid extreme element distortions which would impede convergence. During remeshing, mesh topology may change so that reentrant corners on the back side of the chip can be remeshed without strong element distortions [6, 7, 8].

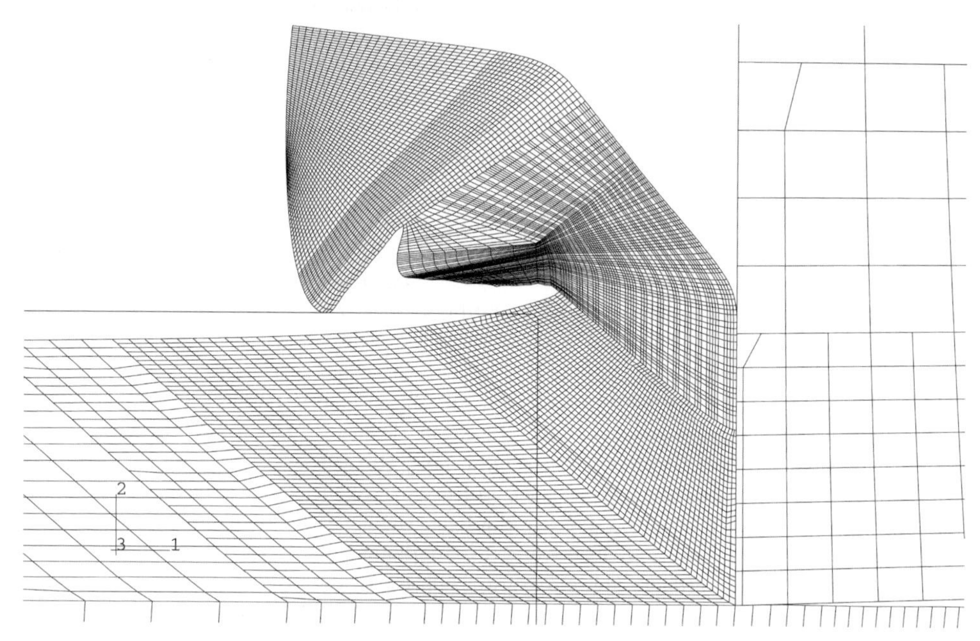

Figure 7: Typical mesh configuration for a segmented chip. Note the strong mesh refinement in the shear zone. The refinement is done by introducing midside nodes on some elements and fixing the degrees of freedom of these nodes with constrained equations [7]. The horizontal and vertical line are an auxiliary surface used to prevent penetration of the chip into the material.

Material separation in front of the tool has been modelled by considering the chip formation process as pure deformation [17]. Due to the discreteness of the model, a slight overlap of the elements adjacent to the tool tip with the tool occurs during tool advance. This material, corresponding to a small strip of about $1\mu m$ thickness, is removed in the remeshing steps. An alternative mechanism, where nodes along a separation line are split during the simulation, has also been studied and yields comparable results [7]; this method, however, has the disadvantage that the separation line has to be predefined.

As stated above, chip segmentation in this model occurs solely by adiabatic shearing, and no crack growth or damage model was assumed in the model discussed here. The model can be extended to include crack growth processes; this is described elsewhere [6].

The tool has been assumed to be perfectly rigid and sharp. Heat conduction into the tool has been taken into account in some of the simulations, but this does not change the results significantly as the poor thermal conductivity of the material practically insulates the shear zone from the tool contact zone.

Friction has been neglected entirely. It is known experimentally that the friction coefficient is rather small at high cutting speeds [20] [see also Hoffmeister and Wessels: Thermomechanische Wirkmechanismen bei der Hochgeschwindigkeitszerspanung von Titan- und Nickelbasislegierungen] so that this is a reasonable simplification. Some simulations with friction have been performed and show that reasonable friction coefficients of the order of 0.1 do not change the chip shape appreciably.

Unless otherwise stated, all simulations shown use a cutting depth of 35 μm, a rake angle of 0° and a cutting speed of 20 m/s. Details on the model and the remeshing process can be found in [4, 7, 8].

22.5.2 Choice of flow stress law

During high-speed metal cutting material deforms with extremely high plastic deformation rates of the order of $10^7\ s^{-1}$ for a cutting speed of 20 m/s. In addition, plastic strains inside a shear band can reach values of 1000 % or more. Reliable material parameters cannot be measured experimentally at such extreme conditions, [see ElMagd, Treppmann, Korthäuser: Experimentelle und numerische Untersuchung zum thermomechanischen Stoffverhalten], and extrapolations of measured data over three or more orders of magnitude are necessary. In addition, the material behaviour is usually assumed to be isotropic in finite element simulations of the machining process, whereas TEM studies (see section 1.4) show that the material is anisotropic. Until the material behaviour during shear localisation at high strain rates is better understood, no finite element simulation can be expected to yield quantitatively accurate results in the high-speed cutting regime.

Nevertheless, finite element simulations can give valuable insights into the details of the segmentation process if they are considered as numerical experiments where the material behaviour can be controlled. The simulation results shown in this article should therefore not be considered as describing a certain material, but rather as describing a generic material behaviour. We use a material law for the alloy Ti6Al4V from [13] in a modified form. The isothermal flow stress σ of the material is given by

$$\sigma(\varepsilon,\dot{\varepsilon},T) = K(T)\varepsilon^{n(T)}(1 + C\ln(\varepsilon/\varepsilon_0)),$$

where ε is the total equivalent plastic strain, $\dot{\varepsilon}$ is the strain rate, K and n are temperature-dependent material parameters, and C and ε_0 are constant.

The temperature dependence of the parameters has the form

$$K(T) = K^* \Psi(T),\ n(T) = n^* \Psi(T),\ \Psi(T) = \exp\left(-\left(\frac{T}{T_{MT}}\right)^{\mu}\right)$$

K^*, n^*, T_{MT} and μ are fitted from the experiments. This means that the flow stress is extrapolated over four orders of magnitude in the strain rate and over nearly two orders of magnitude in the strain. Thus it is implicitly assumed that even during adiabatic shearing the plastic deformation can be described by these equations. Material parameters are given in table 1. For more details on the determination of flow stress laws, [see ElMagd, Treppmann, Korthäuser: Experimentelle und numerische Untersuchung zum thermomechanischen Stoffverhalten] and [13].

The amount of mechanical work dissipated into heat is an important parameter that is difficult to measure. In the simulations, it was set to a value of 0.9. Thermal properties of Ti6Al4V are also listed in table 1.

Table 1: Material data used in the simulations.

Mechanical	C	ε_0	K^*	n^*	T_{MT}	μ
	0.302	774s^{-1}	2260MPa	0.339	825	2.0
Thermal	Thermal conductivity		Specific heat		Expansion coefficient	
	at 24 °C	at 1185 °C	at 24 °C	at 1185 °C	at 100 °C	At 1200 °C
	6.79J/sKm	24.37J/sKm	502J/kgK	756J/kgK	$1.0\ 10^{-5}$/K	$1.2\ 10^{-5}$/K

22.6 Simulation results

22.6.1 Cutting force and cutting speed

High-speed cutting is often characterised by a reduction of the cutting force, and the speed dependence of the cutting force can be used to define the notion of high-speed cutting [see Tönshoff, Denkena, Ben Amor, Kuhlmann: Spanbildung und Temperaturen beim Spanen mit hohen Geschwindikeiten]. In addition, many materials show a transition from continuous chips at low cutting speeds to segmented chips at higher cutting speed. In this section, simulations of the machining process at different cutting speeds are used to study the reasons for the reduction in the cutting force. The simulated cutting speed was varied between 0.2 m/s and 100 m/s.

Fig. 8 shows the dependence of the cutting force on the cutting speed. The reduction in the cutting force can be seen clearly. The inset simulation pictures show that the reduction in the cutting force is not caused by the segmentation of the material and that at speeds up to 2m/s continuous chips are formed with a cutting force nearly 30 % smaller than at the smallest cutting speed. Nevertheless, the chip shape changes drastically, as the shear angle increases from 27° to 48° with a corresponding reduction in chip thickness.

If homogeneous deformation of the chip is assumed, the equation $\varepsilon = (\tan\phi + \cot\phi)/\sqrt{3}$ [16] can be used to relate the shear angle ϕ with the plastic strain necessary to deform the material and form a chip. The calculated strain is 1.43 for a cutting speed of 0.2 m/s and 1.16 for 2 m/s. If the flow stress were constant at all cutting speeds, this reduction in the deformation alone would lead to a corresponding reduction of the cutting forces by 20 %.

The change in the shear angle is caused by the thermal softening of the material. At very small cutting speeds, the process is nearly isothermal and the material hardens accordingly. On increasing the cutting speed, the temperature of each material point passing the shear zone increases, leading to thermal softening which opposes the strain hardening. The effective stress-strain curve seen by a material point thus shows less strain hardening. It has been shown by Oxley [16] for the case of a homogeneously deforming continuous chip that a reduction in hardening leads to an increase in the shear angle and thus to a reduction of the strain needed to form the chip.

In addition, thermal softening is also responsible for the further reduction of the cutting force beyond the amount that can be explained by the observed change in the shear angle.

In understanding these results, it is important to notice that the shear angle prediction of the classical theory by Merchant is not correct: Finite element simulations of the orthogonal cutting of an ideally-plastic material without friction show that the shear angle in this case is approximately 30°, contrary to the value of 45° predicted by Merchant's energy minimisation criterion [1].

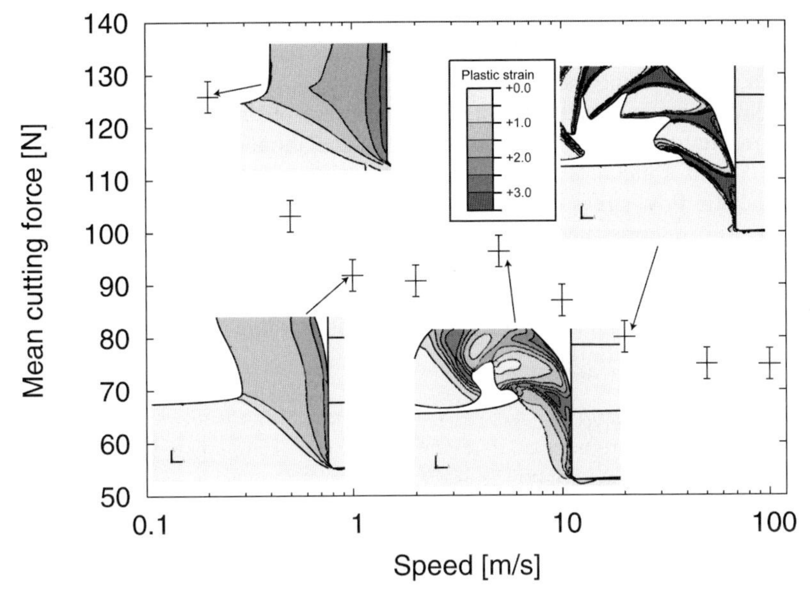

Figure 8: Simulated cutting force as a function of cutting speed. Error bars are estimated simulation errors. The inlays show the equivalent plastic strain of the chip for some cutting speeds. The maximum value of the plastic strain in the contour plot is set to 3 in this and all following figures.

At 5 m/s, a slightly segmented chip forms, but the cutting force is approximately unchanged. There is no strong decrease of the cutting force associated with the transition from continuous to the slightly segmented chip. At higher cutting speeds, the cutting force decreases further. As the cutting force already reached a plateau for the continuous chips at speeds of 1–2 m/s, this might be an indication that strongly segmented chips at higher cutting speeds are energetically more favourable than continuous chips would be, but without further simulations this cannot be said conclusively.

22.6.2 Material parameter variations

The high complexity of the cutting process makes its analysis difficult, even in a finite element simulation which gives access to all physical observables in the material. Parameter variations are an ideal tool to separate the influence of different material or geometrical properties on the chip formation process.

All material parameters of the flow stress law have been varied systematically to study their influence on the chip formation process. A variation of the thermal conductivity has also been performed and is discussed elsewhere [8]. In this section we present the results of parameter variations for the hardening exponent $n(T)$ and the prefactor K^* [3].

We chose three values of the parameter n^*, namely 0.15, 0.339 (the standard value) and 0.5. Additionally, we also investigated the case where the hardening exponent does not depend on the temperature, setting $n(T) = 0.339$.

To analyse the results, adiabatic flow stress curves are used. Such flow curves have been computed from the isothermal flow stress law by simple numerical integration, using the known values of the heat capacity and assuming that 90 % of the energy of plastic deformation is dissipated as heat. Although the strain rate dependence enters the isothermal flow stress as a factor, the adiabatic flow stress depends on the strain rate in a more complicated manner, as increasing the strain rate increases heat production and thus leads to higher temperatures and consequently to a strong decrease of the flow stress. For the evaluation of the results, the strain rate used in the calculation of the adiabatic flow stresses has been fixed at a value of $10^7 s^{-1}$ which is a realistic rate inside a shear band. Note that these adiabatic flow stress curves are only used for the analysis of the results; the simulations are fully thermo-mechanically coupled using the flow stress equations shown above. Fig. 9, left, shows the adiabatic flow stress curves for the four values of $n(T)$. Increasing n^* on the one hand shifts the maximum of the flow stress curve to larger strain values, but on the other hand also decreases the absolute value of the maximum. At large strains the curves are very similar.

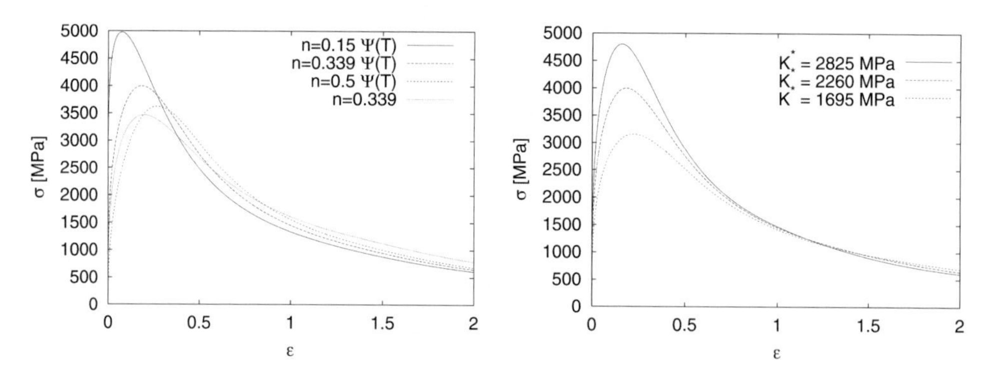

Figure 9: Adiabatic flow stress curve at a strain rate of $10^7 s^{-1}$ for a variation of the hardening exponent n and K.

The simulation results shown in Fig. 10 can be easily understood using the adiabatic flow stress curves. At small n^* segmentation is strong as the maximum of the flow stress lies at small strains and the flow stress strongly decreases at larger strains. In this case the softening is so strong that some material is pressed out of the shear band at the tool-side of the chip, forming a protrusion of material. Increasing n^* decreases the degree of segmentation as should be expected from the flow stress curves. For the fourth case $n(T) = 0.339$, the maximum lies at nearly the same strain value as for $n^* = 0.339$, but nevertheless the segmentation is less pronounced. This is caused by the fact that the decrease of the flow stress curve is smaller in this case so that there is less tendency for the deformation to localise.

The mean cutting force in all simulations lies between 82 and 89 N i. e., it varies by less than 10 %, despite the fact that the chip form is strongly different. This is easily understood: The simulation with $n^* = 0.15$ has a large initial value of the adiabatic flow stress so that initially more energy is dissipated; on the other hand, as segmentation is stronger, the cutting force decreases more strongly during shearing, and deformation in the shear band continues for a longer time. These two effects counteract each other so that the overall cutting force is not strongly affected by a change in hardening exponent. This shows that the mean cutting force is not a very good parameter to verify the agreement between simulations and experiments as it may not be affected strongly by an error in the material parameters. This is probably also the reason why the calculated average cutting force of

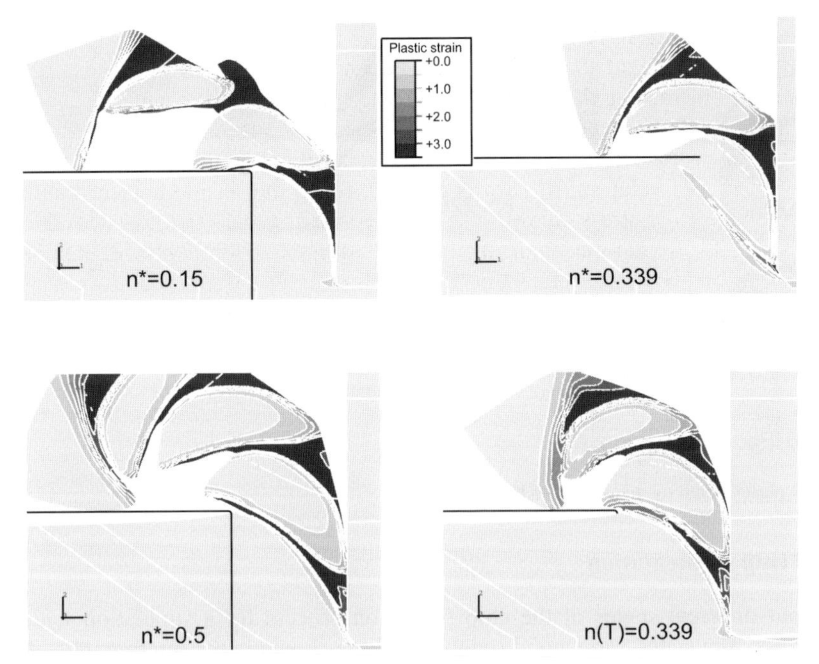

Figure 10: Equivalent plastic strain for a variation of the hardening exponent n.

about 84N compares reasonably well with the experimental value of 74N for the alloy Ti6Al4V [see Hoffmeister and Wessels: Thermomechanische Wirkmechanismen bei der Hochgeschwindigkeitszerspanung von Titan- und Nickelbasislegierungen], despite the uncertainties in the flow stress law.

The second parameter variation concerns the prefactor K^*. In these simulations, heat conduction into the tool was taken into account. This does not affect the results strongly as most of the shear band is too far away from the chip-tool contact and the material is a poor heat conductor. The value of K^* was increased and decreased by 25 %. This changes the adiabatic flow stress curves, as an increase in K^* leads to greater heat production and therefore to stronger thermal softening. Fig. 9, right, shows the adiabatic flow curves for the three cases. Different from the case of a variation in n, the maximum of the adiabatic flow curves does not shift strongly to smaller strain values, and the decrease of the flow stress is less pronounced for $K^* = 2825$ MPa than for $n^* = 0.15$.

Therefore it should be expected that the segmentation will increase with increasing K^*, but less strongly so than for a variation of n^*. This is indeed the case, as Fig. 11 shows.

Due to the increase of the flow stress with K^*, the cutting force also increases from 75 N at $K^* = 1695$ MPa to 82 N at $K^* = 2260$ MPa to 90 N at $K^* = 2825$ MPa. Different from the simulations with a variation of the hardening exponent shown above, this effect is not compensated for by a stronger decrease of the adiabatic flow curves. A comparison of the two parts of Fig. 9 shows that for a variation of the hardening exponent, the adiabatic flow curves for small n^* drop below those for larger n^*. This is not the case here, so that the increase of the cutting force is easily understood. Nevertheless, the mean cutting forces show that the increase is much smaller than the 25 % that might be naively expected from the change in K^*.

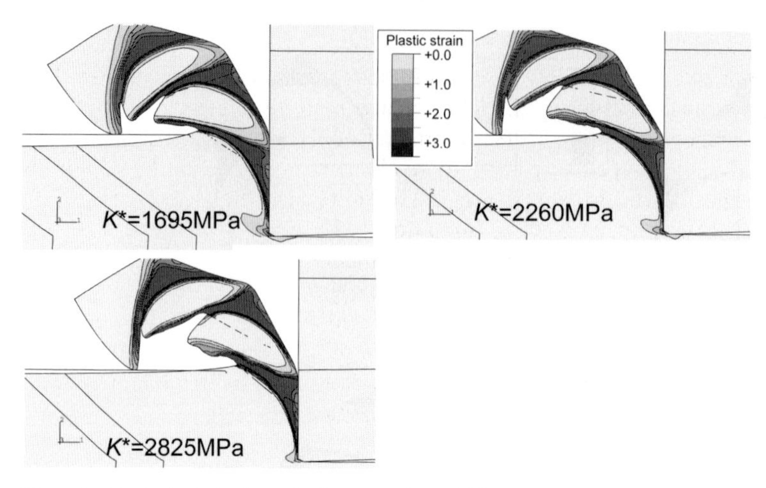

Figure 11: Equivalent plastic strain for a variation of K*.

22.6.3 Stages of chip segmentation

Fig. 12 shows four different stages of the chip formation process for a simulation with cutting speed 20 m/s. The states correspond roughly to those shown in the micrographs of Fig. 5. Initially, material is dammed in front of the tool. Deformation localisation then starts in front of the tool tip in an upwardly curved region. A second deformation concentration (not visible in the picture) then forms on the back side of the chip [7] and the two regions merge so that a shear band is formed. Deformation then concentrates further.

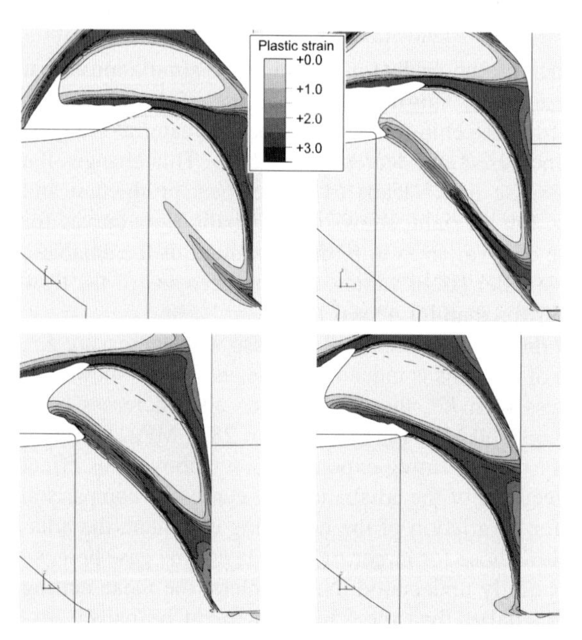

Figure 12: Four different stages of the chip formation process.

Whereas the experimentally observed shear bands remain straight, the calculated shear bands in the simulation start to bend downwards. Further shearing along this curved shear band then leads to a strong curvature of the chip, which is in disagreement with the experiment. This discrepancy seems not to be an artefact of the implementation, as it has been observed by different groups using other finite element models as well [see, for example, Behrens, Westhoff, Kalisch: Application of the Finite Element Method at the Chip Forming Process under High Speed Cutting Conditions]. As in the experiment, the shear band width increases towards the tool tip. Usually, the shear band splits near to the tool, a phenomenon that has also been observed occasionally in experimentally formed chips.

Although there is some disagreement between simulated and experimentally observed chip, the overall agreement between the different stages of chip formation is reasonable, especially considering the uncertainties in the material law. This is a further indication that shear localisation is indeed responsible for chip segmentation.

22.7 Alloy modification

From the results of the emperimental investigations and the parameter variations in the finite element simulation two different alloy modifications have been developed that are easier to machine.

22.7.1 Hydrogen as a temporary alloying element

In order to improve the machinability of titanium and its alloys, hydrogen is used as a temporary alloying element. To achieve this, specimens are etched to remove surface layers (e.g. oxides) and afterwards heat treated in hydrogen atmosphere. The hydrogen is stored in the titanium matrix, the hydrogen loaded material softens and the ductility is reduced. Additionally, the α-β-ratio is slightly changed during the heat treatment in hydrogen atmosphere as hydrogen stabilises the β-phase of titanium. Cutting operations are performed in the hydrogen loaded state. Finally the hydrogen is removed from the samples by heat treating the specimens in hydrogen free atmosphere.

The cutting force of the loaded specimens at cutting speeds up to 1.25 m/s is reduced by more than 10 %, the tool wear during turning at conventional speeds is decreased by 15 % to 20 %. In high speed cutting experiments at cutting speeds up to 40 m/s, the cutting force of the hydrogen loaded specimens is reduced by 50 %. As the mechanical properties of the alloy in the starting structure and loaded and unloaded state are similar, the alloys can be used for their standard applications.

22.7.2 Lanthanum

Lanthanum has been added to the titanium alloy Ti6Al4V. Lanthanum is a low melting element (T_M: 918 °C) compared to Titanium (T_M: 1688 °C). There is practically no solid solution between lanthanum and titanium at room temperature, therefore after casting Ti6Al4V + La into a copper crucible, a martensitic α-β-titanium matrix containing small circular shaped particles of lanthanum is obtained. The average particle size is about 5 µm; they are located mainly on grain boundaries and in interdendritic regions. The alloy can be deformed at temperatures between 700 °C and 750 °C, ageing is possible up to 750 °C to produce a duplex structure.

During machining of the lanthanum containing alloy, short breaking chips are produced. The length of the fragments can be less than 0.1mm depending of the lanthanum content in the titanium alloy. In the primary shear zone, the temperature is estimated to more than 800 °C [see Clos, Lorenz, Schreppel, Veit: Verformungslokalisierung und Spanbildung im Inconel 718] so that the lanthanum particles soften drastically or may even melt. Strongly elongated particles are found on the segments surface in an SEM analysis. The strength of the shear zone is therefore reduced and the chips separate in the primary shear zone.

The chip fragments of the lanthanum containing alloys limit the contact length between tool and chip supplying a lower thermal load in the tool. Consequently, the tool life increases by 15 % to 20 %. Additionally the cutting force at conventional cutting speed is reduced by about 20 %. Due to the effect of lanthanum the new alloy system can be called "freemachining titanium".

22.8 Synthesis

In this chapter, experimental observations of chips produced on a machining test bay and a quick-stop device and a finite element model were used to investigate the chip formation process in detail. In this section, the results presented here and also in other publications are summarised and discussed.

The decrease in cutting force observed for most materials is not necessarily associated with the transition from continuous to segmented chips or with a change in friction. Chip shape nevertheless changes drastically as the shear angle strongly increases, leading to a reduction in the geometrically necessary deformation of the material. This increase in the shear angle (or decrease of the chip compression) has also been observed experimentally e. g., in the case of C22 [see Warnecke, Aurich, Siems: Mechanismen der Werkstoffbeanspruchungen sowie deren Beeinflussung bei der Zerspanung mit hohen Geschwindigkeiten]. The increase in the shear angle is caused by thermal softening according to Oxley's shear zone theory [16]. In addition, thermal softening may also reduce the flow stresses, but this effect is at least partly compensated for by the rate-dependent hardening.

Thermal conductivity of the material is an important parameter as it determines the amount of thermal softening at a certain speed [8]. It is therefore to be expected that a material with large conductivity will tend to show a higher transition speed (if this is defined according [Tönshoff, Denkena, Ben Amor, Kuhlmann: Spanbildung und Temperaturen beim Spanen mit hohen Geschwindigkeiten] but this depends also on the strain softening/hardening behaviour. The absolute value of the flow stress (yield strength or tensile strength) also plays a role as it determines the maximum temperatures that can be reached.

Although it is not possible to prove by simulation that chip segmentation is caused by deformation localisation, the simulation results presented here show that segmented chips can be produced by this process and that many experimentally observed facts can be correctly reproduced by a simulation without taking damage or crack propagation mechanisms into account.

This seems also to be in accordance with the experimental investigations of Ti6Al4V root-chips produced using a quick-stop device as TEM studies show a gradually developing microstructure in the shear band with a transition from equiaxed α-β-structure to nanocrystalline α-lath-structure. So far, no indications of cracks, pores or other damage mechanisms have been found. Separations may occur at the free surface of the chip, but they are observed only in later stages of the chip formation process. Note, however, that this may be different for other materials [see, e.g., Clos, Lorenz, Schreppel, Veit: Verformungslokalisierung und Spanbildung im Inconel 718] and [22].

From simulation and experiment, it can be inferred that chip segmentation by shear localisation proceeds in the following stages:

- The process starts with damming of the material.
- The deformation concentrates first in front of the tool tip in an upwardly curved region. Note, however, that the curvature is less than in some heuristic models [18].
- Further deformation concentration takes place on the back side near the end of the dammed region. The region behind the forming shear band is also deformed as has been found in the simulations and also in the experiments.
- These two regions then join while deformation concentrates further. A shear band starts to form.
- The cutting force strongly decreases while the temperature inside the forming shear band increases sharply. The chip starts to segment, and deformation is concentrated within the shear band.
- During the shearing process, the experimentally observed shear band is straight and does not change its curvature appreciably. This is different in the simulation, where the shear band starts to bend downwards, leading to a strongly curved chip.
- A split shear band may form at the tool side of the chip [7].

Measurements of the shear band width and the degree of deformation inside the shear bands indicate a maximum degree of deformation inside the shear band, so that the shear band widens during shearing. This may be evidence of hardening or anisotropic properties at very large strain, but further investigations are necessary to ensure this.

A detailed study of the energy distribution in the deforming chip (not shown in this article, see [2]) shows that neither the deformation energy inside the shear band nor that inside the more weakly deformed, but larger segment itself can be neglected. The time-resolved cutting force strongly decreases once localisation has taken place so that the energy dissipation in this stage of the chip formation is small. Nevertheless, in order for the deformation to localise in the shear zone, enough energy must be dissipated there to reach the thermal softening temperature. On the other hand, deformation inside the segment itself is much smaller, but this is compensated for by the larger volume of the segment compared to the shear band. In a representative simulation, it was found that approximately 40 % of the energy was dissipated in the segment and 60 % in the shear band region. Of this latter part, more than half was dissipated before shear localisation had begun i. e., at the beginning of the shear band formation process.

Shear localisation is only possible if the effective stress-strain curve at a material point shows a clear maximum. For this to be possible, some kind of softening mechanism must be present. This may be thermal (adiabatic shear localisation), but other softening mechanisms may also play a role, see below.

If thermal softening is the key mechanism, adiabatic flow stress curves can be used to understand the degree of segmentation observed in the simulations. The deformation concentrates when the maximum of the adiabatic flow curve is reached. If the strain at maximum flow stress is small, segmentation starts early and the damming of the material in front of the tool is less pronounced. The decrease of the adiabatic flow curve determines the strength of the localisation i.e., the larger the decrease is, the stronger is the localisation.

Note that these considerations are valid only in the case where the rate dependence is weak. During deformation concentration and localisation, the strain rates in the shear band may increase by a factor of ten or more. If rate-dependent hardening is large, it may counteract the softening mechanism and thus prevent shear localisation. Some simulations with varying rate dependence have been performed to check that this is indeed the case.

On the other hand, it is important to notice that an increase in flow stress leads to an increase in heat production so that the thermal softening temperature can be reached more easily. This explains why materials with greater strength usually tend to segment more strongly than softer materials. (In addition, materials with greater strength usually show a smaller relative amount of hardening.) It also explains why increasing the strength of a material does not necessarily lead to a proportional increase in the mean cutting force. The mean cutting force may therefore change only slightly for different material parameters, even if the chip formation is drastically different. This is important as it shows that mean cutting forces should not be used as verification parameters for a simulation. The same is also true for mean temperatures. Time-resolved cutting forces and temperature distributions, on the other hand, are very sensitive to changes in the material parameters and are therefore suitable verification parameters; however, they are difficult to measure.

If, on the other hand, the flow stress is small or the relative amount of hardening is large, adiabatic heating may not be sufficient to cause a pronounced maximum in the adiabatic flow stress curve. In this case, continuous chips should form at all cutting speeds. This seems to be the case e.g., for C22 [see Warnecke, Aurich, Siems: Mechanismen der Werkstoffbeanspruchungen sowie deren Beinflussung bei der Zerspanung mit hohen Geschwindigkeiten] and for an overaged Aluminium alloy described in [Exner, Müller, Blümke, Landua: Microstructure – A dominating Parameter for Chip Forming during High Speed Milling] and [9].

In addition to thermal softening, other softening mechanisms may also be present and may even dominate the behaviour. This is the case in Ti6Al4V and also in other materials with a hexagonal lattice structure (e. g., Zinc, Magnesium). These alloys form segmented chips at all cutting speeds because softening occurs even at small speeds. A similar case can be seen in some Aluminium alloys which also form segmented chips at all cutting speeds. These alloys are underaged and the flow stress decreases isothermally at larger strains due to destruction of precipitations. Damage processes may play a role as well [see Sievert, Hamann, Löwe, Noack, Singh: Simulation der Spanbildung einer Nickelbasislegierung unter Berücksichtigung thermischer Entfestigung und duktiler Schädigung] and [21] as they also cause a reduction in flow stress.

In conclusion it can be said that the combination of experiments and simulation has proven fruitful in furthering the understanding of the chip formation process. So far, there are no indications of crack formation playing a crucial role in chip segmentation. A reasonable agreement between the different stages of the chip formation process between simulation and experiment has been achieved without assuming crack formation in the simulations. Furthermore, an explanation of the experimentally observed decrease in cutting forces with the cutting speed has been found. The results presented here have been used to indicate possible optimisations of materials [23].

22.9 Literature

[1] Bäker, M.: On the role of energy in chip formation; Proceedings of the GAMM2002, Augsburg, 2002
[2] Bäker, M.: An Investigation of the Chip Segmentation Process Using Finite Elements; Technische Mechanik 23, 2003, 1
[3] Bäker, M.: Finite element simulation of segmented chip formation; in: Proceedings of VII International Conference on Computational Plasticity, COMPLAS 2003, E. Onate, D. R. J. Owen (ed.), Barcelona, 2003
[4] Bäker, M.; Rösler, J.; Siemers, C.: Chip Formation of Titanium Alloys at High Cutting Speeds; Proceedings of the 11th International DAAAM Symposium, 2000
[5] Bäker, M.; Rösler, J.; Siemers, C.: High Speed Chip Formation of Ti6Al4V; Proceedings of the Materials Week 2000, Munich, 2000
[6] Bäker, M.; Rösler, J.; Siemers, C.: Finite Element Simulation of Segmented Chip Formation of Ti6Al4V; Journal of Manuf. Sc. & Eng. 124, p. 485–488, 2002
[7] Bäker, M.; Rösler, J.; Siemers, C.: A Finite Element Model of High Speed Metal Cutting with Adiabatic Shearing; Computers & Structures, 80, p. 495–513, 2002
[8] Bäker, M.; Rösler, J.; Siemers, C.: The Influence of Thermal Conductivity on Segmented Chip Formation; Computational Materials Science, 26, p. 175, 2003
[9] Blümke, R.; Miehe, G; Halle, T.; Kunz, U.; Müller, C.; Meyer, L.W.: Influence of Precipitation state on adiabatic Shear Localization of 7075 Aluminium alloy under high rate Loading; geplant 2004
[10] Blümke R.; Müller, C.: Mat. Sci. Tech 17 (2001) 651–654
[11] Clos, R.; Schreppel, U.; Veit, P.: Temperature, Microstructure and Mechanical Response during Shear-Band Formation in different Metallic Materials; J. Phys. IV France 10 (2003) 111–116
[12] Donarchie, J. (ed.): Titanium – A Technical Guide; ASM International; Materials Park, OH, 1988
[13] El-Magd, E.; Treppmann, C.: Dehnratenabhängige Beschreibung der Fließkurven für erhöhte Temperaturen; Zeitschrift für Metallkunde, 92, p. 888, 2001
[14] Gente, A.: Merkmale der Spanbildung von TiAl6V4 und Ck45 bei sehr hohen Schnittgeschwindigkeiten; TU Braunschweig, Dissertation; to be published 2003
[15] Komanduri, R.; Schroeder, T. A.: On a Shear Instability in Machining a Nickel-Iron Base Superalloy; J. Eng. Ind. 108, 93–100, 1986
[16] Oxley, P. L. B.: The Mechanics of Machining: An Analytical Approach to Assessing Machinability; Ellis Horwood, Chichester, 1989
[17] Sekhon, G. S.; Chenot, J. L.: Numerical simulation of continuous chip formation during non-steady orthogonal cutting; Engineering Computations, 10, p. 31–48, 1993
[18] Siemers, C.; Mukherji, D.; Bäker, M; Rösler, J.: Deformation and Microstructure of Titanium Chips and Workpiece; International Journal of Materials Research and Advanced Techniques (ZfM), vol. 8, 2001; p. 853–860, 2001
[19] Siemers, C.; Mukherji, D.; Grusewski, C.; Bäker, M.; Rösler, J.: Cross-Sectional TEM Sample Preparation für the Analysis of Chips of Ti6Al4V – Preparation Method and a few Results; Practical Metallography; vol 38, 2001, p. 591–603; 2001
[20] Siemers, C.; Mukherji, D.; Grusewski, C.; Rösler, J.: Preparation Method of Ti6Al4V Quick-Stop Specimens for Cross-Sectional TEM-Analyses; Practical Metallography, vol. 40, to be published in 2003

[21] Sievert, R.; Noack, H. D; Hamann, A.; Löwe, P.; Singh, K. N.; Künecke, R.; Clos, R.; Schreppel, U.; Veit, P.; Uhlmann, E.; Zettier, R.: Simulation der Spansegmentierung beim Hochgeschwindigkeits-Zerspanen unter Berücksichtigung duktiler Schädigung; Technische Mechanik 23, 2–4. 216–233, 2003

[22] Singh, K. N.; Clos, R.; Schreppel, U.; Veit, P.; Hamann, A.; Klingbeil, D.; Sievert, R.; Künecke, G.: Versagenssimulation dynamisch belasteter Proben mit unterschiedlichen Mehrachsigkeiten unter Verwendung des Johnson-Cook-Versagensmodells für eine Nickelbasislegierung; Technische Mechanik 23 (2003), 205–215

[23] Technische Universität Braunschweig Deutsche Patentanmeldung: Verfahren zum Zerspanen eines Werkstücks aus einer Titan-Basislegierung, AZ: 10332078.4, 11. Juli 2003

Autorenverzeichnis

A
Abele, E. 292
Aurich, J. C. 304

B
Bach, F.-W. 229
Bäker, M. 492
Behrens, A. 112
Ben Amor, R. 1
Biesinger, F. 207
Blümke, R. 330
Breidenstein, B. 64
Brinksmeier, E. 267

C
Clos, R. 426

D
Delonnoy, L. 207
Denkena, B. 1, 64
Diersen, P. 267

E
Eisseler, R. 255
El-Magd, E. 183
Exner, H. E. 330

H
Haaks, M. 89
Haferkamp, H. 41
Halle, T. 379
Hamann, A. 446
Heisel, U. 255
Henze, A. 41
Hoffmann, F. 267
Hoffmeister, H.-W. 470
Hollmann, C. 1
Hoppe, S. 135

K
Kalisch, K. 112
Klocke, F. 135
Knoche, H.-J. 351
Koehler, W. 229
Koppka, F. 292
Korthäuer, M. 183
Kuhlmann, A. 1
Künecke, G. 446

L
Landua, S. 330
Lierath, F. 351
Lorenz, H. 426
Löwe, P. 446
Lübben, T. 267

M
Maier, K. 89
Mayr, P. 267
Meyer, L. W. 379
Müller, B. 158
Müller, C. 330

N
Noack, H.-D. 446

O
Ostendorf, A. 1

P
Plöger, J. 64, 89
Ponteau, P. 267

R
Renz, U. 158
Rösler, J. 492

S
Sahm, A. 292
Schäperkötter, M. 41, 229
Schmidt, C. 207
Schmidt, J. 207
Schreppel, U. 426
Schulze, V. 207
Siemers, C. 492
Siems, S. 304

Sievert, R. 446
Singh, K. N. 446
Söhner, J. 207
Sölter, J. 267
Stein, J. 1

T
Tönshoff, H. K. 1, 64
Treppmann, C. 183

U
Uhlmann, E. 404

V
Veit, P. 426
Vöhringer, O. 207

W
Walter, A. 267
Warnecke, G. 304
Weinert, K. 229
Wessels, T. 470
Westhoff, B. 112
Weule, H. 207

Z
Zettier, R. 404
Zhang, M. 255

Sachverzeichnis

A
Aluminiumzerspanung 152
AlZn5,5MgCu (AA7075) 190
AlZnMgCu1,5 137, 165, 278, 296, 330
Analyse
– mikrostrukturelle 55

B
Bohren 229
Bohrmoment 258
Bohrungsqualität 260
Bohrungswand 232

C
Charakterisierung
– makroskopische 71
– mikroskopische 373
Chip Geometry 120
Ck45N 137, 167, 179, 185, 238
40CrMnMo7 299, 330
42CrMo4 199, 272

D
Dehngeschwindigkeit 185, 192
Dehnung 192
Drehen 68
Duplex Microstructure 345
α-β-Duplex-Struktur 492

E
Eigenspannung 73
Eigenspannungsmessung
– röntgenografische 210
Einflussgröße
– technologische 370
Einlippentiefbohren 255
Einzelschneideneingriff 306
Entfestigung 106
– thermische 446, 492
Essential Mesh Condition 115

F
FEM Simulation 112, 152, 459
Finite-Elemente-Modell 492
Flachzugprobe 459
Fließspanbildung 311
Formänderung 3

G
Gefüge 492
Gitterdefekt 91
Gleichung
– konstitutive 385
Grenzgeschwindigkeit 28

H
Hochgeschwindigkeitsfräsen 207, 292, 351
Höchstgeschwindigkeitsspanen 41

I
Inconel 718 426, 470, 484

K
Kontaktflächenanalyse 238
Kontaktzone 146, 149
Kugelkopffräser 351

M
Massenkräfte 139
Materialmodell 113
Messung
– thermografische 173
Mikrohärte 324
Modell
– mikrostrukturmechanisches 388
– thermisches 177
– Zerilli-Armstrong 390
Modellierung 113

N
Nickelbasislegierung 404, 446, 470

O
Oberflächenausprägung 357, 363
Oberflächencharakterisierung 270
Oberflächenprofil 353
Oberflächenqualität 150
Oberflächentopografie 351
Orthogonal Cutting 119

P
Planar FEM-Analysis 119
Positronen Mikrosonde 94
Positronen-Annihilations-Spektroskopie (PAS) 89

R
Randschichtcharakterisierung 217
Randzone 103
Randzonenbeeinflussung 150, 322
Randzonenveränderung 276, 283
Reibverhalten 479, 487
Residual stress 125

S
Schädigung
– duktile 446, 456
Scherband 430
Scherbandbildung 201, 459, 492
Scherbandtemperatur 19
Scherspansimulation 224
Schlag-Druck-Versuch 185
Schlag-Scher-Versuch 202
Schneidplattentemperatur 176
Schneidstoff 67
Schnittgeschwindigkeit 82
– hohe 1
Schnittkraft 300
Segmentierungsgrad Gs 288
Segmentierungsmarke 326
Segmentspanbildung 268, 314
Separationsmodell 112
Simulation 207
– numerische 379
Spanbildung 1, 10, 48, 142, 148, 149, 243, 261, 267, 437, 475, 484, 492
Spanbildungsmechanismus 330
Spanbildungsprozess 207
Spanbildungsvorgang 212
Spancharakterisierung 221
Spanenstehung 173
Spanflächentemperatur 15
Spanform 261
Spangeometrie 143
Spansegmentierung 492
Spanuntersuchung 6
Spanwurzel 204
Spanwurzelgewinnung 4
S-Parameter 99
Spatial FE-Analysis 130
Split-Hopkinson Bar 204
Split-Hopkinson-Scherversuch 461
Stahlzerspanun 154
Stoffverhalten
– thermomechanisches 183

T
Temperaturbestimmung
– experimentelle 23
Temperaturermittlung 35
Temperaturmessverfahren 25
Textur 84
Thermal loading 128
TiAl6V4 141, 170, 188, 238, 470, 474, 492
Transmissionselektronenmikroskop 492

U
Übergangsschnittgeschwindigkeit 287
Untersuchung
– numerische 177

V
Verfestigung 99
Verformung 81, 316, 325, 406
Verformungslokalisierung 46, 426, 430
Verformungsverhalten 211
Verformungszone 102
Vergütungsstahl Ck45 41
Verschleißeinfluss 140
Vickers-Härte 101, 103
Visioplastizität 396
Visioplastizitätsuntersuchung 393
Vorschubänderung 84
Vorschubeinfluss 85
Vorschubkraft 258

W
Wärmebehandlung 199
Wärmeströme 1
Wärmeverteilung 249
Werkstoff
– metallischer 267
Werkstoffeigenschaft 41
Werkstofffestigkeit 287
Werkstoffgefüge 330
Werkstoffkenndaten 379
Werkstoffmodell
– Erstellen von 384
Werkstoffparameter 201
Werkstoffverhalten 222
Werkstückrandzone 64, 481
Wirkmechanismus
– thermomechanischer 470

Z
Zerspankraft 318
Zerspankräfte 137
Zerspankraftkomponente 235
Zerspansimulation 413
Zerspanung 304
ZTA-Verhalten 212
Zugprobe
– gekerbte 461
Zwei-Farben Pyrometrie 159